"十三五"国家重点图书出版规划项目

中华通历

魏晋南北朝 上

主编：王双怀

编者：王双怀 陈佳荣 方 骏
　　　董海鹏 张锦华 樊英峰

陕西师范大学出版总社

图书代号：SK18N0275

图书在版编目（CIP）数据

中华通历. 魏晋南北朝：全2册/王双怀编著. —西安：陕西师范大学出版总社有限公司，2018.4
ISBN 978-7-5613-9898-2

Ⅰ.①中… Ⅱ.①王… Ⅲ.①中国历史—魏晋南北朝时代 Ⅳ.①K20

中国版本图书馆CIP数据核字（2018）第054242号

中华通历·魏晋南北朝
ZHONGHUA TONGLI·WEI-JIN-NANBEICHAO

王双怀 编著

出 版 人 /	刘东风
责任编辑 /	王 森　付玉肖
责任校对 /	侯坤奇
装帧设计 /	安 梁
出版发行 /	陕西师范大学出版总社

（西安市长安南路199号　邮政编码710062）

网　　址 /	http://www.snupg.com
印　　刷 /	陕西金德佳印务有限公司
开　　本 /	787mm×1092mm　1/16
印　　张 /	52.5
插　　页 /	8
字　　数 /	1349千
版　　次 /	2018年4月第1版
印　　次 /	2018年4月第1次印刷
书　　号 /	ISBN 978-7-5613-9898-2
定　　价 /	550.00元（上、下册）

读者购书、书店添货或发现印刷装订问题，请与本公司营销部联系、调换。
电话：（029）85307864　85303629　　传真：（029）85303879

目錄 CONTENTS

I	前言
III	凡例
001	一、三國日曆
002	① 魏日曆
048	② 蜀日曆
091	③ 吳日曆
151	二、兩晉日曆
152	① 西晉日曆
204	② 東晉日曆
308	③ 後秦日曆
342	④ 北涼日曆

前言

魏晉南北朝是中國帝制時代的第一個大分裂時期，先是魏蜀吳三國的鼎立，接者是東晉與十六國分立及南朝與北朝的對抗。其間雖有西晉的統一，但統一的時間很短。在這種狀況下，政權眾多、戰爭頻繁、民族融合成為時代的特點。儘管許多政權自顧不暇，未曾進行曆法改革，這一時期仍出現了十部曆法，即曹魏的《景初曆》，後秦的《三紀曆》，北涼的《元始曆》，劉宋的《元嘉曆》《大明曆》，北魏的《正光曆》，東魏的《興和曆》，北周的《天保曆》《天和曆》《大象曆》，因而留下了比秦漢時期更為豐富的曆法資料。其中何承天的《元嘉曆》和祖沖之的《大明曆》在當時和後世都有一定的影響。

翻開有關魏晉南北朝的正史，無論是《三國志》《晉書》《宋書》《南齊書》《梁書》《陳書》還是《魏書》《北齊書》《周書》，都有大量的干支。這些干支都是根據當時頒行的曆法而確定的時間信息。要想弄清魏晉南北朝時期的時間體系，就必須對這一時期的曆法實行研究。民國時期曾有學者在這方面進行了有益的探索。羅振玉著《紀元以來朔閏考》（東方學會，1927），高平子著《史日長編》（"中央研究院"天文研究所，1932），朱文鑫編《曆法通志》（商務印書館，1934），都涉及了魏晉南北朝的曆法。建國以後，研究古代曆法的學者有所增加，產出了一批比較重要的學術成果，章鴻釗的《中國古曆析疑》（科學出版社，1958），陳美東的《古曆新探》（遼寧教育出版社，1995），劉洪濤的《古代曆法計算法》（南開大學出版社，2003），張培瑜等人的《中國古代曆法》（中國科學技術出版社，2007）就是其中的代表。這些論著研究的視角不盡相同，涉及的範圍也比較廣泛，通過對《乾象曆》《景初曆》《元嘉曆》及《大明曆》的制定分析闡述了魏晉南北朝曆法的發展進步。這些成果對於我們正確認識魏晉南北朝的曆法無疑具有重要意義。

在已經過去的二十世紀，薛仲三、歐陽頤的《兩千年中西曆對照表》（三聯書店，1956），陳垣的《二十史朔閏表》和《中西回史日曆》（中華書局，1962），方詩銘、方小芬的《中國史曆日和中西曆日對照表》（上海辭書出版社，1987），鞠德源的《萬年曆譜》（山西人民出版社，1989），張培瑜的《三千五百年曆日天象》（河南教育出版社，1990），中華五千年長曆編寫組的《中華五千年長曆》（氣象出版社，2002），均有魏晉南北朝方面的內容。這些曆表雖然各有千秋，但或信息量小，或使用不便。本書是在推算歷代實用曆法、核對史書所載朔閏、參考現存古曆和曆表的基礎上精心編寫的。在整個編寫過程中吸收了同類著作的優點，還用史書上所記載的朔閏進行了檢驗。所以本書資料更豐富，編排更科學。全書由《魏日曆》《蜀日曆》《吳日曆》《西晉日曆》《東晉日曆》《後秦日曆》《北涼日曆》《劉宋日曆》《南齊日曆》《梁日曆》《陳日曆》《北魏日曆》《東魏日曆》《西魏日曆》《北齊日曆》和《北周日曆》組成，包含了公元220年至公元589年的全部日曆。每編以朝代和帝王年號爲綱，分別列出每一年的日曆。遇到王朝并立、曆法不同的情況，則按史家通例，分別列出各朝日曆。日曆的格式采用表格，每年一表，有年代、月序、日序、中西曆日對照、節氣與天象等欄目。年代包括帝王年號、年序、年干支、公曆年份、屬相等内容。月序與日序構成座標體系。中西曆日對照列出全年中每日的干支、公曆日期和星期。節氣與天象欄則給出二十四節氣和日食發生的日期。如遇帝王改元或頒行新曆，則注於當頁之下。書後還附有一些實用的曆法資料和年代資料。讀者可以通過帝王年號及年月日干支，直接查出其相應的公曆時間，也可以用公曆日期迅速地查出其相對應的中曆日期。

　　我們編寫本書的目的一方面是爲了體現中國獨有的曆法體系，另一方面是爲了幫助廣大文史工作者正確理解文獻中的干支所代表的時間。中國的傳統文化博大精深，具有永恒的魅力。在二十一世紀，人們必定還要繼續研究中國的歷史和文化，還要閱讀中國的文獻典籍。隨著史學研究工作的逐步深入，換算干支的情況將會頻繁出現。希望本書成爲大家學習中國歷史文化的一種利器。在本書的編寫過程中，我們參考了以往學者的研究成果。本書的出版，得到陝西師範大學出版社領導的大力支持。編輯侯海英、付玉肖、曹聯養等付出了大量心血。在此，謹表謝忱！由於我們學識有限，加之時間倉促，書中錯誤缺點在所難免，敬請大家批評指正。

王雙懷

2017年7月27日

凡 例

一、本書是爲解決魏晉南北朝期的時間問題而編纂的日曆，按照歷史順序和史家慣例，采用中西曆對照的形式，逐年逐月逐日列出具體時間，從公元220年開始，到公元589年結束。

二、爲了方便讀者使用，本書融年表、月表、日表、節氣表爲一爐。每年一頁，首列年代、次爲日曆，若有王朝更替、帝王改元、或頒布新曆等情況，則注之於當頁之下。年代包含帝王紀年、干支紀年和公曆紀年等要素，日曆則以中曆月序和中曆日序爲綱，表列干支及相應的公曆日期，同時附列節氣與天象（日食）方面的信息。讀者無須換算，可直接通過干支快速查出中、西曆日期和星期，也可以通過中曆日期或公曆日期快速查出相應的干支。

三、關於魏晉南北朝時期的曆法，文獻中多有記載。治曆者方法雖有小異，但認識大體一致。本書依據諸朝曆法資料、現存古曆殘卷及中外學者的研究成果，復原歷代頒行曆書，本着科學與實用的原則，擇其要者，與公曆對照，逐日列出干支、中曆、公曆時間，供廣大讀者查用。讀古代文獻或考古資料，若遇到時間問題，可借助本書解決；若想瞭解陰曆、陽歷及干支的對應情況，打開本書一查即得。

四、魏晉南北朝時期長期處於分裂的狀態，各個政權所使用的曆法不盡相同。本書分別編出諸朝日曆，讀者宜使用其相應的部分。中曆一年，西曆往往跨兩個年頭，但也有一年或三年的情況。此外，因曆法改變而導致日月變易的事也曾發生。此類情況已在相應日曆中注明，敬請讀者留意。

五、中曆一年，公曆往往經過兩年甚至三年。爲作區分，表題中，中曆所包含主要公曆年份加粗，次要年份不加粗。

六、日曆表中，爲行文方便和排版美觀，公曆每月1日以圓括號加月份表示，如"（1）"，即指1月1日。

三國日曆

魏日曆
漢獻帝建安二十五年 延康元年 魏文帝黃初元年
（庚子 鼠年）公元220～221年

夏曆月序	中西曆對照	夏曆日序 初一	初二	初三	初四	初五	初六	初七	初八	初九	初十	十一	十二	十三	十四	十五	十六	十七	十八	十九	二十	二一	二二	二三	二四	二五	二六	二七	二八	二九	三十	節氣與天象
正月小	戊寅	天干地支 西曆 星期	戊寅22三	己卯23四	庚辰24五	辛巳25六	壬午26日	癸未27一	甲申28二	乙酉29三	丙戌(3)四	丁亥2五	戊子3六	己丑4日	庚寅5一	辛卯6二	壬辰7三	癸巳8四	甲午9五	乙未10六	丙申11日	丁酉12一	戊戌13二	己亥14三	庚子15四	辛丑16五	壬寅17六	癸卯18日	甲辰19一	乙巳20二	丙午21三		己卯雨水 乙未驚蟄
二月大	己卯	天干地支 西曆 星期	丁未22四	戊申23五	己酉24六	庚戌25日	辛亥26一	壬子27二	癸丑28三	甲寅29四	乙卯30五	丙辰31六	丁巳(4)日	戊午2一	己未3二	庚申4三	辛酉5四	壬戌6五	癸亥7六	甲子8日	乙丑9一	丙寅10二	丁卯11三	戊辰12四	己巳13五	庚午14六	辛未15日	壬申16一	癸酉17二	甲戌18三	乙亥19四	丙子20五	庚戌春分 乙丑清明 丁未日食
三月小	庚辰	天干地支 西曆 星期	丁丑21六	戊寅22日	己卯23一	庚辰24二	辛巳25三	壬午26四	癸未27五	甲申28六	乙酉29日	丙戌30一	丁亥(5)二	戊子2三	己丑3四	庚寅4五	辛卯5六	壬辰6日	癸巳7一	甲午8二	乙未9三	丙申10四	丁酉11五	戊戌12六	己亥13日	庚子14一	辛丑15二	壬寅16三	癸卯17四	甲辰18五	乙巳19六		庚辰穀雨 乙未立夏
四月大	辛巳	天干地支 西曆 星期	丙午20日	丁未21一	戊申22二	己酉23三	庚戌24四	辛亥25五	壬子26六	癸丑27日	甲寅28一	乙卯29二	丙辰30三	丁巳31四	戊午(6)五	己未2六	庚申3日	辛酉4一	壬戌5二	癸亥6三	甲子7四	乙丑8五	丙寅9六	丁卯10日	戊辰11一	己巳12二	庚午13三	辛未14四	壬申15五	癸酉16六	甲戌17日	乙亥18一	辛亥小滿 丙寅芒種
五月小	壬午	天干地支 西曆 星期	丙子19二	丁丑20三	戊寅21四	己卯22五	庚辰23六	辛巳24日	壬午25一	癸未26二	甲申27三	乙酉28四	丙戌29五	丁亥30六	戊子(7)日	己丑2一	庚寅3二	辛卯4三	壬辰5四	癸巳6五	甲午7六	乙未8日	丙申9一	丁酉10二	戊戌11三	己亥12四	庚子13五	辛丑14六	壬寅15日	癸卯16一	甲辰17二		辛巳夏至 丙申小暑
六月大	癸未	天干地支 西曆 星期	乙巳18三	丙午19四	丁未20五	戊申21六	己酉22日	庚戌23一	辛亥24二	壬子25三	癸丑26四	甲寅27五	乙卯28六	丙辰29日	丁巳30一	戊午31二	己未(8)三	庚申2四	辛酉3五	壬戌4六	癸亥5日	甲子6一	乙丑7二	丙寅8三	丁卯9四	戊辰10五	己巳11六	庚午12日	辛未13一	壬申14二	癸酉15三	甲戌16四	壬子大暑 丁卯立秋
七月小	甲申	天干地支 西曆 星期	乙亥17五	丙子18六	丁丑19日	戊寅20一	己卯21二	庚辰22三	辛巳23四	壬午24五	癸未25六	甲申26日	乙酉27一	丙戌28二	丁亥29三	戊子30四	己丑31五	庚寅(9)六	辛卯2日	壬辰3一	癸巳4二	甲午5三	乙未6四	丙申7五	丁酉8六	戊戌9日	己亥10一	庚子11二	辛丑12三	壬寅13四	癸卯14五		壬午處暑 丁酉白露
八月大	乙酉	天干地支 西曆 星期	甲辰15六	乙巳16日	丙午17一	丁未18二	戊申19三	己酉20四	庚戌21五	辛亥22六	壬子23日	癸丑24一	甲寅25二	乙卯26三	丙辰27四	丁巳28五	戊午29六	己未(10)日	庚申2一	辛酉3二	壬戌4三	癸亥5四	甲子6五	乙丑7六	丙寅8日	丁卯9一	戊辰10二	己巳11三	庚午12四	辛未13五	壬申14六	癸酉15日	壬子秋分 戊辰寒露
九月小	丙戌	天干地支 西曆 星期	甲戌15一	乙亥16二	丙子17三	丁丑18四	戊寅19五	己卯20六	庚辰21日	辛巳22一	壬午23二	癸未24三	甲申25四	乙酉26五	丙戌27六	丁亥28日	戊子29一	己丑30二	庚寅(11)三	辛卯2四	壬辰3五	癸巳4六	甲午5日	乙未6一	丙申7二	丁酉8三	戊戌9四	己亥10五	庚子11六	辛丑12日	壬寅13一		癸未霜降 戊戌立冬
十月大	丁亥	天干地支 西曆 星期	癸卯13二	甲辰14三	乙巳15四	丙午16五	丁未17六	戊申18日	己酉19一	庚戌20二	辛亥21三	壬子22四	癸丑23五	甲寅24六	乙卯25日	丙辰26一	丁巳27二	戊午28三	己未29四	庚申30五	辛酉(12)六	壬戌2日	癸亥3一	甲子4二	乙丑5三	丙寅6四	丁卯7五	戊辰8六	己巳9日	庚午10一	辛未11二	壬申12三	癸丑小雪 己巳大雪
十一月小	戊子	天干地支 西曆 星期	癸酉13四	甲戌14五	乙亥15六	丙子16日	丁丑17一	戊寅18二	己卯19三	庚辰20四	辛巳21五	壬午22六	癸未23日	甲申24一	乙酉25二	丙戌26三	丁亥27四	戊子28五	己丑29六	庚寅30日	辛卯31一	壬辰(1)二	癸巳2三	甲午3四	乙未4五	丙申5六	丁酉6日	戊戌7一	己亥8二	庚子9三	辛丑10四		甲申冬至 己亥小寒
十二月大	己丑	天干地支 西曆 星期	壬寅11五	癸卯12六	甲辰13日	乙巳14一	丙午15二	丁未16三	戊申17四	己酉18五	庚戌19六	辛亥20日	壬子21一	癸丑22二	甲寅23三	乙卯24四	丙辰25五	丁巳26六	戊午27日	己未28一	庚申29二	辛酉30三	壬戌31四	癸亥(2)五	甲子2六	乙丑3日	丙寅4一	丁卯5二	戊辰6三	己巳7四	庚午8五	辛未9六	甲寅大寒 己巳立春

魏文帝黃初二年（辛丑 牛年） 公元221～222年

夏曆月序	中西曆對照	夏曆日序																													節氣與天象
		初一	初二	初三	初四	初五	初六	初七	初八	初九	初十	十一	十二	十三	十四	十五	十六	十七	十八	十九	二十	廿一	廿二	廿三	廿四	廿五	廿六	廿七	廿八	廿九	三十	
正月小 庚寅	天干地支 西曆 星期	壬申 10 六	癸酉 11 日	甲戌 12 一	乙亥 13 二	丙子 14 三	丁丑 15 四	戊寅 16 五	己卯 17 六	庚辰 18 日	辛巳 19 一	壬午 20 二	癸未 21 三	甲申 22 四	乙酉 23 五	丙戌 24 六	丁亥 25 日	戊子 26 一	己丑 27 二	庚寅 28 三	辛卯(3) 四	壬辰 2 五	癸巳 3 六	甲午 4 日	乙未 5 一	丙申 6 二	丁酉 7 三	戊戌 8 四	己亥 9 五	庚子 10 六		乙酉雨水 庚子驚蟄
二月大 辛卯	天干地支 西曆 星期	辛丑 11 日	壬寅 12 一	癸卯 13 二	甲辰 14 三	乙巳 15 四	丙午 16 五	丁未 17 六	戊申 18 日	己酉 19 一	庚戌 20 二	辛亥 21 三	壬子 22 四	癸丑 23 五	甲寅 24 六	乙卯 25 日	丙辰 26 一	丁巳 27 二	戊午 28 三	己未 29 四	庚申 30 五	辛酉 31 六	壬戌 (4) 日	癸亥 2 一	甲子 3 二	乙丑 4 三	丙寅 5 四	丁卯 6 五	戊辰 7 六	己巳 8 日	庚午 9 一	乙卯春分 庚午清明
三月大 壬辰	天干地支 西曆 星期	辛未 10 二	壬申 11 三	癸酉 12 四	甲戌 13 五	乙亥 14 六	丙子 15 日	丁丑 16 一	戊寅 17 二	己卯 18 三	庚辰 19 四	辛巳 20 五	壬午 21 六	癸未 22 日	甲申 23 一	乙酉 24 二	丙戌 25 三	丁亥 26 四	戊子 27 五	己丑 28 六	庚寅 29 日	辛卯 30 一	壬辰(5) 二	癸巳 2 三	甲午 3 四	乙未 4 五	丙申 5 六	丁酉 6 日	戊戌 7 一	己亥 8 二	庚子 9 三	丙戌穀雨
四月小 癸巳	天干地支 西曆 星期	辛丑 10 四	壬寅 11 五	癸卯 12 六	甲辰 13 日	乙巳 14 一	丙午 15 二	丁未 16 三	戊申 17 四	己酉 18 五	庚戌 19 六	辛亥 20 日	壬子 21 一	癸丑 22 二	甲寅 23 三	乙卯 24 四	丙辰 25 五	丁巳 26 六	戊午 27 日	己未 28 一	庚申 29 二	辛酉 30 三	壬戌 31 四	癸亥(6) 五	甲子 2 六	乙丑 3 日	丙寅 4 一	丁卯 5 二	戊辰 6 三	己巳 7 四		辛丑立夏 丙辰小滿
五月大 甲午	天干地支 西曆 星期	庚午 8 五	辛未 9 六	壬申 10 日	癸酉 11 一	甲戌 12 二	乙亥 13 三	丙子 14 四	丁丑 15 五	戊寅 16 六	己卯 17 日	庚辰 18 一	辛巳 19 二	壬午 20 三	癸未 21 四	甲申 22 五	乙酉 23 六	丙戌 24 日	丁亥 25 一	戊子 26 二	己丑 27 三	庚寅 28 四	辛卯 29 五	壬辰 30 六	癸巳(7) 日	甲午 2 一	乙未 3 二	丙申 4 三	丁酉 5 四	戊戌 6 五	己亥 7 六	辛未芒種 丙戌夏至
六月小 乙未	天干地支 西曆 星期	庚子 8 日	辛丑 9 一	壬寅 10 二	癸卯 11 三	甲辰 12 四	乙巳 13 五	丙午 14 六	丁未 15 日	戊申 16 一	己酉 17 二	庚戌 18 三	辛亥 19 四	壬子 20 五	癸丑 21 六	甲寅 22 日	乙卯 23 一	丙辰 24 二	丁巳 25 三	戊午 26 四	己未 27 五	庚申 28 六	辛酉 29 日	壬戌 30 一	癸亥 31 二	甲子(8) 三	乙丑 2 四	丙寅 3 五	丁卯 4 六	戊辰 5 日		壬寅小暑 丁巳大暑 戊辰日食
七月大 丙申	天干地支 西曆 星期	己巳 6 一	庚午 7 二	辛未 8 三	壬申 9 四	癸酉 10 五	甲戌 11 六	乙亥 12 日	丙子 13 一	丁丑 14 二	戊寅 15 三	己卯 16 四	庚辰 17 五	辛巳 18 六	壬午 19 日	癸未 20 一	甲申 21 二	乙酉 22 三	丙戌 23 四	丁亥 24 五	戊子 25 六	己丑 26 日	庚寅 27 一	辛卯 28 二	壬辰 29 三	癸巳 30 四	甲午 31 五	乙未(9) 六	丙申 2 日	丁酉 3 一	戊戌 4 二	壬申立秋 丁亥處暑
八月小 丁酉	天干地支 西曆 星期	己亥 5 三	庚子 6 四	辛丑 7 五	壬寅 8 六	癸卯 9 日	甲辰 10 一	乙巳 11 二	丙午 12 三	丁未 13 四	戊申 14 五	己酉 15 六	庚戌 16 日	辛亥 17 一	壬子 18 二	癸丑 19 三	甲寅 20 四	乙卯 21 五	丙辰 22 六	丁巳 23 日	戊午 24 一	己未 25 二	庚申 26 三	辛酉 27 四	壬戌 28 五	癸亥 29 六	甲子 30 日	乙丑(10) 一	丙寅 2 二	丁卯 3 三		壬寅白露 戊午秋分
九月大 戊戌	天干地支 西曆 星期	戊辰 4 四	己巳 5 五	庚午 6 六	辛未 7 日	壬申 8 一	癸酉 9 二	甲戌 10 三	乙亥 11 四	丙子 12 五	丁丑 13 六	戊寅 14 日	己卯 15 一	庚辰 16 二	辛巳 17 三	壬午 18 四	癸未 19 五	甲申 20 六	乙酉 21 日	丙戌 22 一	丁亥 23 二	戊子 24 三	己丑 25 四	庚寅 26 五	辛卯 27 六	壬辰 28 日	癸巳 29 一	甲午 30 二	乙未 31 三	丙申(11) 四	丁酉 2 五	癸酉寒露 戊子霜降
十月小 己亥	天干地支 西曆 星期	戊戌 3 六	己亥 4 日	庚子 5 一	辛丑 6 二	壬寅 7 三	癸卯 8 四	甲辰 9 五	乙巳 10 六	丙午 11 日	丁未 12 一	戊申 13 二	己酉 14 三	庚戌 15 四	辛亥 16 五	壬子 17 六	癸丑 18 日	甲寅 19 一	乙卯 20 二	丙辰 21 三	丁巳 22 四	戊午 23 五	己未 24 六	庚申 25 日	辛酉 26 一	壬戌 27 二	癸亥 28 三	甲子 29 四	乙丑 30 五	丙寅(12) 六		癸卯立冬 己未小雪
十一月大 庚子	天干地支 西曆 星期	丁卯 2 日	戊辰 3 一	己巳 4 二	庚午 5 三	辛未 6 四	壬申 7 五	癸酉 8 六	甲戌 9 日	乙亥 10 一	丙子 11 二	丁丑 12 三	戊寅 13 四	己卯 14 五	庚辰 15 六	辛巳 16 日	壬午 17 一	癸未 18 二	甲申 19 三	乙酉 20 四	丙戌 21 五	丁亥 22 六	戊子 23 日	己丑 24 一	庚寅 25 二	辛卯 26 三	壬辰 27 四	癸巳 28 五	甲午 29 六	乙未 30 日	丙申 31 一	甲戌大雪 己丑冬至
十二月小 辛丑	天干地支 西曆 星期	丁酉(1) 二	戊戌 2 三	己亥 3 四	庚子 4 五	辛丑 5 六	壬寅 6 日	癸卯 7 一	甲辰 8 二	乙巳 9 三	丙午 10 四	丁未 11 五	戊申 12 六	己酉 13 日	庚戌 14 一	辛亥 15 二	壬子 16 三	癸丑 17 四	甲寅 18 五	乙卯 19 六	丙辰 20 日	丁巳 21 一	戊午 22 二	己未 23 三	庚申 24 四	辛酉 25 五	壬戌 26 六	癸亥 27 日	甲子 28 一	乙丑 29 二		甲辰小寒 己未大寒

魏文帝黃初三年（壬寅 虎年） 公元 222～223 年

夏曆月序	中西曆日對照	夏曆日序 初一	初二	初三	初四	初五	初六	初七	初八	初九	初十	十一	十二	十三	十四	十五	十六	十七	十八	十九	二十	二一	二二	二三	二四	二五	二六	二七	二八	二九	三十	節氣與天象
正月大	壬寅 天干地支西曆星期	丙寅三	丁卯四	戊辰(2)五	己巳3日	庚午4一	辛未5二	壬申6三	癸酉7四	甲戌8五	乙亥9六	丙子10日	丁丑11一	戊寅12二	己卯13三	庚辰14四	辛巳15五	壬午16六	癸未17日	甲申18一	乙酉19二	丙戌20三	丁亥21四	戊子22五	己丑23六	庚寅24日	辛卯25一	壬辰26二	癸巳27三	甲午28四	乙未29五		乙亥立春 庚寅雨水 丙寅日食
二月小	癸卯 天干地支西曆星期	丙申(3)六	丁酉2日	戊戌3一	己亥4二	庚子5三	辛丑6四	壬寅7五	癸卯8六	甲辰9日	乙巳10一	丙午11二	丁未12三	戊申13四	己酉14五	庚戌15六	辛亥16日	壬子17一	癸丑18二	甲寅19三	乙卯20四	丙辰21五	丁巳22六	戊午23日	己未24一	庚申25二	辛酉26三	壬戌27四	癸亥28五	甲子29六			乙巳驚蟄 庚申春分
三月大	甲辰 天干地支西曆星期	乙丑30日	丙寅31一	丁卯(4)二	戊辰2三	己巳3四	庚午4五	辛未5六	壬申6日	癸酉7一	甲戌8二	乙亥9三	丙子10四	丁丑11五	戊寅12六	己卯13日	庚辰14一	辛巳15二	壬午16三	癸未17四	甲申18五	乙酉19六	丙戌20日	丁亥21一	戊子22二	己丑23三	庚寅24四	辛卯25五	壬辰26六	癸巳27日	甲午28一		丙子清明 辛卯穀雨
四月小	乙巳 天干地支西曆星期	乙未29二	丙申30三	丁酉(5)四	戊戌2五	己亥3六	庚子4日	辛丑5一	壬寅6二	癸卯7三	甲辰8四	乙巳9五	丙午10六	丁未11日	戊申12一	己酉13二	庚戌14三	辛亥15四	壬子16五	癸丑17六	甲寅18日	乙卯19一	丙辰20二	丁巳21三	戊午22四	己未23五	庚申24六	辛酉25日	壬戌26一	癸亥27二			丙午立夏 辛酉小滿
五月大	丙午 天干地支西曆星期	甲子28三	乙丑29四	丙寅30五	丁卯(6)六	戊辰2日	己巳3一	庚午4二	辛未5三	壬申6四	癸酉7五	甲戌8六	乙亥9日	丙子10一	丁丑11二	戊寅12三	己卯13四	庚辰14五	辛巳15六	壬午16日	癸未17一	甲申18二	乙酉19三	丙戌20四	丁亥21五	戊子22六	己丑23日	庚寅24一	辛卯25二	壬辰26三	癸巳27四		丙子芒種 壬辰夏至
六月小	丁未 天干地支西曆星期	甲午27五	乙未28六	丙申29日	丁酉30一	戊戌(7)二	己亥2三	庚子3四	辛丑4五	壬寅5六	癸卯6日	甲辰7一	乙巳8二	丙午9三	丁未10四	戊申11五	己酉12六	庚戌13日	辛亥14一	壬子15二	癸丑16三	甲寅17四	乙卯18五	丙辰19六	丁巳20日	戊午21一	己未22二	庚申23三	辛酉24四	壬戌25五			丁未小暑 壬戌大暑
閏六月大	丁未 天干地支西曆星期	癸亥26六	甲子27日	乙丑28一	丙寅29二	丁卯30三	戊辰31四	己巳(8)五	庚午2六	辛未3日	壬申4一	癸酉5二	甲戌6三	乙亥7四	丙子8五	丁丑9六	戊寅10日	己卯11一	庚辰12二	辛巳13三	壬午14四	癸未15五	甲申16六	乙酉17日	丙戌18一	丁亥19二	戊子20三	己丑21四	庚寅22五	辛卯23六	壬辰24日		丁丑立秋 癸亥日食
七月大	戊申 天干地支西曆星期	癸巳25一	甲午26二	乙未27三	丙申28四	丁酉29五	戊戌30六	己亥31日	庚子(9)一	辛丑2二	壬寅3三	癸卯4四	甲辰5五	乙巳6六	丙午7日	丁未8一	戊申9二	己酉10三	庚戌11四	辛亥12五	壬子13六	癸丑14日	甲寅15一	乙卯16二	丙辰17三	丁巳18四	戊午19五	己未20六	庚申21日	辛酉22一	壬戌23二		癸亥處暑 戊申白露
八月小	己酉 天干地支西曆星期	癸亥24三	甲子25四	乙丑26五	丙寅27六	丁卯28日	戊辰29一	己巳30二	庚午(10)三	辛未2四	壬申3五	癸酉4六	甲戌5日	乙亥6一	丙子7二	丁丑8三	戊寅9四	己卯10五	庚辰11六	辛巳12日	壬午13一	癸未14二	甲申15三	乙酉16四	丙戌17五	丁亥18六	戊子19日	己丑20一	庚寅21二	辛卯22三			癸亥秋分 戊寅寒露
九月大	庚戌 天干地支西曆星期	壬辰23四	癸巳24五	甲午25六	乙未26日	丙申27一	丁酉28二	戊戌29三	己亥30四	庚子31五	辛丑(11)六	壬寅2日	癸卯3一	甲辰4二	乙巳5三	丙午6四	丁未7五	戊申8六	己酉9日	庚戌10一	辛亥11二	壬子12三	癸丑13四	甲寅14五	乙卯15六	丙辰16日	丁巳17一	戊午18二	己未19三	庚申20四	辛酉21五		癸巳霜降 己酉立冬
十月小	辛亥 天干地支西曆星期	壬戌22六	癸亥23日	甲子24一	乙丑25二	丙寅26三	丁卯27四	戊辰28五	己巳29六	庚午30日	辛未(12)一	壬申2二	癸酉3三	甲戌4四	乙亥5五	丙子6六	丁丑7日	戊寅8一	己卯9二	庚辰10三	辛巳11四	壬午12五	癸未13六	甲申14日	乙酉15一	丙戌16二	丁亥17三	戊子18四	己丑19五	庚寅20六			甲子小雪 己卯大雪
十一月大	壬子 天干地支西曆星期	辛卯21日	壬辰22一	癸巳23二	甲午24三	乙未25四	丙申26五	丁酉27六	戊戌28日	己亥29一	庚子30二	辛丑31三	壬寅(1)四	癸卯2五	甲辰3六	乙巳4日	丙午5一	丁未6二	戊申7三	己酉8四	庚戌9五	辛亥10六	壬子11日	癸丑12一	甲寅13二	乙卯14三	丙辰15四	丁巳16五	戊午17六	己未18日	庚申19一		甲午冬至 己酉小寒 庚申日食
十二月小	癸丑 天干地支西曆星期	辛酉20二	壬戌21三	癸亥22四	甲子23五	乙丑24六	丙寅25日	丁卯26一	戊辰27二	己巳28三	庚午29四	辛未30五	壬申31六	癸酉(2)日	甲戌2一	乙亥3二	丙子4三	丁丑5四	戊寅6五	己卯7六	庚辰8日	辛巳9一	壬午10二	癸未11三	甲申12四	乙酉13五	丙戌14六	丁亥15日	戊子16一	己丑17二			乙丑大寒 庚辰立春

魏文帝黃初四年（癸卯 兔年） 公元 223～224 年

夏曆月序	中西曆日對照	夏曆日序																													節氣與天象
		初一	初二	初三	初四	初五	初六	初七	初八	初九	初十	十一	十二	十三	十四	十五	十六	十七	十八	十九	二十	廿一	廿二	廿三	廿四	廿五	廿六	廿七	廿八	廿九	三十	
正月大 甲寅	天干地支西曆星期	庚寅18二	辛卯19三	壬辰20四	癸巳21五	甲午22六	乙未23日	丙申24一	丁酉25二	戊戌26三	己亥27四	庚子28五	辛丑(3)六	壬寅2日	癸卯3一	甲辰4二	乙巳5三	丙午6四	丁未7五	戊申8六	己酉9日	庚戌10一	辛亥11二	壬子12三	癸丑13四	甲寅14五	乙卯15六	丙辰16日	丁巳17一	戊午18二	己未19三	乙未雨水 庚戌驚蟄
二月小 乙卯	天干地支西曆星期	庚申20四	辛酉21五	壬戌22六	癸亥23日	甲子24一	乙丑25二	丙寅26三	丁卯27四	戊辰28五	己巳29六	庚午30日	辛未31一	壬申(4)二	癸酉2三	甲戌3四	乙亥4五	丙子5六	丁丑6日	戊寅7一	己卯8二	庚辰9三	辛巳10四	壬午11五	癸未12六	甲申13日	乙酉14一	丙戌15二	丁亥16三	戊子17四		丙寅春分 辛巳清明
三月大 丙辰	天干地支西曆星期	己丑18五	庚寅19六	辛卯20日	壬辰21一	癸巳22二	甲午23三	乙未24四	丙申25五	丁酉26六	戊戌27日	己亥28一	庚子29二	辛丑30三	壬寅(5)四	癸卯2五	甲辰3六	乙巳4日	丙午5一	丁未6二	戊申7三	己酉8四	庚戌9五	辛亥10六	壬子11日	癸丑12一	甲寅13二	乙卯14三	丙辰15四	丁巳16五	戊午17六	丙申穀雨 辛亥立夏
四月小 丁巳	天干地支西曆星期	己未18日	庚申19一	辛酉20二	壬戌21三	癸亥22四	甲子23五	乙丑24六	丙寅25日	丁卯26一	戊辰27二	己巳28三	庚午29四	辛未30五	壬申31六	癸酉(6)日	甲戌2一	乙亥3二	丙子4三	丁丑5四	戊寅6五	己卯7六	庚辰8日	辛巳9一	壬午10二	癸未11三	甲申12四	乙酉13五	丙戌14六	丁亥15日		丙寅小滿 壬午芒種
五月大 戊午	天干地支西曆星期	戊子16一	己丑17二	庚寅18三	辛卯19四	壬辰20五	癸巳21六	甲午22日	乙未23一	丙申24二	丁酉25三	戊戌26四	己亥27五	庚子28六	辛丑29日	壬寅30一	癸卯(7)二	甲辰2三	乙巳3四	丙午4五	丁未5六	戊申6日	己酉7一	庚戌8二	辛亥9三	壬子10四	癸丑11五	甲寅12六	乙卯13日	丙辰14一	丁巳15二	丁酉夏至 壬子小暑
六月小 己未	天干地支西曆星期	戊午16三	己未17四	庚申18五	辛酉19六	壬戌20日	癸亥21一	甲子22二	乙丑23三	丙寅24四	丁卯25五	戊辰26六	己巳27日	庚午28一	辛未29二	壬申30三	癸酉31四	甲戌(8)五	乙亥2六	丙子3日	丁丑4一	戊寅5二	己卯6三	庚辰7四	辛巳8五	壬午9六	癸未10日	甲申11一	乙酉12二	丙戌13三		丁卯大暑 癸未立秋
七月大 庚申	天干地支西曆星期	丁亥14四	戊子15五	己丑16六	庚寅17日	辛卯18一	壬辰19二	癸巳20三	甲午21四	乙未22五	丙申23六	丁酉24日	戊戌25一	己亥26二	庚子27三	辛丑28四	壬寅29五	癸卯30六	甲辰31日	乙巳(9)一	丙午2二	丁未3三	戊申4四	己酉5五	庚戌6六	辛亥7日	壬子8一	癸丑9二	甲寅10三	乙卯11四	丙辰12五	戊戌處暑 癸丑白露
八月小 辛酉	天干地支西曆星期	丁巳13六	戊午14日	己未15一	庚申16二	辛酉17三	壬戌18四	癸亥19五	甲子20六	乙丑21日	丙寅22一	丁卯23二	戊辰24三	己巳25四	庚午26五	辛未27六	壬申28日	癸酉29一	甲戌30二	乙亥(10)三	丙子2四	丁丑3五	戊寅4六	己卯5日	庚辰6一	辛巳7二	壬午8三	癸未9四	甲申10五	乙酉11六		戊辰秋分 癸未寒露
九月大 壬戌	天干地支西曆星期	丙戌12日	丁亥13一	戊子14二	己丑15三	庚寅16四	辛卯17五	壬辰18六	癸巳19日	甲午20一	乙未21二	丙申22三	丁酉23四	戊戌24五	己亥25六	庚子26日	辛丑27一	壬寅28二	癸卯29三	甲辰30四	乙巳31五	丙午(11)六	丁未2日	戊申3一	己酉4二	庚戌5三	辛亥6四	壬子7五	癸丑8六	甲寅9日	乙卯10一	己亥霜降 甲寅立冬
十月大 癸亥	天干地支西曆星期	丙辰11二	丁巳12三	戊午13四	己未14五	庚申15六	辛酉16日	壬戌17一	癸亥18二	甲子19三	乙丑20四	丙寅21五	丁卯22六	戊辰23日	己巳24一	庚午25二	辛未26三	壬申27四	癸酉28五	甲戌29六	乙亥30日	丙子(12)一	丁丑2二	戊寅3三	己卯4四	庚辰5五	辛巳6六	壬午7日	癸未8一	甲申9二	乙酉10三	己巳小雪 甲申大雪
十一月小 甲子	天干地支西曆星期	丙戌11四	丁亥12五	戊子13六	己丑14日	庚寅15一	辛卯16二	壬辰17三	癸巳18四	甲午19五	乙未20六	丙申21日	丁酉22一	戊戌23二	己亥24三	庚子25四	辛丑26五	壬寅27六	癸卯28日	甲辰29一	乙巳30二	丙午31三	丁未(1)四	戊申2五	己酉3六	庚戌4日	辛亥5一	壬子6二	癸丑7三	甲寅8四		庚子冬至
十二月大 乙丑	天干地支西曆星期	乙卯9五	丙辰10六	丁巳11日	戊午12一	己未13二	庚申14三	辛酉15四	壬戌16五	癸亥17六	甲子18日	乙丑19一	丙寅20二	丁卯21三	戊辰22四	己巳23五	庚午24六	辛未25日	壬申26一	癸酉27二	甲戌28三	乙亥29四	丙子30五	丁丑31六	戊寅(2)日	己卯2一	庚辰3二	辛巳4三	壬午5四	癸未6五	甲申7六	乙卯小寒 庚午大寒

魏文帝黄初五年（甲辰 龍年） 公元224～225年

夏曆月序	中西曆日照對	夏曆日序																													節氣與天象
		初一	初二	初三	初四	初五	初六	初七	初八	初九	初十	十一	十二	十三	十四	十五	十六	十七	十八	十九	二十	二一	二二	二三	二四	二五	二六	二七	二八	二九	三十	
正月小	丙寅 天干地支西曆星期	乙酉8日一	丙戌9二	丁亥10三	戊子11四	己丑12五	庚寅13六	辛卯14日	壬辰15一	癸巳16二	甲午17三	乙未18四	丙申19五	丁酉20六	戊戌21日	己亥22一	庚子23二	辛丑24三	壬寅25四	癸卯26五	甲辰27六	乙巳28日	丙午29一	丁未(3)二	戊申2三	己酉3四	庚戌4五	辛亥5六	壬子6日	癸丑7一		乙酉立春 庚子雨水
二月大	丁卯 天干地支西曆星期	甲寅8二	乙卯9三	丙辰10四	丁巳11五	戊午12六	己未13日	庚申14一	辛酉15二	壬戌16三	癸亥17四	甲子18五	乙丑19六	丙寅20日	丁卯21一	戊辰22二	己巳23三	庚午24四	辛未25五	壬申26六	癸酉27日	甲戌28一	乙亥29二	丙子30三	丁丑31四	戊寅(4)五	己卯2六	庚辰3日	辛巳4一	壬午5二	癸未6三	丙辰驚蟄 辛未春分
三月小	戊辰 天干地支西曆星期	甲申7三	乙酉8四	丙戌9五	丁亥10六	戊子11日	己丑12一	庚寅13二	辛卯14三	壬辰15四	癸巳16五	甲午17六	乙未18日	丙申19一	丁酉20二	戊戌21三	己亥22四	庚子23五	辛丑24六	壬寅25日	癸卯26一	甲辰27二	乙巳28三	丙午29四	丁未30五	戊申(5)六	己酉2日	庚戌3一	辛亥4二	壬子5三		丙戌清明 辛丑穀雨
四月大	己巳 天干地支西曆星期	癸丑6四	甲寅7五	乙卯8六	丙辰9日	丁巳10一	戊午11二	己未12三	庚申13四	辛酉14五	壬戌15六	癸亥16日	甲子17一	乙丑18二	丙寅19三	丁卯20四	戊辰21五	己巳22六	庚午23日	辛未24一	壬申25二	癸酉26三	甲戌27四	乙亥28五	丙子29六	丁丑30日	戊寅31一	己卯(6)二	庚辰2三	辛巳3四	壬午4五	丙午立夏 壬申小滿
五月小	庚午 天干地支西曆星期	癸未5六	甲申6日	乙酉7一	丙戌8二	丁亥9三	戊子10四	己丑11五	庚寅12六	辛卯13日	壬辰14一	癸巳15二	甲午16三	乙未17四	丙申18五	丁酉19六	戊戌20日	己亥21一	庚子22二	辛丑23三	壬寅24四	癸卯25五	甲辰26六	乙巳27日	丙午28一	丁未29二	戊申30三	己酉(7)四	庚戌2五	辛亥3六		丁亥芒種 壬寅夏至
六月大	辛未 天干地支西曆星期	壬子4日	癸丑5一	甲寅6二	乙卯7三	丙辰8四	丁巳9五	戊午10六	己未11日	庚申12一	辛酉13二	壬戌14三	癸亥15四	甲子16五	乙丑17六	丙寅18日	丁卯19一	戊辰20二	己巳21三	庚午22四	辛未23五	壬申24六	癸酉25日	甲戌26一	乙亥27二	丙子28三	丁丑29四	戊寅30五	己卯31六	庚辰(8)日		丁巳小暑 癸酉大暑
七月小	壬申 天干地支西曆星期	壬午3一	癸未4二	甲申5三	乙酉6四	丙戌7五	丁亥8六	戊子9日	己丑10一	庚寅11二	辛卯12三	壬辰13四	癸巳14五	甲午15六	乙未16日	丙申17一	丁酉18二	戊戌19三	己亥20四	庚子21五	辛丑22六	壬寅23日	癸卯24一	甲辰25二	乙巳26三	丙午27四	丁未28五	戊申29六	己酉30日	庚戌31一		戊子立秋 癸卯處暑
八月大	癸酉 天干地支西曆星期	辛亥(9)二	壬子2三	癸丑3四	甲寅4五	乙卯5六	丙辰6日	丁巳7一	戊午8二	己未9三	庚申10四	辛酉11五	壬戌12六	癸亥13日	甲子14一	乙丑15二	丙寅16三	丁卯17四	戊辰18五	己巳19六	庚午20日	辛未21一	壬申22二	癸酉23三	甲戌24四	乙亥25五	丙子26六	丁丑27日	戊寅28一	己卯29二	庚辰30三	戊午白露 癸酉秋分
九月小	甲戌 天干地支西曆星期	辛巳(10)四	壬午2五	癸未3六	甲申4日	乙酉5一	丙戌6二	丁亥7三	戊子8四	己丑9五	庚寅10六	辛卯11日	壬辰12一	癸巳13二	甲午14三	乙未15四	丙申16五	丁酉17六	戊戌18日	己亥19一	庚子20二	辛丑21三	壬寅22四	癸卯23五	甲辰24六	乙巳25日	丙午26一	丁未27二	戊申28三	己酉29四		己丑寒露 甲辰霜降
十月大	乙亥 天干地支西曆星期	庚戌30五	辛亥31六	壬子(11)日	癸丑2一	甲寅3二	乙卯4三	丙辰5四	丁巳6五	戊午7六	己未8日	庚申9一	辛酉10二	壬戌11三	癸亥12四	甲子13五	乙丑14六	丙寅15日	丁卯16一	戊辰17二	己巳18三	庚午19四	辛未20五	壬申21六	癸酉22日	甲戌23一	乙亥24二	丙子25三	丁丑26四	戊寅27五	己卯28日	乙未立冬 甲戌小雪
十一月小	丙子 天干地支西曆星期	庚辰29一	辛巳30二	壬午(12)三	癸未2四	甲申3五	乙酉4六	丙戌5日	丁亥6一	戊子7二	己丑8三	庚寅9四	辛卯10五	壬辰11六	癸巳12日	甲午13一	乙未14二	丙申15三	丁酉16四	戊戌17五	己亥18六	庚子19日	辛丑20一	壬寅21二	癸卯22三	甲辰23四	乙巳24五	丙午25六	丁未26日	戊申27一		庚寅大雪 乙巳冬至
十二月大	丁丑 天干地支西曆星期	己酉28二	庚戌29三	辛亥30四	壬子31五	癸丑(1)六	甲寅2日	乙卯3一	丙辰4二	丁巳5三	戊午6四	己未7五	庚申8六	辛酉9日	壬戌10一	癸亥11二	甲子12三	乙丑13四	丙寅14五	丁卯15六	戊辰16日	己巳17一	庚午18二	辛未19三	壬申20四	癸酉21五	甲戌22六	乙亥23日	丙子24一	丁丑25二	戊寅26三	庚申小寒 乙亥大寒

*《三國志》卷二《魏書·文帝紀》載："（十一月）戊申晦，日有食之。"存疑，待考。

魏文帝黃初六年（乙巳 蛇年） 公元225～226年

夏曆月序	中西曆對照	夏曆日序 (初一 through 三十)	節氣與天象

Months listed (夏曆月序):
- 正月小 戊寅 — 庚寅立春 丙午雨水
- 二月大 己卯 — 辛酉驚蟄 丙子春分
- 三月大 庚辰 — 辛卯清明 丁未穀雨
- 閏三月小 庚戌 — 壬戌立夏
- 四月大 辛巳 — 丁丑小滿 壬辰芒種
- 五月小 壬午 — 丁未夏至 癸亥小暑
- 六月大 癸未 — 戊寅大暑 癸巳立秋
- 七月小 甲申 — 戊申處暑 癸亥白露
- 八月大 乙酉 — 己卯秋分 甲午寒露
- 九月小 丙戌 — 己酉霜降 甲子立冬
- 十月大 丁亥 — 庚辰小雪 乙未大雪
- 十一月小 戊子 — 庚戌冬至 乙丑小寒
- 十二月大 己丑 — 庚辰大寒 丙申立春

007

魏文帝黃初七年 明帝黃初七年（丙午 馬年） 公元 226 ~ 227 年

*五月丁巳（十七日），魏文帝死。曹睿即位，是爲明帝，以明年爲太和元年。

魏明帝太和元年（丁未 羊年） 公元 227 ~ 228 年

夏曆月序	中西日照對曆	夏曆日序																													節氣與天象
		初一	初二	初三	初四	初五	初六	初七	初八	初九	初十	十一	十二	十三	十四	十五	十六	十七	十八	十九	二十	二一	二二	二三	二四	二五	二六	二七	二八	二九	三十	
正月大	壬寅	天干地支 西曆 星期	丁酉 4日 一	戊戌 5 二	己亥 6 三	庚子 7 四	辛丑 8 五	壬寅 9 六	癸卯 10日	甲辰 11 一	乙巳 12 二	丙午 13 三	丁未 14 四	戊申 15 五	己酉 16 六	庚戌 17日	辛亥 18 一	壬子 19 二	癸丑 20 三	甲寅 21 四	乙卯 22 五	丙辰 23 六	丁巳 24日	戊午 25 一	己未 26 二	庚申 27 三	辛酉 28(3) 四	壬戌 29 五	癸亥 2 六	甲子 3日	乙丑 4 一	丙寅 5 二	辛丑立春 丙辰雨水
二月小	癸卯	天干地支 西曆 星期	丁卯 6 三	戊辰 7 四	己巳 8 五	庚午 9 六	辛未 10日	壬申 11 一	癸酉 12 二	甲戌 13 三	乙亥 14 四	丙子 15 五	丁丑 16 六	戊寅 17日	己卯 18 一	庚辰 19 二	辛巳 20 三	壬午 21 四	癸未 22 五	甲申 23 六	乙酉 24日	丙戌 25 一	丁亥 26 二	戊子 27 三	己丑 28 四	庚寅 29 五	辛卯 30 六	壬辰 31(4) 日	癸巳 2 一	甲午 3 二	乙未 4 三		辛未驚蟄 丁亥春分
三月大	甲辰	天干地支 西曆 星期	丙申 4 三	丁酉 5 四	戊戌 6 五	己亥 7 六	庚子 8日	辛丑 9 一	壬寅 10 二	癸卯 11 三	甲辰 12 四	乙巳 13 五	丙午 14 六	丁未 15日	戊申 16 一	己酉 17 二	庚戌 18 三	辛亥 19 四	壬子 20 五	癸丑 21 六	甲寅 22日	乙卯 23 一	丙辰 24 二	丁巳 25 三	戊午 26 四	己未 27 五	庚申 28 六	辛酉 29日	壬戌 30(5) 一	癸亥 2 二	甲子 3 三	乙丑 4 四	壬寅清明 丁巳穀雨
四月小	乙巳	天干地支 西曆 星期	丙寅 4 五	丁卯 5 六	戊辰 6日	己巳 7 一	庚午 8 二	辛未 9 三	壬申 10 四	癸酉 11 五	甲戌 12 六	乙亥 13日	丙子 14 一	丁丑 15 二	戊寅 16 三	己卯 17 四	庚辰 18 五	辛巳 19 六	壬午 20日	癸未 21 一	甲申 22 二	乙酉 23 三	丙戌 24 四	丁亥 25 五	戊子 26 六	己丑 27日	庚寅 28 一	辛卯 29 二	壬辰 30 三	癸巳 31(6) 四	甲午 2 五		壬申立夏 丁亥小滿
五月大	丙午	天干地支 西曆 星期	乙未 3 六	丙申 3 日	丁酉 4 一	戊戌 5 二	己亥 6 三	庚子 7 四	辛丑 8 五	壬寅 9 六	癸卯 10日	甲辰 11 一	乙巳 12 二	丙午 13 三	丁未 14 四	戊申 15 五	己酉 16 六	庚戌 17日	辛亥 18 一	壬子 19 二	癸丑 20 三	甲寅 21 四	乙卯 22 五	丙辰 23 六	丁巳 24日	戊午 25 一	己未 26 二	庚申 27 三	辛酉 28 四	壬戌 29 五	癸亥 30 六	甲子 (7)日	癸卯芒種 戊午夏至
六月小	丁未	天干地支 西曆 星期	乙丑 2 一	丙寅 3 二	丁卯 4 三	戊辰 5 四	己巳 6 五	庚午 7 六	辛未 8日	壬申 9 一	癸酉 10 二	甲戌 11 三	乙亥 12 四	丙子 13 五	丁丑 14 六	戊寅 15日	己卯 16 一	庚辰 17 二	辛巳 18 三	壬午 19 四	癸未 20 五	甲申 21 六	乙酉 22日	丙戌 23 一	丁亥 24 二	戊子 25 三	己丑 26 四	庚寅 27 五	辛卯 28 六	壬辰 29日	癸巳 30 一		癸酉小暑 戊子大暑
七月大	戊申	天干地支 西曆 星期	甲午 31(8) 二	乙未 2 三	丙申 3 四	丁酉 4 五	戊戌 5 六	己亥 6日	庚子 7 一	辛丑 8 二	壬寅 9 三	癸卯 10 四	甲辰 11 五	乙巳 12 六	丙午 13日	丁未 14 一	戊申 15 二	己酉 16 三	庚戌 17 四	辛亥 18 五	壬子 19 六	癸丑 20日	甲寅 21 一	乙卯 22 二	丙辰 23 三	丁巳 24 四	戊午 25 五	己未 26 六	庚申 27日	辛酉 28 一	壬戌 29 二	癸亥 30 三	甲辰立秋 己未處暑
八月小	己酉	天干地支 西曆 星期	甲子 30 四	乙丑 31(9) 五	丙寅 2 六	丁卯 3日	戊辰 4 一	己巳 5 二	庚午 6 三	辛未 7 四	壬申 8 五	癸酉 9 六	甲戌 10日	乙亥 11 一	丙子 12 二	丁丑 13 三	戊寅 14 四	己卯 15 五	庚辰 16 六	辛巳 17日	壬午 18 一	癸未 19 二	甲申 20 三	乙酉 21 四	丙戌 22 五	丁亥 23 六	戊子 24日	己丑 25 一	庚寅 26 二	辛卯 27 三			甲戌白露 己丑秋分
九月大	庚戌	天干地支 西曆 星期	癸巳 28 四	甲午 29 五	乙未 30(10) 六	丙申 2 日	丁酉 3 一	戊戌 4 二	己亥 5 三	庚子 6 四	辛丑 7 五	壬寅 8 六	癸卯 9日	甲辰 10 一	乙巳 11 二	丙午 12 三	丁未 13 四	戊申 14 五	己酉 15 六	庚戌 16日	辛亥 17 一	壬子 18 二	癸丑 19 三	甲寅 20 四	乙卯 21 五	丙辰 22 六	丁巳 23日	戊午 24 一	己未 25 二	庚申 26 三	辛酉 27 四	壬戌 28 五	甲辰寒露 庚申霜降
十月大	辛亥	天干地支 西曆 星期	癸亥 28 六	甲子 29日	乙丑 30 一	丙寅 31(11) 二	丁卯 2 三	戊辰 3 四	己巳 4 五	庚午 5 六	辛未 6日	壬申 7 一	癸酉 8 二	甲戌 9 三	乙亥 10 四	丙子 11 五	丁丑 12 六	戊寅 13日	己卯 14 一	庚辰 15 二	辛巳 16 三	壬午 17 四	癸未 18 五	甲申 19 六	乙酉 20日	丙戌 21 一	丁亥 22 二	戊子 23 三	己丑 24 四	庚寅 25 五	辛卯 26日	壬辰 27 六	乙亥立冬 庚寅小雪
十一月小	壬子	天干地支 西曆 星期	癸巳 27 一	甲午 28 二	乙未 29 三	丙申 30 四	丁酉 (12) 五	戊戌 2 六	己亥 3日	庚子 4 一	辛丑 5 二	壬寅 6 三	癸卯 7 四	甲辰 8 五	乙巳 9 六	丙午 10日	丁未 11 一	戊申 12 二	己酉 13 三	庚戌 14 四	辛亥 15 五	壬子 16 六	癸丑 17日	甲寅 18 一	乙卯 19 二	丙辰 20 三	丁巳 21 四	戊午 22 五	己未 23 六	庚申 24日	辛酉 25 一		乙巳大雪 辛酉冬至
十二月大	癸丑	天干地支 西曆 星期	壬戌 26 二	癸亥 27 三	甲子 28 四	乙丑 29 五	丙寅 30 六	丁卯 31(1) 日	戊辰 (1) 一	己巳 2 二	庚午 3 三	辛未 4 四	壬申 5 五	癸酉 6 六	甲戌 7日	乙亥 8 一	丙子 9 二	丁丑 10 三	戊寅 11 四	己卯 12 五	庚辰 13 六	辛巳 14日	壬午 15 一	癸未 16 二	甲申 17 三	乙酉 18 四	丙戌 19 五	丁亥 20 六	戊子 21日	己丑 22 一	庚寅 23 二	辛卯 24 三	丙子小寒 辛卯大寒
閏十二月小	癸丑	天干地支 西曆 星期	壬辰 25 四	癸巳 26 五	甲午 27 六	乙未 28日	丙申 29 一	丁酉 30 二	戊戌 31(2) 三	己亥 (2) 四	庚子 2 五	辛丑 3 六	壬寅 4 日	癸卯 5 一	甲辰 6 二	乙巳 7 三	丙午 8 四	丁未 9 五	戊申 10 六	己酉 11日	庚戌 12 一	辛亥 13 二	壬子 14 三	癸丑 15 四	甲寅 16 五	乙卯 17 六	丙辰 18日	丁巳 19 一	戊午 20 二	己未 21 三	庚申 22 四		丙午立春

魏明帝太和二年（戊申 猴年） 公元228～229年

夏曆月序	中西曆對照	夏曆日序																													節氣與天象
		初一	初二	初三	初四	初五	初六	初七	初八	初九	初十	十一	十二	十三	十四	十五	十六	十七	十八	十九	二十	廿一	廿二	廿三	廿四	廿五	廿六	廿七	廿八	廿九	三十	
正月大	甲寅	辛亥23六	壬子24日	癸丑25一	甲寅26二	乙卯27三	丙辰28四	丁巳29五	戊午(3)六	己未2日	庚申3一	辛酉4二	壬戌5三	癸亥6四	甲子7五	乙丑8六	丙寅9日	丁卯10一	戊辰11二	己巳12三	庚午13四	辛未14五	壬申15六	癸酉16日	甲戌17一	乙亥18二	丙子19三	丁丑20四	戊寅21五	己卯22六	庚辰23日	辛酉雨水 丁丑驚蟄
二月小	乙卯	辛巳24一	壬午25二	癸未26三	甲申27四	乙酉28五	丙戌29六	丁亥30日	戊子31一	己丑(4)二	庚寅2三	辛卯3四	壬辰4五	癸巳5六	甲午6日	乙未7一	丙申8二	丁酉9三	戊戌10四	己亥11五	庚子12六	辛丑13日	壬寅14一	癸卯15二	甲辰16三	乙巳17四	丙午18五	丁未19六	戊申20日	己酉21一		壬辰春分 丁未清明
三月大	丙辰	庚戌22二	辛亥23三	壬子24四	癸丑25五	甲寅26六	乙卯27日	丙辰28一	丁巳29二	戊午30三	己未(5)四	庚申2五	辛酉3六	壬戌4日	癸亥5一	甲子6二	乙丑7三	丙寅8四	丁卯9五	戊辰10六	己巳11日	庚午12一	辛未13二	壬申14三	癸酉15四	甲戌16五	乙亥17六	丙子18日	丁丑19一	戊寅20二	己卯21三	壬戌穀雨 丁丑立夏
四月小	丁巳	庚辰22四	辛巳23五	壬午24六	癸未25日	甲申26一	乙酉27二	丙戌28三	丁亥29四	戊子30五	己丑31六	庚寅(6)日	辛卯2一	壬辰3二	癸巳4三	甲午5四	乙未6五	丙申7六	丁酉8日	戊戌9一	己亥10二	庚子11三	辛丑12四	壬寅13五	癸卯14六	甲辰15日	乙巳16一	丙午17二	丁未18三	戊申19四		癸巳小滿 戊申芒種
五月大	戊午	己酉20五	庚戌21六	辛亥22日	壬子23一	癸丑24二	甲寅25三	乙卯26四	丙辰27五	丁巳28六	戊午29日	己未30一	庚申(7)二	辛酉2三	壬戌3四	癸亥4五	甲子5六	乙丑6日	丙寅7一	丁卯8二	戊辰9三	己巳10四	庚午11五	辛未12六	壬申13日	癸酉14一	甲戌15二	乙亥16三	丙子17四	丁丑18五	戊寅19六	癸亥夏至 戊寅小暑
六月小	己未	己卯20日	庚辰21一	辛巳22二	壬午23三	癸未24四	甲申25五	乙酉26六	丙戌27日	丁亥28一	戊子29二	己丑30三	庚寅31四	辛卯(8)五	壬辰2六	癸巳3日	甲午4一	乙未5二	丙申6三	丁酉7四	戊戌8五	己亥9六	庚子10日	辛丑11一	壬寅12二	癸卯13三	甲辰14四	乙巳15五	丙午16六	丁未17日		甲午大暑 己酉立秋
七月大	庚申	戊申18一	己酉19二	庚戌20三	辛亥21四	壬子22五	癸丑23六	甲寅24日	乙卯25一	丙辰26二	丁巳27三	戊午28四	己未29五	庚申30六	辛酉31(9)日	壬戌2一	癸亥3二	甲子4三	乙丑5四	丙寅6五	丁卯7六	戊辰8日	己巳9一	庚午10二	辛未11三	壬申12四	癸酉13五	甲戌14六	乙亥15日	丙子16一	丁丑17二	甲子處暑 己卯白露
八月小	辛酉	戊寅17三	己卯18四	庚辰19五	辛巳20六	壬午21日	癸未22一	甲申23二	乙酉24三	丙戌25四	丁亥26五	戊子27六	己丑28日	庚寅29一	辛卯30二	壬辰(10)三	癸巳2四	甲午3五	乙未4六	丙申5日	丁酉6一	戊戌7二	己亥8三	庚子9四	辛丑10五	壬寅11六	癸卯12日	甲辰13一	乙巳14二	丙午15三		甲午秋分 庚戌寒露
九月大	壬戌	丁未16四	戊申17五	己酉18六	庚戌19日	辛亥20一	壬子21二	癸丑22三	甲寅23四	乙卯24五	丙辰25六	丁巳26日	戊午27一	己未28二	庚申29三	辛酉30四	壬戌(11)五	癸亥2六	甲子3日	乙丑4一	丙寅5二	丁卯6三	戊辰7四	己巳8五	庚午9六	辛未10日	壬申11一	癸酉12二	甲戌13三	乙亥14四	丙子15五	乙丑霜降 庚辰立冬
十月小	癸亥	丁丑15六	戊寅16日	己卯17一	庚辰18二	辛巳19三	壬午20四	癸未21五	甲申22六	乙酉23日	丙戌24一	丁亥25二	戊子26三	己丑27四	庚寅28五	辛卯29六	壬辰30日	癸巳(02)一	甲午2二	乙未3三	丙申4四	丁酉5五	戊戌6六	己亥7日	庚子8一	辛丑9二	壬寅10三	癸卯11四	甲辰12五	乙巳13六		乙未小雪 辛亥大雪
十一月大	甲子	丙午14日	丁未15一	戊申16二	己酉17三	庚戌18四	辛亥19五	壬子20六	癸丑21日	甲寅22一	乙卯23二	丙辰24三	丁巳25四	戊午26五	己未27六	庚申28日	辛酉29一	壬戌30二	癸亥31三	甲子(1)四	乙丑2五	丙寅3六	丁卯4日	戊辰5一	己巳6二	庚午7三	辛未8四	壬申9五	癸酉10六	甲戌11日	乙亥12一	丙寅冬至 辛巳大寒
十二月小	乙丑	丙子13二	丁丑14三	戊寅15四	己卯16五	庚辰17六	辛巳18日	壬午19一	癸未20二	甲申21三	乙酉22四	丙戌23五	丁亥24六	戊子25日	己丑26一	庚寅27二	辛卯28三	壬辰29四	癸巳30五	甲午31六	乙未(2)日	丙申2一	丁酉3二	戊戌4三	己亥5四	庚子6五	辛丑7六	壬寅8日	癸卯9一	甲辰10二		丙申大寒 辛亥立春

魏明帝太和三年（己酉 雞年） 公元229～230年

夏曆月序	中西曆對照	夏曆日序 初一	初二	初三	初四	初五	初六	初七	初八	初九	初十	十一	十二	十三	十四	十五	十六	十七	十八	十九	二十	二一	二二	二三	二四	二五	二六	二七	二八	二九	三十	節氣與天象
正月大	丙寅 天干地支西曆星期	乙卯11三	丙辰12四	丁巳13五	戊午14六	己未15日	庚申16一	辛酉17二	壬戌18三	癸亥19四	甲子20五	乙丑21六	丙寅22日	丁卯23一	戊辰24二	己巳25三	庚午26四	辛未27五	壬申28六	癸酉(3)日	甲戌2一	乙亥3二	丙子4三	丁丑5四	戊寅6五	己卯7六	庚辰8日	辛巳9一	壬午10二	癸未11三	甲申12四	丁卯雨水 壬午驚蟄
二月大	丁卯 天干地支西曆星期	乙酉13五	丙戌14六	丁亥15日	戊子16一	己丑17二	庚寅18三	辛卯19四	壬辰20五	癸巳21六	甲午22日	乙未23一	丙申24二	丁酉25三	戊戌26四	己亥27五	庚子28六	辛丑29日	壬寅30一	癸卯(4)二	甲辰2三	乙巳3四	丙午4五	丁未5六	戊申6日	己酉7一	庚戌8二	辛亥9三	壬子10四	癸丑11五	甲寅12六	丁酉春分 壬子清明 乙酉日食
三月小	戊辰 天干地支西曆星期	乙卯12日	丙辰13一	丁巳14二	戊午15三	己未16四	庚申17五	辛酉18六	壬戌19日	癸亥20一	甲子21二	乙丑22三	丙寅23四	丁卯24五	戊辰25六	己巳26日	庚午27一	辛未28二	壬申29三	癸酉30四	甲戌(5)五	乙亥2六	丙子3日	丁丑4一	戊寅5二	己卯6三	庚辰7四	辛巳8五	壬午9六	癸未10日		戊辰穀雨 癸未立夏
四月大	己巳 天干地支西曆星期	甲申11一	乙酉12二	丙戌13三	丁亥14四	戊子15五	己丑16六	庚寅17日	辛卯18一	壬辰19二	癸巳20三	甲午21四	乙未22五	丙申23六	丁酉24日	戊戌25一	己亥26二	庚子27三	辛丑28四	壬寅29五	癸卯30六	甲辰31日	乙巳(6)一	丙午2二	丁未3三	戊申4四	己酉5五	庚戌6六	辛亥7日	壬子8一	癸丑9二	戊戌小滿 癸丑芒種
五月小	庚午 天干地支西曆星期	甲寅10三	乙卯11四	丙辰12五	丁巳13六	戊午14日	己未15一	庚申16二	辛酉17三	壬戌18四	癸亥19五	甲子20六	乙丑21日	丙寅22一	丁卯23二	戊辰24三	己巳25四	庚午26五	辛未27六	壬申28日	癸酉29一	甲戌30二	乙亥(7)三	丙子2四	丁丑3五	戊寅4六	己卯5日	庚辰6一	辛巳7二	壬午8三		戊辰夏至
六月大	辛未 天干地支西曆星期	癸未9四	甲申10五	乙酉11六	丙戌12日	丁亥13一	戊子14二	己丑15三	庚寅16四	辛卯17五	壬辰18六	癸巳19日	甲午20一	乙未21二	丙申22三	丁酉23四	戊戌24五	己亥25六	庚子26日	辛丑27一	壬寅28二	癸卯29三	甲辰30四	乙巳31五	丙午(8)六	丁未2日	戊申3一	己酉4二	庚戌5三	辛亥6四	壬子7五	甲申小暑 己亥大暑
七月小	壬申 天干地支西曆星期	癸丑8六	甲寅9日	乙卯10一	丙辰11二	丁巳12三	戊午13四	己未14五	庚申15六	辛酉16日	壬戌17一	癸亥18二	甲子19三	乙丑20四	丙寅21五	丁卯22六	戊辰23日	己巳24一	庚午25二	辛未26三	壬申27四	癸酉28五	甲戌29六	乙亥30日	丙子31一	丁丑(9)二	戊寅2三	己卯3四	庚辰4五	辛巳5六		甲寅立秋 己巳處暑
八月大	癸酉 天干地支西曆星期	壬午6日	癸未7一	甲申8二	乙酉9三	丙戌10四	丁亥11五	戊子12六	己丑13日	庚寅14一	辛卯15二	壬辰16三	癸巳17四	甲午18五	乙未19六	丙申20日	丁酉21一	戊戌22二	己亥23三	庚子24四	辛丑25五	壬寅26六	癸卯27日	甲辰28一	乙巳29二	丙午30三	丁未(10)四	戊申2五	己酉3六	庚戌4日	辛亥5一	甲申白露 庚子秋分
九月小	甲戌 天干地支西曆星期	壬子6二	癸丑7三	甲寅8四	乙卯9五	丙辰10六	丁巳11日	戊午12一	己未13二	庚申14三	辛酉15四	壬戌16五	癸亥17六	甲子18日	乙丑19一	丙寅20二	丁卯21三	戊辰22四	己巳23五	庚午24六	辛未25日	壬申26一	癸酉27二	甲戌28三	乙亥29四	丙子30五	丁丑31六	戊寅(11)日	己卯2一	庚辰3二		乙卯寒露 庚午霜降
十月大	乙亥 天干地支西曆星期	辛巳4三	壬午5四	癸未6五	甲申7六	乙酉8日	丙戌9一	丁亥10二	戊子11三	己丑12四	庚寅13五	辛卯14六	壬辰15日	癸巳16一	甲午17二	乙未18三	丙申19四	丁酉20五	戊戌21六	己亥22日	庚子23一	辛丑24二	壬寅25三	癸卯26四	甲辰27五	乙巳28六	丙午29日	丁未30一	戊申(12)二	己酉2三	庚戌3四	乙酉立冬 辛丑小雪
十一月小	丙子 天干地支西曆星期	辛亥4五	壬子5六	癸丑6日	甲寅7一	乙卯8二	丙辰9三	丁巳10四	戊午11五	己未12六	庚申13日	辛酉14一	壬戌15二	癸亥16三	甲子17四	乙丑18五	丙寅19六	丁卯20日	戊辰21一	己巳22二	庚午23三	辛未24四	壬申25五	癸酉26六	甲戌27日	乙亥28一	丙子29二	丁丑30三	戊寅31四	己卯(1)五		丙辰大雪 辛未冬至
十二月大	丁丑 天干地支西曆星期	庚辰2六	辛巳3日	壬午4一	癸未5二	甲申6三	乙酉7四	丙戌8五	丁亥9六	戊子10日	己丑11一	庚寅12二	辛卯13三	壬辰14四	癸巳15五	甲午16六	乙未17日	丙申18一	丁酉19二	戊戌20三	己亥21四	庚子22五	辛丑23六	壬寅24日	癸卯25一	甲辰26二	乙巳27三	丙午28四	丁未29五	戊申30六	己酉31日	丙戌小寒 辛丑大寒

魏明帝太和四年（庚戌 狗年） 公元230～231年

夏曆月序	中西日曆對照	夏曆日序																													節氣與天象
		初一	初二	初三	初四	初五	初六	初七	初八	初九	初十	十一	十二	十三	十四	十五	十六	十七	十八	十九	二十	二一	二二	二三	二四	二五	二六	二七	二八	二九	三十	
正月小	戊寅 天干地支 西曆 星期	庚戌(2) 一	辛亥 2 二	壬子 3 三	癸丑 4 四	甲寅 5 五	乙卯 6 六	丙辰 7 日	丁巳 8 一	戊午 9 二	己未 10 三	庚申 11 四	辛酉 12 五	壬戌 13 六	癸亥 14 日	甲子 15 一	乙丑 16 二	丙寅 17 三	丁卯 18 四	戊辰 19 五	己巳 20 六	庚午 21 日	辛未 22 一	壬申 23 二	癸酉 24 三	甲戌 25 四	乙亥 26 五	丙子 27 六	丁丑 28 日	戊寅 (3) 一		丁巳立春 壬申雨水
二月大	己卯 天干地支 西曆 星期	己卯 2 二	庚辰 3 三	辛巳 4 四	壬午 5 五	癸未 6 六	甲申 7 日	乙酉 8 一	丙戌 9 二	丁亥 10 三	戊子 11 四	己丑 12 五	庚寅 13 六	辛卯 14 日	壬辰 15 一	癸巳 16 二	甲午 17 三	乙未 18 四	丙申 19 五	丁酉 20 六	戊戌 21 日	己亥 22 一	庚子 23 二	辛丑 24 三	壬寅 25 四	癸卯 26 五	甲辰 27 六	乙巳 28 日	丙午 29 一	丁未 30 二	戊申 31 三	丁亥驚蟄 壬寅春分
三月小	庚辰 天干地支 西曆 星期	己酉(4) 四	庚戌 2 五	辛亥 3 六	壬子 4 日	癸丑 5 一	甲寅 6 二	乙卯 7 三	丙辰 8 四	丁巳 9 五	戊午 10 六	己未 11 日	庚申 12 一	辛酉 13 二	壬戌 14 三	癸亥 15 四	甲子 16 五	乙丑 17 六	丙寅 18 日	丁卯 19 一	戊辰 20 二	己巳 21 三	庚午 22 四	辛未 23 五	壬申 24 六	癸酉 25 日	甲戌 26 一	乙亥 27 二	丙子 28 三	丁丑 29 四		戊午清明 癸酉穀雨
四月大	辛巳 天干地支 西曆 星期	戊寅 30 五	己卯(5) 六	庚辰 2 日	辛巳 3 一	壬午 4 二	癸未 5 三	甲申 6 四	乙酉 7 五	丙戌 8 六	丁亥 9 日	戊子 10 一	己丑 11 二	庚寅 12 三	辛卯 13 四	壬辰 14 五	癸巳 15 六	甲午 16 日	乙未 17 一	丙申 18 二	丁酉 19 三	戊戌 20 四	己亥 21 五	庚子 22 六	辛丑 23 日	壬寅 24 一	癸卯 25 二	甲辰 26 三	乙巳 27 四	丙午 28 五	丁未 29 六	戊子立夏 癸卯小滿
五月大	壬午 天干地支 西曆 星期	戊申 30 日	己酉 31 一	庚戌(6) 二	辛亥 2 三	壬子 3 四	癸丑 4 五	甲寅 5 六	乙卯 6 日	丙辰 7 一	丁巳 8 二	戊午 9 三	己未 10 四	庚申 11 五	辛酉 12 六	壬戌 13 日	癸亥 14 一	甲子 15 二	乙丑 16 三	丙寅 17 四	丁卯 18 五	戊辰 19 六	己巳 20 日	庚午 21 一	辛未 22 二	壬申 23 三	癸酉 24 四	甲戌 25 五	乙亥 26 六	丙子 27 日	丁丑 28 一	戊午芒種 甲戌夏至
六月小	癸未 天干地支 西曆 星期	戊寅 29 二	己卯 30 三	庚辰(7) 四	辛巳 2 五	壬午 3 六	癸未 4 日	甲申 5 一	乙酉 6 二	丙戌 7 三	丁亥 8 四	戊子 9 五	己丑 10 六	庚寅 11 日	辛卯 12 一	壬辰 13 二	癸巳 14 三	甲午 15 四	乙未 16 五	丙申 17 六	丁酉 18 日	戊戌 19 一	己亥 20 二	庚子 21 三	辛丑 22 四	壬寅 23 五	癸卯 24 六	甲辰 25 日	乙巳 26 一	丙午 27 二		己丑小暑 甲辰大暑
七月大	甲申 天干地支 西曆 星期	丁未 28 三	戊申 29 四	己酉 30 五	庚戌 31 六	辛亥(8) 日	壬子 2 一	癸丑 3 二	甲寅 4 三	乙卯 5 四	丙辰 6 五	丁巳 7 六	戊午 8 日	己未 9 一	庚申 10 二	辛酉 11 三	壬戌 12 四	癸亥 13 五	甲子 14 六	乙丑 15 日	丙寅 16 一	丁卯 17 二	戊辰 18 三	己巳 19 四	庚午 20 五	辛未 21 六	壬申 22 日	癸酉 23 一	甲戌 24 二	乙亥 25 三	丙子 26 四	己未立秋 乙亥處暑
八月小	乙酉 天干地支 西曆 星期	丁丑 27 五	戊寅 28 六	己卯 29 日	庚辰 30 一	辛巳 31 二	壬午(9) 三	癸未 2 四	甲申 3 五	乙酉 4 六	丙戌 5 日	丁亥 6 一	戊子 7 二	己丑 8 三	庚寅 9 四	辛卯 10 五	壬辰 11 六	癸巳 12 日	甲午 13 一	乙未 14 二	丙申 15 三	丁酉 16 四	戊戌 17 五	己亥 18 六	庚子 19 日	辛丑 20 一	壬寅 21 二	癸卯 22 三	甲辰 23 四	乙巳 24 五		庚寅白露 乙巳秋分
九月大	丙戌 天干地支 西曆 星期	丙午 25 六	丁未 26 日	戊申 27 一	己酉 28 二	庚戌 29 三	辛亥 30 四	壬子(10) 五	癸丑 2 六	甲寅 3 日	乙卯 4 一	丙辰 5 二	丁巳 6 三	戊午 7 四	己未 8 五	庚申 9 六	辛酉 10 日	壬戌 11 一	癸亥 12 二	甲子 13 三	乙丑 14 四	丙寅 15 五	丁卯 16 六	戊辰 17 日	己巳 18 一	庚午 19 二	辛未 20 三	壬申 21 四	癸酉 22 五	甲戌 23 六	乙亥 24 日	庚申寒露 乙亥霜降
閏九月小	丙戌 天干地支 西曆 星期	丙子 25 一	丁丑 26 二	戊寅 27 三	己卯 28 四	庚辰 29 五	辛巳 30 六	壬午 31 日	癸未(11) 一	甲申 2 二	乙酉 3 三	丙戌 4 四	丁亥 5 五	戊子 6 六	己丑 7 日	庚寅 8 一	辛卯 9 二	壬辰 10 三	癸巳 11 四	甲午 12 五	乙未 13 六	丙申 14 日	丁酉 15 一	戊戌 16 二	己亥 17 三	庚子 18 四	辛丑 19 五	壬寅 20 六	癸卯 21 日	甲辰 22 一		辛卯立冬
十月大	丁亥 天干地支 西曆 星期	乙巳 23 二	丙午 24 三	丁未 25 四	戊申 26 五	己酉 27 六	庚戌 28 日	辛亥 29 一	壬子 30 二	癸丑(12) 三	甲寅 2 四	乙卯 3 五	丙辰 4 六	丁巳 5 日	戊午 6 一	己未 7 二	庚申 8 三	辛酉 9 四	壬戌 10 五	癸亥 11 六	甲子 12 日	乙丑 13 一	丙寅 14 二	丁卯 15 三	戊辰 16 四	己巳 17 五	庚午 18 六	辛未 19 日	壬申 20 一	癸酉 21 二	甲戌 22 三	丙午小雪 辛酉大雪
十一月小	戊子 天干地支 西曆 星期	乙亥 23 四	丙子 24 五	丁丑 25 六	戊寅 26 日	己卯 27 一	庚辰 28 二	辛巳 29 三	壬午 30 四	癸未 31 五	甲申(1) 六	乙酉 2 日	丙戌 3 一	丁亥 4 二	戊子 5 三	己丑 6 四	庚寅 7 五	辛卯 8 六	壬辰 9 日	癸巳 10 一	甲午 11 二	乙未 12 三	丙申 13 四	丁酉 14 五	戊戌 15 六	己亥 16 日	庚子 17 一	辛丑 18 二	壬寅 19 三	癸卯 20 四		丙子冬至 辛卯小寒
十二月大	己丑 天干地支 西曆 星期	甲辰 21 五	乙巳 22 六	丙午 23 日	丁未 24 一	戊申 25 二	己酉 26 三	庚戌 27 四	辛亥 28 五	壬子 29 六	癸丑 30 日	甲寅 31 一	乙卯(2) 二	丙辰 2 三	丁巳 3 四	戊午 4 五	己未 5 六	庚申 6 日	辛酉 7 一	壬戌 8 二	癸亥 9 三	甲子 10 四	乙丑 11 五	丙寅 12 六	丁卯 13 日	戊辰 14 一	己巳 15 二	庚午 16 三	辛未 17 四	壬申 18 五	癸酉 19 六	丁未大寒 壬戌立春

魏明帝太和五年（辛亥 猪年） 公元 231～232 年

夏曆月序	中西曆對照	夏曆日序																													節氣與天象
		初一	初二	初三	初四	初五	初六	初七	初八	初九	初十	十一	十二	十三	十四	十五	十六	十七	十八	十九	二十	廿一	廿二	廿三	廿四	廿五	廿六	廿七	廿八	廿九	三十	
正月小	庚寅	甲戌20日一	乙亥21二	丙子22三	丁丑23四	戊寅24五	己卯25六	庚辰26日	辛巳27一	壬午28二	癸未(3)三	甲申2四	乙酉3五	丙戌4六	丁亥5日	戊子6一	己丑7二	庚寅8三	辛卯9四	壬辰10五	癸巳11六	甲午12日	乙未13一	丙申14二	丁酉15三	戊戌16四	己亥17五	庚子18六	辛丑19日	壬寅20一		丁丑雨水 壬辰驚蟄
二月大	辛卯	癸卯21二	甲辰22三	乙巳23四	丙午24五	丁未25六	戊申26日	己酉27一	庚戌28二	辛亥29三	壬子30四	癸丑31五	甲寅(4)六	乙卯2日	丙辰3一	丁巳4二	戊午5三	己未6四	庚申7五	辛酉8六	壬戌9日	癸亥10一	甲子11二	乙丑12三	丙寅13四	丁卯14五	戊辰15六	己巳16日	庚午17一	辛未18二	壬申19三	戊申春分 癸亥清明
三月小	壬辰	癸酉20三	甲戌21四	乙亥22五	丙子23六	丁丑24日	戊寅25一	己卯26二	庚辰27三	辛巳28四	壬午29五	癸未30六	甲申(5)日	乙酉2一	丙戌3二	丁亥4三	戊子5四	己丑6五	庚寅7六	辛卯8日	壬辰9一	癸巳10二	甲午11三	乙未12四	丙申13五	丁酉14六	戊戌15日	己亥16一	庚子17二	辛丑18三		戊寅穀雨 癸巳立夏
四月大	癸巳	壬寅19四	癸卯20五	甲辰21六	乙巳22日	丙午23一	丁未24二	戊申25三	己酉26四	庚戌27五	辛亥28六	壬子29日	癸丑30一	甲寅31二	乙卯(6)三	丙辰2四	丁巳3五	戊午4六	己未5日	庚申6一	辛酉7二	壬戌8三	癸亥9四	甲子10五	乙丑11六	丙寅12日	丁卯13一	戊辰14二	己巳15三	庚午16四	辛未17五	戊申小滿 甲子芒種
五月小	甲午	壬申18六	癸酉19日	甲戌20一	乙亥21二	丙子22三	丁丑23四	戊寅24五	己卯25六	庚辰26日	辛巳27一	壬午28二	癸未29三	甲申(7)四	乙酉2五	丙戌3六	丁亥4日	戊子5一	己丑6二	庚寅7三	辛卯8四	壬辰9五	癸巳10六	甲午11日	乙未12一	丙申13二	丁酉14三	戊戌15四	己亥16五	庚子17六		己卯夏至 甲午小暑
六月大	乙未	辛丑17日	壬寅18一	癸卯19二	甲辰20三	乙巳21四	丙午22五	丁未23六	戊申24日	己酉25一	庚戌26二	辛亥27三	壬子28四	癸丑29五	甲寅30六	乙卯31日	丙辰(8)一	丁巳2二	戊午3三	己未4四	庚申5五	辛酉6六	壬戌7日	癸亥8一	甲子9二	乙丑10三	丙寅11四	丁卯12五	戊辰13六	己巳14日	庚午15一	己酉大暑 乙丑立秋
七月小	丙申	辛未16二	壬申17三	癸酉18四	甲戌19五	乙亥20六	丙子21日	丁丑22一	戊寅23二	己卯24三	庚辰25四	辛巳26五	壬午27六	癸未28日	甲申29一	乙酉30二	丙戌31三	丁亥(9)四	戊子2五	己丑3六	庚寅4日	辛卯5一	壬辰6二	癸巳7三	甲午8四	乙未9五	丙申10六	丁酉11日	戊戌12一	己亥13二		庚辰處暑 乙未白露
八月大	丁酉	庚子14三	辛丑15四	壬寅16五	癸卯17六	甲辰18日	乙巳19一	丙午20二	丁未21三	戊申22四	己酉23五	庚戌24六	辛亥25日	壬子26一	癸丑27二	甲寅28三	乙卯29四	丙辰30五	丁巳(10)六	戊午2日	己未3一	庚申4二	辛酉5三	壬戌6四	癸亥7五	甲子8六	乙丑9日	丙寅10一	丁卯11二	戊辰12三	己巳13四	庚戌秋分 乙丑寒露
九月大	戊戌	庚午14五	辛未15六	壬申16日	癸酉17一	甲戌18二	乙亥19三	丙子20四	丁丑21五	戊寅22六	己卯23日	庚辰24一	辛巳25二	壬午26三	癸未27四	甲申28五	乙酉29六	丙戌30日	丁亥31一	戊子(11)二	己丑2三	庚寅3四	辛卯4五	壬辰5六	癸巳6日	甲午7一	乙未8二	丙申9三	丁酉10四	戊戌11五	己亥12六	辛巳霜降 丙申立冬
十月小	己亥	庚子13日	辛丑14一	壬寅15二	癸卯16三	甲辰17四	乙巳18五	丙午19六	丁未20日	戊申21一	己酉22二	庚戌23三	辛亥24四	壬子25五	癸丑26六	甲寅27日	乙卯28一	丙辰29二	丁巳30三	戊午(12)四	己未2五	庚申3六	辛酉4日	壬戌5一	癸亥6二	甲子7三	乙丑8四	丙寅9五	丁卯10六	戊辰11日		辛亥小雪 丙寅大雪
十一月大	庚子	己巳12一	庚午13二	辛未14三	壬申15四	癸酉16五	甲戌17六	乙亥18日	丙子19一	丁丑20二	戊寅21三	己卯22四	庚辰23五	辛巳24六	壬午25日	癸未26一	甲申27二	乙酉28三	丙戌29四	丁亥30五	戊子31六	己丑(1)日	庚寅2一	辛卯3二	壬辰4三	癸巳5四	甲午6五	乙未7六	丙申8日	丁酉9一	戊戌10二	壬午冬至 丁酉小寒 戊戌日食
十二月小	辛丑	己亥11三	庚子12四	辛丑13五	壬寅14六	癸卯15日	甲辰16一	乙巳17二	丙午18三	丁未19四	戊申20五	己酉21六	庚戌22日	辛亥23一	壬子24二	癸丑25三	甲寅26四	乙卯27五	丙辰28六	丁巳29日	戊午30一	己未31二	庚申(2)三	辛酉2四	壬戌3五	癸亥4六	甲子5日	乙丑6一	丙寅7二	丁卯8三		壬子大寒 丁卯立春

魏明帝太和六年（壬子 鼠年） 公元232～233年

夏曆月序	中西曆對照	夏曆日序																													節氣與天象
		初一	初二	初三	初四	初五	初六	初七	初八	初九	初十	十一	十二	十三	十四	十五	十六	十七	十八	十九	二十	廿一	廿二	廿三	廿四	廿五	廿六	廿七	廿八	廿九	三十	
正月大	壬寅 天干地支西曆星期	戊辰9 四	己巳10 五	庚午11 六	辛未12 日	壬申13 一	癸酉14 二	甲戌15 三	乙亥16 四	丙子17 五	丁丑18 六	戊寅19 日	己卯20 一	庚辰21 二	辛巳22 三	壬午23 四	癸未24 五	甲申25 六	乙酉26 日	丙戌27 一	丁亥28 二	戊子29 三	己丑(3) 四	庚寅2 五	辛卯3 六	壬辰4 日	癸巳5 一	甲午6 二	乙未7 三	丙申8 四	丁酉9 五	壬午雨水
二月小	癸卯 天干地支西曆星期	戊戌10 六	己亥11 日	庚子12 一	辛丑13 二	壬寅14 三	癸卯15 四	甲辰16 五	乙巳17 六	丙午18 日	丁未19 一	戊申20 二	己酉21 三	庚戌22 四	辛亥23 五	壬子24 六	癸丑25 日	甲寅26 一	乙卯27 二	丙辰28 三	丁巳29 四	戊午30 五	己未31 六	庚申(4) 日	辛酉2 一	壬戌3 二	癸亥4 三	甲子5 四	乙丑6 五	丙寅7 六		戊戌驚蟄 癸丑春分
三月大	甲辰 天干地支西曆星期	丁卯8 日	戊辰9 一	己巳10 二	庚午11 三	辛未12 四	壬申13 五	癸酉14 六	甲戌15 日	乙亥16 一	丙子17 二	丁丑18 三	戊寅19 四	己卯20 五	庚辰21 六	辛巳22 日	壬午23 一	癸未24 二	甲申25 三	乙酉26 四	丙戌27 五	丁亥28 六	戊子29 日	己丑30 一	庚寅(5) 二	辛卯2 三	壬辰3 四	癸巳4 五	甲午5 六	乙未6 日	丙申7 一	戊辰清明 癸未穀雨
四月小	乙巳 天干地支西曆星期	丁酉8 二	戊戌9 三	己亥10 四	庚子11 五	辛丑12 六	壬寅13 日	癸卯14 一	甲辰15 二	乙巳16 三	丙午17 四	丁未18 五	戊申19 六	己酉20 日	庚戌21 一	辛亥22 二	壬子23 三	癸丑24 四	甲寅25 五	乙卯26 六	丙辰27 日	丁巳28 一	戊午29 二	己未30 三	庚申31 四	辛酉(6) 五	壬戌2 六	癸亥3 日	甲子4 一	乙丑5 二		戊戌立夏 甲寅小滿
五月大	丙午 天干地支西曆星期	丙寅6 三	丁卯7 四	戊辰8 五	己巳9 六	庚午10 日	辛未11 一	壬申12 二	癸酉13 三	甲戌14 四	乙亥15 五	丙子16 六	丁丑17 日	戊寅18 一	己卯19 二	庚辰20 三	辛巳21 四	壬午22 五	癸未23 六	甲申24 日	乙酉25 一	丙戌26 二	丁亥27 三	戊子28 四	己丑29 五	庚寅30 六	辛卯(7) 日	壬辰2 一	癸巳3 二	甲午4 三	乙未5 四	己巳芒種 甲申夏至
六月小	丁未 天干地支西曆星期	丙申6 五	丁酉7 六	戊戌8 日	己亥9 一	庚子10 二	辛丑11 三	壬寅12 四	癸卯13 五	甲辰14 六	乙巳15 日	丙午16 一	丁未17 二	戊申18 三	己酉19 四	庚戌20 五	辛亥21 六	壬子22 日	癸丑23 一	甲寅24 二	乙卯25 三	丙辰26 四	丁巳27 五	戊午28 六	己未29 日	庚申30 一	辛酉31 二	壬戌(8) 三	癸亥2 四	甲子3 五		己亥小暑 乙卯大暑
七月大	戊申 天干地支西曆星期	乙丑4 六	丙寅5 日	丁卯6 一	戊辰7 二	己巳8 三	庚午9 四	辛未10 五	壬申11 六	癸酉12 日	甲戌13 一	乙亥14 二	丙子15 三	丁丑16 四	戊寅17 五	己卯18 六	庚辰19 日	辛巳20 一	壬午21 二	癸未22 三	甲申23 四	乙酉24 五	丙戌25 六	丁亥26 日	戊子27 一	己丑28 二	庚寅29 三	辛卯30 四	壬辰31 五	癸巳(9) 六	甲午2 日	庚午立秋 乙酉處暑
八月小	己酉 天干地支西曆星期	乙未3 一	丙申4 二	丁酉5 三	戊戌6 四	己亥7 五	庚子8 六	辛丑9 日	壬寅10 一	癸卯11 二	甲辰12 三	乙巳13 四	丙午14 五	丁未15 六	戊申16 日	己酉17 一	庚戌18 二	辛亥19 三	壬子20 四	癸丑21 五	甲寅22 六	乙卯23 日	丙辰24 一	丁巳25 二	戊午26 三	己未27 四	庚申28 五	辛酉29 六	壬戌30 日	癸亥(10) 一		庚子白露 乙卯秋分
九月大	庚戌 天干地支西曆星期	甲子2 二	乙丑3 三	丙寅4 四	丁卯5 五	戊辰6 六	己巳7 日	庚午8 一	辛未9 二	壬申10 三	癸酉11 四	甲戌12 五	乙亥13 六	丙子14 日	丁丑15 一	戊寅16 二	己卯17 三	庚辰18 四	辛巳19 五	壬午20 六	癸未21 日	甲申22 一	乙酉23 二	丙戌24 三	丁亥25 四	戊子26 五	己丑27 六	庚寅28 日	辛卯29 一	壬辰30 二	癸巳31 三	辛未寒露 丙戌霜降
十月小	辛亥 天干地支西曆星期	甲午(11) 四	乙未2 五	丙申3 六	丁酉4 日	戊戌5 一	己亥6 二	庚子7 三	辛丑8 四	壬寅9 五	癸卯10 六	甲辰11 日	乙巳12 一	丙午13 二	丁未14 三	戊申15 四	己酉16 五	庚戌17 六	辛亥18 日	壬子19 一	癸丑20 二	甲寅21 三	乙卯22 四	丙辰23 五	丁巳24 六	戊午25 日	己未26 一	庚申27 二	辛酉28 三	壬戌29 四		辛丑立冬 丙辰小雪
十一月大	壬子 天干地支西曆星期	癸亥30 五	甲子(12) 六	乙丑2 日	丙寅3 一	丁卯4 二	戊辰5 三	己巳6 四	庚午7 五	辛未8 六	壬申9 日	癸酉10 一	甲戌11 二	乙亥12 三	丙子13 四	丁丑14 五	戊寅15 六	己卯16 日	庚辰17 一	辛巳18 二	壬午19 三	癸未20 四	甲申21 五	乙酉22 六	丙戌23 日	丁亥24 一	戊子25 二	己丑26 三	庚寅27 四	辛卯28 五	壬辰29 六	壬申大雪 丁亥冬至 壬辰日食
十二月小	癸丑 天干地支西曆星期	癸巳30 日	甲午31 一	乙未(1) 二	丙申2 三	丁酉3 四	戊戌4 五	己亥5 六	庚子6 日	辛丑7 一	壬寅8 二	癸卯9 三	甲辰10 四	乙巳11 五	丙午12 六	丁未13 日	戊申14 一	己酉15 二	庚戌16 三	辛亥17 四	壬子18 五	癸丑19 六	甲寅20 日	乙卯21 一	丙辰22 二	丁巳23 三	戊午24 四	己未25 五	庚申26 六	辛酉27 日		壬寅小寒 丁巳大寒

魏明帝太和七年 青龍元年（癸丑 牛年） 公元 233～234 年

夏曆月序	中西曆日對照	夏曆日序 初一～三十	節氣與天象
正月大	甲寅	壬戌28一／癸亥29二／甲子30三／乙丑31四／丙寅(2)五／丁卯2六／戊辰3日／己巳4一／庚午5二／辛未6三／壬申7四／癸酉8五／甲戌9六／乙亥10日／丙子11一／丁丑12二／戊寅13三／己卯14四／庚辰15五／辛巳16六／壬午17日／癸未18一／甲申19二／乙酉20三／丙戌21四／丁亥22五／戊子23六／己丑24日／庚寅25一／辛卯26二	壬申立春 戊子雨水
二月大	乙卯	壬辰27三／癸巳28四／甲午(3)五／乙未2六／丙申3日／丁酉4一／戊戌5二／己亥6三／庚子7四／辛丑8五／壬寅9六／癸卯10日／甲辰11一／乙巳12二／丙午13三／丁未14四／戊申15五／己酉16六／庚戌17日／辛亥18一／壬子19二／癸丑20三／甲寅21四／乙卯22五／丙辰23六／丁巳24日／戊午25一／己未26二／庚申27三／辛酉28四	癸卯驚蟄 戊午春分
三月小	丙辰	壬戌29五／癸亥30六／甲子31日／乙丑(4)一／丙寅2二／丁卯3三／戊辰4四／己巳5五／庚午6六／辛未7日／壬申8一／癸酉9二／甲戌10三／乙亥11四／丙子12五／丁丑13六／戊寅14日／己卯15一／庚辰16二／辛巳17三／壬午18四／癸未19五／甲申20六／乙酉21日／丙戌22一／丁亥23二／戊子24三／己丑25四／庚寅26五	癸酉清明 己丑穀雨？
四月大	丁巳	辛卯27六／壬辰28日／癸巳29一／甲午30二／乙未(5)三／丙申2四／丁酉3五／戊戌4六／己亥5日／庚子6一／辛丑7二／壬寅8三／癸卯9四／甲辰10五／乙巳11六／丙午12日／丁未13一／戊申14二／己酉15三／庚戌16四／辛亥17五／壬子18六／癸丑19日／甲寅20一／乙卯21二／丙辰22三／丁巳23四／戊午24五／己未25六／庚申26日	甲辰立夏 乙未小滿
五月小	戊午	辛酉27一／壬戌28二／癸亥29三／甲子30四／乙丑31五／丙寅(6)六／丁卯2日／戊辰3一／己巳4二／庚午5三／辛未6四／壬申7五／癸酉8六／甲戌9日／乙亥10一／丙子11二／丁丑12三／戊寅13四／己卯14五／庚辰15六／辛巳16日／壬午17一／癸未18二／甲申19三／乙酉20四／丙戌21五／丁亥22六／戊子23日／己丑24一	甲戌芒種 己丑夏至
閏五月大	戊午	庚寅25二／辛卯26三／壬辰27四／癸巳28五／甲午29六／乙未30日／丙申(7)一／丁酉2二／戊戌3三／己亥4四／庚子5五／辛丑6六／壬寅7日／癸卯8一／甲辰9二／乙巳10三／丙午11四／丁未12五／戊申13六／己酉14日／庚戌15一／辛亥16二／壬子17三／癸丑18四／甲寅19五／乙卯20六／丙辰21日／丁巳22一／戊午23二／己未24三	乙巳小暑 庚寅日食
六月小	己未	庚申25四／辛酉26五／壬戌27六／癸亥28日／甲子29一／乙丑30二／丙寅31三／丁卯(8)四／戊辰2五／己巳3六／庚午4日／辛未5一／壬申6二／癸酉7三／甲戌8四／乙亥9五／丙子10六／丁丑11日／戊寅12一／己卯13二／庚辰14三／辛巳15四／壬午16五／癸未17六／甲申18日／乙酉19一／丙戌20二／丁亥21三／戊子22四	庚申大暑 乙亥立秋
七月大	庚申	己丑23五／庚寅24六／辛卯25日／壬辰26一／癸巳27二／甲午28三／乙未29四／丙申30五／丁酉31六／戊戌(9)日／己亥2一／庚子3二／辛丑4三／壬寅5四／癸卯6五／甲辰7六／乙巳8日／丙午9一／丁未10二／戊申11三／己酉12四／庚戌13五／辛亥14六／壬子15日／癸丑16一／甲寅17二／乙卯18三／丙辰19四／丁巳20五／戊午21六	庚寅處暑 乙巳白露
八月小	辛酉	己未22日／庚申23一／辛酉24二／壬戌25三／癸亥26四／甲子27五／乙丑28六／丙寅29日／丁卯30一／戊辰(10)二／己巳2三／庚午3四／辛未4五／壬申5六／癸酉6日／甲戌7一／乙亥8二／丙子9三／丁丑10四／戊寅11五／己卯12六／庚辰13日／辛巳14一／壬午15二／癸未16三／甲申17四／乙酉18五／丙戌19六／丁亥20日	辛酉秋分 丙子寒露
九月大	壬戌	戊子21一／己丑22二／庚寅23三／辛卯24四／壬辰25五／癸巳26六／甲午27日／乙未28一／丙申29二／丁酉30三／戊戌31四／己亥(11)五／庚子2六／辛丑3日／壬寅4一／癸卯5二／甲辰6三／乙巳7四／丙午8五／丁未9六／戊申10日／己酉11一／庚戌12二／辛亥13三／壬子14四／癸丑15五／甲寅16六／乙卯17日／丙辰18一／丁巳19二	辛卯霜降 丙午立冬
十月小	癸亥	戊午20三／己未21四／庚申22五／辛酉23六／壬戌24日／癸亥25一／甲子26二／乙丑27三／丙寅28四／丁卯29五／戊辰30六／己巳(12)日／庚午2一／辛未3二／壬申4三／癸酉5四／甲戌6五／乙亥7六／丙子8日／丁丑9一／戊寅10二／己卯11三／庚辰12四／辛巳13五／壬午14六／癸未15日／甲申16一／乙酉17二／丙戌18三	壬戌小雪 丁丑大雪
十一月大	甲子	丁亥19四／戊子20五／己丑21六／庚寅22日／辛卯23一／壬辰24二／癸巳25三／甲午26四／乙未27五／丙申28六／丁酉29日／戊戌30一／己亥31二／庚子(1)三／辛丑2四／壬寅3五／癸卯4六／甲辰5日／乙巳6一／丙午7二／丁未8三／戊申9四／己酉10五／庚戌11六／辛亥12日／壬子13一／癸丑14二／甲寅15三／乙卯16四／丙辰17五	辛卯冬至 丁未小寒
十二月小	乙丑	丁巳18六／戊午19日／己未20一／庚申21二／辛酉22三／壬戌23四／癸亥24五／甲子25六／乙丑26日／丙寅27一／丁卯28二／戊辰29三／己巳30四／庚午31五／辛未(2)六／壬申2日／癸酉3一／甲戌4二／乙亥5三／丙子6四／丁丑7五／戊寅8六／己卯9日／庚辰10一／辛巳11二／壬午12三／癸未13四／甲申14五／乙酉15六	壬戌大寒 戊寅立春

＊二月丁酉（初六），改元青龍。

魏明帝青龍二年（甲寅 虎年） 公元234～235年

夏曆月序	中西曆對照	夏曆日序 初一	初二	初三	初四	初五	初六	初七	初八	初九	初十	十一	十二	十三	十四	十五	十六	十七	十八	十九	二十	二一	二二	二三	二四	二五	二六	二七	二八	二九	三十	節氣與天象
正月大	丙寅 天干地支西曆星期	丙戌16日一	丁亥17二	戊子18三	己丑19四	庚寅20五	辛卯21六	壬辰22日	癸巳23一	甲午24二	乙未25三	丙申26四	丁酉27五	戊戌28六	己亥(3)日	庚子2一	辛丑3二	壬寅4三	癸卯5四	甲辰6五	乙巳7六	丙午8日	丁未9一	戊申10二	己酉11三	庚戌12四	辛亥13五	壬子14六	癸丑15日	甲寅16一	乙卯17二	癸巳雨水 戊申驚蟄
二月小	丁卯 天干地支西曆星期	丙辰18二	丁巳19三	戊午20四	己未21五	庚申22六	辛酉23日	壬戌24一	癸亥25二	甲子26三	乙丑27四	丙寅28五	丁卯29六	戊辰30日	己巳31一	庚午(4)二	辛未2三	壬申3四	癸酉4五	甲戌5六	乙亥6日	丙子7一	丁丑8二	戊寅9三	己卯10四	庚辰11五	辛巳12六	壬午13日	癸未14一	甲申15二		癸亥春分 己卯清明
三月大	戊辰 天干地支西曆星期	乙酉16三	丙戌17四	丁亥18五	戊子19六	己丑20日	庚寅21一	辛卯22二	壬辰23三	癸巳24四	甲午25五	乙未26六	丙申27日	丁酉28一	戊戌29二	己亥30三	庚子(5)四	辛丑2五	壬寅3六	癸卯4日	甲辰5一	乙巳6二	丙午7三	丁未8四	戊申9五	己酉10六	庚戌11日	辛亥12一	壬子13二	癸丑14三	甲寅15四	甲午穀雨 己酉立夏
四月大	己巳 天干地支西曆星期	乙卯16五	丙辰17六	丁巳18日	戊午19一	己未20二	庚申21三	辛酉22四	壬戌23五	癸亥24六	甲子25日	乙丑26一	丙寅27二	丁卯28三	戊辰29四	己巳30五	庚午31六	辛未(6)日	壬申2一	癸酉3二	甲戌4三	乙亥5四	丙子6五	丁丑7六	戊寅8日	己卯9一	庚辰10二	辛巳11三	壬午12四	癸未13五	甲申14六	甲子小滿 己卯芒種 甲申日食
五月小	庚午 天干地支西曆星期	乙酉15日	丙戌16一	丁亥17二	戊子18三	己丑19四	庚寅20五	辛卯21六	壬辰22日	癸巳23一	甲午24二	乙未25三	丙申26四	丁酉27五	戊戌28六	己亥29日	庚子30一	辛丑(7)二	壬寅2三	癸卯3四	甲辰4五	乙巳5六	丙午6日	丁未7一	戊申8二	己酉9三	庚戌10四	辛亥11五	壬子12六	癸丑13日		乙未夏至 庚戌小暑
六月大	辛未 天干地支西曆星期	甲寅14一	乙卯15二	丙辰16三	丁巳17四	戊午18五	己未19六	庚申20日	辛酉21一	壬戌22二	癸亥23三	甲子24四	乙丑25五	丙寅26六	丁卯27日	戊辰28一	己巳29二	庚午30三	辛未31四	壬申(8)五	癸酉2六	甲戌3日	乙亥4一	丙子5二	丁丑6三	戊寅7四	己卯8五	庚辰9六	辛巳10日	壬午11一	癸未12二	乙丑大暑 庚辰立秋
七月小	壬申 天干地支西曆星期	甲申13三	乙酉14四	丙戌15五	丁亥16六	戊子17日	己丑18一	庚寅19二	辛卯20三	壬辰21四	癸巳22五	甲午23六	乙未24日	丙申25一	丁酉26二	戊戌27三	己亥28四	庚子29五	辛丑30六	壬寅31日	癸卯(9)一	甲辰2二	乙巳3三	丙午4四	丁未5五	戊申6六	己酉7日	庚戌8一	辛亥9二	壬子10三		丙申處暑 辛亥白露
八月大	癸酉 天干地支西曆星期	癸丑11四	甲寅12五	乙卯13六	丙辰14日	丁巳15一	戊午16二	己未17三	庚申18四	辛酉19五	壬戌20六	癸亥21日	甲子22一	乙丑23二	丙寅24三	丁卯25四	戊辰26五	己巳27六	庚午28日	辛未29一	壬申30二	癸酉(10)三	甲戌2四	乙亥3五	丙子4六	丁丑5日	戊寅6一	己卯7二	庚辰8三	辛巳9四	壬午10五	丙寅秋分 辛巳寒露
九月小	甲戌 天干地支西曆星期	癸未11六	甲申12日	乙酉13一	丙戌14二	丁亥15三	戊子16四	己丑17五	庚寅18六	辛卯19日	壬辰20一	癸巳21二	甲午22三	乙未23四	丙申24五	丁酉25六	戊戌26日	己亥27一	庚子28二	辛丑29三	壬寅30四	癸卯31五	甲辰(11)六	乙巳2日	丙午3一	丁未4二	戊申5三	己酉6四	庚戌7五	辛亥8六		丙申霜降
十月大	乙亥 天干地支西曆星期	壬子9日	癸丑10一	甲寅11二	乙卯12三	丙辰13四	丁巳14五	戊午15六	己未16日	庚申17一	辛酉18二	壬戌19三	癸亥20四	甲子21五	乙丑22六	丙寅23日	丁卯24一	戊辰25二	己巳26三	庚午27四	辛未28五	壬申29六	癸酉30日	甲戌(12)一	乙亥2二	丙子3三	丁丑4四	戊寅5五	己卯6六	庚辰7日	辛巳8一	壬子立冬 丁卯小雪
十一月小	丙子 天干地支西曆星期	壬午9二	癸未10三	甲申11四	乙酉12五	丙戌13六	丁亥14日	戊子15一	己丑16二	庚寅17三	辛卯18四	壬辰19五	癸巳20六	甲午21日	乙未22一	丙申23二	丁酉24三	戊戌25四	己亥26五	庚子27六	辛丑28日	壬寅29一	癸卯30二	甲辰31三	乙巳(1)四	丙午2五	丁未3六	戊申4日	己酉5一	庚戌6二		壬午大雪 丁酉冬至
十二月大	丁丑 天干地支西曆星期	辛亥7三	壬子8四	癸丑9五	甲寅10六	乙卯11日	丙辰12一	丁巳13二	戊午14三	己未15四	庚申16五	辛酉17六	壬戌18日	癸亥19一	甲子20二	乙丑21三	丙寅22四	丁卯23五	戊辰24六	己巳25日	庚午26一	辛未27二	壬申28三	癸酉29四	甲戌30五	乙亥31六	丙子(2)日	丁丑2一	戊寅3二	己卯4三	庚辰5四	壬子小寒 戊辰大寒

魏明帝青龍三年（乙卯 兔年） 公元235～236年

夏曆月序	中西曆對照	夏曆日序																													節氣與天象
		初一	初二	初三	初四	初五	初六	初七	初八	初九	初十	十一	十二	十三	十四	十五	十六	十七	十八	十九	二十	二一	二二	二三	二四	二五	二六	二七	二八	二九	三十	
正月小 戊寅	天干地支/中西曆日照/星期	辛巳 6六	壬午 7日	癸未 8一	甲申 9二	乙酉 10三	丙戌 11四	丁亥 12五	戊子 13六	己丑 14日	庚寅 15一	辛卯 16二	壬辰 17三	癸巳 18四	甲午 19五	乙未 20六	丙申 21日	丁酉 22一	戊戌 23二	己亥 24三	庚子 25四	辛丑 26五	壬寅 27六	癸卯 28日	甲辰 (3)一	乙巳 2二	丙午 3三	丁未 4四	戊申 5五	己酉 6日		癸未立春 戊戌雨水
二月大 己卯	天干地支/中西曆日照/星期	庚戌 7六	辛亥 8日	壬子 9一	癸丑 10二	甲寅 11三	乙卯 12四	丙辰 13五	丁巳 14六	戊午 15日	己未 16一	庚申 17二	辛酉 18三	壬戌 19四	癸亥 20五	甲子 21六	乙丑 22日	丙寅 23一	丁卯 24二	戊辰 25三	己巳 26四	庚午 27五	辛未 28六	壬申 29日	癸酉 30一	甲戌 31二	乙亥 (4)三	丙子 2四	丁丑 3五	戊寅 4六	己卯 5日	癸丑驚蟄 己巳春分
三月小 庚辰	天干地支/中西曆日照/星期	庚辰 6一	辛巳 7二	壬午 8三	癸未 9四	甲申 10五	乙酉 11六	丙戌 12日	丁亥 13一	戊子 14二	己丑 15三	庚寅 16四	辛卯 17五	壬辰 18六	癸巳 19日	甲午 20一	乙未 21二	丙申 22三	丁酉 23四	戊戌 24五	己亥 25六	庚子 26日	辛丑 27一	壬寅 28二	癸卯 29三	甲辰 30四	乙巳 (5)五	丙午 2六	丁未 3日	戊申 4一		甲申清明 己亥穀雨
四月大 辛巳	天干地支/中西曆日照/星期	己酉 5二	庚戌 6三	辛亥 7四	壬子 8五	癸丑 9六	甲寅 10日	乙卯 11一	丙辰 12二	丁巳 13三	戊午 14四	己未 15五	庚申 16六	辛酉 17日	壬戌 18一	癸亥 19二	甲子 20三	乙丑 21四	丙寅 22五	丁卯 23六	戊辰 24日	己巳 25一	庚午 26二	辛未 27三	壬申 28四	癸酉 29五	甲戌 30六	乙亥 31日	丙子 (6)一	丁丑 2二	戊寅 3三	甲寅立夏 己巳小滿
五月小 壬午	天干地支/中西曆日照/星期	己卯 4四	庚辰 5五	辛巳 6六	壬午 7日	癸未 8一	甲申 9二	乙酉 10三	丙戌 11四	丁亥 12五	戊子 13六	己丑 14日	庚寅 15一	辛卯 16二	壬辰 17三	癸巳 18四	甲午 19五	乙未 20六	丙申 21日	丁酉 22一	戊戌 23二	己亥 24三	庚子 25四	辛丑 26五	壬寅 27六	癸卯 28日	甲辰 29一	乙巳 30二	丙午 (7)三	丁未 2四		乙酉芒種 庚子夏至
六月大 癸未	天干地支/中西曆日照/星期	戊申 3五	己酉 4六	庚戌 5日	辛亥 6一	壬子 7二	癸丑 8三	甲寅 9四	乙卯 10五	丙辰 11六	丁巳 12日	戊午 13一	己未 14二	庚申 15三	辛酉 16四	壬戌 17五	癸亥 18六	甲子 19日	乙丑 20一	丙寅 21二	丁卯 22三	戊辰 23四	己巳 24五	庚午 25六	辛未 26日	壬申 27一	癸酉 28二	甲戌 29三	乙亥 30四	丙子 31五	丁丑 (8)六	乙卯小暑 庚午大暑
七月小 甲申	天干地支/中西曆日照/星期	戊寅 2日	己卯 3一	庚辰 4二	辛巳 5三	壬午 6四	癸未 7五	甲申 8六	乙酉 9日	丙戌 10一	丁亥 11二	戊子 12三	己丑 13四	庚寅 14五	辛卯 15六	壬辰 16日	癸巳 17一	甲午 18二	乙未 19三	丙申 20四	丁酉 21五	戊戌 22六	己亥 23日	庚子 24一	辛丑 25二	壬寅 26三	癸卯 27四	甲辰 28五	乙巳 29六	丙午 30日		丙戌立秋 辛丑處暑
八月大 乙酉	天干地支/中西曆日照/星期	丁未 31一	戊申 (9)二	己酉 2三	庚戌 3四	辛亥 4五	壬子 5六	癸丑 6日	甲寅 7一	乙卯 8二	丙辰 9三	丁巳 10四	戊午 11五	己未 12六	庚申 13日	辛酉 14一	壬戌 15二	癸亥 16三	甲子 17四	乙丑 18五	丙寅 19六	丁卯 20日	戊辰 21一	己巳 22二	庚午 23三	辛未 24四	壬申 25五	癸酉 26六	甲戌 27日	乙亥 28一	丙子 29二	丙辰白露 辛未秋分
九月大 丙戌	天干地支/中西曆日照/星期	丁丑 30三	戊寅 (10)四	己卯 2五	庚辰 3六	辛巳 4日	壬午 5一	癸未 6二	甲申 7三	乙酉 8四	丙戌 9五	丁亥 10六	戊子 11日	己丑 12一	庚寅 13二	辛卯 14三	壬辰 15四	癸巳 16五	甲午 17六	乙未 18日	丙申 19一	丁酉 20二	戊戌 21三	己亥 22四	庚子 23五	辛丑 24六	壬寅 25日	癸卯 26一	甲辰 27二	乙巳 28三	丙午 29四	丙戌寒露 壬寅霜降 丙午日食
十月小 丁亥	天干地支/中西曆日照/星期	丁未 30五	戊申 31六	己酉 (11)日	庚戌 2一	辛亥 3二	壬子 4三	癸丑 5四	甲寅 6五	乙卯 7六	丙辰 8日	丁巳 9一	戊午 10二	己未 11三	庚申 12四	辛酉 13五	壬戌 14六	癸亥 15日	甲子 16一	乙丑 17二	丙寅 18三	丁卯 19四	戊辰 20五	己巳 21六	庚午 22日	辛未 23一	壬申 24二	癸酉 25三	甲戌 26四	乙亥 27五		丁亥立冬 壬申小雪
十一月大 戊子	天干地支/中西曆日照/星期	丙子 28六	丁丑 29日	戊寅 30一	己卯 (12)二	庚辰 2三	辛巳 3四	壬午 4五	癸未 5六	甲申 6日	乙酉 7一	丙戌 8二	丁亥 9三	戊子 10四	己丑 11五	庚寅 12六	辛卯 13日	壬辰 14一	癸巳 15二	甲午 16三	乙未 17四	丙申 18五	丁酉 19六	戊戌 20日	己亥 21一	庚子 22二	辛丑 23三	壬寅 24四	癸卯 25五	甲辰 26六	乙巳 27日	丁亥大雪 癸卯冬至
十二月小 己丑	天干地支/中西曆日照/星期	丙午 28一	丁未 29二	戊申 30三	己酉 31四	庚戌 (1)五	辛亥 2六	壬子 3日	癸丑 4一	甲寅 5二	乙卯 6三	丙辰 7四	丁巳 8五	戊午 9六	己未 10日	庚申 11一	辛酉 12二	壬戌 13三	癸亥 14四	甲子 15五	乙丑 16六	丙寅 17日	丁卯 18一	戊辰 19二	己巳 20三	庚午 21四	辛未 22五	壬申 23六	癸酉 24日	甲戌 25一		戊午小寒 癸酉大寒

魏明帝青龍四年（丙辰 龍年） 公元236～237年

夏曆月序	中西曆對照	夏曆日序																													節氣與天象
		初一	初二	初三	初四	初五	初六	初七	初八	初九	初十	十一	十二	十三	十四	十五	十六	十七	十八	十九	二十	二一	二二	二三	二四	二五	二六	二七	二八	二九	三十	
正月大	庚寅 天干地支 西曆 星期	乙亥 26 三	丙子 27 四	丁丑 28 五	戊寅 29 六	己卯 30 日	庚辰 31 一	辛巳 (2) 二	壬午 2 三	癸未 3 四	甲申 4 五	乙酉 5 六	丙戌 6 日	丁亥 7 一	戊子 8 二	己丑 9 三	庚寅 10 四	辛卯 11 五	壬辰 12 六	癸巳 13 日	甲午 14 一	乙未 15 二	丙申 16 三	丁酉 17 四	戊戌 18 五	己亥 19 六	庚子 20 日	辛丑 21 一	壬寅 22 二	癸卯 23 三	甲辰 24 四	戊子立春 癸卯雨水
閏正月小	庚寅 天干地支 西曆 星期	乙巳 25 五	丙午 26 六	丁未 27 日	戊申 28 一	己酉 29 二	庚戌 (3) 三	辛亥 2 四	壬子 3 五	癸丑 4 六	甲寅 5 日	乙卯 6 一	丙辰 7 二	丁巳 8 三	戊午 9 四	己未 10 五	庚申 11 六	辛酉 12 日	壬戌 13 一	癸亥 14 二	甲子 15 三	乙丑 16 四	丙寅 17 五	丁卯 18 六	戊辰 19 日	己巳 20 一	庚午 21 二	辛未 22 三	壬申 23 四	癸酉 24 五		己未驚蟄
二月大	辛卯 天干地支 西曆 星期	甲戌 25 六	乙亥 26 日	丙子 27 一	丁丑 28 二	戊寅 29 三	己卯 30 四	庚辰 31 五	辛巳 (4) 六	壬午 2 日	癸未 3 一	甲申 4 二	乙酉 5 三	丙戌 6 四	丁亥 7 五	戊子 8 六	己丑 9 日	庚寅 10 一	辛卯 11 二	壬辰 12 三	癸巳 13 四	甲午 14 五	乙未 15 六	丙申 16 日	丁酉 17 一	戊戌 18 二	己亥 19 三	庚子 20 四	辛丑 21 五	壬寅 22 六	癸卯 23 日	甲戌春分 己丑清明
三月小	壬辰 天干地支 西曆 星期	甲辰 24 一	乙巳 25 二	丙午 26 三	丁未 27 四	戊申 28 五	己酉 29 六	庚戌 (5) 日	辛亥 2 一	壬子 3 二	癸丑 4 三	甲寅 5 四	乙卯 6 五	丙辰 7 六	丁巳 8 日	戊午 9 一	己未 10 二	庚申 11 三	辛酉 12 四	壬戌 13 五	癸亥 14 六	甲子 15 日	乙丑 16 一	丙寅 17 二	丁卯 18 三	戊辰 19 四	己巳 20 五	庚午 21 六	辛未 22 日			甲辰穀雨 己未立夏
四月大	癸巳 天干地支 西曆 星期	癸酉 23 一	甲戌 24 二	乙亥 25 三	丙子 26 四	丁丑 27 五	戊寅 28 六	己卯 29 日	庚辰 30 一	辛巳 31 二	壬午 (6) 三	癸未 2 四	甲申 3 五	乙酉 4 六	丙戌 5 日	丁亥 6 一	戊子 7 二	己丑 8 三	庚寅 9 四	辛卯 10 五	壬辰 11 六	癸巳 12 日	甲午 13 一	乙未 14 二	丙申 15 三	丁酉 16 四	戊戌 17 五	己亥 18 六	庚子 19 日	辛丑 20 一	壬寅 21 二	乙亥小滿 庚寅芒種
五月小	甲午 天干地支 西曆 星期	癸卯 22 三	甲辰 23 四	乙巳 24 五	丙午 25 六	丁未 26 日	戊申 27 一	己酉 28 二	庚戌 29 三	辛亥 30 四	壬子 (7) 五	癸丑 2 六	甲寅 3 日	乙卯 4 一	丙辰 5 二	丁巳 6 三	戊午 7 四	己未 8 五	庚申 9 六	辛酉 10 日	壬戌 11 一	癸亥 12 二	甲子 13 三	乙丑 14 四	丙寅 15 五	丁卯 16 六	戊辰 17 日	己巳 18 一	庚午 19 二	辛未 20 三		乙巳夏至 庚申小暑
六月大	乙未 天干地支 西曆 星期	壬申 21 四	癸酉 22 五	甲戌 23 六	乙亥 24 日	丙子 25 一	丁丑 26 二	戊寅 27 三	己卯 28 四	庚辰 29 五	辛巳 30 六	壬午 31 日	癸未 (8) 一	甲申 2 二	乙酉 3 三	丙戌 4 四	丁亥 5 五	戊子 6 六	己丑 7 日	庚寅 8 一	辛卯 9 二	壬辰 10 三	癸巳 11 四	甲午 12 五	乙未 13 六	丙申 14 日	丁酉 15 一	戊戌 16 二	己亥 17 三	庚子 18 四	辛丑 19 五	丙子大暑 辛卯立秋
七月小	丙申 天干地支 西曆 星期	壬寅 20 六	癸卯 21 日	甲辰 22 一	乙巳 23 二	丙午 24 三	丁未 25 四	戊申 26 五	己酉 27 六	庚戌 28 日	辛亥 29 一	壬子 30 二	癸丑 31 三	甲寅 (9) 四	乙卯 2 五	丙辰 3 六	丁巳 4 日	戊午 5 一	己未 6 二	庚申 7 三	辛酉 8 四	壬戌 9 五	癸亥 10 六	甲子 11 日	乙丑 12 一	丙寅 13 二	丁卯 14 三	戊辰 15 四	己巳 16 五	庚午 17 六		丙午處暑 辛酉白露
八月大	丁酉 天干地支 西曆 星期	辛未 18 日	壬申 19 一	癸酉 20 二	甲戌 21 三	乙亥 22 四	丙子 23 五	丁丑 24 六	戊寅 25 日	己卯 26 一	庚辰 27 二	辛巳 28 三	壬午 29 四	癸未 30 五	甲申 (10) 六	乙酉 2 日	丙戌 3 一	丁亥 4 二	戊子 5 三	己丑 6 四	庚寅 7 五	辛卯 8 六	壬辰 9 日	癸巳 10 一	甲午 11 二	乙未 12 三	丙申 13 四	丁酉 14 五	戊戌 15 六	己亥 16 日	庚子 17 一	丙子秋分 壬辰寒露
九月小	戊戌 天干地支 西曆 星期	辛丑 18 二	壬寅 19 三	癸卯 20 四	甲辰 21 五	乙巳 22 六	丙午 23 日	丁未 24 一	戊申 25 二	己酉 26 三	庚戌 27 四	辛亥 28 五	壬子 29 六	癸丑 30 日	甲寅 31 一	乙卯 (11) 二	丙辰 2 三	丁巳 3 四	戊午 4 五	己未 5 六	庚申 6 日	辛酉 7 一	壬戌 8 二	癸亥 9 三	甲子 10 四	乙丑 11 五	丙寅 12 六	丁卯 13 日	戊辰 14 一	己巳 15 二		丁未霜降 壬戌立冬
十月大	己亥 天干地支 西曆 星期	庚午 16 三	辛未 17 四	壬申 18 五	癸酉 19 六	甲戌 20 日	乙亥 21 一	丙子 22 二	丁丑 23 三	戊寅 24 四	己卯 25 五	庚辰 26 六	辛巳 27 日	壬午 28 一	癸未 29 二	甲申 30 三	乙酉 (12) 四	丙戌 2 五	丁亥 3 六	戊子 4 日	己丑 5 一	庚寅 6 二	辛卯 7 三	壬辰 8 四	癸巳 9 五	甲午 10 六	乙未 11 日	丙申 12 一	丁酉 13 二	戊戌 14 三	己亥 15 四	丁丑小雪 癸巳大雪
十一月大	庚子 天干地支 西曆 星期	庚子 16 五	辛丑 17 六	壬寅 18 日	癸卯 19 一	甲辰 20 二	乙巳 21 三	丙午 22 四	丁未 23 五	戊申 24 六	己酉 25 日	庚戌 26 一	辛亥 27 二	壬子 28 三	癸丑 29 四	甲寅 30 五	乙卯 31 六	丙辰 (1) 日	丁巳 2 一	戊午 3 二	己未 4 三	庚申 5 四	辛酉 6 五	壬戌 7 六	癸亥 8 日	甲子 9 一	乙丑 10 二	丙寅 11 三	丁卯 12 四	戊辰 13 五	己巳 14 六	戊申冬至 癸亥小寒
十二月小	辛丑 天干地支 西曆 星期	庚午 15 日	辛未 16 一	壬申 17 二	癸酉 18 三	甲戌 19 四	乙亥 20 五	丙子 21 六	丁丑 22 日	戊寅 23 一	己卯 24 二	庚辰 25 三	辛巳 26 四	壬午 27 五	癸未 28 六	甲申 29 日	乙酉 30 一	丙戌 31 二	丁亥 (2) 三	戊子 2 四	己丑 3 五	庚寅 4 六	辛卯 5 日	壬辰 6 一	癸巳 7 二	甲午 8 三	乙未 9 四	丙申 10 五	丁酉 11 六	戊戌 12 日		戊寅大寒 癸巳立春

魏明帝青龍五年 景初元年（丁巳 蛇年） 公元237～238年

夏曆月序	中西曆對照日	夏曆日序																													節氣與天象
		初一	初二	初三	初四	初五	初六	初七	初八	初九	初十	十一	十二	十三	十四	十五	十六	十七	十八	十九	二十	二一	二二	二三	二四	二五	二六	二七	二八	二九	三十	
正月大	壬寅 天地支西曆星期	己亥13一	庚子14二	辛丑15三	壬寅16四	癸卯17五	甲辰18六	乙巳19日	丙午20一	丁未21二	戊申22三	己酉23四	庚戌24五	辛亥25六	壬子26日	癸丑27一	甲寅28二	乙卯(3)三	丙辰2四	丁巳3五	戊午4六	己未5日	庚申6一	辛酉7二	壬戌8三	癸亥9四	甲子10五	乙丑11六	丙寅12日	丁卯13一	戊辰14二	戊申雨水 癸亥驚蟄
二月小	癸卯 天地支西曆星期	己巳15三	庚午16四	辛未17五	壬申18六	癸酉19日	甲戌20一	乙亥21二	丙子22三	丁丑23四	戊寅24五	己卯25六	庚辰26日	辛巳27一	壬午28二	癸未29三	甲申30四	乙酉31五	丙戌(4)六	丁亥2日	戊子3一	己丑4二	庚寅5三	辛卯6四	壬辰7五	癸巳8六	甲午9日	乙未10一	丙申11二	丁酉12三		戊寅春分 甲午清明
四月大	甲辰 天地支西曆星期	戊戌13四	己亥14五	庚子15六	辛丑16日	壬寅17一	癸卯18二	甲辰19三	乙巳20四	丙午21五	丁未22六	戊申23日	己酉24一	庚戌25二	辛亥26三	壬子27四	癸丑28五	甲寅29六	乙卯30日	丙辰(5)一	丁巳2二	戊午3三	己未4四	庚申5五	辛酉6六	壬戌7日	癸亥8一	甲子9二	乙丑10三	丙寅11四	丁卯12五	己酉穀雨 甲子立夏
五月小	乙巳 天地支西曆星期	戊辰13六	己巳14日	庚午15一	辛未16二	壬申17三	癸酉18四	甲戌19五	乙亥20六	丙子21日	丁丑22一	戊寅23二	己卯24三	庚辰25四	辛巳26五	壬午27六	癸未28日	甲申29一	乙酉30二	丙戌31三	丁亥(6)四	戊子2五	己丑3六	庚寅4日	辛卯5一	壬辰6二	癸巳7三	甲午8四	乙未9五	丙申10六		己卯小滿 乙未芒種
六月小	丙午 天地支西曆星期	丁酉11日	戊戌12一	己亥13二	庚子14三	辛丑15四	壬寅16五	癸卯17六	甲辰18日	乙巳19一	丙午20二	丁未21三	戊申22四	己酉23五	庚戌24六	辛亥25日	壬子26一	癸丑27二	甲寅28三	乙卯29四	丙辰30五	丁巳(7)六	戊午2日	己未3一	庚申4二	辛酉5三	壬戌6四	癸亥7五	甲子8六	乙丑9日		庚戌夏至 乙丑小暑
七月大	丁未 天地支西曆星期	丙寅10一	丁卯11二	戊辰12三	己巳13四	庚午14五	辛未15六	壬申16日	癸酉17一	甲戌18二	乙亥19三	丙子20四	丁丑21五	戊寅22六	己卯23日	庚辰24一	辛巳25二	壬午26三	癸未27四	甲申28五	乙酉29六	丙戌30日	丁亥31一	戊子(8)二	己丑2三	庚寅3四	辛卯4五	壬辰5六	癸巳6日	甲午7一	乙未8二	庚辰大暑 乙未立秋
八月小	戊申 天地支西曆星期	丙申9三	丁酉10四	戊戌11五	己亥12六	庚子13日	辛丑14一	壬寅15二	癸卯16三	甲辰17四	乙巳18五	丙午19六	丁未20日	戊申21一	己酉22二	庚戌23三	辛亥24四	壬子25五	癸丑26六	甲寅27日	乙卯28一	丙辰29二	丁巳30三	戊午31(9)四	己未2五	庚申3六	辛酉4日	壬戌5一	癸亥6二	甲子7三		辛亥處暑
九月大	己酉 天地支西曆星期	乙丑7四	丙寅8五	丁卯9六	戊辰10日	己巳11一	庚午12二	辛未13三	壬申14四	癸酉15五	甲戌16六	乙亥17日	丙子18一	丁丑19二	戊寅20三	己卯21四	庚辰22五	辛巳23六	壬午24日	癸未25一	甲申26二	乙酉27三	丙戌28四	丁亥29五	戊子30六	己丑(10)日	庚寅2一	辛卯3二	壬辰4三	癸巳5四	甲午6五	丙寅白露 辛巳秋分
十月小	庚戌 天地支西曆星期	乙未7六	丙申8日	丁酉9一	戊戌10二	己亥11三	庚子12四	辛丑13五	壬寅14六	癸卯15日	甲辰16一	乙巳17二	丙午18三	丁未19四	戊申20五	己酉21六	庚戌22日	辛亥23一	壬子24二	癸丑25三	甲寅26四	乙卯27五	丙辰28六	丁巳29日	戊午30一	己未31二	庚申(11)三	辛酉2四	壬戌3五	癸亥4六		丙申寒露 壬子霜降
十一月大	辛亥 天地支西曆星期	甲子5日	乙丑6一	丙寅7二	丁卯8三	戊辰9四	己巳10五	庚午11六	辛未12日	壬申13一	癸酉14二	甲戌15三	乙亥16四	丙子17五	丁丑18六	戊寅19日	己卯20一	庚辰21二	辛巳22三	壬午23四	癸未24五	甲申25六	乙酉26日	丙戌27一	丁亥28二	戊子29三	己丑30四	庚寅(12)五	辛卯2六	壬辰3日	癸巳4一	丁卯立冬 壬午小雪
十二月小	壬子 天地支西曆星期	甲午5二	乙未6三	丙申7四	丁酉8五	戊戌9六	己亥10日	庚子11一	辛丑12二	壬寅13三	癸卯14四	甲辰15五	乙巳16六	丙午17日	丁未18一	戊申19二	己酉20三	庚戌21四	辛亥22五	壬子23六	癸丑24日	甲寅25一	乙卯26二	丙辰27三	丁巳28四	戊午29五	己未30六	庚申31日	辛酉(1)一	壬戌2二		丁酉大雪 壬子冬至

＊三月，魏明帝改元景初，頒《景初曆》，采用丑正，以景初元年三月爲四月，故此年無三月。

魏明帝景初二年（戊午 馬年） 公元238～239年

夏曆月序	中西曆對照日照	夏曆日序																													節氣與天象
		初一	初二	初三	初四	初五	初六	初七	初八	初九	初十	十一	十二	十三	十四	十五	十六	十七	十八	十九	二十	二一	二二	二三	二四	二五	二六	二七	二八	二九	三十	
正月大	癸丑 天干地支 西曆 星期	癸亥 3 三	甲子 4 四	乙丑 5 五	丙寅 6 六	丁卯 7 日	戊辰 8 一	己巳 9 二	庚午 10 三	辛未 11 四	壬申 12 五	癸酉 13 六	甲戌 14 日	乙亥 15 一	丙子 16 二	丁丑 17 三	戊寅 18 四	己卯 19 五	庚辰 20 六	辛巳 21 日	壬午 22 一	癸未 23 二	甲申 24 三	乙酉 25 四	丙戌 26 五	丁亥 27 六	戊子 28 日	己丑 29 一	庚寅 30 二	辛卯 31 三	壬辰 (2) 四	戊辰小寒 癸未大寒
二月小	甲寅 天干地支 西曆 星期	癸巳 2 五	甲午 3 六	乙未 4 日	丙申 5 一	丁酉 6 二	戊戌 7 三	己亥 8 四	庚子 9 五	辛丑 10 六	壬寅 11 日	癸卯 12 一	甲辰 13 二	乙巳 14 三	丙午 15 四	丁未 16 五	戊申 17 六	己酉 18 日	庚戌 19 一	辛亥 20 二	壬子 21 三	癸丑 22 四	甲寅 23 五	乙卯 24 六	丙辰 25 日	丁巳 26 一	戊午 27 二	己未 28 三	庚申 (3) 四	辛酉 2 五		戊戌立春 癸丑雨水
三月大	乙卯 天干地支 西曆 星期	壬戌 3 六	癸亥 4 日	甲子 5 一	乙丑 6 二	丙寅 7 三	丁卯 8 四	戊辰 9 五	己巳 10 六	庚午 11 日	辛未 12 一	壬申 13 二	癸酉 14 三	甲戌 15 四	乙亥 16 五	丙子 17 六	丁丑 18 日	戊寅 19 一	己卯 20 二	庚辰 21 三	辛巳 22 四	壬午 23 五	癸未 24 六	甲申 25 日	乙酉 26 一	丙戌 27 二	丁亥 28 三	戊子 29 四	己丑 30 五	庚寅 31 六	辛卯 (4) 日	戊辰驚蟄 甲申春分
四月小	丙辰 天干地支 西曆 星期	壬辰 2 一	癸巳 3 二	甲午 4 三	乙未 5 四	丙申 6 五	丁酉 7 六	戊戌 8 日	己亥 9 一	庚子 10 二	辛丑 11 三	壬寅 12 四	癸卯 13 五	甲辰 14 六	乙巳 15 日	丙午 16 一	丁未 17 二	戊申 18 三	己酉 19 四	庚戌 20 五	辛亥 21 六	壬子 22 日	癸丑 23 一	甲寅 24 二	乙卯 25 三	丙辰 26 四	丁巳 27 五	戊午 28 六	己未 29 日	庚申 30 一		己亥清明 甲寅穀雨
五月大	丁巳 天干地支 西曆 星期	辛酉 (5) 二	壬戌 2 三	癸亥 3 四	甲子 4 五	乙丑 5 六	丙寅 6 日	丁卯 7 一	戊辰 8 二	己巳 9 三	庚午 10 四	辛未 11 五	壬申 12 六	癸酉 13 日	甲戌 14 一	乙亥 15 二	丙子 16 三	丁丑 17 四	戊寅 18 五	己卯 19 六	庚辰 20 日	辛巳 21 一	壬午 22 二	癸未 23 三	甲申 24 四	乙酉 25 五	丙戌 26 六	丁亥 27 日	戊子 28 一	己丑 29 二	庚寅 30 三	己巳立夏 乙酉小滿
六月小	戊午 天干地支 西曆 星期	辛卯 31 四	壬辰 (6) 五	癸巳 2 六	甲午 3 日	乙未 4 一	丙申 5 二	丁酉 6 三	戊戌 7 四	己亥 8 五	庚子 9 六	辛丑 10 日	壬寅 11 一	癸卯 12 二	甲辰 13 三	乙巳 14 四	丙午 15 五	丁未 16 六	戊申 17 日	己酉 18 一	庚戌 19 二	辛亥 20 三	壬子 21 四	癸丑 22 五	甲寅 23 六	乙卯 24 日	丙辰 25 一	丁巳 26 二	戊午 27 三	己未 28 四		庚子芒種 乙卯夏至
七月大	己未 天干地支 西曆 星期	庚申 29 五	辛酉 30 六	壬戌 (7) 日	癸亥 2 一	甲子 3 二	乙丑 4 三	丙寅 5 四	丁卯 6 五	戊辰 7 六	己巳 8 日	庚午 9 一	辛未 10 二	壬申 11 三	癸酉 12 四	甲戌 13 五	乙亥 14 六	丙子 15 日	丁丑 16 一	戊寅 17 二	己卯 18 三	庚辰 19 四	辛巳 20 五	壬午 21 六	癸未 22 日	甲申 23 一	乙酉 24 二	丙戌 25 三	丁亥 26 四	戊子 27 五	己丑 28 六	庚午小暑 乙酉大暑
八月大	庚申 天干地支 西曆 星期	庚寅 29 日	辛卯 30 一	壬辰 31 二	癸巳 (8) 三	甲午 2 四	乙未 3 五	丙申 4 六	丁酉 5 日	戊戌 6 一	己亥 7 二	庚子 8 三	辛丑 9 四	壬寅 10 五	癸卯 11 六	甲辰 12 日	乙巳 13 一	丙午 14 二	丁未 15 三	戊申 16 四	己酉 17 五	庚戌 18 六	辛亥 19 日	壬子 20 一	癸丑 21 二	甲寅 22 三	乙卯 23 四	丙辰 24 五	丁巳 25 六	戊午 26 日	己未 27 一	辛丑立秋 丙辰處暑
九月小	辛酉 天干地支 西曆 星期	庚申 28 二	辛酉 29 三	壬戌 30 四	癸亥 (9) 五	甲子 2 六	乙丑 3 日	丙寅 4 一	丁卯 5 二	戊辰 6 三	己巳 7 四	庚午 8 五	辛未 9 六	壬申 10 日	癸酉 11 一	甲戌 12 二	乙亥 13 三	丙子 14 四	丁丑 15 五	戊寅 16 六	己卯 17 日	庚辰 18 一	辛巳 19 二	壬午 20 三	癸未 21 四	甲申 22 五	乙酉 23 六	丙戌 24 日	丁亥 25 一			辛未白露 丙戌秋分
十月大	壬戌 天干地支 西曆 星期	己丑 26 三	庚寅 27 四	辛卯 28 五	壬辰 29 六	癸巳 30 日	甲午 (10) 一	乙未 2 二	丙申 3 三	丁酉 4 四	戊戌 5 五	己亥 6 六	庚子 7 日	辛丑 8 一	壬寅 9 二	癸卯 10 三	甲辰 11 四	乙巳 12 五	丙午 13 六	丁未 14 日	戊申 15 一	己酉 16 二	庚戌 17 三	辛亥 18 四	壬子 19 五	癸丑 20 六	甲寅 21 日	乙卯 22 一	丙辰 23 二	丁巳 24 三	戊午 25 四	壬寅寒露 丁巳霜降
十一月小	癸亥 天干地支 西曆 星期	己未 26 五	庚申 27 六	辛酉 28 日	壬戌 29 一	癸亥 30 二	甲子 (11) 三	乙丑 2 四	丙寅 3 五	丁卯 4 六	戊辰 5 日	己巳 6 一	庚午 7 二	辛未 8 三	壬申 9 四	癸酉 10 五	甲戌 11 六	乙亥 12 日	丙子 13 一	丁丑 14 二	戊寅 15 三	己卯 16 四	庚辰 17 五	辛巳 18 六	壬午 19 日	癸未 20 一	甲申 21 二	乙酉 22 三	丙戌 23 四	丁亥 24 五		壬申立冬 丁亥小雪
閏十一月大	癸亥 天干地支 西曆 星期	戊子 25 六	己丑 26 日	庚寅 27 一	辛卯 28 二	壬辰 29 三	癸巳 30 四	甲午 (12) 五	乙未 2 六	丙申 3 日	丁酉 4 一	戊戌 5 二	己亥 6 三	庚子 7 四	辛丑 8 五	壬寅 9 六	癸卯 10 日	甲辰 11 一	乙巳 12 二	丙午 13 三	丁未 14 四	戊申 15 五	己酉 16 六	庚戌 17 日	辛亥 18 一	壬子 19 二	癸丑 20 三	甲寅 21 四	乙卯 22 五	丙辰 23 六	丁巳 24 日	壬寅大雪
十二月小	甲子 天干地支 西曆 星期	戊午 24 一	己未 25 二	庚申 26 三	辛酉 27 四	壬戌 28 五	癸亥 29 六	甲子 30 日	乙丑 31 一	丙寅 (1) 二	丁卯 2 三	戊辰 3 四	己巳 4 五	庚午 5 六	辛未 6 日	壬申 7 一	癸酉 8 二	甲戌 9 三	乙亥 10 四	丙子 11 五	丁丑 12 六	戊寅 13 日	己卯 14 一	庚辰 15 二	辛巳 16 三	壬午 17 四	癸未 18 五	甲申 19 六	乙酉 20 日	丙戌 21 一		戊午冬至 癸酉小寒

魏明帝景初三年　齊王芳景初三年（己未 羊年）　公元239～240年

夏曆月序	中西曆對照	夏曆日序																													節氣與天象
		初一	初二	初三	初四	初五	初六	初七	初八	初九	初十	十一	十二	十三	十四	十五	十六	十七	十八	十九	二十	廿一	廿二	廿三	廿四	廿五	廿六	廿七	廿八	廿九	三十	
正月大	乙丑 天干地支西曆星期	丁亥22二	戊子23三	己丑24四	庚寅25五	辛卯26六	壬辰27日	癸巳28一	甲午29二	乙未30三	丙申31四	丁酉(2)五	戊戌2日	己亥3一	庚子4二	辛丑5三	壬寅6四	癸卯7五	甲辰8六	乙巳9日	丙午10一	丁未11二	戊申12三	己酉13四	庚戌14五	辛亥15六	壬子16日	癸丑17一	甲寅18二	乙卯19三	丙辰20三	戊子大寒 癸卯立春
二月小	丙寅	丁巳21四	戊午22五	己未23六	庚申24日	辛酉25一	壬戌26二	癸亥27三	甲子28(3)四	乙丑29五	丙寅(3)日	丁卯2日	戊辰3一	己巳4二	庚午5三	辛未6四	壬申7五	癸酉8六	甲戌9日	乙亥10一	丙子11二	丁丑12三	戊寅13四	己卯14五	庚辰15六	辛巳16日	壬午17一	癸未18二	甲申19三	乙酉20四		戊午雨水 甲戌驚蟄
三月大	丁卯	丙戌22五	丁亥23六	戊子24日	己丑25一	庚寅26二	辛卯27三	壬辰28四	癸巳29五	甲午30六	乙未31日	丙申(4)一	丁酉2二	戊戌3三	己亥4四	庚子5五	辛丑6六	壬寅7日	癸卯8一	甲辰9二	乙巳10三	丙午11四	丁未12五	戊申13六	己酉14日	庚戌15一	辛亥16二	壬子17三	癸丑18四	甲寅19五	乙卯20六	己丑春分 甲辰清明
四月小	戊辰	丙辰21日	丁巳22一	戊午23二	己未24三	庚申25四	辛酉26五	壬戌27六	癸亥28日	甲子29一	乙丑30二	丙寅(5)三	丁卯2四	戊辰3五	己巳4六	庚午5日	辛未6一	壬申7二	癸酉8三	甲戌9四	乙亥10五	丙子11六	丁丑12日	戊寅13一	己卯14二	庚辰15三	辛巳16四	壬午17五	癸未18六	甲申19日		己未穀雨 乙亥立夏
五月大	己巳	乙酉20一	丙戌21二	丁亥22三	戊子23四	己丑24五	庚寅25六	辛卯26日	壬辰27一	癸巳28二	甲午29三	乙未30四	丙申31五	丁酉(6)六	戊戌2日	己亥3一	庚子4二	辛丑5三	壬寅6四	癸卯7五	甲辰8六	乙巳9日	丙午10一	丁未11二	戊申12三	己酉13四	庚戌14五	辛亥15六	壬子16日	癸丑17一	甲寅18二	庚寅小滿 乙巳芒種
六月小	庚午	乙卯19三	丙辰20四	丁巳21五	戊午22六	己未23日	庚申24一	辛酉25二	壬戌26三	癸亥27四	甲子28五	乙丑29六	丙寅30日	丁卯(7)一	戊辰2二	己巳3三	庚午4四	辛未5五	壬申6六	癸酉7日	甲戌8一	乙亥9二	丙子10三	丁丑11四	戊寅12五	己卯13六	庚辰14日	辛巳15一	壬午16二	癸未17三		庚申夏至 乙亥小暑
七月大	辛未	甲申18四	乙酉19五	丙戌20六	丁亥21日	戊子22一	己丑23二	庚寅24三	辛卯25四	壬辰26五	癸巳27六	甲午28日	乙未29一	丙申30二	丁酉31三	戊戌(8)四	己亥2五	庚子3六	辛丑4日	壬寅5一	癸卯6二	甲辰7三	乙巳8四	丙午9五	丁未10六	戊申11日	己酉12一	庚戌13二	辛亥14三	壬子15四	癸丑16五	辛卯大暑 丙午立秋
八月小	壬申	甲寅17六	乙卯18日	丙辰19一	丁巳20二	戊午21三	己未22四	庚申23五	辛酉24六	壬戌25日	癸亥26一	甲子27二	乙丑28三	丙寅29四	丁卯30五	戊辰31六	己巳(9)日	庚午2一	辛未3二	壬申4三	癸酉5四	甲戌6五	乙亥7六	丙子8日	丁丑9一	戊寅10二	己卯11三	庚辰12四	辛巳13五	壬午14六		辛酉處暑 丙子白露
九月大	癸酉	癸未15日	甲申16一	乙酉17二	丙戌18三	丁亥19四	戊子20五	己丑21六	庚寅22日	辛卯23一	壬辰24二	癸巳25三	甲午26四	乙未27五	丙申28六	丁酉29日	戊戌30(10)	己亥2二	庚子3三	辛丑4四	壬寅5五	癸卯6六	甲辰7日	乙巳8一	丙午9二	丁未10三	戊申11四	己酉12五	庚戌13六	辛亥14日	壬子14一	壬辰秋分 丁未寒露
十月小	甲戌	癸丑15二	甲寅16三	乙卯17四	丙辰18五	丁巳19六	戊午20日	己未21一	庚申22二	辛酉23三	壬戌24四	癸亥25五	甲子26六	乙丑27日	丙寅28一	丁卯29二	戊辰30三	己巳(11)五	庚午2六	辛未3日	壬申4一	癸酉5二	甲戌6三	乙亥7四	丙子8五	丁丑9六	戊寅10日	己卯11一	庚辰12二	辛巳13三		壬戌霜降 丁丑立冬
十一月大	乙亥	壬午13四	癸未14五	甲申15六	乙酉16日	丙戌17一	丁亥18二	戊子19三	己丑20四	庚寅21五	辛卯22六	壬辰23日	癸巳24一	甲午25二	乙未26三	丙申27四	丁酉28五	戊戌29六	己亥30日	庚子(12)一	辛丑2二	壬寅3三	癸卯4四	甲辰5五	乙巳6六	丙午7日	丁未8一	戊申9二	己酉10三	庚戌11四	辛亥12五	壬辰小雪 戊申大雪
十二月大	丙子	壬子13六	癸丑14日	甲寅15一	乙卯16二	丙辰17三	丁巳18四	戊午19五	己未20六	庚申21日	辛酉22一	壬戌23二	癸亥24三	甲子25四	乙丑26五	丙寅27六	丁卯28日	戊辰29一	己巳30二	庚午31(1)	辛未2四	壬申3五	癸酉4六	甲戌5日	乙亥6一	丙子7二	丁丑8三	戊寅9四	己卯10五	庚辰11六	辛巳12日	癸亥冬至 戊寅小寒
閏十二月小	丙子	壬午12一	癸未13二	甲申14三	乙酉15四	丙戌16五	丁亥17六	戊子18日	己丑19一	庚寅20二	辛卯21三	壬辰22四	癸巳23五	甲午24六	乙未25日	丙申26一	丁酉27二	戊戌28三	己亥29四	庚子30五	辛丑31六	壬寅(2)日	癸卯2一	甲辰3二	乙巳4三	丙午5四	丁未6五	戊申7六	己酉8日	庚戌9一		癸巳大寒 己酉立春

＊正月丁亥（初一），明帝死。曹芳即位。十二月，恢復寅正，以建寅之月爲正始元年正月。故此年有兩個十二月。

魏齊王芳正始元年（庚申 猴年） 公元240～241年

夏曆月序	中西曆對照	夏曆日序 初一	初二	初三	初四	初五	初六	初七	初八	初九	初十	十一	十二	十三	十四	十五	十六	十七	十八	十九	二十	二一	二二	二三	二四	二五	二六	二七	二八	二九	三十	節氣與天象
正月大	戊寅 天干地支西曆星期	辛亥10二	壬子11三	癸丑12四	甲寅13五	乙卯14六	丙辰15日	丁巳16一	戊午17二	己未18三	庚申19四	辛酉20五	壬戌21六	癸亥22日	甲子23一	乙丑24二	丙寅25三	丁卯26四	戊辰27五	己巳28六	庚午29日	辛未(3)一	壬申2二	癸酉3三	甲戌4四	乙亥5五	丙子6六	丁丑7日	戊寅8一	己卯9二	庚辰10三	甲子雨水己卯驚蟄
二月小	己卯 天干地支西曆星期	辛巳11四	壬午12五	癸未13六	甲申14日	乙酉15一	丙戌16二	丁亥17三	戊子18四	己丑19五	庚寅20六	辛卯21日	壬辰22一	癸巳23二	甲午24三	乙未25四	丙申26五	丁酉27六	戊戌28日	己亥29一	庚子30二	辛丑31三	壬寅(4)四	癸卯2五	甲辰3六	乙巳4日	丙午5一	丁未6二	戊申7三	己酉8四		甲午春分己酉清明
三月大	庚辰 天干地支西曆星期	庚戌9四	辛亥10五	壬子11六	癸丑12日	甲寅13一	乙卯14二	丙辰15三	丁巳16四	戊午17五	己未18六	庚申19日	辛酉20一	壬戌21二	癸亥22三	甲子23四	乙丑24五	丙寅25六	丁卯26日	戊辰27一	己巳28二	庚午29三	辛未30四	壬申(5)五	癸酉2六	甲戌3日	乙亥4一	丙子5二	丁丑6三	戊寅7四	己卯8五	乙丑穀雨
四月小	辛巳 天干地支西曆星期	庚辰9六	辛巳10日	壬午11一	癸未12二	甲申13三	乙酉14四	丙戌15五	丁亥16六	戊子17日	己丑18一	庚寅19二	辛卯20三	壬辰21四	癸巳22五	甲午23六	乙未24日	丙申25一	丁酉26二	戊戌27三	己亥28四	庚子29五	辛丑30六	壬寅31日	癸卯(6)一	甲辰2二	乙巳3三	丙午4四	丁未5五	戊申6六		庚辰立夏乙未小滿
五月大	壬午 天干地支西曆星期	己酉7日	庚戌8一	辛亥9二	壬子10三	癸丑11四	甲寅12五	乙卯13六	丙辰14日	丁巳15一	戊午16二	己未17三	庚申18四	辛酉19五	壬戌20六	癸亥21日	甲子22一	乙丑23二	丙寅24三	丁卯25四	戊辰26五	己巳27六	庚午28日	辛未29一	壬申30二	癸酉(7)三	甲戌2四	乙亥3五	丙子4六	丁丑5日	戊寅6一	庚戌芒種乙丑夏至
六月小	癸未 天干地支西曆星期	己卯7二	庚辰8三	辛巳9四	壬午10五	癸未11六	甲申12日	乙酉13一	丙戌14二	丁亥15三	戊子16四	己丑17五	庚寅18六	辛卯19日	壬辰20一	癸巳21二	甲午22三	乙未23四	丙申24五	丁酉25六	戊戌26日	己亥27一	庚子28二	辛丑29三	壬寅30四	癸卯31五	甲辰(8)六	乙巳2日	丙午3一	丁未4二		辛巳小暑丙申大暑
七月大	甲申 天干地支西曆星期	戊申5三	己酉6四	庚戌7五	辛亥8六	壬子9日	癸丑10一	甲寅11二	乙卯12三	丙辰13四	丁巳14五	戊午15六	己未16日	庚申17一	辛酉18二	壬戌19三	癸亥20四	甲子21五	乙丑22六	丙寅23日	丁卯24一	戊辰25二	己巳26三	庚午27四	辛未28五	壬申29六	癸酉30日	甲戌31一	乙亥(9)二	丙子2三	丁丑3四	辛亥立秋丙寅處暑戊申日食
八月小	乙酉 天干地支西曆星期	戊寅4五	己卯5六	庚辰6日	辛巳7一	壬午8二	癸未9三	甲申10四	乙酉11五	丙戌12六	丁亥13日	戊子14一	己丑15二	庚寅16三	辛卯17四	壬辰18五	癸巳19六	甲午20日	乙未21一	丙申22二	丁酉23三	戊戌24四	己亥25五	庚子26六	辛丑27日	壬寅28一	癸卯29二	甲辰30三	乙巳(10)四	丙午2五		壬午白露丁酉秋分
九月大	丙戌 天干地支西曆星期	丁未3六	戊申4日	己酉5一	庚戌6二	辛亥7三	壬子8四	癸丑9五	甲寅10六	乙卯11日	丙辰12一	丁巳13二	戊午14三	己未15四	庚申16五	辛酉17六	壬戌18日	癸亥19一	甲子20二	乙丑21三	丙寅22四	丁卯23五	戊辰24六	己巳25日	庚午26一	辛未27二	壬申28三	癸酉29四	甲戌30五	乙亥31六	丙子(11)日	壬子寒露丁卯霜降
十月小	丁亥 天干地支西曆星期	丁丑2一	戊寅3二	己卯4三	庚辰5四	辛巳6五	壬午7六	癸未8日	甲申9一	乙酉10二	丙戌11三	丁亥12四	戊子13五	己丑14六	庚寅15日	辛卯16一	壬辰17二	癸巳18三	甲午19四	乙未20五	丙申21六	丁酉22日	戊戌23一	己亥24二	庚子25三	辛丑26四	壬寅27五	癸卯28六	甲辰29日	乙巳30一		壬午立冬戊戌小雪
十一月大	戊子 天干地支西曆星期	丙午(12)二	丁未2三	戊申3四	己酉4五	庚戌5六	辛亥6日	壬子7一	癸丑8二	甲寅9三	乙卯10四	丙辰11五	丁巳12六	戊午13日	己未14一	庚申15二	辛酉16三	壬戌17四	癸亥18五	甲子19六	乙丑20日	丙寅21一	丁卯22二	戊辰23三	己巳24四	庚午25五	辛未26六	壬申27日	癸酉28一	甲戌29二	乙亥30三	癸丑大雪戊辰冬至
十二月小	己丑 天干地支西曆星期	丙子31四	丁丑(1)五	戊寅2六	己卯3日	庚辰4一	辛巳5二	壬午6三	癸未7四	甲申8五	乙酉9六	丙戌10日	丁亥11一	戊子12二	己丑13三	庚寅14四	辛卯15五	壬辰16六	癸巳17日	甲午18一	乙未19二	丙申20三	丁酉21四	戊戌22五	己亥23六	庚子24日	辛丑25一	壬寅26二	癸卯27三	甲辰28四		癸未小寒己亥大寒

魏齊王芳正始二年（辛酉 雞年） 公元241～242年

夏曆月序	中西曆日對照	夏曆日序 初一	初二	初三	初四	初五	初六	初七	初八	初九	初十	十一	十二	十三	十四	十五	十六	十七	十八	十九	二十	二一	二二	二三	二四	二五	二六	二七	二八	二九	三十	節氣與天象
正月大	庚寅 天干地支 西曆 星期	乙巳 29 五	丙午 30 六	丁未 31 日	戊申 (2) 一	己酉 2 二	庚戌 3 三	辛亥 4 四	壬子 5 五	癸丑 6 六	甲寅 7 日	乙卯 8 一	丙辰 9 二	丁巳 10 三	戊午 11 四	己未 12 五	庚申 13 六	辛酉 14 日	壬戌 15 一	癸亥 16 二	甲子 17 三	乙丑 18 四	丙寅 19 五	丁卯 20 六	戊辰 21 日	己巳 22 一	庚午 23 二	辛未 24 三	壬申 25 四	癸酉 26 五	甲戌 27 六	甲寅立春 己巳雨水
二月小	辛卯 天干地支 西曆 星期	乙亥 28 (3) 日	丙子 2 一	丁丑 2 二	戊寅 3 三	己卯 4 四	庚辰 5 五	辛巳 6 六	壬午 7 日	癸未 8 一	甲申 9 二	乙酉 10 三	丙戌 11 四	丁亥 12 五	戊子 13 六	己丑 14 日	庚寅 15 一	辛卯 16 二	壬辰 17 三	癸巳 18 四	甲午 19 五	乙未 20 六	丙申 21 日	丁酉 22 一	戊戌 23 二	己亥 24 三	庚子 25 四	辛丑 26 五	壬寅 27 六	癸卯 28 日		甲申驚蟄 己亥春分
三月大	壬辰 天干地支 西曆 星期	甲辰 29 一	乙巳 30 二	丙午 31 三	丁未 (4) 四	戊申 2 五	己酉 3 六	庚戌 4 日	辛亥 5 一	壬子 6 二	癸丑 7 三	甲寅 8 四	乙卯 9 五	丙辰 10 六	丁巳 11 日	戊午 12 一	己未 13 二	庚申 14 三	辛酉 15 四	壬戌 16 五	癸亥 17 六	甲子 18 日	乙丑 19 一	丙寅 20 二	丁卯 21 三	戊辰 22 四	己巳 23 五	庚午 24 六	辛未 25 日	壬申 26 一	癸酉 27 二	乙卯清明 庚午穀雨
四月大	癸巳 天干地支 西曆 星期	甲戌 28 三	乙亥 29 四	丙子 30 五	丁丑 (5) 六	戊寅 2 日	己卯 3 一	庚辰 4 二	辛巳 5 三	壬午 6 四	癸未 7 五	甲申 8 六	乙酉 9 日	丙戌 10 一	丁亥 11 二	戊子 12 三	己丑 13 四	庚寅 14 五	辛卯 15 六	壬辰 16 日	癸巳 17 一	甲午 18 二	乙未 19 三	丙申 20 四	丁酉 21 五	戊戌 22 六	己亥 23 日	庚子 24 一	辛丑 25 二	壬寅 26 三	癸卯 27 四	乙酉立夏 庚子小滿
五月小	甲午 天干地支 西曆 星期	甲辰 28 五	乙巳 29 六	丙午 30 日	丁未 (6) 一	戊申 2 二	己酉 3 三	庚戌 4 四	辛亥 5 五	壬子 6 六	癸丑 7 日	甲寅 8 一	乙卯 9 二	丙辰 10 三	丁巳 11 四	戊午 12 五	己未 13 六	庚申 14 日	辛酉 15 一	壬戌 16 二	癸亥 17 三	甲子 18 四	乙丑 19 五	丙寅 20 六	丁卯 21 日	戊辰 22 一	己巳 23 二	庚午 24 三	辛未 25 四	壬申 26 五		丙辰芒種 辛未夏至
六月大	乙未 天干地支 西曆 星期	癸酉 26 六	甲戌 27 日	乙亥 28 一	丙子 29 二	丁丑 30 三	戊寅 (7) 四	己卯 2 五	庚辰 3 六	辛巳 4 日	壬午 5 一	癸未 6 二	甲申 7 三	乙酉 8 四	丙戌 9 五	丁亥 10 六	戊子 11 日	己丑 12 一	庚寅 13 二	辛卯 14 三	壬辰 15 四	癸巳 16 五	甲午 17 六	乙未 18 日	丙申 19 一	丁酉 20 二	戊戌 21 三	己亥 22 四	庚子 23 五	辛丑 24 六	壬寅 25 日	丙戌小暑 辛丑大暑
閏六月小	乙未 天干地支 西曆 星期	癸卯 26 一	甲辰 27 二	乙巳 28 三	丙午 29 四	丁未 30 五	戊申 31 六	己酉 (8) 日	庚戌 2 一	辛亥 3 二	壬子 4 三	癸丑 5 四	甲寅 6 五	乙卯 7 六	丙辰 8 日	丁巳 9 一	戊午 10 二	己未 11 三	庚申 12 四	辛酉 13 五	壬戌 14 六	癸亥 15 日	甲子 16 一	乙丑 17 二	丙寅 18 三	丁卯 19 四	戊辰 20 五	己巳 21 六	庚午 22 日	辛未 23 一		丙辰立秋
七月大	丙申 天干地支 西曆 星期	壬申 24 二	癸酉 25 三	甲戌 26 四	乙亥 27 五	丙子 28 六	丁丑 29 日	戊寅 30 一	己卯 31 二	庚辰 (9) 三	辛巳 2 四	壬午 3 五	癸未 4 六	甲申 5 日	乙酉 6 一	丙戌 7 二	丁亥 8 三	戊子 9 四	己丑 10 五	庚寅 11 六	辛卯 12 日	壬辰 13 一	癸巳 14 二	甲午 15 三	乙未 16 四	丙申 17 五	丁酉 18 六	戊戌 19 日	己亥 20 一	庚子 21 二	辛丑 22 三	壬申處暑 丁亥白露
八月小	丁酉 天干地支 西曆 星期	壬寅 23 四	癸卯 24 五	甲辰 25 六	乙巳 26 日	丙午 27 一	丁未 28 二	戊申 29 三	己酉 (10) 四	庚戌 2 五	辛亥 3 六	壬子 4 日	癸丑 5 一	甲寅 6 二	乙卯 7 三	丙辰 8 四	丁巳 9 五	戊午 10 六	己未 11 日	庚申 12 一	辛酉 13 二	壬戌 14 三	癸亥 15 四	甲子 16 五	乙丑 17 六	丙寅 18 日	丁卯 19 一	戊辰 20 二	己巳 21 三	庚午 22 四		壬寅秋分 丁巳寒露
九月大	戊戌 天干地支 西曆 星期	辛未 22 六	壬申 23 日	癸酉 24 一	甲戌 25 二	乙亥 26 三	丙子 27 四	丁丑 28 五	戊寅 29 六	己卯 30 日	庚辰 31 一	辛巳 (11) 二	壬午 2 三	癸未 3 四	甲申 4 五	乙酉 5 六	丙戌 6 日	丁亥 7 一	戊子 8 二	己丑 9 三	庚寅 10 四	辛卯 11 五	壬辰 12 六	癸巳 13 日	甲午 14 一	乙未 15 二	丙申 16 三	丁酉 17 四	戊戌 18 五	己亥 19 六	庚子 20 日	壬申霜降 戊子立冬
十月小	己亥 天干地支 西曆 星期	辛丑 21 一	壬寅 22 二	癸卯 23 三	甲辰 24 四	乙巳 25 五	丙午 26 六	丁未 27 日	戊申 28 一	己酉 29 二	庚戌 30 三	辛亥 (12) 四	壬子 2 五	癸丑 3 六	甲寅 4 日	乙卯 5 一	丙辰 6 二	丁巳 7 三	戊午 8 四	己未 9 五	庚申 10 六	辛酉 11 日	壬戌 12 一	癸亥 13 二	甲子 14 三	乙丑 15 四	丙寅 16 五	丁卯 17 六	戊辰 18 日	己巳 19 一		癸卯小雪 戊午大雪
十一月大	庚子 天干地支 西曆 星期	庚午 20 二	辛未 21 三	壬申 22 四	癸酉 23 五	甲戌 24 六	乙亥 25 日	丙子 26 一	丁丑 27 二	戊寅 28 三	己卯 29 四	庚辰 30 五	辛巳 31 六	壬午 (1) 日	癸未 2 一	甲申 3 二	乙酉 4 三	丙戌 5 四	丁亥 6 五	戊子 7 六	己丑 8 日	庚寅 9 一	辛卯 10 二	壬辰 11 三	癸巳 12 四	甲午 13 五	乙未 14 六	丙申 15 日	丁酉 16 一	戊戌 17 二	己亥 18 三	癸酉冬至 己丑小寒
十二月小	辛丑 天干地支 西曆 星期	庚子 19 四	辛丑 20 五	壬寅 21 六	癸卯 22 日	甲辰 23 一	乙巳 24 二	丙午 25 三	丁未 26 四	戊申 27 五	己酉 28 六	庚戌 29 日	辛亥 30 一	壬子 31 二	癸丑 (2) 三	甲寅 2 四	乙卯 3 五	丙辰 4 六	丁巳 5 日	戊午 6 一	己未 7 二	庚申 8 三	辛酉 9 四	壬戌 10 五	癸亥 11 六	甲子 12 日	乙丑 13 一	丙寅 14 二	丁卯 15 三	戊辰 16 四		甲辰大寒 己未立春

魏齊王芳正始三年（壬戌 狗年） 公元242～243年

夏曆月序	中西曆日照對		夏曆日序																												節氣與天象
			初一	初二	初三	初四	初五	初六	初七	初八	初九	初十	十一	十二	十三	十四	十五	十六	十七	十八	十九	二十	二一	二二	二三	二四	二五	二六	二七	二八	二九	三十	
正月大	壬寅	天干地支西曆星期	己巳 17 四	庚午 18 五	辛未 19 六	壬申 20 日	癸酉 21 一	甲戌 22 二	乙亥 23 三	丙子 24 四	丁丑 25 五	戊寅 26 六	己卯 27 日	庚辰 28 一	辛巳 (3) 二	壬午 2 三	癸未 3 四	甲申 4 五	乙酉 5 六	丙戌 6 日	丁亥 7 一	戊子 8 二	己丑 9 三	庚寅 10 四	辛卯 11 五	壬辰 12 六	癸巳 13 日	甲午 14 一	乙未 15 二	丙申 16 三	丁酉 17 四	戊戌 18 五		甲戌雨水 己丑驚蟄
二月小	癸卯	天干地支西曆星期	己亥 19 六	庚子 20 日	辛丑 21 一	壬寅 22 二	癸卯 23 三	甲辰 24 四	乙巳 25 五	丙午 26 六	丁未 27 日	戊申 28 一	己酉 29 二	庚戌 30 三	辛亥 31 四	壬子 (4) 五	癸丑 2 六	甲寅 3 日	乙卯 4 一	丙辰 5 二	丁巳 6 三	戊午 7 四	己未 8 五	庚申 9 六	辛酉 10 日	壬戌 11 一	癸亥 12 二	甲子 13 三	乙丑 14 四	丙寅 15 五	丁卯 16 六			乙巳春分 庚申清明
三月大	甲辰	天干地支西曆星期	戊辰 17 日	己巳 18 一	庚午 19 二	辛未 20 三	壬申 21 四	癸酉 22 五	甲戌 23 六	乙亥 24 日	丙子 25 一	丁丑 26 二	戊寅 27 三	己卯 28 四	庚辰 29 五	辛巳 30 六	壬午 (5) 日	癸未 2 一	甲申 3 二	乙酉 4 三	丙戌 5 四	丁亥 6 五	戊子 7 六	己丑 8 日	庚寅 9 一	辛卯 10 二	壬辰 11 三	癸巳 12 四	甲午 13 五	乙未 14 六	丙申 15 日	丁酉 16 一		乙亥穀雨 庚寅立夏
四月小	乙巳	天干地支西曆星期	戊戌 17 二	己亥 18 三	庚子 19 四	辛丑 20 五	壬寅 21 六	癸卯 22 日	甲辰 23 一	乙巳 24 二	丙午 25 三	丁未 26 四	戊申 27 五	己酉 28 六	庚戌 29 日	辛亥 30 一	壬子 31 二	癸丑 (6) 三	甲寅 2 四	乙卯 3 五	丙辰 4 六	丁巳 5 日	戊午 6 一	己未 7 二	庚申 8 三	辛酉 9 四	壬戌 10 五	癸亥 11 六	甲子 12 日	乙丑 13 一	丙寅 14 二			丙午小滿 辛酉芒種
五月大	丙午	天干地支西曆星期	丁卯 15 三	戊辰 16 四	己巳 17 五	庚午 18 六	辛未 19 日	壬申 20 一	癸酉 21 二	甲戌 22 三	乙亥 23 四	丙子 24 五	丁丑 25 六	戊寅 26 日	己卯 27 一	庚辰 28 二	辛巳 29 三	壬午 30 四	癸未 (7) 五	甲申 2 六	乙酉 3 日	丙戌 4 一	丁亥 5 二	戊子 6 三	己丑 7 四	庚寅 8 五	辛卯 9 六	壬辰 10 日	癸巳 11 一	甲午 12 二	乙未 13 三	丙申 14 四		丙子夏至 辛卯小暑
六月大	丁未	天干地支西曆星期	丁酉 15 五	戊戌 16 六	己亥 17 日	庚子 18 一	辛丑 19 二	壬寅 20 三	癸卯 21 四	甲辰 22 五	乙巳 23 六	丙午 24 日	丁未 25 一	戊申 26 二	己酉 27 三	庚戌 28 四	辛亥 29 五	壬子 30 六	癸丑 31 (8) 日	甲寅 2 一	乙卯 3 二	丙辰 4 三	丁巳 5 四	戊午 6 五	己未 7 六	庚申 8 日	辛酉 9 一	壬戌 10 二	癸亥 11 三	甲子 12 四	乙丑 13 五	丙寅 14 六		丙午大暑 壬戌立秋
七月小	戊申	天干地支西曆星期	丁卯 14 日	戊辰 15 一	己巳 16 二	庚午 17 三	辛未 18 四	壬申 19 五	癸酉 20 六	甲戌 21 日	乙亥 22 一	丙子 23 二	丁丑 24 三	戊寅 25 四	己卯 26 五	庚辰 27 六	辛巳 28 日	壬午 29 一	癸未 30 二	甲申 31 (9) 三	乙酉 2 四	丙戌 3 五	丁亥 4 六	戊子 5 日	己丑 6 一	庚寅 7 二	辛卯 8 三	壬辰 9 四	癸巳 10 五	甲午 11 六				丁丑處暑 壬辰白露
八月大	己酉	天干地支西曆星期	丙申 12 一	丁酉 13 二	戊戌 14 三	己亥 15 四	庚子 16 五	辛丑 17 六	壬寅 18 日	癸卯 19 一	甲辰 20 二	乙巳 21 三	丙午 22 四	丁未 23 五	戊申 24 六	己酉 25 日	庚戌 26 一	辛亥 27 二	壬子 28 三	癸丑 29 四	甲寅 30 (10) 五	乙卯 2 六	丙辰 3 日	丁巳 4 一	戊午 5 二	己未 6 三	庚申 7 四	辛酉 8 五	壬戌 9 六	癸亥 10 日	甲子 11 一	乙丑 12 二		丁未秋分 癸亥寒露
九月小	庚戌	天干地支西曆星期	丙寅 12 三	丁卯 13 四	戊辰 14 五	己巳 15 六	庚午 16 日	辛未 17 一	壬申 18 二	癸酉 19 三	甲戌 20 四	乙亥 21 五	丙子 22 六	丁丑 23 日	戊寅 24 一	己卯 25 二	庚辰 26 三	辛巳 27 四	壬午 28 五	癸未 29 六	甲申 30 (11) 日	乙酉 2 一	丙戌 3 二	丁亥 4 三	戊子 5 四	己丑 6 五	庚寅 7 六	辛卯 8 日	壬辰 9 一	癸巳 10 二	甲午 11 三			戊寅霜降 癸巳立冬
十月大	辛亥	天干地支西曆星期	乙未 10 四	丙申 11 五	丁酉 12 六	戊戌 13 日	己亥 14 一	庚子 15 二	辛丑 16 三	壬寅 17 四	癸卯 18 五	甲辰 19 六	乙巳 20 日	丙午 21 一	丁未 22 二	戊申 23 三	己酉 24 四	庚戌 25 五	辛亥 26 六	壬子 27 日	癸丑 28 一	甲寅 29 二	乙卯 30 (02) 三	丙辰 2 四	丁巳 3 五	戊午 4 六	己未 5 日	庚申 6 一	辛酉 7 二	壬戌 8 三	癸亥 9 四	甲子 10 五		戊申小雪 癸亥大雪
十一月小	壬子	天干地支西曆星期	乙丑 10 六	丙寅 11 日	丁卯 12 一	戊辰 13 二	己巳 14 三	庚午 15 四	辛未 16 五	壬申 17 六	癸酉 18 日	甲戌 19 一	乙亥 20 二	丙子 21 三	丁丑 22 四	戊寅 23 五	己卯 24 六	庚辰 25 日	辛巳 26 一	壬午 27 二	癸未 28 三	甲申 29 四	乙酉 30 五	丙戌 31 (1) 六	丁亥 2 日	戊子 3 一	己丑 4 二	庚寅 5 三	辛卯 6 四	壬辰 7 五	癸巳 8 六			己卯冬至
十二月大	癸丑	天干地支西曆星期	甲午 8 日	乙未 9 一	丙申 10 二	丁酉 11 三	戊戌 12 四	己亥 13 五	庚子 14 六	辛丑 15 日	壬寅 16 一	癸卯 17 二	甲辰 18 三	乙巳 19 四	丙午 20 五	丁未 21 六	戊申 22 日	己酉 23 一	庚戌 24 二	辛亥 25 三	壬子 26 四	癸丑 27 五	甲寅 28 六	乙卯 29 日	丙辰 30 一	丁巳 31 (2) 二	戊午 2 三	己未 3 四	庚申 4 五	辛酉 5 六	壬戌 6 日			甲午小寒 己酉大寒

魏齊王芳正始四年（癸亥 豬年） 公元243～244年

夏曆月序	中西曆對照	夏曆日序																													節氣與天象
		初一	初二	初三	初四	初五	初六	初七	初八	初九	初十	十一	十二	十三	十四	十五	十六	十七	十八	十九	二十	廿一	廿二	廿三	廿四	廿五	廿六	廿七	廿八	廿九	三十	
正月小	甲寅	天干地支 西曆 星期	甲子 7 二	乙丑 8 三	丙寅 9 四	丁卯 10 五	戊辰 11 六	己巳 12 日	庚午 13 一	辛未 14 二	壬申 15 三	癸酉 16 四	甲戌 17 五	乙亥 18 六	丙子 19 日	丁丑 20 一	戊寅 21 二	己卯 22 三	庚辰 23 四	辛巳 24 五	壬午 25 六	癸未 26 日	甲申 27 一	乙酉 28 二	丙戌(3) 三	丁亥 2 四	戊子 3 五	己丑 4 六	庚寅 5 日	辛卯 6 一	壬辰 7 二		甲子立春 己卯雨水
二月大	乙卯	天干地支 西曆 星期	癸巳 8 三	甲午 9 四	乙未 10 五	丙申 11 六	丁酉 12 日	戊戌 13 一	己亥 14 二	庚子 15 三	辛丑 16 四	壬寅 17 五	癸卯 18 六	甲辰 19 日	乙巳 20 一	丙午 21 二	丁未 22 三	戊申 23 四	己酉 24 五	庚戌 25 六	辛亥 26 日	壬子 27 一	癸丑 28 二	甲寅 29 三	乙卯 30 四	丙辰 31 五	丁巳(4) 六	戊午 2 日	己未 3 一	庚申 4 二	辛酉 5 三	壬戌 6 四	乙未驚蟄 庚戌春分
三月小	丙辰	天干地支 西曆 星期	癸亥 7 五	甲子 8 六	乙丑 9 日	丙寅 10 一	丁卯 11 二	戊辰 12 三	己巳 13 四	庚午 14 五	辛未 15 六	壬申 16 日	癸酉 17 一	甲戌 18 二	乙亥 19 三	丙子 20 四	丁丑 21 五	戊寅 22 六	己卯 23 日	庚辰 24 一	辛巳 25 二	壬午 26 三	癸未 27 四	甲申 28 五	乙酉 29 六	丙戌 30 日	丁亥(5) 一	戊子 2 二	己丑 3 三	庚寅 4 四	辛卯 5 五		乙丑清明 庚辰穀雨
四月大	丁巳	天干地支 西曆 星期	壬辰 6 六	癸巳 7 日	甲午 8 一	乙未 9 二	丙申 10 三	丁酉 11 四	戊戌 12 五	己亥 13 六	庚子 14 日	辛丑 15 一	壬寅 16 二	癸卯 17 三	甲辰 18 四	乙巳 19 五	丙午 20 六	丁未 21 日	戊申 22 一	己酉 23 二	庚戌 24 三	辛亥 25 四	壬子 26 五	癸丑 27 六	甲寅 28 日	乙卯 29 一	丙辰 30 二	丁巳 31 三	戊午(6) 四	己未 2 五	庚申 3 六	辛酉 4 日	丙申立夏 辛亥小滿
五月小	戊午	天干地支 西曆 星期	壬戌 5 一	癸亥 6 二	甲子 7 三	乙丑 8 四	丙寅 9 五	丁卯 10 六	戊辰 11 日	己巳 12 一	庚午 13 二	辛未 14 三	壬申 15 四	癸酉 16 五	甲戌 17 六	乙亥 18 日	丙子 19 一	丁丑 20 二	戊寅 21 三	己卯 22 四	庚辰 23 五	辛巳 24 六	壬午 25 日	癸未 26 一	甲申 27 二	乙酉 28 三	丙戌 29 四	丁亥 30 五	戊子(7) 六	己丑 2 日	庚寅 3 一		丙寅芒種 辛巳夏至 壬戌日食
六月大	己未	天干地支 西曆 星期	辛卯 4 二	壬辰 5 三	癸巳 6 四	甲午 7 五	乙未 8 六	丙申 9 日	丁酉 10 一	戊戌 11 二	己亥 12 三	庚子 13 四	辛丑 14 五	壬寅 15 六	癸卯 16 日	甲辰 17 一	乙巳 18 二	丙午 19 三	丁未 20 四	戊申 21 五	己酉 22 六	庚戌 23 日	辛亥 24 一	壬子 25 二	癸丑 26 三	甲寅 27 四	乙卯 28 五	丙辰 29 六	丁巳 30 日	戊午 31 一	己未(8) 二	庚申 2 三	丙申小暑 壬子大暑
七月小	庚申	天干地支 西曆 星期	辛酉 3 四	壬戌 4 五	癸亥 5 六	甲子 6 日	乙丑 7 一	丙寅 8 二	丁卯 9 三	戊辰 10 四	己巳 11 五	庚午 12 六	辛未 13 日	壬申 14 一	癸酉 15 二	甲戌 16 三	乙亥 17 四	丙子 18 五	丁丑 19 六	戊寅 20 日	己卯 21 一	庚辰 22 二	辛巳 23 三	壬午 24 四	癸未 25 五	甲申 26 六	乙酉 27 日	丙戌 28 一	丁亥 29 二	戊子 30 三	己丑 31 四		丁卯立秋 壬午處暑
八月大	辛酉	天干地支 西曆 星期	庚寅(9) 五	辛卯 2 六	壬辰 3 日	癸巳 4 一	甲午 5 二	乙未 6 三	丙申 7 四	丁酉 8 五	戊戌 9 六	己亥 10 日	庚子 11 一	辛丑 12 二	壬寅 13 三	癸卯 14 四	甲辰 15 五	乙巳 16 六	丙午 17 日	丁未 18 一	戊申 19 二	己酉 20 三	庚戌 21 四	辛亥 22 五	壬子 23 六	癸丑 24 日	甲寅 25 一	乙卯 26 二	丙辰 27 三	丁巳 28 四	戊午 29 五	己未 30 六	丁酉白露 癸丑秋分
九月小	壬戌	天干地支 西曆 星期	庚申(10) 日	辛酉 2 一	壬戌 3 二	癸亥 4 三	甲子 5 四	乙丑 6 五	丙寅 7 六	丁卯 8 日	戊辰 9 一	己巳 10 二	庚午 11 三	辛未 12 四	壬申 13 五	癸酉 14 六	甲戌 15 日	乙亥 16 一	丙子 17 二	丁丑 18 三	戊寅 19 四	己卯 20 五	庚辰 21 六	辛巳 22 日	壬午 23 一	癸未 24 二	甲申 25 三	乙酉 26 四	丙戌 27 五	丁亥 28 六	戊子 29 日		戊辰寒露 癸未霜降
十月大	癸亥	天干地支 西曆 星期	己丑 30 一	庚寅 31 二	辛卯(11) 三	壬辰 2 四	癸巳 3 五	甲午 4 六	乙未 5 日	丙申 6 一	丁酉 7 二	戊戌 8 三	己亥 9 四	庚子 10 五	辛丑 11 六	壬寅 12 日	癸卯 13 一	甲辰 14 二	乙巳 15 三	丙午 16 四	丁未 17 五	戊申 18 六	己酉 19 日	庚戌 20 一	辛亥 21 二	壬子 22 三	癸丑 23 四	甲寅 24 五	乙卯 25 六	丙辰 26 日	丁巳 27 一	戊午 28 二	戊戌立冬 癸丑小雪
十一月大	甲子	天干地支 西曆 星期	己未 29 三	庚申 30 四	辛酉(12) 五	壬戌 2 六	癸亥 3 日	甲子 4 一	乙丑 5 二	丙寅 6 三	丁卯 7 四	戊辰 8 五	己巳 9 六	庚午 10 日	辛未 11 一	壬申 12 二	癸酉 13 三	甲戌 14 四	乙亥 15 五	丙子 16 六	丁丑 17 日	戊寅 18 一	己卯 19 二	庚辰 20 三	辛巳 21 四	壬午 22 五	癸未 23 六	甲申 24 日	乙酉 25 一	丙戌 26 二	丁亥 27 三	戊子 28 四	己巳大雪 甲申冬至
十二月小	乙丑	天干地支 西曆 星期	己丑 29 五	庚寅 30 六	辛卯 31 日	壬辰(1) 一	癸巳 2 二	甲午 3 三	乙未 4 四	丙申 5 五	丁酉 6 六	戊戌 7 日	己亥 8 一	庚子 9 二	辛丑 10 三	壬寅 11 四	癸卯 12 五	甲辰 13 六	乙巳 14 日	丙午 15 一	丁未 16 二	戊申 17 三	己酉 18 四	庚戌 19 五	辛亥 20 六	壬子 21 日	癸丑 22 一	甲寅 23 二	乙卯 24 三	丙辰 25 四	丁巳 26 五		己亥小寒 甲寅大寒

魏齊王芳正始五年（甲子 鼠年） 公元244～245年

夏曆月序	中西曆日對照	夏曆日序																													節氣與天象
		初一	初二	初三	初四	初五	初六	初七	初八	初九	初十	十一	十二	十三	十四	十五	十六	十七	十八	十九	二十	廿一	廿二	廿三	廿四	廿五	廿六	廿七	廿八	廿九	三十	
正月大	丙寅 天干地支 西曆日照 星期	戊午 27 六	己未 28 日	庚申 29 一	辛酉 30 二	壬戌 31 三	癸亥 (2) 四	甲子 3 五	乙丑 4 六	丙寅 5 日	丁卯 6 一	戊辰 7 二	己巳 8 三	庚午 9 四	辛未 10 五	壬申 11 六	癸酉 12 日	甲戌 13 一	乙亥 14 二	丙子 15 三	丁丑 16 四	戊寅 17 五	己卯 18 六	庚辰 19 日	辛巳 20 一	壬午 21 二	癸未 22 三	甲申 23 四	乙酉 24 五	丙戌 25 六	丁亥 26 日	庚午立春 乙酉雨水
二月小	丁卯 天干地支 西曆日照 星期	戊子 26 一	己丑 27 二	庚寅 28 三	辛卯 29 四	壬辰 (3) 五	癸巳 2 六	甲午 3 日	乙未 4 一	丙申 5 二	丁酉 6 三	戊戌 7 四	己亥 8 五	庚子 9 六	辛丑 10 日	壬寅 11 一	癸卯 12 二	甲辰 13 三	乙巳 14 四	丙午 15 五	丁未 16 六	戊申 17 日	己酉 18 一	庚戌 19 二	辛亥 20 三	壬子 21 四	癸丑 22 五	甲寅 23 六	乙卯 24 日	丙辰 25 一		庚子驚蟄 乙卯春分
三月大	戊辰 天干地支 西曆日照 星期	丁巳 26 二	戊午 27 三	己未 28 四	庚申 29 五	辛酉 30 六	壬戌 31 日	癸亥 (4) 一	甲子 2 二	乙丑 3 三	丙寅 4 四	丁卯 5 五	戊辰 6 六	己巳 7 日	庚午 8 一	辛未 9 二	壬申 10 三	癸酉 11 四	甲戌 12 五	乙亥 13 六	丙子 14 日	丁丑 15 一	戊寅 16 二	己卯 17 三	庚辰 18 四	辛巳 19 五	壬午 20 六	癸未 21 日	甲申 22 一	乙酉 23 二	丙戌 24 三	庚午清明 丙戌穀雨
閏三月小	戊辰 天干地支 西曆日照 星期	丁亥 25 四	戊子 26 五	己丑 27 六	庚寅 28 日	辛卯 29 一	壬辰 30 二	癸巳 (5) 三	甲午 2 四	乙未 3 五	丙申 4 六	丁酉 5 日	戊戌 6 一	己亥 7 二	庚子 8 三	辛丑 9 四	壬寅 10 五	癸卯 11 六	甲辰 12 日	乙巳 13 一	丙午 14 二	丁未 15 三	戊申 16 四	己酉 17 五	庚戌 18 六	辛亥 19 日	壬子 20 一	癸丑 21 二	甲寅 22 三	乙卯 23 四		辛丑立夏
四月大	己巳 天干地支 西曆日照 星期	丙辰 24 五	丁巳 25 六	戊午 26 日	己未 27 一	庚申 28 二	辛酉 29 三	壬戌 30 四	癸亥 31 五	甲子 (6) 六	乙丑 2 日	丙寅 3 一	丁卯 4 二	戊辰 5 三	己巳 6 四	庚午 7 五	辛未 8 六	壬申 9 日	癸酉 10 一	甲戌 11 二	乙亥 12 三	丙子 13 四	丁丑 14 五	戊寅 15 六	己卯 16 日	庚辰 17 一	辛巳 18 二	壬午 19 三	癸未 20 四	甲申 21 五	乙酉 22 六	丙辰小滿 辛未芒種 丙辰日食
五月小	庚午 天干地支 西曆日照 星期	丙戌 23 日	丁亥 24 一	戊子 25 二	己丑 26 三	庚寅 27 四	辛卯 28 五	壬辰 29 六	癸巳 30 日	甲午 (7) 一	乙未 2 二	丙申 3 三	丁酉 4 四	戊戌 5 五	己亥 6 六	庚子 7 日	辛丑 8 一	壬寅 9 二	癸卯 10 三	甲辰 11 四	乙巳 12 五	丙午 13 六	丁未 14 日	戊申 15 一	己酉 16 二	庚戌 17 三	辛亥 18 四	壬子 19 五	癸丑 20 六	甲寅 21 日		丙戌夏至 壬寅小暑
六月大	辛未 天干地支 西曆日照 星期	乙卯 22 一	丙辰 23 二	丁巳 24 三	戊午 25 四	己未 26 五	庚申 27 六	辛酉 28 日	壬戌 29 一	癸亥 30 二	甲子 (8) 三	乙丑 2 四	丙寅 3 五	丁卯 4 六	戊辰 5 日	己巳 6 一	庚午 7 二	辛未 8 三	壬申 9 四	癸酉 10 五	甲戌 11 六	乙亥 12 日	丙子 13 一	丁丑 14 二	戊寅 15 三	己卯 16 四	庚辰 17 五	辛巳 18 六	壬午 19 日	癸未 20 一	甲申 21 二	丁巳大暑 壬申立秋
七月小	壬申 天干地支 西曆日照 星期	乙酉 22 三	丙戌 23 四	丁亥 24 五	戊子 25 六	己丑 26 日	庚寅 27 一	辛卯 28 二	壬辰 29 三	癸巳 30 四	甲午 31 五	乙未 (9) 六	丙申 2 日	丁酉 3 一	戊戌 4 二	己亥 5 三	庚子 6 四	辛丑 7 五	壬寅 8 六	癸卯 9 日	甲辰 10 一	乙巳 11 二	丙午 12 三	丁未 13 四	戊申 14 五	己酉 15 六	庚戌 16 日	辛亥 17 一	壬子 18 二	癸丑 18 三		丁亥處暑 癸卯白露
八月大	癸酉 天干地支 西曆日照 星期	甲寅 19 四	乙卯 20 五	丙辰 21 六	丁巳 22 日	戊午 23 一	己未 24 二	庚申 25 三	辛酉 26 四	壬戌 27 五	癸亥 28 六	甲子 29 日	乙丑 30 一	丙寅 (10) 二	丁卯 2 三	戊辰 3 四	己巳 4 五	庚午 5 六	辛未 6 日	壬申 7 一	癸酉 8 二	甲戌 9 三	乙亥 10 四	丙子 11 五	丁丑 12 六	戊寅 13 日	己卯 14 一	庚辰 15 二	辛巳 16 三	壬午 17 四	癸未 18 五	戊午秋分 癸酉寒露
九月小	甲戌 天干地支 西曆日照 星期	甲申 19 六	乙酉 20 日	丙戌 21 一	丁亥 22 二	戊子 23 三	己丑 24 四	庚寅 25 五	辛卯 26 六	壬辰 27 日	癸巳 28 一	甲午 29 二	乙未 30 三	丙申 31 四	丁酉 (11) 五	戊戌 2 六	己亥 3 日	庚子 4 一	辛丑 5 二	壬寅 6 三	癸卯 7 四	甲辰 8 五	乙巳 9 六	丙午 10 日	丁未 11 一	戊申 12 二	己酉 13 三	庚戌 14 四	辛亥 15 五	壬子 16 六		戊子霜降 癸卯立冬
十月大	乙亥 天干地支 西曆日照 星期	癸丑 17 日	甲寅 18 一	乙卯 19 二	丙辰 20 三	丁巳 21 四	戊午 22 五	己未 23 六	庚申 24 日	辛酉 25 一	壬戌 26 二	癸亥 27 三	甲子 28 四	乙丑 29 五	丙寅 30 六	丁卯 (12) 日	戊辰 2 一	己巳 3 二	庚午 4 三	辛未 5 四	壬申 6 五	癸酉 7 六	甲戌 8 日	乙亥 9 一	丙子 10 二	丁丑 11 三	戊寅 12 四	己卯 13 五	庚辰 14 六	辛巳 15 日	壬午 16 一	己未小雪 甲戌大雪
十一月小	丙子 天干地支 西曆日照 星期	癸未 17 二	甲申 18 三	乙酉 19 四	丙戌 20 五	丁亥 21 六	戊子 22 日	己丑 23 一	庚寅 24 二	辛卯 25 三	壬辰 26 四	癸巳 27 五	甲午 28 六	乙未 29 日	丙申 30 一	丁酉 31 二	戊戌 (1) 三	己亥 2 四	庚子 3 五	辛丑 4 六	壬寅 5 日	癸卯 6 一	甲辰 7 二	乙巳 8 三	丙午 9 四	丁未 10 五	戊申 11 六	己酉 12 日	庚戌 13 一	辛亥 14 二		己丑冬至 甲辰小寒
十二月大	丁丑 天干地支 西曆日照 星期	壬子 15 三	癸丑 16 四	甲寅 17 五	乙卯 18 六	丙辰 19 日	丁巳 20 一	戊午 21 二	己未 22 三	庚申 23 四	辛酉 24 五	壬戌 25 六	癸亥 26 日	甲子 27 一	乙丑 28 二	丙寅 29 三	丁卯 30 四	戊辰 31 五	己巳 (2) 六	庚午 2 日	辛未 3 一	壬申 4 二	癸酉 5 三	甲戌 6 四	乙亥 7 五	丙子 8 六	丁丑 9 日	戊寅 10 一	己卯 11 二	庚辰 12 三	辛巳 13 四	庚申大寒 乙亥立春

魏齊王芳正始六年（乙丑 牛年） 公元245～246年

夏曆月序	中西曆對照	夏曆日序																													節氣與天象
		初一	初二	初三	初四	初五	初六	初七	初八	初九	初十	十一	十二	十三	十四	十五	十六	十七	十八	十九	二十	二一	二二	二三	二四	二五	二六	二七	二八	二九	三十	
正月小	戊寅	天干地支 壬午	癸未	甲申	乙酉	丙戌	丁亥	戊子	己丑	庚寅	辛卯	壬辰	癸巳	甲午	乙未	丙申	丁酉	戊戌	己亥	庚子	辛丑	壬寅	癸卯	甲辰	乙巳	丙午	丁未	戊申	己酉	庚戌		庚寅雨水 乙巳驚蟄
		西曆 14	15	16	17	18	19	20	21	22	23	24	25	26	27(3)	2日	3	4	5	6	7	8	9	10	11	12	13	14				
		星期 五	六	日	一	二	三	四	五	六	日	一	二	三	四	五	六	日	一	二	三	四	五	六	日	一	二	三	四	五			
二月大	己卯	辛亥	壬子	癸丑	甲寅	乙卯	丙辰	丁巳	戊午	己未	庚申	辛酉	壬戌	癸亥	甲子	乙丑	丙寅	丁卯	戊辰	己巳	庚午	辛未	壬申	癸酉	甲戌	乙亥	丙子	丁丑	戊寅	己卯	庚辰	庚申春分 丙子清明
		15	16	17	18	19	20	21	22	23	24	25	26	27	28	29	30	31(4)	2	3	4	5	6	7	8	9	10	11	12	13日		
		六	日	一	二	三	四	五	六	日	一	二	三	四	五	六	日	一	二	三	四	五	六	日	一	二	三	四	五	六		
三月大	庚辰	辛巳	壬午	癸未	甲申	乙酉	丙戌	丁亥	戊子	己丑	庚寅	辛卯	壬辰	癸巳	甲午	乙未	丙申	丁酉	戊戌	己亥	庚子	辛丑	壬寅	癸卯	甲辰	乙巳	丙午	丁未	戊申	己酉	庚戌	辛卯穀雨 丙午立夏
		14	15	16	17	18	19	20	21	22	23	24	25	26	27	28	29	30(5)	2	3	4	5	6	7	8	9	10	11	12	13日		
		一	二	三	四	五	六	日	一	二	三	四	五	六	日	一	二	三	四	五	六	日	一	二	三	四	五	六	日	一	二	
四月小	辛巳	辛亥	壬子	癸丑	甲寅	乙卯	丙辰	丁巳	戊午	己未	庚申	辛酉	壬戌	癸亥	甲子	乙丑	丙寅	丁卯	戊辰	己巳	庚午	辛未	壬申	癸酉	甲戌	乙亥	丙子	丁丑	戊寅	己卯		辛酉小滿 丁丑芒種
		14	15	16	17	18	19	20	21	22	23	24	25	26	27	28	29	30	31(6)	2	3	4	5	6	7	8	9	10	11日			
		三	四	五	六	日	一	二	三	四	五	六	日	一	二	三	四	五	六	日	一	二	三	四	五	六	日	一	二	三			
五月大	壬午	庚辰	辛巳	壬午	癸未	甲申	乙酉	丙戌	丁亥	戊子	己丑	庚寅	辛卯	壬辰	癸巳	甲午	乙未	丙申	丁酉	戊戌	己亥	庚子	辛丑	壬寅	癸卯	甲辰	乙巳	丙午	丁未	戊申	己酉	壬辰夏至 丁未小暑
		12	13	14	15	16	17	18	19	20	21	22	23	24	25	26	27	28	29	30(7)	2	3	4	5	6	7	8	9	10日				
		四	五	六	日	一	二	三	四	五	六	日	一	二	三	四	五	六	日	一	二	三	四	五	六	日	一	二	三	四	五		
六月小	癸未	庚戌	辛亥	壬子	癸丑	甲寅	乙卯	丙辰	丁巳	戊午	己未	庚申	辛酉	壬戌	癸亥	甲子	乙丑	丙寅	丁卯	戊辰	己巳	庚午	辛未	壬申	癸酉	甲戌	乙亥	丙子	丁丑	戊寅		壬戌大暑 丁丑立秋
		12	13	14	15	16	17	18	19	20	21	22	23	24	25	26	27	28	29	30	31(8)	2	3	4	5	6	7	8	9日				
		六	日	一	二	三	四	五	六	日	一	二	三	四	五	六	日	一	二	三	四	五	六	日	一	二	三	四	五	六			
七月大	甲申	己卯	庚辰	辛巳	壬午	癸未	甲申	乙酉	丙戌	丁亥	戊子	己丑	庚寅	辛卯	壬辰	癸巳	甲午	乙未	丙申	丁酉	戊戌	己亥	庚子	辛丑	壬寅	癸卯	甲辰	乙巳	丙午	丁未	戊申	癸巳處暑 戊申白露
		10	11	12	13	14	15	16	17	18	19	20	21	22	23	24	25	26	27	28	29	30	31(9)	2	3	4	5	6	7	8日			
		日	一	二	三	四	五	六	日	一	二	三	四	五	六	日	一	二	三	四	五	六	日	一	二	三	四	五	六	日	一	
八月小	乙酉	己酉	庚戌	辛亥	壬子	癸丑	甲寅	乙卯	丙辰	丁巳	戊午	己未	庚申	辛酉	壬戌	癸亥	甲子	乙丑	丙寅	丁卯	戊辰	己巳	庚午	辛未	壬申	癸酉	甲戌	乙亥	丙子	丁丑		癸亥秋分
		9	10	11	12	13	14	15	16	17	18	19	20	21	22	23	24	25	26	27	28	29	30(10)	2	3	4	5	6	7日				
		二	三	四	五	六	日	一	二	三	四	五	六	日	一	二	三	四	五	六	日	一	二	三	四	五	六	日	一				
九月大	丙戌	戊寅	己卯	庚辰	辛巳	壬午	癸未	甲申	乙酉	丙戌	丁亥	戊子	己丑	庚寅	辛卯	壬辰	癸巳	甲午	乙未	丙申	丁酉	戊戌	己亥	庚子	辛丑	壬寅	癸卯	甲辰	乙巳	丙午	丁未	戊寅寒露 癸巳霜降
		8	9	10	11	12	13	14	15	16	17	18	19	20	21	22	23	24	25	26	27	28	29	30	31(11)	2	3	4	5	6日			
		三	四	五	六	日	一	二	三	四	五	六	日	一	二	三	四	五	六	日	一	二	三	四	五	六	日	一	二	三	四	
十月小	丁亥	戊申	己酉	庚戌	辛亥	壬子	癸丑	甲寅	乙卯	丙辰	丁巳	戊午	己未	庚申	辛酉	壬戌	癸亥	甲子	乙丑	丙寅	丁卯	戊辰	己巳	庚午	辛未	壬申	癸酉	甲戌	乙亥	丙子		己酉立冬 甲子小雪 戊申日食
		7	8	9	10	11	12	13	14	15	16	17	18	19	20	21	22	23	24	25	26	27	28	29	30(12)	2	3	4	5日				
		五	六	日	一	二	三	四	五	六	日	一	二	三	四	五	六	日	一	二	三	四	五	六	日	一	二	三	四				
十一月大	戊子	丁丑	戊寅	己卯	庚辰	辛巳	壬午	癸未	甲申	乙酉	丙戌	丁亥	戊子	己丑	庚寅	辛卯	壬辰	癸巳	甲午	乙未	丙申	丁酉	戊戌	己亥	庚子	辛丑	壬寅	癸卯	甲辰	乙巳	丙午	己卯大雪 甲午冬至
		6	7	8	9	10	11	12	13	14	15	16	17	18	19	20	21	22	23	24	25	26	27	28	29	30	31(1)	2	3	4日			
		六	日	一	二	三	四	五	六	日	一	二	三	四	五	六	日	一	二	三	四	五	六	日	一	二	三	四	五	六		
十二月小	己丑	丁未	戊申	己酉	庚戌	辛亥	壬子	癸丑	甲寅	乙卯	丙辰	丁巳	戊午	己未	庚申	辛酉	壬戌	癸亥	甲子	乙丑	丙寅	丁卯	戊辰	己巳	庚午	辛未	壬申	癸酉	甲戌	乙亥		庚戌小寒 乙丑大寒
		5	6	7	8	9	10	11	12	13	14	15	16	17	18	19	20	21	22	23	24	25	26	27	28	29	30	31(2)	2日				
		日	一	二	三	四	五	六	日	一	二	三	四	五	六	日	一	二	三	四	五	六	日	一	二	三	四	五	六				

魏齊王芳正始七年（丙寅 虎年） 公元246～247年

夏曆月序	中西曆對照	夏曆日序																													節氣與天象
		初一	初二	初三	初四	初五	初六	初七	初八	初九	初十	十一	十二	十三	十四	十五	十六	十七	十八	十九	二十	廿一	廿二	廿三	廿四	廿五	廿六	廿七	廿八	廿九	三十	
正月大	庚寅 天干地支 西曆 星期	丙子 3 二	丁丑 4 三	戊寅 5 四	己卯 6 五	庚辰 7 六	辛巳 8 日	壬午 9 一	癸未 10 二	甲申 11 三	乙酉 12 四	丙戌 13 五	丁亥 14 六	戊子 15 日	己丑 16 一	庚寅 17 二	辛卯 18 三	壬辰 19 四	癸巳 20 五	甲午 21 六	乙未 22 日	丙申 23 一	丁酉 24 二	戊戌 25 三	己亥 26 四	庚子 27 五	辛丑 28 六	壬寅 (3) 日	癸卯 2 一	甲辰 3 二	乙巳 4 三	庚辰立春 乙未雨水
二月小	辛卯 天干地支 西曆 星期	丙午 5 四	丁未 6 五	戊申 7 六	己酉 8 日	庚戌 9 一	辛亥 10 二	壬子 11 三	癸丑 12 四	甲寅 13 五	乙卯 14 六	丙辰 15 日	丁巳 16 一	戊午 17 二	己未 18 三	庚申 19 四	辛酉 20 五	壬戌 21 六	癸亥 22 日	甲子 23 一	乙丑 24 二	丙寅 25 三	丁卯 26 四	戊辰 27 五	己巳 28 六	庚午 29 日	辛未 30 一	壬申 31 二	癸酉 (4) 三	甲戌 2 四		庚戌驚蟄 丙寅春分
三月大	壬辰 天干地支 西曆 星期	乙亥 3 五	丙子 4 六	丁丑 5 日	戊寅 6 一	己卯 7 二	庚辰 8 三	辛巳 9 四	壬午 10 五	癸未 11 六	甲申 12 日	乙酉 13 一	丙戌 14 二	丁亥 15 三	戊子 16 四	己丑 17 五	庚寅 18 六	辛卯 19 日	壬辰 20 一	癸巳 21 二	甲午 22 三	乙未 23 四	丙申 24 五	丁酉 25 六	戊戌 26 日	己亥 27 一	庚子 28 二	辛丑 29 三	壬寅 30 四	癸卯 (5) 五	甲辰 2 六	辛巳清明 丙寅穀雨
四月小	癸巳 天干地支 西曆 星期	乙巳 3 日	丙午 4 一	丁未 5 二	戊申 6 三	己酉 7 四	庚戌 8 五	辛亥 9 六	壬子 10 日	癸丑 11 一	甲寅 12 二	乙卯 13 三	丙辰 14 四	丁巳 15 五	戊午 16 六	己未 17 日	庚申 18 一	辛酉 19 二	壬戌 20 三	癸亥 21 四	甲子 22 五	乙丑 23 六	丙寅 24 日	丁卯 25 一	戊辰 26 二	己巳 27 三	庚午 28 四	辛未 29 五	壬申 30 六	癸酉 31 日		辛亥立夏 丁卯小滿
五月大	甲午 天干地支 西曆 星期	甲戌 (6) 一	乙亥 2 二	丙子 3 三	丁丑 4 四	戊寅 5 五	己卯 6 六	庚辰 7 日	辛巳 8 一	壬午 9 二	癸未 10 三	甲申 11 四	乙酉 12 五	丙戌 13 六	丁亥 14 日	戊子 15 一	己丑 16 二	庚寅 17 三	辛卯 18 四	壬辰 19 五	癸巳 20 六	甲午 21 日	乙未 22 一	丙申 23 二	丁酉 24 三	戊戌 25 四	己亥 26 五	庚子 27 六	辛丑 28 日	壬寅 29 一	癸卯 30 二	壬午芒種 丁酉夏至
六月大	乙未 天干地支 西曆 星期	甲辰 (7) 三	乙巳 2 四	丙午 3 五	丁未 4 六	戊申 5 日	己酉 6 一	庚戌 7 二	辛亥 8 三	壬子 9 四	癸丑 10 五	甲寅 11 六	乙卯 12 日	丙辰 13 一	丁巳 14 二	戊午 15 三	己未 16 四	庚申 17 五	辛酉 18 六	壬戌 19 日	癸亥 20 一	甲子 21 二	乙丑 22 三	丙寅 23 四	丁卯 24 五	戊辰 25 六	己巳 26 日	庚午 27 一	辛未 28 二	壬申 29 三	癸酉 30 四	壬子小暑 丁卯大暑
七月小	丙申 天干地支 西曆 星期	甲戌 31 五	乙亥 (8) 六	丙子 2 日	丁丑 3 一	戊寅 4 二	己卯 5 三	庚辰 6 四	辛巳 7 五	壬午 8 六	癸未 9 日	甲申 10 一	乙酉 11 二	丙戌 12 三	丁亥 13 四	戊子 14 五	己丑 15 六	庚寅 16 日	辛卯 17 一	壬辰 18 二	癸巳 19 三	甲午 20 四	乙未 21 五	丙申 22 六	丁酉 23 日	戊戌 24 一	己亥 25 二	庚子 26 三	辛丑 27 四	壬寅 28 五		癸未立秋 戊戌處暑
八月大	丁酉 天干地支 西曆 星期	癸卯 30 六	甲辰 31 日	乙巳 (9) 一	丙午 2 二	丁未 3 三	戊申 4 四	己酉 5 五	庚戌 6 六	辛亥 7 日	壬子 8 一	癸丑 9 二	甲寅 10 三	乙卯 11 四	丙辰 12 五	丁巳 13 六	戊午 14 日	己未 15 一	庚申 16 二	辛酉 17 三	壬戌 18 四	癸亥 19 五	甲子 20 六	乙丑 21 日	丙寅 22 一	丁卯 23 二	戊辰 24 三	己巳 25 四	庚午 26 五	辛未 27 六	壬申 28 日	癸丑白露 戊辰秋分
九月小	戊戌 天干地支 西曆 星期	癸酉 28 一	甲戌 29 二	乙亥 (10) 三	丙子 2 四	丁丑 3 五	戊寅 4 六	己卯 5 日	庚辰 6 一	辛巳 7 二	壬午 8 三	癸未 9 四	甲申 10 五	乙酉 11 六	丙戌 12 日	丁亥 13 一	戊子 14 二	己丑 15 三	庚寅 16 四	辛卯 17 五	壬辰 18 六	癸巳 19 日	甲午 20 一	乙未 21 二	丙申 22 三	丁酉 23 四	戊戌 24 五	己亥 25 六	庚子 26 日			甲申寒露 己亥霜降
十月大	己亥 天干地支 西曆 星期	壬寅 27 二	癸卯 28 三	甲辰 29 四	乙巳 30 五	丙午 31 六	丁未 (11) 日	戊申 2 一	己酉 3 二	庚戌 4 三	辛亥 5 四	壬子 6 五	癸丑 7 六	甲寅 8 日	乙卯 9 一	丙辰 10 二	丁巳 11 三	戊午 12 四	己未 13 五	庚申 14 六	辛酉 15 日	壬戌 16 一	癸亥 17 二	甲子 18 三	乙丑 19 四	丙寅 20 五	丁卯 21 六	戊辰 22 日	己巳 23 一	庚午 24 二	辛未 25 三	甲寅立冬 己巳小雪
十一月小	庚子 天干地支 西曆 星期	壬申 26 四	癸酉 27 五	甲戌 28 六	乙亥 29 日	丙子 30 一	丁丑 (12) 二	戊寅 2 三	己卯 3 四	庚辰 4 五	辛巳 5 六	壬午 6 日	癸未 7 一	甲申 8 二	乙酉 9 三	丙戌 10 四	丁亥 11 五	戊子 12 六	己丑 13 日	庚寅 14 一	辛卯 15 二	壬辰 16 三	癸巳 17 四	甲午 18 五	乙未 19 六	丙申 20 日	丁酉 21 一	戊戌 22 二	己亥 23 三	庚子 24 四		甲申大雪 庚子冬至
十二月大	辛丑 天干地支 西曆 星期	辛丑 25 五	壬寅 26 六	癸卯 27 日	甲辰 28 一	乙巳 29 二	丙午 30 三	丁未 31 四	戊申 (1) 五	己酉 2 六	庚戌 3 日	辛亥 4 一	壬子 5 二	癸丑 6 三	甲寅 7 四	乙卯 8 五	丙辰 9 六	丁巳 10 日	戊午 11 一	己未 12 二	庚申 13 三	辛酉 14 四	壬戌 15 五	癸亥 16 六	甲子 17 日	乙丑 18 一	丙寅 19 二	丁卯 20 三	戊辰 21 四	己巳 22 五	庚午 23 六	乙卯小寒 庚午大寒
閏十二月小	辛丑 天干地支 西曆 星期	辛未 24 日	壬申 25 一	癸酉 26 二	甲戌 27 三	乙亥 28 四	丙子 29 五	丁丑 30 六	戊寅 31 日	己卯 (2) 一	庚辰 2 二	辛巳 3 三	壬午 4 四	癸未 5 五	甲申 6 六	乙酉 7 日	丙戌 8 一	丁亥 9 二	戊子 10 三	己丑 11 四	庚寅 12 五	辛卯 13 六	壬辰 14 日	癸巳 15 一	甲午 16 二	乙未 17 三	丙申 18 四	丁酉 19 五	戊戌 20 六	己亥 21 日		乙酉立春

魏齊王芳正始八年（丁卯 兔年） 公元247～248年

夏曆月序	中西曆日對照	夏曆日序																													節氣與天象
		初一	初二	初三	初四	初五	初六	初七	初八	初九	初十	十一	十二	十三	十四	十五	十六	十七	十八	十九	二十	二一	二二	二三	二四	二五	二六	二七	二八	二九	三十	
正月大	壬寅	天干 地支 西曆 星期	庚子 22 一	辛丑 23 二	壬寅 24 三	癸卯 25 四	甲辰 26 五	乙巳 27 六	丙午 28日	丁未 (3) 一	戊申 2 二	己酉 3 三	庚戌 4 四	辛亥 5 五	壬子 6 六	癸丑 7日	甲寅 8 一	乙卯 9 二	丙辰 10 三	丁巳 11 四	戊午 12 五	己未 13 六	庚申 14日	辛酉 15 一	壬戌 16 二	癸亥 17 三	甲子 18 四	乙丑 19 五	丙寅 20 六	丁卯 21日	戊辰 22 一	己巳 23 二	庚子雨水 丙辰驚蟄
二月小	癸卯	天干 地支 西曆 星期	庚午 24 三	辛未 25 四	壬申 26 五	癸酉 27 六	甲戌 28日	乙亥 29 一	丙子 30 二	丁丑 31 三	戊寅 (4) 四	己卯 2 五	庚辰 3 六	辛巳 4日	壬午 5 一	癸未 6 二	甲申 7 三	乙酉 8 四	丙戌 9 五	丁亥 10 六	戊子 11日	己丑 12 一	庚寅 13 二	辛卯 14 三	壬辰 15 四	癸巳 16 五	甲午 17 六	乙未 18日	丙申 19 一	丁酉 20 二	戊戌 21 三		辛未春分 丙戌清明 庚午日食
三月大	甲辰	天干 地支 西曆 星期	己亥 22 四	庚子 23 五	辛丑 24 六	壬寅 25日	癸卯 26 一	甲辰 27 二	乙巳 28 三	丙午 29 四	丁未 30 五	戊申 (5) 六	己酉 2日	庚戌 3 一	辛亥 4 二	壬子 5 三	癸丑 6 四	甲寅 7 五	乙卯 8 六	丙辰 9日	丁巳 10 一	戊午 11 二	己未 12 三	庚申 13 四	辛酉 14 五	壬戌 15 六	癸亥 16日	甲子 17 一	乙丑 18 二	丙寅 19 三	丁卯 20 四	戊辰 21 五	辛丑穀雨 丁巳立夏
四月小	乙巳	天干 地支 西曆 星期	庚午 22 六	辛未 23日	壬申 24 一	癸酉 25 二	甲戌 26 三	乙亥 27 四	丙子 28 五	丁丑 29 六	戊寅 30日	己卯 31 一	庚辰 (6) 二	辛巳 2 三	壬午 3 四	癸未 4 五	甲申 5 六	乙酉 6日	丙戌 7 一	丁亥 8 二	戊子 9 三	己丑 10 四	庚寅 11 五	辛卯 12 六	壬辰 13日	癸巳 14 一	甲午 15 二	乙未 16 三	丙申 17 四	丁酉 18 五	戊戌 19 六		壬申小滿 丁亥芒種
五月大	丙午	天干 地支 西曆 星期	戊戌 20日	己亥 21 一	庚子 22 二	辛丑 23 三	壬寅 24 四	癸卯 25 五	甲辰 26 六	乙巳 27日	丙午 28 一	丁未 29 二	戊申 30 三	己酉 (7) 四	庚戌 2 五	辛亥 3 六	壬子 4日	癸丑 5 一	甲寅 6 二	乙卯 7 三	丙辰 8 四	丁巳 9 五	戊午 10 六	己未 11日	庚申 12 一	辛酉 13 二	壬戌 14 三	癸亥 15 四	甲子 16 五	乙丑 17 六	丙寅 18日	丁卯 19 一	壬寅夏至 丁巳小暑
六月小	丁未	天干 地支 西曆 星期	戊辰 20 二	己巳 21 三	庚午 22 四	辛未 23 五	壬申 24 六	癸酉 25日	甲戌 26 一	乙亥 27 二	丙子 28 三	丁丑 29 四	戊寅 30 五	己卯 31 六	庚辰 (8) 日	辛巳 2 一	壬午 3 二	癸未 4 三	甲申 5 四	乙酉 6 五	丙戌 7 六	丁亥 8日	戊子 9 一	己丑 10 二	庚寅 11 三	辛卯 12 四	壬辰 13 五	癸巳 14 六	甲午 15日	乙未 16 一	丙申 17 二		癸酉大暑 戊子立秋
七月大	戊申	天干 地支 西曆 星期	丁酉 18 三	戊戌 19 四	己亥 20 五	庚子 21 六	辛丑 22日	壬寅 23 一	癸卯 24 二	甲辰 25 三	乙巳 26 四	丙午 27 五	丁未 28 六	戊申 29日	己酉 30 一	庚戌 31 二	辛亥 (9) 三	壬子 2 四	癸丑 3 五	甲寅 4 六	乙卯 5日	丙辰 6 一	丁巳 7 二	戊午 8 三	己未 9 四	庚申 10 五	辛酉 11 六	壬戌 12日	癸亥 13 一	甲子 14 二	乙丑 15 三	丙寅 16 四	癸卯處暑 戊午白露
八月小	己酉	天干 地支 西曆 星期	丁卯 17 五	戊辰 18 六	己巳 19日	庚午 20 一	辛未 21 二	壬申 22 三	癸酉 23 四	甲戌 24 五	乙亥 25 六	丙子 26日	丁丑 27 一	戊寅 28 二	己卯 29 三	庚辰 30 四	辛巳 (10) 五	壬午 2 六	癸未 3日	甲申 4 一	乙酉 5 二	丙戌 6 三	丁亥 7 四	戊子 8 五	己丑 9 六	庚寅 10日	辛卯 11 一	壬辰 12 二	癸巳 13 三	甲午 14 四	乙未 15 五		甲戌秋分 己丑寒露
九月大	庚戌	天干 地支 西曆 星期	丙申 16 六	丁酉 17日	戊戌 18 一	己亥 19 二	庚子 20 三	辛丑 21 四	壬寅 22 五	癸卯 23 六	甲辰 24日	乙巳 25 一	丙午 26 二	丁未 27 三	戊申 28 四	己酉 29 五	庚戌 30 六	辛亥 31日	壬子 (11) 一	癸丑 2 二	甲寅 3 三	乙卯 4 四	丙辰 5 五	丁巳 6 六	戊午 7日	己未 8 一	庚申 9 二	辛酉 10 三	壬戌 11 四	癸亥 12 五	甲子 13 六	乙丑 14日	甲辰霜降 己未立冬
十月大	辛亥	天干 地支 西曆 星期	丙寅 15 一	丁卯 16 二	戊辰 17 三	己巳 18 四	庚午 19 五	辛未 20 六	壬申 21日	癸酉 22 一	甲戌 23 二	乙亥 24 三	丙子 25 四	丁丑 26 五	戊寅 27 六	己卯 28日	庚辰 29 一	辛巳 30 二	壬午 (12) 三	癸未 2 四	甲申 3 五	乙酉 4 六	丙戌 5日	丁亥 6 一	戊子 7 二	己丑 8 三	庚寅 9 四	辛卯 10 五	壬辰 11 六	癸巳 12日	甲午 13 一	乙未 14 二	甲戌小雪 庚寅大雪
十一月小	壬子	天干 地支 西曆 星期	丙申 15 三	丁酉 16 四	戊戌 17 五	己亥 18 六	庚子 19日	辛丑 20 一	壬寅 21 二	癸卯 22 三	甲辰 23 四	乙巳 24 五	丙午 25 六	丁未 26日	戊申 27 一	己酉 28 二	庚戌 29 三	辛亥 30 四	壬子 31 五	癸丑 (1) 六	甲寅 2日	乙卯 3 一	丙辰 4 二	丁巳 5 三	戊午 6 四	己未 7 五	庚申 8 六	辛酉 9日	壬戌 10 一	癸亥 11 二	甲子 12 三		乙巳冬至 庚申小寒
十二月大	癸丑	天干 地支 西曆 星期	乙丑 13 四	丙寅 14 五	丁卯 15 六	戊辰 16日	己巳 17 一	庚午 18 二	辛未 19 三	壬申 20 四	癸酉 21 五	甲戌 22 六	乙亥 23日	丙子 24 一	丁丑 25 二	戊寅 26 三	己卯 27 四	庚辰 28 五	辛巳 29 六	壬午 30日	癸未 31 一	甲申 (2) 二	乙酉 2 三	丙戌 3 四	丁亥 4 五	戊子 5 六	己丑 6日	庚寅 7 一	辛卯 8 二	壬辰 9 三	癸巳 10 四	甲午 11 五	乙亥大寒 辛卯立春

魏齊王芳正始九年（戊辰 龍年） 公元248～249年

夏曆月序	中西曆對照	夏曆日序																													節氣與天象
		初一	初二	初三	初四	初五	初六	初七	初八	初九	初十	十一	十二	十三	十四	十五	十六	十七	十八	十九	二十	二一	二二	二三	二四	二五	二六	二七	二八	二九	三十	
正月小	甲寅 天干地支西曆星期	乙未12六	丙申13一	丁酉14二	戊戌15三	己亥16四	庚子17五	辛丑18六	壬寅19日	癸卯20一	甲辰21二	乙巳22三	丙午23四	丁未24五	戊申25六	己酉26日	庚戌27一	辛亥28二	壬子29三	癸丑(3)三	甲寅2四	乙卯3五	丙辰4六	丁巳5日	戊午6一	己未7二	庚申8三	辛酉9四	壬戌10五	癸亥11六		丙午雨水 辛酉驚蟄
二月大	乙卯 天干地支西曆星期	甲子12日	乙丑13一	丙寅14二	丁卯15三	戊辰16四	己巳17五	庚午18六	辛未19日	壬申20一	癸酉21二	甲戌22三	乙亥23四	丙子24五	丁丑25六	戊寅26日	己卯27一	庚辰28二	辛巳29三	壬午30四	癸未31五	甲申(4)日	乙酉2一	丙戌3二	丁亥4三	戊子5四	己丑6五	庚寅7六	辛卯8日	壬辰9一	癸巳10二	丙子春分 辛卯清明
三月小	丙辰 天干地支西曆星期	甲午11三	乙未12四	丙申13五	丁酉14六	戊戌15日	己亥16一	庚子17二	辛丑18三	壬寅19四	癸卯20五	甲辰21六	乙巳22日	丙午23一	丁未24二	戊申25三	己酉26四	庚戌27五	辛亥28六	壬子29日	癸丑30一	甲寅(5)二	乙卯2三	丙辰3四	丁巳4五	戊午5六	己未6日	庚申7一	辛酉8二	壬戌9三		丁未穀雨 壬戌立夏
四月大	丁巳 天干地支西曆星期	癸亥11四	甲子12五	乙丑13六	丙寅14日	丁卯15一	戊辰16二	己巳17三	庚午18四	辛未19五	壬申20六	癸酉21日	甲戌22一	乙亥23二	丙子24三	丁丑25四	戊寅26五	己卯27六	庚辰28日	辛巳29一	壬午30二	癸未31三	甲申(6)四	乙酉2五	丙戌3六	丁亥4日	戊子5一	己丑6二	庚寅7三	辛卯8四	壬辰9五	丁丑小滿 壬辰芒種
五月小	戊午 天干地支西曆星期	癸巳9六	甲午10日	乙未11一	丙申12二	丁酉13三	戊戌14四	己亥15五	庚子16六	辛丑17日	壬寅18一	癸卯19二	甲辰20三	乙巳21四	丙午22五	丁未23六	戊申24日	己酉25一	庚戌26二	辛亥27三	壬子28四	癸丑29五	甲寅30六	乙卯(7)日	丙辰2一	丁巳3二	戊午4三	己未5四	庚申6五	辛酉7五		丁未夏至
六月大	己未 天干地支西曆星期	壬戌8六	癸亥9日	甲子10一	乙丑11二	丙寅12三	丁卯13四	戊辰14五	己巳15六	庚午16日	辛未17一	壬申18二	癸酉19三	甲戌20四	乙亥21五	丙子22六	丁丑23日	戊寅24一	己卯25二	庚辰26三	辛巳27四	壬午28五	癸未29六	甲申30日	乙酉31一	丙戌(8)二	丁亥2三	戊子3四	己丑4五	庚寅5六	辛卯6日	癸亥小暑 戊寅大暑
七月小	庚申 天干地支西曆星期	壬辰7一	癸巳8二	甲午9三	乙未10四	丙申11五	丁酉12六	戊戌13日	己亥14一	庚子15二	辛丑16三	壬寅17四	癸卯18五	甲辰19六	乙巳20日	丙午21一	丁未22二	戊申23三	己酉24四	庚戌25五	辛亥26六	壬子27日	癸丑28一	甲寅29二	乙卯30三	丙辰31四	丁巳(9)五	戊午2六	己未3日	庚申4一		癸巳立秋 戊申處暑
八月大	辛酉 天干地支西曆星期	辛酉5二	壬戌6三	癸亥7四	甲子8五	乙丑9六	丙寅10日	丁卯11一	戊辰12二	己巳13三	庚午14四	辛未15五	壬申16六	癸酉17日	甲戌18一	乙亥19二	丙子20三	丁丑21四	戊寅22五	己卯23六	庚辰24日	辛巳25一	壬午26二	癸未27三	甲申28四	乙酉29五	丙戌30六	丁亥(10)日	戊子2一	己丑3二	庚寅4三	甲子白露 己卯秋分 辛酉日食
九月小	壬戌 天干地支西曆星期	辛卯5四	壬辰6五	癸巳7六	甲午8日	乙未9一	丙申10二	丁酉11三	戊戌12四	己亥13五	庚子14六	辛丑15日	壬寅16一	癸卯17二	甲辰18三	乙巳19四	丙午20五	丁未21六	戊申22日	己酉23一	庚戌24二	辛亥25三	壬子26四	癸丑27五	甲寅28六	乙卯29日	丙辰30一	丁巳31二	戊午(11)三	己未2四		甲午寒露 己酉霜降
十月大	癸亥 天干地支西曆星期	庚申3五	辛酉4六	壬戌5日	癸亥6一	甲子7二	乙丑8三	丙寅9四	丁卯10五	戊辰11六	己巳12日	庚午13一	辛未14二	壬申15三	癸酉16四	甲戌17五	乙亥18六	丙子19日	丁丑20一	戊寅21二	己卯22三	庚辰23四	辛巳24五	壬午25六	癸未26日	甲申27一	乙酉28二	丙戌29三	丁亥30四	戊子(12)五	己丑2六	甲子立冬 庚辰小雪
十一月小	甲子 天干地支西曆星期	庚寅3日	辛卯4一	壬辰5二	癸巳6三	甲午7四	乙未8五	丙申9六	丁酉10日	戊戌11一	己亥12二	庚子13三	辛丑14四	壬寅15五	癸卯16六	甲辰17日	乙巳18一	丙午19二	丁未20三	戊申21四	己酉22五	庚戌23六	辛亥24日	壬子25一	癸丑26二	甲寅27三	乙卯28四	丙辰29五	丁巳30六	戊午31日		乙未大雪 庚戌冬至
十二月大	乙丑 天干地支西曆星期	己未(1)一	庚申2二	辛酉3三	壬戌4四	癸亥5五	甲子6六	乙丑7日	丙寅8一	丁卯9二	戊辰10三	己巳11四	庚午12五	辛未13六	壬申14日	癸酉15一	甲戌16二	乙亥17三	丙子18四	丁丑19五	戊寅20六	己卯21日	庚辰22一	辛巳23二	壬午24三	癸未25四	甲申26五	乙酉27六	丙戌28日	丁亥29一	戊子30二	乙丑小寒 辛巳大寒

魏齊王芳正始十年 嘉平元年（己巳 蛇年） 公元249～250年

夏曆月序	中西曆對照	夏曆日序 初一	初二	初三	初四	初五	初六	初七	初八	初九	初十	十一	十二	十三	十四	十五	十六	十七	十八	十九	二十	二一	二二	二三	二四	二五	二六	二七	二八	二九	三十	節氣與天象
正月小	丙寅	天干地支／西曆／星期 己丑 31 三	庚寅 (2) 四	辛卯 2 五	壬辰 3 六	癸巳 4 日	甲午 5 一	乙未 6 二	丙申 7 三	丁酉 8 四	戊戌 9 五	己亥 10 六	庚子 11 日	辛丑 12 一	壬寅 13 二	癸卯 14 三	甲辰 15 四	乙巳 16 五	丙午 17 六	丁未 18 日	戊申 19 一	己酉 20 二	庚戌 21 三	辛亥 22 四	壬子 23 五	癸丑 24 六	甲寅 25 日	乙卯 26 一	丙辰 27 二	丁巳 28 三		丙申立春 辛亥雨水
二月大	丁卯	天干地支／西曆／星期 戊午 (3) 四	己未 2 五	庚申 3 六	辛酉 4 日	壬戌 5 一	癸亥 6 二	甲子 7 三	乙丑 8 四	丙寅 9 五	丁卯 10 六	戊辰 11 日	己巳 12 一	庚午 13 二	辛未 14 三	壬申 15 四	癸酉 16 五	甲戌 17 六	乙亥 18 日	丙子 19 一	丁丑 20 二	戊寅 21 三	己卯 22 四	庚辰 23 五	辛巳 24 六	壬午 25 日	癸未 26 一	甲申 27 二	乙酉 28 三	丙戌 29 四	丁亥 30 五	丙寅驚蟄 辛巳春分
三月大	戊辰	天干地支／西曆／星期 戊子 31 六	己丑 (4) 日	庚寅 2 一	辛卯 3 二	壬辰 4 三	癸巳 5 四	甲午 6 五	乙未 7 六	丙申 8 日	丁酉 9 一	戊戌 10 二	己亥 11 三	庚子 12 四	辛丑 13 五	壬寅 14 六	癸卯 15 日	甲辰 16 一	乙巳 17 二	丙午 18 三	丁未 19 四	戊申 20 五	己酉 21 六	庚戌 22 日	辛亥 23 一	壬子 24 二	癸丑 25 三	甲寅 26 四	乙卯 27 五	丙辰 28 六	丁巳 29 日	丁酉清明 壬子穀雨
四月小	己巳	天干地支／西曆／星期 戊午 30 (5) 一	己未 2 二	庚申 3 三	辛酉 4 四	壬戌 5 五	癸亥 6 六	甲子 7 日	乙丑 8 一	丙寅 9 二	丁卯 10 三	戊辰 11 四	己巳 12 五	庚午 13 六	辛未 14 日	壬申 15 一	癸酉 16 二	甲戌 17 三	乙亥 18 四	丙子 19 五	丁丑 20 六	戊寅 21 日	己卯 22 一	庚辰 23 二	辛巳 24 三	壬午 25 四	癸未 26 五	甲申 27 六	乙酉 28 日			丁卯立夏 壬午小滿
五月大	庚午	天干地支／西曆／星期 丙戌 29 一	丁亥 30 二	戊子 31 三	己丑 (6) 四	庚寅 2 五	辛卯 3 六	壬辰 4 日	癸巳 5 一	甲午 6 二	乙未 7 三	丙申 8 四	丁酉 9 五	戊戌 10 六	己亥 11 日	庚子 12 一	辛丑 13 二	壬寅 14 三	癸卯 15 四	甲辰 16 五	乙巳 17 六	丙午 18 日	丁未 19 一	戊申 20 二	己酉 21 三	庚戌 22 四	辛亥 23 五	壬子 24 六	癸丑 25 日	甲寅 26 一	乙卯 27 二	丁酉芒種 癸丑夏至
六月小	辛未	天干地支／西曆／星期 丙辰 28 三	丁巳 29 四	戊午 30 五	己未 (7) 六	庚申 2 日	辛酉 3 一	壬戌 4 二	癸亥 5 三	甲子 6 四	乙丑 7 五	丙寅 8 六	丁卯 9 日	戊辰 10 一	己巳 11 二	庚午 12 三	辛未 13 四	壬申 14 五	癸酉 15 六	甲戌 16 日	乙亥 17 一	丙子 18 二	丁丑 19 三	戊寅 20 四	己卯 21 五	庚辰 22 六	辛巳 23 日	壬午 24 一	癸未 25 二	甲申 26 三		戊辰小暑 癸未大暑
七月大	壬申	天干地支／西曆／星期 乙酉 27 四	丙戌 28 五	丁亥 29 六	戊子 30 日	己丑 31 一	庚寅 (8) 二	辛卯 2 三	壬辰 3 四	癸巳 4 五	甲午 5 六	乙未 6 日	丙申 7 一	丁酉 8 二	戊戌 9 三	己亥 10 四	庚子 11 五	辛丑 12 六	壬寅 13 日	癸卯 14 一	甲辰 15 二	乙巳 16 三	丙午 17 四	丁未 18 五	戊申 19 六	己酉 20 日	庚戌 21 一	辛亥 22 二	壬子 23 三	癸丑 24 四	甲寅 25 五	戊戌立秋 甲寅處暑
八月小	癸酉	天干地支／西曆／星期 乙卯 26 六	丙辰 27 日	丁巳 28 一	戊午 29 二	己未 30 三	庚申 31 四	辛酉 (9) 五	壬戌 2 日	癸亥 3 一	甲子 4 二	乙丑 5 三	丙寅 6 四	丁卯 7 五	戊辰 8 六	己巳 9 日	庚午 10 一	辛未 11 二	壬申 12 三	癸酉 13 四	甲戌 14 五	乙亥 15 六	丙子 16 日	丁丑 17 一	戊寅 18 二	己卯 19 三	庚辰 20 四	辛巳 21 五	壬午 22 六	癸未 23 日		己巳白露 甲申秋分
九月大	甲戌	天干地支／西曆／星期 甲申 24 一	乙酉 25 二	丙戌 26 三	丁亥 27 四	戊子 28 五	己丑 29 六	庚寅 30 日	辛卯 (10) 一	壬辰 2 二	癸巳 3 三	甲午 4 四	乙未 5 五	丙申 6 六	丁酉 7 日	戊戌 8 一	己亥 9 二	庚子 10 三	辛丑 11 四	壬寅 12 五	癸卯 13 六	甲辰 14 日	乙巳 15 一	丙午 16 二	丁未 17 三	戊申 18 四	己酉 19 五	庚戌 20 六	辛亥 21 日	壬子 22 一	癸丑 23 二	己亥寒露 甲寅霜降
閏九月小	甲戌	天干地支／西曆／星期 甲寅 24 三	乙卯 25 四	丙辰 26 五	丁巳 27 六	戊午 28 日	己未 29 一	庚申 30 二	辛酉 31 三	壬戌 (11) 四	癸亥 2 五	甲子 3 六	乙丑 4 日	丙寅 5 一	丁卯 6 二	戊辰 7 三	己巳 8 四	庚午 9 五	辛未 10 六	壬申 11 日	癸酉 12 一	甲戌 13 二	乙亥 14 三	丙子 15 四	丁丑 16 五	戊寅 17 六	己卯 18 日	庚辰 19 一	辛巳 20 二	壬午 21 三		庚午立冬
十月大	乙亥	天干地支／西曆／星期 癸未 22 四	甲申 23 五	乙酉 24 六	丙戌 25 日	丁亥 26 一	戊子 27 二	己丑 28 三	庚寅 29 四	辛卯 30 五	壬辰 (12) 六	癸巳 2 日	甲午 3 一	乙未 4 二	丙申 5 三	丁酉 6 四	戊戌 7 五	己亥 8 六	庚子 9 日	辛丑 10 一	壬寅 11 二	癸卯 12 三	甲辰 13 四	乙巳 14 五	丙午 15 六	丁未 16 日	戊申 17 一	己酉 18 二	庚戌 19 三	辛亥 20 四	壬子 21 五	乙酉小雪 庚子大雪
十一月小	丙子	天干地支／西曆／星期 癸丑 22 六	甲寅 23 日	乙卯 24 一	丙辰 25 二	丁巳 26 三	戊午 27 四	己未 28 五	庚申 29 六	辛酉 30 日	壬戌 31 一	癸亥 (1) 二	甲子 2 三	乙丑 3 四	丙寅 4 五	丁卯 5 六	戊辰 6 日	己巳 7 一	庚午 8 二	辛未 9 三	壬申 10 四	癸酉 11 五	甲戌 12 六	乙亥 13 日	丙子 14 一	丁丑 15 二	戊寅 16 三	己卯 17 四	庚辰 18 五	辛巳 19 六		乙卯冬至 辛未小寒
十二月大	丁丑	天干地支／西曆／星期 壬午 20 日	癸未 21 一	甲申 22 二	乙酉 23 三	丙戌 24 四	丁亥 25 五	戊子 26 六	己丑 27 日	庚寅 28 一	辛卯 29 二	壬辰 30 三	癸巳 (2) 四	甲午 2 五	乙未 3 六	丙申 4 日	丁酉 5 一	戊戌 6 二	己亥 7 三	庚子 8 四	辛丑 9 五	壬寅 10 六	癸卯 11 日	甲辰 12 一	乙巳 13 二	丙午 14 三	丁未 15 四	戊申 16 五	己酉 17 六	庚戌 18 日		丙戌大寒 辛丑立春

＊四月乙丑（初八），改元嘉平。

魏齊王芳嘉平二年（庚午 馬年） 公元 250～251 年

夏曆月序	中西曆日對照	夏曆日序																													節氣與天象
		初一	初二	初三	初四	初五	初六	初七	初八	初九	初十	十一	十二	十三	十四	十五	十六	十七	十八	十九	二十	廿一	廿二	廿三	廿四	廿五	廿六	廿七	廿八	廿九	三十	
正月小	戊寅 天干地支西曆星期	癸丑19二	甲寅20三	乙卯21四	丙辰22五	丁巳23六	戊午24日	己未25一	庚申26二	辛酉27三	壬戌28四	癸亥(3)五	甲子2六	乙丑3日	丙寅4一	丁卯5二	戊辰6三	己巳7四	庚午8五	辛未9六	壬申10日	癸酉11一	甲戌12二	乙亥13三	丙子14四	丁丑15五	戊寅16六	己卯17日	庚辰18一	辛巳19二		丙辰雨水 辛未驚蟄
二月大	己卯 天干地支西曆星期	壬午20三	癸未21四	甲申22五	乙酉23六	丙戌24日	丁亥25一	戊子26二	己丑27三	庚寅28四	辛卯29五	壬辰30六	癸巳31日	甲午(4)一	乙未2二	丙申3三	丁酉4四	戊戌5五	己亥6六	庚子7日	辛丑8一	壬寅9二	癸卯10三	甲辰11四	乙巳12五	丙午13六	丁未14日	戊申15一	己酉16二	庚戌17三	辛亥18四	丁亥春分 壬寅清明
三月小	庚辰 天干地支西曆星期	壬子19五	癸丑20六	甲寅21日	乙卯22一	丙辰23二	丁巳24三	戊午25四	己未26五	庚申27六	辛酉28日	壬戌29一	癸亥30二	甲子(5)三	乙丑2四	丙寅3五	丁卯4六	戊辰5日	己巳6一	庚午7二	辛未8三	壬申9四	癸酉10五	甲戌11六	乙亥12日	丙子13一	丁丑14二	戊寅15三	己卯16四	庚辰17五		丁巳穀雨 壬申立夏
四月大	辛巳 天干地支西曆星期	辛巳18六	壬午19日	癸未20一	甲申21二	乙酉22三	丙戌23四	丁亥24五	戊子25六	己丑26日	庚寅27一	辛卯28二	壬辰29三	癸巳30四	甲午31五	乙未(6)六	丙申2日	丁酉3一	戊戌4二	己亥5三	庚子6四	辛丑7五	壬寅8六	癸卯9日	甲辰10一	乙巳11二	丙午12三	丁未13四	戊申14五	己酉15六	庚戌16日	戊子小滿 癸卯芒種
五月小	壬午 天干地支西曆星期	辛亥17一	壬子18二	癸丑19三	甲寅20四	乙卯21五	丙辰22六	丁巳23日	戊午24一	己未25二	庚申26三	辛酉27四	壬戌28五	癸亥29六	甲子30日	乙丑(7)一	丙寅2二	丁卯3三	戊辰4四	己巳5五	庚午6六	辛未7日	壬申8一	癸酉9二	甲戌10三	乙亥11四	丙子12五	丁丑13六	戊寅14日	己卯15一		戊午夏至 癸酉小暑
六月大	癸未 天干地支西曆星期	庚辰16二	辛巳17三	壬午18四	癸未19五	甲申20六	乙酉21日	丙戌22一	丁亥23二	戊子24三	己丑25四	庚寅26五	辛卯27六	壬辰28日	癸巳29一	甲午30二	乙未31三	丙申(8)四	丁酉2五	戊戌3六	己亥4日	庚子5一	辛丑6二	壬寅7三	癸卯8四	甲辰9五	乙巳10六	丙午11日	丁未12一	戊申13二	己酉14三	戊子大暑 甲辰立秋
七月大	甲申 天干地支西曆星期	庚戌15四	辛亥16五	壬子17六	癸丑18日	甲寅19一	乙卯20二	丙辰21三	丁巳22四	戊午23五	己未24六	庚申25日	辛酉26一	壬戌27二	癸亥28三	甲子29四	乙丑30五	丙寅31六	丁卯(9)日	戊辰2一	己巳3二	庚午4三	辛未5四	壬申6五	癸酉7六	甲戌8日	乙亥9一	丙子10二	丁丑11三	戊寅12四	己卯13五	己未處暑 甲戌白露
八月小	乙酉 天干地支西曆星期	庚辰14六	辛巳15日	壬午16一	癸未17二	甲申18三	乙酉19四	丙戌20五	丁亥21六	戊子22日	己丑23一	庚寅24二	辛卯25三	壬辰26四	癸巳27五	甲午28六	乙未29日	丙申30一	丁酉(10)二	戊戌2三	己亥3四	庚子4五	辛丑5六	壬寅6日	癸卯7一	甲辰8二	乙巳9三	丙午10四	丁未11五	戊申12六		己丑秋分 甲辰寒露
九月大	丙戌 天干地支西曆星期	己酉13日	庚戌14一	辛亥15二	壬子16三	癸丑17四	甲寅18五	乙卯19六	丙辰20日	丁巳21一	戊午22二	己未23三	庚申24四	辛酉25五	壬戌26六	癸亥27日	甲子28一	乙丑29二	丙寅30三	丁卯31四	戊辰(11)五	己巳2六	庚午3日	辛未4一	壬申5二	癸酉6三	甲戌7四	乙亥8五	丙子9六	丁丑10日	戊寅11一	庚申霜降 乙亥立冬
十月小	丁亥 天干地支西曆星期	己卯12二	庚辰13三	辛巳14四	壬午15五	癸未16六	甲申17日	乙酉18一	丙戌19二	丁亥20三	戊子21四	己丑22五	庚寅23六	辛卯24日	壬辰25一	癸巳26二	甲午27三	乙未28四	丙申29五	丁酉30六	戊戌(12)日	己亥2一	庚子3二	辛丑4三	壬寅5四	癸卯6五	甲辰7六	乙巳8日	丙午9一	丁未10二		庚寅小雪 乙巳大雪
十一月大	戊子 天干地支西曆星期	戊申11三	己酉12四	庚戌13五	辛亥14六	壬子15日	癸丑16一	甲寅17二	乙卯18三	丙辰19四	丁巳20五	戊午21六	己未22日	庚申23一	辛酉24二	壬戌25三	癸亥26四	甲子27五	乙丑28六	丙寅29日	丁卯30一	戊辰31二	己巳(1)三	庚午2四	辛未3五	壬申4六	癸酉5日	甲戌6一	乙亥7二	丙子8三	丁丑9四	辛酉冬至 丙子小寒
十二月小	己丑 天干地支西曆星期	戊寅10五	己卯11六	庚辰12日	辛巳13一	壬午14二	癸未15三	甲申16四	乙酉17五	丙戌18六	丁亥19日	戊子20一	己丑21二	庚寅22三	辛卯23四	壬辰24五	癸巳25六	甲午26日	乙未27一	丙申28二	丁酉29三	戊戌30四	己亥31五	庚子(2)六	辛丑2日	壬寅3一	癸卯4二	甲辰5三	乙巳6四	丙午7五		辛卯大寒 丙午立春

魏齊王芳嘉平三年（辛未 羊年） 公元251～252年

夏曆月序	中西曆對照	夏曆日序 初一	初二	初三	初四	初五	初六	初七	初八	初九	初十	十一	十二	十三	十四	十五	十六	十七	十八	十九	二十	廿一	廿二	廿三	廿四	廿五	廿六	廿七	廿八	廿九	三十	節氣與天象
正月大	庚寅 天干地支西曆星期	丁未8六	戊申9日	己酉10一	庚戌11二	辛亥12三	壬子13四	癸丑14五	甲寅15六	乙卯16日	丙辰17一	丁巳18二	戊午19三	己未20四	庚申21五	辛酉22六	壬戌23日	癸亥24一	甲子25二	乙丑26三	丙寅27四	丁卯28五	戊辰(3)六	己巳2日	庚午3一	辛未4二	壬申5三	癸酉6四	甲戌7五	乙亥8六	丙子9日	辛酉雨水
二月小	辛卯 天干地支西曆星期	丁丑10一	戊寅11二	己卯12三	庚辰13四	辛巳14五	壬午15六	癸未16日	甲申17一	乙酉18二	丙戌19三	丁亥20四	戊子21五	己丑22六	庚寅23日	辛卯24一	壬辰25二	癸巳26三	甲午27四	乙未28五	丙申29六	丁酉30日	戊戌31一	己亥(4)二	庚子2三	辛丑3四	壬寅4五	癸卯5六	甲辰6日	乙巳7一		丁丑驚蟄 壬辰春分
三月大	壬辰 天干地支西曆星期	丙午8二	丁未9三	戊申10四	己酉11五	庚戌12六	辛亥13日	壬子14一	癸丑15二	甲寅16三	乙卯17四	丙辰18五	丁巳19六	戊午20日	己未21一	庚申22二	辛酉23三	壬戌24四	癸亥25五	甲子26六	乙丑27日	丙寅28一	丁卯29二	戊辰30三	己巳(5)四	庚午2五	辛未3六	壬申4日	癸酉5一	甲戌6二	乙亥7三	丁未清明 壬戌穀雨
四月小	癸巳 天干地支西曆星期	丙子8四	丁丑9五	戊寅10六	己卯11日	庚辰12一	辛巳13二	壬午14三	癸未15四	甲申16五	乙酉17六	丙戌18日	丁亥19一	戊子20二	己丑21三	庚寅22四	辛卯23五	壬辰24六	癸巳25日	甲午26一	乙未27二	丙申28三	丁酉29四	戊戌30五	己亥31六	庚子(6)日	辛丑2一	壬寅3二	癸卯4三	甲辰5四		戊寅立夏 癸巳小滿
五月大	甲午 天干地支西曆星期	乙巳6五	丙午7六	丁未8日	戊申9一	己酉10二	庚戌11三	辛亥12四	壬子13五	癸丑14六	甲寅15日	乙卯16一	丙辰17二	丁巳18三	戊午19四	己未20五	庚申21六	辛酉22日	壬戌23一	癸亥24二	甲子25三	乙丑26四	丙寅27五	丁卯28六	戊辰29日	己巳30一	庚午(7)二	辛未2三	壬申3四	癸酉4五	甲戌5六	戊申芒種 癸亥夏至
六月小	乙未 天干地支西曆星期	乙亥6日	丙子7一	丁丑8二	戊寅9三	己卯10四	庚辰11五	辛巳12六	壬午13日	癸未14一	甲申15二	乙酉16三	丙戌17四	丁亥18五	戊子19六	己丑20日	庚寅21一	辛卯22二	壬辰23三	癸巳24四	甲午25五	乙未26六	丙申27日	丁酉28一	戊戌29二	己亥30三	庚子31四	辛丑(8)五	壬寅2六	癸卯3日		戊寅小暑 甲午大暑 乙亥日食
七月大	丙申 天干地支西曆星期	甲辰4一	乙巳5二	丙午6三	丁未7四	戊申8五	己酉9六	庚戌10日	辛亥11一	壬子12二	癸丑13三	甲寅14四	乙卯15五	丙辰16六	丁巳17日	戊午18一	己未19二	庚申20三	辛酉21四	壬戌22五	癸亥23六	甲子24日	乙丑25一	丙寅26二	丁卯27三	戊辰28四	己巳29五	庚午30六	辛未31日	壬申(9)一	癸酉2二	己酉立秋 甲子處暑
八月小	丁酉 天干地支西曆星期	甲戌3三	乙亥4四	丙子5五	丁丑6六	戊寅7日	己卯8一	庚辰9二	辛巳10三	壬午11四	癸未12五	甲申13六	乙酉14日	丙戌15一	丁亥16二	戊子17三	己丑18四	庚寅19五	辛卯20六	壬辰21日	癸巳22一	甲午23二	乙未24三	丙申25四	丁酉26五	戊戌27六	己亥28日	庚子29一	辛丑30二	壬寅(10)三		己卯白露 乙未秋分
九月大	戊戌 天干地支西曆星期	癸卯2四	甲辰3五	乙巳4六	丙午5日	丁未6一	戊申7二	己酉8三	庚戌9四	辛亥10五	壬子11六	癸丑12日	甲寅13一	乙卯14二	丙辰15三	丁巳16四	戊午17五	己未18六	庚申19日	辛酉20一	壬戌21二	癸亥22三	甲子23四	乙丑24五	丙寅25六	丁卯26日	戊辰27一	己巳28二	庚午29三	辛未30四	壬申31五	庚戌寒露 乙丑霜降
十月大	己亥 天干地支西曆星期	癸酉(11)六	甲戌2日	乙亥3一	丙子4二	丁丑5三	戊寅6四	己卯7五	庚辰8六	辛巳9日	壬午10一	癸未11二	甲申12三	乙酉13四	丙戌14五	丁亥15六	戊子16日	己丑17一	庚寅18二	辛卯19三	壬辰20四	癸巳21五	甲午22六	乙未23日	丙申24一	丁酉25二	戊戌26三	己亥27四	庚子28五	辛丑29六	壬寅30日	庚辰立冬 乙未小雪
十一月小	庚子 天干地支西曆星期	癸卯(12)一	甲辰2二	乙巳3三	丙午4四	丁未5五	戊申6六	己酉7日	庚戌8一	辛亥9二	壬子10三	癸丑11四	甲寅12五	乙卯13六	丙辰14日	丁巳15一	戊午16二	己未17三	庚申18四	辛酉19五	壬戌20六	癸亥21日	甲子22一	乙丑23二	丙寅24三	丁卯25四	戊辰26五	己巳27六	庚午28日	辛未29一		辛亥大雪 丙寅冬至
十二月大	辛丑 天干地支西曆星期	壬申30二	癸酉31三	甲戌(1)四	乙亥2五	丙子3六	丁丑4日	戊寅5一	己卯6二	庚辰7三	辛巳8四	壬午9五	癸未10六	甲申11日	乙酉12一	丙戌13二	丁亥14三	戊子15四	己丑16五	庚寅17六	辛卯18日	壬辰19一	癸巳20二	甲午21三	乙未22四	丙申23五	丁酉24六	戊戌25日	己亥26一	庚子27二	辛丑28三	辛巳小寒 丙申大寒

魏齊王芳嘉平四年（壬申 猴年） 公元252～253年

夏曆月序	中西日照對	夏曆日序																													節氣與天象
		初一	初二	初三	初四	初五	初六	初七	初八	初九	初十	十一	十二	十三	十四	十五	十六	十七	十八	十九	二十	二一	二二	二三	二四	二五	二六	二七	二八	二九	三十	
正月小	壬寅	天干地支西曆星期	壬寅 29 四	癸卯 30 五	甲辰 31 六	乙巳 (2) 日	丙午 2 一	丁未 3 二	戊申 4 三	己酉 5 四	庚戌 6 五	辛亥 7 六	壬子 8 日	癸丑 9 一	甲寅 10 二	乙卯 11 三	丙辰 12 四	丁巳 13 五	戊午 14 六	己未 15 日	庚申 16 一	辛酉 17 二	壬戌 18 三	癸亥 19 四	甲子 20 五	乙丑 21 六	丙寅 22 日	丁卯 23 一	戊辰 24 二	己巳 25 三	庚午 26 四		辛亥立春 丁卯雨水
二月大	癸卯	天干地支西曆星期	辛未 27 五	壬申 28 六	癸酉 29 日	甲戌 (3) 一	乙亥 2 二	丙子 3 三	丁丑 4 四	戊寅 5 五	己卯 6 六	庚辰 7 日	辛巳 8 一	壬午 9 二	癸未 10 三	甲申 11 四	乙酉 12 五	丙戌 13 六	丁亥 14 日	戊子 15 一	己丑 16 二	庚寅 17 三	辛卯 18 四	壬辰 19 五	癸巳 20 六	甲午 21 日	乙未 22 一	丙申 23 二	丁酉 24 三	戊戌 25 四	己亥 26 五	庚子 27 六	壬午驚蟄 丁酉春分
三月小	甲辰	天干地支西曆星期	辛丑 28 日	壬寅 29 一	癸卯 30 二	甲辰 31 三	乙巳 (4) 四	丙午 2 五	丁未 3 六	戊申 4 日	己酉 5 一	庚戌 6 二	辛亥 7 三	壬子 8 四	癸丑 9 五	甲寅 10 六	乙卯 11 日	丙辰 12 一	丁巳 13 二	戊午 14 三	己未 15 四	庚申 16 五	辛酉 17 六	壬戌 18 日	癸亥 19 一	甲子 20 二	乙丑 21 三	丙寅 22 四	丁卯 23 五	戊辰 24 六	己巳 25 日		壬子清明 戊辰穀雨
四月大	乙巳	天干地支西曆星期	庚午 26 一	辛未 27 二	壬申 28 三	癸酉 29 四	甲戌 30 五	乙亥 (5) 六	丙子 2 日	丁丑 3 一	戊寅 4 二	己卯 5 三	庚辰 6 四	辛巳 7 五	壬午 8 六	癸未 9 日	甲申 10 一	乙酉 11 二	丙戌 12 三	丁亥 13 四	戊子 14 五	己丑 15 六	庚寅 16 日	辛卯 17 一	壬辰 18 二	癸巳 19 三	甲午 20 四	乙未 21 五	丙申 22 六	丁酉 23 日	戊戌 24 一	己亥 25 二	癸未立夏 戊戌小滿
五月小	丙午	天干地支西曆星期	庚子 26 三	辛丑 27 四	壬寅 28 五	癸卯 29 六	甲辰 30 日	乙巳 31 一	丙午 (6) 二	丁未 2 三	戊申 3 四	己酉 4 五	庚戌 5 六	辛亥 6 日	壬子 7 一	癸丑 8 二	甲寅 9 三	乙卯 10 四	丙辰 11 五	丁巳 12 六	戊午 13 日	己未 14 一	庚申 15 二	辛酉 16 三	壬戌 17 四	癸亥 18 五	甲子 19 六	乙丑 20 日	丙寅 21 一	丁卯 22 二	戊辰 23 三		癸丑芒種 戊辰夏至
閏五月大	丙午	天干地支西曆星期	己巳 24 四	庚午 25 五	辛未 26 六	壬申 27 日	癸酉 28 一	甲戌 29 二	乙亥 30 三	丙子 (7) 四	丁丑 2 五	戊寅 3 六	己卯 4 日	庚辰 5 一	辛巳 6 二	壬午 7 三	癸未 8 四	甲申 9 五	乙酉 10 六	丙戌 11 日	丁亥 12 一	戊子 13 二	己丑 14 三	庚寅 15 四	辛卯 16 五	壬辰 17 六	癸巳 18 日	甲午 19 一	乙未 20 二	丙申 21 三	丁酉 22 四	戊戌 23 五	甲申小滿 己巳日食
六月小	丁未	天干地支西曆星期	己亥 24 六	庚子 25 日	辛丑 26 一	壬寅 27 二	癸卯 28 三	甲辰 29 四	乙巳 30 五	丙午 31 六	丁未 (8) 日	戊申 2 一	己酉 3 二	庚戌 4 三	辛亥 5 四	壬子 6 五	癸丑 7 六	甲寅 8 日	乙卯 9 一	丙辰 10 二	丁巳 11 三	戊午 12 四	己未 13 五	庚申 14 六	辛酉 15 日	壬戌 16 一	癸亥 17 二	甲子 18 三	乙丑 19 四	丙寅 20 五	丁卯 21 六		己亥大暑 甲寅立秋
七月大	戊申	天干地支西曆星期	戊辰 22 日	己巳 23 一	庚午 24 二	辛未 25 三	壬申 26 四	癸酉 27 五	甲戌 28 六	乙亥 29 日	丙子 30 一	丁丑 31 二	戊寅 (9) 三	己卯 2 四	庚辰 3 五	辛巳 4 六	壬午 5 日	癸未 6 一	甲申 7 二	乙酉 8 三	丙戌 9 四	丁亥 10 五	戊子 11 六	己丑 12 日	庚寅 13 一	辛卯 14 二	壬辰 15 三	癸巳 16 四	甲午 17 五	乙未 18 六	丙申 19 日	丁酉 20 一	己巳處暑 乙酉白露
八月小	己酉	天干地支西曆星期	戊戌 21 二	己亥 22 三	庚子 23 四	辛丑 24 五	壬寅 25 六	癸卯 26 日	甲辰 27 一	乙巳 28 二	丙午 29 三	丁未 30 四	戊申 ⑩ 五	己酉 2 六	庚戌 3 日	辛亥 4 一	壬子 5 二	癸丑 6 三	甲寅 7 四	乙卯 8 五	丙辰 9 六	丁巳 10 日	戊午 11 一	己未 12 二	庚申 13 三	辛酉 14 四	壬戌 15 五	癸亥 16 六	甲子 17 日	乙丑 18 一	丙寅 19 二		庚子秋分 乙卯寒露
九月大	庚戌	天干地支西曆星期	丁卯 20 三	戊辰 21 四	己巳 22 五	庚午 23 六	辛未 24 日	壬申 25 一	癸酉 26 二	甲戌 27 三	乙亥 28 四	丙子 29 五	丁丑 30 六	戊寅 31 日	己卯 ⑾ 一	庚辰 2 二	辛巳 3 三	壬午 4 四	癸未 5 五	甲申 6 六	乙酉 7 日	丙戌 8 一	丁亥 9 二	戊子 10 三	己丑 11 四	庚寅 12 五	辛卯 13 六	壬辰 14 日	癸巳 15 一	甲午 16 二	乙未 17 三	丙申 18 四	庚午霜降 乙酉立冬
十月小	辛亥	天干地支西曆星期	丁酉 19 五	戊戌 20 六	己亥 21 日	庚子 22 一	辛丑 23 二	壬寅 24 三	癸卯 25 四	甲辰 26 五	乙巳 27 六	丙午 28 日	丁未 29 一	戊申 30 二	己酉 ⑿ 三	庚戌 2 四	辛亥 3 五	壬子 4 六	癸丑 5 日	甲寅 6 一	乙卯 7 二	丙辰 8 三	丁巳 9 四	戊午 10 五	己未 11 六	庚申 12 日	辛酉 13 一	壬戌 14 二	癸亥 15 三	甲子 16 四	乙丑 17 五		辛丑小雪 丙辰大雪
十一月大	壬子	天干地支西曆星期	丙寅 18 六	丁卯 19 日	戊辰 20 一	己巳 21 二	庚午 22 三	辛未 23 四	壬申 24 五	癸酉 25 六	甲戌 26 日	乙亥 27 一	丙子 28 二	丁丑 29 三	戊寅 30 四	己卯 31 五	庚辰 (1) 六	辛巳 2 日	壬午 3 一	癸未 4 二	甲申 5 三	乙酉 6 四	丙戌 7 五	丁亥 8 六	戊子 9 日	己丑 10 一	庚寅 11 二	辛卯 12 三	壬辰 13 四	癸巳 14 五	甲午 15 六	乙未 16 日	乙未冬至 丙戌小寒
十二月小	癸丑	天干地支西曆星期	丙申 17 一	丁酉 18 二	戊戌 19 三	己亥 20 四	庚子 21 五	辛丑 22 六	壬寅 23 日	癸卯 24 一	甲辰 25 二	乙巳 26 三	丙午 27 四	丁未 28 五	戊申 29 六	己酉 30 日	庚戌 31 一	辛亥 (2) 二	壬子 2 三	癸丑 3 四	甲寅 4 五	乙卯 5 六	丙辰 6 日	丁巳 7 一	戊午 8 二	己未 9 三	庚申 10 四	辛酉 11 五	壬戌 12 六	癸亥 13 日	甲子 14 一		壬寅大寒 丁巳立春

魏齊王芳嘉平五年（癸酉 雞年） 公元253～254年

夏曆月序	中西日照對曆	夏曆日序																													節氣與天象
		初一	初二	初三	初四	初五	初六	初七	初八	初九	初十	十一	十二	十三	十四	十五	十六	十七	十八	十九	二十	廿一	廿二	廿三	廿四	廿五	廿六	廿七	廿八	廿九	三十	
正月大	甲寅	乙丑 15 二	丙寅 16 三	丁卯 17 四	戊辰 18 五	己巳 19 六	庚午 20 日	辛未 21 一	壬申 22 二	癸酉 23 三	甲戌 24 四	乙亥 25 五	丙子 26 六	丁丑 27 日	戊寅 28 一	己卯(3) 二	庚辰 2 三	辛巳 3 四	壬午 4 五	癸未 5 六	甲申 6 日	乙酉 7 一	丙戌 8 二	丁亥 9 三	戊子 10 四	己丑 11 五	庚寅 12 六	辛卯 13 日	壬辰 14 一	癸巳 15 二	甲午 16 三	壬申雨水 丁亥驚蟄
二月大	乙卯	乙未 17 四	丙申 18 五	丁酉 19 六	戊戌 20 日	己亥 21 一	庚子 22 二	辛丑 23 三	壬寅 24 四	癸卯 25 五	甲辰 26 六	乙巳 27 日	丙午 28 一	丁未 29 二	戊申 30 三	己酉(4) 四	庚戌 2 五	辛亥 3 六	壬子 4 日	癸丑 5 一	甲寅 6 二	乙卯 7 三	丙辰 8 四	丁巳 9 五	戊午 10 六	己未 11 日	庚申 12 一	辛酉 13 二	壬戌 14 三	癸亥 15 四	甲子 16 五	壬寅春分 戊午清明
三月小	丙辰	乙丑 16 六	丙寅 17 日	丁卯 18 一	戊辰 19 二	己巳 20 三	庚午 21 四	辛未 22 五	壬申 23 六	癸酉 24 日	甲戌 25 一	乙亥 26 二	丙子 27 三	丁丑 28 四	戊寅 29 五	己卯(5) 六	庚辰 2 日	辛巳 3 一	壬午 4 二	癸未 5 三	甲申 6 四	乙酉 7 五	丙戌 8 六	丁亥 9 日	戊子 10 一	己丑 11 二	庚寅 12 三	辛卯 13 四	壬辰 14 五	癸巳 15 六		癸酉穀雨 戊子立夏
四月大	丁巳	甲午 15 日	乙未 16 一	丙申 17 二	丁酉 18 三	戊戌 19 四	己亥 20 五	庚子 21 六	辛丑 22 日	壬寅 23 一	癸卯 24 二	甲辰 25 三	乙巳 26 四	丙午 27 五	丁未 28 六	戊申 29 日	己酉 30 一	庚戌(6) 二	辛亥 2 三	壬子 3 四	癸丑 4 五	甲寅 5 六	乙卯 6 日	丙辰 7 一	丁巳 8 二	戊午 9 三	己未 10 四	庚申 11 五	辛酉 12 六	壬戌 13 日	癸亥 14 一	癸卯小滿 戊午芒種
五月小	戊午	甲子 15 二	乙丑 16 三	丙寅 17 四	丁卯 18 五	戊辰 19 六	己巳 20 日	庚午 21 一	辛未 22 二	壬申 23 三	癸酉 24 四	甲戌 25 五	乙亥 26 六	丙子 27 日	丁丑 28 一	戊寅 29 二	己卯 30 三	庚辰(7) 四	辛巳 2 五	壬午 3 六	癸未 4 日	甲申 5 一	乙酉 6 二	丙戌 7 三	丁亥 8 四	戊子 9 五	己丑 10 六	庚寅 11 日	辛卯 12 一			甲戌夏至 己丑小暑
六月大	己未	癸巳 13 三	甲午 14 四	乙未 15 五	丙申 16 六	丁酉 17 日	戊戌 18 一	己亥 19 二	庚子 20 三	辛丑 21 四	壬寅 22 五	癸卯 23 六	甲辰 24 日	乙巳 25 一	丙午 26 二	丁未 27 三	戊申 28 四	己酉 29 五	庚戌 30 六	辛亥 31 日	壬子(8) 一	癸丑 2 二	甲寅 3 三	乙卯 4 四	丙辰 5 五	丁巳 6 六	戊午 7 日	己未 8 一	庚申 9 二	辛酉 10 三	壬戌 11 四	甲辰大暑 己未立秋
七月小	庚申	癸亥 12 五	甲子 13 六	乙丑 14 日	丙寅 15 一	丁卯 16 二	戊辰 17 三	己巳 18 四	庚午 19 五	辛未 20 六	壬申 21 日	癸酉 22 一	甲戌 23 二	乙亥 24 三	丙子 25 四	丁丑 26 五	戊寅 27 六	己卯 28 日	庚辰 29 一	辛巳 30 二	壬午 31 三	癸未(9) 四	甲申 2 五	乙酉 3 六	丙戌 4 日	丁亥 5 一	戊子 6 二	己丑 7 三	庚寅 8 四	辛卯 9 五		乙亥處暑 庚寅白露
八月大	辛酉	壬辰 10 六	癸巳 11 日	甲午 12 一	乙未 13 二	丙申 14 三	丁酉 15 四	戊戌 16 五	己亥 17 六	庚子 18 日	辛丑 19 一	壬寅 20 二	癸卯 21 三	甲辰 22 四	乙巳 23 五	丙午 24 六	丁未 25 日	戊申 26 一	己酉 27 二	庚戌 28 三	辛亥 29 四	壬子 30 五	癸丑(10) 六	甲寅 2 日	乙卯 3 一	丙辰 4 二	丁巳 5 三	戊午 6 四	己未 7 五	庚申 8 六	辛酉 9 日	辛巳秋分 庚申寒露
九月小	壬戌	壬戌 10 一	癸亥 11 二	甲子 12 三	乙丑 13 四	丙寅 14 五	丁卯 15 六	戊辰 16 日	己巳 17 一	庚午 18 二	辛未 19 三	壬申 20 四	癸酉 21 五	甲戌 22 六	乙亥 23 日	丙子 24 一	丁丑 25 二	戊寅 26 三	己卯 27 四	庚辰 28 五	辛巳 29 六	壬午 30 日	癸未 31 一	甲申(11) 二	乙酉 2 三	丙戌 3 四	丁亥 4 五	戊子 5 六	己丑 6 日	庚寅 7 一		乙亥霜降
十月大	癸亥	辛卯 8 二	壬辰 9 三	癸巳 10 四	甲午 11 五	乙未 12 六	丙申 13 日	丁酉 14 一	戊戌 15 二	己亥 16 三	庚子 17 四	辛丑 18 五	壬寅 19 六	癸卯 20 日	甲辰 21 一	乙巳 22 二	丙午 23 三	丁未 24 四	戊申 25 五	己酉 26 六	庚戌 27 日	辛亥 28 一	壬子 29 二	癸丑 30 三	甲寅(12) 四	乙卯 2 五	丙辰 3 六	丁巳 4 日	戊午 5 一	己未 6 二	庚申 7 三	辛卯立冬 丙午小雪
十一月小	甲子	辛酉 8 四	壬戌 9 五	癸亥 10 六	甲子 11 日	乙丑 12 一	丙寅 13 二	丁卯 14 三	戊辰 15 四	己巳 16 五	庚午 17 六	辛未 18 日	壬申 19 一	癸酉 20 二	甲戌 21 三	乙亥 22 四	丙子 23 五	丁丑 24 六	戊寅 25 日	己卯 26 一	庚辰 27 二	辛巳 28 三	壬午 29 四	癸未 30 五	甲申 31 六	乙酉(1) 日	丙戌 2 一	丁亥 3 二	戊子 4 三	己丑 5 四		辛酉大雪 丙子冬至
十二月大	乙丑	庚寅 6 五	辛卯 7 六	壬辰 8 日	癸巳 9 一	甲午 10 二	乙未 11 三	丙申 12 四	丁酉 13 五	戊戌 14 六	己亥 15 日	庚子 16 一	辛丑 17 二	壬寅 18 三	癸卯 19 四	甲辰 20 五	乙巳 21 六	丙午 22 日	丁未 23 一	戊申 24 二	己酉 25 三	庚戌 26 四	辛亥 27 五	壬子 28 六	癸丑 29 日	甲寅 30 一	乙卯 31 二	丙辰(2) 三	丁巳 2 四	戊午 3 五	己未 4 六	壬辰小寒 丁未大寒

魏齊王芳嘉平六年　高貴鄉公正元元年（甲戌 狗年）　公元254～255年

夏曆月序	中西日曆對照	夏曆日序																													節氣與天象
		初一	初二	初三	初四	初五	初六	初七	初八	初九	初十	十一	十二	十三	十四	十五	十六	十七	十八	十九	二十	二一	二二	二三	二四	二五	二六	二七	二八	二九	三十	
正月小	丙寅 天干地支 西曆 星期	庚申5日四	辛酉6日五	壬戌7日六	癸亥8日日	甲子9日一	乙丑10日二	丙寅11日三	丁卯12日四	戊辰13日五	己巳14日六	庚午15日日	辛未16日一	壬申17日二	癸酉18日三	甲戌19日四	乙亥20日五	丙子21日六	丁丑22日日	戊寅23日一	己卯24日二	庚辰25日三	辛巳26日四	壬午27日五	癸未28日六	甲申(3)2日日	乙酉2日一	丙戌3日二	丁亥4日三	戊子5日四		壬戌立春 丁丑雨水
二月大	丁卯 天干地支 西曆 星期	己丑6日五	庚寅7日六	辛卯8日日	壬辰9日一	癸巳10日二	甲午11日三	乙未12日四	丙申13日五	丁酉14日六	戊戌15日日	己亥16日一	庚子17日二	辛丑18日三	壬寅19日四	癸卯20日五	甲辰21日六	乙巳22日日	丙午23日一	丁未24日二	戊申25日三	己酉26日四	庚戌27日五	辛亥28日六	壬子29日日	癸丑30日一	甲寅31日二	乙卯(4)日三	丙辰2日四	丁巳3日五	戊午4日六	壬辰驚蟄 戊申春分
三月小	戊辰 天干地支 西曆 星期	己未5日日	庚申6日一	辛酉7日二	壬戌8日三	癸亥9日四	甲子10日五	乙丑11日六	丙寅12日日	丁卯13日一	戊辰14日二	己巳15日三	庚午16日四	辛未17日五	壬申18日六	癸酉19日日	甲戌20日一	乙亥21日二	丙子22日三	丁丑23日四	戊寅24日五	己卯25日六	庚辰26日日	辛巳27日一	壬午28日二	癸未29日三	甲申30日四	乙酉(5)日五	丙戌2日六	丁亥3日日		癸亥清明 戊寅穀雨
四月大	己巳 天干地支 西曆 星期	戊子4日一	己丑5日二	庚寅6日三	辛卯7日四	壬辰8日五	癸巳9日六	甲午10日日	乙未11日一	丙申12日二	丁酉13日三	戊戌14日四	己亥15日五	庚子16日六	辛丑17日日	壬寅18日一	癸卯19日二	甲辰20日三	乙巳21日四	丙午22日五	丁未23日六	戊申24日日	己酉25日一	庚戌26日二	辛亥27日三	壬子28日四	癸丑29日五	甲寅30日六	乙卯31日日	丙辰(6)日一	丁巳2日二	癸巳立夏 己酉小滿
五月小	庚午 天干地支 西曆 星期	戊午3日三	己未4日四	庚申5日五	辛酉6日六	壬戌7日日	癸亥8日一	甲子9日二	乙丑10日三	丙寅11日四	丁卯12日五	戊辰13日六	己巳14日日	庚午15日一	辛未16日二	壬申17日三	癸酉18日四	甲戌19日五	乙亥20日六	丙子21日日	丁丑22日一	戊寅23日二	己卯24日三	庚辰25日四	辛巳26日五	壬午27日六	癸未28日日	甲申29日一	乙酉30日二	丙戌(7)日三		甲子芒種 己卯夏至
六月大	辛未 天干地支 西曆 星期	丁亥2日四	戊子3日五	己丑4日六	庚寅5日日	辛卯6日一	壬辰7日二	癸巳8日三	甲午9日四	乙未10日五	丙申11日六	丁酉12日日	戊戌13日一	己亥14日二	庚子15日三	辛丑16日四	壬寅17日五	癸卯18日六	甲辰19日日	乙巳20日一	丙午21日二	丁未22日三	戊申23日四	己酉24日五	庚戌25日六	辛亥26日日	壬子27日一	癸丑28日二	甲寅29日三	乙卯30日四	丙辰31日五	甲午小暑 己酉大暑
七月大	壬申 天干地支 西曆 星期	丁巳(8)日六	戊午2日日	己未3日一	庚申4日二	辛酉5日三	壬戌6日四	癸亥7日五	甲子8日六	乙丑9日日	丙寅10日一	丁卯11日二	戊辰12日三	己巳13日四	庚午14日五	辛未15日六	壬申16日日	癸酉17日一	甲戌18日二	乙亥19日三	丙子20日四	丁丑21日五	戊寅22日六	己卯23日日	庚辰24日一	辛巳25日二	壬午26日三	癸未27日四	甲申28日五	乙酉29日六	丙戌30日日	乙丑立秋 庚辰處暑
八月小	癸酉 天干地支 西曆 星期	丁亥31日一	戊子(9)日二	己丑2日三	庚寅3日四	辛卯4日五	壬辰5日六	癸巳6日日	甲午7日一	乙未8日二	丙申9日三	丁酉10日四	戊戌11日五	己亥12日六	庚子13日日	辛丑14日一	壬寅15日二	癸卯16日三	甲辰17日四	乙巳18日五	丙午19日六	丁未20日日	戊申21日一	己酉22日二	庚戌23日三	辛亥24日四	壬子25日五	癸丑26日六	甲寅27日日	乙卯28日一		乙未白露 庚戌秋分
九月大	甲戌 天干地支 西曆 星期	丙辰29日二	丁巳30日三	戊午(10)日四	己未2日五	庚申3日六	辛酉4日日	壬戌5日一	癸亥6日二	甲子7日三	乙丑8日四	丙寅9日五	丁卯10日六	戊辰11日日	己巳12日一	庚午13日二	辛未14日三	壬申15日四	癸酉16日五	甲戌17日六	乙亥18日日	丙子19日一	丁丑20日二	戊寅21日三	己卯22日四	庚辰23日五	辛巳24日六	壬午25日日	癸未26日一	甲申27日二	乙酉28日三	乙丑寒露 辛巳霜降
十月小	乙亥 天干地支 西曆 星期	丙戌29日四	丁亥30日五	戊子(11)日六	己丑2日日	庚寅3日一	辛卯4日二	壬辰5日三	癸巳6日四	甲午7日五	乙未8日六	丙申9日日	丁酉10日一	戊戌11日二	己亥12日三	庚子13日四	辛丑14日五	壬寅15日六	癸卯16日日	甲辰17日一	乙巳18日二	丙午19日三	丁未20日四	戊申21日五	己酉22日六	庚戌23日日	辛亥24日一	壬子25日二	癸丑26日三	甲寅27日四		丙申立冬 辛亥小雪 丙戌日食
十一月大	丙子 天干地支 西曆 星期	乙卯27日五	丙辰28日六	丁巳29日日	戊午30日一	己未(12)日二	庚申2日三	辛酉3日四	壬戌4日五	癸亥5日六	甲子6日日	乙丑7日一	丙寅8日二	丁卯9日三	戊辰10日四	己巳11日五	庚午12日六	辛未13日日	壬申14日一	癸酉15日二	甲戌16日三	乙亥17日四	丙子18日五	丁丑19日六	戊寅20日日	己卯21日一	庚辰22日二	辛巳23日三	壬午24日四	癸未25日五	甲申26日六	丙寅大雪 壬午冬至
十二月小	丁丑 天干地支 西曆 星期	乙酉27日日	丙戌28日一	丁亥29日二	戊子30日三	己丑31日四	庚寅(1)日五	辛卯2日六	壬辰3日日	癸巳4日一	甲午5日二	乙未6日三	丙申7日四	丁酉8日五	戊戌9日六	己亥10日日	庚子11日一	辛丑12日二	壬寅13日三	癸卯14日四	甲辰15日五	乙巳16日六	丙午17日日	丁未18日一	戊申19日二	己酉20日三	庚戌21日四	辛亥22日五	壬子23日六	癸丑24日日		丁酉小寒 壬子大寒

*九月甲戌（十九日），曹芳被廢。十月庚寅（初五），高貴鄉公曹髦即位，改元正元。

魏高貴鄉公正元二年（乙亥 豬年） 公元 255～256 年

夏曆月序	中西曆對照	夏曆日序 初一	初二	初三	初四	初五	初六	初七	初八	初九	初十	十一	十二	十三	十四	十五	十六	十七	十八	十九	二十	二一	二二	二三	二四	二五	二六	二七	二八	二九	三十	節氣與天象
正月大	戊寅 天干地支西曆星期	甲寅25四	乙卯26五	丙辰27六	丁巳28日	戊午29一	己未30二	庚申31三	辛酉(2)四	壬戌2五	癸亥3六	甲子4日	乙丑5一	丙寅6二	丁卯7三	戊辰8四	己巳9五	庚午10六	辛未11日	壬申12一	癸酉13二	甲戌14三	乙亥15四	丙子16五	丁丑17六	戊寅18日	己卯19一	庚辰20二	辛巳21三	壬午22四	癸未23五		丁卯立春 壬午雨水
閏正月小	戊寅	甲申24六	乙酉25日	丙戌26一	丁亥27二	戊子28三	己丑(3)四	庚寅2五	辛卯3六	壬辰4日	癸巳5一	甲午6二	乙未7三	丙申8四	丁酉9五	戊戌10六	己亥11日	庚子12一	辛丑13二	壬寅14三	癸卯15四	甲辰16五	乙巳17六	丙午18日	丁未19一	戊申20二	己酉21三	庚戌22四	辛亥23五	壬子24六			戊戌驚蟄
二月大	己卯	癸丑25日	甲寅26一	乙卯27二	丙辰28三	丁巳29四	戊午30五	己未31六	庚申(4)日	辛酉2一	壬戌3二	癸亥4三	甲子5四	乙丑6五	丙寅7六	丁卯8日	戊辰9一	己巳10二	庚午11三	辛未12四	壬申13五	癸酉14六	甲戌15日	乙亥16一	丙子17二	丁丑18三	戊寅19四	己卯20五	庚辰21六	辛巳22日	壬午23一		癸丑春分 戊辰清明
三月小	庚辰	癸未24二	甲申25三	乙酉26四	丙戌27五	丁亥28六	戊子29日	己丑30一	庚寅(5)二	辛卯2三	壬辰3四	癸巳4五	甲午5六	乙未6日	丙申7一	丁酉8二	戊戌9三	己亥10四	庚子11五	辛丑12六	壬寅13日	癸卯14一	甲辰15二	乙巳16三	丙午17四	丁未18五	戊申19六	己酉20日	庚戌21一	辛亥22二			癸未穀雨 己亥立夏
四月大	辛巳	壬子23三	癸丑24四	甲寅25五	乙卯26六	丙辰27日	丁巳28一	戊午29二	己未30三	庚申31四	辛酉(6)五	壬戌2六	癸亥3日	甲子4一	乙丑5二	丙寅6三	丁卯7四	戊辰8五	己巳9六	庚午10日	辛未11一	壬申12二	癸酉13三	甲戌14四	乙亥15五	丙子16六	丁丑17日	戊寅18一	己卯19二	庚辰20三	辛巳21四		甲寅小滿 己巳芒種
五月小	壬午	壬午22五	癸未23六	甲申24日	乙酉25一	丙戌26二	丁亥27三	戊子28四	己丑29五	庚寅30六	辛卯(7)日	壬辰2一	癸巳3二	甲午4三	乙未5四	丙申6五	丁酉7六	戊戌8日	己亥9一	庚子10二	辛丑11三	壬寅12四	癸卯13五	甲辰14六	乙巳15日	丙午16一	丁未17二	戊申18三	己酉19四	庚戌20五			甲申夏至 己亥小暑
六月大	癸未	辛亥21六	壬子22日	癸丑23一	甲寅24二	乙卯25三	丙辰26四	丁巳27五	戊午28六	己未29日	庚申30一	辛酉31二	壬戌(8)三	癸亥2四	甲子3五	乙丑4六	丙寅5日	丁卯6一	戊辰7二	己巳8三	庚午9四	辛未10五	壬申11六	癸酉12日	甲戌13一	乙亥14二	丙子15三	丁丑16四	戊寅17五	己卯18六	庚辰19日		乙卯大暑 庚午立秋
七月小	甲申	辛巳20一	壬午21二	癸未22三	甲申23四	乙酉24五	丙戌25六	丁亥26日	戊子27一	己丑28二	庚寅29三	辛卯30四	壬辰31五	癸巳(9)六	甲午2日	乙未3一	丙申4二	丁酉5三	戊戌6四	己亥7五	庚子8六	辛丑9日	壬寅10一	癸卯11二	甲辰12三	乙巳13四	丙午14五	丁未15六	戊申16日	己酉17一			乙酉處暑 庚子白露
八月大	乙酉	庚戌18二	辛亥19三	壬子20四	癸丑21五	甲寅22六	乙卯23日	丙辰24一	丁巳25二	戊午26三	己未27四	庚申28五	辛酉29六	壬戌30日	癸亥(10)一	甲子2二	乙丑3三	丙寅4四	丁卯5五	戊辰6六	己巳7日	庚午8一	辛未9二	壬申10三	癸酉11四	甲戌12五	乙亥13六	丙子14日	丁丑15一	戊寅16二	己卯17三		丙辰秋分 辛未寒露
九月大	丙戌	庚辰18四	辛巳19五	壬午20六	癸未21日	甲申22一	乙酉23二	丙戌24三	丁亥25四	戊子26五	己丑27六	庚寅28日	辛卯29一	壬辰30二	癸巳31三	甲午(11)四	乙未2五	丙申3六	丁酉4日	戊戌5一	己亥6二	庚子7三	辛丑8四	壬寅9五	癸卯10六	甲辰11日	乙巳12一	丙午13二	丁未14三	戊申15四	己酉16五		丙戌霜降 辛丑立冬 庚辰日食
十月小	丁亥	庚戌17六	辛亥18日	壬子19一	癸丑20二	甲寅21三	乙卯22四	丙辰23五	丁巳24六	戊午25日	己未26一	庚申27二	辛酉28三	壬戌29四	癸亥30五	甲子(12)六	乙丑2日	丙寅3一	丁卯4二	戊辰5三	己巳6四	庚午7五	辛未8六	壬申9日	癸酉10一	甲戌11二	乙亥12三	丙子13四	丁丑14五	戊寅15六			丙辰小雪 壬申大雪
十一月大	戊子	己卯16日	庚辰17一	辛巳18二	壬午19三	癸未20四	甲申21五	乙酉22六	丙戌23日	丁亥24一	戊子25二	己丑26三	庚寅27四	辛卯28五	壬辰29六	癸巳30日	甲午31一	乙未(1)二	丙申2三	丁酉3四	戊戌4五	己亥5六	庚子6日	辛丑7一	壬寅8二	癸卯9三	甲辰10四	乙巳11五	丙午12六	丁未13日	戊申14一		丁亥冬至 壬寅小寒
十二月小	己丑	己酉15二	庚戌16三	辛亥17四	壬子18五	癸丑19六	甲寅20日	乙卯21一	丙辰22二	丁巳23三	戊午24四	己未25五	庚申26六	辛酉27日	壬戌28一	癸亥29二	甲子30三	乙丑31四	丙寅(2)五	丁卯2六	戊辰3日	己巳4一	庚午5二	辛未6三	壬申7四	癸酉8五	甲戌9六	乙亥10日	丙子11一	丁丑12二			丁巳大寒 壬申立春

魏高貴鄉公正元三年　甘露元年（丙子 鼠年）　公元 256～257 年

夏曆月序	中西曆對照	夏曆日序																													節氣與天象
		初一	初二	初三	初四	初五	初六	初七	初八	初九	初十	十一	十二	十三	十四	十五	十六	十七	十八	十九	二十	廿一	廿二	廿三	廿四	廿五	廿六	廿七	廿八	廿九	三十	
正月大	庚寅	戊子13三	己丑14四	庚寅15五	辛卯16六	壬辰17日	癸巳18一	甲午19二	乙未20三	丙申21四	丁酉22五	戊戌23六	己亥24日	庚子25一	辛丑26二	壬寅27三	癸卯28四	甲辰29五	乙巳(3)六	丙午2日	丁未3一	戊申4二	己酉5三	庚戌6四	辛亥7五	壬子8六	癸丑9日	甲寅10一	乙卯11二	丙辰12三	丁巳13四	戊子雨水 癸卯驚蟄
二月小	辛卯	戊午14五	己未15六	庚申16日	辛酉17一	壬戌18二	癸亥19三	甲子20四	乙丑21五	丙寅22六	丁卯23日	戊辰24一	己巳25二	庚午26三	辛未27四	壬申28五	癸酉29六	甲戌30日	乙亥31一	丙子(4)二	丁丑2三	戊寅3四	己卯4五	庚辰5六	辛巳6日	壬午7一	癸未8二	甲申9三	乙酉10四	丙戌11五		戊午春分 癸酉清明
三月大	壬辰	丁亥12六	戊子13日	己丑14一	庚寅15二	辛卯16三	壬辰17四	癸巳18五	甲午19六	乙未20日	丙申21一	丁酉22二	戊戌23三	己亥24四	庚子25五	辛丑26六	壬寅27日	癸卯28一	甲辰29二	乙巳30三	丙午(5)四	丁未2五	戊申3六	己酉4日	庚戌5一	辛亥6二	壬子7三	癸丑8四	甲寅9五	乙卯10六	丙辰11日	己丑穀雨 甲辰立夏
四月小	癸巳	丁巳12一	戊午13二	己未14三	庚申15四	辛酉16五	壬戌17六	癸亥18日	甲子19一	乙丑20二	丙寅21三	丁卯22四	戊辰23五	己巳24六	庚午25日	辛未26一	壬申27二	癸酉28三	甲戌29四	乙亥30五	丙子31六	丁丑(6)日	戊寅2一	己卯3二	庚辰4三	辛巳5四	壬午6五	癸未7六	甲申8日	乙酉9一		己未小滿 甲戌芒種
五月大	甲午	丙戌10二	丁亥11三	戊子12四	己丑13五	庚寅14六	辛卯15日	壬辰16一	癸巳17二	甲午18三	乙未19四	丙申20五	丁酉21六	戊戌22日	己亥23一	庚子24二	辛丑25三	壬寅26四	癸卯27五	甲辰28六	乙巳29日	丙午30一	丁未(7)二	戊申2三	己酉3四	庚戌4五	辛亥5六	壬子6日	癸丑7一	甲寅8二	乙卯9三	己巳夏至 乙巳小暑
六月小	乙未	丙辰10四	丁巳11五	戊午12六	己未13日	庚申14一	辛酉15二	壬戌16三	癸亥17四	甲子18五	乙丑19六	丙寅20日	丁卯21一	戊辰22二	己巳23三	庚午24四	辛未25五	壬申26六	癸酉27日	甲戌28一	乙亥29二	丙子30三	丁丑(8)四	戊寅2五	己卯3六	庚辰4日	辛巳5一	壬午6二	癸未7三	甲申8四		庚申大暑
七月大	丙申	乙酉8五	丙戌9六	丁亥10日	戊子11一	己丑12二	庚寅13三	辛卯14四	壬辰15五	癸巳16六	甲午17日	乙未18一	丙申19二	丁酉20三	戊戌21四	己亥22五	庚子23六	辛丑24日	壬寅25一	癸卯26二	甲辰27三	乙巳28四	丙午29五	丁未30六	戊申31(9)日	己酉2一	庚戌3二	辛亥4三	壬子5四	癸丑6五	甲寅7六	乙亥立秋 庚寅處暑
八月小	丁酉	乙卯7日	丙辰8一	丁巳9二	戊午10三	己未11四	庚申12五	辛酉13六	壬戌14日	癸亥15一	甲子16二	乙丑17三	丙寅18四	丁卯19五	戊辰20六	己巳21日	庚午22一	辛未23二	壬申24三	癸酉25四	甲戌26五	乙亥27六	丙子28日	丁丑29一	戊寅30二	己卯(10)三	庚辰2四	辛巳3五	壬午4六	癸未5日		丙午白露 辛酉秋分
九月大	戊戌	甲申6一	乙酉7二	丙戌8三	丁亥9四	戊子10五	己丑11六	庚寅12日	辛卯13一	壬辰14二	癸巳15三	甲午16四	乙未17五	丙申18六	丁酉19日	戊戌20一	己亥21二	庚子22三	辛丑23四	壬寅24五	癸卯25六	甲辰26日	乙巳27一	丙午28二	丁未29三	戊申30四	己酉31(11)五	庚戌2六	辛亥3日	壬子4一	癸丑5二	丙子寒露 辛卯霜降
十月小	己亥	甲寅6三	乙卯7四	丙辰8五	丁巳9六	戊午10日	己未11一	庚申12二	辛酉13三	壬戌14四	癸亥15五	甲子16六	乙丑17日	丙寅18一	丁卯19二	戊辰20三	己巳21四	庚午22五	辛未23六	壬申24日	癸酉25一	甲戌26二	乙亥27三	丙子28四	丁丑29五	戊寅30六	己卯(12)日	庚辰2一	辛巳3二	壬午4三		丙午立冬 壬戌小雪
十一月大	庚子	癸未5四	甲申6五	乙酉7六	丙戌8日	丁亥9一	戊子10二	己丑11三	庚寅12四	辛卯13五	壬辰14六	癸巳15日	甲午16一	乙未17二	丙申18三	丁酉19四	戊戌20五	己亥21六	庚子22日	辛丑23一	壬寅24二	癸卯25三	甲辰26四	乙巳27五	丙午28六	丁未29日	戊申30一	己酉31二	庚戌(1)三	辛亥2四	壬子3五	丁丑大雪 壬辰冬至
十二月小	辛丑	癸丑4六	甲寅5日	乙卯6一	丙辰7二	丁巳8三	戊午9四	己未10五	庚申11六	辛酉12日	壬戌13一	癸亥14二	甲子15三	乙丑16四	丙寅17五	丁卯18六	戊辰19日	己巳20一	庚午21二	辛未22三	壬申23四	癸酉24五	甲戌25六	乙亥26日	丙子27一	丁丑28二	戊寅29三	己卯30四	庚辰31五	辛巳(1)六		丁未小寒 癸亥大寒

*六月丙午（初一），改元甘露。

魏高貴鄉公甘露二年（丁丑 牛年） 公元257～258年

夏曆月序	中西曆對照	夏曆日序																													節氣與天象
		初一	初二	初三	初四	初五	初六	初七	初八	初九	初十	十一	十二	十三	十四	十五	十六	十七	十八	十九	二十	廿一	廿二	廿三	廿四	廿五	廿六	廿七	廿八	廿九	三十	
正月大	壬寅	天干 地支 西曆 星期	壬申(2)日二	癸酉2三	甲戌3四	乙亥4五	丙子5六	丁丑6日	戊寅7一	己卯8二	庚辰9三	辛巳10四	壬午11五	癸未12六	甲申13日	乙酉14一	丙戌15二	丁亥16三	戊子17四	己丑18五	庚寅19六	辛卯20日	壬辰21一	癸巳22二	甲午23三	乙未24四	丙申25五	丁酉26六	戊戌27日	己亥28一	庚子(3)日	辛丑2一	戊寅立春 癸巳雨水
二月大	癸卯	天干 地支 西曆 星期	壬寅3二	癸卯4三	甲辰5四	乙巳6五	丙午7六	丁未8日	戊申9一	己酉10二	庚戌11三	辛亥12四	壬子13五	癸丑14六	甲寅15日	乙卯16一	丙辰17二	丁巳18三	戊午19四	己未20五	庚申21六	辛酉22日	壬戌23一	癸亥24二	甲子25三	乙丑26四	丙寅27五	丁卯28六	戊辰29日	己巳30一	庚午31二	辛未(4)三	戊申驚蟄 癸亥春分
三月小	甲辰	天干 地支 西曆 星期	壬申2四	癸酉3五	甲戌4六	乙亥5日	丙子6一	丁丑7二	戊寅8三	己卯9四	庚辰10五	辛巳11六	壬午12日	癸未13一	甲申14二	乙酉15三	丙戌16四	丁亥17五	戊子18六	己丑19日	庚寅20一	辛卯21二	壬辰22三	癸巳23四	甲午24五	乙未25六	丙申26日	丁酉27一	戊戌28二	己亥29三	庚子30四		己卯清明 甲午穀雨
四月大	乙巳	天干 地支 西曆 星期	辛丑(5)五	壬寅2六	癸卯3日	甲辰4一	乙巳5二	丙午6三	丁未7四	戊申8五	己酉9六	庚戌10日	辛亥11一	壬子12二	癸丑13三	甲寅14四	乙卯15五	丙辰16六	丁巳17日	戊午18一	己未19二	庚申20三	辛酉21四	壬戌22五	癸亥23六	甲子24日	乙丑25一	丙寅26二	丁卯27三	戊辰28四	己巳29五	庚午30六	己酉立夏 甲子小滿
五月小	丙午	天干 地支 西曆 星期	辛未31日	壬申(6)一	癸酉2二	甲戌3三	乙亥4四	丙子5五	丁丑6六	戊寅7日	己卯8一	庚辰9二	辛巳10三	壬午11四	癸未12五	甲申13六	乙酉14日	丙戌15一	丁亥16二	戊子17三	己丑18四	庚寅19五	辛卯20六	壬辰21日	癸巳22一	甲午23二	乙未24三	丙申25四	丁酉26五	戊戌27六	己亥28日		己卯芒種 乙未夏至
六月大	丁未	天干 地支 西曆 星期	庚子29一	辛丑30二	壬寅(7)三	癸卯2四	甲辰3五	乙巳4六	丙午5日	丁未6一	戊申7二	己酉8三	庚戌9四	辛亥10五	壬子11六	癸丑12日	甲寅13一	乙卯14二	丙辰15三	丁巳16四	戊午17五	己未18六	庚申19日	辛酉20一	壬戌21二	癸亥22三	甲子23四	乙丑24五	丙寅25六	丁卯26日	戊辰27一	己巳28二	庚戌小暑 乙丑大暑
七月小	戊申	天干 地支 西曆 星期	庚午29三	辛未30四	壬申31五	癸酉(8)六	甲戌2日	乙亥3一	丙子4二	丁丑5三	戊寅6四	己卯7五	庚辰8六	辛巳9日	壬午10一	癸未11二	甲申12三	乙酉13四	丙戌14五	丁亥15六	戊子16日	己丑17一	庚寅18二	辛卯19三	壬辰20四	癸巳21五	甲午22六	乙未23日	丙申24一	丁酉25二	戊戌26三		庚辰立秋 丙申處暑
八月大	己酉	天干 地支 西曆 星期	己亥27四	庚子28五	辛丑29六	壬寅30日	癸卯31一	甲辰(9)二	乙巳2三	丙午3四	丁未4五	戊申5六	己酉6日	庚戌7一	辛亥8二	壬子9三	癸丑10四	甲寅11五	乙卯12六	丙辰13日	丁巳14一	戊午15二	己未16三	庚申17四	辛酉18五	壬戌19六	癸亥20日	甲子21一	乙丑22二	丙寅23三	丁卯24四	戊辰25五	辛亥白露 丙寅秋分
九月小	庚戌	天干 地支 西曆 星期	己巳26六	庚午27日	辛未28一	壬申29二	癸酉30三	甲戌(10)四	乙亥2五	丙子3六	丁丑4日	戊寅5一	己卯6二	庚辰7三	辛巳8四	壬午9五	癸未10六	甲申11日	乙酉12一	丙戌13二	丁亥14三	戊子15四	己丑16五	庚寅17六	辛卯18日	壬辰19一	癸巳20二	甲午21三	乙未22四	丙申23五	丁酉24六		辛巳寒露 丙申霜降
十月大	辛亥	天干 地支 西曆 星期	戊戌25日	己亥26一	庚子27二	辛丑28三	壬寅29四	癸卯30五	甲辰31六	乙巳(11)日	丙午2一	丁未3二	戊申4三	己酉5四	庚戌6五	辛亥7六	壬子8日	癸丑9一	甲寅10二	乙卯11三	丙辰12四	丁巳13五	戊午14六	己未15日	庚申16一	辛酉17二	壬戌18三	癸亥19四	甲子20五	乙丑21六	丙寅22日	丁卯23一	壬子立冬 丁卯小雪
閏十月小	辛亥	天干 地支 西曆 星期	戊辰24二	己巳25三	庚午26四	辛未27五	壬申28六	癸酉29日	甲戌30一	乙亥(12)二	丙子2三	丁丑3四	戊寅4五	己卯5六	庚辰6日	辛巳7一	壬午8二	癸未9三	甲申10四	乙酉11五	丙戌12六	丁亥13日	戊子14一	己丑15二	庚寅16三	辛卯17四	壬辰18五	癸巳19六	甲午20日	乙未21一	丙申22二		壬午大雪
十一月大	壬子	天干 地支 西曆 星期	丁酉23三	戊戌24四	己亥25五	庚子26六	辛丑27日	壬寅28一	癸卯29二	甲辰30三	乙巳31四	丙午(1)五	丁未2六	戊申3日	己酉4一	庚戌5二	辛亥6三	壬子7四	癸丑8五	甲寅9六	乙卯10日	丙辰11一	丁巳12二	戊午13三	己未14四	庚申15五	辛酉16六	壬戌17日	癸亥18一	甲子19二	乙丑20三	丙寅21四	丁酉冬至 癸丑小寒
十二月小	癸丑	天干 地支 西曆 星期	丁卯22五	戊辰23六	己巳24日	庚午25一	辛未26二	壬申27三	癸酉28四	甲戌29五	乙亥30六	丙子31日	丁丑(2)一	戊寅2二	己卯3三	庚辰4四	辛巳5五	壬午6六	癸未7日	甲申8一	乙酉9二	丙戌10三	丁亥11四	戊子12五	己丑13六	庚寅14日	辛卯15一	壬辰16二	癸巳17三	甲午18四	乙未19五		戊辰大寒 癸未立春

魏高貴鄉公甘露三年（戊寅 虎年） 公元258～259年

夏曆月序	中西曆對照	夏曆日序 初一	初二	初三	初四	初五	初六	初七	初八	初九	初十	十一	十二	十三	十四	十五	十六	十七	十八	十九	二十	二一	二二	二三	二四	二五	二六	二七	二八	二九	三十	節氣與天象
正月大	甲寅	天干地支 西曆日 星期	丙申 20 六	丁酉 21 日	戊戌 22 一	己亥 23 二	庚子 24 三	辛丑 25 四	壬寅 26 五	癸卯 27 六	甲辰 28 日	乙巳 (3) 一	丙午 2 二	丁未 3 三	戊申 4 四	己酉 5 五	庚戌 6 六	辛亥 7 日	壬子 8 一	癸丑 9 二	甲寅 10 三	乙卯 11 四	丙辰 12 五	丁巳 13 六	戊午 14 日	己未 15 一	庚申 16 二	辛酉 17 三	壬戌 18 四	癸亥 19 五	甲子 20 六	乙丑 21 日	戊戌雨水 癸丑驚蟄
二月小	乙卯	天干地支 西曆日 星期	丙寅 22 一	丁卯 23 二	戊辰 24 三	己巳 25 四	庚午 26 五	辛未 27 六	壬申 28 日	癸酉 29 一	甲戌 30 二	乙亥 31 三	丙子 (4) 四	丁丑 2 五	戊寅 3 六	己卯 4 日	庚辰 5 一	辛巳 6 二	壬午 7 三	癸未 8 四	甲申 9 五	乙酉 10 六	丙戌 11 日	丁亥 12 一	戊子 13 二	己丑 14 三	庚寅 15 四	辛卯 16 五	壬辰 17 六	癸巳 18 日	甲午 19 一		己巳春分 甲申清明
三月大	丙辰	天干地支 西曆日 星期	乙未 20 二	丙申 21 三	丁酉 22 四	戊戌 23 五	己亥 24 六	庚子 25 日	辛丑 26 一	壬寅 27 二	癸卯 28 三	甲辰 29 四	乙巳 30 五	丙午 (5) 六	丁未 2 日	戊申 3 一	己酉 4 二	庚戌 5 三	辛亥 6 四	壬子 7 五	癸丑 8 六	甲寅 9 日	乙卯 10 一	丙辰 11 二	丁巳 12 三	戊午 13 四	己未 14 五	庚申 15 六	辛酉 16 日	壬戌 17 一	癸亥 18 二	甲子 19 三	己亥穀雨 甲寅立夏
四月小	丁巳	天干地支 西曆日 星期	乙丑 20 四	丙寅 21 五	丁卯 22 六	戊辰 23 日	己巳 24 一	庚午 25 二	辛未 26 三	壬申 27 四	癸酉 28 五	甲戌 29 六	乙亥 30 日	丙子 31 一	丁丑 (6) 二	戊寅 2 三	己卯 3 四	庚辰 4 五	辛巳 5 六	壬午 6 日	癸未 7 一	甲申 8 二	乙酉 9 三	丙戌 10 四	丁亥 11 五	戊子 12 六	己丑 13 日	庚寅 14 一	辛卯 15 二	壬辰 16 三	癸巳 17 四		庚午小滿 乙酉芒種
五月大	戊午	天干地支 西曆日 星期	甲午 18 五	乙未 19 六	丙申 20 日	丁酉 21 一	戊戌 22 二	己亥 23 三	庚子 24 四	辛丑 25 五	壬寅 26 六	癸卯 27 日	甲辰 28 一	乙巳 29 二	丙午 30 三	丁未 (7) 四	戊申 2 五	己酉 3 六	庚戌 4 日	辛亥 5 一	壬子 6 二	癸丑 7 三	甲寅 8 四	乙卯 9 五	丙辰 10 六	丁巳 11 日	戊午 12 一	己未 13 二	庚申 14 三	辛酉 15 四	壬戌 16 五	癸亥 17 六	庚子夏至 乙卯小暑
六月大	己未	天干地支 西曆日 星期	甲子 18 日	乙丑 19 一	丙寅 20 二	丁卯 21 三	戊辰 22 四	己巳 23 五	庚午 24 六	辛未 25 日	壬申 26 一	癸酉 27 二	甲戌 28 三	乙亥 29 四	丙子 30 五	丁丑 31 六	戊寅 (8) 日	己卯 2 一	庚辰 3 二	辛巳 4 三	壬午 5 四	癸未 6 五	甲申 7 六	乙酉 8 日	丙戌 9 一	丁亥 10 二	戊子 11 三	己丑 12 四	庚寅 13 五	辛卯 14 六	壬辰 15 日	癸巳 16 一	庚午大暑 丙戌立秋
七月小	庚申	天干地支 西曆日 星期	甲午 17 二	乙未 18 三	丙申 19 四	丁酉 20 五	戊戌 21 六	己亥 22 日	庚子 23 一	辛丑 24 二	壬寅 25 三	癸卯 26 四	甲辰 27 五	乙巳 28 六	丙午 29 日	丁未 30 一	戊申 31 二	己酉 (9) 三	庚戌 2 四	辛亥 3 五	壬子 4 六	癸丑 5 日	甲寅 6 一	乙卯 7 二	丙辰 8 三	丁巳 9 四	戊午 10 五	己未 11 六	庚申 12 日	辛酉 13 一	壬戌 14 二		辛丑處暑 丙辰白露
八月大	辛酉	天干地支 西曆日 星期	癸亥 15 三	甲子 16 四	乙丑 17 五	丙寅 18 六	丁卯 19 日	戊辰 20 一	己巳 21 二	庚午 22 三	辛未 23 四	壬申 24 五	癸酉 25 六	甲戌 26 日	乙亥 27 一	丙子 28 二	丁丑 29 三	戊寅 30 四	己卯 (10) 五	庚辰 2 六	辛巳 3 日	壬午 4 一	癸未 5 二	甲申 6 三	乙酉 7 四	丙戌 8 五	丁亥 9 六	戊子 10 日	己丑 11 一	庚寅 12 二	辛卯 13 三	壬辰 14 四	辛未秋分 丙戌寒露
九月小	壬戌	天干地支 西曆日 星期	癸巳 15 五	甲午 16 六	乙未 17 日	丙申 18 一	丁酉 19 二	戊戌 20 三	己亥 21 四	庚子 22 五	辛丑 23 六	壬寅 24 日	癸卯 25 一	甲辰 26 二	乙巳 27 三	丙午 28 四	丁未 29 五	戊申 30 六	己酉 31 日	庚戌 (11) 一	辛亥 2 二	壬子 3 三	癸丑 4 四	甲寅 5 五	乙卯 6 六	丙辰 7 日	丁巳 8 一	戊午 9 二	己未 10 三	庚申 11 四	辛酉 12 五		壬寅霜降 丁巳立冬
十月大	癸亥	天干地支 西曆日 星期	壬戌 13 六	癸亥 14 日	甲子 15 一	乙丑 16 二	丙寅 17 三	丁卯 18 四	戊辰 19 五	己巳 20 六	庚午 21 日	辛未 22 一	壬申 23 二	癸酉 24 三	甲戌 25 四	乙亥 26 五	丙子 27 六	丁丑 28 日	戊寅 29 一	己卯 30 二	庚辰 (12) 三	辛巳 2 四	壬午 3 五	癸未 4 六	甲申 5 日	乙酉 6 一	丙戌 7 二	丁亥 8 三	戊子 9 四	己丑 10 五	庚寅 11 六	辛卯 12 日	壬申小雪 丁亥大雪
十一月小	甲子	天干地支 西曆日 星期	壬辰 13 一	癸巳 14 二	甲午 15 三	乙未 16 四	丙申 17 五	丁酉 18 六	戊戌 19 日	己亥 20 一	庚子 21 二	辛丑 22 三	壬寅 23 四	癸卯 24 五	甲辰 25 六	乙巳 26 日	丙午 27 一	丁未 28 二	戊申 29 三	己酉 30 四	庚戌 31 五	辛亥 (1) 六	壬子 2 日	癸丑 3 一	甲寅 4 二	乙卯 5 三	丙辰 6 四	丁巳 7 五	戊午 8 六	己未 9 日	庚申 10 一		癸卯冬至 戊午小寒
十二月大	乙丑	天干地支 西曆日 星期	辛酉 11 二	壬戌 12 三	癸亥 13 四	甲子 14 五	乙丑 15 六	丙寅 16 日	丁卯 17 一	戊辰 18 二	己巳 19 三	庚午 20 四	辛未 21 五	壬申 22 六	癸酉 23 日	甲戌 24 一	乙亥 25 二	丙子 26 三	丁丑 27 四	戊寅 28 五	己卯 29 六	庚辰 30 日	辛巳 31 一	壬午 (2) 二	癸未 2 三	甲申 3 四	乙酉 4 五	丙戌 5 六	丁亥 6 日	戊子 7 一	己丑 8 二	庚寅 9 三	癸酉大寒 戊子立春

魏高貴鄉公甘露四年（己卯 兔年） 公元259～260年

夏曆月序	西曆中曆日對照	夏曆日序																													節氣與天象
		初一	初二	初三	初四	初五	初六	初七	初八	初九	初十	十一	十二	十三	十四	十五	十六	十七	十八	十九	二十	二一	二二	二三	二四	二五	二六	二七	二八	二九	三十	
正月小	丙寅	天干地支 西曆 星期	辛卯10四	壬辰11五	癸巳12六	甲午13日	乙未14一	丙申15二	丁酉16三	戊戌17四	己亥18五	庚子19六	辛丑20日	壬寅21一	癸卯22二	甲辰23三	乙巳24四	丙午25五	丁未26六	戊申27日	己酉28一	庚戌(3)二	辛亥2三	壬子3四	癸丑4五	甲寅5六	乙卯6日	丙辰7一	丁巳8二	戊午9三	己未10四		癸卯雨水 己未驚蟄
二月大	丁卯	天干地支 西曆 星期	庚申11五	辛酉12六	壬戌13日	癸亥14一	甲子15二	乙丑16三	丙寅17四	丁卯18五	戊辰19六	己巳20日	庚午21一	辛未22二	壬申23三	癸酉24四	甲戌25五	乙亥26六	丙子27日	丁丑28一	戊寅29二	己卯30三	庚辰31四	辛巳(4)五	壬午3六	癸未4日	甲申5一	乙酉6二	丙戌7三	丁亥8四	戊子9五	己丑10六	甲戌春分 己丑清明
三月小	戊辰	天干地支 西曆 星期	庚寅10日	辛卯11一	壬辰12二	癸巳13三	甲午14四	乙未15五	丙申16六	丁酉17日	戊戌18一	己亥19二	庚子20三	辛丑21四	壬寅22五	癸卯23六	甲辰24日	乙巳25一	丙午26二	丁未27三	戊申28四	己酉29五	庚戌30六	辛亥(5)日	壬子2一	癸丑3二	甲寅4三	乙卯5四	丙辰6五	丁巳7六	戊午8日		甲辰穀雨
四月大	己巳	天干地支 西曆 星期	庚未9一	辛酉10二	壬戌11三	癸亥12四	甲子13五	乙丑14六	丙寅15日	丁卯16一	戊辰17二	己巳18三	庚午19四	辛未20五	壬申21六	癸酉22日	甲戌23一	乙亥24二	丙子25三	丁丑26四	戊寅27五	己卯28六	庚辰29日	辛巳30一	壬午31二	癸未(6)三	甲申2四	乙酉3五	丙戌4六	丁亥5日	戊子6一	己丑7二	庚申立夏 乙亥小滿
五月小	庚午	天干地支 西曆 星期	庚寅8三	辛卯9四	壬辰10五	癸巳11六	甲午12日	乙未13一	丙申14二	丁酉15三	戊戌16四	己亥17五	庚子18六	辛丑19日	壬寅20一	癸卯21二	甲辰22三	乙巳23四	丙午24五	丁未25六	戊申26日	己酉27一	庚戌28二	辛亥29三	壬子30四	癸丑(7)五	甲寅2六	乙卯3日	丙辰4一	丁巳5二	戊午6三		庚寅芒種 乙巳夏至
六月大	辛未	天干地支 西曆 星期	戊申7四	己未8五	庚申9六	辛酉10日	壬戌11一	癸亥12二	甲子13三	乙丑14四	丙寅15五	丁卯16六	戊辰17日	己巳18一	庚午19二	辛未20三	壬申21四	癸酉22五	甲戌23六	乙亥24日	丙子25一	丁丑26二	戊寅27三	己卯28四	庚辰29五	辛巳30六	壬午31日	癸未(8)一	甲申2二	乙酉3三	丙戌4四	丁亥5五	庚申小暑 丙子大暑
七月小	壬申	天干地支 西曆 星期	戊子6六	己丑7日	庚寅8一	辛卯9二	壬辰10三	癸巳11四	甲午12五	乙未13六	丙申14日	丁酉15一	戊戌16二	己亥17三	庚子18四	辛丑19五	壬寅20六	癸卯21日	甲辰22一	乙巳23二	丙午24三	丁未25四	戊申26五	己酉27六	庚戌28日	辛亥29一	壬子30二	癸丑31三	甲寅(9)四	乙卯2五	丙辰3六		辛卯立秋 丙午處暑
八月大	癸酉	天干地支 西曆 星期	丁巳4日	戊午5一	己未6二	庚申7三	辛酉8四	壬戌9五	癸亥10六	甲子11日	乙丑12一	丙寅13二	丁卯14三	戊辰15四	己巳16五	庚午17六	辛未18日	壬申19一	癸酉20二	甲戌21三	乙亥22四	丙子23五	丁丑24六	戊寅25日	己卯26一	庚辰27二	辛巳28三	壬午29四	癸未30五	甲申(10)六	乙酉2日	丙戌3一	辛酉白露 丙子秋分
九月大	甲戌	天干地支 西曆 星期	丁亥4二	戊子5三	己丑6四	庚寅7五	辛卯8六	壬辰9日	癸巳10一	甲午11二	乙未12三	丙申13四	丁酉14五	戊戌15六	己亥16日	庚子17一	辛丑18二	壬寅19三	癸卯20四	甲辰21五	乙巳22六	丙午23日	丁未24一	戊申25二	己酉26三	庚戌27四	辛亥28五	壬子29六	癸丑30日	甲寅31一	乙卯(11)二	丙辰2三	壬辰寒露 丁未霜降
十月小	乙亥	天干地支 西曆 星期	丁巳3四	戊午4五	己未5六	庚申6日	辛酉7一	壬戌8二	癸亥9三	甲子10四	乙丑11五	丙寅12六	丁卯13日	戊辰14一	己巳15二	庚午16三	辛未17四	壬申18五	癸酉19六	甲戌20日	乙亥21一	丙子22二	丁丑23三	戊寅24四	己卯25五	庚辰26六	辛巳27日	壬午28一	癸未29二	甲申30三	乙酉(12)四		壬戌立冬 丁丑小雪
十一月大	丙子	天干地支 西曆 星期	丙戌2五	丁亥3六	戊子4日	己丑5一	庚寅6二	辛卯7三	壬辰8四	癸巳9五	甲午10六	乙未11日	丙申12一	丁酉13二	戊戌14三	己亥15四	庚子16五	辛丑17六	壬寅18日	癸卯19一	甲辰20二	乙巳21三	丙午22四	丁未23五	戊申24六	己酉25日	庚戌26一	辛亥27二	壬子28三	癸丑29四	甲寅30五	乙卯31六	癸巳大雪 戊申冬至
十二月小	丁丑	天干地支 西曆 星期	丙辰(1)日	丁巳2一	戊午3二	己未4三	庚申5四	辛酉6五	壬戌7六	癸亥8日	甲子9一	乙丑10二	丙寅11三	丁卯12四	戊辰13五	己巳14六	庚午15日	辛未16一	壬申17二	癸酉18三	甲戌19四	乙亥20五	丙子21六	丁丑22日	戊寅23一	己卯24二	庚辰25三	辛巳26四	壬午27五	癸未28六	甲申29日		癸亥小寒 戊寅大寒

三國 — 魏

魏高貴鄉公甘露五年　陳留王景元元年（庚辰 龍年）　公元260～261年

夏曆月序	中西曆對照	_	_	_	_	_	_	_	_	_	_	_	_	_	_	_	_	_	_	_	_	_	_	_	_	_	_	_	_	_	節氣與天象
		初一	初二	初三	初四	初五	初六	初七	初八	初九	初十	十一	十二	十三	十四	十五	十六	十七	十八	十九	二十	廿一	廿二	廿三	廿四	廿五	廿六	廿七	廿八	廿九	三十	
正月大	戊寅　天干地支西曆星期	乙酉 30 一	丙戌 31 二	丁亥 2(2) 三	戊子 2 四	己丑 3 五	庚寅 4 六	辛卯 5 日	壬辰 6 一	癸巳 7 二	甲午 8 三	乙未 9 四	丙申 10 五	丁酉 11 六	戊戌 12 日	己亥 13 一	庚子 14 二	辛丑 15 三	壬寅 16 四	癸卯 17 五	甲辰 18 六	乙巳 19 日	丙午 20 一	丁未 21 二	戊申 22 三	己酉 23 四	庚戌 24 五	辛亥 25 六	壬子 26 日	癸丑 27 一	甲寅 28 二	癸巳立春 己酉雨水 乙酉日食
二月小	己卯	乙卯 29(3) 三	丙辰 2 四	丁巳 2 五	戊午 3 六	己未 4 日	庚申 5 一	辛酉 6 二	壬戌 7 三	癸亥 8 四	甲子 9 五	乙丑 10 六	丙寅 11 日	丁卯 12 一	戊辰 13 二	己巳 14 三	庚午 15 四	辛未 16 五	壬申 17 六	癸酉 18 日	甲戌 19 一	乙亥 20 二	丙子 21 三	丁丑 22 四	戊寅 23 五	己卯 24 六	庚辰 25 日	辛巳 26 一	壬午 27 二	癸未 28 三		甲子驚蟄 己卯春分
三月大	庚辰	甲申 29 四	乙酉 30 五	丙戌 31 六	丁亥 2(4) 日	戊子 2 一	己丑 3 二	庚寅 4 三	辛卯 5 四	壬辰 6 五	癸巳 7 六	甲午 8 日	乙未 9 一	丙申 10 二	丁酉 11 三	戊戌 12 四	己亥 13 五	庚子 14 六	辛丑 15 日	壬寅 16 一	癸卯 17 二	甲辰 18 三	乙巳 19 四	丙午 20 五	丁未 21 六	戊申 22 日	己酉 23 一	庚戌 24 二	辛亥 25 三	壬子 26 四	癸丑 27 五	甲午清明 庚戌穀雨
四月小	辛巳	甲寅 28 六	乙卯 29 日	丙辰 30 一	丁巳 2(5) 二	戊午 2 三	己未 3 四	庚申 4 五	辛酉 5 六	壬戌 6 日	癸亥 7 一	甲子 8 二	乙丑 9 三	丙寅 10 四	丁卯 11 五	戊辰 12 六	己巳 13 日	庚午 14 一	辛未 15 二	壬申 16 三	癸酉 17 四	甲戌 18 五	乙亥 19 六	丙子 20 日	丁丑 21 一	戊寅 22 二	己卯 23 三	庚辰 24 四	辛巳 25 五	壬午 26 六		乙丑立夏 庚辰小滿
五月大	壬午	癸未 27 日	甲申 28 一	乙酉 29 二	丙戌 30 三	丁亥 2(6) 四	戊子 2 五	己丑 3 六	庚寅 4 日	辛卯 5 一	壬辰 6 二	癸巳 7 三	甲午 8 四	乙未 9 五	丙申 10 六	丁酉 11 日	戊戌 12 一	己亥 13 二	庚子 14 三	辛丑 15 四	壬寅 16 五	癸卯 17 六	甲辰 18 日	乙巳 19 一	丙午 20 二	丁未 21 三	戊申 22 四	己酉 23 五	庚戌 24 六	辛亥 25 日	壬子 25 一	乙未芒種 庚戌夏至
六月小	癸未	癸丑 26 二	甲寅 27 三	乙卯 28 四	丙辰 29 五	丁巳 30 六	戊午 2(7) 日	己未 2 一	庚申 3 二	辛酉 4 三	壬戌 5 四	癸亥 6 五	甲子 7 六	乙丑 8 日	丙寅 9 一	丁卯 10 二	戊辰 11 三	己巳 12 四	庚午 13 五	辛未 14 六	壬申 15 日	癸酉 16 一	甲戌 17 二	乙亥 18 三	丙子 19 四	丁丑 20 五	戊寅 21 六	己卯 22 日	庚辰 23 一	辛巳 24 二		丙寅小暑 辛巳大暑
七月大	甲申	壬午 25 三	癸未 26 四	甲申 27 五	乙酉 28 六	丙戌 29 日	丁亥 30 一	戊子 31(8) 二	己丑 2 三	庚寅 2 四	辛卯 3 五	壬辰 4 六	癸巳 5 日	甲午 6 一	乙未 7 二	丙申 8 三	丁酉 9 四	戊戌 10 五	己亥 11 六	庚子 12 日	辛丑 13 一	壬寅 14 二	癸卯 15 三	甲辰 16 四	乙巳 17 五	丙午 18 六	丁未 19 日	戊申 20 一	己酉 21 二	庚戌 22 三	辛亥 23 四	丙申立秋 辛亥處暑
閏七月小	甲申	壬子 24 五	癸丑 25 六	甲寅 26 日	乙卯 27 一	丙辰 28 二	丁巳 29 三	戊午 30 四	己未 31(9) 五	庚申 2 六	辛酉 2 日	壬戌 3 一	癸亥 4 二	甲子 5 三	乙丑 6 四	丙寅 7 五	丁卯 8 六	戊辰 9 日	己巳 10 一	庚午 11 二	辛未 12 三	壬申 13 四	癸酉 14 五	甲戌 15 六	乙亥 16 日	丙子 17 一	丁丑 18 二	戊寅 19 三	己卯 20 四	庚辰 21 五		丁卯白露
八月大	乙酉	辛巳 22 六	壬午 23 日	癸未 24 一	甲申 25 二	乙酉 26 三	丙戌 27 四	丁亥 28 五	戊子 29 六	己丑 30(10) 日	庚寅 2 一	辛卯 2 二	壬辰 3 三	癸巳 4 四	甲午 5 五	乙未 6 六	丙申 7 日	丁酉 8 一	戊戌 9 二	己亥 10 三	庚子 11 四	辛丑 12 五	壬寅 13 六	癸卯 14 日	甲辰 15 一	乙巳 16 二	丙午 17 三	丁未 18 四	戊申 19 五	己酉 20 六	庚戌 21 日	壬午秋分 丁酉寒露
九月小	丙戌	辛亥 22 一	壬子 23 二	癸丑 24 三	甲寅 25 四	乙卯 26 五	丙辰 27 六	丁巳 28 日	戊午 29 一	己未 30 二	庚申 31(11) 三	辛酉 2 四	壬戌 2 五	癸亥 3 六	甲子 4 日	乙丑 5 一	丙寅 6 二	丁卯 7 三	戊辰 8 四	己巳 9 五	庚午 10 六	辛未 11 日	壬申 12 一	癸酉 13 二	甲戌 14 三	乙亥 15 四	丙子 16 五	丁丑 17 六	戊寅 18 日	己卯 19 一		壬子霜降 丁卯立冬
十月大	丁亥	庚辰 20 二	辛巳 21 三	壬午 22 四	癸未 23 五	甲申 24 六	乙酉 25 日	丙戌 26 一	丁亥 27 二	戊子 28 三	己丑 29 四	庚寅 30(12) 五	辛卯 2 六	壬辰 2 日	癸巳 3 一	甲午 4 二	乙未 5 三	丙申 6 四	丁酉 7 五	戊戌 8 六	己亥 9 日	庚子 10 一	辛丑 11 二	壬寅 12 三	癸卯 13 四	甲辰 14 五	乙巳 15 六	丙午 16 日	丁未 17 一	戊申 18 二	己酉 19 三	癸未小雪 戊戌大雪
十一月小	戊子	庚戌 20 四	辛亥 21 五	壬子 22 六	癸丑 23 日	甲寅 24 一	乙卯 25 二	丙辰 26 三	丁巳 27 四	戊午 28 五	己未 29 六	庚申 30 日	辛酉 1(1) 一	壬戌 2 二	癸亥 3 三	甲子 4 四	乙丑 5 五	丙寅 6 六	丁卯 7 日	戊辰 8 一	己巳 9 二	庚午 10 三	辛未 11 四	壬申 12 五	癸酉 13 六	甲戌 14 日	乙亥 15 一	丙子 16 二	丁丑 17 三	戊寅 18 四		癸丑冬至 戊辰小寒
十二月大	己丑	己卯 19 五	庚辰 20 六	辛巳 21 日	壬午 22 一	癸未 23 二	甲申 24 三	乙酉 25 四	丙戌 26 五	丁亥 27 六	戊子 28 日	己丑 29 一	庚寅 30 二	辛卯 31 三	壬辰 1(2) 四	癸巳 2 五	甲午 3 六	乙未 4 日	丙申 5 一	丁酉 6 二	戊戌 7 三	己亥 8 四	庚子 9 五	辛丑 10 六	壬寅 11 日	癸卯 12 一	甲辰 13 二	乙巳 14 三	丙午 15 四	丁未 16 五	戊申 17 六	癸未大寒 己亥立春

*五月己丑（初七），高貴鄉公死。六月甲寅（初二），曹奐即位，是爲陳留王，改元景元。

魏陳留王景元二年（辛巳 蛇年） 公元 261 ~ 262 年

夏曆月序	中西曆對照	夏曆日序																															節氣與天象
		初一	初二	初三	初四	初五	初六	初七	初八	初九	初十	十一	十二	十三	十四	十五	十六	十七	十八	十九	二十	廿一	廿二	廿三	廿四	廿五	廿六	廿七	廿八	廿九	三十	
正月大	庚寅	天干地支 己酉 西曆 17日 星期 一	庚戌 18 二	辛亥 19 三	壬子 20 四	癸丑 21 五	甲寅 22 六	乙卯 23 日	丙辰 24 一	丁巳 25 二	戊午 26 三	己未 27 四	庚申 28 五	辛酉 (3) 六	壬戌 2 日	癸亥 3 一	甲子 4 二	乙丑 5 三	丙寅 6 四	丁卯 7 五	戊辰 8 六	己巳 9 日	庚午 10 一	辛未 11 二	壬申 12 三	癸酉 13 四	甲戌 14 五	乙亥 15 六	丙子 16 日	丁丑 17 一	戊寅 18 二	甲寅雨水 己巳驚蟄
二月小	辛卯	天干地支 己卯 西曆 19日 星期 三	庚辰 20 四	辛巳 21 五	壬午 22 六	癸未 23 日	甲申 24 一	乙酉 25 二	丙戌 26 三	丁亥 27 四	戊子 28 五	己丑 29 六	庚寅 30 日	辛卯 31 一	壬辰 (4) 二	癸巳 2 三	甲午 3 四	乙未 4 五	丙申 5 六	丁酉 6 日	戊戌 7 一	己亥 8 二	庚子 9 三	辛丑 10 四	壬寅 11 五	癸卯 12 六	甲辰 13 日	乙巳 14 一	丙午 15 二	丁未 16 三		甲申春分 庚子清明
三月大	壬辰	天干地支 戊申 西曆 17日 星期 三	己酉 18 四	庚戌 19 五	辛亥 20 六	壬子 21 日	癸丑 22 一	甲寅 23 二	乙卯 24 三	丙辰 25 四	丁巳 26 五	戊午 27 六	己未 28 日	庚申 29 一	辛酉 30 二	壬戌 (5) 三	癸亥 2 四	甲子 3 五	乙丑 4 六	丙寅 5 日	丁卯 6 一	戊辰 7 二	己巳 8 三	庚午 9 四	辛未 10 五	壬申 11 六	癸酉 12 日	甲戌 13 一	乙亥 14 二	丙子 15 三	丁丑 16 四	乙卯穀雨 庚午立夏
四月小	癸巳	天干地支 戊寅 西曆 17日 星期 五	己卯 18 六	庚辰 19 日	辛巳 20 一	壬午 21 二	癸未 22 三	甲申 23 四	乙酉 24 五	丙戌 25 六	丁亥 26 日	戊子 27 一	己丑 28 二	庚寅 29 三	辛卯 30 四	壬辰 31 五	癸巳 (6) 六	甲午 2 日	乙未 3 一	丙申 4 二	丁酉 5 三	戊戌 6 四	己亥 7 五	庚子 8 六	辛丑 9 日	壬寅 10 一	癸卯 11 二	甲辰 12 三	乙巳 13 四	丙午 14 五		乙酉小滿 庚子芒種
五月大	甲午	天干地支 丁未 西曆 15日 星期 六	戊申 16 日	己酉 17 一	庚戌 18 二	辛亥 19 三	壬子 20 四	癸丑 21 五	甲寅 22 六	乙卯 23 日	丙辰 24 一	丁巳 25 二	戊午 26 三	己未 27 四	庚申 28 五	辛酉 29 六	壬戌 30 日	癸亥 (7) 一	甲子 2 二	乙丑 3 三	丙寅 4 四	丁卯 5 五	戊辰 6 六	己巳 7 日	庚午 8 一	辛未 9 二	壬申 10 三	癸酉 11 四	甲戌 12 五	乙亥 13 六	丙子 14 日	丙辰夏至 辛未小暑 丁未日食
六月小	乙未	天干地支 丁丑 西曆 15日 一	戊寅 16 二	己卯 17 三	庚辰 18 四	辛巳 19 五	壬午 20 六	癸未 21 日	甲申 22 一	乙酉 23 二	丙戌 24 三	丁亥 25 四	戊子 26 五	己丑 27 六	庚寅 28 日	辛卯 29 一	壬辰 30 二	癸巳 31 三	甲午 (8) 四	乙未 2 五	丙申 3 六	丁酉 4 日	戊戌 5 一	己亥 6 二	庚子 7 三	辛丑 8 四	壬寅 9 五	癸卯 10 六	甲辰 11 日	乙巳 12 一		丙戌大暑 辛丑立秋
七月大	丙申	天干地支 丙午 西曆 13日 二	丁未 14 三	戊申 15 四	己酉 16 五	庚戌 17 六	辛亥 18 日	壬子 19 一	癸丑 20 二	甲寅 21 三	乙卯 22 四	丙辰 23 五	丁巳 24 六	戊午 25 日	己未 26 一	庚申 27 二	辛酉 28 三	壬戌 29 四	癸亥 30 五	甲子 31 六	乙丑 (9) 日	丙寅 2 一	丁卯 3 二	戊辰 4 三	己巳 5 四	庚午 6 五	辛未 7 六	壬申 8 日	癸酉 9 一	甲戌 10 二	乙亥 11 三	丁巳處暑 壬申白露
八月小	丁酉	天干地支 丙子 西曆 12日 四	丁丑 13 五	戊寅 14 六	己卯 15 日	庚辰 16 一	辛巳 17 二	壬午 18 三	癸未 19 四	甲申 20 五	乙酉 21 六	丙戌 22 日	丁亥 23 一	戊子 24 二	己丑 25 三	庚寅 26 四	辛卯 27 五	壬辰 28 六	癸巳 29 日	甲午 30 一	乙未 ⑩ 二	丙申 2 三	丁酉 3 四	戊戌 4 五	己亥 5 六	庚子 6 日	辛丑 7 一	壬寅 8 二	癸卯 9 三	甲辰 10 四		丁亥秋分 壬寅寒露
九月大	戊戌	天干地支 乙巳 西曆 11日 五	丙午 12 六	丁未 13 日	戊申 14 一	己酉 15 二	庚戌 16 三	辛亥 17 四	壬子 18 五	癸丑 19 六	甲寅 20 日	乙卯 21 一	丙辰 22 二	丁巳 23 三	戊午 24 四	己未 25 五	庚申 26 六	辛酉 27 日	壬戌 28 一	癸亥 29 二	甲子 30 三	乙丑 31 四	丙寅 ⑪ 五	丁卯 2 六	戊辰 3 日	己巳 4 一	庚午 5 二	辛未 6 三	壬申 7 四	癸酉 8 五	甲戌 9 六	丁巳霜降 癸酉立冬
十月小	己亥	天干地支 乙亥 西曆 10日 日	丙子 11 一	丁丑 12 二	戊寅 13 三	己卯 14 四	庚辰 15 五	辛巳 16 六	壬午 17 日	癸未 18 一	甲申 19 二	乙酉 20 三	丙戌 21 四	丁亥 22 五	戊子 23 六	己丑 24 日	庚寅 25 一	辛卯 26 二	壬辰 27 三	癸巳 28 四	甲午 29 五	乙未 30 六	丙申 ⑫ 日	丁酉 2 一	戊戌 3 二	己亥 4 三	庚子 5 四	辛丑 6 五	壬寅 7 六	癸卯 8 日		戊子小雪 癸卯大雪
十一月大	庚子	天干地支 甲辰 西曆 9日 一	乙巳 10 二	丙午 11 三	丁未 12 四	戊申 13 五	己酉 14 六	庚戌 15 日	辛亥 16 一	壬子 17 二	癸丑 18 三	甲寅 19 四	乙卯 20 五	丙辰 21 六	丁巳 22 日	戊午 23 一	己未 24 二	庚申 25 三	辛酉 26 四	壬戌 27 五	癸亥 28 六	甲子 29 日	乙丑 30 一	丙寅 31 二	丁卯 (1) 三	戊辰 2 四	己巳 3 五	庚午 4 六	辛未 5 日	壬申 6 一	癸酉 7 二	戊午冬至
十二月小	辛丑	天干地支 甲戌 西曆 8日 三	乙亥 9 四	丙子 10 五	丁丑 11 六	戊寅 12 日	己卯 13 一	庚辰 14 二	辛巳 15 三	壬午 16 四	癸未 17 五	甲申 18 六	乙酉 19 日	丙戌 20 一	丁亥 21 二	戊子 22 三	己丑 23 四	庚寅 24 五	辛卯 25 六	壬辰 26 日	癸巳 27 一	甲午 28 二	乙未 29 三	丙申 30 四	丁酉 31 五	戊戌 (2) 六	己亥 2 日	庚子 3 一	辛丑 4 二	壬寅 5 三		甲戌小寒 己丑大寒

魏陳留王景元三年（壬午 馬年） 公元 262～263 年

夏曆月序	中西曆對照		夏曆日序																												節氣與天象
			初一	初二	初三	初四	初五	初六	初七	初八	初九	初十	十一	十二	十三	十四	十五	十六	十七	十八	十九	二十	廿一	廿二	廿三	廿四	廿五	廿六	廿七	廿八	廿九	三十	
正月大	壬寅	天干地支西曆星期	癸卯6四	甲辰7五	乙巳8六	丙午9日	丁未10一	戊申11二	己酉12三	庚戌13四	辛亥14五	壬子15六	癸丑16日	甲寅17一	乙卯18二	丙辰19三	丁巳20四	戊午21五	己未22六	庚申23日	辛酉24一	壬戌25二	癸亥26三	甲子27四	乙丑28五	丙寅(3)六	丁卯2日	戊辰3一	己巳4二	庚午5三	辛未6四	壬申7五	甲辰立春己未雨水
二月小	癸卯	天干地支西曆星期	癸酉8六	甲戌9日	乙亥10一	丙子11二	丁丑12三	戊寅13四	己卯14五	庚辰15六	辛巳16日	壬午17一	癸未18二	甲申19三	乙酉20四	丙戌21五	丁亥22六	戊子23日	己丑24一	庚寅25二	辛卯26三	壬辰27四	癸巳28五	甲午29六	乙未30日	丙申31一	丁酉(4)二	戊戌2三	己亥3四	庚子4五	辛丑5六		甲戌驚蟄庚寅春分
三月大	甲辰	天干地支西曆星期	壬寅6日	癸卯7一	甲辰8二	乙巳9三	丙午10四	丁未11五	戊申12六	己酉13日	庚戌14一	辛亥15二	壬子16三	癸丑17四	甲寅18五	乙卯19六	丙辰20日	丁巳21一	戊午22二	己未23三	庚申24四	辛酉25五	壬戌26六	癸亥27日	甲子28一	乙丑29二	丙寅30三	丁卯(5)四	戊辰2五	己巳3六	庚午4日	辛未5一	乙巳清明庚申穀雨
四月小	乙巳	天干地支西曆星期	壬申6二	癸酉7三	甲戌8四	乙亥9五	丙子10六	丁丑11日	戊寅12一	己卯13二	庚辰14三	辛巳15四	壬午16五	癸未17六	甲申18日	乙酉19一	丙戌20二	丁亥21三	戊子22四	己丑23五	庚寅24六	辛卯25日	壬辰26一	癸巳27二	甲午28三	乙未29四	丙申30五	丁酉31六	戊戌(6)日	己亥2一	庚子3二		乙亥立夏庚寅小滿
五月大	丙午	天干地支西曆星期	辛丑4三	壬寅5四	癸卯6五	甲辰7六	乙巳8日	丙午9一	丁未10二	戊申11三	己酉12四	庚戌13五	辛亥14六	壬子15日	癸丑16一	甲寅17二	乙卯18三	丙辰19四	丁巳20五	戊午21六	己未22日	庚申23一	辛酉24二	壬戌25三	癸亥26四	甲子27五	乙丑28六	丙寅29日	丁卯30一	戊辰(7)二	己巳2三	庚午3四	丙午芒種辛丑夏至辛丑日食
六月大	丁未	天干地支西曆星期	辛未4五	壬申5六	癸酉6日	甲戌7一	乙亥8二	丙子9三	丁丑10四	戊寅11五	己卯12六	庚辰13日	辛巳14一	壬午15二	癸未16三	甲申17四	乙酉18五	丙戌19六	丁亥20日	戊子21一	己丑22二	庚寅23三	辛卯24四	壬辰25五	癸巳26六	甲午27日	乙未28一	丙申29二	丁酉30三	戊戌31四	己亥(8)五	庚子2六	丙子小暑辛卯大暑
七月小	戊申	天干地支西曆星期	辛丑3日	壬寅4一	癸卯5二	甲辰6三	乙巳7四	丙午8五	丁未9六	戊申10日	己酉11一	庚戌12二	辛亥13三	壬子14四	癸丑15五	甲寅16六	乙卯17日	丙辰18一	丁巳19二	戊午20三	己未21四	庚申22五	辛酉23六	壬戌24日	癸亥25一	甲子26二	乙丑27三	丙寅28四	丁卯29五	戊辰30六	己巳31日		丁未立秋壬戌處暑
八月大	己酉	天干地支西曆星期	庚午(9)一	辛未2二	壬申3三	癸酉4四	甲戌5五	乙亥6六	丙子7日	丁丑8一	戊寅9二	己卯10三	庚辰11四	辛巳12五	壬午13六	癸未14日	甲申15一	乙酉16二	丙戌17三	丁亥18四	戊子19五	己丑20六	庚寅21日	辛卯22一	壬辰23二	癸巳24三	甲午25四	乙未26五	丙申27六	丁酉28日	戊戌29一	己亥30二	丁丑白露壬辰秋分
九月小	庚戌	天干地支西曆星期	庚子(10)三	辛丑2四	壬寅3五	癸卯4六	甲辰5日	乙巳6一	丙午7二	丁未8三	戊申9四	己酉10五	庚戌11六	辛亥12日	壬子13一	癸丑14二	甲寅15三	乙卯16四	丙辰17五	丁巳18六	戊午19日	己未20一	庚申21二	辛酉22三	壬戌23四	癸亥24五	甲子25六	乙丑26日	丙寅27一	丁卯28二	戊辰29三		丁未寒露癸亥霜降
十月大	辛亥	天干地支西曆星期	己巳30四	庚午31五	辛未(11)六	壬申2日	癸酉3一	甲戌4二	乙亥5三	丙子6四	丁丑7五	戊寅8六	己卯9日	庚辰10一	辛巳11二	壬午12三	癸未13四	甲申14五	乙酉15六	丙戌16日	丁亥17一	戊子18二	己丑19三	庚寅20四	辛卯21五	壬辰22六	癸巳23日	甲午24一	乙未25二	丙申26三	丁酉27四	戊戌28五	戊寅立冬癸巳小雪
十一月小	壬子	天干地支西曆星期	己亥29六	庚子30日	辛丑(12)一	壬寅2二	癸卯3三	甲辰4四	乙巳5五	丙午6六	丁未7日	戊申8一	己酉9二	庚戌10三	辛亥11四	壬子12五	癸丑13六	甲寅14日	乙卯15一	丙辰16二	丁巳17三	戊午18四	己未19五	庚申20六	辛酉21日	壬戌22一	癸亥23二	甲子24三	乙丑25四	丙寅26五	丁卯27六		戊申大雪甲子冬至己亥日食
十二月大	癸丑	天干地支西曆星期	戊辰28日	己巳29一	庚午30二	辛未31三	壬申(1)四	癸酉2五	甲戌3六	乙亥4日	丙子5一	丁丑6二	戊寅7三	己卯8四	庚辰9五	辛巳10六	壬午11日	癸未12一	甲申13二	乙酉14三	丙戌15四	丁亥16五	戊子17六	己丑18日	庚寅19一	辛卯20二	壬辰21三	癸巳22四	甲午23五	乙未24六	丙申25日	丁酉26一	己卯小寒甲午大寒

魏陳留王景元四年（癸未 羊年） 公元 263 ~ 264 年

夏曆月序	中西曆對照	夏曆日序 初一~三十	節氣與天象
正月小	甲寅 天干地支/西曆/星期	戊戌27三 己亥28四 庚子29五 辛丑30六 壬寅31(2)日 癸卯2一 甲辰3二 乙巳4三 丙午5四 丁未6五 戊申7六 己酉8日 庚戌9一 辛亥10二 壬子11三 癸丑12四 甲寅13五 乙卯14六 丙辰15日 丁巳16一 戊午17二 己未18三 庚申19四 辛酉20五 壬戌21六 癸亥22日 甲子23一 乙丑24二 丙寅25三	己酉立春 甲子雨水
二月大	乙卯 天干地支/西曆/星期	丁卯25四 戊辰26五 己巳27六 庚午28日 辛未(3)一 壬申2二 癸酉3三 甲戌4四 乙亥5五 丙子6六 丁丑7日 戊寅8一 己卯9二 庚辰10三 辛巳11四 壬午12五 癸未13六 甲申14日 乙酉15一 丙戌16二 丁亥17三 戊子18四 己丑19五 庚寅20六 辛卯21日 壬辰22一 癸巳23二 甲午24三 乙未25四 丙申26五	庚辰驚蟄 乙未春分
三月小	丙辰 天干地支/西曆/星期	丁酉27六 戊戌28日 己亥29一 庚子30二 辛丑31三 壬寅(4)四 癸卯2五 甲辰3六 乙巳4日 丙午5一 丁未6二 戊申7三 己酉8四 庚戌9五 辛亥10六 壬子11日 癸丑12一 甲寅13二 乙卯14三 丙辰15四 丁巳16五 戊午17六 己未18日 庚申19一 辛酉20二 壬戌21三 癸亥22四 甲子23五 乙丑24六	庚戌清明 乙丑穀雨
閏三月大	丙辰 天干地支/西曆/星期	丙寅25日 丁卯26一 戊辰27二 己巳28三 庚午29四 辛未30五 壬申(5)六 癸酉2日 甲戌3一 乙亥4二 丙子5三 丁丑6四 戊寅7五 己卯8六 庚辰9日 辛巳10一 壬午11二 癸未12三 甲申13四 乙酉14五 丙戌15六 丁亥16日 戊子17一 己丑18二 庚寅19三 辛卯20四 壬辰21五 癸巳22六 甲午23日 乙未24一	辛巳立夏
四月小	丁巳 天干地支/西曆/星期	丙申25二 丁酉26三 戊戌27四 己亥28五 庚子29六 辛丑30日 壬寅31一 癸卯(6)二 甲辰2三 乙巳3四 丙午4五 丁未5六 戊申6日 己酉7一 庚戌8二 辛亥9三 壬子10四 癸丑11五 甲寅12六 乙卯13日 丙辰14一 丁巳15二 戊午16三 己未17四 庚申18五 辛酉19六 壬戌20日 癸亥21一 甲子22二	丙申小滿 辛亥芒種
五月大	戊午 天干地支/西曆/星期	乙丑23二 丙寅24三 丁卯25四 戊辰26五 己巳27六 庚午28日 辛未29一 壬申30二 癸酉(7)三 甲戌2四 乙亥3五 丙子4六 丁丑5日 戊寅6一 己卯7二 庚辰8三 辛巳9四 壬午10五 癸未11六 甲申12日 乙酉13一 丙戌14二 丁亥15三 戊子16四 己丑17五 庚寅18六 辛卯19日 壬辰20一 癸巳21二 甲午22三	丙寅夏至 辛巳小暑
六月小	己未 天干地支/西曆/星期	乙未23四 丙申24五 丁酉25六 戊戌26日 己亥27一 庚子28二 辛丑29三 壬寅30四 癸卯31五 甲辰(8)六 乙巳2日 丙午3一 丁未4二 戊申5三 己酉6四 庚戌7五 辛亥8六 壬子9日 癸丑10一 甲寅11二 乙卯12三 丙辰13四 丁巳14五 戊午15六 己未16日 庚申17一 辛酉18二 壬戌19三 癸亥20四	丁酉大暑 壬子立秋
七月大	庚申 天干地支/西曆/星期	甲子21五 乙丑22六 丙寅23日 丁卯24一 戊辰25二 己巳26三 庚午27四 辛未28五 壬申29六 癸酉30日 甲戌31一 乙亥(9)二 丙子2三 丁丑3四 戊寅4五 己卯5六 庚辰6日 辛巳7一 壬午8二 癸未9三 甲申10四 乙酉11五 丙戌12六 丁亥13日 戊子14一 己丑15二 庚寅16三 辛卯17四 壬辰18五 癸巳19六	丁卯處暑 壬午白露
八月大	辛酉 天干地支/西曆/星期	甲午20日 乙未21一 丙申22二 丁酉23三 戊戌24四 己亥25五 庚子26六 辛丑27日 壬寅28一 癸卯29二 甲辰30三 乙巳(10)四 丙午2五 丁未3六 戊申4日 己酉5一 庚戌6二 辛亥7三 壬子8四 癸丑9五 甲寅10六 乙卯11日 丙辰12一 丁巳13二 戊午14三 己未15四 庚申16五 辛酉17六 壬戌18日 癸亥19一	丁酉秋分 癸丑寒露
九月小	壬戌 天干地支/西曆/星期	甲子20二 乙丑21三 丙寅22四 丁卯23五 戊辰24六 己巳25日 庚午26一 辛未27二 壬申28三 癸酉29四 甲戌30五 乙亥31六 丙子(11)日 丁丑2一 戊寅3二 己卯4三 庚辰5四 辛巳6五 壬午7六 癸未8日 甲申9一 乙酉10二 丙戌11三 丁亥12四 戊子13五 己丑14六 庚寅15日 辛卯16一 壬辰17二	戊辰霜降 癸未立冬
十月大	癸亥 天干地支/西曆/星期	癸巳18三 甲午19四 乙未20五 丙申21六 丁酉22日 戊戌23一 己亥24二 庚子25三 辛丑26四 壬寅27五 癸卯28六 甲辰29日 乙巳30一 丙午(12)二 丁未2三 戊申3四 己酉4五 庚戌5六 辛亥6日 壬子7一 癸丑8二 甲寅9三 乙卯10四 丙辰11五 丁巳12六 戊午13日 己未14一 庚申15二 辛酉16三 壬戌17四	戊戌小雪 甲寅大雪
十一月小	甲子 天干地支/西曆/星期	癸亥18五 甲子19六 乙丑20日 丙寅21一 丁卯22二 戊辰23三 己巳24四 庚午25五 辛未26六 壬申27日 癸酉28一 甲戌29二 乙亥30三 丙子31四 丁丑(1)五 戊寅2六 己卯3日 庚辰4一 辛巳5二 壬午6三 癸未7四 甲申8五 乙酉9六 丙戌10日 丁亥11一 戊子12二 己丑13三 庚寅14四 辛卯15五	己巳冬至 甲申小寒
十二月大	乙丑 天干地支/西曆/星期	壬辰16六 癸巳17日 甲午18一 乙未19二 丙申20三 丁酉21四 戊戌22五 己亥23六 庚子24日 辛丑25一 壬寅26二 癸卯27三 甲辰28四 乙巳29五 丙午30六 丁未31日 戊申(2)一 己酉2二 庚戌3三 辛亥4四 壬子5五 癸丑6六 甲寅7日 乙卯8一 丙辰9二 丁巳10三 戊午11四 己未12五 庚申13六 辛酉14日	己亥大寒 甲寅立春

魏陳留王景元五年 咸熙元年（甲申 猴年） 公元264～265年

夏曆月序	中西曆對照	夏曆日序																													節氣與天象
		初一	初二	初三	初四	初五	初六	初七	初八	初九	初十	十一	十二	十三	十四	十五	十六	十七	十八	十九	二十	廿一	廿二	廿三	廿四	廿五	廿六	廿七	廿八	廿九	三十	
正月小	丙寅 天干地支 西曆星期	壬戌 15 二	癸亥 16 三	甲子 17 四	乙丑 18 五	丙寅 19 六	丁卯 20 日	戊辰 21 一	己巳 22 二	庚午 23 三	辛未 24 四	壬申 25 五	癸酉 26 六	甲戌 27 日	乙亥 28 一	丙子 29 二	丁丑 (3) 三	戊寅 2 四	己卯 3 五	庚辰 4 六	辛巳 5 日	壬午 6 一	癸未 7 二	甲申 8 三	乙酉 9 四	丙戌 10 五	丁亥 11 六	戊子 12 日	己丑 13 一	庚寅 14 二		庚午雨水 乙酉驚蟄
二月大	丁卯 天干地支 西曆星期	辛卯 15 二	壬辰 16 三	癸巳 17 四	甲午 18 五	乙未 19 六	丙申 20 日	丁酉 21 一	戊戌 22 二	己亥 23 三	庚子 24 四	辛丑 25 五	壬寅 26 六	癸卯 27 日	甲辰 28 一	乙巳 29 二	丙午 30 三	丁未 31 四	戊申 (4) 五	己酉 2 六	庚戌 3 日	辛亥 4 一	壬子 5 二	癸丑 6 三	甲寅 7 四	乙卯 8 五	丙辰 9 六	丁巳 10 日	戊午 11 一	己未 12 二	庚申 13 三	庚子春分 乙卯清明
三月小	戊辰 天干地支 西曆星期	辛酉 14 四	壬戌 15 五	癸亥 16 六	甲子 17 日	乙丑 18 一	丙寅 19 二	丁卯 20 三	戊辰 21 四	己巳 22 五	庚午 23 六	辛未 24 日	壬申 25 一	癸酉 26 二	甲戌 27 三	乙亥 28 四	丙子 29 五	丁丑 30 六	戊寅 (5) 日	己卯 2 一	庚辰 3 二	辛巳 4 三	壬午 5 四	癸未 6 五	甲申 7 六	乙酉 8 日	丙戌 9 一	丁亥 10 二	戊子 11 三	己丑 12 四		辛未穀雨 丙戌立夏
四月大	己巳 天干地支 西曆星期	庚寅 13 五	辛卯 14 六	壬辰 15 日	癸巳 16 一	甲午 17 二	乙未 18 三	丙申 19 四	丁酉 20 五	戊戌 21 六	己亥 22 日	庚子 23 一	辛丑 24 二	壬寅 25 三	癸卯 26 四	甲辰 27 五	乙巳 28 六	丙午 29 日	丁未 30 一	戊申 31 二	己酉 (6) 三	庚戌 2 四	辛亥 3 五	壬子 4 六	癸丑 5 日	甲寅 6 一	乙卯 7 二	丙辰 8 三	丁巳 9 四	戊午 10 五	己未 11 六	辛丑小滿 丙辰芒種
五月小	庚午 天干地支 西曆星期	庚申 12 日	辛酉 13 一	壬戌 14 二	癸亥 15 三	甲子 16 四	乙丑 17 五	丙寅 18 六	丁卯 19 日	戊辰 20 一	己巳 21 二	庚午 22 三	辛未 23 四	壬申 24 五	癸酉 25 六	甲戌 26 日	乙亥 27 一	丙子 28 二	丁丑 29 三	戊寅 30 四	己卯 (7) 五	庚辰 2 六	辛巳 3 日	壬午 4 一	癸未 5 二	甲申 6 三	乙酉 7 四	丙戌 8 五	丁亥 9 六	戊子 10 日		辛未夏至 丁亥小暑
六月大	辛未 天干地支 西曆星期	己丑 11 一	庚寅 12 二	辛卯 13 三	壬辰 14 四	癸巳 15 五	甲午 16 六	乙未 17 日	丙申 18 一	丁酉 19 二	戊戌 20 三	己亥 21 四	庚子 22 五	辛丑 23 六	壬寅 24 日	癸卯 25 一	甲辰 26 二	乙巳 27 三	丙午 28 四	丁未 29 五	戊申 30 六	己酉 31 日	庚戌 (8) 一	辛亥 2 二	壬子 3 三	癸丑 4 四	甲寅 5 五	乙卯 6 六	丙辰 7 日	丁巳 8 一	戊午 9 二	壬寅大暑 丁巳立秋
七月小	壬申 天干地支 西曆星期	己未 10 三	庚申 11 四	辛酉 12 五	壬戌 13 六	癸亥 14 日	甲子 15 一	乙丑 16 二	丙寅 17 三	丁卯 18 四	戊辰 19 五	己巳 20 六	庚午 21 日	辛未 22 一	壬申 23 二	癸酉 24 三	甲戌 25 四	乙亥 26 五	丙子 27 六	丁丑 28 日	戊寅 29 一	己卯 30 二	庚辰 31 三	辛巳 (9) 四	壬午 2 五	癸未 3 六	甲申 4 日	乙酉 5 一	丙戌 6 二	丁亥 7 三		壬申處暑
八月大	癸酉 天干地支 西曆星期	戊子 8 四	己丑 9 五	庚寅 10 六	辛卯 11 日	壬辰 12 一	癸巳 13 二	甲午 14 三	乙未 15 四	丙申 16 五	丁酉 17 六	戊戌 18 日	己亥 19 一	庚子 20 二	辛丑 21 三	壬寅 22 四	癸卯 23 五	甲辰 24 六	乙巳 25 日	丙午 26 一	丁未 27 二	戊申 28 三	己酉 29 四	庚戌 30 五	辛亥 (10) 六	壬子 2 日	癸丑 3 一	甲寅 4 二	乙卯 5 三	丙辰 6 四	丁巳 7 五	戊子白露 癸卯秋分
九月小	甲戌 天干地支 西曆星期	戊午 8 六	己未 9 日	庚申 10 一	辛酉 11 二	壬戌 12 三	癸亥 13 四	甲子 14 五	乙丑 15 六	丙寅 16 日	丁卯 17 一	戊辰 18 二	己巳 19 三	庚午 20 四	辛未 21 五	壬申 22 六	癸酉 23 日	甲戌 24 一	乙亥 25 二	丙子 26 三	丁丑 27 四	戊寅 28 五	己卯 29 六	庚辰 30 日	辛巳 31 一	壬午 (11) 二	癸未 2 三	甲申 3 四	乙酉 4 五	丙戌 5 六		戊午寒露 癸酉霜降
十月大	乙亥 天干地支 西曆星期	丁亥 6 日	戊子 7 一	己丑 8 二	庚寅 9 三	辛卯 10 四	壬辰 11 五	癸巳 12 六	甲午 13 日	乙未 14 一	丙申 15 二	丁酉 16 三	戊戌 17 四	己亥 18 五	庚子 19 六	辛丑 20 日	壬寅 21 一	癸卯 22 二	甲辰 23 三	乙巳 24 四	丙午 25 五	丁未 26 六	戊申 27 日	己酉 28 一	庚戌 29 二	辛亥 30 三	壬子 (12) 四	癸丑 2 五	甲寅 3 六	乙卯 4 日	丙辰 5 一	戊子立冬 甲辰小雪
十一月小	丙子 天干地支 西曆星期	丁巳 6 二	戊午 7 三	己未 8 四	庚申 9 五	辛酉 10 六	壬戌 11 日	癸亥 12 一	甲子 13 二	乙丑 14 三	丙寅 15 四	丁卯 16 五	戊辰 17 六	己巳 18 日	庚午 19 一	辛未 20 二	壬申 21 三	癸酉 22 四	甲戌 23 五	乙亥 24 六	丙子 25 日	丁丑 26 一	戊寅 27 二	己卯 28 三	庚辰 29 四	辛巳 30 五	壬午 31 六	癸未 (1) 日	甲申 2 一	乙酉 3 二		己未大雪 甲戌冬至
十二月大	丁丑 天干地支 西曆星期	丙戌 4 三	丁亥 5 四	戊子 6 五	己丑 7 六	庚寅 8 日	辛卯 9 一	壬辰 10 二	癸巳 11 三	甲午 12 四	乙未 13 五	丙申 14 六	丁酉 15 日	戊戌 16 一	己亥 17 二	庚子 18 三	辛丑 19 四	壬寅 20 五	癸卯 21 六	甲辰 22 日	乙巳 23 一	丙午 24 二	丁未 25 三	戊申 26 四	己酉 27 五	庚戌 28 六	辛亥 29 日	壬子 30 一	癸丑 31 二	甲寅 (2) 三	乙卯 2 四	己丑小寒 甲辰大寒

* 五月甲戌（十五日），改元咸熙。

魏陳留王咸熙二年（乙酉 雞年） 公元 265～266 年

夏曆月序	中西曆日照對	夏曆日序																													節氣與天象
		初一	初二	初三	初四	初五	初六	初七	初八	初九	初十	十一	十二	十三	十四	十五	十六	十七	十八	十九	二十	二十一	二十二	二十三	二十四	二十五	二十六	二十七	二十八	二十九	三十	
正月大 戊寅	天干地支 西曆 星期	丙辰 3 五	丁巳 4 六	戊午 5 日	己未 6 一	庚申 7 二	辛酉 8 三	壬戌 9 四	癸亥 10 五	甲子 11 六	乙丑 12 日	丙寅 13 一	丁卯 14 二	戊辰 15 三	己巳 16 四	庚午 17 五	辛未 18 六	壬申 19 日	癸酉 20 一	甲戌 21 二	乙亥 22 三	丙子 23 四	丁丑 24 五	戊寅 25 六	己卯 26 日	庚辰 27 一	辛巳 28 二	壬午 (3) 三	癸未 2 四	甲申 3 五	乙酉 4 六	庚申立春 乙亥雨水
二月小 己卯	天干地支 西曆 星期	丙戌 5 日	丁亥 6 一	戊子 7 二	己丑 8 三	庚寅 9 四	辛卯 10 五	壬辰 11 六	癸巳 12 日	甲午 13 一	乙未 14 二	丙申 15 三	丁酉 16 四	戊戌 17 五	己亥 18 六	庚子 19 日	辛丑 20 一	壬寅 21 二	癸卯 22 三	甲辰 23 四	乙巳 24 五	丙午 25 六	丁未 26 日	戊申 27 一	己酉 28 二	庚戌 29 三	辛亥 30 四	壬子 31 五	癸丑 (4) 六	甲寅 2 日		庚寅驚蟄 乙巳春分
三月大 庚辰	天干地支 西曆 星期	乙卯 3 一	丙辰 4 二	丁巳 5 三	戊午 6 四	己未 7 五	庚申 8 六	辛酉 9 日	壬戌 10 一	癸亥 11 二	甲子 12 三	乙丑 13 四	丙寅 14 五	丁卯 15 六	戊辰 16 日	己巳 17 一	庚午 18 二	辛未 19 三	壬申 20 四	癸酉 21 五	甲戌 22 六	乙亥 23 日	丙子 24 一	丁丑 25 二	戊寅 26 三	己卯 27 四	庚辰 28 五	辛巳 29 六	壬午 30 日	癸未 (5) 一	甲申 2 二	辛酉清明 丙子穀雨
四月小 辛巳	天干地支 西曆 星期	乙酉 3 三	丙戌 4 四	丁亥 5 五	戊子 6 六	己丑 7 日	庚寅 8 一	辛卯 9 二	壬辰 10 三	癸巳 11 四	甲午 12 五	乙未 13 六	丙申 14 日	丁酉 15 一	戊戌 16 二	己亥 17 三	庚子 18 四	辛丑 19 五	壬寅 20 六	癸卯 21 日	甲辰 22 一	乙巳 23 二	丙午 24 三	丁未 25 四	戊申 26 五	己酉 27 六	庚戌 28 日	辛亥 29 一	壬子 30 二	癸丑 31 三		辛卯立夏 丙午小滿
五月大 壬午	天干地支 西曆 星期	甲寅 (6) 四	乙卯 2 五	丙辰 3 六	丁巳 4 日	戊午 5 一	己未 6 二	庚申 7 三	辛酉 8 四	壬戌 9 五	癸亥 10 六	甲子 11 日	乙丑 12 一	丙寅 13 二	丁卯 14 三	戊辰 15 四	己巳 16 五	庚午 17 六	辛未 18 日	壬申 19 一	癸酉 20 二	甲戌 21 三	乙亥 22 四	丙子 23 五	丁丑 24 六	戊寅 25 日	己卯 26 一	庚辰 27 二	辛巳 28 三	壬午 29 四	癸未 30 五	辛酉芒種 丁丑夏至
六月小 癸未	天干地支 西曆 星期	甲申 (7) 六	乙酉 2 日	丙戌 3 一	丁亥 4 二	戊子 5 三	己丑 6 四	庚寅 7 五	辛卯 8 六	壬辰 9 日	癸巳 10 一	甲午 11 二	乙未 12 三	丙申 13 四	丁酉 14 五	戊戌 15 六	己亥 16 日	庚子 17 一	辛丑 18 二	壬寅 19 三	癸卯 20 四	甲辰 21 五	乙巳 22 六	丙午 23 日	丁未 24 一	戊申 25 二	己酉 26 三	庚戌 27 四	辛亥 28 五	壬子 29 六		壬辰小暑 丁未大暑
七月大 甲申	天干地支 西曆 星期	癸丑 30 日	甲寅 31 一	乙卯 (8) 二	丙辰 2 三	丁巳 3 四	戊午 4 五	己未 5 六	庚申 6 日	辛酉 7 一	壬戌 8 二	癸亥 9 三	甲子 10 四	乙丑 11 五	丙寅 12 六	丁卯 13 日	戊辰 14 一	己巳 15 二	庚午 16 三	辛未 17 四	壬申 18 五	癸酉 19 六	甲戌 20 日	乙亥 21 一	丙子 22 二	丁丑 23 三	戊寅 24 四	己卯 25 五	庚辰 26 六	辛巳 27 日	壬午 28 一	壬戌立秋 戊寅處暑
八月小 乙酉	天干地支 西曆 星期	癸未 29 二	甲申 30 三	乙酉 31 四	丙戌 (9) 五	丁亥 2 六	戊子 3 日	己丑 4 一	庚寅 5 二	辛卯 6 三	壬辰 7 四	癸巳 8 五	甲午 9 六	乙未 10 日	丙申 11 一	丁酉 12 二	戊戌 13 三	己亥 14 四	庚子 15 五	辛丑 16 六	壬寅 17 日	癸卯 18 一	甲辰 19 二	乙巳 20 三	丙午 21 四	丁未 22 五	戊申 23 六	己酉 24 日	庚戌 25 一	辛亥 26 二		癸巳白露 戊申秋分
九月大 丙戌	天干地支 西曆 星期	壬子 27 三	癸丑 28 四	甲寅 29 五	乙卯 30 六	丙辰 (10) 日	丁巳 2 一	戊午 3 二	己未 4 三	庚申 5 四	辛酉 6 五	壬戌 7 六	癸亥 8 日	甲子 9 一	乙丑 10 二	丙寅 11 三	丁卯 12 四	戊辰 13 五	己巳 14 六	庚午 15 日	辛未 16 一	壬申 17 二	癸酉 18 三	甲戌 19 四	乙亥 20 五	丙子 21 六	丁丑 22 日	戊寅 23 一	己卯 24 二	庚辰 25 三	辛巳 26 四	癸亥寒露 戊寅霜降
十月小 丁亥	天干地支 西曆 星期	壬午 27 五	癸未 28 六	甲申 29 日	乙酉 30 一	丙戌 31 二	丁亥 (11) 三	戊子 2 四	己丑 3 五	庚寅 4 六	辛卯 5 日	壬辰 6 一	癸巳 7 二	甲午 8 三	乙未 9 四	丙申 10 五	丁酉 11 六	戊戌 12 日	己亥 13 一	庚子 14 二	辛丑 15 三	壬寅 16 四	癸卯 17 五	甲辰 18 六	乙巳 19 日	丙午 20 一	丁未 21 二	戊申 22 三	己酉 23 四	庚戌 24 五		甲午立冬 己酉小雪
十一月大 戊子	天干地支 西曆 星期	辛亥 25 六	壬子 26 日	癸丑 27 一	甲寅 28 二	乙卯 29 三	丙辰 30 四	丁巳 (12) 五	戊午 2 六	己未 3 日	庚申 4 一	辛酉 5 二	壬戌 6 三	癸亥 7 四	甲子 8 五	乙丑 9 六	丙寅 10 日	丁卯 11 一	戊辰 12 二	己巳 13 三	庚午 14 四	辛未 15 五	壬申 16 六	癸酉 17 日	甲戌 18 一	乙亥 19 二	丙子 20 三	丁丑 21 四	戊寅 22 五	己卯 23 六	庚辰 24 日	甲子大雪 己卯冬至
閏十一月小 戊子	天干地支 西曆 星期	辛巳 25 一	壬午 26 二	癸未 27 三	甲申 28 四	乙酉 29 五	丙戌 30 六	丁亥 31 日	戊子 (1) 一	己丑 2 二	庚寅 3 三	辛卯 4 四	壬辰 5 五	癸巳 6 六	甲午 7 日	乙未 8 一	丙申 9 二	丁酉 10 三	戊戌 11 四	己亥 12 五	庚子 13 六	辛丑 14 日	壬寅 15 一	癸卯 16 二	甲辰 17 三	乙巳 18 四	丙午 19 五	丁未 20 六	戊申 21 日	己酉 22 一		乙未小寒
十二月大 己丑	天干地支 西曆 星期	庚戌 23 二	辛亥 24 三	壬子 25 四	癸丑 26 五	甲寅 27 六	乙卯 28 日	丙辰 29 一	丁巳 30 二	戊午 31 三	己未 (2) 四	庚申 2 五	辛酉 3 六	壬戌 4 日	癸亥 5 一	甲子 6 二	乙丑 7 三	丙寅 8 四	丁卯 9 五	戊辰 10 六	己巳 11 日	庚午 12 一	辛未 13 二	壬申 14 三	癸酉 15 四	甲戌 16 五	乙亥 17 六	丙子 18 日	丁丑 19 一	戊寅 20 二	己卯 21 三	庚戌大寒 乙丑立春

*十二月壬戌（十三日），司馬炎代魏建晉，魏亡。

蜀日曆

蜀昭烈帝章武元年（辛丑 牛年） 公元221~222年

夏曆月序	中西日曆對照	夏曆日序 初一	初二	初三	初四	初五	初六	初七	初八	初九	初十	十一	十二	十三	十四	十五	十六	十七	十八	十九	二十	二一	二二	二三	二四	二五	二六	二七	二八	二九	三十	節氣與天象
正月小	庚寅	天干地支 壬申 西曆 10日 星期六	癸酉 11日 日	甲戌 12日 一	乙亥 13日 二	丙子 14日 三	丁丑 15日 四	戊寅 16日 五	己卯 17日 六	庚辰 18日 日	辛巳 19日 一	壬午 20日 二	癸未 21日 三	甲申 22日 四	乙酉 23日 五	丙戌 24日 六	丁亥 25日 日	戊子 26日 一	己丑 27日 二	庚寅 28日 三	辛卯(3) 四	壬辰 2日 五	癸巳 3日 六	甲午 4日 日	乙未 5日 一	丙申 6日 二	丁酉 7日 三	戊戌 8日 四	己亥 9日 五	庚子 10日 六		乙酉雨水 庚子驚蟄
二月大	辛卯	天干地支 辛丑 西曆 11日 星期日	壬寅 12日 一	癸卯 13日 二	甲辰 14日 三	乙巳 15日 四	丙午 16日 五	丁未 17日 六	戊申 18日 日	己酉 19日 一	庚戌 20日 二	辛亥 21日 三	壬子 22日 四	癸丑 23日 五	甲寅 24日 六	乙卯 25日 日	丙辰 26日 一	丁巳 27日 二	戊午 28日 三	己未 29日 四	庚申 30日 五	辛酉 31日 六	壬戌(4) 日	癸亥 2日 一	甲子 3日 二	乙丑 4日 三	丙寅 5日 四	丁卯 6日 五	戊辰 7日 六	己巳 8日 日	庚午 9日 一	乙卯春分 庚午清明
三月大	壬辰	天干地支 辛未 西曆 10日 星期二	壬申 11日 三	癸酉 12日 四	甲戌 13日 五	乙亥 14日 六	丙子 15日 日	丁丑 16日 一	戊寅 17日 二	己卯 18日 三	庚辰 19日 四	辛巳 20日 五	壬午 21日 六	癸未 22日 日	甲申 23日 一	乙酉 24日 二	丙戌 25日 三	丁亥 26日 四	戊子 27日 五	己丑 28日 六	庚寅 29日 日	辛卯 30日 一	壬辰(5) 二	癸巳 2日 三	甲午 3日 四	乙未 4日 五	丙申 5日 六	丁酉 6日 日	戊戌 7日 一	己亥 8日 二	庚子 9日 三	丙戌穀雨
四月小	癸巳	天干地支 辛丑 西曆 10日 星期四	壬寅 11日 五	癸卯 12日 六	甲辰 13日 日	乙巳 14日 一	丙午 15日 二	丁未 16日 三	戊申 17日 四	己酉 18日 五	庚戌 19日 六	辛亥 20日 日	壬子 21日 一	癸丑 22日 二	甲寅 23日 三	乙卯 24日 四	丙辰 25日 五	丁巳 26日 六	戊午 27日 日	己未 28日 一	庚申 29日 二	辛酉 30日 三	壬戌 31日 四	癸亥(6) 五	甲子 2日 六	乙丑 3日 日	丙寅 4日 一	丁卯 5日 二	戊辰 6日 三	己巳 7日 四		辛丑立夏 丙辰小滿
五月大	甲午	天干地支 庚午 西曆 8日 星期五	辛未 9日 六	壬申 10日 日	癸酉 11日 一	甲戌 12日 二	乙亥 13日 三	丙子 14日 四	丁丑 15日 五	戊寅 16日 六	己卯 17日 日	庚辰 18日 一	辛巳 19日 二	壬午 20日 三	癸未 21日 四	甲申 22日 五	乙酉 23日 六	丙戌 24日 日	丁亥 25日 一	戊子 26日 二	己丑 27日 三	庚寅 28日 四	辛卯 29日 五	壬辰 30日 六	癸巳(7) 日	甲午 2日 一	乙未 3日 二	丙申 4日 三	丁酉 5日 四	戊戌 6日 五	己亥 7日 六	辛未芒種 丙戌夏至
六月小	乙未	天干地支 庚子 西曆 8日 星期日	辛丑 9日 一	壬寅 10日 二	癸卯 11日 三	甲辰 12日 四	乙巳 13日 五	丙午 14日 六	丁未 15日 日	戊申 16日 一	己酉 17日 二	庚戌 18日 三	辛亥 19日 四	壬子 20日 五	癸丑 21日 六	甲寅 22日 日	乙卯 23日 一	丙辰 24日 二	丁巳 25日 三	戊午 26日 四	己未 27日 五	庚申 28日 六	辛酉 29日 日	壬戌 30日 一	癸亥(8) 二	甲子 2日 三	乙丑 3日 四	丙寅 4日 五	丁卯 5日 六	戊辰 6日 日		壬寅小暑 丁巳大暑 戊辰日食
七月大	丙申	天干地支 己巳 西曆 6日 星期一	庚午 7日 二	辛未 8日 三	壬申 9日 四	癸酉 10日 五	甲戌 11日 六	乙亥 12日 日	丙子 13日 一	丁丑 14日 二	戊寅 15日 三	己卯 16日 四	庚辰 17日 五	辛巳 18日 六	壬午 19日 日	癸未 20日 一	甲申 21日 二	乙酉 22日 三	丙戌 23日 四	丁亥 24日 五	戊子 25日 六	己丑 26日 日	庚寅 27日 一	辛卯 28日 二	壬辰 29日 三	癸巳 30日 四	甲午 31日 五	乙未(9) 六	丙申 2日 日	丁酉 3日 一	戊戌 4日 二	甲申立秋 丁亥處暑
八月小	丁酉	天干地支 己亥 西曆 5日 星期三	庚子 6日 四	辛丑 7日 五	壬寅 8日 六	癸卯 9日 日	甲辰 10日 一	乙巳 11日 二	丙午 12日 三	丁未 13日 四	戊申 14日 五	己酉 15日 六	庚戌 16日 日	辛亥 17日 一	壬子 18日 二	癸丑 19日 三	甲寅 20日 四	乙卯 21日 五	丙辰 22日 六	丁巳 23日 日	戊午 24日 一	己未 25日 二	庚申 26日 三	辛酉 27日 四	壬戌 28日 五	癸亥 29日 六	甲子 30日 日	乙丑(10) 一	丙寅 2日 二	丁卯 3日 三		壬寅白露 戊午秋分
九月大	戊戌	天干地支 戊辰 西曆 4日 星期四	己巳 5日 五	庚午 6日 六	辛未 7日 日	壬申 8日 一	癸酉 9日 二	甲戌 10日 三	乙亥 11日 四	丙子 12日 五	丁丑 13日 六	戊寅 14日 日	己卯 15日 一	庚辰 16日 二	辛巳 17日 三	壬午 18日 四	癸未 19日 五	甲申 20日 六	乙酉 21日 日	丙戌 22日 一	丁亥 23日 二	戊子 24日 三	己丑 25日 四	庚寅 26日 五	辛卯 27日 六	壬辰 28日 日	癸巳 29日 一	甲午 30日 二	乙未 31日 三	丙申(11) 四	丁酉 2日 五	癸酉寒露 戊子霜降
十月小	己亥	天干地支 戊戌 西曆 3日 星期六	己亥 4日 日	庚子 5日 一	辛丑 6日 二	壬寅 7日 三	癸卯 8日 四	甲辰 9日 五	乙巳 10日 六	丙午 11日 日	丁未 12日 一	戊申 13日 二	己酉 14日 三	庚戌 15日 四	辛亥 16日 五	壬子 17日 六	癸丑 18日 日	甲寅 19日 一	乙卯 20日 二	丙辰 21日 三	丁巳 22日 四	戊午 23日 五	己未 24日 六	庚申 25日 日	辛酉 26日 一	壬戌 27日 二	癸亥 28日 三	甲子 29日 四	乙丑 30日 五	丙寅(12) 六		癸卯立冬 己未小雪
十一月大	庚子	天干地支 丁卯 西曆 2日 星期日	戊辰 3日 一	己巳 4日 二	庚午 5日 三	辛未 6日 四	壬申 7日 五	癸酉 8日 六	甲戌 9日 日	乙亥 10日 一	丙子 11日 二	丁丑 12日 三	戊寅 13日 四	己卯 14日 五	庚辰 15日 六	辛巳 16日 日	壬午 17日 一	癸未 18日 二	甲申 19日 三	乙酉 20日 四	丙戌 21日 五	丁亥 22日 六	戊子 23日 日	己丑 24日 一	庚寅 25日 二	辛卯 26日 三	壬辰 27日 四	癸巳 28日 五	甲午 29日 六	乙未 30日 日	丙申 31日 一	甲戌大雪 己丑冬至
十二月小	辛丑	天干地支 丁酉(1) 西曆 星期二	戊戌 2日 三	己亥 3日 四	庚子 4日 五	辛丑 5日 六	壬寅 6日 日	癸卯 7日 一	甲辰 8日 二	乙巳 9日 三	丙午 10日 四	丁未 11日 五	戊申 12日 六	己酉 13日 日	庚戌 14日 一	辛亥 15日 二	壬子 16日 三	癸丑 17日 四	甲寅 18日 五	乙卯 19日 六	丙辰 20日 日	丁巳 21日 一	戊午 22日 二	己未 23日 三	庚申 24日 四	辛酉 25日 五	壬戌 26日 六	癸亥 27日 日	甲子 28日 一	乙丑 29日 二		甲辰小寒 己未大寒

* 四月丙午（初六），劉備在成都稱帝，建立蜀漢，改元章武，是為蜀昭烈帝。

蜀昭烈帝章武二年（壬寅 虎年） 公元 222～223 年

夏曆月序	中西曆對照	夏曆日序 初一～三十	節氣與天象
正月大	壬寅 / 天干地支 西曆 星期	丙寅 30 三／丁卯 31 四／戊辰 (2) 五／己巳 2 六／庚午 3 日／辛未 4 一／壬申 5 二／癸酉 6 三／甲戌 7 四／乙亥 8 五／丙子 9 六／丁丑 10 日／戊寅 11 一／己卯 12 二／庚辰 13 三／辛巳 14 四／壬午 15 五／癸未 16 六／甲申 17 日／乙酉 18 一／丙戌 19 二／丁亥 20 三／戊子 21 四／己丑 22 五／庚寅 23 六／辛卯 24 日／壬辰 25 一／癸巳 26 二／甲午 27 三／乙未 28 四	乙亥立春 庚寅雨水 丙寅日食
二月小	癸卯	丙申 29 五／丁酉 (3) 六／戊戌 3 日／己亥 4 一／庚子 5 二／辛丑 6 三／壬寅 7 四／癸卯 8 五／甲辰 9 六／乙巳 10 日／丙午 11 一／丁未 12 二／戊申 13 三／己酉 14 四／庚戌 15 五／辛亥 16 六／壬子 17 日／癸丑 18 一／甲寅 19 二／乙卯 20 三／丙辰 21 四／丁巳 22 五／戊午 23 六／己未 24 日／庚申 25 一／辛酉 26 二／壬戌 27 三／癸亥 28 四／甲子 29 五	乙巳驚蟄 庚申春分
三月大	甲辰	乙丑 30 六／丙寅 31 日／丁卯 (4) 一／戊辰 2 二／己巳 3 三／庚午 4 四／辛未 5 五／壬申 6 六／癸酉 7 日／甲戌 8 一／乙亥 9 二／丙子 10 三／丁丑 11 四／戊寅 12 五／己卯 13 六／庚辰 14 日／辛巳 15 一／壬午 16 二／癸未 17 三／甲申 18 四／乙酉 19 五／丙戌 20 六／丁亥 21 日／戊子 22 一／己丑 23 二／庚寅 24 三／辛卯 25 四／壬辰 26 五／癸巳 27 六／甲午 28 日	丙子清明 辛卯穀雨
四月小	乙巳	乙未 29 一／丙申 30 二／丁酉 (5) 三／戊戌 2 四／己亥 3 五／庚子 4 六／辛丑 5 日／壬寅 6 一／癸卯 7 二／甲辰 8 三／乙巳 9 四／丙午 10 五／丁未 11 六／戊申 12 日／己酉 13 一／庚戌 14 二／辛亥 15 三／壬子 16 四／癸丑 17 五／甲寅 18 六／乙卯 19 日／丙辰 20 一／丁巳 21 二／戊午 22 三／己未 23 四／庚申 24 五／辛酉 25 六／壬戌 26 日／癸亥 27 一	丙午立夏 辛酉小滿
五月大	丙午	甲子 28 二／乙丑 29 三／丙寅 30 四／丁卯 31 五／戊辰 (6) 六／己巳 2 日／庚午 3 一／辛未 4 二／壬申 5 三／癸酉 6 四／甲戌 7 五／乙亥 8 六／丙子 9 日／丁丑 10 一／戊寅 11 二／己卯 12 三／庚辰 13 四／辛巳 14 五／壬午 15 六／癸未 16 日／甲申 17 一／乙酉 18 二／丙戌 19 三／丁亥 20 四／戊子 21 五／己丑 22 六／庚寅 23 日／辛卯 24 一／壬辰 25 二／癸巳 26 三	丙子芒種 壬辰夏至
六月小	丁未	甲午 27 四／乙未 28 五／丙申 29 六／丁酉 30 日／戊戌 (7) 一／己亥 2 二／庚子 3 三／辛丑 4 四／壬寅 5 五／癸卯 6 六／甲辰 7 日／乙巳 8 一／丙午 9 二／丁未 10 三／戊申 11 四／己酉 12 五／庚戌 13 六／辛亥 14 日／壬子 15 一／癸丑 16 二／甲寅 17 三／乙卯 18 四／丙辰 19 五／丁巳 20 六／戊午 21 日／己未 22 一／庚申 23 二／辛酉 24 三／壬戌 25 四	丁未小暑 壬戌大暑
閏六月大	丁未	癸亥 26 五／甲子 27 六／乙丑 28 日／丙寅 29 一／丁卯 30 二／戊辰 31 三／己巳 (8) 四／庚午 2 五／辛未 3 六／壬申 4 日／癸酉 5 一／甲戌 6 二／乙亥 7 三／丙子 8 四／丁丑 9 五／戊寅 10 六／己卯 11 日／庚辰 12 一／辛巳 13 二／壬午 14 三／癸未 15 四／甲申 16 五／乙酉 17 六／丙戌 18 日／丁亥 19 一／戊子 20 二／己丑 21 三／庚寅 22 四／辛卯 23 五／壬辰 24 六	丁丑立秋 癸亥日食
七月大	戊申	癸巳 25 日／甲午 26 一／乙未 27 二／丙申 28 三／丁酉 29 四／戊戌 30 五／己亥 31 六／庚子 (9) 日／辛丑 2 一／壬寅 3 二／癸卯 4 三／甲辰 5 四／乙巳 6 五／丙午 7 六／丁未 8 日／戊申 9 一／己酉 10 二／庚戌 11 三／辛亥 12 四／壬子 13 五／癸丑 14 六／甲寅 15 日／乙卯 16 一／丙辰 17 二／丁巳 18 三／戊午 19 四／己未 20 五／庚申 21 六／辛酉 22 日／壬戌 23 一	癸巳處暑 戊申白露
八月小	己酉	癸亥 24 二／甲子 25 三／乙丑 26 四／丙寅 27 五／丁卯 28 六／戊辰 29 日／己巳 30 一／庚午 (10) 二／辛未 2 三／壬申 3 四／癸酉 4 五／甲戌 5 六／乙亥 6 日／丙子 7 一／丁丑 8 二／戊寅 9 三／己卯 10 四／庚辰 11 五／辛巳 12 六／壬午 13 日／癸未 14 一／甲申 15 二／乙酉 16 三／丙戌 17 四／丁亥 18 五／戊子 19 六／己丑 20 日／庚寅 21 一／辛卯 22 二	癸亥秋分 戊寅寒露
九月大	庚戌	壬辰 23 三／癸巳 24 四／甲午 25 五／乙未 26 六／丙申 27 日／丁酉 28 一／戊戌 29 二／己亥 30 三／庚子 31 四／辛丑 (11) 五／壬寅 2 六／癸卯 3 日／甲辰 4 一／乙巳 5 二／丙午 6 三／丁未 7 四／戊申 8 五／己酉 9 六／庚戌 10 日／辛亥 11 一／壬子 12 二／癸丑 13 三／甲寅 14 四／乙卯 15 五／丙辰 16 六／丁巳 17 日／戊午 18 一／己未 19 二／庚申 20 三／辛酉 21 四	癸巳霜降 戊酉立冬
十月小	辛亥	壬戌 22 五／癸亥 23 六／甲子 24 日／乙丑 25 一／丙寅 26 二／丁卯 27 三／戊辰 28 四／己巳 29 五／庚午 30 六／辛未 (12) 日／壬申 2 一／癸酉 3 二／甲戌 4 三／乙亥 5 四／丙子 6 五／丁丑 7 六／戊寅 8 日／己卯 9 一／庚辰 10 二／辛巳 11 三／壬午 12 四／癸未 13 五／甲申 14 六／乙酉 15 日／丙戌 16 一／丁亥 17 二／戊子 18 三／己丑 19 四／庚寅 20 五	甲子小雪 己卯大雪
十一月大	壬子	辛卯 21 六／壬辰 22 日／癸巳 23 一／甲午 24 二／乙未 25 三／丙申 26 四／丁酉 27 五／戊戌 28 六／己亥 29 日／庚子 30 一／辛丑 31 二／壬寅 (1) 三／癸卯 2 四／甲辰 3 五／乙巳 4 六／丙午 5 日／丁未 6 一／戊申 7 二／己酉 8 三／庚戌 9 四／辛亥 10 五／壬子 11 六／癸丑 12 日／甲寅 13 一／乙卯 14 二／丙辰 15 三／丁巳 16 四／戊午 17 五／己未 18 六／庚申 19 日	午冬至 乙酉小寒 庚申日食
十二月小	癸丑	辛酉 20 一／壬戌 21 二／癸亥 22 三／甲子 23 四／乙丑 24 五／丙寅 25 六／丁卯 26 日／戊辰 27 一／己巳 28 二／庚午 29 三／辛未 30 四／壬申 31 五／癸酉 (2) 六／甲戌 2 日／乙亥 3 一／丙子 4 二／丁丑 5 三／戊寅 6 四／己卯 7 五／庚辰 8 六／辛巳 9 日／壬午 10 一／癸未 11 二／甲申 12 三／乙酉 13 四／丙戌 14 五／丁亥 15 六／戊子 16 日／己丑 17 一	乙丑大寒 庚辰立春

蜀昭烈帝章武三年 蜀後主建興元年（癸卯 兔年） 公元 223～224 年

夏曆月序	中西曆對照	夏曆日序 初一	初二	初三	初四	初五	初六	初七	初八	初九	初十	十一	十二	十三	十四	十五	十六	十七	十八	十九	二十	二一	二二	二三	二四	二五	二六	二七	二八	二九	三十	節氣與天象
正月大	甲寅 天干地支西曆星期	庚寅 18 二	辛卯 19 三	壬辰 20 四	癸巳 21 五	甲午 22 六	乙未 23 日	丙申 24 一	丁酉 25 二	戊戌 26 三	己亥 27 四	庚子 28 五	辛丑 (3) 六	壬寅 2 日	癸卯 3 一	甲辰 4 二	乙巳 5 三	丙午 6 四	丁未 7 五	戊申 8 六	己酉 9 日	庚戌 10 一	辛亥 11 二	壬子 12 三	癸丑 13 四	甲寅 14 五	乙卯 15 六	丙辰 16 日	丁巳 17 一	戊午 18 二	己未 19 三	乙未雨水 庚戌驚蟄
二月小	乙卯	庚申 20 四	辛酉 21 五	壬戌 22 六	癸亥 23 日	甲子 24 一	乙丑 25 二	丙寅 26 三	丁卯 27 四	戊辰 28 五	己巳 29 六	庚午 30 日	辛未 31 一	壬申 (4) 二	癸酉 2 三	甲戌 3 四	乙亥 4 五	丙子 5 六	丁丑 6 日	戊寅 7 一	己卯 8 二	庚辰 9 三	辛巳 10 四	壬午 11 五	癸未 12 六	甲申 13 日	乙酉 14 一	丙戌 15 二	丁亥 16 三	戊子 17 四		丙寅春分 辛巳清明
三月大	丙辰	己丑 18 五	庚寅 19 六	辛卯 20 日	壬辰 21 一	癸巳 22 二	甲午 23 三	乙未 24 四	丙申 25 五	丁酉 26 六	戊戌 27 日	己亥 28 一	庚子 29 二	辛丑 30 三	壬寅 (5) 四	癸卯 2 五	甲辰 3 六	乙巳 4 日	丙午 5 一	丁未 6 二	戊申 7 三	己酉 8 四	庚戌 9 五	辛亥 10 六	壬子 11 日	癸丑 12 一	甲寅 13 二	乙卯 14 三	丙辰 15 四	丁巳 16 五	戊午 17 六	丙申穀雨 辛亥立夏
四月小	丁巳	己未 18 日	庚申 19 一	辛酉 20 二	壬戌 21 三	癸亥 22 四	甲子 23 五	乙丑 24 六	丙寅 25 日	丁卯 26 一	戊辰 27 二	己巳 28 三	庚午 29 四	辛未 30 五	壬申 31 六	癸酉 (6) 日	甲戌 2 一	乙亥 3 二	丙子 4 三	丁丑 5 四	戊寅 6 五	己卯 7 六	庚辰 8 日	辛巳 9 一	壬午 10 二	癸未 11 三	甲申 12 四	乙酉 13 五	丙戌 14 六	丁亥 15 日		丙寅小滿 壬午芒種
五月大	戊午	戊子 16 一	己丑 17 二	庚寅 18 三	辛卯 19 四	壬辰 20 五	癸巳 21 六	甲午 22 日	乙未 23 一	丙申 24 二	丁酉 25 三	戊戌 26 四	己亥 27 五	庚子 28 六	辛丑 29 日	壬寅 30 一	癸卯 (7) 二	甲辰 2 三	乙巳 3 四	丙午 4 五	丁未 5 六	戊申 6 日	己酉 7 一	庚戌 8 二	辛亥 9 三	壬子 10 四	癸丑 11 五	甲寅 12 六	乙卯 13 日	丙辰 14 一	丁巳 15 二	丁酉夏至 壬子小暑
六月小	己未	戊午 16 三	己未 17 四	庚申 18 五	辛酉 19 六	壬戌 20 日	癸亥 21 一	甲子 22 二	乙丑 23 三	丙寅 24 四	丁卯 25 五	戊辰 26 六	己巳 27 日	庚午 28 一	辛未 29 二	壬申 30 三	癸酉 31 四	甲戌 (8) 五	乙亥 2 六	丙子 3 日	丁丑 4 一	戊寅 5 二	己卯 6 三	庚辰 7 四	辛巳 8 五	壬午 9 六	癸未 10 日	甲申 11 一	乙酉 12 二	丙戌 13 三		丁卯大暑 癸未立秋
七月大	庚申	丁亥 14 四	戊子 15 五	己丑 16 六	庚寅 17 日	辛卯 18 一	壬辰 19 二	癸巳 20 三	甲午 21 四	乙未 22 五	丙申 23 六	丁酉 24 日	戊戌 25 一	己亥 26 二	庚子 27 三	辛丑 28 四	壬寅 29 五	癸卯 30 六	甲辰 31 日	乙巳 (9) 一	丙午 2 二	丁未 3 三	戊申 4 四	己酉 5 五	庚戌 6 六	辛亥 7 日	壬子 8 一	癸丑 9 二	甲寅 10 三	乙卯 11 四	丙辰 12 五	戊戌處暑 癸丑白露
八月小	辛酉	丁巳 13 六	戊午 14 日	己未 15 一	庚申 16 二	辛酉 17 三	壬戌 18 四	癸亥 19 五	甲子 20 六	乙丑 21 日	丙寅 22 一	丁卯 23 二	戊辰 24 三	己巳 25 四	庚午 26 五	辛未 27 六	壬申 28 日	癸酉 29 一	甲戌 30 二	乙亥 (10) 三	丙子 2 四	丁丑 3 五	戊寅 4 六	己卯 5 日	庚辰 6 一	辛巳 7 二	壬午 8 三	癸未 9 四	甲申 10 五	乙酉 11 六		戊辰秋分 癸未寒露
九月大	壬戌	丙戌 12 日	丁亥 13 一	戊子 14 二	己丑 15 三	庚寅 16 四	辛卯 17 五	壬辰 18 六	癸巳 19 日	甲午 20 一	乙未 21 二	丙申 22 三	丁酉 23 四	戊戌 24 五	己亥 25 六	庚子 26 日	辛丑 27 一	壬寅 28 二	癸卯 29 三	甲辰 30 四	乙巳 31 五	丙午 (11) 六	丁未 2 日	戊申 3 一	己酉 4 二	庚戌 5 三	辛亥 6 四	壬子 7 五	癸丑 8 六	甲寅 9 日	乙卯 10 一	己亥霜降 甲寅立冬
十月大	癸亥	丙辰 11 二	丁巳 12 三	戊午 13 四	己未 14 五	庚申 15 六	辛酉 16 日	壬戌 17 一	癸亥 18 二	甲子 19 三	乙丑 20 四	丙寅 21 五	丁卯 22 六	戊辰 23 日	己巳 24 一	庚午 25 二	辛未 26 三	壬申 27 四	癸酉 28 五	甲戌 29 六	乙亥 30 日	丙子 (12) 一	丁丑 2 二	戊寅 3 三	己卯 4 四	庚辰 5 五	辛巳 6 六	壬午 7 日	癸未 8 一	甲申 9 二	乙酉 10 三	己巳小雪 甲申大雪
十一月小	甲子	丙戌 11 四	丁亥 12 五	戊子 13 六	己丑 14 日	庚寅 15 一	辛卯 16 二	壬辰 17 三	癸巳 18 四	甲午 19 五	乙未 20 六	丙申 21 日	丁酉 22 一	戊戌 23 二	己亥 24 三	庚子 25 四	辛丑 26 五	壬寅 27 六	癸卯 28 日	甲辰 29 一	乙巳 30 二	丙午 31 三	丁未 (1) 四	戊申 2 五	己酉 3 六	庚戌 4 日	辛亥 5 一	壬子 6 二	癸丑 7 三	甲寅 8 四		庚子冬至
十二月大	乙丑	乙卯 9 五	丙辰 10 六	丁巳 11 日	戊午 12 一	己未 13 二	庚申 14 三	辛酉 15 四	壬戌 16 五	癸亥 17 六	甲子 18 日	乙丑 19 一	丙寅 20 二	丁卯 21 三	戊辰 22 四	己巳 23 五	庚午 24 六	辛未 25 日	壬申 26 一	癸酉 27 二	甲戌 28 三	乙亥 29 四	丙子 30 五	丁丑 31 六	戊寅 (2) 日	己卯 2 一	庚辰 3 二	辛巳 4 三	壬午 5 四	癸未 6 五	甲申 7 六	乙未小寒 庚午大寒

*《三國志》卷三十二《蜀書・先主傳》載，劉備死之日爲夏四月癸巳，按蜀曆，四月無癸巳，五月有之，爲五月初六。昭烈帝死，劉禪即位，是爲後主，改元建興。

蜀後主建興二年（甲辰 龍年） 公元 224～225 年

夏曆月序	中西曆日照對	夏曆日序																													節氣與天象
		初一	初二	初三	初四	初五	初六	初七	初八	初九	初十	十一	十二	十三	十四	十五	十六	十七	十八	十九	二十	二一	二二	二三	二四	二五	二六	二七	二八	二九	三十	
正月小	丙寅 天干地支 中西曆 星期	乙酉 8日 一	丙戌 9 二	丁亥 10 三	戊子 11 四	己丑 12 五	庚寅 13 六	辛卯 14 日	壬辰 15 一	癸巳 16 二	甲午 17 三	乙未 18 四	丙申 19 五	丁酉 20 六	戊戌 21 日	己亥 22 一	庚子 23 二	辛丑 24 三	壬寅 25 四	癸卯 26 五	甲辰 27 六	乙巳 28 日	丙午 29 一	丁未 (3) 二	戊申 2 三	己酉 3 四	庚戌 4 五	辛亥 5 六	壬子 6 日	癸丑 7 一		乙酉立春 庚子雨水
二月大	丁卯 天干地支 中西曆 星期	甲寅 8 一	乙卯 9 二	丙辰 10 三	丁巳 11 四	戊午 12 五	己未 13 六	庚申 14 日	辛酉 15 一	壬戌 16 二	癸亥 17 三	甲子 18 四	乙丑 19 五	丙寅 20 六	丁卯 21 日	戊辰 22 一	己巳 23 二	庚午 24 三	辛未 25 四	壬申 26 五	癸酉 27 六	甲戌 28 日	乙亥 29 一	丙子 (4) 二	丁丑 2 三	戊寅 (4) 四	己卯 2 五	庚辰 3 六	辛巳 4 日	壬午 5 一	癸未 6 二	丙辰驚蟄 辛未春分
三月小	戊辰 天干地支 中西曆 星期	甲申 7 三	乙酉 8 四	丙戌 9 五	丁亥 10 六	戊子 11 日	己丑 12 一	庚寅 13 二	辛卯 14 三	壬辰 15 四	癸巳 16 五	甲午 17 六	乙未 18 日	丙申 19 一	丁酉 20 二	戊戌 21 三	己亥 22 四	庚子 23 五	辛丑 24 六	壬寅 25 日	癸卯 26 一	甲辰 27 二	乙巳 28 三	丙午 29 四	丁未 30 五	戊申 (5) 六	己酉 2 日	庚戌 3 一	辛亥 4 二	壬子 5 三		丙戌清明 辛丑穀雨
四月大	己巳 天干地支 中西曆 星期	癸丑 6 四	甲寅 7 五	乙卯 8 六	丙辰 9 日	丁巳 10 一	戊午 11 二	己未 12 三	庚申 13 四	辛酉 14 五	壬戌 15 六	癸亥 16 日	甲子 17 一	乙丑 18 二	丙寅 19 三	丁卯 20 四	戊辰 21 五	己巳 22 六	庚午 23 日	辛未 24 一	壬申 25 二	癸酉 26 三	甲戌 27 四	乙亥 28 五	丙子 29 六	丁丑 30 日	戊寅 31 一	己卯 (6) 二	庚辰 2 三	辛巳 3 四	壬午 4 五	丙辰立夏 壬申小滿
五月小	庚午 天干地支 中西曆 星期	癸未 5 六	甲申 6 日	乙酉 7 一	丙戌 8 二	丁亥 9 三	戊子 10 四	己丑 11 五	庚寅 12 六	辛卯 13 日	壬辰 14 一	癸巳 15 二	甲午 16 三	乙未 17 四	丙申 18 五	丁酉 19 六	戊戌 20 日	己亥 21 一	庚子 22 二	辛丑 23 三	壬寅 24 四	癸卯 25 五	甲辰 26 六	乙巳 27 日	丙午 28 一	丁未 29 二	戊申 30 三	己酉 (7) 四	庚戌 2 五	辛亥 3 六		丁亥芒種 壬寅夏至
六月大	辛未 天干地支 中西曆 星期	壬子 4 日	癸丑 5 一	甲寅 6 二	乙卯 7 三	丙辰 8 四	丁巳 9 五	戊午 10 六	己未 11 日	庚申 12 一	辛酉 13 二	壬戌 14 三	癸亥 15 四	甲子 16 五	乙丑 17 六	丙寅 18 日	丁卯 19 一	戊辰 20 二	己巳 21 三	庚午 22 四	辛未 23 五	壬申 24 六	癸酉 25 日	甲戌 26 一	乙亥 27 二	丙子 28 三	丁丑 29 四	戊寅 30 五	己卯 31 六	庚辰 (8) 日	辛巳 2 一	丁巳小暑 癸酉大暑
七月小	壬申 天干地支 中西曆 星期	壬午 3 二	癸未 4 三	甲申 5 四	乙酉 6 五	丙戌 7 六	丁亥 8 日	戊子 9 一	己丑 10 二	庚寅 11 三	辛卯 12 四	壬辰 13 五	癸巳 14 六	甲午 15 日	乙未 16 一	丙申 17 二	丁酉 18 三	戊戌 19 四	己亥 20 五	庚子 21 六	辛丑 22 日	壬寅 23 一	癸卯 24 二	甲辰 25 三	乙巳 26 四	丙午 27 五	丁未 28 六	戊申 29 日	己酉 30 一	庚戌 31 二		戊子立秋 癸卯處暑
八月大	癸酉 天干地支 中西曆 星期	辛亥 (9) 三	壬子 2 四	癸丑 3 五	甲寅 4 六	乙卯 5 日	丙辰 6 一	丁巳 7 二	戊午 8 三	己未 9 四	庚申 10 五	辛酉 11 六	壬戌 12 日	癸亥 13 一	甲子 14 二	乙丑 15 三	丙寅 16 四	丁卯 17 五	戊辰 18 六	己巳 19 日	庚午 20 一	辛未 21 二	壬申 22 三	癸酉 23 四	甲戌 24 五	乙亥 25 六	丙子 26 日	丁丑 27 一	戊寅 28 二	己卯 29 三	庚辰 30 四	戊午白露 癸酉秋分
九月小	甲戌 天干地支 中西曆 星期	辛巳 (10) 五	壬午 2 六	癸未 3 日	甲申 4 一	乙酉 5 二	丙戌 6 三	丁亥 7 四	戊子 8 五	己丑 9 六	庚寅 10 日	辛卯 11 一	壬辰 12 二	癸巳 13 三	甲午 14 四	乙未 15 五	丙申 16 六	丁酉 17 日	戊戌 18 一	己亥 19 二	庚子 20 三	辛丑 21 四	壬寅 22 五	癸卯 23 六	甲辰 24 日	乙巳 25 一	丙午 26 二	丁未 27 三	戊申 28 四	己酉 29 五		己丑寒露 甲辰霜降
十月大	乙亥 天干地支 中西曆 星期	庚戌 30 六	辛亥 31 日	壬子 (11) 一	癸丑 2 二	甲寅 3 三	乙卯 4 四	丙辰 5 五	丁巳 6 六	戊午 7 日	己未 8 一	庚申 9 二	辛酉 10 三	壬戌 11 四	癸亥 12 五	甲子 13 六	乙丑 14 日	丙寅 15 一	丁卯 16 二	戊辰 17 三	己巳 18 四	庚午 19 五	辛未 20 六	壬申 21 日	癸酉 22 一	甲戌 23 二	乙亥 24 三	丙子 25 四	丁丑 26 五	戊寅 27 六	己卯 28 日	己未立冬 甲戌小雪
十一月小	丙子 天干地支 中西曆 星期	庚辰 29 一	辛巳 30 二	壬午 (02) 三	癸未 2 四	甲申 3 五	乙酉 4 六	丙戌 5 日	丁亥 6 一	戊子 7 二	己丑 8 三	庚寅 9 四	辛卯 10 五	壬辰 11 六	癸巳 12 日	甲午 13 一	乙未 14 二	丙申 15 三	丁酉 16 四	戊戌 17 五	己亥 18 六	庚子 19 日	辛丑 20 一	壬寅 21 二	癸卯 22 三	甲辰 23 四	乙巳 24 五	丙午 25 六	丁未 26 日	戊申 27 一		庚寅大雪 乙巳冬至
十二月大	丁丑 天干地支 中西曆 星期	己酉 28 二	庚戌 29 三	辛亥 30 四	壬子 31 五	癸丑 (1) 六	甲寅 2 日	乙卯 3 一	丙辰 4 二	丁巳 5 三	戊午 6 四	己未 7 五	庚申 8 六	辛酉 9 日	壬戌 10 一	癸亥 11 二	甲子 12 三	乙丑 13 四	丙寅 14 五	丁卯 15 六	戊辰 16 日	己巳 17 一	庚午 18 二	辛未 19 三	壬申 20 四	癸酉 21 五	甲戌 22 六	乙亥 23 日	丙子 24 一	丁丑 25 二	戊寅 26 三	庚申小寒 乙亥大寒

蜀後主建興三年（乙巳 蛇年） 公元 225～226 年

夏曆月序	中西曆日對照	夏曆日序																													節氣與天象
		初一	初二	初三	初四	初五	初六	初七	初八	初九	初十	十一	十二	十三	十四	十五	十六	十七	十八	十九	二十	二一	二二	二三	二四	二五	二六	二七	二八	二九	三十	
正月小	戊寅 天干地支西曆星期	己卯 27 四	庚辰 28 五	辛巳 29 六	壬午 30 日	癸未 31 一	甲申 2(2) 二	乙酉 3 三	丙戌 4 四	丁亥 5 五	戊子 6 六	己丑 7 日	庚寅 8 一	辛卯 9 二	壬辰 10 三	癸巳 11 四	甲午 12 五	乙未 13 六	丙申 14 日	丁酉 15 一	戊戌 16 二	己亥 17 三	庚子 18 四	辛丑 19 五	壬寅 20 六	癸卯 21 日	甲辰 22 一	乙巳 23 二	丙午 24 三	丁未 25 四		庚寅立春 丙午雨水
二月大	己卯 天干地支西曆星期	戊申 25 五	己酉 26 六	庚戌 27 日	辛亥 28 一	壬子 3(3) 二	癸丑 2 三	甲寅 3 四	乙卯 4 五	丙辰 5 六	丁巳 6 日	戊午 7 一	己未 8 二	庚申 9 三	辛酉 10 四	壬戌 11 五	癸亥 12 六	甲子 13 日	乙丑 14 一	丙寅 15 二	丁卯 16 三	戊辰 17 四	己巳 18 五	庚午 19 六	辛未 20 日	壬申 21 一	癸酉 22 二	甲戌 23 三	乙亥 24 四	丙子 25 五	丁丑 26 六	辛酉驚蟄 丙子春分
三月大	庚辰 天干地支西曆星期	戊寅 27 日	己卯 28 一	庚辰 29 二	辛巳 30 三	壬午 31 四	癸未 4(4) 五	甲申 2 六	乙酉 3 日	丙戌 4 一	丁亥 5 二	戊子 6 三	己丑 7 四	庚寅 8 五	辛卯 9 六	壬辰 10 日	癸巳 11 一	甲午 12 二	乙未 13 三	丙申 14 四	丁酉 15 五	戊戌 16 六	己亥 17 日	庚子 18 一	辛丑 19 二	壬寅 20 三	癸卯 21 四	甲辰 22 五	乙巳 23 六	丙午 24 日	丁未 25 一	辛卯清明 丁未穀雨
閏三月小	庚辰 天干地支西曆星期	戊申 26 二	己酉 27 三	庚戌 28 四	辛亥 29 五	壬子 30 六	癸丑 5(5) 日	甲寅 2 一	乙卯 3 二	丙辰 4 三	丁巳 5 四	戊午 6 五	己未 7 六	庚申 8 日	辛酉 9 一	壬戌 10 二	癸亥 11 三	甲子 12 四	乙丑 13 五	丙寅 14 六	丁卯 15 日	戊辰 16 一	己巳 17 二	庚午 18 三	辛未 19 四	壬申 20 五	癸酉 21 六	甲戌 22 日	乙亥 23 一	丙子 24 二		壬戌立夏
四月大	辛巳 天干地支西曆星期	丁丑 25 三	戊寅 26 四	己卯 27 五	庚辰 28 六	辛巳 29 日	壬午 30 一	癸未 31 二	甲申 6(6) 三	乙酉 2 四	丙戌 3 五	丁亥 4 六	戊子 5 日	己丑 6 一	庚寅 7 二	辛卯 8 三	壬辰 9 四	癸巳 10 五	甲午 11 六	乙未 12 日	丙申 13 一	丁酉 14 二	戊戌 15 三	己亥 16 四	庚子 17 五	辛丑 18 六	壬寅 19 日	癸卯 20 一	甲辰 21 二	乙巳 22 三	丙午 23 四	丁丑小滿 壬午芒種
五月小	壬午 天干地支西曆星期	丁未 24 五	戊申 25 六	己酉 26 日	庚戌 27 一	辛亥 28 二	壬子 29 三	癸丑 30 四	甲寅 7(7) 五	乙卯 2 六	丙辰 3 日	丁巳 4 一	戊午 5 二	己未 6 三	庚申 7 四	辛酉 8 五	壬戌 9 六	癸亥 10 日	甲子 11 一	乙丑 12 二	丙寅 13 三	丁卯 14 四	戊辰 15 五	己巳 16 六	庚午 17 日	辛未 18 一	壬申 19 二	癸酉 20 三	甲戌 21 四	乙亥 22 五		丁未夏至 癸亥小暑
六月大	癸未 天干地支西曆星期	丙子 23 六	丁丑 24 日	戊寅 25 一	己卯 26 二	庚辰 27 三	辛巳 28 四	壬午 29 五	癸未 30 六	甲申 31 日	乙酉 8(8) 一	丙戌 2 二	丁亥 3 三	戊子 4 四	己丑 5 五	庚寅 6 六	辛卯 7 日	壬辰 8 一	癸巳 9 二	甲午 10 三	乙未 11 四	丙申 12 五	丁酉 13 六	戊戌 14 日	己亥 15 一	庚子 16 二	辛丑 17 三	壬寅 18 四	癸卯 19 五	甲辰 20 六	乙巳 21 日	戊寅大暑 癸巳立秋
七月小	甲申 天干地支西曆星期	丙午 22 一	丁未 23 二	戊申 24 三	己酉 25 四	庚戌 26 五	辛亥 27 六	壬子 28 日	癸丑 29 一	甲寅 30 二	乙卯 31 三	丙辰 9(9) 四	丁巳 2 五	戊午 3 六	己未 4 日	庚申 5 一	辛酉 6 二	壬戌 7 三	癸亥 8 四	甲子 9 五	乙丑 10 六	丙寅 11 日	丁卯 12 一	戊辰 13 二	己巳 14 三	庚午 15 四	辛未 16 五	壬申 17 六	癸酉 18 日	甲戌 19 一		戊申處暑 癸亥白露
八月大	乙酉 天干地支西曆星期	乙亥 20 二	丙子 21 三	丁丑 22 四	戊寅 23 五	己卯 24 六	庚辰 25 日	辛巳 26 一	壬午 27 二	癸未 28 三	甲申 29 四	乙酉 30 五	丙戌 10(10) 六	丁亥 2 日	戊子 3 一	己丑 4 二	庚寅 5 三	辛卯 6 四	壬辰 7 五	癸巳 8 六	甲午 9 日	乙未 10 一	丙申 11 二	丁酉 12 三	戊戌 13 四	己亥 14 五	庚子 15 六	辛丑 16 日	壬寅 17 一	癸卯 18 二	甲辰 19 三	己卯秋分 甲午寒露
九月小	丙戌 天干地支西曆星期	乙巳 20 四	丙午 21 五	丁未 22 六	戊申 23 日	己酉 24 一	庚戌 25 二	辛亥 26 三	壬子 27 四	癸丑 28 五	甲寅 29 六	乙卯 30 日	丙辰 31 一	丁巳 11(11) 二	戊午 2 三	己未 3 四	庚申 4 五	辛酉 5 六	壬戌 6 日	癸亥 7 一	甲子 8 二	乙丑 9 三	丙寅 10 四	丁卯 11 五	戊辰 12 六	己巳 13 日	庚午 14 一	辛未 15 二	壬申 16 三	癸酉 17 四		己酉霜降 甲子立冬
十月大	丁亥 天干地支西曆星期	甲戌 18 五	乙亥 19 六	丙子 20 日	丁丑 21 一	戊寅 22 二	己卯 23 三	庚辰 24 四	辛巳 25 五	壬午 26 六	癸未 27 日	甲申 28 一	乙酉 29 二	丙戌 30 三	丁亥 12(12) 四	戊子 2 五	己丑 3 六	庚寅 4 日	辛卯 5 一	壬辰 6 二	癸巳 7 三	甲午 8 四	乙未 9 五	丙申 10 六	丁酉 11 日	戊戌 12 一	己亥 13 二	庚子 14 三	辛丑 15 四	壬寅 16 五	癸卯 17 六	庚辰小雪 乙未大雪
十一月小	戊子 天干地支西曆星期	甲辰 18 日	乙巳 19 一	丙午 20 二	丁未 21 三	戊申 22 四	己酉 23 五	庚戌 24 六	辛亥 25 日	壬子 26 一	癸丑 27 二	甲寅 28 三	乙卯 29 四	丙辰 30 五	丁巳 31 六	戊午 1(1) 日	己未 2 一	庚申 3 二	辛酉 4 三	壬戌 5 四	癸亥 6 五	甲子 7 六	乙丑 8 日	丙寅 9 一	丁卯 10 二	戊辰 11 三	己巳 12 四	庚午 13 五	辛未 14 六	壬申 15 日		庚戌冬至 乙丑小寒
十二月大	己丑 天干地支西曆星期	癸酉 16 一	甲戌 17 二	乙亥 18 三	丙子 19 四	丁丑 20 五	戊寅 21 六	己卯 22 日	庚辰 23 一	辛巳 24 二	壬午 25 三	癸未 26 四	甲申 27 五	乙酉 28 六	丙戌 29 日	丁亥 30 一	戊子 31 二	己丑 2(2) 三	庚寅 2 四	辛卯 3 五	壬辰 4 六	癸巳 5 日	甲午 6 一	乙未 7 二	丙申 8 三	丁酉 9 四	戊戌 10 五	己亥 11 六	庚子 12 日	辛丑 13 一	壬寅 14 二	庚辰大寒 丙申立春

蜀後主建興四年（丙午 馬年） 公元 226～227 年

夏曆月序	中西曆日對照	夏曆日序																													節氣與天象
		初一	初二	初三	初四	初五	初六	初七	初八	初九	初十	十一	十二	十三	十四	十五	十六	十七	十八	十九	二十	二一	二二	二三	二四	二五	二六	二七	二八	二九	三十	
正月小	庚寅 天干地支西曆星期	癸卯15三	甲辰16四	乙巳17五	丙午18六	丁未19日	戊申20一	己酉21二	庚戌22三	辛亥23四	壬子24五	癸丑25六	甲寅26日	乙卯27一	丙辰28二	丁巳(3)三	戊午2四	己未3五	庚申4六	辛酉5日	壬戌6一	癸亥7二	甲子8三	乙丑9四	丙寅10五	丁卯11六	戊辰12日	己巳13一	庚午14二	辛未15三		辛亥雨水 丙寅驚蟄
二月大	辛卯 天干地支西曆星期	壬申16四	癸酉17五	甲戌18六	乙亥19日	丙子20一	丁丑21二	戊寅22三	己卯23四	庚辰24五	辛巳25六	壬午26日	癸未27一	甲申28二	乙酉29三	丙戌30四	丁亥31五	戊子(4)六	己丑2日	庚寅3一	辛卯4二	壬辰5三	癸巳6四	甲午7五	乙未8六	丙申9日	丁酉10一	戊戌11二	己亥12三	庚子13四	辛丑14五	辛巳春分 丁酉清明
三月小	壬辰 天干地支西曆星期	壬寅15六	癸卯16日	甲辰17一	乙巳18二	丙午19三	丁未20四	戊申21五	己酉22六	庚戌23日	辛亥24一	壬子25二	癸丑26三	甲寅27四	乙卯28五	丙辰29六	丁巳30日	戊午(5)一	己未2二	庚申3三	辛酉4四	壬戌5五	癸亥6六	甲子7日	乙丑8一	丙寅9二	丁卯10三	戊辰11四	己巳12五	庚午13六		壬子穀雨 丁卯立夏
四月大	癸巳 天干地支西曆星期	辛未14日	壬申15一	癸酉16二	甲戌17三	乙亥18四	丙子19五	丁丑20六	戊寅21日	己卯22一	庚辰23二	辛巳24三	壬午25四	癸未26五	甲申27六	乙酉28日	丙戌29一	丁亥30二	戊子31三	己丑(6)四	庚寅2五	辛卯3六	壬辰4日	癸巳5一	甲午6二	乙未7三	丙申8四	丁酉9五	戊戌10六	己亥11日	庚子12一	壬午小滿 丁酉芒種
五月小	甲午 天干地支西曆星期	辛丑13二	壬寅14三	癸卯15四	甲辰16五	乙巳17六	丙午18日	丁未19一	戊申20二	己酉21三	庚戌22四	辛亥23五	壬子24六	癸丑25日	甲寅26一	乙卯27二	丙辰28三	丁巳29四	戊午30五	己未(7)六	庚申2日	辛酉3一	壬戌4二	癸亥5三	甲子6四	乙丑7五	丙寅8六	丁卯9日	戊辰10一	己巳11二		癸丑夏至 戊辰小暑
六月大	乙未 天干地支西曆星期	庚午12三	辛未13四	壬申14五	癸酉15六	甲戌16日	乙亥17一	丙子18二	丁丑19三	戊寅20四	己卯21五	庚辰22六	辛巳23日	壬午24一	癸未25二	甲申26三	乙酉27四	丙戌28五	丁亥29六	戊子30日	己丑31一	庚寅(8)二	辛卯2三	壬辰3四	癸巳4五	甲午5六	乙未6日	丙申7一	丁酉8二	戊戌9三	己亥10四	癸未大暑 戊戌立秋
七月大	丙申 天干地支西曆星期	庚子11五	辛丑12六	壬寅13日	癸卯14一	甲辰15二	乙巳16三	丙午17四	丁未18五	戊申19六	己酉20日	庚戌21一	辛亥22二	壬子23三	癸丑24四	甲寅25五	乙卯26六	丙辰27日	丁巳28一	戊午29二	己未30三	庚申31四	辛酉(9)五	壬戌2六	癸亥3日	甲子4一	乙丑5二	丙寅6三	丁卯7四	戊辰8五	己巳9六	甲寅處暑 己巳白露
八月小	丁酉 天干地支西曆星期	庚午10日	辛未11一	壬申12二	癸酉13三	甲戌14四	乙亥15五	丙子16六	丁丑17日	戊寅18一	己卯19二	庚辰20三	辛巳21四	壬午22五	癸未23六	甲申24日	乙酉25一	丙戌26二	丁亥27三	戊子28四	己丑29五	庚寅30六	辛卯(10)日	壬辰2一	癸巳3二	甲午4三	乙未5四	丙申6五	丁酉7六	戊戌8日		甲申秋分
九月大	戊戌 天干地支西曆星期	己亥9一	庚子10二	辛丑11三	壬寅12四	癸卯13五	甲辰14六	乙巳15日	丙午16一	丁未17二	戊申18三	己酉19四	庚戌20五	辛亥21六	壬子22日	癸丑23一	甲寅24二	乙卯25三	丙辰26四	丁巳27五	戊午28六	己未29日	庚申30一	辛酉31二	壬戌(11)三	癸亥2四	甲子3五	乙丑4六	丙寅5日	丁卯6一	戊辰7二	己亥寒露 甲寅霜降
十月小	己亥 天干地支西曆星期	己巳8三	庚午9四	辛未10五	壬申11六	癸酉12日	甲戌13一	乙亥14二	丙子15三	丁丑16四	戊寅17五	己卯18六	庚辰19日	辛巳20一	壬午21二	癸未22三	甲申23四	乙酉24五	丙戌25六	丁亥26日	戊子27一	己丑28二	庚寅29三	辛卯30四	壬辰(12)五	癸巳2六	甲午3日	乙未4一	丙申5二	丁酉6三		庚午立冬 乙酉小雪
十一月大	庚子 天干地支西曆星期	戊戌7四	己亥8五	庚子9六	辛丑10日	壬寅11一	癸卯12二	甲辰13三	乙巳14四	丙午15五	丁未16六	戊申17日	己酉18一	庚戌19二	辛亥20三	壬子21四	癸丑22五	甲寅23六	乙卯24日	丙辰25一	丁巳26二	戊午27三	己未28四	庚申29五	辛酉30六	壬戌31日	癸亥(1)一	甲子2二	乙丑3三	丙寅4四	丁卯5五	庚子大雪 乙卯冬至
十二月小	辛丑 天干地支西曆星期	戊辰6六	己巳7日	庚午8一	辛未9二	壬申10三	癸酉11四	甲戌12五	乙亥13六	丙子14日	丁丑15一	戊寅16二	己卯17三	庚辰18四	辛巳19五	壬午20六	癸未21日	甲申22一	乙酉23二	丙戌24三	丁亥25四	戊子26五	己丑27六	庚寅28日	辛卯29一	壬辰30二	癸巳31三	甲午(2)四	乙未2五	丙申3六		庚午小寒 丙戌大寒

蜀後主建興五年（丁未 羊年） 公元 227～228 年

夏曆月序	中西曆對照	夏曆日序 初一	初二	初三	初四	初五	初六	初七	初八	初九	初十	十一	十二	十三	十四	十五	十六	十七	十八	十九	二十	二十一	二十二	二十三	二十四	二十五	二十六	二十七	二十八	二十九	三十	節氣與天象
正月大	壬寅 天干地支西曆星期	戊申4日一	己酉5日二	庚戌6日三	辛亥7日四	壬子8日五	癸丑9日六	甲寅10日日	乙卯11日一	丙辰12日二	丁巳13日三	戊午14日四	己未15日五	庚申16日六	辛酉17日日	壬戌18日一	癸亥19日二	甲子20日三	乙丑21日四	丙寅22日五	丁卯23日六	戊辰24日日	己巳25日一	庚午26日二	辛未27日三	壬申28日四	癸酉(3)日五	甲戌2日六	乙亥3日日	丙子4日一	丁丑5日二	辛丑立春 丙辰雨水
二月小	癸卯 天干地支西曆星期	丁卯6日三	戊辰7日四	己巳8日五	庚午9日六	辛未10日日	壬申11日一	癸酉12日二	甲戌13日三	乙亥14日四	丙子15日五	丁丑16日六	戊寅17日日	己卯18日一	庚辰19日二	辛巳20日三	壬午21日四	癸未22日五	甲申23日六	乙酉24日日	丙戌25日一	丁亥26日二	戊子27日三	己丑28日四	庚寅29日五	辛卯30日六	壬辰31日日	癸巳(4)日一	甲午2日二	乙未3日三		辛未驚蟄 丁亥春分
三月大	甲辰 天干地支西曆星期	丙申4日三	丁酉5日四	戊戌6日五	己亥7日六	庚子8日日	辛丑9日一	壬寅10日二	癸卯11日三	甲辰12日四	乙巳13日五	丙午14日六	丁未15日日	戊申16日一	己酉17日二	庚戌18日三	辛亥19日四	壬子20日五	癸丑21日六	甲寅22日日	乙卯23日一	丙辰24日二	丁巳25日三	戊午26日四	己未27日五	庚申28日六	辛酉29日日	壬戌30日一	癸亥(5)日二	甲子2日三	乙丑3日四	壬寅清明 丁巳穀雨
四月小	乙巳 天干地支西曆星期	丙寅4日五	丁卯5日六	戊辰6日日	己巳7日一	庚午8日二	辛未9日三	壬申10日四	癸酉11日五	甲戌12日六	乙亥13日日	丙子14日一	丁丑15日二	戊寅16日三	己卯17日四	庚辰18日五	辛巳19日六	壬午20日日	癸未21日一	甲申22日二	乙酉23日三	丙戌24日四	丁亥25日五	戊子26日六	己丑27日日	庚寅28日一	辛卯29日二	壬辰30日三	癸巳31日四	甲午(6)日五		壬申立夏 丁亥小滿
五月大	丙午 天干地支西曆星期	乙未2日六	丙申3日日	丁酉4日一	戊戌5日二	己亥6日三	庚子7日四	辛丑8日五	壬寅9日六	癸卯10日日	甲辰11日一	乙巳12日二	丙午13日三	丁未14日四	戊申15日日	己酉16日六	庚戌17日日	辛亥18日一	壬子19日二	癸丑20日三	甲寅21日四	乙卯22日五	丙辰23日六	丁巳24日日	戊午25日一	己未26日二	庚申27日三	辛酉28日四	壬戌29日五	癸亥30日六	甲子(7)日日	癸卯芒種 戊午夏至
六月小	丁未 天干地支西曆星期	乙丑2日一	丙寅3日二	丁卯4日三	戊辰5日四	己巳6日五	庚午7日六	辛未8日日	壬申9日一	癸酉10日二	甲戌11日三	乙亥12日四	丙子13日五	丁丑14日六	戊寅15日日	己卯16日一	庚辰17日二	辛巳18日三	壬午19日四	癸未20日五	甲申21日六	乙酉22日日	丙戌23日一	丁亥24日二	戊子25日三	己丑26日四	庚寅27日五	辛卯28日六	壬辰29日日	癸巳30日一		癸酉小暑 戊子大暑
七月大	戊申 天干地支西曆星期	甲午31日二	乙未(8)日三	丙申2日四	丁酉3日五	戊戌4日六	己亥5日日	庚子6日一	辛丑7日二	壬寅8日三	癸卯9日四	甲辰10日五	乙巳11日六	丙午12日日	丁未13日一	戊申14日二	己酉15日三	庚戌16日四	辛亥17日五	壬子18日六	癸丑19日日	甲寅20日一	乙卯21日二	丙辰22日三	丁巳23日四	戊午24日五	己未25日六	庚申26日日	辛酉27日一	壬戌28日二	癸亥29日三	甲辰立秋 己未處暑
八月小	己酉 天干地支西曆星期	甲子30日四	乙丑31日五	丙寅(9)日六	丁卯2日日	戊辰3日一	己巳4日二	庚午5日三	辛未6日四	壬申7日五	癸酉8日六	甲戌9日日	乙亥10日一	丙子11日二	丁丑12日三	戊寅13日四	己卯14日五	庚辰15日六	辛巳16日日	壬午17日一	癸未18日二	甲申19日三	乙酉20日四	丙戌21日五	丁亥22日六	戊子23日日	己丑24日一	庚寅25日二	辛卯26日三	壬辰27日四		甲戌白露 己丑秋分
九月大	庚戌 天干地支西曆星期	癸巳28日五	甲午29日六	乙未30日日	丙申(10)日一	丁酉2日二	戊戌3日三	己亥4日四	庚子5日五	辛丑6日六	壬寅7日日	癸卯8日一	甲辰9日二	乙巳10日三	丙午11日四	丁未12日五	戊申13日六	己酉14日日	庚戌15日一	辛亥16日二	壬子17日三	癸丑18日四	甲寅19日五	乙卯20日六	丙辰21日日	丁巳22日一	戊午23日二	己未24日三	庚申25日四	辛酉26日五	壬戌27日六	甲辰寒露 庚申霜降
十月大	辛亥 天干地支西曆星期	癸亥28日日	甲子29日一	乙丑30日二	丙寅31日三	丁卯(11)日四	戊辰2日五	己巳3日六	庚午4日日	辛未5日一	壬申6日二	癸酉7日三	甲戌8日四	乙亥9日五	丙子10日六	丁丑11日日	戊寅12日一	己卯13日二	庚辰14日三	辛巳15日四	壬午16日五	癸未17日六	甲申18日日	乙酉19日一	丙戌20日二	丁亥21日三	戊子22日四	己丑23日五	庚寅24日六	辛卯25日日	壬辰26日一	乙亥立冬 庚寅小雪
十一月小	壬子 天干地支西曆星期	癸巳27日二	甲午28日三	乙未29日四	丙申30日五	丁酉(12)日六	戊戌2日日	己亥3日一	庚子4日二	辛丑5日三	壬寅6日四	癸卯7日五	甲辰8日六	乙巳9日日	丙午10日一	丁未11日二	戊申12日三	己酉13日四	庚戌14日五	辛亥15日六	壬子16日日	癸丑17日一	甲寅18日二	乙卯19日三	丙辰20日四	丁巳21日五	戊午22日六	己未23日日	庚申24日一	辛酉25日二		乙巳大雪 辛酉冬至
十二月大	癸丑 天干地支西曆星期	壬戌26日三	癸亥27日四	甲子28日五	乙丑29日六	丙寅30日日	丁卯31日一	戊辰(1)日二	己巳2日三	庚午3日四	辛未4日五	壬申5日六	癸酉6日日	甲戌7日一	乙亥8日二	丙子9日三	丁丑10日四	戊寅11日五	己卯12日六	庚辰13日日	辛巳14日一	壬午15日二	癸未16日三	甲申17日四	乙酉18日五	丙戌19日六	丁亥20日日	戊子21日一	己丑22日二	庚寅23日三	辛卯24日四	丙子小寒 辛卯大寒
閏十二月小	癸丑 天干地支西曆星期	壬辰25日五	癸巳26日六	甲午27日日	乙未28日一	丙申29日二	丁酉30日三	戊戌31日四	己亥(2)日五	庚子2日六	辛丑3日日	壬寅4日一	癸卯5日二	甲辰6日三	乙巳7日四	丙午8日五	丁未9日六	戊申10日日	己酉11日一	庚戌12日二	辛亥13日三	壬子14日四	癸丑15日五	甲寅16日六	乙卯17日日	丙辰18日一	丁巳19日二	戊午20日三	己未21日四	庚申22日五		丙午立春

蜀後主建興六年（戊申 猴年） 公元228～229年

夏曆月序	中西曆日對照	夏曆日序																													節氣與天象
		初一	初二	初三	初四	初五	初六	初七	初八	初九	初十	十一	十二	十三	十四	十五	十六	十七	十八	十九	二十	二一	二二	二三	二四	二五	二六	二七	二八	二九	三十	
正月大	甲寅	天干地支 西曆 星期	辛酉 23 六	壬戌 24 日	癸亥 25 一	甲子 26 二	乙丑 27 三	丙寅 28 四	丁卯 29 五	戊辰 (3) 六	己巳 2 日	庚午 3 一	辛未 4 二	壬申 5 三	癸酉 6 四	甲戌 7 五	乙亥 8 六	丙子 9 日	丁丑 10 一	戊寅 11 二	己卯 12 三	庚辰 13 四	辛巳 14 五	壬午 15 六	癸未 16 日	甲申 17 一	乙酉 18 二	丙戌 19 三	丁亥 20 四	戊子 21 五	己丑 22 六	庚寅 23 日	辛酉雨水 丁丑驚蟄
二月小	乙卯	天干地支 西曆 星期	辛卯 24 一	壬辰 25 二	癸巳 26 三	甲午 27 四	乙未 28 五	丙申 29 六	丁酉 30 日	戊戌 31 一	己亥 (4) 二	庚子 2 三	辛丑 3 四	壬寅 4 五	癸卯 5 六	甲辰 6 日	乙巳 7 一	丙午 8 二	丁未 9 三	戊申 10 四	己酉 11 五	庚戌 12 六	辛亥 13 日	壬子 14 一	癸丑 15 二	甲寅 16 三	乙卯 17 四	丙辰 18 五	丁巳 19 六	戊午 20 日	己未 21 一		壬辰春分 丁未清明
三月大	丙辰	天干地支 西曆 星期	庚申 22 二	辛酉 23 三	壬戌 24 四	癸亥 25 五	甲子 26 六	乙丑 27 日	丙寅 28 一	丁卯 29 二	戊辰 30 三	己巳 (5) 四	庚午 2 五	辛未 3 六	壬申 4 日	癸酉 5 一	甲戌 6 二	乙亥 7 三	丙子 8 四	丁丑 9 五	戊寅 10 六	己卯 11 日	庚辰 12 一	辛巳 13 二	壬午 14 三	癸未 15 四	甲申 16 五	乙酉 17 六	丙戌 18 日	丁亥 19 一	戊子 20 二	己丑 21 三	壬戌穀雨 丁丑立夏
四月小	丁巳	天干地支 西曆 星期	庚寅 22 四	辛卯 23 五	壬辰 24 六	癸巳 25 日	甲午 26 一	乙未 27 二	丙申 28 三	丁酉 29 四	戊戌 30 五	己亥 (6) 六	庚子 2 日	辛丑 3 一	壬寅 4 二	癸卯 5 三	甲辰 6 四	乙巳 7 五	丙午 8 六	丁未 9 日	戊申 10 一	己酉 11 二	庚戌 12 三	辛亥 13 四	壬子 14 五	癸丑 15 六	甲寅 16 日	乙卯 17 一	丙辰 18 二	丁巳 19 三	戊午 20 四		癸巳小滿 戊申芒種
五月大	戊午	天干地支 西曆 星期	己未 20 五	庚申 21 六	辛酉 22 日	壬戌 23 一	癸亥 24 二	甲子 25 三	乙丑 26 四	丙寅 27 五	丁卯 28 六	戊辰 29 日	己巳 30 一	庚午 (7) 二	辛未 2 三	壬申 3 四	癸酉 4 五	甲戌 5 六	乙亥 6 日	丙子 7 一	丁丑 8 二	戊寅 9 三	己卯 10 四	庚辰 11 五	辛巳 12 六	壬午 13 日	癸未 14 一	甲申 15 二	乙酉 16 三	丙戌 17 四	丁亥 18 五	戊子 19 六	癸亥夏至 戊寅小暑
六月小	己未	天干地支 西曆 星期	己丑 20 日	庚寅 21 一	辛卯 22 二	壬辰 23 三	癸巳 24 四	甲午 25 五	乙未 26 六	丙申 27 日	丁酉 28 一	戊戌 29 二	己亥 30 三	庚子 31 四	辛丑 (8) 五	壬寅 2 六	癸卯 3 日	甲辰 4 一	乙巳 5 二	丙午 6 三	丁未 7 四	戊申 8 五	己酉 9 六	庚戌 10 日	辛亥 11 一	壬子 12 二	癸丑 13 三	甲寅 14 四	乙卯 15 五	丙辰 16 六	丁巳 17 日		甲午大暑 己酉立秋
七月大	庚申	天干地支 西曆 星期	戊午 18 一	己未 19 二	庚申 20 三	辛酉 21 四	壬戌 22 五	癸亥 23 六	甲子 24 日	乙丑 25 一	丙寅 26 二	丁卯 27 三	戊辰 28 四	己巳 29 五	庚午 30 六	辛未 31 日	壬申 (9) 一	癸酉 2 二	甲戌 3 三	乙亥 4 四	丙子 5 五	丁丑 6 六	戊寅 7 日	己卯 8 一	庚辰 9 二	辛巳 10 三	壬午 11 四	癸未 12 五	甲申 13 六	乙酉 14 日	丙戌 15 一	丁亥 16 二	甲子處暑 己卯白露
八月小	辛酉	天干地支 西曆 星期	戊子 17 三	己丑 18 四	庚寅 19 五	辛卯 20 六	壬辰 21 日	癸巳 22 一	甲午 23 二	乙未 24 三	丙申 25 四	丁酉 26 五	戊戌 27 六	己亥 28 日	庚子 29 一	辛丑 30 二	壬寅 ⑩ 三	癸卯 2 四	甲辰 3 五	乙巳 4 六	丙午 5 日	丁未 6 一	戊申 7 二	己酉 8 三	庚戌 9 四	辛亥 10 五	壬子 11 六	癸丑 12 日	甲寅 13 一	乙卯 14 二	丙辰 15 三		甲午秋分 庚戌寒露
九月大	壬戌	天干地支 西曆 星期	丁巳 16 四	戊午 17 五	己未 18 六	庚申 19 日	辛酉 20 一	壬戌 21 二	癸亥 22 三	甲子 23 四	乙丑 24 五	丙寅 25 六	丁卯 26 日	戊辰 27 一	己巳 28 二	庚午 29 三	辛未 30 四	壬申 31 五	癸酉 ⑪ 六	甲戌 2 日	乙亥 3 一	丙子 4 二	丁丑 5 三	戊寅 6 四	己卯 7 五	庚辰 8 六	辛巳 9 日	壬午 10 一	癸未 11 二	甲申 12 三	乙酉 13 四	丙戌 14 五	乙丑霜降 庚辰立冬
十月小	癸亥	天干地支 西曆 星期	丁亥 15 六	戊子 16 日	己丑 17 一	庚寅 18 二	辛卯 19 三	壬辰 20 四	癸巳 21 五	甲午 22 六	乙未 23 日	丙申 24 一	丁酉 25 二	戊戌 26 三	己亥 27 四	庚子 28 五	辛丑 29 六	壬寅 30 日	癸卯 ⑫ 一	甲辰 2 二	乙巳 3 三	丙午 4 四	丁未 5 五	戊申 6 六	己酉 7 日	庚戌 8 一	辛亥 9 二	壬子 10 三	癸丑 11 四	甲寅 12 五	乙卯 13 六		乙未小雪 辛亥大雪
十一月大	甲子	天干地支 西曆 星期	丙辰 14 日	丁巳 15 一	戊午 16 二	己未 17 三	庚申 18 四	辛酉 19 五	壬戌 20 六	癸亥 21 日	甲子 22 一	乙丑 23 二	丙寅 24 三	丁卯 25 四	戊辰 26 五	己巳 27 六	庚午 28 日	辛未 29 一	壬申 30 二	癸酉 31 三	甲戌 (1) 四	乙亥 2 五	丙子 3 六	丁丑 4 日	戊寅 5 一	己卯 6 二	庚辰 7 三	辛巳 8 四	壬午 9 五	癸未 10 六	甲申 11 日	乙酉 12 一	丙寅冬至 辛巳大寒
十二月小	乙丑	天干地支 西曆 星期	丙戌 13 二	丁亥 14 三	戊子 15 四	己丑 16 五	庚寅 17 六	辛卯 18 日	壬辰 19 一	癸巳 20 二	甲午 21 三	乙未 22 四	丙申 23 五	丁酉 24 六	戊戌 25 日	己亥 26 一	庚子 27 二	辛丑 28 三	壬寅 29 四	癸卯 30 五	甲辰 31 六	乙巳 (2) 日	丙午 2 一	丁未 3 二	戊申 4 三	己酉 5 四	庚戌 6 五	辛亥 7 六	壬子 8 日	癸丑 9 一	甲寅 10 二		丙申大寒 辛亥立春

蜀後主建興七年（己酉 雞年） 公元229～230年

夏曆月序	中西日曆對照	夏曆日序 初一	初二	初三	初四	初五	初六	初七	初八	初九	初十	十一	十二	十三	十四	十五	十六	十七	十八	十九	二十	二一	二二	二三	二四	二五	二六	二七	二八	二九	三十	節氣與天象
正月大	丙寅	天干地支 西曆 星期	乙卯 11 三	丙辰 12 四	丁巳 13 五	戊午 14 六	己未 15 日	庚申 16 一	辛酉 17 二	壬戌 18 三	癸亥 19 四	甲子 20 五	乙丑 21 六	丙寅 22 日	丁卯 23 一	戊辰 24 二	己巳 25 三	庚午 26 四	辛未 27 五	壬申 28 六	癸酉 (3) 日	甲戌 2 一	乙亥 3 二	丙子 4 三	丁丑 5 四	戊寅 6 五	己卯 7 六	庚辰 8 日	辛巳 9 一	壬午 10 二	癸未 11 三	甲申 12 四	丁卯雨水 壬午驚蟄
二月大	丁卯	天干地支 西曆 星期	乙酉 13 五	丙戌 14 六	丁亥 15 日	戊子 16 一	己丑 17 二	庚寅 18 三	辛卯 19 四	壬辰 20 五	癸巳 21 六	甲午 22 日	乙未 23 一	丙申 24 二	丁酉 25 三	戊戌 26 四	己亥 27 五	庚子 28 六	辛丑 29 日	壬寅 30 一	癸卯 31 二	甲辰 (4) 三	乙巳 2 四	丙午 3 五	丁未 4 六	戊申 5 日	己酉 6 一	庚戌 7 二	辛亥 8 三	壬子 9 四	癸丑 10 五	甲寅 11 六	丁酉春分 壬子清明 乙酉日食
三月小	戊辰	天干地支 西曆 星期	乙卯 12 日	丙辰 13 一	丁巳 14 二	戊午 15 三	己未 16 四	庚申 17 五	辛酉 18 六	壬戌 19 日	癸亥 20 一	甲子 21 二	乙丑 22 三	丙寅 23 四	丁卯 24 五	戊辰 25 六	己巳 26 日	庚午 27 一	辛未 28 二	壬申 29 三	癸酉 30 四	甲戌 (5) 五	乙亥 2 六	丙子 3 日	丁丑 4 一	戊寅 5 二	己卯 6 三	庚辰 7 四	辛巳 8 五	壬午 9 六	癸未 10 日		戊辰穀雨 癸未立夏
四月大	己巳	天干地支 西曆 星期	甲申 11 一	乙酉 12 二	丙戌 13 三	丁亥 14 四	戊子 15 五	己丑 16 六	庚寅 17 日	辛卯 18 一	壬辰 19 二	癸巳 20 三	甲午 21 四	乙未 22 五	丙申 23 六	丁酉 24 日	戊戌 25 一	己亥 26 二	庚子 27 三	辛丑 28 四	壬寅 29 五	癸卯 30 六	甲辰 31 日	乙巳 (6) 一	丙午 2 二	丁未 3 三	戊申 4 四	己酉 5 五	庚戌 6 六	辛亥 7 日	壬子 8 一	癸丑 9 二	戊戌小滿 癸丑芒種
五月小	庚午	天干地支 西曆 星期	甲寅 10 三	乙卯 11 四	丙辰 12 五	丁巳 13 六	戊午 14 日	己未 15 一	庚申 16 二	辛酉 17 三	壬戌 18 四	癸亥 19 五	甲子 20 六	乙丑 21 日	丙寅 22 一	丁卯 23 二	戊辰 24 三	己巳 25 四	庚午 26 五	辛未 27 六	壬申 28 日	癸酉 29 一	甲戌 30 二	乙亥 (7) 三	丙子 2 四	丁丑 3 五	戊寅 4 六	己卯 5 日	庚辰 6 一	辛巳 7 二	壬午 8 三		戊辰夏至
六月大	辛未	天干地支 西曆 星期	癸未 9 四	甲申 10 五	乙酉 11 六	丙戌 12 日	丁亥 13 一	戊子 14 二	己丑 15 三	庚寅 16 四	辛卯 17 五	壬辰 18 六	癸巳 19 日	甲午 20 一	乙未 21 二	丙申 22 三	丁酉 23 四	戊戌 24 五	己亥 25 六	庚子 26 日	辛丑 27 一	壬寅 28 二	癸卯 29 三	甲辰 30 四	乙巳 31 五	丙午 (8) 六	丁未 2 日	戊申 3 一	己酉 4 二	庚戌 5 三	辛亥 6 四	壬子 7 五	甲申小暑 己亥大暑
七月小	壬申	天干地支 西曆 星期	癸丑 8 六	甲寅 9 日	乙卯 10 一	丙辰 11 二	丁巳 12 三	戊午 13 四	己未 14 五	庚申 15 六	辛酉 16 日	壬戌 17 一	癸亥 18 二	甲子 19 三	乙丑 20 四	丙寅 21 五	丁卯 22 六	戊辰 23 日	己巳 24 一	庚午 25 二	辛未 26 三	壬申 27 四	癸酉 28 五	甲戌 29 六	乙亥 30 日	丙子 31 一	丁丑 (9) 二	戊寅 2 三	己卯 3 四	庚辰 4 五	辛巳 5 六		甲寅立秋 己巳處暑
八月大	癸酉	天干地支 西曆 星期	壬午 6 日	癸未 7 一	甲申 8 二	乙酉 9 三	丙戌 10 四	丁亥 11 五	戊子 12 六	己丑 13 日	庚寅 14 一	辛卯 15 二	壬辰 16 三	癸巳 17 四	甲午 18 五	乙未 19 六	丙申 20 日	丁酉 21 一	戊戌 22 二	己亥 23 三	庚子 24 四	辛丑 25 五	壬寅 26 六	癸卯 27 日	甲辰 28 一	乙巳 29 二	丙午 30 三	丁未 (10) 四	戊申 2 五	己酉 3 六	庚戌 4 日	辛亥 5 一	甲申白露 庚子秋分
九月小	甲戌	天干地支 西曆 星期	壬子 6 二	癸丑 7 三	甲寅 8 四	乙卯 9 五	丙辰 10 六	丁巳 11 日	戊午 12 一	己未 13 二	庚申 14 三	辛酉 15 四	壬戌 16 五	癸亥 17 六	甲子 18 日	乙丑 19 一	丙寅 20 二	丁卯 21 三	戊辰 22 四	己巳 23 五	庚午 24 六	辛未 25 日	壬申 26 一	癸酉 27 二	甲戌 28 三	乙亥 29 四	丙子 30 五	丁丑 31 六	戊寅 (11) 日	己卯 2 一	庚辰 3 二		乙卯寒露 庚午霜降
十月大	乙亥	天干地支 西曆 星期	辛巳 4 三	壬午 5 四	癸未 6 五	甲申 7 六	乙酉 8 日	丙戌 9 一	丁亥 10 二	戊子 11 三	己丑 12 四	庚寅 13 五	辛卯 14 六	壬辰 15 日	癸巳 16 一	甲午 17 二	乙未 18 三	丙申 19 四	丁酉 20 五	戊戌 21 六	己亥 22 日	庚子 23 一	辛丑 24 二	壬寅 25 三	癸卯 26 四	甲辰 27 五	乙巳 28 六	丙午 29 日	丁未 30 一	戊申 (12) 二	己酉 2 三	庚戌 3 四	乙酉立冬 辛丑小雪
十一月小	丙子	天干地支 西曆 星期	辛亥 4 五	壬子 5 六	癸丑 6 日	甲寅 7 一	乙卯 8 二	丙辰 9 三	丁巳 10 四	戊午 11 五	己未 12 六	庚申 13 日	辛酉 14 一	壬戌 15 二	癸亥 16 三	甲子 17 四	乙丑 18 五	丙寅 19 六	丁卯 20 日	戊辰 21 一	己巳 22 二	庚午 23 三	辛未 24 四	壬申 25 五	癸酉 26 六	甲戌 27 日	乙亥 28 一	丙子 29 二	丁丑 30 三	戊寅 31 四	己卯 (1) 五		丙辰大雪 辛未冬至
十二月大	丁丑	天干地支 西曆 星期	庚辰 2 六	辛巳 3 日	壬午 4 一	癸未 5 二	甲申 6 三	乙酉 7 四	丙戌 8 五	丁亥 9 六	戊子 10 日	己丑 11 一	庚寅 12 二	辛卯 13 三	壬辰 14 四	癸巳 15 五	甲午 16 六	乙未 17 日	丙申 18 一	丁酉 19 二	戊戌 20 三	己亥 21 四	庚子 22 五	辛丑 23 六	壬寅 24 日	癸卯 25 一	甲辰 26 二	乙巳 27 三	丙午 28 四	丁未 29 五	戊申 30 六	己酉 31 日	丙戌小寒 辛丑大寒

蜀後主建興八年（庚戌 狗年） 公元230～231年

夏曆月序	中西曆日對照	夏曆日序																													節氣與天象
		初一	初二	初三	初四	初五	初六	初七	初八	初九	初十	十一	十二	十三	十四	十五	十六	十七	十八	十九	二十	廿一	廿二	廿三	廿四	廿五	廿六	廿七	廿八	廿九	三十	
正月小	戊寅 天干地支 西曆 星期	庚戌 (2) 一	辛亥 2 二	壬子 3 三	癸丑 4 四	甲寅 5 五	乙卯 6 六	丙辰 7 日	丁巳 8 一	戊午 9 二	己未 10 三	庚申 11 四	辛酉 12 五	壬戌 13 六	癸亥 14 日	甲子 15 一	乙丑 16 二	丙寅 17 三	丁卯 18 四	戊辰 19 五	己巳 20 六	庚午 21 日	辛未 22 一	壬申 23 二	癸酉 24 三	甲戌 25 四	乙亥 26 五	丙子 27 六	丁丑 28 日	戊寅 (3) 一		丁巳立春 壬申雨水
二月大	己卯 天干地支 西曆 星期	己卯 2 二	庚辰 3 三	辛巳 4 四	壬午 5 五	癸未 6 六	甲申 7 日	乙酉 8 一	丙戌 9 二	丁亥 10 三	戊子 11 四	己丑 12 五	庚寅 13 六	辛卯 14 日	壬辰 15 一	癸巳 16 二	甲午 17 三	乙未 18 四	丙申 19 五	丁酉 20 六	戊戌 21 日	己亥 22 一	庚子 23 二	辛丑 24 三	壬寅 25 四	癸卯 26 五	甲辰 27 六	乙巳 28 日	丙午 29 一	丁未 30 二	戊申 31 三	丁亥驚蟄 壬寅春分
三月小	庚辰 天干地支 西曆 星期	己酉 (4) 四	庚戌 2 五	辛亥 3 六	壬子 4 日	癸丑 5 一	甲寅 6 二	乙卯 7 三	丙辰 8 四	丁巳 9 五	戊午 10 六	己未 11 日	庚申 12 一	辛酉 13 二	壬戌 14 三	癸亥 15 四	甲子 16 五	乙丑 17 六	丙寅 18 日	丁卯 19 一	戊辰 20 二	己巳 21 三	庚午 22 四	辛未 23 五	壬申 24 六	癸酉 25 日	甲戌 26 一	乙亥 27 二	丙子 28 三	丁丑 29 四		戊午清明 癸酉穀雨
四月大	辛巳 天干地支 西曆 星期	戊寅 30 五	己卯 (5) 六	庚辰 2 日	辛巳 3 一	壬午 4 二	癸未 5 三	甲申 6 四	乙酉 7 五	丙戌 8 六	丁亥 9 日	戊子 10 一	己丑 11 二	庚寅 12 三	辛卯 13 四	壬辰 14 五	癸巳 15 六	甲午 16 日	乙未 17 一	丙申 18 二	丁酉 19 三	戊戌 20 四	己亥 21 五	庚子 22 六	辛丑 23 日	壬寅 24 一	癸卯 25 二	甲辰 26 三	乙巳 27 四	丙午 28 五	丁未 29 六	戊子立夏 癸卯小滿
五月大	壬午 天干地支 西曆 星期	戊申 30 日	己酉 31 一	庚戌 (6) 二	辛亥 2 三	壬子 3 四	癸丑 4 五	甲寅 5 六	乙卯 6 日	丙辰 7 一	丁巳 8 二	戊午 9 三	己未 10 四	庚申 11 五	辛酉 12 六	壬戌 13 日	癸亥 14 一	甲子 15 二	乙丑 16 三	丙寅 17 四	丁卯 18 五	戊辰 19 六	己巳 20 日	庚午 21 一	辛未 22 二	壬申 23 三	癸酉 24 四	甲戌 25 五	乙亥 26 六	丙子 27 日	丁丑 28 一	戊午芒種 甲戌夏至
六月小	癸未 天干地支 西曆 星期	戊寅 29 二	己卯 30 三	庚辰 (7) 四	辛巳 2 五	壬午 3 六	癸未 4 日	甲申 5 一	乙酉 6 二	丙戌 7 三	丁亥 8 四	戊子 9 五	己丑 10 六	庚寅 11 日	辛卯 12 一	壬辰 13 二	癸巳 14 三	甲午 15 四	乙未 16 五	丙申 17 六	丁酉 18 日	戊戌 19 一	己亥 20 二	庚子 21 三	辛丑 22 四	壬寅 23 五	癸卯 24 六	甲辰 25 日	乙巳 26 一	丙午 27 二		己丑小暑 甲辰大暑
七月大	甲申 天干地支 西曆 星期	丁未 28 三	戊申 29 四	己酉 30 五	庚戌 31 六	辛亥 (8) 日	壬子 2 一	癸丑 3 二	甲寅 4 三	乙卯 5 四	丙辰 6 五	丁巳 7 六	戊午 8 日	己未 9 一	庚申 10 二	辛酉 11 三	壬戌 12 四	癸亥 13 五	甲子 14 六	乙丑 15 日	丙寅 16 一	丁卯 17 二	戊辰 18 三	己巳 19 四	庚午 20 五	辛未 21 六	壬申 22 日	癸酉 23 一	甲戌 24 二	乙亥 25 三	丙子 26 四	己未立秋 乙亥處暑
八月小	乙酉 天干地支 西曆 星期	丁丑 27 五	戊寅 28 六	己卯 29 日	庚辰 30 一	辛巳 31 二	壬午 (9) 三	癸未 2 四	甲申 3 五	乙酉 4 六	丙戌 5 日	丁亥 6 一	戊子 7 二	己丑 8 三	庚寅 9 四	辛卯 10 五	壬辰 11 六	癸巳 12 日	甲午 13 一	乙未 14 二	丙申 15 三	丁酉 16 四	戊戌 17 五	己亥 18 六	庚子 19 日	辛丑 20 一	壬寅 21 二	癸卯 22 三	甲辰 23 四	乙巳 24 五		庚寅白露 乙巳秋分
九月大	丙戌 天干地支 西曆 星期	丙午 25 六	丁未 26 日	戊申 27 一	己酉 28 二	庚戌 29 三	辛亥 30 (00) 四	壬子 31 五	癸丑 (10) 六	甲寅 2 日	乙卯 3 一	丙辰 4 二	丁巳 5 三	戊午 6 四	己未 7 五	庚申 8 六	辛酉 9 日	壬戌 10 一	癸亥 11 二	甲子 12 三	乙丑 13 四	丙寅 14 五	丁卯 15 六	戊辰 16 日	己巳 17 一	庚午 18 二	辛未 19 三	壬申 20 四	癸酉 21 五	甲戌 22 六	乙亥 23 日	庚申寒露 乙亥霜降
閏九月小	丙戌 天干地支 西曆 星期	丙子 25 一	丁丑 26 二	戊寅 27 三	己卯 28 四	庚辰 29 五	辛巳 30 六	壬午 31 (11) 日	癸未 (12) 一	甲申 2 二	乙酉 3 三	丙戌 4 四	丁亥 5 五	戊子 6 六	己丑 7 日	庚寅 8 一	辛卯 9 二	壬辰 10 三	癸巳 11 四	甲午 12 五	乙未 13 六	丙申 14 日	丁酉 15 一	戊戌 16 二	己亥 17 三	庚子 18 四	辛丑 19 五	壬寅 20 六	癸卯 21 日	甲辰 22 一		辛卯立冬
十月大	丁亥 天干地支 西曆 星期	乙巳 23 二	丙午 24 三	丁未 25 四	戊申 26 五	己酉 27 六	庚戌 28 日	辛亥 29 一	壬子 30 二	癸丑 (12) 三	甲寅 2 四	乙卯 3 五	丙辰 4 六	丁巳 5 日	戊午 6 一	己未 7 二	庚申 8 三	辛酉 9 四	壬戌 10 五	癸亥 11 六	甲子 12 日	乙丑 13 一	丙寅 14 二	丁卯 15 三	戊辰 16 四	己巳 17 五	庚午 18 六	辛未 19 日	壬申 20 一	癸酉 21 二	甲戌 22 三	丙午小雪 辛酉大雪
十一月小	戊子 天干地支 西曆 星期	乙亥 23 四	丙子 24 五	丁丑 25 六	戊寅 26 日	己卯 27 一	庚辰 28 二	辛巳 29 三	壬午 30 四	癸未 31 五	甲申 (1) 六	乙酉 2 日	丙戌 3 一	丁亥 4 二	戊子 5 三	己丑 6 四	庚寅 7 五	辛卯 8 六	壬辰 9 日	癸巳 10 一	甲午 11 二	乙未 12 三	丙申 13 四	丁酉 14 五	戊戌 15 六	己亥 16 日	庚子 17 一	辛丑 18 二	壬寅 19 三	癸卯 20 四		丙子冬至 辛卯小寒
十二月大	己丑 天干地支 西曆 星期	甲辰 21 五	乙巳 22 六	丙午 23 日	丁未 24 一	戊申 25 二	己酉 26 三	庚戌 27 四	辛亥 28 五	壬子 29 六	癸丑 30 日	甲寅 31 一	乙卯 (2) 二	丙辰 2 三	丁巳 3 四	戊午 4 五	己未 5 六	庚申 6 日	辛酉 7 一	壬戌 8 二	癸亥 9 三	甲子 10 四	乙丑 11 五	丙寅 12 六	丁卯 13 日	戊辰 14 一	己巳 15 二	庚午 16 三	辛未 17 四	壬申 18 五	癸酉 19 六	丁未大寒 壬戌立春

蜀後主建興九年（辛亥 豬年） 公元231～232年

夏曆月序	中西曆對照	夏曆日序 初一	初二	初三	初四	初五	初六	初七	初八	初九	初十	十一	十二	十三	十四	十五	十六	十七	十八	十九	二十	二一	二二	二三	二四	二五	二六	二七	二八	二九	三十	節氣與天象
正月小	庚寅 天干地支西曆星期	甲戌20日四	乙亥21一	丙子22二	丁丑23三	戊寅24四	己卯25五	庚辰26六	辛巳27日	壬午28一	癸未(3)二	甲申2三	乙酉3四	丙戌4五	丁亥5六	戊子6日	己丑7一	庚寅8二	辛卯9三	壬辰10四	癸巳11五	甲午12六	乙未13日	丙申14一	丁酉15二	戊戌16三	己亥17四	庚子18五	辛丑19六	壬寅20日		丁丑雨水 壬辰驚蟄
二月大	辛卯 天干地支西曆星期	癸卯21一	甲辰22二	乙巳23三	丙午24四	丁未25五	戊申26六	己酉27日	庚戌28一	辛亥29二	壬子30三	癸丑31四	甲寅(4)五	乙卯2六	丙辰3日	丁巳4一	戊午5二	己未6三	庚申7四	辛酉8五	壬戌9六	癸亥10日	甲子11一	乙丑12二	丙寅13三	丁卯14四	戊辰15五	己巳16六	庚午17日	辛未18一	壬申19二	戊申春分 癸亥清明
三月小	壬辰 天干地支西曆星期	癸酉20三	甲戌21四	乙亥22五	丙子23六	丁丑24日	戊寅25一	己卯26二	庚辰27三	辛巳28四	壬午29五	癸未30六	甲申(5)日	乙酉2一	丙戌3二	丁亥4三	戊子5四	己丑6五	庚寅7六	辛卯8日	壬辰9一	癸巳10二	甲午11三	乙未12四	丙申13五	丁酉14六	戊戌15日	己亥16一	庚子17二	辛丑18三		戊寅穀雨 癸巳立夏
四月大	癸巳 天干地支西曆星期	壬寅19四	癸卯20五	甲辰21六	乙巳22日	丙午23一	丁未24二	戊申25三	己酉26四	庚戌27五	辛亥28六	壬子29日	癸丑30一	甲寅31二	乙卯(6)三	丙辰2四	丁巳3五	戊午4六	己未5日	庚申6一	辛酉7二	壬戌8三	癸亥9四	甲子10五	乙丑11六	丙寅12日	丁卯13一	戊辰14二	己巳15三	庚午16四	辛未17五	戊申小滿 甲子芒種
五月小	甲午 天干地支西曆星期	壬申18六	癸酉19日	甲戌20一	乙亥21二	丙子22三	丁丑23四	戊寅24五	己卯25六	庚辰26日	辛巳27一	壬午28二	癸未29三	甲申30四	乙酉(7)五	丙戌2六	丁亥3日	戊子4一	己丑5二	庚寅6三	辛卯7四	壬辰8五	癸巳9六	甲午10日	乙未11一	丙申12二	丁酉13三	戊戌14四	己亥15五	庚子16六		己卯夏至 甲午小暑
六月大	乙未 天干地支西曆星期	辛丑17日	壬寅18一	癸卯19二	甲辰20三	乙巳21四	丙午22五	丁未23六	戊申24日	己酉25一	庚戌26二	辛亥27三	壬子28四	癸丑29五	甲寅30六	乙卯31日	丙辰(8)一	丁巳2二	戊午3三	己未4四	庚申5五	辛酉6六	壬戌7日	癸亥8一	甲子9二	乙丑10三	丙寅11四	丁卯12五	戊辰13六	己巳14日	庚午15一	己酉大暑 乙丑立秋
七月小	丙申 天干地支西曆星期	辛未16二	壬申17三	癸酉18四	甲戌19五	乙亥20六	丙子21日	丁丑22一	戊寅23二	己卯24三	庚辰25四	辛巳26五	壬午27六	癸未28日	甲申29一	乙酉30二	丙戌31三	丁亥(9)四	戊子2五	己丑3六	庚寅4日	辛卯5一	壬辰6二	癸巳7三	甲午8四	乙未9五	丙申10六	丁酉11日	戊戌12一	己亥13二		庚辰處暑 乙未白露
八月大	丁酉 天干地支西曆星期	庚子14三	辛丑15四	壬寅16五	癸卯17六	甲辰18日	乙巳19一	丙午20二	丁未21三	戊申22四	己酉23五	庚戌24六	辛亥25日	壬子26一	癸丑27二	甲寅28三	乙卯29四	丙辰30五	丁巳(10)六	戊午2日	己未3一	庚申4二	辛酉5三	壬戌6四	癸亥7五	甲子8六	乙丑9日	丙寅10一	丁卯11二	戊辰12三	己巳13四	庚戌秋分 乙丑寒露
九月大	戊戌 天干地支西曆星期	庚午14五	辛未15六	壬申16日	癸酉17一	甲戌18二	乙亥19三	丙子20四	丁丑21五	戊寅22六	己卯23日	庚辰24一	辛巳25二	壬午26三	癸未27四	甲申28五	乙酉29六	丙戌30日	丁亥31一	戊子(11)二	己丑2三	庚寅3四	辛卯4五	壬辰5六	癸巳6日	甲午7一	乙未8二	丙申9三	丁酉10四	戊戌11五	己亥12六	辛巳霜降 丙申立冬
十月小	己亥 天干地支西曆星期	庚子13日	辛丑14一	壬寅15二	癸卯16三	甲辰17四	乙巳18五	丙午19六	丁未20日	戊申21一	己酉22二	庚戌23三	辛亥24四	壬子25五	癸丑26六	甲寅27日	乙卯28一	丙辰29二	丁巳30三	戊午(12)四	己未2五	庚申3六	辛酉4日	壬戌5一	癸亥6二	甲子7三	乙丑8四	丙寅9五	丁卯10六	戊辰11日		辛亥小雪 丙寅大雪
十一月大	庚子 天干地支西曆星期	己巳12一	庚午13二	辛未14三	壬申15四	癸酉16五	甲戌17六	乙亥18日	丙子19一	丁丑20二	戊寅21三	己卯22四	庚辰23五	辛巳24六	壬午25日	癸未26一	甲申27二	乙酉28三	丙戌29四	丁亥30五	戊子31六	己丑(1)日	庚寅2一	辛卯3二	壬辰4三	癸巳5四	甲午6五	乙未7六	丙申8日	丁酉9一	戊戌10二	壬午冬至 丁酉小寒 戊戌日食
十二月小	辛丑 天干地支西曆星期	己亥11三	庚子12四	辛丑13五	壬寅14六	癸卯15日	甲辰16一	乙巳17二	丙午18三	丁未19四	戊申20五	己酉21六	庚戌22日	辛亥23一	壬子24二	癸丑25三	甲寅26四	乙卯27五	丙辰28六	丁巳29日	戊午30一	己未31二	庚申(2)三	辛酉2四	壬戌3五	癸亥4六	甲子5日	乙丑6一	丙寅7二	丁卯8三		壬子大寒 丁卯立春

蜀後主建興十年（壬子 鼠年） 公元 232～233 年

夏曆月序	中西曆對照	夏曆日序 初一	初二	初三	初四	初五	初六	初七	初八	初九	初十	十一	十二	十三	十四	十五	十六	十七	十八	十九	二十	二一	二二	二三	二四	二五	二六	二七	二八	二九	三十	節氣與天象
正月大	壬寅	天干地支 西曆 星期	戊辰 9 四	己巳 10 五	庚午 11 六	辛未 12 日	壬申 13 一	癸酉 14 二	甲戌 15 三	乙亥 16 四	丙子 17 五	丁丑 18 六	戊寅 19 日	己卯 20 一	庚辰 21 二	辛巳 22 三	壬午 23 四	癸未 24 五	甲申 25 六	乙酉 26 日	丙戌 27 一	丁亥 28 二	戊子 29 三	己丑(3)四	庚寅 2 五	辛卯 3 六	壬辰 4 日	癸巳 5 一	甲午 6 二	乙未 7 三	丙申 8 四	丁酉 9 五	壬午雨水
二月小	癸卯	天干地支 西曆 星期	戊戌 10 六	己亥 11 日	庚子 12 一	辛丑 13 二	壬寅 14 三	癸卯 15 四	甲辰 16 五	乙巳 17 六	丙午 18 日	丁未 19 一	戊申 20 二	己酉 21 三	庚戌 22 四	辛亥 23 五	壬子 24 六	癸丑 25 日	甲寅 26 一	乙卯 27 二	丙辰 28 三	丁巳 29 四	戊午 30 五	己未 31 六	庚申(4)日	辛酉 2 一	壬戌 3 二	癸亥 4 三	甲子 5 四	乙丑 6 五	丙寅 7 六		戊戌驚蟄 癸丑春分
三月大	甲辰	天干地支 西曆 星期	丁卯 8 日	戊辰 9 一	己巳 10 二	庚午 11 三	辛未 12 四	壬申 13 五	癸酉 14 六	甲戌 15 日	乙亥 16 一	丙子 17 二	丁丑 18 三	戊寅 19 四	己卯 20 五	庚辰 21 六	辛巳 22 日	壬午 23 一	癸未 24 二	甲申 25 三	乙酉 26 四	丙戌 27 五	丁亥 28 六	戊子 29 日	己丑 30 一	庚寅(5)二	辛卯 2 三	壬辰 3 四	癸巳 4 五	甲午 5 六	乙未 6 日	丙申 7 一	戊辰清明 癸未穀雨
四月小	乙巳	天干地支 西曆 星期	丁酉 8 二	戊戌 9 三	己亥 10 四	庚子 11 五	辛丑 12 六	壬寅 13 日	癸卯 14 一	甲辰 15 二	乙巳 16 三	丙午 17 四	丁未 18 五	戊申 19 六	己酉 20 日	庚戌 21 一	辛亥 22 二	壬子 23 三	癸丑 24 四	甲寅 25 五	乙卯 26 六	丙辰 27 日	丁巳 28 一	戊午 29 二	己未 30 三	庚申 31 四	辛酉(6)五	壬戌 2 六	癸亥 3 日	甲子 4 一	乙丑 5 二		戊戌立夏 甲寅小滿
五月大	丙午	天干地支 西曆 星期	丙寅 6 三	丁卯 7 四	戊辰 8 五	己巳 9 六	庚午 10 日	辛未 11 一	壬申 12 二	癸酉 13 三	甲戌 14 四	乙亥 15 五	丙子 16 六	丁丑 17 日	戊寅 18 一	己卯 19 二	庚辰 20 三	辛巳 21 四	壬午 22 五	癸未 23 六	甲申 24 日	乙酉 25 一	丙戌 26 二	丁亥 27 三	戊子 28 四	己丑 29 五	庚寅 30 六	辛卯(7)日	壬辰 2 一	癸巳 3 二	甲午 4 三	乙未 5 四	己巳芒種 甲申夏至
六月小	丁未	天干地支 西曆 星期	丙申 6 五	丁酉 7 六	戊戌 8 日	己亥 9 一	庚子 10 二	辛丑 11 三	壬寅 12 四	癸卯 13 五	甲辰 14 六	乙巳 15 日	丙午 16 一	丁未 17 二	戊申 18 三	己酉 19 四	庚戌 20 五	辛亥 21 六	壬子 22 日	癸丑 23 一	甲寅 24 二	乙卯 25 三	丙辰 26 四	丁巳 27 五	戊午 28 六	己未 29 日	庚申 30 一	辛酉 31 二	壬戌(8)三	癸亥 2 四	甲子 3 五		己亥小暑 乙卯大暑
七月大	戊申	天干地支 西曆 星期	乙丑 4 六	丙寅 5 日	丁卯 6 一	戊辰 7 二	己巳 8 三	庚午 9 四	辛未 10 五	壬申 11 六	癸酉 12 日	甲戌 13 一	乙亥 14 二	丙子 15 三	丁丑 16 四	戊寅 17 五	己卯 18 六	庚辰 19 日	辛巳 20 一	壬午 21 二	癸未 22 三	甲申 23 四	乙酉 24 五	丙戌 25 六	丁亥 26 日	戊子 27 一	己丑 28 二	庚寅 29 三	辛卯 30 四	壬辰 31 五	癸巳(9)六	甲午 2 日	庚午立秋 乙酉處暑
八月小	己酉	天干地支 西曆 星期	乙未 3 一	丙申 4 二	丁酉 5 三	戊戌 6 四	己亥 7 五	庚子 8 六	辛丑 9 日	壬寅 10 一	癸卯 11 二	甲辰 12 三	乙巳 13 四	丙午 14 五	丁未 15 六	戊申 16 日	己酉 17 一	庚戌 18 二	辛亥 19 三	壬子 20 四	癸丑 21 五	甲寅 22 六	乙卯 23 日	丙辰 24 一	丁巳 25 二	戊午 26 三	己未 27 四	庚申 28 五	辛酉 29 六	壬戌 30 日	癸亥(10)一		庚子白露 乙卯秋分
九月大	庚戌	天干地支 西曆 星期	甲子 2 二	乙丑 3 三	丙寅 4 四	丁卯 5 五	戊辰 6 六	己巳 7 日	庚午 8 一	辛未 9 二	壬申 10 三	癸酉 11 四	甲戌 12 五	乙亥 13 六	丙子 14 日	丁丑 15 一	戊寅 16 二	己卯 17 三	庚辰 18 四	辛巳 19 五	壬午 20 六	癸未 21 日	甲申 22 一	乙酉 23 二	丙戌 24 三	丁亥 25 四	戊子 26 五	己丑 27 六	庚寅 28 日	辛卯 29 一	壬辰 30 二	癸巳 31 三	辛未寒露 丙戌霜降
十月小	辛亥	天干地支 西曆 星期	甲午(11)四	乙未 2 五	丙申 3 六	丁酉 4 日	戊戌 5 一	己亥 6 二	庚子 7 三	辛丑 8 四	壬寅 9 五	癸卯 10 六	甲辰 11 日	乙巳 12 一	丙午 13 二	丁未 14 三	戊申 15 四	己酉 16 五	庚戌 17 六	辛亥 18 日	壬子 19 一	癸丑 20 二	甲寅 21 三	乙卯 22 四	丙辰 23 五	丁巳 24 六	戊午 25 日	己未 26 一	庚申 27 二	辛酉 28 三	壬戌 29 四		辛丑立冬 丙辰小雪
十一月大	壬子	天干地支 西曆 星期	癸亥 30 五	甲子(12)六	乙丑 2 日	丙寅 3 一	丁卯 4 二	戊辰 5 三	己巳 6 四	庚午 7 五	辛未 8 六	壬申 9 日	癸酉 10 一	甲戌 11 二	乙亥 12 三	丙子 13 四	丁丑 14 五	戊寅 15 六	己卯 16 日	庚辰 17 一	辛巳 18 二	壬午 19 三	癸未 20 四	甲申 21 五	乙酉 22 六	丙戌 23 日	丁亥 24 一	戊子 25 二	己丑 26 三	庚寅 27 四	辛卯 28 五	壬辰 29 六	壬申大雪 丁亥冬至 壬辰日食
十二月小	癸丑	天干地支 西曆 星期	癸巳 30 日	甲午 31 一	乙未(1)二	丙申 2 三	丁酉 3 四	戊戌 4 五	己亥 5 六	庚子 6 日	辛丑 7 一	壬寅 8 二	癸卯 9 三	甲辰 10 四	乙巳 11 五	丙午 12 六	丁未 13 日	戊申 14 一	己酉 15 二	庚戌 16 三	辛亥 17 四	壬子 18 五	癸丑 19 六	甲寅 20 日	乙卯 21 一	丙辰 22 二	丁巳 23 三	戊午 24 四	己未 25 五	庚申 26 六	辛酉 27 日		壬寅小寒 丁巳大寒

蜀後主建興十一年（癸丑 牛年） 公元233～234年

夏曆月序	中西曆對照	夏曆日序																															節氣與天象
		初一	初二	初三	初四	初五	初六	初七	初八	初九	初十	十一	十二	十三	十四	十五	十六	十七	十八	十九	二十	廿一	廿二	廿三	廿四	廿五	廿六	廿七	廿八	廿九	三十	
正月大	甲寅 天干地支西曆星期	壬戌 28 一	癸亥 29 二	甲子 30 三	乙丑 31 四	丙寅 (2) 五	丁卯 2 六	戊辰 3 日	己巳 4 一	庚午 5 二	辛未 6 三	壬申 7 四	癸酉 8 五	甲戌 9 六	乙亥 10 日	丙子 11 一	丁丑 12 二	戊寅 13 三	己卯 14 四	庚辰 15 五	辛巳 16 六	壬午 17 日	癸未 18 一	甲申 19 二	乙酉 20 三	丙戌 21 四	丁亥 22 五	戊子 23 六	己丑 24 日	庚寅 25 一	辛卯 26 二	壬申立春 戊子雨水
二月大	乙卯 天干地支西曆星期	壬辰 27 三	癸巳 28 (3) 四	甲午 (3) 五	乙未 2 六	丙申 3 日	丁酉 4 一	戊戌 5 二	己亥 6 三	庚子 7 四	辛丑 8 五	壬寅 9 六	癸卯 10 日	甲辰 11 一	乙巳 12 二	丙午 13 三	丁未 14 四	戊申 15 五	己酉 16 六	庚戌 17 日	辛亥 18 一	壬子 19 二	癸丑 20 三	甲寅 21 四	乙卯 22 五	丙辰 23 六	丁巳 24 日	戊午 25 一	己未 26 二	庚申 27 三	辛酉 28 四	癸卯驚蟄 戊午春分
三月小	丙辰 天干地支西曆星期	壬戌 29 五	癸亥 30 六	甲子 31 日	乙丑 (4) 一	丙寅 2 二	丁卯 3 三	戊辰 4 四	己巳 5 五	庚午 6 六	辛未 7 日	壬申 8 一	癸酉 9 二	甲戌 10 三	乙亥 11 四	丙子 12 五	丁丑 13 六	戊寅 14 日	己卯 15 一	庚辰 16 二	辛巳 17 三	壬午 18 四	癸未 19 五	甲申 20 六	乙酉 21 日	丙戌 22 一	丁亥 23 二	戊子 24 三	己丑 25 四	庚寅 26 五		癸酉清明 己丑穀雨
四月大	丁巳 天干地支西曆星期	辛卯 27 六	壬辰 28 日	癸巳 29 一	甲午 30 (5) 二	乙未 (5) 三	丙申 2 四	丁酉 3 五	戊戌 4 六	己亥 5 日	庚子 6 一	辛丑 7 二	壬寅 8 三	癸卯 9 四	甲辰 10 五	乙巳 11 六	丙午 12 日	丁未 13 一	戊申 14 二	己酉 15 三	庚戌 16 四	辛亥 17 五	壬子 18 六	癸丑 19 日	甲寅 20 一	乙卯 21 二	丙辰 22 三	丁巳 23 四	戊午 24 五	己未 25 六	庚申 26 日	甲辰立夏 己未小滿
五月小	戊午 天干地支西曆星期	辛酉 27 一	壬戌 28 二	癸亥 29 三	甲子 30 四	乙丑 31 五	丙寅 (6) 六	丁卯 2 日	戊辰 3 一	己巳 4 二	庚午 5 三	辛未 6 四	壬申 7 五	癸酉 8 六	甲戌 9 日	乙亥 10 一	丙子 11 二	丁丑 12 三	戊寅 13 四	己卯 14 五	庚辰 15 六	辛巳 16 日	壬午 17 一	癸未 18 二	甲申 19 三	乙酉 20 四	丙戌 21 五	丁亥 22 六	戊子 23 日	己丑 24 一		甲戌芒種 己丑夏至
閏五月大	戊午 天干地支西曆星期	庚寅 25 二	辛卯 26 三	壬辰 27 四	癸巳 28 五	甲午 29 六	乙未 30 日	丙申 (7) 一	丁酉 2 二	戊戌 3 三	己亥 4 四	庚子 5 五	辛丑 6 六	壬寅 7 日	癸卯 8 一	甲辰 9 二	乙巳 10 三	丙午 11 四	丁未 12 五	戊申 13 六	己酉 14 日	庚戌 15 一	辛亥 16 二	壬子 17 三	癸丑 18 四	甲寅 19 五	乙卯 20 六	丙辰 21 日	丁巳 22 一	戊午 23 二	己未 24 三	乙巳小暑 庚寅日食
六月小	己未 天干地支西曆星期	庚申 25 四	辛酉 26 五	壬戌 27 六	癸亥 28 日	甲子 29 一	乙丑 30 二	丙寅 31 三	丁卯 (8) 四	戊辰 2 五	己巳 3 六	庚午 4 日	辛未 5 一	壬申 6 二	癸酉 7 三	甲戌 8 四	乙亥 9 五	丙子 10 六	丁丑 11 日	戊寅 12 一	己卯 13 二	庚辰 14 三	辛巳 15 四	壬午 16 五	癸未 17 六	甲申 18 日	乙酉 19 一	丙戌 20 二	丁亥 21 三	戊子 22 四		庚申大暑 乙亥立秋
七月大	庚申 天干地支西曆星期	己丑 23 五	庚寅 24 六	辛卯 25 日	壬辰 26 一	癸巳 27 二	甲午 28 三	乙未 29 四	丙申 30 五	丁酉 31 六	戊戌 (9) 日	己亥 2 一	庚子 3 二	辛丑 4 三	壬寅 5 四	癸卯 6 五	甲辰 7 六	乙巳 8 日	丙午 9 一	丁未 10 二	戊申 11 三	己酉 12 四	庚戌 13 五	辛亥 14 六	壬子 15 日	癸丑 16 一	甲寅 17 二	乙卯 18 三	丙辰 19 四	丁巳 20 五	戊午 21 六	庚寅處暑 乙巳白露
八月小	辛酉 天干地支西曆星期	己未 22 日	庚申 23 一	辛酉 24 二	壬戌 25 三	癸亥 26 四	甲子 27 五	乙丑 28 六	丙寅 29 日	丁卯 30 一	戊辰 (10) 二	己巳 2 三	庚午 3 四	辛未 4 五	壬申 5 六	癸酉 6 日	甲戌 7 一	乙亥 8 二	丙子 9 三	丁丑 10 四	戊寅 11 五	己卯 12 六	庚辰 13 日	辛巳 14 一	壬午 15 二	癸未 16 三	甲申 17 四	乙酉 18 五	丙戌 19 六	丁亥 20 日		辛酉秋分 丙子寒露
九月大	壬戌 天干地支西曆星期	戊子 21 一	己丑 22 二	庚寅 23 三	辛卯 24 四	壬辰 25 五	癸巳 26 六	甲午 27 日	乙未 28 一	丙申 29 二	丁酉 30 三	戊戌 31 四	己亥 (11) 五	庚子 2 六	辛丑 3 日	壬寅 4 一	癸卯 5 二	甲辰 6 三	乙巳 7 四	丙午 8 五	丁未 9 六	戊申 10 日	己酉 11 一	庚戌 12 二	辛亥 13 三	壬子 14 四	癸丑 15 五	甲寅 16 六	乙卯 17 日	丙辰 18 一	丁巳 19 二	辛卯霜降 丙午立冬
十月小	癸亥 天干地支西曆星期	戊午 20 三	己未 21 四	庚申 22 五	辛酉 23 六	壬戌 24 日	癸亥 25 一	甲子 26 二	乙丑 27 三	丙寅 28 四	丁卯 29 五	戊辰 30 六	己巳 (12) 日	庚午 2 一	辛未 3 二	壬申 4 三	癸酉 5 四	甲戌 6 五	乙亥 7 六	丙子 8 日	丁丑 9 一	戊寅 10 二	己卯 11 三	庚辰 12 四	辛巳 13 五	壬午 14 六	癸未 15 日	甲申 16 一	乙酉 17 二	丙戌 18 三		壬戌小雪 丁丑大雪
十一月大	甲子 天干地支西曆星期	丁亥 19 四	戊子 20 五	己丑 21 六	庚寅 22 日	辛卯 23 一	壬辰 24 二	癸巳 25 三	甲午 26 四	乙未 27 五	丙申 28 六	丁酉 29 日	戊戌 30 一	己亥 31 二	庚子 (1) 三	辛丑 2 四	壬寅 3 五	癸卯 4 六	甲辰 5 日	乙巳 6 一	丙午 7 二	丁未 8 三	戊申 9 四	己酉 10 五	庚戌 11 六	辛亥 12 日	壬子 13 一	癸丑 14 二	甲寅 15 三	乙卯 16 四	丙辰 17 五	壬辰冬至 丁未小寒
十二月小	乙丑 天干地支西曆星期	丁巳 18 六	戊午 19 日	己未 20 一	庚申 21 二	辛酉 22 三	壬戌 23 四	癸亥 24 五	甲子 25 六	乙丑 26 日	丙寅 27 一	丁卯 28 二	戊辰 29 三	己巳 30 四	庚午 31 五	辛未 (2) 六	壬申 2 日	癸酉 3 一	甲戌 4 二	乙亥 5 三	丙子 6 四	丁丑 7 五	戊寅 8 六	己卯 9 日	庚辰 10 一	辛巳 11 二	壬午 12 三	癸未 13 四	甲申 14 五	乙酉 15 六		壬戌大寒 戊寅立春

蜀後主建興十二年（甲寅 虎年） 公元234～235年

夏曆月序	西曆中曆對日照	夏曆日序																													節氣與天象
		初一	初二	初三	初四	初五	初六	初七	初八	初九	初十	十一	十二	十三	十四	十五	十六	十七	十八	十九	二十	二一	二二	二三	二四	二五	二六	二七	二八	二九	三十	
正月大	丙寅	天干地支 西曆 星期	丙戌 16日 一	丁亥 17 二	戊子 18 三	己丑 19 四	庚寅 20 五	辛卯 21 六	壬辰 22 日	癸巳 23 一	甲午 24 二	乙未 25 三	丙申 26 四	丁酉 27 五	戊戌 28 六	己亥(3) 日	庚子 2 一	辛丑 3 二	壬寅 4 三	癸卯 5 四	甲辰 6 五	乙巳 7 六	丙午 8 日	丁未 9 一	戊申 10 二	己酉 11 三	庚戌 12 四	辛亥 13 五	壬子 14 六	癸丑 15 日	甲寅 16 一	乙卯 17 二	癸巳雨水 戊申驚蟄
二月小	丁卯	天干地支 西曆 星期	丙辰 18 二	丁巳 19 三	戊午 20 四	己未 21 五	庚申 22 六	辛酉 23 日	壬戌 24 一	癸亥 25 二	甲子 26 三	乙丑 27 四	丙寅 28 五	丁卯 29 六	戊辰 30 日	己巳 31 一	庚午(4) 二	辛未 2 三	壬申 3 四	癸酉 4 五	甲戌 5 六	乙亥 6 日	丙子 7 一	丁丑 8 二	戊寅 9 三	己卯 10 四	庚辰 11 五	辛巳 12 六	壬午 13 日	癸未 14 一	甲申 15 二		癸亥春分 己卯清明
三月大	戊辰	天干地支 西曆 星期	乙酉 16 三	丙戌 17 四	丁亥 18 五	戊子 19 六	己丑 20 日	庚寅 21 一	辛卯 22 二	壬辰 23 三	癸巳 24 四	甲午 25 五	乙未 26 六	丙申 27 日	丁酉 28 一	戊戌 29 二	己亥 30 三	庚子(5) 四	辛丑 2 五	壬寅 3 六	癸卯 4 日	甲辰 5 一	乙巳 6 二	丙午 7 三	丁未 8 四	戊申 9 五	己酉 10 六	庚戌 11 日	辛亥 12 一	壬子 13 二	癸丑 14 三	甲寅 15 四	甲午穀雨 己酉立夏
四月大	己巳	天干地支 西曆 星期	乙卯 16 五	丙辰 17 六	丁巳 18 日	戊午 19 一	己未 20 二	庚申 21 三	辛酉 22 四	壬戌 23 五	癸亥 24 六	甲子 25 日	乙丑 26 一	丙寅 27 二	丁卯 28 三	戊辰 29 四	己巳 30 五	庚午(6) 六	辛未 2 日	壬申 3 一	癸酉 4 二	甲戌 5 三	乙亥 6 四	丙子 7 五	丁丑 8 六	戊寅 9 日	己卯 10 一	庚辰 11 二	辛巳 12 三	壬午 13 四	癸未 14 五	甲申 15 六	甲子小滿 己卯芒種 甲申日食
五月小	庚午	天干地支 西曆 星期	乙酉 15 日	丙戌 16 一	丁亥 17 二	戊子 18 三	己丑 19 四	庚寅 20 五	辛卯 21 六	壬辰 22 日	癸巳 23 一	甲午 24 二	乙未 25 三	丙申 26 四	丁酉 27 五	戊戌 28 六	己亥 29 日	庚子(7) 一	辛丑 2 二	壬寅 3 三	癸卯 4 四	甲辰 5 五	乙巳 6 六	丙午 7 日	丁未 8 一	戊申 9 二	己酉 10 三	庚戌 11 四	辛亥 12 五	壬子 13 六			乙未夏至 庚戌小暑
六月大	辛未	天干地支 西曆 星期	甲寅 14 日	乙卯 15 一	丙辰 16 二	丁巳 17 三	戊午 18 四	己未 19 五	庚申 20 六	辛酉 21 日	壬戌 22 一	癸亥 23 二	甲子 24 三	乙丑 25 四	丙寅 26 五	丁卯 27 六	戊辰 28 日	己巳 29 一	庚午 30 二	辛未 31 三	壬申(8) 四	癸酉 2 五	甲戌 3 六	乙亥 4 日	丙子 5 一	丁丑 6 二	戊寅 7 三	己卯 8 四	庚辰 9 五	辛巳 10 六	壬午 11 日	癸未 12 一	乙丑大暑 庚辰立秋
七月小	壬申	天干地支 西曆 星期	甲申 13 二	乙酉 14 三	丙戌 15 四	丁亥 16 五	戊子 17 六	己丑 18 日	庚寅 19 一	辛卯 20 二	壬辰 21 三	癸巳 22 四	甲午 23 五	乙未 24 六	丙申 25 日	丁酉 26 一	戊戌 27 二	己亥 28 三	庚子 29 四	辛丑 30 五	壬寅 31 六	癸卯(9) 日	甲辰 2 一	乙巳 3 二	丙午 4 三	丁未 5 四	戊申 6 五	己酉 7 六	庚戌 8 日	辛亥 9 一	壬子 10 二		丙申處暑 辛亥白露
八月大	癸酉	天干地支 西曆 星期	癸丑 11 三	甲寅 12 四	乙卯 13 五	丙辰 14 六	丁巳 15 日	戊午 16 一	己未 17 二	庚申 18 三	辛酉 19 四	壬戌 20 五	癸亥 21 六	甲子 22 日	乙丑 23 一	丙寅 24 二	丁卯 25 三	戊辰 26 四	己巳 27 五	庚午 28 六	辛未 29 日	壬申 30 一	癸酉(10) 二	甲戌 2 三	乙亥 3 四	丙子 4 五	丁丑 5 六	戊寅 6 日	己卯 7 一	庚辰 8 二	辛巳 9 三	壬午 10 四	丙寅秋分 辛巳寒露
九月小	甲戌	天干地支 西曆 星期	癸未 11 五	甲申 12 六	乙酉 13 日	丙戌 14 一	丁亥 15 二	戊子 16 三	己丑 17 四	庚寅 18 五	辛卯 19 六	壬辰 20 日	癸巳 21 一	甲午 22 二	乙未 23 三	丙申 24 四	丁酉 25 五	戊戌 26 六	己亥 27 日	庚子 28 一	辛丑 29 二	壬寅 30 三	癸卯(11) 四	甲辰 2 五	乙巳 3 六	丙午 4 日	丁未 5 一	戊申 6 二	己酉 7 三	庚戌 8 四	辛亥 9 五		丙申霜降
十月大	乙亥	天干地支 西曆 星期	壬子 10 六	癸丑 11 日	甲寅 12 一	乙卯 13 二	丙辰 14 三	丁巳 15 四	戊午 16 五	己未 17 六	庚申 18 日	辛酉 19 一	壬戌 20 二	癸亥 21 三	甲子 22 四	乙丑 23 五	丙寅 24 六	丁卯 25 日	戊辰 26 一	己巳 27 二	庚午 28 三	辛未 29 四	壬申 30 五	癸酉(12) 六	甲戌 2 日	乙亥 3 一	丙子 4 二	丁丑 5 三	戊寅 6 四	己卯 7 五	庚辰 8 六	辛巳 9 日	壬子立冬 丁卯小雪
十一月小	丙子	天干地支 西曆 星期	壬午 9 一	癸未 10 二	甲申 11 三	乙酉 12 四	丙戌 13 五	丁亥 14 六	戊子 15 日	己丑 16 一	庚寅 17 二	辛卯 18 三	壬辰 19 四	癸巳 20 五	甲午 21 六	乙未 22 日	丙申 23 一	丁酉 24 二	戊戌 25 三	己亥 26 四	庚子 27 五	辛丑 28 六	壬寅 29 日	癸卯 30 一	甲辰 31 二	乙巳(1) 三	丙午 2 四	丁未 3 五	戊申 4 六	己酉 5 日	庚戌 6 一		壬午大雪 丁酉冬至
十二月大	丁丑	天干地支 西曆 星期	辛亥 7 二	壬子 8 三	癸丑 9 四	甲寅 10 五	乙卯 11 六	丙辰 12 日	丁巳 13 一	戊午 14 二	己未 15 三	庚申 16 四	辛酉 17 五	壬戌 18 六	癸亥 19 日	甲子 20 一	乙丑 21 二	丙寅 22 三	丁卯 23 四	戊辰 24 五	己巳 25 六	庚午 26 日	辛未 27 一	壬申 28 二	癸酉 29 三	甲戌 30 四	乙亥 31 五	丙子(2) 日	丁丑 2 一	戊寅 3 二	己卯 4 三	庚辰 5 四	壬子小寒 戊辰大寒

蜀後主建興十三年（乙卯 兔年） 公元235~236年

夏曆月序	中西曆日對照	夏曆日序																													節氣與天象
		初一	初二	初三	初四	初五	初六	初七	初八	初九	初十	十一	十二	十三	十四	十五	十六	十七	十八	十九	二十	二一	二二	二三	二四	二五	二六	二七	二八	二九	三十	
正月小	戊寅 天干 地支 西曆 星期	辛巳 6 五	壬午 7 六	癸未 8 日	甲申 9 一	乙酉 10 二	丙戌 11 三	丁亥 12 四	戊子 13 五	己丑 14 六	庚寅 15 日	辛卯 16 一	壬辰 17 二	癸巳 18 三	甲午 19 四	乙未 20 五	丙申 21 六	丁酉 22 日	戊戌 23 一	己亥 24 二	庚子 25 三	辛丑 26 四	壬寅 27 五	癸卯 28 六	甲辰(3) 日	乙巳 2 一	丙午 3 二	丁未 4 三	戊申 5 四	己酉 6 五		癸未立春 戊戌雨水
二月大	己卯 天干 地支 西曆 星期	庚戌 7 六	辛亥 8 日	壬子 9 一	癸丑 10 二	甲寅 11 三	乙卯 12 四	丙辰 13 五	丁巳 14 六	戊午 15 日	己未 16 一	庚申 17 二	辛酉 18 三	壬戌 19 四	癸亥 20 五	甲子 21 六	乙丑 22 日	丙寅 23 一	丁卯 24 二	戊辰 25 三	己巳 26 四	庚午 27 五	辛未 28 六	壬申 29 日	癸酉 30 一	甲戌 31 二	乙亥(4) 三	丙子 2 四	丁丑 3 五	戊寅 4 六	己卯 5 日	癸丑驚蟄 戊巳春分
三月小	庚辰 天干 地支 西曆 星期	庚辰 6 一	辛巳 7 二	壬午 8 三	癸未 9 四	甲申 10 五	乙酉 11 六	丙戌 12 日	丁亥 13 一	戊子 14 二	己丑 15 三	庚寅 16 四	辛卯 17 五	壬辰 18 六	癸巳 19 日	甲午 20 一	乙未 21 二	丙申 22 三	丁酉 23 四	戊戌 24 五	己亥 25 六	庚子 26 日	辛丑 27 一	壬寅 28 二	癸卯 29 三	甲辰 30 四	乙巳(5) 五	丙午 2 六	丁未 3 日	戊申 4 一		甲申清明 己亥穀雨
四月大	辛巳 天干 地支 西曆 星期	己酉 5 二	庚戌 6 三	辛亥 7 四	壬子 8 五	癸丑 9 六	甲寅 10 日	乙卯 11 一	丙辰 12 二	丁巳 13 三	戊午 14 四	己未 15 五	庚申 16 六	辛酉 17 日	壬戌 18 一	癸亥 19 二	甲子 20 三	乙丑 21 四	丙寅 22 五	丁卯 23 六	戊辰 24 日	己巳 25 一	庚午 26 二	辛未 27 三	壬申 28 四	癸酉 29 五	甲戌 30 六	乙亥 31 日	丙子(6) 一	丁丑 2 二	戊寅 3 三	甲寅立夏 己巳小滿
五月小	壬午 天干 地支 西曆 星期	己卯 4 四	庚辰 5 五	辛巳 6 六	壬午 7 日	癸未 8 一	甲申 9 二	乙酉 10 三	丙戌 11 四	丁亥 12 五	戊子 13 六	己丑 14 日	庚寅 15 一	辛卯 16 二	壬辰 17 三	癸巳 18 四	甲午 19 五	乙未 20 六	丙申 21 日	丁酉 22 一	戊戌 23 二	己亥 24 三	庚子 25 四	辛丑 26 五	壬寅 27 六	癸卯 28 日	甲辰 29 一	乙巳 30 二	丙午(7) 三	丁未 2 四		乙酉芒種 庚子夏至
六月大	癸未 天干 地支 西曆 星期	戊申 3 五	己酉 4 六	庚戌 5 日	辛亥 6 一	壬子 7 二	癸丑 8 三	甲寅 9 四	乙卯 10 五	丙辰 11 六	丁巳 12 日	戊午 13 一	己未 14 二	庚申 15 三	辛酉 16 四	壬戌 17 五	癸亥 18 六	甲子 19 日	乙丑 20 一	丙寅 21 二	丁卯 22 三	戊辰 23 四	己巳 24 五	庚午 25 六	辛未 26 日	壬申 27 一	癸酉 28 二	甲戌 29 三	乙亥 30 四	丙子 31 五	丁丑(8) 六	乙卯小暑 庚午大暑
七月小	甲申 天干 地支 西曆 星期	戊寅 2 日	己卯 3 一	庚辰 4 二	辛巳 5 三	壬午 6 四	癸未 7 五	甲申 8 六	乙酉 9 日	丙戌 10 一	丁亥 11 二	戊子 12 三	己丑 13 四	庚寅 14 五	辛卯 15 六	壬辰 16 日	癸巳 17 一	甲午 18 二	乙未 19 三	丙申 20 四	丁酉 21 五	戊戌 22 六	己亥 23 日	庚子 24 一	辛丑 25 二	壬寅 26 三	癸卯 27 四	甲辰 28 五	乙巳 29 六	丙午 30 日		丙戌立秋 辛丑處暑
八月大	乙酉 天干 地支 西曆 星期	丁未 31 一	戊申(9) 二	己酉 2 三	庚戌 3 四	辛亥 4 五	壬子 5 六	癸丑 6 日	甲寅 7 一	乙卯 8 二	丙辰 9 三	丁巳 10 四	戊午 11 五	己未 12 六	庚申 13 日	辛酉 14 一	壬戌 15 二	癸亥 16 三	甲子 17 四	乙丑 18 五	丙寅 19 六	丁卯 20 日	戊辰 21 一	己巳 22 二	庚午 23 三	辛未 24 四	壬申 25 五	癸酉 26 六	甲戌 27 日	乙亥 28 一	丙子 29 二	丙辰白露 辛未秋分
九月大	丙戌 天干 地支 西曆 星期	丁丑 30 三	戊寅(10) 四	己卯 2 五	庚辰 3 六	辛巳 4 日	壬午 5 一	癸未 6 二	甲申 7 三	乙酉 8 四	丙戌 9 五	丁亥 10 六	戊子 11 日	己丑 12 一	庚寅 13 二	辛卯 14 三	壬辰 15 四	癸巳 16 五	甲午 17 六	乙未 18 日	丙申 19 一	丁酉 20 二	戊戌 21 三	己亥 22 四	庚子 23 五	辛丑 24 六	壬寅 25 日	癸卯 26 一	甲辰 27 二	乙巳 28 三	丙午 29 四	丙戌寒露 壬寅霜降 丙午日食
十月小	丁亥 天干 地支 西曆 星期	丁未 30 五	戊申 31(11) 六	己酉 2 日	庚戌 3 一	辛亥 4 二	壬子 5 三	癸丑 6 四	甲寅 7 五	乙卯 8 六	丙辰 9 日	丁巳 10 一	戊午 11 二	己未 12 三	庚申 13 四	辛酉 14 五	壬戌 15 六	癸亥 16 日	甲子 17 一	乙丑 18 二	丙寅 19 三	丁卯 20 四	戊辰 21 五	己巳 22 六	庚午 23 日	辛未 24 一	壬申 25 二	癸酉 26 三	甲戌 27 四	乙亥 28 五		丁巳立冬 壬申小雪
十一月大	戊子 天干 地支 西曆 星期	丙子 28 六	丁丑 29 日	戊寅 30(12) 一	己卯 2 二	庚辰 3 三	辛巳 4 四	壬午 5 五	癸未 6 六	甲申 7 日	乙酉 8 一	丙戌 9 二	丁亥 10 三	戊子 11 四	己丑 12 五	庚寅 13 六	辛卯 14 日	壬辰 15 一	癸巳 16 二	甲午 17 三	乙未 18 四	丙申 19 五	丁酉 20 六	戊戌 21 日	己亥 22 一	庚子 23 二	辛丑 24 三	壬寅 25 四	癸卯 26 五	甲辰 27 六	乙巳 27 日	丁亥大雪 癸卯冬至
十二月小	己丑 天干 地支 西曆 星期	丙午 28 一	丁未 29 二	戊申 30 三	己酉 31 四	庚戌(1) 五	辛亥 2 六	壬子 3 日	癸丑 4 一	甲寅 5 二	乙卯 6 三	丙辰 7 四	丁巳 8 五	戊午 9 六	己未 10 日	庚申 11 一	辛酉 12 二	壬戌 13 三	癸亥 14 四	甲子 15 五	乙丑 16 六	丙寅 17 日	丁卯 18 一	戊辰 19 二	己巳 20 三	庚午 21 四	辛未 22 五	壬申 23 六	癸酉 24 日	甲戌 25 一		戊午小寒 癸酉大寒

蜀後主建興十四年（丙辰 龍年） 公元236~237年

夏曆月序	中西曆對照	夏曆日序																													節氣與天象
		初一	初二	初三	初四	初五	初六	初七	初八	初九	初十	十一	十二	十三	十四	十五	十六	十七	十八	十九	二十	廿一	廿二	廿三	廿四	廿五	廿六	廿七	廿八	廿九	三十	
正月大	庚寅	天干地支 西曆日照 星期	乙亥 26 二	丙子 27 三	丁丑 28 四	戊寅 29 五	己卯 30 六	庚辰 31 日	辛巳 2(2) 一	壬午 2 二	癸未 3 三	甲申 4 四	乙酉 5 五	丙戌 6 六	丁亥 7 日	戊子 8 一	己丑 9 二	庚寅 10 三	辛卯 11 四	壬辰 12 五	癸巳 13 六	甲午 14 日	乙未 15 一	丙申 16 二	丁酉 17 三	戊戌 18 四	己亥 19 五	庚子 20 六	辛丑 21 日	壬寅 22 一	癸卯 23 二	甲辰 24 三	戊子立春 癸卯雨水
閏正月小	庚寅	天干地支 西曆日照 星期	乙巳 25 四	丙午 26 五	丁未 27 六	戊申 28 日	己酉 29 (3) 一	庚戌 2 二	辛亥 3 三	壬子 4 四	癸丑 5 五	甲寅 6 六	乙卯 7 日	丙辰 8 一	丁巳 9 二	戊午 10 三	己未 11 四	庚申 12 五	辛酉 13 六	壬戌 14 日	癸亥 15 一	甲子 16 二	乙丑 17 三	丙寅 18 四	丁卯 19 五	戊辰 20 日	己巳 21 一	庚午 22 二	辛未 23 三	壬申 24 四	癸酉 24 四		己未驚蟄
二月大	辛卯	天干地支 西曆日照 星期	甲戌 25 五	乙亥 26 六	丙子 27 日	丁丑 28 一	戊寅 29 二	己卯 30 三	庚辰 31 (4) 四	辛巳 2 五	壬午 3 六	癸未 4 日	甲申 5 一	乙酉 6 二	丙戌 7 三	丁亥 8 四	戊子 9 五	己丑 10 六	庚寅 11 日	辛卯 12 一	壬辰 13 二	癸巳 14 三	甲午 15 四	乙未 16 五	丙申 17 六	丁酉 18 日	戊戌 19 一	己亥 20 二	庚子 21 三	辛丑 22 四	壬寅 23 五	癸卯 24 六	甲戌春分 己丑清明
三月小	壬辰	天干地支 西曆日照 星期	甲辰 24 日	乙巳 25 一	丙午 26 二	丁未 27 三	戊申 28 四	己酉 29 五	庚戌 30 (5) 六	辛亥 2 日	壬子 3 一	癸丑 4 二	甲寅 5 三	乙卯 6 四	丙辰 7 五	丁巳 8 六	戊午 9 日	己未 10 一	庚申 11 二	辛酉 12 三	壬戌 13 四	癸亥 14 五	甲子 15 六	乙丑 16 日	丙寅 17 一	丁卯 18 二	戊辰 19 三	己巳 20 四	庚午 21 五	辛未 22 六			甲辰穀雨 己未立夏
四月大	癸巳	天干地支 西曆日照 星期	癸酉 23 一	甲戌 24 二	乙亥 25 三	丙子 26 四	丁丑 27 五	戊寅 28 六	己卯 29 日	庚辰 30 一	辛巳 31 (6) 二	壬午 2 三	癸未 3 四	甲申 4 五	乙酉 5 六	丙戌 6 日	丁亥 7 一	戊子 8 二	己丑 9 三	庚寅 10 四	辛卯 11 五	壬辰 12 六	癸巳 13 日	甲午 14 一	乙未 15 二	丙申 16 三	丁酉 17 四	戊戌 18 五	己亥 19 六	庚子 20 日	辛丑 21 一	壬寅 22 二	乙亥小滿 庚寅芒種
五月小	甲午	天干地支 西曆日照 星期	癸卯 22 三	甲辰 23 四	乙巳 24 五	丙午 25 六	丁未 26 日	戊申 27 一	己酉 28 二	庚戌 29 三	辛亥 30 (7) 四	壬子 2 五	癸丑 3 六	甲寅 4 日	乙卯 5 一	丙辰 6 二	丁巳 6 三	戊午 7 四	己未 8 五	庚申 9 六	辛酉 10 日	壬戌 11 一	癸亥 12 二	甲子 13 三	乙丑 14 四	丙寅 15 五	丁卯 16 六	戊辰 17 日	己巳 18 一	庚午 19 二	辛未 20 三		乙巳夏至 庚申小暑
六月大	乙未	天干地支 西曆日照 星期	壬申 21 四	癸酉 22 五	甲戌 23 六	乙亥 24 日	丙子 25 一	丁丑 26 二	戊寅 27 三	己卯 28 四	庚辰 29 五	辛巳 30 (8) 六	壬午 31 日	癸未 2 一	甲申 3 二	乙酉 4 三	丙戌 5 四	丁亥 6 五	戊子 7 六	己丑 8 日	庚寅 9 一	辛卯 10 二	壬辰 11 三	癸巳 12 四	甲午 13 五	乙未 14 六	丙申 15 日	丁酉 16 一	戊戌 17 二	己亥 18 三	庚子 19 四	辛丑 20 五	丙子大暑 辛卯立秋
七月小	丙申	天干地支 西曆日照 星期	壬寅 20 六	癸卯 21 日	甲辰 22 一	乙巳 23 二	丙午 24 三	丁未 25 四	戊申 26 五	己酉 27 六	庚戌 28 日	辛亥 29 一	壬子 30 (9) 二	癸丑 31 三	甲寅 2 四	乙卯 2 五	丙辰 3 六	丁巳 4 日	戊午 5 一	己未 6 二	庚申 7 三	辛酉 8 四	壬戌 9 五	癸亥 10 六	甲子 11 日	乙丑 12 一	丙寅 13 二	丁卯 14 三	戊辰 15 四	己巳 16 五	庚午 17 六		丙午處暑 辛酉白露
八月大	丁酉	天干地支 西曆日照 星期	辛未 18 日	壬申 19 一	癸酉 20 二	甲戌 21 三	乙亥 22 四	丙子 23 五	丁丑 24 六	戊寅 25 日	己卯 26 一	庚辰 27 二	辛巳 28 三	壬午 29 四	癸未 30 五	甲申 (10) 六	乙酉 2 日	丙戌 3 一	丁亥 4 二	戊子 5 三	己丑 6 四	庚寅 7 五	辛卯 8 六	壬辰 9 日	癸巳 10 一	甲午 11 二	乙未 12 三	丙申 13 四	丁酉 14 五	戊戌 15 六	己亥 16 日	庚子 17 一	丙子秋分 壬辰寒露
九月小	戊戌	天干地支 西曆日照 星期	辛丑 18 二	壬寅 19 三	癸卯 20 四	甲辰 21 五	乙巳 22 六	丙午 23 日	丁未 24 一	戊申 25 二	己酉 26 三	庚戌 27 四	辛亥 28 五	壬子 29 六	癸丑 30 日	甲寅 31 (11) 一	乙卯 2 二	丙辰 3 三	丁巳 4 四	戊午 5 五	己未 6 六	庚申 7 日	辛酉 8 一	壬戌 9 二	癸亥 10 三	甲子 11 四	乙丑 12 五	丙寅 13 六	丁卯 14 日	戊辰 15 一	己巳 16 二		丁未霜降 壬戌立冬
十月大	己亥	天干地支 西曆日照 星期	庚午 16 三	辛未 17 四	壬申 18 五	癸酉 19 六	甲戌 20 日	乙亥 21 一	丙子 22 二	丁丑 23 三	戊寅 24 四	己卯 25 五	庚辰 26 六	辛巳 27 日	壬午 28 一	癸未 29 二	甲申 30 三	乙酉 (12) 四	丙戌 2 五	丁亥 3 六	戊子 4 日	己丑 5 一	庚寅 6 二	辛卯 7 三	壬辰 8 四	癸巳 9 五	甲午 10 六	乙未 11 日	丙申 12 一	丁酉 13 二	戊戌 14 三	己亥 15 四	丁丑小雪 癸巳大雪
十一月大	庚子	天干地支 西曆日照 星期	庚子 16 五	辛丑 17 六	壬寅 18 日	癸卯 19 一	甲辰 20 二	乙巳 21 三	丙午 22 四	丁未 23 五	戊申 24 六	己酉 25 日	庚戌 26 一	辛亥 27 二	壬子 28 三	癸丑 29 四	甲寅 30 五	乙卯 31 (1) 六	丙辰 2 日	丁巳 3 一	戊午 4 二	己未 5 三	庚申 6 四	辛酉 7 五	壬戌 8 六	癸亥 9 日	甲子 10 一	乙丑 11 二	丙寅 12 三	丁卯 13 四	戊辰 14 五		戊申冬至 癸亥小寒
十二月小	辛丑	天干地支 西曆日照 星期	庚午 15 日	辛未 16 一	壬申 17 二	癸酉 18 三	甲戌 19 四	乙亥 20 五	丙子 21 六	丁丑 22 日	戊寅 23 一	己卯 24 二	庚辰 25 三	辛巳 26 四	壬午 27 五	癸未 28 六	甲申 29 日	乙酉 30 一	丙戌 31 (2) 二	丁亥 2 三	戊子 3 四	己丑 4 五	庚寅 5 六	辛卯 6 日	壬辰 7 一	癸巳 8 二	甲午 9 三	乙未 10 四	丙申 11 五	丁酉 12 六	戊戌 13 日		戊寅大寒 癸巳立春

蜀後主建興十五年（丁巳 蛇年） 公元237～238年

夏曆月序	中西日曆對照	夏曆日序（初一至三十）	節氣與天象
正月大 壬寅	天干地支/西曆/星期	己亥13一、庚子14二、辛丑15三、壬寅16四、癸卯17五、甲辰18六、乙巳19日、丙午20一、丁未21二、戊申22三、己酉23四、庚戌24五、辛亥25六、壬子26日、癸丑27一、甲寅28(2)、乙卯2三、丙辰3四、丁巳4五、戊午5六、己未6日、庚申7一、辛酉8二、壬戌9三、癸亥10四、甲子11五、乙丑12六、丙寅13日、丁卯14一、戊辰15二	己酉雨水 甲子驚蟄
二月小 癸卯	天干地支/西曆/星期	己巳16三、庚午17四、辛未18五、壬申19六、癸酉20日、甲戌21一、乙亥22二、丙子23三、丁丑24四、戊寅25五、己卯26六、庚辰27日、辛巳28一、壬午29二、癸未30三、甲申31四、乙酉(4)五、丙戌2六、丁亥3日、戊子4一、己丑5二、庚寅6三、辛卯7四、壬辰8五、癸巳9六、甲午10日、乙未11一、丙申12二、丁酉13三	己卯春分 甲午清明
三月大 甲辰	天干地支/西曆/星期	戊戌13四、己亥14五、庚子15六、辛丑16日、壬寅17一、癸卯18二、甲辰19三、乙巳20四、丙午21五、丁未22六、戊申23日、己酉24一、庚戌25二、辛亥26三、壬子27四、癸丑28五、甲寅29六、乙卯30日、丙辰(5)一、丁巳2二、戊午3三、己未4四、庚申5五、辛酉6六、壬戌7日、癸亥8一、甲子9二、乙丑10三、丙寅11四、丁卯12五	庚戌穀雨 乙丑立夏
四月小 乙巳	天干地支/西曆/星期	戊辰13六、己巳14日、庚午15一、辛未16二、壬申17三、癸酉18四、甲戌19五、乙亥20六、丙子21日、丁丑22一、戊寅23二、己卯24三、庚辰25四、辛巳26五、壬午27六、癸未28日、甲申29一、乙酉30二、丙戌31三、丁亥(6)四、戊子2五、己丑3六、庚寅4日、辛卯5一、壬辰6二、癸巳7三、甲午8四、乙未9五、丙申10六	庚辰小滿 乙未芒種
五月大 丙午	天干地支/西曆/星期	丁酉11日、戊戌12一、己亥13二、庚子14三、辛丑15四、壬寅16五、癸卯17六、甲辰18日、乙巳19一、丙午20二、丁未21三、戊申22四、己酉23五、庚戌24六、辛亥25日、壬子26一、癸丑27二、甲寅28三、乙卯29四、丙辰30五、丁巳(7)六、戊午2日、己未3一、庚申4二、辛酉5三、壬戌6四、癸亥7五、甲子8六、乙丑9日、丙寅10一	庚戌夏至 丙寅小暑
六月小 丁未	天干地支/西曆/星期	丁卯11二、戊辰12三、己巳13四、庚午14五、辛未15六、壬申16日、癸酉17一、甲戌18二、乙亥19三、丙子20四、丁丑21五、戊寅22六、己卯23日、庚辰24一、辛巳25二、壬午26三、癸未27四、甲申28五、乙酉29六、丙戌30日、丁亥31一、戊子(8)二、己丑3三、庚寅3四、辛卯4五、壬辰5六、癸巳6日、甲午7一、乙未8二	辛巳大暑
七月大 戊申	天干地支/西曆/星期	丙申9三、丁酉10四、戊戌11五、己亥12六、庚子13日、辛丑14一、壬寅15二、癸卯16三、甲辰17四、乙巳18五、丙午19六、丁未20日、戊申21一、己酉22二、庚戌23三、辛亥24四、壬子25五、癸丑26六、甲寅27日、乙卯28一、丙辰29二、丁巳30三、戊午31四、己未(9)五、庚申2六、辛酉3日、壬戌4一、癸亥5二、甲子6三、乙丑7四	丙申立秋 辛亥處暑
八月小 己酉	天干地支/西曆/星期	丙寅8五、丁卯9六、戊辰10日、己巳11一、庚午12二、辛未13三、壬申14四、癸酉15五、甲戌16六、乙亥17日、丙子18一、丁丑19二、戊寅20三、己卯21四、庚辰22五、辛巳23六、壬午24日、癸未25一、甲申26二、乙酉27三、丙戌28四、丁亥29五、戊子30六、己丑(10)日、庚寅2一、辛卯3二、壬辰4三、癸巳5四、甲午6五、乙未7六	丙寅白露 壬午秋分
九月大 庚戌	天干地支/西曆/星期	乙未7六、丙申8日、丁酉9一、戊戌10二、己亥11三、庚子12四、辛丑13五、壬寅14六、癸卯15日、甲辰16一、乙巳17二、丙午18三、丁未19四、戊申20五、己酉21六、庚戌22日、辛亥23一、壬子24二、癸丑25三、甲寅26四、乙卯27五、丙辰28六、丁巳29日、戊午30一、己未31二、庚申(11)三、辛酉2四、壬戌3五、癸亥4六、甲子5日	丁酉寒露 壬子霜降
十月小 辛亥	天干地支/西曆/星期	乙丑6一、丙寅7二、丁卯8三、戊辰9四、己巳10五、庚午11六、辛未12日、壬申13一、癸酉14二、甲戌15三、乙亥16四、丙子17五、丁丑18六、戊寅19日、己卯20一、庚辰21二、辛巳22三、壬午23四、癸未24五、甲申25六、乙酉26日、丙戌27一、丁亥28二、戊子29三、己丑30四、庚寅(12)五、辛卯2六、壬辰3日、癸巳4一	丁卯立冬 癸未小雪
十一月大 壬子	天干地支/西曆/星期	甲午5二、乙未6三、丙申7四、丁酉8五、戊戌9六、己亥10日、庚子11一、辛丑12二、壬寅13三、癸卯14四、甲辰15五、乙巳16六、丙午17日、丁未18一、戊申19二、己酉20三、庚戌21四、辛亥22五、壬子23六、癸丑24日、甲寅25一、乙卯26二、丙辰27三、丁巳28四、戊午29五、己未30六、庚申31日、辛酉(1)一、壬戌2二、癸亥3三	戊戌大雪 壬子冬至
十二月小 癸丑	天干地支/西曆/星期	甲子4四、乙丑5五、丙寅6六、丁卯7日、戊辰8一、己巳9二、庚午10三、辛未11四、壬申12五、癸酉13六、甲戌14日、乙亥15一、丙子16二、丁丑17三、戊寅18四、己卯19五、庚辰20六、辛巳21日、壬午22一、癸未23二、甲申24三、乙酉25四、丙戌26五、丁亥27六、戊子28日、己丑29一、庚寅30二、辛卯31三、壬辰(2)四、癸巳3五	戊辰小寒 癸未大寒

蜀後主延熙元年（戊午 馬年） 公元238～239年

夏曆月序	中西曆日照對	夏曆日序																														節氣與天象
		初一	初二	初三	初四	初五	初六	初七	初八	初九	初十	十一	十二	十三	十四	十五	十六	十七	十八	十九	二十	二一	二二	二三	二四	二五	二六	二七	二八	二九	三十	
正月大	甲寅 天干地支 西曆 星期	癸巳 2 五	甲午 3 六	乙未 4 日	丙申 5 一	丁酉 6 二	戊戌 7 三	己亥 8 四	庚子 9 五	辛丑 10 六	壬寅 11 日	癸卯 12 一	甲辰 13 二	乙巳 14 三	丙午 15 四	丁未 16 五	戊申 17 六	己酉 18 日	庚戌 19 一	辛亥 20 二	壬子 21 三	癸丑 22 四	甲寅 23 五	乙卯 24 六	丙辰 25 日	丁巳 26 一	戊午 27 二	己未 28 三	庚申 (3) 四	辛酉 2 五	壬戌 3 六	己亥立春 甲寅雨水
二月小	乙卯 天干地支 西曆 星期	癸亥 4 日	甲子 5 一	乙丑 6 二	丙寅 7 三	丁卯 8 四	戊辰 9 五	己巳 10 六	庚午 11 日	辛未 12 一	壬申 13 二	癸酉 14 三	甲戌 15 四	乙亥 16 五	丙子 17 六	丁丑 18 日	戊寅 19 一	己卯 20 二	庚辰 21 三	辛巳 22 四	壬午 23 五	癸未 24 六	甲申 25 日	乙酉 26 一	丙戌 27 二	丁亥 28 三	戊子 29 四	己丑 30 五	庚寅 31 六	辛卯 (4) 日		己巳驚蟄 甲申春分
三月大	丙辰 天干地支 西曆 星期	壬辰 2 一	癸巳 3 二	甲午 4 三	乙未 5 四	丙申 6 五	丁酉 7 六	戊戌 8 日	己亥 9 一	庚子 10 二	辛丑 11 三	壬寅 12 四	癸卯 13 五	甲辰 14 六	乙巳 15 日	丙午 16 一	丁未 17 二	戊申 18 三	己酉 19 四	庚戌 20 五	辛亥 21 六	壬子 22 日	癸丑 23 一	甲寅 24 二	乙卯 25 三	丙辰 26 四	丁巳 27 五	戊午 28 六	己未 29 日	庚申 30 一	辛酉 (5) 二	庚子清明 乙卯穀雨
四月大	丁巳 天干地支 西曆 星期	壬戌 2 三	癸亥 3 四	甲子 4 五	乙丑 5 六	丙寅 6 日	丁卯 7 一	戊辰 8 二	己巳 9 三	庚午 10 四	辛未 11 五	壬申 12 六	癸酉 13 日	甲戌 14 一	乙亥 15 二	丙子 16 三	丁丑 17 四	戊寅 18 五	己卯 19 六	庚辰 20 日	辛巳 21 一	壬午 22 二	癸未 23 三	甲申 24 四	乙酉 25 五	丙戌 26 六	丁亥 27 日	戊子 28 一	己丑 29 二	庚寅 30 三	辛卯 31 四	庚午立夏 乙酉小滿
五月小	戊午 天干地支 西曆 星期	壬辰 (6) 五	癸巳 2 六	甲午 3 日	乙未 4 一	丙申 5 二	丁酉 6 三	戊戌 7 四	己亥 8 五	庚子 9 六	辛丑 10 日	壬寅 11 一	癸卯 12 二	甲辰 13 三	乙巳 14 四	丙午 15 五	丁未 16 六	戊申 17 日	己酉 18 一	庚戌 19 二	辛亥 20 三	壬子 21 四	癸丑 22 五	甲寅 23 六	乙卯 24 日	丙辰 25 一	丁巳 26 二	戊午 27 三	己未 28 四	庚申 29 五		庚子芒種 丙辰夏至
六月大	己未 天干地支 西曆 星期	辛酉 30 六	壬戌 (7) 日	癸亥 2 一	甲子 3 二	乙丑 4 三	丙寅 5 四	丁卯 6 五	戊辰 7 六	己巳 8 日	庚午 9 一	辛未 10 二	壬申 11 三	癸酉 12 四	甲戌 13 五	乙亥 14 六	丙子 15 日	丁丑 16 一	戊寅 17 二	己卯 18 三	庚辰 19 四	辛巳 20 五	壬午 21 六	癸未 22 日	甲申 23 一	乙酉 24 二	丙戌 25 三	丁亥 26 四	戊子 27 五	己丑 28 六	庚寅 29 日	辛未小暑 丙戌大暑
七月小	庚申 天干地支 西曆 星期	辛卯 30 一	壬辰 31 二	癸巳 (8) 三	甲午 2 四	乙未 3 五	丙申 4 六	丁酉 5 日	戊戌 6 一	己亥 7 二	庚子 8 三	辛丑 9 四	壬寅 10 五	癸卯 11 六	甲辰 12 日	乙巳 13 一	丙午 14 二	丁未 15 三	戊申 16 四	己酉 17 五	庚戌 18 六	辛亥 19 日	壬子 20 一	癸丑 21 二	甲寅 22 三	乙卯 23 四	丙辰 24 五	丁巳 25 六	戊午 26 日	己未 27 一		辛丑立秋 丁巳處暑
八月大	辛酉 天干地支 西曆 星期	庚申 28 二	辛酉 29 三	壬戌 30 四	癸亥 31 五	甲子 (9) 六	乙丑 2 日	丙寅 3 一	丁卯 4 二	戊辰 5 三	己巳 6 四	庚午 7 五	辛未 8 六	壬申 9 日	癸酉 10 一	甲戌 11 二	乙亥 12 三	丙子 13 四	丁丑 14 五	戊寅 15 六	己卯 16 日	庚辰 17 一	辛巳 18 二	壬午 19 三	癸未 20 四	甲申 21 五	乙酉 22 六	丙戌 23 日	丁亥 24 一	戊子 25 二	己丑 26 三	壬申白露 丁亥秋分
九月小	壬戌 天干地支 西曆 星期	庚寅 27 四	辛卯 28 五	壬辰 29 六	癸巳 30 日	甲午 (10) 一	乙未 2 二	丙申 3 三	丁酉 4 四	戊戌 5 五	己亥 6 六	庚子 7 日	辛丑 8 一	壬寅 9 二	癸卯 10 三	甲辰 11 四	乙巳 12 五	丙午 13 六	丁未 14 日	戊申 15 一	己酉 16 二	庚戌 17 三	辛亥 18 四	壬子 19 五	癸丑 20 六	甲寅 21 日	乙卯 22 一	丙辰 23 二	丁巳 24 三	戊午 25 四		壬寅寒露 丁巳霜降
十月大	癸亥 天干地支 西曆 星期	己未 26 五	庚申 27 六	辛酉 28 日	壬戌 29 一	癸亥 30 二	甲子 31 三	乙丑 (11) 四	丙寅 2 五	丁卯 3 六	戊辰 4 日	己巳 5 一	庚午 6 二	辛未 7 三	壬申 8 四	癸酉 9 五	甲戌 10 六	乙亥 11 日	丙子 12 一	丁丑 13 二	戊寅 14 三	己卯 15 四	庚辰 16 五	辛巳 17 六	壬午 18 日	癸未 19 一	甲申 20 二	乙酉 21 三	丙戌 22 四	丁亥 23 五	戊子 24 六	癸酉立冬 戊子小雪
十一月大	甲子 天干地支 西曆 星期	己丑 25 日	庚寅 26 一	辛卯 27 二	壬辰 28 三	癸巳 29 四	甲午 30 五	乙未 (12) 六	丙申 2 日	丁酉 3 一	戊戌 4 二	己亥 5 三	庚子 6 四	辛丑 7 五	壬寅 8 六	癸卯 9 日	甲辰 10 一	乙巳 11 二	丙午 12 三	丁未 13 四	戊申 14 五	己酉 15 六	庚戌 16 日	辛亥 17 一	壬子 18 二	癸丑 19 三	甲寅 20 四	乙卯 21 五	丙辰 22 六	丁巳 23 日	戊午 24 一	癸卯大雪 戊午冬至
閏十一月小	甲子 天干地支 西曆 星期	己未 25 二	庚申 26 三	辛酉 27 四	壬戌 28 五	癸亥 29 六	甲子 30 日	乙丑 31 一	丙寅 (1) 二	丁卯 2 三	戊辰 3 四	己巳 4 五	庚午 5 六	辛未 6 日	壬申 7 一	癸酉 8 二	甲戌 9 三	乙亥 10 四	丙子 11 五	丁丑 12 六	戊寅 13 日	己卯 14 一	庚辰 15 二	辛巳 16 三	壬午 17 四	癸未 18 五	甲申 19 六	乙酉 20 日	丙戌 21 一	丁亥 22 二		癸酉小寒
十二月小	乙丑 天干地支 西曆 星期	戊子 23 三	己丑 24 四	庚寅 25 五	辛卯 26 六	壬辰 27 日	癸巳 28 一	甲午 29 二	乙未 30 三	丙申 31 四	丁酉 (2) 五	戊戌 2 六	己亥 3 日	庚子 4 一	辛丑 5 二	壬寅 6 三	癸卯 7 四	甲辰 8 五	乙巳 9 六	丙午 10 日	丁未 11 一	戊申 12 二	己酉 13 三	庚戌 14 四	辛亥 15 五	壬子 16 六	癸丑 17 日	甲寅 18 一	乙卯 19 二	丙辰 20 三		己丑大寒 甲辰立春

* 正月，改元延熙。

蜀後主延熙二年（己未 羊年） 公元 239～240 年

夏曆月序	中西日曆對照	夏曆日序 初一～三十	節氣與天象
正月大	丙寅	丁巳21四／戊午22五／己未23六／庚申24日／辛酉25一／壬戌26二／癸亥27三／甲子28四／乙丑(3)五／丙寅2六／丁卯3日／戊辰4一／己巳5二／庚午6三／辛未7四／壬申8五／癸酉9六／甲戌10日／乙亥11一／丙子12二／丁丑13三／戊寅14四／己卯15五／庚辰16六／辛巳17日／壬午18一／癸未19二／甲申20三／乙酉21四／丙戌22五	己未雨水／甲戌驚蟄
二月小	丁卯	丁亥23六／戊子24日／己丑25一／庚寅26二／辛卯27三／壬辰28四／癸巳29五／甲午30六／乙未31日／丙申(4)一／丁酉2二／戊戌3三／己亥4四／庚子5五／辛丑6六／壬寅7日／癸卯8一／甲辰9二／乙巳10三／丙午11四／丁未12五／戊申13六／己酉14日／庚戌15一／辛亥16二／壬子17三／癸丑18四／甲寅19五／乙卯20六	庚寅春分／乙巳清明
三月大	戊辰	丙辰21日／丁巳22一／戊午23二／己未24三／庚申25四／辛酉26五／壬戌27六／癸亥28日／甲子29一／乙丑30二／丙寅(5)三／丁卯2四／戊辰3五／己巳4六／庚午5日／辛未6一／壬申7二／癸酉8三／甲戌9四／乙亥10五／丙子11六／丁丑12日／戊寅13一／己卯14二／庚辰15三／辛巳16四／壬午17五／癸未18六／甲申19日／乙酉20一	庚申穀雨／乙亥立夏
四月小	己巳	丙戌21二／丁亥22三／戊子23四／己丑24五／庚寅25六／辛卯26日／壬辰27一／癸巳28二／甲午29三／乙未30四／丙申31五／丁酉(6)六／戊戌2日／己亥3一／庚子4二／辛丑5三／壬寅6四／癸卯7五／甲辰8六／乙巳9日／丙午10一／丁未11二／戊申12三／己酉13四／庚戌14五／辛亥15六／壬子16日／癸丑17一／甲寅18二	庚寅小滿／丙午芒種
五月大	庚午	乙卯19三／丙辰20四／丁巳21五／戊午22六／己未23日／庚申24一／辛酉25二／壬戌26三／癸亥27四／甲子28五／乙丑29六／丙寅30日／丁卯(7)一／戊辰2二／己巳3三／庚午4四／辛未5五／壬申6六／癸酉7日／甲戌8一／乙亥9二／丙子10三／丁丑11四／戊寅12五／己卯13六／庚辰14日／辛巳15一／壬午16二／癸未17三／甲申18四	辛酉夏至／丙子小暑
六月小	辛未	乙酉19五／丙戌20六／丁亥21日／戊子22一／己丑23二／庚寅24三／辛卯25四／壬辰26五／癸巳27六／甲午28日／乙未29一／丙申30二／丁酉31三／戊戌(8)四／己亥2五／庚子3六／辛丑4日／壬寅5一／癸卯6二／甲辰7三／乙巳8四／丙午9五／丁未10六／戊申11日／己酉12一／庚戌13二／辛亥14三／壬子15四／癸丑16五	辛未大暑／丁未立秋
七月大	壬申	甲寅17六／乙卯18日／丙辰19一／丁巳20二／戊午21三／己未22四／庚申23五／辛酉24六／壬戌25日／癸亥26一／甲子27二／乙丑28三／丙寅29四／丁卯30五／戊辰31六／己巳(9)日／庚午2一／辛未3二／壬申4三／癸酉5四／甲戌6五／乙亥7六／丙子8日／丁丑9一／戊寅10二／己卯11三／庚辰12四／辛巳13五／壬午14六／癸未15日	壬戌處暑／丁丑白露
八月大	癸酉	甲申16一／乙酉17二／丙戌18三／丁亥19四／戊子20五／己丑21六／庚寅22日／辛卯23一／壬辰24二／癸巳25三／甲午26四／乙未27五／丙申28六／丁酉29日／戊戌30一／己亥(10)二／庚子2三／辛丑3四／壬寅4五／癸卯5六／甲辰6日／乙巳7一／丙午8二／丁未9三／戊申10四／己酉11五／庚戌12六／辛亥13日／壬子14一／癸丑15二	壬辰秋分／丁未寒露
九月小	甲戌	甲寅16三／乙卯17四／丙辰18五／丁巳19六／戊午20日／己未21一／庚申22二／辛酉23三／壬戌24四／癸亥25五／甲子26六／乙丑27日／丙寅28一／丁卯29二／戊辰30三／己巳31四／庚午(11)五／辛未2六／壬申3日／癸酉4一／甲戌5二／乙亥6三／丙子7四／丁丑8五／戊寅9六／己卯10日／庚辰11一／辛巳12二／壬午13三	癸亥霜降／戊寅立冬
十月大	乙亥	癸未14四／甲申15五／乙酉16六／丙戌17日／丁亥18一／戊子19二／己丑20三／庚寅21四／辛卯22五／壬辰23六／癸巳24日／甲午25一／乙未26二／丙申27三／丁酉28四／戊戌29五／己亥30六／庚子(12)日／辛丑2一／壬寅3二／癸卯4三／甲辰5四／乙巳6五／丙午7六／丁未8日／戊申9一／己酉10二／庚戌11三／辛亥12四／壬子13五	癸巳小雪／戊申大雪
十一月小	丙子	癸丑14六／甲寅15日／乙卯16一／丙辰17二／丁巳18三／戊午19四／己未20五／庚申21六／辛酉22日／壬戌23一／癸亥24二／甲子25三／乙丑26四／丙寅27五／丁卯28六／戊辰29日／己巳30一／庚午31二／辛未(1)三／壬申2四／癸酉3五／甲戌4六／乙亥5日／丙子6一／丁丑7二／戊寅8三／己卯9四／庚辰10五／辛巳11六	甲子冬至／己卯小寒
十二月大	丁丑	壬午12日／癸未13一／甲申14二／乙酉15三／丙戌16四／丁亥17五／戊子18六／己丑19日／庚寅20一／辛卯21二／壬辰22三／癸巳23四／甲午24五／乙未25六／丙申26日／丁酉27一／戊戌28二／己亥29三／庚子30四／辛丑31五／壬寅(2)六／癸卯2日／甲辰3一／乙巳4二／丙午5三／丁未6四／戊申7五／己酉8六／庚戌9日／辛亥10一	甲午大寒／己酉立春

蜀後主延熙三年（庚申 猴年） 公元240～241年

夏曆月序	中西曆對照	夏曆日序																													節氣與天象
		初一	初二	初三	初四	初五	初六	初七	初八	初九	初十	十一	十二	十三	十四	十五	十六	十七	十八	十九	二十	二一	二二	二三	二四	二五	二六	二七	二八	二九	三十	
正月小	戊寅	干支 天西曆 星期	壬子 11二	癸丑 12三	甲寅 13四	乙卯 14五	丙辰 15六	丁巳 16日	戊午 17一	己未 18二	庚申 19三	辛酉 20四	壬戌 21五	癸亥 22六	甲子 23日	乙丑 24一	丙寅 25二	丁卯 26三	戊辰 27四	己巳 28五	庚午 29六	辛未 (3)日	壬申 2一	癸酉 3二	甲戌 4三	乙亥 5四	丙子 6五	丁丑 7六	戊寅 8日	己卯 9一	庚辰 10二		甲子雨水 庚辰驚蟄
二月大	己卯	干支 天西曆 星期	辛巳 11三	壬午 12四	癸未 13五	甲申 14六	乙酉 15日	丙戌 16一	丁亥 17二	戊子 18三	己丑 19四	庚寅 20五	辛卯 21六	壬辰 22日	癸巳 23一	甲午 24二	乙未 25三	丙申 26四	丁酉 27五	戊戌 28六	己亥 29日	庚子 30一	辛丑 31二	壬寅 (4)三	癸卯 2四	甲辰 3五	乙巳 4六	丙午 5日	丁未 6一	戊申 7二	己酉 8三	庚戌 9四		乙未春分 庚戌清明
三月小	庚辰	干支 天西曆 星期	辛亥 10五	壬子 11六	癸丑 12日	甲寅 13一	乙卯 14二	丙辰 15三	丁巳 16四	戊午 17五	己未 18六	庚申 19日	辛酉 20一	壬戌 21二	癸亥 22三	甲子 23四	乙丑 24五	丙寅 25六	丁卯 26日	戊辰 27一	己巳 28二	庚午 29三	辛未 30四	壬申 (5)五	癸酉 2六	甲戌 3日	乙亥 4一	丙子 5二	丁丑 6三	戊寅 7四	己卯 8五			乙丑穀雨
四月大	辛巳	干支 天西曆 星期	庚辰 9六	辛巳 10日	壬午 11一	癸未 12二	甲申 13三	乙酉 14四	丙戌 15五	丁亥 16六	戊子 17日	己丑 18一	庚寅 19二	辛卯 20三	壬辰 21四	癸巳 22五	甲午 23六	乙未 24日	丙申 25一	丁酉 26二	戊戌 27三	己亥 28四	庚子 29五	辛丑 30六	壬寅 31日	癸卯 (6)一	甲辰 2二	乙巳 3三	丙午 4四	丁未 5五	戊申 6六	己酉 7日		庚辰立夏 丙申小滿
五月小	壬午	干支 天西曆 星期	庚戌 8一	辛亥 9二	壬子 10三	癸丑 11四	甲寅 12五	乙卯 13六	丙辰 14日	丁巳 15一	戊午 16二	己未 17三	庚申 18四	辛酉 19五	壬戌 20六	癸亥 21日	甲子 22一	乙丑 23二	丙寅 24三	丁卯 25四	戊辰 26五	己巳 27六	庚午 28日	辛未 29一	壬申 (7)二	癸酉 2三	甲戌 3四	乙亥 4五	丙子 5六	丁丑 6一				辛亥芒種 丙寅夏至
六月大	癸未	干支 天西曆 星期	己卯 7二	庚辰 8三	辛巳 9四	壬午 10五	癸未 11六	甲申 12日	乙酉 13一	丙戌 14二	丁亥 15三	戊子 16四	己丑 17五	庚寅 18六	辛卯 19日	壬辰 20一	癸巳 21二	甲午 22三	乙未 23四	丙申 24五	丁酉 25六	戊戌 26日	己亥 27一	庚子 28二	辛丑 29三	壬寅 30四	癸卯 31五	甲辰 (8)六	乙巳 2日	丙午 3一	丁未 4二	戊申 5三		辛巳小暑 丁酉大暑 戊申日食
七月小	甲申	干支 天西曆 星期	己酉 6四	庚戌 7五	辛亥 8六	壬子 9日	癸丑 10一	甲寅 11二	乙卯 12三	丙辰 13四	丁巳 14五	戊午 15六	己未 16日	庚申 17一	辛酉 18二	壬戌 19三	癸亥 20四	甲子 21五	乙丑 22六	丙寅 23日	丁卯 24一	戊辰 25二	己巳 26三	庚午 27四	辛未 28五	壬申 29六	癸酉 30日	甲戌 (9)一	乙亥 2二	丙子 3三	丁丑 4四			壬子立秋 丁卯處暑
八月大	乙酉	干支 天西曆 星期	戊寅 5五	己卯 6六	庚辰 7日	辛巳 8一	壬午 9二	癸未 10三	甲申 11四	乙酉 12五	丙戌 13六	丁亥 14日	戊子 15一	己丑 16二	庚寅 17三	辛卯 18四	壬辰 19五	癸巳 20六	甲午 21日	乙未 22一	丙申 23二	丁酉 24三	戊戌 25四	己亥 26五	庚子 27六	辛丑 28日	壬寅 29一	癸卯 30二	甲辰 (10)三	乙巳 2四	丙午 3五	丁未 4六		壬午白露 丁酉秋分
九月小	丙戌	干支 天西曆 星期	戊申 4日	己酉 5一	庚戌 6二	辛亥 7三	壬子 8四	癸丑 9五	甲寅 10六	乙卯 11日	丙辰 12一	丁巳 13二	戊午 14三	己未 15四	庚申 16五	辛酉 17六	壬戌 18日	癸亥 19一	甲子 20二	乙丑 21三	丙寅 22四	丁卯 23五	戊辰 24六	己巳 25日	庚午 26一	辛未 27二	壬申 28三	癸酉 29四	甲戌 30五	乙亥 31六	丙子 (11)日			癸丑寒露 戊辰霜降
十月大	丁亥	干支 天西曆 星期	丁丑 2一	戊寅 3二	己卯 4三	庚辰 5四	辛巳 6五	壬午 7六	癸未 8日	甲申 9一	乙酉 10二	丙戌 11三	丁亥 12四	戊子 13五	己丑 14六	庚寅 15日	辛卯 16一	壬辰 17二	癸巳 18三	甲午 19四	乙未 20五	丙申 21六	丁酉 22日	戊戌 23一	己亥 24二	庚子 25三	辛丑 26四	壬寅 27五	癸卯 28六	甲辰 29日	乙巳 30一	丙午 (12)二	癸未立冬 戊戌小雪
十一月大	戊子	干支 天西曆 星期	丁未 2三	戊申 3四	己酉 4五	庚戌 5六	辛亥 6日	壬子 7一	癸丑 8二	甲寅 9三	乙卯 10四	丙辰 11五	丁巳 12六	戊午 13日	己未 14一	庚申 15二	辛酉 16三	壬戌 17四	癸亥 18五	甲子 19六	乙丑 20日	丙寅 21一	丁卯 22二	戊辰 23三	己巳 24四	庚午 25五	辛未 26六	壬申 27日	癸酉 28一	甲戌 29二	乙亥 30三	丙子 31四	甲寅大雪 己巳冬至
十二月小	己丑	干支 天西曆 星期	丁丑 (1)五	戊寅 2六	己卯 3日	庚辰 4一	辛巳 5二	壬午 6三	癸未 7四	甲申 8五	乙酉 9六	丙戌 10日	丁亥 11一	戊子 12二	己丑 13三	庚寅 14四	辛卯 15五	壬辰 16六	癸巳 17日	甲午 18一	乙未 19二	丙申 20三	丁酉 21四	戊戌 22五	己亥 23六	庚子 24日	辛丑 25一	壬寅 26二	癸卯 27三	甲辰 28四	乙巳 29五		甲申小寒 己亥大寒

蜀後主延熙四年（辛酉 雞年） 公元241～242年

夏曆月序	中西曆對照	夏曆日序																													節氣與天象
		初一	初二	初三	初四	初五	初六	初七	初八	初九	初十	十一	十二	十三	十四	十五	十六	十七	十八	十九	二十	廿一	廿二	廿三	廿四	廿五	廿六	廿七	廿八	廿九	三十	
正月大	庚寅 天干地支 西曆 星期	丙午 30 六	丁未 31(2) 日	戊申 2 一	己酉 3 二	庚戌 4 三	辛亥 5 四	壬子 6 五	癸丑 7 六	甲寅 8 日	乙卯 9 一	丙辰 10 二	丁巳 11 三	戊午 12 四	己未 13 五	庚申 14 六	辛酉 15 日	壬戌 16 一	癸亥 17 二	甲子 18 三	乙丑 19 四	丙寅 20 五	丁卯 21 六	戊辰 22 日	己巳 23 一	庚午 24 二	辛未 25 三	壬申 26 四	癸酉 27 五	甲戌 28 六	乙亥	甲寅立春 庚午雨水
二月小	辛卯 天干地支 西曆 星期	丙子 (3) 日	丁丑 2 一	戊寅 3 二	己卯 4 三	庚辰 5 四	辛巳 6 五	壬午 7 六	癸未 8 日	甲申 9 一	乙酉 10 二	丙戌 11 三	丁亥 12 四	戊子 13 五	己丑 14 六	庚寅 15 日	辛卯 16 一	壬辰 17 二	癸巳 18 三	甲午 19 四	乙未 20 五	丙申 21 六	丁酉 22 日	戊戌 23 一	己亥 24 二	庚子 25 三	辛丑 26 四	壬寅 27 五	癸卯 28 六	甲辰 29 日		乙酉驚蟄 庚子春分
三月大	壬辰 天干地支 西曆 星期	乙巳 30 一	丙午 31 二	丁未 (4) 三	戊申 2 四	己酉 3 五	庚戌 4 六	辛亥 5 日	壬子 6 一	癸丑 7 二	甲寅 8 三	乙卯 9 四	丙辰 10 五	丁巳 11 六	戊午 12 日	己未 13 一	庚申 14 二	辛酉 15 三	壬戌 16 四	癸亥 17 五	甲子 18 六	乙丑 19 日	丙寅 20 一	丁卯 21 二	戊辰 22 三	己巳 23 四	庚午 24 五	辛未 25 六	壬申 26 日	癸酉 27 一	甲戌 28 二	乙卯清明 辛未穀雨
四月小	癸巳 天干地支 西曆 星期	乙亥 29 三	丙子 30 四	丁丑 (5) 五	戊寅 2 六	己卯 3 日	庚辰 4 一	辛巳 5 二	壬午 6 三	癸未 7 四	甲申 8 五	乙酉 9 六	丙戌 10 日	丁亥 11 一	戊子 12 二	己丑 13 三	庚寅 14 四	辛卯 15 五	壬辰 16 六	癸巳 17 日	甲午 18 一	乙未 19 二	丙申 20 三	丁酉 21 四	戊戌 22 五	己亥 23 六	庚子 24 日	辛丑 25 一	壬寅 26 二	癸卯 27 三		丙戌立夏 辛丑小滿
五月大	甲午 天干地支 西曆 星期	甲辰 28 四	乙巳 29 五	丙午 30 六	丁未 31 日	戊申 (6) 一	己酉 2 二	庚戌 3 三	辛亥 4 四	壬子 5 五	癸丑 6 六	甲寅 7 日	乙卯 8 一	丙辰 9 二	丁巳 10 三	戊午 11 四	己未 12 五	庚申 13 六	辛酉 14 日	壬戌 15 一	癸亥 16 二	甲子 17 三	乙丑 18 四	丙寅 19 五	丁卯 20 六	戊辰 21 日	己巳 22 一	庚午 23 二	辛未 24 三	壬申 25 四	癸酉 26 五	丙辰芒種 辛未夏至
六月小	乙未 天干地支 西曆 星期	甲戌 27 六	乙亥 28 日	丙子 29 一	丁丑 30 二	戊寅 (7) 三	己卯 2 四	庚辰 3 五	辛巳 4 六	壬午 5 日	癸未 6 一	甲申 7 二	乙酉 8 三	丙戌 9 四	丁亥 10 五	戊子 11 六	己丑 12 日	庚寅 13 一	辛卯 14 二	壬辰 15 三	癸巳 16 四	甲午 17 五	乙未 18 六	丙申 19 日	丁酉 20 一	戊戌 21 二	己亥 22 三	庚子 23 四	辛丑 24 五	壬寅 25 六		丁亥小暑 壬寅大暑
七月大	丙申 天干地支 西曆 星期	癸卯 26 一	甲辰 27 二	乙巳 28 三	丙午 29 四	丁未 30 五	戊申 31 六	己酉 (8) 日	庚戌 2 一	辛亥 3 二	壬子 4 三	癸丑 5 四	甲寅 6 五	乙卯 7 六	丙辰 8 日	丁巳 9 一	戊午 10 二	己未 11 三	庚申 12 四	辛酉 13 五	壬戌 14 六	癸亥 15 日	甲子 16 一	乙丑 17 二	丙寅 18 三	丁卯 19 四	戊辰 20 五	己巳 21 六	庚午 22 日	辛未 23 一	壬申 24 二	丁巳立秋 壬申處暑
閏七月小	丙申 天干地支 西曆 星期	癸酉 25 三	甲戌 26 四	乙亥 27 五	丙子 28 六	丁丑 29 日	戊寅 30 一	己卯 31 二	庚辰 (9) 三	辛巳 2 四	壬午 3 五	癸未 4 六	甲申 5 日	乙酉 6 一	丙戌 7 二	丁亥 8 三	戊子 9 四	己丑 10 五	庚寅 11 六	辛卯 12 日	壬辰 13 一	癸巳 14 二	甲午 15 三	乙未 16 四	丙申 17 五	丁酉 18 六	戊戌 19 日	己亥 20 一	庚子 21 二	辛丑 22 三		丁亥白露
八月大	丁酉 天干地支 西曆 星期	壬寅 23 四	癸卯 24 五	甲辰 25 六	乙巳 26 日	丙午 27 一	丁未 28 二	戊申 29 三	己酉 (10) 四	庚戌 2 五	辛亥 3 六	壬子 4 日	癸丑 5 一	甲寅 6 二	乙卯 7 三	丙辰 8 四	丁巳 9 五	戊午 10 六	己未 11 日	庚申 12 一	辛酉 13 二	壬戌 14 三	癸亥 15 四	甲子 16 五	乙丑 17 六	丙寅 18 日	丁卯 19 一	戊辰 20 二	己巳 21 三	庚午 22 四	辛未 23 五	癸卯秋分 戊午寒露
九月小	戊戌 天干地支 西曆 星期	壬申 23 六	癸酉 24 日	甲戌 25 一	乙亥 26 二	丙子 27 三	丁丑 28 四	戊寅 29 五	己卯 30 六	庚辰 31 日	辛巳 (11) 一	壬午 2 二	癸未 3 三	甲申 4 四	乙酉 5 五	丙戌 6 六	丁亥 7 日	戊子 8 一	己丑 9 二	庚寅 10 三	辛卯 11 四	壬辰 12 五	癸巳 13 六	甲午 14 日	乙未 15 一	丙申 16 二	丁酉 17 三	戊戌 18 四	己亥 19 五	庚子 20 六		癸酉霜降 戊子立冬
十月大	己亥 天干地支 西曆 星期	辛丑 21 日	壬寅 22 一	癸卯 23 二	甲辰 24 三	乙巳 25 四	丙午 26 五	丁未 27 六	戊申 28 日	己酉 29 一	庚戌 30 二	辛亥 (12) 三	壬子 2 四	癸丑 3 五	甲寅 4 六	乙卯 5 日	丙辰 6 一	丁巳 7 二	戊午 8 三	己未 9 四	庚申 10 五	辛酉 11 六	壬戌 12 日	癸亥 13 一	甲子 14 二	乙丑 15 三	丙寅 16 四	丁卯 17 五	戊辰 18 六	己巳 19 日	庚午 20 一	甲辰小雪 己未大雪
十一月小	庚子 天干地支 西曆 星期	辛未 21 二	壬申 22 三	癸酉 23 四	甲戌 24 五	乙亥 25 六	丙子 26 日	丁丑 27 一	戊寅 28 二	己卯 29 三	庚辰 30 四	辛巳 31 五	壬午 (1) 六	癸未 2 日	甲申 3 一	乙酉 4 二	丙戌 5 三	丁亥 6 四	戊子 7 五	己丑 8 六	庚寅 9 日	辛卯 10 一	壬辰 11 二	癸巳 12 三	甲午 13 四	乙未 14 五	丙申 15 六	丁酉 16 日	戊戌 17 一	己亥 18 二		甲戌冬至 己丑小寒
十二月大	辛丑 天干地支 西曆 星期	庚子 19 三	辛丑 20 四	壬寅 21 五	癸卯 22 六	甲辰 23 日	乙巳 24 一	丙午 25 二	丁未 26 三	戊申 27 四	己酉 28 五	庚戌 29 六	辛亥 30 日	壬子 31 一	癸丑 (2) 二	甲寅 2 三	乙卯 3 四	丙辰 4 五	丁巳 5 六	戊午 6 日	己未 7 一	庚申 8 二	辛酉 9 三	壬戌 10 四	癸亥 11 五	甲子 12 六	乙丑 13 日	丙寅 14 一	丁卯 15 二	戊辰 16 三	己巳 17 四	甲申大寒 庚申立春

蜀後主延熙五年（壬戌 狗年） 公元 242～243 年

夏曆月序	中西曆對照	夏曆日序																														節氣與天象
		初一	初二	初三	初四	初五	初六	初七	初八	初九	初十	十一	十二	十三	十四	十五	十六	十七	十八	十九	二十	二一	二二	二三	二四	二五	二六	二七	二八	二九	三十	
正月小 壬寅	天干地支／西曆日照／星期	庚午18五	辛未19六	壬申20日	癸酉21一	甲戌22二	乙亥23三	丙子24四	丁丑25五	戊寅26六	己卯27日	庚辰28一	辛巳(3)二	壬午2三	癸未3四	甲申4五	乙酉5六	丙戌6日	丁亥7一	戊子8二	己丑9三	庚寅10四	辛卯11五	壬辰12六	癸巳13日	甲午14一	乙未15二	丙申16三	丁酉17四	戊戌18五		乙亥雨水 庚寅驚蟄
二月大 癸卯	天干地支／西曆日照／星期	己亥19六	庚子20日	辛丑21一	壬寅22二	癸卯23三	甲辰24四	乙巳25五	丙午26六	丁未27日	戊申28一	己酉29二	庚戌30三	辛亥31四	壬子(4)五	癸丑2六	甲寅3日	乙卯4一	丙辰5二	丁巳6三	戊午7四	己未8五	庚申9六	辛酉10日	壬戌11一	癸亥12二	甲子13三	乙丑14四	丙寅15五	丁卯16六	戊辰17日	乙巳春分 辛酉清明
三月大 甲辰	天干地支／西曆日照／星期	己巳18一	庚午19二	辛未20三	壬申21四	癸酉22五	甲戌23六	乙亥24日	丙子25一	丁丑26二	戊寅27三	己卯28四	庚辰29五	辛巳30六	壬午(5)日	癸未2一	甲申3二	乙酉4三	丙戌5四	丁亥6五	戊子7六	己丑8日	庚寅9一	辛卯10二	壬辰11三	癸巳12四	甲午13五	乙未14六	丙申15日	丁酉16一	戊戌17二	丙子穀雨 辛卯立夏
四月小 乙巳	天干地支／西曆日照／星期	己亥18三	庚子19四	辛丑20五	壬寅21六	癸卯22日	甲辰23一	乙巳24二	丙午25三	丁未26四	戊申27五	己酉28六	庚戌29日	辛亥30一	壬子31二	癸丑(6)三	甲寅2四	乙卯3五	丙辰4六	丁巳5日	戊午6一	己未7二	庚申8三	辛酉9四	壬戌10五	癸亥11六	甲子12日	乙丑13一	丙寅14二	丁卯15三		丙午小滿 辛酉芒種
五月大 丙午	天干地支／西曆日照／星期	戊辰16四	己巳17五	庚午18六	辛未19日	壬申20一	癸酉21二	甲戌22三	乙亥23四	丙子24五	丁丑25六	戊寅26日	己卯27一	庚辰28二	辛巳29三	壬午30四	癸未(7)五	甲申2六	乙酉3日	丙戌4一	丁亥5二	戊子6三	己丑7四	庚寅8五	辛卯9六	壬辰10日	癸巳11一	甲午12二	乙未13三	丙申14四	丁酉15五	丁丑夏至 壬辰小暑
六月小 丁未	天干地支／西曆日照／星期	戊戌16六	己亥17日	庚子18一	辛丑19二	壬寅20三	癸卯21四	甲辰22五	乙巳23六	丙午24日	丁未25一	戊申26二	己酉27三	庚戌28四	辛亥29五	壬子30六	癸丑31日	甲寅(8)一	乙卯2二	丙辰3三	丁巳4四	戊午5五	己未6六	庚申7日	辛酉8一	壬戌9二	癸亥10三	甲子11四	乙丑12五	丙寅13六		丁未大暑 壬戌立秋
七月大 戊申	天干地支／西曆日照／星期	丁卯14日	戊辰15一	己巳16二	庚午17三	辛未18四	壬申19五	癸酉20六	甲戌21日	乙亥22一	丙子23二	丁丑24三	戊寅25四	己卯26五	庚辰27六	辛巳28日	壬午29一	癸未30二	甲申31三	乙酉(9)四	丙戌2五	丁亥3六	戊子4日	己丑5一	庚寅6二	辛卯7三	壬辰8四	癸巳9五	甲午10六	乙未11日	丙申12一	戊寅處暑 癸巳白露
八月小 己酉	天干地支／西曆日照／星期	丁酉13二	戊戌14三	己亥15四	庚子16五	辛丑17六	壬寅18日	癸卯19一	甲辰20二	乙巳21三	丙午22四	丁未23五	戊申24六	己酉25日	庚戌26一	辛亥27二	壬子28三	癸丑29四	甲寅30五	乙卯(10)六	丙辰2日	丁巳3一	戊午4二	己未5三	庚申6四	辛酉7五	壬戌8六	癸亥9日	甲子10一	乙丑11二		戊申秋分 癸亥寒露
九月大 庚戌	天干地支／西曆日照／星期	丙寅12三	丁卯13四	戊辰14五	己巳15六	庚午16日	辛未17一	壬申18二	癸酉19三	甲戌20四	乙亥21五	丙子22六	丁丑23日	戊寅24一	己卯25二	庚辰26三	辛巳27四	壬午28五	癸未29六	甲申30日	乙酉31一	丙戌(11)二	丁亥2三	戊子3四	己丑4五	庚寅5六	辛卯6日	壬辰7一	癸巳8二	甲午9三	乙未10四	戊寅霜降 甲午立冬
十月小 辛亥	天干地支／西曆日照／星期	丙申11五	丁酉12六	戊戌13日	己亥14一	庚子15二	辛丑16三	壬寅17四	癸卯18五	甲辰19六	乙巳20日	丙午21一	丁未22二	戊申23三	己酉24四	庚戌25五	辛亥26六	壬子27日	癸丑28一	甲寅29二	乙卯30三	丙辰(12)四	丁巳2五	戊午3六	己未4日	庚申5一	辛酉6二	壬戌7三	癸亥8四	甲子9五		己酉小雪 甲子大雪
十一月大 壬子	天干地支／西曆日照／星期	乙丑10六	丙寅11日	丁卯12一	戊辰13二	己巳14三	庚午15四	辛未16五	壬申17六	癸酉18日	甲戌19一	乙亥20二	丙子21三	丁丑22四	戊寅23五	己卯24六	庚辰25日	辛巳26一	壬午27二	癸未28三	甲申29四	乙酉30五	丙戌31六	丁亥(1)日	戊子2一	己丑3二	庚寅4三	辛卯5四	壬辰6五	癸巳7六	甲午8日	己卯冬至 甲午小寒
十二月小 癸丑	天干地支／西曆日照／星期	乙未9一	丙申10二	丁酉11三	戊戌12四	己亥13五	庚子14六	辛丑15日	壬寅16一	癸卯17二	甲辰18三	乙巳19四	丙午20五	丁未21六	戊申22日	己酉23一	庚戌24二	辛亥25三	壬子26四	癸丑27五	甲寅28六	乙卯29日	丙辰30一	丁巳31二	戊午(2)三	己未2四	庚申3五	辛酉4六	壬戌5日	癸亥6一		庚戌大寒

蜀後主延熙六年（癸亥 猪年） 公元243～244年

夏曆月序	西中曆日對照	夏曆日序 初一	初二	初三	初四	初五	初六	初七	初八	初九	初十	十一	十二	十三	十四	十五	十六	十七	十八	十九	二十	二一	二二	二三	二四	二五	二六	二七	二八	二九	三十	節氣與天象
正月大	甲寅 天干地支西曆星期	甲子8三	乙丑9四	丙寅10五	丁卯11六	戊辰12日	己巳13一	庚午14二	辛未15三	壬申16四	癸酉17五	甲戌18六	乙亥19日	丙子20一	丁丑21二	戊寅22三	己卯23四	庚辰24五	辛巳25六	壬午26日	癸未27一	甲申28二	乙酉29三	丙戌(3)四	丁亥2五	戊子3六	己丑4日	庚寅5一	辛卯6二	壬辰7三	癸巳8四	乙丑立春 庚辰雨水
二月小	乙卯 天干地支西曆星期	甲午9五	乙未10六	丙申11日	丁酉12一	戊戌13二	己亥14三	庚子15四	辛丑16五	壬寅17六	癸卯18日	甲辰19一	乙巳20二	丙午21三	丁未22四	戊申23五	己酉24六	庚戌25日	辛亥26一	壬子27二	癸丑28三	甲寅29四	乙卯30五	丙辰31六	丁巳(4)日	戊午2一	己未3二	庚申4三	辛酉5四	壬戌6五		乙未驚蟄 辛亥春分
三月大	丙辰 天干地支西曆星期	癸亥7六	甲子8日	乙丑9一	丙寅10二	丁卯11三	戊辰12四	己巳13五	庚午14六	辛未15日	壬申16一	癸酉17二	甲戌18三	乙亥19四	丙子20五	丁丑21六	戊寅22日	己卯23一	庚辰24二	辛巳25三	壬午26四	癸未27五	甲申28六	乙酉29日	丙戌30一	丁亥(5)二	戊子2三	己丑3四	庚寅4五	辛卯5六	壬辰6日	丙寅清明 辛巳穀雨
四月小	丁巳 天干地支西曆星期	癸巳7一	甲午8二	乙未9三	丙申10四	丁酉11五	戊戌12六	己亥13日	庚子14一	辛丑15二	壬寅16三	癸卯17四	甲辰18五	乙巳19六	丙午20日	丁未21一	戊申22二	己酉23三	庚戌24四	辛亥25五	壬子26六	癸丑27日	甲寅28一	乙卯29二	丙辰30三	丁巳31四	戊午(6)五	己未2六	庚申3日	辛酉4一		丙申立夏 辛亥小滿
五月大	戊午 天干地支西曆星期	壬戌5二	癸亥6三	甲子7四	乙丑8五	丙寅9六	丁卯10日	戊辰11一	己巳12二	庚午13三	辛未14四	壬申15五	癸酉16六	甲戌17日	乙亥18一	丙子19二	丁丑20三	戊寅21四	己卯22五	庚辰23六	辛巳24日	壬午25一	癸未26二	甲申27三	乙酉28四	丙戌29五	丁亥30六	戊子(7)日	己丑2一	庚寅3二	辛卯4三	丁卯芒種 壬午夏至 壬戌日食
六月大	己未 天干地支西曆星期	壬辰5四	癸巳6五	甲午7六	乙未8日	丙申9一	丁酉10二	戊戌11三	己亥12四	庚子13五	辛丑14六	壬寅15日	癸卯16一	甲辰17二	乙巳18三	丙午19四	丁未20五	戊申21六	己酉22日	庚戌23一	辛亥24二	壬子25三	癸丑26四	甲寅27五	乙卯28六	丙辰29日	丁巳30一	戊午31二	己未(8)三	庚申2四	辛酉3五	丁酉小暑 壬子大暑
七月小	庚申 天干地支西曆星期	壬戌4六	癸亥5日	甲子6一	乙丑7二	丙寅8三	丁卯9四	戊辰10五	己巳11六	庚午12日	辛未13一	壬申14二	癸酉15三	甲戌16四	乙亥17五	丙子18六	丁丑19日	戊寅20一	己卯21二	庚辰22三	辛巳23四	壬午24五	癸未25六	甲申26日	乙酉27一	丙戌28二	丁亥29三	戊子30四	己丑31五	庚寅(9)六		戊辰立秋 癸未處暑
八月大	辛酉 天干地支西曆星期	辛卯2日	壬辰3一	癸巳4二	甲午5三	乙未6四	丙申7五	丁酉8六	戊戌9日	己亥10一	庚子11二	辛丑12三	壬寅13四	癸卯14五	甲辰15六	乙巳16日	丙午17一	丁未18二	戊申19三	己酉20四	庚戌21五	辛亥22六	壬子23日	癸丑24一	甲寅25二	乙卯26三	丙辰27四	丁巳28五	戊午29六	己未30日	庚申(10)一	戊戌白露 癸丑秋分
九月小	壬戌 天干地支西曆星期	辛酉2二	壬戌3三	癸亥4四	甲子5五	乙丑6六	丙寅7日	丁卯8一	戊辰9二	己巳10三	庚午11四	辛未12五	壬申13六	癸酉14日	甲戌15一	乙亥16二	丙子17三	丁丑18四	戊寅19五	己卯20六	庚辰21日	辛巳22一	壬午23二	癸未24三	甲申25四	乙酉26五	丙戌27六	丁亥28日	戊子29一	己丑30二		戊辰寒露 甲申霜降
十月大	癸亥 天干地支西曆星期	庚寅31三	辛卯(11)四	壬辰2五	癸巳3六	甲午4日	乙未5一	丙申6二	丁酉7三	戊戌8四	己亥9五	庚子10六	辛丑11日	壬寅12一	癸卯13二	甲辰14三	乙巳15四	丙午16五	丁未17六	戊申18日	己酉19一	庚戌20二	辛亥21三	壬子22四	癸丑23五	甲寅24六	乙卯25日	丙辰26一	丁巳27二	戊午28三	己未29四	己亥立冬 甲寅小雪
十一月小	甲子 天干地支西曆星期	庚申30五	辛酉(12)六	壬戌2日	癸亥3一	甲子4二	乙丑5三	丙寅6四	丁卯7五	戊辰8六	己巳9日	庚午10一	辛未11二	壬申12三	癸酉13四	甲戌14五	乙亥15六	丙子16日	丁丑17一	戊寅18二	己卯19三	庚辰20四	辛巳21五	壬午22六	癸未23日	甲申24一	乙酉25二	丙戌26三	丁亥27四	戊子28五		己巳大雪 乙酉冬至
十二月大	乙丑 天干地支西曆星期	己丑29六	庚寅30日	辛卯31一	壬辰(1)二	癸巳2三	甲午3四	乙未4五	丙申5六	丁酉6日	戊戌7一	己亥8二	庚子9三	辛丑10四	壬寅11五	癸卯12六	甲辰13日	乙巳14一	丙午15二	丁未16三	戊申17四	己酉18五	庚戌19六	辛亥20日	壬子21一	癸丑22二	甲寅23三	乙卯24四	丙辰25五	丁巳26六	戊午27日	庚子小寒 乙卯大寒

蜀後主延熙七年（甲子 鼠年） 公元 244～245 年

夏曆月序	中西曆對照	夏曆日序 初一～三十	節氣與天象
正月小	丙寅	己未28日一／庚申29日二／辛酉30日三／壬戌31日四／癸亥(2)五／甲子2日六／乙丑3日日／丙寅4日一／丁卯5日二／戊辰6日三／己巳7日四／庚午8日五／辛未9日六／壬申10日日／癸酉11日一／甲戌12日二／乙亥13日三／丙子14日四／丁丑15日五／戊寅16日六／己卯17日日／庚辰18日一／辛巳19日二／壬午20日三／癸未21日四／甲申22日五／乙酉23日六／丙戌24日日／丁亥25日一	庚午立春 乙酉雨水
二月大	丁卯	戊子26日二／己丑27日三／庚寅28日四／辛卯29日五／壬辰(3)六／癸巳2日日／甲午3日一／乙未4日二／丙申5日三／丁酉6日四／戊戌7日五／己亥8日六／庚子9日日／辛丑10日一／壬寅11日二／癸卯12日三／甲辰13日四／乙巳14日五／丙午15日六／丁未16日日／戊申17日一／己酉18日二／庚戌19日三／辛亥20日四／壬子21日五／癸丑22日六／甲寅23日日／乙卯24日一／丙辰25日二／丁巳26日三	辛丑驚蟄 丙辰春分
三月小	戊辰	戊午27日三／己未28日四／庚申29日五／辛酉30日六／壬戌31日日／癸亥(4)一／甲子2日二／乙丑3日三／丙寅4日四／丁卯5日五／戊辰6日六／己巳7日日／庚午8日一／辛未9日二／壬申10日三／癸酉11日四／甲戌12日五／乙亥13日六／丙子14日日／丁丑15日一／戊寅16日二／己卯17日三／庚辰18日四／辛巳19日五／壬午20日六／癸未21日日／甲申22日一／乙酉23日二／丙戌24日三	辛未清明 丙戌穀雨
閏三月大	戊辰	丁亥25日四／戊子26日五／己丑27日六／庚寅28日日／辛卯29日一／壬辰30日二／癸巳(5)三／甲午2日四／乙未3日五／丙申4日六／丁酉5日日／戊戌6日一／己亥7日二／庚子8日三／辛丑9日四／壬寅10日五／癸卯11日六／甲辰12日日／乙巳13日一／丙午14日二／丁未15日三／戊申16日四／己酉17日五／庚戌18日六／辛亥19日日／壬子20日一／癸丑21日二／甲寅22日三／乙卯23日四／丙辰24日五	辛丑立夏 丙辰日食
四月小	己巳	丁巳25日六／戊午26日日／己未27日一／庚申28日二／辛酉29日三／壬戌30日四／癸亥31日五／甲子(6)六／乙丑2日日／丙寅3日一／丁卯4日二／戊辰5日三／己巳6日四／庚午7日五／辛未8日六／壬申9日日／癸酉10日一／甲戌11日二／乙亥12日三／丙子13日四／丁丑14日五／戊寅15日六／己卯16日日／庚辰17日一／辛巳18日二／壬午19日三／癸未20日四／甲申21日五／乙酉22日六	丁巳小滿 壬申芒種
五月大	庚午	丙戌23日日／丁亥24日一／戊子25日二／己丑26日三／庚寅27日四／辛卯28日五／壬辰29日六／癸巳30日日／甲午(7)一／乙未2日二／丙申3日三／丁酉4日四／戊戌5日五／己亥6日六／庚子7日日／辛丑8日一／壬寅9日二／癸卯10日三／甲辰11日四／乙巳12日五／丙午13日六／丁未14日日／戊申15日一／己酉16日二／庚戌17日三／辛亥18日四／壬子19日五／癸丑20日六／甲寅21日日／乙卯22日一	丁亥夏至 壬寅小暑
六月小	辛未	丙辰23日二／丁巳24日三／戊午25日四／己未26日五／庚申27日六／辛酉28日日／壬戌29日一／癸亥30日二／甲子31日三／乙丑(8)四／丙寅2日五／丁卯3日六／戊辰4日日／己巳5日一／庚午6日二／辛未7日三／壬申8日四／癸酉9日五／甲戌10日六／乙亥11日日／丙子12日一／丁丑13日二／戊寅14日三／己卯15日四／庚辰16日五／辛巳17日六／壬午18日日／癸未19日一／甲申20日二	戊午大暑 癸酉立秋
七月大	壬申	乙酉21日三／丙戌22日四／丁亥23日五／戊子24日六／己丑25日日／庚寅26日一／辛卯27日二／壬辰28日三／癸巳29日四／甲午30日五／乙未31日六／丙申(9)日／丁酉2日一／戊戌3日二／己亥4日三／庚子5日四／辛丑6日五／壬寅7日六／癸卯8日日／甲辰9日一／乙巳10日二／丙午11日三／丁未12日四／戊申13日五／己酉14日六／庚戌15日日／辛亥16日一／壬子17日二／癸丑18日三／甲寅19日四	戊子處暑 癸卯白露
八月小	癸酉	乙卯20日五／丙辰21日六／丁巳22日日／戊午23日一／己未24日二／庚申25日三／辛酉26日四／壬戌27日五／癸亥28日六／甲子29日日／乙丑30日一／丙寅31日二／丁卯(10)三／戊辰2日四／己巳3日五／庚午4日六／辛未5日日／壬申6日一／癸酉7日二／甲戌8日三／乙亥9日四／丙子10日五／丁丑11日六／戊寅12日日／己卯13日一／庚辰14日二／辛巳15日三／壬午16日四／癸未17日五	戊午秋分 甲戌寒露
九月大	甲戌	甲申19日六／乙酉20日日／丙戌21日一／丁亥22日二／戊子23日三／己丑24日四／庚寅25日五／辛卯26日六／壬辰27日日／癸巳28日一／甲午29日二／乙未30日三／丙申31日四／丁酉(11)五／戊戌2日六／己亥3日日／庚子4日一／辛丑5日二／壬寅6日三／癸卯7日四／甲辰8日五／乙巳9日六／丙午10日日／丁未11日一／戊申12日二／己酉13日三／庚戌14日四／辛亥15日五／壬子16日六／癸丑17日日	己丑霜降 甲辰立冬
十月大	乙亥	甲寅18日一／乙卯19日二／丙辰20日三／丁巳21日四／戊午22日五／己未23日六／庚申24日日／辛酉25日一／壬戌26日二／癸亥27日三／甲子28日四／乙丑29日五／丙寅30日六／丁卯(12)日／戊辰2日一／己巳3日二／庚午4日三／辛未5日四／壬申6日五／癸酉7日六／甲戌8日日／乙亥9日一／丙子10日二／丁丑11日三／戊寅12日四／己卯13日五／庚辰14日六／辛巳15日日／壬午16日一／癸未17日二	乙未小雪 乙亥小雪
十一月小	丙子	甲申18日三／乙酉19日四／丙戌20日五／丁亥21日六／戊子22日日／己丑23日一／庚寅24日二／辛卯25日三／壬辰26日四／癸巳27日五／甲午28日六／乙未29日日／丙申30日一／丁酉31日二／戊戌(1)三／己亥2日四／庚子3日五／辛丑4日六／壬寅5日日／癸卯6日一／甲辰7日二／乙巳8日三／丙午9日四／丁未10日五／戊申11日六／己酉12日日／庚戌13日一／辛亥14日二／壬子15日三	庚寅冬至 乙巳小寒
十二月大	丁丑	癸丑16日四／甲寅17日五／乙卯18日六／丙辰19日日／丁巳20日一／戊午21日二／己未22日三／庚申23日四／辛酉24日五／壬戌25日六／癸亥26日日／甲子27日一／乙丑28日二／丙寅29日三／丁卯30日四／戊辰31日五／己巳(2)六／庚午2日日／辛未3日一／壬申4日二／癸酉5日三／甲戌6日四／乙亥7日五／丙子8日六／丁丑9日日／戊寅10日一／己卯11日二／庚辰12日三／辛巳13日四／壬午14日五	庚申大寒 乙亥立春

蜀後主延熙八年（乙丑 牛年） 公元245～246年

夏曆月序	西中曆對照	夏曆日序																													節氣與天象
		初一	初二	初三	初四	初五	初六	初七	初八	初九	初十	十一	十二	十三	十四	十五	十六	十七	十八	十九	二十	二一	二二	二三	二四	二五	二六	二七	二八	二九	三十	
正月小	戊寅	天干地支 西曆日 星期	癸未 15 六	甲申 16 日	乙酉 17 一	丙戌 18 二	丁亥 19 三	戊子 20 四	己丑 21 五	庚寅 22 六	辛卯 23 日	壬辰 24 一	癸巳 25 二	甲午 26 三	乙未 27 四	丙申 28 五	丁酉(3) 六	戊戌 2 日	己亥 3 一	庚子 4 二	辛丑 5 三	壬寅 6 四	癸卯 7 五	甲辰 8 六	乙巳 9 日	丙午 10 一	丁未 11 二	戊申 12 三	己酉 13 四	庚戌 14 五	辛亥 15 六		辛卯雨水 丙午驚蟄
二月大	己卯	天干地支 西曆日 星期	壬子 16 日	癸丑 17 一	甲寅 18 二	乙卯 19 三	丙辰 20 四	丁巳 21 五	戊午 22 六	己未 23 日	庚申 24 一	辛酉 25 二	壬戌 26 三	癸亥 27 四	甲子 28 五	乙丑 29 六	丙寅 30 日	丁卯 31 一	戊辰(4) 二	己巳 2 三	庚午 3 四	辛未 4 五	壬申 5 六	癸酉 6 日	甲戌 7 一	乙亥 8 二	丙子 9 三	丁丑 10 四	戊寅 11 五	己卯 12 六	庚辰 13 日	辛巳 14 一	辛酉春分 丙子清明
三月小	庚辰	天干地支 西曆日 星期	壬午 15 二	癸未 16 三	甲申 17 四	乙酉 18 五	丙戌 19 六	丁亥 20 日	戊子 21 一	己丑 22 二	庚寅 23 三	辛卯 24 四	壬辰 25 五	癸巳 26 六	甲午 27 日	乙未 28 一	丙申 29 二	丁酉 30 三	戊戌(5) 四	己亥 2 五	庚子 3 六	辛丑 4 日	壬寅 5 一	癸卯 6 二	甲辰 7 三	乙巳 8 四	丙午 9 五	丁未 10 六	戊申 11 日	己酉 12 一	庚戌 13 二		壬辰穀雨 丁未立夏
四月大	辛巳	天干地支 西曆日 星期	辛亥 14 三	壬子 15 四	癸丑 16 五	甲寅 17 六	乙卯 18 日	丙辰 19 一	丁巳 20 二	戊午 21 三	己未 22 四	庚申 23 五	辛酉 24 六	壬戌 25 日	癸亥 26 一	甲子 27 二	乙丑 28 三	丙寅 29 四	丁卯 30 五	戊辰 31 六	己巳(6) 日	庚午 2 一	辛未 3 二	壬申 4 三	癸酉 5 四	甲戌 6 五	乙亥 7 六	丙子 8 日	丁丑 9 一	戊寅 10 二	己卯 11 三	庚辰 12 四	戊戌小滿 丁丑芒種
五月小	壬午	天干地支 西曆日 星期	辛巳 13 五	壬午 14 六	癸未 15 日	甲申 16 一	乙酉 17 二	丙戌 18 三	丁亥 19 四	戊子 20 五	己丑 21 六	庚寅 22 日	辛卯 23 一	壬辰 24 二	癸巳 25 三	甲午 26 四	乙未 27 五	丙申 28 六	丁酉 29 日	戊戌 30 一	己亥(7) 二	庚子 2 三	辛丑 3 四	壬寅 4 五	癸卯 5 六	甲辰 6 日	乙巳 7 一	丙午 8 二	丁未 9 三	戊申 10 四	己酉 11 五		壬辰夏至 戊申小暑
六月大	癸未	天干地支 西曆日 星期	庚戌 12 六	辛亥 13 日	壬子 14 一	癸丑 15 二	甲寅 16 三	乙卯 17 四	丙辰 18 五	丁巳 19 六	戊午 20 日	己未 21 一	庚申 22 二	辛酉 23 三	壬戌 24 四	癸亥 25 五	甲子 26 六	乙丑 27 日	丙寅 28 一	丁卯 29 二	戊辰 30 三	己巳 31 四	庚午(8) 五	辛未 2 六	壬申 3 日	癸酉 4 一	甲戌 5 二	乙亥 6 三	丙子 7 四	丁丑 8 五	戊寅 9 六	己卯 10 日	癸亥大暑 戊寅立秋
七月小	甲申	天干地支 西曆日 星期	庚辰 11 一	辛巳 12 二	壬午 13 三	癸未 14 四	甲申 15 五	乙酉 16 六	丙戌 17 日	丁亥 18 一	戊子 19 二	己丑 20 三	庚寅 21 四	辛卯 22 五	壬辰 23 六	癸巳 24 日	甲午 25 一	乙未 26 二	丙申 27 三	丁酉 28 四	戊戌 29 五	己亥 30 六	庚子 31 日	辛丑(9) 一	壬寅 2 二	癸卯 3 三	甲辰 4 四	乙巳 5 五	丙午 6 六	丁未 7 日	戊申 8 一		癸巳處暑 戊申白露
八月大	乙酉	天干地支 西曆日 星期	己酉 9 二	庚戌 10 三	辛亥 11 四	壬子 12 五	癸丑 13 六	甲寅 14 日	乙卯 15 一	丙辰 16 二	丁巳 17 三	戊午 18 四	己未 19 五	庚申 20 六	辛酉 21 日	壬戌 22 一	癸亥 23 二	甲子 24 三	乙丑 25 四	丙寅 26 五	丁卯 27 六	戊辰 28 日	己巳 29 一	庚午 30 二	辛未(10) 三	壬申 2 四	癸酉 3 五	甲戌 4 六	乙亥 5 日	丙子 6 一	丁丑 7 二	戊寅 8 三	甲子秋分
九月小	丙戌	天干地支 西曆日 星期	己卯 9 四	庚辰 10 五	辛巳 11 六	壬午 12 日	癸未 13 一	甲申 14 二	乙酉 15 三	丙戌 16 四	丁亥 17 五	戊子 18 六	己丑 19 日	庚寅 20 一	辛卯 21 二	壬辰 22 三	癸巳 23 四	甲午 24 五	乙未 25 六	丙申 26 日	丁酉 27 一	戊戌 28 二	己亥 29 三	庚子 30 四	辛丑(11) 五	壬寅 2 六	癸卯 3 日	甲辰 4 一	乙巳 5 二	丙午 6 三	丁未 7 四		己卯寒露 甲午霜降
十月大	丁亥	天干地支 西曆日 星期	戊申 7 五	己酉 8 六	庚戌 9 日	辛亥 10 一	壬子 11 二	癸丑 12 三	甲寅 13 四	乙卯 14 五	丙辰 15 六	丁巳 16 日	戊午 17 一	己未 18 二	庚申 19 三	辛酉 20 四	壬戌 21 五	癸亥 22 六	甲子 23 日	乙丑 24 一	丙寅 25 二	丁卯 26 三	戊辰 27 四	己巳 28 五	庚午 29 六	辛未 30 日	壬申(12) 一	癸酉 2 二	甲戌 3 三	乙亥 4 四	丙子 5 五	丁丑 6 六	乙酉立冬 乙丑小雪 戊申日食
十一月小	戊子	天干地支 西曆日 星期	戊寅 7 日	己卯 8 一	庚辰 9 二	辛巳 10 三	壬午 11 四	癸未 12 五	甲申 13 六	乙酉 14 日	丙戌 15 一	丁亥 16 二	戊子 17 三	己丑 18 四	庚寅 19 五	辛卯 20 六	壬辰 21 日	癸巳 22 一	甲午 23 二	乙未 24 三	丙申 25 四	丁酉 26 五	戊戌 27 六	己亥 28 日	庚子 29 一	辛丑 30 二	壬寅 31 三	癸卯(1) 四	甲辰 2 五	乙巳 3 六	丙午 4 日		庚辰大雪 甲午冬至
十二月大	己丑	天干地支 西曆日 星期	丁未 5 一	戊申 6 二	己酉 7 三	庚戌 8 四	辛亥 9 五	壬子 10 六	癸丑 11 日	甲寅 12 一	乙卯 13 二	丙辰 14 三	丁巳 15 四	戊午 16 五	己未 17 六	庚申 18 日	辛酉 19 一	壬戌 20 二	癸亥 21 三	甲子 22 四	乙丑 23 五	丙寅 24 六	丁卯 25 日	戊辰 26 一	己巳 27 二	庚午 28 三	辛未 29 四	壬申 30 五	癸酉 31 六	甲戌(2) 日	乙亥 2 一	丙子 3 二	庚戌小寒 乙丑大寒

蜀後主延熙九年（丙寅 虎年） 公元246～247年

夏曆月序	中西日照對照	夏曆日序																													節氣與天象
		初一	初二	初三	初四	初五	初六	初七	初八	初九	初十	十一	十二	十三	十四	十五	十六	十七	十八	十九	二十	二一	二二	二三	二四	二五	二六	二七	二八	二九	三十	
正月小	庚寅	天干支/地西曆/星期	丁卯4三	戊辰5四	己巳6五	庚午7六	辛未8日	壬申9一	癸酉10二	甲戌11三	乙亥12四	丙子13五	丁丑14六	戊寅15日	己卯16一	庚辰17二	辛巳18三	壬午19四	癸未20五	甲申21六	乙酉22日	丙戌23一	丁亥24二	戊子25三	己丑26四	庚寅27五	辛卯28六	壬辰(3)日	癸巳2一	甲午3二	乙未4三		辛巳立春 丙申雨水
二月大	辛卯	天干支/地西曆/星期	丙申5四	丁酉6五	戊戌7六	己亥8日	庚子9一	辛丑10二	壬寅11三	癸卯12四	甲辰13五	乙巳14六	丙午15日	丁未16一	戊申17二	己酉18三	庚戌19四	辛亥20五	壬子21六	癸丑22日	甲寅23一	乙卯24二	丙辰25三	丁巳26四	戊午27五	己未28六	庚申29日	辛酉30一	壬戌(4)二	癸亥2三	甲子3四	乙丑4五	辛亥驚蟄 丙寅春分
三月大	壬辰	天干支/地西曆/星期	丙寅4六	丁卯5日	戊辰6一	己巳7二	庚午8三	辛未9四	壬申10五	癸酉11六	甲戌12日	乙亥13一	丙子14二	丁丑15三	戊寅16四	己卯17五	庚辰18六	辛巳19日	壬午20一	癸未21二	甲申22三	乙酉23四	丙戌24五	丁亥25六	戊子26日	己丑27一	庚寅28二	辛卯29三	壬辰30四	癸巳(5)五	甲午2六	乙未3日	壬午清明 丁酉穀雨
四月小	癸巳	天干支/地西曆/星期	丙申4一	丁酉5二	戊戌6三	己亥7四	庚子8五	辛丑9六	壬寅10日	癸卯11一	甲辰12二	乙巳13三	丙午14四	丁未15五	戊申16六	己酉17日	庚戌18一	辛亥19二	壬子20三	癸丑21四	甲寅22五	乙卯23六	丙辰24日	丁巳25一	戊午26二	己未27三	庚申28四	辛酉29五	壬戌30六	癸亥31日	甲子(6)一		壬子立夏 丁卯小滿
五月大	甲午	天干支/地西曆/星期	乙丑2二	丙寅3三	丁卯4四	戊辰5五	己巳6六	庚午7日	辛未8一	壬申9二	癸酉10三	甲戌11四	乙亥12五	丙子13六	丁丑14日	戊寅15一	己卯16二	庚辰17三	辛巳18四	壬午19五	癸未20六	甲申21日	乙酉22一	丙戌23二	丁亥24三	戊子25四	己丑26五	庚寅27六	辛卯28日	壬辰29一	癸巳30二	甲午(7)三	壬午芒種 戊戌夏至
六月小	乙未	天干支/地西曆/星期	乙未2四	丙申3五	丁酉4六	戊戌5日	己亥6一	庚子7二	辛丑8三	壬寅9四	癸卯10五	甲辰11六	乙巳12日	丙午13一	丁未14二	戊申15三	己酉16四	庚戌17五	辛亥18六	壬子19日	癸丑20一	甲寅21二	乙卯22三	丙辰23四	丁巳24五	戊午25六	己未26日	庚申27一	辛酉28二	壬戌29三	癸亥30四		癸丑小暑 戊辰大暑
七月大	丙申	天干支/地西曆/星期	甲子31五	乙丑(8)六	丙寅2日	丁卯3一	戊辰4二	己巳5三	庚午6四	辛未7五	壬申8六	癸酉9日	甲戌10一	乙亥11二	丙子12三	丁丑13四	戊寅14五	己卯15六	庚辰16日	辛巳17一	壬午18二	癸未19三	甲申20四	乙酉21五	丙戌22六	丁亥23日	戊子24一	己丑25二	庚寅26三	辛卯27四	壬辰28五	癸巳29六	癸未立秋 己亥處暑
八月小	丁酉	天干支/地西曆/星期	甲午30日	乙未31一	丙申(9)二	丁酉2三	戊戌3四	己亥4五	庚子5六	辛丑6日	壬寅7一	癸卯8二	甲辰9三	乙巳10四	丙午11五	丁未12六	戊申13日	己酉14一	庚戌15二	辛亥16三	壬子17四	癸丑18五	甲寅19六	乙卯20日	丙辰21一	丁巳22二	戊午23三	己未24四	庚申25五	辛酉26六	壬戌27日		甲寅白露 己巳秋分
九月大	戊戌	天干支/地西曆/星期	癸亥28一	甲子29二	乙丑30三	丙寅(10)四	丁卯2五	戊辰3六	己巳4日	庚午5一	辛未6二	壬申7三	癸酉8四	甲戌9五	乙亥10六	丙子11日	丁丑12一	戊寅13二	己卯14三	庚辰15四	辛巳16五	壬午17六	癸未18日	甲申19一	乙酉20二	丙戌21三	丁亥22四	戊子23五	己丑24六	庚寅25日	辛卯26一	壬辰27二	甲申寒露 己亥霜降
十月小	己亥	天干支/地西曆/星期	癸巳28三	甲午29四	乙未30五	丙申31六	丁酉(11)日	戊戌2一	己亥3二	庚子4三	辛丑5四	壬寅6五	癸卯7六	甲辰8日	乙巳9一	丙午10二	丁未11三	戊申12四	己酉13五	庚戌14六	辛亥15日	壬子16一	癸丑17二	甲寅18三	乙卯19四	丙辰20五	丁巳21六	戊午22日	己未23一	庚申24二	辛酉25三		乙卯立冬 庚午小雪
十一月大	庚子	天干支/地西曆/星期	壬戌26四	癸亥27五	甲子28六	乙丑29日	丙寅30一	丁卯(12)二	戊辰2三	己巳3四	庚午4五	辛未5六	壬申6日	癸酉7一	甲戌8二	乙亥9三	丙子10四	丁丑11五	戊寅12六	己卯13日	庚辰14一	辛巳15二	壬午16三	癸未17四	甲申18五	乙酉19六	丙戌20日	丁亥21一	戊子22二	己丑23三	庚寅24四	辛卯25五	乙酉大雪 庚子冬至
閏十一月小	庚午	天干支/地西曆/星期	壬辰26六	癸巳27日	甲午28一	乙未29二	丙申30三	丁酉31四	戊戌(1)五	己亥2六	庚子3日	辛丑4一	壬寅5二	癸卯6三	甲辰7四	乙巳8五	丙午9六	丁未10日	戊申11一	己酉12二	庚戌13三	辛亥14四	壬子15五	癸丑16六	甲寅17日	乙卯18一	丙辰19二	丁巳20三	戊午21四	己未22五	庚申23六		乙卯小寒
十二月大	辛丑	天干支/地西曆/星期	辛酉24日	壬戌25一	癸亥26二	甲子27三	乙丑28四	丙寅29五	丁卯30六	戊辰31日	己巳(2)一	庚午2二	辛未3三	壬申4四	癸酉5五	甲戌6六	乙亥7日	丙子8一	丁丑9二	戊寅10三	己卯11四	庚辰12五	辛巳13六	壬午14日	癸未15一	甲申16二	乙酉17三	丙戌18四	丁亥19五	戊子20六	己丑21日	庚寅22一	辛未大寒 丙戌立春

蜀後主延熙十年（丁卯 兔年） 公元247～248年

夏曆月序	中西曆對照	夏曆日序																													節氣與天象
		初一	初二	初三	初四	初五	初六	初七	初八	初九	初十	十一	十二	十三	十四	十五	十六	十七	十八	十九	二十	二一	二二	二三	二四	二五	二六	二七	二八	二九	三十	
正月小	壬寅	天干 地支 西曆 星期	辛丑 23 二	壬寅 24 三	癸卯 25 四	甲辰 26 五	乙巳 27 六	丙午 28 日	丁未 (3) 一	戊申 2 二	己酉 3 三	庚戌 4 四	辛亥 5 五	壬子 6 六	癸丑 7 日	甲寅 8 一	乙卯 9 二	丙辰 10 三	丁巳 11 四	戊午 12 五	己未 13 六	庚申 14 日	辛酉 15 一	壬戌 16 二	癸亥 17 三	甲子 18 四	乙丑 19 五	丙寅 20 六	丁卯 21 日	戊辰 22 一	己巳 23 二		辛丑雨水 丙辰驚蟄
二月大	癸卯	天干 地支 西曆 星期	庚午 24 三	辛未 25 四	壬申 26 五	癸酉 27 六	甲戌 28 日	乙亥 29 一	丙子 30 二	丁丑 31 三	戊寅 (4) 四	己卯 2 五	庚辰 3 六	辛巳 4 日	壬午 5 一	癸未 6 二	甲申 7 三	乙酉 8 四	丙戌 9 五	丁亥 10 六	戊子 11 日	己丑 12 一	庚寅 13 二	辛卯 14 三	壬辰 15 四	癸巳 16 五	甲午 17 六	乙未 18 日	丙申 19 一	丁酉 20 二	戊戌 21 三	己亥 22 四	壬申春分 丁丑清明 庚午日食
三月小	甲辰	天干 地支 西曆 星期	庚子 23 五	辛丑 24 六	壬寅 25 日	癸卯 26 一	甲辰 27 二	乙巳 28 三	丙午 29 四	丁未 30 五	戊申 (5) 六	己酉 2 日	庚戌 3 一	辛亥 4 二	壬子 5 三	癸丑 6 四	甲寅 7 五	乙卯 8 六	丙辰 9 日	丁巳 10 一	戊午 11 二	己未 12 三	庚申 13 四	辛酉 14 五	壬戌 15 六	癸亥 16 日	甲子 17 一	乙丑 18 二	丙寅 19 三	丁卯 20 四	戊辰 21 五		壬寅穀雨 丁巳立夏
四月大	乙巳	天干 地支 西曆 星期	己巳 22 六	庚午 23 日	辛未 24 一	壬申 25 二	癸酉 26 三	甲戌 27 四	乙亥 28 五	丙子 29 六	丁丑 30 日	戊寅 31 一	己卯 (6) 二	庚辰 2 三	辛巳 3 四	壬午 4 五	癸未 5 六	甲申 6 日	乙酉 7 一	丙戌 8 二	丁亥 9 三	戊子 10 四	己丑 11 五	庚寅 12 六	辛卯 13 日	壬辰 14 一	癸巳 15 二	甲午 16 三	乙未 17 四	丙申 18 五	丁酉 19 六	戊戌 20 日	壬申小滿 戊子芒種
五月大	丙午	天干 地支 西曆 星期	己亥 21 一	庚子 22 二	辛丑 23 三	壬寅 24 四	癸卯 25 五	甲辰 26 六	乙巳 27 日	丙午 28 一	丁未 29 二	戊申 30 三	己酉 (7) 四	庚戌 2 五	辛亥 3 六	壬子 4 日	癸丑 5 一	甲寅 6 二	乙卯 7 三	丙辰 8 四	丁巳 9 五	戊午 10 六	己未 11 日	庚申 12 一	辛酉 13 二	壬戌 14 三	癸亥 15 四	甲子 16 五	乙丑 17 六	丙寅 18 日	丁卯 19 一	戊辰 20 二	癸巳夏至 戊午小暑
六月小	丁未	天干 地支 西曆 星期	己巳 21 三	庚午 22 四	辛未 23 五	壬申 24 六	癸酉 25 日	甲戌 26 一	乙亥 27 二	丙子 28 三	丁丑 29 四	戊寅 30 五	己卯 31 六	庚辰 (8) 日	辛巳 2 一	壬午 3 二	癸未 4 三	甲申 5 四	乙酉 6 五	丙戌 7 六	丁亥 8 日	戊子 9 一	己丑 10 二	庚寅 11 三	辛卯 12 四	壬辰 13 五	癸巳 14 六	甲午 15 日	乙未 16 一	丙申 17 二	丁酉 18 三		癸酉大暑 己丑立秋
七月大	戊申	天干 地支 西曆 星期	戊戌 19 四	己亥 20 五	庚子 21 六	辛丑 22 日	壬寅 23 一	癸卯 24 二	甲辰 25 三	乙巳 26 四	丙午 27 五	丁未 28 六	戊申 29 日	己酉 30 一	庚戌 31 二	辛亥 (9) 三	壬子 2 四	癸丑 3 五	甲寅 4 六	乙卯 5 日	丙辰 6 一	丁巳 7 二	戊午 8 三	己未 9 四	庚申 10 五	辛酉 11 六	壬戌 12 日	癸亥 13 一	甲子 14 二	乙丑 15 三	丙寅 16 四	丁卯 17 五	甲辰處暑 己未白露
八月小	己酉	天干 地支 西曆 星期	戊辰 18 六	己巳 19 日	庚午 20 一	辛未 21 二	壬申 22 三	癸酉 23 四	甲戌 24 五	乙亥 25 六	丙子 26 日	丁丑 27 一	戊寅 28 二	己卯 29 三	庚辰 (10) 四	辛巳 2 五	壬午 3 六	癸未 4 日	甲申 5 一	乙酉 6 二	丙戌 7 三	丁亥 8 四	戊子 9 五	己丑 10 六	庚寅 11 日	辛卯 12 一	壬辰 13 二	癸巳 14 三	甲午 15 四	乙未 16 五	丙申 17 六		甲戌秋分 己丑寒露
九月大	庚戌	天干 地支 西曆 星期	丁酉 17 日	戊戌 18 一	己亥 19 二	庚子 20 三	辛丑 21 四	壬寅 22 五	癸卯 23 六	甲辰 24 日	乙巳 25 一	丙午 26 二	丁未 27 三	戊申 28 四	己酉 29 五	庚戌 30 六	辛亥 31 日	壬子 (11) 一	癸丑 2 二	甲寅 3 三	乙卯 4 四	丙辰 5 五	丁巳 6 六	戊午 7 日	己未 8 一	庚申 9 二	辛酉 10 三	壬戌 11 四	癸亥 12 五	甲子 13 六	乙丑 14 日	丙寅 15 一	乙巳霜降 庚申立冬
十月小	辛亥	天干 地支 西曆 星期	丁卯 16 二	戊辰 17 三	己巳 18 四	庚午 19 五	辛未 20 六	壬申 21 日	癸酉 22 一	甲戌 23 二	乙亥 24 三	丙子 25 四	丁丑 26 五	戊寅 27 六	己卯 28 日	庚辰 29 一	辛巳 30 二	壬午 (12) 三	癸未 2 四	甲申 3 五	乙酉 4 六	丙戌 5 日	丁亥 6 一	戊子 7 二	己丑 8 三	庚寅 9 四	辛卯 10 五	壬辰 11 六	癸巳 12 日	甲午 13 一			乙亥小雪 庚寅大雪
十一月大	壬子	天干 地支 西曆 星期	丙申 15 二	丁酉 16 三	戊戌 17 四	己亥 18 五	庚子 19 六	辛丑 20 日	壬寅 21 一	癸卯 22 二	甲辰 23 三	乙巳 24 四	丙午 25 五	丁未 26 六	戊申 27 日	己酉 28 一	庚戌 29 二	辛亥 30 三	壬子 31 四	癸丑 (1) 五	甲寅 2 六	乙卯 3 日	丙辰 4 一	丁巳 5 二	戊午 6 三	己未 7 四	庚申 8 五	辛酉 9 六	壬戌 10 日	癸亥 11 一	甲子 12 二	乙丑 13 三	丙午冬至 辛酉小寒
十二月小	癸丑	天干 地支 西曆 星期	丙寅 14 四	丁卯 15 五	戊辰 16 六	己巳 17 日	庚午 18 一	辛未 19 二	壬申 20 三	癸酉 21 四	甲戌 22 五	乙亥 23 六	丙子 24 日	丁丑 25 一	戊寅 26 二	己卯 27 三	庚辰 28 四	辛巳 29 五	壬午 30 六	癸未 31 日	甲申 (2) 一	乙酉 2 二	丙戌 3 三	丁亥 4 四	戊子 5 五	己丑 6 六	庚寅 7 日	辛卯 8 一	壬辰 9 二	癸巳 10 三	甲午 11 四		丙子大寒 辛卯立春

蜀後主延熙十一年（戊辰 龍年） 公元 248 ~ 249 年

夏曆月序	西曆中曆對照	夏曆日序																													節氣與天象
		初一	初二	初三	初四	初五	初六	初七	初八	初九	初十	十一	十二	十三	十四	十五	十六	十七	十八	十九	二十	廿一	廿二	廿三	廿四	廿五	廿六	廿七	廿八	廿九	三十	
正月大	甲寅 天干地支 西曆 星期	乙未 12 六	丙申 13 日	丁酉 14 一	戊戌 15 二	己亥 16 三	庚子 17 四	辛丑 18 五	壬寅 19 六	癸卯 20 日	甲辰 21 一	乙巳 22 二	丙午 23 三	丁未 24 四	戊申 25 五	己酉 26 六	庚戌 27 日	辛亥 28 一	壬子 29 二	癸丑 (3)三	甲寅 2 四	乙卯 3 五	丙辰 4 六	丁巳 5 日	戊午 6 一	己未 7 二	庚申 8 三	辛酉 9 四	壬戌 10 五	癸亥 11 六	甲子 12 日	丙午雨水 壬戌驚蟄
二月小	乙卯 天干地支 西曆 星期	乙丑 13 一	丙寅 14 二	丁卯 15 三	戊辰 16 四	己巳 17 五	庚午 18 六	辛未 19 日	壬申 20 一	癸酉 21 二	甲戌 22 三	乙亥 23 四	丙子 24 五	丁丑 25 六	戊寅 26 日	己卯 27 一	庚辰 28 二	辛巳 29 三	壬午 30 四	癸未 31 五	甲申 (4) 六	乙酉 2 日	丙戌 3 一	丁亥 4 二	戊子 5 三	己丑 6 四	庚寅 7 五	辛卯 8 六	壬辰 9 日	癸巳 10 一		丁丑春分 壬辰清明
三月大	丙辰 天干地支 西曆 星期	甲午 11 二	乙未 12 三	丙申 13 四	丁酉 14 五	戊戌 15 六	己亥 16 日	庚子 17 一	辛丑 18 二	壬寅 19 三	癸卯 20 四	甲辰 21 五	乙巳 22 六	丙午 23 日	丁未 24 一	戊申 25 二	己酉 26 三	庚戌 27 四	辛亥 28 五	壬子 29 六	癸丑 30 日	甲寅 (5) 一	乙卯 2 二	丙辰 3 三	丁巳 4 四	戊午 5 五	己未 6 六	庚申 7 日	辛酉 8 一	壬戌 9 二	癸亥 10 三	丁未穀雨 壬戌立夏
四月小	丁巳 天干地支 西曆 星期	甲子 11 四	乙丑 12 五	丙寅 13 六	丁卯 14 日	戊辰 15 一	己巳 16 二	庚午 17 三	辛未 18 四	壬申 19 五	癸酉 20 六	甲戌 21 日	乙亥 22 一	丙子 23 二	丁丑 24 三	戊寅 25 四	己卯 26 五	庚辰 27 六	辛巳 28 日	壬午 29 一	癸未 30 二	甲申 (6) 三	乙酉 2 四	丙戌 3 五	丁亥 4 六	戊子 5 日	己丑 6 一	庚寅 7 二	辛卯 8 三	壬辰 8 四		戊寅小滿
五月大	戊午 天干地支 西曆 星期	癸巳 9 五	甲午 10 六	乙未 11 日	丙申 12 一	丁酉 13 二	戊戌 14 三	己亥 15 四	庚子 16 五	辛丑 17 六	壬寅 18 日	癸卯 19 一	甲辰 20 二	乙巳 21 三	丙午 22 四	丁未 23 五	戊申 24 六	己酉 25 日	庚戌 26 一	辛亥 27 二	壬子 28 三	癸丑 29 四	甲寅 30 五	乙卯 (7) 六	丙辰 2 日	丁巳 3 一	戊午 4 二	己未 5 三	庚申 6 四	辛酉 7 五	壬戌 8 六	癸巳芒種 戊申夏至
六月小	己未 天干地支 西曆 星期	癸亥 9 日	甲子 10 一	乙丑 11 二	丙寅 12 三	丁卯 13 四	戊辰 14 五	己巳 15 六	庚午 16 日	辛未 17 一	壬申 18 二	癸酉 19 三	甲戌 20 四	乙亥 21 五	丙子 22 六	丁丑 23 日	戊寅 24 一	己卯 25 二	庚辰 26 三	辛巳 27 四	壬午 28 五	癸未 29 六	甲申 30 日	乙酉 31 一	丙戌 (8) 二	丁亥 2 三	戊子 3 四	己丑 4 五	庚寅 5 六	辛卯 6 日		癸亥小暑 己卯大暑
七月大	庚申 天干地支 西曆 星期	壬辰 7 一	癸巳 8 二	甲午 9 三	乙未 10 四	丙申 11 五	丁酉 12 六	戊戌 13 日	己亥 14 一	庚子 15 二	辛丑 16 三	壬寅 17 四	癸卯 18 五	甲辰 19 六	乙巳 20 日	丙午 21 一	丁未 22 二	戊申 23 三	己酉 24 四	庚戌 25 五	辛亥 26 六	壬子 27 日	癸丑 28 一	甲寅 29 二	乙卯 30 三	丙辰 31 四	丁巳 (9) 五	戊午 2 六	己未 3 日	庚申 4 一	辛酉 5 二	甲午立秋 己酉處暑 辛酉日食
八月小	辛酉 天干地支 西曆 星期	壬戌 6 三	癸亥 7 四	甲子 8 五	乙丑 9 六	丙寅 10 日	丁卯 11 一	戊辰 12 二	己巳 13 三	庚午 14 四	辛未 15 五	壬申 16 六	癸酉 17 日	甲戌 18 一	乙亥 19 二	丙子 20 三	丁丑 21 四	戊寅 22 五	己卯 23 六	庚辰 24 日	辛巳 25 一	壬午 26 二	癸未 27 三	甲申 28 四	乙酉 29 五	丙戌 30 六	丁亥 (10) 日	戊子 2 一	己丑 3 二	庚寅 4 三		甲子白露 己卯秋分
九月大	壬戌 天干地支 西曆 星期	辛卯 5 四	壬辰 6 五	癸巳 7 六	甲午 8 日	乙未 9 一	丙申 10 二	丁酉 11 三	戊戌 12 四	己亥 13 五	庚子 14 六	辛丑 15 日	壬寅 16 一	癸卯 17 二	甲辰 18 三	乙巳 19 四	丙午 20 五	丁未 21 六	戊申 22 日	己酉 23 一	庚戌 24 二	辛亥 25 三	壬子 26 四	癸丑 27 五	甲寅 28 六	乙卯 29 日	丙辰 30 一	丁巳 31 二	戊午 (11) 三	己未 2 四	庚申 3 五	乙未寒露 庚戌霜降
十月大	癸亥 天干地支 西曆 星期	辛酉 4 六	壬戌 5 日	癸亥 6 一	甲子 7 二	乙丑 8 三	丙寅 9 四	丁卯 10 五	戊辰 11 六	己巳 12 日	庚午 13 一	辛未 14 二	壬申 15 三	癸酉 16 四	甲戌 17 五	乙亥 18 六	丙子 19 日	丁丑 20 一	戊寅 21 二	己卯 22 三	庚辰 23 四	辛巳 24 五	壬午 25 六	癸未 26 日	甲申 27 一	乙酉 28 二	丙戌 29 三	丁亥 30 四	戊子 (12) 五	己丑 2 六	庚寅 3 日	乙丑立冬 庚辰小雪
十一月小	甲子 天干地支 西曆 星期	辛卯 4 一	壬辰 5 二	癸巳 6 三	甲午 7 四	乙未 8 五	丙申 9 六	丁酉 10 日	戊戌 11 一	己亥 12 二	庚子 13 三	辛丑 14 四	壬寅 15 五	癸卯 16 六	甲辰 17 日	乙巳 18 一	丙午 19 二	丁未 20 三	戊申 21 四	己酉 22 五	庚戌 23 六	辛亥 24 日	壬子 25 一	癸丑 26 二	甲寅 27 三	乙卯 28 四	丙辰 29 五	丁巳 30 六	戊午 31 日	己未 (1) 一		丙申大雪 辛亥冬至
十二月大	乙丑 天干地支 西曆 星期	庚申 2 二	辛酉 3 三	壬戌 4 四	癸亥 5 五	甲子 6 六	乙丑 7 日	丙寅 8 一	丁卯 9 二	戊辰 10 三	己巳 11 四	庚午 12 五	辛未 13 六	壬申 14 日	癸酉 15 一	甲戌 16 二	乙亥 17 三	丙子 18 四	丁丑 19 五	戊寅 20 六	己卯 21 日	庚辰 22 一	辛巳 23 二	壬午 24 三	癸未 25 四	甲申 26 五	乙酉 27 六	丙戌 28 日	丁亥 29 一	戊子 30 二	己丑 31 三	丙寅小寒 辛巳大寒

蜀後主延熙十二年（己巳 蛇年） 公元 249～250 年

夏曆月序	中西曆對照	夏曆日序 初一	初二	初三	初四	初五	初六	初七	初八	初九	初十	十一	十二	十三	十四	十五	十六	十七	十八	十九	二十	二一	二二	二三	二四	二五	二六	二七	二八	二九	三十	節氣與天象
正月小	丙寅 天干地支西曆星期	庚寅(2)四	辛卯3五	壬辰4六	癸巳5日	甲午6一	乙未7二	丙申8三	丁酉9四	戊戌10五	己亥11六	庚子12日	辛丑13一	壬寅14二	癸卯15三	甲辰16四	乙巳17五	丙午18六	丁未19日	戊申20一	己酉21二	庚戌22三	辛亥23四	壬子24五	癸丑25六	甲寅26日	乙卯27一	丙辰28二	丁巳(3)三	戊午4四		丙申立春 壬子雨水
二月大	丁卯 天干地支西曆星期	己未2五	庚申3六	辛酉4日	壬戌5一	癸亥6二	甲子7三	乙丑8四	丙寅9五	丁卯10六	戊辰11日	己巳12一	庚午13二	辛未14三	壬申15四	癸酉16五	甲戌17六	乙亥18日	丙子19一	丁丑20二	戊寅21三	己卯22四	庚辰23五	辛巳24六	壬午25日	癸未26一	甲申27二	乙酉28三	丙戌29四	丁亥30五	戊子31六	丁卯驚蟄 壬午春分
三月小	戊辰 天干地支西曆星期	己丑(4)日	庚寅2一	辛卯3二	壬辰4三	癸巳5四	甲午6五	乙未7六	丙申8日	丁酉9一	戊戌10二	己亥11三	庚子12四	辛丑13五	壬寅14六	癸卯15日	甲辰16一	乙巳17二	丙午18三	丁未19四	戊申20五	己酉21六	庚戌22日	辛亥23一	壬子24二	癸丑25三	甲寅26四	乙卯27五	丙辰28六	丁巳29日		丁酉清明 癸丑穀雨
四月大	己巳 天干地支西曆星期	戊午30一	己未(5)二	庚申2三	辛酉3四	壬戌4五	癸亥5六	甲子6日	乙丑7一	丙寅8二	丁卯9三	戊辰10四	己巳11五	庚午12六	辛未13日	壬申14一	癸酉15二	甲戌16三	乙亥17四	丙子18五	丁丑19六	戊寅20日	己卯21一	庚辰22二	辛巳23三	壬午24四	癸未25五	甲申26六	乙酉27日	丙戌28一	丁亥29二	戊辰立夏 癸未小滿
五月小	庚午 天干地支西曆星期	戊子30三	己丑31四	庚寅(6)五	辛卯2六	壬辰3日	癸巳4一	甲午5二	乙未6三	丙申7四	丁酉8五	戊戌9六	己亥10日	庚子11一	辛丑12二	壬寅13三	癸卯14四	甲辰15五	乙巳16六	丙午17日	丁未18一	戊申19二	己酉20三	庚戌21四	辛亥22五	壬子23六	癸丑24日	甲寅25一	乙卯26二	丙辰27三		戊戌芒種 癸丑夏至
六月大	辛未 天干地支西曆星期	丁巳28四	戊午29五	己未30六	庚申(7)日	辛酉2一	壬戌3二	癸亥4三	甲子5四	乙丑6五	丙寅7六	丁卯8日	戊辰9一	己巳10二	庚午11三	辛未12四	壬申13五	癸酉14六	甲戌15日	乙亥16一	丙子17二	丁丑18三	戊寅19四	己卯20五	庚辰21六	辛巳22日	壬午23一	癸未24二	甲申25三	乙酉26四	丙戌27五	己巳小暑 甲申大暑
七月小	壬申 天干地支西曆星期	丁亥28六	戊子29日	己丑30一	庚寅31二	辛卯(8)三	壬辰2四	癸巳3五	甲午4六	乙未5日	丙申6一	丁酉7二	戊戌8三	己亥9四	庚子10五	辛丑11六	壬寅12日	癸卯13一	甲辰14二	乙巳15三	丙午16四	丁未17五	戊申18六	己酉19日	庚戌20一	辛亥21二	壬子22三	癸丑23四	甲寅24五	乙卯25六		己亥立秋 甲寅處暑
八月大	癸酉 天干地支西曆星期	丙辰26日	丁巳27一	戊午28二	己未29三	庚申30四	辛酉31五	壬戌(9)六	癸亥2日	甲子3一	乙丑4二	丙寅5三	丁卯6四	戊辰7五	己巳8六	庚午9日	辛未10一	壬申11二	癸酉12三	甲戌13四	乙亥14五	丙子15六	丁丑16日	戊寅17一	己卯18二	庚辰19三	辛巳20四	壬午21五	癸未22六	甲申23日	乙酉24一	己巳白露 乙酉秋分
閏八月小	癸酉 天干地支西曆星期	丙戌25二	丁亥26三	戊子27四	己丑28五	庚寅29六	辛卯30日	壬辰(10)一	癸巳2二	甲午3三	乙未4四	丙申5五	丁酉6六	戊戌7日	己亥8一	庚子9二	辛丑10三	壬寅11四	癸卯12五	甲辰13六	乙巳14日	丙午15一	丁未16二	戊申17三	己酉18四	庚戌19五	辛亥20六	壬子21日	癸丑22一	甲寅23二		庚子寒露
九月大	甲戌 天干地支西曆星期	乙卯24三	丙辰25四	丁巳26五	戊午27六	己未28日	庚申29一	辛酉30二	壬戌31三	癸亥(11)四	甲子2五	乙丑3六	丙寅4日	丁卯5一	戊辰6二	己巳7三	庚午8四	辛未9五	壬申10六	癸酉11日	甲戌12一	乙亥13二	丙子14三	丁丑15四	戊寅16五	己卯17六	庚辰18日	辛巳19一	壬午20二	癸未21三	甲申22四	乙卯霜降 庚午立冬
十月小	乙亥 天干地支西曆星期	乙酉23五	丙戌24六	丁亥25日	戊子26一	己丑27二	庚寅28三	辛卯29四	壬辰30五	癸巳(12)六	甲午2日	乙未3一	丙申4二	丁酉5三	戊戌6四	己亥7五	庚子8六	辛丑9日	壬寅10一	癸卯11二	甲辰12三	乙巳13四	丙午14五	丁未15六	戊申16日	己酉17一	庚戌18二	辛亥19三	壬子20四	癸丑21五		丙戌小雪 辛丑大雪
十一月大	丙子 天干地支西曆星期	甲寅22六	乙卯23日	丙辰24一	丁巳25二	戊午26三	己未27四	庚申28五	辛酉29六	壬戌30日	癸亥31一	甲子(1)二	乙丑2三	丙寅3四	丁卯4五	戊辰5六	己巳6日	庚午7一	辛未8二	壬申9三	癸酉10四	甲戌11五	乙亥12六	丙子13日	丁丑14一	戊寅15二	己卯16三	庚辰17四	辛巳18五	壬午19六	癸未20日	丙辰冬至 辛未小寒
十二月大	丁丑 天干地支西曆星期	甲申21一	乙酉22二	丙戌23三	丁亥24四	戊子25五	己丑26六	庚寅27日	辛卯28一	壬辰29二	癸巳30三	甲午31四	乙未(2)五	丙申2六	丁酉3日	戊戌4一	己亥5二	庚子6三	辛丑7四	壬寅8五	癸卯9六	甲辰10日	乙巳11一	丙午12二	丁未13三	戊申14四	己酉15五	庚戌16六	辛亥17日	壬子18一	癸丑19二	丙戌大寒 壬子立春

蜀後主延熙十三年（庚午 馬年） 公元 250～251 年

夏曆月序	中西曆對照	夏曆日序																													節氣與天象
		初一	初二	初三	初四	初五	初六	初七	初八	初九	初十	十一	十二	十三	十四	十五	十六	十七	十八	十九	二十	二一	二二	二三	二四	二五	二六	二七	二八	二九	三十	
正月小	戊寅	天干地支 西曆 星期	甲寅 20 四	乙卯 21 五	丙辰 22 六	丁巳 23 日	戊午 24 一	己未 25 二	庚申 26 三	辛酉 27 四	壬戌 28 五	癸亥 (3) 六	甲子 1 日	乙丑 2 一	丙寅 3 二	丁卯 4 三	戊辰 5 四	己巳 6 五	庚午 7 六	辛未 8 日	壬申 9 一	癸酉 10 二	甲戌 11 三	乙亥 12 四	丙子 13 五	丁丑 14 六	戊寅 15 日	己卯 16 一	庚辰 17 二	辛巳 18 三	壬午 19 四	癸未 20 五	丁巳雨水 壬申驚蟄
二月大	己卯	天干地支 西曆 星期	癸未 21 四	甲申 22 五	乙酉 23 六	丙戌 24 日	丁亥 25 一	戊子 26 二	己丑 27 三	庚寅 28 四	辛卯 29 五	壬辰 30 六	癸巳 31 日	甲午 (4) 一	乙未 2 二	丙申 3 三	丁酉 4 四	戊戌 5 五	己亥 6 六	庚子 7 日	辛丑 8 一	壬寅 9 二	癸卯 10 三	甲辰 11 四	乙巳 12 五	丙午 13 六	丁未 14 日	戊申 15 一	己酉 16 二	庚戌 17 三	辛亥 18 四	壬子 19 五	丁亥春分 癸卯清明
三月小	庚辰	天干地支 西曆 星期	癸丑 20 六	甲寅 21 日	乙卯 22 一	丙辰 23 二	丁巳 24 三	戊午 25 四	己未 26 五	庚申 27 六	辛酉 28 日	壬戌 29 一	癸亥 30 二	甲子 (5) 三	乙丑 2 四	丙寅 3 五	丁卯 4 六	戊辰 5 日	己巳 6 一	庚午 7 二	辛未 8 三	壬申 9 四	癸酉 10 五	甲戌 11 六	乙亥 12 日	丙子 13 一	丁丑 14 二	戊寅 15 三	己卯 16 四	庚辰 17 五	辛巳 18 六		戊午穀雨 癸酉立夏
四月大	辛巳	天干地支 西曆 星期	壬午 19 日	癸未 20 一	甲申 21 二	乙酉 22 三	丙戌 23 四	丁亥 24 五	戊子 25 六	己丑 26 日	庚寅 27 一	辛卯 28 二	壬辰 29 三	癸巳 30 四	甲午 31 五	乙未 (6) 六	丙申 2 日	丁酉 3 一	戊戌 4 二	己亥 5 三	庚子 6 四	辛丑 7 五	壬寅 8 六	癸卯 9 日	甲辰 10 一	乙巳 11 二	丙午 12 三	丁未 13 四	戊申 14 五	己酉 15 六	庚戌 16 日	辛亥 17 一	戊子小滿 癸卯芒種
五月小	壬午	天干地支 西曆 星期	壬子 18 二	癸丑 19 三	甲寅 20 四	乙卯 21 五	丙辰 22 六	丁巳 23 日	戊午 24 一	己未 25 二	庚申 26 三	辛酉 27 四	壬戌 28 五	癸亥 29 六	甲子 30 日	乙丑 (7) 一	丙寅 2 二	丁卯 3 三	戊辰 4 四	己巳 5 五	庚午 6 六	辛未 7 日	壬申 8 一	癸酉 9 二	甲戌 10 三	乙亥 11 四	丙子 12 五	丁丑 13 六	戊寅 14 日	己卯 15 一	庚辰 16 二		己未夏至 甲戌小暑
六月大	癸未	天干地支 西曆 星期	辛巳 17 三	壬午 18 四	癸未 19 五	甲申 20 六	乙酉 21 日	丙戌 22 一	丁亥 23 二	戊子 24 三	己丑 25 四	庚寅 26 五	辛卯 27 六	壬辰 28 日	癸巳 29 一	甲午 30 二	乙未 31 三	丙申 (8) 四	丁酉 2 五	戊戌 3 六	己亥 4 日	庚子 5 一	辛丑 6 二	壬寅 7 三	癸卯 8 四	甲辰 9 五	乙巳 10 六	丙午 11 日	丁未 12 一	戊申 13 二	己酉 14 三	庚戌 15 四	己丑大暑 甲辰立秋
七月小	甲申	天干地支 西曆 星期	辛亥 16 五	壬子 17 六	癸丑 18 日	甲寅 19 一	乙卯 20 二	丙辰 21 三	丁巳 22 四	戊午 23 五	己未 24 六	庚申 25 日	辛酉 26 一	壬戌 27 二	癸亥 28 三	甲子 29 四	乙丑 30 五	丙寅 31 六	丁卯 (9) 日	戊辰 2 一	己巳 3 二	庚午 4 三	辛未 5 四	壬申 6 五	癸酉 7 六	甲戌 8 日	乙亥 9 一	丙子 10 二	丁丑 11 三	戊寅 12 四	己卯 13 五		庚申處暑 乙亥白露
八月大	乙酉	天干地支 西曆 星期	庚辰 14 六	辛巳 15 日	壬午 16 一	癸未 17 二	甲申 18 三	乙酉 19 四	丙戌 20 五	丁亥 21 六	戊子 22 日	己丑 23 一	庚寅 24 二	辛卯 25 三	壬辰 26 四	癸巳 27 五	甲午 28 六	乙未 29 日	丙申 30 一	丁酉 (10) 二	戊戌 2 三	己亥 3 四	庚子 4 五	辛丑 5 六	壬寅 6 日	癸卯 7 一	甲辰 8 二	乙巳 9 三	丙午 10 四	丁未 11 五	戊申 12 六	己酉 13 日	庚寅秋分 乙巳寒露
九月小	丙戌	天干地支 西曆 星期	庚戌 14 一	辛亥 15 二	壬子 16 三	癸丑 17 四	甲寅 18 五	乙卯 19 六	丙辰 20 日	丁巳 21 一	戊午 22 二	己未 23 三	庚申 24 四	辛酉 25 五	壬戌 26 六	癸亥 27 日	甲子 28 一	乙丑 29 二	丙寅 30 三	丁卯 (11) 四	戊辰 2 五	己巳 3 六	庚午 4 日	辛未 5 一	壬申 6 二	癸酉 7 三	甲戌 8 四	乙亥 9 五	丙子 10 六	丁丑 11 日	戊寅 12 一		庚申霜降 丙子立冬
十月大	丁亥	天干地支 西曆 星期	己卯 12 二	庚辰 13 三	辛巳 14 四	壬午 15 五	癸未 16 六	甲申 17 日	乙酉 18 一	丙戌 19 二	丁亥 20 三	戊子 21 四	己丑 22 五	庚寅 23 六	辛卯 24 日	壬辰 25 一	癸巳 26 二	甲午 27 三	乙未 28 四	丙申 29 五	丁酉 30 六	戊戌 (12) 日	己亥 2 一	庚子 3 二	辛丑 4 三	壬寅 5 四	癸卯 6 五	甲辰 7 六	乙巳 8 日	丙午 9 一	丁未 10 二	戊申 11 三	辛卯小雪 丙午大雪
十一月小	戊子	天干地支 西曆 星期	己酉 12 四	庚戌 13 五	辛亥 14 六	壬子 15 日	癸丑 16 一	甲寅 17 二	乙卯 18 三	丙辰 19 四	丁巳 20 五	戊午 21 六	己未 22 日	庚申 23 一	辛酉 24 二	壬戌 25 三	癸亥 26 四	甲子 27 五	乙丑 28 六	丙寅 29 日	丁卯 30 一	戊辰 31 二	己巳 (1) 三	庚午 2 四	辛未 3 五	壬申 4 六	癸酉 5 日	甲戌 6 一	乙亥 7 二	丙子 8 三	丁丑 9 四		辛酉冬至 丙子小寒
十二月大	己丑	天干地支 西曆 星期	戊寅 10 五	己卯 11 六	庚辰 12 日	辛巳 13 一	壬午 14 二	癸未 15 三	甲申 16 四	乙酉 17 五	丙戌 18 六	丁亥 19 日	戊子 20 一	己丑 21 二	庚寅 22 三	辛卯 23 四	壬辰 24 五	癸巳 25 六	甲午 26 日	乙未 27 一	丙申 28 二	丁酉 29 三	戊戌 30 四	己亥 31 五	庚子 (2) 六	辛丑 2 日	壬寅 3 一	癸卯 4 二	甲辰 5 三	乙巳 6 四	丙午 7 五	丁未 8 六	壬辰大寒 丁未立春

蜀後主延熙十四年（辛未 羊年） 公元 251 ~ 252 年

夏曆月序	中西日曆對照	夏曆日序 初一	初二	初三	初四	初五	初六	初七	初八	初九	初十	十一	十二	十三	十四	十五	十六	十七	十八	十九	二十	二一	二二	二三	二四	二五	二六	二七	二八	二九	三十	節氣與天象
正月小	庚寅 天干地支／西曆／星期	戊申9日一	己酉10二	庚戌11三	辛亥12四	壬子13五	癸丑14六	甲寅15日	乙卯16一	丙辰17二	丁巳18三	戊午19四	己未20五	庚申21六	辛酉22日	壬戌23一	癸亥24二	甲子25三	乙丑26四	丙寅27五	丁卯28六	戊辰(3)日	己巳2一	庚午3二	辛未4三	壬申5四	癸酉6五	甲戌7六	乙亥8日	丙子9一		壬戌雨水
二月大	辛卯	丁未10二	戊申11三	己酉12四	庚戌13五	辛亥14六	壬子15日	癸丑16一	甲寅17二	乙卯18三	丙辰19四	丁巳20五	戊午21六	己未22日	庚申23一	辛酉24二	壬戌25三	癸亥26四	甲子27五	乙丑28六	丙寅29日	丁卯30一	戊辰31二	己巳(4)三	庚午2四	辛未3五	壬申4六	癸酉5日	甲戌6一	乙亥7二	丙子8三	丁丑驚蟄 癸巳春分
三月小	壬辰	丁未9三	戊申10四	己酉11五	庚戌12六	辛亥13日	壬子14一	癸丑15二	甲寅16三	乙卯17四	丙辰18五	丁巳19六	戊午20日	己未21一	庚申22二	辛酉23三	壬戌24四	癸亥25五	甲子26六	乙丑27日	丙寅28一	丁卯29二	戊辰30三	己巳(5)四	庚午2五	辛未3六	壬申4日	癸酉5一	甲戌6二	乙亥7三		戊申清明 癸亥穀雨
四月大	癸巳	丙子8四	丁丑9五	戊寅10六	己卯11日	庚辰12一	辛巳13二	壬午14三	癸未15四	甲申16五	乙酉17六	丙戌18日	丁亥19一	戊子20二	己丑21三	庚寅22四	辛卯23五	壬辰24六	癸巳25日	甲午26一	乙未27二	丙申28三	丁酉29四	戊戌30五	己亥31六	庚子(6)日	辛丑2一	壬寅3二	癸卯4三	甲辰5四	乙巳6五	戊寅立夏 癸巳小滿
五月大	甲午	丙午7六	丁未8日	戊申9一	己酉10二	庚戌11三	辛亥12四	壬子13五	癸丑14六	甲寅15日	乙卯16一	丙辰17二	丁巳18三	戊午19四	己未20五	庚申21六	辛酉22日	壬戌23一	癸亥24二	甲子25三	乙丑26四	丙寅27五	丁卯28六	戊辰29日	己巳30一	庚午(7)二	辛未2三	壬申3四	癸酉4五	甲戌5六	乙亥6日	己酉芒種 甲子夏至 乙亥日食
六月小	乙未	丙子7一	丁丑8二	戊寅9三	己卯10四	庚辰11五	辛巳12六	壬午13日	癸未14一	甲申15二	乙酉16三	丙戌17四	丁亥18五	戊子19六	己丑20日	庚寅21一	辛卯22二	壬辰23三	癸巳24四	甲午25五	乙未26六	丙申27日	丁酉28一	戊戌29二	己亥30三	庚子31四	辛丑(8)五	壬寅2六	癸卯3日	甲辰4一		己卯小暑 甲午大暑
七月大	丙申	乙巳5二	丙午6三	丁未7四	戊申8五	己酉9六	庚戌10日	辛亥11一	壬子12二	癸丑13三	甲寅14四	乙卯15五	丙辰16六	丁巳17日	戊午18一	己未19二	庚申20三	辛酉21四	壬戌22五	癸亥23六	甲子24日	乙丑25一	丙寅26二	丁卯27三	戊辰28四	己巳29五	庚午30六	辛未31日	壬申(9)一	癸酉2二	甲戌3三	庚辰立秋 乙丑處暑
八月小	丁酉	乙亥4四	丙子5五	丁丑6六	戊寅7日	己卯8一	庚辰9二	辛巳10三	壬午11四	癸未12五	甲申13六	乙酉14日	丙戌15一	丁亥16二	戊子17三	己丑18四	庚寅19五	辛卯20六	壬辰21日	癸巳22一	甲午23二	乙未24三	丙申25四	丁酉26五	戊戌27六	己亥28日	庚子29一	辛丑30二	壬寅(10)三	癸卯2四		庚辰白露 乙未秋分
九月大	戊戌	甲辰3五	乙巳4六	丙午5日	丁未6一	戊申7二	己酉8三	庚戌9四	辛亥10五	壬子11六	癸丑12日	甲寅13一	乙卯14二	丙辰15三	丁巳16四	戊午17五	己未18六	庚申19日	辛酉20一	壬戌21二	癸亥22三	甲子23四	乙丑24五	丙寅25六	丁卯26日	戊辰27一	己巳28二	庚午29三	辛未30四	壬申31五	癸酉(11)六	庚戌寒露 丙寅霜降
十月小	己亥	甲戌2日	乙亥3一	丙子4二	丁丑5三	戊寅6四	己卯7五	庚辰8六	辛巳9日	壬午10一	癸未11二	甲申12三	乙酉13四	丙戌14五	丁亥15六	戊子16日	己丑17一	庚寅18二	辛卯19三	壬辰20四	癸巳21五	甲午22六	乙未23日	丙申24一	丁酉25二	戊戌26三	己亥27四	庚子28五	辛丑29六	壬寅30日		辛巳立冬 丙申小雪
十一月大	庚子	癸卯(12)一	甲辰2二	乙巳3三	丙午4四	丁未5五	戊申6六	己酉7日	庚戌8一	辛亥9二	壬子10三	癸丑11四	甲寅12五	乙卯13六	丙辰14日	丁巳15一	戊午16二	己未17三	庚申18四	辛酉19五	壬戌20六	癸亥21日	甲子22一	乙丑23二	丙寅24三	丁卯25四	戊辰26五	己巳27六	庚午28日	辛未29一	壬申30二	辛亥大雪 丁卯冬至
十二月小	辛丑	癸酉31三	甲戌(1)四	乙亥2五	丙子3六	丁丑4日	戊寅5一	己卯6二	庚辰7三	辛巳8四	壬午9五	癸未10六	甲申11日	乙酉12一	丙戌13二	丁亥14三	戊子15四	己丑16五	庚寅17六	辛卯18日	壬辰19一	癸巳20二	甲午21三	乙未22四	丙申23五	丁酉24六	戊戌25日	己亥26一	庚子27二	辛丑28三		壬午小寒 丁酉大寒

蜀後主延熙十五年（壬申 猴年） 公元252～253年

夏曆月序	中西曆對照	夏曆日序																													節氣與天象
		初一	初二	初三	初四	初五	初六	初七	初八	初九	初十	十一	十二	十三	十四	十五	十六	十七	十八	十九	二十	廿一	廿二	廿三	廿四	廿五	廿六	廿七	廿八	廿九	三十	
正月大	壬寅 天干地支西曆星期	壬寅 29 四	癸卯 30 五	甲辰 31 六	乙巳 (2) 日	丙午 2 一	丁未 3 二	戊申 4 三	己酉 5 四	庚戌 6 五	辛亥 7 六	壬子 8 日	癸丑 9 一	甲寅 10 二	乙卯 11 三	丙辰 12 四	丁巳 13 五	戊午 14 六	己未 15 日	庚申 16 一	辛酉 17 二	壬戌 18 三	癸亥 19 四	甲子 20 五	乙丑 21 六	丙寅 22 日	丁卯 23 一	戊辰 24 二	己巳 25 三	庚午 26 四	辛未 27 五	壬子立春 丁卯雨水
二月小	癸卯 天干地支西曆星期	壬申 28 六	癸酉 29 日	甲戌 (3) 一	乙亥 2 二	丙子 3 三	丁丑 4 四	戊寅 5 五	己卯 6 六	庚辰 7 日	辛巳 8 一	壬午 9 二	癸未 10 三	甲申 11 四	乙酉 12 五	丙戌 13 六	丁亥 14 日	戊子 15 一	己丑 16 二	庚寅 17 三	辛卯 18 四	壬辰 19 五	癸巳 20 六	甲午 21 日	乙未 22 一	丙申 23 二	丁酉 24 三	戊戌 25 四	己亥 26 五	庚子 27 六		癸未驚蟄 戊戌春分
三月大	甲辰 天干地支西曆星期	辛丑 28 日	壬寅 29 一	癸卯 30 二	甲辰 31 三	乙巳 (4) 四	丙午 2 五	丁未 3 六	戊申 4 日	己酉 5 一	庚戌 6 二	辛亥 7 三	壬子 8 四	癸丑 9 五	甲寅 10 六	乙卯 11 日	丙辰 12 一	丁巳 13 二	戊午 14 三	己未 15 四	庚申 16 五	辛酉 17 六	壬戌 18 日	癸亥 19 一	甲子 20 二	乙丑 21 三	丙寅 22 四	丁卯 23 五	戊辰 24 六	己巳 25 日	庚午 26 一	癸丑清明 戊辰穀雨
四月小	乙巳 天干地支西曆星期	辛未 27 二	壬申 28 三	癸酉 29 四	甲戌 30 五	乙亥 (5) 六	丙子 2 日	丁丑 3 一	戊寅 4 二	己卯 5 三	庚辰 6 四	辛巳 7 五	壬午 8 六	癸未 9 日	甲申 10 一	乙酉 11 二	丙戌 12 三	丁亥 13 四	戊子 14 五	己丑 15 六	庚寅 16 日	辛卯 17 一	壬辰 18 二	癸巳 19 三	甲午 20 四	乙未 21 五	丙申 22 六	丁酉 23 日	戊戌 24 一	己亥 25 二		癸未立夏 己亥小滿
五月大	丙午 天干地支西曆星期	庚子 26 三	辛丑 27 四	壬寅 28 五	癸卯 29 六	甲辰 30 日	乙巳 31 一	丙午 (6) 二	丁未 2 三	戊申 3 四	己酉 4 五	庚戌 5 六	辛亥 6 日	壬子 7 一	癸丑 8 二	甲寅 9 三	乙卯 10 四	丙辰 11 五	丁巳 12 六	戊午 13 日	己未 14 一	庚申 15 二	辛酉 16 三	壬戌 17 四	癸亥 18 五	甲子 19 六	乙丑 20 日	丙寅 21 一	丁卯 22 二	戊辰 23 三	己巳 24 四	甲寅芒種 己巳夏至日食
閏五月小	丙午 天干地支西曆星期	庚午 25 五	辛未 26 六	壬申 27 日	癸酉 28 一	甲戌 29 二	乙亥 30 三	丙子 (7) 四	丁丑 2 五	戊寅 3 六	己卯 4 日	庚辰 5 一	辛巳 6 二	壬午 7 三	癸未 8 四	甲申 9 五	乙酉 10 六	丙戌 11 日	丁亥 12 一	戊子 13 二	己丑 14 三	庚寅 15 四	辛卯 16 五	壬辰 17 六	癸巳 18 日	甲午 19 一	乙未 20 二	丙申 21 三	丁酉 22 四	戊戌 23 五		甲申小暑
六月大	丁未 天干地支西曆星期	己亥 24 六	庚子 25 日	辛丑 26 一	壬寅 27 二	癸卯 28 三	甲辰 29 四	乙巳 30 五	丙午 31 六	丁未 (8) 日	戊申 2 一	己酉 3 二	庚戌 4 三	辛亥 5 四	壬子 6 五	癸丑 7 六	甲寅 8 日	乙卯 9 一	丙辰 10 二	丁巳 11 三	戊午 12 四	己未 13 五	庚申 14 六	辛酉 15 日	壬戌 16 一	癸亥 17 二	甲子 18 三	乙丑 19 四	丙寅 20 五	丁卯 21 六	戊辰 22 日	庚子大暑 乙卯立秋
七月小	戊申 天干地支西曆星期	己巳 23 一	庚午 24 二	辛未 25 三	壬申 26 四	癸酉 27 五	甲戌 28 六	乙亥 29 日	丙子 30 一	丁丑 31 二	戊寅 (9) 三	己卯 2 四	庚辰 3 五	辛巳 4 六	壬午 5 日	癸未 6 一	甲申 7 二	乙酉 8 三	丙戌 9 四	丁亥 10 五	戊子 11 六	己丑 12 日	庚寅 13 一	辛卯 14 二	壬辰 15 三	癸巳 16 四	甲午 17 五	乙未 18 六	丙申 19 日	丁酉 20 一		庚午處暑 乙酉白露
八月大	己酉 天干地支西曆星期	戊戌 21 二	己亥 22 三	庚子 23 四	辛丑 24 五	壬寅 25 六	癸卯 26 日	甲辰 27 一	乙巳 28 二	丙午 29 三	丁未 30 四	戊申 (10) 五	己酉 2 六	庚戌 3 日	辛亥 4 一	壬子 5 二	癸丑 6 三	甲寅 7 四	乙卯 8 五	丙辰 9 六	丁巳 10 日	戊午 11 一	己未 12 二	庚申 13 三	辛酉 14 四	壬戌 15 五	癸亥 16 六	甲子 17 日	乙丑 18 一	丙寅 19 二	丁卯 20 三	庚子秋分 丙辰寒露
九月大	庚戌 天干地支西曆星期	戊辰 21 四	己巳 22 五	庚午 23 六	辛未 24 日	壬申 25 一	癸酉 26 二	甲戌 27 三	乙亥 28 四	丙子 29 五	丁丑 30 六	戊寅 31 日	己卯 (11) 一	庚辰 2 二	辛巳 3 三	壬午 4 四	癸未 5 五	甲申 6 六	乙酉 7 日	丙戌 8 一	丁亥 9 二	戊子 10 三	己丑 11 四	庚寅 12 五	辛卯 13 六	壬辰 14 日	癸巳 15 一	甲午 16 二	乙未 17 三	丙申 18 四	丁酉 19 五	辛未霜降 丙戌立冬
十月小	辛亥 天干地支西曆星期	戊戌 20 六	己亥 21 日	庚子 22 一	辛丑 23 二	壬寅 24 三	癸卯 25 四	甲辰 26 五	乙巳 27 六	丙午 28 日	丁未 29 一	戊申 30 二	己酉 (12) 三	庚戌 2 四	辛亥 3 五	壬子 4 六	癸丑 5 日	甲寅 6 一	乙卯 7 二	丙辰 8 三	丁巳 9 四	戊午 10 五	己未 11 六	庚申 12 日	辛酉 13 一	壬戌 14 二	癸亥 15 三	甲子 16 四	乙丑 17 五	丙寅 18 六		辛丑小雪 丁巳大雪
十一月大	壬子 天干地支西曆星期	丁卯 19 日	戊辰 20 一	己巳 21 二	庚午 22 三	辛未 23 四	壬申 24 五	癸酉 25 六	甲戌 26 日	乙亥 27 一	丙子 28 二	丁丑 29 三	戊寅 30 四	己卯 31 五	庚辰 (1) 六	辛巳 2 日	壬午 3 一	癸未 4 二	甲申 5 三	乙酉 6 四	丙戌 7 五	丁亥 8 六	戊子 9 日	己丑 10 一	庚寅 11 二	辛卯 12 三	壬辰 13 四	癸巳 14 五	甲午 15 六	乙未 16 日	丙申 17 一	壬申冬至 丁亥小寒
十二月小	癸丑 天干地支西曆星期	丁酉 18 二	戊戌 19 三	己亥 20 四	庚子 21 五	辛丑 22 六	壬寅 23 日	癸卯 24 一	甲辰 25 二	乙巳 26 三	丙午 27 四	丁未 28 五	戊申 29 六	己酉 30 日	庚戌 31 一	辛亥 (2) 二	壬子 2 三	癸丑 3 四	甲寅 4 五	乙卯 5 六	丙辰 6 日	丁巳 7 一	戊午 8 二	己未 9 三	庚申 10 四	辛酉 11 五	壬戌 12 六	癸亥 13 日	甲子 14 一	乙丑 15 二		壬寅大寒 丁巳立春

蜀後主延熙十六年（癸酉 雞年） 公元 253 ~ 254 年

夏曆月序	中西曆對照	夏曆日序																													節氣與天象
		初一	初二	初三	初四	初五	初六	初七	初八	初九	初十	十一	十二	十三	十四	十五	十六	十七	十八	十九	二十	廿一	廿二	廿三	廿四	廿五	廿六	廿七	廿八	廿九	三十	
正月大	甲寅	天干 丙寅 地支 16 西曆 三 星期	丁卯 17 四	戊辰 18 五	己巳 19 六	庚午 20 日	辛未 21 一	壬申 22 二	癸酉 23 三	甲戌 24 四	乙亥 25 五	丙子 26 六	丁丑 27 日	戊寅 28 一	己卯 (3) 二	庚辰 2 三	辛巳 3 四	壬午 4 五	癸未 5 六	甲申 6 日	乙酉 7 一	丙戌 8 二	丁亥 9 三	戊子 10 四	己丑 11 五	庚寅 12 六	辛卯 13 日	壬辰 14 一	癸巳 15 二	甲午 16 三	乙未 17 四	癸酉雨水 戊子驚蟄
二月小	乙卯	天干 丙申 地支 18 西曆 五 星期	丁酉 19 六	戊戌 20 日	己亥 21 一	庚子 22 二	辛丑 23 三	壬寅 24 四	癸卯 25 五	甲辰 26 六	乙巳 27 日	丙午 28 一	丁未 29 二	戊申 30 三	己酉 31 四	庚戌 (4) 五	辛亥 2 六	壬子 3 日	癸丑 4 一	甲寅 5 二	乙卯 6 三	丙辰 7 四	丁巳 8 五	戊午 9 六	己未 10 日	庚申 11 一	辛酉 12 二	壬戌 13 三	癸亥 14 四	甲子 15 五		癸卯春分 戊午清明
三月大	丙辰	天干 乙丑 地支 16 西曆 六 星期	丙寅 17 日	丁卯 18 一	戊辰 19 二	己巳 20 三	庚午 21 四	辛未 22 五	壬申 23 六	癸酉 24 日	甲戌 25 一	乙亥 26 二	丙子 27 三	丁丑 28 四	戊寅 29 五	己卯 30 六	庚辰 (5) 日	辛巳 2 一	壬午 3 二	癸未 4 三	甲申 5 四	乙酉 6 五	丙戌 7 六	丁亥 8 日	戊子 9 一	己丑 10 二	庚寅 11 三	辛卯 12 四	壬辰 13 五	癸巳 14 六	甲午 15 日	甲戌穀雨 乙丑立夏
四月小	丁巳	天干 乙未 地支 16 西曆 一 星期	丙申 17 二	丁酉 18 三	戊戌 19 四	己亥 20 五	庚子 21 六	辛丑 22 日	壬寅 23 一	癸卯 24 二	甲辰 25 三	乙巳 26 四	丙午 27 五	丁未 28 六	戊申 29 日	己酉 30 一	庚戌 31 二	辛亥 (6) 三	壬子 2 四	癸丑 3 五	甲寅 4 六	乙卯 5 日	丙辰 6 一	丁巳 7 二	戊午 8 三	己未 9 四	庚申 10 五	辛酉 11 六	壬戌 12 日	癸亥 13 一		甲辰小滿 己未芒種
五月大	戊午	天干 甲子 地支 14 西曆 二 星期	乙丑 15 三	丙寅 16 四	丁卯 17 五	戊辰 18 六	己巳 19 日	庚午 20 一	辛未 21 二	壬申 22 三	癸酉 23 四	甲戌 24 五	乙亥 25 六	丙子 26 日	丁丑 27 一	戊寅 28 二	己卯 29 三	庚辰 30 四	辛巳 (7) 五	壬午 2 六	癸未 3 日	甲申 4 一	乙酉 5 二	丙戌 6 三	丁亥 7 四	戊子 8 五	己丑 9 六	庚寅 10 日	辛卯 11 一	壬辰 12 二	癸巳 13 三	甲戌夏至 庚寅小暑
六月小	己未	天干 甲午 地支 14 西曆 四 星期	乙未 15 五	丙申 16 六	丁酉 17 日	戊戌 18 一	己亥 19 二	庚子 20 三	辛丑 21 四	壬寅 22 五	癸卯 23 六	甲辰 24 日	乙巳 25 一	丙午 26 二	丁未 27 三	戊申 28 四	己酉 29 五	庚戌 30 六	辛亥 31 日	壬子 (8) 一	癸丑 2 二	甲寅 3 三	乙卯 4 四	丙辰 5 五	丁巳 6 六	戊午 7 日	己未 8 一	庚申 9 二	辛酉 10 三	壬戌 11 四		乙巳大暑 庚申立秋
七月大	庚申	天干 癸亥 地支 12 西曆 五 星期	甲子 13 六	乙丑 14 日	丙寅 15 一	丁卯 16 二	戊辰 17 三	己巳 18 四	庚午 19 五	辛未 20 六	壬申 21 日	癸酉 22 一	甲戌 23 二	乙亥 24 三	丙子 25 四	丁丑 26 五	戊寅 27 六	己卯 28 日	庚辰 29 一	辛巳 30 二	壬午 31 三	癸未 (9) 四	甲申 2 五	乙酉 3 六	丙戌 4 日	丁亥 5 一	戊子 6 二	己丑 7 三	庚寅 8 四	辛卯 9 五	壬辰 10 六	癸亥處暑 庚寅白露
八月小	辛酉	天干 癸巳 地支 11 西曆 日 星期	甲午 12 一	乙未 13 二	丙申 14 三	丁酉 15 四	戊戌 16 五	己亥 17 六	庚子 18 日	辛丑 19 一	壬寅 20 二	癸卯 21 三	甲辰 22 四	乙巳 23 五	丙午 24 六	丁未 25 日	戊申 26 一	己酉 27 二	庚戌 28 三	辛亥 29 四	壬子 30 五	癸丑 (10) 六	甲寅 2 日	乙卯 3 一	丙辰 4 二	丁巳 5 三	戊午 6 四	己未 7 五	庚申 8 六	辛酉 9 日		丙午秋分 辛酉寒露
九月大	壬戌	天干 壬戌 地支 10 西曆 一 星期	癸亥 11 二	甲子 12 三	乙丑 13 四	丙寅 14 五	丁卯 15 六	戊辰 16 日	己巳 17 一	庚午 18 二	辛未 19 三	壬申 20 四	癸酉 21 五	甲戌 22 六	乙亥 23 日	丙子 24 一	丁丑 25 二	戊寅 26 三	己卯 27 四	庚辰 28 五	辛巳 29 六	壬午 30 日	癸未 31 一	甲申 (11) 二	乙酉 2 三	丙戌 3 四	丁亥 4 五	戊子 5 六	己丑 6 日	庚寅 7 一	辛卯 8 二	丙子霜降 辛卯立冬
十月小	癸亥	天干 壬辰 地支 9 西曆 三 星期	癸巳 10 四	甲午 11 五	乙未 12 六	丙申 13 日	丁酉 14 一	戊戌 15 二	己亥 16 三	庚子 17 四	辛丑 18 五	壬寅 19 六	癸卯 20 日	甲辰 21 一	乙巳 22 二	丙午 23 三	丁未 24 四	戊申 25 五	己酉 26 六	庚戌 27 日	辛亥 28 一	壬子 29 二	癸丑 30 三	甲寅 (12) 四	乙卯 2 五	丙辰 3 六	丁巳 4 日	戊午 5 一	己未 6 二	庚申 7 三		丁未小雪
十一月大	甲子	天干 辛酉 地支 8 西曆 四 星期	壬戌 9 五	癸亥 10 六	甲子 11 日	乙丑 12 一	丙寅 13 二	丁卯 14 三	戊辰 15 四	己巳 16 五	庚午 17 六	辛未 18 日	壬申 19 一	癸酉 20 二	甲戌 21 三	乙亥 22 四	丙子 23 五	丁丑 24 六	戊寅 25 日	己卯 26 一	庚辰 27 二	辛巳 28 三	壬午 29 四	癸未 30 五	甲申 31 六	乙酉 (1) 日	丙戌 2 一	丁亥 3 二	戊子 4 三	己丑 5 四	庚寅 6 五	壬戌大雪 丙子冬至
十二月大	乙丑	天干 辛卯 地支 7 西曆 六 星期	壬辰 8 日	癸巳 9 一	甲午 10 二	乙未 11 三	丙申 12 四	丁酉 13 五	戊戌 14 六	己亥 15 日	庚子 16 一	辛丑 17 二	壬寅 18 三	癸卯 19 四	甲辰 20 五	乙巳 21 六	丙午 22 日	丁未 23 一	戊申 24 二	己酉 25 三	庚戌 26 四	辛亥 27 五	壬子 28 六	癸丑 29 日	甲寅 30 一	乙卯 31 二	丙辰 (2) 三	丁巳 2 四	戊午 3 五	己未 4 六	庚申 5 日	壬辰小寒 丁未大寒

蜀後主延熙十七年（甲戌 狗年） 公元 254 ~ 255 年

夏曆月序	中西日照對	夏曆日序 初一	初二	初三	初四	初五	初六	初七	初八	初九	初十	十一	十二	十三	十四	十五	十六	十七	十八	十九	二十	二一	二二	二三	二四	二五	二六	二七	二八	二九	三十	節氣與天象
正月小	丙寅	天干地支／西曆／星期 辛酉 6 一	壬戌 7 二	癸亥 8 三	甲子 9 四	乙丑 10 五	丙寅 11 六	丁卯 12 日	戊辰 13 一	己巳 14 二	庚午 15 三	辛未 16 四	壬申 17 五	癸酉 18 六	甲戌 19 日	乙亥 20 一	丙子 21 二	丁丑 22 三	戊寅 23 四	己卯 24 五	庚辰 25 六	辛巳 26 日	壬午 27 一	癸未 28 二	甲申(3)三	乙酉 2 四	丙戌 3 五	丁亥 4 六	戊子 5 日	己丑 6 一		癸亥立春 戊寅雨水
二月大	丁卯	庚寅 7 二	辛卯 8 三	壬辰 9 四	癸巳 10 五	甲午 11 六	乙未 12 日	丙申 13 一	丁酉 14 二	戊戌 15 三	己亥 16 四	庚子 17 五	辛丑 18 六	壬寅 19 日	癸卯 20 一	甲辰 21 二	乙巳 22 三	丙午 23 四	丁未 24 五	戊申 25 六	己酉 26 日	庚戌 27 一	辛亥 28 二	壬子 29 三	癸丑 30 四	甲寅 31 五	乙卯(4)六	丙辰 2 日	丁巳 3 一	戊午 4 二	己未 5 三		癸巳驚蟄 戊申春分
三月小	戊辰	庚申 6 四	辛酉 7 五	壬戌 8 六	癸亥 9 日	甲子 10 一	乙丑 11 二	丙寅 12 三	丁卯 13 四	戊辰 14 五	己巳 15 六	庚午 16 日	辛未 17 一	壬申 18 二	癸酉 19 三	甲戌 20 四	乙亥 21 五	丙子 22 六	丁丑 23 日	戊寅 24 一	己卯 25 二	庚辰 26 三	辛巳 27 四	壬午 28 五	癸未 29 六	甲申 30 日	乙酉(5)一	丙戌 2 二	丁亥 3 三	戊子 4 四			甲子清明 己卯穀雨
四月大	己巳	己丑 5 五	庚寅 6 六	辛卯 7 日	壬辰 8 一	癸巳 9 二	甲午 10 三	乙未 11 四	丙申 12 五	丁酉 13 六	戊戌 14 日	己亥 15 一	庚子 16 二	辛丑 17 三	壬寅 18 四	癸卯 19 五	甲辰 20 六	乙巳 21 日	丙午 22 一	丁未 23 二	戊申 24 三	己酉 25 四	庚戌 26 五	辛亥 27 六	壬子 28 日	癸丑 29 一	甲寅 30 二	乙卯 31 三	丙辰(6)四	丁巳 2 五	戊午 3 六		甲午立夏 己酉小滿
五月小	庚午	己未 4 日	庚申 5 一	辛酉 6 二	壬戌 7 三	癸亥 8 四	甲子 9 五	乙丑 10 六	丙寅 11 日	丁卯 12 一	戊辰 13 二	己巳 14 三	庚午 15 四	辛未 16 五	壬申 17 六	癸酉 18 日	甲戌 19 一	乙亥 20 二	丙子 21 三	丁丑 22 四	戊寅 23 五	己卯 24 六	庚辰 25 日	辛巳 26 一	壬午 27 二	癸未 28 三	甲申 29 四	乙酉 30 五	丙戌(7)六	丁亥 2 日			甲子芒種 庚辰夏至
六月大	辛未	戊子 3 一	己丑 4 二	庚寅 5 三	辛卯 6 四	壬辰 7 五	癸巳 8 六	甲午 9 日	乙未 10 一	丙申 11 二	丁酉 12 三	戊戌 13 四	己亥 14 五	庚子 15 六	辛丑 16 日	壬寅 17 一	癸卯 18 二	甲辰 19 三	乙巳 20 四	丙午 21 五	丁未 22 六	戊申 23 日	己酉 24 一	庚戌 25 二	辛亥 26 三	壬子 27 四	癸丑 28 五	甲寅 29 六	乙卯 30 日	丙辰 31 一	丁巳(8)二	乙未小暑 庚戌大暑
七月小	壬申	戊午 2 三	己未 3 四	庚申 4 五	辛酉 5 六	壬戌 6 日	癸亥 7 一	甲子 8 二	乙丑 9 三	丙寅 10 四	丁卯 11 五	戊辰 12 六	己巳 13 日	庚午 14 一	辛未 15 二	壬申 16 三	癸酉 17 四	甲戌 18 五	乙亥 19 六	丙子 20 日	丁丑 21 一	戊寅 22 二	己卯 23 三	庚辰 24 四	辛巳 25 五	壬午 26 六	癸未 27 日	甲申 28 一	乙酉 29 二	丙戌 30 三		乙丑立秋 辛巳處暑
八月大	癸酉	丁亥 31 四	戊子(9)五	己丑 2 六	庚寅 3 日	辛卯 4 一	壬辰 5 二	癸巳 6 三	甲午 7 四	乙未 8 五	丙申 9 六	丁酉 10 日	戊戌 11 一	己亥 12 二	庚子 13 三	辛丑 14 四	壬寅 15 五	癸卯 16 六	甲辰 17 日	乙巳 18 一	丙午 19 二	丁未 20 三	戊申 21 四	己酉 22 五	庚戌 23 六	辛亥 24 日	壬子 25 一	癸丑 26 二	甲寅 27 三	乙卯 28 四	丙辰 29 五	丙申白露 辛亥秋分
九月小	甲戌	丁巳 30 六	戊午(10)日	己未 2 一	庚申 3 二	辛酉 4 三	壬戌 5 四	癸亥 6 五	甲子 7 六	乙丑 8 日	丙寅 9 一	丁卯 10 二	戊辰 11 三	己巳 12 四	庚午 13 五	辛未 14 六	壬申 15 日	癸酉 16 一	甲戌 17 二	乙亥 18 三	丙子 19 四	丁丑 20 五	戊寅 21 六	己卯 22 日	庚辰 23 一	辛巳 24 二	壬午 25 三	癸未 26 四	甲申 27 五	乙酉 28 六		丙寅寒露 辛巳霜降
十月大	乙亥	丙戌 29 日	丁亥 30 一	戊子 31 二	己丑(11)三	庚寅 2 四	辛卯 3 五	壬辰 4 六	癸巳 5 日	甲午 6 一	乙未 7 二	丙申 8 三	丁酉 9 四	戊戌 10 五	己亥 11 六	庚子 12 日	辛丑 13 一	壬寅 14 二	癸卯 15 三	甲辰 16 四	乙巳 17 五	丙午 18 六	丁未 19 日	戊申 20 一	己酉 21 二	庚戌 22 三	辛亥 23 四	壬子 24 五	癸丑 25 六	甲寅 26 日	乙卯 27 一	丁酉立冬 壬子小雪 丙戌日食
十一月小	丙子	丙辰 28 二	丁巳 29 三	戊午 30 四	己未(12)五	庚申 2 六	辛酉 3 日	壬戌 4 一	癸亥 5 二	甲子 6 三	乙丑 7 四	丙寅 8 五	丁卯 9 六	戊辰 10 日	己巳 11 一	庚午 12 二	辛未 13 三	壬申 14 四	癸酉 15 五	甲戌 16 六	乙亥 17 日	丙子 18 一	丁丑 19 二	戊寅 20 三	己卯 21 四	庚辰 22 五	辛巳 23 六	壬午 24 日	癸未 25 一	甲申 26 二		丁卯大雪 壬午冬至
十二月大	丁丑	乙酉 27 三	丙戌 28 四	丁亥 29 五	戊子 30 六	己丑 31 日	庚寅(1)一	辛卯 2 二	壬辰 3 三	癸巳 4 四	甲午 5 五	乙未 6 六	丙申 7 日	丁酉 8 一	戊戌 9 二	己亥 10 三	庚子 11 四	辛丑 12 五	壬寅 13 六	癸卯 14 日	甲辰 15 一	乙巳 16 二	丙午 17 三	丁未 18 四	戊申 19 五	己酉 20 六	庚戌 21 日	辛亥 22 一	壬子 23 二	癸丑 24 三	甲寅 25 四	丁酉小寒 癸丑大寒

蜀後主延熙十八年（乙亥 豬年） 公元 255～256 年

夏曆月序	西曆日照中曆對	夏曆日序 初一～三十	節氣與天象
正月小	戊寅	乙卯26五/丙辰27六/丁巳28日/戊午29一/己未30二/庚申(2)三/辛酉2四/壬戌3五/癸亥4六/甲子5日/乙丑6一/丙寅7二/丁卯8三/戊辰9四/己巳10五/庚午11六/辛未12日/壬申13一/癸酉14二/甲戌15三/乙亥16四/丙子17五/丁丑18六/戊寅19日/己卯20一/庚辰21二/辛巳22三/壬午23四/癸未24五	戊辰立春 癸未雨水
閏正月大	戊寅	甲申24六/乙酉25日/丙戌26一/丁亥27二/戊子28(3)三/己丑29四/庚寅2五/辛卯3六/壬辰4日/癸巳5一/甲午6二/乙未7三/丙申8四/丁酉9五/戊戌10六/己亥11日/庚子12一/辛丑13二/壬寅14三/癸卯15四/甲辰16五/乙巳17六/丙午18日/丁未19一/戊申20二/己酉21三/庚戌22四/辛亥23五/壬子24六/癸丑25日	戊戌驚蟄
二月小	己卯	甲寅26一/乙卯27二/丙辰28三/丁巳29四/戊午30五/己未31六/庚申(4)日/辛酉2一/壬戌3二/癸亥4三/甲子5四/乙丑6五/丙寅7六/丁卯8日/戊辰9一/己巳10二/庚午11三/辛未12四/壬申13五/癸酉14六/甲戌15日/乙亥16一/丙子17二/丁丑18三/戊寅19四/己卯20五/庚辰21六/辛巳22日/壬午23一	甲寅春分 己巳清明
三月大	庚辰	癸未24二/甲申25三/乙酉26四/丙戌27五/丁亥28六/戊子29日/己丑30(5)一/庚寅2二/辛卯3三/壬辰4四/癸巳5五/甲午6六/乙未7日/丙申8一/丁酉9二/戊戌10三/己亥11四/庚子12五/辛丑13六/壬寅14日/癸卯15一/甲辰16二/乙巳17三/丙午18四/丁未19五/戊申20六/己酉21日/庚戌22一/辛亥23二/壬子23三	甲申穀雨 己亥立夏
四月大	辛巳	癸丑24四/甲寅25五/乙卯26六/丙辰27日/丁巳28一/戊午29二/己未30三/庚申31(6)四/辛酉2五/壬戌3六/癸亥4日/甲子5一/乙丑6二/丙寅7三/丁卯8四/戊辰9五/己巳10六/庚午11日/辛未12一/壬申13二/癸酉14三/甲戌15四/乙亥16五/丙子17六/丁丑18日/戊寅19一/己卯20二/庚辰21三/辛巳22四/壬午23五	甲寅小滿 庚午芒種
五月小	壬午	癸未23六/甲申24日/乙酉25一/丙戌26二/丁亥27三/戊子28四/己丑29五/庚寅30六/辛卯(7)日/壬辰2一/癸巳3二/甲午4三/乙未5四/丙申6五/丁酉7六/戊戌8日/己亥9一/庚子10二/辛丑11三/壬寅12四/癸卯13五/甲辰14六/乙巳15日/丙午16一/丁未17二/戊申18三/己酉19四/庚戌20五/辛亥21六	乙酉夏至 庚子小暑
六月大	癸未	壬子22日/癸丑23一/甲寅24二/乙卯25三/丙辰26四/丁巳27五/戊午28六/己未29日/庚申30一/辛酉31(8)二/壬戌2三/癸亥3四/甲子4五/乙丑5六/丙寅6日/丁卯7一/戊辰8二/己巳9三/庚午10四/辛未11五/壬申12六/癸酉13日/甲戌14一/乙亥15二/丙子16三/丁丑17四/戊寅18五/己卯19六/庚辰20日/辛巳20一	乙卯大暑 辛未立秋
七月小	甲申	壬午21二/癸未22三/甲申23四/乙酉24五/丙戌25六/丁亥26日/戊子27一/己丑28二/庚寅29三/辛卯30四/壬辰31(9)五/癸巳2六/甲午3日/乙未4一/丙申5二/丁酉6三/戊戌7四/己亥8五/庚子9六/辛丑10日/壬寅11一/癸卯12二/甲辰13三/乙巳14四/丙午15五/丁未16六/戊申17日/己酉18一/庚戌18二	丙戌處暑 辛丑白露
八月大	乙酉	辛亥19三/壬子20四/癸丑21五/甲寅22六/乙卯23日/丙辰24一/丁巳25二/戊午26三/己未27四/庚申28五/辛酉29六/壬戌30日/癸亥(10)一/甲子2二/乙丑3三/丙寅4四/丁卯5五/戊辰6六/己巳7日/庚午8一/辛未9二/壬申10三/癸酉11四/甲戌12五/乙亥13六/丙子14日/丁丑15一/戊寅16二/己卯17三/庚辰18四	丙辰秋分 辛未寒露 庚辰日食
九月小	丙戌	辛巳19五/壬午20六/癸未21日/甲申22一/乙酉23二/丙戌24三/丁亥25四/戊子26五/己丑27六/庚寅28日/辛卯29一/壬辰30二/癸巳31三/甲午(11)四/乙未2五/丙申3六/丁酉4日/戊戌5一/己亥6二/庚子7三/辛丑8四/壬寅9五/癸卯10六/甲辰11日/乙巳12一/丙午13二/丁未14三/戊申15四/己酉16五	丁亥霜降 壬寅立冬
十月大	丁亥	庚戌17六/辛亥18日/壬子19一/癸丑20二/甲寅21三/乙卯22四/丙辰23五/丁巳24六/戊午25日/己未26一/庚申27二/辛酉28三/壬戌29四/癸亥30五/甲子(12)六/乙丑2日/丙寅3一/丁卯4二/戊辰5三/己巳6四/庚午7五/辛未8六/壬申9日/癸酉10一/甲戌11二/乙亥12三/丙子13四/丁丑14五/戊寅15六/己卯16日	丁巳小雪 壬申大雪
十一月小	戊子	庚辰17一/辛巳18二/壬午19三/癸未20四/甲申21五/乙酉22六/丙戌23日/丁亥24一/戊子25二/己丑26三/庚寅27四/辛卯28五/壬辰29六/癸巳30日/甲午31(1)一/乙未2二/丙申3三/丁酉4四/戊戌5五/己亥6六/庚子7日/辛丑8一/壬寅9二/癸卯10三/甲辰11四/乙巳12五/丙午13六/丁未14日	戊子冬至 癸卯小寒
十二月大	己丑	己酉15一/庚戌16二/辛亥17三/壬子18四/癸丑19五/甲寅20六/乙卯21日/丙辰22一/丁巳23二/戊午24三/己未25四/庚申26五/辛酉27六/壬戌28日/癸亥29一/甲子30二/乙丑(2)三/丙寅2四/丁卯3五/戊辰4六/己巳5日/庚午6一/辛未7二/壬申8三/癸酉9四/甲戌10五/乙亥11六/丙子12日/丁丑12一/戊寅13二	戊午大寒 癸酉立春

蜀後主延熙十九年（丙子 鼠年） 公元 256 ~ 257 年

夏曆月序	西日中曆對照	夏曆日序																														節氣與天象
		初一	初二	初三	初四	初五	初六	初七	初八	初九	初十	十一	十二	十三	十四	十五	十六	十七	十八	十九	二十	二一	二二	二三	二四	二五	二六	二七	二八	二九	三十	
正月小	庚寅	天干地支 西曆 星期	己卯14四	庚辰15五	辛巳16六	壬午17日	癸未18一	甲申19二	乙酉20三	丙戌21四	丁亥22五	戊子23六	己丑24日	庚寅25一	辛卯26二	壬辰27三	癸巳28四	甲午29(3)五	乙未(3)六	丙申1日	丁酉2一	戊戌3二	己亥4三	庚子5四	辛丑6五	壬寅7六	癸卯8日	甲辰9一	乙巳10二	丙午11三	丁未12四		戊子雨水 甲辰驚蟄
二月大	辛卯	天干地支 西曆 星期	戊申14五	己酉15六	庚戌16日	辛亥17一	壬子18二	癸丑19三	甲寅20四	乙卯21五	丙辰22六	丁巳23日	戊午24一	己未25二	庚申26三	辛酉27四	壬戌28五	癸亥29六	甲子30日	乙丑31一	丙寅(4)二	丁卯2三	戊辰3四	己巳4五	庚午5六	辛未6日	壬申7一	癸酉8二	甲戌9三	乙亥10四	丙子11五	丁丑12六	己未春分 甲戌清明
三月小	壬辰	天干地支 西曆 星期	戊寅13日	己卯14一	庚辰15二	辛巳16三	壬午17四	癸未18五	甲申19六	乙酉20日	丙戌21一	丁亥22二	戊子23三	己丑24四	庚寅25五	辛卯26六	壬辰27日	癸巳28一	甲午29二	乙未30(5)三	丙申(5)四	丁酉2五	戊戌3六	己亥4日	庚子5一	辛丑6二	壬寅7三	癸卯8四	甲辰9五	乙巳10六	丙午11日		己丑穀雨 甲辰立夏
四月大	癸巳	天干地支 西曆 星期	丁未12一	戊申13二	己酉14三	庚戌15四	辛亥16五	壬子17六	癸丑18日	甲寅19一	乙卯20二	丙辰21三	丁巳22四	戊午23五	己未24六	庚申25日	辛酉26一	壬戌27二	癸亥28三	甲子29四	乙丑30五	丙寅31六	丁卯(6)日	戊辰2一	己巳3二	庚午4三	辛未5四	壬申6五	癸酉7六	甲戌8日	乙亥9一	丙子10二	庚申小滿 乙亥芒種
五月小	甲午	天干地支 西曆 星期	丁丑11三	戊寅12四	己卯13五	庚辰14六	辛巳15日	壬午16一	癸未17二	甲申18三	乙酉19四	丙戌20五	丁亥21六	戊子22日	己丑23一	庚寅24二	辛卯25三	壬辰26四	癸巳27五	甲午28六	乙未29日	丙申30一	丁酉(7)二	戊戌2三	己亥3四	庚子4五	辛丑5六	壬寅6日	癸卯7一	甲辰8二	乙巳9三		庚寅夏至 乙巳小暑
六月大	乙未	天干地支 西曆 星期	丙午10四	丁未11五	戊申12六	己酉13日	庚戌14一	辛亥15二	壬子16三	癸丑17四	甲寅18五	乙卯19六	丙辰20日	丁巳21一	戊午22二	己未23三	庚申24四	辛酉25五	壬戌26六	癸亥27日	甲子28一	乙丑29二	丙寅30三	丁卯31四	戊辰(8)五	己巳2六	庚午3日	辛未4一	壬申5二	癸酉6三	甲戌7四	乙亥8五	辛酉大暑
七月大	丙申	天干地支 西曆 星期	丙子9六	丁丑10日	戊寅11一	己卯12二	庚辰13三	辛巳14四	壬午15五	癸未16六	甲申17日	乙酉18一	丙戌19二	丁亥20三	戊子21四	己丑22五	庚寅23六	辛卯24日	壬辰25一	癸巳26二	甲午27三	乙未28四	丙申29五	丁酉30六	戊戌31日	己亥(9)一	庚子2二	辛丑3三	壬寅4四	癸卯5五	甲辰6六	乙巳7日	丙子立秋 辛卯處暑
八月小	丁酉	天干地支 西曆 星期	丙午8一	丁未9二	戊申10三	己酉11四	庚戌12五	辛亥13六	壬子14日	癸丑15一	甲寅16二	乙卯17三	丙辰18四	丁巳19五	戊午20六	己未21日	庚申22一	辛酉23二	壬戌24三	癸亥25四	甲子26五	乙丑27六	丙寅28日	丁卯29一	戊辰30二	己巳(10)三	庚午2四	辛未3五	壬申4六	癸酉5日	甲戌6一		丙午白露 辛酉秋分
九月大	戊戌	天干地支 西曆 星期	乙亥7二	丙子8三	丁丑9四	戊寅10五	己卯11六	庚辰12日	辛巳13一	壬午14二	癸未15三	甲申16四	乙酉17五	丙戌18六	丁亥19日	戊子20一	己丑21二	庚寅22三	辛卯23四	壬辰24五	癸巳25六	甲午26日	乙未27一	丙申28二	丁酉29三	戊戌30四	己亥31五	庚子(11)六	辛丑2日	壬寅3一	癸卯4二	甲辰5三	丁丑寒露 壬辰霜降
十月小	己亥	天干地支 西曆 星期	乙巳6四	丙午7五	丁未8六	戊申9日	己酉10一	庚戌11二	辛亥12三	壬子13四	癸丑14五	甲寅15六	乙卯16日	丙辰17一	丁巳18二	戊午19三	己未20四	庚申21五	辛酉22六	壬戌23日	癸亥24一	甲子25二	乙丑26三	丙寅27四	丁卯28五	戊辰29六	己巳30日	庚午(12)一	辛未2二	壬申3三	癸酉4四		丁未立冬 壬戌小雪
十一月大	庚子	天干地支 西曆 星期	甲戌5五	乙亥6六	丙子7日	丁丑8一	戊寅9二	己卯10三	庚辰11四	辛巳12五	壬午13六	癸未14日	甲申15一	乙酉16二	丙戌17三	丁亥18四	戊子19五	己丑20六	庚寅21日	辛卯22一	壬辰23二	癸巳24三	甲午25四	乙未26五	丙申27六	丁酉28日	戊戌29一	己亥30二	庚子31三	辛丑(1)四	壬寅2五	癸卯3六	戊寅大雪 癸巳冬至
十二月小	辛丑	天干地支 西曆 星期	甲辰4日	乙巳5一	丙午6二	丁未7三	戊申8四	己酉9五	庚戌10六	辛亥11日	壬子12一	癸丑13二	甲寅14三	乙卯15四	丙辰16五	丁巳17六	戊午18日	己未19一	庚申20二	辛酉21三	壬戌22四	癸亥23五	甲子24六	乙丑25日	丙寅26一	丁卯27二	戊辰28三	己巳29四	庚午30五	辛未31六	壬申(2)日		戊申小寒 癸亥大寒

蜀後主延熙二十年（丁丑 牛年） 公元257～258年

夏曆月序	中西曆日對照	夏曆日序																													節氣與天象
		初一	初二	初三	初四	初五	初六	初七	初八	初九	初十	十一	十二	十三	十四	十五	十六	十七	十八	十九	二十	二一	二二	二三	二四	二五	二六	二七	二八	二九	三十	
正月大	壬寅 天干地支 西曆 星期	癸酉 2 一	甲戌 3 二	乙亥 4 三	丙子 5 四	丁丑 6 五	戊寅 7 日	己卯 8 一	庚辰 9 二	辛巳 10 三	壬午 11 四	癸未 12 五	甲申 13 六	乙酉 14 日	丙戌 15 一	丁亥 16 二	戊子 17 三	己丑 18 四	庚寅 19 五	辛卯 20 六	壬辰 21 日	癸巳 22 一	甲午 23 二	乙未 24 三	丙申 25 四	丁酉 26 五	戊戌 27 六	己亥 28 日	庚子 (3) 一	辛丑 2 二	壬寅 3 三	戊寅立春 甲午雨水
二月小	癸卯 天干地支 西曆 星期	癸卯 4 三	甲辰 5 四	乙巳 6 五	丙午 7 六	丁未 8 日	戊申 9 一	己酉 10 二	庚戌 11 三	辛亥 12 四	壬子 13 五	癸丑 14 六	甲寅 15 日	乙卯 16 一	丙辰 17 二	丁巳 18 三	戊午 19 四	己未 20 五	庚申 21 六	辛酉 22 日	壬戌 23 一	癸亥 24 二	甲子 25 三	乙丑 26 四	丙寅 27 五	丁卯 28 六	戊辰 29 日	己巳 30 一	庚午 31 二	辛未 (4) 三		己酉驚蟄 甲子春分
三月大	甲辰 天干地支 西曆 星期	壬申 2 四	癸酉 3 五	甲戌 4 六	乙亥 5 日	丙子 6 一	丁丑 7 二	戊寅 8 三	己卯 9 四	庚辰 10 五	辛巳 11 六	壬午 12 日	癸未 13 一	甲申 14 二	乙酉 15 三	丙戌 16 四	丁亥 17 五	戊子 18 六	己丑 19 日	庚寅 20 一	辛卯 21 二	壬辰 22 三	癸巳 23 四	甲午 24 五	乙未 25 六	丙申 26 日	丁酉 27 一	戊戌 28 二	己亥 29 三	庚子 30 四	辛丑 (5) 五	己卯清明 乙未穀雨
四月小	乙巳 天干地支 西曆 星期	壬寅 2 六	癸卯 3 日	甲辰 4 一	乙巳 5 二	丙午 6 三	丁未 7 四	戊申 8 五	己酉 9 六	庚戌 10 日	辛亥 11 一	壬子 12 二	癸丑 13 三	甲寅 14 四	乙卯 15 五	丙辰 16 六	丁巳 17 日	戊午 18 一	己未 19 二	庚申 20 三	辛酉 21 四	壬戌 22 五	癸亥 23 六	甲子 24 日	乙丑 25 一	丙寅 26 二	丁卯 27 三	戊辰 28 四	己巳 29 五	庚午 30 六		庚戌立夏 乙丑小滿
五月大	丙午 天干地支 西曆 星期	辛未 31 日	壬申 (6) 一	癸酉 2 二	甲戌 3 三	乙亥 4 四	丙子 5 五	丁丑 6 六	戊寅 7 日	己卯 8 一	庚辰 9 二	辛巳 10 三	壬午 11 四	癸未 12 五	甲申 13 六	乙酉 14 日	丙戌 15 一	丁亥 16 二	戊子 17 三	己丑 18 四	庚寅 19 五	辛卯 20 六	壬辰 21 日	癸巳 22 一	甲午 23 二	乙未 24 三	丙申 25 四	丁酉 26 五	戊戌 27 六	己亥 28 日	庚子 29 一	庚辰芒種 乙丑夏至
六月小	丁未 天干地支 西曆 星期	辛丑 30 二	壬寅 (7) 三	癸卯 2 四	甲辰 3 五	乙巳 4 六	丙午 5 日	丁未 6 一	戊申 7 二	己酉 8 三	庚戌 9 四	辛亥 10 五	壬子 11 六	癸丑 12 日	甲寅 13 一	乙卯 14 二	丙辰 15 三	丁巳 16 四	戊午 17 五	己未 18 六	庚申 19 日	辛酉 20 一	壬戌 21 二	癸亥 22 三	甲子 23 四	乙丑 24 五	丙寅 25 六	丁卯 26 日	戊辰 27 一	己巳 28 二		辛亥小暑 丙寅大暑
七月大	戊申 天干地支 西曆 星期	庚午 29 三	辛未 30 四	壬申 (8) 五	癸酉 2 六	甲戌 3 日	乙亥 4 一	丙子 5 二	丁丑 6 三	戊寅 7 四	己卯 8 五	庚辰 9 六	辛巳 10 日	壬午 11 一	癸未 12 二	甲申 13 三	乙酉 14 四	丙戌 15 五	丁亥 16 六	戊子 17 日	己丑 18 一	庚寅 19 二	辛卯 20 三	壬辰 21 四	癸巳 22 五	甲午 23 六	乙未 24 日	丙申 25 一	丁酉 26 二	戊戌 27 三	己亥 28 四	辛巳立秋 丙申處暑
八月小	己酉 天干地支 西曆 星期	庚子 29 五	辛丑 30 六	壬寅 31 日	癸卯 (9) 一	甲辰 2 二	乙巳 3 三	丙午 4 四	丁未 5 五	戊申 6 六	己酉 7 日	庚戌 8 一	辛亥 9 二	壬子 10 三	癸丑 11 四	甲寅 12 五	乙卯 13 六	丙辰 14 日	丁巳 15 一	戊午 16 二	己未 17 三	庚申 18 四	辛酉 19 五	壬戌 20 六	癸亥 21 日	甲子 22 一	乙丑 23 二	丙寅 24 三	丁卯 25 四	戊辰 26 五		辛亥白露 丁卯秋分
九月大	庚戌 天干地支 西曆 星期	己巳 26 六	庚午 27 日	辛未 28 一	壬申 29 二	癸酉 (10) 三	甲戌 2 四	乙亥 3 五	丙子 4 六	丁丑 5 日	戊寅 6 一	己卯 7 二	庚辰 8 三	辛巳 9 四	壬午 10 五	癸未 11 六	甲申 12 日	乙酉 13 一	丙戌 14 二	丁亥 15 三	戊子 16 四	己丑 17 五	庚寅 18 六	辛卯 19 日	壬辰 20 一	癸巳 21 二	甲午 22 三	乙未 23 四	丙申 24 五	丁酉 25 六	戊戌 25 日	壬午寒露 丁酉霜降
閏九月小	庚戌 天干地支 西曆 星期	己亥 26 一	庚子 27 二	辛丑 28 三	壬寅 29 四	癸卯 30 五	甲辰 31 六	乙巳 (11) 日	丙午 2 一	丁未 3 二	戊申 4 三	己酉 5 四	庚戌 6 五	辛亥 7 六	壬子 8 日	癸丑 9 一	甲寅 10 二	乙卯 11 三	丙辰 12 四	丁巳 13 五	戊午 14 六	己未 15 日	庚申 16 一	辛酉 17 二	壬戌 18 三	癸亥 19 四	甲子 20 五	乙丑 21 六	丙寅 22 日	丁卯 23 一		壬子立冬
十月大	辛亥 天干地支 西曆 星期	戊辰 24 二	己巳 25 三	庚午 26 四	辛未 27 五	壬申 28 六	癸酉 29 日	甲戌 30 一	乙亥 (02) 二	丙子 2 三	丁丑 3 四	戊寅 4 五	己卯 5 六	庚辰 6 日	辛巳 7 一	壬午 8 二	癸未 9 三	甲申 10 四	乙酉 11 五	丙戌 12 六	丁亥 13 日	戊子 14 一	己丑 15 二	庚寅 16 三	辛卯 17 四	壬辰 18 五	癸巳 19 六	甲午 20 日	乙未 21 一	丙申 22 二	丁酉 23 三	戊辰小雪 癸未大雪
十一月大	壬子 天干地支 西曆 星期	戊戌 24 四	己亥 25 五	庚子 26 六	辛丑 27 日	壬寅 28 一	癸卯 29 二	甲辰 30 三	乙巳 31 四	丙午 (1) 五	丁未 2 六	戊申 3 日	己酉 4 一	庚戌 5 二	辛亥 6 三	壬子 7 四	癸丑 8 五	甲寅 9 六	乙卯 10 日	丙辰 11 一	丁巳 12 二	戊午 13 三	己未 14 四	庚申 15 五	辛酉 16 六	壬戌 17 日	癸亥 18 一	甲子 19 二	乙丑 20 三	丙寅 21 四	丁卯 22 五	戊戌冬至 癸巳小寒
十二月小	癸丑 天干地支 西曆 星期	戊辰 23 六	己巳 24 日	庚午 25 一	辛未 26 二	壬申 27 三	癸酉 28 四	甲戌 29 五	乙亥 30 六	丙子 31 日	丁丑 (2) 一	戊寅 2 二	己卯 3 三	庚辰 4 四	辛巳 5 五	壬午 6 六	癸未 7 日	甲申 8 一	乙酉 9 二	丙戌 10 三	丁亥 11 四	戊子 12 五	己丑 13 六	庚寅 14 日	辛卯 15 一	壬辰 16 二	癸巳 17 三	甲午 18 四	乙未 19 五	丙申 20 六		戊辰大寒 甲申立春

蜀後主延熙二十一年　景耀元年（戊寅 虎年）　公元258～259年

夏曆月序	中西曆對照	夏曆日序 初一	初二	初三	初四	初五	初六	初七	初八	初九	初十	十一	十二	十三	十四	十五	十六	十七	十八	十九	二十	二一	二二	二三	二四	二五	二六	二七	二八	二九	三十	節氣與天象
正月大	甲寅 天干地支西曆星期	丁酉21日一	戊戌22二	己亥23三	庚子24四	辛丑25五	壬寅26六	癸卯27日	甲辰28一	乙巳(3)二	丙午2三	丁未3四	戊申4五	己酉5六	庚戌6日	辛亥7一	壬子8二	癸丑9三	甲寅10四	乙卯11五	丙辰12六	丁巳13日	戊午14一	己未15二	庚申16三	辛酉17四	壬戌18五	癸亥19六	甲子20日	乙丑21一	丙寅22二	己亥雨水 甲寅驚蟄
二月小	乙卯 天干地支西曆星期	丁卯23三	戊辰24四	己巳25五	庚午26六	辛未27日	壬申28一	癸酉29二	甲戌30三	乙亥31四	丙子(4)五	丁丑2六	戊寅3日	己卯4一	庚辰5二	辛巳6三	壬午7四	癸未8五	甲申9六	乙酉10日	丙戌11一	丁亥12二	戊子13三	己丑14四	庚寅15五	辛卯16六	壬辰17日	癸巳18一	甲午19二	乙未20三		己巳春分 乙酉清明
三月大	丙辰 天干地支西曆星期	丙申21四	丁酉22五	戊戌23六	己亥24日	庚子25一	辛丑26二	壬寅27三	癸卯28四	甲辰29五	乙巳30六	丙午(5)日	丁未2一	戊申3二	己酉4三	庚戌5四	辛亥6五	壬子7六	癸丑8日	甲寅9一	乙卯10二	丙辰11三	丁巳12四	戊午13五	己未14六	庚申15日	辛酉16一	壬戌17二	癸亥18三	甲子19四	乙丑20五	庚子穀雨 乙卯立夏
四月小	丁巳 天干地支西曆星期	丙寅21六	丁卯22日	戊辰23一	己巳24二	庚午25三	辛未26四	壬申27五	癸酉28六	甲戌29日	乙亥30一	丙子31二	丁丑(6)三	戊寅2四	己卯3五	庚辰4六	辛巳5日	壬午6一	癸未7二	甲申8三	乙酉9四	丙戌10五	丁亥11六	戊子12日	己丑13一	庚寅14二	辛卯15三	壬辰16四	癸巳17五	甲午18六		庚午小滿 乙酉芒種
五月大	戊午 天干地支西曆星期	乙未19日	丙申20一	丁酉21二	戊戌22三	己亥23四	庚子24五	辛丑25六	壬寅26日	癸卯27一	甲辰28二	乙巳29三	丙午30四	丁未(7)五	戊申2六	己酉3日	庚戌4一	辛亥5二	壬子6三	癸丑7四	甲寅8五	乙卯9六	丙辰10日	丁巳11一	戊午12二	己未13三	庚申14四	辛酉15五	壬戌16六	癸亥17日	甲子18一	辛丑夏至 丙辰小暑
六月小	己未 天干地支西曆星期	乙丑19二	丙寅20三	丁卯21四	戊辰22五	己巳23六	庚午24日	辛未25一	壬申26二	癸酉27三	甲戌28四	乙亥29五	丙子30六	丁丑31日	戊寅(8)一	己卯2二	庚辰3三	辛巳4四	壬午5五	癸未6六	甲申7日	乙酉8一	丙戌9二	丁亥10三	戊子11四	己丑12五	庚寅13六	辛卯14日	壬辰15一	癸巳16二		辛未大暑 丙戌立秋
七月大	庚申 天干地支西曆星期	甲午17三	乙未18四	丙申19五	丁酉20六	戊戌21日	己亥22一	庚子23二	辛丑24三	壬寅25四	癸卯26五	甲辰27六	乙巳28日	丙午29一	丁未30二	戊申31三	己酉(9)四	庚戌2五	辛亥3六	壬子4日	癸丑5一	甲寅6二	乙卯7三	丙辰8四	丁巳9五	戊午10六	己未11日	庚申12一	辛酉13二	壬戌14三	癸亥15四	壬寅處暑 丁巳白露
八月小	辛酉 天干地支西曆星期	甲子16五	乙丑17六	丙寅18日	丁卯19一	戊辰20二	己巳21三	庚午22四	辛未23五	壬申24六	癸酉25日	甲戌26一	乙亥27二	丙子28三	丁丑29四	戊寅30五	己卯(10)六	庚辰2日	辛巳3一	壬午4二	癸未5三	甲申6四	乙酉7五	丙戌8六	丁亥9日	戊子10一	己丑11二	庚寅12三	辛卯13四	壬辰14五		壬申秋分 丁亥寒露
九月大	壬戌 天干地支西曆星期	癸巳15六	甲午16日	乙未17一	丙申18二	丁酉19三	戊戌20四	己亥21五	庚子22六	辛丑23日	壬寅24一	癸卯25二	甲辰26三	乙巳27四	丙午28五	丁未29六	戊申30日	己酉31一	庚戌(11)二	辛亥2三	壬子3四	癸丑4五	甲寅5六	乙卯6日	丙辰7一	丁巳8二	戊午9三	己未10四	庚申11五	辛酉12六	壬戌13日	壬寅霜降 戊午立冬
十月小	癸亥 天干地支西曆星期	癸亥14一	甲子15二	乙丑16三	丙寅17四	丁卯18五	戊辰19六	己巳20日	庚午21一	辛未22二	壬申23三	癸酉24四	甲戌25五	乙亥26六	丙子27日	丁丑28一	戊寅29二	己卯30三	庚辰(12)四	辛巳2五	壬午3六	癸未4日	甲申5一	乙酉6二	丙戌7三	丁亥8四	戊子9五	己丑10六	庚寅11日	辛卯12一		癸酉小雪 戊子大雪
十一月大	甲子 天干地支西曆星期	壬辰13二	癸巳14三	甲午15四	乙未16五	丙申17六	丁酉18日	戊戌19一	己亥20二	庚子21三	辛丑22四	壬寅23五	癸卯24六	甲辰25日	乙巳26一	丙午27二	丁未28三	戊申29四	己酉30五	庚戌31六	辛亥(1)日	壬子2一	癸丑3二	甲寅4三	乙卯5四	丙辰6五	丁巳7六	戊午8日	己未9一	庚申10二	辛酉11三	癸卯冬至 戊午小寒
十二月小	乙丑 天干地支西曆星期	壬戌12四	癸亥13五	甲子14六	乙丑15日	丙寅16一	丁卯17二	戊辰18三	己巳19四	庚午20五	辛未21六	壬申22日	癸酉23一	甲戌24二	乙亥25三	丙子26四	丁丑27五	戊寅28六	己卯29日	庚辰30一	辛巳31二	壬午(2)三	癸未2四	甲申3五	乙酉4六	丙戌5日	丁亥6一	戊子7二	己丑8三	庚寅9四		甲戌大寒 己丑立春

＊四月，改元景耀。

蜀後主景耀二年（己卯 兔年） 公元259～260年

夏曆月序	中西曆對照	夏曆日序																														節氣與天象
		初一	初二	初三	初四	初五	初六	初七	初八	初九	初十	十一	十二	十三	十四	十五	十六	十七	十八	十九	二十	二一	二二	二三	二四	二五	二六	二七	二八	二九	三十	
正月大	丙寅 天干地支西曆星期	辛卯11四	壬辰12五	癸巳13六	甲午14日	乙未15一	丙申16二	丁酉17三	戊戌18四	己亥19五	庚子20六	辛丑21日	壬寅22一	癸卯23二	甲辰24三	乙巳25四	丙午26五	丁未27六	戊申28日	己酉(3)一	庚戌2二	辛亥3三	壬子4四	癸丑5五	甲寅6六	乙卯7日	丙辰8一	丁巳9二	戊午10三	己未11四	庚申12五	甲辰雨水 己未驚蟄
二月小	丁卯 天干地支西曆星期	辛酉13六	壬戌14日	癸亥15一	甲子16二	乙丑17三	丙寅18四	丁卯19五	戊辰20六	己巳21日	庚午22一	辛未23二	壬申24三	癸酉25四	甲戌26五	乙亥27六	丙子28日	丁丑29一	戊寅30二	己卯31三	庚辰(4)四	辛巳2五	壬午3六	癸未4日	甲申5一	乙酉6二	丙戌7三	丁亥8四	戊子9五	己丑10六		乙亥春分
三月大	戊辰 天干地支西曆星期	庚寅10日	辛卯11一	壬辰12二	癸巳13三	甲午14四	乙未15五	丙申16六	丁酉17日	戊戌18一	己亥19二	庚子20三	辛丑21四	壬寅22五	癸卯23六	甲辰24日	乙巳25一	丙午26二	丁未27三	戊申28四	己酉29五	庚戌30六	辛亥(5)日	壬子2一	癸丑3二	甲寅4三	乙卯5四	丙辰6五	丁巳7六	戊午8日	己未9一	庚寅清明 乙巳穀雨
四月大	己巳 天干地支西曆星期	庚申10二	辛酉11三	壬戌12四	癸亥13五	甲子14六	乙丑15日	丙寅16一	丁卯17二	戊辰18三	己巳19四	庚午20五	辛未21六	壬申22日	癸酉23一	甲戌24二	乙亥25三	丙子26四	丁丑27五	戊寅28六	己卯29日	庚辰30一	辛巳31二	壬午(6)三	癸未2四	甲申3五	乙酉4六	丙戌5日	丁亥6一	戊子7二	己丑8三	庚申立夏 乙亥小滿
五月小	庚午 天干地支西曆星期	庚寅9四	辛卯10五	壬辰11六	癸巳12日	甲午13一	乙未14二	丙申15三	丁酉16四	戊戌17五	己亥18六	庚子19日	辛丑20一	壬寅21二	癸卯22三	甲辰23四	乙巳24五	丙午25六	丁未26日	戊申27一	己酉28二	庚戌29三	辛亥30四	壬子(7)五	癸丑2六	甲寅3日	乙卯4一	丙辰5二	丁巳6三	戊午7四		辛卯芒種 丙午夏至
六月大	辛未 天干地支西曆星期	己未8五	庚申9六	辛酉10日	壬戌11一	癸亥12二	甲子13三	乙丑14四	丙寅15五	丁卯16六	戊辰17日	己巳18一	庚午19二	辛未20三	壬申21四	癸酉22五	甲戌23六	乙亥24日	丙子25一	丁丑26二	戊寅27三	己卯28四	庚辰29五	辛巳30六	壬午31日	癸未(8)一	甲申2二	乙酉3三	丙戌4四	丁亥5五	戊子6六	辛酉小暑 丙子大暑
七月小	壬申 天干地支西曆星期	己丑7日	庚寅8一	辛卯9二	壬辰10三	癸巳11四	甲午12五	乙未13六	丙申14日	丁酉15一	戊戌16二	己亥17三	庚子18四	辛丑19五	壬寅20六	癸卯21日	甲辰22一	乙巳23二	丙午24三	丁未25四	戊申26五	己酉27六	庚戌28日	辛亥29一	壬子30二	癸丑31三	甲寅(9)四	乙卯2五	丙辰3六	丁巳4日		壬辰立秋 丁未處暑
八月大	癸酉 天干地支西曆星期	戊午5一	己未6二	庚申7三	辛酉8四	壬戌9五	癸亥10六	甲子11日	乙丑12一	丙寅13二	丁卯14三	戊辰15四	己巳16五	庚午17六	辛未18日	壬申19一	癸酉20二	甲戌21三	乙亥22四	丙子23五	丁丑24六	戊寅25日	己卯26一	庚辰27二	辛巳28三	壬午29四	癸未30五	甲申(10)六	乙酉2日	丙戌3一	丁亥4二	壬戌白露 丁丑秋分
九月小	甲戌 天干地支西曆星期	戊子5三	己丑6四	庚寅7五	辛卯8六	壬辰9日	癸巳10一	甲午11二	乙未12三	丙申13四	丁酉14五	戊戌15六	己亥16日	庚子17一	辛丑18二	壬寅19三	癸卯20四	甲辰21五	乙巳22六	丙午23日	丁未24一	戊申25二	己酉26三	庚戌27四	辛亥28五	壬子29六	癸丑30日	甲寅31一	乙卯(11)二	丙辰2三		壬辰寒露 戊申霜降
十月大	乙亥 天干地支西曆星期	丁巳3四	戊午4五	己未5六	庚申6日	辛酉7一	壬戌8二	癸亥9三	甲子10四	乙丑11五	丙寅12六	丁卯13日	戊辰14一	己巳15二	庚午16三	辛未17四	壬申18五	癸酉19六	甲戌20日	乙亥21一	丙子22二	丁丑23三	戊寅24四	己卯25五	庚辰26六	辛巳27日	壬午28一	癸未29二	甲申30三	乙酉(12)四	丙戌2五	癸亥立冬 戊寅小雪
十一月小	丙子 天干地支西曆星期	丁亥3六	戊子4日	己丑5一	庚寅6二	辛卯7三	壬辰8四	癸巳9五	甲午10六	乙未11日	丙申12一	丁酉13二	戊戌14三	己亥15四	庚子16五	辛丑17六	壬寅18日	癸卯19一	甲辰20二	乙巳21三	丙午22四	丁未23五	戊申24六	己酉25日	庚戌26一	辛亥27二	壬子28三	癸丑29四	甲寅30五	乙卯31六		癸巳大雪 己酉冬至
十二月大	丁丑 天干地支西曆星期	丙辰(1)日	丁巳2一	戊午3二	己未4三	庚申5四	辛酉6五	壬戌7六	癸亥8日	甲子9一	乙丑10二	丙寅11三	丁卯12四	戊辰13五	己巳14六	庚午15日	辛未16一	壬申17二	癸酉18三	甲戌19四	乙亥20五	丙子21六	丁丑22日	戊寅23一	己卯24二	庚辰25三	辛巳26四	壬午27五	癸未28六	甲申29日	乙酉30一	甲子小寒 己卯大寒 乙酉日食

蜀後主景耀三年（庚辰 龍年） 公元260～261年

夏曆月序	中西曆日對照	夏曆日序 初一	初二	初三	初四	初五	初六	初七	初八	初九	初十	十一	十二	十三	十四	十五	十六	十七	十八	十九	二十	二一	二二	二三	二四	二五	二六	二七	二八	二九	三十	節氣與天象
正月小	戊寅 天干地支 西曆 星期	丙戌 31 二	丁亥 (2) 三	戊子 2 四	己丑 3 五	庚寅 4 六	辛卯 5 日	壬辰 6 一	癸巳 7 二	甲午 8 三	乙未 9 四	丙申 10 五	丁酉 11 六	戊戌 12 日	己亥 13 一	庚子 14 二	辛丑 15 三	壬寅 16 四	癸卯 17 五	甲辰 18 六	乙巳 19 日	丙午 20 一	丁未 21 二	戊申 22 三	己酉 23 四	庚戌 24 五	辛亥 25 六	壬子 26 日	癸丑 27 一	甲寅 28 二		甲午立春 己酉雨水
二月大	己卯 天干地支 西曆 星期	乙卯 29 三	丙辰 (3) 四	丁巳 2 五	戊午 3 六	己未 4 日	庚申 5 一	辛酉 6 二	壬戌 7 三	癸亥 8 四	甲子 9 五	乙丑 10 六	丙寅 11 日	丁卯 12 一	戊辰 13 二	己巳 14 三	庚午 15 四	辛未 16 五	壬申 17 六	癸酉 18 日	甲戌 19 一	乙亥 20 二	丙子 21 三	丁丑 22 四	戊寅 23 五	己卯 24 六	庚辰 25 日	辛巳 26 一	壬午 27 二	癸未 28 三	甲申 29 四	乙丑驚蟄 庚辰春分
三月小	庚辰 天干地支 西曆 星期	丙酉 30 五	丙戌 31 六	丁亥 (4) 日	戊子 2 一	己丑 3 二	庚寅 4 三	辛卯 5 四	壬辰 6 五	癸巳 7 六	甲午 8 日	乙未 9 一	丙申 10 二	丁酉 11 三	戊戌 12 四	己亥 13 五	庚子 14 六	辛丑 15 日	壬寅 16 一	癸卯 17 二	甲辰 18 三	乙巳 19 四	丙午 20 五	丁未 21 六	戊申 22 日	己酉 23 一	庚戌 24 二	辛亥 25 三	壬子 26 四	癸丑 27 五		乙未清明 庚戌穀雨
四月大	辛巳 天干地支 西曆 星期	甲寅 28 六	乙卯 29 日	丙辰 30 一	丁巳 (5) 二	戊午 2 三	己未 3 四	庚申 4 五	辛酉 5 六	壬戌 6 日	癸亥 7 一	甲子 8 二	乙丑 9 三	丙寅 10 四	丁卯 11 五	戊辰 12 六	己巳 13 日	庚午 14 一	辛未 15 二	壬申 16 三	癸酉 17 四	甲戌 18 五	乙亥 19 六	丙子 20 日	丁丑 21 一	戊寅 22 二	己卯 23 三	庚辰 24 四	辛巳 25 五	壬午 26 六	癸未 27 日	乙丑立夏 辛巳小滿
五月小	壬午 天干地支 西曆 星期	甲申 28 一	乙酉 29 二	丙戌 30 三	丁亥 31 四	戊子 (6) 五	己丑 2 六	庚寅 3 日	辛卯 4 一	壬辰 5 二	癸巳 6 三	甲午 7 四	乙未 8 五	丙申 9 六	丁酉 10 日	戊戌 11 一	己亥 12 二	庚子 13 三	辛丑 14 四	壬寅 15 五	癸卯 16 六	甲辰 17 日	乙巳 18 一	丙午 19 二	丁未 20 三	戊申 21 四	己酉 22 五	庚戌 23 六	辛亥 24 日	壬子 25 一		丙申芒種 辛亥夏至
六月大	癸未 天干地支 西曆 星期	癸丑 26 二	甲寅 27 三	乙卯 28 四	丙辰 29 五	丁巳 30 六	戊午 (7) 日	己未 2 一	庚申 3 二	辛酉 4 三	壬戌 5 四	癸亥 6 五	甲子 7 六	乙丑 8 日	丙寅 9 一	丁卯 10 二	戊辰 11 三	己巳 12 四	庚午 13 五	辛未 14 六	壬申 15 日	癸酉 16 一	甲戌 17 二	乙亥 18 三	丙子 19 四	丁丑 20 五	戊寅 21 六	己卯 22 日	庚辰 23 一	辛巳 24 二	壬午 25 三	丙寅小暑 壬午大暑
七月大	甲申 天干地支 西曆 星期	癸未 26 四	甲申 27 五	乙酉 28 六	丙戌 29 日	丁亥 30 一	戊子 31 二	己丑 (8) 三	庚寅 2 四	辛卯 3 五	壬辰 4 六	癸巳 5 日	甲午 6 一	乙未 7 二	丙申 8 三	丁酉 9 四	戊戌 10 五	己亥 11 六	庚子 12 日	辛丑 13 一	壬寅 14 二	癸卯 15 三	甲辰 16 四	乙巳 17 五	丙午 18 六	丁未 19 日	戊申 20 一	己酉 21 二	庚戌 22 三	辛亥 23 四	壬子 24 五	丁酉立秋 壬子處暑
閏七月小	甲申 天干地支 西曆 星期	癸丑 25 六	甲寅 26 日	乙卯 27 一	丙辰 28 二	丁巳 29 三	戊午 30 四	己未 31 五	庚申 (9) 六	辛酉 2 日	壬戌 3 一	癸亥 4 二	甲子 5 三	乙丑 6 四	丙寅 7 五	丁卯 8 六	戊辰 9 日	己巳 10 一	庚午 11 二	辛未 12 三	壬申 13 四	癸酉 14 五	甲戌 15 六	乙亥 16 日	丙子 17 一	丁丑 18 二	戊寅 19 三	己卯 20 四	庚辰 21 五	辛巳 22 六		丁卯白露
八月大	乙酉 天干地支 西曆 星期	壬午 23 日	癸未 24 一	甲申 25 二	乙酉 26 三	丙戌 27 四	丁亥 28 五	戊子 29 六	己丑 30 日	庚寅 (10) 一	辛卯 2 二	壬辰 3 三	癸巳 4 四	甲午 5 五	乙未 6 六	丙申 7 日	丁酉 8 一	戊戌 9 二	己亥 10 三	庚子 11 四	辛丑 12 五	壬寅 13 六	癸卯 14 日	甲辰 15 一	乙巳 16 二	丙午 17 三	丁未 18 四	戊申 19 五	己酉 20 六	庚戌 21 日	辛亥 22 一	壬午秋分 戊戌寒露
九月小	丙戌 天干地支 西曆 星期	壬子 23 二	癸丑 24 三	甲寅 25 四	乙卯 26 五	丙辰 27 六	丁巳 28 日	戊午 29 一	己未 30 二	庚申 31 三	辛酉 (11) 四	壬戌 2 五	癸亥 3 六	甲子 4 日	乙丑 5 一	丙寅 6 二	丁卯 7 三	戊辰 8 四	己巳 9 五	庚午 10 六	辛未 11 日	壬申 12 一	癸酉 13 二	甲戌 14 三	乙亥 15 四	丙子 16 五	丁丑 17 六	戊寅 18 日	己卯 19 一	庚辰 20 二		癸丑霜降 戊辰立冬
十月大	丁亥 天干地支 西曆 星期	辛巳 21 三	壬午 22 四	癸未 23 五	甲申 24 六	乙酉 25 日	丙戌 26 一	丁亥 27 二	戊子 28 三	己丑 29 四	庚寅 30 五	辛卯 (12) 六	壬辰 2 日	癸巳 3 一	甲午 4 二	乙未 5 三	丙申 6 四	丁酉 7 五	戊戌 8 六	己亥 9 日	庚子 10 一	辛丑 11 二	壬寅 12 三	癸卯 13 四	甲辰 14 五	乙巳 15 六	丙午 16 日	丁未 17 一	戊申 18 二	己酉 19 三	庚戌 20 四	癸未小雪 己亥大雪
十一月小	戊子 天干地支 西曆 星期	辛亥 21 五	壬子 22 六	癸丑 23 日	甲寅 24 一	乙卯 25 二	丙辰 26 三	丁巳 27 四	戊午 28 五	己未 29 六	庚申 30 日	辛酉 31 一	壬戌 (1) 二	癸亥 2 三	甲子 3 四	乙丑 4 五	丙寅 5 六	丁卯 6 日	戊辰 7 一	己巳 8 二	庚午 9 三	辛未 10 四	壬申 11 五	癸酉 12 六	甲戌 13 日	乙亥 14 一	丙子 15 二	丁丑 16 三	戊寅 17 四	己卯 18 五		甲寅冬至 己巳小寒
十二月大	己丑 天干地支 西曆 星期	庚辰 19 六	辛巳 20 日	壬午 21 一	癸未 22 二	甲申 23 三	乙酉 24 四	丙戌 25 五	丁亥 26 六	戊子 27 日	己丑 28 一	庚寅 29 二	辛卯 30 三	壬辰 31 四	癸巳 (2) 五	甲午 2 六	乙未 3 日	丙申 4 一	丁酉 5 二	戊戌 6 三	己亥 7 四	庚子 8 五	辛丑 9 六	壬寅 10 日	癸卯 11 一	甲辰 12 二	乙巳 13 三	丙午 14 四	丁未 15 五	戊申 16 六	己酉 17 日	甲申大寒 己亥立春

蜀後主景耀四年（辛巳 蛇年） 公元 261 ~ 262 年

夏曆月序	中西曆對照	夏曆日序																													節氣與天象
		初一	初二	初三	初四	初五	初六	初七	初八	初九	初十	十一	十二	十三	十四	十五	十六	十七	十八	十九	二十	廿一	廿二	廿三	廿四	廿五	廿六	廿七	廿八	廿九	三十	
正月小	庚寅 天干地支 西曆 星期	庚戌18二	辛亥19三	壬子20四	癸丑21五	甲寅22六	乙卯23日	丙辰24一	丁巳25二	戊午26三	己未27四	庚申28五	辛酉(3)六	壬戌2日	癸亥3一	甲子4二	乙丑5三	丙寅6四	丁卯7五	戊辰8六	己巳9日	庚午10一	辛未11二	壬申12三	癸酉13四	甲戌14五	乙亥15六	丙子16日	丁丑17一	戊寅18二		乙卯雨水 庚午驚蟄
二月大	辛卯 天干地支 西曆 星期	己卯19三	庚辰20四	辛巳21五	壬午22六	癸未23日	甲申24一	乙酉25二	丙戌26三	丁亥27四	戊子28五	己丑29六	庚寅30日	辛卯31一	壬辰(4)二	癸巳2三	甲午3四	乙未4五	丙申5六	丁酉6日	戊戌7一	己亥8二	庚子9三	辛丑10四	壬寅11五	癸卯12六	甲辰13日	乙巳14一	丙午15二	丁未16三	戊申17四	乙酉春分 庚子清明
三月小	壬辰 天干地支 西曆 星期	己酉18五	庚戌19六	辛亥20日	壬子21一	癸丑22二	甲寅23三	乙卯24四	丙辰25五	丁巳26六	戊午27日	己未28一	庚申29二	辛酉30三	壬戌(5)四	癸亥2五	甲子3六	乙丑4日	丙寅5一	丁卯6二	戊辰7三	己巳8四	庚午9五	辛未10六	壬申11日	癸酉12一	甲戌13二	乙亥14三	丙子15四	丁丑16五		丙辰穀雨 辛未立夏
四月大	癸巳 天干地支 西曆 星期	戊寅17六	己卯18日	庚辰19一	辛巳20二	壬午21三	癸未22四	甲申23五	乙酉24六	丙戌25日	丁亥26一	戊子27二	己丑28三	庚寅29四	辛卯30五	壬辰31六	癸巳(6)日	甲午2一	乙未3二	丙申4三	丁酉5四	戊戌6五	己亥7六	庚子8日	辛丑9一	壬寅10二	癸卯11三	甲辰12四	乙巳13五	丙午14六	丁未15日	丙辰小滿 辛未芒種 丁未日食
五月小	甲午 天干地支 西曆 星期	戊申16一	己酉17二	庚戌18三	辛亥19四	壬子20五	癸丑21六	甲寅22日	乙卯23一	丙辰24二	丁巳25三	戊午26四	己未27五	庚申28六	辛酉29日	壬戌30一	癸亥(7)二	甲子2三	乙丑3四	丙寅4五	丁卯5六	戊辰6日	己巳7一	庚午8二	辛未9三	壬申10四	癸酉11五	甲戌12六	乙亥13日	丙子14一		丙辰夏至 壬申小暑
六月大	乙未 天干地支 西曆 星期	丁丑15二	戊寅16三	己卯17四	庚辰18五	辛巳19六	壬午20日	癸未21一	甲申22二	乙酉23三	丙戌24四	丁亥25五	戊子26六	己丑27日	庚寅28一	辛卯29二	壬辰30三	癸巳31四	甲午(8)五	乙未2六	丙申3日	丁酉4一	戊戌5二	己亥6三	庚子7四	辛丑8五	壬寅9六	癸卯10日	甲辰11一	乙巳12二	丙午13三	丁亥大暑 壬寅立秋
七月小	丙申 天干地支 西曆 星期	丁未14四	戊申15五	己酉16六	庚戌17日	辛亥18一	壬子19二	癸丑20三	甲寅21四	乙卯22五	丙辰23六	丁巳24日	戊午25一	己未26二	庚申27三	辛酉28四	壬戌29五	癸亥30六	甲子31日	乙丑(9)一	丙寅2二	丁卯3三	戊辰4四	己巳5五	庚午6六	辛未7日	壬申8一	癸酉9二	甲戌10三	乙亥11四		丁巳處暑 壬申白露
八月大	丁酉 天干地支 西曆 星期	丙子12五	丁丑13六	戊寅14日	己卯15一	庚辰16二	辛巳17三	壬午18四	癸未19五	甲申20六	乙酉21日	丙戌22一	丁亥23二	戊子24三	己丑25四	庚寅26五	辛卯27六	壬辰28日	癸巳29一	甲午30二	乙未(10)三	丙申2四	丁酉3五	戊戌4六	己亥5日	庚子6一	辛丑7二	壬寅8三	癸卯9四	甲辰10五	乙巳11六	戊子秋分 癸卯寒露
九月小	戊戌 天干地支 西曆 星期	丙午12日	丁未13一	戊申14二	己酉15三	庚戌16四	辛亥17五	壬子18六	癸丑19日	甲寅20一	乙卯21二	丙辰22三	丁巳23四	戊午24五	己未25六	庚申26日	辛酉27一	壬戌28二	癸亥29三	甲子30四	乙丑31五	丙寅(11)六	丁卯2日	戊辰3一	己巳4二	庚午5三	辛未6四	壬申7五	癸酉8六	甲戌9日		戊午霜降 癸酉立冬
十月大	己亥 天干地支 西曆 星期	乙亥10一	丙子11二	丁丑12三	戊寅13四	己卯14五	庚辰15六	辛巳16日	壬午17一	癸未18二	甲申19三	乙酉20四	丙戌21五	丁亥22六	戊子23日	己丑24一	庚寅25二	辛卯26三	壬辰27四	癸巳28五	甲午29六	乙未30日	丙申(12)一	丁酉2二	戊戌3三	己亥4四	庚子5五	辛丑6六	壬寅7日	癸卯8一	甲辰9二	己丑小雪 甲辰大雪
十一月大	庚子 天干地支 西曆 星期	乙巳10三	丙午11四	丁未12五	戊申13六	己酉14日	庚戌15一	辛亥16二	壬子17三	癸丑18四	甲寅19五	乙卯20六	丙辰21日	丁巳22一	戊午23二	己未24三	庚申25四	辛酉26五	壬戌27六	癸亥28日	甲子29一	乙丑30二	丙寅(1)三	丁卯2四	戊辰3五	己巳4六	庚午5日	辛未6一	壬申7二	癸酉8三		戊午冬至 甲戌小寒
十二月小	辛丑 天干地支 西曆 星期	甲戌9四	乙亥10五	丙子11六	丁丑12日	戊寅13一	己卯14二	庚辰15三	辛巳16四	壬午17五	癸未18六	甲申19日	乙酉20一	丙戌21二	丁亥22三	戊子23四	己丑24五	庚寅25六	辛卯26日	壬辰27一	癸巳28二	甲午29三	乙未30四	丙申31五	丁酉(2)六	戊戌2日	己亥3一	庚子4二	辛丑5三	壬寅6四		己丑大寒

蜀後主景耀五年（壬午 馬年） 公元 262～263 年

夏曆月序	中西曆對照	夏曆日序																													節氣與天象
		初一	初二	初三	初四	初五	初六	初七	初八	初九	初十	十一	十二	十三	十四	十五	十六	十七	十八	十九	二十	二一	二二	二三	二四	二五	二六	二七	二八	二九	三十	
正月大	壬寅	天干地支 西曆 星期	甲辰 7 五	乙巳 8 六	丙午 9日	丁未 10 一	戊申 11 二	己酉 12 三	庚戌 13 四	辛亥 14 五	壬子 15 六	癸丑 16日	甲寅 17 一	乙卯 18 二	丙辰 19 三	丁巳 20 四	戊午 21 五	己未 22 六	庚申 23日	辛酉 24 一	壬戌 25 二	癸亥 26 三	甲子 27 四	乙丑 28 五	丙寅 (3) 六	丁卯 2日	戊辰 3 一	己巳 4 二	庚午 5 三	辛未 6 四	壬申 7 五	癸酉 8 六	乙巳立春 庚申雨水
二月小	癸卯	天干地支 西曆 星期	甲戌 9日	乙亥 10 一	丙子 11 二	丁丑 12 三	戊寅 13 四	己卯 14 五	庚辰 15 六	辛巳 16日	壬午 17 一	癸未 18 二	甲申 19 三	乙酉 20 四	丙戌 21 五	丁亥 22 六	戊子 23日	己丑 24 一	庚寅 25 二	辛卯 26 三	壬辰 27 四	癸巳 28 五	甲午 29 六	乙未 30 日	丙申 31 一	丁酉 (4) 二	戊戌 2 三	己亥 3 四	庚子 4 五	辛丑 5 六	壬寅 6日		乙亥驚蟄 庚寅春分
三月大	甲辰	天干地支 西曆 星期	癸卯 7 一	甲辰 8 二	乙巳 9 三	丙午 10 四	丁未 11 五	戊申 12 六	己酉 13日	庚戌 14 一	辛亥 15 二	壬子 16 三	癸丑 17 四	甲寅 18 五	乙卯 19 六	丙辰 20日	丁巳 21 一	戊午 22 二	己未 23 三	庚申 24 四	辛酉 25 五	壬戌 26 六	癸亥 27日	甲子 28 一	乙丑 29 二	丙寅 30 三	丁卯 (5) 四	戊辰 2 五	己巳 3 六	庚午 4日	辛未 5 一	壬申 6 二	丙午清明 辛酉穀雨
四月小	乙巳	天干地支 西曆 星期	癸酉 7 三	甲戌 8 四	乙亥 9 五	丙子 10 六	丁丑 11日	戊寅 12 一	己卯 13 二	庚辰 14 三	辛巳 15 四	壬午 16 五	癸未 17 六	甲申 18日	乙酉 19 一	丙戌 20 二	丁亥 21 三	戊子 22 四	己丑 23 五	庚寅 24 六	辛卯 25日	壬辰 26 一	癸巳 27 二	甲午 28 三	乙未 29 四	丙申 30 五	丁酉 31 六	戊戌 (6) 日	己亥 2 一	庚子 3 二	辛丑 4 三		丙子立夏 辛卯小滿 辛丑日食
五月大	丙午	天干地支 西曆 星期	壬寅 5 四	癸卯 6 五	甲辰 7 六	乙巳 8日	丙午 9 一	丁未 10 二	戊申 11 三	己酉 12 四	庚戌 13 五	辛亥 14 六	壬子 15日	癸丑 16 一	甲寅 17 二	乙卯 18 三	丙辰 19 四	丁巳 20 五	戊午 21 六	己未 22日	庚申 23 一	辛酉 24 二	壬戌 25 三	癸亥 26 四	甲子 27 五	乙丑 28 六	丙寅 29日	丁卯 30 一	戊辰 (7) 二	己巳 2 三	庚午 3 四	辛未 4 五	丙午芒種 壬戌夏至
六月小	丁未	天干地支 西曆 星期	壬申 5 六	癸酉 6日	甲戌 7 一	乙亥 8 二	丙子 9 三	丁丑 10 四	戊寅 11 五	己卯 12 六	庚辰 13日	辛巳 14 一	壬午 15 二	癸未 16 三	甲申 17 四	乙酉 18 五	丙戌 19 六	丁亥 20日	戊子 21 一	己丑 22 二	庚寅 23 三	辛卯 24 四	壬辰 25 五	癸巳 26 六	甲午 27日	乙未 28 一	丙申 29 二	丁酉 30 三	戊戌 31 四	己亥 (8) 五	庚子 2 六		丁丑小暑 壬辰大暑
七月大	戊申	天干地支 西曆 星期	辛丑 3日	壬寅 4 一	癸卯 5 二	甲辰 6 三	乙巳 7 四	丙午 8 五	丁未 9 六	戊申 10日	己酉 11 一	庚戌 12 二	辛亥 13 三	壬子 14 四	癸丑 15 五	甲寅 16 六	乙卯 17日	丙辰 18 一	丁巳 19 二	戊午 20 三	己未 21 四	庚申 22 五	辛酉 23 六	壬戌 24日	癸亥 25 一	甲子 26 二	乙丑 27 三	丙寅 28 四	丁卯 29 五	戊辰 30 六	己巳 31日	庚午 (9) 一	丁未立秋 癸亥處暑
八月小	己酉	天干地支 西曆 星期	辛未 2 二	壬申 3 三	癸酉 4 四	甲戌 5 五	乙亥 6 六	丙子 7日	丁丑 8 一	戊寅 9 二	己卯 10 三	庚辰 11 四	辛巳 12 五	壬午 13 六	癸未 14日	甲申 15 一	乙酉 16 二	丙戌 17 三	丁亥 18 四	戊子 19 五	己丑 20 六	庚寅 21日	辛卯 22 一	壬辰 23 二	癸巳 24 三	甲午 25 四	乙未 26 五	丙申 27 六	丁酉 28日	戊戌 29 一	己亥 30 二		戊寅白露 癸巳秋分
九月大	庚戌	天干地支 西曆 星期	庚子 (10) 三	辛丑 2 四	壬寅 3 五	癸卯 4 六	甲辰 5日	乙巳 6 一	丙午 7 二	丁未 8 三	戊申 9 四	己酉 10 五	庚戌 11 六	辛亥 12日	壬子 13 一	癸丑 14 二	甲寅 15 三	乙卯 16 四	丙辰 17 五	丁巳 18 六	戊午 19日	己未 20 一	庚申 21 二	辛酉 22 三	壬戌 23 四	癸亥 24 五	甲子 25 六	乙丑 26日	丙寅 27 一	丁卯 28 二	戊辰 29 三	己巳 30 四	戊申寒露 癸亥霜降
十月小	辛亥	天干地支 西曆 星期	庚午 31 五	辛未 (11) 六	壬申 2日	癸酉 3 一	甲戌 4 二	乙亥 5 三	丙子 6 四	丁丑 7 五	戊寅 8 六	己卯 9日	庚辰 10 一	辛巳 11 二	壬午 12 三	癸未 13 四	甲申 14 五	乙酉 15 六	丙戌 16日	丁亥 17 一	戊子 18 二	己丑 19 三	庚寅 20 四	辛卯 21 五	壬辰 22 六	癸巳 23日	甲午 24 一	乙未 25 二	丙申 26 三	丁酉 27 四	戊戌 28 五		己卯立冬 甲午小雪
十一月大	壬子	天干地支 西曆 星期	己亥 29 六	庚子 30日	辛丑 (12) 一	壬寅 2 二	癸卯 3 三	甲辰 4 四	乙巳 5 五	丙午 6 六	丁未 7日	戊申 8 一	己酉 9 二	庚戌 10 三	辛亥 11 四	壬子 12 五	癸丑 13 六	甲寅 14日	乙卯 15 一	丙辰 16 二	丁巳 17 三	戊午 18 四	己未 19 五	庚申 20 六	辛酉 21日	壬戌 22 一	癸亥 23 二	甲子 24 三	乙丑 25 四	丙寅 26 五	丁卯 27 六	戊辰 28日	己酉大雪 甲子冬至 己亥日食
十二月小	癸丑	天干地支 西曆 星期	己巳 29 一	庚午 30 二	辛未 31 三	壬申 (1) 四	癸酉 2 五	甲戌 3 六	乙亥 4日	丙子 5 一	丁丑 6 二	戊寅 7 三	己卯 8 四	庚辰 9 五	辛巳 10 六	壬午 11日	癸未 12 一	甲申 13 二	乙酉 14 三	丙戌 15 四	丁亥 16 五	戊子 17 六	己丑 18日	庚寅 19 一	辛卯 20 二	壬辰 21 三	癸巳 22 四	甲午 23 五	乙未 24 六	丙申 25日	丁酉 26 一		己卯小寒 乙未大寒

蜀後主景耀六年 炎興元年（癸未 羊年） 公元263～264年

(Table content omitted due to complexity)

* 八月，改元炎興。十一月，鄧艾入成都，後主降魏，蜀亡。

吳日曆

吳王（大帝）黃武元年（壬寅 虎年） 公元 222～223 年

*十月，孫權建業（今江蘇南京）稱王，建立吳國，改元黃武。

吳王（大帝）黃武二年（癸卯 兔年） 公元223～224年

夏曆月序	中西曆日對照	夏曆日序																													節氣與天象
		初一	初二	初三	初四	初五	初六	初七	初八	初九	初十	十一	十二	十三	十四	十五	十六	十七	十八	十九	二十	二一	二二	二三	二四	二五	二六	二七	二八	二九	三十	
正月小	甲寅	天干地支 西曆 星期	庚寅 18 二	辛卯 19 三	壬辰 20 四	癸巳 21 五	甲午 22 六	乙未 23 日	丙申 24 一	丁酉 25 二	戊戌 26 三	己亥 27 四	庚子 28 五	辛丑 (3) 六	壬寅 2 日	癸卯 3 一	甲辰 4 二	乙巳 5 三	丙午 6 四	丁未 7 五	戊申 8 六	己酉 9 日	庚戌 10 一	辛亥 11 二	壬子 12 三	癸丑 13 四	甲寅 14 五	乙卯 15 六	丙辰 16 日	丁巳 17 一	戊午 18 二		乙未雨水 庚戌驚蟄
二月大	乙卯	天干地支 西曆 星期	己未 19 三	庚申 20 四	辛酉 21 五	壬戌 22 六	癸亥 23 日	甲子 24 一	乙丑 25 二	丙寅 26 三	丁卯 27 四	戊辰 28 五	己巳 29 六	庚午 30 日	辛未 31 一	壬申 (4) 二	癸酉 2 三	甲戌 3 四	乙亥 4 五	丙子 5 六	丁丑 6 日	戊寅 7 一	己卯 8 二	庚辰 9 三	辛巳 10 四	壬午 11 五	癸未 12 六	甲申 13 日	乙酉 14 一	丙戌 15 二	丁亥 16 三	戊子 17 四	丙寅春分 辛巳清明
三月小	丙辰	天干地支 西曆 星期	己丑 18 五	庚寅 19 六	辛卯 20 日	壬辰 21 一	癸巳 22 二	甲午 23 三	乙未 24 四	丙申 25 五	丁酉 26 六	戊戌 27 日	己亥 28 一	庚子 29 二	辛丑 30 三	壬寅 (5) 四	癸卯 2 五	甲辰 3 六	乙巳 4 日	丙午 5 一	丁未 6 二	戊申 7 三	己酉 8 四	庚戌 9 五	辛亥 10 六	壬子 11 日	癸丑 12 一	甲寅 13 二	乙卯 14 三	丙辰 15 四	丁巳 16 五		丙申穀雨 辛亥立夏
四月大	丁巳	天干地支 西曆 星期	戊午 17 六	己未 18 日	庚申 19 一	辛酉 20 二	壬戌 21 三	癸亥 22 四	甲子 23 五	乙丑 24 六	丙寅 25 日	丁卯 26 一	戊辰 27 二	己巳 28 三	庚午 29 四	辛未 30 五	壬申 31 六	癸酉 (6) 日	甲戌 2 一	乙亥 3 二	丙子 4 三	丁丑 5 四	戊寅 6 五	己卯 7 六	庚辰 8 日	辛巳 9 一	壬午 10 二	癸未 11 三	甲申 12 四	乙酉 13 五	丙戌 14 六	丁亥 15 日	丙寅小滿 壬午芒種
五月小	戊午	天干地支 西曆 星期	戊子 16 一	己丑 17 二	庚寅 18 三	辛卯 19 四	壬辰 20 五	癸巳 21 六	甲午 22 日	乙未 23 一	丙申 24 二	丁酉 25 三	戊戌 26 四	己亥 27 五	庚子 28 六	辛丑 29 日	壬寅 30 一	癸卯 (7) 二	甲辰 2 三	乙巳 3 四	丙午 4 五	丁未 5 六	戊申 6 日	己酉 7 一	庚戌 8 二	辛亥 9 三	壬子 10 四	癸丑 11 五	甲寅 12 六	乙卯 13 日	丙辰 14 一		丁酉夏至 壬子小暑
六月大	己未	天干地支 西曆 星期	丁巳 15 二	戊午 16 三	己未 17 四	庚申 18 五	辛酉 19 六	壬戌 20 日	癸亥 21 一	甲子 22 二	乙丑 23 三	丙寅 24 四	丁卯 25 五	戊辰 26 六	己巳 27 日	庚午 28 一	辛未 29 二	壬申 30 三	癸酉 31 四	甲戌 (8) 五	乙亥 2 六	丙子 3 日	丁丑 4 一	戊寅 5 二	己卯 6 三	庚辰 7 四	辛巳 8 五	壬午 9 六	癸未 10 日	甲申 11 一	乙酉 12 二	丙戌 13 三	丁卯大暑 癸未立秋
七月小	庚申	天干地支 西曆 星期	丁亥 14 四	戊子 15 五	己丑 16 六	庚寅 17 日	辛卯 18 一	壬辰 19 二	癸巳 20 三	甲午 21 四	乙未 22 五	丙申 23 六	丁酉 24 日	戊戌 25 一	己亥 26 二	庚子 27 三	辛丑 28 四	壬寅 29 五	癸卯 30 六	甲辰 31 日	乙巳 (9) 一	丙午 2 二	丁未 3 三	戊申 4 四	己酉 5 五	庚戌 6 六	辛亥 7 日	壬子 8 一	癸丑 9 二	甲寅 10 三	乙卯 11 四		戊戌處暑 癸丑白露
八月大	辛酉	天干地支 西曆 星期	丙辰 12 五	丁巳 13 六	戊午 14 日	己未 15 一	庚申 16 二	辛酉 17 三	壬戌 18 四	癸亥 19 五	甲子 20 六	乙丑 21 日	丙寅 22 一	丁卯 23 二	戊辰 24 三	己巳 25 四	庚午 26 五	辛未 27 六	壬申 28 日	癸酉 29 一	甲戌 30 二	乙亥 (10) 三	丙子 2 四	丁丑 3 五	戊寅 4 六	己卯 5 日	庚辰 6 一	辛巳 7 二	壬午 8 三	癸未 9 四	甲申 10 五	乙酉 11 六	戊辰秋分 癸未寒露
九月小	壬戌	天干地支 西曆 星期	丙戌 12 日	丁亥 13 一	戊子 14 二	己丑 15 三	庚寅 16 四	辛卯 17 五	壬辰 18 六	癸巳 19 日	甲午 20 一	乙未 21 二	丙申 22 三	丁酉 23 四	戊戌 24 五	己亥 25 六	庚子 26 日	辛丑 27 一	壬寅 28 二	癸卯 29 三	甲辰 30 四	乙巳 31 五	丙午 (11) 六	丁未 2 日	戊申 3 一	己酉 4 二	庚戌 5 三	辛亥 6 四	壬子 7 五	癸丑 8 六	甲寅 9 日		己亥霜降 甲寅立冬
十月大	癸亥	天干地支 西曆 星期	乙卯 10 一	丙辰 11 二	丁巳 12 三	戊午 13 四	己未 14 五	庚申 15 六	辛酉 16 日	壬戌 17 一	癸亥 18 二	甲子 19 三	乙丑 20 四	丙寅 21 五	丁卯 22 六	戊辰 23 日	己巳 24 一	庚午 25 二	辛未 26 三	壬申 27 四	癸酉 28 五	甲戌 29 六	乙亥 30 日	丙子 (12) 一	丁丑 2 二	戊寅 3 三	己卯 4 四	庚辰 5 五	辛巳 6 六	壬午 7 日	癸未 8 一	甲申 9 二	己巳小雪 甲申大雪
十一月大	甲子	天干地支 西曆 星期	乙酉 10 三	丙戌 11 四	丁亥 12 五	戊子 13 六	己丑 14 日	庚寅 15 一	辛卯 16 二	壬辰 17 三	癸巳 18 四	甲午 19 五	乙未 20 六	丙申 21 日	丁酉 22 一	戊戌 23 二	己亥 24 三	庚子 25 四	辛丑 26 五	壬寅 27 六	癸卯 28 日	甲辰 29 一	乙巳 30 二	丙午 31 三	丁未 (1) 四	戊申 2 五	己酉 3 六	庚戌 4 日	辛亥 5 一	壬子 6 二	癸丑 7 三	甲寅 8 四	庚子冬至
十二月小	乙丑	天干地支 西曆 星期	乙卯 9 五	丙辰 10 六	丁巳 11 日	戊午 12 一	己未 13 二	庚申 14 三	辛酉 15 四	壬戌 16 五	癸亥 17 六	甲子 18 日	乙丑 19 一	丙寅 20 二	丁卯 21 三	戊辰 22 四	己巳 23 五	庚午 24 六	辛未 25 日	壬申 26 一	癸酉 27 二	甲戌 28 三	乙亥 29 四	丙子 30 五	丁丑 31 六	戊寅 (2) 日	己卯 2 一	庚辰 3 二	辛巳 4 三	壬午 5 四	癸未 6 五		乙卯小寒 庚午大寒

吳王（大帝）黃武三年（甲辰 龍年） 公元224～225年

夏曆月序	中西曆對照	夏曆日序 初一	初二	初三	初四	初五	初六	初七	初八	初九	初十	十一	十二	十三	十四	十五	十六	十七	十八	十九	二十	二一	二二	二三	二四	二五	二六	二七	二八	二九	三十	節氣與天象
正月大	丙寅	天干地支 甲申 西曆 7 星期 六	乙酉 8 日	丙戌 9 一	丁亥 10 二	戊子 11 三	己丑 12 四	庚寅 13 五	辛卯 14 六	壬辰 15 日	癸巳 16 一	甲午 17 二	乙未 18 三	丙申 19 四	丁酉 20 五	戊戌 21 六	己亥 22 日	庚子 23 一	辛丑 24 二	壬寅 25 三	癸卯 26 四	甲辰 27 五	乙巳 28 六	丙午 29 日	丁未(3) 一	戊申 2 二	己酉 3 三	庚戌 4 四	辛亥 5 五	壬子 6 六	癸丑 7 日	乙酉立春 庚子雨水
二月小	丁卯	天干地支 甲寅 西曆 8 星期 一	乙卯 9 二	丙辰 10 三	丁巳 11 四	戊午 12 五	己未 13 六	庚申 14 日	辛酉 15 一	壬戌 16 二	癸亥 17 三	甲子 18 四	乙丑 19 五	丙寅 20 六	丁卯 21 日	戊辰 22 一	己巳 23 二	庚午 24 三	辛未 25 四	壬申 26 五	癸酉 27 六	甲戌 28 日	乙亥 29 一	丙子 30 二	丁丑 31 三	戊寅(4) 四	己卯 2 五	庚辰 3 六	辛巳 4 日	壬午 5 一		丙辰驚蟄 辛未春分
三月大	戊辰	天干地支 癸未 西曆 6 星期 二	甲申 7 三	乙酉 8 四	丙戌 9 五	丁亥 10 六	戊子 11 日	己丑 12 一	庚寅 13 二	辛卯 14 三	壬辰 15 四	癸巳 16 五	甲午 17 六	乙未 18 日	丙申 19 一	丁酉 20 二	戊戌 21 三	己亥 22 四	庚子 23 五	辛丑 24 六	壬寅 25 日	癸卯 26 一	甲辰 27 二	乙巳 28 三	丙午 29 四	丁未 30 五	戊申(5) 六	己酉 2 日	庚戌 3 一	辛亥 4 二	壬子 5 三	丙戌清明 辛丑穀雨
四月小	己巳	天干地支 癸丑 西曆 6 星期 四	甲寅 7 五	乙卯 8 六	丙辰 9 日	丁巳 10 一	戊午 11 二	己未 12 三	庚申 13 四	辛酉 14 五	壬戌 15 六	癸亥 16 日	甲子 17 一	乙丑 18 二	丙寅 19 三	丁卯 20 四	戊辰 21 五	己巳 22 六	庚午 23 日	辛未 24 一	壬申 25 二	癸酉 26 三	甲戌 27 四	乙亥 28 五	丙子 29 六	丁丑 30 日	戊寅 31 一	己卯(6) 二	庚辰 2 三	辛巳 3 四		丙辰立夏 壬申小滿
五月大	庚午	天干地支 壬午 西曆 4 星期 五	癸未 5 六	甲申 6 日	乙酉 7 一	丙戌 8 二	丁亥 9 三	戊子 10 四	己丑 11 五	庚寅 12 六	辛卯 13 日	壬辰 14 一	癸巳 15 二	甲午 16 三	乙未 17 四	丙申 18 五	丁酉 19 六	戊戌 20 日	己亥 21 一	庚子 22 二	辛丑 23 三	壬寅 24 四	癸卯 25 五	甲辰 26 六	乙巳 27 日	丙午 28 一	丁未 29 二	戊申 30 三	己酉(7) 四	庚戌 2 五	辛亥 3 六	丁亥芒種 壬寅夏至
六月小	辛未	天干地支 壬子 西曆 4 星期 日	癸丑 5 一	甲寅 6 二	乙卯 7 三	丙辰 8 四	丁巳 9 五	戊午 10 六	己未 11 日	庚申 12 一	辛酉 13 二	壬戌 14 三	癸亥 15 四	甲子 16 五	乙丑 17 六	丙寅 18 日	丁卯 19 一	戊辰 20 二	己巳 21 三	庚午 22 四	辛未 23 五	壬申 24 六	癸酉 25 日	甲戌 26 一	乙亥 27 二	丙子 28 三	丁丑 29 四	戊寅 30 五	己卯 31 六	庚辰(8) 日		丁巳小暑 癸酉大暑
七月大	壬申	天干地支 辛巳 西曆 2 星期 一	壬午 3 二	癸未 4 三	甲申 5 四	乙酉 6 五	丙戌 7 六	丁亥 8 日	戊子 9 一	己丑 10 二	庚寅 11 三	辛卯 12 四	壬辰 13 五	癸巳 14 六	甲午 15 日	乙未 16 一	丙申 17 二	丁酉 18 三	戊戌 19 四	己亥 20 五	庚子 21 六	辛丑 22 日	壬寅 23 一	癸卯 24 二	甲辰 25 三	乙巳 26 四	丙午 27 五	丁未 28 六	戊申 29 日	己酉 30 一	庚戌 31 二	戊子立秋 癸卯處暑
八月小	癸酉	天干地支 辛亥(9) 西曆 星期 三	壬子 2 四	癸丑 3 五	甲寅 4 六	乙卯 5 日	丙辰 6 一	丁巳 7 二	戊午 8 三	己未 9 四	庚申 10 五	辛酉 11 六	壬戌 12 日	癸亥 13 一	甲子 14 二	乙丑 15 三	丙寅 16 四	丁卯 17 五	戊辰 18 六	己巳 19 日	庚午 20 一	辛未 21 二	壬申 22 三	癸酉 23 四	甲戌 24 五	乙亥 25 六	丙子 26 日	丁丑 28 二	戊寅 29 三			戊午白露 癸酉秋分
九月大	甲戌	天干地支 庚辰 西曆 30 星期 四	辛巳(10) 五	壬午 2 六	癸未 3 日	甲申 4 一	乙酉 5 二	丙戌 6 三	丁亥 7 四	戊子 8 五	己丑 9 六	庚寅 10 日	辛卯 11 一	壬辰 12 二	癸巳 13 三	甲午 14 四	乙未 15 五	丙申 16 六	丁酉 17 日	戊戌 18 一	己亥 19 二	庚子 20 三	辛丑 21 四	壬寅 22 五	癸卯 23 六	甲辰 24 日	乙巳 25 一	丙午 26 二	丁未 27 三	戊申 28 四	己酉 29 五	己丑寒露 甲辰霜降
十月小	乙亥	天干地支 庚戌 西曆 30 星期 六	辛亥 31 日	壬子(11) 一	癸丑 2 二	甲寅 3 三	乙卯 4 四	丙辰 5 五	丁巳 6 六	戊午 7 日	己未 8 一	庚申 9 二	辛酉 10 三	壬戌 11 四	癸亥 12 五	甲子 13 六	乙丑 14 日	丙寅 15 一	丁卯 16 二	戊辰 17 三	己巳 18 四	庚午 19 五	辛未 20 六	壬申 21 日	癸酉 22 一	甲戌 23 二	乙亥 24 三	丙子 25 四	丁丑 26 五	戊寅 27 六		己未立冬 甲戌小雪
十一月大	丙子	天干地支 己卯 西曆 28 星期 日	庚辰 29 一	辛巳(12) 二	壬午 2 三	癸未 3 四	甲申 4 五	乙酉 5 六	丙戌 6 日	丁亥 7 一	戊子 8 二	己丑 9 三	庚寅 10 四	辛卯 11 五	壬辰 12 六	癸巳 13 日	甲午 14 一	乙未 15 二	丙申 16 三	丁酉 17 四	戊戌 18 五	己亥 19 六	庚子 20 日	辛丑 21 一	壬寅 22 二	癸卯 23 三	甲辰 24 四	乙巳 25 五	丙午 26 六	丁未 27 日	戊申 28 一	庚寅大雪 乙巳冬至
十二月小	丁丑	天干地支 己酉 西曆 28 星期 二	庚戌 29 三	辛亥 30 四	壬子 31 五	癸丑(1) 六	甲寅 2 日	乙卯 3 一	丙辰 4 二	丁巳 5 三	戊午 6 四	己未 7 五	庚申 8 六	辛酉 9 日	壬戌 10 一	癸亥 11 二	甲子 12 三	乙丑 13 四	丙寅 14 五	丁卯 15 六	戊辰 16 日	己巳 17 一	庚午 18 二	辛未 19 三	壬申 20 四	癸酉 21 五	甲戌 22 六	乙亥 23 日	丙子 24 一	丁丑 25 二		庚申小寒 乙亥大寒

吴王（大帝）黄武四年（乙巳 蛇年） 公元 225～226 年

夏曆月序	中西曆日對照	夏曆日序																													節氣與天象
		初一	初二	初三	初四	初五	初六	初七	初八	初九	初十	十一	十二	十三	十四	十五	十六	十七	十八	十九	二十	二一	二二	二三	二四	二五	二六	二七	二八	二九	三十	
正月大	戊寅 天干地支 西曆 星期	戊寅 26 三	己卯 27 四	庚辰 28 五	辛巳 29 六	壬午 30 日	癸未 31 一	甲申 2(2) 二	乙酉 2 三	丙戌 3 四	丁亥 4 五	戊子 5 六	己丑 6 日	庚寅 7 一	辛卯 8 二	壬辰 9 三	癸巳 10 四	甲午 11 五	乙未 12 六	丙申 13 日	丁酉 14 一	戊戌 15 二	己亥 16 三	庚子 17 四	辛丑 18 五	壬寅 19 六	癸卯 20 日	甲辰 21 一	乙巳 22 二	丙午 23 三	丁未 24 四	庚寅立春 丙午雨水
二月大	己卯 天干地支 西曆 星期	戊申 25 五	己酉 26 六	庚戌 27 日	辛亥 28 一	壬子 3(3) 二	癸丑 2 三	甲寅 3 四	乙卯 4 五	丙辰 5 六	丁巳 6 日	戊午 7 一	己未 8 二	庚申 9 三	辛酉 10 四	壬戌 11 五	癸亥 12 六	甲子 13 日	乙丑 14 一	丙寅 15 二	丁卯 16 三	戊辰 17 四	己巳 18 五	庚午 19 六	辛未 20 日	壬申 21 一	癸酉 22 二	甲戌 23 三	乙亥 24 四	丙子 25 五	丁丑 26 六	辛酉驚蟄 丙子春分
三月小	庚辰 天干地支 西曆 星期	戊寅 27 日	己卯 28 一	庚辰 29 二	辛巳 30 三	壬午 31 四	癸未 4(4) 五	甲申 2 六	乙酉 3 日	丙戌 4 一	丁亥 5 二	戊子 6 三	己丑 7 四	庚寅 8 五	辛卯 9 六	壬辰 10 日	癸巳 11 一	甲午 12 二	乙未 13 三	丙申 14 四	丁酉 15 五	戊戌 16 六	己亥 17 日	庚子 18 一	辛丑 19 二	壬寅 20 三	癸卯 21 四	甲辰 22 五	乙巳 23 六	丙午 24 日		辛卯清明
四月大	辛巳 天干地支 西曆 星期	丁未 25 一	戊申 26 二	己酉 27 三	庚戌 28 四	辛亥 29 五	壬子 30 六	癸丑 5(5) 日	甲寅 2 一	乙卯 3 二	丙辰 4 三	丁巳 5 四	戊午 6 五	己未 7 六	庚申 8 日	辛酉 9 一	壬戌 10 二	癸亥 11 三	甲子 12 四	乙丑 13 五	丙寅 14 六	丁卯 15 日	戊辰 16 一	己巳 17 二	庚午 18 三	辛未 19 四	壬申 20 五	癸酉 21 六	甲戌 22 日	乙亥 23 一	丙子 24 二	丁未穀雨 壬戌立夏
閏四月小	辛亥 天干地支 西曆 星期	丁丑 25 三	戊寅 26 四	己卯 27 五	庚辰 28 六	辛巳 29 日	壬午 30 一	癸未 31 二	甲申 6(6) 三	乙酉 2 四	丙戌 3 五	丁亥 4 六	戊子 5 日	己丑 6 一	庚寅 7 二	辛卯 8 三	壬辰 9 四	癸巳 10 五	甲午 11 六	乙未 12 日	丙申 13 一	丁酉 14 二	戊戌 15 三	己亥 16 四	庚子 17 五	辛丑 18 六	壬寅 19 日	癸卯 20 一	甲辰 21 二	乙巳 22 三		丁丑小滿 壬辰芒種
五月大	壬午 天干地支 西曆 星期	丙午 23 四	丁未 24 五	戊申 25 六	己酉 26 日	庚戌 27 一	辛亥 28 二	壬子 29 三	癸丑 30 四	甲寅 7(7) 五	乙卯 2 六	丙辰 3 日	丁巳 4 一	戊午 5 二	己未 6 三	庚申 7 四	辛酉 8 五	壬戌 9 六	癸亥 10 日	甲子 11 一	乙丑 12 二	丙寅 13 三	丁卯 14 四	戊辰 15 五	己巳 16 六	庚午 17 日	辛未 18 一	壬申 19 二	癸酉 20 三	甲戌 21 四	乙亥 22 五	丁未夏至 癸亥小暑
六月小	癸未 天干地支 西曆 星期	丙子 23 六	丁丑 24 日	戊寅 25 一	己卯 26 二	庚辰 27 三	辛巳 28 四	壬午 29 五	癸未 30 六	甲申 31 日	乙酉 8(8) 一	丙戌 2 二	丁亥 3 三	戊子 4 四	己丑 5 五	庚寅 6 六	辛卯 7 日	壬辰 8 一	癸巳 9 二	甲午 10 三	乙未 11 四	丙申 12 五	丁酉 13 六	戊戌 14 日	己亥 15 一	庚子 16 二	辛丑 17 三	壬寅 18 四	癸卯 19 五	甲辰 20 六		戊寅大暑 癸巳立秋
七月大	甲申 天干地支 西曆 星期	乙巳 21 日	丙午 22 一	丁未 23 二	戊申 24 三	己酉 25 四	庚戌 26 五	辛亥 27 六	壬子 28 日	癸丑 29 一	甲寅 30 二	乙卯 31 三	丙辰 9(9) 四	丁巳 2 五	戊午 3 六	己未 4 日	庚申 5 一	辛酉 6 二	壬戌 7 三	癸亥 8 四	甲子 9 五	乙丑 10 六	丙寅 11 日	丁卯 12 一	戊辰 13 二	己巳 14 三	庚午 15 四	辛未 16 五	壬申 17 六	癸酉 18 日	甲戌 19 一	戊申處暑 癸亥白露
八月小	乙酉 天干地支 西曆 星期	乙亥 20 二	丙子 21 三	丁丑 22 四	戊寅 23 五	己卯 24 六	庚辰 25 日	辛巳 26 一	壬午 27 二	癸未 28 三	甲申 29 四	乙酉 30 五	丙戌 10(10) 六	丁亥 2 日	戊子 3 一	己丑 4 二	庚寅 5 三	辛卯 6 四	壬辰 7 五	癸巳 8 六	甲午 9 日	乙未 10 一	丙申 11 二	丁酉 12 三	戊戌 13 四	己亥 14 五	庚子 15 六	辛丑 16 日	壬寅 17 一	癸卯 18 二		己卯秋分 甲午寒露
九月大	丙戌 天干地支 西曆 星期	甲辰 19 三	乙巳 20 四	丙午 21 五	丁未 22 六	戊申 23 日	己酉 24 一	庚戌 25 二	辛亥 26 三	壬子 27 四	癸丑 28 五	甲寅 29 六	乙卯 30 日	丙辰 31 一	丁巳 11(11) 二	戊午 2 三	己未 3 四	庚申 4 五	辛酉 5 六	壬戌 6 日	癸亥 7 一	甲子 8 二	乙丑 9 三	丙寅 10 四	丁卯 11 五	戊辰 12 六	己巳 13 日	庚午 14 一	辛未 15 二	壬申 16 三	癸酉 17 四	己酉霜降 甲午立冬
十月小	丁亥 天干地支 西曆 星期	甲戌 18 五	乙亥 19 六	丙子 20 日	丁丑 21 一	戊寅 22 二	己卯 23 三	庚辰 24 四	辛巳 25 五	壬午 26 六	癸未 27 日	甲申 28 一	乙酉 29 二	丙戌 30 三	丁亥 12(12) 四	戊子 2 五	己丑 3 六	庚寅 4 日	辛卯 5 一	壬辰 6 二	癸巳 7 三	甲午 8 四	乙未 9 五	丙申 10 六	丁酉 11 日	戊戌 12 一	己亥 13 二	庚子 14 三	辛丑 15 四	壬寅 16 五		庚辰小雪 乙未大雪
十一月大	戊子 天干地支 西曆 星期	癸卯 17 六	甲辰 18 日	乙巳 19 一	丙午 20 二	丁未 21 三	戊申 22 四	己酉 23 五	庚戌 24 六	辛亥 25 日	壬子 26 一	癸丑 27 二	甲寅 28 三	乙卯 29 四	丙辰 30 五	丁巳 31 六	戊午 1(1) 日	己未 2 一	庚申 3 二	辛酉 4 三	壬戌 5 四	癸亥 6 五	甲子 7 六	乙丑 8 日	丙寅 9 一	丁卯 10 二	戊辰 11 三	己巳 12 四	庚午 13 五	辛未 14 六	壬申 15 日	庚戌冬至 乙丑小寒
十二月小	己丑 天干地支 西曆 星期	癸酉 16 一	甲戌 17 二	乙亥 18 三	丙子 19 四	丁丑 20 五	戊寅 21 六	己卯 22 日	庚辰 23 一	辛巳 24 二	壬午 25 三	癸未 26 四	甲申 27 五	乙酉 28 六	丙戌 29 日	丁亥 30 一	戊子 31 二	己丑 2(2) 三	庚寅 2 四	辛卯 3 五	壬辰 4 六	癸巳 5 日	甲午 6 一	乙未 7 二	丙申 8 三	丁酉 9 四	戊戌 10 五	己亥 11 六	庚子 12 日	辛丑 13 一		庚辰大寒 丙申立春

吳王（大帝）黃武五年（丙午 馬年） 公元 226～227 年

夏曆月序	中西曆對照	夏曆日序 初一	初二	初三	初四	初五	初六	初七	初八	初九	初十	十一	十二	十三	十四	十五	十六	十七	十八	十九	二十	二一	二二	二三	二四	二五	二六	二七	二八	二九	三十	節氣與天象
正月大	庚寅	天干地支 西曆 星期	壬寅 14 二	癸卯 15 三	甲辰 16 四	乙巳 17 五	丙午 18 六	丁未 19 日	戊申 20 一	己酉 21 二	庚戌 22 三	辛亥 23 四	壬子 24 五	癸丑 25 六	甲寅 26 日	乙卯 27 一	丙辰 (3) 二	丁巳 2 三	戊午 3 四	己未 4 五	庚申 5 六	辛酉 6 日	壬戌 7 一	癸亥 8 二	甲子 9 三	乙丑 10 四	丙寅 11 五	丁卯 12 六	戊辰 13 日	己巳 14 一	庚午 15 二	辛未 16 三	辛亥雨水 丙寅驚蟄
二月小	辛卯	天干地支 西曆 星期	壬申 16 四	癸酉 17 五	甲戌 18 六	乙亥 19 日	丙子 20 一	丁丑 21 二	戊寅 22 三	己卯 23 四	庚辰 24 五	辛巳 25 六	壬午 26 日	癸未 27 一	甲申 28 二	乙酉 29 三	丙戌 30 四	丁亥 31 五	戊子 (4) 六	己丑 2 日	庚寅 3 一	辛卯 4 二	壬辰 5 三	癸巳 6 四	甲午 7 五	乙未 8 六	丙申 9 日	丁酉 10 一	戊戌 11 二	己亥 12 三	庚子 13 四		辛巳春分 丁酉清明
三月大	壬辰	天干地支 西曆 星期	辛丑 14 五	壬寅 15 六	癸卯 16 日	甲辰 17 一	乙巳 18 二	丙午 19 三	丁未 20 四	戊申 21 五	己酉 22 六	庚戌 23 日	辛亥 24 一	壬子 25 二	癸丑 26 三	甲寅 27 四	乙卯 28 五	丙辰 29 六	丁巳 30 日	戊午 (5) 一	己未 2 二	庚申 3 三	辛酉 4 四	壬戌 5 五	癸亥 6 六	甲子 7 日	乙丑 8 一	丙寅 9 二	丁卯 10 三	戊辰 11 四	己巳 12 五	庚午 13 六	壬子穀雨 丁卯立夏
四月小	癸巳	天干地支 西曆 星期	辛未 14 日	壬申 15 一	癸酉 16 二	甲戌 17 三	乙亥 18 四	丙子 19 五	丁丑 20 六	戊寅 21 日	己卯 22 一	庚辰 23 二	辛巳 24 三	壬午 25 四	癸未 26 五	甲申 27 六	乙酉 28 日	丙戌 29 一	丁亥 30 二	戊子 31 三	己丑 (6) 四	庚寅 2 五	辛卯 3 六	壬辰 4 日	癸巳 5 一	甲午 6 二	乙未 7 三	丙申 8 四	丁酉 9 五	戊戌 10 六	己亥 11 日		壬午小滿 丁酉芒種
五月大	甲午	天干地支 西曆 星期	庚子 12 一	辛丑 13 二	壬寅 14 三	癸卯 15 四	甲辰 16 五	乙巳 17 六	丙午 18 日	丁未 19 一	戊申 20 二	己酉 21 三	庚戌 22 四	辛亥 23 五	壬子 24 六	癸丑 25 日	甲寅 26 一	乙卯 27 二	丙辰 28 三	丁巳 29 四	戊午 30 五	己未 (7) 六	庚申 2 日	辛酉 3 一	壬戌 4 二	癸亥 5 三	甲子 6 四	乙丑 7 五	丙寅 8 六	丁卯 9 日	戊辰 10 一	己巳 11 二	癸丑夏至 戊辰小暑
六月大	乙未	天干地支 西曆 星期	庚午 12 三	辛未 13 四	壬申 14 五	癸酉 15 六	甲戌 16 日	乙亥 17 一	丙子 18 二	丁丑 19 三	戊寅 20 四	己卯 21 五	庚辰 22 六	辛巳 23 日	壬午 24 一	癸未 25 二	甲申 26 三	乙酉 27 四	丙戌 28 五	丁亥 29 六	戊子 30 日	己丑 31 一	庚寅 (8) 二	辛卯 2 三	壬辰 3 四	癸巳 4 五	甲午 5 六	乙未 6 日	丙申 7 一	丁酉 8 二	戊戌 9 三	己亥 10 四	癸未大暑 戊戌立秋
七月小	丙申	天干地支 西曆 星期	庚子 11 五	辛丑 12 六	壬寅 13 日	癸卯 14 一	甲辰 15 二	乙巳 16 三	丙午 17 四	丁未 18 五	戊申 19 六	己酉 20 日	庚戌 21 一	辛亥 22 二	壬子 23 三	癸丑 24 四	甲寅 25 五	乙卯 26 六	丙辰 27 日	丁巳 28 一	戊午 29 二	己未 30 三	庚申 31 四	辛酉 (9) 五	壬戌 2 六	癸亥 3 日	甲子 4 一	乙丑 5 二	丙寅 6 三	丁卯 7 四	戊辰 8 五		甲寅處暑
八月大	丁酉	天干地支 西曆 星期	己巳 9 六	庚午 10 日	辛未 11 一	壬申 12 二	癸酉 13 三	甲戌 14 四	乙亥 15 五	丙子 16 六	丁丑 17 日	戊寅 18 一	己卯 19 二	庚辰 20 三	辛巳 21 四	壬午 22 五	癸未 23 六	甲申 24 日	乙酉 25 一	丙戌 26 二	丁亥 27 三	戊子 28 四	己丑 29 五	庚寅 30 六	辛卯 (10) 日	壬辰 2 一	癸巳 3 二	甲午 4 三	乙未 5 四	丙申 6 五	丁酉 7 六	戊戌 8 日	己巳白露 甲申秋分
九月小	戊戌	天干地支 西曆 星期	己亥 9 一	庚子 10 二	辛丑 11 三	壬寅 12 四	癸卯 13 五	甲辰 14 六	乙巳 15 日	丙午 16 一	丁未 17 二	戊申 18 三	己酉 19 四	庚戌 20 五	辛亥 21 六	壬子 22 日	癸丑 23 一	甲寅 24 二	乙卯 25 三	丙辰 26 四	丁巳 27 五	戊午 28 六	己未 29 日	庚申 30 一	辛酉 31 二	壬戌 (11) 三	癸亥 2 四	甲子 3 五	乙丑 4 六	丙寅 5 日	丁卯 6 一		己亥寒露 甲寅霜降
十月大	己亥	天干地支 西曆 星期	戊辰 7 二	己巳 8 三	庚午 9 四	辛未 10 五	壬申 11 六	癸酉 12 日	甲戌 13 一	乙亥 14 二	丙子 15 三	丁丑 16 四	戊寅 17 五	己卯 18 六	庚辰 19 日	辛巳 20 一	壬午 21 二	癸未 22 三	甲申 23 四	乙酉 24 五	丙戌 25 六	丁亥 26 日	戊子 27 一	己丑 28 二	庚寅 29 三	辛卯 30 四	壬辰 (12) 五	癸巳 2 六	甲午 3 日	乙未 4 一	丙申 5 二	丁酉 6 三	庚午立冬 乙酉小雪
十一月小	庚子	天干地支 西曆 星期	戊戌 7 四	己亥 8 五	庚子 9 六	辛丑 10 日	壬寅 11 一	癸卯 12 二	甲辰 13 三	乙巳 14 四	丙午 15 五	丁未 16 六	戊申 17 日	己酉 18 一	庚戌 19 二	辛亥 20 三	壬子 21 四	癸丑 22 五	甲寅 23 六	乙卯 24 日	丙辰 25 一	丁巳 26 二	戊午 27 三	己未 28 四	庚申 29 五	辛酉 30 六	壬戌 31 日	癸亥 (1) 一	甲子 2 二	乙丑 3 三	丙寅 4 四		庚子大雪 乙卯冬至
十二月大	辛丑	天干地支 西曆 星期	丁卯 5 五	戊辰 6 六	己巳 7 日	庚午 8 一	辛未 9 二	壬申 10 三	癸酉 11 四	甲戌 12 五	乙亥 13 六	丙子 14 日	丁丑 15 一	戊寅 16 二	己卯 17 三	庚辰 18 四	辛巳 19 五	壬午 20 六	癸未 21 日	甲申 22 一	乙酉 23 二	丙戌 24 三	丁亥 25 四	戊子 26 五	己丑 27 六	庚寅 28 日	辛卯 29 一	壬辰 30 二	癸巳 31 三	甲午 (2) 四	乙未 2 五	丙申 3 六	庚午小寒 丙戌大寒

吳王（大帝）黃武六年（丁未 羊年） 公元227～228年

夏曆月序	中西曆對照	夏曆日序																													節氣與天象
		初一	初二	初三	初四	初五	初六	初七	初八	初九	初十	十一	十二	十三	十四	十五	十六	十七	十八	十九	二十	廿一	廿二	廿三	廿四	廿五	廿六	廿七	廿八	廿九	三十	
正月小	壬寅 天干地支 西曆 星期	丁酉 4日 一	戊戌 5 二	己亥 6 三	庚子 7 四	辛丑 8 五	壬寅 9 六	癸卯 10日 一	甲辰 11 二	乙巳 12 三	丙午 13 四	丁未 14 五	戊申 15 六	己酉 16日 一	庚戌 17 二	辛亥 18 三	壬子 19 四	癸丑 20 五	甲寅 21 六	乙卯 22日 一	丙辰 23 二	丁巳 24 三	戊午 25 四	己未 26 五	庚申 27 六	辛酉 28日 一	壬戌 (3) 二	癸亥 2 三	甲子 3 四	乙丑 4日 五		辛丑立春 丙辰雨水
二月大	癸卯 天干地支 西曆 星期	丙寅 5 六	丁卯 6日 一	戊辰 7 二	己巳 8 三	庚午 9 四	辛未 10 五	壬申 11 六	癸酉 12日 一	甲戌 13 二	乙亥 14 三	丙子 15 四	丁丑 16 五	戊寅 17 六	己卯 18日 一	庚辰 19 二	辛巳 20 三	壬午 21 四	癸未 22 五	甲申 23 六	乙酉 24日 一	丙戌 25 二	丁亥 26 三	戊子 27 四	己丑 28 五	庚寅 29 六	辛卯 30日 一	壬辰 31 二	癸巳 (4) 三	甲午 2 四	乙未 3 五	辛未驚蟄 丁亥春分
三月小	甲辰 天干地支 西曆 星期	丙申 4日 六	丁酉 5 日	戊戌 6 一	己亥 7 二	庚子 8 三	辛丑 9 四	壬寅 10 五	癸卯 11 六	甲辰 12日 一	乙巳 13 二	丙午 14 三	丁未 15 四	戊申 16 五	己酉 17 六	庚戌 18日 一	辛亥 19 二	壬子 20 三	癸丑 21 四	甲寅 22 五	乙卯 23 六	丙辰 24日 一	丁巳 25 二	戊午 26 三	己未 27 四	庚申 28 五	辛酉 29 六	壬戌 30日 一	癸亥 (5) 二	甲子 2 三		壬寅清明 丁巳穀雨
四月大	乙巳 天干地支 西曆 星期	乙丑 3 四	丙寅 4 五	丁卯 5 六	戊辰 6日 一	己巳 7 二	庚午 8 三	辛未 9 四	壬申 10 五	癸酉 11 六	甲戌 12日 一	乙亥 13 二	丙子 14 三	丁丑 15 四	戊寅 16 五	己卯 17 六	庚辰 18日 一	辛巳 19 二	壬午 20 三	癸未 21 四	甲申 22 五	乙酉 23 六	丙戌 24日 一	丁亥 25 二	戊子 26 三	己丑 27 四	庚寅 28 五	辛卯 29 六	壬辰 30日 一	癸巳 31 二	甲午 (6) 三	壬申立夏 丁亥小滿
五月小	丙午 天干地支 西曆 星期	乙未 2 四	丙申 3日 五	丁酉 4 六	戊戌 5日 一	己亥 6 二	庚子 7 三	辛丑 8 四	壬寅 9 五	癸卯 10 六	甲辰 11日 一	乙巳 12 二	丙午 13 三	丁未 14 四	戊申 15 五	己酉 16 六	庚戌 17日 一	辛亥 18 二	壬子 19 三	癸丑 20 四	甲寅 21 五	乙卯 22 六	丙辰 23日 一	丁巳 24 二	戊午 25 三	己未 26 四	庚申 27 五	辛酉 28 六	壬戌 29日 一	癸亥 30 二		癸卯芒種 戊午夏至
六月大	丁未 天干地支 西曆 星期	甲子 (7) 三	乙丑 2 四	丙寅 3 五	丁卯 4 六	戊辰 5日 一	己巳 6 二	庚午 7 三	辛未 8 四	壬申 9 五	癸酉 10 六	甲戌 11日 一	乙亥 12 二	丙子 13 三	丁丑 14 四	戊寅 15 五	己卯 16 六	庚辰 17日 一	辛巳 18 二	壬午 19 三	癸未 20 四	甲申 21 五	乙酉 22 六	丙戌 23日 一	丁亥 24 二	戊子 25 三	己丑 26 四	庚寅 27 五	辛卯 28 六	壬辰 29日 一	癸巳 30 二	癸酉小暑 戊子大暑
七月小	戊申 天干地支 西曆 星期	甲午 31 二	乙未 (8) 三	丙申 2 四	丁酉 3 五	戊戌 4 六	己亥 5日 一	庚子 6 二	辛丑 7 三	壬寅 8 四	癸卯 9 五	甲辰 10 六	乙巳 11日 一	丙午 12 二	丁未 13 三	戊申 14 四	己酉 15 五	庚戌 16 六	辛亥 17日 一	壬子 18 二	癸丑 19 三	甲寅 20 四	乙卯 21 五	丙辰 22 六	丁巳 23日 一	戊午 24 二	己未 25 三	庚申 26 四	辛酉 27 五	壬戌 28 六		甲辰立秋 己未處暑
八月大	己酉 天干地支 西曆 星期	癸亥 29日 一	甲子 30 二	乙丑 (9) 三	丙寅 2 四	丁卯 3 五	戊辰 4 六	己巳 5日 一	庚午 6 二	辛未 7 三	壬申 8 四	癸酉 9 五	甲戌 10 六	乙亥 11日 一	丙子 12 二	丁丑 13 三	戊寅 14 四	己卯 15 五	庚辰 16 六	辛巳 17日 一	壬午 18 二	癸未 19 三	甲申 20 四	乙酉 21 五	丙戌 22 六	丁亥 23日 一	戊子 24 二	己丑 25 三	庚寅 26 四	辛卯 27日 五	壬辰 28 六	甲戌白露 己丑秋分
九月小	庚戌 天干地支 西曆 星期	癸巳 28日 五	甲午 29 六	乙未 30日 一	丙申 (10) 二	丁酉 2 三	戊戌 3 四	己亥 4 五	庚子 5 六	辛丑 6日 一	壬寅 7 二	癸卯 8 三	甲辰 9 四	乙巳 10 五	丙午 11 六	丁未 12日 一	戊申 13 二	己酉 14 三	庚戌 15 四	辛亥 16 五	壬子 17 六	癸丑 18日 一	甲寅 19 二	乙卯 20 三	丙辰 21 四	丁巳 22 五	戊午 23 六	己未 24日 一	庚申 25 二	辛酉 26 三		甲辰寒露 庚申霜降
十月大	辛亥 天干地支 西曆 星期	壬戌 27 四	癸亥 28 五	甲子 29 六	乙丑 30日 一	丙寅 31 二	丁卯 (11) 三	戊辰 2 四	己巳 3 五	庚午 4 六	辛未 5日 一	壬申 6 二	癸酉 7 三	甲戌 8 四	乙亥 9 五	丙子 10 六	丁丑 11日 一	戊寅 12 二	己卯 13 三	庚辰 14 四	辛巳 15 五	壬午 16 六	癸未 17日 一	甲申 18 二	乙酉 19 三	丙戌 20 四	丁亥 21 五	戊子 22 六	己丑 23日 一	庚寅 24 二	辛卯 25 三	乙亥立冬 庚寅小雪
十一月大	壬子 天干地支 西曆 星期	壬辰 26 四	癸巳 27 五	甲午 28 六	乙未 29日 一	丙申 30 二	丁酉 (02) 三	戊戌 2 四	己亥 3 五	庚子 4 六	辛丑 5日 一	壬寅 6 二	癸卯 7 三	甲辰 8 四	乙巳 9 五	丙午 10 六	丁未 11日 一	戊申 12 二	己酉 13 三	庚戌 14 四	辛亥 15 五	壬子 16 六	癸丑 17日 一	甲寅 18 二	乙卯 19 三	丙辰 20 四	丁巳 21 五	戊午 22 六	己未 23日 一	庚申 24 二	辛酉 25 三	乙巳大雪 辛酉冬至
十二月小	癸丑 天干地支 西曆 星期	壬戌 26 四	癸亥 27 五	甲子 28 六	乙丑 29日 一	丙寅 30 二	丁卯 31 三	戊辰 (1) 四	己巳 2 五	庚午 3 六	辛未 4日 一	壬申 5 二	癸酉 6 三	甲戌 7 四	乙亥 8 五	丙子 9 六	丁丑 10日 一	戊寅 11 二	己卯 12 三	庚辰 13 四	辛巳 14 五	壬午 15 六	癸未 16日 一	甲申 17 二	乙酉 18 三	丙戌 19 四	丁亥 20 五	戊子 21 六	己丑 22日 一	庚寅 23 二		丙子小寒
閏十二大	癸丑 天干地支 西曆 星期	辛卯 24 三	壬辰 25 四	癸巳 26 五	甲午 27日 六	乙未 28 日	丙申 29 一	丁酉 30 二	戊戌 31 三	己亥 (2) 四	庚子 2 五	辛丑 3日 六	壬寅 4 日	癸卯 5 一	甲辰 6日 二	乙巳 7 三	丙午 8 四	丁未 9 五	戊申 10 六	己酉 11日 一	庚戌 12 二	辛亥 13 三	壬子 14 四	癸丑 15 五	甲寅 16 六	乙卯 17日 一	丙辰 18 二	丁巳 19 三	戊午 20 四	己未 21 五	庚申 22 六	辛丑大寒 丙午立春

吳王（大帝）黃武七年（戊申 猴年） 公元228～229年

夏曆月序	西曆中曆對照	夏曆日序																													節氣與天象
		初一	初二	初三	初四	初五	初六	初七	初八	初九	初十	十一	十二	十三	十四	十五	十六	十七	十八	十九	二十	二一	二二	二三	二四	二五	二六	二七	二八	二九	三十	
正月小	甲寅	辛酉23六	壬戌24日	癸亥25一	甲子26二	乙丑27三	丙寅28四	丁卯29五	戊辰(3)六	己巳2日	庚午3一	辛未4二	壬申5三	癸酉6四	甲戌7五	乙亥8六	丙子9日	丁丑10一	戊寅11二	己卯12三	庚辰13四	辛巳14五	壬午15六	癸未16日	甲申17一	乙酉18二	丙戌19三	丁亥20四	戊子21五	己丑22六		辛酉雨水 丁丑驚蟄
二月大	乙卯	庚寅23日	辛卯24一	壬辰25二	癸巳26三	甲午27四	乙未28五	丙申29六	丁酉30日	戊戌31一	己亥(4)二	庚子2三	辛丑3四	壬寅4五	癸卯5六	甲辰6日	乙巳7一	丙午8二	丁未9三	戊申10四	己酉11五	庚戌12六	辛亥13日	壬子14一	癸丑15二	甲寅16三	乙卯17四	丙辰18五	丁巳19六	戊午20日	己未21一	壬辰春分 丁未清明
三月小	丙辰	庚申22二	辛酉23三	壬戌24四	癸亥25五	甲子26六	乙丑27日	丙寅28一	丁卯29二	戊辰30三	己巳(5)四	庚午2五	辛未3六	壬申4日	癸酉5一	甲戌6二	乙亥7三	丙子8四	丁丑9五	戊寅10六	己卯11日	庚辰12一	辛巳13二	壬午14三	癸未15四	甲申16五	乙酉17六	丙戌18日	丁亥19一	戊子20二		壬戌穀雨 丁丑立夏
四月大	丁巳	己丑21三	庚寅22四	辛卯23五	壬辰24六	癸巳25日	甲午26一	乙未27二	丙申28三	丁酉29四	戊戌30五	己亥31六	庚子(6)日	辛丑2一	壬寅3二	癸卯4三	甲辰5四	乙巳6五	丙午7六	丁未8日	戊申9一	己酉10二	庚戌11三	辛亥12四	壬子13五	癸丑14六	甲寅15日	乙卯16一	丙辰17二	丁巳18三	戊午19四	癸巳小滿 戊申芒種
五月小	戊午	己未20五	庚申21六	辛酉22日	壬戌23一	癸亥24二	甲子25三	乙丑26四	丙寅27五	丁卯28六	戊辰29日	己巳30一	庚午(7)二	辛未2三	壬申3四	癸酉4五	甲戌5六	乙亥6日	丙子7一	丁丑8二	戊寅9三	己卯10四	庚辰11五	辛巳12六	壬午13日	癸未14一	甲申15二	乙酉16三	丙戌17四	丁亥18五		癸亥夏至 戊寅小暑
六月大	己未	戊子19六	己丑20日	庚寅21一	辛卯22二	壬辰23三	癸巳24四	甲午25五	乙未26六	丙申27日	丁酉28一	戊戌29二	己亥30三	庚子31四	辛丑(8)五	壬寅2六	癸卯3日	甲辰4一	乙巳5二	丙午6三	丁未7四	戊申8五	己酉9六	庚戌10日	辛亥11一	壬子12二	癸丑13三	甲寅14四	乙卯15五	丙辰16六	丁巳17日	甲午大暑 己酉立秋
七月小	庚申	戊午18一	己未19二	庚申20三	辛酉21四	壬戌22五	癸亥23六	甲子24日	乙丑25一	丙寅26二	丁卯27三	戊辰28四	己巳29五	庚午30六	辛未31日	壬申(9)一	癸酉2二	甲戌3三	乙亥4四	丙子5五	丁丑6六	戊寅7日	己卯8一	庚辰9二	辛巳10三	壬午11四	癸未12五	甲申13六	乙酉14日	丙戌15一		甲子處暑 己卯白露
八月大	辛酉	丁亥16二	戊子17三	己丑18四	庚寅19五	辛卯20六	壬辰21日	癸巳22一	甲午23二	乙未24三	丙申25四	丁酉26五	戊戌27六	己亥28日	庚子29一	辛丑30二	壬寅(10)三	癸卯2四	甲辰3五	乙巳4六	丙午5日	丁未6一	戊申7二	己酉8三	庚戌9四	辛亥10五	壬子11六	癸丑12日	甲寅13一	乙卯14二	丙辰15三	甲午秋分 庚戌寒露
九月小	壬戌	丁巳16四	戊午17五	己未18六	庚申19日	辛酉20一	壬戌21二	癸亥22三	甲子23四	乙丑24五	丙寅25六	丁卯26日	戊辰27一	己巳28二	庚午29三	辛未30四	壬申31五	癸酉(11)六	甲戌2日	乙亥3一	丙子4二	丁丑5三	戊寅6四	己卯7五	庚辰8六	辛巳9日	壬午10一	癸未11二	甲申12三	乙酉13四		乙丑霜降 庚辰立冬
十月大	癸亥	丙戌14五	丁亥15六	戊子16日	己丑17一	庚寅18二	辛卯19三	壬辰20四	癸巳21五	甲午22六	乙未23日	丙申24一	丁酉25二	戊戌26三	己亥27四	庚子28五	辛丑29六	壬寅30日	癸卯(12)一	甲辰2二	乙巳3三	丙午4四	丁未5五	戊申6六	己酉7日	庚戌8一	辛亥9二	壬子10三	癸丑11四	甲寅12五	乙卯13六	乙未小雪 辛亥大雪
十一月小	甲子	丙辰14日	丁巳15一	戊午16二	己未17三	庚申18四	辛酉19五	壬戌20六	癸亥21日	甲子22一	乙丑23二	丙寅24三	丁卯25四	戊辰26五	己巳27六	庚午28日	辛未29一	壬申30二	癸酉31三	甲戌(1)四	乙亥2五	丙子3六	丁丑4日	戊寅5一	己卯6二	庚辰7三	辛巳8四	壬午9五	癸未10六	甲申11日		丙寅冬至 辛巳大寒
十二月大	乙丑	乙酉12一	丙戌13二	丁亥14三	戊子15四	己丑16五	庚寅17六	辛卯18日	壬辰19一	癸巳20二	甲午21三	乙未22四	丙申23五	丁酉24六	戊戌25日	己亥26一	庚子27二	辛丑28三	壬寅29四	癸卯30五	甲辰31六	乙巳(2)日	丙午2一	丁未3二	戊申4三	己酉5四	庚戌6五	辛亥7六	壬子8日	癸丑9一	甲寅10二	丙申大寒 辛亥立春

吳王（大帝）黃武八年 黃龍元年（己酉 雞年） 公元229～230年

夏曆月序	中西曆對照	夏曆日序																													節氣與天象
		初一	初二	初三	初四	初五	初六	初七	初八	初九	初十	十一	十二	十三	十四	十五	十六	十七	十八	十九	二十	二一	二二	二三	二四	二五	二六	二七	二八	二九	三十	
正月小	丙寅 天干地支西曆星期	乙卯 11 三	丙辰 12 四	丁巳 13 五	戊午 14 六	己未 15 日	庚申 16 一	辛酉 17 二	壬戌 18 三	癸亥 19 四	甲子 20 五	乙丑 21 六	丙寅 22 日	丁卯 23 一	戊辰 24 二	己巳 25 三	庚午 26 四	辛未 27 五	壬申 28 六	癸酉(3)日	甲戌 2 一	乙亥 3 二	丙子 4 三	丁丑 5 四	戊寅 6 五	己卯 7 六	庚辰 8 日	辛巳 9 一	壬午 10 二	癸未 11 三		丁卯雨水 壬午驚蟄
二月大	丁卯 天干地支西曆星期	甲申 12 四	乙酉 13 五	丙戌 14 六	丁亥 15 日	戊子 16 一	己丑 17 二	庚寅 18 三	辛卯 19 四	壬辰 20 五	癸巳 21 六	甲午 22 日	乙未 23 一	丙申 24 二	丁酉 25 三	戊戌 26 四	己亥 27 五	庚子 28 六	辛丑 29 日	壬寅 30 一	癸卯(4)二	甲辰 2 三	乙巳 3 四	丙午 4 五	丁未 5 六	戊申 6 日	己酉 7 一	庚戌 8 二	辛亥 9 三	壬子 10 四	癸丑 11 五	丁酉春分 壬子清明 乙酉日食
三月大	戊辰 天干地支西曆星期	甲寅 12 六	乙卯 13 日	丙辰 14 一	丁巳 15 二	戊午 16 三	己未 17 四	庚申 18 五	辛酉 19 六	壬戌 20 日	癸亥 21 一	甲子 22 二	乙丑 23 三	丙寅 24 四	丁卯 25 五	戊辰 26 六	己巳 27 日	庚午 28 一	辛未 29 二	壬申 30 三	癸酉 31 四	甲戌(5)五	乙亥 2 六	丙子 3 日	丁丑 4 一	戊寅 5 二	己卯 6 三	庚辰 7 四	辛巳 8 五	壬午 9 六	癸未 10 日	戊戌穀雨 癸未立夏
四月小	己巳 天干地支西曆星期	甲申 11 一	乙酉 12 二	丙戌 13 三	丁亥 14 四	戊子 15 五	己丑 16 六	庚寅 17 日	辛卯 18 一	壬辰 19 二	癸巳 20 三	甲午 21 四	乙未 22 五	丙申 23 六	丁酉 24 日	戊戌 25 一	己亥 26 二	庚子 27 三	辛丑 28 四	壬寅 29 五	癸卯 30 六	甲辰 31(6) 日	乙巳 2 一	丙午 3 二	丁未 4 三	戊申 5 四	己酉 6 五	庚戌 7 六				戊戌小滿
五月大	庚午 天干地支西曆星期	癸丑 9 二	甲寅 10 三	乙卯 11 四	丙辰 12 五	丁巳 13 六	戊午 14 日	己未 15 一	庚申 16 二	辛酉 17 三	壬戌 18 四	癸亥 19 五	甲子 20 六	乙丑 21 日	丙寅 22 一	丁卯 23 二	戊辰 24 三	己巳 25 四	庚午 26 五	辛未 27 六	壬申 28 日	癸酉 29 一	甲戌 30(7) 二	乙亥 2 三	丙子 3 四	丁丑 4 五	戊寅 5 六	己卯 6 日	庚辰 7 一	辛巳 8 二	壬午 9 三	癸丑芒種 戊辰夏至
六月小	辛未 天干地支西曆星期	癸未 10 四	甲申 9 五	乙酉 10 六	丙戌 11 日	丁亥 12 一	戊子 13 二	己丑 14 三	庚寅 15 四	辛卯 16 五	壬辰 17 六	癸巳 18 日	甲午 19 一	乙未 20 二	丙申 21 三	丁酉 22 四	戊戌 23 五	己亥 24 六	庚子 25 日	辛丑 26 一	壬寅 27 二	癸卯 28 三	甲辰 29 四	乙巳 30 五	丙午 31(8) 六	丁未 2 日	戊申 3 一	己酉 4 二	庚戌 5 三	辛亥 6 四		甲申小暑 己亥大暑
七月大	壬申 天干地支西曆星期	壬子 7 五	癸丑 8 六	甲寅 9 日	乙卯 10 一	丙辰 11 二	丁巳 12 三	戊午 13 四	己未 14 五	庚申 15 六	辛酉 16 日	壬戌 17 一	癸亥 18 二	甲子 19 三	乙丑 20 四	丙寅 21 五	丁卯 22 六	戊辰 23 日	己巳 24 一	庚午 25 二	辛未 26 三	壬申 27 四	癸酉 28 五	甲戌 29 六	乙亥 30 日	丙子 31(9) 一	丁丑 2 二	戊寅 3 三	己卯 4 四	庚辰 5 五	辛巳 6 六	甲寅立秋 己巳處暑
八月小	癸酉 天干地支西曆星期	壬午 6 日	癸未 7 一	甲申 8 二	乙酉 9 三	丙戌 10 四	丁亥 11 五	戊子 12 六	己丑 13 日	庚寅 14 一	辛卯 15 二	壬辰 16 三	癸巳 17 四	甲午 18 五	乙未 19 六	丙申 20 日	丁酉 21 一	戊戌 22 二	己亥 23 三	庚子 24 四	辛丑 25 五	壬寅 26 六	癸卯 27 日	甲辰 28 一	乙巳 29 二	丙午 30(10) 三	丁未 2 四	戊申 3 五	己酉 4 六			甲申白露 庚子秋分
九月大	甲戌 天干地支西曆星期	辛亥 5 日	壬子 6 一	癸丑 7 二	甲寅 8 三	乙卯 9 四	丙辰 10 五	丁巳 11 六	戊午 12 日	己未 13 一	庚申 14 二	辛酉 15 三	壬戌 16 四	癸亥 17 五	甲子 18 六	乙丑 19 日	丙寅 20 一	丁卯 21 二	戊辰 22 三	己巳 23 四	庚午 24 五	辛未 25 六	壬申 26 日	癸酉 27 一	甲戌 28 二	乙亥 29 三	丙子 30 四	丁丑 31(11) 五	戊寅 2 六	己卯 3 日	庚辰 4 一	乙卯寒露 庚午霜降
十月小	乙亥 天干地支西曆星期	辛巳 5 二	壬午 6 三	癸未 7 四	甲申 8 五	乙酉 9 六	丙戌 10 日	丁亥 11 一	戊子 12 二	己丑 13 三	庚寅 14 四	辛卯 15 五	壬辰 16 六	癸巳 17 日	甲午 18 一	乙未 19 二	丙申 20 三	丁酉 21 四	戊戌 22 五	己亥 23 六	庚子 24 日	辛丑 25 一	壬寅 26 二	癸卯 27 三	甲辰 28 四	乙巳 29 五	丙午 30 六	丁未 (12) 日	戊申 2 一	己酉 3 二		乙酉立冬 辛丑小雪
十一月大	丙子 天干地支西曆星期	庚戌 3 三	辛亥 4 四	壬子 5 五	癸丑 6 六	甲寅 7 日	乙卯 8 一	丙辰 9 二	丁巳 10 三	戊午 11 四	己未 12 五	庚申 13 六	辛酉 14 日	壬戌 15 一	癸亥 16 二	甲子 17 三	乙丑 18 四	丙寅 19 五	丁卯 20 六	戊辰 21 日	己巳 22 一	庚午 23 二	辛未 24 三	壬申 25 四	癸酉 26 五	甲戌 27 六	乙亥 28 日	丙子 29 一	丁丑 30 二	戊寅 31(1) 三	己卯 (1) 五	丙辰大雪 辛未冬至
十二月小	丁丑 天干地支西曆星期	庚辰 2 六	辛巳 3 日	壬午 4 一	癸未 5 二	甲申 6 三	乙酉 7 四	丙戌 8 五	丁亥 9 六	戊子 10 日	己丑 11 一	庚寅 12 二	辛卯 13 三	壬辰 14 四	癸巳 15 五	甲午 16 六	乙未 17 日	丙申 18 一	丁酉 19 二	戊戌 20 三	己亥 21 四	庚子 22 五	辛丑 23 六	壬寅 24 日	癸卯 25 一	甲辰 26 二	乙巳 27 三	丙午 28 四	丁未 29 五	戊申 30 六		丙戌小寒 辛丑大寒

*四月丙申（十三日），孫權即皇帝位，改元黃龍。

吳大帝黃龍二年（庚戌 狗年） 公元230～231年

夏曆月序	中西曆對照	夏曆日序 初一	初二	初三	初四	初五	初六	初七	初八	初九	初十	十一	十二	十三	十四	十五	十六	十七	十八	十九	二十	二一	二二	二三	二四	二五	二六	二七	二八	二九	三十	節氣與天象
正月大	戊寅	天干地支 己酉 西曆 31日 星期 二	庚戌 (2) 三	辛亥 3日 四	壬子 4 五	癸丑 5 六	甲寅 6 日	乙卯 7 一	丙辰 8 二	丁巳 9 三	戊午 10 四	己未 11 五	庚申 12 六	辛酉 13 日	壬戌 14 一	癸亥 15 二	甲子 16 三	乙丑 17 四	丙寅 18 五	丁卯 19 六	戊辰 20 日	己巳 21 一	庚午 22 二	辛未 23 三	壬申 24 四	癸酉 25 五	甲戌 26 六	乙亥 27 日	丙子 28 一	丁丑 (3) 一	戊寅	丁巳立春 壬申雨水
二月小	己卯	己卯 1日 二	庚辰 2 三	辛巳 3 四	壬午 4 五	癸未 5 六	甲申 6 日	乙酉 7 一	丙戌 8 二	丁亥 9 三	戊子 10 四	己丑 11 五	庚寅 12 六	辛卯 13 日	壬辰 14 一	癸巳 15 二	甲午 16 三	乙未 17 四	丙申 18 五	丁酉 19 六	戊戌 20 日	己亥 21 一	庚子 22 二	辛丑 23 三	壬寅 24 四	癸卯 25 五	甲辰 26 六	乙巳 27 日	丙午 28 一	丁未 29 二	戊申 30日 三		丁亥驚蟄 壬寅春分
三月大	庚辰	戊申 31 三	己酉 (4) 四	庚戌 2 五	辛亥 3 六	壬子 4日	癸丑 5 一	甲寅 6 二	乙卯 7 三	丙辰 8 四	丁巳 9 五	戊午 10 六	己未 11 日	庚申 12 一	辛酉 13 二	壬戌 14 三	癸亥 15 四	甲子 16 五	乙丑 17 六	丙寅 18 日	丁卯 19 一	戊辰 20 二	己巳 21 三	庚午 22 四	辛未 23 五	壬申 24 六	癸酉 25 日	甲戌 26 一	乙亥 27 二	丙子 28 三	丁丑 29 四	戊午清明 癸酉穀雨
四月小	辛巳	戊寅 30 五	己卯 (5) 六	庚辰 2 日	辛巳 3 一	壬午 4 二	癸未 5 三	甲申 6 四	乙酉 7 五	丙戌 8 六	丁亥 9 日	戊子 10 一	己丑 11 二	庚寅 12 三	辛卯 13 四	壬辰 14 五	癸巳 15 六	甲午 16 日	乙未 17 一	丙申 18 二	丁酉 19 三	戊戌 20 四	己亥 21 五	庚子 22 六	辛丑 23 日	壬寅 24 一	癸卯 25 二	甲辰 26 三	乙巳 27 四	丙午 28 五		戊子立夏 癸卯小滿
五月大	壬午	丁未 29 六	戊申 30 日	己酉 31 一	庚戌 (6) 二	辛亥 2 三	壬子 3 四	癸丑 4 五	甲寅 5 六	乙卯 6 日	丙辰 7 一	丁巳 8 二	戊午 9 三	己未 10 四	庚申 11 五	辛酉 12 六	壬戌 13 日	癸亥 14 一	甲子 15 二	乙丑 16 三	丙寅 17 四	丁卯 18 五	戊辰 19 六	己巳 20 日	庚午 21 一	辛未 22 二	壬申 23 三	癸酉 24 四	甲戌 25 五	乙亥 26 六	丙子 27日	戊午芒種 甲戌夏至
六月大	癸未	丁丑 28 一	戊寅 29 二	己卯 30 三	庚辰 (7) 四	辛巳 2 五	壬午 3 六	癸未 4 日	甲申 5 一	乙酉 6 二	丙戌 7 三	丁亥 8 四	戊子 9 五	己丑 10 六	庚寅 11 日	辛卯 12 一	壬辰 13 二	癸巳 14 三	甲午 15 四	乙未 16 五	丙申 17 六	丁酉 18 日	戊戌 19 一	己亥 20 二	庚子 21 三	辛丑 22 四	壬寅 23 五	癸卯 24 六	甲辰 25 日	乙巳 26 一	丙午 27 二	己丑小暑 甲辰大暑
七月小	甲申	丁未 28 三	戊申 29 四	己酉 30 五	庚戌 31 六	辛亥 (8) 日	壬子 2 一	癸丑 3 二	甲寅 4 三	乙卯 5 四	丙辰 6 五	丁巳 7 六	戊午 8 日	己未 9 一	庚申 10 二	辛酉 11 三	壬戌 12 四	癸亥 13 五	甲子 14 六	乙丑 15 日	丙寅 16 一	丁卯 17 二	戊辰 18 三	己巳 19 四	庚午 20 五	辛未 21 六	壬申 22 日	癸酉 23 一	甲戌 24 二	乙亥 25 三		己未立秋 乙亥處暑
八月大	乙酉	丙子 26 四	丁丑 27 五	戊寅 28 六	己卯 29 日	庚辰 30 一	辛巳 31 二	壬午 (9) 三	癸未 2 四	甲申 3 五	乙酉 4 六	丙戌 5 日	丁亥 6 一	戊子 7 二	己丑 8 三	庚寅 9 四	辛卯 10 五	壬辰 11 六	癸巳 12 日	甲午 13 一	乙未 14 二	丙申 15 三	丁酉 16 四	戊戌 17 五	己亥 18 六	庚子 19 日	辛丑 20 一	壬寅 21 二	癸卯 22 三	甲辰 23 四	乙巳 24 五	庚寅白露 乙巳秋分
閏八月小	乙酉	丙午 25 六	丁未 26 日	戊申 27 一	己酉 28 二	庚戌 29 三	辛亥 30 四	壬子 (10) 五	癸丑 2 六	甲寅 3 日	乙卯 4 一	丙辰 5 二	丁巳 6 三	戊午 7 四	己未 8 五	庚申 9 六	辛酉 10 日	壬戌 11 一	癸亥 12 二	甲子 13 三	乙丑 14 四	丙寅 15 五	丁卯 16 六	戊辰 17 日	己巳 18 一	庚午 19 二	辛未 20 三	壬申 21 四	癸酉 22 五	甲戌 23 六		庚申寒露
九月大	丙戌	乙亥 24 日	丙子 25 一	丁丑 26 二	戊寅 27 三	己卯 28 四	庚辰 29 五	辛巳 30 六	壬午 31 日	癸未 (11) 一	甲申 2 二	乙酉 3 三	丙戌 4 四	丁亥 5 五	戊子 6 六	己丑 7 日	庚寅 8 一	辛卯 9 二	壬辰 10 三	癸巳 11 四	甲午 12 五	乙未 13 六	丙申 14 日	丁酉 15 一	戊戌 16 二	己亥 17 三	庚子 18 四	辛丑 19 五	壬寅 20 六	癸卯 21 日	甲辰 22 一	乙亥霜降 辛卯立冬
十月小	丁亥	乙巳 23 二	丙午 24 三	丁未 25 四	戊申 26 五	己酉 27 六	庚戌 28 日	辛亥 29 一	壬子 30 二	癸丑 (12) 三	甲寅 2 四	乙卯 3 五	丙辰 4 六	丁巳 5 日	戊午 6 一	己未 7 二	庚申 8 三	辛酉 9 四	壬戌 10 五	癸亥 11 六	甲子 12 日	乙丑 13 一	丙寅 14 二	丁卯 15 三	戊辰 16 四	己巳 17 五	庚午 18 六	辛未 19 日	壬申 20 一	癸酉 21 二		丙午小雪 辛酉大雪
十一月大	戊子	甲戌 22 三	乙亥 23 四	丙子 24 五	丁丑 25 六	戊寅 26 日	己卯 27 一	庚辰 28 二	辛巳 29 三	壬午 30 四	癸未 31 五	甲申 (1) 六	乙酉 2 日	丙戌 3 一	丁亥 4 二	戊子 5 三	己丑 6 四	庚寅 7 五	辛卯 8 六	壬辰 9 日	癸巳 10 一	甲午 11 二	乙未 12 三	丙申 13 四	丁酉 14 五	戊戌 15 六	己亥 16 日	庚子 17 一	辛丑 18 二	壬寅 19 三	癸卯 20 四	丙子冬至 辛卯小寒
十二月小	己丑	甲辰 21 五	乙巳 22 六	丙午 23 日	丁未 24 一	戊申 25 二	己酉 26 三	庚戌 27 四	辛亥 28 五	壬子 29 六	癸丑 30 日	甲寅 31 一	乙卯 (2) 二	丙辰 2 三	丁巳 3 四	戊午 4 五	己未 5 六	庚申 6 日	辛酉 7 一	壬戌 8 二	癸亥 9 三	甲子 10 四	乙丑 11 五	丙寅 12 六	丁卯 13 日	戊辰 14 一	己巳 15 二	庚午 16 三	辛未 17 四	壬申 18 五		丁未大寒 壬戌立春

吳大帝黃龍三年（辛亥 豬年） 公元231～232年

夏曆月序	中西曆對照	夏曆日序																													節氣與天象
		初一	初二	初三	初四	初五	初六	初七	初八	初九	初十	十一	十二	十三	十四	十五	十六	十七	十八	十九	二十	廿一	廿二	廿三	廿四	廿五	廿六	廿七	廿八	廿九	三十	
正月大	庚寅 天干地支 西曆 星期	癸酉 19 六	甲戌 20 日	乙亥 21 一	丙子 22 二	丁丑 23 三	戊寅 24 四	己卯 25 五	庚辰 26 六	辛巳 27 日	壬午 28 一	癸未 (3) 二	甲申 2 三	乙酉 3 四	丙戌 4 五	丁亥 5 六	戊子 6 日	己丑 7 一	庚寅 8 二	辛卯 9 三	壬辰 10 四	癸巳 11 五	甲午 12 六	乙未 13 日	丙申 14 一	丁酉 15 二	戊戌 16 三	己亥 17 四	庚子 18 五	辛丑 19 六	壬寅 20 日	丁丑雨水 壬辰驚蟄
二月小	辛卯 天干地支 西曆 星期	癸卯 21 一	甲辰 22 二	乙巳 23 三	丙午 24 四	丁未 25 五	戊申 26 六	己酉 27 日	庚戌 28 一	辛亥 29 二	壬子 30 三	癸丑 31 四	甲寅 (4) 五	乙卯 2 六	丙辰 3 日	丁巳 4 一	戊午 5 二	己未 6 三	庚申 7 四	辛酉 8 五	壬戌 9 六	癸亥 10 日	甲子 11 一	乙丑 12 二	丙寅 13 三	丁卯 14 四	戊辰 15 五	己巳 16 六	庚午 17 日	辛未 18 一		戊申春分 癸亥清明
三月大	壬辰 天干地支 西曆 星期	壬申 19 二	癸酉 20 三	甲戌 21 四	乙亥 22 五	丙子 23 六	丁丑 24 日	戊寅 25 一	己卯 26 二	庚辰 27 三	辛巳 28 四	壬午 29 五	癸未 30 六	甲申 (5) 日	乙酉 2 一	丙戌 3 二	丁亥 4 三	戊子 5 四	己丑 6 五	庚寅 7 六	辛卯 8 日	壬辰 9 一	癸巳 10 二	甲午 11 三	乙未 12 四	丙申 13 五	丁酉 14 六	戊戌 15 日	己亥 16 一	庚子 17 二	辛丑 18 三	戊寅穀雨 癸巳立夏
四月小	癸巳 天干地支 西曆 星期	壬寅 19 四	癸卯 20 五	甲辰 21 六	乙巳 22 日	丙午 23 一	丁未 24 二	戊申 25 三	己酉 26 四	庚戌 27 五	辛亥 28 六	壬子 29 日	癸丑 30 一	甲寅 31 二	乙卯 (6) 三	丙辰 2 四	丁巳 3 五	戊午 4 六	己未 5 日	庚申 6 一	辛酉 7 二	壬戌 8 三	癸亥 9 四	甲子 10 五	乙丑 11 六	丙寅 12 日	丁卯 13 一	戊辰 14 二	己巳 15 三	庚午 16 四		戊申小滿 甲子芒種
五月大	甲午 天干地支 西曆 星期	辛未 17 五	壬申 18 六	癸酉 19 日	甲戌 20 一	乙亥 21 二	丙子 22 三	丁丑 23 四	戊寅 24 五	己卯 25 六	庚辰 26 日	辛巳 27 一	壬午 28 二	癸未 29 三	甲申 30 四	乙酉 (7) 五	丙戌 2 六	丁亥 3 日	戊子 4 一	己丑 5 二	庚寅 6 三	辛卯 7 四	壬辰 8 五	癸巳 9 六	甲午 10 日	乙未 11 一	丙申 12 二	丁酉 13 三	戊戌 14 四	己亥 15 五	庚子 16 六	己卯夏至 甲午小暑
六月小	乙未 天干地支 西曆 星期	辛丑 17 日	壬寅 18 一	癸卯 19 二	甲辰 20 三	乙巳 21 四	丙午 22 五	丁未 23 六	戊申 24 日	己酉 25 一	庚戌 26 二	辛亥 27 三	壬子 28 四	癸丑 29 五	甲寅 30 六	乙卯 31 日	丙辰 (8) 一	丁巳 2 二	戊午 3 三	己未 4 四	庚申 5 五	辛酉 6 六	壬戌 7 日	癸亥 8 一	甲子 9 二	乙丑 10 三	丙寅 11 四	丁卯 12 五	戊辰 13 六	己巳 14 日		己酉大暑 乙丑立秋
七月大	丙申 天干地支 西曆 星期	庚午 15 一	辛未 16 二	壬申 17 三	癸酉 18 四	甲戌 19 五	乙亥 20 六	丙子 21 日	丁丑 22 一	戊寅 23 二	己卯 24 三	庚辰 25 四	辛巳 26 五	壬午 27 六	癸未 28 日	甲申 29 一	乙酉 30 二	丙戌 31 三	丁亥 (9) 四	戊子 2 五	己丑 3 六	庚寅 4 日	辛卯 5 一	壬辰 6 二	癸巳 7 三	甲午 8 四	乙未 9 五	丙申 10 六	丁酉 11 日	戊戌 12 一	己亥 13 二	庚辰處暑 乙未白露
八月小	丁酉 天干地支 西曆 星期	庚子 14 三	辛丑 15 四	壬寅 16 五	癸卯 17 六	甲辰 18 日	乙巳 19 一	丙午 20 二	丁未 21 三	戊申 22 四	己酉 23 五	庚戌 24 六	辛亥 25 日	壬子 26 一	癸丑 27 二	甲寅 28 三	乙卯 29 四	丙辰 30 五	丁巳 (10) 六	戊午 2 日	己未 3 一	庚申 4 二	辛酉 5 三	壬戌 6 四	癸亥 7 五	甲子 8 六	乙丑 9 日	丙寅 10 一	丁卯 11 二	戊辰 12 三		庚戌秋分 乙丑寒露
九月大	戊戌 天干地支 西曆 星期	己巳 13 四	庚午 14 五	辛未 15 六	壬申 16 日	癸酉 17 一	甲戌 18 二	乙亥 19 三	丙子 20 四	丁丑 21 五	戊寅 22 六	己卯 23 日	庚辰 24 一	辛巳 25 二	壬午 26 三	癸未 27 四	甲申 28 五	乙酉 29 六	丙戌 30 日	丁亥 31 一	戊子 (11) 二	己丑 2 三	庚寅 3 四	辛卯 4 五	壬辰 5 六	癸巳 6 日	甲午 7 一	乙未 8 二	丙申 9 三	丁酉 10 四	戊戌 11 五	辛巳霜降 丙申立冬
十月大	己亥 天干地支 西曆 星期	己亥 12 六	庚子 13 日	辛丑 14 一	壬寅 15 二	癸卯 16 三	甲辰 17 四	乙巳 18 五	丙午 19 六	丁未 20 日	戊申 21 一	己酉 22 二	庚戌 23 三	辛亥 24 四	壬子 25 五	癸丑 26 六	甲寅 27 日	乙卯 28 一	丙辰 29 二	丁巳 30 三	戊午 (12) 四	己未 2 五	庚申 3 六	辛酉 4 日	壬戌 5 一	癸亥 6 二	甲子 7 三	乙丑 8 四	丙寅 9 五	丁卯 10 六	戊辰 11 日	辛亥小雪 丙寅大雪
十一月小	庚子 天干地支 西曆 星期	己巳 12 一	庚午 13 二	辛未 14 三	壬申 15 四	癸酉 16 五	甲戌 17 六	乙亥 18 日	丙子 19 一	丁丑 20 二	戊寅 21 三	己卯 22 四	庚辰 23 五	辛巳 24 六	壬午 25 日	癸未 26 一	甲申 27 二	乙酉 28 三	丙戌 29 四	丁亥 30 五	戊子 31 六	己丑 (1) 日	庚寅 2 一	辛卯 3 二	壬辰 4 三	癸巳 5 四	甲午 6 五	乙未 7 六	丙申 8 日	丁酉 9 一		壬午冬至 丁酉小寒
十二月大	辛丑 天干地支 西曆 星期	戊戌 10 二	己亥 11 三	庚子 12 四	辛丑 13 五	壬寅 14 六	癸卯 15 日	甲辰 16 一	乙巳 17 二	丙午 18 三	丁未 19 四	戊申 20 五	己酉 21 六	庚戌 22 日	辛亥 23 一	壬子 24 二	癸丑 25 三	甲寅 26 四	乙卯 27 五	丙辰 28 六	丁巳 29 日	戊午 30 一	己未 31 二	庚申 (2) 三	辛酉 2 四	壬戌 3 五	癸亥 4 六	甲子 5 日	乙丑 6 一	丙寅 7 二	丁卯 8 三	壬子大寒 丁酉立春 戊戌日食

＊十二月丁卯（三十日），改明年爲嘉禾元年。

吳大帝嘉禾元年（壬子 鼠年） 公元 232 ～ 233 年

夏曆月序	中西曆對照	夏曆日序																														節氣與天象
		初一	初二	初三	初四	初五	初六	初七	初八	初九	初十	十一	十二	十三	十四	十五	十六	十七	十八	十九	二十	二一	二二	二三	二四	二五	二六	二七	二八	二九	三十	
正月小	壬寅	戊辰 9 四	己巳 10 五	庚午 11 六	辛未 12 日	壬申 13 一	癸酉 14 二	甲戌 15 三	乙亥 16 四	丙子 17 五	丁丑 18 六	戊寅 19 日	己卯 20 一	庚辰 21 二	辛巳 22 三	壬午 23 四	癸未 24 五	甲申 25 六	乙酉 26 日	丙戌 27 一	丁亥 28 二	戊子 29 三	己丑(3)四	庚寅 2 五	辛卯 3 六	壬辰 4 日	癸巳 5 一	甲午 6 二	乙未 7 三	丙申 8 四		壬午雨水
二月大	癸卯	丁酉 9 五	戊戌 10 六	己亥 11 日	庚子 12 一	辛丑 13 二	壬寅 14 三	癸卯 15 四	甲辰 16 五	乙巳 17 六	丙午 18 日	丁未 19 一	戊申 20 二	己酉 21 三	庚戌 22 四	辛亥 23 五	壬子 24 六	癸丑 25 日	甲寅 26 一	乙卯 27 二	丙辰 28 三	丁巳 29 四	戊午 30 五	己未 31 六	庚申(4)日	辛酉 2 一	壬戌 3 二	癸亥 4 三	甲子 5 四	乙丑 6 五	丙寅 7 六	戊戌驚蟄 癸丑春分
三月小	甲辰	丁卯 8 日	戊辰 9 一	己巳 10 二	庚午 11 三	辛未 12 四	壬申 13 五	癸酉 14 六	甲戌 15 日	乙亥 16 一	丙子 17 二	丁丑 18 三	戊寅 19 四	己卯 20 五	庚辰 21 六	辛巳 22 日	壬午 23 一	癸未 24 二	甲申 25 三	乙酉 26 四	丙戌 27 五	丁亥 28 六	戊子 29 日	己丑 30 一	庚寅(5)二	辛卯 2 三	壬辰 3 四	癸巳 4 五	甲午 5 六	乙未 6 日		戊辰清明 癸未穀雨
四月大	乙巳	丙申 7 二	丁酉 8 三	戊戌 9 四	己亥 10 五	庚子 11 六	辛丑 12 日	壬寅 13 一	癸卯 14 二	甲辰 15 三	乙巳 16 四	丙午 17 五	丁未 18 六	戊申 19 日	己酉 20 一	庚戌 21 二	辛亥 22 三	壬子 23 四	癸丑 24 五	甲寅 25 六	乙卯 26 日	丙辰 27 一	丁巳 28 二	戊午 29 三	己未 30 四	庚申 31 五	辛酉(6)六	壬戌 2 日	癸亥 3 一	甲子 4 二	乙丑 5 三	戊戌立夏 甲寅小滿
五月小	丙午	丙寅 6 四	丁卯 7 五	戊辰 8 六	己巳 9 日	庚午 10 一	辛未 11 二	壬申 12 三	癸酉 13 四	甲戌 14 五	乙亥 15 六	丙子 16 日	丁丑 17 一	戊寅 18 二	己卯 19 三	庚辰 20 四	辛巳 21 五	壬午 22 六	癸未 23 日	甲申 24 一	乙酉 25 二	丙戌 26 三	丁亥 27 四	戊子 28 五	己丑 29 六	庚寅 30 日	辛卯(7)一	壬辰 2 二	癸巳 3 三	甲午 4 四		己巳芒種 甲申夏至
六月大	丁未	乙未 5 五	丙申 6 六	丁酉 7 日	戊戌 8 一	己亥 9 二	庚子 10 三	辛丑 11 四	壬寅 12 五	癸卯 13 六	甲辰 14 日	乙巳 15 一	丙午 16 二	丁未 17 三	戊申 18 四	己酉 19 五	庚戌 20 六	辛亥 21 日	壬子 22 一	癸丑 23 二	甲寅 24 三	乙卯 25 四	丙辰 26 五	丁巳 27 六	戊午 28 日	己未 29 一	庚申 30 二	辛酉 31 三	壬戌(8)四	癸亥 2 五	甲子 3 六	己亥小暑 乙卯大暑
七月小	戊申	乙丑 4 日	丙寅 5 一	丁卯 6 二	戊辰 7 三	己巳 8 四	庚午 9 五	辛未 10 六	壬申 11 日	癸酉 12 一	甲戌 13 二	乙亥 14 三	丙子 15 四	丁丑 16 五	戊寅 17 六	己卯 18 日	庚辰 19 一	辛巳 20 二	壬午 21 三	癸未 22 四	甲申 23 五	乙酉 24 六	丙戌 25 日	丁亥 26 一	戊子 27 二	己丑 28 三	庚寅 29 四	辛卯 30 五	壬辰 31 六	癸巳(9)日		庚午立秋 乙酉處暑
八月大	己酉	甲午 2 一	乙未 3 二	丙申 4 三	丁酉 5 四	戊戌 6 五	己亥 7 六	庚子 8 日	辛丑 9 一	壬寅 10 二	癸卯 11 三	甲辰 12 四	乙巳 13 五	丙午 14 六	丁未 15 日	戊申 16 一	己酉 17 二	庚戌 18 三	辛亥 19 四	壬子 20 五	癸丑 21 六	甲寅 22 日	乙卯 23 一	丙辰 24 二	丁巳 25 三	戊午 26 四	己未 27 五	庚申 28 六	辛酉 29 日	壬戌 30 一	癸亥(10)二	庚子白露 乙卯秋分
九月小	庚戌	甲子 2 三	乙丑 3 四	丙寅 4 五	丁卯 5 六	戊辰 6 日	己巳 7 一	庚午 8 二	辛未 9 三	壬申 10 四	癸酉 11 五	甲戌 12 六	乙亥 13 日	丙子 14 一	丁丑 15 二	戊寅 16 三	己卯 17 四	庚辰 18 五	辛巳 19 六	壬午 20 日	癸未 21 一	甲申 22 二	乙酉 23 三	丙戌 24 四	丁亥 25 五	戊子 26 六	己丑 27 日	庚寅 28 一	辛卯 29 二	壬辰 30 三		辛未寒露 丙戌霜降
十月大	辛亥	癸巳 31 四	甲午(11)五	乙未 2 六	丙申 3 日	丁酉 4 一	戊戌 5 二	己亥 6 三	庚子 7 四	辛丑 8 五	壬寅 9 六	癸卯 10 日	甲辰 11 一	乙巳 12 二	丙午 13 三	丁未 14 四	戊申 15 五	己酉 16 六	庚戌 17 日	辛亥 18 一	壬子 19 二	癸丑 20 三	甲寅 21 四	乙卯 22 五	丙辰 23 六	丁巳 24 日	戊午 25 一	己未 26 二	庚申 27 三	辛酉 28 四	壬戌 29 五	辛丑立冬 丙辰小雪
十一月小	壬子	癸亥 30 六	甲子(12)日	乙丑 2 一	丙寅 3 二	丁卯 4 三	戊辰 5 四	己巳 6 五	庚午 7 六	辛未 8 日	壬申 9 一	癸酉 10 二	甲戌 11 三	乙亥 12 四	丙子 13 五	丁丑 14 六	戊寅 15 日	己卯 16 一	庚辰 17 二	辛巳 18 三	壬午 19 四	癸未 20 五	甲申 21 六	乙酉 22 日	丙戌 23 一	丁亥 24 二	戊子 25 三	己丑 26 四	庚寅 27 五	辛卯 28 六		壬申大雪 丁亥冬至
十二月大	癸丑	壬辰 29 日	癸巳 30 一	甲午(1)二	乙未 2 三	丙申 3 四	丁酉 4 五	戊戌 5 六	己亥 6 日	庚子 7 一	辛丑 8 二	壬寅 9 三	癸卯 10 四	甲辰 11 五	乙巳 12 六	丙午 13 日	丁未 14 一	戊申 15 二	己酉 16 三	庚戌 17 四	辛亥 18 五	壬子 19 六	癸丑 20 日	甲寅 21 一	乙卯 22 二	丙辰 23 三	丁巳 24 四	戊午 25 五	己未 26 六	庚申 27 日	辛酉 28 一	壬寅小寒 丁巳大寒 丁辰日食

吳大帝嘉禾二年（癸丑 牛年） 公元233～234年

夏曆月序	中西曆日對照	夏曆日序																													節氣與天象
		初一	初二	初三	初四	初五	初六	初七	初八	初九	初十	十一	十二	十三	十四	十五	十六	十七	十八	十九	二十	二一	二二	二三	二四	二五	二六	二七	二八	二九	三十	
正月小	甲寅 天干地支 西曆 星期	壬戌 28 一	癸亥 29 二	甲子 30 三	乙丑 31 四	丙寅 (2) 五	丁卯 2 六	戊辰 3 日	己巳 4 一	庚午 5 二	辛未 6 三	壬申 7 四	癸酉 8 五	甲戌 9 六	乙亥 10 日	丙子 11 一	丁丑 12 二	戊寅 13 三	己卯 14 四	庚辰 15 五	辛巳 16 六	壬午 17 日	癸未 18 一	甲申 19 二	乙酉 20 三	丙戌 21 四	丁亥 22 五	戊子 23 六	己丑 24 日	庚寅 25 一		壬申立春 戊子雨水
二月大	乙卯 天干地支 西曆 星期	辛卯 26 二	壬辰 27 三	癸巳 28 (3) 四	甲午 (3) 五	乙未 2 六	丙申 3 日	丁酉 4 一	戊戌 5 二	己亥 6 三	庚子 7 四	辛丑 8 五	壬寅 9 六	癸卯 10 日	甲辰 11 一	乙巳 12 二	丙午 13 三	丁未 14 四	戊申 15 五	己酉 16 六	庚戌 17 日	辛亥 18 一	壬子 19 二	癸丑 20 三	甲寅 21 四	乙卯 22 五	丙辰 23 六	丁巳 24 日	戊午 25 一	己未 26 二	庚申 27 三	癸卯驚蟄 戊午春分
三月大	丙辰 天干地支 西曆 星期	辛酉 28 四	壬戌 29 五	癸亥 30 六	甲子 (4) 日	乙丑 2 一	丙寅 3 二	丁卯 4 三	戊辰 5 四	己巳 6 五	庚午 7 六	辛未 8 日	壬申 9 一	癸酉 10 二	甲戌 11 三	乙亥 12 四	丙子 13 五	丁丑 14 六	戊寅 15 日	己卯 16 一	庚辰 17 二	辛巳 18 三	壬午 19 四	癸未 20 五	甲申 21 六	乙酉 22 日	丙戌 23 一	丁亥 24 二	戊子 25 三	己丑 26 四	庚寅 27 五	癸酉清明 己丑穀雨
四月小	丁巳 天干地支 西曆 星期	辛卯 27 六	壬辰 28 日	癸巳 29 一	甲午 (5) 二	乙未 2 三	丙申 3 四	丁酉 4 五	戊戌 5 六	己亥 6 日	庚子 7 一	辛丑 8 二	壬寅 9 三	癸卯 10 四	甲辰 11 五	乙巳 12 六	丙午 13 日	丁未 14 一	戊申 15 二	己酉 16 三	庚戌 17 四	辛亥 18 五	壬子 19 六	癸丑 20 日	甲寅 21 一	乙卯 22 二	丙辰 23 三	丁巳 24 四	戊午 25 五			甲辰立夏 己未小滿
五月大	戊午 天干地支 西曆 星期	庚申 26 日	辛酉 27 一	壬戌 28 二	癸亥 29 三	甲子 30 四	乙丑 31 五	丙寅 (6) 六	丁卯 2 日	戊辰 3 一	己巳 4 二	庚午 5 三	辛未 6 四	壬申 7 五	癸酉 8 六	甲戌 9 日	乙亥 10 一	丙子 11 二	丁丑 12 三	戊寅 13 四	己卯 14 五	庚辰 15 六	辛巳 16 日	壬午 17 一	癸未 18 二	甲申 19 三	乙酉 20 四	丙戌 21 五	丁亥 22 六	戊子 23 日	己丑 24 一	甲戌芒種 己丑夏至
閏五月小	戊午 天干地支 西曆 星期	庚寅 25 二	辛卯 26 三	壬辰 27 四	癸巳 28 五	甲午 29 六	乙未 30 日	丙申 (7) 一	丁酉 2 二	戊戌 3 三	己亥 4 四	庚子 5 五	辛丑 6 六	壬寅 7 日	癸卯 8 一	甲辰 9 二	乙巳 10 三	丙午 11 四	丁未 12 五	戊申 13 六	己酉 14 日	庚戌 15 一	辛亥 16 二	壬子 17 三	癸丑 18 四	甲寅 19 五	乙卯 20 六	丙辰 21 日	丁巳 22 一	戊午 23 二		乙巳小暑 庚寅日食
六月大	己未 天干地支 西曆 星期	己未 24 三	庚申 25 四	辛酉 26 五	壬戌 27 六	癸亥 28 日	甲子 29 一	乙丑 30 二	丙寅 31 三	丁卯 (8) 四	戊辰 2 五	己巳 3 六	庚午 4 日	辛未 5 一	壬申 6 二	癸酉 7 三	甲戌 8 四	乙亥 9 五	丙子 10 六	丁丑 11 日	戊寅 12 一	己卯 13 二	庚辰 14 三	辛巳 15 四	壬午 16 五	癸未 17 六	甲申 18 日	乙酉 19 一	丙戌 20 二	丁亥 21 三	戊子 22 四	庚申大暑 乙亥立秋
七月小	庚申 天干地支 西曆 星期	己丑 23 五	庚寅 24 六	辛卯 25 日	壬辰 26 一	癸巳 27 二	甲午 28 三	乙未 29 四	丙申 30 五	丁酉 31 六	戊戌 (9) 日	己亥 2 一	庚子 3 二	辛丑 4 三	壬寅 5 四	癸卯 6 五	甲辰 7 六	乙巳 8 日	丙午 9 一	丁未 10 二	戊申 11 三	己酉 12 四	庚戌 13 五	辛亥 14 六	壬子 15 日	癸丑 16 一	甲寅 17 二	乙卯 18 三	丙辰 19 四	丁巳 20 五		庚申處暑 乙巳白露
八月大	辛酉 天干地支 西曆 星期	戊午 21 六	己未 22 日	庚申 23 一	辛酉 24 二	壬戌 25 三	癸亥 26 四	甲子 27 五	乙丑 28 六	丙寅 29 日	丁卯 30 一	戊辰 (10) 二	己巳 2 三	庚午 3 四	辛未 4 五	壬申 5 六	癸酉 6 日	甲戌 7 一	乙亥 8 二	丙子 9 三	丁丑 10 四	戊寅 11 五	己卯 12 六	庚辰 13 日	辛巳 14 一	壬午 15 二	癸未 16 三	甲申 17 四	乙酉 18 五	丙戌 19 六	丁亥 20 日	辛酉秋分 丙子寒露
九月小	壬戌 天干地支 西曆 星期	戊子 21 一	己丑 22 二	庚寅 23 三	辛卯 24 四	壬辰 25 五	癸巳 26 六	甲午 27 日	乙未 28 一	丙申 29 二	丁酉 30 三	戊戌 31 四	己亥 (11) 五	庚子 2 六	辛丑 3 日	壬寅 4 一	癸卯 5 二	甲辰 6 三	乙巳 7 四	丙午 8 五	丁未 9 六	戊申 10 日	己酉 11 一	庚戌 12 二	辛亥 13 三	壬子 14 四	癸丑 15 五	甲寅 16 六	乙卯 17 日	丙辰 18 一		辛卯霜降 丙午立冬
十月大	癸亥 天干地支 西曆 星期	丁巳 19 二	戊午 20 三	己未 21 四	庚申 22 五	辛酉 23 六	壬戌 24 日	癸亥 25 一	甲子 26 二	乙丑 27 三	丙寅 28 四	丁卯 29 五	戊辰 30 六	己巳 (12) 日	庚午 2 一	辛未 3 二	壬申 4 三	癸酉 5 四	甲戌 6 五	乙亥 7 六	丙子 8 日	丁丑 9 一	戊寅 10 二	己卯 11 三	庚辰 12 四	辛巳 13 五	壬午 14 六	癸未 15 日	甲申 16 一	乙酉 17 二	丙戌 18 三	壬戌小雪 丁丑大雪
十一月小	甲子 天干地支 西曆 星期	丁亥 19 四	戊子 20 五	己丑 21 六	庚寅 22 日	辛卯 23 一	壬辰 24 二	癸巳 25 三	甲午 26 四	乙未 27 五	丙申 28 六	丁酉 29 日	戊戌 30 一	己亥 31 二	庚子 (1) 三	辛丑 2 四	壬寅 3 五	癸卯 4 六	甲辰 5 日	乙巳 6 一	丙午 7 二	丁未 8 三	戊申 9 四	己酉 10 五	庚戌 11 六	辛亥 12 日	壬子 13 一	癸丑 14 二	甲寅 15 三	乙卯 16 四		壬辰冬至 丁未小寒
十二月大	乙丑 天干地支 西曆 星期	丙辰 17 五	丁巳 18 六	戊午 19 日	己未 20 一	庚申 21 二	辛酉 22 三	壬戌 23 四	癸亥 24 五	甲子 25 六	乙丑 26 日	丙寅 27 一	丁卯 28 二	戊辰 29 三	己巳 30 四	庚午 31 五	辛未 (2) 六	壬申 2 日	癸酉 3 一	甲戌 4 二	乙亥 5 三	丙子 6 四	丁丑 7 五	戊寅 8 六	己卯 9 日	庚辰 10 一	辛巳 11 二	壬午 12 三	癸未 13 四	甲申 14 五	乙酉 15 六	壬戌大寒 戊寅立春

吳大帝嘉禾三年（甲寅 虎年） 公元234～235年

夏曆月序	中西曆日對照	夏曆日序																													節氣與天象
		初一	初二	初三	初四	初五	初六	初七	初八	初九	初十	十一	十二	十三	十四	十五	十六	十七	十八	十九	二十	廿一	廿二	廿三	廿四	廿五	廿六	廿七	廿八	廿九	三十	
正月小	丙寅 天干地支西曆星期	丙戌 16日 一	丁亥 17 二	戊子 18 三	己丑 19 四	庚寅 20 五	辛卯 21 六	壬辰 22 日	癸巳 23 一	甲午 24 二	乙未 25 三	丙申 26 四	丁酉 27 五	戊戌 28 六	己亥(3) 日	庚子 2 一	辛丑 3 二	壬寅 4 三	癸卯 5 四	甲辰 6 五	乙巳 7 六	丙午 8 日	丁未 9 一	戊申 10 二	己酉 11 三	庚戌 12 四	辛亥 13 五	壬子 14 六	癸丑 15 日	甲寅 16日 一		癸巳雨水 戊申驚蟄
二月大	丁卯 天干地支西曆星期	乙卯 17 二	丙辰 18 三	丁巳 19 四	戊午 20 五	己未 21 六	庚申 22 日	辛酉 23 一	壬戌 24 二	癸亥 25 三	甲子 26 四	乙丑 27 五	丙寅 28 六	丁卯 29 日	戊辰 30日 一	己巳 31 二	庚午(4) 三	辛未 2 四	壬申 3 五	癸酉 4 六	甲戌 5 日	乙亥 6 一	丙子 7 二	丁丑 8 三	戊寅 9 四	己卯 10 五	庚辰 11 六	辛巳 12 日	壬午 13 一	癸未 14 二	甲申 15日 三	癸亥春分 己卯清明
三月小	戊辰 天干地支西曆星期	乙酉 16 三	丙戌 17 四	丁亥 18 五	戊子 19 六	己丑 20 日	庚寅 21 一	辛卯 22 二	壬辰 23 三	癸巳 24 四	甲午 25 五	乙未 26 六	丙申 27 日	丁酉 28 一	戊戌 29 二	己亥 30日 三	庚子(5) 四	辛丑 2 五	壬寅 3 六	癸卯 4 日	甲辰 5 一	乙巳 6 二	丙午 7 三	丁未 8 四	戊申 9 五	己酉 10 六	庚戌 11 日	辛亥 12 一	壬子 13 二	癸丑 14日 三		甲午穀雨 己酉立夏
四月大	己巳 天干地支西曆星期	甲寅 15 四	乙卯 16 五	丙辰 17 六	丁巳 18 日	戊午 19 一	己未 20 二	庚申 21 三	辛酉 22 四	壬戌 23 五	癸亥 24 六	甲子 25 日	乙丑 26 一	丙寅 27 二	丁卯 28 三	戊辰 29 四	己巳 30 五	庚午 31日 六	辛未(6) 日	壬申 2 一	癸酉 3 二	甲戌 4 三	乙亥 5 四	丙子 6 五	丁丑 7 六	戊寅 8 日	己卯 9 一	庚辰 10 二	辛巳 11 三	壬午 12 四	癸未 13日 五	甲子小滿 甲申日食 己卯芒種
五月大	庚午 天干地支西曆星期	甲申 14 六	乙酉 15 日	丙戌 16 一	丁亥 17 二	戊子 18 三	己丑 19 四	庚寅 20 五	辛卯 21 六	壬辰 22 日	癸巳 23 一	甲午 24 二	乙未 25 三	丙申 26 四	丁酉 27 五	戊戌 28 六	己亥 29 日	庚子 30日 一	辛丑(7) 二	壬寅 2 三	癸卯 3 四	甲辰 4 五	乙巳 5 六	丙午 6 日	丁未 7 一	戊申 8 二	己酉 9 三	庚戌 10 四	辛亥 11 五	壬子 12 六	癸丑 13日 日	乙未夏至 庚戌小暑
六月小	辛未 天干地支西曆星期	甲寅 14 一	乙卯 15 二	丙辰 16 三	丁巳 17 四	戊午 18 五	己未 19 六	庚申 20 日	辛酉 21 一	壬戌 22 二	癸亥 23 三	甲子 24 四	乙丑 25 五	丙寅 26 六	丁卯 27 日	戊辰 28 一	己巳 29日 二	庚午(8) 三	辛未 2 四	壬申 3 五	癸酉 4 六	甲戌 5 日	乙亥 6 一	丙子 7 二	丁丑 8 三	戊寅 9 四	己卯 10 五	庚辰 11 六	辛巳 12 日	壬午 13日 一		乙丑大暑 庚辰立秋
七月大	壬申 天干地支西曆星期	癸未 12 二	甲申 13 三	乙酉 14 四	丙戌 15 五	丁亥 16 六	戊子 17 日	己丑 18 一	庚寅 19 二	辛卯 20 三	壬辰 21 四	癸巳 22 五	甲午 23 六	乙未 24 日	丙申 25 一	丁酉 26 二	戊戌 27 三	己亥 28 四	庚子 29 五	辛丑 30 六	壬寅 31日 日	癸卯(9) 一	甲辰 2 二	乙巳 3 三	丙午 4 四	丁未 5 五	戊申 6 六	己酉 7 日	庚戌 8 一	辛亥 9 二	壬子 10日 三	丙申處暑 辛亥白露
八月小	癸酉 天干地支西曆星期	癸丑 11 四	甲寅 12 五	乙卯 13 六	丙辰 14 日	丁巳 15 一	戊午 16 二	己未 17 三	庚申 18 四	辛酉 19 五	壬戌 20 六	癸亥 21 日	甲子 22 一	乙丑 23 二	丙寅 24 三	丁卯 25 四	戊辰 26 五	己巳 27 六	庚午 28 日	辛未 29 一	壬申 30日 二	癸酉(10) 三	甲戌 2 四	乙亥 3 五	丙子 4 六	丁丑 5 日	戊寅 6 一	己卯 7 二	庚辰 8 三	辛巳 9日 四		丙寅秋分 辛巳寒露
九月大	甲戌 天干地支西曆星期	壬午 10 五	癸未 11 六	甲申 12 日	乙酉 13 一	丙戌 14 二	丁亥 15 三	戊子 16 四	己丑 17 五	庚寅 18 六	辛卯 19 日	壬辰 20 一	癸巳 21 二	甲午 22 三	乙未 23 四	丙申 24 五	丁酉 25 六	戊戌 26 日	己亥 27 一	庚子 28 二	辛丑 29 三	壬寅 30日 四	癸卯(11) 五	甲辰 2 六	乙巳 3 日	丙午 4 一	丁未 5 二	戊申 6 三	己酉 7 四	庚戌 8日 五	辛亥 6 六	丙申霜降
十月小	乙亥 天干地支西曆星期	壬子 9 日	癸丑 10 一	甲寅 11 二	乙卯 12 三	丙辰 13 四	丁巳 14 五	戊午 15 六	己未 16 日	庚申 17 一	辛酉 18 二	壬戌 19 三	癸亥 20 四	甲子 21 五	乙丑 22 六	丙寅 23 日	丁卯 24 一	戊辰 25 二	己巳 26 三	庚午 27 四	辛未 28 五	壬申 29 六	癸酉 30日 日	甲戌(12) 一	乙亥 2 二	丙子 3 三	丁丑 4 四	戊寅 5 五	己卯 6 六	庚辰 7日 日		壬子立冬 丁卯小雪
十一月大	丙子 天干地支西曆星期	辛巳 8 一	壬午 9 二	癸未 10 三	甲申 11 四	乙酉 12 五	丙戌 13 六	丁亥 14 日	戊子 15 一	己丑 16 二	庚寅 17 三	辛卯 18 四	壬辰 19 五	癸巳 20 六	甲午 21 日	乙未 22 一	丙申 23 二	丁酉 24 三	戊戌 25 四	己亥 26 五	庚子 27 六	辛丑 28 日	壬寅 29 一	癸卯 30 二	甲辰 31日 三	乙巳(1) 四	丙午 2 五	丁未 3 六	戊申 4 日	己酉 5 一	庚戌 6日 二	壬午大雪 丁酉冬至
十二月小	丁丑 天干地支西曆星期	辛亥 7 三	壬子 8 四	癸丑 9 五	甲寅 10 六	乙卯 11 日	丙辰 12 一	丁巳 13 二	戊午 14 三	己未 15 四	庚申 16 五	辛酉 17 六	壬戌 18 日	癸亥 19 一	甲子 20 二	乙丑 21 三	丙寅 22 四	丁卯 23 五	戊辰 24 六	己巳 25 日	庚午 26 一	辛未 27 二	壬申 28 三	癸酉 29 四	甲戌 30 五	乙亥 31日 六	丙子(2) 日	丁丑 2 一	戊寅 3 二	己卯 4 三			壬子小寒 戊辰大寒

吴大帝嘉禾四年（乙卯 兔年） 公元235～236年

夏曆月序	中西曆日對照	夏 曆 日 序																													節氣與天象
		初一	初二	初三	初四	初五	初六	初七	初八	初九	初十	十一	十二	十三	十四	十五	十六	十七	十八	十九	二十	二一	二二	二三	二四	二五	二六	二七	二八	二九	三十	
正月大 戊寅	天干地支 西曆 星期	庚辰 5 四	辛巳 6 五	壬午 7 六	癸未 8 日	甲申 9 一	乙酉 10 二	丙戌 11 三	丁亥 12 四	戊子 13 五	己丑 14 六	庚寅 15 日	辛卯 16 一	壬辰 17 二	癸巳 18 三	甲午 19 四	乙未 20 五	丙申 21 六	丁酉 22 日	戊戌 23 一	己亥 24 二	庚子 25 三	辛丑 26 四	壬寅 27 五	癸卯 28 六	甲辰(3) 日	乙巳 2 一	丙午 3 二	丁未 4 三	戊申 5 四	己酉 6 五	癸未立春 戊戌雨水
二月小 己卯	天干地支 西曆 星期	庚戌 7 六	辛亥 8 日	壬子 9 一	癸丑 10 二	甲寅 11 三	乙卯 12 四	丙辰 13 五	丁巳 14 六	戊午 15 日	己未 16 一	庚申 17 二	辛酉 18 三	壬戌 19 四	癸亥 20 五	甲子 21 六	乙丑 22 日	丙寅 23 一	丁卯 24 二	戊辰 25 三	己巳 26 四	庚午 27 五	辛未 28 六	壬申 29 日	癸酉 30 一	甲戌 31 二	乙亥(4) 三	丙子 2 四	丁丑 3 五	戊寅 4 六		癸丑驚蟄 己巳春分
三月大 庚辰	天干地支 西曆 星期	己卯 5 日	庚辰 6 一	辛巳 7 二	壬午 8 三	癸未 9 四	甲申 10 五	乙酉 11 六	丙戌 12 日	丁亥 13 一	戊子 14 二	己丑 15 三	庚寅 16 四	辛卯 17 五	壬辰 18 六	癸巳 19 日	甲午 20 一	乙未 21 二	丙申 22 三	丁酉 23 四	戊戌 24 五	己亥 25 六	庚子 26 日	辛丑 27 一	壬寅 28 二	癸卯 29 三	甲辰 30 四	乙巳(5) 五	丙午 2 六	丁未 3 日	戊申 4 一	甲申清明 己亥穀雨
四月小 辛巳	天干地支 西曆 星期	己酉 5 二	庚戌 6 三	辛亥 7 四	壬子 8 五	癸丑 9 六	甲寅 10 日	乙卯 11 一	丙辰 12 二	丁巳 13 三	戊午 14 四	己未 15 五	庚申 16 六	辛酉 17 日	壬戌 18 一	癸亥 19 二	甲子 20 三	乙丑 21 四	丙寅 22 五	丁卯 23 六	戊辰 24 日	己巳 25 一	庚午 26 二	辛未 27 三	壬申 28 四	癸酉 29 五	甲戌 30 六	乙亥 31 日	丙子(6) 一	丁丑 2 二		甲寅立夏 己巳小滿
五月大 壬午	天干地支 西曆 星期	戊寅 3 三	己卯 4 四	庚辰 5 五	辛巳 6 六	壬午 7 日	癸未 8 一	甲申 9 二	乙酉 10 三	丙戌 11 四	丁亥 12 五	戊子 13 六	己丑 14 日	庚寅 15 一	辛卯 16 二	壬辰 17 三	癸巳 18 四	甲午 19 五	乙未 20 六	丙申 21 日	丁酉 22 一	戊戌 23 二	己亥 24 三	庚子 25 四	辛丑 26 五	壬寅 27 六	癸卯 28 日	甲辰 29 一	乙巳 30 二	丙午(7) 三	丁未 2 四	乙酉芒種 庚子夏至
六月小 癸未	天干地支 西曆 星期	戊申 3 五	己酉 4 六	庚戌 5 日	辛亥 6 一	壬子 7 二	癸丑 8 三	甲寅 9 四	乙卯 10 五	丙辰 11 六	丁巳 12 日	戊午 13 一	己未 14 二	庚申 15 三	辛酉 16 四	壬戌 17 五	癸亥 18 六	甲子 19 日	乙丑 20 一	丙寅 21 二	丁卯 22 三	戊辰 23 四	己巳 24 五	庚午 25 六	辛未 26 日	壬申 27 一	癸酉 28 二	甲戌 29 三	乙亥 30 四	丙子 31 五		乙卯小暑 庚午大暑
七月大 甲申	天干地支 西曆 星期	丁丑(8) 六	戊寅 2 日	己卯 3 一	庚辰 4 二	辛巳 5 三	壬午 6 四	癸未 7 五	甲申 8 六	乙酉 9 日	丙戌 10 一	丁亥 11 二	戊子 12 三	己丑 13 四	庚寅 14 五	辛卯 15 六	壬辰 16 日	癸巳 17 一	甲午 18 二	乙未 19 三	丙申 20 四	丁酉 21 五	戊戌 22 六	己亥 23 日	庚子 24 一	辛丑 25 二	壬寅 26 三	癸卯 27 四	甲辰 28 五	乙巳 29 六	丙午 30 日	丙戌立秋 辛丑處暑
八月小 乙酉	天干地支 西曆 星期	丁未 31 一	戊申(9) 二	己酉 2 三	庚戌 3 四	辛亥 4 五	壬子 5 六	癸丑 6 日	甲寅 7 一	乙卯 8 二	丙辰 9 三	丁巳 10 四	戊午 11 五	己未 12 六	庚申 13 日	辛酉 14 一	壬戌 15 二	癸亥 16 三	甲子 17 四	乙丑 18 五	丙寅 19 六	丁卯 20 日	戊辰 21 一	己巳 22 二	庚午 23 三	辛未 24 四	壬申 25 五	癸酉 26 六	甲戌 27 日	乙亥 28 一		丙辰白露 辛未秋分
九月大 丙戌	天干地支 西曆 星期	丙子 29 二	丁丑 30 三	戊寅(10) 四	己卯 2 五	庚辰 3 六	辛巳 4 日	壬午 5 一	癸未 6 二	甲申 7 三	乙酉 8 四	丙戌 9 五	丁亥 10 六	戊子 11 日	己丑 12 一	庚寅 13 二	辛卯 14 三	壬辰 15 四	癸巳 16 五	甲午 17 六	乙未 18 日	丙申 19 一	丁酉 20 二	戊戌 21 三	己亥 22 四	庚子 23 五	辛丑 24 六	壬寅 25 日	癸卯 26 一	甲辰 27 二	乙巳 28 三	丙戌寒露 壬寅霜降
十月大 丁亥	天干地支 西曆 星期	丙午 29 四	丁未 30 五	戊申(11) 六	己酉 2 日	庚戌 3 一	辛亥 4 二	壬子 5 三	癸丑 6 四	甲寅 7 五	乙卯 8 六	丙辰 9 日	丁巳 10 一	戊午 11 二	己未 12 三	庚申 13 四	辛酉 14 五	壬戌 15 六	癸亥 16 日	甲子 17 一	乙丑 18 二	丙寅 19 三	丁卯 20 四	戊辰 21 五	己巳 22 六	庚午 23 日	辛未 24 一	壬申 25 二	癸酉 26 三	甲戌 27 四	乙亥 28 五	丁巳立冬 壬申小雪 丙午日食
十一月小 戊子	天干地支 西曆 星期	丙子 28 六	丁丑 29 日	戊寅 30 一	己卯(12) 二	庚辰 2 三	辛巳 3 四	壬午 4 五	癸未 5 六	甲申 6 日	乙酉 7 一	丙戌 8 二	丁亥 9 三	戊子 10 四	己丑 11 五	庚寅 12 六	辛卯 13 日	壬辰 14 一	癸巳 15 二	甲午 16 三	乙未 17 四	丙申 18 五	丁酉 19 六	戊戌 20 日	己亥 21 一	庚子 22 二	辛丑 23 三	壬寅 24 四	癸卯 25 五	甲辰 26 六		丁亥大雪 癸卯冬至
十二月大 己丑	天干地支 西曆 星期	乙巳 27 日	丙午 28 一	丁未 29 二	戊申 30 三	己酉 31 四	庚戌(1) 五	辛亥 2 六	壬子 3 日	癸丑 4 一	甲寅 5 二	乙卯 6 三	丙辰 7 四	丁巳 8 五	戊午 9 六	己未 10 日	庚申 11 一	辛酉 12 二	壬戌 13 三	癸亥 14 四	甲子 15 五	乙丑 16 六	丙寅 17 日	丁卯 18 一	戊辰 19 二	己巳 20 三	庚午 21 四	辛未 22 五	壬申 23 六	癸酉 24 日	甲戌 25 一	戊午小寒 癸酉大寒

吳大帝嘉禾五年（丙辰 龍年） 公元 236 ~ 237 年

夏曆月序	中西曆對照	夏曆日序																													節氣與天象
		初一	初二	初三	初四	初五	初六	初七	初八	初九	初十	十一	十二	十三	十四	十五	十六	十七	十八	十九	二十	廿一	廿二	廿三	廿四	廿五	廿六	廿七	廿八	廿九	三十	
正月小	庚寅	天干地支／中西曆／星期 乙亥 26 二	丙子 27 三	丁丑 28 四	戊寅 29 五	己卯 30 六	庚辰 31 日	辛巳 2(2) 一	壬午 2 二	癸未 3 三	甲申 4 四	乙酉 5 五	丙戌 6 六	丁亥 7 日	戊子 8 一	己丑 9 二	庚寅 10 三	辛卯 11 四	壬辰 12 五	癸巳 13 六	甲午 14 日	乙未 15 一	丙申 16 二	丁酉 17 三	戊戌 18 四	己亥 19 五	庚子 20 六	辛丑 21 日	壬寅 22 一	癸卯 23 二		戊子立春 癸卯雨水
二月大	辛卯	甲辰 24 三	乙巳 25 四	丙午 26 五	丁未 27 六	戊申 28 日	己酉 29 一	庚戌 (3)二	辛亥 2 三	壬子 3 四	癸丑 4 五	甲寅 5 六	乙卯 6 日	丙辰 7 一	丁巳 8 二	戊午 9 三	己未 10 四	庚申 11 五	辛酉 12 六	壬戌 13 日	癸亥 14 一	甲子 15 二	乙丑 16 三	丙寅 17 四	丁卯 18 五	戊辰 19 六	己巳 20 日	庚午 21 一	辛未 22 二	壬申 23 三	癸酉 24 四	己未驚蟄
閏二月小	辛卯	甲戌 25 五	乙亥 26 六	丙子 27 日	丁丑 28 一	戊寅 29 二	己卯 30 三	庚辰 31 四	辛巳 (4)五	壬午 2 六	癸未 3 日	甲申 4 一	乙酉 5 二	丙戌 6 三	丁亥 7 四	戊子 8 五	己丑 9 六	庚寅 10 日	辛卯 11 一	壬辰 12 二	癸巳 13 三	甲午 14 四	乙未 15 五	丙申 16 六	丁酉 17 日	戊戌 18 一	己亥 19 二	庚子 20 三	辛丑 21 四	壬寅 22 五		甲戌春分 己丑清明
三月大	壬辰	癸卯 23 六	甲辰 24 日	乙巳 25 一	丙午 26 二	丁未 27 三	戊申 28 四	己酉 29 五	庚戌 30 六	辛亥 (5)日	壬子 2 一	癸丑 3 二	甲寅 4 三	乙卯 5 四	丙辰 6 五	丁巳 7 六	戊午 8 日	己未 9 一	庚申 10 二	辛酉 11 三	壬戌 12 四	癸亥 13 五	甲子 14 六	乙丑 15 日	丙寅 16 一	丁卯 17 二	戊辰 18 三	己巳 19 四	庚午 20 五	辛未 21 六	壬申 22 日	甲辰穀雨 己未立夏
四月小	癸巳	癸酉 23 一	甲戌 24 二	乙亥 25 三	丙子 26 四	丁丑 27 五	戊寅 28 六	己卯 29 日	庚辰 30 一	辛巳 31 二	壬午 (6)三	癸未 2 四	甲申 3 五	乙酉 4 六	丙戌 5 日	丁亥 6 一	戊子 7 二	己丑 8 三	庚寅 9 四	辛卯 10 五	壬辰 11 六	癸巳 12 日	甲午 13 一	乙未 14 二	丙申 15 三	丁酉 16 四	戊戌 17 五	己亥 18 六	庚子 19 日	辛丑 20 一		乙亥小滿 庚寅芒種
五月大	甲午	壬寅 21 二	癸卯 22 三	甲辰 23 四	乙巳 24 五	丙午 25 六	丁未 26 日	戊申 27 一	己酉 28 二	庚戌 29 三	辛亥 30 四	壬子 (7)五	癸丑 2 六	甲寅 3 日	乙卯 4 一	丙辰 5 二	丁巳 6 三	戊午 7 四	己未 8 五	庚申 9 六	辛酉 10 日	壬戌 11 一	癸亥 12 二	甲子 13 三	乙丑 14 四	丙寅 15 五	丁卯 16 六	戊辰 17 日	己巳 18 一	庚午 19 二	辛未 20 三	乙巳夏至 庚申小暑
六月小	乙未	壬申 21 四	癸酉 22 五	甲戌 23 六	乙亥 24 日	丙子 25 一	丁丑 26 二	戊寅 27 三	己卯 28 四	庚辰 29 五	辛巳 30 六	壬午 31 日	癸未 (8)一	甲申 2 二	乙酉 3 三	丙戌 4 四	丁亥 5 五	戊子 6 六	己丑 7 日	庚寅 8 一	辛卯 9 二	壬辰 10 三	癸巳 11 四	甲午 12 五	乙未 13 六	丙申 14 日	丁酉 15 一	戊戌 16 二	己亥 17 三	庚子 18 四		丙子大暑 辛卯立秋
七月大	丙申	辛丑 19 五	壬寅 20 六	癸卯 21 日	甲辰 22 一	乙巳 23 二	丙午 24 三	丁未 25 四	戊申 26 五	己酉 27 六	庚戌 28 日	辛亥 29 一	壬子 30 二	癸丑 31 三	甲寅 (9)四	乙卯 2 五	丙辰 3 六	丁巳 4 日	戊午 5 一	己未 6 二	庚申 7 三	辛酉 8 四	壬戌 9 五	癸亥 10 六	甲子 11 日	乙丑 12 一	丙寅 13 二	丁卯 14 三	戊辰 15 四	己巳 16 五	庚午 17 六	丙午處暑 辛酉白露
八月小	丁酉	辛未 18 日	壬申 19 一	癸酉 20 二	甲戌 21 三	乙亥 22 四	丙子 23 五	丁丑 24 六	戊寅 25 日	己卯 26 一	庚辰 27 二	辛巳 28 三	壬午 29 四	癸未 30 五	甲申 (10)六	乙酉 2 日	丙戌 3 一	丁亥 4 二	戊子 5 三	己丑 6 四	庚寅 7 五	辛卯 8 六	壬辰 9 日	癸巳 10 一	甲午 11 二	乙未 12 三	丙申 13 四	丁酉 14 五	戊戌 15 六	己亥 16 日		丙子秋分 壬辰寒露
九月大	戊戌	庚子 17 一	辛丑 18 二	壬寅 19 三	癸卯 20 四	甲辰 21 五	乙巳 22 六	丙午 23 日	丁未 24 一	戊申 25 二	己酉 26 三	庚戌 27 四	辛亥 28 五	壬子 29 六	癸丑 30 日	甲寅 31 一	乙卯 (11)二	丙辰 2 三	丁巳 3 四	戊午 4 五	己未 5 六	庚申 6 日	辛酉 7 一	壬戌 8 二	癸亥 9 三	甲子 10 四	乙丑 11 五	丙寅 12 六	丁卯 13 日	戊辰 14 一	己巳 15 二	丁未霜降 壬戌立冬
十月小	己亥	庚午 16 三	辛未 17 四	壬申 18 五	癸酉 19 六	甲戌 20 日	乙亥 21 一	丙子 22 二	丁丑 23 三	戊寅 24 四	己卯 25 五	庚辰 26 六	辛巳 27 日	壬午 28 一	癸未 29 二	甲申 30 三	乙酉 (12)四	丙戌 2 五	丁亥 3 六	戊子 4 日	己丑 5 一	庚寅 6 二	辛卯 7 三	壬辰 8 四	癸巳 9 五	甲午 10 六	乙未 11 日	丙申 12 一	丁酉 13 二	戊戌 14 三		丁丑小雪 癸巳大雪
十一月大	庚子	己亥 15 四	庚子 16 五	辛丑 17 六	壬寅 18 日	癸卯 19 一	甲辰 20 二	乙巳 21 三	丙午 22 四	丁未 23 五	戊申 24 六	己酉 25 日	庚戌 26 一	辛亥 27 二	壬子 28 三	癸丑 29 四	甲寅 30 五	乙卯 31 六	丙辰 (1)日	丁巳 2 一	戊午 3 二	己未 4 三	庚申 5 四	辛酉 6 五	壬戌 7 六	癸亥 8 日	甲子 9 一	乙丑 10 二	丙寅 11 三	丁卯 12 四	戊辰 13 五	戊申冬至 癸亥小寒
十二月小	辛丑	己巳 14 六	庚午 15 日	辛未 16 一	壬申 17 二	癸酉 18 三	甲戌 19 四	乙亥 20 五	丙子 21 六	丁丑 22 日	戊寅 23 一	己卯 24 二	庚辰 25 三	辛巳 26 四	壬午 27 五	癸未 28 六	甲申 29 日	乙酉 30 一	丙戌 31 二	丁亥 (2)三	戊子 2 四	己丑 3 五	庚寅 4 六	辛卯 5 日	壬辰 6 一	癸巳 7 二	甲午 8 三	乙未 9 四	丙申 10 五	丁酉 11 六		戊寅大寒 癸巳立春

吳大帝嘉禾六年（丁巳 蛇年） 公元237～238年

夏曆月序	中西曆日對照	夏曆日序																													節氣與天象
		初一	初二	初三	初四	初五	初六	初七	初八	初九	初十	十一	十二	十三	十四	十五	十六	十七	十八	十九	二十	廿一	廿二	廿三	廿四	廿五	廿六	廿七	廿八	廿九	三十	
正月大	壬寅 天干地支 西曆 星期	戊戌 12日 一	己亥 13 二	庚子 14 三	辛丑 15 四	壬寅 16 五	癸卯 17 六	甲辰 18日	乙巳 19 一	丙午 20 二	丁未 21 三	戊申 22 四	己酉 23 五	庚戌 24 六	辛亥 25日	壬子 26 一	癸丑 27 二	甲寅 28(3) 三	乙卯 (3)2 四	丙辰 2 五	丁巳 3日	戊午 4 一	己未 5日	庚申 6 二	辛酉 7 三	壬戌 8 四	癸亥 9 五	甲子 10日	乙丑 11 一	丙寅 12 二	丁卯 13 三	戊申雨水 癸亥驚蟄
二月大	癸卯 天干地支 西曆 星期	戊辰 14 二	己巳 15 三	庚午 16 四	辛未 17 五	壬申 18 六	癸酉 19日	甲戌 20 一	乙亥 21 二	丙子 22 三	丁丑 23 四	戊寅 24 五	己卯 25 六	庚辰 26日	辛巳 27 一	壬午 28 二	癸未 29 三	甲申 30 四	乙酉 31(4) 五	丙戌 (4)2 六	丁亥 2日	戊子 3 一	己丑 4 二	庚寅 5 三	辛卯 6 四	壬辰 7 五	癸巳 8 六	甲午 9日	乙未 10 一	丙申 11 二	丁酉 12 三	戊寅春分 甲午清明
三月小	甲辰 天干地支 西曆 星期	戊戌 13 四	己亥 14 五	庚子 15 六	辛丑 16日	壬寅 17 一	癸卯 18 二	甲辰 19 三	乙巳 20 四	丙午 21 五	丁未 22 六	戊申 23日	己酉 24 一	庚戌 25 二	辛亥 26 三	壬子 27 四	癸丑 28 五	甲寅 29 六	乙卯 30日	丙辰 (5)1 一	丁巳 2 二	戊午 3 三	己未 4 四	庚申 5 五	辛酉 6 六	壬戌 7日	癸亥 8 一	甲子 9 二	乙丑 10 三	丙寅 11 四		己酉穀雨 甲子立夏
四月大	乙巳 天干地支 西曆 星期	丁卯 12 五	戊辰 13 六	己巳 14日	庚午 15 一	辛未 16 二	壬申 17 三	癸酉 18 四	甲戌 19 五	乙亥 20 六	丙子 21日	丁丑 22 一	戊寅 23 二	己卯 24 三	庚辰 25 四	辛巳 26 五	壬午 27 六	癸未 28日	甲申 29 一	乙酉 30 二	丙戌 31(6) 三	丁亥 (6)2 四	戊子 2 五	己丑 3 六	庚寅 4日	辛卯 5 一	壬辰 6 二	癸巳 7 三	甲午 8 四	乙未 9 五	丙申 10 六	己卯小滿 乙未芒種
五月小	丙午 天干地支 西曆 星期	丁酉 11 日	戊戌 12 一	己亥 13 二	庚子 14 三	辛丑 15 四	壬寅 16 五	癸卯 17 六	甲辰 18日	乙巳 19 一	丙午 20 二	丁未 21 三	戊申 22 四	己酉 23 五	庚戌 24 六	辛亥 25日	壬子 26 一	癸丑 27 二	甲寅 28 三	乙卯 29 四	丙辰 30 五	丁巳 (7)1 六	戊午 2日	己未 3 一	庚申 4 二	辛酉 5 三	壬戌 6 四	癸亥 7 五	甲子 8 六	乙丑 9日		庚戌夏至 乙丑小暑
六月大	丁未 天干地支 西曆 星期	丙寅 10 一	丁卯 11 二	戊辰 12 三	己巳 13 四	庚午 14 五	辛未 15 六	壬申 16日	癸酉 17 一	甲戌 18 二	乙亥 19 三	丙子 20 四	丁丑 21 五	戊寅 22 六	己卯 23日	庚辰 24 一	辛巳 25 二	壬午 26 三	癸未 27 四	甲申 28 五	乙酉 29 六	丙戌 30日	丁亥 31(8) 一	戊子 (8)2 二	己丑 3 三	庚寅 4 四	辛卯 5 五	壬辰 6 六	癸巳 7日	甲午 7 一	乙未 8 二	庚辰大暑 乙未立秋
七月小	戊申 天干地支 西曆 星期	丙申 9 三	丁酉 10 四	戊戌 11 五	己亥 12 六	庚子 13日	辛丑 14 一	壬寅 15 二	癸卯 16 三	甲辰 17 四	乙巳 18 五	丙午 19 六	丁未 20日	戊申 21 一	己酉 22 二	庚戌 23 三	辛亥 24 四	壬子 25 五	癸丑 26 六	甲寅 27日	乙卯 28 一	丙辰 29 二	丁巳 30 三	戊午 31(9) 四	己未 (9)2 五	庚申 2 六	辛酉 3日	壬戌 4 一	癸亥 5 二	甲子 6 三		辛亥處暑
八月大	己酉 天干地支 西曆 星期	乙丑 7 四	丙寅 8 五	丁卯 9 六	戊辰 10日	己巳 11 一	庚午 12 二	辛未 13 三	壬申 14 四	癸酉 15 五	甲戌 16 六	乙亥 17日	丙子 18 一	丁丑 19 二	戊寅 20 三	己卯 21 四	庚辰 22 五	辛巳 23 六	壬午 24日	癸未 25 一	甲申 26 二	乙酉 27 三	丙戌 28 四	丁亥 29 五	戊子 30(10) 六	己丑 (10)2 日	庚寅 2 一	辛卯 3 二	壬辰 4 三	癸巳 5 四	甲午 6 五	丙寅白露 辛巳秋分
九月小	庚戌 天干地支 西曆 星期	乙未 7 六	丙申 8 日	丁酉 9 一	戊戌 10 二	己亥 11 三	庚子 12 四	辛丑 13 五	壬寅 14 六	癸卯 15日	甲辰 16 一	乙巳 17 二	丙午 18 三	丁未 19 四	戊申 20 五	己酉 21 六	庚戌 22日	辛亥 23 一	壬子 24 二	癸丑 25 三	甲寅 26 四	乙卯 27 五	丙辰 28 六	丁巳 29日	戊午 30 一	己未 31(11) 二	庚申 (11)2 三	辛酉 2 四	壬戌 3 五	癸亥 4 六		丙申寒露 壬子霜降
十月大	辛亥 天干地支 西曆 星期	甲子 5 日	乙丑 6 一	丙寅 7 二	丁卯 8 三	戊辰 9 四	己巳 10 五	庚午 11 六	辛未 12日	壬申 13 一	癸酉 14 二	甲戌 15 三	乙亥 16 四	丙子 17 五	丁丑 18 六	戊寅 19日	己卯 20 一	庚辰 21 二	辛巳 22 三	壬午 23 四	癸未 24 五	甲申 25 六	乙酉 26日	丙戌 27 一	丁亥 28 二	戊子 29 三	己丑 30(12) 四	庚寅 (12)2 五	辛卯 2 六	壬辰 3 日	癸巳 4 一	丁卯立冬 壬午小雪
十一月小	壬子 天干地支 西曆 星期	甲午 5 二	乙未 6 三	丙申 7 四	丁酉 8 五	戊戌 9 六	己亥 10日	庚子 11 一	辛丑 12 二	壬寅 13 三	癸卯 14 四	甲辰 15 五	乙巳 16 六	丙午 17日	丁未 18 一	戊申 19 二	己酉 20 三	庚戌 21 四	辛亥 22 五	壬子 23 六	癸丑 24日	甲寅 25 一	乙卯 26 二	丙辰 27 三	丁巳 28 四	戊午 29 五	己未 30 六	庚申 31(1) 日	辛酉 (1)2 一	壬戌 2 二		丁酉大雪 壬子冬至
十二月大	癸丑 天干地支 西曆 星期	癸亥 3 三	甲子 4 四	乙丑 5 五	丙寅 6 六	丁卯 7 日	戊辰 8 一	己巳 9 二	庚午 10 三	辛未 11 四	壬申 12 五	癸酉 13 六	甲戌 14 日	乙亥 15 一	丙子 16 二	丁丑 17 三	戊寅 18 四	己卯 19 五	庚辰 20 六	辛巳 21日	壬午 22 一	癸未 23 二	甲申 24 三	乙酉 25 四	丙戌 26 五	丁亥 27 六	戊子 28日	己丑 29 一	庚寅 30 二	辛卯 31(2) 三	壬辰 (2)2 四	戊辰小寒 癸未大寒

吳大帝嘉禾七年 赤烏元年（戊午 馬年） 公元238～239年

夏曆月序	中西曆日對照	夏曆日序 初一～三十	節氣與天象
正月小	甲寅 天干地支/西曆/星期	癸巳2五/甲午3六/乙未4日/丙申5一/丁酉6二/戊戌7三/己亥8四/庚子9五/辛丑10六/壬寅11日/癸卯12一/甲辰13二/乙巳14三/丙午15四/丁未16五/戊申17六/己酉18日/庚戌19一/辛亥20二/壬子21三/癸丑22四/甲寅23五/乙卯24六/丙辰25日/丁巳26一/戊午27二/己未28三/庚申(3)四/辛酉29五	戊戌立春 癸丑雨水
二月大	乙卯	壬戌3/癸亥4/甲子5/乙丑6/丙寅7/丁卯8/戊辰9/己巳10/庚午11/辛未12/壬申13/癸酉14/甲戌15/乙亥16/丙子17/丁丑18/戊寅19/己卯20/庚辰21/辛巳22/壬午23/癸未24/甲申25/乙酉26/丙戌27/丁亥28/戊子29/己丑30/庚寅31/辛卯(4)日	戊辰驚蟄 甲申春分
三月小	丙辰	壬辰2/癸巳3/甲午4/乙未5/丙申6/丁酉7/戊戌8/己亥9/庚子10/辛丑11/壬寅12/癸卯13/甲辰14/乙巳15/丙午16/丁未17/戊申18/己酉19/庚戌20/辛亥21/壬子22/癸丑23/甲寅24/乙卯25/丙辰26/丁巳27/戊午28/己未29/庚申30	己亥清明 甲寅穀雨
四月大	丁巳	辛酉(5)/壬戌2/癸亥3/甲子4/乙丑5/丙寅6/丁卯7/戊辰8/己巳9/庚午10/辛未11/壬申12/癸酉13/甲戌14/乙亥15/丙子16/丁丑17/戊寅18/己卯19/庚辰20/辛巳21/壬午22/癸未23/甲申24/乙酉25/丙戌26/丁亥27/戊子28/己丑29/庚寅30	己巳立夏 乙酉小滿
五月大	戊午	辛卯31/壬辰(6)/癸巳2/甲午3/乙未4/丙申5/丁酉6/戊戌7/己亥8/庚子9/辛丑10/壬寅11/癸卯12/甲辰13/乙巳14/丙午15/丁未16/戊申17/己酉18/庚戌19/辛亥20/壬子21/癸丑22/甲寅23/乙卯24/丙辰25/丁巳26/戊午27/己未28/庚申29	庚子芒種 乙卯夏至
六月小	己未	辛酉30/壬戌(7)/癸亥2/甲子3/乙丑4/丙寅5/丁卯6/戊辰7/己巳8/庚午9/辛未10/壬申11/癸酉12/甲戌13/乙亥14/丙子15/丁丑16/戊寅17/己卯18/庚辰19/辛巳20/壬午21/癸未22/甲申23/乙酉24/丙戌25/丁亥26/戊子27/己丑28	庚午小暑 乙酉大暑
七月大	庚申	庚寅29/辛卯30/壬辰31/癸巳(8)/甲午2/乙未3/丙申4/丁酉5/戊戌6/己亥7/庚子8/辛丑9/壬寅10/癸卯11/甲辰12/乙巳13/丙午14/丁未15/戊申16/己酉17/庚戌18/辛亥19/壬子20/癸丑21/甲寅22/乙卯23/丙辰24/丁巳25/戊午26/己未27	辛丑立秋 丙辰處暑
八月小	辛酉	庚申28/辛酉29/壬戌30/癸亥31/甲子(9)/乙丑2/丙寅3/丁卯4/戊辰5/己巳6/庚午7/辛未8/壬申9/癸酉10/甲戌11/乙亥12/丙子13/丁丑14/戊寅15/己卯16/庚辰17/辛巳18/壬午19/癸未20/甲申21/乙酉22/丙戌23/丁亥24/戊子25	辛未白露 丙戌秋分
九月大	壬戌	己丑26/庚寅27/辛卯28/壬辰29/癸巳30/甲午(10)/乙未2/丙申3/丁酉4/戊戌5/己亥6/庚子7/辛丑8/壬寅9/癸卯10/甲辰11/乙巳12/丙午13/丁未14/戊申15/己酉16/庚戌17/辛亥18/壬子19/癸丑20/甲寅21/乙卯22/丙辰23/丁巳24/戊午25	壬寅寒露 丁巳霜降
十月小	癸亥	己未26/庚申27/辛酉28/壬戌29/癸亥30/甲子31/乙丑(11)/丙寅2/丁卯3/戊辰4/己巳5/庚午6/辛未7/壬申8/癸酉9/甲戌10/乙亥11/丙子12/丁丑13/戊寅14/己卯15/庚辰16/辛巳17/壬午18/癸未19/甲申20/乙酉21/丙戌22/丁亥23	壬申立冬 丁亥小雪
閏十月大	癸亥	戊子24/己丑25/庚寅26/辛卯27/壬辰28/癸巳29/甲午30/乙未(12)/丙申2/丁酉3/戊戌4/己亥5/庚子6/辛丑7/壬寅8/癸卯9/甲辰10/乙巳11/丙午12/丁未13/戊申14/己酉15/庚戌16/辛亥17/壬子18/癸丑19/甲寅20/乙卯21/丙辰22/丁巳23	壬寅大雪
十一月小	甲子	戊午24/己未25/庚申26/辛酉27/壬戌28/癸亥29/甲子30/乙丑31/丙寅(1)/丁卯2/戊辰3/己巳4/庚午5/辛未6/壬申7/癸酉8/甲戌9/乙亥10/丙子11/丁丑12/戊寅13/己卯14/庚辰15/辛巳16/壬午17/癸未18/甲申19/乙酉20/丙戌21	戊午冬至 癸酉小寒
十二月大	乙丑	丁亥22/戊子23/己丑24/庚寅25/辛卯26/壬辰27/癸巳28/甲午29/乙未30/丙申31/丁酉(2)/戊戌2/己亥3/庚子4/辛丑5/壬寅6/癸卯7/甲辰8/乙巳9/丙午10/丁未11/戊申12/己酉13/庚戌14/辛亥15/壬子16/癸丑17/甲寅18/乙卯19/丙辰20	戊子大寒 癸卯立春

＊八月，改元赤烏。

吳大帝赤烏二年（己未 羊年） 公元239～240年

夏曆月序	中西曆對照	夏曆日序																													節氣與天象
		初一	初二	初三	初四	初五	初六	初七	初八	初九	初十	十一	十二	十三	十四	十五	十六	十七	十八	十九	二十	二一	二二	二三	二四	二五	二六	二七	二八	二九	三十	
正月小	丙寅 天干地支西曆星期	丁巳21四	戊午22五	己未23六	庚申24日	辛酉25一	壬戌26二	癸亥27三	甲子28四	乙丑(3)五	丙寅2六	丁卯3日	戊辰4一	己巳5二	庚午6三	辛未7四	壬申8五	癸酉9六	甲戌10日	乙亥11一	丙子12二	丁丑13三	戊寅14四	己卯15五	庚辰16六	辛巳17日	壬午18一	癸未19二	甲申20三	乙酉21四		戊午雨水 甲戌驚蟄
二月大	丁卯 天干地支西曆星期	丙戌22五	丁亥23六	戊子24日	己丑25一	庚寅26二	辛卯27三	壬辰28四	癸巳29五	甲午30六	乙未31日	丙申(4)一	丁酉2二	戊戌3三	己亥4四	庚子5五	辛丑6六	壬寅7日	癸卯8一	甲辰9二	乙巳10三	丙午11四	丁未12五	戊申13六	己酉14日	庚戌15一	辛亥16二	壬子17三	癸丑18四	甲寅19五	乙卯20六	己丑春分 甲辰清明
三月小	戊辰 天干地支西曆星期	丙辰21日	丁巳22一	戊午23二	己未24三	庚申25四	辛酉26五	壬戌27六	癸亥28日	甲子29一	乙丑30二	丙寅(5)三	丁卯2四	戊辰3五	己巳4六	庚午5日	辛未6一	壬申7二	癸酉8三	甲戌9四	乙亥10五	丙子11六	丁丑12日	戊寅13一	己卯14二	庚辰15三	辛巳16四	壬午17五	癸未18六	甲申19日		己未穀雨 乙亥立夏
四月大	己巳 天干地支西曆星期	乙酉20一	丙戌21二	丁亥22三	戊子23四	己丑24五	庚寅25六	辛卯26日	壬辰27一	癸巳28二	甲午29三	乙未30四	丙申31五	丁酉(6)六	戊戌2日	己亥3一	庚子4二	辛丑5三	壬寅6四	癸卯7五	甲辰8六	乙巳9日	丙午10一	丁未11二	戊申12三	己酉13四	庚戌14五	辛亥15六	壬子16日	癸丑17一	甲寅18二	庚寅小滿 乙巳芒種
五月小	庚午 天干地支西曆星期	乙卯19三	丙辰20四	丁巳21五	戊午22六	己未23日	庚申24一	辛酉25二	壬戌26三	癸亥27四	甲子28五	乙丑29六	丙寅30日	丁卯(7)一	戊辰2二	己巳3三	庚午4四	辛未5五	壬申6六	癸酉7日	甲戌8一	乙亥9二	丙子10三	丁丑11四	戊寅12五	己卯13六	庚辰14日	辛巳15一	壬午16二	癸未17三		庚申夏至 乙亥小暑
六月大	辛未 天干地支西曆星期	甲申18四	乙酉19五	丙戌20六	丁亥21日	戊子22一	己丑23二	庚寅24三	辛卯25四	壬辰26五	癸巳27六	甲午28日	乙未29一	丙申30二	丁酉31三	戊戌(8)四	己亥2五	庚子3六	辛丑4日	壬寅5一	癸卯6二	甲辰7三	乙巳8四	丙午9五	丁未10六	戊申11日	己酉12一	庚戌13二	辛亥14三	壬子15四	癸丑16五	辛卯大暑 丙午立秋
七月小	壬申 天干地支西曆星期	甲寅17六	乙卯18日	丙辰19一	丁巳20二	戊午21三	己未22四	庚申23五	辛酉24六	壬戌25日	癸亥26一	甲子27二	乙丑28三	丙寅29四	丁卯30五	戊辰31六	己巳(9)日	庚午2一	辛未3二	壬申4三	癸酉5四	甲戌6五	乙亥7六	丙子8日	丁丑9一	戊寅10二	己卯11三	庚辰12四	辛巳13五	壬午14六		辛酉處暑 丙子白露
八月大	癸酉 天干地支西曆星期	癸未15日	甲申16一	乙酉17二	丙戌18三	丁亥19四	戊子20五	己丑21六	庚寅22日	辛卯23一	壬辰24二	癸巳25三	甲午26四	乙未27五	丙申28六	丁酉29日	戊戌30一	己亥(10)二	庚子2三	辛丑3四	壬寅4五	癸卯5六	甲辰6日	乙巳7一	丙午8二	丁未9三	戊申10四	己酉11五	庚戌12六	辛亥13日	壬子14一	壬辰秋分 丁未寒露
九月大	甲戌 天干地支西曆星期	癸丑15二	甲寅16三	乙卯17四	丙辰18五	丁巳19六	戊午20日	己未21一	庚申22二	辛酉23三	壬戌24四	癸亥25五	甲子26六	乙丑27日	丙寅28一	丁卯29二	戊辰30三	己巳31四	庚午(11)五	辛未2六	壬申3日	癸酉4一	甲戌5二	乙亥6三	丙子7四	丁丑8五	戊寅9六	己卯10日	庚辰11一	辛巳12二	壬午13三	壬戌霜降 丁丑立冬
十月小	乙亥 天干地支西曆星期	癸未14四	甲申15五	乙酉16六	丙戌17日	丁亥18一	戊子19二	己丑20三	庚寅21四	辛卯22五	壬辰23六	癸巳24日	甲午25一	乙未26二	丙申27三	丁酉28四	戊戌29五	己亥30六	庚子(12)日	辛丑2一	壬寅3二	癸卯4三	甲辰5四	乙巳6五	丙午7六	丁未8日	戊申9一	己酉10二	庚戌11三	辛亥12四		壬辰小雪 戊申大雪
十一月大	丙子 天干地支西曆星期	壬子13五	癸丑14六	甲寅15日	乙卯16一	丙辰17二	丁巳18三	戊午19四	己未20五	庚申21六	辛酉22日	壬戌23一	癸亥24二	甲子25三	乙丑26四	丙寅27五	丁卯28六	戊辰29日	己巳30一	庚午31二	辛未(1)三	壬申2四	癸酉3五	甲戌4六	乙亥5日	丙子6一	丁丑7二	戊寅8三	己卯9四	庚辰10五	辛巳11六	癸亥冬至 戊寅小寒
十二月小	丁丑 天干地支西曆星期	壬午12日	癸未13一	甲申14二	乙酉15三	丙戌16四	丁亥17五	戊子18六	己丑19日	庚寅20一	辛卯21二	壬辰22三	癸巳23四	甲午24五	乙未25六	丙申26日	丁酉27一	戊戌28二	己亥29三	庚子30四	辛丑31五	壬寅(2)六	癸卯2日	甲辰3一	乙巳4二	丙午5三	丁未6四	戊申7五	己酉8六	庚戌9日		癸巳大寒 己酉立春

吳大帝赤烏三年（庚申 猴年） 公元 240～241 年

夏曆月序	中西曆日照對	夏曆日序																														節氣與天象
		初一	初二	初三	初四	初五	初六	初七	初八	初九	初十	十一	十二	十三	十四	十五	十六	十七	十八	十九	二十	二一	二二	二三	二四	二五	二六	二七	二八	二九	三十	
正月大 戊寅	天干地支 西曆 星期	辛亥 10 一	壬子 11 二	癸丑 12 三	甲寅 13 四	乙卯 14 五	丙辰 15 六	丁巳 16 日	戊午 17 一	己未 18 二	庚申 19 三	辛酉 20 四	壬戌 21 五	癸亥 22 六	甲子 23 日	乙丑 24 一	丙寅 25 二	丁卯 26 三	戊辰 27 四	己巳 28 五	庚午 29 六	辛未 (3) 日	壬申 2 一	癸酉 3 二	甲戌 4 三	乙亥 5 四	丙子 6 五	丁丑 7 六	戊寅 8 日	己卯 9 一	庚辰 10 二	甲子雨水 己卯驚蟄
二月小 己卯	天干地支 西曆 星期	辛巳 11 三	壬午 12 四	癸未 13 五	甲申 14 六	乙酉 15 日	丙戌 16 一	丁亥 17 二	戊子 18 三	己丑 19 四	庚寅 20 五	辛卯 21 六	壬辰 22 日	癸巳 23 一	甲午 24 二	乙未 25 三	丙申 26 四	丁酉 27 五	戊戌 28 六	己亥 29 日	庚子 30 一	辛丑 (4) 二	壬寅 2 三	癸卯 3 四	甲辰 4 五	乙巳 5 六	丙午 6 日	丁未 7 一	戊申 8 二	己酉 9 三		甲午春分 己酉清明
三月大 庚辰	天干地支 西曆 星期	庚戌 9 四	辛亥 10 五	壬子 11 六	癸丑 12 日	甲寅 13 一	乙卯 14 二	丙辰 15 三	丁巳 16 四	戊午 17 五	己未 18 六	庚申 19 日	辛酉 20 一	壬戌 21 二	癸亥 22 三	甲子 23 四	乙丑 24 五	丙寅 25 六	丁卯 26 日	戊辰 27 一	己巳 28 二	庚午 29 三	辛未 30 四	壬申 (5) 五	癸酉 2 六	甲戌 3 日	乙亥 4 一	丙子 5 二	丁丑 6 三	戊寅 7 四	己卯 8 五	乙丑穀雨
四月小 辛巳	天干地支 西曆 星期	庚辰 9 六	辛巳 10 日	壬午 11 一	癸未 12 二	甲申 13 三	乙酉 14 四	丙戌 15 五	丁亥 16 六	戊子 17 日	己丑 18 一	庚寅 19 二	辛卯 20 三	壬辰 21 四	癸巳 22 五	甲午 23 六	乙未 24 日	丙申 25 一	丁酉 26 二	戊戌 27 三	己亥 28 四	庚子 29 五	辛丑 30 六	壬寅 31 日	癸卯 (6) 一	甲辰 2 二	乙巳 3 三	丙午 4 四	丁未 5 五	戊申 6 六		庚辰立夏 乙未小滿
五月大 壬午	天干地支 西曆 星期	己酉 7 日	庚戌 8 一	辛亥 9 二	壬子 10 三	癸丑 11 四	甲寅 12 五	乙卯 13 六	丙辰 14 日	丁巳 15 一	戊午 16 二	己未 17 三	庚申 18 四	辛酉 19 五	壬戌 20 六	癸亥 21 日	甲子 22 一	乙丑 23 二	丙寅 24 三	丁卯 25 四	戊辰 26 五	己巳 27 六	庚午 28 日	辛未 29 一	壬申 30 二	癸酉 (7) 三	甲戌 2 四	乙亥 3 五	丙子 4 六	丁丑 5 日	戊寅 6 一	庚戌芒種 乙丑夏至
六月小 癸未	天干地支 西曆 星期	己卯 7 二	庚辰 8 三	辛巳 9 四	壬午 10 五	癸未 11 六	甲申 12 日	乙酉 13 一	丙戌 14 二	丁亥 15 三	戊子 16 四	己丑 17 五	庚寅 18 六	辛卯 19 日	壬辰 20 一	癸巳 21 二	甲午 22 三	乙未 23 四	丙申 24 五	丁酉 25 六	戊戌 26 日	己亥 27 一	庚子 28 二	辛丑 29 三	壬寅 30 四	癸卯 31 五	甲辰 (8) 六	乙巳 2 日	丙午 3 一	丁未 4 二		辛巳小暑 丙申大暑
七月大 甲申	天干地支 西曆 星期	戊申 5 三	己酉 6 四	庚戌 7 五	辛亥 8 六	壬子 9 日	癸丑 10 一	甲寅 11 二	乙卯 12 三	丙辰 13 四	丁巳 14 五	戊午 15 六	己未 16 日	庚申 17 一	辛酉 18 二	壬戌 19 三	癸亥 20 四	甲子 21 五	乙丑 22 六	丙寅 23 日	丁卯 24 一	戊辰 25 二	己巳 26 三	庚午 27 四	辛未 28 五	壬申 29 六	癸酉 30 日	甲戌 31 一	乙亥 (9) 二	丙子 2 三	丁丑 3 四	辛亥立秋 丙寅處暑 戊申日食
八月小 乙酉	天干地支 西曆 星期	戊寅 4 五	己卯 5 六	庚辰 6 日	辛巳 7 一	壬午 8 二	癸未 9 三	甲申 10 四	乙酉 11 五	丙戌 12 六	丁亥 13 日	戊子 14 一	己丑 15 二	庚寅 16 三	辛卯 17 四	壬辰 18 五	癸巳 19 六	甲午 20 日	乙未 21 一	丙申 22 二	丁酉 23 三	戊戌 24 四	己亥 25 五	庚子 26 六	辛丑 27 日	壬寅 28 一	癸卯 29 二	甲辰 30 三	乙巳 (10) 四	丙午 2 五		壬午白露 丁酉秋分
九月大 丙戌	天干地支 西曆 星期	丁未 3 六	戊申 4 日	己酉 5 一	庚戌 6 二	辛亥 7 三	壬子 8 四	癸丑 9 五	甲寅 10 六	乙卯 11 日	丙辰 12 一	丁巳 13 二	戊午 14 三	己未 15 四	庚申 16 五	辛酉 17 六	壬戌 18 日	癸亥 19 一	甲子 20 二	乙丑 21 三	丙寅 22 四	丁卯 23 五	戊辰 24 六	己巳 25 日	庚午 26 一	辛未 27 二	壬申 28 三	癸酉 29 四	甲戌 30 五	乙亥 31 六	丙子 (11) 日	壬子寒露 丁卯霜降
十月小 丁亥	天干地支 西曆 星期	丁丑 2 一	戊寅 3 二	己卯 4 三	庚辰 5 四	辛巳 6 五	壬午 7 六	癸未 8 日	甲申 9 一	乙酉 10 二	丙戌 11 三	丁亥 12 四	戊子 13 五	己丑 14 六	庚寅 15 日	辛卯 16 一	壬辰 17 二	癸巳 18 三	甲午 19 四	乙未 20 五	丙申 21 六	丁酉 22 日	戊戌 23 一	己亥 24 二	庚子 25 三	辛丑 26 四	壬寅 27 五	癸卯 28 六	甲辰 29 日	乙巳 30 一		壬午立冬 戊戌小雪
十一月大 戊子	天干地支 西曆 星期	丙午 (12) 二	丁未 2 三	戊申 3 四	己酉 4 五	庚戌 5 六	辛亥 6 日	壬子 7 一	癸丑 8 二	甲寅 9 三	乙卯 10 四	丙辰 11 五	丁巳 12 六	戊午 13 日	己未 14 一	庚申 15 二	辛酉 16 三	壬戌 17 四	癸亥 18 五	甲子 19 六	乙丑 20 日	丙寅 21 一	丁卯 22 二	戊辰 23 三	己巳 24 四	庚午 25 五	辛未 26 六	壬申 27 日	癸酉 28 一	甲戌 29 二	乙亥 30 三	癸丑大雪 戊辰冬至
十二月小 己丑	天干地支 西曆 星期	丙子 31 四	丁丑 (1) 五	戊寅 2 六	己卯 3 日	庚辰 4 一	辛巳 5 二	壬午 6 三	癸未 7 四	甲申 8 五	乙酉 9 六	丙戌 10 日	丁亥 11 一	戊子 12 二	己丑 13 三	庚寅 14 四	辛卯 15 五	壬辰 16 六	癸巳 17 日	甲午 18 一	乙未 19 二	丙申 20 三	丁酉 21 四	戊戌 22 五	己亥 23 六	庚子 24 日	辛丑 25 一	壬寅 26 二	癸卯 27 三	甲辰 28 四		癸未小寒 己亥大寒

三國 – 吳

吳大帝赤烏四年（辛酉 雞年） 公元241～242年

夏曆月序	中西曆日對照	夏曆日序																													節氣與天象
		初一	初二	初三	初四	初五	初六	初七	初八	初九	初十	十一	十二	十三	十四	十五	十六	十七	十八	十九	二十	二一	二二	二三	二四	二五	二六	二七	二八	二九	三十	
正月大	庚寅 天干地支西曆星期	乙巳 29 五	丙午 30 六	丁未 31 日	戊申 (2) 一	己酉 2 二	庚戌 3 三	辛亥 4 四	壬子 5 五	癸丑 6 六	甲寅 7 日	乙卯 8 一	丙辰 9 二	丁巳 10 三	戊午 11 四	己未 12 五	庚申 13 六	辛酉 14 日	壬戌 15 一	癸亥 16 二	甲子 17 三	乙丑 18 四	丙寅 19 五	丁卯 20 六	戊辰 21 日	己巳 22 一	庚午 23 二	辛未 24 三	壬申 25 四	癸酉 26 五	甲戌 27 六	甲寅立春 己巳雨水
二月大	辛卯 天干地支西曆星期	乙亥 28 日	丙子 (3) 一	丁丑 2 二	戊寅 3 三	己卯 4 四	庚辰 5 五	辛巳 6 六	壬午 7 日	癸未 8 一	甲申 9 二	乙酉 10 三	丙戌 11 四	丁亥 12 五	戊子 13 六	己丑 14 日	庚寅 15 一	辛卯 16 二	壬辰 17 三	癸巳 18 四	甲午 19 五	乙未 20 六	丙申 21 日	丁酉 22 一	戊戌 23 二	己亥 24 三	庚子 25 四	辛丑 26 五	壬寅 27 六	癸卯 28 日	甲辰 29 一	甲申驚蟄 己亥春分
三月小	壬辰 天干地支西曆星期	乙巳 30 二	丙午 31 三	丁未 (4) 四	戊申 2 五	己酉 3 六	庚戌 4 日	辛亥 5 一	壬子 6 二	癸丑 7 三	甲寅 8 四	乙卯 9 五	丙辰 10 六	丁巳 11 日	戊午 12 一	己未 13 二	庚申 14 三	辛酉 15 四	壬戌 16 五	癸亥 17 六	甲子 18 日	乙丑 19 一	丙寅 20 二	丁卯 21 三	戊辰 22 四	己巳 23 五	庚午 24 六	辛未 25 日	壬申 26 一	癸酉 27 二		乙卯清明 庚午穀雨
四月大	癸巳 天干地支西曆星期	甲戌 28 三	乙亥 29 四	丙子 30 五	丁丑 (5) 六	戊寅 2 日	己卯 3 一	庚辰 4 二	辛巳 5 三	壬午 6 四	癸未 7 五	甲申 8 六	乙酉 9 日	丙戌 10 一	丁亥 11 二	戊子 12 三	己丑 13 四	庚寅 14 五	辛卯 15 六	壬辰 16 日	癸巳 17 一	甲午 18 二	乙未 19 三	丙申 20 四	丁酉 21 五	戊戌 22 六	己亥 23 日	庚子 24 一	辛丑 25 二	壬寅 26 三	癸卯 27 四	乙酉立夏 庚子小滿
五月小	甲午 天干地支西曆星期	甲辰 28 五	乙巳 29 六	丙午 30 日	丁未 31 一	戊申 (6) 二	己酉 2 三	庚戌 3 四	辛亥 4 五	壬子 5 六	癸丑 6 日	甲寅 7 一	乙卯 8 二	丙辰 9 三	丁巳 10 四	戊午 11 五	己未 12 六	庚申 13 日	辛酉 14 一	壬戌 15 二	癸亥 16 三	甲子 17 四	乙丑 18 五	丙寅 19 六	丁卯 20 日	戊辰 21 一	己巳 22 二	庚午 23 三	辛未 24 四	壬申 25 五		丙辰芒種 辛未夏至
六月大	乙未 天干地支西曆星期	癸酉 26 六	甲戌 27 日	乙亥 28 一	丙子 29 二	丁丑 30 三	戊寅 (7) 四	己卯 2 五	庚辰 3 六	辛巳 4 日	壬午 5 一	癸未 6 二	甲申 7 三	乙酉 8 四	丙戌 9 五	丁亥 10 六	戊子 11 日	己丑 12 一	庚寅 13 二	辛卯 14 三	壬辰 15 四	癸巳 16 五	甲午 17 六	乙未 18 日	丙申 19 一	丁酉 20 二	戊戌 21 三	己亥 22 四	庚子 23 五	辛丑 24 六	壬寅 25 日	丙戌小暑 辛丑大暑
閏六月小	乙未 天干地支西曆星期	癸卯 26 一	甲辰 27 二	乙巳 28 三	丙午 29 四	丁未 30 五	戊申 31 六	己酉 (8) 日	庚戌 2 一	辛亥 3 二	壬子 4 三	癸丑 5 四	甲寅 6 五	乙卯 7 六	丙辰 8 日	丁巳 9 一	戊午 10 二	己未 11 三	庚申 12 四	辛酉 13 五	壬戌 14 六	癸亥 15 日	甲子 16 一	乙丑 17 二	丙寅 18 三	丁卯 19 四	戊辰 20 五	己巳 21 六	庚午 22 日	辛未 23 一		丙辰立秋
七月大	丙申 天干地支西曆星期	壬申 24 二	癸酉 25 三	甲戌 26 四	乙亥 27 五	丙子 28 六	丁丑 29 日	戊寅 30 一	己卯 31 二	庚辰 (9) 三	辛巳 2 四	壬午 3 五	癸未 4 六	甲申 5 日	乙酉 6 一	丙戌 7 二	丁亥 8 三	戊子 9 四	己丑 10 五	庚寅 11 六	辛卯 12 日	壬辰 13 一	癸巳 14 二	甲午 15 三	乙未 16 四	丙申 17 五	丁酉 18 六	戊戌 19 日	己亥 20 一	庚子 21 二	辛丑 22 三	壬申處暑 丁亥白露
八月小	丁酉 天干地支西曆星期	壬寅 23 四	癸卯 24 五	甲辰 25 六	乙巳 26 日	丙午 27 一	丁未 28 二	戊申 29 三	己酉 30 四	庚戌 (10) 五	辛亥 2 六	壬子 3 日	癸丑 4 一	甲寅 5 二	乙卯 6 三	丙辰 7 四	丁巳 8 五	戊午 9 六	己未 10 日	庚申 11 一	辛酉 12 二	壬戌 13 三	癸亥 14 四	甲子 15 五	乙丑 16 六	丙寅 17 日	丁卯 18 一	戊辰 19 二	己巳 20 三	庚午 21 四		壬寅秋分 丁巳寒露
九月大	戊戌 天干地支西曆星期	辛未 22 五	壬申 23 六	癸酉 24 日	甲戌 25 一	乙亥 26 二	丙子 27 三	丁丑 28 四	戊寅 29 五	己卯 30 六	庚辰 31 日	辛巳 (11) 一	壬午 2 二	癸未 3 三	甲申 4 四	乙酉 5 五	丙戌 6 六	丁亥 7 日	戊子 8 一	己丑 9 二	庚寅 10 三	辛卯 11 四	壬辰 12 五	癸巳 13 六	甲午 14 日	乙未 15 一	丙申 16 二	丁酉 17 三	戊戌 18 四	己亥 19 五	庚子 20 六	壬申霜降 戊子立冬
十月小	己亥 天干地支西曆星期	辛丑 21 日	壬寅 22 一	癸卯 23 二	甲辰 24 三	乙巳 25 四	丙午 26 五	丁未 27 六	戊申 28 日	己酉 29 一	庚戌 30 二	辛亥 (12) 三	壬子 2 四	癸丑 3 五	甲寅 4 六	乙卯 5 日	丙辰 6 一	丁巳 7 二	戊午 8 三	己未 9 四	庚申 10 五	辛酉 11 六	壬戌 12 日	癸亥 13 一	甲子 14 二	乙丑 15 三	丙寅 16 四	丁卯 17 五	戊辰 18 六	己巳 19 日		癸卯小雪 戊午大雪
十一月大	庚子 天干地支西曆星期	庚午 20 一	辛未 21 二	壬申 22 三	癸酉 23 四	甲戌 24 五	乙亥 25 六	丙子 26 日	丁丑 27 一	戊寅 28 二	己卯 29 三	庚辰 30 四	辛巳 31 五	壬午 (1) 六	癸未 2 日	甲申 3 一	乙酉 4 二	丙戌 5 三	丁亥 6 四	戊子 7 五	己丑 8 六	庚寅 9 日	辛卯 10 一	壬辰 11 二	癸巳 12 三	甲午 13 四	乙未 14 五	丙申 15 六	丁酉 16 日	戊戌 17 一	己亥 18 二	癸酉冬至 己丑小寒
十二月小	辛丑 天干地支西曆星期	庚子 19 三	辛丑 20 四	壬寅 21 五	癸卯 22 六	甲辰 23 日	乙巳 24 一	丙午 25 二	丁未 26 三	戊申 27 四	己酉 28 五	庚戌 29 六	辛亥 30 日	壬子 31 一	癸丑 (2) 二	甲寅 2 三	乙卯 3 四	丙辰 4 五	丁巳 5 六	戊午 6 日	己未 7 一	庚申 8 二	辛酉 9 三	壬戌 10 四	癸亥 11 五	甲子 12 六	乙丑 13 日	丙寅 14 一	丁卯 15 二	戊辰 16 三		甲辰大寒 己未立春

吳大帝赤烏五年（壬戌 狗年） 公元 242～243 年

夏曆月序	中西曆對照	夏曆日序																													節氣與天象
		初一	初二	初三	初四	初五	初六	初七	初八	初九	初十	十一	十二	十三	十四	十五	十六	十七	十八	十九	二十	廿一	廿二	廿三	廿四	廿五	廿六	廿七	廿八	廿九	三十	
正月大	壬寅	天干地支 西曆日照 星期	己巳 17 四	庚午 18 五	辛未 19 六	壬申 20 日	癸酉 21 一	甲戌 22 二	乙亥 23 三	丙子 24 四	丁丑 25 五	戊寅 26 六	己卯 27 日	庚辰 28 一	辛巳(3) 二	壬午 2 三	癸未 3 四	甲申 4 五	乙酉 5 六	丙戌 6 日	丁亥 7 一	戊子 8 二	己丑 9 三	庚寅 10 四	辛卯 11 五	壬辰 12 六	癸巳 13 日	甲午 14 一	乙未 15 二	丙申 16 三	丁酉 17 四	戊戌 18 五	甲戌雨水 己丑驚蟄
二月小	癸卯	天干地支 西曆日照 星期	己亥 19 六	庚子 20 日	辛丑 21 一	壬寅 22 二	癸卯 23 三	甲辰 24 四	乙巳 25 五	丙午 26 六	丁未 27 日	戊申 28 一	己酉 29 二	庚戌 30 三	辛亥 31 四	壬子(4) 五	癸丑 2 六	甲寅 3 日	乙卯 4 一	丙辰 5 二	丁巳 6 三	戊午 7 四	己未 8 五	庚申 9 六	辛酉 10 日	壬戌 11 一	癸亥 12 二	甲子 13 三	乙丑 14 四	丙寅 15 五	丁卯 16 六		乙巳春分 庚申清明
三月大	甲辰	天干地支 西曆日照 星期	戊辰 17 日	己巳 18 一	庚午 19 二	辛未 20 三	壬申 21 四	癸酉 22 五	甲戌 23 六	乙亥 24 日	丙子 25 一	丁丑 26 二	戊寅 27 三	己卯 28 四	庚辰 29 五	辛巳 30 六	壬午(5) 日	癸未 2 一	甲申 3 二	乙酉 4 三	丙戌 5 四	丁亥 6 五	戊子 7 六	己丑 8 日	庚寅 9 一	辛卯 10 二	壬辰 11 三	癸巳 12 四	甲午 13 五	乙未 14 六	丙申 15 日	丁酉 16 一	乙亥穀雨 庚寅立夏
四月大	乙巳	天干地支 西曆日照 星期	戊戌 17 二	己亥 18 三	庚子 19 四	辛丑 20 五	壬寅 21 六	癸卯 22 日	甲辰 23 一	乙巳 24 二	丙午 25 三	丁未 26 四	戊申 27 五	己酉 28 六	庚戌 29 日	辛亥 30 一	壬子 31 二	癸丑(6) 三	甲寅 2 四	乙卯 3 五	丙辰 4 六	丁巳 5 日	戊午 6 一	己未 7 二	庚申 8 三	辛酉 9 四	壬戌 10 五	癸亥 11 六	甲子 12 日	乙丑 13 一	丙寅 14 二	丁卯 15 三	丙午小滿 辛酉芒種
五月小	丙午	天干地支 西曆日照 星期	戊辰 16 四	己巳 17 五	庚午 18 六	辛未 19 日	壬申 20 一	癸酉 21 二	甲戌 22 三	乙亥 23 四	丙子 24 五	丁丑 25 六	戊寅 26 日	己卯 27 一	庚辰 28 二	辛巳 29 三	壬午 30 四	癸未(7) 五	甲申 2 六	乙酉 3 日	丙戌 4 一	丁亥 5 二	戊子 6 三	己丑 7 四	庚寅 8 五	辛卯 9 六	壬辰 10 日	癸巳 11 一	甲午 12 二	乙未 13 三	丙申 14 四		丙子夏至 辛卯小暑
六月大	丁未	天干地支 西曆日照 星期	丁酉 15 五	戊戌 16 六	己亥 17 日	庚子 18 一	辛丑 19 二	壬寅 20 三	癸卯 21 四	甲辰 22 五	乙巳 23 六	丙午 24 日	丁未 25 一	戊申 26 二	己酉 27 三	庚戌 28 四	辛亥 29 五	壬子 30 六	癸丑 31 日	甲寅(8) 一	乙卯 2 二	丙辰 3 三	丁巳 4 四	戊午 5 五	己未 6 六	庚申 7 日	辛酉 8 一	壬戌 9 二	癸亥 10 三	甲子 11 四	乙丑 12 五	丙寅 13 六	丙午大暑 壬戌立秋
七月小	戊申	天干地支 西曆日照 星期	丁卯 14 日	戊辰 15 一	己巳 16 二	庚午 17 三	辛未 18 四	壬申 19 五	癸酉 20 六	甲戌 21 日	乙亥 22 一	丙子 23 二	丁丑 24 三	戊寅 25 四	己卯 26 五	庚辰 27 六	辛巳 28 日	壬午 29 一	癸未 30 二	甲申 31 三	乙酉(9) 四	丙戌 2 五	丁亥 3 六	戊子 4 日	己丑 5 一	庚寅 6 二	辛卯 7 三	壬辰 8 四	癸巳 9 五	甲午 10 六	乙未 11 日		丁丑處暑 壬辰白露
八月大	己酉	天干地支 西曆日照 星期	丙申 12 一	丁酉 13 二	戊戌 14 三	己亥 15 四	庚子 16 五	辛丑 17 六	壬寅 18 日	癸卯 19 一	甲辰 20 二	乙巳 21 三	丙午 22 四	丁未 23 五	戊申 24 六	己酉 25 日	庚戌 26 一	辛亥 27 二	壬子 28 三	癸丑 29 四	甲寅 30 五	乙卯(10) 六	丙辰 2 日	丁巳 3 一	戊午 4 二	己未 5 三	庚申 6 四	辛酉 7 五	壬戌 8 六	癸亥 9 日	甲子 10 一	乙丑 11 二	丁未秋分 癸亥寒露
九月小	庚戌	天干地支 西曆日照 星期	丙寅 12 三	丁卯 13 四	戊辰 14 五	己巳 15 六	庚午 16 日	辛未 17 一	壬申 18 二	癸酉 19 三	甲戌 20 四	乙亥 21 五	丙子 22 六	丁丑 23 日	戊寅 24 一	己卯 25 二	庚辰 26 三	辛巳 27 四	壬午 28 五	癸未 29 六	甲申 30 日	乙酉 31 一	丙戌(11) 二	丁亥 2 三	戊子 3 四	己丑 4 五	庚寅 5 六	辛卯 6 日	壬辰 7 一	癸巳 8 二	甲午 9 三		戊寅霜降 癸巳立冬
十月大	辛亥	天干地支 西曆日照 星期	乙未 10 四	丙申 11 五	丁酉 12 六	戊戌 13 日	己亥 14 一	庚子 15 二	辛丑 16 三	壬寅 17 四	癸卯 18 五	甲辰 19 六	乙巳 20 日	丙午 21 一	丁未 22 二	戊申 23 三	己酉 24 四	庚戌 25 五	辛亥 26 六	壬子 27 日	癸丑 28 一	甲寅 29 二	乙卯 30 三	丙辰(12) 四	丁巳 2 五	戊午 3 六	己未 4 日	庚申 5 一	辛酉 6 二	壬戌 7 三	癸亥 8 四	甲子 9 五	戊申小雪 癸亥大雪
十一月小	壬子	天干地支 西曆日照 星期	乙丑 10 六	丙寅 11 日	丁卯 12 一	戊辰 13 二	己巳 14 三	庚午 15 四	辛未 16 五	壬申 17 六	癸酉 18 日	甲戌 19 一	乙亥 20 二	丙子 21 三	丁丑 22 四	戊寅 23 五	己卯 24 六	庚辰 25 日	辛巳 26 一	壬午 27 二	癸未 28 三	甲申 29 四	乙酉 30 五	丙戌 31 六	丁亥(1) 日	戊子 2 一	己丑 3 二	庚寅 4 三	辛卯 5 四	壬辰 6 五	癸巳 7 六		己卯冬至
十二月大	癸丑	天干地支 西曆日照 星期	甲午 8 日	乙未 9 一	丙申 10 二	丁酉 11 三	戊戌 12 四	己亥 13 五	庚子 14 六	辛丑 15 日	壬寅 16 一	癸卯 17 二	甲辰 18 三	乙巳 19 四	丙午 20 五	丁未 21 六	戊申 22 日	己酉 23 一	庚戌 24 二	辛亥 25 三	壬子 26 四	癸丑 27 五	甲寅 28 六	乙卯 29 日	丙辰 30 一	丁巳 31 二	戊午(2) 三	己未 2 四	庚申 3 五	辛酉 4 六	壬戌 5 日	癸亥 6 一	甲午小寒 己酉大寒

吴大帝赤乌六年（癸亥 猪年） 公元243～244年

夏曆月序	中西曆日照對照	夏曆日序																													節氣與天象
		初一	初二	初三	初四	初五	初六	初七	初八	初九	初十	十一	十二	十三	十四	十五	十六	十七	十八	十九	二十	廿一	廿二	廿三	廿四	廿五	廿六	廿七	廿八	廿九	三十	
正月小	甲寅 天干地支西曆星期	甲子7三	乙丑8四	丙寅9五	丁卯10六	戊辰11日	己巳12一	庚午13二	辛未14三	壬申15四	癸酉16五	甲戌17六	乙亥18日	丙子19一	丁丑20二	戊寅21三	己卯22四	庚辰23五	辛巳24六	壬午25日	癸未26一	甲申27二	乙酉28(3)三	丙戌2四	丁亥3五	戊子4六	己丑5日	庚寅6一	辛卯7二	壬辰7二		甲子立春 己卯雨水
二月大	乙卯 天干地支西曆星期	癸巳8三	甲午9四	乙未10五	丙申11六	丁酉12日	戊戌13一	己亥14二	庚子15三	辛丑16四	壬寅17五	癸卯18六	甲辰19日	乙巳20一	丙午21二	丁未22三	戊申23四	己酉24五	庚戌25六	辛亥26日	壬子27一	癸丑28二	甲寅29三	乙卯30四	丙辰31五	丁巳(4)六	戊午2日	己未3一	庚申4二	辛酉5三	壬戌6四	乙未驚蟄 庚戌春分
三月小	丙辰 天干地支西曆星期	癸亥7五	甲子8六	乙丑9日	丙寅10一	丁卯11二	戊辰12三	己巳13四	庚午14五	辛未15六	壬申16日	癸酉17一	甲戌18二	乙亥19三	丙子20四	丁丑21五	戊寅22六	己卯23日	庚辰24一	辛巳25二	壬午26三	癸未27四	甲申28五	乙酉29六	丙戌30日	丁亥(5)一	戊子2二	己丑3三	庚寅4四	辛卯5五		乙丑清明 庚辰穀雨
四月大	丁巳 天干地支西曆星期	壬辰6六	癸巳7日	甲午8一	乙未9二	丙申10三	丁酉11四	戊戌12五	己亥13六	庚子14日	辛丑15一	壬寅16二	癸卯17三	甲辰18四	乙巳19五	丙午20六	丁未21日	戊申22一	己酉23二	庚戌24三	辛亥25四	壬子26五	癸丑27六	甲寅28日	乙卯29一	丙辰30二	丁巳31三	戊午(6)四	己未2五	庚申3六	辛酉4日	丙申立夏 辛亥小滿
五月小	戊午 天干地支西曆星期	壬戌5一	癸亥6二	甲子7三	乙丑8四	丙寅9五	丁卯10六	戊辰11日	己巳12一	庚午13二	辛未14三	壬申15四	癸酉16五	甲戌17六	乙亥18日	丙子19一	丁丑20二	戊寅21三	己卯22四	庚辰23五	辛巳24六	壬午25日	癸未26一	甲申27二	乙酉28三	丙戌29四	丁亥30五	戊子(7)六	己丑2日	庚寅3一		丙寅芒種 辛未夏至 壬戌日食
六月大	己未 天干地支西曆星期	辛卯4二	壬辰5三	癸巳6四	甲午7五	乙未8六	丙申9日	丁酉10一	戊戌11二	己亥12三	庚子13四	辛丑14五	壬寅15六	癸卯16日	甲辰17一	乙巳18二	丙午19三	丁未20四	戊申21五	己酉22六	庚戌23日	辛亥24一	壬子25二	癸丑26三	甲寅27四	乙卯28五	丙辰29六	丁巳30日	戊午31一	己未(8)二	庚申2三	丙申小暑 壬子大暑
七月小	庚申 天干地支西曆星期	辛酉3四	壬戌4五	癸亥5六	甲子6日	乙丑7一	丙寅8二	丁卯9三	戊辰10四	己巳11五	庚午12六	辛未13日	壬申14一	癸酉15二	甲戌16三	乙亥17四	丙子18五	丁丑19六	戊寅20日	己卯21一	庚辰22二	辛巳23三	壬午24四	癸未25五	甲申26六	乙酉27日	丙戌28一	丁亥29二	戊子30三	己丑31四		丁卯立秋 壬午處暑
八月大	辛酉 天干地支西曆星期	庚寅(9)五	辛卯2六	壬辰3日	癸巳4一	甲午5二	乙未6三	丙申7四	丁酉8五	戊戌9六	己亥10日	庚子11一	辛丑12二	壬寅13三	癸卯14四	甲辰15五	乙巳16六	丙午17日	丁未18一	戊申19二	己酉20三	庚戌21四	辛亥22五	壬子23六	癸丑24日	甲寅25一	乙卯26二	丙辰27三	丁巳28四	戊午29五	己未30六	丁酉白露 癸丑秋分
九月大	壬戌 天干地支西曆星期	庚申(10)日	辛酉2一	壬戌3二	癸亥4三	甲子5四	乙丑6五	丙寅7六	丁卯8日	戊辰9一	己巳10二	庚午11三	辛未12四	壬申13五	癸酉14六	甲戌15日	乙亥16一	丙子17二	丁丑18三	戊寅19四	己卯20五	庚辰21六	辛巳22日	壬午23一	癸未24二	甲申25三	乙酉26四	丙戌27五	丁亥28六	戊子29日	己丑30一	戊辰寒露 癸未霜降
十月小	癸亥 天干地支西曆星期	庚寅31二	辛卯(11)三	壬辰2四	癸巳3五	甲午4六	乙未5日	丙申6一	丁酉7二	戊戌8三	己亥9四	庚子10五	辛丑11六	壬寅12日	癸卯13一	甲辰14二	乙巳15三	丙午16四	丁未17五	戊申18六	己酉19日	庚戌20一	辛亥21二	壬子22三	癸丑23四	甲寅24五	乙卯25六	丙辰26日	丁巳27一	戊午28二		戊戌立冬 癸丑小雪
十一月大	甲子 天干地支西曆星期	己未29三	庚申30四	辛酉(12)五	壬戌2六	癸亥3日	甲子4一	乙丑5二	丙寅6三	丁卯7四	戊辰8五	己巳9六	庚午10日	辛未11一	壬申12二	癸酉13三	甲戌14四	乙亥15五	丙子16六	丁丑17日	戊寅18一	己卯19二	庚辰20三	辛巳21四	壬午22五	癸未23六	甲申24日	乙酉25一	丙戌26二	丁亥27三	戊子28四	己巳大雪 甲申冬至
十二月小	乙丑 天干地支西曆星期	己丑29五	庚寅30六	辛卯31日	壬辰(1)一	癸巳2二	甲午3三	乙未4四	丙申5五	丁酉6六	戊戌7日	己亥8一	庚子9二	辛丑10三	壬寅11四	癸卯12五	甲辰13六	乙巳14日	丙午15一	丁未16二	戊申17三	己酉18四	庚戌19五	辛亥20六	壬子21日	癸丑22一	甲寅23二	乙卯24三	丙辰25四	丁巳26五		己亥小寒 甲寅大寒

吳大帝赤烏七年（甲子 鼠年） 公元244～245年

夏曆月序	中西曆對照	夏曆日序																															節氣與天象
		初一	初二	初三	初四	初五	初六	初七	初八	初九	初十	十一	十二	十三	十四	十五	十六	十七	十八	十九	二十	二十一	二十二	二十三	二十四	二十五	二十六	二十七	二十八	二十九	三十	
正月大	丙寅	戊午 27 六	己未 28 日	庚申 29 一	辛酉 30 二	壬戌 31 三	癸亥 2(2) 四	甲子 3 五	乙丑 4 六	丙寅 5 日	丁卯 6 一	戊辰 7 二	己巳 8 三	庚午 9 四	辛未 10 五	壬申 11 六	癸酉 12 日	甲戌 13 一	乙亥 14 二	丙子 15 三	丁丑 16 四	戊寅 17 五	己卯 18 六	庚辰 19 日	辛巳 20 一	壬午 21 二	癸未 22 三	甲申 23 四	乙酉 24 五	丙戌 25 六	丁亥 26 日	庚午立春 乙酉雨水
二月小	丁卯	戊子 26 一	己丑 27 二	庚寅 28 三	辛卯 29 四	壬辰 (3) 五	癸巳 2 六	甲午 3 日	乙未 4 一	丙申 5 二	丁酉 6 三	戊戌 7 四	己亥 8 五	庚子 9 六	辛丑 10 日	壬寅 11 一	癸卯 12 二	甲辰 13 三	乙巳 14 四	丙午 15 五	丁未 16 六	戊申 17 日	己酉 18 一	庚戌 19 二	辛亥 20 三	壬子 21 四	癸丑 22 五	甲寅 23 六	乙卯 24 日	丙辰 25 一		庚子驚蟄 乙卯春分
三月大	戊辰	丁巳 26 二	戊午 27 三	己未 28 四	庚申 29 五	辛酉 30 六	壬戌 31 日	癸亥 (4) 一	甲子 2 二	乙丑 3 三	丙寅 4 四	丁卯 5 五	戊辰 6 六	己巳 7 日	庚午 8 一	辛未 9 二	壬申 10 三	癸酉 11 四	甲戌 12 五	乙亥 13 六	丙子 14 日	丁丑 15 一	戊寅 16 二	己卯 17 三	庚辰 18 四	辛巳 19 五	壬午 20 六	癸未 21 日	甲申 22 一	乙酉 23 二	丙戌 24 三	庚午清明 丙戌穀雨
閏三月小	戊辰	丁亥 25 四	戊子 26 五	己丑 27 六	庚寅 28 日	辛卯 29 一	壬辰 30 二	癸巳 (5) 三	甲午 2 四	乙未 3 五	丙申 4 六	丁酉 5 日	戊戌 6 一	己亥 7 二	庚子 8 三	辛丑 9 四	壬寅 10 五	癸卯 11 六	甲辰 12 日	乙巳 13 一	丙午 14 二	丁未 15 三	戊申 16 四	己酉 17 五	庚戌 18 六	辛亥 19 日	壬子 20 一	癸丑 21 二	甲寅 22 三	乙卯 23 四		辛丑立夏
四月大	己巳	丙辰 24 五	丁巳 25 六	戊午 26 日	己未 27 一	庚申 28 二	辛酉 29 三	壬戌 30 四	癸亥 31 五	甲子 (6) 六	乙丑 2 日	丙寅 3 一	丁卯 4 二	戊辰 5 三	己巳 6 四	庚午 7 五	辛未 8 六	壬申 9 日	癸酉 10 一	甲戌 11 二	乙亥 12 三	丙子 13 四	丁丑 14 五	戊寅 15 六	己卯 16 日	庚辰 17 一	辛巳 18 二	壬午 19 三	癸未 20 四	甲申 21 五	乙酉 22 六	丙辰小滿 辛未芒種 丙辰日食
五月小	庚午	丙戌 23 日	丁亥 24 一	戊子 25 二	己丑 26 三	庚寅 27 四	辛卯 28 五	壬辰 29 六	癸巳 30 日	甲午 (7) 一	乙未 2 二	丙申 3 三	丁酉 4 四	戊戌 5 五	己亥 6 六	庚子 7 日	辛丑 8 一	壬寅 9 二	癸卯 10 三	甲辰 11 四	乙巳 12 五	丙午 13 六	丁未 14 日	戊申 15 一	己酉 16 二	庚戌 17 三	辛亥 18 四	壬子 19 五	癸丑 20 六	甲寅 21 日		丙戌夏至 壬寅小暑
六月大	辛未	乙卯 22 一	丙辰 23 二	丁巳 24 三	戊午 25 四	己未 26 五	庚申 27 六	辛酉 28 日	壬戌 29 一	癸亥 30 二	甲子 31 三	乙丑 (8) 四	丙寅 2 五	丁卯 3 六	戊辰 4 日	己巳 5 一	庚午 6 二	辛未 7 三	壬申 8 四	癸酉 9 五	甲戌 10 六	乙亥 11 日	丙子 12 一	丁丑 13 二	戊寅 14 三	己卯 15 四	庚辰 16 五	辛巳 17 六	壬午 18 日	癸未 19 一	甲申 20 二	丁亥大暑 壬申立秋
七月小	壬申	乙酉 21 三	丙戌 22 四	丁亥 23 五	戊子 24 六	己丑 25 日	庚寅 26 一	辛卯 27 二	壬辰 28 三	癸巳 29 四	甲午 30 五	乙未 31 六	丙申 (9) 日	丁酉 2 一	戊戌 3 二	己亥 4 三	庚子 5 四	辛丑 6 五	壬寅 7 六	癸卯 8 日	甲辰 9 一	乙巳 10 二	丙午 11 三	丁未 12 四	戊申 13 五	己酉 14 六	庚戌 15 日	辛亥 16 一	壬子 17 二	癸丑 18 三		丁亥處暑 癸卯白露
八月大	癸酉	甲寅 19 四	乙卯 20 五	丙辰 21 六	丁巳 22 日	戊午 23 一	己未 24 二	庚申 25 三	辛酉 26 四	壬戌 27 五	癸亥 28 六	甲子 29 日	乙丑 30 一	丙寅 (10) 二	丁卯 2 三	戊辰 3 四	己巳 4 五	庚午 5 六	辛未 6 日	壬申 7 一	癸酉 8 二	甲戌 9 三	乙亥 10 四	丙子 11 五	丁丑 12 六	戊寅 13 日	己卯 14 一	庚辰 15 二	辛巳 16 三	壬午 17 四	癸未 18 五	戊午秋分 癸酉寒露
九月小	甲戌	甲申 19 六	乙酉 20 日	丙戌 21 一	丁亥 22 二	戊子 23 三	己丑 24 四	庚寅 25 五	辛卯 26 六	壬辰 27 日	癸巳 28 一	甲午 29 二	乙未 30 三	丙申 31 四	丁酉 (11) 五	戊戌 2 六	己亥 3 日	庚子 4 一	辛丑 5 二	壬寅 6 三	癸卯 7 四	甲辰 8 五	乙巳 9 六	丙午 10 日	丁未 11 一	戊申 12 二	己酉 13 三	庚戌 14 四	辛亥 15 五	壬子 16 六		戊子霜降 癸卯立冬
十月大	乙亥	癸丑 17 日	甲寅 18 一	乙卯 19 二	丙辰 20 三	丁巳 21 四	戊午 22 五	己未 23 六	庚申 24 日	辛酉 25 一	壬戌 26 二	癸亥 27 三	甲子 28 四	乙丑 29 五	丙寅 30 六	丁卯 (12) 日	戊辰 2 一	己巳 3 二	庚午 4 三	辛未 5 四	壬申 6 五	癸酉 7 六	甲戌 8 日	乙亥 9 一	丙子 10 二	丁丑 11 三	戊寅 12 四	己卯 13 五	庚辰 14 六	辛巳 15 日	壬午 16 一	己未小雪 甲戌小雪
十一月大	丙子	癸未 17 二	甲申 18 三	乙酉 19 四	丙戌 20 五	丁亥 21 六	戊子 22 日	己丑 23 一	庚寅 24 二	辛卯 25 三	壬辰 26 四	癸巳 27 五	甲午 28 六	乙未 29 日	丙申 30 一	丁酉 31 二	戊戌 (1) 三	己亥 2 四	庚子 3 五	辛丑 4 六	壬寅 5 日	癸卯 6 一	甲辰 7 二	乙巳 8 三	丙午 9 四	丁未 10 五	戊申 11 六	己酉 12 日	庚戌 13 一	辛亥 14 二	壬子 15 三	己丑冬至 甲辰小寒
十二月小	丁丑	癸丑 16 四	甲寅 17 五	乙卯 18 六	丙辰 19 日	丁巳 20 一	戊午 21 二	己未 22 三	庚申 23 四	辛酉 24 五	壬戌 25 六	癸亥 26 日	甲子 27 一	乙丑 28 二	丙寅 29 三	丁卯 30 四	戊辰 31 五	己巳 (2) 六	庚午 2 日	辛未 3 一	壬申 4 二	癸酉 5 三	甲戌 6 四	乙亥 7 五	丙子 8 六	丁丑 9 日	戊寅 10 一	己卯 11 二	庚辰 12 三	辛巳 13 四		庚申大寒 乙亥立春

吴大帝赤乌八年（乙丑 牛年） 公元245～246年

夏曆月序	中西曆日對照	夏曆日序																													節氣與天象
		初一	初二	初三	初四	初五	初六	初七	初八	初九	初十	十一	十二	十三	十四	十五	十六	十七	十八	十九	二十	二一	二二	二三	二四	二五	二六	二七	二八	二九	三十	
正月大	戊寅	壬午14五	癸未15六	甲申16日	乙酉17一	丙戌18二	丁亥19三	戊子20四	己丑21五	庚寅22六	辛卯23日	壬辰24一	癸巳25二	甲午26三	乙未27四	丙申28五	丁酉(3)日	戊戌2日	己亥3一	庚子4二	辛丑5三	壬寅6四	癸卯7五	甲辰8六	乙巳9日	丙午10一	丁未11二	戊申12三	己酉13四	庚戌14五	辛亥15六	庚寅雨水乙巳驚蟄
二月小	己卯	壬子16日	癸丑17一	甲寅18二	乙卯19三	丙辰20四	丁巳21五	戊午22六	己未23日	庚申24一	辛酉25二	壬戌26三	癸亥27四	甲子28五	乙丑29六	丙寅30日	丁卯31一	戊辰(4)二	己巳2三	庚午3四	辛未4五	壬申5六	癸酉6日	甲戌7一	乙亥8二	丙子9三	丁丑10四	戊寅11五	己卯12六	庚辰13日		庚申春分丙子清明
三月大	庚辰	辛巳14一	壬午15二	癸未16三	甲申17四	乙酉18五	丙戌19六	丁亥20日	戊子21一	己丑22二	庚寅23三	辛卯24四	壬辰25五	癸巳26六	甲午27日	乙未28一	丙申29二	丁酉30三	戊戌(5)四	己亥2五	庚子3六	辛丑4日	壬寅5一	癸卯6二	甲辰7三	乙巳8四	丙午9五	丁未10六	戊申11日	己酉12一	庚戌13二	辛卯穀雨丙午立夏
四月小	辛巳	辛亥14三	壬子15四	癸丑16五	甲寅17六	乙卯18日	丙辰19一	丁巳20二	戊午21三	己未22四	庚申23五	辛酉24六	壬戌25日	癸亥26一	甲子27二	乙丑28三	丙寅29四	丁卯30五	戊辰31六	己巳(6)日	庚午2一	辛未3二	壬申4三	癸酉5四	甲戌6五	乙亥7六	丙子8日	丁丑9一	戊寅10二	己卯11三		辛酉小滿丁丑芒種
五月大	壬午	庚辰12四	辛巳13五	壬午14六	癸未15日	甲申16一	乙酉17二	丙戌18三	丁亥19四	戊子20五	己丑21六	庚寅22日	辛卯23一	壬辰24二	癸巳25三	甲午26四	乙未27五	丙申28六	丁酉29日	戊戌30一	己亥(7)二	庚子2三	辛丑3四	壬寅4五	癸卯5六	甲辰6日	乙巳7一	丙午8二	丁未9三	戊申10四	己酉11五	壬辰夏至丁未小暑
六月小	癸未	庚戌12六	辛亥13日	壬子14一	癸丑15二	甲寅16三	乙卯17四	丙辰18五	丁巳19六	戊午20日	己未21一	庚申22二	辛酉23三	壬戌24四	癸亥25五	甲子26六	乙丑27日	丙寅28一	丁卯29二	戊辰30三	己巳31四	庚午(8)五	辛未2六	壬申3日	癸酉4一	甲戌5二	乙亥6三	丙子7四	丁丑8五	戊寅9六		壬戌大暑丁丑立秋
七月大	甲申	己卯10日	庚辰11一	辛巳12二	壬午13三	癸未14四	甲申15五	乙酉16六	丙戌17日	丁亥18一	戊子19二	己丑20三	庚寅21四	辛卯22五	壬辰23六	癸巳24日	甲午25一	乙未26二	丙申27三	丁酉28四	戊戌29五	己亥30六	庚子31日	辛丑(9)一	壬寅2二	癸卯3三	甲辰4四	乙巳5五	丙午6六	丁未7日	戊申8一	癸巳處暑戊申白露
八月小	乙酉	庚戌9二	辛亥10三	壬子11四	癸丑12五	甲寅13六	乙卯14日	丙辰15一	丁巳16二	戊午17三	己未18四	庚申19五	辛酉20六	壬戌21日	癸亥22一	甲子23二	乙丑24三	丙寅25四	丁卯26五	戊辰27六	己巳28日	庚午29一	辛未30二	壬申(10)三	癸酉2四	甲戌3五	乙亥4六	丙子5日	丁丑6一	戊寅7二		癸亥秋分
九月大	丙戌	戊寅8三	己卯9四	庚辰10五	辛巳11六	壬午12日	癸未13一	甲申14二	乙酉15三	丙戌16四	丁亥17五	戊子18六	己丑19日	庚寅20一	辛卯21二	壬辰22三	癸巳23四	甲午24五	乙未25六	丙申26日	丁酉27一	戊戌28二	己亥29三	庚子30四	辛丑31五	壬寅(11)六	癸卯2日	甲辰3一	乙巳4二	丙午5三	丁未6四	戊寅寒露癸巳霜降
十月小	丁亥	戊申7五	己酉8六	庚戌9日	辛亥10一	壬子11二	癸丑12三	甲寅13四	乙卯14五	丙辰15六	丁巳16日	戊午17一	己未18二	庚申19三	辛酉20四	壬戌21五	癸亥22六	甲子23日	乙丑24一	丙寅25二	丁卯26三	戊辰27四	己巳28五	庚午29六	辛未30日	壬申(12)一	癸酉2二	甲戌3三	乙亥4四	丙子5五			己酉立冬甲午小雪戊申日食
十一月大	戊子	戊寅6六	己卯7日	庚辰8一	辛巳9二	壬午10三	癸未11四	甲申12五	乙酉13六	丙戌14日	丁亥15一	戊子16二	己丑17三	庚寅18四	辛卯19五	壬辰20六	癸巳21日	甲午22一	乙未23二	丙申24三	丁酉25四	戊戌26五	己亥27六	庚子28日	辛丑29一	壬寅30二	癸卯31三	甲辰(1)四	乙巳2五	丙午3六	丁未4日		己卯大雪甲午冬至
十二月小	己丑	丁未5一	戊申6二	己酉7三	庚戌8四	辛亥9五	壬子10六	癸丑11日	甲寅12一	乙卯13二	丙辰14三	丁巳15四	戊午16五	己未17六	庚申18日	辛酉19一	壬戌20二	癸亥21三	甲子22四	乙丑23五	丙寅24六	丁卯25日	戊辰26一	己巳27二	庚午28三	辛未29四	壬申30五	癸酉31六	甲戌(2)日	乙亥2一			庚戌小寒乙丑大寒

吳大帝赤烏九年（丙寅 虎年） 公元 246 ～ 247 年

夏曆月序	中西曆對照	夏曆日序																													節氣與天象
		初一	初二	初三	初四	初五	初六	初七	初八	初九	初十	十一	十二	十三	十四	十五	十六	十七	十八	十九	二十	二一	二二	二三	二四	二五	二六	二七	二八	二九	三十	
正月大	庚寅	天干地支 西曆 星期	丙子 3 二	丁丑 4 三	戊寅 5 四	己卯 6 五	庚辰 7 六	辛巳 8 日	壬午 9 一	癸未 10 二	甲申 11 三	乙酉 12 四	丙戌 13 五	丁亥 14 六	戊子 15 日	己丑 16 一	庚寅 17 二	辛卯 18 三	壬辰 19 四	癸巳 20 五	甲午 21 六	乙未 22 日	丙申 23 一	丁酉 24 二	戊戌 25 三	己亥 26 四	庚子 27 五	辛丑 28 六	壬寅 (3) 日	癸卯 2 一	甲辰 3 二	乙巳 4 三	庚辰立春 乙未雨水
二月小	辛卯	天干地支 西曆 星期	丙午 5 四	丁未 6 五	戊申 7 六	己酉 8 日	庚戌 9 一	辛亥 10 二	壬子 11 三	癸丑 12 四	甲寅 13 五	乙卯 14 六	丙辰 15 日	丁巳 16 一	戊午 17 二	己未 18 三	庚申 19 四	辛酉 20 五	壬戌 21 六	癸亥 22 日	甲子 23 一	乙丑 24 二	丙寅 25 三	丁卯 26 四	戊辰 27 五	己巳 28 六	庚午 29 日	辛未 30 一	壬申 31 二	癸酉 (4) 三	甲戌 2 四		庚戌驚蟄 丙寅春分
三月大	壬辰	天干地支 西曆 星期	乙亥 3 五	丙子 4 六	丁丑 5 日	戊寅 6 一	己卯 7 二	庚辰 8 三	辛巳 9 四	壬午 10 五	癸未 11 六	甲申 12 日	乙酉 13 一	丙戌 14 二	丁亥 15 三	戊子 16 四	己丑 17 五	庚寅 18 六	辛卯 19 日	壬辰 20 一	癸巳 21 二	甲午 22 三	乙未 23 四	丙申 24 五	丁酉 25 六	戊戌 26 日	己亥 27 一	庚子 28 二	辛丑 29 三	壬寅 30 四	癸卯 (5) 五	甲辰 2 六	辛巳清明 丙申穀雨
四月大	癸巳	天干地支 西曆 星期	乙巳 3 日	丙午 4 一	丁未 5 二	戊申 6 三	己酉 7 四	庚戌 8 五	辛亥 9 六	壬子 10 日	癸丑 11 一	甲寅 12 二	乙卯 13 三	丙辰 14 四	丁巳 15 五	戊午 16 六	己未 17 日	庚申 18 一	辛酉 19 二	壬戌 20 三	癸亥 21 四	甲子 22 五	乙丑 23 六	丙寅 24 日	丁卯 25 一	戊辰 26 二	己巳 27 三	庚午 28 四	辛未 29 五	壬申 30 六	癸酉 31 日	甲戌 (6) 一	辛亥立夏 丁卯小滿
五月小	甲午	天干地支 西曆 星期	乙亥 2 二	丙子 3 三	丁丑 4 四	戊寅 5 五	己卯 6 六	庚辰 7 日	辛巳 8 一	壬午 9 二	癸未 10 三	甲申 11 四	乙酉 12 五	丙戌 13 六	丁亥 14 日	戊子 15 一	己丑 16 二	庚寅 17 三	辛卯 18 四	壬辰 19 五	癸巳 20 六	甲午 21 日	乙未 22 一	丙申 23 二	丁酉 24 三	戊戌 25 四	己亥 26 五	庚子 27 六	辛丑 28 日	壬寅 29 一	癸卯 30 二		壬午芒種 丁酉夏至
六月大	乙未	天干地支 西曆 星期	甲辰 (7) 三	乙巳 2 四	丙午 3 五	丁未 4 六	戊申 5 日	己酉 6 一	庚戌 7 二	辛亥 8 三	壬子 9 四	癸丑 10 五	甲寅 11 六	乙卯 12 日	丙辰 13 一	丁巳 14 二	戊午 15 三	己未 16 四	庚申 17 五	辛酉 18 六	壬戌 19 日	癸亥 20 一	甲子 21 二	乙丑 22 三	丙寅 23 四	丁卯 24 五	戊辰 25 六	己巳 26 日	庚午 27 一	辛未 28 二	壬申 29 三	癸酉 30 四	壬子小暑 丁卯大暑
七月小	丙申	天干地支 西曆 星期	甲戌 31 五	乙亥 (8) 六	丙子 2 日	丁丑 3 一	戊寅 4 二	己卯 5 三	庚辰 6 四	辛巳 7 五	壬午 8 六	癸未 9 日	甲申 10 一	乙酉 11 二	丙戌 12 三	丁亥 13 四	戊子 14 五	己丑 15 六	庚寅 16 日	辛卯 17 一	壬辰 18 二	癸巳 19 三	甲午 20 四	乙未 21 五	丙申 22 六	丁酉 23 日	戊戌 24 一	己亥 25 二	庚子 26 三	辛丑 27 四	壬寅 28 五		癸未立秋 戊戌處暑
八月大	丁酉	天干地支 西曆 星期	癸卯 29 六	甲辰 30 日	乙巳 31 一	丙午 (9) 二	丁未 2 三	戊申 3 四	己酉 4 五	庚戌 5 六	辛亥 6 日	壬子 7 一	癸丑 8 二	甲寅 9 三	乙卯 10 四	丙辰 11 五	丁巳 12 六	戊午 13 日	己未 14 一	庚申 15 二	辛酉 16 三	壬戌 17 四	癸亥 18 五	甲子 19 六	乙丑 20 日	丙寅 21 一	丁卯 22 二	戊辰 23 三	己巳 24 四	庚午 25 五	辛未 26 六	壬申 27 日	癸丑白露 戊辰秋分
九月小	戊戌	天干地支 西曆 星期	癸酉 28 一	甲戌 29 二	乙亥 (10) 三	丙子 2 四	丁丑 3 五	戊寅 4 六	己卯 5 日	庚辰 6 一	辛巳 7 二	壬午 8 三	癸未 9 四	甲申 10 五	乙酉 11 六	丙戌 12 日	丁亥 13 一	戊子 14 二	己丑 15 三	庚寅 16 四	辛卯 17 五	壬辰 18 六	癸巳 19 日	甲午 20 一	乙未 21 二	丙申 22 三	丁酉 23 四	戊戌 24 五	己亥 25 六	庚子 26 日			甲申寒露 己亥霜降
十月大	己亥	天干地支 西曆 星期	壬寅 27 一	癸卯 28 二	甲辰 29 三	乙巳 30 四	丙午 31 五	丁未 (11) 六	戊申 2 日	己酉 3 一	庚戌 4 二	辛亥 5 三	壬子 6 四	癸丑 7 五	甲寅 8 六	乙卯 9 日	丙辰 10 一	丁巳 11 二	戊午 12 三	己未 13 四	庚申 14 五	辛酉 15 六	壬戌 16 日	癸亥 17 一	甲子 18 二	乙丑 19 三	丙寅 20 四	丁卯 21 五	戊辰 22 六	己巳 23 日	庚午 24 一	辛未 25 二	甲寅立冬 己巳小雪
十一月小	庚子	天干地支 西曆 星期	壬申 26 三	癸酉 27 四	甲戌 28 五	乙亥 29 六	丙子 30 日	丁丑 (12) 一	戊寅 2 二	己卯 3 三	庚辰 4 四	辛巳 5 五	壬午 6 六	癸未 7 日	甲申 8 一	乙酉 9 二	丙戌 10 三	丁亥 11 四	戊子 12 五	己丑 13 六	庚寅 14 日	辛卯 15 一	壬辰 16 二	癸巳 17 三	甲午 18 四	乙未 19 五	丙申 20 六	丁酉 21 日	戊戌 22 一	己亥 23 二	庚子 24 三		甲申大雪 庚子冬至
十二月大	辛丑	天干地支 西曆 星期	辛丑 25 四	壬寅 26 五	癸卯 27 六	甲辰 28 日	乙巳 29 一	丙午 30 二	丁未 31 三	戊申 (1) 四	己酉 2 五	庚戌 3 六	辛亥 4 日	壬子 5 一	癸丑 6 二	甲寅 7 三	乙卯 8 四	丙辰 9 五	丁巳 10 六	戊午 11 日	己未 12 一	庚申 13 二	辛酉 14 三	壬戌 15 四	癸亥 16 五	甲子 17 六	乙丑 18 日	丙寅 19 一	丁卯 20 二	戊辰 21 三	己巳 22 四	庚午 23 五	乙卯小寒 庚午大寒
閏十二月小	辛丑	天干地支 西曆 星期	辛未 24 六	壬申 25 日	癸酉 26 一	甲戌 27 二	乙亥 28 三	丙子 29 四	丁丑 30 五	戊寅 31 六	己卯 (2) 日	庚辰 2 一	辛巳 3 二	壬午 4 三	癸未 5 四	甲申 6 五	乙酉 7 六	丙戌 8 日	丁亥 9 一	戊子 10 二	己丑 11 三	庚寅 12 四	辛卯 13 五	壬辰 14 六	癸巳 15 日	甲午 16 一	乙未 17 二	丙申 18 三	丁酉 19 四	戊戌 20 五	己亥 21 六		乙酉立春

吴大帝赤乌十年（丁卯 兔年） 公元247～248年

夏曆月序	中西曆對照 西日照	夏 曆 日 序																													節氣與天象
		初一	初二	初三	初四	初五	初六	初七	初八	初九	初十	十一	十二	十三	十四	十五	十六	十七	十八	十九	二十	二一	二二	二三	二四	二五	二六	二七	二八	二九	三十	
正月大	壬寅	天干地支 西曆 星期	庚子22二	辛丑23三	壬寅24四	癸卯25五	甲辰26六	乙巳27日	丙午28一	丁未(3)二	戊申2三	己酉3四	庚戌4五	辛亥5六	壬子6日	癸丑7一	甲寅8二	乙卯9三	丙辰10四	丁巳11五	戊午12六	己未13日	庚申14一	辛酉15二	壬戌16三	癸亥17四	甲子18五	乙丑19六	丙寅20日	丁卯21一	戊辰22二	己巳23三	庚子雨水 丙辰驚蟄
二月小	癸卯	天干地支 西曆 星期	庚午24四	辛未25五	壬申26六	癸酉27日	甲戌28一	乙亥29二	丙子30三	丁丑31四	戊寅(4)五	己卯2日	庚辰3一	辛巳4二	壬午5三	癸未6四	甲申7五	乙酉8六	丙戌9日	丁亥10一	戊子11二	己丑12三	庚寅13四	辛卯14五	壬辰15六	癸巳16日	甲午17一	乙未18二	丙申19三	丁酉20四	戊戌21五		辛未春分 丙戌清明 庚午日食
三月大	甲辰	天干地支 西曆 星期	己亥22六	庚子23日	辛丑24一	壬寅25二	癸卯26三	甲辰27四	乙巳28五	丙午29六	丁未30日	戊申(5)一	己酉2日	庚戌3一	辛亥4二	壬子5三	癸丑6四	甲寅7五	乙卯8六	丙辰9日	丁巳10一	戊午11二	己未12三	庚申13四	辛酉14五	壬戌15六	癸亥16日	甲子17一	乙丑18二	丙寅19三	丁卯20四	戊辰21五	辛丑穀雨 丁巳立夏
四月小	乙巳	天干地支 西曆 星期	庚午22六	辛未23日	壬申24一	癸酉25二	甲戌26三	乙亥27四	丙子28五	丁丑29六	戊寅30日	己卯31一	庚辰(6)二	辛巳2三	壬午3四	癸未4五	甲申5六	乙酉6日	丙戌7一	丁亥8二	戊子9三	己丑10四	庚寅11五	辛卯12六	壬辰13日	癸巳14一	甲午15二	乙未16三	丙申17四	丁酉18五	戊戌19六		壬申小滿 丁亥芒種
五月大	丙午	天干地支 西曆 星期	戊戌20日	己亥21一	庚子22二	辛丑23三	壬寅24四	癸卯25五	甲辰26六	乙巳27日	丙午28一	丁未29二	戊申30三	己酉(7)四	庚戌2五	辛亥3六	壬子4日	癸丑5一	甲寅6二	乙卯7三	丙辰8四	丁巳9五	戊午10六	己未11日	庚申12一	辛酉13二	壬戌14三	癸亥15四	甲子16五	乙丑17六	丙寅18日	丁卯19一	壬申夏至 丁巳小暑
六月小	丁未	天干地支 西曆 星期	戊辰20二	己巳21三	庚午22四	辛未23五	壬申24六	癸酉25日	甲戌26一	乙亥27二	丙子28三	丁丑29四	戊寅30五	己卯31六	庚辰(8)日	辛巳2一	壬午3二	癸未4三	甲申5四	乙酉6五	丙戌7六	丁亥8日	戊子9一	己丑10二	庚寅11三	辛卯12四	壬辰13五	癸巳14六	甲午15日	乙未16一	丙申17二		癸酉大暑 戊子立秋
七月大	戊申	天干地支 西曆 星期	丁酉18三	戊戌19四	己亥20五	庚子21六	辛丑22日	壬寅23一	癸卯24二	甲辰25三	乙巳26四	丙午27五	丁未28六	戊申29日	己酉30一	庚戌31二	辛亥(9)三	壬子2四	癸丑3五	甲寅4六	乙卯5日	丙辰6一	丁巳7二	戊午8三	己未9四	庚申10五	辛酉11六	壬戌12日	癸亥13一	甲子14二	乙丑15三	丙寅16四	癸卯處暑 戊午白露
八月小	己酉	天干地支 西曆 星期	丁卯17五	戊辰18六	己巳19日	庚午20一	辛未21二	壬申22三	癸酉23四	甲戌24五	乙亥25六	丙子26日	丁丑27一	戊寅28二	己卯29三	庚辰30四	辛巳(10)五	壬午2六	癸未3日	甲申4一	乙酉5二	丙戌6三	丁亥7四	戊子8五	己丑9六	庚寅10日	辛卯11一	壬辰12二	癸巳13三	甲午14四	乙未15五		甲戌秋分 己丑寒露
九月大	庚戌	天干地支 西曆 星期	丙申16六	丁酉17日	戊戌18一	己亥19二	庚子20三	辛丑21四	壬寅22五	癸卯23六	甲辰24日	乙巳25一	丙午26二	丁未27三	戊申28四	己酉29五	庚戌30六	辛亥31日	壬子(11)一	癸丑2二	甲寅3三	乙卯4四	丙辰5五	丁巳6六	戊午7日	己未8一	庚申9二	辛酉10三	壬戌11四	癸亥12五	甲子13六	乙丑14日	甲辰霜降 丁未立冬
十月大	辛亥	天干地支 西曆 星期	丙寅15一	丁卯16二	戊辰17三	己巳18四	庚午19五	辛未20六	壬申21日	癸酉22一	甲戌23二	乙亥24三	丙子25四	丁丑26五	戊寅27六	己卯28日	庚辰29一	辛巳30二	壬午(12)三	癸未2四	甲申3五	乙酉4六	丙戌5日	丁亥6一	戊子7二	己丑8三	庚寅9四	辛卯10五	壬辰11六	癸巳12日	甲午13一	乙未14二	甲戌小雪 庚寅大雪
十一月小	壬子	天干地支 西曆 星期	丙申15三	丁酉16四	戊戌17五	己亥18六	庚子19日	辛丑20一	壬寅21二	癸卯22三	甲辰23四	乙巳24五	丙午25六	丁未26日	戊申27一	己酉28二	庚戌29三	辛亥30四	壬子(1)五	癸丑2六	甲寅3日	乙卯4一	丙辰5二	丁巳6三	戊午7四	己未8五	庚申9六	辛酉10日	壬戌11一	癸亥12二	甲子13三		乙巳冬至 庚申小寒
十二月大	癸丑	天干地支 西曆 星期	乙丑14四	丙寅15五	丁卯16六	戊辰17日	己巳18一	庚午19二	辛未20三	壬申21四	癸酉22五	甲戌23六	乙亥24日	丙子25一	丁丑26二	戊寅27三	己卯28四	庚辰29五	辛巳30六	壬午31日	癸未(2)一	甲申2二	乙酉3三	丙戌4四	丁亥5五	戊子6六	己丑7日	庚寅8一	辛卯9二	壬辰10三	癸巳11四	甲午11五	乙亥大寒 辛卯立春

吳大帝赤烏十一年（戊辰 龍年） 公元248～249年

夏曆月序	中西曆日對照	夏曆日序																															節氣與天象
		初一	初二	初三	初四	初五	初六	初七	初八	初九	初十	十一	十二	十三	十四	十五	十六	十七	十八	十九	二十	廿一	廿二	廿三	廿四	廿五	廿六	廿七	廿八	廿九	三十	
正月小	甲寅	天干 乙未 地支 西曆 12日 星期 六	丙申 13日 一	丁酉 14日 二	戊戌 15日 三	己亥 16日 四	庚子 17日 五	辛丑 18日 六	壬寅 19日 日	癸卯 20日 一	甲辰 21日 二	乙巳 22日 三	丙午 23日 四	丁未 24日 五	戊申 25日 六	己酉 26日 日	庚戌 27日 一	辛亥 28日 二	壬子 29日 三	癸丑 (3) 三	甲寅 2日 四	乙卯 3日 五	丙辰 4日 六	丁巳 5日 日	戊午 6日 一	己未 7日 二	庚申 8日 三	辛酉 9日 四	壬戌 10日 五	癸亥 11日 六		丙午雨水 辛酉驚蟄
二月大	乙卯	天干 甲子 地支 西曆 12日 星期 日	乙丑 13日 一	丙寅 14日 二	丁卯 15日 三	戊辰 16日 四	己巳 17日 五	庚午 18日 六	辛未 19日 日	壬申 20日 一	癸酉 21日 二	甲戌 22日 三	乙亥 23日 四	丙子 24日 五	丁丑 25日 六	戊寅 26日 日	己卯 27日 一	庚辰 28日 二	辛巳 29日 三	壬午 30日 四	癸未 31日 五	甲申 (4) 六	乙酉 2日 日	丙戌 3日 一	丁亥 4日 二	戊子 5日 三	己丑 6日 四	庚寅 7日 五	辛卯 8日 六	壬辰 9日 日	癸巳 10日 一	丙子春分 辛卯清明
三月小	丙辰	天干 甲午 地支 西曆 11日 星期 二	乙未 12日 三	丙申 13日 四	丁酉 14日 五	戊戌 15日 六	己亥 16日 日	庚子 17日 一	辛丑 18日 二	壬寅 19日 三	癸卯 20日 四	甲辰 21日 五	乙巳 22日 六	丙午 23日 日	丁未 24日 一	戊申 25日 二	己酉 26日 三	庚戌 27日 四	辛亥 28日 五	壬子 29日 六	癸丑 30日 日	甲寅 (5) 一	乙卯 2日 二	丙辰 3日 三	丁巳 4日 四	戊午 5日 五	己未 6日 六	庚申 7日 日	辛酉 8日 一	壬戌 9日 二		丁未穀雨 壬戌立夏
四月大	丁巳	天干 癸亥 地支 西曆 10日 星期 三	甲子 11日 四	乙丑 12日 五	丙寅 13日 六	丁卯 14日 日	戊辰 15日 一	己巳 16日 二	庚午 17日 三	辛未 18日 四	壬申 19日 五	癸酉 20日 六	甲戌 21日 日	乙亥 22日 一	丙子 23日 二	丁丑 24日 三	戊寅 25日 四	己卯 26日 五	庚辰 27日 六	辛巳 28日 日	壬午 29日 一	癸未 30日 二	甲申 31日 三	乙酉 (6) 四	丙戌 2日 五	丁亥 3日 六	戊子 4日 日	己丑 5日 一	庚寅 6日 二	辛卯 7日 三	壬辰 8日 四	丁丑小滿 壬辰芒種
五月小	戊午	天干 癸巳 地支 西曆 9日 星期 五	甲午 10日 六	乙未 11日 日	丙申 12日 一	丁酉 13日 二	戊戌 14日 三	己亥 15日 四	庚子 16日 五	辛丑 17日 六	壬寅 18日 日	癸卯 19日 一	甲辰 20日 二	乙巳 21日 三	丙午 22日 四	丁未 23日 五	戊申 24日 六	己酉 25日 日	庚戌 26日 一	辛亥 27日 二	壬子 28日 三	癸丑 29日 四	甲寅 30日 五	乙卯 (7) 六	丙辰 2日 日	丁巳 3日 一	戊午 4日 二	己未 5日 三	庚申 6日 四	辛酉 7日 五		丁未夏至
六月大	己未	天干 壬戌 地支 西曆 8日 星期 六	癸亥 9日 日	甲子 10日 一	乙丑 11日 二	丙寅 12日 三	丁卯 13日 四	戊辰 14日 五	己巳 15日 六	庚午 16日 日	辛未 17日 一	壬申 18日 二	癸酉 19日 三	甲戌 20日 四	乙亥 21日 五	丙子 22日 六	丁丑 23日 日	戊寅 24日 一	己卯 25日 二	庚辰 26日 三	辛巳 27日 四	壬午 28日 五	癸未 29日 六	甲申 30日 日	乙酉 31日 一	丙戌 (8) 二	丁亥 2日 三	戊子 3日 四	己丑 4日 五	庚寅 5日 六	辛卯 6日 日	癸亥小暑 戊寅大暑
七月小	庚申	天干 壬辰 地支 西曆 7日 星期 一	癸巳 8日 二	甲午 9日 三	乙未 10日 四	丙申 11日 五	丁酉 12日 六	戊戌 13日 日	己亥 14日 一	庚子 15日 二	辛丑 16日 三	壬寅 17日 四	癸卯 18日 五	甲辰 19日 六	乙巳 20日 日	丙午 21日 一	丁未 22日 二	戊申 23日 三	己酉 24日 四	庚戌 25日 五	辛亥 26日 六	壬子 27日 日	癸丑 28日 一	甲寅 29日 二	乙卯 30日 三	丙辰 31日 四	丁巳 (9) 五	戊午 2日 六	己未 3日 日	庚申 4日 一		癸巳立秋 戊申處暑
八月大	辛酉	天干 辛酉 地支 西曆 5日 星期 二	壬戌 6日 三	癸亥 7日 四	甲子 8日 五	乙丑 9日 六	丙寅 10日 日	丁卯 11日 一	戊辰 12日 二	己巳 13日 三	庚午 14日 四	辛未 15日 五	壬申 16日 六	癸酉 17日 日	甲戌 18日 一	乙亥 19日 二	丙子 20日 三	丁丑 21日 四	戊寅 22日 五	己卯 23日 六	庚辰 24日 日	辛巳 25日 一	壬午 26日 二	癸未 27日 三	甲申 28日 四	乙酉 29日 五	丙戌 30日 六	丁亥 (10) 日	戊子 2日 一	己丑 3日 二	庚寅 4日 三	甲子白露 己卯秋分 辛酉日食
九月小	壬戌	天干 辛卯 地支 西曆 5日 星期 四	壬辰 6日 五	癸巳 7日 六	甲午 8日 日	乙未 9日 一	丙申 10日 二	丁酉 11日 三	戊戌 12日 四	己亥 13日 五	庚子 14日 六	辛丑 15日 日	壬寅 16日 一	癸卯 17日 二	甲辰 18日 三	乙巳 19日 四	丙午 20日 五	丁未 21日 六	戊申 22日 日	己酉 23日 一	庚戌 24日 二	辛亥 25日 三	壬子 26日 四	癸丑 27日 五	甲寅 28日 六	乙卯 29日 日	丙辰 30日 一	丁巳 31日 二	戊午 (11) 三	己未 2日 四		甲午寒露 己酉霜降
十月大	癸亥	天干 庚申 地支 西曆 3日 星期 五	辛酉 4日 六	壬戌 5日 日	癸亥 6日 一	甲子 7日 二	乙丑 8日 三	丙寅 9日 四	丁卯 10日 五	戊辰 11日 六	己巳 12日 日	庚午 13日 一	辛未 14日 二	壬申 15日 三	癸酉 16日 四	甲戌 17日 五	乙亥 18日 六	丙子 19日 日	丁丑 20日 一	戊寅 21日 二	己卯 22日 三	庚辰 23日 四	辛巳 24日 五	壬午 25日 六	癸未 26日 日	甲申 27日 一	乙酉 28日 二	丙戌 29日 三	丁亥 30日 四	戊子 (12) 五	己丑 2日 六	甲子立冬 庚辰小雪
十一月小	甲子	天干 庚寅 地支 西曆 3日 星期 日	辛卯 4日 一	壬辰 5日 二	癸巳 6日 三	甲午 7日 四	乙未 8日 五	丙申 9日 六	丁酉 10日 日	戊戌 11日 一	己亥 12日 二	庚子 13日 三	辛丑 14日 四	壬寅 15日 五	癸卯 16日 六	甲辰 17日 日	乙巳 18日 一	丙午 19日 二	丁未 20日 三	戊申 21日 四	己酉 22日 五	庚戌 23日 六	辛亥 24日 日	壬子 25日 一	癸丑 26日 二	甲寅 27日 三	乙卯 28日 四	丙辰 29日 五	丁巳 30日 六	戊午 31日 日		乙未大雪 庚戌冬至
十二月大	乙丑	天干 己未 地支 西曆 (1) 星期 一	庚申 2日 二	辛酉 3日 三	壬戌 4日 四	癸亥 5日 五	甲子 6日 六	乙丑 7日 日	丙寅 8日 一	丁卯 9日 二	戊辰 10日 三	己巳 11日 四	庚午 12日 五	辛未 13日 六	壬申 14日 日	癸酉 15日 一	甲戌 16日 二	乙亥 17日 三	丙子 18日 四	丁丑 19日 五	戊寅 20日 六	己卯 21日 日	庚辰 22日 一	辛巳 23日 二	壬午 24日 三	癸未 25日 四	甲申 26日 五	乙酉 27日 六	丙戌 28日 日	丁亥 29日 一	戊子 30日 二	乙丑小寒 辛巳大寒

吴大帝赤乌十二年（己巳 蛇年） 公元249～250年

夏曆月序	中西曆對照	夏曆日序																													節氣與天象
		初一	初二	初三	初四	初五	初六	初七	初八	初九	初十	十一	十二	十三	十四	十五	十六	十七	十八	十九	二十	廿一	廿二	廿三	廿四	廿五	廿六	廿七	廿八	廿九	三十	
正月大	丙寅 天干地支 西曆 星期	己丑 31 三	庚寅 (2) 四	辛卯 2 五	壬辰 3 六	癸巳 4 日	甲午 5 一	乙未 6 二	丙申 7 三	丁酉 8 四	戊戌 9 五	己亥 10 六	庚子 11 日	辛丑 12 一	壬寅 13 二	癸卯 14 三	甲辰 15 四	乙巳 16 五	丙午 17 六	丁未 18 日	戊申 19 一	己酉 20 二	庚戌 21 三	辛亥 22 四	壬子 23 五	癸丑 24 六	甲寅 25 日	乙卯 26 一	丙辰 27 二	丁巳 28 三	戊午 (3) 四	丙申立春 辛亥雨水
二月小	丁卯 天干地支 西曆 星期	己未 2 五	庚申 3 六	辛酉 4 日	壬戌 5 一	癸亥 6 二	甲子 7 三	乙丑 8 四	丙寅 9 五	丁卯 10 六	戊辰 11 日	己巳 12 一	庚午 13 二	辛未 14 三	壬申 15 四	癸酉 16 五	甲戌 17 六	乙亥 18 日	丙子 19 一	丁丑 20 二	戊寅 21 三	己卯 22 四	庚辰 23 五	辛巳 24 六	壬午 25 日	癸未 26 一	甲申 27 二	乙酉 28 三	丙戌 29 四	丁亥 30 五		丙寅驚蟄 辛巳春分
三月大	戊辰 天干地支 西曆 星期	戊子 31 六	己丑 (4) 日	庚寅 2 一	辛卯 3 二	壬辰 4 三	癸巳 5 四	甲午 6 五	乙未 7 六	丙申 8 日	丁酉 9 一	戊戌 10 二	己亥 11 三	庚子 12 四	辛丑 13 五	壬寅 14 六	癸卯 15 日	甲辰 16 一	乙巳 17 二	丙午 18 三	丁未 19 四	戊申 20 五	己酉 21 六	庚戌 22 日	辛亥 23 一	壬子 24 二	癸丑 25 三	甲寅 26 四	乙卯 27 五	丙辰 28 六	丁巳 29 日	丁酉清明 壬子穀雨
四月小	己巳 天干地支 西曆 星期	戊午 30 一	己未 (5) 二	庚申 2 三	辛酉 3 四	壬戌 4 五	癸亥 5 六	甲子 6 日	乙丑 7 一	丙寅 8 二	丁卯 9 三	戊辰 10 四	己巳 11 五	庚午 12 六	辛未 13 日	壬申 14 一	癸酉 15 二	甲戌 16 三	乙亥 17 四	丙子 18 五	丁丑 19 六	戊寅 20 日	己卯 21 一	庚辰 22 二	辛巳 23 三	壬午 24 四	癸未 25 五	甲申 26 六	乙酉 27 日	丙戌 28 一		丁卯立夏 壬午小滿
五月大	庚午 天干地支 西曆 星期	丁亥 29 二	戊子 30 三	己丑 31 四	庚寅 (6) 五	辛卯 2 六	壬辰 3 日	癸巳 4 一	甲午 5 二	乙未 6 三	丙申 7 四	丁酉 8 五	戊戌 9 六	己亥 10 日	庚子 11 一	辛丑 12 二	壬寅 13 三	癸卯 14 四	甲辰 15 五	乙巳 16 六	丙午 17 日	丁未 18 一	戊申 19 二	己酉 20 三	庚戌 21 四	辛亥 22 五	壬子 23 六	癸丑 24 日	甲寅 25 一	乙卯 26 二	丙辰 27 三	乙酉芒種 癸丑夏至
六月小	辛未 天干地支 西曆 星期	丁巳 28 四	戊午 29 五	己未 30 六	庚申 (7) 日	辛酉 2 一	壬戌 3 二	癸亥 4 三	甲子 5 四	乙丑 6 五	丙寅 7 六	丁卯 8 日	戊辰 9 一	己巳 10 二	庚午 11 三	辛未 12 四	壬申 13 五	癸酉 14 六	甲戌 15 日	乙亥 16 一	丙子 17 二	丁丑 18 三	戊寅 19 四	己卯 20 五	庚辰 21 六	辛巳 22 日	壬午 23 一	癸未 24 二	甲申 25 三	乙酉 26 四		戊辰小暑 癸未大暑
七月大	壬申 天干地支 西曆 星期	丙戌 27 五	丁亥 28 六	戊子 29 日	己丑 30 一	庚寅 31 二	辛卯 (8) 三	壬辰 2 四	癸巳 3 五	甲午 4 六	乙未 5 日	丙申 6 一	丁酉 7 二	戊戌 8 三	己亥 9 四	庚子 10 五	辛丑 11 六	壬寅 12 日	癸卯 13 一	甲辰 14 二	乙巳 15 三	丙午 16 四	丁未 17 五	戊申 18 六	己酉 19 日	庚戌 20 一	辛亥 21 二	壬子 22 三	癸丑 23 四	甲寅 24 五	乙卯 25 六	戊戌立秋 甲寅處暑
八月小	癸酉 天干地支 西曆 星期	丙辰 26 日	丁巳 27 一	戊午 28 二	己未 29 三	庚申 30 四	辛酉 31 五	壬戌 (9) 六	癸亥 2 日	甲子 3 一	乙丑 4 二	丙寅 5 三	丁卯 6 四	戊辰 7 五	己巳 8 六	庚午 9 日	辛未 10 一	壬申 11 二	癸酉 12 三	甲戌 13 四	乙亥 14 五	丙子 15 六	丁丑 16 日	戊寅 17 一	己卯 18 二	庚辰 19 三	辛巳 20 四	壬午 21 五	癸未 22 六	甲申 23 日		己巳白露 甲申秋分
閏八月大	癸酉 天干地支 西曆 星期	乙酉 24 一	丙戌 25 二	丁亥 26 三	戊子 27 四	己丑 28 五	庚寅 29 六	辛卯 30 日	壬辰 (10) 一	癸巳 2 二	甲午 3 三	乙未 4 四	丙申 5 五	丁酉 6 六	戊戌 7 日	己亥 8 一	庚子 9 二	辛丑 10 三	壬寅 11 四	癸卯 12 五	甲辰 13 六	乙巳 14 日	丙午 15 一	丁未 16 二	戊申 17 三	己酉 18 四	庚戌 19 五	辛亥 20 六	壬子 21 日	癸丑 22 一	甲寅 23 二	己亥寒露 甲寅霜降
九月小	甲戌 天干地支 西曆 星期	乙卯 24 三	丙辰 25 四	丁巳 26 五	戊午 27 六	己未 28 日	庚申 29 一	辛酉 30 二	壬戌 31 三	癸亥 (11) 四	甲子 2 五	乙丑 3 六	丙寅 4 日	丁卯 5 一	戊辰 6 二	己巳 7 三	庚午 8 四	辛未 9 五	壬申 10 六	癸酉 11 日	甲戌 12 一	乙亥 13 二	丙子 14 三	丁丑 15 四	戊寅 16 五	己卯 17 六	庚辰 18 日	辛巳 19 一	壬午 20 二	癸未 21 三		庚午立冬
十月大	乙亥 天干地支 西曆 星期	甲申 22 四	乙酉 23 五	丙戌 24 六	丁亥 25 日	戊子 26 一	己丑 27 二	庚寅 28 三	辛卯 29 四	壬辰 30 五	癸巳 (12) 六	甲午 2 日	乙未 3 一	丙申 4 二	丁酉 5 三	戊戌 6 四	己亥 7 五	庚子 8 六	辛丑 9 日	壬寅 10 一	癸卯 11 二	甲辰 12 三	乙巳 13 四	丙午 14 五	丁未 15 六	戊申 16 日	己酉 17 一	庚戌 18 二	辛亥 19 三	壬子 20 四	癸丑 21 五	乙酉小雪 庚子大雪
十一月小	丙子 天干地支 西曆 星期	甲寅 22 六	乙卯 23 日	丙辰 24 一	丁巳 25 二	戊午 26 三	己未 27 四	庚申 28 五	辛酉 29 六	壬戌 30 日	癸亥 31 一	甲子 (1) 二	乙丑 2 三	丙寅 3 四	丁卯 4 五	戊辰 5 六	己巳 6 日	庚午 7 一	辛未 8 二	壬申 9 三	癸酉 10 四	甲戌 11 五	乙亥 12 六	丙子 13 日	丁丑 14 一	戊寅 15 二	己卯 16 三	庚辰 17 四	辛巳 18 五	壬午 19 六		乙卯冬至 辛未小寒
十二月大	丁丑 天干地支 西曆 星期	癸未 20 日	甲申 21 一	乙酉 22 二	丙戌 23 三	丁亥 24 四	戊子 25 五	己丑 26 六	庚寅 27 日	辛卯 28 一	壬辰 29 二	癸巳 30 三	甲午 31 四	乙未 (2) 五	丙申 2 六	丁酉 3 日	戊戌 4 一	己亥 5 二	庚子 6 三	辛丑 7 四	壬寅 8 五	癸卯 9 六	甲辰 10 日	乙巳 11 一	丙午 12 二	丁未 13 三	戊申 14 四	己酉 15 五	庚戌 16 六	辛亥 17 日	壬子 18 一	丙戌大寒 辛丑立春

吴大帝赤乌十三年（庚午 马年） 公元 250 ～ 251 年

夏历月序	中西日历对照	夏 历 日 序																													节气与天象
		初一	初二	初三	初四	初五	初六	初七	初八	初九	初十	十一	十二	十三	十四	十五	十六	十七	十八	十九	二十	廿一	廿二	廿三	廿四	廿五	廿六	廿七	廿八	廿九	三十	
正月小	戊寅	天干地支 西历 星期	癸丑 19 二	甲寅 20 三	乙卯 21 四	丙辰 22 五	丁巳 23 六	戊午 24 日	己未 25 一	庚申 26 二	辛酉 27 三	壬戌 28 四	癸亥 (3) 五	甲子 2 六	乙丑 3 日	丙寅 4 一	丁卯 5 二	戊辰 6 三	己巳 7 四	庚午 8 五	辛未 9 六	壬申 10 日	癸酉 11 一	甲戌 12 二	乙亥 13 三	丙子 14 四	丁丑 15 五	戊寅 16 六	己卯 17 日	庚辰 18 一	辛巳 19 二		丙辰雨水 辛未惊蛰
二月大	己卯	天干地支 西历 星期	壬午 20 三	癸未 21 四	甲申 22 五	乙酉 23 六	丙戌 24 日	丁亥 25 一	戊子 26 二	己丑 27 三	庚寅 28 四	辛卯 29 五	壬辰 30 六	癸巳 31 日	甲午 (4) 一	乙未 2 二	丙申 3 三	丁酉 4 四	戊戌 5 五	己亥 6 六	庚子 7 日	辛丑 8 一	壬寅 9 二	癸卯 10 三	甲辰 11 四	乙巳 12 五	丙午 13 六	丁未 14 日	戊申 15 一	己酉 16 二	庚戌 17 三	辛亥 18 四	丁亥春分 壬寅清明
三月大	庚辰	天干地支 西历 星期	壬子 19 五	癸丑 20 六	甲寅 21 日	乙卯 22 一	丙辰 23 二	丁巳 24 三	戊午 25 四	己未 26 五	庚申 27 六	辛酉 28 日	壬戌 29 一	癸亥 30 二	甲子 (5) 三	乙丑 2 四	丙寅 3 五	丁卯 4 六	戊辰 5 日	己巳 6 一	庚午 7 二	辛未 8 三	壬申 9 四	癸酉 10 五	甲戌 11 六	乙亥 12 日	丙子 13 一	丁丑 14 二	戊寅 15 三	己卯 16 四	庚辰 17 五	辛巳 18 六	丁巳谷雨 壬申立夏
四月小	辛巳	天干地支 西历 星期	壬午 19 日	癸未 20 一	甲申 21 二	乙酉 22 三	丙戌 23 四	丁亥 24 五	戊子 25 六	己丑 26 日	庚寅 27 一	辛卯 28 二	壬辰 29 三	癸巳 30 四	甲午 (6) 五	乙未 2 六	丙申 3 日	丁酉 4 一	戊戌 5 二	己亥 6 三	庚子 7 四	辛丑 8 五	壬寅 9 六	癸卯 10 日	甲辰 11 一	乙巳 12 二	丙午 13 三	丁未 14 四	戊申 15 五	己酉 16 六	庚戌 17 日		戊子小满 癸卯芒种
五月大	壬午	天干地支 西历 星期	辛亥 17 一	壬子 18 二	癸丑 19 三	甲寅 20 四	乙卯 21 五	丙辰 22 六	丁巳 23 日	戊午 24 一	己未 25 二	庚申 26 三	辛酉 27 四	壬戌 28 五	癸亥 29 六	甲子 30 日	乙丑 (7) 一	丙寅 2 二	丁卯 3 三	戊辰 4 四	己巳 5 五	庚午 6 六	辛未 7 日	壬申 8 一	癸酉 9 二	甲戌 10 三	乙亥 11 四	丙子 12 五	丁丑 13 六	戊寅 14 日	己卯 15 一	庚辰 16 二	戊午夏至 癸酉小暑
六月小	癸未	天干地支 西历 星期	辛巳 17 三	壬午 18 四	癸未 19 五	甲申 20 六	乙酉 21 日	丙戌 22 一	丁亥 23 二	戊子 24 三	己丑 25 四	庚寅 26 五	辛卯 27 六	壬辰 28 日	癸巳 29 一	甲午 30 二	乙未 31 三	丙申 (8) 四	丁酉 2 五	戊戌 3 六	己亥 4 日	庚子 5 一	辛丑 6 二	壬寅 7 三	癸卯 8 四	甲辰 9 五	乙巳 10 六	丙午 11 日	丁未 12 一	戊申 13 二	己酉 14 三		戊子大暑 甲辰立秋
七月大	甲申	天干地支 西历 星期	庚戌 15 四	辛亥 16 五	壬子 17 六	癸丑 18 日	甲寅 19 一	乙卯 20 二	丙辰 21 三	丁巳 22 四	戊午 23 五	己未 24 六	庚申 25 日	辛酉 26 一	壬戌 27 二	癸亥 28 三	甲子 29 四	乙丑 30 五	丙寅 31 六	丁卯 (9) 日	戊辰 2 一	己巳 3 二	庚午 4 三	辛未 5 四	壬申 6 五	癸酉 7 六	甲戌 8 日	乙亥 9 一	丙子 10 二	丁丑 11 三	戊寅 12 四	己卯 13 五	己未处暑 甲戌白露
八月小	乙酉	天干地支 西历 星期	庚辰 14 六	辛巳 15 日	壬午 16 一	癸未 17 二	甲申 18 三	乙酉 19 四	丙戌 20 五	丁亥 21 六	戊子 22 日	己丑 23 一	庚寅 24 二	辛卯 25 三	壬辰 26 四	癸巳 27 五	甲午 28 六	乙未 29 日	丙申 (00) 一	丁酉 2 二	戊戌 3 三	己亥 4 四	庚子 5 五	辛丑 6 六	壬寅 7 日	癸卯 8 一	甲辰 9 二	乙巳 10 三	丙午 11 四	丁未 12 五	戊申 13 六		己丑秋分 甲辰寒露
九月大	丙戌	天干地支 西历 星期	己酉 13 日	庚戌 14 一	辛亥 15 二	壬子 16 三	癸丑 17 四	甲寅 18 五	乙卯 19 六	丙辰 20 日	丁巳 21 一	戊午 22 二	己未 23 三	庚申 24 四	辛酉 25 五	壬戌 26 六	癸亥 27 日	甲子 28 一	乙丑 29 二	丙寅 30 三	丁卯 31 四	戊辰 (11) 五	己巳 2 六	庚午 3 日	辛未 4 一	壬申 5 二	癸酉 6 三	甲戌 7 四	乙亥 8 五	丙子 9 六	丁丑 10 日	戊寅 11 一	庚申霜降 乙亥立冬
十月小	丁亥	天干地支 西历 星期	己卯 12 二	庚辰 13 三	辛巳 14 四	壬午 15 五	癸未 16 六	甲申 17 日	乙酉 18 一	丙戌 19 二	丁亥 20 三	戊子 21 四	己丑 22 五	庚寅 23 六	辛卯 24 日	壬辰 25 一	癸巳 26 二	甲午 27 三	乙未 28 四	丙申 29 五	丁酉 30 六	戊戌 (12) 日	己亥 2 一	庚子 3 二	辛丑 4 三	壬寅 5 四	癸卯 6 五	甲辰 7 六	乙巳 8 日	丙午 9 一	丁未 10 二		庚寅小雪 乙巳大雪
十一月大	戊子	天干地支 西历 星期	戊申 11 三	己酉 12 四	庚戌 13 五	辛亥 14 六	壬子 15 日	癸丑 16 一	甲寅 17 二	乙卯 18 三	丙辰 19 四	丁巳 20 五	戊午 21 六	己未 22 日	庚申 23 一	辛酉 24 二	壬戌 25 三	癸亥 26 四	甲子 27 五	乙丑 28 六	丙寅 29 日	丁卯 30 一	戊辰 31 二	己巳 (1) 三	庚午 2 四	辛未 3 五	壬申 4 六	癸酉 5 日	甲戌 6 一	乙亥 7 二	丙子 8 三	丁丑 9 四	辛酉冬至 丙子小寒
十二月小	己丑	天干地支 西历 星期	戊寅 10 五	己卯 11 六	庚辰 12 日	辛巳 13 一	壬午 14 二	癸未 15 三	甲申 16 四	乙酉 17 五	丙戌 18 六	丁亥 19 日	戊子 20 一	己丑 21 二	庚寅 22 三	辛卯 23 四	壬辰 24 五	癸巳 25 六	甲午 26 日	乙未 27 一	丙申 28 二	丁酉 29 三	戊戌 30 四	己亥 31 五	庚子 (2) 六	辛丑 2 日	壬寅 3 一	癸卯 4 二	甲辰 5 三	乙巳 6 四	丙午 7 五		辛卯大寒 丙午立春

吴大帝赤乌十四年 太元元年（辛未 羊年） 公元251～252年

夏曆月序	中西曆日對照	夏曆日序																													節氣與天象
		初一	初二	初三	初四	初五	初六	初七	初八	初九	初十	十一	十二	十三	十四	十五	十六	十七	十八	十九	二十	二十一	二十二	二十三	二十四	二十五	二十六	二十七	二十八	二十九	三十	
正月大	庚寅 天干地支 西曆 星期	丁未 8 六	戊申 9 日	己酉 10 一	庚戌 11 二	辛亥 12 三	壬子 13 四	癸丑 14 五	甲寅 15 六	乙卯 16 日	丙辰 17 一	丁巳 18 二	戊午 19 三	己未 20 四	庚申 21 五	辛酉 22 六	壬戌 23 日	癸亥 24 一	甲子 25 二	乙丑 26 三	丙寅 27 四	丁卯 28 五	戊辰(3) 日	己巳 2 一	庚午 3 二	辛未 4 三	壬申 5 四	癸酉 6 五	甲戌 7 六	乙亥 8 日	丙子 9 日	辛酉雨水
二月小	辛卯 天干地支 西曆 星期	丁丑 10 一	戊寅 11 二	己卯 12 三	庚辰 13 四	辛巳 14 五	壬午 15 六	癸未 16 日	甲申 17 一	乙酉 18 二	丙戌 19 三	丁亥 20 四	戊子 21 五	己丑 22 六	庚寅 23 日	辛卯 24 一	壬辰 25 二	癸巳 26 三	甲午 27 四	乙未 28 五	丙申 29 六	丁酉 30 日	戊戌 31 一	己亥(4) 二	庚子 2 三	辛丑 3 四	壬寅 4 五	癸卯 5 六	甲辰 6 日	乙巳 7 一		丁丑驚蟄 壬辰春分
三月大	壬辰 天干地支 西曆 星期	丙午 8 二	丁未 9 三	戊申 10 四	己酉 11 五	庚戌 12 六	辛亥 13 日	壬子 14 一	癸丑 15 二	甲寅 16 三	乙卯 17 四	丙辰 18 五	丁巳 19 六	戊午 20 日	己未 21 一	庚申 22 二	辛酉 23 三	壬戌 24 四	癸亥 25 五	甲子 26 六	乙丑 27 日	丙寅 28 一	丁卯 29 二	戊辰 30 三	己巳(5) 四	庚午 2 五	辛未 3 六	壬申 4 日	癸酉 5 一	甲戌 6 二	乙亥 7 三	丁未清明 壬戌穀雨
四月小	癸巳 天干地支 西曆 星期	丙子 8 四	丁丑 9 五	戊寅 10 六	己卯 11 日	庚辰 12 一	辛巳 13 二	壬午 14 三	癸未 15 四	甲申 16 五	乙酉 17 六	丙戌 18 日	丁亥 19 一	戊子 20 二	己丑 21 三	庚寅 22 四	辛卯 23 五	壬辰 24 六	癸巳 25 日	甲午 26 一	乙未 27 二	丙申 28 三	丁酉 29 四	戊戌 30 五	己亥 31 六	庚子(6) 日	辛丑 2 一	壬寅 3 二	癸卯 4 三	甲辰 5 四		戊寅立夏 癸巳小滿
五月大	甲午 天干地支 西曆 星期	乙巳 6 五	丙午 7 六	丁未 8 日	戊申 9 一	己酉 10 二	庚戌 11 三	辛亥 12 四	壬子 13 五	癸丑 14 六	甲寅 15 日	乙卯 16 一	丙辰 17 二	丁巳 18 三	戊午 19 四	己未 20 五	庚申 21 六	辛酉 22 日	壬戌 23 一	癸亥 24 二	甲子 25 三	乙丑 26 四	丙寅 27 五	丁卯 28 六	戊辰 29 日	己巳 30 一	庚午(7) 二	辛未 2 三	壬申 3 四	癸酉 4 五	甲戌 5 六	戊申芒種 癸亥夏至
六月小	乙未 天干地支 西曆 星期	丙子 6 日	丁丑 7 一	戊寅 8 二	己卯 9 三	庚辰 10 四	辛巳 11 五	壬午 12 六	癸未 13 日	甲申 14 一	乙酉 15 二	丙戌 16 三	丁亥 17 四	戊子 18 五	己丑 19 六	庚寅 20 日	辛卯 21 一	壬辰 22 二	癸巳 23 三	甲午 24 四	乙未 25 五	丙申 26 六	丁酉 27 日	戊戌 28 一	己亥 29 二	庚子 30 三	辛丑 31 四	壬寅(8) 五	癸卯 2 六	甲辰 3 日		戊寅小暑 甲午大暑 乙亥日食
七月大	丙申 天干地支 西曆 星期	甲辰 4 一	乙巳 5 二	丙午 6 三	丁未 7 四	戊申 8 五	己酉 9 六	庚戌 10 日	辛亥 11 一	壬子 12 二	癸丑 13 三	甲寅 14 四	乙卯 15 五	丙辰 16 六	丁巳 17 日	戊午 18 一	己未 19 二	庚申 20 三	辛酉 21 四	壬戌 22 五	癸亥 23 六	甲子 24 日	乙丑 25 一	丙寅 26 二	丁卯 27 三	戊辰 28 四	己巳 29 五	庚午 30 六	辛未 31 日	壬申(9) 一	癸酉 2 二	己酉立秋 甲子處暑
八月大	丁酉 天干地支 西曆 星期	甲戌 3 三	乙亥 4 四	丙子 5 五	丁丑 6 六	戊寅 7 日	己卯 8 一	庚辰 9 二	辛巳 10 三	壬午 11 四	癸未 12 五	甲申 13 六	乙酉 14 日	丙戌 15 一	丁亥 16 二	戊子 17 三	己丑 18 四	庚寅 19 五	辛卯 20 六	壬辰 21 日	癸巳 22 一	甲午 23 二	乙未 24 三	丙申 25 四	丁酉 26 五	戊戌 27 六	己亥 28 日	庚子 29 一	辛丑 30 二	壬寅(10) 三	癸卯 2 四	己卯白露 乙未秋分
九月小	戊戌 天干地支 西曆 星期	甲辰 3 五	乙巳 4 六	丙午 5 日	丁未 6 一	戊申 7 二	己酉 8 三	庚戌 9 四	辛亥 10 五	壬子 11 六	癸丑 12 日	甲寅 13 一	乙卯 14 二	丙辰 15 三	丁巳 16 四	戊午 17 五	己未 18 六	庚申 19 日	辛酉 20 一	壬戌 21 二	癸亥 22 三	甲子 23 四	乙丑 24 五	丙寅 25 六	丁卯 26 日	戊辰 27 一	己巳 28 二	庚午 29 三	辛未 30 四	壬申 31 五		庚戌寒露 乙丑霜降
十月大	己亥 天干地支 西曆 星期	癸酉(11) 六	甲戌 2 日	乙亥 3 一	丙子 4 二	丁丑 5 三	戊寅 6 四	己卯 7 五	庚辰 8 六	辛巳 9 日	壬午 10 一	癸未 11 二	甲申 12 三	乙酉 13 四	丙戌 14 五	丁亥 15 六	戊子 16 日	己丑 17 一	庚寅 18 二	辛卯 19 三	壬辰 20 四	癸巳 21 五	甲午 22 六	乙未 23 日	丙申 24 一	丁酉 25 二	戊戌 26 三	己亥 27 四	庚子 28 五	辛丑 29 六	壬寅 30 日	庚辰立冬 乙未小雪
十一月小	庚子 天干地支 西曆 星期	癸卯(12) 一	甲辰 2 二	乙巳 3 三	丙午 4 四	丁未 5 五	戊申 6 六	己酉 7 日	庚戌 8 一	辛亥 9 二	壬子 10 三	癸丑 11 四	甲寅 12 五	乙卯 13 六	丙辰 14 日	丁巳 15 一	戊午 16 二	己未 17 三	庚申 18 四	辛酉 19 五	壬戌 20 六	癸亥 21 日	甲子 22 一	乙丑 23 二	丙寅 24 三	丁卯 25 四	戊辰 26 五	己巳 27 六	庚午 28 日	辛未 29 一		辛亥大雪 丙寅冬至
十二月大	辛丑 天干地支 西曆 星期	壬申 30 二	癸酉 31 三	甲戌(1) 四	乙亥 2 五	丙子 3 六	丁丑 4 日	戊寅 5 一	己卯 6 二	庚辰 7 三	辛巳 8 四	壬午 9 五	癸未 10 六	甲申 11 日	乙酉 12 一	丙戌 13 二	丁亥 14 三	戊子 15 四	己丑 16 五	庚寅 17 六	辛卯 18 日	壬辰 19 一	癸巳 20 二	甲午 21 三	乙未 22 四	丙申 23 五	丁酉 24 六	戊戌 25 日	己亥 26 一	庚子 27 二	辛丑 28 三	辛巳小寒 丙申大寒

*五月，改元太元。

吳大帝太元二年 神鳳元年 會稽王建興元年（壬申 猴年） 公元252～253年

夏曆月序	中西曆對照	夏曆日序																													節氣與天象
		初一	初二	初三	初四	初五	初六	初七	初八	初九	初十	十一	十二	十三	十四	十五	十六	十七	十八	十九	二十	二一	二二	二三	二四	二五	二六	二七	二八	二九	三十	
正月小	壬寅	天干地支 西曆 星期	壬寅 29 四	癸卯 30 五	甲辰 31 六	乙巳 (2) 日	丙午 2 一	丁未 3 二	戊申 4 三	己酉 5 四	庚戌 6 五	辛亥 7 六	壬子 8 日	癸丑 9 一	甲寅 10 二	乙卯 11 三	丙辰 12 四	丁巳 13 五	戊午 14 六	己未 15 日	庚申 16 一	辛酉 17 二	壬戌 18 三	癸亥 19 四	甲子 20 五	乙丑 21 六	丙寅 22 日	丁卯 23 一	戊辰 24 二	己巳 25 三	庚午 26 四		辛亥立春 丁卯雨水
二月大	癸卯	天干地支 西曆 星期	辛未 27 五	壬申 28 六	癸酉 29 日	甲戌 (3) 一	乙亥 2 二	丙子 3 三	丁丑 4 四	戊寅 5 五	己卯 6 六	庚辰 7 日	辛巳 8 一	壬午 9 二	癸未 10 三	甲申 11 四	乙酉 12 五	丙戌 13 六	丁亥 14 日	戊子 15 一	己丑 16 二	庚寅 17 三	辛卯 18 四	壬辰 19 五	癸巳 20 六	甲午 21 日	乙未 22 一	丙申 23 二	丁酉 24 三	戊戌 25 四	己亥 26 五	庚子 27 六	壬午驚蟄 丁酉春分
三月小	甲辰	天干地支 西曆 星期	辛丑 28 日	壬寅 29 一	癸卯 30 二	甲辰 31 三	乙巳 (4) 四	丙午 2 五	丁未 3 六	戊申 4 日	己酉 5 一	庚戌 6 二	辛亥 7 三	壬子 8 四	癸丑 9 五	甲寅 10 六	乙卯 11 日	丙辰 12 一	丁巳 13 二	戊午 14 三	己未 15 四	庚申 16 五	辛酉 17 六	壬戌 18 日	癸亥 19 一	甲子 20 二	乙丑 21 三	丙寅 22 四	丁卯 23 五	戊辰 24 六	己巳 25 日		壬子清明 戊辰穀雨
四月大	乙巳	天干地支 西曆 星期	庚午 26 一	辛未 27 二	壬申 28 三	癸酉 29 四	甲戌 30 五	乙亥 (5) 六	丙子 2 日	丁丑 3 一	戊寅 4 二	己卯 5 三	庚辰 6 四	辛巳 7 五	壬午 8 六	癸未 9 日	甲申 10 一	乙酉 11 二	丙戌 12 三	丁亥 13 四	戊子 14 五	己丑 15 六	庚寅 16 日	辛卯 17 一	壬辰 18 二	癸巳 19 三	甲午 20 四	乙未 21 五	丙申 22 六	丁酉 23 日	戊戌 24 一	己亥 25 二	癸未立夏 戊戌小滿
閏四月小	乙巳	天干地支 西曆 星期	庚子 26 三	辛丑 27 四	壬寅 28 五	癸卯 29 六	甲辰 30 日	乙巳 31 一	丙午 (6) 二	丁未 2 三	戊申 3 四	己酉 4 五	庚戌 5 六	辛亥 6 日	壬子 7 一	癸丑 8 二	甲寅 9 三	乙卯 10 四	丙辰 11 五	丁巳 12 六	戊午 13 日	己未 14 一	庚申 15 二	辛酉 16 三	壬戌 17 四	癸亥 18 五	甲子 19 六	乙丑 20 日	丙寅 21 一	丁卯 22 二	戊辰 23 三		癸丑芒種 戊辰夏至
五月大	丙午	天干地支 西曆 星期	己巳 24 四	庚午 25 五	辛未 26 六	壬申 27 日	癸酉 28 一	甲戌 29 二	乙亥 30 三	丙子 (7) 四	丁丑 2 五	戊寅 3 六	己卯 4 日	庚辰 5 一	辛巳 6 二	壬午 7 三	癸未 8 四	甲申 9 五	乙酉 10 六	丙戌 11 日	丁亥 12 一	戊子 13 二	己丑 14 三	庚寅 15 四	辛卯 16 五	壬辰 17 六	癸巳 18 日	甲午 19 一	乙未 20 二	丙申 21 三	丁酉 22 四	戊戌 23 五	甲申小暑 己巳日食
六月小	丁未	天干地支 西曆 星期	己亥 24 六	庚子 25 日	辛丑 26 一	壬寅 27 二	癸卯 28 三	甲辰 29 四	乙巳 30 五	丙午 31 六	丁未 (8) 日	戊申 2 一	己酉 3 二	庚戌 4 三	辛亥 5 四	壬子 6 五	癸丑 7 六	甲寅 8 日	乙卯 9 一	丙辰 10 二	丁巳 11 三	戊午 12 四	己未 13 五	庚申 14 六	辛酉 15 日	壬戌 16 一	癸亥 17 二	甲子 18 三	乙丑 19 四	丙寅 20 五	丁卯 21 六		己亥大暑 甲寅立秋
七月大	戊申	天干地支 西曆 星期	戊辰 22 日	己巳 23 一	庚午 24 二	辛未 25 三	壬申 26 四	癸酉 27 五	甲戌 28 六	乙亥 29 日	丙子 30 一	丁丑 31 二	戊寅 (9) 三	己卯 2 四	庚辰 3 五	辛巳 4 六	壬午 5 日	癸未 6 一	甲申 7 二	乙酉 8 三	丙戌 9 四	丁亥 10 五	戊子 11 六	己丑 12 日	庚寅 13 一	辛卯 14 二	壬辰 15 三	癸巳 16 四	甲午 17 五	乙未 18 六	丙申 19 日	丁酉 20 一	丁巳處暑 癸酉白露
八月小	己酉	天干地支 西曆 星期	戊戌 21 二	己亥 22 三	庚子 23 四	辛丑 24 五	壬寅 25 六	癸卯 26 日	甲辰 27 一	乙巳 28 二	丙午 29 三	丁未 30 四	戊申 (10) 五	己酉 2 六	庚戌 3 日	辛亥 4 一	壬子 5 二	癸丑 6 三	甲寅 7 四	乙卯 8 五	丙辰 9 六	丁巳 10 日	戊午 11 一	己未 12 二	庚申 13 三	辛酉 14 四	壬戌 15 五	癸亥 16 六	甲子 17 日	乙丑 18 一	丙寅 19 二		庚子秋分 乙卯寒露
九月大	庚戌	天干地支 西曆 星期	丁卯 20 三	戊辰 21 四	己巳 22 五	庚午 23 六	辛未 24 日	壬申 25 一	癸酉 26 二	甲戌 27 三	乙亥 28 四	丙子 29 五	丁丑 30 六	戊寅 31 日	己卯 (11) 一	庚辰 2 二	辛巳 3 三	壬午 4 四	癸未 5 五	甲申 6 六	乙酉 7 日	丙戌 8 一	丁亥 9 二	戊子 10 三	己丑 11 四	庚寅 12 五	辛卯 13 六	壬辰 14 日	癸巳 15 一	甲午 16 二	乙未 17 三	丙申 18 四	庚午霜降 乙酉立冬
十月小	辛亥	天干地支 西曆 星期	丁酉 19 五	戊戌 20 六	己亥 21 日	庚子 22 一	辛丑 23 二	壬寅 24 三	癸卯 25 四	甲辰 26 五	乙巳 27 六	丙午 28 日	丁未 29 一	戊申 30 二	己酉 (12) 三	庚戌 2 四	辛亥 3 五	壬子 4 六	癸丑 5 日	甲寅 6 一	乙卯 7 二	丙辰 8 三	丁巳 9 四	戊午 10 五	己未 11 六	庚申 12 日	辛酉 13 一	壬戌 14 二	癸亥 15 三	甲子 16 四	乙丑 17 五		辛丑小雪 丙辰大雪
十一月大	壬子	天干地支 西曆 星期	丙寅 18 六	丁卯 19 日	戊辰 20 一	己巳 21 二	庚午 22 三	辛未 23 四	壬申 24 五	癸酉 25 六	甲戌 26 日	乙亥 27 一	丙子 28 二	丁丑 29 三	戊寅 30 四	己卯 31 五	庚辰 (1) 六	辛巳 2 日	壬午 3 一	癸未 4 二	甲申 5 三	乙酉 6 四	丙戌 7 五	丁亥 8 六	戊子 9 日	己丑 10 一	庚寅 11 二	辛卯 12 三	壬辰 13 四	癸巳 14 五	甲午 15 六	乙未 16 日	辛未冬至 丙戌小寒
十二月大	癸丑	天干地支 西曆 星期	丙申 17 一	丁酉 18 二	戊戌 19 三	己亥 20 四	庚子 21 五	辛丑 22 六	壬寅 23 日	癸卯 24 一	甲辰 25 二	乙巳 26 三	丙午 27 四	丁未 28 五	戊申 29 六	己酉 30 日	庚戌 31 一	辛亥 (2) 二	壬子 2 三	癸丑 3 四	甲寅 4 五	乙卯 5 六	丙辰 6 日	丁巳 7 一	戊午 8 二	己未 9 三	庚申 10 四	辛酉 11 五	壬戌 12 六	癸亥 13 日	甲子 14 一	乙丑 15 二	壬寅大寒 丁巳立春

* 二月，改元神鳳。四月，孫權卒。孫亮繼位，改元建興，是爲會稽王。

吳會稽王建興二年（癸酉 雞年） 公元253～254年

夏曆月序	中西日照對照	夏曆日序																													節氣與天象
		初一	初二	初三	初四	初五	初六	初七	初八	初九	初十	十一	十二	十三	十四	十五	十六	十七	十八	十九	二十	二一	二二	二三	二四	二五	二六	二七	二八	二九	三十	
正月小	甲寅 天干地支西曆星期	丙寅16三	丁卯17四	戊辰18五	己巳19六	庚午20日	辛未21一	壬申22二	癸酉23三	甲戌24四	乙亥25五	丙子26六	丁丑27日	戊寅28一	己卯(3)二	庚辰2三	辛巳3四	壬午4五	癸未5六	甲申6日	乙酉7一	丙戌8二	丁亥9三	戊子10四	己丑11五	庚寅12六	辛卯13日	壬辰14一	癸巳15二	甲午16三		壬申雨水 丁亥驚蟄
二月大	乙卯 天干地支西曆星期	乙未17四	丙申18五	丁酉19六	戊戌20日	己亥21一	庚子22二	辛丑23三	壬寅24四	癸卯25五	甲辰26六	乙巳27日	丙午28一	丁未29二	戊申30三	己酉31四	庚戌(4)五	辛亥2六	壬子3日	癸丑4一	甲寅5二	乙卯6三	丙辰7四	丁巳8五	戊午9六	己未10日	庚申11一	辛酉12二	壬戌13三	癸亥14四	甲子15五	壬寅春分 戊午清明
三月小	丙辰 天干地支西曆星期	丙寅16六	丁卯17日	戊辰18一	己巳19二	庚午20三	辛未21四	壬申22五	癸酉23六	甲戌24日	乙亥25一	丙子26二	丁丑27三	戊寅28四	己卯29五	庚辰30六	辛巳(5)日	壬午2一	癸未3二	甲申4三	乙酉5四	丙戌6五	丁亥7六	戊子8日	己丑9一	庚寅10二	辛卯11三	壬辰12四	癸巳13五	甲午14六		癸酉穀雨 戊子立夏
四月大	丁巳 天干地支西曆星期	甲午15日	乙未16一	丙申17二	丁酉18三	戊戌19四	己亥20五	庚子21六	辛丑22日	壬寅23一	癸卯24二	甲辰25三	乙巳26四	丙午27五	丁未28六	戊申29日	己酉30一	庚戌31二	辛亥(6)三	壬子2四	癸丑3五	甲寅4六	乙卯5日	丙辰6一	丁巳7二	戊午8三	己未9四	庚申10五	辛酉11六	壬戌12日	癸亥13一	癸卯小滿 戊午芒種
五月小	戊午 天干地支西曆星期	甲子14二	乙丑15三	丙寅16四	丁卯17五	戊辰18六	己巳19日	庚午20一	辛未21二	壬申22三	癸酉23四	甲戌24五	乙亥25六	丙子26日	丁丑27一	戊寅28二	己卯29三	庚辰30四	辛巳(7)五	壬午2六	癸未3日	甲申4一	乙酉5二	丙戌6三	丁亥7四	戊子8五	己丑9六	庚寅10日	辛卯11一	壬辰12二		甲戌夏至 己丑小暑
六月大	己未 天干地支西曆星期	癸巳13三	甲午14四	乙未15五	丙申16六	丁酉17日	戊戌18一	己亥19二	庚子20三	辛丑21四	壬寅22五	癸卯23六	甲辰24日	乙巳25一	丙午26二	丁未27三	戊申28四	己酉29五	庚戌30六	辛亥31日	壬子(8)一	癸丑2二	甲寅3三	乙卯4四	丙辰5五	丁巳6六	戊午7日	己未8一	庚申9二	辛酉10三	壬戌11四	甲辰大暑 己未立秋
七月小	庚申 天干地支西曆星期	癸亥12五	甲子13六	乙丑14日	丙寅15一	丁卯16二	戊辰17三	己巳18四	庚午19五	辛未20六	壬申21日	癸酉22一	甲戌23二	乙亥24三	丙子25四	丁丑26五	戊寅27六	己卯28日	庚辰29一	辛巳30二	壬午31三	癸未(9)四	甲申2五	乙酉3六	丙戌4日	丁亥5一	戊子6二	己丑7三	庚寅8四	辛卯9五		乙亥處暑 庚寅白露
八月大	辛酉 天干地支西曆星期	壬辰10六	癸巳11日	甲午12一	乙未13二	丙申14三	丁酉15四	戊戌16五	己亥17六	庚子18日	辛丑19一	壬寅20二	癸卯21三	甲辰22四	乙巳23五	丙午24六	丁未25日	戊申26一	己酉27二	庚戌28三	辛亥29四	壬子30五	癸丑(10)六	甲寅2日	乙卯3一	丙辰4二	丁巳5三	戊午6四	己未7五	庚申8六	辛酉9日	乙巳秋分 庚申寒露
九月小	壬戌 天干地支西曆星期	壬戌10一	癸亥11二	甲子12三	乙丑13四	丙寅14五	丁卯15六	戊辰16日	己巳17一	庚午18二	辛未19三	壬申20四	癸酉21五	甲戌22六	乙亥23日	丙子24一	丁丑25二	戊寅26三	己卯27四	庚辰28五	辛巳29六	壬午30日	癸未31一	甲申(11)二	乙酉2三	丙戌3四	丁亥4五	戊子5六	己丑6日	庚寅7一		乙亥霜降
十月大	癸亥 天干地支西曆星期	辛卯8二	壬辰9三	癸巳10四	甲午11五	乙未12六	丙申13日	丁酉14一	戊戌15二	己亥16三	庚子17四	辛丑18五	壬寅19六	癸卯20日	甲辰21一	乙巳22二	丙午23三	丁未24四	戊申25五	己酉26六	庚戌27日	辛亥28一	壬子29二	癸丑30三	甲寅(12)四	乙卯2五	丙辰3六	丁巳4日	戊午5一	己未6二	庚申7三	辛卯立冬 丙午小雪
十一月小	甲子 天干地支西曆星期	辛酉8四	壬戌9五	癸亥10六	甲子11日	乙丑12一	丙寅13二	丁卯14三	戊辰15四	己巳16五	庚午17六	辛未18日	壬申19一	癸酉20二	甲戌21三	乙亥22四	丙子23五	丁丑24六	戊寅25日	己卯26一	庚辰27二	辛巳28三	壬午29四	癸未30五	甲申(1)日	乙酉2一	丙戌3二	丁亥4三	戊子5四	己丑6五		辛酉大雪 丙子冬至
十二月大	乙丑 天干地支西曆星期	庚寅6六	辛卯7日	壬辰8一	癸巳9二	甲午10三	乙未11四	丙申12五	丁酉13六	戊戌14日	己亥15一	庚子16二	辛丑17三	壬寅18四	癸卯19五	甲辰20六	乙巳21日	丙午22一	丁未23二	戊申24三	己酉25四	庚戌26五	辛亥27六	壬子28日	癸丑29一	甲寅30二	乙卯31三	丙辰(2)四	丁巳2五	戊午3六	己未4日	壬辰小寒 丁未大寒

吳會稽王五鳳元年（甲戌 狗年） 公元254～255年

夏曆月序	中西曆對照	夏曆日序																													節氣與天象
		初一	初二	初三	初四	初五	初六	初七	初八	初九	初十	十一	十二	十三	十四	十五	十六	十七	十八	十九	二十	二一	二二	二三	二四	二五	二六	二七	二八	二九	三十	
正月小	丙寅	天干地支/西曆/星期 庚申 5日 一	辛酉 6 二	壬戌 7 三	癸亥 8 四	甲子 9 五	乙丑 10 六	丙寅 11 日	丁卯 12 一	戊辰 13 二	己巳 14 三	庚午 15 四	辛未 16 五	壬申 17 六	癸酉 18 日	甲戌 19 一	乙亥 20 二	丙子 21 三	丁丑 22 四	戊寅 23 五	己卯 24 六	庚辰 25 日	辛巳 26 一	壬午 27 二	癸未 28 三	甲申(3) 四	乙酉 2 五	丙戌 3 六	丁亥 4 日	戊子 5 一		壬戌立春 丁丑雨水
二月大	丁卯	己丑 6 二	庚寅 7 三	辛卯 8 四	壬辰 9 五	癸巳 10 六	甲午 11 日	乙未 12 一	丙申 13 二	丁酉 14 三	戊戌 15 四	己亥 16 五	庚子 17 六	辛丑 18 日	壬寅 19 一	癸卯 20 二	甲辰 21 三	乙巳 22 四	丙午 23 五	丁未 24 六	戊申 25 日	己酉 26 一	庚戌 27 二	辛亥 28 三	壬子 29 四	癸丑 30 五	甲寅 31 六	乙卯(4) 日	丙辰 2 一	丁巳 3 二	戊午 4 三	壬辰驚蟄 戊申春分
三月小	戊辰	己未 5 四	庚申 6 五	辛酉 7 六	壬戌 8 日	癸亥 9 一	甲子 10 二	乙丑 11 三	丙寅 12 四	丁卯 13 五	戊辰 14 六	己巳 15 日	庚午 16 一	辛未 17 二	壬申 18 三	癸酉 19 四	甲戌 20 五	乙亥 21 六	丙子 22 日	丁丑 23 一	戊寅 24 二	己卯 25 三	庚辰 26 四	辛巳 27 五	壬午 28 六	癸未 29 日	甲申 30 一	乙酉(5) 二	丙戌 2 三	丁亥 3 四		癸亥清明 戊寅穀雨
四月大	己巳	戊子 4 五	己丑 5 六	庚寅 6 日	辛卯 7 一	壬辰 8 二	癸巳 9 三	甲午 10 四	乙未 11 五	丙申 12 六	丁酉 13 日	戊戌 14 一	己亥 15 二	庚子 16 三	辛丑 17 四	壬寅 18 五	癸卯 19 六	甲辰 20 日	乙巳 21 一	丙午 22 二	丁未 23 三	戊申 24 四	己酉 25 五	庚戌 26 六	辛亥 27 日	壬子 28 一	癸丑 29 二	甲寅 30 三	乙卯 31 四	丙辰(6) 五	丁巳 2 六	癸巳立夏 己酉小滿
五月大	庚午	戊午 3 日	己未 4 一	庚申 5 二	辛酉 6 三	壬戌 7 四	癸亥 8 五	甲子 9 六	乙丑 10 日	丙寅 11 一	丁卯 12 二	戊辰 13 三	己巳 14 四	庚午 15 五	辛未 16 六	壬申 17 日	癸酉 18 一	甲戌 19 二	乙亥 20 三	丙子 21 四	丁丑 22 五	戊寅 23 六	己卯 24 日	庚辰 25 一	辛巳 26 二	壬午 27 三	癸未 28 四	甲申 29 五	乙酉 30 六	丙戌(7) 日	丁亥 2 一	甲子芒種 己卯夏至
六月小	辛未	戊子 3 二	己丑 4 三	庚寅 5 四	辛卯 6 五	壬辰 7 六	癸巳 8 日	甲午 9 一	乙未 10 二	丙申 11 三	丁酉 12 四	戊戌 13 五	己亥 14 六	庚子 15 日	辛丑 16 一	壬寅 17 二	癸卯 18 三	甲辰 19 四	乙巳 20 五	丙午 21 六	丁未 22 日	戊申 23 一	己酉 24 二	庚戌 25 三	辛亥 26 四	壬子 27 五	癸丑 28 六	甲寅 29 日	乙卯 30 一	丙辰 31 二		甲午小暑 己酉大暑
七月大	壬申	丁巳(8) 三	戊午 2 四	己未 3 五	庚申 4 六	辛酉 5 日	壬戌 6 一	癸亥 7 二	甲子 8 三	乙丑 9 四	丙寅 10 五	丁卯 11 六	戊辰 12 日	己巳 13 一	庚午 14 二	辛未 15 三	壬申 16 四	癸酉 17 五	甲戌 18 六	乙亥 19 日	丙子 20 一	丁丑 21 二	戊寅 22 三	己卯 23 四	庚辰 24 五	辛巳 25 六	壬午 26 日	癸未 27 一	甲申 28 二	乙酉 29 三	丙戌 30 四	乙丑立秋 庚辰處暑
八月小	癸酉	丁亥 31 五	戊子(9) 六	己丑 2 日	庚寅 3 一	辛卯 4 二	壬辰 5 三	癸巳 6 四	甲午 7 五	乙未 8 六	丙申 9 日	丁酉 10 一	戊戌 11 二	己亥 12 三	庚子 13 四	辛丑 14 五	壬寅 15 六	癸卯 16 日	甲辰 17 一	乙巳 18 二	丙午 19 三	丁未 20 四	戊申 21 五	己酉 22 六	庚戌 23 日	辛亥 24 一	壬子 25 二	癸丑 26 三	甲寅 27 四			乙未白露 庚戌秋分
九月大	甲戌	丙辰 29 五	丁巳 30 六	戊午(10) 日	己未 2 一	庚申 3 二	辛酉 4 三	壬戌 5 四	癸亥 6 五	甲子 7 六	乙丑 8 日	丙寅 9 一	丁卯 10 二	戊辰 11 三	己巳 12 四	庚午 13 五	辛未 14 六	壬申 15 日	癸酉 16 一	甲戌 17 二	乙亥 18 三	丙子 19 四	丁丑 20 五	戊寅 21 六	己卯 22 日	庚辰 23 一	辛巳 24 二	壬午 25 三	癸未 26 四	甲申 27 五	乙酉 28 六	乙丑寒露 辛巳霜降
十月小	乙亥	丙戌 29 日	丁亥 30 一	戊子 31 二	己丑(11) 三	庚寅 2 四	辛卯 3 五	壬辰 4 六	癸巳 5 日	甲午 6 一	乙未 7 二	丙申 8 三	丁酉 9 四	戊戌 10 五	己亥 11 六	庚子 12 日	辛丑 13 一	壬寅 14 二	癸卯 15 三	甲辰 16 四	乙巳 17 五	丙午 18 六	丁未 19 日	戊申 20 一	己酉 21 二	庚戌 22 三	辛亥 23 四	壬子 24 五	癸丑 25 六	甲寅 26 日		丙申立冬 辛亥小雪 丙戌日食
十一月大	丙子	乙卯 27 一	丙辰 28 二	丁巳 29 三	戊午 30 四	己未(12) 五	庚申 2 六	辛酉 3 日	壬戌 4 一	癸亥 5 二	甲子 6 三	乙丑 7 四	丙寅 8 五	丁卯 9 六	戊辰 10 日	己巳 11 一	庚午 12 二	辛未 13 三	壬申 14 四	癸酉 15 五	甲戌 16 六	乙亥 17 日	丙子 18 一	丁丑 19 二	戊寅 20 三	己卯 21 四	庚辰 22 五	辛巳 23 六	壬午 24 日	癸未 25 一	甲申 26 二	丙寅大雪 壬午冬至
十二月小	丁丑	乙酉 27 三	丙戌 28 四	丁亥 29 五	戊子 30 六	己丑 31 日	庚寅(1) 一	辛卯 2 二	壬辰 3 三	癸巳 4 四	甲午 5 五	乙未 6 六	丙申 7 日	丁酉 8 一	戊戌 9 二	己亥 10 三	庚子 11 四	辛丑 12 五	壬寅 13 六	癸卯 14 日	甲辰 15 一	乙巳 16 二	丙午 17 三	丁未 18 四	戊申 19 五	己酉 20 六	庚戌 21 日	辛亥 22 一	壬子 23 二	癸丑 24 三		丁酉小寒 壬子大寒

*正月庚申（初一），改元五鳳。

吳會稽王五鳳二年（乙亥 豬年） 公元255～256年

夏曆月序	中西曆對照	夏曆日序																													節氣與天象
		初一	初二	初三	初四	初五	初六	初七	初八	初九	初十	十一	十二	十三	十四	十五	十六	十七	十八	十九	二十	廿一	廿二	廿三	廿四	廿五	廿六	廿七	廿八	廿九	三十	
正月大	戊寅 天干地支西曆星期	甲寅25四	乙卯26五	丙辰27六	丁巳28日	戊午29一	己未30二	庚申31三	辛酉(2)四	壬戌2五	癸亥3六	甲子4日	乙丑5一	丙寅6二	丁卯7三	戊辰8四	己巳9五	庚午10六	辛未11日	壬申12一	癸酉13二	甲戌14三	乙亥15四	丙子16五	丁丑17六	戊寅18日	己卯19一	庚辰20二	辛巳21三	壬午22四	癸未23五	丁卯立春 壬午雨水
閏正月小	戊寅 天干地支西曆星期	甲申24六	乙酉25日	丙戌26一	丁亥27二	戊子28三	己丑(3)四	庚寅2五	辛卯3六	壬辰4日	癸巳5一	甲午6二	乙未7三	丙申8四	丁酉9五	戊戌10六	己亥11日	庚子12一	辛丑13二	壬寅14三	癸卯15四	甲辰16五	乙巳17六	丙午18日	丁未19一	戊申20二	己酉21三	庚戌22四	辛亥23五	壬子24六		戊戌驚蟄
二月大	己卯 天干地支西曆星期	癸丑25日	甲寅26一	乙卯27二	丙辰28三	丁巳29四	戊午30五	己未31六	庚申(4)日	辛酉2一	壬戌3二	癸亥4三	甲子5四	乙丑6五	丙寅7六	丁卯8日	戊辰9一	己巳10二	庚午11三	辛未12四	壬申13五	癸酉14六	甲戌15日	乙亥16一	丙子17二	丁丑18三	戊寅19四	己卯20五	庚辰21六	辛巳22日	壬午23一	癸丑春分 戊辰清明
三月小	庚辰 天干地支西曆星期	癸未24二	甲申25三	乙酉26四	丙戌27五	丁亥28六	戊子29日	己丑(5)一	庚寅2二	辛卯3三	壬辰4四	癸巳5五	甲午6六	乙未7日	丙申8一	丁酉9二	戊戌10三	己亥11四	庚子12五	辛丑13六	壬寅14日	癸卯15一	甲辰16二	乙巳17三	丙午18四	丁未19五	戊申20六	己酉21日	庚戌22一	辛亥23二		癸未穀雨 己亥立夏
四月大	辛巳 天干地支西曆星期	壬子23三	癸丑24四	甲寅25五	乙卯26六	丙辰27日	丁巳28一	戊午29二	己未30三	庚申31四	辛酉(6)五	壬戌2六	癸亥3日	甲子4一	乙丑5二	丙寅6三	丁卯7四	戊辰8五	己巳9六	庚午10日	辛未11一	壬申12二	癸酉13三	甲戌14四	乙亥15五	丙子16六	丁丑17日	戊寅18一	己卯19二	庚辰20三	辛巳21四	甲寅小滿 己巳芒種
五月小	壬午 天干地支西曆星期	壬午22五	癸未23六	甲申24日	乙酉25一	丙戌26二	丁亥27三	戊子28四	己丑29五	庚寅30六	辛卯(7)日	壬辰2一	癸巳3二	甲午4三	乙未5四	丙申6五	丁酉7六	戊戌8日	己亥9一	庚子10二	辛丑11三	壬寅12四	癸卯13五	甲辰14六	乙巳15日	丙午16一	丁未17二	戊申18三	己酉19四	庚戌20五		甲申夏至 己亥小暑
六月大	癸未 天干地支西曆星期	辛亥21六	壬子22日	癸丑23一	甲寅24二	乙卯25三	丙辰26四	丁巳27五	戊午28六	己未29日	庚申30一	辛酉31二	壬戌(8)三	癸亥2四	甲子3五	乙丑4六	丙寅5日	丁卯6一	戊辰7二	己巳8三	庚午9四	辛未10五	壬申11六	癸酉12日	甲戌13一	乙亥14二	丙子15三	丁丑16四	戊寅17五	己卯18六	庚辰19日	乙卯大暑 庚午立秋
七月大	甲申 天干地支西曆星期	辛巳20一	壬午21二	癸未22三	甲申23四	乙酉24五	丙戌25六	丁亥26日	戊子27一	己丑28二	庚寅29三	辛卯30四	壬辰31五	癸巳(9)六	甲午2日	乙未3一	丙申4二	丁酉5三	戊戌6四	己亥7五	庚子8六	辛丑9日	壬寅10一	癸卯11二	甲辰12三	乙巳13四	丙午14五	丁未15六	戊申16日	己酉17一	庚戌18二	乙酉處暑 庚子白露
八月小	乙酉 天干地支西曆星期	辛亥19三	壬子20四	癸丑21五	甲寅22六	乙卯23日	丙辰24一	丁巳25二	戊午26三	己未27四	庚申28五	辛酉29六	壬戌30日	癸亥(10)一	甲子2二	乙丑3三	丙寅4四	丁卯5五	戊辰6六	己巳7日	庚午8一	辛未9二	壬申10三	癸酉11四	甲戌12五	乙亥13六	丙子14日	丁丑15一	戊寅16二	己卯17三		丙辰秋分 辛未寒露
九月大	丙戌 天干地支西曆星期	庚辰18四	辛巳19五	壬午20六	癸未21日	甲申22一	乙酉23二	丙戌24三	丁亥25四	戊子26五	己丑27六	庚寅28日	辛卯29一	壬辰30二	癸巳31三	甲午(11)四	乙未2五	丙申3六	丁酉4日	戊戌5一	己亥6二	庚子7三	辛丑8四	壬寅9五	癸卯10六	甲辰11日	乙巳12一	丙午13二	丁未14三	戊申15四	己酉16五	丙戌霜降 辛丑立冬 庚辰日食
十月小	丁亥 天干地支西曆星期	庚戌17六	辛亥18日	壬子19一	癸丑20二	甲寅21三	乙卯22四	丙辰23五	丁巳24六	戊午25日	己未26一	庚申27二	辛酉28三	壬戌29四	癸亥30五	甲子(12)六	乙丑2日	丙寅3一	丁卯4二	戊辰5三	己巳6四	庚午7五	辛未8六	壬申9日	癸酉10一	甲戌11二	乙亥12三	丙子13四	丁丑14五	戊寅15六		丙辰小雪 壬申大雪
十一月大	戊子 天干地支西曆星期	己卯16日	庚辰17一	辛巳18二	壬午19三	癸未20四	甲申21五	乙酉22六	丙戌23日	丁亥24一	戊子25二	己丑26三	庚寅27四	辛卯28五	壬辰29六	癸巳30日	甲午31一	乙未(1)二	丙申2三	丁酉3四	戊戌4五	己亥5六	庚子6日	辛丑7一	壬寅8二	癸卯9三	甲辰10四	乙巳11五	丙午12六	丁未13日	戊申14一	丁亥冬至 壬寅小寒
十二月小	己丑 天干地支西曆星期	己酉15二	庚戌16三	辛亥17四	壬子18五	癸丑19六	甲寅20日	乙卯21一	丙辰22二	丁巳23三	戊午24四	己未25五	庚申26六	辛酉27日	壬戌28一	癸亥29二	甲子30三	乙丑31四	丙寅(2)五	丁卯2六	戊辰3日	己巳4一	庚午5二	辛未6三	壬申7四	癸酉8五	甲戌9六	乙亥10日	丙子11一	丁丑12二		丁巳大寒 壬申立春

吳會稽王五鳳三年 太平元年（丙子 鼠年） 公元256～257年

夏曆月序	中西曆日對照	夏曆日序																														節氣與天象
		初一	初二	初三	初四	初五	初六	初七	初八	初九	初十	十一	十二	十三	十四	十五	十六	十七	十八	十九	二十	廿一	廿二	廿三	廿四	廿五	廿六	廿七	廿八	廿九	三十	
正月大	庚寅 天干地支 西曆日 星期	戊寅 13 三	己卯 14 四	庚辰 15 五	辛巳 16 六	壬午 17 日	癸未 18 一	甲申 19 二	乙酉 20 三	丙戌 21 四	丁亥 22 五	戊子 23 六	己丑 24 日	庚寅 25 一	辛卯 26 二	壬辰 27 三	癸巳 28 四	甲午 29 五	乙未 (3) 日	丙申 2 一	丁酉 3 二	戊戌 4 三	己亥 5 四	庚子 6 五	辛丑 7 六	壬寅 8 日	癸卯 9 一	甲辰 10 二	乙巳 11 三	丙午 12 四	丁未 13 五		戊子雨水 癸卯驚蟄
二月小	辛卯 天干地支 西曆日 星期	戊申 14 六	己酉 15 日	庚戌 16 一	辛亥 17 二	壬子 18 三	癸丑 19 四	甲寅 20 五	乙卯 21 六	丙辰 22 日	丁巳 23 一	戊午 24 二	己未 25 三	庚申 26 四	辛酉 27 五	壬戌 28 六	癸亥 29 日	甲子 30 一	乙丑 31 二	丙寅 (4) 三	丁卯 2 四	戊辰 3 五	己巳 4 六	庚午 5 日	辛未 6 一	壬申 7 二	癸酉 8 三	甲戌 9 四	乙亥 10 五	丙子 11 六			戊午春分 癸酉清明
三月大	壬辰 天干地支 西曆日 星期	丁丑 12 日	戊寅 13 一	己卯 14 二	庚辰 15 三	辛巳 16 四	壬午 17 五	癸未 18 六	甲申 19 日	乙酉 20 一	丙戌 21 二	丁亥 22 三	戊子 23 四	己丑 24 五	庚寅 25 六	辛卯 26 日	壬辰 27 一	癸巳 28 二	甲午 29 三	乙未 30 四	丙申 (5) 五	丁酉 2 六	戊戌 3 日	己亥 4 一	庚子 5 二	辛丑 6 三	壬寅 7 四	癸卯 8 五	甲辰 9 六	乙巳 10 日	丙午 11 一		己丑穀雨 甲辰立夏
四月小	癸巳 天干地支 西曆日 星期	丁未 12 二	戊申 13 三	己酉 14 四	庚戌 15 五	辛亥 16 六	壬子 17 日	癸丑 18 一	甲寅 19 二	乙卯 20 三	丙辰 21 四	丁巳 22 五	戊午 23 六	己未 24 日	庚申 25 一	辛酉 26 二	壬戌 27 三	癸亥 28 四	甲子 29 五	乙丑 30 六	丙寅 31 日	丁卯 (6) 一	戊辰 2 二	己巳 3 三	庚午 4 四	辛未 5 五	壬申 6 六	癸酉 7 日	甲戌 8 一	乙亥 9 二			己未小滿 甲戌芒種
五月大	甲午 天干地支 西曆日 星期	丙子 10 三	丁丑 11 四	戊寅 12 五	己卯 13 六	庚辰 14 日	辛巳 15 一	壬午 16 二	癸未 17 三	甲申 18 四	乙酉 19 五	丙戌 20 六	丁亥 21 日	戊子 22 一	己丑 23 二	庚寅 24 三	辛卯 25 四	壬辰 26 五	癸巳 27 六	甲午 28 日	乙未 29 一	丙申 30 二	丁酉 (7) 三	戊戌 2 四	己亥 3 五	庚子 4 六	辛丑 5 日	壬寅 6 一	癸卯 7 二	甲辰 8 三	乙巳 9 四		己丑夏至 乙巳小暑
六月小	乙未 天干地支 西曆日 星期	丙午 10 五	丁未 11 六	戊申 12 日	己酉 13 一	庚戌 14 二	辛亥 15 三	壬子 16 四	癸丑 17 五	甲寅 18 六	乙卯 19 日	丙辰 20 一	丁巳 21 二	戊午 22 三	己未 23 四	庚申 24 五	辛酉 25 六	壬戌 26 日	癸亥 27 一	甲子 28 二	乙丑 29 三	丙寅 30 四	丁卯 31 五	戊辰 (8) 六	己巳 2 日	庚午 3 一	辛未 4 二	壬申 5 三	癸酉 6 四	甲戌 7 五			庚申大暑
七月大	丙申 天干地支 西曆日 星期	乙亥 8 六	丙子 9 日	丁丑 10 一	戊寅 11 二	己卯 12 三	庚辰 13 四	辛巳 14 五	壬午 15 六	癸未 16 日	甲申 17 一	乙酉 18 二	丙戌 19 三	丁亥 20 四	戊子 21 五	己丑 22 六	庚寅 23 日	辛卯 24 一	壬辰 25 二	癸巳 26 三	甲午 27 四	乙未 28 五	丙申 29 六	丁酉 30 日	戊戌 31 一	己亥 (9) 二	庚子 2 三	辛丑 3 四	壬寅 4 五	癸卯 5 六	甲辰 6 日		乙亥立秋 庚寅處暑
八月小	丁酉 天干地支 西曆日 星期	乙巳 7 一	丙午 8 二	丁未 9 三	戊申 10 四	己酉 11 五	庚戌 12 六	辛亥 13 日	壬子 14 一	癸丑 15 二	甲寅 16 三	乙卯 17 四	丙辰 18 五	丁巳 19 六	戊午 20 日	己未 21 一	庚申 22 二	辛酉 23 三	壬戌 24 四	癸亥 25 五	甲子 26 六	乙丑 27 日	丙寅 28 一	丁卯 29 二	戊辰 30 三	己巳 (10) 四	庚午 2 五	辛未 3 六	壬申 4 日	癸酉 5 一			丙午白露 辛酉秋分
九月大	戊戌 天干地支 西曆日 星期	甲戌 6 二	乙亥 7 三	丙子 8 四	丁丑 9 五	戊寅 10 六	己卯 11 日	庚辰 12 一	辛巳 13 二	壬午 14 三	癸未 15 四	甲申 16 五	乙酉 17 六	丙戌 18 日	丁亥 19 一	戊子 20 二	己丑 21 三	庚寅 22 四	辛卯 23 五	壬辰 24 六	癸巳 25 日	甲午 26 一	乙未 27 二	丙申 28 三	丁酉 29 四	戊戌 30 五	己亥 31 六	庚子 (11) 日	辛丑 2 一	壬寅 3 二	癸卯 4 三		丙子寒露 辛卯霜降
十月小	己亥 天干地支 西曆日 星期	甲辰 5 四	乙巳 6 五	丙午 7 六	丁未 8 日	戊申 9 一	己酉 10 二	庚戌 11 三	辛亥 12 四	壬子 13 五	癸丑 14 六	甲寅 15 日	乙卯 16 一	丙辰 17 二	丁巳 18 三	戊午 19 四	己未 20 五	庚申 21 六	辛酉 22 日	壬戌 23 一	癸亥 24 二	甲子 25 三	乙丑 26 四	丙寅 27 五	丁卯 28 六	戊辰 29 日	己巳 30 一	庚午 (12) 二	辛未 2 三	壬申 3 四			丙午立冬 壬戌小雪
十一月大	庚子 天干地支 西曆日 星期	癸酉 4 五	甲戌 5 六	乙亥 6 日	丙子 7 一	丁丑 8 二	戊寅 9 三	己卯 10 四	庚辰 11 五	辛巳 12 六	壬午 13 日	癸未 14 一	甲申 15 二	乙酉 16 三	丙戌 17 四	丁亥 18 五	戊子 19 六	己丑 20 日	庚寅 21 一	辛卯 22 二	壬辰 23 三	癸巳 24 四	甲午 25 五	乙未 26 六	丙申 27 日	丁酉 28 一	戊戌 29 二	己亥 30 三	庚子 31 四	辛丑 (1) 五	壬寅 2 六		丁丑大雪 壬辰冬至
十二月大	辛丑 天干地支 西曆日 星期	癸卯 3 日	甲辰 4 一	乙巳 5 二	丙午 6 三	丁未 7 四	戊申 8 五	己酉 9 六	庚戌 10 日	辛亥 11 一	壬子 12 二	癸丑 13 三	甲寅 14 四	乙卯 15 五	丙辰 16 六	丁巳 17 日	戊午 18 一	己未 19 二	庚申 20 三	辛酉 21 四	壬戌 22 五	癸亥 23 六	甲子 24 日	乙丑 25 一	丙寅 26 二	丁卯 27 三	戊辰 28 四	己巳 29 五	庚午 30 六	辛未 31 日	壬申 (2) 一		丁未小寒 癸亥大寒

＊十月己酉（初六），改元太平。

吳會稽王太平二年（丁丑 牛年） 公元 257 ～ 258 年

夏曆月序	中西日曆對照	夏曆日序																													節氣與天象
		初一	初二	初三	初四	初五	初六	初七	初八	初九	初十	十一	十二	十三	十四	十五	十六	十七	十八	十九	二十	廿一	廿二	廿三	廿四	廿五	廿六	廿七	廿八	廿九	三十	
正月小	壬寅 天干地支 西曆 星期	癸酉2一	甲戌3二	乙亥4三	丙子5四	丁丑6五	戊寅7六	己卯8日	庚辰9一	辛巳10二	壬午11三	癸未12四	甲申13五	乙酉14六	丙戌15日	丁亥16一	戊子17二	己丑18三	庚寅19四	辛卯20五	壬辰21六	癸巳22日	甲午23一	乙未24二	丙申25三	丁酉26四	戊戌27五	己亥28六	庚子(3)日	辛丑2一		戊寅立春 癸巳雨水
二月大	癸卯 天干地支 西曆 星期	壬寅4二	癸卯5三	甲辰6四	乙巳7五	丙午8六	丁未9日	戊申10一	己酉11二	庚戌12三	辛亥13四	壬子14五	癸丑15六	甲寅16日	乙卯17一	丙辰18二	丁巳19三	戊午20四	己未21五	庚申22六	辛酉23日	壬戌24一	癸亥25二	甲子26三	乙丑27四	丙寅28五	丁卯29六	戊辰30日	己巳31一	庚午(4)二	辛未(4)三	戊申驚蟄 癸亥春分
三月小	甲辰 天干地支 西曆 星期	壬申2四	癸酉3五	甲戌4六	乙亥5日	丙子6一	丁丑7二	戊寅8三	己卯9四	庚辰10五	辛巳11六	壬午12日	癸未13一	甲申14二	乙酉15三	丙戌16四	丁亥17五	戊子18六	己丑19日	庚寅20一	辛卯21二	壬辰22三	癸巳23四	甲午24五	乙未25六	丙申26日	丁酉27一	戊戌28二	己亥29三	庚子30四		己卯清明 甲午穀雨
四月大	乙巳 天干地支 西曆 星期	辛丑(5)五	壬寅2六	癸卯3日	甲辰4一	乙巳5二	丙午6三	丁未7四	戊申8五	己酉9六	庚戌10日	辛亥11一	壬子12二	癸丑13三	甲寅14四	乙卯15五	丙辰16六	丁巳17日	戊午18一	己未19二	庚申20三	辛酉21四	壬戌22五	癸亥23六	甲子24日	乙丑25一	丙寅26二	丁卯27三	戊辰28四	己巳29五	庚午30六	己酉立夏 甲子小滿
五月小	丙午 天干地支 西曆 星期	辛未31日	壬申(6)一	癸酉2二	甲戌3三	乙亥4四	丙子5五	丁丑6六	戊寅7日	己卯8一	庚辰9二	辛巳10三	壬午11四	癸未12五	甲申13六	乙酉14日	丙戌15一	丁亥16二	戊子17三	己丑18四	庚寅19五	辛卯20六	壬辰21日	癸巳22一	甲午23二	乙未24三	丙申25四	丁酉26五	戊戌27六	己亥28日		己卯芒種 乙未夏至
六月大	丁未 天干地支 西曆 星期	庚子29一	辛丑30二	壬寅(7)三	癸卯2四	甲辰3五	乙巳4六	丙午5日	丁未6一	戊申7二	己酉8三	庚戌9四	辛亥10五	壬子11六	癸丑12日	甲寅13一	乙卯14二	丙辰15三	丁巳16四	戊午17五	己未18六	庚申19日	辛酉20一	壬戌21二	癸亥22三	甲子23四	乙丑24五	丙寅25六	丁卯26日	戊辰27一	己巳28二	庚戌小暑 乙丑大暑
七月小	戊申 天干地支 西曆 星期	庚午29三	辛未30四	壬申31五	癸酉(8)六	甲戌2日	乙亥3一	丙子4二	丁丑5三	戊寅6四	己卯7五	庚辰8六	辛巳9日	壬午10一	癸未11二	甲申12三	乙酉13四	丙戌14五	丁亥15六	戊子16日	己丑17一	庚寅18二	辛卯19三	壬辰20四	癸巳21五	甲午22六	乙未23日	丙申24一	丁酉25二	戊戌26三		庚辰立秋 丙申處暑
八月大	己酉 天干地支 西曆 星期	己亥27四	庚子28五	辛丑29六	壬寅30日	癸卯31一	甲辰(9)二	乙巳2三	丙午3四	丁未4五	戊申5六	己酉6日	庚戌7一	辛亥8二	壬子9三	癸丑10四	甲寅11五	乙卯12六	丙辰13日	丁巳14一	戊午15二	己未16三	庚申17四	辛酉18五	壬戌19六	癸亥20日	甲子21一	乙丑22二	丙寅23三	丁卯24四	戊辰25五	辛亥白露 丙寅秋分
九月小	庚戌 天干地支 西曆 星期	己巳26六	庚午27日	辛未28一	壬申29二	癸酉30三	甲戌(10)四	乙亥2五	丙子3六	丁丑4日	戊寅5一	己卯6二	庚辰7三	辛巳8四	壬午9五	癸未10六	甲申11日	乙酉12一	丙戌13二	丁亥14三	戊子15四	己丑16五	庚寅17六	辛卯18日	壬辰19一	癸巳20二	甲午21三	乙未22四	丙申23五	丁酉24六		辛巳寒露 丙申霜降
十月大	辛亥 天干地支 西曆 星期	戊戌25日	己亥26一	庚子27二	辛丑28三	壬寅29四	癸卯30五	甲辰31六	乙巳(11)日	丙午2一	丁未3二	戊申4三	己酉5四	庚戌6五	辛亥7六	壬子8日	癸丑9一	甲寅10二	乙卯11三	丙辰12四	丁巳13五	戊午14六	己未15日	庚申16一	辛酉17二	壬戌18三	癸亥19四	甲子20五	乙丑21六	丙寅22日	丁卯23一	壬子立冬 丁卯小雪
閏十月小	辛亥 天干地支 西曆 星期	戊辰24二	己巳25三	庚午26四	辛未27五	壬申28六	癸酉29日	甲戌30一	乙亥(12)二	丙子2三	丁丑3四	戊寅4五	己卯5六	庚辰6日	辛巳7一	壬午8二	癸未9三	甲申10四	乙酉11五	丙戌12六	丁亥13日	戊子14一	己丑15二	庚寅16三	辛卯17四	壬辰18五	癸巳19六	甲午20日	乙未21一	丙申22二		壬午大雪
十一月大	壬子 天干地支 西曆 星期	丁酉23三	戊戌24四	己亥25五	庚子26六	辛丑27日	壬寅28一	癸卯29二	甲辰30三	乙巳31四	丙午(1)五	丁未2六	戊申3日	己酉4一	庚戌5二	辛亥6三	壬子7四	癸丑8五	甲寅9六	乙卯10日	丙辰11一	丁巳12二	戊午13三	己未14四	庚申15五	辛酉16六	壬戌17日	癸亥18一	甲子19二	乙丑20三	丙寅21四	丁酉冬至 癸丑小寒
十二月小	癸丑 天干地支 西曆 星期	丁卯22五	戊辰23六	己巳24日	庚午25一	辛未26二	壬申27三	癸酉28四	甲戌29五	乙亥30六	丙子31日	丁丑(2)一	戊寅2二	己卯3三	庚辰4四	辛巳5五	壬午6六	癸未7日	甲申8一	乙酉9二	丙戌10三	丁亥11四	戊子12五	己丑13六	庚寅14日	辛卯15一	壬辰16二	癸巳17三	甲午18四	乙未19五		戊辰大寒 癸未立春

吳會稽王太平三年 景帝永安元年（戊寅 虎年） 公元258～259年

夏曆月序	中西曆日對照	夏曆日序																													節氣與天象
		初一	初二	初三	初四	初五	初六	初七	初八	初九	初十	十一	十二	十三	十四	十五	十六	十七	十八	十九	二十	二一	二二	二三	二四	二五	二六	二七	二八	二九	三十	
正月大	甲寅 天干地支西曆星期	丙申 20 六	丁酉 21 日	戊戌 22 一	己亥 23 二	庚子 24 三	辛丑 25 四	壬寅 26 五	癸卯 27 六	甲辰 28 日	乙巳 (3) 一	丙午 2 二	丁未 3 三	戊申 4 四	己酉 5 五	庚戌 6 六	辛亥 7 日	壬子 8 一	癸丑 9 二	甲寅 10 三	乙卯 11 四	丙辰 12 五	丁巳 13 六	戊午 14 日	己未 15 一	庚申 16 二	辛酉 17 三	壬戌 18 四	癸亥 19 五	甲子 20 六	乙丑 21 日	戊戌雨水 癸丑驚蟄
二月小	乙卯 天干地支西曆星期	丙寅 22 一	丁卯 23 二	戊辰 24 三	己巳 25 四	庚午 26 五	辛未 27 六	壬申 28 日	癸酉 29 一	甲戌 30 二	乙亥 31 三	丙子 (4) 四	丁丑 2 五	戊寅 3 六	己卯 4 日	庚辰 5 一	辛巳 6 二	壬午 7 三	癸未 8 四	甲申 9 五	乙酉 10 六	丙戌 11 日	丁亥 12 一	戊子 13 二	己丑 14 三	庚寅 15 四	辛卯 16 五	壬辰 17 六	癸巳 18 日	甲午 19 一		己巳春分 甲申清明
三月大	丙辰 天干地支西曆星期	乙未 20 二	丙申 21 三	丁酉 22 四	戊戌 23 五	己亥 24 六	庚子 25 日	辛丑 26 一	壬寅 27 二	癸卯 28 三	甲辰 29 四	乙巳 30 五	丙午 (5) 六	丁未 2 日	戊申 3 一	己酉 4 二	庚戌 5 三	辛亥 6 四	壬子 7 五	癸丑 8 六	甲寅 9 日	乙卯 10 一	丙辰 11 二	丁巳 12 三	戊午 13 四	己未 14 五	庚申 15 六	辛酉 16 日	壬戌 17 一	癸亥 18 二	甲子 19 三	己亥穀雨 甲寅立夏
四月大	丁巳 天干地支西曆星期	乙丑 20 四	丙寅 21 五	丁卯 22 六	戊辰 23 日	己巳 24 一	庚午 25 二	辛未 26 三	壬申 27 四	癸酉 28 五	甲戌 29 六	乙亥 30 日	丙子 31 一	丁丑 (6) 二	戊寅 2 三	己卯 3 四	庚辰 4 五	辛巳 5 六	壬午 6 日	癸未 7 一	甲申 8 二	乙酉 9 三	丙戌 10 四	丁亥 11 五	戊子 12 六	己丑 13 日	庚寅 14 一	辛卯 15 二	壬辰 16 三	癸巳 17 四	甲午 18 五	庚午小滿 乙酉芒種
五月小	戊午 天干地支西曆星期	乙未 19 六	丙申 20 日	丁酉 21 一	戊戌 22 二	己亥 23 三	庚子 24 四	辛丑 25 五	壬寅 26 六	癸卯 27 日	甲辰 28 一	乙巳 29 二	丙午 30 三	丁未 (7) 四	戊申 2 五	己酉 3 六	庚戌 4 日	辛亥 5 一	壬子 6 二	癸丑 7 三	甲寅 8 四	乙卯 9 五	丙辰 10 六	丁巳 11 日	戊午 12 一	己未 13 二	庚申 14 三	辛酉 15 四	壬戌 16 五	癸亥 17 六		庚子夏至 乙卯小暑
六月大	己未 天干地支西曆星期	甲子 18 日	乙丑 19 一	丙寅 20 二	丁卯 21 三	戊辰 22 四	己巳 23 五	庚午 24 六	辛未 25 日	壬申 26 一	癸酉 27 二	甲戌 28 三	乙亥 29 四	丙子 30 五	丁丑 31 六	戊寅 (8) 日	己卯 2 一	庚辰 3 二	辛巳 4 三	壬午 5 四	癸未 6 五	甲申 7 六	乙酉 8 日	丙戌 9 一	丁亥 10 二	戊子 11 三	己丑 12 四	庚寅 13 五	辛卯 14 六	壬辰 15 日	癸巳 16 一	庚午大暑 丙戌立秋
七月小	庚申 天干地支西曆星期	甲午 17 二	乙未 18 三	丙申 19 四	丁酉 20 五	戊戌 21 六	己亥 22 日	庚子 23 一	辛丑 24 二	壬寅 25 三	癸卯 26 四	甲辰 27 五	乙巳 28 六	丙午 29 日	丁未 30 一	戊申 31 二	己酉 (9) 三	庚戌 2 四	辛亥 3 五	壬子 4 六	癸丑 5 日	甲寅 6 一	乙卯 7 二	丙辰 8 三	丁巳 9 四	戊午 10 五	己未 11 六	庚申 12 日	辛酉 13 一	壬戌 14 二		辛丑處暑 丙辰白露
八月大	辛酉 天干地支西曆星期	癸亥 15 三	甲子 16 四	乙丑 17 五	丙寅 18 六	丁卯 19 日	戊辰 20 一	己巳 21 二	庚午 22 三	辛未 23 四	壬申 24 五	癸酉 25 六	甲戌 26 日	乙亥 27 一	丙子 28 二	丁丑 29 三	戊寅 30 四	己卯 (10) 五	庚辰 2 六	辛巳 3 日	壬午 4 一	癸未 5 二	甲申 6 三	乙酉 7 四	丙戌 8 五	丁亥 9 六	戊子 10 日	己丑 11 一	庚寅 12 二	辛卯 13 三	壬辰 14 四	辛未秋分 丙戌寒露
九月小	壬戌 天干地支西曆星期	癸巳 15 五	甲午 16 六	乙未 17 日	丙申 18 一	丁酉 19 二	戊戌 20 三	己亥 21 四	庚子 22 五	辛丑 23 六	壬寅 24 日	癸卯 25 一	甲辰 26 二	乙巳 27 三	丙午 28 四	丁未 29 五	戊申 30 六	己酉 31 日	庚戌 (11) 一	辛亥 2 二	壬子 3 三	癸丑 4 四	甲寅 5 五	乙卯 6 六	丙辰 7 日	丁巳 8 一	戊午 9 二	己未 10 三	庚申 11 四	辛酉 12 五		壬寅霜降 丁巳立冬
十月大	癸亥 天干地支西曆星期	壬戌 13 六	癸亥 14 日	甲子 15 一	乙丑 16 二	丙寅 17 三	丁卯 18 四	戊辰 19 五	己巳 20 六	庚午 21 日	辛未 22 一	壬申 23 二	癸酉 24 三	甲戌 25 四	乙亥 26 五	丙子 27 六	丁丑 28 日	戊寅 29 一	己卯 30 二	庚辰 (12) 三	辛巳 2 四	壬午 3 五	癸未 4 六	甲申 5 日	乙酉 6 一	丙戌 7 二	丁亥 8 三	戊子 9 四	己丑 10 五	庚寅 11 六	辛卯 12 日	壬申小雪 丁亥大雪
十一月小	甲子 天干地支西曆星期	壬辰 13 一	癸巳 14 二	甲午 15 三	乙未 16 四	丙申 17 五	丁酉 18 六	戊戌 19 日	己亥 20 一	庚子 21 二	辛丑 22 三	壬寅 23 四	癸卯 24 五	甲辰 25 六	乙巳 26 日	丙午 27 一	丁未 28 二	戊申 29 三	己酉 30 四	庚戌 31 五	辛亥 (1) 六	壬子 2 日	癸丑 3 一	甲寅 4 二	乙卯 5 三	丙辰 6 四	丁巳 7 五	戊午 8 六	己未 9 日	庚申 10 一		癸卯冬至 戊午小寒
十二月大	乙丑 天干地支西曆星期	辛酉 11 二	壬戌 12 三	癸亥 13 四	甲子 14 五	乙丑 15 六	丙寅 16 日	丁卯 17 一	戊辰 18 二	己巳 19 三	庚午 20 四	辛未 21 五	壬申 22 六	癸酉 23 日	甲戌 24 一	乙亥 25 二	丙子 26 三	丁丑 27 四	戊寅 28 五	己卯 29 六	庚辰 30 日	辛巳 31 一	壬午 (2) 二	癸未 2 三	甲申 3 四	乙酉 4 五	丙戌 5 六	丁亥 6 日	戊子 7 一	己丑 8 二	庚寅 9 三	癸酉大寒 戊子立春

* 九月戊午（二十六日），孫亮被廢為會稽王。十月己卯（十八日），孫休即位，是為景帝，改元永安。

吳景帝永安二年（己卯 兔年） 公元259～260年

夏曆月序	中西日曆對照	夏曆日序																													節氣與天象
		初一	初二	初三	初四	初五	初六	初七	初八	初九	初十	十一	十二	十三	十四	十五	十六	十七	十八	十九	二十	二一	二二	二三	二四	二五	二六	二七	二八	二九	三十	
正月小 丙寅	天干地支 西曆 星期	辛卯10四	壬辰11五	癸巳12六	甲午13日	乙未14一	丙申15二	丁酉16三	戊戌17四	己亥18五	庚子19六	辛丑20日	壬寅21一	癸卯22二	甲辰23三	乙巳24四	丙午25五	丁未26六	戊申27日	己酉28一	庚戌(3)二	辛亥2三	壬子3四	癸丑4五	甲寅5六	乙卯6日	丙辰7一	丁巳8二	戊午9三	己未10四		癸卯雨水 己未驚蟄
二月大 丁卯	天干地支 西曆 星期	庚申11五	辛酉12六	壬戌13日	癸亥14一	甲子15二	乙丑16三	丙寅17四	丁卯18五	戊辰19六	己巳20日	庚午21一	辛未22二	壬申23三	癸酉24四	甲戌25五	乙亥26六	丙子27日	丁丑28一	戊寅29二	己卯30三	庚辰31四	辛巳(4)五	壬午2六	癸未3日	甲申4一	乙酉5二	丙戌6三	丁亥7四	戊子8五	己丑9六	甲戌春分 己丑清明
三月小 戊辰	天干地支 西曆 星期	庚寅10日	辛卯11一	壬辰12二	癸巳13三	甲午14四	乙未15五	丙申16六	丁酉17日	戊戌18一	己亥19二	庚子20三	辛丑21四	壬寅22五	癸卯23六	甲辰24日	乙巳25一	丙午26二	丁未27三	戊申28四	己酉29五	庚戌30六	辛亥(5)日	壬子2一	癸丑3二	甲寅4三	乙卯5四	丙辰6五	丁巳7六	戊午8日		甲辰穀雨
四月大 己巳	天干地支 西曆 星期	庚申9一	辛酉10二	壬戌11三	癸亥12四	甲子13五	乙丑14六	丙寅15日	丁卯16一	戊辰17二	己巳18三	庚午19四	辛未20五	壬申21六	癸酉22日	甲戌23一	乙亥24二	丙子25三	丁丑26四	戊寅27五	己卯28六	庚辰29日	辛巳30一	壬午31二	癸未(6)三	甲申2四	乙酉3五	丙戌4六	丁亥5日	戊子6一	己丑7二	庚申立夏 乙亥小滿
五月小 庚午	天干地支 西曆 星期	庚寅8三	辛卯9四	壬辰10五	癸巳11六	甲午12日	乙未13一	丙申14二	丁酉15三	戊戌16四	己亥17五	庚子18六	辛丑19日	壬寅20一	癸卯21二	甲辰22三	乙巳23四	丙午24五	丁未25六	戊申26日	己酉27一	庚戌28二	辛亥29三	壬子30四	癸丑(7)五	甲寅2六	乙卯3日	丙辰4一	丁巳5二	戊午6三		庚寅芒種 乙巳夏至
六月大 辛未	天干地支 西曆 星期	戊午7四	己未8五	庚申9六	辛酉10日	壬戌11一	癸亥12二	甲子13三	乙丑14四	丙寅15五	丁卯16六	戊辰17日	己巳18一	庚午19二	辛未20三	壬申21四	癸酉22五	甲戌23六	乙亥24日	丙子25一	丁丑26二	戊寅27三	己卯28四	庚辰29五	辛巳30六	壬午31日	癸未(8)一	甲申2二	乙酉3三	丙戌4四	丁亥5五	庚申小暑 丙子大暑
七月大 壬申	天干地支 西曆 星期	戊子6六	己丑7日	庚寅8一	辛卯9二	壬辰10三	癸巳11四	甲午12五	乙未13六	丙申14日	丁酉15一	戊戌16二	己亥17三	庚子18四	辛丑19五	壬寅20六	癸卯21日	甲辰22一	乙巳23二	丙午24三	丁未25四	戊申26五	己酉27六	庚戌28日	辛亥29一	壬子30二	癸丑31三	甲寅(9)四	乙卯2五	丙辰3六	丁巳4日	辛卯立秋 丙午處暑
八月小 癸酉	天干地支 西曆 星期	戊午5一	己未6二	庚申7三	辛酉8四	壬戌9五	癸亥10六	甲子11日	乙丑12一	丙寅13二	丁卯14三	戊辰15四	己巳16五	庚午17六	辛未18日	壬申19一	癸酉20二	甲戌21三	乙亥22四	丙子23五	丁丑24六	戊寅25日	己卯26一	庚辰27二	辛巳28三	壬午29四	癸未30五	甲申(10)六	乙酉2日	丙戌3一		辛酉白露 丙子秋分
九月大 甲戌	天干地支 西曆 星期	丁亥4二	戊子5三	己丑6四	庚寅7五	辛卯8六	壬辰9日	癸巳10一	甲午11二	乙未12三	丙申13四	丁酉14五	戊戌15六	己亥16日	庚子17一	辛丑18二	壬寅19三	癸卯20四	甲辰21五	乙巳22六	丙午23日	丁未24一	戊申25二	己酉26三	庚戌27四	辛亥28五	壬子29六	癸丑30日	甲寅31一	乙卯(11)二	丙辰2三	壬辰寒露 丁未霜降
十月小 乙亥	天干地支 西曆 星期	丁巳3四	戊午4五	己未5六	庚申6日	辛酉7一	壬戌8二	癸亥9三	甲子10四	乙丑11五	丙寅12六	丁卯13日	戊辰14一	己巳15二	庚午16三	辛未17四	壬申18五	癸酉19六	甲戌20日	乙亥21一	丙子22二	丁丑23三	戊寅24四	己卯25五	庚辰26六	辛巳27日	壬午28一	癸未29二	甲申30三	乙酉(12)四		壬戌立冬 丁丑小雪
十一月大 丙子	天干地支 西曆 星期	丙戌2五	丁亥3六	戊子4日	己丑5一	庚寅6二	辛卯7三	壬辰8四	癸巳9五	甲午10六	乙未11日	丙申12一	丁酉13二	戊戌14三	己亥15四	庚子16五	辛丑17六	壬寅18日	癸卯19一	甲辰20二	乙巳21三	丙午22四	丁未23五	戊申24六	己酉25日	庚戌26一	辛亥27二	壬子28三	癸丑29四	甲寅30五	乙卯31六	癸巳大雪 戊申冬至
十二月小 丁丑	天干地支 西曆 星期	丙辰(1)日	丁巳2一	戊午3二	己未4三	庚申5四	辛酉6五	壬戌7六	癸亥8日	甲子9一	乙丑10二	丙寅11三	丁卯12四	戊辰13五	己巳14六	庚午15日	辛未16一	壬申17二	癸酉18三	甲戌19四	乙亥20五	丙子21六	丁丑22日	戊寅23一	己卯24二	庚辰25三	辛巳26四	壬午27五	癸未28六	甲申29日		癸亥小寒 戊寅大寒

吳景帝永安三年（庚辰 龍年） 公元 260 ~ 261 年

夏曆月序	中西曆日對照	夏曆日序																															節氣與天象
		初一	初二	初三	初四	初五	初六	初七	初八	初九	初十	十一	十二	十三	十四	十五	十六	十七	十八	十九	二十	二一	二二	二三	二四	二五	二六	二七	二八	二九	三十	
正月大	戊寅 天干地支/西曆/星期	乙酉 29 一	丙戌 30 二	丁亥 (2) 三	戊子 2 四	己丑 3 五	庚寅 4 六	辛卯 5 日	壬辰 6 一	癸巳 7 二	甲午 8 三	乙未 9 四	丙申 10 五	丁酉 11 六	戊戌 12 日	己亥 13 一	庚子 14 二	辛丑 15 三	壬寅 16 四	癸卯 17 五	甲辰 18 六	乙巳 19 日	丙午 20 一	丁未 21 二	戊申 22 三	己酉 23 四	庚戌 24 五	辛亥 25 六	壬子 26 日	癸丑 27 一	甲寅 28 二	癸巳立春 己酉雨水 己酉日食
二月小	己卯 天干地支/西曆/星期	丙辰 (3) 三	丁巳 (2) 四	戊午 3 五	己未 4 六	庚申 5 日	辛酉 6 一	壬戌 7 二	癸亥 8 三	甲子 9 四	乙丑 10 五	丙寅 11 六	丁卯 12 日	戊辰 13 一	己巳 14 二	庚午 15 三	辛未 16 四	壬申 17 五	癸酉 18 六	甲戌 19 日	乙亥 20 一	丙子 21 二	丁丑 22 三	戊寅 23 四	己卯 24 五	庚辰 25 六	辛巳 26 日	壬午 27 一	癸未 28 二			甲子驚蟄 己卯春分
三月大	庚辰 天干地支/西曆/星期	甲申 29 四	乙酉 30 五	丙戌 31 六	丁亥 (4) 日	戊子 2 一	己丑 3 二	庚寅 4 三	辛卯 5 四	壬辰 6 五	癸巳 7 六	甲午 8 日	乙未 9 一	丙申 10 二	丁酉 11 三	戊戌 12 四	己亥 13 五	庚子 14 六	辛丑 15 日	壬寅 16 一	癸卯 17 二	甲辰 18 三	乙巳 19 四	丙午 20 五	丁未 21 六	戊申 22 日	己酉 23 一	庚戌 24 二	辛亥 25 三	壬子 26 四	癸丑 27 五	甲午清明 庚戌穀雨
四月小	辛巳 天干地支/西曆/星期	甲寅 28 六	乙卯 29 日	丙辰 30 一	丁巳 (5) 二	戊午 2 三	己未 3 四	庚申 4 五	辛酉 5 六	壬戌 6 日	癸亥 7 一	甲子 8 二	乙丑 9 三	丙寅 10 四	丁卯 11 五	戊辰 12 六	己巳 13 日	庚午 14 一	辛未 15 二	壬申 16 三	癸酉 17 四	甲戌 18 五	乙亥 19 六	丙子 20 日	丁丑 21 一	戊寅 22 二	己卯 23 三	庚辰 24 四	辛巳 25 五	壬午 26 六		乙丑立夏 庚辰小滿
五月大	壬午 天干地支/西曆/星期	癸未 27 日	甲申 28 一	乙酉 29 二	丙戌 30 三	丁亥 31 四	戊子 (6) 五	己丑 2 六	庚寅 3 日	辛卯 4 一	壬辰 5 二	癸巳 6 三	甲午 7 四	乙未 8 五	丙申 9 六	丁酉 10 日	戊戌 11 一	己亥 12 二	庚子 13 三	辛丑 14 四	壬寅 15 五	癸卯 16 六	甲辰 17 日	乙巳 18 一	丙午 19 二	丁未 20 三	戊申 21 四	己酉 22 五	庚戌 23 六	辛亥 24 日	壬子 25 一	乙未芒種 庚戌夏至
六月小	癸未 天干地支/西曆/星期	癸丑 26 二	甲寅 27 三	乙卯 28 四	丙辰 29 五	丁巳 30 六	戊午 (7) 日	己未 2 一	庚申 3 二	辛酉 4 三	壬戌 5 四	癸亥 6 五	甲子 7 六	乙丑 8 日	丙寅 9 一	丁卯 10 二	戊辰 11 三	己巳 12 四	庚午 13 五	辛未 14 六	壬申 15 日	癸酉 16 一	甲戌 17 二	乙亥 18 三	丙子 19 四	丁丑 20 五	戊寅 21 六	己卯 22 日	庚辰 23 一	辛巳 24 二		丙寅小暑 辛巳大暑
七月大	甲申 天干地支/西曆/星期	壬午 25 三	癸未 26 四	甲申 27 五	乙酉 28 六	丙戌 29 日	丁亥 30 一	戊子 31 二	己丑 (8) 三	庚寅 2 四	辛卯 3 五	壬辰 4 六	癸巳 5 日	甲午 6 一	乙未 7 二	丙申 8 三	丁酉 9 四	戊戌 10 五	己亥 11 六	庚子 12 日	辛丑 13 一	壬寅 14 二	癸卯 15 三	甲辰 16 四	乙巳 17 五	丙午 18 六	丁未 19 日	戊申 20 一	己酉 21 二	庚戌 22 三	辛亥 23 四	丙申立秋 辛亥處暑
閏七月小	甲申 天干地支/西曆/星期	壬子 24 五	癸丑 25 六	甲寅 26 日	乙卯 27 一	丙辰 28 二	丁巳 29 三	戊午 30 四	己未 31 五	庚申 (9) 六	辛酉 2 日	壬戌 3 一	癸亥 4 二	甲子 5 三	乙丑 6 四	丙寅 7 五	丁卯 8 六	戊辰 9 日	己巳 10 一	庚午 11 二	辛未 12 三	壬申 13 四	癸酉 14 五	甲戌 15 六	乙亥 16 日	丙子 17 一	丁丑 18 二	戊寅 19 三	己卯 20 四	庚辰 21 五		丁卯白露
八月大	乙酉 天干地支/西曆/星期	辛巳 22 六	壬午 23 日	癸未 24 一	甲申 25 二	乙酉 26 三	丙戌 27 四	丁亥 28 五	戊子 29 六	己丑 30 日	庚寅 ⑩ 一	辛卯 2 二	壬辰 3 三	癸巳 4 四	甲午 5 五	乙未 6 六	丙申 7 日	丁酉 8 一	戊戌 9 二	己亥 10 三	庚子 11 四	辛丑 12 五	壬寅 13 六	癸卯 14 日	甲辰 15 一	乙巳 16 二	丙午 17 三	丁未 18 四	戊申 19 五	己酉 20 六	庚戌 21 日	壬午秋分 丁酉寒露
九月小	丙戌 天干地支/西曆/星期	辛亥 22 一	壬子 23 二	癸丑 24 三	甲寅 25 四	乙卯 26 五	丙辰 27 六	丁巳 28 日	戊午 29 一	己未 30 二	庚申 31 三	辛酉 ⑪ 四	壬戌 2 五	癸亥 3 六	甲子 4 日	乙丑 5 一	丙寅 6 二	丁卯 7 三	戊辰 8 四	己巳 9 五	庚午 10 六	辛未 11 日	壬申 12 一	癸酉 13 二	甲戌 14 三	乙亥 15 四	丙子 16 五	丁丑 17 六	戊寅 18 日	己卯 19 一		壬子霜降 丁卯立冬
十月大	丁亥 天干地支/西曆/星期	庚辰 20 二	辛巳 21 三	壬午 22 四	癸未 23 五	甲申 24 六	乙酉 25 日	丙戌 26 一	丁亥 27 二	戊子 28 三	己丑 29 四	庚寅 30 五	辛卯 ⑫ 六	壬辰 2 日	癸巳 3 一	甲午 4 二	乙未 5 三	丙申 6 四	丁酉 7 五	戊戌 8 六	己亥 9 日	庚子 10 一	辛丑 11 二	壬寅 12 三	癸卯 13 四	甲辰 14 五	乙巳 15 六	丙午 16 日	丁未 17 一	戊申 18 二	己酉 19 三	癸未小雪 戊戌大雪
十一月大	戊子 天干地支/西曆/星期	庚戌 20 四	辛亥 21 五	壬子 22 六	癸丑 23 日	甲寅 24 一	乙卯 25 二	丙辰 26 三	丁巳 27 四	戊午 28 五	己未 29 六	庚申 30 日	辛酉 31 一	壬戌 (1) 二	癸亥 2 三	甲子 3 四	乙丑 4 五	丙寅 5 六	丁卯 6 日	戊辰 7 一	己巳 8 二	庚午 9 三	辛未 10 四	壬申 11 五	癸酉 12 六	甲戌 13 日	乙亥 14 一	丙子 15 二	丁丑 16 三	戊寅 17 四	己卯 18 五	癸丑冬至 戊辰小寒
十二月小	己丑 天干地支/西曆/星期	庚辰 19 六	辛巳 20 日	壬午 21 一	癸未 22 二	甲申 23 三	乙酉 24 四	丙戌 25 五	丁亥 26 六	戊子 27 日	己丑 28 一	庚寅 29 二	辛卯 30 三	壬辰 31 四	癸巳 (2) 五	甲午 2 六	乙未 3 日	丙申 4 一	丁酉 5 二	戊戌 6 三	己亥 7 四	庚子 8 五	辛丑 9 六	壬寅 10 日	癸卯 11 一	甲辰 12 二	乙巳 13 三	丙午 14 四	丁未 15 五	戊申 16 六		癸未大寒 己亥立春

吳景帝永安四年（辛巳 蛇年） 公元261～262年

夏曆月序	中西曆對照	夏曆日序																													節氣與天象
		初一	初二	初三	初四	初五	初六	初七	初八	初九	初十	十一	十二	十三	十四	十五	十六	十七	十八	十九	二十	二一	二二	二三	二四	二五	二六	二七	二八	二九	三十	
正月大	庚寅 天干地支 西曆 星期	庚戌17日二	辛亥18三	壬子19四	癸丑20五	甲寅21六	乙卯22日	丙辰23一	丁巳24二	戊午25三	己未26四	庚申27五	辛酉28六	壬戌(3)日	癸亥3一	甲子4二	乙丑5三	丙寅6四	丁卯7五	戊辰8六	己巳9日	庚午10一	辛未11二	壬申12三	癸酉13四	甲戌14五	乙亥15六	丙子16日	丁丑17一	戊寅18二		甲寅雨水 己巳驚蟄
二月小	辛卯 天干地支 西曆 星期	己卯19三	庚辰20四	辛巳21五	壬午22六	癸未23日	甲申24一	乙酉25二	丙戌26三	丁亥27四	戊子28五	己丑29六	庚寅30日	辛卯31一	壬辰(4)二	癸巳2三	甲午3四	乙未4五	丙申5六	丁酉6日	戊戌7一	己亥8二	庚子9三	辛丑10四	壬寅11五	癸卯12六	甲辰13日	乙巳14一	丙午15二	丁未16三			甲申春分 庚子清明
三月大	壬辰 天干地支 西曆 星期	戊申17四	己酉18五	庚戌19六	辛亥20日	壬子21一	癸丑22二	甲寅23三	乙卯24四	丙辰25五	丁巳26六	戊午27日	己未28一	庚申29二	辛酉30三	壬戌(5)四	癸亥2五	甲子3六	乙丑4日	丙寅5一	丁卯6二	戊辰7三	己巳8四	庚午9五	辛未10六	壬申11日	癸酉12一	甲戌13二	乙亥14三	丙子15四	丁丑16五		乙卯穀雨 庚午立夏
四月小	癸巳 天干地支 西曆 星期	戊寅17六	己卯18日	庚辰19一	辛巳20二	壬午21三	癸未22四	甲申23五	乙酉24六	丙戌25日	丁亥26一	戊子27二	己丑28三	庚寅29四	辛卯30五	壬辰31六	癸巳(6)日	甲午2一	乙未3二	丙申4三	丁酉5四	戊戌6五	己亥7六	庚子8日	辛丑9一	壬寅10二	癸卯11三	甲辰12四	乙巳13五	丙午14六			乙酉小滿 庚子芒種
五月大	甲午 天干地支 西曆 星期	丁未15日	戊申16一	己酉17二	庚戌18三	辛亥19四	壬子20五	癸丑21六	甲寅22日	乙卯23一	丙辰24二	丁巳25三	戊午26四	己未27五	庚申28六	辛酉29日	壬戌30一	癸亥(7)二	甲子2三	乙丑3四	丙寅4五	丁卯5六	戊辰6日	己巳7一	庚午8二	辛未9三	壬申10四	癸酉11五	甲戌12六	乙亥13日	丙子14一	丙辰夏至 辛未小暑 丁未日食
六月小	乙未 天干地支 西曆 星期	丁丑15二	戊寅16三	己卯17四	庚辰18五	辛巳19六	壬午20日	癸未21一	甲申22二	乙酉23三	丙戌24四	丁亥25五	戊子26六	己丑27日	庚寅28一	辛卯29二	壬辰30三	癸巳31四	甲午(8)五	乙未2六	丙申3日	丁酉4一	戊戌5二	己亥6三	庚子7四	辛丑8五	壬寅9六	癸卯10日	甲辰11一	乙巳12二			丙戌大暑 辛丑立秋
七月大	丙申 天干地支 西曆 星期	丙午13三	丁未14四	戊申15五	己酉16六	庚戌17日	辛亥18一	壬子19二	癸丑20三	甲寅21四	乙卯22五	丙辰23六	丁巳24日	戊午25一	己未26二	庚申27三	辛酉28四	壬戌29五	癸亥30六	甲子31日	乙丑(9)一	丙寅2二	丁卯3三	戊辰4四	己巳5五	庚午6六	辛未7日	壬申8一	癸酉9二	甲戌10三	乙亥11四	乙巳處暑 壬申白露
八月小	丁酉 天干地支 西曆 星期	丙子12五	丁丑13六	戊寅14日	己卯15一	庚辰16二	辛巳17三	壬午18四	癸未19五	甲申20六	乙酉21日	丙戌22一	丁亥23二	戊子24三	己丑25四	庚寅26五	辛卯27六	壬辰28日	癸巳29一	甲午30二	乙未(10)三	丙申2四	丁酉3五	戊戌4六	己亥5日	庚子6一	辛丑7二	壬寅8三	癸卯9四	甲辰10五		丁亥秋分 壬寅寒露
九月大	戊戌 天干地支 西曆 星期	乙巳11六	丙午12日	丁未13一	戊申14二	己酉15三	庚戌16四	辛亥17五	壬子18六	癸丑19日	甲寅20一	乙卯21二	丙辰22三	丁巳23四	戊午24五	己未25六	庚申26日	辛酉27一	壬戌28二	癸亥29三	甲子30四	乙丑31五	丙寅(11)六	丁卯2日	戊辰3一	己巳4二	庚午5三	辛未6四	壬申7五	癸酉8六	甲戌9日	丁巳霜降 癸酉立冬
十月小	己亥 天干地支 西曆 星期	乙亥10一	丙子11二	丁丑12三	戊寅13四	己卯14五	庚辰15六	辛巳16日	壬午17一	癸未18二	甲申19三	乙酉20四	丙戌21五	丁亥22六	戊子23日	己丑24一	庚寅25二	辛卯26三	壬辰27四	癸巳28五	甲午29六	乙未30日	丙申(12)一	丁酉2二	戊戌3三	己亥4四	庚子5五	辛丑6六	壬寅7日	癸卯8一		戊子小雪 癸卯大雪
十一月大	庚子 天干地支 西曆 星期	甲辰9二	乙巳10三	丙午11四	丁未12五	戊申13六	己酉14日	庚戌15一	辛亥16二	壬子17三	癸丑18四	甲寅19五	乙卯20六	丙辰21日	丁巳22一	戊午23二	己未24三	庚申25四	辛酉26五	壬戌27六	癸亥28日	甲子29一	乙丑30二	丙寅31三	丁卯(1)四	戊辰2五	己巳3六	庚午4日	辛未5一	壬申6二	癸酉7三	戊午冬至
十二月小	辛丑 天干地支 西曆 星期	甲戌8四	乙亥9五	丙子10六	丁丑11日	戊寅12一	己卯13二	庚辰14三	辛巳15四	壬午16五	癸未17六	甲申18日	乙酉19一	丙戌20二	丁亥21三	戊子22四	己丑23五	庚寅24六	辛卯25日	壬辰26一	癸巳27二	甲午28三	乙未29四	丙申30五	丁酉31六	戊戌(2)日	己亥2一	庚子3二	辛丑4三	壬寅5四		甲戌小寒 己丑大寒

吳景帝永安五年（壬午 馬年） 公元 262～263 年

夏曆月序	中西曆日對照	夏曆日序 初一	初二	初三	初四	初五	初六	初七	初八	初九	初十	十一	十二	十三	十四	十五	十六	十七	十八	十九	二十	二一	二二	二三	二四	二五	二六	二七	二八	二九	三十	節氣與天象
正月大	壬寅 天干地支/西曆/星期	癸卯 6日 四	甲辰 7 五	乙巳 8 六	丙午 9 日	丁未 10 一	戊申 11 二	己酉 12 三	庚戌 13 四	辛亥 14 五	壬子 15 六	癸丑 16 日	甲寅 17 一	乙卯 18 二	丙辰 19 三	丁巳 20 四	戊午 21 五	己未 22 六	庚申 23 日	辛酉 24 一	壬戌 25 二	癸亥 26 三	甲子 27 四	乙丑 28 五	丙寅(3) 六	丁卯 2日 日	戊辰 3 一	己巳 4 二	庚午 5 三	辛未 6 四	壬申 7 五		甲辰立春 己未雨水
二月小	癸卯	癸酉 8 六	甲戌 9 日	乙亥 10 一	丙子 11 二	丁丑 12 三	戊寅 13 四	己卯 14 五	庚辰 15 六	辛巳 16 日	壬午 17 一	癸未 18 二	甲申 19 三	乙酉 20 四	丙戌 21 五	丁亥 22 六	戊子 23 日	己丑 24 一	庚寅 25 二	辛卯 26 三	壬辰 27 四	癸巳 28 五	甲午 29 六	乙未 30 日	丙申 31 一	丁酉(4) 二	戊戌 2日 三	己亥 3 四	庚子 4 五	辛丑 5 六			甲戌驚蟄 庚寅春分
三月大	甲辰	壬寅 6日 一	癸卯 7 二	甲辰 8 三	乙巳 9 四	丙午 10 五	丁未 11 六	戊申 12 日	己酉 13 一	庚戌 14 二	辛亥 15 三	壬子 16 四	癸丑 17 五	甲寅 18 六	乙卯 19 日	丙辰 20 一	丁巳 21 二	戊午 22 三	己未 23 四	庚申 24 五	辛酉 25 六	壬戌 26 日	癸亥 27 一	甲子 28 二	乙丑 29 三	丙寅 30 四	丁卯(5) 五	戊辰 2日 六	己巳 3 日	庚午 4 一	辛未 5 二		乙巳清明 庚申穀雨
四月大	乙巳	壬申 6日 三	癸酉 7 四	甲戌 8 五	乙亥 9 六	丙子 10 日	丁丑 11 一	戊寅 12 二	己卯 13 三	庚辰 14 四	辛巳 15 五	壬午 16 六	癸未 17 日	甲申 18 一	乙酉 19 二	丙戌 20 三	丁亥 21 四	戊子 22 五	己丑 23 六	庚寅 24 日	辛卯 25 一	壬辰 26 二	癸巳 27 三	甲午 28 四	乙未 29 五	丙申 30 六	丁酉 31 日	戊戌(6) 一	己亥 2日 二	庚子 3 三	辛丑 4 四		乙亥立夏 庚寅小滿 辛丑日食
五月小	丙午	壬寅 5日 五	癸卯 6 六	甲辰 7 日	乙巳 8 一	丙午 9 二	丁未 10 三	戊申 11 四	己酉 12 五	庚戌 13 六	辛亥 14 日	壬子 15 一	癸丑 16 二	甲寅 17 三	乙卯 18 四	丙辰 19 五	丁巳 20 六	戊午 21 日	己未 22 一	庚申 23 二	辛酉 24 三	壬戌 25 四	癸亥 26 五	甲子 27 六	乙丑 28 日	丙寅 29 一	丁卯 30 二	戊辰(7) 三	己巳 2日 四	庚午 3 五			丙午芒種 辛酉夏至
六月大	丁未	辛未 4日 六	壬申 5 日	癸酉 6 一	甲戌 7 二	乙亥 8 三	丙子 9 四	丁丑 10 五	戊寅 11 六	己卯 12 日	庚辰 13 一	辛巳 14 二	壬午 15 三	癸未 16 四	甲申 17 五	乙酉 18 六	丙戌 19 日	丁亥 20 一	戊子 21 二	己丑 22 三	庚寅 23 四	辛卯 24 五	壬辰 25 六	癸巳 26 日	甲午 27 一	乙未 28 二	丙申 29 三	丁酉 30 四	戊戌 31 五	己亥(8) 六	庚子 2日 日		丙子小暑 辛卯大暑
七月小	戊申	辛丑 3日 一	壬寅 4 二	癸卯 5 三	甲辰 6 四	乙巳 7 五	丙午 8 六	丁未 9 日	戊申 10 一	己酉 11 二	庚戌 12 三	辛亥 13 四	壬子 14 五	癸丑 15 六	甲寅 16 日	乙卯 17 一	丙辰 18 二	丁巳 19 三	戊午 20 四	己未 21 五	庚申 22 六	辛酉 23 日	壬戌 24 一	癸亥 25 二	甲子 26 三	乙丑 27 四	丙寅 28 五	丁卯 29 六	戊辰 30 日	己巳 31 一			丁未立秋 壬戌處暑
八月大	己酉	庚午(9) 二	辛未 2日 三	壬申 3 四	癸酉 4 五	甲戌 5 六	乙亥 6 日	丙子 7 一	丁丑 8 二	戊寅 9 三	己卯 10 四	庚辰 11 五	辛巳 12 六	壬午 13 日	癸未 14 一	甲申 15 二	乙酉 16 三	丙戌 17 四	丁亥 18 五	戊子 19 六	己丑 20 日	庚寅 21 一	辛卯 22 二	壬辰 23 三	癸巳 24 四	甲午 25 五	乙未 26 六	丙申 27 日	丁酉 28 一	戊戌 29 二	己亥 30 三	丁丑白露 壬辰秋分
九月小	庚戌	庚子(10) 四	辛丑 2 五	壬寅 3 六	癸卯 4 日	甲辰 5 一	乙巳 6 二	丙午 7 三	丁未 8 四	戊申 9 五	己酉 10 六	庚戌 11 日	辛亥 12 一	壬子 13 二	癸丑 14 三	甲寅 15 四	乙卯 16 五	丙辰 17 六	丁巳 18 日	戊午 19 一	己未 20 二	庚申 21 三	辛酉 22 四	壬戌 23 五	癸亥 24 六	甲子 25 日	乙丑 26 一	丙寅 27 二	丁卯 28 三	戊辰 29 四		丁未寒露 癸亥霜降
十月大	辛亥	己巳 30日 五	庚午 31 六	辛未(11) 日	壬申 2 一	癸酉 3 二	甲戌 4 三	乙亥 5 四	丙子 6 五	丁丑 7 六	戊寅 8 日	己卯 9 一	庚辰 10 二	辛巳 11 三	壬午 12 四	癸未 13 五	甲申 14 六	乙酉 15 日	丙戌 16 一	丁亥 17 二	戊子 18 三	己丑 19 四	庚寅 20 五	辛卯 21 六	壬辰 22 日	癸巳 23 一	甲午 24 二	乙未 25 三	丙申 26 四	丁酉 27 五	戊戌 28 六	戊寅立冬 癸巳小雪
十一月小	壬子	己亥 29日 日	庚子 30 一	辛丑(12) 二	壬寅 2 三	癸卯 3 四	甲辰 4 五	乙巳 5 六	丙午 6 日	丁未 7 一	戊申 8 二	己酉 9 三	庚戌 10 四	辛亥 11 五	壬子 12 六	癸丑 13 日	甲寅 14 一	乙卯 15 二	丙辰 16 三	丁巳 17 四	戊午 18 五	己未 19 六	庚申 20 日	辛酉 21 一	壬戌 22 二	癸亥 23 三	甲子 24 四	乙丑 25 五	丙寅 26 六	丁卯 27 日		戊申大雪 甲子冬至 己亥日食
十二月大	癸丑	戊辰 28日 一	己巳 29 二	庚午 30 三	辛未 31 四	壬申(1) 五	癸酉 2 六	甲戌 3 日	乙亥 4 一	丙子 5 二	丁丑 6 三	戊寅 7 四	己卯 8 五	庚辰 9 六	辛巳 10 日	壬午 11 一	癸未 12 二	甲申 13 三	乙酉 14 四	丙戌 15 五	丁亥 16 六	戊子 17 日	己丑 18 一	庚寅 19 二	辛卯 20 三	壬辰 21 四	癸巳 22 五	甲午 23 六	乙未 24 日	丙申 25 一	丁酉 26 二	己卯小寒 甲午大寒

吳景帝永安六年（癸未 羊年） 公元 263 ~ 264 年

夏曆月序	中西曆對照	夏曆日序																													節氣與天象
		初一	初二	初三	初四	初五	初六	初七	初八	初九	初十	十一	十二	十三	十四	十五	十六	十七	十八	十九	二十	二一	二二	二三	二四	二五	二六	二七	二八	二九	三十	
正月小	甲寅	戊戌27二	己亥28三	庚子29四	辛丑30五	壬寅31六	癸卯(2)日	甲辰2一	乙巳3二	丙午4三	丁未5四	戊申6五	己酉7六	庚戌8日	辛亥9一	壬子10二	癸丑11三	甲寅12四	乙卯13五	丙辰14六	丁巳15日	戊午16一	己未17二	庚申18三	辛酉19四	壬戌20五	癸亥21六	甲子22日	乙丑23一	丙寅24二		己酉立春 甲子雨水
二月大	乙卯	丁卯25三	戊辰26四	己巳27五	庚午28六	辛未(3)日	壬申2一	癸酉3二	甲戌4三	乙亥5四	丙子6五	丁丑7六	戊寅8日	己卯9一	庚辰10二	辛巳11三	壬午12四	癸未13五	甲申14六	乙酉15日	丙戌16一	丁亥17二	戊子18三	己丑19四	庚寅20五	辛卯21六	壬辰22日	癸巳23一	甲午24二	乙未25三	丙申26四	庚辰驚蟄 乙未春分
三月小	丙辰	丁酉27五	戊戌28六	己亥29日	庚子30一	辛丑31二	壬寅(4)三	癸卯2四	甲辰3五	乙巳4六	丙午5日	丁未6一	戊申7二	己酉8三	庚戌9四	辛亥10五	壬子11六	癸丑12日	甲寅13一	乙卯14二	丙辰15三	丁巳16四	戊午17五	己未18六	庚申19日	辛酉20一	壬戌21二	癸亥22三	甲子23四	乙丑24五		庚戌清明 乙丑穀雨
閏三月大	丙辰	丙寅25六	丁卯26日	戊辰27一	己巳28二	庚午29三	辛未30四	壬申(5)五	癸酉2六	甲戌3日	乙亥4一	丙子5二	丁丑6三	戊寅7四	己卯8五	庚辰9六	辛巳10日	壬午11一	癸未12二	甲申13三	乙酉14四	丙戌15五	丁亥16六	戊子17日	己丑18一	庚寅19二	辛卯20三	壬辰21四	癸巳22五	甲午23六	乙未24日	辛巳立夏
四月小	丁巳	丙申25一	丁酉26二	戊戌27三	己亥28四	庚子29五	辛丑30六	壬寅31日	癸卯(6)一	甲辰2二	乙巳3三	丙午4四	丁未5五	戊申6六	己酉7日	庚戌8一	辛亥9二	壬子10三	癸丑11四	甲寅12五	乙卯13六	丙辰14日	丁巳15一	戊午16二	己未17三	庚申18四	辛酉19五	壬戌20六	癸亥21日	甲子22一		丙申小滿 辛亥芒種
五月大	戊午	乙丑23二	丙寅24三	丁卯25四	戊辰26五	己巳27六	庚午28日	辛未29一	壬申30二	癸酉(7)三	甲戌2四	乙亥3五	丙子4六	丁丑5日	戊寅6一	己卯7二	庚辰8三	辛巳9四	壬午10五	癸未11六	甲申12日	乙酉13一	丙戌14二	丁亥15三	戊子16四	己丑17五	庚寅18六	辛卯19日	壬辰20一	癸巳21二	甲午22三	丙寅夏至 辛巳小暑
六月大	己未	乙未23四	丙申24五	丁酉25六	戊戌26日	己亥27一	庚子28二	辛丑29三	壬寅30四	癸卯31五	甲辰(8)六	乙巳2日	丙午3一	丁未4二	戊申5三	己酉6四	庚戌7五	辛亥8六	壬子9日	癸丑10一	甲寅11二	乙卯12三	丙辰13四	丁巳14五	戊午15六	己未16日	庚申17一	辛酉18二	壬戌19三	癸亥20四	甲子21五	丁酉大暑 壬子立秋
七月小	庚申	乙丑22六	丙寅23日	丁卯24一	戊辰25二	己巳26三	庚午27四	辛未28五	壬申29六	癸酉30日	甲戌31一	乙亥(9)二	丙子2三	丁丑3四	戊寅4五	己卯5六	庚辰6日	辛巳7一	壬午8二	癸未9三	甲申10四	乙酉11五	丙戌12六	丁亥13日	戊子14一	己丑15二	庚寅16三	辛卯17四	壬辰18五	癸巳19六		丁卯處暑 壬午白露
八月大	辛酉	甲午20日	乙未21一	丙申22二	丁酉23三	戊戌24四	己亥25五	庚子26六	辛丑27日	壬寅28一	癸卯29二	甲辰30三	乙巳(10)四	丙午2五	丁未3六	戊申4日	己酉5一	庚戌6二	辛亥7三	壬子8四	癸丑9五	甲寅10六	乙卯11日	丙辰12一	丁巳13二	戊午14三	己未15四	庚申16五	辛酉17六	壬戌18日	癸亥19一	丁酉秋分 癸丑寒露
九月小	壬戌	甲子20二	乙丑21三	丙寅22四	丁卯23五	戊辰24六	己巳25日	庚午26一	辛未27二	壬申28三	癸酉29四	甲戌30五	乙亥31六	丙子(11)日	丁丑2一	戊寅3二	己卯4三	庚辰5四	辛巳6五	壬午7六	癸未8日	甲申9一	乙酉10二	丙戌11三	丁亥12四	戊子13五	己丑14六	庚寅15日	辛卯16一	壬辰17二		戊辰霜降 癸未立冬
十月大	癸亥	癸巳18三	甲午19四	乙未20五	丙申21六	丁酉22日	戊戌23一	己亥24二	庚子25三	辛丑26四	壬寅27五	癸卯28六	甲辰29日	乙巳30一	丙午(12)二	丁未2三	戊申3四	己酉4五	庚戌5六	辛亥6日	壬子7一	癸丑8二	甲寅9三	乙卯10四	丙辰11五	丁巳12六	戊午13日	己未14一	庚申15二	辛酉16三	壬戌17四	戊戌小雪 甲寅大雪
十一月小	甲子	癸亥18五	甲子19六	乙丑20日	丙寅21一	丁卯22二	戊辰23三	己巳24四	庚午25五	辛未26六	壬申27日	癸酉28一	甲戌29二	乙亥30三	丙子31四	丁丑(1)五	戊寅2六	己卯3日	庚辰4一	辛巳5二	壬午6三	癸未7四	甲申8五	乙酉9六	丙戌10日	丁亥11一	戊子12二	己丑13三	庚寅14四	辛卯15五		己巳冬至 甲申小寒
十二月大	乙丑	壬辰16六	癸巳17日	甲午18一	乙未19二	丙申20三	丁酉21四	戊戌22五	己亥23六	庚子24日	辛丑25一	壬寅26二	癸卯27三	甲辰28四	乙巳29五	丙午30六	丁未31日	戊申(2)一	己酉2二	庚戌3三	辛亥4四	壬子5五	癸丑6六	甲寅7日	乙卯8一	丙辰9二	丁巳10三	戊午11四	己未12五	庚申13六	辛酉14日	辛亥大寒 甲寅立春

吳景帝永安七年 末帝元興元年（甲申 猴年） 公元264～265年

夏曆月序	中西曆日對照	夏曆日序																													節氣與天象
		初一	初二	初三	初四	初五	初六	初七	初八	初九	初十	十一	十二	十三	十四	十五	十六	十七	十八	十九	二十	二一	二二	二三	二四	二五	二六	二七	二八	二九	三十	
正月小	丙寅 天干地支 西曆 星期	壬申 15 一	癸酉 16 二	甲戌 17 三	乙亥 18 四	丙子 19 五	丁丑 20 六	戊寅 21 日	己卯 22 一	庚辰 23 二	辛巳 24 三	壬午 25 四	癸未 26 五	甲申 27 六	乙酉 28 日	丙戌 29 一	丁亥(3) 二	戊子 3 三	己丑 4 四	庚寅 5 五	辛卯 6 六	壬辰 7 日	癸巳 8 一	甲午 9 二	乙未 10 三	丙申 11 四	丁酉 12 五	戊戌 13 六	己亥 14 日	庚子		庚午雨水 乙酉驚蟄
二月大	丁卯 天干地支 西曆 星期	辛卯 15 一	壬辰 16 二	癸巳 17 三	甲午 18 四	乙未 19 五	丙申 20 六	丁酉 21 日	戊戌 22 一	己亥 23 二	庚子 24 三	辛丑 25 四	壬寅 26 五	癸卯 27 六	甲辰 28 日	乙巳 29 一	丙午 30 二	丁未 31 三	戊申(4) 四	己酉 2 五	庚戌 3 六	辛亥 4 日	壬子 5 一	癸丑 6 二	甲寅 7 三	乙卯 8 四	丙辰 9 五	丁巳 10 六	戊午 11 日	己未 12 一	庚申 13 二	庚子春分 乙卯清明
三月小	戊辰 天干地支 西曆 星期	辛酉 14 三	壬戌 15 四	癸亥 16 五	甲子 17 六	乙丑 18 日	丙寅 19 一	丁卯 20 二	戊辰 21 三	己巳 22 四	庚午 23 五	辛未 24 六	壬申 25 日	癸酉 26 一	甲戌 27 二	乙亥 28 三	丙子 29 四	丁丑 30 五	戊寅(5) 日	己卯 2 一	庚辰 3 二	辛巳 4 三	壬午 5 四	癸未 6 五	甲申 7 六	乙酉 8 日	丙戌 9 一	丁亥 10 二	戊子 11 三	己丑 12 四		辛未穀雨 丙戌立夏
四月大	己巳 天干地支 西曆 星期	庚寅 13 五	辛卯 14 六	壬辰 15 日	癸巳 16 一	甲午 17 二	乙未 18 三	丙申 19 四	丁酉 20 五	戊戌 21 六	己亥 22 日	庚子 23 一	辛丑 24 二	壬寅 25 三	癸卯 26 四	甲辰 27 五	乙巳 28 六	丙午 29 日	丁未 30 一	戊申 31 二	己酉(6) 三	庚戌 2 四	辛亥 3 五	壬子 4 六	癸丑 5 日	甲寅 6 一	乙卯 7 二	丙辰 8 三	丁巳 9 四	戊午 10 五	己未 11 六	辛丑小滿 丙辰芒種
五月小	庚午 天干地支 西曆 星期	庚申 12 日	辛酉 13 一	壬戌 14 二	癸亥 15 三	甲子 16 四	乙丑 17 五	丙寅 18 六	丁卯 19 日	戊辰 20 一	己巳 21 二	庚午 22 三	辛未 23 四	壬申 24 五	癸酉 25 六	甲戌 26 日	乙亥 27 一	丙子 28 二	丁丑 29 三	戊寅 30 四	己卯(7) 五	庚辰 2 六	辛巳 3 日	壬午 4 一	癸未 5 二	甲申 6 三	乙酉 7 四	丙戌 8 五	丁亥 9 六	戊子 10 日		辛未夏至 丁亥小暑
六月大	辛未 天干地支 西曆 星期	己丑 11 一	庚寅 12 二	辛卯 13 三	壬辰 14 四	癸巳 15 五	甲午 16 六	乙未 17 日	丙申 18 一	丁酉 19 二	戊戌 20 三	己亥 21 四	庚子 22 五	辛丑 23 六	壬寅 24 日	癸卯 25 一	甲辰 26 二	乙巳 27 三	丙午 28 四	丁未 29 五	戊申 30 六	己酉 31 日	庚戌(8) 一	辛亥 2 二	壬子 3 三	癸丑 4 四	甲寅 5 五	乙卯 6 六	丙辰 7 日	丁巳 8 一	戊午 9 二	壬寅大暑 丁巳立秋
七月小	壬申 天干地支 西曆 星期	己未 10 三	庚申 11 四	辛酉 12 五	壬戌 13 六	癸亥 14 日	甲子 15 一	乙丑 16 二	丙寅 17 三	丁卯 18 四	戊辰 19 五	己巳 20 六	庚午 21 日	辛未 22 一	壬申 23 二	癸酉 24 三	甲戌 25 四	乙亥 26 五	丙子 27 六	丁丑 28 日	戊寅 29 一	己卯 30 二	庚辰 31 三	辛巳(9) 四	壬午 2 五	癸未 3 六	甲申 4 日	乙酉 5 一	丙戌 6 二	丁亥 7 三		壬申處暑
八月大	癸酉 天干地支 西曆 星期	戊子 8 四	己丑 9 五	庚寅 10 六	辛卯 11 日	壬辰 12 一	癸巳 13 二	甲午 14 三	乙未 15 四	丙申 16 五	丁酉 17 六	戊戌 18 日	己亥 19 一	庚子 20 二	辛丑 21 三	壬寅 22 四	癸卯 23 五	甲辰 24 六	乙巳 25 日	丙午 26 一	丁未 27 二	戊申 28 三	己酉 29 四	庚戌 30 五	辛亥(10) 六	壬子 2 日	癸丑 3 一	甲寅 4 二	乙卯 5 三	丙辰 6 四	丁巳 7 五	戊子白露 癸卯秋分
九月小	甲戌 天干地支 西曆 星期	戊午 8 六	己未 9 日	庚申 10 一	辛酉 11 二	壬戌 12 三	癸亥 13 四	甲子 14 五	乙丑 15 六	丙寅 16 日	丁卯 17 一	戊辰 18 二	己巳 19 三	庚午 20 四	辛未 21 五	壬申 22 六	癸酉 23 日	甲戌 24 一	乙亥 25 二	丙子 26 三	丁丑 27 四	戊寅 28 五	己卯 29 六	庚辰 30 日	辛巳 31 一	壬午(11) 二	癸未 2 三	甲申 3 四	乙酉 4 五	丙戌 5 六		戊午寒露 癸酉霜降
十月大	乙亥 天干地支 西曆 星期	丁亥 6 日	戊子 7 一	己丑 8 二	庚寅 9 三	辛卯 10 四	壬辰 11 五	癸巳 12 六	甲午 13 日	乙未 14 一	丙申 15 二	丁酉 16 三	戊戌 17 四	己亥 18 五	庚子 19 六	辛丑 20 日	壬寅 21 一	癸卯 22 二	甲辰 23 三	乙巳 24 四	丙午 25 五	丁未 26 六	戊申 27 日	己酉 28 一	庚戌 29 二	辛亥 30 三	壬子(12) 四	癸丑 2 五	甲寅 3 六	乙卯 4 日	丙辰 5 一	戊子立冬 甲辰小雪
十一月大	丙子 天干地支 西曆 星期	丁巳 6 二	戊午 7 三	己未 8 四	庚申 9 五	辛酉 10 六	壬戌 11 日	癸亥 12 一	甲子 13 二	乙丑 14 三	丙寅 15 四	丁卯 16 五	戊辰 17 六	己巳 18 日	庚午 19 一	辛未 20 二	壬申 21 三	癸酉 22 四	甲戌 23 五	乙亥 24 六	丙子 25 日	丁丑 26 一	戊寅 27 二	己卯 28 三	庚辰 29 四	辛巳 30 五	壬午 31 六	癸未(1) 日	甲申 2 一	乙酉 3 二	丙戌 4 三	己未大雪 甲戌冬至
十二月小	丁丑 天干地支 西曆 星期	丁亥 5 四	戊子 6 五	己丑 7 六	庚寅 8 日	辛卯 9 一	壬辰 10 二	癸巳 11 三	甲午 12 四	乙未 13 五	丙申 14 六	丁酉 15 日	戊戌 16 一	己亥 17 二	庚子 18 三	辛丑 19 四	壬寅 20 五	癸卯 21 六	甲辰 22 日	乙巳 23 一	丙午 24 二	丁未 25 三	戊申 26 四	己酉 27 五	庚戌 28 六	辛亥 29 日	壬子 30 一	癸丑 31 二	甲寅(2) 三	乙卯 2 四		己丑小寒 甲辰大寒

*七月癸未（二十五日）景帝卒，孫皓即位，是為末帝，改元元興。

吴末帝元兴二年 甘露元年（乙酉 鸡年） 公元 265～266 年

* 四月，改元甘露。

吳末帝甘露二年 寶鼎元年（丙戌 狗年） 公元 266 ~ 267 年

夏曆月序	中西曆對照	夏曆日序																													節氣與天象
		初一	初二	初三	初四	初五	初六	初七	初八	初九	初十	十一	十二	十三	十四	十五	十六	十七	十八	十九	二十	二一	二二	二三	二四	二五	二六	二七	二八	二九	三十	
正月小	庚寅	天干地支 西曆日 星期	庚辰 22 四	辛巳 23 五	壬午 24 六	癸未 25 日	甲申 26 一	乙酉 27 二	丙戌 28 三	丁亥 (3) 四	戊子 2日 五	己丑 3 六	庚寅 4日 日	辛卯 5 一	壬辰 6 二	癸巳 7 三	甲午 8 四	乙未 9 五	丙申 10 六	丁酉 11 日	戊戌 12 一	己亥 13 二	庚子 14 三	辛丑 15 四	壬寅 16 五	癸卯 17 六	甲辰 18 日	乙巳 19 一	丙午 20 二	丁未 21 三	戊申 22 四		庚辰雨水 乙未驚蟄
二月大	辛卯	天干地支 西曆日 星期	己酉 23 五	庚戌 24 六	辛亥 25 日	壬子 26 一	癸丑 27 二	甲寅 28 三	乙卯 29 四	丙辰 30 五	丁巳 31 六	戊午 (4) 日	己未 2 一	庚申 3 二	辛酉 4 三	壬戌 5 四	癸亥 6 五	甲子 7 六	乙丑 8 日	丙寅 9 一	丁卯 10 二	戊辰 11 三	己巳 12 四	庚午 13 五	辛未 14 六	壬申 15 日	癸酉 16 一	甲戌 17 二	乙亥 18 三	丙子 19 四	丁丑 20 五	戊寅 21 六	辛亥春分 丙寅清明
三月大	壬辰	天干地支 西曆日 星期	己卯 22 日	庚辰 23 一	辛巳 24 二	壬午 25 三	癸未 26 四	甲申 27 五	乙酉 28 六	丙戌 29 日	丁亥 30 一	戊子 (5) 二	己丑 2 三	庚寅 3 四	辛卯 4 五	壬辰 5 六	癸巳 6 日	甲午 7 一	乙未 8 二	丙申 9 三	丁酉 10 四	戊戌 11 五	己亥 12 六	庚子 13 日	辛丑 14 一	壬寅 15 二	癸卯 16 三	甲辰 17 四	乙巳 18 五	丙午 19 六	丁未 20 日	戊申 21 一	辛巳穀雨 丙申立夏
四月小	癸巳	天干地支 西曆日 星期	己酉 22 二	庚戌 23 三	辛亥 24 四	壬子 25 五	癸丑 26 六	甲寅 27 日	乙卯 28 一	丙辰 29 二	丁巳 30 三	戊午 31 四	己未 (6) 五	庚申 2 六	辛酉 3 日	壬戌 4 一	癸亥 5 二	甲子 6 三	乙丑 7 四	丙寅 8 五	丁卯 9 六	戊辰 10 日	己巳 11 一	庚午 12 二	辛未 13 三	壬申 14 四	癸酉 15 五	甲戌 16 六	乙亥 17 日	丙子 18 一	丁丑 19 二		辛亥小滿 丁卯芒種
五月大	甲午	天干地支 西曆日 星期	戊寅 20 三	己卯 21 四	庚辰 22 五	辛巳 23 六	壬午 24 日	癸未 25 一	甲申 26 二	乙酉 27 三	丙戌 28 四	丁亥 29 五	戊子 30 六	己丑 (7) 日	庚寅 2 一	辛卯 3 二	壬辰 4 三	癸巳 5 四	甲午 6 五	乙未 7 六	丙申 8 日	丁酉 9 一	戊戌 10 二	己亥 11 三	庚子 12 四	辛丑 13 五	壬寅 14 六	癸卯 15 日	甲辰 16 一	乙巳 17 二	丙午 18 三	丁未 19 四	壬午夏至 丁酉小暑
六月小	乙未	天干地支 西曆日 星期	戊申 20 五	己酉 21 六	庚戌 22 日	辛亥 23 一	壬子 24 二	癸丑 25 三	甲寅 26 四	乙卯 27 五	丙辰 28 六	丁巳 29 日	戊午 30 一	己未 31 二	庚申 (8) 三	辛酉 2 四	壬戌 3 五	癸亥 4 六	甲子 5 日	乙丑 6 一	丙寅 7 二	丁卯 8 三	戊辰 9 四	己巳 10 五	庚午 11 六	辛未 12 日	壬申 13 一	癸酉 14 二	甲戌 15 三	乙亥 16 四	丙子 17 五		壬子大暑 戊辰立秋
七月大	丙申	天干地支 西曆日 星期	丁丑 18 六	戊寅 19 日	己卯 20 一	庚辰 21 二	辛巳 22 三	壬午 23 四	癸未 24 五	甲申 25 六	乙酉 26 日	丙戌 27 一	丁亥 28 二	戊子 29 三	己丑 30 四	庚寅 31 五	辛卯 (9) 六	壬辰 2 日	癸巳 3 一	甲午 4 二	乙未 5 三	丙申 6 四	丁酉 7 五	戊戌 8 六	己亥 9 日	庚子 10 一	辛丑 11 二	壬寅 12 三	癸卯 13 四	甲辰 14 五	乙巳 15 六	丙午 16 日	癸未處暑 戊戌白露 丙午日食
八月小	丁酉	天干地支 西曆日 星期	丁未 17 一	戊申 18 二	己酉 19 三	庚戌 20 四	辛亥 21 五	壬子 22 六	癸丑 23 日	甲寅 24 一	乙卯 25 二	丙辰 26 三	丁巳 27 四	戊午 28 五	己未 29 六	庚申 30 日	辛酉<(10) 一	壬戌 2 二	癸亥 3 三	甲子 4 四	乙丑 5 五	丙寅 6 六	丁卯 7 日	戊辰 8 一	己巳 9 二	庚午 10 三	辛未 11 四	壬申 12 五	癸酉 13 六	甲戌 14 日	乙亥 15 一		癸丑秋分 戊辰寒露
九月大	戊戌	天干地支 西曆日 星期	丙子 16 二	丁丑 17 三	戊寅 18 四	己卯 19 五	庚辰 20 六	辛巳 21 日	壬午 22 一	癸未 23 二	甲申 24 三	乙酉 25 四	丙戌 26 五	丁亥 27 六	戊子 28 日	己丑 29 一	庚寅 30 二	辛卯 31 三	壬辰 (11) 四	癸巳 2 五	甲午 3 六	乙未 4 日	丙申 5 一	丁酉 6 二	戊戌 7 三	己亥 8 四	庚子 9 五	辛丑 10 六	壬寅 11 日	癸卯 12 一	甲辰 13 二	乙巳 14 三	甲申霜降 己亥立冬
十月小	己亥	天干地支 西曆日 星期	丙午 15 四	丁未 16 五	戊申 17 六	己酉 18 日	庚戌 19 一	辛亥 20 二	壬子 21 三	癸丑 22 四	甲寅 23 五	乙卯 24 六	丙辰 25 日	丁巳 26 一	戊午 27 二	己未 28 三	庚申 29 四	辛酉 30 五	壬戌 (12) 六	癸亥 2 日	甲子 3 一	乙丑 4 二	丙寅 5 三	丁卯 6 四	戊辰 7 五	己巳 8 六	庚午 9 日	辛未 10 一	壬申 11 二	癸酉 12 三	甲戌 13 四		甲寅小雪 己巳大雪
十一月大	庚子	天干地支 西曆日 星期	乙亥 14 五	丙子 15 六	丁丑 16 日	戊寅 17 一	己卯 18 二	庚辰 19 三	辛巳 20 四	壬午 21 五	癸未 22 六	甲申 23 日	乙酉 24 一	丙戌 25 二	丁亥 26 三	戊子 27 四	己丑 28 五	庚寅 29 六	辛卯 30 日	壬辰 31 一	癸巳 (1) 二	甲午 2 三	乙未 3 四	丙申 4 五	丁酉 5 六	戊戌 6 日	己亥 7 一	庚子 8 二	辛丑 9 三	壬寅 10 四	癸卯 11 五	甲辰 12 六	乙酉冬至 庚子小寒
十二月小	辛丑	天干地支 西曆日 星期	乙巳 13 日	丙午 14 一	丁未 15 二	戊申 16 三	己酉 17 四	庚戌 18 五	辛亥 19 六	壬子 20 日	癸丑 21 一	甲寅 22 二	乙卯 23 三	丙辰 24 四	丁巳 25 五	戊午 26 六	己未 27 日	庚申 28 一	辛酉 29 二	壬戌 30 三	癸亥 31 四	甲子 (2) 五	乙丑 2 六	丙寅 3 日	丁卯 4 一	戊辰 5 二	己巳 6 三	庚午 7 四	辛未 8 五	壬申 9 六	癸酉 10 日		乙卯大寒 庚午立春

*八月，改元寶鼎。

吴末帝宝鼎二年（丁亥 猪年）公元267～268年

夏曆月序	中西曆對照	夏曆日序																													節氣與天象
		初一	初二	初三	初四	初五	初六	初七	初八	初九	初十	十一	十二	十三	十四	十五	十六	十七	十八	十九	二十	廿一	廿二	廿三	廿四	廿五	廿六	廿七	廿八	廿九	三十	
正月大	壬寅	天干地支 西曆 星期	甲戌 11 二	乙亥 12 三	丙子 13 四	丁丑 14 五	戊寅 15 六	己卯 16日	庚辰 17 一	辛巳 18 二	壬午 19 三	癸未 20 四	甲申 21 五	乙酉 22 六	丙戌 23日	丁亥 24 一	戊子 25 二	己丑 26 三	庚寅 27 四	辛卯 28 五	壬辰 (3) 六	癸巳 2日	甲午 3 一	乙未 4 二	丙申 5 三	丁酉 6 四	戊戌 7 五	己亥 8 六	庚子 9日	辛丑 10 一	壬寅 11 二	癸卯 12 三	乙酉雨水 辛丑驚蟄
二月小	癸卯	天干地支 西曆 星期	甲辰 13 四	乙巳 14 五	丙午 15 六	丁未 16日	戊申 17 一	己酉 18 二	庚戌 19 三	辛亥 20 四	壬子 21 五	癸丑 22 六	甲寅 23日	乙卯 24 一	丙辰 25 二	丁巳 26 三	戊午 27 四	己未 28 五	庚申 29 六	辛酉 30日	壬戌 31 一	癸亥 (4) 二	甲子 2 三	乙丑 3 四	丙寅 4 五	丁卯 5 六	戊辰 6日	己巳 7 一	庚午 8 二	辛未 9 三	壬申 10 四		丙辰春分 辛未清明
三月大	甲辰	天干地支 西曆 星期	癸酉 11 五	甲戌 12 六	乙亥 13日	丙子 14 一	丁丑 15 二	戊寅 16 三	己卯 17 四	庚辰 18 五	辛巳 19 六	壬午 20日	癸未 21 一	甲申 22 二	乙酉 23 三	丙戌 24 四	丁亥 25 五	戊子 26 六	己丑 27日	庚寅 28 一	辛卯 29 二	壬辰 30 三	癸巳 (5) 四	甲午 2 五	乙未 3 六	丙申 4日	丁酉 5 一	戊戌 6 二	己亥 7 三	庚子 8 四	辛丑 9 五	壬寅 10 六	丙戌穀雨 壬寅立夏
四月小	乙巳	天干地支 西曆 星期	癸卯 11日	甲辰 12 一	乙巳 13 二	丙午 14 三	丁未 15 四	戊申 16 五	己酉 17 六	庚戌 18日	辛亥 19 一	壬子 20 二	癸丑 21 三	甲寅 22 四	乙卯 23 五	丙辰 24 六	丁巳 25日	戊午 26 一	己未 27 二	庚申 28 三	辛酉 29 四	壬戌 30 五	癸亥 (6) 六	甲子 2日	乙丑 3 一	丙寅 4 二	丁卯 5 三	戊辰 6 四	己巳 7 五	庚午 8 六			丁巳小滿
五月大	丙午	天干地支 西曆 星期	壬申 9日	癸酉 10 一	甲戌 11 二	乙亥 12 三	丙子 13 四	丁丑 14 五	戊寅 15 六	己卯 16日	庚辰 17 一	辛巳 18 二	壬午 19 三	癸未 20 四	甲申 21 五	乙酉 22 六	丙戌 23日	丁亥 24 一	戊子 25 二	己丑 26 三	庚寅 27 四	辛卯 28 五	壬辰 29 六	癸巳 30 日	甲午 (7) 一	乙未 2 二	丙申 3 三	丁酉 4 四	戊戌 5 五	己亥 6 六	庚子 7日	辛丑 8 一	壬申芒種 丁亥夏至
六月大	丁未	天干地支 西曆 星期	壬寅 9 二	癸卯 10 三	甲辰 11 四	乙巳 12 五	丙午 13 六	丁未 14日	戊申 15 一	己酉 16 二	庚戌 17 三	辛亥 18 四	壬子 19 五	癸丑 20 六	甲寅 21日	乙卯 22 一	丙辰 23 二	丁巳 24 三	戊午 25 四	己未 26 五	庚申 27 六	辛酉 28日	壬戌 29 一	癸亥 30 二	甲子 31 三	乙丑 (8) 四	丙寅 2 五	丁卯 3 六	戊辰 4日	己巳 5 一	庚午 6 二	辛未 7 三	壬寅小暑 戊午大暑
七月小	戊申	天干地支 西曆 星期	壬申 8 四	癸酉 9 五	甲戌 10 六	乙亥 11日	丙子 12 一	丁丑 13 二	戊寅 14 三	己卯 15 四	庚辰 16 五	辛巳 17 六	壬午 18日	癸未 19 一	甲申 20 二	乙酉 21 三	丙戌 22 四	丁亥 23 五	戊子 24 六	己丑 25日	庚寅 26 一	辛卯 27 二	壬辰 28 三	癸巳 29 四	甲午 30 五	乙未 31 六	丙申 (9)日	丁酉 2 一	戊戌 3 二	己亥 4 三	庚子 5 四		癸酉立秋 戊子處暑
八月大	己酉	天干地支 西曆 星期	辛丑 6 五	壬寅 7 六	癸卯 8日	甲辰 9 一	乙巳 10 二	丙午 11 三	丁未 12 四	戊申 13 五	己酉 14 六	庚戌 15日	辛亥 16 一	壬子 17 二	癸丑 18 三	甲寅 19 四	乙卯 20日	丙辰 21 一	丁巳 22 二	戊午 23 三	己未 24 四	庚申 25 五	辛酉 26 六	壬戌 27日	癸亥 28 一	甲子 29 二	乙丑 30 三	丙寅 (10) 四	丁卯 2 五	戊辰 3 六	己巳 4 五	庚午 5 六	癸卯白露 戊午秋分
九月小	庚戌	天干地支 西曆 星期	辛未 6日	壬申 7 一	癸酉 8 二	甲戌 9 三	乙亥 10 四	丙子 11 五	丁丑 12 六	戊寅 13日	己卯 14 一	庚辰 15 二	辛巳 16 三	壬午 17 四	癸未 18 五	甲申 19 六	乙酉 20日	丙戌 21 一	丁亥 22 二	戊子 23 三	己丑 24 四	庚寅 25 五	辛卯 26 六	壬辰 27日	癸巳 28 一	甲午 29 二	乙未 30 三	丙申 (11) 四	丁酉 2 五	戊戌 3 六	己亥 4 六		甲戌寒露 己丑霜降
十月大	辛亥	天干地支 西曆 星期	庚子 4 一	辛丑 5 二	壬寅 6 三	癸卯 7 四	甲辰 8 五	乙巳 9 六	丙午 10日	丁未 11 一	戊申 12 二	己酉 13 三	庚戌 14 四	辛亥 15 五	壬子 16 六	癸丑 17日	甲寅 18 一	乙卯 19 二	丙辰 20 三	丁巳 21 四	戊午 22 五	己未 23 六	庚申 24日	辛酉 25 一	壬戌 26 二	癸亥 27 三	甲子 28 四	乙丑 29 五	丙寅 30 六	丁卯 (12)日	戊辰 2 一	己巳 3 二	甲辰立冬 己未小雪
十一月小	壬子	天干地支 西曆 星期	庚午 4 三	辛未 5 四	壬申 6 五	癸酉 7 六	甲戌 8日	乙亥 9 一	丙子 10 二	丁丑 11 三	戊寅 12 四	己卯 13 五	庚辰 14 六	辛巳 15日	壬午 16 一	癸未 17 二	甲申 18 三	乙酉 19 四	丙戌 20 五	丁亥 21 六	戊子 22日	己丑 23 一	庚寅 24 二	辛卯 25 三	壬辰 26 四	癸巳 27 五	甲午 28 六	乙未 29 日	丙申 30 一	丁酉 31 二	戊戌 (1) 三		乙亥大雪 庚寅冬至
十二月大	癸丑	天干地支 西曆 星期	己亥 2 四	庚子 3 五	辛丑 4 六	壬寅 5日	癸卯 6 一	甲辰 7 二	乙巳 8 三	丙午 9 四	丁未 10 五	戊申 11 六	己酉 12日	庚戌 13 一	辛亥 14 二	壬子 15 三	癸丑 16 四	甲寅 17 五	乙卯 18 六	丙辰 19日	丁巳 20 一	戊午 21 二	己未 22 三	庚申 23 四	辛酉 24 五	壬戌 25 六	癸亥 26日	甲子 27 一	乙丑 28 二	丙寅 29 三	丁卯 30 四	戊辰 31 五	乙巳小寒 庚申大寒

吳末帝寶鼎三年（戊子 鼠年） 公元268～269年

夏曆月序	中西曆對照	夏曆日序																													節氣與天象
		初一	初二	初三	初四	初五	初六	初七	初八	初九	初十	十一	十二	十三	十四	十五	十六	十七	十八	十九	二十	廿一	廿二	廿三	廿四	廿五	廿六	廿七	廿八	廿九	三十	
正月小	甲寅 天干地支西曆星期	己巳(2)六	庚午2日	辛未3一	壬申4二	癸酉5三	甲戌6四	乙亥7五	丙子8六	丁丑9日	戊寅10一	己卯11二	庚辰12三	辛巳13四	壬午14五	癸未15六	甲申16日	乙酉17一	丙戌18二	丁亥19三	戊子20四	己丑21五	庚寅22六	辛卯23日	壬辰24一	癸巳25二	甲午26三	乙未27四	丙申28五	丁酉29六		乙亥立春 辛卯雨水
二月大	乙卯 天干地支西曆星期	戊戌(3)日	己亥2一	庚子3二	辛丑4三	壬寅5四	癸卯6五	甲辰7六	乙巳8日	丙午9一	丁未10二	戊申11三	己酉12四	庚戌13五	辛亥14六	壬子15日	癸丑16一	甲寅17二	乙卯18三	丙辰19四	丁巳20五	戊午21六	己未22日	庚申23一	辛酉24二	壬戌25三	癸亥26四	甲子27五	乙丑28六	丙寅29日	丁卯30一	丙午驚蟄 辛酉春分
三月小	丙辰 天干地支西曆星期	戊辰31二	己巳(4)三	庚午2四	辛未3五	壬申4六	癸酉5日	甲戌6一	乙亥7二	丙子8三	丁丑9四	戊寅10五	己卯11六	庚辰12日	辛巳13一	壬午14二	癸未15三	甲申16四	乙酉17五	丙戌18六	丁亥19日	戊子20一	己丑21二	庚寅22三	辛卯23四	壬辰24五	癸巳25六	甲午26日	乙未27一	丙申28二		丙子清明 壬辰穀雨
四月大	丁巳 天干地支西曆星期	丁酉29三	戊戌30四	己亥(5)五	庚子2六	辛丑3日	壬寅4一	癸卯5二	甲辰6三	乙巳7四	丙午8五	丁未9六	戊申10日	己酉11一	庚戌12二	辛亥13三	壬子14四	癸丑15五	甲寅16六	乙卯17日	丙辰18一	丁巳19二	戊午20三	己未21四	庚申22五	辛酉23六	壬戌24日	癸亥25一	甲子26二	乙丑27三	丙寅28四	丁未立夏 壬戌小滿
五月小	戊午 天干地支西曆星期	丁卯29五	戊辰30六	己巳31(6)日	庚午2一	辛未3二	壬申4三	癸酉5四	甲戌6五	乙亥7六	丙子8日	丁丑9一	戊寅10二	己卯11三	庚辰12四	辛巳13五	壬午14六	癸未15日	甲申16一	乙酉17二	丙戌18三	丁亥19四	戊子20五	己丑21六	庚寅22日	辛卯23一	壬辰24二	癸巳25三	甲午26四	乙未27五		丁丑芒種 壬辰夏至
六月大	己未 天干地支西曆星期	丙申27六	丁酉28日	戊戌29一	己亥30(7)二	庚子2三	辛丑3四	壬寅4五	癸卯5六	甲辰6日	乙巳7一	丙午8二	丁未9三	戊申10四	己酉11五	庚戌12六	辛亥13日	壬子14一	癸丑15二	甲寅16三	乙卯17四	丙辰18五	丁巳19六	戊午20日	己未21一	庚申22二	辛酉23三	壬戌24四	癸亥25五	甲子26六	乙丑27日	戊申小暑 癸亥大暑
七月小	庚申 天干地支西曆星期	丙寅27一	丁卯28二	戊辰29三	己巳30四	庚午31(8)五	辛未2六	壬申3日	癸酉4一	甲戌5二	乙亥6三	丙子7四	丁丑8五	戊寅9六	己卯10日	庚辰11一	辛巳12二	壬午13三	癸未14四	甲申15五	乙酉16六	丙戌17日	丁亥18一	戊子19二	己丑20三	庚寅21四	辛卯22五	壬辰23六	癸巳24日	甲午24一		戊寅立秋 癸巳處暑
八月大	辛酉 天干地支西曆星期	乙未25二	丙申26三	丁酉27四	戊戌28五	己亥29六	庚子30日	辛丑31一	壬寅(9)二	癸卯2三	甲辰3四	乙巳4五	丙午5六	丁未6日	戊申7一	己酉8二	庚戌9三	辛亥10四	壬子11五	癸丑12六	甲寅13日	乙卯14一	丙辰15二	丁巳16三	戊午17四	己未18五	庚申19六	辛酉20日	壬戌21一	癸亥22二	甲子23三	戊申白露 甲子秋分
閏八月小	辛酉 天干地支西曆星期	乙丑24四	丙寅25五	丁卯26六	戊辰27日	己巳28一	庚午29二	辛未30三	壬申(10)四	癸酉2五	甲戌3六	乙亥4日	丙子5一	丁丑6二	戊寅7三	己卯8四	庚辰9五	辛巳10六	壬午11日	癸未12一	甲申13二	乙酉14三	丙戌15四	丁亥16五	戊子17六	己丑18日	庚寅19一	辛卯20二	壬辰21三	癸巳22四		己卯寒露
九月大	壬戌 天干地支西曆星期	甲午23五	乙未24六	丙申25日	丁酉26一	戊戌27二	己亥28三	庚子29四	辛丑30五	壬寅31六	癸卯(11)日	甲辰2一	乙巳3二	丙午4三	丁未5四	戊申6五	己酉7六	庚戌8日	辛亥9一	壬子10二	癸丑11三	甲寅12四	乙卯13五	丙辰14六	丁巳15日	戊午16一	己未17二	庚申18三	辛酉19四	壬戌20五	癸亥21六	甲午霜降 己酉立冬
十月大	癸亥 天干地支西曆星期	甲子22日	乙丑23一	丙寅24二	丁卯25三	戊辰26四	己巳27五	庚午28六	辛未29日	壬申30一	癸酉31二	甲戌(12)三	乙亥2四	丙子3五	丁丑4六	戊寅5日	己卯6一	庚辰7二	辛巳8三	壬午9四	癸未10五	甲申11六	乙酉12日	丙戌13一	丁亥14二	戊子15三	己丑16四	庚寅17五	辛卯18六	壬辰19日	癸巳20一	乙丑小雪 庚辰大雪
十一月小	甲子 天干地支西曆星期	甲午22二	乙未23三	丙申24四	丁酉25五	戊戌26六	己亥27日	庚子28一	辛丑29二	壬寅30三	癸卯(1)四	甲辰2五	乙巳3六	丙午4日	丁未5一	戊申6二	己酉7三	庚戌8四	辛亥9五	壬子10六	癸丑11日	甲寅12一	乙卯13二	丙辰14三	丁巳15四	戊午16五	己未17六	庚申18日	辛酉19一			乙未冬至 庚戌小寒
十二月大	乙丑 天干地支西曆星期	癸亥20二	甲子21三	乙丑22四	丙寅23五	丁卯24六	戊辰25日	己巳26一	庚午27二	辛未28三	壬申29四	癸酉30五	甲戌31六	乙亥(2)日	丙子2一	丁丑3二	戊寅4三	己卯5四	庚辰6五	辛巳7六	壬午8日	癸未9一	甲申10二	乙酉11三	丙戌12四	丁亥13五	戊子14六	己丑15日	庚寅16一	辛卯17二	壬辰18三	癸巳19四	乙丑大寒 辛巳立春

三國－吳

三國 - 吳

吳末帝寶鼎四年 建衡元年（己丑 牛年） 公元269～270年

夏曆月序	中西曆對照	夏曆日序																													節氣與天象
		初一	初二	初三	初四	初五	初六	初七	初八	初九	初十	十一	十二	十三	十四	十五	十六	十七	十八	十九	二十	二一	二二	二三	二四	二五	二六	二七	二八	二九	三十	
正月小	丙寅	天干地支 西曆 星期	癸巳 19 五	甲午 20 六	乙未 21 日	丙申 22 一	丁酉 23 二	戊戌 24 三	己亥 25 四	庚子 26 五	辛丑 27 六	壬寅 28 日	癸卯 (3) 一	甲辰 2 二	乙巳 3 三	丙午 4 四	丁未 5 五	戊申 6 六	己酉 7 日	庚戌 8 一	辛亥 9 二	壬子 10 三	癸丑 11 四	甲寅 12 五	乙卯 13 六	丙辰 14 日	丁巳 15 一	戊午 16 二	己未 17 三	庚申 18 四	辛酉 19 五		丙申雨水 辛亥驚蟄
二月大	丁卯	天干地支 西曆 星期	壬戌 20 六	癸亥 21 日	甲子 22 一	乙丑 23 二	丙寅 24 三	丁卯 25 四	戊辰 26 五	己巳 27 六	庚午 28 日	辛未 29 一	壬申 30 二	癸酉 31 三	甲戌 (4) 四	乙亥 2 五	丙子 3 六	丁丑 4 日	戊寅 5 一	己卯 6 二	庚辰 7 三	辛巳 8 四	壬午 9 五	癸未 10 六	甲申 11 日	乙酉 12 一	丙戌 13 二	丁亥 14 三	戊子 15 四	己丑 16 五	庚寅 17 六	辛卯 18 日	丙寅春分 壬午清明
三月小	戊辰	天干地支 西曆 星期	壬辰 19 一	癸巳 20 二	甲午 21 三	乙未 22 四	丙申 23 五	丁酉 24 六	戊戌 25 日	己亥 26 一	庚子 27 二	辛丑 28 三	壬寅 29 四	癸卯 30 五	甲辰 (5) 六	乙巳 2 日	丙午 3 一	丁未 4 二	戊申 5 三	己酉 6 四	庚戌 7 五	辛亥 8 六	壬子 9 日	癸丑 10 一	甲寅 11 二	乙卯 12 三	丙辰 13 四	丁巳 14 五	戊午 15 六	己未 16 日	庚申 17 一		丁酉穀雨 壬子立夏
四月大	己巳	天干地支 西曆 星期	辛酉 18 二	壬戌 19 三	癸亥 20 四	甲子 21 五	乙丑 22 六	丙寅 23 日	丁卯 24 一	戊辰 25 二	己巳 26 三	庚午 27 四	辛未 28 五	壬申 29 六	癸酉 30 日	甲戌 31 一	乙亥 (6) 二	丙子 2 三	丁丑 3 四	戊寅 4 五	己卯 5 六	庚辰 6 日	辛巳 7 一	壬午 8 二	癸未 9 三	甲申 10 四	乙酉 11 五	丙戌 12 六	丁亥 13 日	戊子 14 一	己丑 15 二	庚寅 16 三	丁卯小滿 壬午芒種
五月小	庚午	天干地支 西曆 星期	辛卯 17 四	壬辰 18 五	癸巳 19 六	甲午 20 日	乙未 21 一	丙申 22 二	丁酉 23 三	戊戌 24 四	己亥 25 五	庚子 26 六	辛丑 27 日	壬寅 28 一	癸卯 29 二	甲辰 30 三	乙巳 (7) 四	丙午 2 五	丁未 3 六	戊申 4 日	己酉 5 一	庚戌 6 二	辛亥 7 三	壬子 8 四	癸丑 9 五	甲寅 10 六	乙卯 11 日	丙辰 12 一	丁巳 13 二	戊午 14 三	己未 15 四		戊戌夏至 癸丑小暑
六月大	辛未	天干地支 西曆 星期	庚申 16 五	辛酉 17 六	壬戌 18 日	癸亥 19 一	甲子 20 二	乙丑 21 三	丙寅 22 四	丁卯 23 五	戊辰 24 六	己巳 25 日	庚午 26 一	辛未 27 二	壬申 28 三	癸酉 29 四	甲戌 30 五	乙亥 31 六	丙子 (8) 日	丁丑 2 一	戊寅 3 二	己卯 4 三	庚辰 5 四	辛巳 6 五	壬午 7 六	癸未 8 日	甲申 9 一	乙酉 10 二	丙戌 11 三	丁亥 12 四	戊子 13 五	己丑 14 六	戊辰大暑 癸未立秋
七月小	壬申	天干地支 西曆 星期	庚寅 15 日	辛卯 16 一	壬辰 17 二	癸巳 18 三	甲午 19 四	乙未 20 五	丙申 21 六	丁酉 22 日	戊戌 23 一	己亥 24 二	庚子 25 三	辛丑 26 四	壬寅 27 五	癸卯 28 六	甲辰 29 日	乙巳<(9) 一	丙午 30 一	丁未 31 二	戊申 (9) 三	己酉 2 四	庚戌 3 五	辛亥 4 六	壬子 5 日	癸丑 6 一	甲寅 7 二	乙卯 8 三	丙辰 9 四	丁巳 10 五	戊午 11 六		己亥處暑 甲寅白露
八月大	癸酉	天干地支 西曆 星期	己未 13 日	庚申 14 一	辛酉 15 二	壬戌 16 三	癸亥 17 四	甲子 18 五	乙丑 19 日	丙寅 20 一	丁卯 21 二	戊辰 22 三	己巳 23 四	庚午 24 五	辛未 25 六	壬申 26 日	癸酉 27 一	甲戌 28 二	乙亥 29 三	丙子 30 四	丁丑 00 五	戊寅 2 六	己卯 3 日	庚辰 4 一	辛巳 5 二	壬午 6 三	癸未 7 四	甲申 8 五	乙酉 9 六	丙戌 10 日	丁亥 11 一	戊子 12 二	己巳秋分 甲申寒露
九月小	甲戌	天干地支 西曆 星期	己丑 13 三	庚寅 14 四	辛卯 15 五	壬辰 16 六	癸巳 17 日	甲午 18 一	乙未 19 二	丙申 20 三	丁酉 21 四	戊戌 22 五	己亥 23 六	庚子 24 日	辛丑 25 一	壬寅 26 二	癸卯 27 三	甲辰 28 四	乙巳 29 五	丙午 30 六	丁未 31 日	戊申 (11) 一	己酉 2 二	庚戌 3 三	辛亥 4 四	壬子 5 五	癸丑 6 六	甲寅 7 日	乙卯 8 一	丙辰 9 二	丁巳 10 三		己亥霜降 乙卯立冬
十月大	乙亥	天干地支 西曆 星期	戊午 11 四	己未 12 五	庚申 13 六	辛酉 14 日	壬戌 15 一	癸亥 16 二	甲子 17 三	乙丑 18 四	丙寅 19 五	丁卯 20 六	戊辰 21 日	己巳 22 一	庚午 23 二	辛未 24 三	壬申 25 四	癸酉 26 五	甲戌 27 六	乙亥 28 日	丙子 29 一	丁丑 (02) 二	戊寅 2 三	己卯 3 四	庚辰 4 五	辛巳 5 六	壬午 6 日	癸未 7 一	甲申 8 二	乙酉 9 三	丙戌 10 四	丁亥 11 五	庚午小雪 乙酉大雪
十一月小	丙子	天干地支 西曆 星期	戊子 11 六	己丑 12 日	庚寅 13 一	辛卯 14 二	壬辰 15 三	癸巳 16 四	甲午 17 五	乙未 18 六	丙申 19 日	丁酉 20 一	戊戌 21 二	己亥 22 三	庚子 23 四	辛丑 24 五	壬寅 25 六	癸卯 26 日	甲辰 27 一	乙巳 28 二	丙午 29 三	丁未 30 四	戊申 31 五	己酉 (1) 六	庚戌 2 日	辛亥 3 一	壬子 4 二	癸丑 5 三	甲寅 6 四	乙卯 7 五	丙辰 8 六		庚子冬至 乙卯小寒
十二月大	丁丑	天干地支 西曆 星期	丁巳 9 日	戊午 10 一	己未 11 二	庚申 12 三	辛酉 13 四	壬戌 14 五	癸亥 15 六	甲子 16 日	乙丑 17 一	丙寅 18 二	丁卯 19 三	戊辰 20 四	己巳 21 五	庚午 22 六	辛未 23 日	壬申 24 一	癸酉 25 二	甲戌 26 三	乙亥 27 四	丙子 28 五	丁丑 29 六	戊寅 30 日	己卯 31 一	庚辰 (2) 二	辛巳 2 三	壬午 3 四	癸未 4 五	甲申 5 六	乙酉 6 日	丙戌 7 一	辛未大寒 丙戌立春

＊十月，改元建衡。

吳末帝建衡二年（庚寅 虎年） 公元270～271年

夏曆月序	中西曆對照	夏曆日序																													節氣與天象
		初一	初二	初三	初四	初五	初六	初七	初八	初九	初十	十一	十二	十三	十四	十五	十六	十七	十八	十九	二十	二一	二二	二三	二四	二五	二六	二七	二八	二九	三十	
正月小	戊寅	天干 地支 西曆 星期	丁亥 8 二	戊子 9 三	己丑 10 四	庚寅 11 五	辛卯 12 六	壬辰 13 日	癸巳 14 一	甲午 15 二	乙未 16 三	丙申 17 四	丁酉 18 五	戊戌 19 六	己亥 20 日	庚子 21 一	辛丑 22 二	壬寅 23 三	癸卯 24 四	甲辰 25 五	乙巳 26 六	丙午 27 日	丁未 28 一	戊申(3) 二	己酉 2 三	庚戌 3 四	辛亥 4 五	壬子 5 六	癸丑 6 日	甲寅 7 一	乙卯 8 二		辛丑雨水
二月大	己卯	天干 地支 西曆 星期	丙辰 9 三	丁巳 10 四	戊午 11 五	己未 12 六	庚申 13 日	辛酉 14 一	壬戌 15 二	癸亥 16 三	甲子 17 四	乙丑 18 五	丙寅 19 六	丁卯 20 日	戊辰 21 一	己巳 22 二	庚午 23 三	辛未 24 四	壬申 25 五	癸酉 26 六	甲戌 27 日	乙亥 28 一	丙子 29 二	丁丑 30 三	戊寅 31 四	己卯(4) 五	庚辰 2 六	辛巳 3 日	壬午 4 一	癸未 5 二	甲申 6 三	乙酉 7 四	丙辰驚蟄 壬申春分
三月大	庚辰	天干 地支 西曆 星期	丙戌 8 五	丁亥 9 六	戊子 10 日	己丑 11 一	庚寅 12 二	辛卯 13 三	壬辰 14 四	癸巳 15 五	甲午 16 六	乙未 17 日	丙申 18 一	丁酉 19 二	戊戌 20 三	己亥 21 四	庚子 22 五	辛丑 23 六	壬寅 24 日	癸卯 25 一	甲辰 26 二	乙巳 27 三	丙午 28 四	丁未 29 五	戊申 30 六	己酉(5) 日	庚戌 2 一	辛亥 3 二	壬子 4 三	癸丑 5 四	甲寅 6 五	乙卯 7 六	丁亥清明 壬寅穀雨
四月小	辛巳	天干 地支 西曆 星期	丙辰 8 日	丁巳 9 一	戊午 10 二	己未 11 三	庚申 12 四	辛酉 13 五	壬戌 14 六	癸亥 15 日	甲子 16 一	乙丑 17 二	丙寅 18 三	丁卯 19 四	戊辰 20 五	己巳 21 六	庚午 22 日	辛未 23 一	壬申 24 二	癸酉 25 三	甲戌 26 四	乙亥 27 五	丙子 28 六	丁丑 29 日	戊寅 30 一	己卯 31 二	庚辰(6) 三	辛巳 2 四	壬午 3 五	癸未 4 六	甲申 5 日		丁巳立夏 壬申小滿
五月大	壬午	天干 地支 西曆 星期	乙酉 6 一	丙戌 7 二	丁亥 8 三	戊子 9 四	己丑 10 五	庚寅 11 六	辛卯 12 日	壬辰 13 一	癸巳 14 二	甲午 15 三	乙未 16 四	丙申 17 五	丁酉 18 六	戊戌 19 日	己亥 20 一	庚子 21 二	辛丑 22 三	壬寅 23 四	癸卯 24 五	甲辰 25 六	乙巳 26 日	丙午 27 一	丁未 28 二	戊申 29 三	己酉 30 四	庚戌(7) 五	辛亥 2 六	壬子 3 日	癸丑 4 一	甲寅 5 二	戊子芒種 癸卯夏至
六月小	癸未	天干 地支 西曆 星期	乙卯 6 三	丙辰 7 四	丁巳 8 五	戊午 9 六	己未 10 日	庚申 11 一	辛酉 12 二	壬戌 13 三	癸亥 14 四	甲子 15 五	乙丑 16 六	丙寅 17 日	丁卯 18 一	戊辰 19 二	己巳 20 三	庚午 21 四	辛未 22 五	壬申 23 六	癸酉 24 日	甲戌 25 一	乙亥 26 二	丙子 27 三	丁丑 28 四	戊寅 29 五	己卯 30 六	庚辰 31 日	辛巳(8) 一	壬午 2 二	癸未 3 三		戊午小暑 癸酉大暑
七月大	甲申	天干 地支 西曆 星期	甲申 4 四	乙酉 5 五	丙戌 6 六	丁亥 7 日	戊子 8 一	己丑 9 二	庚寅 10 三	辛卯 11 四	壬辰 12 五	癸巳 13 六	甲午 14 日	乙未 15 一	丙申 16 二	丁酉 17 三	戊戌 18 四	己亥 19 五	庚子 20 六	辛丑 21 日	壬寅 22 一	癸卯 23 二	甲辰 24 三	乙巳 25 四	丙午 26 五	丁未 27 六	戊申 28 日	己酉 29 一	庚戌 30 二	辛亥 31 三	壬子(9) 四	癸丑 2 五	己丑立秋 甲辰處暑
八月小	乙酉	天干 地支 西曆 星期	甲寅 3 六	乙卯 4 日	丙辰 5 一	丁巳 6 二	戊午 7 三	己未 8 四	庚申 9 五	辛酉 10 六	壬戌 11 日	癸亥 12 一	甲子 13 二	乙丑 14 三	丙寅 15 四	丁卯 16 五	戊辰 17 六	己巳 18 日	庚午 19 一	辛未 20 二	壬申 21 三	癸酉 22 四	甲戌 23 五	乙亥 24 六	丙子 25 日	丁丑 26 一	戊寅 27 二	己卯 28 三	庚辰 29 四	辛巳 30 五	壬午⑩ 六		己未白露 甲戌秋分
九月大	丙戌	天干 地支 西曆 星期	癸未 2 日	甲申 3 一	乙酉 4 二	丙戌 5 三	丁亥 6 四	戊子 7 五	己丑 8 六	庚寅 9 日	辛卯 10 一	壬辰 11 二	癸巳 12 三	甲午 13 四	乙未 14 五	丙申 15 六	丁酉 16 日	戊戌 17 一	己亥 18 二	庚子 19 三	辛丑 20 四	壬寅 21 五	癸卯 22 六	甲辰 23 日	乙巳 24 一	丙午 25 二	丁未 26 三	戊申 27 四	己酉 28 五	庚戌 29 六	辛亥 30 日	壬子 31 一	己丑寒露 乙巳霜降
十月小	丁亥	天干 地支 西曆 星期	癸丑⑾ 二	甲寅 2 三	乙卯 3 四	丙辰 4 五	丁巳 5 六	戊午 6 日	己未 7 一	庚申 8 二	辛酉 9 三	壬戌 10 四	癸亥 11 五	甲子 12 六	乙丑 13 日	丙寅 14 一	丁卯 15 二	戊辰 16 三	己巳 17 四	庚午 18 五	辛未 19 六	壬申 20 日	癸酉 21 一	甲戌 22 二	乙亥 23 三	丙子 24 四	丁丑 25 五	戊寅 26 六	己卯 27 日	庚辰 28 一	辛巳 29 二		庚申立冬 乙亥小雪
十一月大	戊子	天干 地支 西曆 星期	壬午 30 三	癸未⑿ 四	甲申 2 五	乙酉 3 六	丙戌 4 日	丁亥 5 一	戊子 6 二	己丑 7 三	庚寅 8 四	辛卯 9 五	壬辰 10 六	癸巳 11 日	甲午 12 一	乙未 13 二	丙申 14 三	丁酉 15 四	戊戌 16 五	己亥 17 六	庚子 18 日	辛丑 19 一	壬寅 20 二	癸卯 21 三	甲辰 22 四	乙巳 23 五	丙午 24 六	丁未 25 日	戊申 26 一	己酉 27 二	庚戌 28 三	辛亥 29 四	庚寅大雪 丙午冬至
十二月小	己丑	天干 地支 西曆 星期	壬子 30 五	癸丑 31 六	甲寅(1) 日	乙卯 2 一	丙辰 3 二	丁巳 4 三	戊午 5 四	己未 6 五	庚申 7 六	辛酉 8 日	壬戌 9 一	癸亥 10 二	甲子 11 三	乙丑 12 四	丙寅 13 五	丁卯 14 六	戊辰 15 日	己巳 16 一	庚午 17 二	辛未 18 三	壬申 19 四	癸酉 20 五	甲戌 21 六	乙亥 22 日	丙子 23 一	丁丑 24 二	戊寅 25 三	己卯 26 四	庚辰 27 五		辛酉小寒 丙子大寒

吴末帝建衡三年（辛卯 兔年） 公元 271 ~ 272 年

夏曆月序	中西曆日對照	夏曆日序 初一	初二	初三	初四	初五	初六	初七	初八	初九	初十	十一	十二	十三	十四	十五	十六	十七	十八	十九	二十	二一	二二	二三	二四	二五	二六	二七	二八	二九	三十	節氣與天象
正月大	庚寅 天干地支西曆星期	辛卯28六	壬辰29日	癸巳30一	甲午31二	乙未(2)三	丙申2四	丁酉3五	戊戌4六	己亥5日	庚子6一	辛丑7二	壬寅8三	癸卯9四	甲辰10五	乙巳11六	丙午12日	丁未13一	戊申14二	己酉15三	庚戌16四	辛亥17五	壬子18六	癸丑19日	甲寅20一	乙卯21二	丙辰22三	丁巳23四	戊午24五	己未25六	庚申26日	辛卯立春 丙午雨水
二月小	辛卯 天干地支西曆星期	辛酉27一	壬戌28二	癸亥(3)三	甲子2四	乙丑3五	丙寅4六	丁卯5日	戊辰6一	己巳7二	庚午8三	辛未9四	壬申10五	癸酉11六	甲戌12日	乙亥13一	丙子14二	丁丑15三	戊寅16四	己卯17五	庚辰18六	辛巳19日	壬午20一	癸未21二	甲申22三	乙酉23四	丙戌24五	丁亥25六	戊子26日	己丑27一		壬戌驚蟄 丁丑春分
三月大	壬辰 天干地支西曆星期	庚辰28二	辛巳29三	壬午30四	癸未31五	甲申(4)六	乙酉2日	丙戌3一	丁亥4二	戊子5三	己丑6四	庚寅7五	辛卯8六	壬辰9日	癸巳10一	甲午11二	乙未12三	丙申13四	丁酉14五	戊戌15六	己亥16日	庚子17一	辛丑18二	壬寅19三	癸卯20四	甲辰21五	乙巳22六	丙午23日	丁未24一	戊申25二	己酉26三	壬戌清明 丁未穀雨
四月小	癸巳 天干地支西曆星期	庚戌27四	辛亥28五	壬子29六	癸丑30日	甲寅(5)一	乙卯2二	丙辰3三	丁巳4四	戊午5五	己未6六	庚申7日	辛酉8一	壬戌9二	癸亥10三	甲子11四	乙丑12五	丙寅13六	丁卯14日	戊辰15一	己巳16二	庚午17三	辛未18四	壬申19五	癸酉20六	甲戌21日	乙亥22一	丙子23二	丁丑24三	戊寅25四		壬戌立夏 戊寅小滿
五月大	甲午 天干地支西曆星期	己卯26五	庚辰27六	辛巳28日	壬午29一	癸未30二	甲申31三	乙酉(6)四	丙戌2五	丁亥3六	戊子4日	己丑5一	庚寅6二	辛卯7三	壬辰8四	癸巳9五	甲午10六	乙未11日	丙申12一	丁酉13二	戊戌14三	己亥15四	庚子16五	辛丑17六	壬寅18日	癸卯19一	甲辰20二	乙巳21三	丙午22四	丁未23五	戊申24六	癸巳芒種 戊申夏至
閏五月大	甲子 天干地支西曆星期	己酉25日	庚戌26一	辛亥27二	壬子28三	癸丑29四	甲寅30五	乙卯(7)六	丙辰2日	丁巳3一	戊午4二	己未5三	庚申6四	辛酉7五	壬戌8六	癸亥9日	甲子10一	乙丑11二	丙寅12三	丁卯13四	戊辰14五	己巳15六	庚午16日	辛未17一	壬申18二	癸酉19三	甲戌20四	乙亥21五	丙子22六	丁丑23日	戊寅24一	癸亥小暑
六月小	乙未 天干地支西曆星期	己卯25二	庚辰26三	辛巳27四	壬午28五	癸未29六	甲申30日	乙酉31一	丙戌(8)二	丁亥2三	戊子3四	己丑4五	庚寅5六	辛卯6日	壬辰7一	癸巳8二	甲午9三	乙未10四	丙申11五	丁酉12六	戊戌13日	己亥14一	庚子15二	辛丑16三	壬寅17四	癸卯18五	甲辰19六	乙巳20日	丙午21一	丁未22二		己卯大暑 甲午立秋
七月大	丙申 天干地支西曆星期	戊申23三	己酉24四	庚戌25五	辛亥26六	壬子27日	癸丑28一	甲寅29二	乙卯30三	丙辰31四	丁巳(9)五	戊午2六	己未3日	庚申4一	辛酉5二	壬戌6三	癸亥7四	甲子8五	乙丑9六	丙寅10日	丁卯11一	戊辰12二	己巳13三	庚午14四	辛未15五	壬申16六	癸酉17日	甲戌18一	乙亥19二	丙子20三	丁丑21四	己酉處暑 甲子白露
八月小	丁酉 天干地支西曆星期	戊寅22五	己卯23六	庚辰24日	辛巳25一	壬午26二	癸未27三	甲申28四	乙酉29五	丙戌30六	丁亥(10)日	戊子2一	己丑3二	庚寅4三	辛卯5四	壬辰6五	癸巳7六	甲午8日	乙未9一	丙申10二	丁酉11三	戊戌12四	己亥13五	庚子14六	辛丑15日	壬寅16一	癸卯17二	甲辰18三	乙巳19四	丙午20五		己卯秋分 乙未寒露
九月大	戊戌 天干地支西曆星期	丁未21六	戊申22日	己酉23一	庚戌24二	辛亥25三	壬子26四	癸丑27五	甲寅28六	乙卯29日	丙辰30一	丁巳31二	戊午(11)三	己未2四	庚申3五	辛酉4六	壬戌5日	癸亥6一	甲子7二	乙丑8三	丙寅9四	丁卯10五	戊辰11六	己巳12日	庚午13一	辛未14二	壬申15三	癸酉16四	甲戌17五	乙亥18六	丙子19日	庚戌霜降 乙巳立冬
十月小	己亥 天干地支西曆星期	丁丑20一	戊寅21二	己卯22三	庚辰23四	辛巳24五	壬午25六	癸未26日	甲申27一	乙酉28二	丙戌29三	丁亥30四	戊子(12)五	己丑2六	庚寅3日	辛卯4一	壬辰5二	癸巳6三	甲午7四	乙未8五	丙申9六	丁酉10日	戊戌11一	己亥12二	庚子13三	辛丑14四	壬寅15五	癸卯16六	甲辰17日	乙巳18一		庚辰小雪 丙申大雪 丁丑日食
十一月大	庚子 天干地支西曆星期	丙午19二	丁未20三	戊申21四	己酉22五	庚戌23六	辛亥24日	壬子25一	癸丑26二	甲寅27三	乙卯28四	丙辰29五	丁巳30六	戊午31日	己未(1)一	庚申2二	辛酉3三	壬戌4四	癸亥5五	甲子6六	乙丑7日	丙寅8一	丁卯9二	戊辰10三	己巳11四	庚午12五	辛未13六	壬申14日	癸酉15一	甲戌16二	乙亥17三	辛亥冬至 丙寅小寒
十二月小	辛丑 天干地支西曆星期	丙子18四	丁丑19五	戊寅20六	己卯21日	庚辰22一	辛巳23二	壬午24三	癸未25四	甲申26五	乙酉27六	丙戌28日	丁亥29一	戊子30二	己丑31三	庚寅(2)四	辛卯2五	壬辰3六	癸巳4日	甲午5一	乙未6二	丙申7三	丁酉8四	戊戌9五	己亥10六	庚子11日	辛丑12一	壬寅13二	癸卯14三	甲辰15四		辛巳大寒 丙申立春

吴末帝鳳凰元年（壬辰 龍年） 公元 272 ~ 273 年

夏曆月序	中西曆日對照	夏曆日序																													節氣與天象
		初一	初二	初三	初四	初五	初六	初七	初八	初九	初十	十一	十二	十三	十四	十五	十六	十七	十八	十九	二十	二一	二二	二三	二四	二五	二六	二七	二八	二九	三十	
正月大	壬寅	天干地支 西曆 星期	乙巳 16 五	丙午 17 六	丁未 18 日	戊申 19 一	己酉 20 二	庚戌 21 三	辛亥 22 四	壬子 23 五	癸丑 24 六	甲寅 25 日	乙卯 26 一	丙辰 27 二	丁巳 28 三	戊午 29 四	己未 (3) 五	庚申 2 六	辛酉 3 日	壬戌 4 一	癸亥 5 二	甲子 6 三	乙丑 7 四	丙寅 8 五	丁卯 9 六	戊辰 10 日	己巳 11 一	庚午 12 二	辛未 13 三	壬申 14 四	癸酉 15 五	甲戌 16 六	壬子雨水 丁卯驚蟄
二月小	癸卯	天干地支 西曆 星期	乙亥 17 日	丙子 18 一	丁丑 19 二	戊寅 20 三	己卯 21 四	庚辰 22 五	辛巳 23 六	壬午 24 日	癸未 25 一	甲申 26 二	乙酉 27 三	丙戌 28 四	丁亥 29 五	戊子 30 六	己丑 31 日	庚寅 (4) 一	辛卯 2 二	壬辰 3 三	癸巳 4 四	甲午 5 五	乙未 6 六	丙申 7 日	丁酉 8 一	戊戌 9 二	己亥 10 三	庚子 11 四	辛丑 12 五	壬寅 13 六	癸卯 14 日		壬午春分 丁酉清明
三月大	甲辰	天干地支 西曆 星期	甲辰 15 一	乙巳 16 二	丙午 17 三	丁未 18 四	戊申 19 五	己酉 20 六	庚戌 21 日	辛亥 22 一	壬子 23 二	癸丑 24 三	甲寅 25 四	乙卯 26 五	丙辰 27 六	丁巳 28 日	戊午 29 一	己未 (5) 二	庚申 2 三	辛酉 3 四	壬戌 4 五	癸亥 5 六	甲子 6 日	乙丑 7 一	丙寅 8 二	丁卯 9 三	戊辰 10 四	己巳 11 五	庚午 12 六	辛未 13 日	壬申 14 一	癸酉 15 二	癸丑穀雨 戊辰立夏
四月小	乙巳	天干地支 西曆 星期	甲戌 15 三	乙亥 16 四	丙子 17 五	丁丑 18 六	戊寅 19 日	己卯 20 一	庚辰 21 二	辛巳 22 三	壬午 23 四	癸未 24 五	甲申 25 六	乙酉 26 日	丙戌 27 一	丁亥 28 二	戊子 29 三	己丑 30 四	庚寅 (6) 五	辛卯 2 六	壬辰 3 日	癸巳 4 一	甲午 5 二	乙未 6 三	丙申 7 四	丁酉 8 五	戊戌 9 六	己亥 10 日	庚子 11 一	辛丑 12 二	壬寅 13 三		癸未小滿 戊戌芒種
五月大	丙午	天干地支 西曆 星期	癸卯 13 四	甲辰 14 五	乙巳 15 六	丙午 16 日	丁未 17 一	戊申 18 二	己酉 19 三	庚戌 20 四	辛亥 21 五	壬子 22 六	癸丑 23 日	甲寅 24 一	乙卯 25 二	丙辰 26 三	丁巳 27 四	戊午 28 五	己未 29 六	庚申 30 日	辛酉 (7) 一	壬戌 2 二	癸亥 3 三	甲子 4 四	乙丑 5 五	丙寅 6 六	丁卯 7 日	戊辰 8 一	己巳 9 二	庚午 10 三	辛未 11 四	壬申 12 五	癸丑夏至 己巳小暑
六月小	丁未	天干地支 西曆 星期	癸酉 13 六	甲戌 14 日	乙亥 15 一	丙子 16 二	丁丑 17 三	戊寅 18 四	己卯 19 五	庚辰 20 六	辛巳 21 日	壬午 22 一	癸未 23 二	甲申 24 三	乙酉 25 四	丙戌 26 五	丁亥 27 六	戊子 28 日	己丑 29 一	庚寅 30 二	辛卯 31 三	壬辰 (8) 四	癸巳 2 五	甲午 3 六	乙未 4 日	丙申 5 一	丁酉 6 二	戊戌 7 三	己亥 8 四	庚子 9 五	辛丑 10 六		甲申大暑 己亥立秋
七月大	戊申	天干地支 西曆 星期	壬寅 11 日	癸卯 12 一	甲辰 13 二	乙巳 14 三	丙午 15 四	丁未 16 五	戊申 17 六	己酉 18 日	庚戌 19 一	辛亥 20 二	壬子 21 三	癸丑 22 四	甲寅 23 五	乙卯 24 六	丙辰 25 日	丁巳 26 一	戊午 27 二	己未 28 三	庚申 29 四	辛酉 30 五	壬戌 31 六	癸亥 (9) 日	甲子 2 一	乙丑 3 二	丙寅 4 三	丁卯 5 四	戊辰 6 五	己巳 7 六	庚午 8 日	辛未 9 一	甲寅處暑 己巳白露
八月小	己酉	天干地支 西曆 星期	壬申 10 二	癸酉 11 三	甲戌 12 四	乙亥 13 五	丙子 14 六	丁丑 15 日	戊寅 16 一	己卯 17 二	庚辰 18 三	辛巳 19 四	壬午 20 五	癸未 21 六	甲申 22 日	乙酉 23 一	丙戌 24 二	丁亥 25 三	戊子 26 四	己丑 27 五	庚寅 28 六	辛卯 29 日	壬辰 30 一	癸巳 (10) 二	甲午 2 三	乙未 3 四	丙申 4 五	丁酉 5 六	戊戌 6 日	己亥 7 一	庚子 8 二		乙酉秋分 庚子寒露
九月大	庚戌	天干地支 西曆 星期	辛丑 9 三	壬寅 10 四	癸卯 11 五	甲辰 12 六	乙巳 13 日	丙午 14 一	丁未 15 二	戊申 16 三	己酉 17 四	庚戌 18 五	辛亥 19 六	壬子 20 日	癸丑 21 一	甲寅 22 二	乙卯 23 三	丙辰 24 四	丁巳 25 五	戊午 26 六	己未 27 日	庚申 28 一	辛酉 29 二	壬戌 30 三	癸亥 31 四	甲子 (11) 五	乙丑 2 六	丙寅 3 日	丁卯 4 一	戊辰 5 二	己巳 6 三	庚午 7 四	乙卯霜降 庚午立冬
十月大	辛亥	天干地支 西曆 星期	辛未 8 五	壬申 9 六	癸酉 10 日	甲戌 11 一	乙亥 12 二	丙子 13 三	丁丑 14 四	戊寅 15 五	己卯 16 六	庚辰 17 日	辛巳 18 一	壬午 19 二	癸未 20 三	甲申 21 四	乙酉 22 五	丙戌 23 六	丁亥 24 日	戊子 25 一	己丑 26 二	庚寅 27 三	辛卯 28 四	壬辰 29 五	癸巳 30 六	甲午 (12) 日	乙未 2 一	丙申 3 二	丁酉 4 三	戊戌 5 四	己亥 6 五	庚子 7 六	丙戌小雪 辛未日食
十一月小	壬子	天干地支 西曆 星期	辛丑 8 日	壬寅 9 一	癸卯 10 二	甲辰 11 三	乙巳 12 四	丙午 13 五	丁未 14 六	戊申 15 日	己酉 16 一	庚戌 17 二	辛亥 18 三	壬子 19 四	癸丑 20 五	甲寅 21 六	乙卯 22 日	丙辰 23 一	丁巳 24 二	戊午 25 三	己未 26 四	庚申 27 五	辛酉 28 六	壬戌 29 日	癸亥 30 一	甲子 31 二	乙丑 (1) 三	丙寅 2 四	丁卯 3 五	戊辰 4 六	己巳 5 日		辛丑大雪 丙辰冬至
十二月大	癸丑	天干地支 西曆 星期	庚午 6 一	辛未 7 二	壬申 8 三	癸酉 9 四	甲戌 10 五	乙亥 11 六	丙子 12 日	丁丑 13 一	戊寅 14 二	己卯 15 三	庚辰 16 四	辛巳 17 五	壬午 18 六	癸未 19 日	甲申 20 一	乙酉 21 二	丙戌 22 三	丁亥 23 四	戊子 24 五	己丑 25 六	庚寅 26 日	辛卯 27 一	壬辰 28 二	癸巳 29 三	甲午 30 四	乙未 31 五	丙申 (2) 六	丁酉 2 日	戊戌 3 一	己亥 4 二	辛未小寒 丙戌大寒

*正月乙巳（初一），改元鳳凰。

吳末帝鳳凰二年（癸巳 蛇年） 公元273～274年

夏曆月序	中西曆對照	夏曆日序																														節氣與天象
		初一	初二	初三	初四	初五	初六	初七	初八	初九	初十	十一	十二	十三	十四	十五	十六	十七	十八	十九	二十	廿一	廿二	廿三	廿四	廿五	廿六	廿七	廿八	廿九	三十	
正月小	甲寅	天干 地支 西曆 星期	庚子5三	辛丑6四	壬寅7五	癸卯8六	甲辰9日	乙巳10一	丙午11二	丁未12三	戊申13四	己酉14五	庚戌15六	辛亥16日	壬子17一	癸丑18二	甲寅19三	乙卯20四	丙辰21五	丁巳22六	戊午23日	己未24一	庚申25二	辛酉26三	壬戌27四	癸亥28五	甲子(3)2日	乙丑3一	丙寅2二	丁卯4三	戊辰5三		壬寅立春 丁巳雨水
二月大	乙卯	天干 地支 西曆 星期	己巳6四	庚午7五	辛未8六	壬申9日	癸酉10一	甲戌11二	乙亥12三	丙子13四	丁丑14五	戊寅15六	己卯16日	庚辰17一	辛巳18二	壬午19三	癸未20四	甲申21五	乙酉22六	丙戌23日	丁亥24一	戊子25二	己丑26三	庚寅27四	辛卯28五	壬辰29六	癸巳30日	甲午31一	乙未(4)2二	丙申3三	丁酉4四	戊戌5五	壬申驚蟄 丁亥春分
三月小	丙辰	天干 地支 西曆 星期	己亥5六	庚子6日	辛丑7一	壬寅8二	癸卯9三	甲辰10四	乙巳11五	丙午12六	丁未13日	戊申14一	己酉15二	庚戌16三	辛亥17四	壬子18五	癸丑19六	甲寅20日	乙卯21一	丙辰22二	丁巳23三	戊午24四	己未25五	庚申26六	辛酉27日	壬戌28一	癸亥29二	甲子30三	乙丑(5)四	丙寅2五	丁卯3六		癸卯清明 戊午穀雨
四月大	丁巳	天干 地支 西曆 星期	戊辰4日	己巳5一	庚午6二	辛未7三	壬申8四	癸酉9五	甲戌10六	乙亥11日	丙子12一	丁丑13二	戊寅14三	己卯15四	庚辰16五	辛巳17六	壬午18日	癸未19一	甲申20二	乙酉21三	丙戌22四	丁亥23五	戊子24六	己丑25日	庚寅26一	辛卯27二	壬辰28三	癸巳29四	甲午30五	乙未31六	丙申(6)日	丁酉2一	癸酉立夏 戊戌小滿
五月小	戊午	天干 地支 西曆 星期	戊戌3二	己亥4三	庚子5四	辛丑6五	壬寅7六	癸卯8日	甲辰9一	乙巳10二	丙午11三	丁未12四	戊申13五	己酉14六	庚戌15日	辛亥16一	壬子17二	癸丑18三	甲寅19四	乙卯20五	丙辰21六	丁巳22日	戊午23一	己未24二	庚申25三	辛酉26四	壬戌27五	癸亥28六	甲子29日	乙丑30一	丙寅(7)二		癸卯芒種 己未夏至
六月大	己未	天干 地支 西曆 星期	丁卯2三	戊辰3四	己巳4五	庚午5六	辛未6日	壬申7一	癸酉8二	甲戌9三	乙亥10四	丙子11五	丁丑12六	戊寅13日	己卯14一	庚辰15二	辛巳16三	壬午17四	癸未18五	甲申19六	乙酉20日	丙戌21一	丁亥22二	戊子23三	己丑24四	庚寅25五	辛卯26六	壬辰27日	癸巳28一	甲午29二	乙未30三	丙申31四	甲戌小暑 己丑大暑
七月小	庚申	天干 地支 西曆 星期	丁酉(8)五	戊戌2六	己亥3日	庚子4一	辛丑5二	壬寅6三	癸卯7四	甲辰8五	乙巳9六	丙午10日	丁未11一	戊申12二	己酉13三	庚戌14四	辛亥15五	壬子16六	癸丑17日	甲寅18一	乙卯19二	丙辰20三	丁巳21四	戊午22五	己未23六	庚申24日	辛酉25一	壬戌26二	癸亥27三	甲子28四	乙丑29五		甲辰立秋 庚申處暑
八月大	辛酉	天干 地支 西曆 星期	丙寅30六	丁卯31日	戊辰(9)一	己巳2二	庚午3三	辛未4四	壬申5五	癸酉6六	甲戌7日	乙亥8一	丙子9二	丁丑10三	戊寅11四	己卯12五	庚辰13六	辛巳14日	壬午15一	癸未16二	甲申17三	乙酉18四	丙戌19五	丁亥20六	戊子21日	己丑22一	庚寅23二	辛卯24三	壬辰25四	癸巳26五	甲午27六	乙未28日	乙亥白露 庚寅秋分
九月小	壬戌	天干 地支 西曆 星期	丙申29一	丁酉30二	戊戌(10)三	己亥2四	庚子3五	辛丑4六	壬寅5日	癸卯6一	甲辰7二	乙巳8三	丙午9四	丁未10五	戊申11六	己酉12日	庚戌13一	辛亥14二	壬子15三	癸丑16四	甲寅17五	乙卯18六	丙辰19日	丁巳20一	戊午21二	己未22三	庚申23四	辛酉24五	壬戌25六	癸亥26日	甲子27一		乙巳寒露 庚申霜降
十月大	癸亥	天干 地支 西曆 星期	乙丑28二	丙寅29三	丁卯30四	戊辰(11)五	己巳2六	庚午3日	辛未4一	壬申5二	癸酉6三	甲戌7四	乙亥8五	丙子9六	丁丑10日	戊寅11一	己卯12二	庚辰13三	辛巳14四	壬午15五	癸未16六	甲申17日	乙酉18一	丙戌19二	丁亥20三	戊子21四	己丑22五	庚寅23六	辛卯24日	壬辰25一	癸巳26二	甲午27三	丙子立冬 辛卯小雪
十一月小	甲子	天干 地支 西曆 星期	乙未27四	丙申28五	丁酉29六	戊戌30日	己亥(12)一	庚子2二	辛丑3三	壬寅4四	癸卯5五	甲辰6六	乙巳7日	丙午8一	丁未9二	戊申10三	己酉11四	庚戌12五	辛亥13六	壬子14日	癸丑15一	甲寅16二	乙卯17三	丙辰18四	丁巳19五	戊午20六	己未21日	庚申22一	辛酉23二	壬戌24三	癸亥25四		丙午大雪 辛酉冬至
十二月大	乙丑	天干 地支 西曆 星期	甲子26五	乙丑27六	丙寅28日	丁卯29一	戊辰30二	己巳31三	庚午(1)四	辛未2五	壬申3六	癸酉4日	甲戌5一	乙亥6二	丙子7三	丁丑8四	戊寅9五	己卯10六	庚辰11日	辛巳12一	壬午13二	癸未14三	甲申15四	乙酉16五	丙戌17六	丁亥18日	戊子19一	己丑20二	庚寅21三	辛卯22四	壬辰23五	癸巳24六	丙子小寒 壬辰大寒

吳末帝鳳凰三年（甲午 馬年） 公元 274～275 年

夏曆月序	中西曆日對照	夏曆日序																														節氣與天象
		初一	初二	初三	初四	初五	初六	初七	初八	初九	初十	十一	十二	十三	十四	十五	十六	十七	十八	十九	二十	廿一	廿二	廿三	廿四	廿五	廿六	廿七	廿八	廿九	三十	
正月小 丙寅	天干 地支 西曆 星期	甲午 25日 一	乙未 26 二	丙申 27 三	丁酉 28 四	戊戌 29 五	己亥 30 六	庚子 31日 日	辛丑 (2)1 一	壬寅 2 二	癸卯 3 三	甲辰 4 四	乙巳 5 五	丙午 6 六	丁未 7日 日	戊申 8日 一	己酉 9 二	庚戌 10 三	辛亥 11 四	壬子 12 五	癸丑 13 六	甲寅 14日 日	乙卯 15日 一	丙辰 16 二	丁巳 17 三	戊午 18 四	己未 19 五	庚申 20 六	辛酉 21日 日	壬戌 22日 一		丁未立春 壬戌雨水
閏正月大 丙寅	天干 地支 西曆 星期	癸亥 23 二	甲子 24 三	乙丑 25 四	丙寅 26 五	丁卯 27 六	戊辰 28日 日	己巳 (3)1 一	庚午 2 二	辛未 3 三	壬申 4 四	癸酉 5 五	甲戌 6 六	乙亥 7日 日	丙子 8日 一	丁丑 9 二	戊寅 10 三	己卯 11 四	庚辰 12 五	辛巳 13 六	壬午 14日 日	癸未 15日 一	甲申 16 二	乙酉 17 三	丙戌 18 四	丁亥 19 五	戊子 20 六	己丑 21日 日	庚寅 22日 一	辛卯 23 二	壬辰 24 三	丁丑驚蟄
二月大 丁卯	天干 地支 西曆 星期	癸巳 25 三	甲午 26 四	乙未 27 五	丙申 28 六	丁酉 29日 日	戊戌 30日 一	己亥 31 二	庚子 (4)1 三	辛丑 2 四	壬寅 3 五	癸卯 4 六	甲辰 5日 日	乙巳 6日 一	丙午 7 二	丁未 8 三	戊申 9 四	己酉 10 五	庚戌 11 六	辛亥 12日 日	壬子 13日 一	癸丑 14 二	甲寅 15 三	乙卯 16 四	丙辰 17 五	丁巳 18 六	戊午 19日 日	己未 20日 一	庚申 21 二	辛酉 22 三	壬戌 23 四	癸巳春分 戊申清明
三月小 戊辰	天干 地支 西曆 星期	癸亥 24 五	甲子 25 六	乙丑 26日 日	丙寅 27日 一	丁卯 28 二	戊辰 29 三	己巳 30 四	庚午 (5)1 五	辛未 2 六	壬申 3日 日	癸酉 4日 一	甲戌 5 二	乙亥 6 三	丙子 7 四	丁丑 8 五	戊寅 9 六	己卯 10日 日	庚辰 11日 一	辛巳 12 二	壬午 13 三	癸未 14 四	甲申 15 五	乙酉 16 六	丙戌 17日 日	丁亥 18日 一	戊子 19 二	己丑 20 三	庚寅 21 四	辛卯 22 五		癸亥穀雨 戊寅立夏
四月大 己巳	天干 地支 西曆 星期	壬辰 23 六	癸巳 24日 日	甲午 25日 一	乙未 26 二	丙申 27 三	丁酉 28 四	戊戌 29 五	己亥 30 六	庚子 31日 日	辛丑 (6)1 一	壬寅 2 二	癸卯 3 三	甲辰 4 四	乙巳 5 五	丙午 6 六	丁未 7日 日	戊申 8日 一	己酉 9 二	庚戌 10 三	辛亥 11 四	壬子 12 五	癸丑 13 六	甲寅 14日 日	乙卯 15日 一	丙辰 16 二	丁巳 17 三	戊午 18 四	己未 19 五	庚申 20 六	辛酉 21日 日	癸巳小滿 己酉芒種
五月小 庚午	天干 地支 西曆 星期	壬戌 22日 一	癸亥 23 二	甲子 24 三	乙丑 25 四	丙寅 26 五	丁卯 27 六	戊辰 28日 日	己巳 29日 一	庚午 30 二	辛未 (7)1 三	壬申 2 四	癸酉 3 五	甲戌 4 六	乙亥 5日 日	丙子 6日 一	丁丑 7 二	戊寅 8 三	己卯 9 四	庚辰 10 五	辛巳 11 六	壬午 12日 日	癸未 13日 一	甲申 14 二	乙酉 15 三	丙戌 16 四	丁亥 17 五	戊子 18 六	己丑 19日 日	庚寅 20日 一		甲子夏至 己卯小暑
六月大 辛未	天干 地支 西曆 星期	辛卯 21 二	壬辰 22 三	癸巳 23 四	甲午 24 五	乙未 25 六	丙申 26日 日	丁酉 27日 一	戊戌 28 二	己亥 29 三	庚子 30 四	辛丑 31 五	壬寅 (8)1 六	癸卯 2日 日	甲辰 3日 一	乙巳 4 二	丙午 5 三	丁未 6 四	戊申 7 五	己酉 8 六	庚戌 9日 日	辛亥 10日 一	壬子 11 二	癸丑 12 三	甲寅 13 四	乙卯 14 五	丙辰 15 六	丁巳 16日 日	戊午 17日 一	己未 18 二	庚申 19 三	甲午大暑 庚戌立秋
七月小 壬申	天干 地支 西曆 星期	辛酉 20 四	壬戌 21 五	癸亥 22 六	甲子 23日 日	乙丑 24日 一	丙寅 25 二	丁卯 26 三	戊辰 27 四	己巳 28 五	庚午 29 六	辛未 30日 日	壬申 31日 一	癸酉 (9)1 二	甲戌 2 三	乙亥 3 四	丙子 4 五	丁丑 5 六	戊寅 6日 日	己卯 7日 一	庚辰 8 二	辛巳 9 三	壬午 10 四	癸未 11 五	甲申 12 六	乙酉 13日 日	丙戌 14日 一	丁亥 15 二	戊子 16 三	己丑 17 四		乙丑處暑 庚辰白露
八月大 癸酉	天干 地支 西曆 星期	庚寅 18 五	辛卯 19 六	壬辰 20日 日	癸巳 21日 一	甲午 22 二	乙未 23 三	丙申 24 四	丁酉 25 五	戊戌 26 六	己亥 27日 日	庚子 28日 一	辛丑 29 二	壬寅 30 三	癸卯 (10)1 四	甲辰 2 五	乙巳 3 六	丙午 4日 日	丁未 5日 一	戊申 6 二	己酉 7 三	庚戌 8 四	辛亥 9 五	壬子 10 六	癸丑 11日 日	甲寅 12日 一	乙卯 13 二	丙辰 14 三	丁巳 15 四	戊午 16 五	己未 17 六	乙未秋分 庚戌寒露
九月小 甲戌	天干 地支 西曆 星期	庚申 18日 日	辛酉 19日 一	壬戌 20 二	癸亥 21 三	甲子 22 四	乙丑 23 五	丙寅 24 六	丁卯 25日 日	戊辰 26日 一	己巳 27 二	庚午 28 三	辛未 29 四	壬申 30 五	癸酉 31 六	甲戌 (11)1 日	乙亥 2日 一	丙子 3 二	丁丑 4 三	戊寅 5 四	己卯 6 五	庚辰 7 六	辛巳 8日 日	壬午 9日 一	癸未 10 二	甲申 11 三	乙酉 12 四	丙戌 13 五	丁亥 14 六	戊子 15日 日		丙寅霜降 辛巳立冬
十月大 乙亥	天干 地支 西曆 星期	己丑 16日 一	庚寅 17 二	辛卯 18 三	壬辰 19 四	癸巳 20 五	甲午 21 六	乙未 22日 日	丙申 23日 一	丁酉 24 二	戊戌 25 三	己亥 26 四	庚子 27 五	辛丑 28 六	壬寅 29日 日	癸卯 30日 一	甲辰 (12)1 二	乙巳 2 三	丙午 3 四	丁未 4 五	戊申 5 六	己酉 6日 日	庚戌 7日 一	辛亥 8 二	壬子 9 三	癸丑 10 四	甲寅 11 五	乙卯 12 六	丙辰 13日 日	丁巳 14日 一	戊午 15 二	丙申小雪 辛亥大雪
十一月小 丙子	天干 地支 西曆 星期	己未 16 三	庚申 17 四	辛酉 18 五	壬戌 19 六	癸亥 20日 日	甲子 21日 一	乙丑 22 二	丙寅 23 三	丁卯 24 四	戊辰 25 五	己巳 26 六	庚午 27日 日	辛未 28日 一	壬申 29 二	癸酉 30 三	甲戌 31 四	乙亥 (1)1 五	丙子 2 六	丁丑 3日 日	戊寅 4日 一	己卯 5 二	庚辰 6 三	辛巳 7 四	壬午 8 五	癸未 9 六	甲申 10日 日	乙酉 11日 一	丙戌 12 二	丁亥 13 三		丁卯冬至 壬午小寒
十二月大 丁丑	天干 地支 西曆 星期	戊子 14 四	己丑 15 五	庚寅 16 六	辛卯 17日 日	壬辰 18日 一	癸巳 19 二	甲午 20 三	乙未 21 四	丙申 22 五	丁酉 23 六	戊戌 24日 日	己亥 25日 一	庚子 26 二	辛丑 27 三	壬寅 28 四	癸卯 29 五	甲辰 30 六	乙巳 31日 日	丙午 (2)1 一	丁未 2 二	戊申 3 三	己酉 4 四	庚戌 5 五	辛亥 6 六	壬子 7日 日	癸丑 8日 一	甲寅 9 二	乙卯 10 三	丙辰 11 四	丁巳 12 五	丁酉大寒 壬子立春

吴末帝天册元年（乙未 羊年） 公元 275～276 年

夏曆月序	中西日照對照	夏曆日序																													節氣與天象
		初一	初二	初三	初四	初五	初六	初七	初八	初九	初十	十一	十二	十三	十四	十五	十六	十七	十八	十九	二十	二一	二二	二三	二四	二五	二六	二七	二八	二九	三十	
正月小	戊寅	戊辰 天干 13 地支 六 西曆 星期	己巳 14日 一	庚午 15 二	辛未 16 三	壬申 17 四	癸酉 18 五	甲戌 19 六	乙亥 20 日	丙子 21 一	丁丑 22 二	戊寅 23 三	己卯 24 四	庚辰 25 五	辛巳 26 六	壬午 27 日	癸未 28(3) 一	甲申 2 二	乙酉 3 三	丙戌 4 四	丁亥 5 五	戊子 6 六	己丑 7 日	庚寅 8 一	辛卯 9 二	壬辰 10 三	癸巳 11 四	甲午 12 五	乙未 13 六	丙申		丁卯雨水 癸未驚蟄
二月大	己卯	丁酉 天干 14 地支 日 西曆 星期	戊戌 15 一	己亥 16 二	庚子 17 三	辛丑 18 四	壬寅 19 五	癸卯 20 六	甲辰 21 日	乙巳 22 一	丙午 23 二	丁未 24 三	戊申 25 四	己酉 26 五	庚戌 27 六	辛亥 28 日	壬子 29 一	癸丑 30(4) 二	甲寅 31 三	乙卯 2 四	丙辰 3 五	丁巳 4 六	戊午 5 日	己未 6 一	庚申 7 二	辛酉 8 三	壬戌 9 四	癸亥 10 五	甲子 11日 六	乙丑 12 日		戊戌春分 癸丑清明
三月小	庚辰	丙寅 天干 13 地支 一 西曆 星期	丁卯 14 二	戊辰 15 三	己巳 16 四	庚午 17 五	辛未 18 六	壬申 19 日	癸酉 20 一	甲戌 21 二	乙亥 22 三	丙子 23 四	丁丑 24 五	戊寅 25 六	己卯 26 日	庚辰 27 一	辛巳 28 二	壬午 29 三	癸未 30(5) 四	甲申 2 五	乙酉 3 六	丙戌 4 日	丁亥 5 一	戊子 6 二	己丑 7 三	庚寅 8 四	辛卯 9 五	壬辰 10 六	癸巳 11 日			戊辰穀雨 癸未立夏
四月大	辛巳	丙戌 天干 12 地支 一 西曆 星期	丁亥 13 二	戊子 14 三	己丑 15 四	庚寅 16日 五	辛卯 17 六	壬辰 18 日	癸巳 19 一	甲午 20 二	乙未 21 三	丙申 22 四	丁酉 23 五	戊戌 24 六	己亥 25 日	庚子 26 一	辛丑 27 二	壬寅 28 三	癸卯 29 四	甲辰 30 五	乙巳 31(6) 六	丙午 2 日	丁未 3 一	戊申 4 二	己酉 5 三	庚戌 6 四	辛亥 7 五	壬子 8 六	癸丑 9 日	甲寅 10 一	乙卯 11 二	己亥小滿 甲寅芒種
五月小	壬午	丙辰 天干 12 地支 三 西曆 星期	丁巳 13 四	戊午 14 五	己未 15 六	庚申 16日 日	辛酉 17 一	壬戌 18 二	癸亥 19 三	甲子 20 四	乙丑 21 五	丙寅 22 六	丁卯 23 日	戊辰 24 一	己巳 25 二	庚午 26 三	辛未 27 四	壬申 28 五	癸酉 29 六	甲戌 30(7) 日	乙亥 2 一	丙子 3 二	丁丑 4 三	戊寅 5 四	己卯 6 五	庚辰 7 六	辛巳 8 日	壬午 9 一	癸未 10 二	甲申 11 三		己巳夏至 甲申小暑
六月大	癸未	乙酉 天干 10 地支 六 西曆 星期	丙戌 11 日	丁亥 12 一	戊子 13 二	己丑 14 三	庚寅 15 四	辛卯 16 五	壬辰 17 六	癸巳 18 日	甲午 19 一	乙未 20 二	丙申 21 三	丁酉 22 四	戊戌 23 五	己亥 24 六	庚子 25 日	辛丑 26 一	壬寅 27 二	癸卯 28 三	甲辰 29 四	乙巳 30 五	丙午 31(8) 六	丁未 2 日	戊申 3 一	己酉 4 二	庚戌 5 三	辛亥 6 四	壬子 7 五	癸丑 8 六	甲寅 9 日	庚子大暑
七月大	甲申	乙卯 天干 9 地支 一 西曆 星期	丙辰 10 二	丁巳 11 三	戊午 12 四	己未 13 五	庚申 14 六	辛酉 15 日	壬戌 16日 一	癸亥 17 二	甲子 18 三	乙丑 19 四	丙寅 20 五	丁卯 21 六	戊辰 22日 日	己巳 23 一	庚午 24 二	辛未 25 三	壬申 26 四	癸酉 27 五	甲戌 28 六	乙亥 29 日	丙子 30 一	丁丑 31(9) 二	戊寅 2 三	己卯 3 四	庚辰 4 五	辛巳 5 六	壬午 6 日	癸未 7 一	甲申 8 二	乙卯立秋 庚午處暑 甲申日食
八月小	乙酉	乙酉 天干 8 地支 三 西曆 星期	丙戌 9 四	丁亥 10 五	戊子 11 六	己丑 12 日	庚寅 13 一	辛卯 14 二	壬辰 15 三	癸巳 16 四	甲午 17 五	乙未 18 六	丙申 19 日	丁酉 20 一	戊戌 21日 二	己亥 22 三	庚子 23 四	辛丑 24 五	壬寅 25 六	癸卯 26 日	甲辰 27 一	乙巳 28 二	丙午 29 三	丁未 30(10) 四	戊申 2 五	己酉 3 六	庚戌 4 日	辛亥 5 一	壬子 6 二	癸丑		乙酉白露 庚子秋分
九月大	丙戌	甲寅 天干 7 地支 四 西曆 星期	乙卯 8 五	丙辰 9 六	丁巳 10 日	戊午 11 一	己未 12 二	庚申 13 三	辛酉 14 四	壬戌 15 五	癸亥 16 六	甲子 17 日	乙丑 18 一	丙寅 19 二	丁卯 20 三	戊辰 21 四	己巳 22 五	庚午 23 六	辛未 24 日	壬申 25 一	癸酉 26 二	甲戌 27 三	乙亥 28 四	丙子 29 五	丁丑 30 六	戊寅 31(11) 日	己卯 2 一	庚辰 3 二	辛巳 4 三	壬午 5 四	癸未 5 五	丙辰寒露 辛未霜降
十月小	丁亥	甲申 天干 6 地支 六 西曆 星期	乙酉 7 日	丙戌 8 一	丁亥 9 二	戊子 10 三	己丑 11 四	庚寅 12 五	辛卯 13 六	壬辰 14 日	癸巳 15 一	甲午 16 二	乙未 17 三	丙申 18 四	丁酉 19 五	戊戌 20 六	己亥 21日 日	庚子 22 一	辛丑 23 二	壬寅 24 三	癸卯 25 四	甲辰 26 五	乙巳 27 六	丙午 28 日	丁未 29 一	戊申 30 二	己酉 (02) 三	庚戌 2 四	辛亥 3 五	壬子 4 六			丙戌立冬 辛丑小雪
十一月大	戊子	癸丑 天干 5 地支 日 西曆 星期	甲寅 6 一	乙卯 7 二	丙辰 8 三	丁巳 9 四	戊午 10 五	己未 11 六	庚申 12 日	辛酉 13 一	壬戌 14 二	癸亥 15 三	甲子 16 四	乙丑 17 五	丙寅 18 六	丁卯 19 日	戊辰 20 一	己巳 21 二	庚午 22 三	辛未 23 四	壬申 24 五	癸酉 25 六	甲戌 26 日	乙亥 27 一	丙子 28 二	丁丑 29 三	戊寅 30 四	己卯 31(1) 五	庚辰 2 六	辛巳 3 日	壬午	丁巳大雪 壬寅冬至
十二月小	己丑	癸未 天干 4 地支 一 西曆 星期	甲申 5 二	乙酉 6 三	丙戌 7 四	丁亥 8 五	戊子 9 六	己丑 10 日	庚寅 11 一	辛卯 12 二	壬辰 13 三	癸巳 14 四	甲午 15 五	乙未 16日 六	丙申 17 日	丁酉 18 一	戊戌 19 二	己亥 20 三	庚子 21 四	辛丑 22 五	壬寅 23 六	癸卯 24 日	甲辰 25 一	乙巳 26 二	丙午 27 三	丁未 28 四	戊申 29 五	己酉 30 六	庚戌 31(2) 日	辛亥 2 一		丁亥小寒 壬寅大寒

＊正月，改元天册

吳末帝天冊二年 天璽元年（丙申 猴年） 公元 276 ~ 277 年

夏曆月序	中西曆對照	夏曆日序																													節氣與天象
		初一	初二	初三	初四	初五	初六	初七	初八	初九	初十	十一	十二	十三	十四	十五	十六	十七	十八	十九	二十	二一	二二	二三	二四	二五	二六	二七	二八	二九	三十	
正月大	庚寅	壬子2三	癸丑3四	甲寅4五	乙卯5六	丙辰6日	丁巳7一	戊午8二	己未9三	庚申10四	辛酉11五	壬戌12六	癸亥13日	甲子14一	乙丑15二	丙寅16三	丁卯17四	戊辰18五	己巳19六	庚午20日	辛未21一	壬申22二	癸酉23三	甲戌24四	乙亥25五	丙子26六	丁丑27日	戊寅28一	己卯29二	庚辰(3)三	辛巳2四	丁巳立春 癸酉雨水
二月小	辛卯	壬午3五	癸未4六	甲申5日	乙酉6一	丙戌7二	丁亥8三	戊子9四	己丑10五	庚寅11六	辛卯12日	壬辰13一	癸巳14二	甲午15三	乙未16四	丙申17五	丁酉18六	戊戌19日	己亥20一	庚子21二	辛丑22三	壬寅23四	癸卯24五	甲辰25六	乙巳26日	丙午27一	丁未28二	戊申29三	己酉30四	庚戌31五		戊子驚蟄 癸卯春分 壬午日食
三月大	壬辰	辛亥(4)六	壬子2日	癸丑3一	甲寅4二	乙卯5三	丙辰6四	丁巳7五	戊午8六	己未9日	庚申10一	辛酉11二	壬戌12三	癸亥13四	甲子14五	乙丑15六	丙寅16日	丁卯17一	戊辰18二	己巳19三	庚午20四	辛未21五	壬申22六	癸酉23日	甲戌24一	乙亥25二	丙子26三	丁丑27四	戊寅28五	己卯29六	庚辰30日	戊午清明 甲戌穀雨
四月小	癸巳	辛巳(5)一	壬午2二	癸未3三	甲申4四	乙酉5五	丙戌6六	丁亥7日	戊子8一	己丑9二	庚寅10三	辛卯11四	壬辰12五	癸巳13六	甲午14日	乙未15一	丙申16二	丁酉17三	戊戌18四	己亥19五	庚子20六	辛丑21日	壬寅22一	癸卯23二	甲辰24三	乙巳25四	丙午26五	丁未27六	戊申28日	己酉29一		己丑立夏 甲辰小滿
五月大	甲午	庚戌30二	辛亥(6)三	壬子2四	癸丑3五	甲寅4六	乙卯5日	丙辰6一	丁巳7二	戊午8三	己未9四	庚申10五	辛酉11六	壬戌12日	癸亥13一	甲子14二	乙丑15三	丙寅16四	丁卯17五	戊辰18六	己巳19日	庚午20一	辛未21二	壬申22三	癸酉23四	甲戌24五	乙亥25六	丙子26日	丁丑27一	戊寅28二	己卯29三	己未芒種 甲戌夏至
六月小	乙未	庚辰29四	辛巳(7)五	壬午2六	癸未3日	甲申4一	乙酉5二	丙戌6三	丁亥7四	戊子8五	己丑9六	庚寅10日	辛卯11一	壬辰12二	癸巳13三	甲午14四	乙未15五	丙申16六	丁酉17日	戊戌18一	己亥19二	庚子20三	辛丑21四	壬寅22五	癸卯23六	甲辰24日	乙巳25一	丙午26二	丁未27三	戊申28四		庚寅小暑 乙巳大暑
七月大	丙申	庚戌28五	辛亥29六	壬子30日	癸丑(8)一	甲寅2二	乙卯3三	丙辰4四	丁巳5五	戊午6六	己未7日	庚申8一	辛酉9二	壬戌10三	癸亥11四	甲子12五	乙丑13六	丙寅14日	丁卯15一	戊辰16二	己巳17三	庚午18四	辛未19五	壬申20六	癸酉21日	甲戌22一	乙亥23二	丙子24三	丁丑25四	戊寅26五	己卯27六	庚申立秋 乙亥處暑
八月小	丁酉	己卯27日	庚辰28一	辛巳29二	壬午30三	癸未31四	甲申(9)五	乙酉2六	丙戌3日	丁亥4一	戊子5二	己丑6三	庚寅7四	辛卯8五	壬辰9六	癸巳10日	甲午11一	乙未12二	丙申13三	丁酉14四	戊戌15五	己亥16六	庚子17日	辛丑18一	壬寅19二	癸卯20三	甲辰21四	乙巳22五	丙午23六	丁未24日		庚寅白露 丙午秋分
九月大	戊戌	戊申25一	己酉26二	庚戌27三	辛亥28四	壬子29五	癸丑30六	甲寅(10)日	乙卯2一	丙辰3二	丁巳4三	戊午5四	己未6五	庚申7六	辛酉8日	壬戌9一	癸亥10二	甲子11三	乙丑12四	丙寅13五	丁卯14六	戊辰15日	己巳16一	庚午17二	辛未18三	壬申19四	癸酉20五	甲戌21六	乙亥22日	丙子23一	丁丑24二	辛酉寒露 丙子霜降
十月大	己亥	戊寅25三	己卯26四	庚辰27五	辛巳28六	壬午29日	癸未30一	甲申31二	乙酉(11)三	丙戌2四	丁亥3五	戊子4六	己丑5日	庚寅6一	辛卯7二	壬辰8三	癸巳9四	甲午10五	乙未11六	丙申12日	丁酉13一	戊戌14二	己亥15三	庚子16四	辛丑17五	壬寅18六	癸卯19日	甲辰20一	乙巳21二	丙午22三	丁未23四	辛卯立冬 丁未小雪
閏十月小	己亥	戊申24五	己酉25六	庚戌26日	辛亥27一	壬子28二	癸丑29三	甲寅30四	乙卯(12)五	丙辰2六	丁巳3日	戊午4一	己未5二	庚申6三	辛酉7四	壬戌8五	癸亥9六	甲子10日	乙丑11一	丙寅12二	丁卯13三	戊辰14四	己巳15五	庚午16六	辛未17日	壬申18一	癸酉19二	甲戌20三	乙亥21四	丙子22五		壬戌大雪
十一月大	庚子	丁丑23六	戊寅24日	己卯25一	庚辰26二	辛巳27三	壬午28四	癸未29五	甲申30六	乙酉(1)日	丙戌2一	丁亥3二	戊子4三	己丑5四	庚寅6五	辛卯7六	壬辰8日	癸巳9一	甲午10二	乙未11三	丙申12四	丁酉13五	戊戌14六	己亥15日	庚子16一	辛丑17二	壬寅18三	癸卯19四	甲辰20五	乙巳21六	丙午21日	丁丑冬至 壬辰小寒
十二月小	辛丑	丁未22一	戊申23二	己酉24三	庚戌25四	辛亥26五	壬子27六	癸丑28日	甲寅29一	乙卯30二	丙辰31三	丁巳(2)四	戊午2五	己未3六	庚申4日	辛酉5一	壬戌6二	癸亥7三	甲子8四	乙丑9五	丙寅10六	丁卯11日	戊辰12一	己巳13二	庚午14三	辛未15四	壬申16五	癸酉17六	甲戌18日	乙亥19一		丁未大寒 癸亥立春

*七月，改元天璽。

吴末帝天纪元年（丁酉 鸡年） 公元 277～278 年

夏历月序	中西历日对照	夏历日序 初一	初二	初三	初四	初五	初六	初七	初八	初九	初十	十一	十二	十三	十四	十五	十六	十七	十八	十九	二十	二一	二二	二三	二四	二五	二六	二七	二八	二九	三十	节气与天象
正月大	壬寅 天干地支/西历/星期	丙子 20 二	丁丑 21 三	戊寅 22 四	己卯 23 五	庚辰 24 六	辛巳 25 日	壬午 26 一	癸未 27 二	甲申 28 三	乙酉 (3) 四	丙戌 2 五	丁亥 3 六	戊子 4 日	己丑 5 一	庚寅 6 二	辛卯 7 三	壬辰 8 四	癸巳 9 五	甲午 10 六	乙未 11 日	丙申 12 一	丁酉 13 二	戊戌 14 三	己亥 15 四	庚子 16 五	辛丑 17 六	壬寅 18 日	癸卯 19 一	甲辰 20 二	乙巳 21 三	戊寅雨水 癸巳惊蛰
二月小	癸卯 天干地支/西历/星期	丙午 22 四	丁未 23 五	戊申 24 六	己酉 25 日	庚戌 26 一	辛亥 27 二	壬子 28 三	癸丑 29 四	甲寅 30 五	乙卯 31 六	丙辰 (4) 日	丁巳 2 一	戊午 3 二	己未 4 三	庚申 5 四	辛酉 6 五	壬戌 7 六	癸亥 8 日	甲子 9 一	乙丑 10 二	丙寅 11 三	丁卯 12 四	戊辰 13 五	己巳 14 六	庚午 15 日	辛未 16 一	壬申 17 二	癸酉 18 三	甲戌 19 四		戊申春分 甲子清明
三月大	甲辰 天干地支/西历/星期	乙亥 20 五	丙子 21 六	丁丑 22 日	戊寅 23 一	己卯 24 二	庚辰 25 三	辛巳 26 四	壬午 27 五	癸未 28 六	甲申 29 日	乙酉 30 一	丙戌 (5) 二	丁亥 2 三	戊子 3 四	己丑 4 五	庚寅 5 六	辛卯 6 日	壬辰 7 一	癸巳 8 二	甲午 9 三	乙未 10 四	丙申 11 五	丁酉 12 六	戊戌 13 日	己亥 14 一	庚子 15 二	辛丑 16 三	壬寅 17 四	癸卯 18 五	甲辰 19 六	己卯谷雨 甲午立夏
四月小	乙巳 天干地支/西历/星期	乙巳 20 日	丙午 21 一	丁未 22 二	戊申 23 三	己酉 24 四	庚戌 25 五	辛亥 26 六	壬子 27 日	癸丑 28 一	甲寅 29 二	乙卯 30 三	丙辰 31 四	丁巳 (6) 五	戊午 2 六	己未 3 日	庚申 4 一	辛酉 5 二	壬戌 6 三	癸亥 7 四	甲子 8 五	乙丑 9 六	丙寅 10 日	丁卯 11 一	戊辰 12 二	己巳 13 三	庚午 14 四	辛未 15 五	壬申 16 六	癸酉 17 日		己酉小满 甲子芒种
五月大	丙午 天干地支/西历/星期	甲戌 18 一	乙亥 19 二	丙子 20 三	丁丑 21 四	戊寅 22 五	己卯 23 六	庚辰 24 日	辛巳 25 一	壬午 26 二	癸未 27 三	甲申 28 四	乙酉 29 五	丙戌 30 六	丁亥 (7) 日	戊子 2 一	己丑 3 二	庚寅 4 三	辛卯 5 四	壬辰 6 五	癸巳 7 六	甲午 8 日	乙未 9 一	丙申 10 二	丁酉 11 三	戊戌 12 四	己亥 13 五	庚子 14 六	辛丑 15 日	壬寅 16 一	癸卯 17 二	庚辰夏至 乙未小暑
六月小	丁未 天干地支/西历/星期	甲辰 18 三	乙巳 19 四	丙午 20 五	丁未 21 六	戊申 22 日	己酉 23 一	庚戌 24 二	辛亥 25 三	壬子 26 四	癸丑 27 五	甲寅 28 六	乙卯 29 日	丙辰 30 一	丁巳 31 二	戊午 (8) 三	己未 2 四	庚申 3 五	辛酉 4 六	壬戌 5 日	癸亥 6 一	甲子 7 二	乙丑 8 三	丙寅 9 四	丁卯 10 五	戊辰 11 六	己巳 12 日	庚午 13 一	辛未 14 二	壬申 15 三		庚戌大暑 乙丑立秋
七月大	戊申 天干地支/西历/星期	癸酉 16 四	甲戌 17 五	乙亥 18 六	丙子 19 日	丁丑 20 一	戊寅 21 二	己卯 22 三	庚辰 23 四	辛巳 24 五	壬午 25 六	癸未 26 日	甲申 27 一	乙酉 28 二	丙戌 29 三	丁亥 30 四	戊子 31 五	己丑 (9) 六	庚寅 2 日	辛卯 3 一	壬辰 4 二	癸巳 5 三	甲午 6 四	乙未 7 五	丙申 8 六	丁酉 9 日	戊戌 10 一	己亥 11 二	庚子 12 三	辛丑 13 四	壬寅 14 五	辛巳处暑 丙申白露
八月小	己酉 天干地支/西历/星期	癸卯 15 六	甲辰 16 日	乙巳 17 一	丙午 18 二	丁未 19 三	戊申 20 四	己酉 21 五	庚戌 22 六	辛亥 23 日	壬子 24 一	癸丑 25 二	甲寅 26 三	乙卯 27 四	丙辰 28 五	丁巳 29 六	戊午 30 日	己未 (10) 一	庚申 2 二	辛酉 3 三	壬戌 4 四	癸亥 5 五	甲子 6 六	乙丑 7 日	丙寅 8 一	丁卯 9 二	戊辰 10 三	己巳 11 四	庚午 12 五	辛未 13 六		辛亥秋分 丙寅寒露
九月大	庚戌 天干地支/西历/星期	壬申 14 日	癸酉 15 一	甲戌 16 二	乙亥 17 三	丙子 18 四	丁丑 19 五	戊寅 20 六	己卯 21 日	庚辰 22 一	辛巳 23 二	壬午 24 三	癸未 25 四	甲申 26 五	乙酉 27 六	丙戌 28 日	丁亥 29 一	戊子 30 二	己丑 31 三	庚寅 (11) 四	辛卯 2 五	壬辰 3 六	癸巳 4 日	甲午 5 一	乙未 6 二	丙申 7 三	丁酉 8 四	戊戌 9 五	己亥 10 六	庚子 11 日	辛丑 12 一	辛巳霜降 丁丑立冬
十月小	辛亥 天干地支/西历/星期	壬寅 13 二	癸卯 14 三	甲辰 15 四	乙巳 16 五	丙午 17 六	丁未 18 日	戊申 19 一	己酉 20 二	庚戌 21 三	辛亥 22 四	壬子 23 五	癸丑 24 六	甲寅 25 日	乙卯 26 一	丙辰 27 二	丁巳 28 三	戊午 29 四	己未 30 五	庚申 (12) 六	辛酉 2 日	壬戌 3 一	癸亥 4 二	甲子 5 三	乙丑 6 四	丙寅 7 五	丁卯 8 六	戊辰 9 日	己巳 10 一	庚午 11 二		壬子小雪 丁卯大雪
十一月大	壬子 天干地支/西历/星期	辛未 12 三	壬申 13 四	癸酉 14 五	甲戌 15 六	乙亥 16 日	丙子 17 一	丁丑 18 二	戊寅 19 三	己卯 20 四	庚辰 21 五	辛巳 22 六	壬午 23 日	癸未 24 一	甲申 25 二	乙酉 26 三	丙戌 27 四	丁亥 28 五	戊子 29 六	己丑 30 日	庚寅 31 一	辛卯 (1) 二	壬辰 2 三	癸巳 3 四	甲午 4 五	乙未 5 六	丙申 6 日	丁酉 7 一	戊戌 8 二	己亥 9 三	庚子 10 四	壬午冬至 丁酉小寒
十二月小	癸丑 天干地支/西历/星期	辛丑 11 五	壬寅 12 六	癸卯 13 日	甲辰 14 一	乙巳 15 二	丙午 16 三	丁未 17 四	戊申 18 五	己酉 19 六	庚戌 20 日	辛亥 21 一	壬子 22 二	癸丑 23 三	甲寅 24 四	乙卯 25 五	丙辰 26 六	丁巳 27 日	戊午 28 一	己未 29 二	庚申 30 三	辛酉 31 四	壬戌 (2) 五	癸亥 2 六	甲子 3 日	乙丑 4 一	丙寅 5 二	丁卯 6 三	戊辰 7 四	己巳 8 五		癸丑大寒 戊辰立春

* 正月丙子（初一），改元天纪。

吳末帝天紀二年（戊戌 狗年） 公元 278～279 年

夏曆月序	中西曆對照	夏曆日序 初一	初二	初三	初四	初五	初六	初七	初八	初九	初十	十一	十二	十三	十四	十五	十六	十七	十八	十九	二十	二一	二二	二三	二四	二五	二六	二七	二八	二九	三十	節氣與天象
正月大	甲寅	天干地支/西曆/星期 庚午 9日 六	辛未 10日 日	壬申 11日 一	癸酉 12日 二	甲戌 13日 三	乙亥 14日 四	丙子 15日 五	丁丑 16日 六	戊寅 17日 日	己卯 18日 一	庚辰 19日 二	辛巳 20日 三	壬午 21日 四	癸未 22日 五	甲申 23日 六	乙酉 24日 日	丙戌 25日 一	丁亥 26日 二	戊子 27日 三	己丑 28日 四	庚寅(3) 2日 五	辛卯 2日 六	壬辰 3日 日	癸巳 4日 一	甲午 5日 二	乙未 6日 三	丙申 7日 四	丁酉 8日 五	戊戌 9日 六	己亥 10日 日	癸未雨水 戊戌驚蟄
二月大	乙卯	庚子 11日 一	辛丑 12日 二	壬寅 13日 三	癸卯 14日 四	甲辰 15日 五	乙巳 16日 六	丙午 17日 日	丁未 18日 一	戊申 19日 二	己酉 20日 三	庚戌 21日 四	辛亥 22日 五	壬子 23日 六	癸丑 24日 日	甲寅 25日 一	乙卯 26日 二	丙辰 27日 三	丁巳 28日 四	戊午 29日 五	己未 30日 六	庚申 31日 日	辛酉(4) 1日 一	壬戌 2日 二	癸亥 3日 三	甲子 4日 四	乙丑 5日 五	丙寅 6日 六	丁卯 7日 日	戊辰 8日 一	己巳 9日 二	甲寅春分 己巳清明
三月小	丙辰	庚午 10日 三	辛未 11日 四	壬申 12日 五	癸酉 13日 六	甲戌 14日 日	乙亥 15日 一	丙子 16日 二	丁丑 17日 三	戊寅 18日 四	己卯 19日 五	庚辰 20日 六	辛巳 21日 日	壬午 22日 一	癸未 23日 二	甲申 24日 三	乙酉 25日 四	丙戌 26日 五	丁亥 27日 六	戊子 28日 日	己丑 29日 一	庚寅 30日(5) 二	辛卯 1日 三	壬辰 2日 四	癸巳 3日 五	甲午 4日 六	乙未 5日 日	丙申 6日 一	丁酉 7日 二	戊戌 8日 三		甲申穀雨
四月大	丁巳	己亥 9日 四	庚子 10日 五	辛丑 11日 六	壬寅 12日 日	癸卯 13日 一	甲辰 14日 二	乙巳 15日 三	丙午 16日 四	丁未 17日 五	戊申 18日 六	己酉 19日 日	庚戌 20日 一	辛亥 21日 二	壬子 22日 三	癸丑 23日 四	甲寅 24日 五	乙卯 25日 六	丙辰 26日 日	丁巳 27日 一	戊午 28日 二	己未 29日 三	庚申 30日 四	辛酉 31日(6) 五	壬戌 1日 六	癸亥 2日 日	甲子 3日 一	乙丑 4日 二	丙寅 5日 三	丁卯 6日 四	戊辰 7日 五	己亥立夏 甲寅小滿
五月小	戊午	己巳 8日 六	庚午 9日 日	辛未 10日 一	壬申 11日 二	癸酉 12日 三	甲戌 13日 四	乙亥 14日 五	丙子 15日 六	丁丑 16日 日	戊寅 17日 一	己卯 18日 二	庚辰 19日 三	辛巳 20日 四	壬午 21日 五	癸未 22日 六	甲申 23日 日	乙酉 24日 一	丙戌 25日 二	丁亥 26日 三	戊子 27日 四	己丑 28日 五	庚寅 29日 六	辛卯 30日(7) 日	壬辰 1日 一	癸巳 2日 二	甲午 3日 三	乙未 4日 四	丙申 5日 五	丁酉 6日 六		庚午芒種 乙酉夏至
六月大	己未	戊戌 7日 日	己亥 8日 一	庚子 9日 二	辛丑 10日 三	壬寅 11日 四	癸卯 12日 五	甲辰 13日 六	乙巳 14日 日	丙午 15日 一	丁未 16日 二	戊申 17日 三	己酉 18日 四	庚戌 19日 五	辛亥 20日 六	壬子 21日 日	癸丑 22日 一	甲寅 23日 二	乙卯 24日 三	丙辰 25日 四	丁巳 26日 五	戊午 27日 六	己未 28日 日	庚申 29日 一	辛酉 30日 二	壬戌 31日(8) 三	癸亥 1日 四	甲子 2日 五	乙丑 3日 六	丙寅 4日 日	丁卯 5日 一	庚子小暑 乙卯大暑
七月小	庚申	戊辰 6日 二	己巳 7日 三	庚午 8日 四	辛未 9日 五	壬申 10日 六	癸酉 11日 日	甲戌 12日 一	乙亥 13日 二	丙子 14日 三	丁丑 15日 四	戊寅 16日 五	己卯 17日 六	庚辰 18日 日	辛巳 19日 一	壬午 20日 二	癸未 21日 三	甲申 22日 四	乙酉 23日 五	丙戌 24日 六	丁亥 25日 日	戊子 26日 一	己丑 27日 二	庚寅 28日 三	辛卯 29日 四	壬辰 30日 五	癸巳 31日(9) 六	甲午 1日 日	乙未 2日 一	丙申 3日 二		辛未立秋 丙戌處暑
八月大	辛酉	丁酉 4日 三	戊戌 5日 四	己亥 6日 五	庚子 7日 六	辛丑 8日 日	壬寅 9日 一	癸卯 10日 二	甲辰 11日 三	乙巳 12日 四	丙午 13日 五	丁未 14日 六	戊申 15日 日	己酉 16日 一	庚戌 17日 二	辛亥 18日 三	壬子 19日 四	癸丑 20日 五	甲寅 21日 六	乙卯 22日 日	丙辰 23日 一	丁巳 24日 二	戊午 25日 三	己未 26日 四	庚申 27日 五	辛酉 28日 六	壬戌 29日 日	癸亥 30日(10) 一	甲子 1日 二	乙丑 2日 三	丙寅 3日 四	辛丑白露 丙辰秋分
九月小	壬戌	丁卯 4日 五	戊辰 5日 六	己巳 6日 日	庚午 7日 一	辛未 8日 二	壬申 9日 三	癸酉 10日 四	甲戌 11日 五	乙亥 12日 六	丙子 13日 日	丁丑 14日 一	戊寅 15日 二	己卯 16日 三	庚辰 17日 四	辛巳 18日 五	壬午 19日 六	癸未 20日 日	甲申 21日 一	乙酉 22日 二	丙戌 23日 三	丁亥 24日 四	戊子 25日 五	己丑 26日 六	庚寅 27日 日	辛卯 28日 一	壬辰 29日 二	癸巳 30日 三	甲午 31日(11) 四	乙未 1日 五		辛未寒露 丁亥霜降
十月大	癸亥	丙申 2日 六	丁酉 3日 日	戊戌 4日 一	己亥 5日 二	庚子 6日 三	辛丑 7日 四	壬寅 8日 五	癸卯 9日 六	甲辰 10日 日	乙巳 11日 一	丙午 12日 二	丁未 13日 三	戊申 14日 四	己酉 15日 五	庚戌 16日 六	辛亥 17日 日	壬子 18日 一	癸丑 19日 二	甲寅 20日 三	乙卯 21日 四	丙辰 22日 五	丁巳 23日 六	戊午 24日 日	己未 25日 一	庚申 26日 二	辛酉 27日 三	壬戌 28日 四	癸亥 29日 五	甲子 30日 六	乙丑 1日(12) 日	壬寅立冬 丁巳小雪
十一月小	甲子	丙寅 2日 一	丁卯 3日 二	戊辰 4日 三	己巳 5日 四	庚午 6日 五	辛未 7日 六	壬申 8日 日	癸酉 9日 一	甲戌 10日 二	乙亥 11日 三	丙子 12日 四	丁丑 13日 五	戊寅 14日 六	己卯 15日 日	庚辰 16日 一	辛巳 17日 二	壬午 18日 三	癸未 19日 四	甲申 20日 五	乙酉 21日 六	丙戌 22日 日	丁亥 23日 一	戊子 24日 二	己丑 25日 三	庚寅 26日 四	辛卯 27日 五	壬辰 28日 六	癸巳 29日 日	甲午 30日 一		壬申大雪 丁亥冬至
十二月大	乙丑	乙未 31日 二	丙申 1日(1) 三	丁酉 2日 四	戊戌 3日 五	己亥 4日 六	庚子 5日 日	辛丑 6日 一	壬寅 7日 二	癸卯 8日 三	甲辰 9日 四	乙巳 10日 五	丙午 11日 六	丁未 12日 日	戊申 13日 一	己酉 14日 二	庚戌 15日 三	辛亥 16日 四	壬子 17日 五	癸丑 18日 六	甲寅 19日 日	乙卯 20日 一	丙辰 21日 二	丁巳 22日 三	戊午 23日 四	己未 24日 五	庚申 25日 六	辛酉 26日 日	壬戌 27日 一	癸亥 28日 二	甲子 29日 三	癸卯小寒 戊午大寒

吳末帝天紀二年（己亥 豬年） 公元 279～280 年

夏曆月序	中西曆對照	夏曆日序 初一	初二	初三	初四	初五	初六	初七	初八	初九	初十	十一	十二	十三	十四	十五	十六	十七	十八	十九	二十	廿一	廿二	廿三	廿四	廿五	廿六	廿七	廿八	廿九	三十	節氣與天象
正月小	丙寅 天干地支 西曆日照 星期	乙丑 30 四	丙寅 31 五	丁卯(2) 六	戊辰 2 日	己巳 3 一	庚午 4 二	辛未 5 三	壬申 6 四	癸酉 7 五	甲戌 8 六	乙亥 9 日	丙子 10 一	丁丑 11 二	戊寅 12 三	己卯 13 四	庚辰 14 五	辛巳 15 六	壬午 16 日	癸未 17 一	甲申 18 二	乙酉 19 三	丙戌 20 四	丁亥 21 五	戊子 22 六	己丑 23 日	庚寅 24 一	辛卯 25 二	壬辰 26 三	癸巳 27 四		癸酉立春 戊子雨水
二月大	丁卯 天干地支 西曆日照 星期	甲午 28 五	乙未 (3) 六	丙申 2 日	丁酉 3 一	戊戌 4 二	己亥 5 三	庚子 6 四	辛丑 7 五	壬寅 8 六	癸卯 9 日	甲辰 10 一	乙巳 11 二	丙午 12 三	丁未 13 四	戊申 14 五	己酉 15 六	庚戌 16 日	辛亥 17 一	壬子 18 二	癸丑 19 三	甲寅 20 四	乙卯 21 五	丙辰 22 六	丁巳 23 日	戊午 24 一	己未 25 二	庚申 26 三	辛酉 27 四	壬戌 28 五	癸亥 29 六	甲辰驚蟄 己未春分
三月小	戊辰 天干地支 西曆日照 星期	甲子 30 日	乙丑 31 一	丙寅 (4) 二	丁卯 2 三	戊辰 3 四	己巳 4 五	庚午 5 六	辛未 6 日	壬申 7 一	癸酉 8 二	甲戌 9 三	乙亥 10 四	丙子 11 五	丁丑 12 六	戊寅 13 日	己卯 14 一	庚辰 15 二	辛巳 16 三	壬午 17 四	癸未 18 五	甲申 19 六	乙酉 20 日	丙戌 21 一	丁亥 22 二	戊子 23 三	己丑 24 四	庚寅 25 五	辛卯 26 六	壬辰 27 日		甲戌清明 己丑穀雨
四月大	己巳 天干地支 西曆日照 星期	癸巳 28 一	甲午 29 二	乙未 30 三	丙申 (5) 四	丁酉 2 五	戊戌 3 六	己亥 4 日	庚子 5 一	辛丑 6 二	壬寅 7 三	癸卯 8 四	甲辰 9 五	乙巳 10 六	丙午 11 日	丁未 12 一	戊申 13 二	己酉 14 三	庚戌 15 四	辛亥 16 五	壬子 17 六	癸丑 18 日	甲寅 19 一	乙卯 20 二	丙辰 21 三	丁巳 22 四	戊午 23 五	己未 24 六	庚申 25 日	辛酉 26 一	壬戌 27 二	甲辰立夏 庚申小滿
五月小	庚午 天干地支 西曆日照 星期	癸亥 28 三	甲子 29 四	乙丑 30 五	丙寅 31 六	丁卯 (6) 日	戊辰 2 一	己巳 3 二	庚午 4 三	辛未 5 四	壬申 6 五	癸酉 7 六	甲戌 8 日	乙亥 9 一	丙子 10 二	丁丑 11 三	戊寅 12 四	己卯 13 五	庚辰 14 六	辛巳 15 日	壬午 16 一	癸未 17 二	甲申 18 三	乙酉 19 四	丙戌 20 五	丁亥 21 六	戊子 22 日	己丑 23 一	庚寅 24 二	辛卯 25 三		乙亥芒種 庚申夏至
六月大	辛未 天干地支 西曆日照 星期	壬辰 26 四	癸巳 27 五	甲午 28 六	乙未 29 日	丙申 30 一	丁酉 (7) 二	戊戌 2 三	己亥 3 四	庚子 4 五	辛丑 5 六	壬寅 6 日	癸卯 7 一	甲辰 8 二	乙巳 9 三	丙午 10 四	丁未 11 五	戊申 12 六	己酉 13 日	庚戌 14 一	辛亥 15 二	壬子 16 三	癸丑 17 四	甲寅 18 五	乙卯 19 六	丙辰 20 日	丁巳 21 一	戊午 22 二	己未 23 三	庚申 24 四	辛酉 25 五	乙巳小暑 辛卯大暑
七月大	壬申 天干地支 西曆日照 星期	壬戌 26 六	癸亥 27 日	甲子 28 一	乙丑 29 二	丙寅 30 三	丁卯 31 四	戊辰 (8) 五	己巳 2 六	庚午 3 日	辛未 4 一	壬申 5 二	癸酉 6 三	甲戌 7 四	乙亥 8 五	丙子 9 六	丁丑 10 日	戊寅 11 一	己卯 12 二	庚辰 13 三	辛巳 14 四	壬午 15 五	癸未 16 六	甲申 17 日	乙酉 18 一	丙戌 19 二	丁亥 20 三	戊子 21 四	己丑 22 五	庚寅 23 六	辛卯 24 日	丙子立秋 辛卯處暑
閏七月小	壬申 天干地支 西曆日照 星期	壬辰 25 一	癸巳 26 二	甲午 27 三	乙未 28 四	丙申 29 五	丁酉 30 六	戊戌 31 日	己亥 (9) 一	庚子 2 二	辛丑 3 三	壬寅 4 四	癸卯 5 五	甲辰 6 六	乙巳 7 日	丙午 8 一	丁未 9 二	戊申 10 三	己酉 11 四	庚戌 12 五	辛亥 13 六	壬子 14 日	癸丑 15 一	甲寅 16 二	乙卯 17 三	丙辰 18 四	丁巳 19 五	戊午 20 六	己未 21 日	庚申 22 一		丙午白露
八月大	癸酉 天干地支 西曆日照 星期	辛酉 23 二	壬戌 24 三	癸亥 25 四	甲子 26 五	乙丑 27 六	丙寅 28 日	丁卯 29 一	戊辰 30 二	己巳 (10) 三	庚午 2 四	辛未 3 五	壬申 4 六	癸酉 5 日	甲戌 6 一	乙亥 7 二	丙子 8 三	丁丑 9 四	戊寅 10 五	己卯 11 六	庚辰 12 日	辛巳 13 一	壬午 14 二	癸未 15 三	甲申 16 四	乙酉 17 五	丙戌 18 六	丁亥 19 日	戊子 20 一	己丑 21 二	庚寅 22 三	辛酉秋分 丁丑寒露
九月小	甲戌 天干地支 西曆日照 星期	辛卯 23 四	壬辰 24 五	癸巳 25 六	甲午 26 日	乙未 27 一	丙申 28 二	丁酉 29 三	戊戌 30 四	己亥 31 五	庚子 (11) 六	辛丑 2 日	壬寅 3 一	癸卯 4 二	甲辰 5 三	乙巳 6 四	丙午 7 五	丁未 8 六	戊申 9 日	己酉 10 一	庚戌 11 二	辛亥 12 三	壬子 13 四	癸丑 14 五	甲寅 15 六	乙卯 16 日	丙辰 17 一	丁巳 18 二	戊午 19 三	己未 20 四		壬辰霜降 丁未立冬
十月大	乙亥 天干地支 西曆日照 星期	庚申 21 五	辛酉 22 六	壬戌 23 日	癸亥 24 一	甲子 25 二	乙丑 26 三	丙寅 27 四	丁卯 28 五	戊辰 29 六	己巳 30 日	庚午 (12) 一	辛未 2 二	壬申 3 三	癸酉 4 四	甲戌 5 五	乙亥 6 六	丙子 7 日	丁丑 8 一	戊寅 9 二	己卯 10 三	庚辰 11 四	辛巳 12 五	壬午 13 六	癸未 14 日	甲申 15 一	乙酉 16 二	丙戌 17 三	丁亥 18 四	戊子 19 五	己丑 20 六	壬戌小雪 戊寅大雪
十一月小	丙子 天干地支 西曆日照 星期	庚寅 21 日	辛卯 22 一	壬辰 23 二	癸巳 24 三	甲午 25 四	乙未 26 五	丙申 27 六	丁酉 28 日	戊戌 29 一	己亥 30 二	庚子 31 三	辛丑 (1) 四	壬寅 2 五	癸卯 3 六	甲辰 4 日	乙巳 5 一	丙午 6 二	丁未 7 三	戊申 8 四	己酉 9 五	庚戌 10 六	辛亥 11 日	壬子 12 一	癸丑 13 二	甲寅 14 三	乙卯 15 四	丙辰 16 五	丁巳 17 六	戊午 18 日		癸巳冬至 戊申小寒
十二月大	丁丑 天干地支 西曆日照 星期	己未 19 一	庚申 20 二	辛酉 21 三	壬戌 22 四	癸亥 23 五	甲子 24 六	乙丑 25 日	丙寅 26 一	丁卯 27 二	戊辰 28 三	己巳 29 四	庚午 30 五	辛未 31 六	壬申 (2) 日	癸酉 2 一	甲戌 3 二	乙亥 4 三	丙子 5 四	丁丑 6 五	戊寅 7 六	己卯 8 日	庚辰 9 一	辛巳 10 二	壬午 11 三	癸未 12 四	甲申 13 五	乙酉 14 六	丙戌 15 日	丁亥 16 一	戊子 17 二	癸亥大寒 戊寅立春

吳末帝天紀三年（庚子 鼠年） 公元 280～281 年

夏曆月序	中西曆日對照	夏曆日序 初一	初二	初三	初四	初五	初六	初七	初八	初九	初十	十一	十二	十三	十四	十五	十六	十七	十八	十九	二十	二一	二二	二三	二四	二五	二六	二七	二八	二九	三十	節氣與天象
正月小 戊寅	天干地支西曆星期	己丑 18 三	庚寅 19 四	辛卯 20 五	壬辰 21 六	癸巳 22 日	甲午 23 一	乙未 24 二	丙申 25 三	丁酉 26 四	戊戌 27 五	己亥 28 六	庚子 29 日	辛丑 2/2 一	壬寅 (3) 二	癸卯 3 三	甲辰 4 四	乙巳 5 五	丙午 6 六	丁未 7 日	戊申 8 一	己酉 9 二	庚戌 10 三	辛亥 11 四	壬子 12 五	癸丑 13 六	甲寅 14 日	乙卯 15 一	丙辰 16 二	丁巳 17 三		甲午雨水 己酉驚蟄
二月大 己卯	天干地支西曆星期	戊午 18 四	己未 19 五	庚申 20 六	辛酉 21 日	壬戌 22 一	癸亥 23 二	甲子 24 三	乙丑 25 四	丙寅 26 五	丁卯 27 六	戊辰 28 日	己巳 29 一	庚午 30 二	辛未 31 三	壬申 (4) 四	癸酉 2 五	甲戌 3 六	乙亥 4 日	丙子 5 一	丁丑 6 二	戊寅 7 三	己卯 8 四	庚辰 9 五	辛巳 10 六	壬午 11 日	癸未 12 一	甲申 13 二	乙酉 14 三	丙戌 15 四	丁亥 16 五		甲子春分 己卯清明
三月小 庚辰	天干地支西曆星期	戊子 17 六	己丑 18 日	庚寅 19 一	辛卯 20 二	壬辰 21 三	癸巳 22 四	甲午 23 五	乙未 24 六	丙申 25 日	丁酉 26 一	戊戌 27 二	己亥 28 三	庚子 29 四	辛丑 30 五	壬寅 (5) 六	癸卯 2 日	甲辰 3 一	乙巳 4 二	丙午 5 三	丁未 6 四	戊申 7 五	己酉 8 六	庚戌 9 日	辛亥 10 一	壬子 11 二	癸丑 12 三	甲寅 13 四	乙卯 14 五	丙辰 15 六			甲午穀雨 庚戌立夏
四月大 辛巳	天干地支西曆星期	丁巳 16 日	戊午 17 一	己未 18 二	庚申 19 三	辛酉 20 四	壬戌 21 五	癸亥 22 六	甲子 23 日	乙丑 24 一	丙寅 25 二	丁卯 26 三	戊辰 27 四	己巳 28 五	庚午 29 六	辛未 30 日	壬申 31 一	癸酉 (6) 二	甲戌 2 三	乙亥 3 四	丙子 4 五	丁丑 5 六	戊寅 6 日	己卯 7 一	庚辰 8 二	辛巳 9 三	壬午 10 四	癸未 11 五	甲申 12 六	乙酉 13 日	丙戌 14 一		乙丑小滿 庚辰芒種
五月小 壬午	天干地支西曆星期	丁亥 15 二	戊子 16 三	己丑 17 四	庚寅 18 五	辛卯 19 六	壬辰 20 日	癸巳 21 一	甲午 22 二	乙未 23 三	丙申 24 四	丁酉 25 五	戊戌 26 六	己亥 27 日	庚子 28 一	辛丑 29 二	壬寅 30 三	癸卯 (7) 四	甲辰 2 五	乙巳 3 六	丙午 4 日	丁未 5 一	戊申 6 二	己酉 7 三	庚戌 8 四	辛亥 9 五	壬子 10 六	癸丑 11 日	甲寅 12 一	乙卯 13 二			乙未夏至 辛亥小暑
六月大 癸未	天干地支西曆星期	丙辰 14 三	丁巳 15 四	戊午 16 五	己未 17 六	庚申 18 日	辛酉 19 一	壬戌 20 二	癸亥 21 三	甲子 22 四	乙丑 23 五	丙寅 24 六	丁卯 25 日	戊辰 26 一	己巳 27 二	庚午 28 三	辛未 29 四	壬申 30 五	癸酉 31 六	甲戌 (8) 日	乙亥 2 一	丙子 3 二	丁丑 4 三	戊寅 5 四	己卯 6 五	庚辰 7 六	辛巳 8 日	壬午 9 一	癸未 10 二	甲申 11 三	乙酉 12 四		丙寅大暑 辛巳立秋
七月小 甲申	天干地支西曆星期	丙戌 13 五	丁亥 14 六	戊子 15 日	己丑 16 一	庚寅 17 二	辛卯 18 三	壬辰 19 四	癸巳 20 五	甲午 21 六	乙未 22 日	丙申 23 一	丁酉 24 二	戊戌 25 三	己亥 26 四	庚子 27 五	辛丑 28 六	壬寅 29 日	癸卯 30 一	甲辰 31 二	乙巳 (9) 三	丙午 2 四	丁未 3 五	戊申 4 六	己酉 5 日	庚戌 6 一	辛亥 7 二	壬子 8 三	癸丑 9 四	甲寅 10 五			丙申處暑 辛亥白露
八月大 乙酉	天干地支西曆星期	乙卯 11 六	丙辰 12 日	丁巳 13 一	戊午 14 二	己未 15 三	庚申 16 四	辛酉 17 五	壬戌 18 六	癸亥 19 日	甲子 20 一	乙丑 21 二	丙寅 22 三	丁卯 23 四	戊辰 24 五	己巳 25 六	庚午 26 日	辛未 27 一	壬申 28 二	癸酉 29 三	甲戌 30 四	乙亥 (10) 五	丙子 2 六	丁丑 3 日	戊寅 4 一	己卯 5 二	庚辰 6 三	辛巳 7 四	壬午 8 五	癸未 9 六	甲申 10 日		丁卯秋分 壬午寒露
九月大 丙戌	天干地支西曆星期	乙酉 11 一	丙戌 12 二	丁亥 13 三	戊子 14 四	己丑 15 五	庚寅 16 六	辛卯 17 日	壬辰 18 一	癸巳 19 二	甲午 20 三	乙未 21 四	丙申 22 五	丁酉 23 六	戊戌 24 日	己亥 25 一	庚子 26 二	辛丑 27 三	壬寅 28 四	癸卯 29 五	甲辰 30 六	乙巳 31 日	丙午 (11) 一	丁未 2 二	戊申 3 三	己酉 4 四	庚戌 5 五	辛亥 6 六	壬子 7 日	癸丑 8 一	甲寅 9 二		丁酉霜降 壬子立冬
十月小 丁亥	天干地支西曆星期	乙卯 10 三	丙辰 11 四	丁巳 12 五	戊午 13 六	己未 14 日	庚申 15 一	辛酉 16 二	壬戌 17 三	癸亥 18 四	甲子 19 五	乙丑 20 六	丙寅 21 日	丁卯 22 一	戊辰 23 二	己巳 24 三	庚午 25 四	辛未 26 五	壬申 27 六	癸酉 28 日	甲戌 29 一	乙亥 30 二	丙子 (12) 三	丁丑 2 四	戊寅 3 五	己卯 4 六	庚辰 5 日	辛巳 6 一	壬午 7 二	癸未 8 三			戊辰小雪 癸未大雪
十一月大 戊子	天干地支西曆星期	甲申 9 四	乙酉 10 五	丙戌 11 六	丁亥 12 日	戊子 13 一	己丑 14 二	庚寅 15 三	辛卯 16 四	壬辰 17 五	癸巳 18 六	甲午 19 日	乙未 20 一	丙申 21 二	丁酉 22 三	戊戌 23 四	己亥 24 五	庚子 25 六	辛丑 26 日	壬寅 27 一	癸卯 28 二	甲辰 29 三	乙巳 30 四	丙午 31 五	丁未 (1) 六	戊申 2 日	己酉 3 一	庚戌 4 二	辛亥 5 三	壬子 6 四	癸丑 7 五		戊戌冬至 癸丑小寒
十二月小 己丑	天干地支西曆星期	甲寅 8 六	乙卯 9 日	丙辰 10 一	丁巳 11 二	戊午 12 三	己未 13 四	庚申 14 五	辛酉 15 六	壬戌 16 日	癸亥 17 一	甲子 18 二	乙丑 19 三	丙寅 20 四	丁卯 21 五	戊辰 22 六	己巳 23 日	庚午 24 一	辛未 25 二	壬申 26 三	癸酉 27 四	甲戌 28 五	乙亥 29 六	丙子 30 日	丁丑 31 一	戊寅 (2) 二	己卯 2 三	庚辰 3 四	辛巳 4 五	壬午 5 六			戊辰大寒

＊三月壬寅（十五日），末帝降晉，吳亡。

兩晉日曆

西晉日曆

魏陳留王咸熙二年　晉武帝泰始元年（乙酉 雞年）　公元265～266年

(Detailed calendar table omitted due to complexity)

*十二月壬戌（十三日），司馬炎代魏建晉。丙寅（十五日），即皇帝位，仍都洛陽，是爲晉武帝，改元泰始。

晉武帝泰始二年（丙戌 狗年） 公元 266 ~ 267 年

夏曆月序	中西日照對	夏曆日序																													節氣與天象
		初一	初二	初三	初四	初五	初六	初七	初八	初九	初十	十一	十二	十三	十四	十五	十六	十七	十八	十九	二十	二一	二二	二三	二四	二五	二六	二七	二八	二九	三十	
正月小	庚寅	天干地支 西曆 星期	庚辰 22 四	辛巳 23 五	壬午 24 六	癸未 25 日	甲申 26 一	乙酉 27 二	丙戌 28 三	丁亥 (3) 四	戊子 2 五	己丑 3 六	庚寅 4 日	辛卯 5 一	壬辰 6 二	癸巳 7 三	甲午 8 四	乙未 9 五	丙申 10 六	丁酉 11 日	戊戌 12 一	己亥 13 二	庚子 14 三	辛丑 15 四	壬寅 16 五	癸卯 17 六	甲辰 18 日	乙巳 19 一	丙午 20 二	丁未 21 三	戊申 22 四		庚辰雨水 乙未驚蟄
二月大	辛卯	天干地支 西曆 星期	己酉 23 五	庚戌 24 六	辛亥 25 日	壬子 26 一	癸丑 27 二	甲寅 28 三	乙卯 29 四	丙辰 30 五	丁巳 31 六	戊午 (4) 日	己未 2 一	庚申 3 二	辛酉 4 三	壬戌 5 四	癸亥 6 五	甲子 7 六	乙丑 8 日	丙寅 9 一	丁卯 10 二	戊辰 11 三	己巳 12 四	庚午 13 五	辛未 14 六	壬申 15 日	癸酉 16 一	甲戌 17 二	乙亥 18 三	丙子 19 四	丁丑 20 五	戊寅 21 六	辛亥春分 丙寅清明
三月小	壬辰	天干地支 西曆 星期	己卯 22 日	庚辰 23 一	辛巳 24 二	壬午 25 三	癸未 26 四	甲申 27 五	乙酉 28 六	丙戌 29 日	丁亥 30 一	戊子 (5) 二	己丑 2 三	庚寅 3 四	辛卯 4 五	壬辰 5 六	癸巳 6 日	甲午 7 一	乙未 8 二	丙申 9 三	丁酉 10 四	戊戌 11 五	己亥 12 六	庚子 13 日	辛丑 14 一	壬寅 15 二	癸卯 16 三	甲辰 17 四	乙巳 18 五	丙午 19 六	丁未 20 日		辛巳穀雨 丙申立夏
四月大	癸巳	天干地支 西曆 星期	戊申 21 一	己酉 22 二	庚戌 23 三	辛亥 24 四	壬子 25 五	癸丑 26 六	甲寅 27 日	乙卯 28 一	丙辰 29 二	丁巳 30 三	戊午 31 四	己未 (6) 五	庚申 2 六	辛酉 3 日	壬戌 4 一	癸亥 5 二	甲子 6 三	乙丑 7 四	丙寅 8 五	丁卯 9 六	戊辰 10 日	己巳 11 一	庚午 12 二	辛未 13 三	壬申 14 四	癸酉 15 五	甲戌 16 六	乙亥 17 日	丙子 18 一	丁丑 19 二	辛亥小滿 丁卯芒種
五月大	甲午	天干地支 西曆 星期	戊寅 20 三	己卯 21 四	庚辰 22 五	辛巳 23 六	壬午 24 日	癸未 25 一	甲申 26 二	乙酉 27 三	丙戌 28 四	丁亥 29 五	戊子 30 六	己丑 (7) 日	庚寅 2 一	辛卯 3 二	壬辰 4 三	癸巳 5 四	甲午 6 五	乙未 7 六	丙申 8 日	丁酉 9 一	戊戌 10 二	己亥 11 三	庚子 12 四	辛丑 13 五	壬寅 14 六	癸卯 15 日	甲辰 16 一	乙巳 17 二	丙午 18 三	丁未 19 四	壬午夏至 丁酉小暑
六月小	乙未	天干地支 西曆 星期	戊申 20 五	己酉 21 六	庚戌 22 日	辛亥 23 一	壬子 24 二	癸丑 25 三	甲寅 26 四	乙卯 27 五	丙辰 28 六	丁巳 29 日	戊午 30 一	己未 31 二	庚申 (8) 三	辛酉 2 四	壬戌 3 五	癸亥 4 六	甲子 5 日	乙丑 6 一	丙寅 7 二	丁卯 8 三	戊辰 9 四	己巳 10 五	庚午 11 六	辛未 12 日	壬申 13 一	癸酉 14 二	甲戌 15 三	乙亥 16 四	丙子 17 五		壬子大暑 戊辰立秋
七月大	丙申	天干地支 西曆 星期	丁丑 18 六	戊寅 19 日	己卯 20 一	庚辰 21 二	辛巳 22 三	壬午 23 四	癸未 24 五	甲申 25 六	乙酉 26 日	丙戌 27 一	丁亥 28 二	戊子 29 三	己丑 30 四	庚寅 31 五	辛卯 (9) 六	壬辰 2 日	癸巳 3 一	甲午 4 二	乙未 5 三	丙申 6 四	丁酉 7 五	戊戌 8 六	己亥 9 日	庚子 10 一	辛丑 11 二	壬寅 12 三	癸卯 13 四	甲辰 14 五	乙巳 15 六	丙午 16 日	癸未處暑 戊戌白露 丙午日食
八月小	丁酉	天干地支 西曆 星期	丁未 17 一	戊申 18 二	己酉 19 三	庚戌 20 四	辛亥 21 五	壬子 22 六	癸丑 23 日	甲寅 24 一	乙卯 25 二	丙辰 26 三	丁巳 27 四	戊午 28 五	己未 29 六	庚申 30 日	辛酉 (10) 一	壬戌 2 二	癸亥 3 三	甲子 4 四	乙丑 5 五	丙寅 6 六	丁卯 7 日	戊辰 8 一	己巳 9 二	庚午 10 三	辛未 11 四	壬申 12 五	癸酉 13 六	甲戌 14 日	乙亥 15 一		癸丑秋分 戊辰寒露
九月大	戊戌	天干地支 西曆 星期	丙子 16 二	丁丑 17 三	戊寅 18 四	己卯 19 五	庚辰 20 六	辛巳 21 日	壬午 22 一	癸未 23 二	甲申 24 三	乙酉 25 四	丙戌 26 五	丁亥 27 六	戊子 28 日	己丑 29 一	庚寅 30 二	辛卯 31 三	壬辰 (11) 四	癸巳 2 五	甲午 3 六	乙未 4 日	丙申 5 一	丁酉 6 二	戊戌 7 三	己亥 8 四	庚子 9 五	辛丑 10 六	壬寅 11 日	癸卯 12 一	甲辰 13 二	乙巳 14 三	甲申霜降 己亥立冬
十月小	己亥	天干地支 西曆 星期	丙午 15 四	丁未 16 五	戊申 17 六	己酉 18 日	庚戌 19 一	辛亥 20 二	壬子 21 三	癸丑 22 四	甲寅 23 五	乙卯 24 六	丙辰 25 日	丁巳 26 一	戊午 27 二	己未 28 三	庚申 29 四	辛酉 30 五	壬戌 (12) 六	癸亥 2 日	甲子 3 一	乙丑 4 二	丙寅 5 三	丁卯 6 四	戊辰 7 五	己巳 8 六	庚午 9 日	辛未 10 一	壬申 11 二	癸酉 12 三	甲戌 13 四		甲寅小雪 己巳大雪
十一月大	庚子	天干地支 西曆 星期	乙亥 14 五	丙子 15 六	丁丑 16 日	戊寅 17 一	己卯 18 二	庚辰 19 三	辛巳 20 四	壬午 21 五	癸未 22 六	甲申 23 日	乙酉 24 一	丙戌 25 二	丁亥 26 三	戊子 27 四	己丑 28 五	庚寅 29 六	辛卯 30 日	壬辰 31 一	癸巳 (1) 二	甲午 2 三	乙未 3 四	丙申 4 五	丁酉 5 六	戊戌 6 日	己亥 7 一	庚子 8 二	辛丑 9 三	壬寅 10 四	癸卯 11 五	甲辰 12 六	乙酉冬至 庚子小寒
十二月小	辛丑	天干地支 西曆 星期	乙巳 13 日	丙午 14 一	丁未 15 二	戊申 16 三	己酉 17 四	庚戌 18 五	辛亥 19 六	壬子 20 日	癸丑 21 一	甲寅 22 二	乙卯 23 三	丙辰 24 四	丁巳 25 五	戊午 26 六	己未 27 日	庚申 28 一	辛酉 29 二	壬戌 30 三	癸亥 31 四	甲子 (2) 五	乙丑 2 六	丙寅 3 日	丁卯 4 一	戊辰 5 二	己巳 6 三	庚午 7 四	辛未 8 五	壬申 9 六	癸酉 10 日		乙卯大寒 庚午立春

晉武帝泰始三年（丁亥 豬年） 公元267～268年

夏曆月序	中西曆對照	夏曆日序																													節氣與天象
		初一	初二	初三	初四	初五	初六	初七	初八	初九	初十	十一	十二	十三	十四	十五	十六	十七	十八	十九	二十	二一	二二	二三	二四	二五	二六	二七	二八	二九	三十	
正月大	壬寅	天干地支 西曆 星期	甲戌 11 二	乙亥 12 三	丙子 13 四	丁丑 14 五	戊寅 15 六	己卯 16 日	庚辰 17 一	辛巳 18 二	壬午 19 三	癸未 20 四	甲申 21 五	乙酉 22 六	丙戌 23 日	丁亥 24 一	戊子 25 二	己丑 26 三	庚寅 27 四	辛卯 28 五	壬辰 (3)六	癸巳 2 日	甲午 3 一	乙未 4 二	丙申 5 三	丁酉 6 四	戊戌 7 五	己亥 8 六	庚子 9 日	辛丑 10 一	壬寅 11 二	癸卯 12 三	乙酉雨水 辛丑驚蟄
二月小	癸卯	天干地支 西曆 星期	甲辰 13 四	乙巳 14 五	丙午 15 六	丁未 16 日	戊申 17 一	己酉 18 二	庚戌 19 三	辛亥 20 四	壬子 21 五	癸丑 22 六	甲寅 23 日	乙卯 24 一	丙辰 25 二	丁巳 26 三	戊午 27 四	己未 28 五	庚申 29 六	辛酉 30 日	壬戌 31 一	癸亥 (4) 二	甲子 2 三	乙丑 3 四	丙寅 4 五	丁卯 5 六	戊辰 6 日	己巳 7 一	庚午 8 二	辛未 9 三	壬申 10 四		丙辰春分 辛未清明
三月大	甲辰	天干地支 西曆 星期	癸酉 11 五	甲戌 12 六	乙亥 13 日	丙子 14 一	丁丑 15 二	戊寅 16 三	己卯 17 四	庚辰 18 五	辛巳 19 六	壬午 20 日	癸未 21 一	甲申 22 二	乙酉 23 三	丙戌 24 四	丁亥 25 五	戊子 26 六	己丑 27 日	庚寅 28 一	辛卯 29 二	壬辰 30 三	癸巳 (5) 四	甲午 2 五	乙未 3 六	丙申 4 日	丁酉 5 一	戊戌 6 二	己亥 7 三	庚子 8 四	辛丑 9 五	壬寅 10 六	丙戌穀雨 壬寅立夏
四月小	乙巳	天干地支 西曆 星期	癸卯 11 日	甲辰 12 一	乙巳 13 二	丙午 14 三	丁未 15 四	戊申 16 五	己酉 17 六	庚戌 18 日	辛亥 19 一	壬子 20 二	癸丑 21 三	甲寅 22 四	乙卯 23 五	丙辰 24 六	丁巳 25 日	戊午 26 一	己未 27 二	庚申 28 三	辛酉 29 四	壬戌 30 五	癸亥 31 六	甲子 (6) 日	乙丑 2 一	丙寅 3 二	丁卯 4 三	戊辰 5 四	己巳 6 五	庚午 7 六	辛未 8 日		丁巳小滿
五月大	丙午	天干地支 西曆 星期	壬申 9 一	癸酉 10 二	甲戌 11 三	乙亥 12 四	丙子 13 五	丁丑 14 六	戊寅 15 日	己卯 16 一	庚辰 17 二	辛巳 18 三	壬午 19 四	癸未 20 五	甲申 21 六	乙酉 22 日	丙戌 23 一	丁亥 24 二	戊子 25 三	己丑 26 四	庚寅 27 五	辛卯 28 六	壬辰 29 日	癸巳 30 一	甲午 (7) 二	乙未 2 三	丙申 3 四	丁酉 4 五	戊戌 5 六	己亥 6 日	庚子 7 一	辛丑 8 二	壬申芒種 丁亥夏至
六月小	丁未	天干地支 西曆 星期	壬寅 9 三	癸卯 10 四	甲辰 11 五	乙巳 12 六	丙午 13 日	丁未 14 一	戊申 15 二	己酉 16 三	庚戌 17 四	辛亥 18 五	壬子 19 六	癸丑 20 日	甲寅 21 一	乙卯 22 二	丙辰 23 三	丁巳 24 四	戊午 25 五	己未 26 六	庚申 27 日	辛酉 28 一	壬戌 29 二	癸亥 30 三	甲子 31 四	乙丑 (8) 五	丙寅 2 六	丁卯 3 日	戊辰 4 一	己巳 5 二	庚午 6 三		壬寅小暑 戊午大暑
七月大	戊申	天干地支 西曆 星期	辛未 7 三	壬申 8 四	癸酉 9 五	甲戌 10 六	乙亥 11 日	丙子 12 一	丁丑 13 二	戊寅 14 三	己卯 15 四	庚辰 16 五	辛巳 17 六	壬午 18 日	癸未 19 一	甲申 20 二	乙酉 21 三	丙戌 22 四	丁亥 23 五	戊子 24 六	己丑 25 日	庚寅 26 一	辛卯 27 二	壬辰 28 三	癸巳 29 四	甲午 30 五	乙未 31 六	丙申 (9) 日	丁酉 2 一	戊戌 3 二	己亥 4 三	庚子 5 四	癸酉立秋 戊子處暑
八月大	己酉	天干地支 西曆 星期	辛丑 6 五	壬寅 7 六	癸卯 8 日	甲辰 9 一	乙巳 10 二	丙午 11 三	丁未 12 四	戊申 13 五	己酉 14 六	庚戌 15 日	辛亥 16 一	壬子 17 二	癸丑 18 三	甲寅 19 四	乙卯 20 五	丙辰 21 六	丁巳 22 日	戊午 23 一	己未 24 二	庚申 25 三	辛酉 26 四	壬戌 27 五	癸亥 28 六	甲子 29 日	乙丑 30 一	丙寅 (10) 二	丁卯 2 三	戊辰 3 四	己巳 4 五	庚午 5 六	癸卯白露 戊午秋分
九月小	庚戌	天干地支 西曆 星期	辛未 6 日	壬申 7 一	癸酉 8 二	甲戌 9 三	乙亥 10 四	丙子 11 五	丁丑 12 六	戊寅 13 日	己卯 14 一	庚辰 15 二	辛巳 16 三	壬午 17 四	癸未 18 五	甲申 19 六	乙酉 20 日	丙戌 21 一	丁亥 22 二	戊子 23 三	己丑 24 四	庚寅 25 五	辛卯 26 六	壬辰 27 日	癸巳 28 一	甲午 29 二	乙未 30 三	丙申 31 四	丁酉 (11) 五	戊戌 2 六	己亥 3 日		甲戌寒露 己丑霜降
十月大	辛亥	天干地支 西曆 星期	庚子 4 一	辛丑 5 二	壬寅 6 三	癸卯 7 四	甲辰 8 五	乙巳 9 六	丙午 10 日	丁未 11 一	戊申 12 二	己酉 13 三	庚戌 14 四	辛亥 15 五	壬子 16 六	癸丑 17 日	甲寅 18 一	乙卯 19 二	丙辰 20 三	丁巳 21 四	戊午 22 五	己未 23 六	庚申 24 日	辛酉 25 一	壬戌 26 二	癸亥 27 三	甲子 28 四	乙丑 29 五	丙寅 30 六	丁卯 (12) 日	戊辰 2 一	己巳 3 二	甲辰立冬 己未小雪
十一月小	壬子	天干地支 西曆 星期	庚午 4 三	辛未 5 四	壬申 6 五	癸酉 7 六	甲戌 8 日	乙亥 9 一	丙子 10 二	丁丑 11 三	戊寅 12 四	己卯 13 五	庚辰 14 六	辛巳 15 日	壬午 16 一	癸未 17 二	甲申 18 三	乙酉 19 四	丙戌 20 五	丁亥 21 六	戊子 22 日	己丑 23 一	庚寅 24 二	辛卯 25 三	壬辰 26 四	癸巳 27 五	甲午 28 六	乙未 29 日	丙申 30 一	丁酉 31 二	戊戌 (1) 三		乙亥大雪 庚寅冬至
十二月大	癸丑	天干地支 西曆 星期	己亥 2 四	庚子 3 五	辛丑 4 六	壬寅 5 日	癸卯 6 一	甲辰 7 二	乙巳 8 三	丙午 9 四	丁未 10 五	戊申 11 六	己酉 12 日	庚戌 13 一	辛亥 14 二	壬子 15 三	癸丑 16 四	甲寅 17 五	乙卯 18 六	丙辰 19 日	丁巳 20 一	戊午 21 二	己未 22 三	庚申 23 四	辛酉 24 五	壬戌 25 六	癸亥 26 日	甲子 27 一	乙丑 28 二	丙寅 29 三	丁卯 30 四	戊辰 31 五	乙巳小寒 庚申大寒

晉武帝泰始四年（戊子 鼠年） 公元268～269年

夏曆月序	中西曆對照	夏曆日序 初一	初二	初三	初四	初五	初六	初七	初八	初九	初十	十一	十二	十三	十四	十五	十六	十七	十八	十九	二十	二一	二二	二三	二四	二五	二六	二七	二八	二九	三十	節氣與天象
正月小	甲寅	天干地支西曆星期 己巳(2)六	庚午2日	辛未3一	壬申4二	癸酉5三	甲戌6四	乙亥7五	丙子8六	丁丑9日	戊寅10一	己卯11二	庚辰12三	辛巳13四	壬午14五	癸未15六	甲申16日	乙酉17一	丙戌18二	丁亥19三	戊子20四	己丑21五	庚寅22六	辛卯23日	壬辰24一	癸巳25二	甲午26三	乙未27四	丙申28五	丁酉29六		乙亥立春 辛卯雨水
二月大	乙卯	戊戌(3)日	己亥2一	庚子3二	辛丑4三	壬寅5四	癸卯6五	甲辰7六	乙巳8日	丙午9一	丁未10二	戊申11三	己酉12四	庚戌13五	辛亥14六	壬子15日	癸丑16一	甲寅17二	乙卯18三	丙辰19四	丁巳20五	戊午21六	己未22日	庚申23一	辛酉24二	壬戌25三	癸亥26四	甲子27五	乙丑28六	丙寅29日	丁卯30一	丙午驚蟄 辛酉春分
三月小	丙辰	戊辰31二	己巳(4)三	庚午2四	辛未3五	壬申4六	癸酉5日	甲戌6一	乙亥7二	丙子8三	丁丑9四	戊寅10五	己卯11六	庚辰12日	辛巳13一	壬午14二	癸未15三	甲申16四	乙酉17五	丙戌18六	丁亥19日	戊子20一	己丑21二	庚寅22三	辛卯23四	壬辰24五	癸巳25六	甲午26日	乙未27一	丙申28二		丙子清明 壬辰穀雨
四月大	丁巳	丁酉29三	戊戌30四	己亥(5)五	庚子2六	辛丑3日	壬寅4一	癸卯5二	甲辰6三	乙巳7四	丙午8五	丁未9六	戊申10日	己酉11一	庚戌12二	辛亥13三	壬子14四	癸丑15五	甲寅16六	乙卯17日	丙辰18一	丁巳19二	戊午20三	己未21四	庚申22五	辛酉23六	壬戌24日	癸亥25一	甲子26二	乙丑27三	丙寅28四	丁未立夏 壬辰小滿
五月小	戊午	丁卯29五	戊辰30六	己巳31(6)日	庚午2一	辛未3二	壬申4三	癸酉5四	甲戌6五	乙亥7六	丙子8日	丁丑9一	戊寅10二	己卯11三	庚辰12四	辛巳13五	壬午14六	癸未15日	甲申16一	乙酉17二	丙戌18三	丁亥19四	戊子20五	己丑21六	庚寅22日	辛卯23一	壬辰24二	癸巳25三	甲午26四	乙未27五		丁丑芒種 壬辰夏至
六月大	己未	丙申27六	丁酉28日	戊戌29一	己亥30二	庚子(7)三	辛丑2四	壬寅3五	癸卯4六	甲辰5日	乙巳6一	丙午7二	丁未8三	戊申9四	己酉10五	庚戌11六	辛亥12日	壬子13一	癸丑14二	甲寅15三	乙卯16四	丙辰17五	丁巳18六	戊午19日	己未20一	庚申21二	辛酉22三	壬戌23四	癸亥24五	甲子25六	乙丑26日	戊寅小暑 癸亥大暑
七月小	庚申	丙寅27一	丁卯28二	戊辰29三	己巳30四	庚午31(8)五	辛未2六	壬申3日	癸酉4一	甲戌5二	乙亥6三	丙子7四	丁丑8五	戊寅9六	己卯10日	庚辰11一	辛巳12二	壬午13三	癸未14四	甲申15五	乙酉16六	丙戌17日	丁亥18一	戊子19二	己丑20三	庚寅21四	辛卯22五	壬辰23六	癸巳24日	甲午24一		戊寅立秋 癸巳處暑
八月大	辛酉	乙未25二	丙申26三	丁酉27四	戊戌28五	己亥29六	庚子30日	辛丑31(9)一	壬寅2二	癸卯3三	甲辰4四	乙巳5五	丙午6六	丁未7日	戊申8一	己酉9二	庚戌10三	辛亥11四	壬子12五	癸丑13六	甲寅14日	乙卯15一	丙辰16二	丁巳17三	戊午18四	己未19五	庚申20六	辛酉21日	壬戌22一	癸亥23二	甲子24三	戊申白露 甲子秋分
閏八月小	辛酉	乙丑24四	丙寅25五	丁卯26六	戊辰27日	己巳28一	庚午29二	辛未30(10)三	壬申2四	癸酉3五	甲戌4六	乙亥5日	丙子6一	丁丑7二	戊寅8三	己卯9四	庚辰10五	辛巳11六	壬午12日	癸未13一	甲申14二	乙酉15三	丙戌16四	丁亥17五	戊子18六	己丑19日	庚寅20一	辛卯21二	壬辰22三	癸巳22四		己卯寒露
九月大	壬戌	甲午23五	乙未24六	丙申25日	丁酉26一	戊戌27二	己亥28三	庚子29四	辛丑30五	壬寅31(11)六	癸卯2日	甲辰3一	乙巳4二	丙午5三	丁未6四	戊申7五	己酉8六	庚戌9日	辛亥10一	壬子11二	癸丑12三	甲寅13四	乙卯14五	丙辰15六	丁巳16日	戊午17一	己未18二	庚申19三	辛酉20四	壬戌21五	癸亥22六	甲午霜降 己酉立冬
十月小	癸亥	甲子22日	乙丑23一	丙寅24二	丁卯25三	戊辰26四	己巳27五	庚午28六	辛未29日	壬申30一	癸酉31(12)二	甲戌2三	乙亥3四	丙子4五	丁丑5六	戊寅6日	己卯7一	庚辰8二	辛巳9三	壬午10四	癸未11五	甲申12六	乙酉13日	丙戌14一	丁亥15二	戊子16三	己丑17四	庚寅18五	辛卯19六	壬辰20日		乙丑小雪 庚辰大雪
十一月大	甲子	癸巳21一	甲午22二	乙未23三	丙申24四	丁酉25五	戊戌26六	己亥27日	庚子28一	辛丑29二	壬寅30三	癸卯31四	甲辰(1)五	乙巳2六	丙午3日	丁未4一	戊申5二	己酉6三	庚戌7四	辛亥8五	壬子9六	癸丑10日	甲寅11一	乙卯12二	丙辰13三	丁巳14四	戊午15五	己未16六	庚申17日	辛酉18一	壬戌19二	丁未冬至 庚戌小寒
十二月大	乙丑	癸亥20三	甲子21四	乙丑22五	丙寅23六	丁卯24日	戊辰25一	己巳26二	庚午27三	辛未28四	壬申29五	癸酉30六	甲戌31日	乙亥(2)一	丙子2二	丁丑3三	戊寅4四	己卯5五	庚辰6六	辛巳7日	壬午8一	癸未9二	甲申10三	乙酉11四	丙戌12五	丁亥13六	戊子14日	己丑15一	庚寅16二	辛卯17三	壬辰18四	丁丑大寒 辛巳立春

晉武帝泰始五年（己丑 牛年） 公元 269 ~ 270 年

夏曆月序	中西曆對照	夏曆日序																													節氣與天象
		初一	初二	初三	初四	初五	初六	初七	初八	初九	初十	十一	十二	十三	十四	十五	十六	十七	十八	十九	二十	二一	二二	二三	二四	二五	二六	二七	二八	二九	三十	
正月小	丙寅	天干地支：癸巳 西曆：19日 星期：五	甲午20六	乙未21日	丙申22一	丁酉23二	戊戌24三	己亥25四	庚子26五	辛丑27六	壬寅28日	癸卯(3)一	甲辰2二	乙巳3三	丙午4四	丁未5五	戊申6六	己酉7日	庚戌8一	辛亥9二	壬子10三	癸丑11四	甲寅12五	乙卯13六	丙辰14日	丁巳15一	戊午16二	己未17三	庚申18四	辛酉19五		丙申雨水 辛亥驚蟄
二月大	丁卯	壬戌20六	癸亥21日	甲子22一	乙丑23二	丙寅24三	丁卯25四	戊辰26五	己巳27六	庚午28日	辛未29一	壬申30二	癸酉31三	甲戌(4)四	乙亥2五	丙子3六	丁丑4日	戊寅5一	己卯6二	庚辰7三	辛巳8四	壬午9五	癸未10六	甲申11日	乙酉12一	丙戌13二	丁亥14三	戊子15四	己丑16五	庚寅17六	辛卯18日	丙寅春分 壬午清明
三月小	戊辰	壬辰19一	癸巳20二	甲午21三	乙未22四	丙申23五	丁酉24六	戊戌25日	己亥26一	庚子27二	辛丑28三	壬寅29四	癸卯30五	甲辰(5)六	乙巳2日	丙午3一	丁未4二	戊申5三	己酉6四	庚戌7五	辛亥8六	壬子9日	癸丑10一	甲寅11二	乙卯12三	丙辰13四	丁巳14五	戊午15六	己未16日	庚申17一		丁酉穀雨 壬子立夏
四月大	己巳	辛酉18二	壬戌19三	癸亥20四	甲子21五	乙丑22六	丙寅23日	丁卯24一	戊辰25二	己巳26三	庚午27四	辛未28五	壬申29六	癸酉30日	甲戌31一	乙亥(6)二	丙子2三	丁丑3四	戊寅4五	己卯5六	庚辰6日	辛巳7一	壬午8二	癸未9三	甲申10四	乙酉11五	丙戌12六	丁亥13日	戊子14一	己丑15二	庚寅16三	丁卯小滿 壬午芒種
五月小	庚午	辛卯17四	壬辰18五	癸巳19六	甲午20日	乙未21一	丙申22二	丁酉23三	戊戌24四	己亥25五	庚子26六	辛丑27日	壬寅28一	癸卯29二	甲辰30三	乙巳(7)四	丙午2五	丁未3六	戊申4日	己酉5一	庚戌6二	辛亥7三	壬子8四	癸丑9五	甲寅10六	乙卯11日	丙辰12一	丁巳13二	戊午14三	己未15四		戊戌夏至 癸丑小暑
六月大	辛未	庚申16五	辛酉17六	壬戌18日	癸亥19一	甲子20二	乙丑21三	丙寅22四	丁卯23五	戊辰24六	己巳25日	庚午26一	辛未27二	壬申28三	癸酉29四	甲戌30五	乙亥31六	丙子(8)日	丁丑2一	戊寅3二	己卯4三	庚辰5四	辛巳6五	壬午7六	癸未8日	甲申9一	乙酉10二	丙戌11三	丁亥12四	戊子13五	己丑14六	戊辰大暑 癸未立秋
七月小	壬申	庚寅15日	辛卯16一	壬辰17二	癸巳18三	甲午19四	乙未20五	丙申21六	丁酉22日	戊戌23一	己亥24二	庚子25三	辛丑26四	壬寅27五	癸卯28六	甲辰29日	乙巳30一	丙午31二	丁未(9)三	戊申2四	己酉3五	庚戌4六	辛亥5日	壬子6一	癸丑7二	甲寅8三	乙卯9四	丙辰10五	丁巳11六	戊午12日		己亥處暑 甲寅白露
八月大	癸酉	己未13一	庚申14二	辛酉15三	壬戌16四	癸亥17五	甲子18六	乙丑19日	丙寅20一	丁卯21二	戊辰22三	己巳23四	庚午24五	辛未25六	壬申26日	癸酉27一	甲戌28二	乙亥29三	丙子30四	丁丑(10)五	戊寅2六	己卯3日	庚辰4一	辛巳5二	壬午6三	癸未7四	甲申8五	乙酉9六	丙戌10日	丁亥11一	戊子12二	己巳秋分 甲申寒露
九月小	甲戌	己丑13三	庚寅14四	辛卯15五	壬辰16六	癸巳17日	甲午18一	乙未19二	丙申20三	丁酉21四	戊戌22五	己亥23六	庚子24日	辛丑25一	壬寅26二	癸卯27三	甲辰28四	乙巳29五	丙午30六	丁未31日	戊申(11)一	己酉2二	庚戌3三	辛亥4四	壬子5五	癸丑6六	甲寅7日	乙卯8一	丙辰9二	丁巳10三		己亥霜降 乙卯立冬
十月大	乙亥	戊午11四	己未12五	庚申13六	辛酉14日	壬戌15一	癸亥16二	甲子17三	乙丑18四	丙寅19五	丁卯20六	戊辰21日	己巳22一	庚午23二	辛未24三	壬申25四	癸酉26五	甲戌27六	乙亥28日	丙子29一	丁丑30二	戊寅(12)三	己卯2四	庚辰3五	辛巳4六	壬午5日	癸未6一	甲申7二	乙酉8三	丙戌9四	丁亥10五	庚午小雪 乙酉大雪
十一月小	丙子	戊子11六	己丑12日	庚寅13一	辛卯14二	壬辰15三	癸巳16四	甲午17五	乙未18六	丙申19日	丁酉20一	戊戌21二	己亥22三	庚子23四	辛丑24五	壬寅25六	癸卯26日	甲辰27一	乙巳28二	丙午29三	丁未30四	戊申31五	己酉(1)六	庚戌2日	辛亥3一	壬子4二	癸丑5三	甲寅6四	乙卯7五	丙辰8六		庚子冬至 乙卯小寒
十二月大	丁丑	丁巳9日	戊午10一	己未11二	庚申12三	辛酉13四	壬戌14五	癸亥15六	甲子16日	乙丑17一	丙寅18二	丁卯19三	戊辰20四	己巳21五	庚午22六	辛未23日	壬申24一	癸酉25二	甲戌26三	乙亥27四	丙子28五	丁丑29六	戊寅30日	己卯31一	庚辰(2)二	辛巳2三	壬午3四	癸未4五	甲申5六	乙酉6日	丙戌7一	辛未大寒 丙戌立春

晉武帝泰始六年（庚寅 虎年） 公元 270 ~ 271 年

夏曆月序	中西曆日對照	夏曆日序 初一	初二	初三	初四	初五	初六	初七	初八	初九	初十	十一	十二	十三	十四	十五	十六	十七	十八	十九	二十	二一	二二	二三	二四	二五	二六	二七	二八	二九	三十	節氣與天象
正月小	戊寅	天干 丁亥 地支 西曆 8 星期 二	戊子 9 三	己丑 10 四	庚寅 11 五	辛卯 12 六	壬辰 13 日	癸巳 14 一	甲午 15 二	乙未 16 三	丙申 17 四	丁酉 18 五	戊戌 19 六	己亥 20 日	庚子 21 一	辛丑 22 二	壬寅 23 三	癸卯 24 四	甲辰 25 五	乙巳 26 六	丙午 27 日	丁未 28 一	戊申 (3) 二	己酉 2 三	庚戌 3 四	辛亥 4 五	壬子 5 六	癸丑 6 日	甲寅 7 一	乙卯 8 二		辛丑雨水
二月大	己卯	天干 丙辰 地支 西曆 9 星期 三	丁巳 10 四	戊午 11 五	己未 12 六	庚申 13 日	辛酉 14 一	壬戌 15 二	癸亥 16 三	甲子 17 四	乙丑 18 五	丙寅 19 六	丁卯 20 日	戊辰 21 一	己巳 22 二	庚午 23 三	辛未 24 四	壬申 25 五	癸酉 26 六	甲戌 27 日	乙亥 28 一	丙子 29 二	丁丑 30 三	戊寅 31 四	己卯 (4) 五	庚辰 2 六	辛巳 3 日	壬午 4 一	癸未 5 二	甲申 6 三	乙酉 7 四	丙辰驚蟄 壬申春分
三月小	庚辰	天干 丙戌 地支 西曆 8 星期 五	丁亥 9 六	戊子 10 日	己丑 11 一	庚寅 12 二	辛卯 13 三	壬辰 14 四	癸巳 15 五	甲午 16 六	乙未 17 日	丙申 18 一	丁酉 19 二	戊戌 20 三	己亥 21 四	庚子 22 五	辛丑 23 六	壬寅 24 日	癸卯 25 一	甲辰 26 二	乙巳 27 三	丙午 28 四	丁未 29 五	戊申 30 六	己酉 (5) 日	庚戌 2 一	辛亥 3 二	壬子 4 三	癸丑 5 四	甲寅 6 五		丁亥清明 壬寅穀雨
四月大	辛巳	天干 乙卯 地支 西曆 7 星期 六	丙辰 8 日	丁巳 9 一	戊午 10 二	己未 11 三	庚申 12 四	辛酉 13 五	壬戌 14 六	癸亥 15 日	甲子 16 一	乙丑 17 二	丙寅 18 三	丁卯 19 四	戊辰 20 五	己巳 21 六	庚午 22 日	辛未 23 一	壬申 24 二	癸酉 25 三	甲戌 26 四	乙亥 27 五	丙子 28 六	丁丑 29 日	戊寅 30 一	己卯 (6) 二	庚辰 2 三	辛巳 3 四	壬午 4 五	癸未 5 六	甲申 5 日	丁巳立夏 壬申小滿
五月大	壬午	天干 乙酉 地支 西曆 6 星期 一	丙戌 7 二	丁亥 8 三	戊子 9 四	己丑 10 五	庚寅 11 六	辛卯 12 日	壬辰 13 一	癸巳 14 二	甲午 15 三	乙未 16 四	丙申 17 五	丁酉 18 六	戊戌 19 日	己亥 20 一	庚子 21 二	辛丑 22 三	壬寅 23 四	癸卯 24 五	甲辰 25 六	乙巳 26 日	丙午 27 一	丁未 28 二	戊申 29 三	己酉 30 四	庚戌 (7) 五	辛亥 2 六	壬子 3 日	癸丑 4 一	甲寅 5 二	戊子芒種 癸卯夏至
六月小	癸未	天干 丙辰 地支 西曆 6 星期 三	丁巳 7 四	戊午 8 五	己未 9 六	庚申 10 日	辛酉 11 一	壬戌 12 二	癸亥 13 三	甲子 14 四	乙丑 15 五	丙寅 16 六	丁卯 17 日	戊辰 18 一	己巳 19 二	庚午 20 三	辛未 21 四	壬申 22 五	癸酉 23 六	甲戌 24 日	乙亥 25 一	丙子 26 二	丁丑 27 三	戊寅 28 四	己卯 29 五	庚辰 30 六	辛巳 31 日	壬午 (8) 一	癸未 2 二	甲申 3 三		戊午小暑 癸酉大暑
七月大	甲申	天干 甲申 地支 西曆 4 星期 四	乙酉 5 五	丙戌 6 六	丁亥 7 日	戊子 8 一	己丑 9 二	庚寅 10 三	辛卯 11 四	壬辰 12 五	癸巳 13 六	甲午 14 日	乙未 15 一	丙申 16 二	丁酉 17 三	戊戌 18 四	己亥 19 五	庚子 20 六	辛丑 21 日	壬寅 22 一	癸卯 23 二	甲辰 24 三	乙巳 25 四	丙午 26 五	丁未 27 六	戊申 28 日	己酉 29 一	庚戌 30 二	辛亥 31 三	壬子 (9) 四	癸丑 2 五	己丑立秋 甲辰處暑
八月小	乙酉	天干 甲寅 地支 西曆 3 星期 六	乙卯 4 日	丙辰 5 一	丁巳 6 二	戊午 7 三	己未 8 四	庚申 9 五	辛酉 10 六	壬戌 11 日	癸亥 12 一	甲子 13 二	乙丑 14 三	丙寅 15 四	丁卯 16 五	戊辰 17 六	己巳 18 日	庚午 19 一	辛未 20 二	壬申 21 三	癸酉 22 四	甲戌 23 五	乙亥 24 六	丙子 25 日	丁丑 26 一	戊寅 27 二	己卯 28 三	庚辰 29 四	辛巳 30 五	壬午 (10) 六		己未白露 甲戌秋分
九月大	丙戌	天干 癸未 地支 西曆 2 星期 日	甲申 3 一	乙酉 4 二	丙戌 5 三	丁亥 6 四	戊子 7 五	己丑 8 六	庚寅 9 日	辛卯 10 一	壬辰 11 二	癸巳 12 三	甲午 13 四	乙未 14 五	丙申 15 六	丁酉 16 日	戊戌 17 一	己亥 18 二	庚子 19 三	辛丑 20 四	壬寅 21 五	癸卯 22 六	甲辰 23 日	乙巳 24 一	丙午 25 二	丁未 26 三	戊申 27 四	己酉 28 五	庚戌 29 六	辛亥 30 日	壬子 31 一	己丑寒露 乙巳霜降
十月小	丁亥	天干 癸丑 地支 西曆 (11) 星期 二	甲寅 2 三	乙卯 3 四	丙辰 4 五	丁巳 5 六	戊午 6 日	己未 7 一	庚申 8 二	辛酉 9 三	壬戌 10 四	癸亥 11 五	甲子 12 六	乙丑 13 日	丙寅 14 一	丁卯 15 二	戊辰 16 三	己巳 17 四	庚午 18 五	辛未 19 六	壬申 20 日	癸酉 21 一	甲戌 22 二	乙亥 23 三	丙子 24 四	丁丑 25 五	戊寅 26 六	己卯 27 日	庚辰 28 一	辛巳 29 二		庚申立冬 乙亥小雪
十一月大	戊子	天干 壬午 地支 西曆 30 星期 三	癸未 (12) 四	甲申 2 五	乙酉 3 六	丙戌 4 日	丁亥 5 一	戊子 6 二	己丑 7 三	庚寅 8 四	辛卯 9 五	壬辰 10 六	癸巳 11 日	甲午 12 一	乙未 13 二	丙申 14 三	丁酉 15 四	戊戌 16 五	己亥 17 六	庚子 18 日	辛丑 19 一	壬寅 20 二	癸卯 21 三	甲辰 22 四	乙巳 23 五	丙午 24 六	丁未 25 日	戊申 26 一	己酉 27 二	庚戌 28 三	辛亥 29 四	庚寅大雪 丙午冬至
十二月小	己丑	天干 壬子 地支 西曆 30 星期 五	癸丑 31 六	甲寅 (1) 日	乙卯 2 一	丙辰 3 二	丁巳 4 三	戊午 5 四	己未 6 五	庚申 7 六	辛酉 8 日	壬戌 9 一	癸亥 10 二	甲子 11 三	乙丑 12 四	丙寅 13 五	丁卯 14 六	戊辰 15 日	己巳 16 一	庚午 17 二	辛未 18 三	壬申 19 四	癸酉 20 五	甲戌 21 六	乙亥 22 日	丙子 23 一	丁丑 24 二	戊寅 25 三	己卯 26 四	庚辰 27 五		辛酉小寒 丙子大寒

晉武帝泰始七年（辛卯 兔年） 公元 271 ～ 272 年

夏曆月序	中西曆對照	夏曆日序 初一～三十	節氣與天象
正月大 庚寅	天干 地支 西曆 星期	辛巳28六／壬午29日／癸未30一／甲申(2)二／乙酉2三／丙戌3四／丁亥4五／戊子5六／己丑6日／庚寅7一／辛卯8二／壬辰9三／癸巳10四／甲午10五／乙未11六／丙申12日／丁酉13一／戊戌14二／己亥15三／庚子16四／辛丑17五／壬寅18六／癸卯19日／甲辰20一／乙巳21二／丙午22三／丁未23四／戊申24五／己酉25六／庚戌26日	辛卯立春 丙午雨水
二月小 辛卯	天干 地支 西曆 星期	辛亥27一／壬子28二／癸丑(3)三／甲寅2四／乙卯3五／丙辰4六／丁巳5日／戊午6一／己未7二／庚申8三／辛酉9四／壬戌10五／癸亥11六／甲子12日／乙丑13一／丙寅14二／丁卯15三／戊辰16四／己巳17五／庚午18六／辛未19日／壬申20一／癸酉21二／甲戌22三／乙亥23四／丙子24五／丁丑25六／戊寅26日／己卯27一	壬戌驚蟄 丁丑春分
三月大 壬辰	天干 地支 西曆 星期	庚辰28二／辛巳29三／壬午30四／癸未31五／甲申(4)六／乙酉2日／丙戌3一／丁亥4二／戊子5三／己丑6四／庚寅7五／辛卯8六／壬辰9日／癸巳10一／甲午11二／乙未12三／丙申13四／丁酉14五／戊戌15六／己亥16日／庚子17一／辛丑18二／壬寅19三／癸卯20四／甲辰21五／乙巳22六／丙午23日／丁未24一／戊申25二／己酉26三	壬辰清明 丁未穀雨
四月小 癸巳	天干 地支 西曆 星期	庚戌27四／辛亥28五／壬子29六／癸丑30日／甲寅(5)一／乙卯2二／丙辰3三／丁巳4四／戊午5五／己未6六／庚申7日／辛酉8一／壬戌9二／癸亥10三／甲子11四／乙丑12五／丙寅13六／丁卯14日／戊辰15一／己巳16二／庚午17三／辛未18四／壬申19五／癸酉20六／甲戌21日／乙亥22一／丙子23二／丁丑24三／戊寅25四	壬戌立夏 戊寅小滿
五月大 甲午	天干 地支 西曆 星期	己卯26五／庚辰27六／辛巳28日／壬午29一／癸未30二／甲申31三／乙酉(6)四／丙戌2五／丁亥3六／戊子4日／己丑5一／庚寅6二／辛卯7三／壬辰8四／癸巳9五／甲午10六／乙未11日／丙申12一／丁酉13二／戊戌14三／己亥15四／庚子16五／辛丑17六／壬寅18日／癸卯19一／甲辰20二／乙巳21三／丙午22四／丁未23五／戊申24六	癸巳芒種 戊申夏至
閏五月小 甲午	天干 地支 西曆 星期	己酉25日／庚戌26一／辛亥27二／壬子28三／癸丑29四／甲寅30五／乙卯(7)六／丙辰2日／丁巳3一／戊午4二／己未5三／庚申6四／辛酉7五／壬戌8六／癸亥9日／甲子10一／乙丑11二／丙寅12三／丁卯13四／戊辰14五／己巳15六／庚午16日／辛未17一／壬申18二／癸酉19三／甲戌20四／乙亥21五／丙子22六／丁丑23日	癸亥小暑
六月大 乙未	天干 地支 西曆 星期	戊寅24一／己卯25二／庚辰26三／辛巳27四／壬午28五／癸未29六／甲申30日／乙酉31一／丙戌(8)二／丁亥2三／戊子3四／己丑4五／庚寅5六／辛卯6日／壬辰7一／癸巳8二／甲午9三／乙未10四／丙申11五／丁酉12六／戊戌13日／己亥14一／庚子15二／辛丑16三／壬寅17四／癸卯18五／甲辰19六／乙巳20日／丙午21一／丁未22二	己卯大暑 甲午立秋
七月大 丙申	天干 地支 西曆 星期	戊申23三／己酉24四／庚戌25五／辛亥26六／壬子27日／癸丑28一／甲寅29二／乙卯30三／丙辰31四／丁巳(9)五／戊午2六／己未3日／庚申4一／辛酉5二／壬戌6三／癸亥7四／甲子8五／乙丑9六／丙寅10日／丁卯11一／戊辰12二／己巳13三／庚午14四／辛未15五／壬申16六／癸酉17日／甲戌18一／乙亥19二／丙子20三／丁丑21四	己酉處暑 甲子白露
八月小 丁酉	天干 地支 西曆 星期	戊寅22五／己卯23六／庚辰24日／辛巳25一／壬午26二／癸未27三／甲申28四／乙酉29五／丙戌30六／丁亥(10)日／戊子2一／己丑3二／庚寅4三／辛卯5四／壬辰6五／癸巳7六／甲午8日／乙未9一／丙申10二／丁酉11三／戊戌12四／己亥13五／庚子14六／辛丑15日／壬寅16一／癸卯17二／甲辰18三／乙巳19四／丙午20五	己卯秋分 乙未寒露
九月大 戊戌	天干 地支 西曆 星期	丁未21六／戊申22日／己酉23一／庚戌24二／辛亥25三／壬子26四／癸丑27五／甲寅28六／乙卯29日／丙辰30一／丁巳31二／戊午(11)三／己未2四／庚申3五／辛酉4六／壬戌5日／癸亥6一／甲子7二／乙丑8三／丙寅9四／丁卯10五／戊辰11六／己巳12日／庚午13一／辛未14二／壬申15三／癸酉16四／甲戌17五／乙亥18六／丙子19日	庚戌霜降 乙丑立冬
十月小 己亥	天干 地支 西曆 星期	丁丑20一／戊寅21二／己卯22三／庚辰23四／辛巳24五／壬午25六／癸未26日／甲申27一／乙酉28二／丙戌29三／丁亥30四／戊子(12)五／己丑2六／庚寅3日／辛卯4一／壬辰5二／癸巳6三／甲午7四／乙未8五／丙申9六／丁酉10日／戊戌11一／己亥12二／庚子13三／辛丑14四／壬寅15五／癸卯16六／甲辰17日	庚辰小雪 丙申大雪 丁丑日食
十一月大 庚子	天干 地支 西曆 星期	丙午19一／丁未20二／戊申21三／己酉22四／庚戌23五／辛亥24六／壬子25日／癸丑26一／甲寅27二／乙卯28三／丙辰29四／丁巳30五／戊午31六／己未(1)日／庚申2一／辛酉3二／壬戌4三／癸亥5四／甲子6五／乙丑7六／丙寅8日／丁卯9一／戊辰10二／己巳11三／庚午12四／辛未13五／壬申14六／癸酉15日／甲戌16一／乙亥17二	辛亥冬至 丙寅小寒
十二月小 辛丑	天干 地支 西曆 星期	丙子18三／丁丑19四／戊寅20五／己卯21六／庚辰22日／辛巳23一／壬午24二／癸未25三／甲申26四／乙酉27五／丙戌28六／丁亥29日／戊子30一／己丑31二／庚寅(2)三／辛卯2四／壬辰3五／癸巳4六／甲午5日／乙未6一／丙申7二／丁酉8三／戊戌9四／己亥10五／庚子11六／辛丑12日／壬寅13一／癸卯14二／甲辰15三	辛巳大寒 丙申立春

晉武帝泰始八年（壬辰 龍年） 公元 272～273 年

夏曆月序	中西曆對照	夏曆日序																													節氣與天象
		初一	初二	初三	初四	初五	初六	初七	初八	初九	初十	十一	十二	十三	十四	十五	十六	十七	十八	十九	二十	廿一	廿二	廿三	廿四	廿五	廿六	廿七	廿八	廿九	三十	
正月大	壬寅	天干 乙巳 地支 16 西曆 五	丙午 17 六	丁未 18 日	戊申 19 一	己酉 20 二	庚戌 21 三	辛亥 22 四	壬子 23 五	癸丑 24 六	甲寅 25 日	乙卯 26 一	丙辰 27 二	丁巳 28 三	戊午 29 四	己未 3/(3) 五	庚申 2 六	辛酉 3 日	壬戌 4 一	癸亥 5 二	甲子 6 三	乙丑 7 四	丙寅 8 五	丁卯 9 六	戊辰 10 日	己巳 11 一	庚午 12 二	辛未 13 三	壬申 14 四	癸酉 15 五	甲戌 16 六	壬子雨水 丁卯驚蟄
二月小	癸卯	天干 乙亥 地支 17 西曆 日	丙子 18 一	丁丑 19 二	戊寅 20 三	己卯 21 四	庚辰 22 五	辛巳 23 六	壬午 24 日	癸未 25 一	甲申 26 二	乙酉 27 三	丙戌 28 四	丁亥 29 五	戊子 30 六	己丑 31 日	庚寅 4/(4) 一	辛卯 2 二	壬辰 3 三	癸巳 4 四	甲午 5 五	乙未 6 六	丙申 7 日	丁酉 8 一	戊戌 9 二	己亥 10 三	庚子 11 四	辛丑 12 五	壬寅 13 六	癸卯 14 日		壬午春分 丁酉清明
三月大	甲辰	天干 甲辰 地支 15 西曆 一	乙巳 16 二	丙午 17 三	丁未 18 四	戊申 19 五	己酉 20 六	庚戌 21 日	辛亥 22 一	壬子 23 二	癸丑 24 三	甲寅 25 四	乙卯 26 五	丙辰 27 六	丁巳 28 日	戊午 29 一	己未 30 二	庚申 5/(5) 三	辛酉 2 四	壬戌 3 五	癸亥 4 六	甲子 5 日	乙丑 6 一	丙寅 7 二	丁卯 8 三	戊辰 9 四	己巳 10 五	庚午 11 六	辛未 12 日	壬申 13 一	癸酉 14 二	癸丑穀雨 戊辰立夏
四月小	乙巳	天干 甲戌 地支 15 西曆 三	乙亥 16 四	丙子 17 五	丁丑 18 六	戊寅 19 日	己卯 20 一	庚辰 21 二	辛巳 22 三	壬午 23 四	癸未 24 五	甲申 25 六	乙酉 26 日	丙戌 27 一	丁亥 28 二	戊子 29 三	己丑 30 四	庚寅 31 五	辛卯 6/(6) 六	壬辰 2 日	癸巳 3 一	甲午 4 二	乙未 5 三	丙申 6 四	丁酉 7 五	戊戌 8 六	己亥 9 日	庚子 10 一	辛丑 11 二	壬寅 12 三		癸未小滿 戊戌芒種
五月大	丙午	天干 癸卯 地支 13 西曆 四	甲辰 14 五	乙巳 15 六	丙午 16 日	丁未 17 一	戊申 18 二	己酉 19 三	庚戌 20 四	辛亥 21 五	壬子 22 六	癸丑 23 日	甲寅 24 一	乙卯 25 二	丙辰 26 三	丁巳 27 四	戊午 28 五	己未 29 六	庚申 30 日	辛酉 7/(7) 一	壬戌 2 二	癸亥 3 三	甲子 4 四	乙丑 5 五	丙寅 6 六	丁卯 7 日	戊辰 8 一	己巳 9 二	庚午 10 三	辛未 11 四	壬申 12 五	癸丑夏至 己巳小暑
六月小	丁未	天干 癸酉 地支 13 西曆 六	甲戌 14 日	乙亥 15 一	丙子 16 二	丁丑 17 三	戊寅 18 四	己卯 19 五	庚辰 20 六	辛巳 21 日	壬午 22 一	癸未 23 二	甲申 24 三	乙酉 25 四	丙戌 26 五	丁亥 27 六	戊子 28 日	己丑 29 一	庚寅 30 二	辛卯 31 三	壬辰 8/(8) 四	癸巳 2 五	甲午 3 六	乙未 4 日	丙申 5 一	丁酉 6 二	戊戌 7 三	己亥 8 四	庚子 9 五	辛丑 10 六		甲申大暑 己亥立秋
七月大	戊申	天干 壬寅 地支 11 西曆 日	癸卯 12 一	甲辰 13 二	乙巳 14 三	丙午 15 四	丁未 16 五	戊申 17 六	己酉 18 日	庚戌 19 一	辛亥 20 二	壬子 21 三	癸丑 22 四	甲寅 23 五	乙卯 24 六	丙辰 25 日	丁巳 26 一	戊午 27 二	己未 28 三	庚申 29 四	辛酉 30 五	壬戌 31 六	癸亥 9/(9) 日	甲子 2 一	乙丑 3 二	丙寅 4 三	丁卯 5 四	戊辰 6 五	己巳 7 六	庚午 8 日	辛未 9 一	甲寅處暑 己巳白露
八月小	己酉	天干 壬申 地支 10 西曆 二	癸酉 11 三	甲戌 12 四	乙亥 13 五	丙子 14 六	丁丑 15 日	戊寅 16 一	己卯 17 二	庚辰 18 三	辛巳 19 四	壬午 20 五	癸未 21 六	甲申 22 日	乙酉 23 一	丙戌 24 二	丁亥 25 三	戊子 26 四	己丑 27 五	庚寅 28 六	辛卯 29 日	壬辰 30 一	癸巳 10/(10) 二	甲午 2 三	乙未 3 四	丙申 4 五	丁酉 5 六	戊戌 6 日	己亥 7 一	庚子 8 二		乙酉秋分 庚子寒露
九月大	庚戌	天干 辛丑 地支 9 西曆 三	壬寅 10 四	癸卯 11 五	甲辰 12 六	乙巳 13 日	丙午 14 一	丁未 15 二	戊申 16 三	己酉 17 四	庚戌 18 五	辛亥 19 六	壬子 20 日	癸丑 21 一	甲寅 22 二	乙卯 23 三	丙辰 24 四	丁巳 25 五	戊午 26 六	己未 27 日	庚申 28 一	辛酉 29 二	壬戌 30 三	癸亥 31 四	甲子 11/(11) 五	乙丑 2 六	丙寅 3 日	丁卯 4 一	戊辰 5 二	己巳 6 三	庚午 7 四	乙卯霜降 庚午立冬
十月小	辛亥	天干 辛未 地支 8 西曆 五	壬申 9 六	癸酉 10 日	甲戌 11 一	乙亥 12 二	丙子 13 三	丁丑 14 四	戊寅 15 五	己卯 16 六	庚辰 17 日	辛巳 18 一	壬午 19 二	癸未 20 三	甲申 21 四	乙酉 22 五	丙戌 23 六	丁亥 24 日	戊子 25 一	己丑 26 二	庚寅 27 三	辛卯 28 四	壬辰 29 五	癸巳 30 六	甲午 12/(12) 日	乙未 2 一	丙申 3 二	丁酉 4 三	戊戌 5 四	己亥 6 五		丙戌小雪 辛未日食
十一月大	壬子	天干 庚子 地支 7 西曆 六	辛丑 8 日	壬寅 9 一	癸卯 10 二	甲辰 11 三	乙巳 12 四	丙午 13 五	丁未 14 六	戊申 15 日	己酉 16 一	庚戌 17 二	辛亥 18 三	壬子 19 四	癸丑 20 五	甲寅 21 六	乙卯 22 日	丙辰 23 一	丁巳 24 二	戊午 25 三	己未 26 四	庚申 27 五	辛酉 28 六	壬戌 29 日	癸亥 30 一	甲子 31 二	乙丑 1/(1) 三	丙寅 2 四	丁卯 3 五	戊辰 4 六	己巳 5 日	辛丑大雪 丙辰冬至
十二月大	癸丑	天干 庚午 地支 6 西曆 一	辛未 7 二	壬申 8 三	癸酉 9 四	甲戌 10 五	乙亥 11 六	丙子 12 日	丁丑 13 一	戊寅 14 二	己卯 15 三	庚辰 16 四	辛巳 17 五	壬午 18 六	癸未 19 日	甲申 20 一	乙酉 21 二	丙戌 22 三	丁亥 23 四	戊子 24 五	己丑 25 六	庚寅 26 日	辛卯 27 一	壬辰 28 二	癸巳 29 三	甲午 30 四	乙未 31 五	丙申 2/(2) 六	丁酉 2 日	戊戌 3 一	己亥 4 二	辛未小寒 丙戌大寒

晉武帝泰始九年（癸巳 蛇年） 公元 273～274 年

夏曆月序	中西曆對照	夏曆日序 初一	初二	初三	初四	初五	初六	初七	初八	初九	初十	十一	十二	十三	十四	十五	十六	十七	十八	十九	二十	二一	二二	二三	二四	二五	二六	二七	二八	二九	三十	節氣與天象
正月小	甲寅 天干地支西曆星期	庚子5三	辛丑6四	壬寅7五	癸卯8六	甲辰9日	乙巳10一	丙午11二	丁未12三	戊申13四	己酉14五	庚戌15六	辛亥16日	壬子17一	癸丑18二	甲寅19三	乙卯20四	丙辰21五	丁巳22六	戊午23日	己未24一	庚申25二	辛酉26三	壬戌27四	癸亥28五	甲子(3)六	乙丑2日	丙寅3一	丁卯4二	戊辰5三		壬寅立春 丁巳雨水
二月大	乙卯 天干地支西曆星期	己巳6四	庚午7五	辛未8六	壬申9日	癸酉10一	甲戌11二	乙亥12三	丙子13四	丁丑14五	戊寅15六	己卯16日	庚辰17一	辛巳18二	壬午19三	癸未20四	甲申21五	乙酉22六	丙戌23日	丁亥24一	戊子25二	己丑26三	庚寅27四	辛卯28五	壬辰29六	癸巳30日	甲午31一	乙未(4)二	丙申2三	丁酉3四	戊戌4五	壬申驚蟄 丁亥春分
三月小	丙辰 天干地支西曆星期	己亥5六	庚子6日	辛丑7一	壬寅8二	癸卯9三	甲辰10四	乙巳11五	丙午12六	丁未13日	戊申14一	己酉15二	庚戌16三	辛亥17四	壬子18五	癸丑19六	甲寅20日	乙卯21一	丙辰22二	丁巳23三	戊午24四	己未25五	庚申26六	辛酉27日	壬戌28一	癸亥29二	甲子(5)三	乙丑2四	丙寅3五	丁卯4六		癸卯清明 戊午穀雨
四月大	丁巳 天干地支西曆星期	戊辰4日	己巳5一	庚午6二	辛未7三	壬申8四	癸酉9五	甲戌10六	乙亥11日	丙子12一	丁丑13二	戊寅14三	己卯15四	庚辰16五	辛巳17六	壬午18日	癸未19一	甲申20二	乙酉21三	丙戌22四	丁亥23五	戊子24六	己丑25日	庚寅26一	辛卯27二	壬辰28三	癸巳29四	甲午30五	乙未31六	丙申(6)日	丁酉2一	癸酉立夏 戊子小滿
五月小	戊午 天干地支西曆星期	戊戌3二	己亥4三	庚子5四	辛丑6五	壬寅7六	癸卯8日	甲辰9一	乙巳10二	丙午11三	丁未12四	戊申13五	己酉14六	庚戌15日	辛亥16一	壬子17二	癸丑18三	甲寅19四	乙卯20五	丙辰21六	丁巳22日	戊午23一	己未24二	庚申25三	辛酉26四	壬戌27五	癸亥28六	甲子29日	乙丑30一	丙寅(7)二		癸卯芒種 己未夏至
六月大	己未 天干地支西曆星期	丁卯2三	戊辰3四	己巳4五	庚午5六	辛未6日	壬申7一	癸酉8二	甲戌9三	乙亥10四	丙子11五	丁丑12六	戊寅13日	己卯14一	庚辰15二	辛巳16三	壬午17四	癸未18五	甲申19六	乙酉20日	丙戌21一	丁亥22二	戊子23三	己丑24四	庚寅25五	辛卯26六	壬辰27日	癸巳28一	甲午29二	乙未30三	丙申31四	甲戌小暑 己丑大暑
七月小	庚申 天干地支西曆星期	丁酉(8)五	戊戌2六	己亥3日	庚子4一	辛丑5二	壬寅6三	癸卯7四	甲辰8五	乙巳9六	丙午10日	丁未11一	戊申12二	己酉13三	庚戌14四	辛亥15五	壬子16六	癸丑17日	甲寅18一	乙卯19二	丙辰20三	丁巳21四	戊午22五	己未23六	庚申24日	辛酉25一	壬戌26二	癸亥27三	甲子28四	乙丑29五		甲辰立秋 庚申處暑
八月大	辛酉 天干地支西曆星期	丙寅30六	丁卯31日	戊辰(9)一	己巳2二	庚午3三	辛未4四	壬申5五	癸酉6六	甲戌7日	乙亥8一	丙子9二	丁丑10三	戊寅11四	己卯12五	庚辰13六	辛巳14日	壬午15一	癸未16二	甲申17三	乙酉18四	丙戌19五	丁亥20六	戊子21日	己丑22一	庚寅23二	辛卯24三	壬辰25四	癸巳26五	甲午27六	乙未28日	乙亥白露 庚寅秋分
九月小	壬戌 天干地支西曆星期	丙申29一	丁酉30二	戊戌(10)三	己亥2四	庚子3五	辛丑4六	壬寅5日	癸卯6一	甲辰7二	乙巳8三	丙午9四	丁未10五	戊申11六	己酉12日	庚戌13一	辛亥14二	壬子15三	癸丑16四	甲寅17五	乙卯18六	丙辰19日	丁巳20一	戊午21二	己未22三	庚申23四	辛酉24五	壬戌25六	癸亥26日	甲子27一		乙巳寒露 庚申霜降
十月大	癸亥 天干地支西曆星期	乙丑28二	丙寅29三	丁卯30四	戊辰31五	己巳(11)六	庚午2日	辛未3一	壬申4二	癸酉5三	甲戌6四	乙亥7五	丙子8六	丁丑9日	戊寅10一	己卯11二	庚辰12三	辛巳13四	壬午14五	癸未15六	甲申16日	乙酉17一	丙戌18二	丁亥19三	戊子20四	己丑21五	庚寅22六	辛卯23日	壬辰24一	癸巳25二	甲午26三	丙子立冬 辛卯小雪
十一月小	甲子 天干地支西曆星期	乙未27四	丙申28五	丁酉29六	戊戌30日	己亥(02)一	庚子2二	辛丑3三	壬寅4四	癸卯5五	甲辰6六	乙巳7日	丙午8一	丁未9二	戊申10三	己酉11四	庚戌12五	辛亥13六	壬子14日	癸丑15一	甲寅16二	乙卯17三	丙辰18四	丁巳19五	戊午20六	己未21日	庚申22一	辛酉23二	壬戌24三	癸亥25四		丙午大雪 辛酉冬至
十二月大	乙丑 天干地支西曆星期	甲子26五	乙丑27六	丙寅28日	丁卯29一	戊辰30二	己巳31三	庚午(1)四	辛未2五	壬申3六	癸酉4日	甲戌5一	乙亥6二	丙子7三	丁丑8四	戊寅9五	己卯10六	庚辰11日	辛巳12一	壬午13二	癸未14三	甲申15四	乙酉16五	丙戌17六	丁亥18日	戊子19一	己丑20二	庚寅21三	辛卯22四	壬辰23五	癸巳24六	丙子小寒 壬辰大寒

晉武帝泰始十年（甲午 馬年） 公元 274～275 年

夏曆月序	中西日曆對照	夏曆日序																													節氣與天象
		初一	初二	初三	初四	初五	初六	初七	初八	初九	初十	十一	十二	十三	十四	十五	十六	十七	十八	十九	二十	廿一	廿二	廿三	廿四	廿五	廿六	廿七	廿八	廿九	三十	
正月小	丙寅 天干地支 西曆 星期	甲午 25日 一	乙未 26 二	丙申 27 三	丁酉 28 四	戊戌 29 五	己亥 30 六	庚子 31 日	辛丑 2(2) 一	壬寅 3 二	癸卯 4 三	甲辰 5 四	乙巳 6 五	丙午 7 六	丁未 8 日	戊申 9 一	己酉 10 二	庚戌 11 三	辛亥 12 四	壬子 13 五	癸丑 14 六	甲寅 15 日	乙卯 16 一	丙辰 17 二	丁巳 18 三	戊午 19 四	己未 20 五	庚申 21 六	辛酉 22 日			丁未立春 壬戌雨水
閏正月大	丙寅 天干地支 西曆 星期	癸亥 23 一	甲子 24 二	乙丑 25 三	丙寅 26 四	丁卯 27 五	戊辰 28 六	己巳 3(3) 日	庚午 2 一	辛未 3 二	壬申 4 三	癸酉 5 四	甲戌 6 五	乙亥 7 六	丙子 8 日	丁丑 9 一	戊寅 10 二	己卯 11 三	庚辰 12 四	辛巳 13 五	壬午 14 六	癸未 15 日	甲申 16 一	乙酉 17 二	丙戌 18 三	丁亥 19 四	戊子 20 五	己丑 21 六	庚寅 22 日	辛卯 23 一	壬辰 24 二	丁丑驚蟄
二月小	丁卯 天干地支 西曆 星期	癸巳 25 三	甲午 26 四	乙未 27 五	丙申 28 六	丁酉 29 日	戊戌 30 一	己亥 31 二	庚子 4(4) 三	辛丑 2 四	壬寅 3 五	癸卯 4 六	甲辰 5 日	乙巳 6 一	丙午 7 二	丁未 8 三	戊申 9 四	己酉 10 五	庚戌 11 六	辛亥 12 日	壬子 13 一	癸丑 14 二	甲寅 15 三	乙卯 16 四	丙辰 17 五	丁巳 18 六	戊午 19 日	己未 20 一	庚申 21 二	辛酉 22 三		癸巳春分 戊申清明
三月大	戊辰 天干地支 西曆 星期	壬戌 23 四	癸亥 24 五	甲子 25 六	乙丑 26 日	丙寅 27 一	丁卯 28 二	戊辰 29 三	己巳 30 四	庚午 5(5) 五	辛未 2 六	壬申 3 日	癸酉 4 一	甲戌 5 二	乙亥 6 三	丙子 7 四	丁丑 8 五	戊寅 9 六	己卯 10 日	庚辰 11 一	辛巳 12 二	壬午 13 三	癸未 14 四	甲申 15 五	乙酉 16 六	丙戌 17 日	丁亥 18 一	戊子 19 二	己丑 20 三	庚寅 21 四	辛卯 22 五	癸亥穀雨 戊寅立夏
四月大	己巳 天干地支 西曆 星期	壬辰 23 六	癸巳 24 日	甲午 25 一	乙未 26 二	丙申 27 三	丁酉 28 四	戊戌 29 五	己亥 30 六	庚子 31 日	辛丑 6(6) 一	壬寅 2 二	癸卯 3 三	甲辰 4 四	乙巳 5 五	丙午 6 六	丁未 7 日	戊申 8 一	己酉 9 二	庚戌 10 三	辛亥 11 四	壬子 12 五	癸丑 13 六	甲寅 14 日	乙卯 15 一	丙辰 16 二	丁巳 17 三	戊午 18 四	己未 19 五	庚申 20 六	辛酉 21 日	癸巳小滿 己酉芒種
五月小	庚午 天干地支 西曆 星期	壬戌 22 一	癸亥 23 二	甲子 24 三	乙丑 25 四	丙寅 26 五	丁卯 27 六	戊辰 28 日	己巳 29 一	庚午 30(7) 二	辛未 31 三	壬申 2 四	癸酉 3 五	甲戌 4 六	乙亥 5 日	丙子 6 一	丁丑 7 二	戊寅 8 三	己卯 9 四	庚辰 10 五	辛巳 11 六	壬午 12 日	癸未 13 一	甲申 14 二	乙酉 15 三	丙戌 16 四	丁亥 17 五	戊子 18 六	己丑 19 日	庚寅 20 一		甲子夏至 己卯小暑
六月大	辛未 天干地支 西曆 星期	辛卯 21 二	壬辰 22 三	癸巳 23 四	甲午 24 五	乙未 25 六	丙申 26 日	丁酉 27 一	戊戌 28 二	己亥 29 三	庚子 30 四	辛丑 31(8) 五	壬寅 2 六	癸卯 3 日	甲辰 4 一	乙巳 5 二	丙午 6 三	丁未 7 四	戊申 8 五	己酉 9 六	庚戌 10 日	辛亥 11 一	壬子 12 二	癸丑 13 三	甲寅 14 四	乙卯 15 五	丙辰 16 六	丁巳 17 日	戊午 18 一	己未 19 二	庚申 20 三	甲午大暑 庚戌立秋
七月小	壬申 天干地支 西曆 星期	辛酉 20 四	壬戌 21 五	癸亥 22 六	甲子 23 日	乙丑 24 一	丙寅 25 二	丁卯 26 三	戊辰 27 四	己巳 28 五	庚午 29 六	辛未 30 日	壬申 31(9) 一	癸酉 2 二	甲戌 3 三	乙亥 4 四	丙子 5 五	丁丑 6 六	戊寅 7 日	己卯 8 一	庚辰 9 二	辛巳 10 三	壬午 11 四	癸未 12 五	甲申 13 六	乙酉 14 日	丙戌 15 一	丁亥 16 二	戊子 17 三	己丑 18 四		乙丑處暑 庚辰白露
八月大	癸酉 天干地支 西曆 星期	庚寅 18 五	辛卯 19 六	壬辰 20 日	癸巳 21 一	甲午 22 二	乙未 23 三	丙申 24 四	丁酉 25 五	戊戌 26 六	己亥 27 日	庚子 28 一	辛丑 29 二	壬寅 30(10) 三	癸卯 2 四	甲辰 3 五	乙巳 4 六	丙午 5 日	丁未 6 一	戊申 7 二	己酉 8 三	庚戌 9 四	辛亥 10 五	壬子 11 六	癸丑 12 日	甲寅 13 一	乙卯 14 二	丙辰 15 三	丁巳 16 四	戊午 17 五	己未 18 六	乙未秋分 庚戌寒露
九月小	甲戌 天干地支 西曆 星期	庚申 18 日	辛酉 19 一	壬戌 20 二	癸亥 21 三	甲子 22 四	乙丑 23 五	丙寅 24 六	丁卯 25 日	戊辰 26 一	己巳 27 二	庚午 28 三	辛未 29 四	壬申 30 五	癸酉 31(11) 六	甲戌 2 日	乙亥 3 一	丙子 4 二	丁丑 5 三	戊寅 6 四	己卯 7 五	庚辰 8 六	辛巳 9 日	壬午 10 一	癸未 11 二	甲申 12 三	乙酉 13 四	丙戌 14 五	丁亥 15 六			丙寅霜降 辛巳立冬
十月大	乙亥 天干地支 西曆 星期	己丑 16 日	庚寅 17 一	辛卯 18 二	壬辰 19 三	癸巳 20 四	甲午 21 五	乙未 22 六	丙申 23 日	丁酉 24 一	戊戌 25 二	己亥 26 三	庚子 27 四	辛丑 28 五	壬寅 29 六	癸卯 30 日	甲辰 1(12) 一	乙巳 2 二	丙午 3 三	丁未 4 四	戊申 5 五	己酉 6 六	庚戌 7 日	辛亥 8 一	壬子 9 二	癸丑 10 三	甲寅 11 四	乙卯 12 五	丙辰 13 六	丁巳 14 日	戊午 15 一	丙申小雪 辛亥大雪
十一月小	丙子 天干地支 西曆 星期	己未 16 二	庚申 17 三	辛酉 18 四	壬戌 19 五	癸亥 20 六	甲子 21 日	乙丑 22 一	丙寅 23 二	丁卯 24 三	戊辰 25 四	己巳 26 五	庚午 27 六	辛未 28 日	壬申 29 一	癸酉 30 二	甲戌 31(1) 三	乙亥 2 四	丙子 3 五	丁丑 4 六	戊寅 5 日	己卯 6 一	庚辰 7 二	辛巳 8 三	壬午 9 四	癸未 10 五	甲申 11 六	乙酉 12 日	丙戌 13 一			丁卯冬至 壬午小寒
十二月大	丁丑 天干地支 西曆 星期	戊子 14 二	己丑 15 三	庚寅 16 四	辛卯 17 五	壬辰 18 六	癸巳 19 日	甲午 20 一	乙未 21 二	丙申 22 三	丁酉 23 四	戊戌 24 五	己亥 25 六	庚子 26 日	辛丑 27 一	壬寅 28 二	癸卯 29 三	甲辰 30 四	乙巳 31 五	丙午 1(2) 六	丁未 2 日	戊申 3 一	己酉 4 二	庚戌 5 三	辛亥 6 四	壬子 7 五	癸丑 8 六	甲寅 9 日	乙卯 10 一	丙辰 11 二	丁巳 12 三	丁丑大寒 壬子立春

晉武帝咸寧元年（乙未 羊年） 公元 275 ～ 276 年

夏曆月序	中西曆日對照	夏曆日序 初一	初二	初三	初四	初五	初六	初七	初八	初九	初十	十一	十二	十三	十四	十五	十六	十七	十八	十九	二十	二一	二二	二三	二四	二五	二六	二七	二八	二九	三十	節氣與天象
正月小	戊寅 天干地支西曆星期	戊午13六	己未14日	庚申15一	辛酉16二	壬戌17三	癸亥18四	甲子19五	乙丑20六	丙寅21日	丁卯22一	戊辰23二	己巳24三	庚午25四	辛未26五	壬申27六	癸酉28日	甲戌(3)一	乙亥2二	丙子3三	丁丑4四	戊寅5五	己卯6六	庚辰7日	辛巳8一	壬午9二	癸未10三	甲申11四	乙酉12五	丙戌13六		丁卯雨水 癸未驚蟄
二月大	己卯 天干地支西曆星期	丁亥14日	戊子15一	己丑16二	庚寅17三	辛卯18四	壬辰19五	癸巳20六	甲午21日	乙未22一	丙申23二	丁酉24三	戊戌25四	己亥26五	庚子27六	辛丑28日	壬寅29一	癸卯30二	甲辰31三	乙巳(4)四	丙午2五	丁未3六	戊申4日	己酉5一	庚戌6二	辛亥7三	壬子8四	癸丑9五	甲寅10六	乙卯11日	丙辰12一	戊戌春分 癸丑清明
三月小	庚辰 天干地支西曆星期	丁巳13二	戊午14三	己未15四	庚申16五	辛酉17六	壬戌18日	癸亥19一	甲子20二	乙丑21三	丙寅22四	丁卯23五	戊辰24六	己巳25日	庚午26一	辛未27二	壬申28三	癸酉29四	甲戌30五	乙亥(5)六	丙子2日	丁丑3一	戊寅4二	己卯5三	庚辰6四	辛巳7五	壬午8六	癸未9日	甲申10一	乙酉11二		戊辰穀雨 癸未立夏
四月大	辛巳 天干地支西曆星期	丙戌12三	丁亥13四	戊子14五	己丑15六	庚寅16日	辛卯17一	壬辰18二	癸巳19三	甲午20四	乙未21五	丙申22六	丁酉23日	戊戌24一	己亥25二	庚子26三	辛丑27四	壬寅28五	癸卯29六	甲辰30日	乙巳31一	丙午(6)二	丁未2三	戊申3四	己酉4五	庚戌5六	辛亥6日	壬子7一	癸丑8二	甲寅9三	乙卯10四	己亥小滿 甲寅芒種
五月小	壬午 天干地支西曆星期	丙辰11五	丁巳12六	戊午13日	己未14一	庚申15二	辛酉16三	壬戌17四	癸亥18五	甲子19六	乙丑20日	丙寅21一	丁卯22二	戊辰23三	己巳24四	庚午25五	辛未26六	壬申27日	癸酉28一	甲戌29二	乙亥30三	丙子(7)四	丁丑2五	戊寅3六	己卯4日	庚辰5一	辛巳6二	壬午7三	癸未8四	甲申9五		己巳夏至 甲申小暑
六月大	癸未 天干地支西曆星期	乙酉10六	丙戌11日	丁亥12一	戊子13二	己丑14三	庚寅15四	辛卯16五	壬辰17六	癸巳18日	甲午19一	乙未20二	丙申21三	丁酉22四	戊戌23五	己亥24六	庚子25日	辛丑26一	壬寅27二	癸卯28三	甲辰29四	乙巳30五	丙午31六	丁未(8)日	戊申2一	己酉3二	庚戌4三	辛亥5四	壬子6五	癸丑7六	甲寅8日	庚子大暑
七月大	甲申 天干地支西曆星期	乙卯9一	丙辰10二	丁巳11三	戊午12四	己未13五	庚申14六	辛酉15日	壬戌16一	癸亥17二	甲子18三	乙丑19四	丙寅20五	丁卯21六	戊辰22日	己巳23一	庚午24二	辛未25三	壬申26四	癸酉27五	甲戌28六	乙亥29日	丙子30一	丁丑31二	戊寅(9)三	己卯2四	庚辰3五	辛巳4六	壬午5日	癸未6一	甲申7二	乙卯立秋 庚寅處暑 甲申日食
八月小	乙酉 天干地支西曆星期	乙酉8三	丙戌9四	丁亥10五	戊子11六	己丑12日	庚寅13一	辛卯14二	壬辰15三	癸巳16四	甲午17五	乙未18六	丙申19日	丁酉20一	戊戌21二	己亥22三	庚子23四	辛丑24五	壬寅25六	癸卯26日	甲辰27一	乙巳28二	丙午29三	丁未30四	戊申(10)五	己酉2六	庚戌3日	辛亥4一	壬子5二	癸丑6三		乙酉白露 庚子秋分
九月大	丙戌 天干地支西曆星期	甲寅7四	乙卯8五	丙辰9六	丁巳10日	戊午11一	己未12二	庚申13三	辛酉14四	壬戌15五	癸亥16六	甲子17日	乙丑18一	丙寅19二	丁卯20三	戊辰21四	己巳22五	庚午23六	辛未24日	壬申25一	癸酉26二	甲戌27三	乙亥28四	丙子29五	丁丑30六	戊寅31日	己卯(11)一	庚辰2二	辛巳3三	壬午4四	癸未5五	丙辰寒露 辛未霜降
十月小	丁亥 天干地支西曆星期	甲申6六	乙酉7日	丙戌8一	丁亥9二	戊子10三	己丑11四	庚寅12五	辛卯13六	壬辰14日	癸巳15一	甲午16二	乙未17三	丙申18四	丁酉19五	戊戌20六	己亥21日	庚子22一	辛丑23二	壬寅24三	癸卯25四	甲辰26五	乙巳27六	丙午28日	丁未29一	戊申30二	己酉(12)三	庚戌2四	辛亥3五	壬子4六		丙戌立冬 辛丑小雪
十一月大	戊子 天干地支西曆星期	癸丑5日	甲寅6一	乙卯7二	丙辰8三	丁巳9四	戊午10五	己未11六	庚申12日	辛酉13一	壬戌14二	癸亥15三	甲子16四	乙丑17五	丙寅18六	丁卯19日	戊辰20一	己巳21二	庚午22三	辛未23四	壬申24五	癸酉25六	甲戌26日	乙亥27一	丙子28二	丁丑29三	戊寅30四	己卯31五	庚辰(1)六	辛巳2日	壬午3一	丁巳大雪 壬申冬至
十二月小	己丑 天干地支西曆星期	癸未4二	甲申5三	乙酉6四	丙戌7五	丁亥8六	戊子9日	己丑10一	庚寅11二	辛卯12三	壬辰13四	癸巳14五	甲午15六	乙未16日	丙申17一	丁酉18二	戊戌19三	己亥20四	庚子21五	辛丑22六	壬寅23日	癸卯24一	甲辰25二	乙巳26三	丙午27四	丁未28五	戊申29六	己酉30日	庚戌31一	辛亥(2)二		丁亥小寒 壬寅大寒

* 正月戊午（初一），改元咸寧。

晉武帝咸寧二年（丙申 猴年） 公元 276～277 年

夏曆月序	中西曆日對照	夏曆日序 初一	初二	初三	初四	初五	初六	初七	初八	初九	初十	十一	十二	十三	十四	十五	十六	十七	十八	十九	二十	二一	二二	二三	二四	二五	二六	二七	二八	二九	三十	節氣與天象
正月大	庚寅	天干地支 西曆 星期	壬子 2 三	癸丑 3 四	甲寅 4 五	乙卯 5 六	丙辰 6 日	丁巳 7 一	戊午 8 二	己未 9 三	庚申 10 四	辛酉 11 五	壬戌 12 六	癸亥 13 日	甲子 14 一	乙丑 15 二	丙寅 16 三	丁卯 17 四	戊辰 18 五	己巳 19 六	庚午 20 日	辛未 21 一	壬申 22 二	癸酉 23 三	甲戌 24 四	乙亥 25 五	丙子 26 六	丁丑 27 日	戊寅 28 一	己卯 29 二	庚辰 (3) 三	辛巳 2 四	丁巳立春 癸酉雨水
二月小	辛卯	天干地支 西曆 星期	壬午 3 五	癸未 4 六	甲申 5 日	乙酉 6 一	丙戌 7 二	丁亥 8 三	戊子 9 四	己丑 10 五	庚寅 11 六	辛卯 12 日	壬辰 13 一	癸巳 14 二	甲午 15 三	乙未 16 四	丙申 17 五	丁酉 18 六	戊戌 19 日	己亥 20 一	庚子 21 二	辛丑 22 三	壬寅 23 四	癸卯 24 五	甲辰 25 六	乙巳 26 日	丙午 27 一	丁未 28 二	戊申 29 三	己酉 30 四	庚戌 31 五		戊子驚蟄 癸卯春分 壬午日食
三月大	壬辰	天干地支 西曆 星期	辛亥 (4) 六	壬子 2 日	癸丑 3 一	甲寅 4 二	乙卯 5 三	丙辰 6 四	丁巳 7 五	戊午 8 六	己未 9 日	庚申 10 一	辛酉 11 二	壬戌 12 三	癸亥 13 四	甲子 14 五	乙丑 15 六	丙寅 16 日	丁卯 17 一	戊辰 18 二	己巳 19 三	庚午 20 四	辛未 21 五	壬申 22 六	癸酉 23 日	甲戌 24 一	乙亥 25 二	丙子 26 三	丁丑 27 四	戊寅 28 五	己卯 29 六	庚辰 30 日	戊午清明 甲戌穀雨
四月小	癸巳	天干地支 西曆 星期	辛巳 (5) 一	壬午 2 二	癸未 3 三	甲申 4 四	乙酉 5 五	丙戌 6 六	丁亥 7 日	戊子 8 一	己丑 9 二	庚寅 10 三	辛卯 11 四	壬辰 12 五	癸巳 13 六	甲午 14 日	乙未 15 一	丙申 16 二	丁酉 17 三	戊戌 18 四	己亥 19 五	庚子 20 六	辛丑 21 日	壬寅 22 一	癸卯 23 二	甲辰 24 三	乙巳 25 四	丙午 26 五	丁未 27 六	戊申 28 日	己酉 29 一		己丑立夏 甲戌小滿
五月大	甲午	天干地支 西曆 星期	庚戌 30 二	辛亥 31 三	壬子 (6) 四	癸丑 2 五	甲寅 3 六	乙卯 4 日	丙辰 5 一	丁巳 6 二	戊午 7 三	己未 8 四	庚申 9 五	辛酉 10 六	壬戌 11 日	癸亥 12 一	甲子 13 二	乙丑 14 三	丙寅 15 四	丁卯 16 五	戊辰 17 六	己巳 18 日	庚午 19 一	辛未 20 二	壬申 21 三	癸酉 22 四	甲戌 23 五	乙亥 24 六	丙子 25 日	丁丑 26 一	戊寅 27 二	己卯 28 三	己未芒種 甲戌夏至
六月小	乙未	天干地支 西曆 星期	庚辰 29 四	辛巳 30 五	壬午 (7) 六	癸未 2 日	甲申 3 一	乙酉 4 二	丙戌 5 三	丁亥 6 四	戊子 7 五	己丑 8 六	庚寅 9 日	辛卯 10 一	壬辰 11 二	癸巳 12 三	甲午 13 四	乙未 14 五	丙申 15 六	丁酉 16 日	戊戌 17 一	己亥 18 二	庚子 19 三	辛丑 20 四	壬寅 21 五	癸卯 22 六	甲辰 23 日	乙巳 24 一	丙午 25 二	丁未 26 三	戊申 27 四		庚寅小暑 乙巳大暑
七月大	丙申	天干地支 西曆 星期	己酉 28 五	庚戌 29 六	辛亥 30 日	壬子 31 一	癸丑 (8) 二	甲寅 2 三	乙卯 3 四	丙辰 4 五	丁巳 5 六	戊午 6 日	己未 7 一	庚申 8 二	辛酉 9 三	壬戌 10 四	癸亥 11 五	甲子 12 六	乙丑 13 日	丙寅 14 一	丁卯 15 二	戊辰 16 三	己巳 17 四	庚午 18 五	辛未 19 六	壬申 20 日	癸酉 21 一	甲戌 22 二	乙亥 23 三	丙子 24 四	丁丑 25 五	戊寅 26 六	庚申立秋 乙亥處暑
八月小	丁酉	天干地支 西曆 星期	己卯 27 日	庚辰 28 一	辛巳 29 二	壬午 30 三	癸未 31 四	甲申 (9) 五	乙酉 2 六	丙戌 3 日	丁亥 4 一	戊子 5 二	己丑 6 三	庚寅 7 四	辛卯 8 五	壬辰 9 六	癸巳 10 日	甲午 11 一	乙未 12 二	丙申 13 三	丁酉 14 四	戊戌 15 五	己亥 16 六	庚子 17 日	辛丑 18 一	壬寅 19 二	癸卯 20 三	甲辰 21 四	乙巳 22 五	丙午 23 六	丁未 24 日		庚寅白露 丙午秋分
九月大	戊戌	天干地支 西曆 星期	戊申 25 一	己酉 26 二	庚戌 27 三	辛亥 28 四	壬子 29 五	癸丑 30 六	甲寅 (10) 日	乙卯 2 一	丙辰 3 二	丁巳 4 三	戊午 5 四	己未 6 五	庚申 7 六	辛酉 8 日	壬戌 9 一	癸亥 10 二	甲子 11 三	乙丑 12 四	丙寅 13 五	丁卯 14 六	戊辰 15 日	己巳 16 一	庚午 17 二	辛未 18 三	壬申 19 四	癸酉 20 五	甲戌 21 六	乙亥 22 日	丙子 23 一	丁丑 24 二	辛酉寒露 丙子霜降
閏九月小	戊戌	天干地支 西曆 星期	戊寅 25 三	己卯 26 四	庚辰 27 五	辛巳 28 六	壬午 29 日	癸未 30 一	甲申 31 二	乙酉 (11) 三	丙戌 2 四	丁亥 3 五	戊子 4 六	己丑 5 日	庚寅 6 一	辛卯 7 二	壬辰 8 三	癸巳 9 四	甲午 10 五	乙未 11 六	丙申 12 日	丁酉 13 一	戊戌 14 二	己亥 15 三	庚子 16 四	辛丑 17 五	壬寅 18 六	癸卯 19 日	甲辰 20 一	乙巳 21 二	丙午 22 三		辛卯立冬
十月大	己亥	天干地支 西曆 星期	丁未 23 四	戊申 24 五	己酉 25 六	庚戌 26 日	辛亥 27 一	壬子 28 二	癸丑 29 三	甲寅 30 四	乙卯 (12) 五	丙辰 2 六	丁巳 3 日	戊午 4 一	己未 5 二	庚申 6 三	辛酉 7 四	壬戌 8 五	癸亥 9 六	甲子 10 日	乙丑 11 一	丙寅 12 二	丁卯 13 三	戊辰 14 四	己巳 15 五	庚午 16 六	辛未 17 日	壬申 18 一	癸酉 19 二	甲戌 20 三	乙亥 21 四	丙子 22 五	丁未小雪 壬戌大雪
十一月大	庚子	天干地支 西曆 星期	丁丑 23 六	戊寅 24 日	己卯 25 一	庚辰 26 二	辛巳 27 三	壬午 28 四	癸未 29 五	甲申 30 六	乙酉 31 日	丙戌 (1) 一	丁亥 2 二	戊子 3 三	己丑 4 四	庚寅 5 五	辛卯 6 六	壬辰 7 日	癸巳 8 一	甲午 9 二	乙未 10 三	丙申 11 四	丁酉 12 五	戊戌 13 六	己亥 14 日	庚子 15 一	辛丑 16 二	壬寅 17 三	癸卯 18 四	甲辰 19 五	乙巳 20 六	丙午 21 日	丁丑冬至 壬辰小寒
十二月小	辛丑	天干地支 西曆 星期	丁未 22 一	戊申 23 二	己酉 24 三	庚戌 25 四	辛亥 26 五	壬子 27 六	癸丑 28 日	甲寅 29 一	乙卯 30 二	丙辰 31 三	丁巳 (2) 四	戊午 2 五	己未 3 六	庚申 4 日	辛酉 5 一	壬戌 6 二	癸亥 7 三	甲子 8 四	乙丑 9 五	丙寅 10 六	丁卯 11 日	戊辰 12 一	己巳 13 二	庚午 14 三	辛未 15 四	壬申 16 五	癸酉 17 六	甲戌 18 日	乙亥 19 一		丁未大寒 癸亥立春

晉武帝咸寧三年（丁酉 雞年） 公元 277 ～ 278 年

夏曆月序	中西曆對照	夏曆日序 初一	初二	初三	初四	初五	初六	初七	初八	初九	初十	十一	十二	十三	十四	十五	十六	十七	十八	十九	二十	廿一	廿二	廿三	廿四	廿五	廿六	廿七	廿八	廿九	三十	節氣與天象
正月大	壬寅 天干地支 西曆 星期	丙子20二	丁丑21三	戊寅22四	己卯23五	庚辰24六	辛巳25日	壬午26一	癸未27二	甲申28三	乙酉(3)四	丙戌2五	丁亥3六	戊子4日	己丑5一	庚寅6二	辛卯7三	壬辰8四	癸巳9五	甲午10六	乙未11日	丙申12一	丁酉13二	戊戌14三	己亥15四	庚子16五	辛丑17六	壬寅18日	癸卯19一	甲辰20二	乙巳21三	戊寅雨水 癸巳驚蟄
二月小	癸卯 天干地支 西曆 星期	丙午22四	丁未23五	戊申24六	己酉25日	庚戌26一	辛亥27二	壬子28三	癸丑29四	甲寅30五	乙卯31六	丙辰(4)日	丁巳2一	戊午3二	己未4三	庚申5四	辛酉6五	壬戌7六	癸亥8日	甲子9一	乙丑10二	丙寅11三	丁卯12四	戊辰13五	己巳14六	庚午15日	辛未16一	壬申17二	癸酉18三	甲戌19四		戊申春分 甲子清明
三月大	甲辰 天干地支 西曆 星期	乙亥20五	丙子21六	丁丑22日	戊寅23一	己卯24二	庚辰25三	辛巳26四	壬午27五	癸未28六	甲申29日	乙酉30一	丙戌(5)二	丁亥2三	戊子3四	己丑4五	庚寅5六	辛卯6日	壬辰7一	癸巳8二	甲午9三	乙未10四	丙申11五	丁酉12六	戊戌13日	己亥14一	庚子15二	辛丑16三	壬寅17四	癸卯18五	甲辰19六	己卯穀雨 甲午立夏
四月小	乙巳 天干地支 西曆 星期	乙巳20日	丙午21一	丁未22二	戊申23三	己酉24四	庚戌25五	辛亥26六	壬子27日	癸丑28一	甲寅29二	乙卯30三	丙辰31四	丁巳(6)五	戊午2六	己未3日	庚申4一	辛酉5二	壬戌6三	癸亥7四	甲子8五	乙丑9六	丙寅10日	丁卯11一	戊辰12二	己巳13三	庚午14四	辛未15五	壬申16六	癸酉17日		己酉小滿 甲子芒種
五月大	丙午 天干地支 西曆 星期	甲戌18一	乙亥19二	丙子20三	丁丑21四	戊寅22五	己卯23六	庚辰24日	辛巳25一	壬午26二	癸未27三	甲申28四	乙酉29五	丙戌30六	丁亥(7)日	戊子2一	己丑3二	庚寅4三	辛卯5四	壬辰6五	癸巳7六	甲午8日	乙未9一	丙申10二	丁酉11三	戊戌12四	己亥13五	庚子14六	辛丑15日	壬寅16一	癸卯17二	庚辰夏至 乙未小暑
六月小	丁未 天干地支 西曆 星期	甲辰18三	乙巳19四	丙午20五	丁未21六	戊申22日	己酉23一	庚戌24二	辛亥25三	壬子26四	癸丑27五	甲寅28六	乙卯29日	丙辰30一	丁巳31二	戊午(8)三	己未2四	庚申3五	辛酉4六	壬戌5日	癸亥6一	甲子7二	乙丑8三	丙寅9四	丁卯10五	戊辰11六	己巳12日	庚午13一	辛未14二	壬申15三		庚戌大暑 乙丑立秋
七月大	戊申 天干地支 西曆 星期	癸酉16四	甲戌17五	乙亥18六	丙子19日	丁丑20一	戊寅21二	己卯22三	庚辰23四	辛巳24五	壬午25六	癸未26日	甲申27一	乙酉28二	丙戌29三	丁亥30四	戊子31五	己丑(9)六	庚寅2日	辛卯3一	壬辰4二	癸巳5三	甲午6四	乙未7五	丙申8六	丁酉9日	戊戌10一	己亥11二	庚子12三	辛丑13四	壬寅14五	辛巳處暑 丙申白露
八月小	己酉 天干地支 西曆 星期	癸卯15六	甲辰16日	乙巳17一	丙午18二	丁未19三	戊申20四	己酉21五	庚戌22六	辛亥23日	壬子24一	癸丑25二	甲寅26三	乙卯27四	丙辰28五	丁巳29六	戊午30日	己未(10)一	庚申2二	辛酉3三	壬戌4四	癸亥5五	甲子6六	乙丑7日	丙寅8一	丁卯9二	戊辰10三	己巳11四	庚午12五	辛未13六		辛亥秋分 丙寅寒露
九月大	庚戌 天干地支 西曆 星期	壬申14日	癸酉15一	甲戌16二	乙亥17三	丙子18四	丁丑19五	戊寅20六	己卯21日	庚辰22一	辛巳23二	壬午24三	癸未25四	甲申26五	乙酉27六	丙戌28日	丁亥29一	戊子30二	己丑(11)三	庚寅2四	辛卯3五	壬辰4六	癸巳5日	甲午6一	乙未7二	丙申8三	丁酉9四	戊戌10五	己亥11六	庚子12日	辛丑13一	辛巳霜降 丁酉立冬
十月小	辛亥 天干地支 西曆 星期	壬寅13二	癸卯14三	甲辰15四	乙巳16五	丙午17六	丁未18日	戊申19一	己酉20二	庚戌21三	辛亥22四	壬子23五	癸丑24六	甲寅25日	乙卯26一	丙辰27二	丁巳28三	戊午29四	己未30五	庚申(12)六	辛酉2日	壬戌3一	癸亥4二	甲子5三	乙丑6四	丙寅7五	丁卯8六	戊辰9日	己巳10一	庚午11二		壬子小雪 丁卯大雪
十一月大	壬子 天干地支 西曆 星期	辛未12三	壬申13四	癸酉14五	甲戌15六	乙亥16日	丙子17一	丁丑18二	戊寅19三	己卯20四	庚辰21五	辛巳22六	壬午23日	癸未24一	甲申25二	乙酉26三	丙戌27四	丁亥28五	戊子29六	己丑30日	庚寅31一	辛卯(1)二	壬辰2三	癸巳3四	甲午4五	乙未5六	丙申6日	丁酉7一	戊戌8二	己亥9三	庚子10四	壬午冬至 丁酉小寒
十二月小	癸丑 天干地支 西曆 星期	辛丑11五	壬寅12六	癸卯13日	甲辰14一	乙巳15二	丙午16三	丁未17四	戊申18五	己酉19六	庚戌20日	辛亥21一	壬子22二	癸丑23三	甲寅24四	乙卯25五	丙辰26六	丁巳27日	戊午28一	己未29二	庚申30三	辛酉31四	壬戌(2)五	癸亥2六	甲子3日	乙丑4一	丙寅5二	丁卯6三	戊辰7四	己巳8五		癸丑大寒 戊辰立春

晉武帝咸寧四年（戊戌 狗年） 公元 278 ~ 279 年

夏曆月序	中西曆對照	夏曆日序																													節氣與天象
		初一	初二	初三	初四	初五	初六	初七	初八	初九	初十	十一	十二	十三	十四	十五	十六	十七	十八	十九	二十	二一	二二	二三	二四	二五	二六	二七	二八	二九	三十	
正月大	甲寅	天干地支／西曆／星期 庚午9六	辛未10日	壬申11一	癸酉12二	甲戌13三	乙亥14四	丙子15五	丁丑16六	戊寅17日	己卯18一	庚辰19二	辛巳20三	壬午21四	癸未22五	甲申23六	乙酉24日	丙戌25一	丁亥26二	戊子27三	己丑28四	庚寅(3)五	辛卯2六	壬辰3日	癸巳4一	甲午5二	乙未6三	丙申7四	丁酉8五	戊戌9六	己亥10日	癸未雨水 戊戌驚蟄
二月大	乙卯	天干地支／西曆／星期 庚子11一	辛丑12二	壬寅13三	癸卯14四	甲辰15五	乙巳16六	丙午17日	丁未18一	戊申19二	己酉20三	庚戌21四	辛亥22五	壬子23六	癸丑24日	甲寅25一	乙卯26二	丙辰27三	丁巳28四	戊午29五	己未30六	庚申31日	辛酉(4)一	壬戌2二	癸亥3三	甲子4四	乙丑5五	丙寅6六	丁卯7日	戊辰8一	己巳9二	甲寅春分 己巳清明
三月小	丙辰	天干地支／西曆／星期 庚午10三	辛未11四	壬申12五	癸酉13六	甲戌14日	乙亥15一	丙子16二	丁丑17三	戊寅18四	己卯19五	庚辰20六	辛巳21日	壬午22一	癸未23二	甲申24三	乙酉25四	丙戌26五	丁亥27六	戊子28日	己丑29一	庚寅30二	辛卯(5)三	壬辰2四	癸巳3五	甲午4六	乙未5日	丙申6一	丁酉7二	戊戌8三		甲申穀雨
四月大	丁巳	天干地支／西曆／星期 己亥9四	庚子10五	辛丑11六	壬寅12日	癸卯13一	甲辰14二	乙巳15三	丙午16四	丁未17五	戊申18六	己酉19日	庚戌20一	辛亥21二	壬子22三	癸丑23四	甲寅24五	乙卯25六	丙辰26日	丁巳27一	戊午28二	己未29三	庚申30四	辛酉31五	壬戌(6)六	癸亥2日	甲子3一	乙丑4二	丙寅5三	丁卯6四	戊辰7五	己亥立夏 甲寅小滿
五月小	戊午	天干地支／西曆／星期 己巳8六	庚午9日	辛未10一	壬申11二	癸酉12三	甲戌13四	乙亥14五	丙子15六	丁丑16日	戊寅17一	己卯18二	庚辰19三	辛巳20四	壬午21五	癸未22六	甲申23日	乙酉24一	丙戌25二	丁亥26三	戊子27四	己丑28五	庚寅29六	辛卯30日	壬辰(7)一	癸巳2二	甲午3三	乙未4四	丙申5五	丁酉6六		庚午芒種 乙酉夏至
六月大	己未	天干地支／西曆／星期 戊戌7日	己亥8一	庚子9二	辛丑10三	壬寅11四	癸卯12五	甲辰13六	乙巳14日	丙午15一	丁未16二	戊申17三	己酉18四	庚戌19五	辛亥20六	壬子21日	癸丑22一	甲寅23二	乙卯24三	丙辰25四	丁巳26五	戊午27六	己未28日	庚申29一	辛酉30二	壬戌31三	癸亥(8)四	甲子2五	乙丑3六	丙寅4日	丁卯5一	庚子小暑 乙卯大暑
七月小	庚申	天干地支／西曆／星期 戊辰6二	己巳7三	庚午8四	辛未9五	壬申10六	癸酉11日	甲戌12一	乙亥13二	丙子14三	丁丑15四	戊寅16五	己卯17六	庚辰18日	辛巳19一	壬午20二	癸未21三	甲申22四	乙酉23五	丙戌24六	丁亥25日	戊子26一	己丑27二	庚寅28三	辛卯29四	壬辰30五	癸巳31六	甲午(9)日	乙未2一	丙申3二		辛未立秋 丙戌處暑
八月大	辛酉	天干地支／西曆／星期 丁酉4三	戊戌5四	己亥6五	庚子7六	辛丑8日	壬寅9一	癸卯10二	甲辰11三	乙巳12四	丙午13五	丁未14六	戊申15日	己酉16一	庚戌17二	辛亥18三	壬子19四	癸丑20五	甲寅21六	乙卯22日	丙辰23一	丁巳24二	戊午25三	己未26四	庚申27五	辛酉28六	壬戌29日	癸亥30一	甲子(10)二	乙丑2三	丙寅3四	辛丑白露 丙辰秋分
九月小	壬戌	天干地支／西曆／星期 丁卯4五	戊辰5六	己巳6日	庚午7一	辛未8二	壬申9三	癸酉10四	甲戌11五	乙亥12六	丙子13日	丁丑14一	戊寅15二	己卯16三	庚辰17四	辛巳18五	壬午19六	癸未20日	甲申21一	乙酉22二	丙戌23三	丁亥24四	戊子25五	己丑26六	庚寅27日	辛卯28一	壬辰29二	癸巳30三	甲午31四	乙未(11)五		辛未寒露 丁亥霜降
十月大	癸亥	天干地支／西曆／星期 丙申2六	丁酉3日	戊戌4一	己亥5二	庚子6三	辛丑7四	壬寅8五	癸卯9六	甲辰10日	乙巳11一	丙午12二	丁未13三	戊申14四	己酉15五	庚戌16六	辛亥17日	壬子18一	癸丑19二	甲寅20三	乙卯21四	丙辰22五	丁巳23六	戊午24日	己未25一	庚申26二	辛酉27三	壬戌28四	癸亥29五	甲子30六	乙丑(12)日	壬寅立冬 丁巳小雪
十一月小	甲子	天干地支／西曆／星期 丙寅2一	丁卯3二	戊辰4三	己巳5四	庚午6五	辛未7六	壬申8日	癸酉9一	甲戌10二	乙亥11三	丙子12四	丁丑13五	戊寅14六	己卯15日	庚辰16一	辛巳17二	壬午18三	癸未19四	甲申20五	乙酉21六	丙戌22日	丁亥23一	戊子24二	己丑25三	庚寅26四	辛卯27五	壬辰28六	癸巳29日	甲午30一		壬申大雪 丁亥冬至
十二月大	乙丑	天干地支／西曆／星期 乙未31二	丙申(1)三	丁酉2四	戊戌3五	己亥4六	庚子5日	辛丑6一	壬寅7二	癸卯8三	甲辰9四	乙巳10五	丙午11六	丁未12日	戊申13一	己酉14二	庚戌15三	辛亥16四	壬子17五	癸丑18六	甲寅19日	乙卯20一	丙辰21二	丁巳22三	戊午23四	己未24五	庚申25六	辛酉26日	壬戌27一	癸亥28二	甲子29三	癸卯小寒 戊午大寒

晉武帝咸寧五年（己亥 豬年） 公元 279 ~ 280 年

夏曆月序	中西日曆對照	夏曆日序 初一	初二	初三	初四	初五	初六	初七	初八	初九	初十	十一	十二	十三	十四	十五	十六	十七	十八	十九	二十	二一	二二	二三	二四	二五	二六	二七	二八	二九	三十	節氣與天象
正月小	丙寅 天干地支 西曆 星期	乙丑 30 四	丙寅 31 五	丁卯 (2) 六	戊辰 2 日	己巳 3 一	庚午 4 二	辛未 5 三	壬申 6 四	癸酉 7 五	甲戌 8 六	乙亥 9 日	丙子 10 一	丁丑 11 二	戊寅 12 三	己卯 13 四	庚辰 14 五	辛巳 15 六	壬午 16 日	癸未 17 一	甲申 18 二	乙酉 19 三	丙戌 20 四	丁亥 21 五	戊子 22 六	己丑 23 日	庚寅 24 一	辛卯 25 二	壬辰 26 三	癸巳 27 四			癸酉立曆 戊子雨水
二月大	丁卯 天干地支 西曆 星期	甲午 28 (3) 五	乙未 29 六	丙申 2 日	丁酉 3 一	戊戌 4 二	己亥 5 三	庚子 6 四	辛丑 7 五	壬寅 8 六	癸卯 9 日	甲辰 10 一	乙巳 11 二	丙午 12 三	丁未 13 四	戊申 14 五	己酉 15 六	庚戌 16 日	辛亥 17 一	壬子 18 二	癸丑 19 三	甲寅 20 四	乙卯 21 五	丙辰 22 六	丁巳 23 日	戊午 24 一	己未 25 二	庚申 26 三	辛酉 27 四	壬戌 28 五	癸亥 29 六		甲辰驚蟄 己未春分
三月小	戊辰 天干地支 西曆 星期	甲子 30 日	乙丑 31 一	丙寅 (4) 二	丁卯 2 三	戊辰 3 四	己巳 4 五	庚午 5 六	辛未 6 日	壬申 7 一	癸酉 8 二	甲戌 9 三	乙亥 10 四	丙子 11 五	丁丑 12 六	戊寅 13 日	己卯 14 一	庚辰 15 二	辛巳 16 三	壬午 17 四	癸未 18 五	甲申 19 六	乙酉 20 日	丙戌 21 一	丁亥 22 二	戊子 23 三	己丑 24 四	庚寅 25 五	辛卯 26 六	壬辰 27 日			甲戌清明 己丑穀雨
四月大	己巳 天干地支 西曆 星期	癸巳 28 一	甲午 29 二	乙未 30 三	丙申 (5) 四	丁酉 2 五	戊戌 3 六	己亥 4 日	庚子 5 一	辛丑 6 二	壬寅 7 三	癸卯 8 四	甲辰 9 五	乙巳 10 六	丙午 11 日	丁未 12 一	戊申 13 二	己酉 14 三	庚戌 15 四	辛亥 16 五	壬子 17 六	癸丑 18 日	甲寅 19 一	乙卯 20 二	丙辰 21 三	丁巳 22 四	戊午 23 五	己未 24 六	庚申 25 日	辛酉 26 一	壬戌 27 二		甲辰立夏 庚申小滿
五月小	庚午 天干地支 西曆 星期	癸亥 28 三	甲子 29 四	乙丑 30 五	丙寅 (6) 六	丁卯 2 日	戊辰 3 一	己巳 4 二	庚午 5 三	辛未 6 四	壬申 7 五	癸酉 8 六	甲戌 9 日	乙亥 10 一	丙子 11 二	丁丑 12 三	戊寅 13 四	己卯 14 五	庚辰 15 六	辛巳 16 日	壬午 17 一	癸未 18 二	甲申 19 三	乙酉 20 四	丙戌 21 五	丁亥 22 六	戊子 23 日	己丑 24 一	庚寅 25 二	辛卯 26 三			乙亥芒種 庚寅夏至
六月大	辛未 天干地支 西曆 星期	壬辰 26 四	癸巳 27 五	甲午 28 六	乙未 29 日	丙申 30 一	丁酉 (7) 二	戊戌 2 三	己亥 3 四	庚子 4 五	辛丑 5 六	壬寅 6 日	癸卯 7 一	甲辰 8 二	乙巳 9 三	丙午 10 四	丁未 11 五	戊申 12 六	己酉 13 日	庚戌 14 一	辛亥 15 二	壬子 16 三	癸丑 17 四	甲寅 18 五	乙卯 19 六	丙辰 20 日	丁巳 21 一	戊午 22 二	己未 23 三	庚申 24 四	辛酉 25 五		乙巳小暑 辛酉大暑
七月大	壬申 天干地支 西曆 星期	壬戌 26 六	癸亥 27 日	甲子 28 一	乙丑 29 二	丙寅 30 三	丁卯 31 四	戊辰 (8) 五	己巳 2 六	庚午 3 日	辛未 4 一	壬申 5 二	癸酉 6 三	甲戌 7 四	乙亥 8 五	丙子 9 六	丁丑 10 日	戊寅 11 一	己卯 12 二	庚辰 13 三	辛巳 14 四	壬午 15 五	癸未 16 六	甲申 17 日	乙酉 18 一	丙戌 19 二	丁亥 20 三	戊子 21 四	己丑 22 五	庚寅 23 六	辛卯 24 日	丙子立秋 辛卯處暑
閏七月小	壬申 天干地支 西曆 星期	壬辰 25 一	癸巳 26 二	甲午 27 三	乙未 28 四	丙申 29 五	丁酉 30 六	戊戌 31 日	己亥 (9) 一	庚子 2 二	辛丑 3 三	壬寅 4 四	癸卯 5 五	甲辰 6 六	乙巳 7 日	丙午 8 一	丁未 9 二	戊申 10 三	己酉 11 四	庚戌 12 五	辛亥 13 六	壬子 14 日	癸丑 15 一	甲寅 16 二	乙卯 17 三	丙辰 18 四	丁巳 19 五	戊午 20 六	己未 21 日	庚申 22 一			丙午白露
八月大	癸酉 天干地支 西曆 星期	辛酉 23 二	壬戌 24 三	癸亥 25 四	甲子 26 五	乙丑 27 六	丙寅 28 日	丁卯 29 一	戊辰 30 二	己巳 (10) 三	庚午 2 四	辛未 3 五	壬申 4 六	癸酉 5 日	甲戌 6 一	乙亥 7 二	丙子 8 三	丁丑 9 四	戊寅 10 五	己卯 11 六	庚辰 12 日	辛巳 13 一	壬午 14 二	癸未 15 三	甲申 16 四	乙酉 17 五	丙戌 18 六	丁亥 19 日	戊子 20 一	己丑 21 二	庚寅 22 三	辛酉秋分 丁丑寒露
九月小	甲戌 天干地支 西曆 星期	辛卯 23 四	壬辰 24 五	癸巳 25 六	甲午 26 日	乙未 27 一	丙申 28 二	丁酉 29 三	戊戌 30 四	己亥 31 五	庚子 (11) 六	辛丑 2 日	壬寅 3 一	癸卯 4 二	甲辰 5 三	乙巳 6 四	丙午 7 五	丁未 8 六	戊申 9 日	己酉 10 一	庚戌 11 二	辛亥 12 三	壬子 13 四	癸丑 14 五	甲寅 15 六	乙卯 16 日	丙辰 17 一	丁巳 18 二	戊午 19 三	己未 20 四			壬辰霜降 丁未立冬
十月大	乙亥 天干地支 西曆 星期	庚申 21 五	辛酉 22 六	壬戌 23 日	癸亥 24 一	甲子 25 二	乙丑 26 三	丙寅 27 四	丁卯 28 五	戊辰 29 六	己巳 30 日	庚午 (12) 一	辛未 2 二	壬申 3 三	癸酉 4 四	甲戌 5 五	乙亥 6 六	丙子 7 日	丁丑 8 一	戊寅 9 二	己卯 10 三	庚辰 11 四	辛巳 12 五	壬午 13 六	癸未 14 日	甲申 15 一	乙酉 16 二	丙戌 17 三	丁亥 18 四	戊子 19 五	己丑 20 六	壬戌小雪 戊寅大雪
十一月小	丙子 天干地支 西曆 星期	庚寅 21 日	辛卯 22 一	壬辰 23 二	癸巳 24 三	甲午 25 四	乙未 26 五	丙申 27 六	丁酉 28 日	戊戌 29 一	己亥 30 二	庚子 31 三	辛丑 (1) 四	壬寅 2 五	癸卯 3 六	甲辰 4 日	乙巳 5 一	丙午 6 二	丁未 7 三	戊申 8 四	己酉 9 五	庚戌 10 六	辛亥 11 日	壬子 12 一	癸丑 13 二	甲寅 14 三	乙卯 15 四	丙辰 16 五	丁巳 17 六	戊午 18 日			癸巳冬至 戊申小寒
十二月大	丁丑 天干地支 西曆 星期	己未 19 一	庚申 20 二	辛酉 21 三	壬戌 22 四	癸亥 23 五	甲子 24 六	乙丑 25 日	丙寅 26 一	丁卯 27 二	戊辰 28 三	己巳 29 四	庚午 30 五	辛未 31 六	壬申 (2) 日	癸酉 2 一	甲戌 3 二	乙亥 4 三	丙子 5 四	丁丑 6 五	戊寅 7 六	己卯 8 日	庚辰 9 一	辛巳 10 二	壬午 11 三	癸未 12 四	甲申 13 五	乙酉 14 六	丙戌 15 日	丁亥 16 一	戊子 17 二	癸亥大寒 戊寅立春

晉武帝咸寧六年 太康元年（庚子 鼠年） 公元280～281年

夏曆月序	中西日照對	夏曆日序																													節氣與天象
		初一	初二	初三	初四	初五	初六	初七	初八	初九	初十	十一	十二	十三	十四	十五	十六	十七	十八	十九	二十	二一	二二	二三	二四	二五	二六	二七	二八	二九	三十	
正月小	戊寅	天干地支 西曆 星期	己丑18三	庚寅19四	辛卯20五	壬辰21六	癸巳22日	甲午23一	乙未24二	丙申25三	丁酉26四	戊戌27五	己亥28六	庚子29日	辛丑(3)一	壬寅2二	癸卯3三	甲辰4四	乙巳5五	丙午6六	丁未7日	戊申8一	己酉9二	庚戌10三	辛亥11四	壬子12五	癸丑13六	甲寅14日	乙卯15一	丙辰16二	丁巳17三		甲午雨水 己酉驚蟄
二月大	己卯	天干地支 西曆 星期	戊午18四	己未19五	庚申20六	辛酉21日	壬戌22一	癸亥23二	甲子24三	乙丑25四	丙寅26五	丁卯27六	戊辰28日	己巳29一	庚午30二	辛未31三	壬申(4)四	癸酉2五	甲戌3六	乙亥4日	丙子5一	丁丑6二	戊寅7三	己卯8四	庚辰9五	辛巳10六	壬午11日	癸未12一	甲申13二	乙酉14三	丙戌15四	丁亥16五	甲子春分 己卯清明
三月小	庚辰	天干地支 西曆 星期	戊子17六	己丑18日	庚寅19一	辛卯20二	壬辰21三	癸巳22四	甲午23五	乙未24六	丙申25日	丁酉26一	戊戌27二	己亥28三	庚子29四	辛丑30五	壬寅(5)六	癸卯2日	甲辰3一	乙巳4二	丙午5三	丁未6四	戊申7五	己酉8六	庚戌9日	辛亥10一	壬子11二	癸丑12三	甲寅13四	乙卯14五	丙辰15六		甲午穀雨 庚戌立夏
四月大	辛巳	天干地支 西曆 星期	丁巳16日	戊午17一	己未18二	庚申19三	辛酉20四	壬戌21五	癸亥22六	甲子23日	乙丑24一	丙寅25二	丁卯26三	戊辰27四	己巳28五	庚午29六	辛未30日	壬申31一	癸酉(6)二	甲戌2三	乙亥3四	丙子4五	丁丑5六	戊寅6日	己卯7一	庚辰8二	辛巳9三	壬午10四	癸未11五	甲申12六	乙酉13日	丙戌14一	乙丑小滿 庚辰芒種
五月小	壬午	天干地支 西曆 星期	丁亥15二	戊子16三	己丑17四	庚寅18五	辛卯19六	壬辰20日	癸巳21一	甲午22二	乙未23三	丙申24四	丁酉25五	戊戌26六	己亥27日	庚子28一	辛丑29二	壬寅30三	癸卯(7)四	甲辰2五	乙巳3六	丙午4日	丁未5一	戊申6二	己酉7三	庚戌8四	辛亥9五	壬子10六	癸丑11日	甲寅12一	乙卯13二		乙未夏至 辛亥小暑
六月大	癸未	天干地支 西曆 星期	丙辰14三	丁巳15四	戊午16五	己未17六	庚申18日	辛酉19一	壬戌20二	癸亥21三	甲子22四	乙丑23五	丙寅24六	丁卯25日	戊辰26一	己巳27二	庚午28三	辛未29四	壬申30五	癸酉31六	甲戌(8)日	乙亥2一	丙子3二	丁丑4三	戊寅5四	己卯6五	庚辰7六	辛巳8日	壬午9一	癸未10二	甲申11三	乙酉12四	丙寅大暑 辛巳立秋
七月小	甲申	天干地支 西曆 星期	丙戌13五	丁亥14六	戊子15日	己丑16一	庚寅17二	辛卯18三	壬辰19四	癸巳20五	甲午21六	乙未22日	丙申23一	丁酉24二	戊戌25三	己亥26四	庚子27五	辛丑28六	壬寅29日	癸卯30一	甲辰31二	乙巳(9)三	丙午2四	丁未3五	戊申4六	己酉5日	庚戌6一	辛亥7二	壬子8三	癸丑9四	甲寅10五		丙申處暑 辛亥白露
八月大	乙酉	天干地支 西曆 星期	乙卯11六	丙辰12日	丁巳13一	戊午14二	己未15三	庚申16四	辛酉17五	壬戌18六	癸亥19日	甲子20一	乙丑21二	丙寅22三	丁卯23四	戊辰24五	己巳25六	庚午26日	辛未27一	壬申28二	癸酉29三	甲戌30四	乙亥(10)五	丙子2六	丁丑3日	戊寅4一	己卯5二	庚辰6三	辛巳7四	壬午8五	癸未9六	甲申10日	丁卯秋分 壬午寒露
九月小	丙戌	天干地支 西曆 星期	乙酉11一	丙戌12二	丁亥13三	戊子14四	己丑15五	庚寅16六	辛卯17日	壬辰18一	癸巳19二	甲午20三	乙未21四	丙申22五	丁酉23六	戊戌24日	己亥25一	庚子26二	辛丑27三	壬寅28四	癸卯29五	甲辰30六	乙巳31日	丙午(11)一	丁未2二	戊申3三	己酉4四	庚戌5五	辛亥6六	壬子7日	癸丑8一		丁酉霜降 壬子立冬
十月大	丁亥	天干地支 西曆 星期	甲寅9二	乙卯10三	丙辰11四	丁巳12五	戊午13六	己未14日	庚申15一	辛酉16二	壬戌17三	癸亥18四	甲子19五	乙丑20六	丙寅21日	丁卯22一	戊辰23二	己巳24三	庚午25四	辛未26五	壬申27六	癸酉28日	甲戌29一	乙亥30二	丙子(12)三	丁丑2四	戊寅3五	己卯4六	庚辰5日	辛巳6一	壬午7二	癸未8三	戊辰小雪 癸未大雪
十一月大	戊子	天干地支 西曆 星期	甲申9四	乙酉10五	丙戌11六	丁亥12日	戊子13一	己丑14二	庚寅15三	辛卯16四	壬辰17五	癸巳18六	甲午19日	乙未20一	丙申21二	丁酉22三	戊戌23四	己亥24五	庚子25六	辛丑26日	壬寅27一	癸卯28二	甲辰29三	乙巳30四	丙午31五	丁未(1)六	戊申2日	己酉3一	庚戌4二	辛亥5三	壬子6四	癸丑7五	戊戌冬至 癸丑小寒
十二月小	己丑	天干地支 西曆 星期	甲寅8六	乙卯9日	丙辰10一	丁巳11二	戊午12三	己未13四	庚申14五	辛酉15六	壬戌16日	癸亥17一	甲子18二	乙丑19三	丙寅20四	丁卯21五	戊辰22六	己巳23日	庚午24一	辛未25二	壬申26三	癸酉27四	甲戌28五	乙亥29六	丙子30日	丁丑31一	戊寅(2)二	己卯2三	庚辰3四	辛巳4五	壬午5六		戊辰大寒

*《晉書》卷三《武帝紀》載："（三月）乙酉，大赦，改元（太康）"。三月無乙酉，四月有之，爲二十九日。

晉武帝太康二年（辛丑 牛年） 公元281～282年

夏曆月序	中西日照對照	夏曆日序																													節氣與天象
		初一	初二	初三	初四	初五	初六	初七	初八	初九	初十	十一	十二	十三	十四	十五	十六	十七	十八	十九	二十	廿一	廿二	廿三	廿四	廿五	廿六	廿七	廿八	廿九	三十	
正月大	庚寅	癸未天干地支西曆星期6日	甲申7二	乙酉8三	丙戌9四	丁亥10五	戊子11六	己丑12日	庚寅13一	辛卯14二	壬辰15三	癸巳16四	甲午17五	乙未18六	丙申19日	丁酉20一	戊戌21二	己亥22三	庚子23四	辛丑24五	壬寅25六	癸卯26日	甲辰27一	乙巳28二	丙午(3)三	丁未2四	戊申3五	己酉4六	庚戌5日	辛亥6一	壬子7二	甲申立春己亥雨水
二月小	辛卯	癸丑天干地支西曆星期8日	甲寅9二	乙卯10三	丙辰11四	丁巳12五	戊午13六	己未14日	庚申15一	辛酉16二	壬戌17三	癸亥18四	甲子19五	乙丑20六	丙寅21日	丁卯22一	戊辰23二	己巳24三	庚午25四	辛未26五	壬申27六	癸酉28日	甲戌29一	乙亥30二	丙子31三	丁丑(4)四	戊寅2五	己卯3六	庚辰4日	辛巳5一		甲寅驚蟄己巳春分
三月大	壬辰	壬午天干地支西曆星期6日	癸未7二	甲申8三	乙酉9四	丙戌10五	丁亥11六	戊子12日	己丑13一	庚寅14二	辛卯15三	壬辰16四	癸巳17五	甲午18六	乙未19日	丙申20一	丁酉21二	戊戌22三	己亥23四	庚子24五	辛丑25六	壬寅26日	癸卯27一	甲辰28二	乙巳29三	丙午30四	丁未(5)五	戊申2六	己酉3日	庚戌4一	辛亥5二	乙酉清明庚子穀雨
四月小	癸巳	壬子天干地支西曆星期6日	癸丑7二	甲寅8三	乙卯9四	丙辰10五	丁巳11六	戊午12日	己未13一	庚申14二	辛酉15三	壬戌16四	癸亥17五	甲子18六	乙丑19日	丙寅20一	丁卯21二	戊辰22三	己巳23四	庚午24五	辛未25六	壬申26日	癸酉27一	甲戌28二	乙亥29三	丙子30四	丁丑31五	戊寅(6)六	己卯2日	庚辰3一		乙卯立夏庚午小滿
五月大	甲午	辛巳天干地支西曆星期4日	壬午5六	癸未6一	甲申7二	乙酉8三	丙戌9四	丁亥10五	戊子11六	己丑12日	庚寅13一	辛卯14二	壬辰15三	癸巳16四	甲午17五	乙未18六	丙申19日	丁酉20一	戊戌21二	己亥22三	庚子23四	辛丑24五	壬寅25六	癸卯26日	甲辰27一	乙巳28二	丙午29三	丁未30四	戊申(7)五	己酉2六	庚戌3日	乙酉芒種辛丑夏至
六月小	乙未	辛亥天干地支西曆星期4一	壬子5二	癸丑6三	甲寅7四	乙卯8五	丙辰9六	丁巳10日	戊午11一	己未12二	庚申13三	辛酉14四	壬戌15五	癸亥16六	甲子17日	乙丑18一	丙寅19二	丁卯20三	戊辰21四	己巳22五	庚午23六	辛未24日	壬申25一	癸酉26二	甲戌27三	乙亥28四	丙子29五	丁丑30六	戊寅31日	己卯(8)一		丙辰小暑辛未大暑
七月大	丙申	庚辰天干地支西曆星期2日	辛巳3三	壬午4四	癸未5五	甲申6六	乙酉7日	丙戌8一	丁亥9二	戊子10三	己丑11四	庚寅12五	辛卯13六	壬辰14日	癸巳15一	甲午16二	乙未17三	丙申18四	丁酉19五	戊戌20六	己亥21日	庚子22一	辛丑23二	壬寅24三	癸卯25四	甲辰26五	乙巳27六	丙午28日	丁未29一	戊申30二	己酉31三	丙戌立秋辛丑處暑
八月小	丁酉	庚戌天干地支西曆星期(9)四	辛亥2五	壬子3六	癸丑4日	甲寅5一	乙卯6二	丙辰7三	丁巳8四	戊午9五	己未10六	庚申11日	辛酉12一	壬戌13二	癸亥14三	甲子15四	乙丑16五	丙寅17六	丁卯18日	戊辰19一	己巳20二	庚午21三	辛未22四	壬申23五	癸酉24六	甲戌25日	乙亥26一	丙子27二	丁丑28三	戊寅29四		丁巳白露壬申秋分
九月大	戊戌	己卯天干地支西曆星期30日	庚辰(10)六	辛巳2日	壬午3一	癸未4二	甲申5三	乙酉6四	丙戌7五	丁亥8六	戊子9日	己丑10一	庚寅11二	辛卯12三	壬辰13四	癸巳14五	甲午15六	乙未16日	丙申17一	丁酉18二	戊戌19三	己亥20四	庚子21五	辛丑22六	壬寅23日	癸卯24一	甲辰25二	乙巳26三	丙午27四	丁未28五	戊申29六	丁亥寒露壬寅霜降
十月小	己亥	己酉天干地支西曆星期30日	庚戌31一	辛亥(11)二	壬子2三	癸丑3四	甲寅4五	乙卯5六	丙辰6日	丁巳7一	戊午8二	己未9三	庚申10四	辛酉11五	壬戌12六	癸亥13日	甲子14一	乙丑15二	丙寅16三	丁卯17四	戊辰18五	己巳19六	庚午20日	辛未21一	壬申22二	癸酉23三	甲戌24四	乙亥25五	丙子26六	丁丑27日		戊午立冬癸酉小雪
十一月大	庚子	戊寅天干地支西曆星期28二	己卯29三	庚辰30四	辛巳(12)五	壬午2六	癸未3日	甲申4一	乙酉5二	丙戌6三	丁亥7四	戊子8五	己丑9六	庚寅10日	辛卯11一	壬辰12二	癸巳13三	甲午14四	乙未15五	丙申16六	丁酉17日	戊戌18一	己亥19二	庚子20三	辛丑21四	壬寅22五	癸卯23六	甲辰24日	乙巳25一	丙午26二	丁未27三	戊子大雪癸卯冬至
十二月小	辛丑	戊申天干地支西曆星期28三	己酉29四	庚戌30五	辛亥31六	壬子(1)日	癸丑2一	甲寅3二	乙卯4三	丙辰5四	丁巳6五	戊午7六	己未8日	庚申9一	辛酉10二	壬戌11三	癸亥12四	甲子13五	乙丑14六	丙寅15日	丁卯16一	戊辰17二	己巳18三	庚午19四	辛未20五	壬申21六	癸酉22日	甲戌23一	乙亥24二	丙子25三		戊午小寒甲戌大寒

晉武帝太康三年（壬寅 虎年） 公元 282 ～ 283 年

夏曆月序	中西曆日對照	夏曆日序																													節氣與天象
		初一	初二	初三	初四	初五	初六	初七	初八	初九	初十	十一	十二	十三	十四	十五	十六	十七	十八	十九	二十	二一	二二	二三	二四	二五	二六	二七	二八	二九	三十	
正月大	壬寅	天干地支 西曆 星期	丁丑 26 四	戊寅 27 五	己卯 28 六	庚辰 29 日	辛巳 30 一	壬午 31 二	癸未 (2) 三	甲申 2 四	乙酉 3 五	丙戌 4 六	丁亥 5 日	戊子 6 一	己丑 7 二	庚寅 8 三	辛卯 9 四	壬辰 10 五	癸巳 11 六	甲午 12 日	乙未 13 一	丙申 14 二	丁酉 15 三	戊戌 16 四	己亥 17 五	庚子 18 六	辛丑 19 日	壬寅 20 一	癸卯 21 二	甲辰 22 三	乙巳 23 四	丙午 24 五	己丑立春 甲辰雨水
二月小	癸卯	天干地支 西曆 星期	丁未 25 六	戊申 26 日	己酉 27 一	庚戌 28 (3) 二	辛亥 (3) 三	壬子 2 四	癸丑 3 五	甲寅 4 六	乙卯 5 日	丙辰 6 一	丁巳 7 二	戊午 8 三	己未 9 四	庚申 10 五	辛酉 11 六	壬戌 12 日	癸亥 13 一	甲子 14 二	乙丑 15 三	丙寅 16 四	丁卯 17 五	戊辰 18 六	己巳 19 日	庚午 20 一	辛未 21 二	壬申 22 三	癸酉 23 四	甲戌 24 五	乙亥 25 六		己未驚蟄 乙亥春分
三月大	甲辰	天干地支 西曆 星期	丙子 26 日	丁丑 27 一	戊寅 28 二	己卯 29 三	庚辰 30 四	辛巳 31 五	壬午 (4) 六	癸未 2 日	甲申 3 一	乙酉 4 二	丙戌 5 三	丁亥 6 四	戊子 7 五	己丑 8 六	庚寅 9 日	辛卯 10 一	壬辰 11 二	癸巳 12 三	甲午 13 四	乙未 14 五	丙申 15 六	丁酉 16 日	戊戌 17 一	己亥 18 二	庚子 19 三	辛丑 20 四	壬寅 21 五	癸卯 22 六	甲辰 23 日	乙巳 24 一	庚寅清明 乙巳穀雨
四月大	乙巳	天干地支 西曆 星期	丙午 25 二	丁未 26 三	戊申 27 四	己酉 28 五	庚戌 29 六	辛亥 30 日	壬子 (5) 一	癸丑 2 二	甲寅 3 三	乙卯 4 四	丙辰 5 五	丁巳 6 六	戊午 7 日	己未 8 一	庚申 9 二	辛酉 10 三	壬戌 11 四	癸亥 12 五	甲子 13 六	乙丑 14 日	丙寅 15 一	丁卯 16 二	戊辰 17 三	己巳 18 四	庚午 19 五	辛未 20 六	壬申 21 日	癸酉 22 一	甲戌 23 二	乙亥 24 三	庚申立夏 乙亥小滿
閏四月小	乙巳	天干地支 西曆 星期	丙子 25 四	丁丑 26 五	戊寅 27 六	己卯 28 日	庚辰 29 一	辛巳 30 二	壬午 31 三	癸未 (6) 四	甲申 2 五	乙酉 3 六	丙戌 4 日	丁亥 5 一	戊子 6 二	己丑 7 三	庚寅 8 四	辛卯 9 五	壬辰 10 六	癸巳 11 日	甲午 12 一	乙未 13 二	丙申 14 三	丁酉 15 四	戊戌 16 五	己亥 17 六	庚子 18 日	辛丑 19 一	壬寅 20 二	癸卯 21 三	甲辰 22 四		辛卯芒種
五月大	丙午	天干地支 西曆 星期	乙巳 23 五	丙午 24 六	丁未 25 日	戊申 26 一	己酉 27 二	庚戌 28 三	辛亥 29 四	壬子 30 五	癸丑 (7) 六	甲寅 2 日	乙卯 3 一	丙辰 4 二	丁巳 5 三	戊午 6 四	己未 7 五	庚申 8 六	辛酉 9 日	壬戌 10 一	癸亥 11 二	甲子 12 三	乙丑 13 四	丙寅 14 五	丁卯 15 六	戊辰 16 日	己巳 17 一	庚午 18 二	辛未 19 三	壬申 20 四	癸酉 21 五	甲戌 22 六	丙午夏至 辛酉小暑
六月小	丁未	天干地支 西曆 星期	乙亥 23 日	丙子 24 一	丁丑 25 二	戊寅 26 三	己卯 27 四	庚辰 28 五	辛巳 29 六	壬午 30 日	癸未 31 (8) 一	甲申 2 二	乙酉 3 三	丙戌 4 四	丁亥 5 五	戊子 6 日	己丑 7 一	庚寅 8 二	辛卯 9 三	壬辰 10 四	癸巳 11 五	甲午 12 六	乙未 13 日	丙申 14 一	丁酉 15 二	戊戌 16 三	己亥 17 四	庚子 18 五	辛丑 19 六	壬寅 20 日	癸卯 20 一		丙子大暑 壬辰立秋
七月大	戊申	天干地支 西曆 星期	甲辰 21 一	乙巳 22 二	丙午 23 三	丁未 24 四	戊申 25 五	己酉 26 六	庚戌 27 日	辛亥 28 一	壬子 29 二	癸丑 30 三	甲寅 31 (9) 四	乙卯 2 五	丙辰 3 六	丁巳 4 日	戊午 5 一	己未 6 二	庚申 7 三	辛酉 8 四	壬戌 9 五	癸亥 10 六	甲子 11 日	乙丑 12 一	丙寅 13 二	丁卯 14 三	戊辰 15 四	己巳 16 五	庚午 17 六	辛未 18 日	壬申 19 一	癸酉 19 二	丁未處暑 壬戌白露
八月小	己酉	天干地支 西曆 星期	甲戌 20 三	乙亥 21 四	丙子 22 五	丁丑 23 六	戊寅 24 日	己卯 25 一	庚辰 26 二	辛巳 27 三	壬午 28 四	癸未 29 五	甲申 30 (10) 六	乙酉 2 日	丙戌 3 一	丁亥 4 二	戊子 5 三	己丑 6 四	庚寅 7 五	辛卯 8 六	壬辰 9 日	癸巳 10 一	甲午 11 二	乙未 12 三	丙申 13 四	丁酉 14 五	戊戌 15 六	己亥 16 日	庚子 17 一	辛丑 18 二	壬寅 18 三		丁丑秋分 壬辰寒露
九月大	庚戌	天干地支 西曆 星期	癸卯 19 三	甲辰 20 四	乙巳 21 五	丙午 22 六	丁未 23 日	戊申 24 一	己酉 25 二	庚戌 26 三	辛亥 27 四	壬子 28 五	癸丑 29 六	甲寅 30 日	乙卯 31 (11) 一	丙辰 2 三	丁巳 3 四	戊午 4 五	己未 5 六	庚申 6 日	辛酉 7 一	壬戌 8 二	癸亥 9 三	甲子 10 四	乙丑 11 五	丙寅 12 六	丁卯 13 日	戊辰 14 一	己巳 15 二	庚午 16 三	辛未 16 四	壬申 17 五	戊申霜降 癸亥立冬
十月小	辛亥	天干地支 西曆 星期	癸酉 18 六	甲戌 19 日	乙亥 20 一	丙子 21 二	丁丑 22 三	戊寅 23 四	己卯 24 五	庚辰 25 六	辛巳 26 日	壬午 27 一	癸未 28 二	甲申 29 三	乙酉 30 (12) 四	丙戌 2 五	丁亥 3 六	戊子 4 日	己丑 5 一	庚寅 6 二	辛卯 7 三	壬辰 8 四	癸巳 9 五	甲午 10 六	乙未 11 日	丙申 12 一	丁酉 13 二	戊戌 14 三	己亥 15 四	庚子 16 五	辛丑 16 六		戊寅小雪 癸巳大雪
十一月大	壬子	天干地支 西曆 星期	壬寅 17 日	癸卯 18 一	甲辰 19 二	乙巳 20 三	丙午 21 四	丁未 22 五	戊申 23 六	己酉 24 日	庚戌 25 一	辛亥 26 二	壬子 27 三	癸丑 28 四	甲寅 29 五	乙卯 30 六	丙辰 31 (1) 日	丁巳 2 一	戊午 3 二	己未 4 三	庚申 5 四	辛酉 6 五	壬戌 7 六	癸亥 8 日	甲子 9 一	乙丑 10 二	丙寅 11 三	丁卯 12 四	戊辰 13 五	己巳 14 六	庚午 15 日	辛未 15 一	戊申冬至 甲子小寒
十二月小	癸丑	天干地支 西曆 星期	壬申 16 二	癸酉 17 三	甲戌 18 四	乙亥 19 五	丙子 20 六	丁丑 21 日	戊寅 22 一	己卯 23 二	庚辰 24 三	辛巳 25 四	壬午 26 五	癸未 27 六	甲申 28 日	乙酉 29 一	丙戌 30 二	丁亥 31 三	戊子 (2) 四	己丑 2 五	庚寅 3 六	辛卯 4 日	壬辰 5 一	癸巳 6 二	甲午 7 三	乙未 8 四	丙申 9 五	丁酉 10 六	戊戌 11 日	己亥 12 一	庚子 13 二		己卯大寒 甲午立春

晉武帝太康四年（癸卯 兔年） 公元 283 ~ 284 年

夏曆月序	西曆對照中	夏　曆　日　序																													節氣與天象
		初一	初二	初三	初四	初五	初六	初七	初八	初九	初十	十一	十二	十三	十四	十五	十六	十七	十八	十九	二十	廿一	廿二	廿三	廿四	廿五	廿六	廿七	廿八	廿九	三十	
正月大	甲寅	辛丑14三	壬寅15四	癸卯16五	甲辰17六	乙巳18日	丙午19一	丁未20二	戊申21三	己酉22四	庚戌23五	辛亥24六	壬子25日	癸丑26一	甲寅27二	乙卯28三	丙辰(3)四	丁巳2五	戊午3六	己未4日	庚申5一	辛酉6二	壬戌7三	癸亥8四	甲子9五	乙丑10六	丙寅11日	丁卯12一	戊辰13二	己巳14三	庚午15四	己酉雨水乙丑驚蟄
二月小	乙卯	辛未16五	壬申17六	癸酉18日	甲戌19一	乙亥20二	丙子21三	丁丑22四	戊寅23五	己卯24六	庚辰25日	辛巳26一	壬午27二	癸未28三	甲申29四	乙酉30五	丙戌31六	丁亥(4)日	戊子2一	己丑3二	庚寅4三	辛卯5四	壬辰6五	癸巳7六	甲午8日	乙未9一	丙申10二	丁酉11三	戊戌12四	己亥13五		庚辰春分乙未清明
三月大	丙辰	庚子14六	辛丑15日	壬寅16一	癸卯17二	甲辰18三	乙巳19四	丙午20五	丁未21六	戊申22日	己酉23一	庚戌24二	辛亥25三	壬子26四	癸丑27五	甲寅28六	乙卯29日	丙辰30一	丁巳(5)二	戊午2三	己未3四	庚申4五	辛酉5六	壬戌6日	癸亥7一	甲子8二	乙丑9三	丙寅10四	丁卯11五	戊辰12六	己巳13日	庚戌穀雨乙丑立夏
四月小	丁巳	庚午14一	辛未15二	壬申16三	癸酉17四	甲戌18五	乙亥19六	丙子20日	丁丑21一	戊寅22二	己卯23三	庚辰24四	辛巳25五	壬午26六	癸未27日	甲申28一	乙酉29二	丙戌30三	丁亥31四	戊子(6)五	己丑2六	庚寅3日	辛卯4一	壬辰5二	癸巳6三	甲午7四	乙未8五	丙申9六	丁酉10日	戊戌11一		辛巳小滿丙申芒種
五月大	戊午	己亥12二	庚子13三	辛丑14四	壬寅15五	癸卯16六	甲辰17日	乙巳18一	丙午19二	丁未20三	戊申21四	己酉22五	庚戌23六	辛亥24日	壬子25一	癸丑26二	甲寅27三	乙卯28四	丙辰29五	丁巳30六	戊午(7)日	己未2一	庚申3二	辛酉4三	壬戌5四	癸亥6五	甲子7六	乙丑8日	丙寅9一	丁卯10二	戊辰11三	辛巳夏至丙寅小暑
六月大	己未	己巳12四	庚午13五	辛未14六	壬申15日	癸酉16一	甲戌17二	乙亥18三	丙子19四	丁丑20五	戊寅21六	己卯22日	庚辰23一	辛巳24二	壬午25三	癸未26四	甲申27五	乙酉28六	丙戌29日	丁亥30一	戊子31二	己丑(8)三	庚寅2四	辛卯3五	壬辰4六	癸巳5日	甲午6一	乙未7二	丙申8三	丁酉9四	戊戌10五	壬子大暑丁酉立秋
七月小	庚申	己亥11六	庚子12日	辛丑13一	壬寅14二	癸卯15三	甲辰16四	乙巳17五	丙午18六	丁未19日	戊申20一	己酉21二	庚戌22三	辛亥23四	壬子24五	癸丑25六	甲寅26日	乙卯27一	丙辰28二	丁巳29三	戊午30四	己未31五	庚申(9)六	辛酉2日	壬戌3一	癸亥4二	甲子5三	乙丑6四	丙寅7五	丁卯8六		壬子處暑丁卯白露
八月大	辛酉	戊辰9日	己巳10一	庚午11二	辛未12三	壬申13四	癸酉14五	甲戌15六	乙亥16日	丙子17一	丁丑18二	戊寅19三	己卯20四	庚辰21五	辛巳22六	壬午23日	癸未24一	甲申25二	乙酉26三	丙戌27四	丁亥28五	戊子29六	己丑30日	庚寅(10)一	辛卯2二	壬辰3三	癸巳4四	甲午5五	乙未6六	丙申7日	丁酉8一	壬午秋分
九月小	壬戌	戊戌9二	己亥10三	庚子11四	辛丑12五	壬寅13六	癸卯14日	甲辰15一	乙巳16二	丙午17三	丁未18四	戊申19五	己酉20六	庚戌21日	辛亥22一	壬子23二	癸丑24三	甲寅25四	乙卯26五	丙辰27六	丁巳28日	戊午29一	己未30二	庚申31三	辛酉(11)四	壬戌2五	癸亥3六	甲子4日	乙丑5一	丙寅6二		戊戌寒露癸丑霜降
十月大	癸亥	丁卯7三	戊辰8四	己巳9五	庚午10六	辛未11日	壬申12一	癸酉13二	甲戌14三	乙亥15四	丙子16五	丁丑17六	戊寅18日	己卯19一	庚辰20二	辛巳21三	壬午22四	癸未23五	甲申24六	乙酉25日	丙戌26一	丁亥27二	戊子28三	己丑29四	庚寅30五	辛卯(12)六	壬辰2日	癸巳3一	甲午4二	乙未5三	丙申6四	戊辰立冬癸未小雪
十一月小	甲子	丁酉7五	戊戌8六	己亥9日	庚子10一	辛丑11二	壬寅12三	癸卯13四	甲辰14五	乙巳15六	丙午16日	丁未17一	戊申18二	己酉19三	庚戌20四	辛亥21五	壬子22六	癸丑23日	甲寅24一	乙卯25二	丙辰26三	丁巳27四	戊午28五	己未29六	庚申30日	辛酉31一	壬戌(1)二	癸亥2三	甲子3四	乙丑4五		己亥大雪甲寅冬至
十二月大	乙丑	丙寅5六	丁卯6日	戊辰7一	己巳8二	庚午9三	辛未10四	壬申11五	癸酉12六	甲戌13日	乙亥14一	丙子15二	丁丑16三	戊寅17四	己卯18五	庚辰19六	辛巳20日	壬午21一	癸未22二	甲申23三	乙酉24四	丙戌25五	丁亥26六	戊子27日	己丑28一	庚寅29二	辛卯30三	壬辰31四	癸巳(2)五	甲午2六	乙未3日	己巳小寒甲申大寒

晉武帝太康五年（甲辰 龍年） 公元284～285年

夏曆月序	中西曆對照	西日照	夏曆日序																												節氣與天象
			初一	初二	初三	初四	初五	初六	初七	初八	初九	初十	十一	十二	十三	十四	十五	十六	十七	十八	十九	二十	二一	二二	二三	二四	二五	二六	二七	二八	二九	三十	
正月小	丙寅	天干地支 西曆 星期	丙申 4 二	丁酉 5 三	戊戌 6 四	己亥 7 五	庚子 8 六	辛丑 9 日	壬寅 10 一	癸卯 11 二	甲辰 12 三	乙巳 13 四	丙午 14 五	丁未 15 六	戊申 16 日	己酉 17 一	庚戌 18 二	辛亥 19 三	壬子 20 四	癸丑 21 五	甲寅 22 六	乙卯 23 日	丙辰 24 一	丁巳 25 二	戊午 26 三	己未 27 四	庚申 28 五	辛酉 29 六	壬戌(3) 日	癸亥 2 一	甲子 3 二		己亥立春 乙卯雨水
二月大	丁卯	天干地支 西曆 星期	乙丑 4 三	丙寅 5 四	丁卯 6 五	戊辰 7 六	己巳 8 日	庚午 9 一	辛未 10 二	壬申 11 三	癸酉 12 四	甲戌 13 五	乙亥 14 六	丙子 15 日	丁丑 16 一	戊寅 17 二	己卯 18 三	庚辰 19 四	辛巳 20 五	壬午 21 六	癸未 22 日	甲申 23 一	乙酉 24 二	丙戌 25 三	丁亥 26 四	戊子 27 五	己丑 28 六	庚寅 29 日	辛卯 30 一	壬辰 31 二	癸巳(4) 三	甲午 2 四	庚午驚蟄 乙酉春分
三月小	戊辰	天干地支 西曆 星期	乙未 3 五	丙申 4 六	丁酉 5 日	戊戌 6 一	己亥 7 二	庚子 8 三	辛丑 9 四	壬寅 10 五	癸卯 11 六	甲辰 12 日	乙巳 13 一	丙午 14 二	丁未 15 三	戊申 16 四	己酉 17 五	庚戌 18 六	辛亥 19 日	壬子 20 一	癸丑 21 二	甲寅 22 三	乙卯 23 四	丙辰 24 五	丁巳 25 六	戊午 26 日	己未 27 一	庚申 28 二	辛酉 29 三	壬戌 30 四	癸亥(5) 五		庚子清明 乙卯穀雨
四月大	己巳	天干地支 西曆 星期	甲子 2 五	乙丑 3 六	丙寅 4 日	丁卯 5 一	戊辰 6 二	己巳 7 三	庚午 8 四	辛未 9 五	壬申 10 六	癸酉 11 日	甲戌 12 一	乙亥 13 二	丙子 14 三	丁丑 15 四	戊寅 16 五	己卯 17 六	庚辰 18 日	辛巳 19 一	壬午 20 二	癸未 21 三	甲申 22 四	乙酉 23 五	丙戌 24 六	丁亥 25 日	戊子 26 一	己丑 27 二	庚寅 28 三	辛卯 29 四	壬辰 30 五	癸巳 31 六	辛未立夏 丙戌小滿
五月小	庚午	天干地支 西曆 星期	甲午(6) 日	乙未 2 一	丙申 3 二	丁酉 4 三	戊戌 5 四	己亥 6 五	庚子 7 六	辛丑 8 日	壬寅 9 一	癸卯 10 二	甲辰 11 三	乙巳 12 四	丙午 13 五	丁未 14 六	戊申 15 日	己酉 16 一	庚戌 17 二	辛亥 18 三	壬子 19 四	癸丑 20 五	甲寅 21 六	乙卯 22 日	丙辰 23 一	丁巳 24 二	戊午 25 三	己未 26 四	庚申 27 五	辛酉 28 六	壬戌 29 日		辛丑芒種 丙辰夏至
六月大	辛未	天干地支 西曆 星期	癸亥 30 一	甲子(7) 二	乙丑 2 三	丙寅 3 四	丁卯 4 五	戊辰 5 六	己巳 6 日	庚午 7 一	辛未 8 二	壬申 9 三	癸酉 10 四	甲戌 11 五	乙亥 12 六	丙子 13 日	丁丑 14 一	戊寅 15 二	己卯 16 三	庚辰 17 四	辛巳 18 五	壬午 19 六	癸未 20 日	甲申 21 一	乙酉 22 二	丙戌 23 三	丁亥 24 四	戊子 25 五	己丑 26 六	庚寅 27 日	辛卯 28 一	壬辰 29 二	壬申小暑 丁亥大暑
七月小	壬申	天干地支 西曆 星期	癸巳 30 三	甲午(8) 四	乙未 2 五	丙申 3 六	丁酉 4 日	戊戌 5 一	己亥 6 二	庚子 7 三	辛丑 8 四	壬寅 9 五	癸卯 10 六	甲辰 11 日	乙巳 12 一	丙午 13 二	丁未 14 三	戊申 15 四	己酉 16 五	庚戌 17 六	辛亥 18 日	壬子 19 一	癸丑 20 二	甲寅 21 三	乙卯 22 四	丙辰 23 五	丁巳 24 六	戊午 25 日	己未 26 一	庚申 27 二			壬寅立秋 丁巳處暑
八月大	癸酉	天干地支 西曆 星期	壬戌 28 四	癸亥 29 五	甲子 30 六	乙丑 31 日	丙寅(9) 一	丁卯 2 二	戊辰 3 三	己巳 4 四	庚午 5 五	辛未 6 六	壬申 7 日	癸酉 8 一	甲戌 9 二	乙亥 10 三	丙子 11 四	丁丑 12 五	戊寅 13 六	己卯 14 日	庚辰 15 一	辛巳 16 二	壬午 17 三	癸未 18 四	甲申 19 五	乙酉 20 六	丙戌 21 日	丁亥 22 一	戊子 23 二	己丑 24 三	庚寅 25 四	辛卯 26 五	壬申白露 戊子秋分
九月小	甲戌	天干地支 西曆 星期	壬辰 27 六	癸巳 28 日	甲午 29 一	乙未 30 二	丙申(10) 三	丁酉 2 四	戊戌 3 五	己亥 4 六	庚子 5 日	辛丑 6 一	壬寅 7 二	癸卯 8 三	甲辰 9 四	乙巳 10 五	丙午 11 六	丁未 12 日	戊申 13 一	己酉 14 二	庚戌 15 三	辛亥 16 四	壬子 17 五	癸丑 18 六	甲寅 19 日	乙卯 20 一	丙辰 21 二	丁巳 22 三	戊午 23 四	己未 24 五	庚申 25 六		癸卯寒露 戊午霜降
十月大	乙亥	天干地支 西曆 星期	辛酉 26 日	壬戌 27 一	癸亥 28 二	甲子 29 三	乙丑 30 四	丙寅 31 五	丁卯(11) 六	戊辰 2 日	己巳 3 一	庚午 4 二	辛未 5 三	壬申 6 四	癸酉 7 五	甲戌 8 六	乙亥 9 日	丙子 10 一	丁丑 11 二	戊寅 12 三	己卯 13 四	庚辰 14 五	辛巳 15 六	壬午 16 日	癸未 17 一	甲申 18 二	乙酉 19 三	丙戌 20 四	丁亥 21 五	戊子 22 六	己丑 23 日	庚寅 24 一	癸酉立冬 己丑小雪
十一月大	丙子	天干地支 西曆 星期	辛卯 25 二	壬辰 26 三	癸巳 27 四	甲午 28 五	乙未 29 六	丙申 30 日	丁酉(12) 一	戊戌 2 二	己亥 3 三	庚子 4 四	辛丑 5 五	壬寅 6 六	癸卯 7 日	甲辰 8 一	乙巳 9 二	丙午 10 三	丁未 11 四	戊申 12 五	己酉 13 六	庚戌 14 日	辛亥 15 一	壬子 16 二	癸丑 17 三	甲寅 18 四	乙卯 19 五	丙辰 20 六	丁巳 21 日	戊午 22 一	己未 23 二	庚申 24 三	甲辰大雪 己未冬至
十二月小	丁丑	天干地支 西曆 星期	辛酉 25 四	壬戌 26 五	癸亥 27 六	甲子 28 日	乙丑 29 一	丙寅 30 二	丁卯 31 三	戊辰(1) 四	己巳 2 五	庚午 3 六	辛未 4 日	壬申 5 一	癸酉 6 二	甲戌 7 三	乙亥 8 四	丙子 9 五	丁丑 10 六	戊寅 11 日	己卯 12 一	庚辰 13 二	辛巳 14 三	壬午 15 四	癸未 16 五	甲申 17 六	乙酉 18 日	丙戌 19 一	丁亥 20 二	戊子 21 三	己丑 22 四		甲戌小寒 己丑大寒
閏十二大	丁丑	天干地支 西曆 星期	庚寅 23 五	辛卯 24 六	壬辰 25 日	癸巳 26 一	甲午 27 二	乙未 28 三	丙申 29 四	丁酉 30 五	戊戌 31 六	己亥(2) 日	庚子 2 一	辛丑 3 二	壬寅 4 三	癸卯 5 四	甲辰 6 五	乙巳 7 六	丙午 8 日	丁未 9 一	戊申 10 二	己酉 11 三	庚戌 12 四	辛亥 13 五	壬子 14 六	癸丑 15 日	甲寅 16 一	乙卯 17 二	丙辰 18 三	丁巳 19 四	戊午 20 五	己未 21 六	乙巳立春

晉武帝太康六年（乙巳 蛇年） 公元 285 ~ 286 年

夏曆月序	中西曆對照	夏曆日序 初一	初二	初三	初四	初五	初六	初七	初八	初九	初十	十一	十二	十三	十四	十五	十六	十七	十八	十九	二十	二一	二二	二三	二四	二五	二六	二七	二八	二九	三十	節氣與天象
正月小 戊寅	天干地支西曆星期	庚申22日一	辛酉23日二	壬戌24日三	癸亥25日四	甲子26日五	乙丑27日六	丙寅28日日	丁卯(3)日一	戊辰2日二	己巳3日三	庚午4日四	辛未5日五	壬申6日六	癸酉7日日	甲戌8日一	乙亥9日二	丙子10日三	丁丑11日四	戊寅12日五	己卯13日六	庚辰14日日	辛巳15日一	壬午16日二	癸未17日三	甲申18日四	乙酉19日五	丙戌20日六	丁亥21日日	戊子22日一		庚申雨水 乙亥驚蟄
二月大 己卯	天干地支西曆星期	己丑23日二	庚寅24日三	辛卯25日四	壬辰26日五	癸巳27日六	甲午28日日	乙未29日一	丙申30日二	丁酉31日三	戊戌(4)日四	己亥2日五	庚子3日六	辛丑4日日	壬寅5日一	癸卯6日二	甲辰7日三	乙巳8日四	丙午9日五	丁未10日六	戊申11日日	己酉12日一	庚戌13日二	辛亥14日三	壬子15日四	癸丑16日五	甲寅17日六	乙卯18日日	丙辰19日一	丁巳20日二	戊午21日三	庚寅春分 丙午清明
三月小 庚辰	天干地支西曆星期	己未22日三	庚申23日四	辛酉24日五	壬戌25日六	癸亥26日日	甲子27日一	乙丑28日二	丙寅29日三	丁卯30日四	戊辰(5)日五	己巳2日六	庚午3日日	辛未4日一	壬申5日二	癸酉6日三	甲戌7日四	乙亥8日五	丙子9日六	丁丑10日日	戊寅11日一	己卯12日二	庚辰13日三	辛巳14日四	壬午15日五	癸未16日六	甲申17日日	乙酉18日一	丙戌19日二	丁亥20日三		辛酉穀雨 丙子立夏
四月大 辛巳	天干地支西曆星期	戊子21日四	己丑22日五	庚寅23日六	辛卯24日日	壬辰25日一	癸巳26日二	甲午27日三	乙未28日四	丙申29日五	丁酉30日六	戊戌31日日	己亥(6)日一	庚子2日二	辛丑3日三	壬寅4日四	癸卯5日五	甲辰6日六	乙巳7日日	丙午8日一	丁未9日二	戊申10日三	己酉11日四	庚戌12日五	辛亥13日六	壬子14日日	癸丑15日一	甲寅16日二	乙卯17日三	丙辰18日四	丁巳19日五	辛卯小滿 丙午芒種
五月小 壬午	天干地支西曆星期	戊午20日六	己未21日日	庚申22日一	辛酉23日二	壬戌24日三	癸亥25日四	甲子26日五	乙丑27日六	丙寅28日日	丁卯29日一	戊辰30日二	己巳(7)日三	庚午2日四	辛未3日五	壬申4日六	癸酉5日日	甲戌6日一	乙亥7日二	丙子8日三	丁丑9日四	戊寅10日五	己卯11日六	庚辰12日日	辛巳13日一	壬午14日二	癸未15日三	甲申16日四	乙酉17日五	丙戌18日六		壬辰夏至 丁丑小暑
六月大 癸未	天干地支西曆星期	丁亥19日日	戊子20日一	己丑21日二	庚寅22日三	辛卯23日四	壬辰24日五	癸巳25日六	甲午26日日	乙未27日一	丙申28日二	丁酉29日三	戊戌30日四	己亥31日五	庚子(8)日六	辛丑2日日	壬寅3日一	癸卯4日二	甲辰5日三	乙巳6日四	丙午7日五	丁未8日六	戊申9日日	己酉10日一	庚戌11日二	辛亥12日三	壬子13日四	癸丑14日五	甲寅15日六	乙卯16日日	丙辰17日一	壬辰大暑 丁未立秋
七月小 甲申	天干地支西曆星期	丁巳18日二	戊午19日三	己未20日四	庚申21日五	辛酉22日六	壬戌23日日	癸亥24日一	甲子25日二	乙丑26日三	丙寅27日四	丁卯28日五	戊辰29日六	己巳30日日	庚午31日一	辛未(9)日二	壬申2日三	癸酉3日四	甲戌4日五	乙亥5日六	丙子6日日	丁丑7日一	戊寅8日二	己卯9日三	庚辰10日四	辛巳11日五	壬午12日六	癸未13日日	甲申14日一	乙酉15日二		壬戌處暑 戊寅白露
八月大 乙酉	天干地支西曆星期	丙戌16日三	丁亥17日四	戊子18日五	己丑19日六	庚寅20日日	辛卯21日一	壬辰22日二	癸巳23日三	甲午24日四	乙未25日五	丙申26日六	丁酉27日日	戊戌28日一	己亥29日二	庚子30日三	辛丑(10)日四	壬寅2日五	癸卯3日六	甲辰4日日	乙巳5日一	丙午6日二	丁未7日三	戊申8日四	己酉9日五	庚戌10日六	辛亥11日日	壬子12日一	癸丑13日二	甲寅14日三	乙卯15日四	癸巳秋分 戊申寒露 丙戌日食
九月小 丙戌	天干地支西曆星期	丙辰16日五	丁巳17日六	戊午18日日	己未19日一	庚申20日二	辛酉21日三	壬戌22日四	癸亥23日五	甲子24日六	乙丑25日日	丙寅26日一	丁卯27日二	戊辰28日三	己巳29日四	庚午30日五	辛未31日六	壬申(11)日日	癸酉2日一	甲戌3日二	乙亥4日三	丙子5日四	丁丑6日五	戊寅7日六	己卯8日日	庚辰9日一	辛巳10日二	壬午11日三	癸未12日四	甲申13日五		癸亥霜降 己卯立冬
十月大 丁亥	天干地支西曆星期	乙酉14日六	丙戌15日日	丁亥16日一	戊子17日二	己丑18日三	庚寅19日四	辛卯20日五	壬辰21日六	癸巳22日日	甲午23日一	乙未24日二	丙申25日三	丁酉26日四	戊戌27日五	己亥28日六	庚子29日日	辛丑30日一	壬寅(12)日二	癸卯2日三	甲辰3日四	乙巳4日五	丙午5日六	丁未6日日	戊申7日一	己酉8日二	庚戌9日三	辛亥10日四	壬子11日五	癸丑12日六	甲寅13日日	甲午小雪 己酉大雪
十一月小 戊子	天干地支西曆星期	乙卯14日一	丙辰15日二	丁巳16日三	戊午17日四	己未18日五	庚申19日六	辛酉20日日	壬戌21日一	癸亥22日二	甲子23日三	乙丑24日四	丙寅25日五	丁卯26日六	戊辰27日日	己巳28日一	庚午29日二	辛未30日三	壬申31日四	癸酉(1)日五	甲戌2日六	乙亥3日日	丙子4日一	丁丑5日二	戊寅6日三	己卯7日四	庚辰8日五	辛巳9日六	壬午10日日	癸未11日一		甲子冬至 己卯小寒
十二月大 己丑	天干地支西曆星期	甲申12日二	乙酉13日三	丙戌14日四	丁亥15日五	戊子16日六	己丑17日日	庚寅18日一	辛卯19日二	壬辰20日三	癸巳21日四	甲午22日五	乙未23日六	丙申24日日	丁酉25日一	戊戌26日二	己亥27日三	庚子28日四	辛丑29日五	壬寅30日六	癸卯31日日	甲辰(2)日一	乙巳2日二	丙午3日三	丁未4日四	戊申5日五	己酉6日六	庚戌7日日	辛亥8日一	壬子9日二	癸丑10日三	乙未大寒 庚戌立春

晉武帝太康七年（丙午 馬年） 公元286～287年

夏曆月序	中西曆對照	夏曆日序																													節氣與天象
		初一	初二	初三	初四	初五	初六	初七	初八	初九	初十	十一	十二	十三	十四	十五	十六	十七	十八	十九	二十	二一	二二	二三	二四	二五	二六	二七	二八	二九	三十	
正月小	庚寅 天干地支 西曆 星期	甲寅 11 四	乙卯 12 五	丙辰 13 六	丁巳 14 日	戊午 15 一	己未 16 二	庚申 17 三	辛酉 18 四	壬戌 19 五	癸亥 20 六	甲子 21 日	乙丑 22 一	丙寅 23 二	丁卯 24 三	戊辰 25 四	己巳 26 五	庚午 27 六	辛未 28 日	壬申(3) 一	癸酉 2 二	甲戌 3 三	乙亥 4 四	丙子 5 五	丁丑 6 六	戊寅 7 日	己卯 8 一	庚辰 9 二	辛巳 10 三	壬午 11 四		乙丑雨水 庚辰驚蟄
二月大	辛卯 天干地支 西曆 星期	癸未 12 五	甲申 13 六	乙酉 14 日	丙戌 15 一	丁亥 16 二	戊子 17 三	己丑 18 四	庚寅 19 五	辛卯 20 六	壬辰 21 日	癸巳 22 一	甲午 23 二	乙未 24 三	丙申 25 四	丁酉 26 五	戊戌 27 六	己亥 28 日	庚子 29 一	辛丑 30 二	壬寅 31 三	癸卯(4) 四	甲辰 2 五	乙巳 3 六	丙午 4 日	丁未 5 一	戊申 6 二	己酉 7 三	庚戌 8 四	辛亥 9 五	壬子 10 六	丙申春分 辛亥清明
三月大	壬辰 天干地支 西曆 星期	癸丑 11 日	甲寅 12 一	乙卯 13 二	丙辰 14 三	丁巳 15 四	戊午 16 五	己未 17 六	庚申 18 日	辛酉 19 一	壬戌 20 二	癸亥 21 三	甲子 22 四	乙丑 23 五	丙寅 24 六	丁卯 25 日	戊辰 26 一	己巳 27 二	庚午 28 三	辛未 29 四	壬申 30 五	癸酉(5) 六	甲戌 2 日	乙亥 3 一	丙子 4 二	丁丑 5 三	戊寅 6 四	己卯 7 五	庚辰 8 六	辛巳 9 日	壬午 10 一	丙寅穀雨 辛巳立夏
四月小	癸巳 天干地支 西曆 星期	癸未 11 二	甲申 12 三	乙酉 13 四	丙戌 14 五	丁亥 15 六	戊子 16 日	己丑 17 一	庚寅 18 二	辛卯 19 三	壬辰 20 四	癸巳 21 五	甲午 22 六	乙未 23 日	丙申 24 一	丁酉 25 二	戊戌 26 三	己亥 27 四	庚子 28 五	辛丑 29 六	壬寅 30 日	癸卯 31 一	甲辰(6) 二	乙巳 2 三	丙午 3 四	丁未 4 五	戊申 5 六	己酉 6 日	庚戌 7 一	辛亥 8 二		丙申小滿
五月大	甲午 天干地支 西曆 星期	癸丑 9 三	甲寅 10 四	乙卯 11 五	丙辰 12 六	丁巳 13 日	戊午 14 一	己未 15 二	庚申 16 三	辛酉 17 四	壬戌 18 五	癸亥 19 六	甲子 20 日	乙丑 21 一	丙寅 22 二	丁卯 23 三	戊辰 24 四	己巳 25 五	庚午 26 六	辛未 27 日	壬申 28 一	癸酉 29 二	甲戌 30 三	乙亥(7) 四	丙子 2 五	丁丑 3 六	戊寅 4 日	己卯 5 一	庚辰 6 二	辛巳 7 三	壬午 8 四	壬子芒種 丁卯夏至
六月小	乙未 天干地支 西曆 星期	壬申 9 五	癸酉 10 六	甲戌 11 日	乙亥 12 一	丙子 13 二	丁丑 14 三	戊寅 15 四	己卯 16 五	庚辰 17 六	辛巳 18 日	壬午 19 一	癸未 20 二	甲申 21 三	乙酉 22 四	丙戌 23 五	丁亥 24 六	戊子 25 日	己丑 26 一	庚寅 27 二	辛卯 28 三	壬辰 29 四	癸巳 30 五	甲午 31 六	乙未(8) 日	丙申 2 一	丁酉 3 二	戊戌 4 三	己亥 5 四	庚子 6 五		壬午小暑 丁酉大暑
七月大	丙申 天干地支 西曆 星期	辛丑 7 六	壬寅 8 日	癸卯 9 一	甲辰 10 二	乙巳 11 三	丙午 12 四	丁未 13 五	戊申 14 六	己酉 15 日	庚戌 16 一	辛亥 17 二	壬子 18 三	癸丑 19 四	甲寅 20 五	乙卯 21 六	丙辰 22 日	丁巳 23 一	戊午 24 二	己未 25 三	庚申 26 四	辛酉 27 五	壬戌 28 六	癸亥 29 日	甲子 30 一	乙丑 31 二	丙寅(9) 三	丁卯 2 四	戊辰 3 五	己巳 4 六	庚午 5 日	癸丑立秋 戊辰處暑
八月小	丁酉 天干地支 西曆 星期	辛未 6 一	壬申 7 二	癸酉 8 三	甲戌 9 四	乙亥 10 五	丙子 11 六	丁丑 12 日	戊寅 13 一	己卯 14 二	庚辰 15 三	辛巳 16 四	壬午 17 五	癸未 18 六	甲申 19 日	乙酉 20 一	丙戌 21 二	丁亥 22 三	戊子 23 四	己丑 24 五	庚寅 25 六	辛卯 26 日	壬辰 27 一	癸巳 28 二	甲午 29 三	乙未 30 四	丙申(10) 五	丁酉 2 六	戊戌 3 日	己亥 4 一		癸未白露 戊戌秋分
九月大	戊戌 天干地支 西曆 星期	庚子 5 二	辛丑 6 三	壬寅 7 四	癸卯 8 五	甲辰 9 六	乙巳 10 日	丙午 11 一	丁未 12 二	戊申 13 三	己酉 14 四	庚戌 15 五	辛亥 16 六	壬子 17 日	癸丑 18 一	甲寅 19 二	乙卯 20 三	丙辰 21 四	丁巳 22 五	戊午 23 六	己未 24 日	庚申 25 一	辛酉 26 二	壬戌 27 三	癸亥 28 四	甲子 29 五	乙丑 30 六	丙寅 31 日	丁卯(11) 一	戊辰 2 二	己巳 3 三	癸丑寒露 己巳霜降
十月小	己亥 天干地支 西曆 星期	庚午 4 四	辛未 5 五	壬申 6 六	癸酉 7 日	甲戌 8 一	乙亥 9 二	丙子 10 三	丁丑 11 四	戊寅 12 五	己卯 13 六	庚辰 14 日	辛巳 15 一	壬午 16 二	癸未 17 三	甲申 18 四	乙酉 19 五	丙戌 20 六	丁亥 21 日	戊子 22 一	己丑 23 二	庚寅 24 三	辛卯 25 四	壬辰 26 五	癸巳 27 六	甲午 28 日	乙未 29 一	丙申 30 二	丁酉(12) 三	戊戌 2 四		甲申立冬 己亥小雪
十一月大	庚子 天干地支 西曆 星期	己亥 3 五	庚子 4 六	辛丑 5 日	壬寅 6 一	癸卯 7 二	甲辰 8 三	乙巳 9 四	丙午 10 五	丁未 11 六	戊申 12 日	己酉 13 一	庚戌 14 二	辛亥 15 三	壬子 16 四	癸丑 17 五	甲寅 18 六	乙卯 19 日	丙辰 20 一	丁巳 21 二	戊午 22 三	己未 23 四	庚申 24 五	辛酉 25 六	壬戌 26 日	癸亥 27 一	甲子 28 二	乙丑 29 三	丙寅 30 四	丁卯 31 五	戊辰(1) 六	甲寅大雪 己巳冬至
十二月小	辛丑 天干地支 西曆 星期	己巳 2 日	庚午 3 一	辛未 4 二	壬申 5 三	癸酉 6 四	甲戌 7 五	乙亥 8 六	丙子 9 日	丁丑 10 一	戊寅 11 二	己卯 12 三	庚辰 13 四	辛巳 14 五	壬午 15 六	癸未 16 日	甲申 17 一	乙酉 18 二	丙戌 19 三	丁亥 20 四	戊子 21 五	己丑 22 六	庚寅 23 日	辛卯 24 一	壬辰 25 二	癸巳 26 三	甲午 27 四	乙未 28 五	丙申 29 六	丁酉 30 日		乙酉小寒 庚子大寒

晉武帝太康八年（丁未 羊年）　公元 287～288 年

夏曆月序	中西日曆對照	夏曆日序																													節氣與天象
		初一	初二	初三	初四	初五	初六	初七	初八	初九	初十	十一	十二	十三	十四	十五	十六	十七	十八	十九	二十	二一	二二	二三	二四	二五	二六	二七	二八	二九	三十	
正月大	壬寅	天干 戊	己酉	庚戌	辛亥	壬子	癸丑	甲寅	乙卯	丙辰	丁巳	戊午	己未	庚申	辛酉	壬戌	癸亥	甲子	乙丑	丙寅	丁卯	戊辰	己巳	庚午	辛未	壬申	癸酉	甲戌	乙亥	丙子	丁丑	乙卯立春 庚午雨水 戊申日食
		西曆 31	(2)	2	3	4	5	6日	7	8	9	10	11	12	13	14	15	16	17	18	19	20	21	22	23	24	25	26	27	28	(3)	
		星期 一	二	三	四	五	六	日	一	二	三	四	五	六	日	一	二	三	四	五	六	日	一	二	三	四	五	六	日	一	二	
二月小	癸卯	戊寅	己卯	庚辰	辛巳	壬午	癸未	甲申	乙酉	丙戌	丁亥	戊子	己丑	庚寅	辛卯	壬辰	癸巳	甲午	乙未	丙申	丁酉	戊戌	己亥	庚子	辛丑	壬寅	癸卯	甲辰	乙巳	丙午		丙戌驚蟄 辛丑春分
		2	3	4	5	6	7日	8	9	10	11	12	13	14	15	16	17	18	19	20	21	22	23	24	25	26	27	28	29	30		
		三	四	五	六	日	一	二	三	四	五	六	日	一	二	三	四	五	六	日	一	二	三	四	五	六	日	一	二	三		
三月大	甲辰	丁未	戊申	己酉	庚戌	辛亥	壬子	癸丑	甲寅	乙卯	丙辰	丁巳	戊午	己未	庚申	辛酉	壬戌	癸亥	甲子	乙丑	丙寅	丁卯	戊辰	己巳	庚午	辛未	壬申	癸酉	甲戌	乙亥	丙子	丙辰清明 辛未穀雨
		31	(4)	2	3	4	5	6	7	8	9	10日	11	12	13	14	15	16	17	18	19	20	21	22	23	24	25	26	27	28	29	
		四	五	六	日	一	二	三	四	五	六	日	一	二	三	四	五	六	日	一	二	三	四	五	六	日	一	二	三	四	五	
四月小	乙巳	丁丑	戊寅	己卯	庚辰	辛巳	壬午	癸未	甲申	乙酉	丙戌	丁亥	戊子	己丑	庚寅	辛卯	壬辰	癸巳	甲午	乙未	丙申	丁酉	戊戌	己亥	庚子	辛丑	壬寅	癸卯	甲辰	乙巳		丙戌立夏 壬寅小滿
		30	(5)	2	3	4	5	6	7	8	9日	10	11	12	13	14	15	16	17	18	19	20	21	22	23	24	25	26	27	28		
		六	日	一	二	三	四	五	六	日	一	二	三	四	五	六	日	一	二	三	四	五	六	日	一	二	三	四	五			
五月大	丙午	丙午	丁未	戊申	己酉	庚戌	辛亥	壬子	癸丑	甲寅	乙卯	丙辰	丁巳	戊午	己未	庚申	辛酉	壬戌	癸亥	甲子	乙丑	丙寅	丁卯	戊辰	己巳	庚午	辛未	壬申	癸酉	甲戌	乙亥	丁巳芒種 壬寅夏至
		29	30	31	(6)	2	3	4	5日	6	7	8	9	10	11	12	13	14	15	16	17	18	19	20	21	22	23	24	25	26	27	
		一	二	三	四	五	六	日	一	二	三	四	五	六	日	一	二	三	四	五	六	日	一	二	三	四	五	六	日	一	二	
六月大	丁未	丙子	丁丑	戊寅	己卯	庚辰	辛巳	壬午	癸未	甲申	乙酉	丙戌	丁亥	戊子	己丑	庚寅	辛卯	壬辰	癸巳	甲午	乙未	丙申	丁酉	戊戌	己亥	庚子	辛丑	壬寅	癸卯	甲辰	乙巳	丁亥小暑 癸卯大暑
		28	29	30	(7)	2	3	4	5	6	7	8	9	10日	11	12	13	14	15	16	17	18	19	20	21	22	23	24	25	26	27	
		三	四	五	六	日	一	二	三	四	五	六	日	一	二	三	四	五	六	日	一	二	三	四	五	六	日	一	二	三	四	
七月小	戊申	丙午	丁未	戊申	己酉	庚戌	辛亥	壬子	癸丑	甲寅	乙卯	丙辰	丁巳	戊午	己未	庚申	辛酉	壬戌	癸亥	甲子	乙丑	丙寅	丁卯	戊辰	己巳	庚午	辛未	壬申	癸酉	甲戌		戊午立秋 癸酉處暑
		28	29	30	31	(8)	2	3	4	5	6日	7	8	9	10	11	12	13	14	15	16	17	18	19	20	21	22	23	24	25		
		四	五	六	日	一	二	三	四	五	六	日	一	二	三	四	五	六	日	一	二	三	四	五	六	日	一	二	三	四		
八月大	己酉	乙亥	丙子	丁丑	戊寅	己卯	庚辰	辛巳	壬午	癸未	甲申	乙酉	丙戌	丁亥	戊子	己丑	庚寅	辛卯	壬辰	癸巳	甲午	乙未	丙申	丁酉	戊戌	己亥	庚子	辛丑	壬寅	癸卯	甲辰	戊子白露 癸卯秋分
		26	27	28	29	30	31	(9)	2	3	4	5日	6	7	8	9	10	11	12	13	14	15	16	17	18	19	20	21	22	23	24	
		五	六	日	一	二	三	四	五	六	日	一	二	三	四	五	六	日	一	二	三	四	五	六	日	一	二	三	四	五	六	
閏八月小	乙酉	乙巳	丙午	丁未	戊申	己酉	庚戌	辛亥	壬子	癸丑	甲寅	乙卯	丙辰	丁巳	戊午	己未	庚申	辛酉	壬戌	癸亥												己未寒露
		25	26	27	28	29	30	⑽	2	3	4	5	6日	7	8	9	10	11	12	13	14											
		日	一	二	三	四	五	六	日	一	二	三	四	五	六	日	一	二	三	四	五											
九月大	庚戌	甲戌	乙亥	丙子	丁丑	戊寅	己卯	庚辰	辛巳	壬午	癸未	甲申	乙酉	丙戌	丁亥	戊子	己丑	庚寅	辛卯	壬辰	癸巳	甲午	乙未	丙申	丁酉	戊戌	己亥	庚子	辛丑	壬寅	癸卯	甲戌霜降 己丑立冬
		24	25	26	27	28	29	30	31	⑾	2	3	4	5	6日	7	8	9	10	11	12	13	14	15	16	17	18	19	20	21	22	
		日	一	二	三	四	五	六	日	一	二	三	四	五	六	日	一	二	三	四	五	六	日	一	二	三	四	五	六	日	一	
十月小	辛亥	甲辰	乙巳	丙午	丁未	戊申	己酉	庚戌	辛亥	壬子	癸丑	甲寅	乙卯	丙辰	丁巳	戊午	己未	庚申	辛酉	壬戌	癸亥	甲子	乙丑	丙寅	丁卯	戊辰	己巳	庚午	辛未	壬申		甲辰小雪 庚申大雪
		23	24	25	26	27	28	29	30	⑿	2	3	4	5日	6	7	8	9	10	11	12	13	14	15	16	17	18	19	20	21		
		二	三	四	五	六	日	一	二	三	四	五	六	日	一	二	三	四	五	六	日	一	二	三	四	五	六	日	一	二		
十一月大	壬子	癸酉	甲戌	乙亥	丙子	丁丑	戊寅	己卯	庚辰	辛巳	壬午	癸未	甲申	乙酉	丙戌	丁亥	戊子	己丑	庚寅	辛卯	壬辰	癸巳	甲午	乙未	丙申	丁酉	戊戌	己亥	庚子	辛丑	壬寅	乙亥冬至 庚寅小寒
		22	23	24	25	26	27	28	29	30	31	(1)	2	3	4日	5	6	7	8	9	10	11	12	13	14	15	16	17	18	19	20	
		三	四	五	六	日	一	二	三	四	五	六	日	一	二	三	四	五	六	日	一	二	三	四	五	六	日	一	二	三	四	
十二月小	癸丑	癸卯	甲辰	乙巳	丙午	丁未	戊申	己酉	庚戌	辛亥	壬子	癸丑	甲寅	乙卯	丙辰	丁巳	戊午	己未	庚申	辛酉	壬戌	癸亥	甲子	乙丑	丙寅	丁卯	戊辰	己巳	庚午	辛未		乙巳大寒 庚申立春
		21	22	23	24	25	26	27	28	29	30	31	(2)	2	3日	4	5	6	7	8	9	10	11	12	13	14	15	16	17	18		
		五	六	日	一	二	三	四	五	六	日	一	二	三	四	五	六	日	一	二	三	四	五	六	日	一	二	三	四	五	六	

晉武帝太康九年（戊申 猴年） 公元 288 ~ 289 年

夏曆月序	中西曆日對照	夏曆日序																													節氣與天象
		初一	初二	初三	初四	初五	初六	初七	初八	初九	初十	十一	十二	十三	十四	十五	十六	十七	十八	十九	二十	二一	二二	二三	二四	二五	二六	二七	二八	二九	三十	
正月大	甲寅 天干地支 西曆 星期	壬申19日一	癸酉20二	甲戌21三	乙亥22四	丙子23五	丁丑24六	戊寅25日	己卯26一	庚辰27二	辛巳28三	壬午29四	癸未(3)五	甲申2日	乙酉3一	丙戌4二	丁亥5三	戊子6四	己丑7五	庚寅8六	辛卯9日	壬辰10一	癸巳11二	甲午12三	乙未13四	丙申14五	丁酉15六	戊戌16日	己亥17一	庚子18二	辛丑19三	丙子雨水 辛卯驚蟄
二月小	乙卯 天干地支 西曆 星期	壬寅20四	癸卯21五	甲辰22六	乙巳23日	丙午24一	丁未25二	戊申26三	己酉27四	庚戌28五	辛亥29六	壬子30日	癸丑31一	甲寅(4)二	乙卯2日	丙辰3一	丁巳4二	戊午5三	己未6四	庚申7五	辛酉8六	壬戌9日	癸亥10一	甲子11二	乙丑12三	丙寅13四	丁卯14五	戊辰15六	己巳16日	庚午17一		丙午春分 辛酉清明
三月大	丙辰 天干地支 西曆 星期	辛未18二	壬申19三	癸酉20四	甲戌21五	乙亥22六	丙子23日	丁丑24一	戊寅25二	己卯26三	庚辰27四	辛巳28五	壬午29六	癸未30日	甲申(5)一	乙酉2二	丙戌3三	丁亥4四	戊子5五	己丑6六	庚寅7日	辛卯8一	壬辰9二	癸巳10三	甲午11四	乙未12五	丙申13六	丁酉14日	戊戌15一	己亥16二	庚子17三	丙子穀雨 壬辰立夏
四月小	丁巳 天干地支 西曆 星期	辛丑18四	壬寅19五	癸卯20六	甲辰21日	乙巳22一	丙午23二	丁未24三	戊申25四	己酉26五	庚戌27六	辛亥28日	壬子29一	癸丑30二	甲寅31三	乙卯(6)四	丙辰2五	丁巳3六	戊午4日	己未5一	庚申6二	辛酉7三	壬戌8四	癸亥9五	甲子10六	乙丑11日	丙寅12一	丁卯13二	戊辰14三	己巳15四		丁未小滿 壬戌芒種
五月大	戊午 天干地支 西曆 星期	庚午16五	辛未17六	壬申18日	癸酉19一	甲戌20二	乙亥21三	丙子22四	丁丑23五	戊寅24六	己卯25日	庚辰26一	辛巳27二	壬午28三	癸未29四	甲申30五	乙酉(7)六	丙戌2日	丁亥3一	戊子4二	己丑5三	庚寅6四	辛卯7五	壬辰8六	癸巳9日	甲午10一	乙未11二	丙申12三	丁酉13四	戊戌14五	己亥15六	丁丑夏至 癸巳小暑
六月小	己未 天干地支 西曆 星期	庚子16日	辛丑17一	壬寅18二	癸卯19三	甲辰20四	乙巳21五	丙午22六	丁未23日	戊申24一	己酉25二	庚戌26三	辛亥27四	壬子28五	癸丑29六	甲寅30日	乙卯31一	丙辰(8)二	丁巳2三	戊午3四	己未4五	庚申5六	辛酉6日	壬戌7一	癸亥8二	甲子9三	乙丑10四	丙寅11五	丁卯12六	戊辰13日		戊申大暑 癸亥立秋 庚子日食
七月大	庚申 天干地支 西曆 星期	己巳14一	庚午15二	辛未16三	壬申17四	癸酉18五	甲戌19六	乙亥20日	丙子21一	丁丑22二	戊寅23三	己卯24四	庚辰25五	辛巳26六	壬午27日	癸未28一	甲申29二	乙酉30三	丙戌31四	丁亥(9)五	戊子2六	己丑3日	庚寅4一	辛卯5二	壬辰6三	癸巳7四	甲午8五	乙未9六	丙申10日	丁酉11一	戊戌12二	戊寅處暑 癸巳白露
八月小	辛酉 天干地支 西曆 星期	己亥13三	庚子14四	辛丑15五	壬寅16六	癸卯17日	甲辰18一	乙巳19二	丙午20三	丁未21四	戊申22五	己酉23六	庚戌24日	辛亥25一	壬子26二	癸丑27三	甲寅28四	乙卯29五	丙辰30六	丁巳(10)日	戊午2一	己未3二	庚申4三	辛酉5四	壬戌6五	癸亥7六	甲子8日	乙丑9一	丙寅10二	丁卯11三		己酉秋分 甲子寒露
九月大	壬戌 天干地支 西曆 星期	戊辰12四	己巳13五	庚午14六	辛未15日	壬申16一	癸酉17二	甲戌18三	乙亥19四	丙子20五	丁丑21六	戊寅22日	己卯23一	庚辰24二	辛巳25三	壬午26四	癸未27五	甲申28六	乙酉29日	丙戌30一	丁亥31二	戊子(11)三	己丑2四	庚寅3五	辛卯4六	壬辰5日	癸巳6一	甲午7二	乙未8三	丙申9四	丁酉10五	己卯霜降 甲午立冬
十月大	癸亥 天干地支 西曆 星期	戊戌11六	己亥12日	庚子13一	辛丑14二	壬寅15三	癸卯16四	甲辰17五	乙巳18六	丙午19日	丁未20一	戊申21二	己酉22三	庚戌23四	辛亥24五	壬子25六	癸丑26日	甲寅27一	乙卯28二	丙辰29三	丁巳30四	戊午(12)五	己未2六	庚申3日	辛酉4一	壬戌5二	癸亥6三	甲子7四	乙丑8五	丙寅9六	丁卯10日	庚戌小雪 乙丑大雪
十一月小	甲子 天干地支 西曆 星期	戊辰11一	己巳12二	庚午13三	辛未14四	壬申15五	癸酉16六	甲戌17日	乙亥18一	丙子19二	丁丑20三	戊寅21四	己卯22五	庚辰23六	辛巳24日	壬午25一	癸未26二	甲申27三	乙酉28四	丙戌29五	丁亥30六	戊子(1)日	己丑2一	庚寅3二	辛卯4三	壬辰5四	癸巳6五	甲午7六	乙未8日	丙申9一		庚辰冬至 乙未小寒
十二月大	乙丑 天干地支 西曆 星期	丁酉9二	戊戌10三	己亥11四	庚子12五	辛丑13六	壬寅14日	癸卯15一	甲辰16二	乙巳17三	丙午18四	丁未19五	戊申20六	己酉21日	庚戌22一	辛亥23二	壬子24三	癸丑25四	甲寅26五	乙卯27六	丙辰28日	丁巳29一	戊午30二	己未31三	庚申(2)四	辛酉2五	壬戌3六	癸亥4日	甲子5一	乙丑6二	丙寅7三	庚戌大寒 丙寅立春

晉武帝太康十年（己酉 雞年） 公元 289～290 年

夏曆月序	中西日照對	夏曆日序																													節氣與天象
		初一	初二	初三	初四	初五	初六	初七	初八	初九	初十	十一	十二	十三	十四	十五	十六	十七	十八	十九	二十	廿一	廿二	廿三	廿四	廿五	廿六	廿七	廿八	廿九	三十	
正月小	丙寅	天干地支 西曆 星期	丁卯 8 五	戊辰 9 六	己巳 10 日	庚午 11 一	辛未 12 二	壬申 13 三	癸酉 14 四	甲戌 15 五	乙亥 16 六	丙子 17 日	丁丑 18 一	戊寅 19 二	己卯 20 三	庚辰 21 四	辛巳 22 五	壬午 23 六	癸未 24 日	甲申 25 一	乙酉 26 二	丙戌 27 三	丁亥 28 四	戊子 (3) 五	己丑 2月 六	庚寅 3 日	辛卯 4 一	壬辰 5 二	癸巳 6 三	甲午 7 四	乙未 8 五		辛巳雨水
二月大	丁卯	天干地支 西曆 星期	丙申 9 六	丁酉 10 日	戊戌 11 一	己亥 12 二	庚子 13 三	辛丑 14 四	壬寅 15 五	癸卯 16 六	甲辰 17 日	乙巳 18 一	丙午 19 二	丁未 20 三	戊申 21 四	己酉 22 五	庚戌 23 六	辛亥 24 日	壬子 25 一	癸丑 26 二	甲寅 27 三	乙卯 28 四	丙辰 29 五	丁巳 30 六	戊午 31 日	己未 (4) 一	庚申 3月 二	辛酉 3 三	壬戌 4 四	癸亥 5 五	甲子 6 六	乙丑 7 日	丙申驚蟄 辛亥春分
三月小	戊辰	天干地支 西曆 星期	丙寅 8 一	丁卯 9 二	戊辰 10 三	己巳 11 四	庚午 12 五	辛未 13 六	壬申 14 日	癸酉 15 一	甲戌 16 二	乙亥 17 三	丙子 18 四	丁丑 19 五	戊寅 20 六	己卯 21 日	庚辰 22 一	辛巳 23 二	壬午 24 三	癸未 25 四	甲申 26 五	乙酉 27 六	丙戌 28 日	丁亥 29 一	戊子 30 二	己丑 (5) 三	庚寅 4月 四	辛卯 3 五	壬辰 4 六	癸巳 5 日	甲午 6 一		丙寅清明 壬午穀雨
四月大	己巳	天干地支 西曆 星期	乙未 7 二	丙申 8 三	丁酉 9 四	戊戌 10 五	己亥 11 六	庚子 12 日	辛丑 13 一	壬寅 14 二	癸卯 15 三	甲辰 16 四	乙巳 17 五	丙午 18 六	丁未 19 日	戊申 20 一	己酉 21 二	庚戌 22 三	辛亥 23 四	壬子 24 五	癸丑 25 六	甲寅 26 日	乙卯 27 一	丙辰 28 二	丁巳 29 三	戊午 30 四	己未 31 五	庚申 (6) 六	辛酉 5月 日	壬戌 3 一	癸亥 4 二	甲子 5 三	丁酉立夏 壬子小滿
五月小	庚午	天干地支 西曆 星期	乙丑 6 四	丙寅 7 五	丁卯 8 六	戊辰 9 日	己巳 10 一	庚午 11 二	辛未 12 三	壬申 13 四	癸酉 14 五	甲戌 15 六	乙亥 16 日	丙子 17 一	丁丑 18 二	戊寅 19 三	己卯 20 四	庚辰 21 五	辛巳 22 六	壬午 23 日	癸未 24 一	甲申 25 二	乙酉 26 三	丙戌 27 四	丁亥 28 五	戊子 29 六	己丑 30 日	庚寅 (7) 一	辛卯 6月 二	壬辰 3 三	癸巳 4 四		丁卯芒種 癸未夏至
六月大	辛未	天干地支 西曆 星期	甲午 5 五	乙未 6 六	丙申 7 日	丁酉 8 一	戊戌 9 二	己亥 10 三	庚子 11 四	辛丑 12 五	壬寅 13 六	癸卯 14 日	甲辰 15 一	乙巳 16 二	丙午 17 三	丁未 18 四	戊申 19 五	己酉 20 六	庚戌 21 日	辛亥 22 一	壬子 23 二	癸丑 24 三	甲寅 25 四	乙卯 26 五	丙辰 27 六	丁巳 28 日	戊午 29 一	己未 30 二	庚申 31 三	辛酉 (8) 四	壬戌 7月 五	癸亥 3 六	戊戌小暑 癸丑大暑
七月小	壬申	天干地支 西曆 星期	甲子 4 日	乙丑 5 一	丙寅 6 二	丁卯 7 三	戊辰 8 四	己巳 9 五	庚午 10 六	辛未 11 日	壬申 12 一	癸酉 13 二	甲戌 14 三	乙亥 15 四	丙子 16 五	丁丑 17 六	戊寅 18 日	己卯 19 一	庚辰 20 二	辛巳 21 三	壬午 22 四	癸未 23 五	甲申 24 六	乙酉 25 日	丙戌 26 一	丁亥 27 二	戊子 28 三	己丑 29 四	庚寅 30 五	辛卯 31 六	壬辰 (9) 日		戊辰立秋 癸未處暑
八月大	癸酉	天干地支 西曆 星期	癸巳 2 一	甲午 3 二	乙未 4 三	丙申 5 四	丁酉 6 五	戊戌 7 六	己亥 8 日	庚子 9 一	辛丑 10 二	壬寅 11 三	癸卯 12 四	甲辰 13 五	乙巳 14 六	丙午 15 日	丁未 16 一	戊申 17 二	己酉 18 三	庚戌 19 四	辛亥 20 五	壬子 21 六	癸丑 22 日	甲寅 23 一	乙卯 24 二	丙辰 25 三	丁巳 26 四	戊午 27 五	己未 28 六	庚申 29 日	辛酉 30 一	壬戌 (10) 二	己亥白露 甲寅秋分
九月小	甲戌	天干地支 西曆 星期	癸亥 2 三	甲子 3 四	乙丑 4 五	丙寅 5 六	丁卯 6 日	戊辰 7 一	己巳 8 二	庚午 9 三	辛未 10 四	壬申 11 五	癸酉 12 六	甲戌 13 日	乙亥 14 一	丙子 15 二	丁丑 16 三	戊寅 17 四	己卯 18 五	庚辰 19 六	辛巳 20 日	壬午 21 一	癸未 22 二	甲申 23 三	乙酉 24 四	丙戌 25 五	丁亥 26 六	戊子 27 日	己丑 29 一	庚寅 30 二			己巳寒露 甲申霜降
十月大	乙亥	天干地支 西曆 星期	壬辰 31 四	癸巳 ⑪ 五	甲午 2 六	乙未 3 日	丙申 4 一	丁酉 5 二	戊戌 6 三	己亥 7 四	庚子 8 五	辛丑 9 六	壬寅 10 日	癸卯 11 一	甲辰 12 二	乙巳 13 三	丙午 14 四	丁未 15 五	戊申 16 六	己酉 17 日	庚戌 18 一	辛亥 19 二	壬子 20 三	癸丑 21 四	甲寅 22 五	乙卯 23 六	丙辰 24 日	丁巳 25 一	戊午 26 二	己未 27 三	庚申 28 四	辛酉 29 五	庚子立冬 乙卯小雪
十一月小	丙子	天干地支 西曆 星期	壬戌 30 六	癸亥 ⑫ 日	甲子 2 一	乙丑 3 二	丙寅 4 三	丁卯 5 四	戊辰 6 五	己巳 7 六	庚午 8 日	辛未 9 一	壬申 10 二	癸酉 11 三	甲戌 12 四	乙亥 13 五	丙子 14 六	丁丑 15 日	戊寅 16 一	己卯 17 二	庚辰 18 三	辛巳 19 四	壬午 20 五	癸未 21 六	甲申 22 日	乙酉 23 一	丙戌 24 二	丁亥 25 三	戊子 26 四	己丑 27 五	庚寅 28 六		庚午大雪 乙酉冬至
十二月大	丁丑	天干地支 西曆 星期	辛卯 29 日	壬辰 30 一	癸巳 (1) 二	甲午 2 三	乙未 3 四	丙申 4 五	丁酉 5 六	戊戌 6 日	己亥 7 一	庚子 8 二	辛丑 9 三	壬寅 10 四	癸卯 11 五	甲辰 12 六	乙巳 13 日	丙午 14 一	丁未 15 二	戊申 16 三	己酉 17 四	庚戌 18 五	辛亥 19 六	壬子 20 日	癸丑 21 一	甲寅 22 二	乙卯 23 三	丙辰 24 四	丁巳 25 五	戊午 26 六	己未 27 日	庚申 28 一	庚子小寒 丙辰大寒

晉武帝太熙元年 惠帝永熙元年（庚戌 狗年） 公元290～291年

（表格內容從略）

* 正月辛酉（初一），改元太熙。四月己酉（二十日），武帝死。惠帝即位，改元永熙。

晉惠帝永平元年 元康元年（辛亥 豬年） 公元 291～292 年

夏曆月序	中西日曆對照	夏曆日序																													節氣與天象
		初一	初二	初三	初四	初五	初六	初七	初八	初九	初十	十一	十二	十三	十四	十五	十六	十七	十八	十九	二十	二一	二二	二三	二四	二五	二六	二七	二八	二九	三十	
正月小	庚寅	天干地支西曆星期	乙酉16一	丙戌17二	丁亥18三	戊子19四	己丑20五	庚寅21六	辛卯22日	壬辰23一	癸巳24二	甲午25三	乙未26四	丙申27五	丁酉28六	戊戌(3)日	己亥2一	庚子3二	辛丑4三	壬寅5四	癸卯6五	甲辰7六	乙巳8日	丙午9一	丁未10二	戊申11三	己酉12四	庚戌13五	辛亥14六	壬子15日	癸丑16一	辛卯雨水 丁未驚蟄
二月大	辛卯	天干地支西曆星期	甲寅17二	乙卯18三	丙辰19四	丁巳20五	戊午21六	己未22日	庚申23一	辛酉24二	壬戌25三	癸亥26四	甲子27五	乙丑28六	丙寅29日	丁卯30一	戊辰31二	己巳(4)三	庚午2四	辛未3五	壬申4六	癸酉5日	甲戌6一	乙亥7二	丙子8三	丁丑9四	戊寅10五	己卯11六	庚辰12日	辛巳13一	壬午14二	癸未15三	壬戌春分 丁丑清明
三月小	壬辰	天干地支西曆星期	甲申16四	乙酉17五	丙戌18六	丁亥19日	戊子20一	己丑21二	庚寅22三	辛卯23四	壬辰24五	癸巳25六	甲午26日	乙未27一	丙申28二	丁酉29三	戊戌30四	己亥(5)五	庚子2六	辛丑3日	壬寅4一	癸卯5二	甲辰6三	乙巳7四	丙午8五	丁未9六	戊申10日	己酉11一	庚戌12二	辛亥13三	壬子14四		壬辰穀雨 丁未立夏
四月大	癸巳	天干地支西曆星期	癸丑15五	甲寅16六	乙卯17日	丙辰18一	丁巳19二	戊午20三	己未21四	庚申22五	辛酉23六	壬戌24日	癸亥25一	甲子26二	乙丑27三	丙寅28四	丁卯29五	戊辰30六	己巳31日	庚午(6)一	辛未2二	壬申3三	癸酉4四	甲戌5五	乙亥6六	丙子7日	丁丑8一	戊寅9二	己卯10三	庚辰11四	辛巳12五	壬午13六	癸亥小滿 戊寅芒種
五月大	甲午	天干地支西曆星期	癸未14日	甲申15一	乙酉16二	丙戌17三	丁亥18四	戊子19五	己丑20六	庚寅21日	辛卯22一	壬辰23二	癸巳24三	甲午25四	乙未26五	丙申27六	丁酉28日	戊戌29一	己亥30二	庚子(7)三	辛丑2四	壬寅3五	癸卯4六	甲辰5日	乙巳6一	丙午7二	丁未8三	戊申9四	己酉10五	庚戌11六	辛亥12日	壬子13一	癸巳夏至 戊申小暑
六月小	乙未	天干地支西曆星期	癸丑14二	甲寅15三	乙卯16四	丙辰17五	丁巳18六	戊午19日	己未20一	庚申21二	辛酉22三	壬戌23四	癸亥24五	甲子25六	乙丑26日	丙寅27一	丁卯28二	戊辰29三	己巳30四	庚午31五	辛未(8)六	壬申2日	癸酉3一	甲戌4二	乙亥5三	丙子6四	丁丑7五	戊寅8六	己卯9日	庚辰10一	辛巳11二		甲子大暑 己卯立秋
七月大	丙申	天干地支西曆星期	壬午12三	癸未13四	甲申14五	乙酉15六	丙戌16日	丁亥17一	戊子18二	己丑19三	庚寅20四	辛卯21五	壬辰22六	癸巳23日	甲午24一	乙未25二	丙申26三	丁酉27四	戊戌28五	己亥29六	庚子30日	辛丑31一	壬寅(9)二	癸卯2三	甲辰3四	乙巳4五	丙午5六	丁未6日	戊申7一	己酉8二	庚戌9三	辛亥10四	甲午處暑 己酉白露
八月小	丁酉	天干地支西曆星期	壬子11五	癸丑12六	甲寅13日	乙卯14一	丙辰15二	丁巳16三	戊午17四	己未18五	庚申19六	辛酉20日	壬戌21一	癸亥22二	甲子23三	乙丑24四	丙寅25五	丁卯26六	戊辰27日	己巳28一	庚午29二	辛未30三	壬申(10)四	癸酉2五	甲戌3六	乙亥4日	丙子5一	丁丑6二	戊寅7三	己卯8四	庚辰9五		甲子秋分 庚辰寒露
九月大	戊戌	天干地支西曆星期	辛巳10六	壬午11日	癸未12一	甲申13二	乙酉14三	丙戌15四	丁亥16五	戊子17六	己丑18日	庚寅19一	辛卯20二	壬辰21三	癸巳22四	甲午23五	乙未24六	丙申25日	丁酉26一	戊戌27二	己亥28三	庚子29四	辛丑30五	壬寅31六	癸卯(11)日	甲辰2一	乙巳3二	丙午4三	丁未5四	戊申6五	己酉7六	庚戌8日	乙未霜降 庚戌立冬
十月小	己亥	天干地支西曆星期	辛亥9一	壬子10二	癸丑11三	甲寅12四	乙卯13五	丙辰14六	丁巳15日	戊午16一	己未17二	庚申18三	辛酉19四	壬戌20五	癸亥21六	甲子22日	乙丑23一	丙寅24二	丁卯25三	戊辰26四	己巳27五	庚午28六	辛未29日	壬申30一	癸酉(12)二	甲戌2三	乙亥3四	丙子4五	丁丑5六	戊寅6日	己卯7一		乙丑小雪
十一月大	庚子	天干地支西曆星期	庚辰8二	辛巳9三	壬午10四	癸未11五	甲申12六	乙酉13日	丙戌14一	丁亥15二	戊子16三	己丑17四	庚寅18五	辛卯19六	壬辰20日	癸巳21一	甲午22二	乙未23三	丙申24四	丁酉25五	戊戌26六	己亥27日	庚子28一	辛丑29二	壬寅30三	癸卯31四	甲辰(1)五	乙巳2六	丙午3日	丁未4一	戊申5二	己酉6三	庚辰大雪 丙申冬至
十二月小	辛丑	天干地支西曆星期	庚戌7四	辛亥8五	壬子9六	癸丑10日	甲寅11一	乙卯12二	丙辰13三	丁巳14四	戊午15五	己未16六	庚申17日	辛酉18一	壬戌19二	癸亥20三	甲子21四	乙丑22五	丙寅23六	丁卯24日	戊辰25一	己巳26二	庚午27三	辛未28四	壬申29五	癸酉30六	甲戌31日	乙亥(2)一	丙子2二	丁丑3三	戊寅4四		辛亥小寒 丙寅大寒

＊正月乙酉（初一），改元永平。三月壬辰（初九），改元元康。

晉惠帝元康二年（壬子 鼠年） 公元 292 ～ 293 年

夏曆月序	中西曆對照	夏曆日序																													節氣與天象
		初一	初二	初三	初四	初五	初六	初七	初八	初九	初十	十一	十二	十三	十四	十五	十六	十七	十八	十九	二十	廿一	廿二	廿三	廿四	廿五	廿六	廿七	廿八	廿九	三十	
正月大	壬寅	天干地支 西曆日 星期	己卯 5 五	庚辰 6 六	辛巳 7 日	壬午 8 一	癸未 9 二	甲申 10 三	乙酉 11 四	丙戌 12 五	丁亥 13 六	戊子 14 日	己丑 15 一	庚寅 16 二	辛卯 17 三	壬辰 18 四	癸巳 19 五	甲午 20 六	乙未 21 日	丙申 22 一	丁酉 23 二	戊戌 24 三	己亥 25 四	庚子 26 五	辛丑 27 六	壬寅 28 日	癸卯 29 一	甲辰(3) 二	乙巳 2 三	丙午 3 四	丁未 4 五	戊申 5 六	辛巳立春 丁酉雨水
二月小	癸卯	天干地支 西曆日 星期	己酉 6 日	庚戌 7 一	辛亥 8 二	壬子 9 三	癸丑 10 四	甲寅 11 五	乙卯 12 六	丙辰 13 日	丁巳 14 一	戊午 15 二	己未 16 三	庚申 17 四	辛酉 18 五	壬戌 19 六	癸亥 20 日	甲子 21 一	乙丑 22 二	丙寅 23 三	丁卯 24 四	戊辰 25 五	己巳 26 六	庚午 27 日	辛未 28 一	壬申 29 二	癸酉 30 三	甲戌 31 四	乙亥(4) 五	丙子 2 六	丁丑 3 日		壬子驚蟄 丁卯春分
三月大	甲辰	天干地支 西曆日 星期	戊寅 4 一	己卯 5 二	庚辰 6 三	辛巳 7 四	壬午 8 五	癸未 9 六	甲申 10 日	乙酉 11 一	丙戌 12 二	丁亥 13 三	戊子 14 四	己丑 15 五	庚寅 16 六	辛卯 17 日	壬辰 18 一	癸巳 19 二	甲午 20 三	乙未 21 四	丙申 22 五	丁酉 23 六	戊戌 24 日	己亥 25 一	庚子 26 二	辛丑 27 三	壬寅 28 四	癸卯 29 五	甲辰 30 六	乙巳(5) 日	丙午 2 一	丁未 3 二	壬午清明 丁酉穀雨
四月小	乙巳	天干地支 西曆日 星期	戊申 4 三	己酉 5 四	庚戌 6 五	辛亥 7 六	壬子 8 日	癸丑 9 一	甲寅 10 二	乙卯 11 三	丙辰 12 四	丁巳 13 五	戊午 14 六	己未 15 日	庚申 16 一	辛酉 17 二	壬戌 18 三	癸亥 19 四	甲子 20 五	乙丑 21 六	丙寅 22 日	丁卯 23 一	戊辰 24 二	己巳 25 三	庚午 26 四	辛未 27 五	壬申 28 六	癸酉 29 日	甲戌 30 一	乙亥 31 二	丙子(6) 三		癸丑立夏 戊辰小滿
五月大	丙午	天干地支 西曆日 星期	丁丑 2 四	戊寅 3 五	己卯 4 六	庚辰 5 日	辛巳 6 一	壬午 7 二	癸未 8 三	甲申 9 四	乙酉 10 五	丙戌 11 六	丁亥 12 日	戊子 13 一	己丑 14 二	庚寅 15 三	辛卯 16 四	壬辰 17 五	癸巳 18 六	甲午 19 日	乙未 20 一	丙申 21 二	丁酉 22 三	戊戌 23 四	己亥 24 五	庚子 25 六	辛丑 26 日	壬寅 27 一	癸卯 28 二	甲辰 29 三	乙巳 30 四	丙午(7) 五	癸未芒種 戊戌夏至
六月小	丁未	天干地支 西曆日 星期	丁未 2 六	戊申 3 日	己酉 4 一	庚戌 5 二	辛亥 6 三	壬子 7 四	癸丑 8 五	甲寅 9 六	乙卯 10 日	丙辰 11 一	丁巳 12 二	戊午 13 三	己未 14 四	庚申 15 五	辛酉 16 六	壬戌 17 日	癸亥 18 一	甲子 19 二	乙丑 20 三	丙寅 21 四	丁卯 22 五	戊辰 23 六	己巳 24 日	庚午 25 一	辛未 26 二	壬申 27 三	癸酉 28 四	甲戌 29 五	乙亥 30 六		甲寅小暑 己巳大暑
七月大	戊申	天干地支 西曆日 星期	丙子 31 日	丁丑(8) 一	戊寅 2 二	己卯 3 三	庚辰 4 四	辛巳 5 五	壬午 6 六	癸未 7 日	甲申 8 一	乙酉 9 二	丙戌 10 三	丁亥 11 四	戊子 12 五	己丑 13 六	庚寅 14 日	辛卯 15 一	壬辰 16 二	癸巳 17 三	甲午 18 四	乙未 19 五	丙申 20 六	丁酉 21 日	戊戌 22 一	己亥 23 二	庚子 24 三	辛丑 25 四	壬寅 26 五	癸卯 27 六	甲辰 28 日	乙巳 29 一	甲申立秋 己亥處暑
八月小	己酉	天干地支 西曆日 星期	丙午 30 二	丁未 31 三	戊申(9) 四	己酉 2 五	庚戌 3 六	辛亥 4 日	壬子 5 一	癸丑 6 二	甲寅 7 三	乙卯 8 四	丙辰 9 五	丁巳 10 六	戊午 11 日	己未 12 一	庚申 13 二	辛酉 14 三	壬戌 15 四	癸亥 16 五	甲子 17 六	乙丑 18 日	丙寅 19 一	丁卯 20 二	戊辰 21 三	己巳 22 四	庚午 23 五	辛未 24 六	壬申 25 日	癸酉 26 一	甲戌 27 二		甲寅白露 庚午秋分
九月大	庚戌	天干地支 西曆日 星期	乙亥 28 三	丙子 29 四	丁丑 30 五	戊寅(00) 六	己卯 2 日	庚辰 3 一	辛巳 4 二	壬午 5 三	癸未 6 四	甲申 7 五	乙酉 8 六	丙戌 9 日	丁亥 10 一	戊子 11 二	己丑 12 三	庚寅 13 四	辛卯 14 五	壬辰 15 六	癸巳 16 日	甲午 17 一	乙未 18 二	丙申 19 三	丁酉 20 四	戊戌 21 五	己亥 22 六	庚子 23 日	辛丑 24 一	壬寅 25 二	癸卯 26 三	甲辰 27 四	乙酉寒露 庚子霜降
十月大	辛亥	天干地支 西曆日 星期	乙巳 28 五	丙午 29 六	丁未 30 日	戊申 31 一	己酉(11) 二	庚戌 2 三	辛亥 3 四	壬子 4 五	癸丑 5 六	甲寅 6 日	乙卯 7 一	丙辰 8 二	丁巳 9 三	戊午 10 四	己未 11 五	庚申 12 六	辛酉 13 日	壬戌 14 一	癸亥 15 二	甲子 16 三	乙丑 17 四	丙寅 18 五	丁卯 19 六	戊辰 20 日	己巳 21 一	庚午 22 二	辛未 23 三	壬申 24 四	癸酉 25 五	甲戌 26 六	丁卯立冬 辛未小雪
十一月小	壬子	天干地支 西曆日 星期	乙亥 27 日	丙子 28 一	丁丑 29 二	戊寅 30 三	己卯(12) 四	庚辰 2 五	辛巳 3 六	壬午 4 日	癸未 5 一	甲申 6 二	乙酉 7 三	丙戌 8 四	丁亥 9 五	戊子 10 六	己丑 11 日	庚寅 12 一	辛卯 13 二	壬辰 14 三	癸巳 15 四	甲午 16 五	乙未 17 六	丙申 18 日	丁酉 19 一	戊戌 20 二	己亥 21 三	庚子 22 四	辛丑 23 五	壬寅 24 六	癸卯 25 日		丙戌大雪 辛丑冬至
十二月大	癸丑	天干地支 西曆日 星期	甲辰 26 一	乙巳 27 二	丙午 28 三	丁未 29 四	戊申 30 五	己酉 31 六	庚戌(1) 日	辛亥 2 一	壬子 3 二	癸丑 4 三	甲寅 5 四	乙卯 6 五	丙辰 7 六	丁巳 8 日	戊午 9 一	己未 10 二	庚申 11 三	辛酉 12 四	壬戌 13 五	癸亥 14 六	甲子 15 日	乙丑 16 一	丙寅 17 二	丁卯 18 三	戊辰 19 四	己巳 20 五	庚午 21 六	辛未 22 日	壬申 23 一	癸酉 24 二	丙辰小寒 辛未大寒

晉惠帝元康三年（癸丑 牛年） 公元293～294年

夏曆月序	中西曆日對照	夏曆日序																													節氣與天象
		初一	初二	初三	初四	初五	初六	初七	初八	初九	初十	十一	十二	十三	十四	十五	十六	十七	十八	十九	二十	二一	二二	二三	二四	二五	二六	二七	二八	二九	三十	
正月小	甲寅 天干地支西曆星期	甲戌25三	乙亥26四	丙子27五	丁丑28六	戊寅29日	己卯30一	庚辰31二	辛巳(2)三	壬午2四	癸未3五	甲申4六	乙酉5日	丙戌6一	丁亥7二	戊子8三	己丑9四	庚寅10五	辛卯11六	壬辰12日	癸巳13一	甲午14二	乙未15三	丙申16四	丁酉17五	戊戌18六	己亥19日	庚子20一	辛丑21二	壬寅22三		丁亥立春 壬寅雨水
二月大	乙卯 天干地支西曆星期	癸卯23四	甲辰24五	乙巳25六	丙午26日	丁未27一	戊申28二	己酉(3)三	庚戌2四	辛亥3五	壬子4六	癸丑5日	甲寅6一	乙卯7二	丙辰8三	丁巳9四	戊午10五	己未11六	庚申12日	辛酉13一	壬戌14二	癸亥15三	甲子16四	乙丑17五	丙寅18六	丁卯19日	戊辰20一	己巳21二	庚午22三	辛未23四	壬申24五	丁巳驚蟄 壬申春分
閏二月小	乙卯 天干地支西曆星期	癸酉25六	甲戌26日	乙亥27一	丙子28二	丁丑29三	戊寅(4)四	己卯2五	庚辰3六	辛巳4日	壬午5一	癸未6二	甲申7三	乙酉8四	丙戌9五	丁亥10六	戊子11日	己丑12一	庚寅13二	辛卯14三	壬辰15四	癸巳16五	甲午17六	乙未18日	丙申19一	丁酉20二	戊戌21三	己亥22四	庚子23五	辛丑24六		丁亥清明
三月大	丙辰 天干地支西曆星期	壬寅23日	癸卯24一	甲辰25二	乙巳26三	丙午27四	丁未28五	戊申29六	己酉30日	庚戌(5)一	辛亥2二	壬子3三	癸丑4四	甲寅5五	乙卯6六	丙辰7日	丁巳8一	戊午9二	己未10三	庚申11四	辛酉12五	壬戌13六	癸亥14日	甲子15一	乙丑16二	丙寅17三	丁卯18四	戊辰19五	己巳20六	庚午21日	辛未22一	癸卯穀雨 戊午立夏
四月小	丁巳 天干地支西曆星期	壬申23二	癸酉24三	甲戌25四	乙亥26五	丙子27六	丁丑28日	戊寅29一	己卯30二	庚辰31三	辛巳(6)四	壬午2五	癸未3六	甲申4日	乙酉5一	丙戌6二	丁亥7三	戊子8四	己丑9五	庚寅10六	辛卯11日	壬辰12一	癸巳13二	甲午14三	乙未15四	丙申16五	丁酉17六	戊戌18日	己亥19一	庚子20二		癸酉小滿 午子芒種
五月大	戊午 天干地支西曆星期	辛丑21三	壬寅22四	癸卯23五	甲辰24六	乙巳25日	丙午26一	丁未27二	戊申28三	己酉29四	庚戌30五	辛亥(7)六	壬子2日	癸丑3一	甲寅4二	乙卯5三	丙辰6四	丁巳7五	戊午8六	己未9日	庚申10一	辛酉11二	壬戌12三	癸亥13四	甲子14五	乙丑15六	丙寅16日	丁卯17一	戊辰18二	己巳19三	庚午20四	甲辰夏至 丁未小暑
六月小	己未 天干地支西曆星期	辛未21五	壬申22六	癸酉23日	甲戌24一	乙亥25二	丙子26三	丁丑27四	戊寅28五	己卯29六	庚辰30日	辛巳31一	壬午(8)二	癸未2三	甲申3四	乙酉4五	丙戌5六	丁亥6日	戊子7一	己丑8二	庚寅9三	辛卯10四	壬辰11五	癸巳12六	甲午13日	乙未14一	丙申15二	丁酉16三	戊戌17四	己亥18五		甲戌大暑 己丑立秋
七月大	庚申 天干地支西曆星期	庚子19六	辛丑20日	壬寅21一	癸卯22二	甲辰23三	乙巳24四	丙午25五	丁未26六	戊申27日	己酉28一	庚戌29二	辛亥30三	壬子31四	癸丑(9)五	甲寅2六	乙卯3日	丙辰4一	丁巳5二	戊午6三	己未7四	庚申8五	辛酉9六	壬戌10日	癸亥11一	甲子12二	乙丑13三	丙寅14四	丁卯15五	戊辰16六	己巳17日	甲申處暑 庚申白露
八月小	辛酉 天干地支西曆星期	庚午18一	辛未19二	壬申20三	癸酉21四	甲戌22五	乙亥23六	丙子24日	丁丑25一	戊寅26二	己卯27三	庚辰28四	辛巳29五	壬午30六	癸未(10)日	甲申2一	乙酉3二	丙戌4三	丁亥5四	戊子6五	己丑7六	庚寅8日	辛卯9一	壬辰10二	癸巳11三	甲午12四	乙未13五	丙申14六	丁酉15日	戊戌16一		乙亥秋分 庚寅寒露
九月大	壬戌 天干地支西曆星期	己亥17二	庚子18三	辛丑19四	壬寅20五	癸卯21六	甲辰22日	乙巳23一	丙午24二	丁未25三	戊申26四	己酉27五	庚戌28六	辛亥29日	壬子30一	癸丑31二	甲寅(11)三	乙卯2四	丙辰3五	丁巳4六	戊午5日	己未6一	庚申7二	辛酉8三	壬戌9四	癸亥10五	甲子11六	乙丑12日	丙寅13一	丁卯14二	戊辰15三	乙巳霜降 辛酉立冬
十月小	癸亥 天干地支西曆星期	己巳16四	庚午17五	辛未18六	壬申19日	癸酉20一	甲戌21二	乙亥22三	丙子23四	丁丑24五	戊寅25六	己卯26日	庚辰27一	辛巳28二	壬午29三	癸未30四	甲申(12)五	乙酉2六	丙戌3日	丁亥4一	戊子5二	己丑6三	庚寅7四	辛卯8五	壬辰9六	癸巳10日	甲午11一	乙未12二	丙申13三	丁酉14四		丙子小雪 辛卯大雪
十一月大	甲子 天干地支西曆星期	戊戌15五	己亥16六	庚子17日	辛丑18一	壬寅19二	癸卯20三	甲辰21四	乙巳22五	丙午23六	丁未24日	戊申25一	己酉26二	庚戌27三	辛亥28四	壬子29五	癸丑30六	甲寅31日	乙卯(1)一	丙辰2二	丁巳3三	戊午4四	己未5五	庚申6六	辛酉7日	壬戌8一	癸亥9二	甲子10三	乙丑11四	丙寅12五	丁卯13六	丙午冬至 辛酉小寒
十二月小	乙丑 天干地支西曆星期	戊辰14日	己巳15一	庚午16二	辛未17三	壬申18四	癸酉19五	甲戌20六	乙亥21日	丙子22一	丁丑23二	戊寅24三	己卯25四	庚辰26五	辛巳27六	壬午28日	癸未29一	甲申30二	乙酉31三	丙戌(2)四	丁亥2五	戊子3六	己丑4日	庚寅5一	辛卯6二	壬辰7三	癸巳8四	甲午9五	乙未10六	丙申11日		丁丑大寒 壬辰立春

晉惠帝元康四年（甲寅 虎年） 公元294～295年

夏曆月序	中西曆對照	夏曆日序																													節氣與天象
		初一	初二	初三	初四	初五	初六	初七	初八	初九	初十	十一	十二	十三	十四	十五	十六	十七	十八	十九	二十	廿一	廿二	廿三	廿四	廿五	廿六	廿七	廿八	廿九	三十	
正月大	丙寅	天干 地支 西曆 星期	丁酉 12 二	戊戌 13 三	己亥 14 四	庚子 15 五	辛丑 16 六	壬寅 17 日	癸卯 18 一	甲辰 19 二	乙巳 20 三	丙午 21 四	丁未 22 五	戊申 23 六	己酉 24 日	庚戌 25 一	辛亥 26 二	壬子 27 三	癸丑 28 四	甲寅(3) 一	乙卯 2 二	丙辰 3 三	丁巳 4 日	戊午 5 一	己未 6 二	庚申 7 三	辛酉 8 四	壬戌 9 五	癸亥 10 六	甲子 11 日	乙丑 12 一	丙寅 13 二	丁未雨水 壬戌驚蟄
二月大	丁卯	天干 地支 西曆 星期	丁卯 14 三	戊辰 15 四	己巳 16 五	庚午 17 六	辛未 18 日	壬申 19 一	癸酉 20 二	甲戌 21 三	乙亥 22 四	丙子 23 五	丁丑 24 六	戊寅 25 日	己卯 26 一	庚辰 27 二	辛巳 28 三	壬午 29 四	癸未 30 五	甲申 31 六	乙酉(4) 日	丙戌 2 一	丁亥 3 二	戊子 4 三	己丑 5 四	庚寅 6 五	辛卯 7 六	壬辰 8 日	癸巳 9 一	甲午 10 二	乙未 11 三	丙申 12 四	戊寅春分 癸巳清明
三月小	戊辰	天干 地支 西曆 星期	丁酉 13 五	戊戌 14 六	己亥 15 日	庚子 16 一	辛丑 17 二	壬寅 18 三	癸卯 19 四	甲辰 20 五	乙巳 21 六	丙午 22 日	丁未 23 一	戊申 24 二	己酉 25 三	庚戌 26 四	辛亥 27 五	壬子 28 六	癸丑 29 日	甲寅 30 一	乙卯(5) 二	丙辰 2 三	丁巳 3 四	戊午 4 五	己未 5 六	庚申 6 日	辛酉 7 一	壬戌 8 二	癸亥 9 三	甲子 10 四	乙丑 11 五		戊申穀雨 癸亥立夏
四月大	己巳	天干 地支 西曆 星期	丙寅 12 六	丁卯 13 日	戊辰 14 一	己巳 15 二	庚午 16 三	辛未 17 四	壬申 18 五	癸酉 19 六	甲戌 20 日	乙亥 21 一	丙子 22 二	丁丑 23 三	戊寅 24 四	己卯 25 五	庚辰 26 六	辛巳 27 日	壬午 28 一	癸未 29 二	甲申 30 三	乙酉 31 四	丙戌(6) 五	丁亥 2 六	戊子 3 日	己丑 4 一	庚寅 5 二	辛卯 6 三	壬辰 7 四	癸巳 8 五	甲午 9 六	乙未 10 日	戊寅小滿 甲午芒種
五月小	庚午	天干 地支 西曆 星期	丙申 11 一	丁酉 12 二	戊戌 13 三	己亥 14 四	庚子 15 五	辛丑 16 六	壬寅 17 日	癸卯 18 一	甲辰 19 二	乙巳 20 三	丙午 21 四	丁未 22 五	戊申 23 六	己酉 24 日	庚戌 25 一	辛亥 26 二	壬子 27 三	癸丑 28 四	甲寅 29 五	乙卯 30 六	丙辰 31 日	丁巳(7) 一	戊午 2 二	己未 3 三	庚申 4 四	辛酉 5 五	壬戌 6 六	癸亥 7 日	甲子 8 一		己酉夏至 甲子小暑
六月大	辛未	天干 地支 西曆 星期	乙丑 9 二	丙寅 10 三	丁卯 11 四	戊辰 12 五	己巳 13 六	庚午 14 日	辛未 15 一	壬申 16 二	癸酉 17 三	甲戌 18 四	乙亥 19 五	丙子 20 六	丁丑 21 日	戊寅 22 一	己卯 23 二	庚辰 24 三	辛巳 25 四	壬午 26 五	癸未 27 六	甲申 28 日	乙酉 29 一	丙戌 30 二	丁亥 31 三	戊子(8) 四	己丑 2 五	庚寅 3 六	辛卯 4 日	壬辰 5 一	癸巳 6 二	甲午 7 三	己卯大暑 甲午立秋
七月小	壬申	天干 地支 西曆 星期	乙未 8 四	丙申 9 五	丁酉 10 六	戊戌 11 日	己亥 12 一	庚子 13 二	辛丑 14 三	壬寅 15 四	癸卯 16 五	甲辰 17 六	乙巳 18 日	丙午 19 一	丁未 20 二	戊申 21 三	己酉 22 四	庚戌 23 五	辛亥 24 六	壬子 25 日	癸丑 26 一	甲寅 27 二	乙卯 28 三	丙辰 29 四	丁巳 30 五	戊午 31 六	己未(9) 日	庚申 2 一	辛酉 3 二	壬戌 4 三	癸亥 5 四		庚戌處暑
八月大	癸酉	天干 地支 西曆 星期	甲子 6 五	乙丑 7 六	丙寅 8 日	丁卯 9 一	戊辰 10 二	己巳 11 三	庚午 12 四	辛未 13 五	壬申 14 六	癸酉 15 日	甲戌 16 一	乙亥 17 二	丙子 18 三	丁丑 19 四	戊寅 20 五	己卯 21 六	庚辰 22 日	辛巳 23 一	壬午 24 二	癸未 25 三	甲申 26 四	乙酉 27 五	丙戌 28 六	丁亥 29 日	戊子(10) 一	己丑 2 二	庚寅 3 三	辛卯 4 四	壬辰 5 五	癸巳 6 六	乙丑白露 庚辰秋分 甲子日食
九月小	甲戌	天干 地支 西曆 星期	甲午 7 日	乙未 8 一	丙申 9 二	丁酉 10 三	戊戌 11 四	己亥 12 五	庚子 13 六	辛丑 14 日	壬寅 15 一	癸卯 16 二	甲辰 17 三	乙巳 18 四	丙午 19 五	丁未 20 六	戊申 21 日	己酉 22 一	庚戌 23 二	辛亥 24 三	壬子 25 四	癸丑 26 五	甲寅 27 六	乙卯 28 日	丙辰 29 一	丁巳 30 二	戊午 31 三	己未(11) 四	庚申 2 五	辛酉 3 六	壬戌 4 日		乙未寒露 辛亥霜降
十月大	乙亥	天干 地支 西曆 星期	癸亥 5 一	甲子 6 二	乙丑 7 三	丙寅 8 四	丁卯 9 五	戊辰 10 六	己巳 11 日	庚午 12 一	辛未 13 二	壬申 14 三	癸酉 15 四	甲戌 16 五	乙亥 17 六	丙子 18 日	丁丑 19 一	戊寅 20 二	己卯 21 三	庚辰 22 四	辛巳 23 五	壬午 24 六	癸未 25 日	甲申 26 一	乙酉 27 二	丙戌 28 三	丁亥 29 四	戊子 30 五	己丑(12) 六	庚寅 2 日	辛卯 3 一	壬辰 4 二	丙寅立冬 辛巳小雪
十一月小	丙子	天干 地支 西曆 星期	癸巳 5 三	甲午 6 四	乙未 7 五	丙申 8 六	丁酉 9 日	戊戌 10 一	己亥 11 二	庚子 12 三	辛丑 13 四	壬寅 14 五	癸卯 15 六	甲辰 16 日	乙巳 17 一	丙午 18 二	丁未 19 三	戊申 20 四	己酉 21 五	庚戌 22 六	辛亥 23 日	壬子 24 一	癸丑 25 二	甲寅 26 三	乙卯 27 四	丙辰 28 五	丁巳 29 六	戊午 30 日	己未 31 一	庚申(1) 二	辛酉 2 三		丙申大雪 辛亥冬至
十二月大	丁丑	天干 地支 西曆 星期	壬戌 3 四	癸亥 4 五	甲子 5 六	乙丑 6 日	丙寅 7 一	丁卯 8 二	戊辰 9 三	己巳 10 四	庚午 11 五	辛未 12 六	壬申 13 日	癸酉 14 一	甲戌 15 二	乙亥 16 三	丙子 17 四	丁丑 18 五	戊寅 19 六	己卯 20 日	庚辰 21 一	辛巳 22 二	壬午 23 三	癸未 24 四	甲申 25 五	乙酉 26 六	丙戌 27 日	丁亥 28 一	戊子 29 二	己丑 30 三	庚寅 31 四	辛卯(2) 五	丁卯小寒 壬午大寒

晉惠帝元康五年（乙卯 兔年） 公元 295 ～ 296 年

夏曆月序	中西曆對照	夏曆日序																													節氣與天象
		初一	初二	初三	初四	初五	初六	初七	初八	初九	初十	十一	十二	十三	十四	十五	十六	十七	十八	十九	二十	二一	二二	二三	二四	二五	二六	二七	二八	二九	三十	
正月小	戊寅	天干地支 西曆 星期	壬辰 2 六	癸巳 3 日	甲午 4 一	乙未 5 二	丙申 6 三	丁酉 7 四	戊戌 8 五	己亥 9 六	庚子 10 日	辛丑 11 一	壬寅 12 二	癸卯 13 三	甲辰 14 四	乙巳 15 五	丙午 16 六	丁未 17 日	戊申 18 一	己酉 19 二	庚戌 20 三	辛亥 21 四	壬子 22 五	癸丑 23 六	甲寅 24 日	乙卯 25 一	丙辰 26 二	丁巳 27 三	戊午 28 四	己未 (3) 五	庚申 2 六	丁酉立春 壬子雨水
二月大	己卯	天干地支 西曆 星期	辛酉 3 日	壬戌 4 一	癸亥 5 二	甲子 6 三	乙丑 7 四	丙寅 8 五	丁卯 9 六	戊辰 10 日	己巳 11 一	庚午 12 二	辛未 13 三	壬申 14 四	癸酉 15 五	甲戌 16 六	乙亥 17 日	丙子 18 一	丁丑 19 二	戊寅 20 三	己卯 21 四	庚辰 22 五	辛巳 23 六	壬午 24 日	癸未 25 一	甲申 26 二	乙酉 27 三	丙戌 28 四	丁亥 29 五	戊子 30 六	己丑 31 日	庚寅 (4) 一	戊辰驚蟄 癸未春分
三月小	庚辰	天干地支 西曆 星期	辛卯 2 二	壬辰 3 三	癸巳 4 四	甲午 5 五	乙未 6 六	丙申 7 日	丁酉 8 一	戊戌 9 二	己亥 10 三	庚子 11 四	辛丑 12 五	壬寅 13 六	癸卯 14 日	甲辰 15 一	乙巳 16 二	丙午 17 三	丁未 18 四	戊申 19 五	己酉 20 六	庚戌 21 日	辛亥 22 一	壬子 23 二	癸丑 24 三	甲寅 25 四	乙卯 26 五	丙辰 27 六	丁巳 28 日	戊午 29 一	己未 30 二		戊戌清明 癸丑穀雨
四月大	辛巳	天干地支 西曆 星期	庚申 (5) 三	辛酉 2 四	壬戌 3 五	癸亥 4 六	甲子 5 日	乙丑 6 一	丙寅 7 二	丁卯 8 三	戊辰 9 四	己巳 10 五	庚午 11 六	辛未 12 日	壬申 13 一	癸酉 14 二	甲戌 15 三	乙亥 16 四	丙子 17 五	丁丑 18 六	戊寅 19 日	己卯 20 一	庚辰 21 二	辛巳 22 三	壬午 23 四	癸未 24 五	甲申 25 六	乙酉 26 日	丙戌 27 一	丁亥 28 二	戊子 29 三	己丑 30 四	戊辰立夏 甲申小滿
五月大	壬午	天干地支 西曆 星期	庚寅 (6) 五	辛卯 2 六	壬辰 3 日	癸巳 4 一	甲午 5 二	乙未 6 三	丙申 7 四	丁酉 8 五	戊戌 9 六	己亥 10 日	庚子 11 一	辛丑 12 二	壬寅 13 三	癸卯 14 四	甲辰 15 五	乙巳 16 六	丙午 17 日	丁未 18 一	戊申 19 二	己酉 20 三	庚戌 21 四	辛亥 22 五	壬子 23 六	癸丑 24 日	甲寅 25 一	乙卯 26 二	丙辰 27 三	丁巳 28 四	戊午 29 五	己未 (7) 六	己亥芒種 甲寅夏至
六月小	癸未	天干地支 西曆 星期	庚申 30 日	辛酉 (7) 一	壬戌 2 二	癸亥 3 三	甲子 4 四	乙丑 5 五	丙寅 6 六	丁卯 7 日	戊辰 8 一	己巳 9 二	庚午 10 三	辛未 11 四	壬申 12 五	癸酉 13 六	甲戌 14 日	乙亥 15 一	丙子 16 二	丁丑 17 三	戊寅 18 四	己卯 19 五	庚辰 20 六	辛巳 21 日	壬午 22 一	癸未 23 二	甲申 24 三	乙酉 25 四	丙戌 26 五	丁亥 27 六	戊子 28 日		己巳小暑 乙酉大暑
七月大	甲申	天干地支 西曆 星期	己丑 29 一	庚寅 30 二	辛卯 31 三	壬辰 (8) 四	癸巳 2 五	甲午 3 六	乙未 4 日	丙申 5 一	丁酉 6 二	戊戌 7 三	己亥 8 四	庚子 9 五	辛丑 10 六	壬寅 11 日	癸卯 12 一	甲辰 13 二	乙巳 14 三	丙午 15 四	丁未 16 五	戊申 17 六	己酉 18 日	庚戌 19 一	辛亥 20 二	壬子 21 三	癸丑 22 四	甲寅 23 五	乙卯 24 六	丙辰 25 日	丁巳 26 一	戊午 27 二	庚子立秋 乙卯處暑
八月小	乙酉	天干地支 西曆 星期	己未 28 三	庚申 29 四	辛酉 30 五	壬戌 31 六	癸亥 (9) 日	甲子 2 一	乙丑 3 二	丙寅 4 三	丁卯 5 四	戊辰 6 五	己巳 7 六	庚午 8 日	辛未 9 一	壬申 10 二	癸酉 11 三	甲戌 12 四	乙亥 13 五	丙子 14 六	丁丑 15 日	戊寅 16 一	己卯 17 二	庚辰 18 三	辛巳 19 四	壬午 20 五	癸未 21 六	甲申 22 日	乙酉 23 一	丙戌 24 二	丁亥 25 三		庚午白露 乙酉秋分
九月大	丙戌	天干地支 西曆 星期	戊子 26 四	己丑 27 五	庚寅 28 六	辛卯 29 日	壬辰 30 一	癸巳 (10) 二	甲午 2 三	乙未 3 四	丙申 4 五	丁酉 5 六	戊戌 6 日	己亥 7 一	庚子 8 二	辛丑 9 三	壬寅 10 四	癸卯 11 五	甲辰 12 六	乙巳 13 日	丙午 14 一	丁未 15 二	戊申 16 三	己酉 17 四	庚戌 18 五	辛亥 19 六	壬子 20 日	癸丑 21 一	甲寅 22 二	乙卯 23 三	丙辰 24 四	丁巳 25 五	辛丑寒露 丙辰霜降
十月小	丁亥	天干地支 西曆 星期	戊午 26 六	己未 27 日	庚申 28 一	辛酉 29 二	壬戌 30 三	癸亥 31 四	甲子 (11) 五	乙丑 2 日	丙寅 3 一	丁卯 4 二	戊辰 5 三	己巳 6 四	庚午 7 五	辛未 8 六	壬申 9 日	癸酉 10 一	甲戌 11 二	乙亥 12 三	丙子 13 四	丁丑 14 五	戊寅 15 六	己卯 16 日	庚辰 17 一	辛巳 18 二	壬午 19 三	癸未 20 四	甲申 21 五	乙酉 22 六	丙戌 23 日		辛未立冬 丙戌小雪
閏十月大	丁亥	天干地支 西曆 星期	丁亥 24 一	戊子 25 二	己丑 26 三	庚寅 27 四	辛卯 28 五	壬辰 29 六	癸巳 30 日	甲午 (12) 一	乙未 2 二	丙申 3 三	丁酉 4 四	戊戌 5 五	己亥 6 六	庚子 7 日	辛丑 8 一	壬寅 9 二	癸卯 10 三	甲辰 11 四	乙巳 12 五	丙午 13 六	丁未 14 日	戊申 15 一	己酉 16 二	庚戌 17 三	辛亥 18 四	壬子 19 五	癸丑 20 六	甲寅 21 日	乙卯 22 一	丙辰 23 二	辛丑大雪
十一月小	戊子	天干地支 西曆 星期	丁巳 24 三	戊午 25 四	己未 26 五	庚申 27 六	辛酉 28 日	壬戌 29 一	癸亥 30 二	甲子 (1) 三	乙丑 2 四	丙寅 3 五	丁卯 4 六	戊辰 5 日	己巳 6 一	庚午 7 二	辛未 8 三	壬申 9 四	癸酉 10 五	甲戌 11 六	乙亥 12 日	丙子 13 一	丁丑 14 二	戊寅 15 三	己卯 16 四	庚辰 17 五	辛巳 18 六	壬午 19 日	癸未 20 一	甲申 21 二	乙酉 22 三		丁巳冬至 壬申小寒
十二月大	己丑	天干地支 西曆 星期	丙戌 22 四	丁亥 23 五	戊子 24 六	己丑 25 日	庚寅 26 一	辛卯 27 二	壬辰 28 三	癸巳 29 四	甲午 30 五	乙未 31 六	丙申 (2) 日	丁酉 2 一	戊戌 3 二	己亥 4 三	庚子 5 四	辛丑 6 五	壬寅 7 六	癸卯 8 日	甲辰 9 一	乙巳 10 二	丙午 11 三	丁未 12 四	戊申 13 五	己酉 14 六	庚戌 15 日	辛亥 16 一	壬子 17 二	癸丑 18 三	甲寅 19 四	乙卯 20 五	丁亥大寒 壬寅立春

晉惠帝元康六年（丙辰 龍年） 公元 296 ~ 297 年

夏曆月序	中西曆對照	夏曆日序																													節氣與天象
		初一	初二	初三	初四	初五	初六	初七	初八	初九	初十	十一	十二	十三	十四	十五	十六	十七	十八	十九	二十	二一	二二	二三	二四	二五	二六	二七	二八	二九	三十	
正月小	庚寅 天干地支 西曆星期	丙辰 21 五	丁巳 22 六	戊午 23 日	己未 24 一	庚申 25 二	辛酉 26 三	壬戌 27 四	癸亥 28 五	甲子 29 六	乙丑 (3)日	丙寅 2 一	丁卯 3 二	戊辰 4 三	己巳 5 四	庚午 6 五	辛未 7 六	壬申 8 日	癸酉 9 一	甲戌 10 二	乙亥 11 三	丙子 12 四	丁丑 13 五	戊寅 14 六	己卯 15 日	庚辰 16 一	辛巳 17 二	壬午 18 三	癸未 19 四	甲申 20 五		戊午雨水 癸酉驚蟄
二月大	辛卯 天干地支 西曆星期	乙酉 21 六	丙戌 22 日	丁亥 23 一	戊子 24 二	己丑 25 三	庚寅 26 四	辛卯 27 五	壬辰 28 六	癸巳 29 日	甲午 30 一	乙未 31 二	丙申 (4)三	丁酉 2 四	戊戌 3 五	己亥 4 六	庚子 5 日	辛丑 6 一	壬寅 7 二	癸卯 8 三	甲辰 9 四	乙巳 10 五	丙午 11 六	丁未 12 日	戊申 13 一	己酉 14 二	庚戌 15 三	辛亥 16 四	壬子 17 五	癸丑 18 六	甲寅 19 日	戊子春分 癸卯清明
三月小	壬辰 天干地支 西曆星期	乙卯 20 一	丙辰 21 二	丁巳 22 三	戊午 23 四	己未 24 五	庚申 25 六	辛酉 26 日	壬戌 27 一	癸亥 28 二	甲子 29 三	乙丑 30 四	丙寅 (5)五	丁卯 2 六	戊辰 3 日	己巳 4 一	庚午 5 二	辛未 6 三	壬申 7 四	癸酉 8 五	甲戌 9 六	乙亥 10 日	丙子 11 一	丁丑 12 二	戊寅 13 三	己卯 14 四	庚辰 15 五	辛巳 16 六	壬午 17 日	癸未 18 一		戊午穀雨 甲戌立夏
四月大	癸巳 天干地支 西曆星期	甲申 19 二	乙酉 20 三	丙戌 21 四	丁亥 22 五	戊子 23 六	己丑 24 日	庚寅 25 一	辛卯 26 二	壬辰 27 三	癸巳 28 四	甲午 29 五	乙未 30 六	丙申 31 日	丁酉 (6)一	戊戌 2 二	己亥 3 三	庚子 4 四	辛丑 5 五	壬寅 6 六	癸卯 7 日	甲辰 8 一	乙巳 9 二	丙午 10 三	丁未 11 四	戊申 12 五	己酉 13 六	庚戌 14 日	辛亥 15 一	壬子 16 二	癸丑 17 三	己丑小滿 甲辰芒種
五月小	甲午 天干地支 西曆星期	甲寅 18 四	乙卯 19 五	丙辰 20 六	丁巳 21 日	戊午 22 一	己未 23 二	庚申 24 三	辛酉 25 四	壬戌 26 五	癸亥 27 六	甲子 28 日	乙丑 29 一	丙寅 30 二	丁卯 (7)三	戊辰 2 四	己巳 3 五	庚午 4 六	辛未 5 日	壬申 6 一	癸酉 7 二	甲戌 8 三	乙亥 9 四	丙子 10 五	丁丑 11 六	戊寅 12 日	己卯 13 一	庚辰 14 二	辛巳 15 三	壬午 16 四		己未夏至 乙亥小暑
六月大	乙未 天干地支 西曆星期	癸未 17 五	甲申 18 六	乙酉 19 日	丙戌 20 一	丁亥 21 二	戊子 22 三	己丑 23 四	庚寅 24 五	辛卯 25 六	壬辰 26 日	癸巳 27 一	甲午 28 二	乙未 29 三	丙申 30 四	丁酉 31 五	戊戌 (8)六	己亥 2 日	庚子 3 一	辛丑 4 二	壬寅 5 三	癸卯 6 四	甲辰 7 五	乙巳 8 六	丙午 9 日	丁未 10 一	戊申 11 二	己酉 12 三	庚戌 13 四	辛亥 14 五	壬子 15 六	庚寅大暑 乙巳立秋
七月小	丙申 天干地支 西曆星期	癸丑 16 日	甲寅 17 一	乙卯 18 二	丙辰 19 三	丁巳 20 四	戊午 21 五	己未 22 六	庚申 23 日	辛酉 24 一	壬戌 25 二	癸亥 26 三	甲子 27 四	乙丑 28 五	丙寅 29 六	丁卯 30 日	戊辰 31 一	己巳 (9)二	庚午 2 三	辛未 3 四	壬申 4 五	癸酉 5 六	甲戌 6 日	乙亥 7 一	丙子 8 二	丁丑 9 三	戊寅 10 四	己卯 11 五	庚辰 12 六	辛巳 13 日		庚申處暑 乙亥白露
八月大	丁酉 天干地支 西曆星期	壬午 14 一	癸未 15 二	甲申 16 三	乙酉 17 四	丙戌 18 五	丁亥 19 六	戊子 20 日	己丑 21 一	庚寅 22 二	辛卯 23 三	壬辰 24 四	癸巳 25 五	甲午 26 六	乙未 27 日	丙申 28 一	丁酉 29 二	戊戌 30 三	己亥 (10)四	庚子 2 五	辛丑 3 六	壬寅 4 日	癸卯 5 一	甲辰 6 二	乙巳 7 三	丙午 8 四	丁未 9 五	戊申 10 六	己酉 11 日	庚戌 12 一	辛亥 13 二	辛卯秋分 丙午寒露
九月大	戊戌 天干地支 西曆星期	壬子 14 三	癸丑 15 四	甲寅 16 五	乙卯 17 六	丙辰 18 日	丁巳 19 一	戊午 20 二	己未 21 三	庚申 22 四	辛酉 23 五	壬戌 24 六	癸亥 25 日	甲子 26 一	乙丑 27 二	丙寅 28 三	丁卯 29 四	戊辰 30 五	己巳 31 六	庚午 (11)日	辛未 2 一	壬申 3 二	癸酉 4 三	甲戌 5 四	乙亥 6 五	丙子 7 六	丁丑 8 日	戊寅 9 一	己卯 10 二	庚辰 11 三	辛巳 12 四	辛酉霜降 丙子立冬
十月小	己亥 天干地支 西曆星期	壬午 13 五	癸未 14 六	甲申 15 日	乙酉 16 一	丙戌 17 二	丁亥 18 三	戊子 19 四	己丑 20 五	庚寅 21 六	辛卯 22 日	壬辰 23 一	癸巳 24 二	甲午 25 三	乙未 26 四	丙申 27 五	丁酉 28 六	戊戌 29 日	己亥 30 一	庚子 (12)二	辛丑 2 三	壬寅 3 四	癸卯 4 五	甲辰 5 六	乙巳 6 日	丙午 7 一	丁未 8 二	戊申 9 三	己酉 10 四	庚戌 11 五		壬辰小雪 丁未大雪
十一月大	庚子 天干地支 西曆星期	辛亥 12 六	壬子 13 日	癸丑 14 一	甲寅 15 二	乙卯 16 三	丙辰 17 四	丁巳 18 五	戊午 19 六	己未 20 日	庚申 21 一	辛酉 22 二	壬戌 23 三	癸亥 24 四	甲子 25 五	乙丑 26 六	丙寅 27 日	丁卯 28 一	戊辰 29 二	己巳 30 三	庚午 31 四	辛未 (1)五	壬申 2 六	癸酉 3 日	甲戌 4 一	乙亥 5 二	丙子 6 三	丁丑 7 四	戊寅 8 五	己卯 9 六	庚辰 10 日	壬戌冬至 丁丑小寒
十二月小	辛丑 天干地支 西曆星期	辛巳 11 一	壬午 12 二	癸未 13 三	甲申 14 四	乙酉 15 五	丙戌 16 六	丁亥 17 日	戊子 18 一	己丑 19 二	庚寅 20 三	辛卯 21 四	壬辰 22 五	癸巳 23 六	甲午 24 日	乙未 25 一	丙申 26 二	丁酉 27 三	戊戌 28 四	己亥 29 五	庚子 30 六	辛丑 31 日	壬寅 (2)一	癸卯 2 二	甲辰 3 三	乙巳 4 四	丙午 5 五	丁未 6 六	戊申 7 日	己酉 8 一		壬辰大寒 戊申立春

晉惠帝元康七年（丁巳 蛇年） 公元297～298年

夏曆月序	中西曆對照	夏曆日序 初一	初二	初三	初四	初五	初六	初七	初八	初九	初十	十一	十二	十三	十四	十五	十六	十七	十八	十九	二十	二一	二二	二三	二四	二五	二六	二七	二八	二九	三十	節氣與天象
正月大	壬寅	天干地支 庚戌 西曆 9 星期 二	辛亥 10 三	壬子 11 四	癸丑 12 五	甲寅 13 六	乙卯 14 日	丙辰 15 一	丁巳 16 二	戊午 17 三	己未 18 四	庚申 19 五	辛酉 20 六	壬戌 21 日	癸亥 22 一	甲子 23 二	乙丑 24 三	丙寅 25 四	丁卯 26 五	戊辰 27 六	己巳 28 日	庚午 (3) 一	辛未 2 二	壬申 3 三	癸酉 4 四	甲戌 5 五	乙亥 6 六	丙子 7 日	丁丑 8 一	戊寅 9 二	己卯 10 三	癸亥雨水 戊寅驚蟄
二月小	癸卯	庚辰 11 四	辛巳 12 五	壬午 13 六	癸未 14 日	甲申 15 一	乙酉 16 二	丙戌 17 三	丁亥 18 四	戊子 19 五	己丑 20 六	庚寅 21 日	辛卯 22 一	壬辰 23 二	癸巳 24 三	甲午 25 四	乙未 26 五	丙申 27 六	丁酉 28 日	戊戌 29 一	己亥 30 二	庚子 31 三	辛丑 (4) 四	壬寅 2 五	癸卯 3 六	甲辰 4 日	乙巳 5 一	丙午 6 二	丁未 7 三	戊申 8 四		癸巳春分 戊申清明
三月大	甲辰	己酉 9 五	庚戌 10 六	辛亥 11 日	壬子 12 一	癸丑 13 二	甲寅 14 三	乙卯 15 四	丙辰 16 五	丁巳 17 六	戊午 18 日	己未 19 一	庚申 20 二	辛酉 21 三	壬戌 22 四	癸亥 23 五	甲子 24 六	乙丑 25 日	丙寅 26 一	丁卯 27 二	戊辰 28 三	己巳 29 四	庚午 30 五	辛未 (5) 六	壬申 2 日	癸酉 3 一	甲戌 4 二	乙亥 5 三	丙子 6 四	丁丑 7 五	戊寅 8 六	甲子穀雨
四月小	乙巳	己卯 9 日	庚辰 10 一	辛巳 11 二	壬午 12 三	癸未 13 四	甲申 14 五	乙酉 15 六	丙戌 16 日	丁亥 17 一	戊子 18 二	己丑 19 三	庚寅 20 四	辛卯 21 五	壬辰 22 六	癸巳 23 日	甲午 24 一	乙未 25 二	丙申 26 三	丁酉 27 四	戊戌 28 五	己亥 29 六	庚子 30 日	辛丑 31 一	壬寅 (6) 二	癸卯 2 三	甲辰 3 四	乙巳 4 五	丙午 5 六	丁未 6 日		己卯立夏 甲午小滿
五月大	丙午	戊申 7 一	己酉 8 二	庚戌 9 三	辛亥 10 四	壬子 11 五	癸丑 12 六	甲寅 13 日	乙卯 14 一	丙辰 15 二	丁巳 16 三	戊午 17 四	己未 18 五	庚申 19 六	辛酉 20 日	壬戌 21 一	癸亥 22 二	甲子 23 三	乙丑 24 四	丙寅 25 五	丁卯 26 六	戊辰 27 日	己巳 28 一	庚午 29 二	辛未 30 三	壬申 (7) 四	癸酉 2 五	甲戌 3 六	乙亥 4 日	丙子 5 一	丁丑 6 二	己酉芒種 乙丑夏至
六月小	丁未	戊寅 7 三	己卯 8 四	庚辰 9 五	辛巳 10 六	壬午 11 日	癸未 12 一	甲申 13 二	乙酉 14 三	丙戌 15 四	丁亥 16 五	戊子 17 六	己丑 18 日	庚寅 19 一	辛卯 20 二	壬辰 21 三	癸巳 22 四	甲午 23 五	乙未 24 六	丙申 25 日	丁酉 26 一	戊戌 27 二	己亥 28 三	庚子 29 四	辛丑 30 五	壬寅 31 六	癸卯 (8) 日	甲辰 2 一	乙巳 3 二	丙午 4 三		庚辰小暑 乙未大暑
七月大	戊申	丁未 5 四	戊申 6 五	己酉 7 六	庚戌 8 日	辛亥 9 一	壬子 10 二	癸丑 11 三	甲寅 12 四	乙卯 13 五	丙辰 14 六	丁巳 15 日	戊午 16 一	己未 17 二	庚申 18 三	辛酉 19 四	壬戌 20 五	癸亥 21 六	甲子 22 日	乙丑 23 一	丙寅 24 二	丁卯 25 三	戊辰 26 四	己巳 27 五	庚午 28 六	辛未 29 日	壬申 30 一	癸酉 31 二	甲戌 (9) 三	乙亥 2 四	丙子 3 五	庚戌立秋 乙丑處暑
八月小	己酉	丁丑 4 六	戊寅 5 日	己卯 6 一	庚辰 7 二	辛巳 8 三	壬午 9 四	癸未 10 五	甲申 11 六	乙酉 12 日	丙戌 13 一	丁亥 14 二	戊子 15 三	己丑 16 四	庚寅 17 五	辛卯 18 六	壬辰 19 日	癸巳 20 一	甲午 21 二	乙未 22 三	丙申 23 四	丁酉 24 五	戊戌 25 六	己亥 26 日	庚子 27 一	辛丑 28 二	壬寅 29 三	癸卯 30 四	甲辰 (10) 五	乙巳 2 六		辛巳白露 丙申秋分
九月大	庚戌	丙午 3 日	丁未 4 一	戊申 5 二	己酉 6 三	庚戌 7 四	辛亥 8 五	壬子 9 六	癸丑 10 日	甲寅 11 一	乙卯 12 二	丙辰 13 三	丁巳 14 四	戊午 15 五	己未 16 六	庚申 17 日	辛酉 18 一	壬戌 19 二	癸亥 20 三	甲子 21 四	乙丑 22 五	丙寅 23 六	丁卯 24 日	戊辰 25 一	己巳 26 二	庚午 27 三	辛未 28 四	壬申 29 五	癸酉 30 六	甲戌 31 日	乙亥 (11) 一	辛亥寒露 丙寅霜降
十月小	辛亥	丙子 2 二	丁丑 3 三	戊寅 4 四	己卯 5 五	庚辰 6 六	辛巳 7 日	壬午 8 一	癸未 9 二	甲申 10 三	乙酉 11 四	丙戌 12 五	丁亥 13 六	戊子 14 日	己丑 15 一	庚寅 16 二	辛卯 17 三	壬辰 18 四	癸巳 19 五	甲午 20 六	乙未 21 日	丙申 22 一	丁酉 23 二	戊戌 24 三	己亥 25 四	庚子 26 五	辛丑 27 六	壬寅 28 日	癸卯 29 一	甲辰 30 二		壬午立冬 丁酉小雪
十一月大	壬子	乙巳 (12) 三	丙午 2 四	丁未 3 五	戊申 4 六	己酉 5 日	庚戌 6 一	辛亥 7 二	壬子 8 三	癸丑 9 四	甲寅 10 五	乙卯 11 六	丙辰 12 日	丁巳 13 一	戊午 14 二	己未 15 三	庚申 16 四	辛酉 17 五	壬戌 18 六	癸亥 19 日	甲子 20 一	乙丑 21 二	丙寅 22 三	丁卯 23 四	戊辰 24 五	己巳 25 六	庚午 26 日	辛未 27 一	壬申 28 二	癸酉 29 三	甲戌 30 四	壬子大雪 丁卯冬至
十二月小	癸丑	乙亥 31 五	丙子 (1) 六	丁丑 2 日	戊寅 3 一	己卯 4 二	庚辰 5 三	辛巳 6 四	壬午 7 五	癸未 8 六	甲申 9 日	乙酉 10 一	丙戌 11 二	丁亥 12 三	戊子 13 四	己丑 14 五	庚寅 15 六	辛卯 16 日	壬辰 17 一	癸巳 18 二	甲午 19 三	乙未 20 四	丙申 21 五	丁酉 22 六	戊戌 23 日	己亥 24 一	庚子 25 二	辛丑 26 三	壬寅 27 四	癸卯 28 五		壬午小寒 戊戌大寒

晉惠帝元康八年（戊午 馬年） 公元298 ~ 299年

夏曆月序	中西曆對照	西日曆對照	夏曆日序																												節氣與天象
			初一	初二	初三	初四	初五	初六	初七	初八	初九	初十	十一	十二	十三	十四	十五	十六	十七	十八	十九	二十	二一	二二	二三	二四	二五	二六	二七	二八	二九	三十	
正月大	甲寅	天干地支西曆星期	甲辰29六	乙巳30日	丙午31一	丁未(2)二	戊申2三	己酉3四	庚戌4五	辛亥5六	壬子6日	癸丑7一	甲寅8二	乙卯9三	丙辰10四	丁巳11五	戊午12六	己未13日	庚申14一	辛酉15二	壬戌16三	癸亥17四	甲子18五	乙丑19六	丙寅20日	丁卯21一	戊辰22二	己巳23三	庚午24四	辛未25五	壬申26六	癸酉27日	癸丑立春戊辰雨水
二月大	乙卯	天干地支西曆星期	甲戌28一	乙亥(3)二	丙子2三	丁丑3四	戊寅4五	己卯5六	庚辰6日	辛巳7一	壬午8二	癸未9三	甲申10四	乙酉11五	丙戌12六	丁亥13日	戊子14一	己丑15二	庚寅16三	辛卯17四	壬辰18五	癸巳19六	甲午20日	乙未21一	丙申22二	丁酉23三	戊戌24四	己亥25五	庚子26六	辛丑27日	壬寅28一	癸卯29二		癸未驚蟄己亥春分
三月小	丙辰	天干地支西曆星期	甲辰30三	乙巳31四	丙午(4)五	丁未2六	戊申3日	己酉4一	庚戌5二	辛亥6三	壬子7四	癸丑8五	甲寅9六	乙卯10日	丙辰11一	丁巳12二	戊午13三	己未14四	庚申15五	辛酉16六	壬戌17日	癸亥18一	甲子19二	乙丑20三	丙寅21四	丁卯22五	戊辰23六	己巳24日	庚午25一	辛未26二	壬申27三			甲寅清明己巳穀雨
四月大	丁巳	天干地支西曆星期	癸酉28四	甲戌29五	乙亥30六	丙子(5)日	丁丑2一	戊寅3二	己卯4三	庚辰5四	辛巳6五	壬午7六	癸未8日	甲申9一	乙酉10二	丙戌11三	丁亥12四	戊子13五	己丑14六	庚寅15日	辛卯16一	壬辰17二	癸巳18三	甲午19四	乙未20五	丙申21六	丁酉22日	戊戌23一	己亥24二	庚子25三	辛丑26四	壬寅27五		甲申立夏己亥小滿
五月小	戊午	天干地支西曆星期	癸卯28六	甲辰29日	乙巳30一	丙午31二	丁未(6)三	戊申2四	己酉3五	庚戌4六	辛亥5日	壬子6一	癸丑7二	甲寅8三	乙卯9四	丙辰10五	丁巳11六	戊午12日	己未13一	庚申14二	辛酉15三	壬戌16四	癸亥17五	甲子18六	乙丑19日	丙寅20一	丁卯21二	戊辰22三	己巳23四	庚午24五	辛未25六			乙卯芒種庚午夏至
六月大	己未	天干地支西曆星期	壬申26日	癸酉27一	甲戌28二	乙亥29三	丙子30四	丁丑(7)五	戊寅2六	己卯3日	庚辰4一	辛巳5二	壬午6三	癸未7四	甲申8五	乙酉9六	丙戌10日	丁亥11一	戊子12二	己丑13三	庚寅14四	辛卯15五	壬辰16六	癸巳17日	甲午18一	乙未19二	丙申20三	丁酉21四	戊戌22五	己亥23六	庚子24日	辛丑25一		乙酉小暑庚午大暑壬申日食
閏六月小	己未	天干地支西曆星期	壬寅26二	癸卯27三	甲辰28四	乙巳29五	丙午30六	丁未31日	戊申(8)一	己酉2二	庚戌3三	辛亥4四	壬子5五	癸丑6六	甲寅7日	乙卯8一	丙辰9二	丁巳10三	戊午11四	己未12五	庚申13六	辛酉14日	壬戌15一	癸亥16二	甲子17三	乙丑18四	丙寅19五	丁卯20六	戊辰21日	己巳22一	庚午23二			乙卯立秋
七月大	庚申	天干地支西曆星期	辛未24三	壬申25四	癸酉26五	甲戌27六	乙亥28日	丙子29一	丁丑30二	戊寅31三	己卯(9)四	庚辰2五	辛巳3六	壬午4日	癸未5一	甲申6二	乙酉7三	丙戌8四	丁亥9五	戊子10六	己丑11日	庚寅12一	辛卯13二	壬辰14三	癸巳15四	甲午16五	乙未17六	丙申18日	丁酉19一	戊戌20二	己亥21三	庚子22四		辛未處暑丙戌白露
八月小	辛酉	天干地支西曆星期	辛丑23五	壬寅24六	癸卯25日	甲辰26一	乙巳27二	丙午28三	丁未29四	戊申30五	己酉(10)六	庚戌2日	辛亥3一	壬子4二	癸丑5三	甲寅6四	乙卯7五	丙辰8六	丁巳9日	戊午10一	己未11二	庚申12三	辛酉13四	壬戌14五	癸亥15六	甲子16日	乙丑17一	丙寅18二	丁卯19三	戊辰20四	己巳21五			辛丑秋分丙辰寒露
九月大	壬戌	天干地支西曆星期	庚午22六	辛未23日	壬申24一	癸酉25二	甲戌26三	乙亥27四	丙子28五	丁丑29六	戊寅30日	己卯31一	庚辰(11)二	辛巳2三	壬午3四	癸未4五	甲申5六	乙酉6日	丙戌7一	丁亥8二	戊子9三	己丑10四	庚寅11五	辛卯12六	壬辰13日	癸巳14一	甲午15二	乙未16三	丙申17四	丁酉18五	戊戌19六	己亥20日		壬申霜降丁亥立冬
十月小	癸亥	天干地支西曆星期	庚子21一	辛丑22二	壬寅23三	癸卯24四	甲辰25五	乙巳26六	丙午27日	丁未28一	戊申29二	己酉30三	庚戌(12)四	辛亥2五	壬子3六	癸丑4日	甲寅5一	乙卯6二	丙辰7三	丁巳8四	戊午9五	己未10六	庚申11日	辛酉12一	壬戌13二	癸亥14三	甲子15四	乙丑16五	丙寅17六	丁卯18日	戊辰19一			壬寅小雪丁巳大雪
十一月大	甲子	天干地支西曆星期	己巳20二	庚午21三	辛未22四	壬申23五	癸酉24六	甲戌25日	乙亥26一	丙子27二	丁丑28三	戊寅29四	己卯30五	庚辰31六	辛巳(1)日	壬午2一	癸未3二	甲申4三	乙酉5四	丙戌6五	丁亥7六	戊子8日	己丑9一	庚寅10二	辛卯11三	壬辰12四	癸巳13五	甲午14六	乙未15日	丙申16一	丁酉17二	戊戌18三		壬申冬至戊子小寒
十二月小	乙丑	天干地支西曆星期	己亥19四	庚子20五	辛丑21六	壬寅22日	癸卯23一	甲辰24二	乙巳25三	丙午26四	丁未27五	戊申28六	己酉29日	庚戌30一	辛亥31二	壬子(2)三	癸丑2四	甲寅3五	乙卯4六	丙辰5日	丁巳6一	戊午7二	己未8三	庚申9四	辛酉10五	壬戌11六	癸亥12日	甲子13一	乙丑14二	丙寅15三	丁卯16四			癸卯大寒戊午立春

晉惠帝元康九年（己未 羊年） 公元 299～300 年

夏曆月序	中西曆日對照	夏曆日序																														節氣與天象
		初一	初二	初三	初四	初五	初六	初七	初八	初九	初十	十一	十二	十三	十四	十五	十六	十七	十八	十九	二十	二一	二二	二三	二四	二五	二六	二七	二八	二九	三十	
正月大	丙寅	天干 戊辰	己巳	庚午	辛未	壬申	癸酉	甲戌	乙亥	丙子	丁丑	戊寅	己卯	庚辰	辛巳	壬午	癸未	甲申	乙酉	丙戌	丁亥	戊子	己丑	庚寅	辛卯	壬辰	癸巳	甲午	乙未	丙申	丁酉	癸酉雨水 己丑驚蟄
		地西曆 17	18	19	20	21	22	23	24	25	26	27	28	(3)	2	3	4	5	6	7	8	9	10	11	12	13	14	15	16	17	18	
		星期 五	六	日	一	二	三	四	五	六	日	一	二	三	四	五	六	日	一	二	三	四	五	六	日	一	二	三	四	五	六	
二月小	丁卯	戊戌	己亥	庚子	辛丑	壬寅	癸卯	甲辰	乙巳	丙午	丁未	戊申	己酉	庚戌	辛亥	壬子	癸丑	甲寅	乙卯	丙辰	丁巳	戊午	己未	庚申	辛酉	壬戌	癸亥	甲子	乙丑	丙寅		甲辰春分 己未清明
		19	20	21	22	23	24	25	26	27	28	29	30	31	(4)	2	3	4	5	6	7	8	9	10	11	12	13	14	15	16		
		日 一	二	三	四	五	六	日	一	二	三	四	五	六	日	一	二	三	四	五	六	日	一	二	三	四	五	六	日			
三月大	戊辰	丁卯	戊辰	己巳	庚午	辛未	壬申	癸酉	甲戌	乙亥	丙子	丁丑	戊寅	己卯	庚辰	辛巳	壬午	癸未	甲申	乙酉	丙戌	丁亥	戊子	己丑	庚寅	辛卯	壬辰	癸巳	甲午	乙未	丙申	甲戌穀雨 己卯立夏
		17	18	19	20	21	22	23	24	25	26	27	28	29	30	(5)	2	3	4	5	6	7	8	9	10	11	12	13	14	15	16	
		二	三	四	五	六	日	一	二	三	四	五	六	日	一	二	三	四	五	六	日	一	二	三	四	五	六	日	一	二		
四月大	己巳	丁酉	戊戌	己亥	庚子	辛丑	壬寅	癸卯	甲辰	乙巳	丙午	丁未	戊申	己酉	庚戌	辛亥	壬子	癸丑	甲寅	乙卯	丙辰	丁巳	戊午	己未	庚申	辛酉	壬戌	癸亥	甲子	乙丑	丙寅	乙巳小滿 庚申芒種
		17	18	19	20	21	22	23	24	25	26	27	28	29	30	31	(6)	2	3	4	5	6	7	8	9	10	11	12	13	14	15	
		三	四	五	六	日	一	二	三	四	五	六	日	一	二	三	四	五	六	日	一	二	三	四	五	六	日	一	二	三	四	
五月小	庚午	丁卯	戊辰	己巳	庚午	辛未	壬申	癸酉	甲戌	乙亥	丙子	丁丑	戊寅	己卯	庚辰	辛巳	壬午	癸未	甲申	乙酉	丙戌	丁亥	戊子	己丑	庚寅	辛卯	壬辰	癸巳	甲午	乙未		乙亥夏至 庚寅小暑
		16	17	18	19	20	21	22	23	24	25	26	27	28	29	30	(7)	2	3	4	5	6	7	8	9	10	11	12	13	14		
		五	六	日	一	二	三	四	五	六	日	一	二	三	四	五	六	日	一	二	三	四	五	六	日	一	二	三	四	五		
六月大	辛未	丙申	丁酉	戊戌	己亥	庚子	辛丑	壬寅	癸卯	甲辰	乙巳	丙午	丁未	戊申	己酉	庚戌	辛亥	壬子	癸丑	甲寅	乙卯	丙辰	丁巳	戊午	己未	庚申	辛酉	壬戌	癸亥	甲子	乙丑	乙巳大暑 辛酉立秋
		15	16	17	18	19	20	21	22	23	24	25	26	27	28	29	30	31	(8)	2	3	4	5	6	7	8	9	10	11	12	13	
		六	日	一	二	三	四	五	六	日	一	二	三	四	五	六	日	一	二	三	四	五	六	日	一	二	三	四	五	六	日	
七月小	壬申	丙寅	丁卯	戊辰	己巳	庚午	辛未	壬申	癸酉	甲戌	乙亥	丙子	丁丑	戊寅	己卯	庚辰	辛巳	壬午	癸未	甲申	乙酉	丙戌	丁亥	戊子	己丑	庚寅	辛卯	壬辰	癸巳	甲午		丙子處暑 辛卯白露
		14	15	16	17	18	19	20	21	22	23	24	25	26	27	28	29	30	31	(9)	2	3	4	5	6	7	8	9	10	11		
		一	二	三	四	五	六	日	一	二	三	四	五	六	日	一	二	三	四	五	六	日	一	二	三	四	五	六	日	一		
八月大	癸酉	乙未	丙申	丁酉	戊戌	己亥	庚子	辛丑	壬寅	癸卯	甲辰	乙巳	丙午	丁未	戊申	己酉	庚戌	辛亥	壬子	癸丑	甲寅	乙卯	丙辰	丁巳	戊午	己未	庚申	辛酉	壬戌	癸亥	甲子	丙午秋分 壬戌寒露
		12	13	14	15	16	17	18	19	20	21	22	23	24	25	26	27	28	29	30	(10)	2	3	4	5	6	7	8	9	10	11	
		二	三	四	五	六	日	一	二	三	四	五	六	日	一	二	三	四	五	六	日	一	二	三	四	五	六	日	一	二	三	
九月小	甲戌	乙丑	丙寅	丁卯	戊辰	己巳	庚午	辛未	壬申	癸酉	甲戌	乙亥	丙子	丁丑	戊寅	己卯	庚辰	辛巳	壬午	癸未	甲申	乙酉	丙戌	丁亥	戊子	己丑	庚寅	辛卯	壬辰	癸巳		丁丑霜降 壬辰立冬
		12	13	14	15	16	17	18	19	20	21	22	23	24	25	26	27	28	29	30	31	(11)	2	3	4	5	6	7	8	9		
		四	五	六	日	一	二	三	四	五	六	日	一	二	三	四	五	六	日	一	二	三	四	五	六	日	一	二	三	四		
十月大	乙亥	甲午	乙未	丙申	丁酉	戊戌	己亥	庚子	辛丑	壬寅	癸卯	甲辰	乙巳	丙午	丁未	戊申	己酉	庚戌	辛亥	壬子	癸丑	甲寅	乙卯	丙辰	丁巳	戊午	己未	庚申	辛酉	壬戌	癸亥	丁未小雪 壬戌大雪
		10	11	12	13	14	15	16	17	18	19	20	21	22	23	24	25	26	27	28	29	30	(12)	2	3	4	5	6	7	8	9	
		五	六	日	一	二	三	四	五	六	日	一	二	三	四	五	六	日	一	二	三	四	五	六	日	一	二	三	四	五	六	
十一月小	丙子	甲子	乙丑	丙寅	丁卯	戊辰	己巳	庚午	辛未	壬申	癸酉	甲戌	乙亥	丙子	丁丑	戊寅	己卯	庚辰	辛巳	壬午	癸未	甲申	乙酉	丙戌	丁亥	戊子	己丑	庚寅	辛卯	壬辰		戊寅冬至 甲子日食
		10	11	12	13	14	15	16	17	18	19	20	21	22	23	24	25	26	27	28	29	30	31	(1)	2	3	4	5	6	7		
		日	一	二	三	四	五	六	日	一	二	三	四	五	六	日	一	二	三	四	五	六	日	一	二	三	四	五	六	日		
十二月大	丁丑	癸巳	甲午	乙未	丙申	丁酉	戊戌	己亥	庚子	辛丑	壬寅	癸卯	甲辰	乙巳	丙午	丁未	戊申	己酉	庚戌	辛亥	壬子	癸丑	甲寅	乙卯	丙辰	丁巳	戊午	己未	庚申	辛酉	壬戌	癸巳小寒 戊申大寒
		8	9	10	11	12	13	14	15	16	17	18	19	20	21	22	23	24	25	26	27	28	29	30	31	(2)	2	3	4	5	6	
		一	二	三	四	五	六	日	一	二	三	四	五	六	日	一	二	三	四	五	六	日	一	二	三	四	五	六	日	一	二	

晉惠帝永康元年（庚申 猴年） 公元300～301年

夏曆月序	中西曆對照	夏曆日序																													節氣與天象
		初一	初二	初三	初四	初五	初六	初七	初八	初九	初十	十一	十二	十三	十四	十五	十六	十七	十八	十九	二十	廿一	廿二	廿三	廿四	廿五	廿六	廿七	廿八	廿九	三十	
正月小	戊寅 天干地支 西曆 星期	癸亥 7 三	甲子 8 四	乙丑 9 五	丙寅 10 六	丁卯 11日 一	戊辰 12 二	己巳 13 三	庚午 14 四	辛未 15 五	壬申 16 六	癸酉 17 日	甲戌 18 一	乙亥 19 二	丙子 20 三	丁丑 21 四	戊寅 22 五	己卯 23 六	庚辰 24 日	辛巳 25 一	壬午 26 二	癸未 27 三	甲申 28 四	乙酉 29 五	丙戌 (3) 六	丁亥 2 日	戊子 3 一	己丑 4 二	庚寅 5 三	辛卯 6 四		癸亥立春 己卯雨水
二月大	己卯 天干地支 西曆 星期	壬辰 7 四	癸巳 8 五	甲午 9 六	乙未 10日 日	丙申 11 一	丁酉 12 二	戊戌 13 三	己亥 14 四	庚子 15 五	辛丑 16 六	壬寅 17 日	癸卯 18 一	甲辰 19 二	乙巳 20 三	丙午 21 四	丁未 22 五	戊申 23 六	己酉 24 日	庚戌 25 一	辛亥 26 二	壬子 27 三	癸丑 28 四	甲寅 29 五	乙卯 30 六	丙辰 31日 日	丁巳 (4) 一	戊午 2 二	己未 3 三	庚申 4 四	辛酉 5 五	甲午驚蟄 己酉春分
三月小	庚辰 天干地支 西曆 星期	壬戌 6 六	癸亥 7 日	甲子 8 一	乙丑 9 二	丙寅 10 三	丁卯 11 四	戊辰 12 五	己巳 13 六	庚午 14日 日	辛未 15 一	壬申 16 二	癸酉 17 三	甲戌 18 四	乙亥 19 五	丙子 20 六	丁丑 21 日	戊寅 22 一	己卯 23 二	庚辰 24 三	辛巳 25 四	壬午 26 五	癸未 27 六	甲申 28 日	乙酉 29 一	丙戌 30 二	丁亥 (5) 三	戊子 2 四	己丑 3 五	庚寅 4 六		甲子清明 己卯穀雨
四月大	辛巳 天干地支 西曆 星期	辛卯 5 日	壬辰 6 一	癸巳 7 二	甲午 8 三	乙未 9 四	丙申 10 五	丁酉 11 六	戊戌 12 日	己亥 13 一	庚子 14 二	辛丑 15 三	壬寅 16 四	癸卯 17 五	甲辰 18 六	乙巳 19 日	丙午 20 一	丁未 21 二	戊申 22 三	己酉 23 四	庚戌 24 五	辛亥 25 六	壬子 26 日	癸丑 27 一	甲寅 28 二	乙卯 29 三	丙辰 30 四	丁巳 31 五	戊午 (6) 六	己未 2 日	庚申 3 一	乙未立夏 庚戌小暑
五月小	壬午 天干地支 西曆 星期	辛酉 4 二	壬戌 5 三	癸亥 6 四	甲子 7 五	乙丑 8 六	丙寅 9 日	丁卯 10 一	戊辰 11 二	己巳 12 三	庚午 13 四	辛未 14 五	壬申 15 六	癸酉 16 日	甲戌 17 一	乙亥 18 二	丙子 19 三	丁丑 20 四	戊寅 21 五	己卯 22 六	庚辰 23 日	辛巳 24 一	壬午 25 二	癸未 26 三	甲申 27 四	乙酉 28 五	丙戌 29 六	丁亥 30 日	戊子 (7) 一	己丑 2 二		乙丑芒種 庚辰夏至
六月大	癸未 天干地支 西曆 星期	庚寅 3 三	辛卯 4 四	壬辰 5 五	癸巳 6 六	甲午 7 日	乙未 8 一	丙申 9 二	丁酉 10 三	戊戌 11 四	己亥 12 五	庚子 13 六	辛丑 14 日	壬寅 15 一	癸卯 16 二	甲辰 17 三	乙巳 18 四	丙午 19 五	丁未 20 六	戊申 21 日	己酉 22 一	庚戌 23 二	辛亥 24 三	壬子 25 四	癸丑 26 五	甲寅 27 六	乙卯 28 日	丙辰 29 一	丁巳 30 二	戊午 31 三	己未 (8) 四	丙申小暑 辛亥大暑
七月小	甲申 天干地支 西曆 星期	庚申 2 五	辛酉 3 六	壬戌 4 日	癸亥 5 一	甲子 6 二	乙丑 7 三	丙寅 8 四	丁卯 9 五	戊辰 10 六	己巳 11 日	庚午 12 一	辛未 13 二	壬申 14 三	癸酉 15 四	甲戌 16 五	乙亥 17 六	丙子 18 日	丁丑 19 一	戊寅 20 二	己卯 21 三	庚辰 22 四	辛巳 23 五	壬午 24 六	癸未 25 日	甲申 26 一	乙酉 27 二	丙戌 28 三	丁亥 29 四	戊子 30 五		丙寅立秋 辛巳處暑
八月大	乙酉 天干地支 西曆 星期	己丑 31 六	庚寅 (9) 日	辛卯 2 一	壬辰 3 二	癸巳 4 三	甲午 5 四	乙未 6 五	丙申 7 六	丁酉 8 日	戊戌 9 一	己亥 10 二	庚子 11 三	辛丑 12 四	壬寅 13 五	癸卯 14 六	甲辰 15 日	乙巳 16 一	丙午 17 二	丁未 18 三	戊申 19 四	己酉 20 五	庚戌 21 六	辛亥 22 日	壬子 23 一	癸丑 24 二	甲寅 25 三	乙卯 26 四	丙辰 27 五	丁巳 28 六	戊午 29 日	丙申白露 壬子秋分
九月大	丙戌 天干地支 西曆 星期	己未 30 一	庚申 (10) 二	辛酉 2 三	壬戌 3 四	癸亥 4 五	甲子 5 六	乙丑 6 日	丙寅 7 一	丁卯 8 二	戊辰 9 三	己巳 10 四	庚午 11 五	辛未 12 六	壬申 13 日	癸酉 14 一	甲戌 15 二	乙亥 16 三	丙子 17 四	丁丑 18 五	戊寅 19 六	己卯 20 日	庚辰 21 一	辛巳 22 二	壬午 23 三	癸未 24 四	甲申 25 五	乙酉 26 六	丙戌 27 日	丁亥 28 一	戊子 29 二	丁卯寒露 壬午霜降
十月小	丁亥 天干地支 西曆 星期	己丑 30 三	庚寅 31 四	辛卯 (11) 五	壬辰 2 六	癸巳 3 日	甲午 4 一	乙未 5 二	丙申 6 三	丁酉 7 四	戊戌 8 五	己亥 9 六	庚子 10 日	辛丑 11 一	壬寅 12 二	癸卯 13 三	甲辰 14 四	乙巳 15 五	丙午 16 六	丁未 17 日	戊申 18 一	己酉 19 二	庚戌 20 三	辛亥 21 四	壬子 22 五	癸丑 23 六	甲寅 24 日	乙卯 25 一	丙辰 26 二	丁巳 27 三		丁酉立冬 壬子小雪
十一月大	戊子 天干地支 西曆 星期	戊午 28 四	己未 29 五	庚申 30 六	辛酉 (12) 日	壬戌 2 一	癸亥 3 二	甲子 4 三	乙丑 5 四	丙寅 6 五	丁卯 7 六	戊辰 8 日	己巳 9 一	庚午 10 二	辛未 11 三	壬申 12 四	癸酉 13 五	甲戌 14 六	乙亥 15日 日	丙子 16 一	丁丑 17 二	戊寅 18 三	己卯 19 四	庚辰 20 五	辛巳 21 六	壬午 22 日	癸未 23 一	甲申 24 二	乙酉 25 三	丙戌 26 四	丁亥 27 五	戊辰大雪 癸未冬至
十二月小	己丑 天干地支 西曆 星期	戊子 28 六	己丑 29 日	庚寅 30 一	辛卯 31 二	壬辰 (1) 三	癸巳 2 四	甲午 3 五	乙未 4 六	丙申 5 日	丁酉 6 一	戊戌 7 二	己亥 8 三	庚子 9 四	辛丑 10 五	壬寅 11 六	癸卯 12 日	甲辰 13 一	乙巳 14 二	丙午 15 三	丁未 16 四	戊申 17 五	己酉 18 六	庚戌 19 日	辛亥 20 一	壬子 21 二	癸丑 22 三	甲寅 23 四	乙卯 24 五	丙辰 25 六		戊戌小寒 癸丑大寒

晉惠帝永康二年 永寧元年（辛酉 雞年） 公元 301～302 年

夏曆月序	中西曆對照	夏曆日序 初一	初二	初三	初四	初五	初六	初七	初八	初九	初十	十一	十二	十三	十四	十五	十六	十七	十八	十九	二十	二一	二二	二三	二四	二五	二六	二七	二八	二九	三十	節氣與天象
正月大	庚寅 天干地支西曆星期	丁巳 26 二	戊午 27 三	己未 28 四	庚申 29 五	辛酉 30 六	壬戌 (2) 日	癸亥 2 一	甲子 3 二	乙丑 4 三	丙寅 5 四	丁卯 6 五	戊辰 7 六	己巳 8 日	庚午 9 一	辛未 10 二	壬申 11 三	癸酉 12 四	甲戌 13 五	乙亥 14 六	丙子 15 日	丁丑 16 一	戊寅 17 二	己卯 18 三	庚辰 19 四	辛巳 20 五	壬午 21 六	癸未 22 日	甲申 23 一	乙酉 24 二	丙戌 25 三		己巳立春 甲申雨水
二月小	辛卯 天干地支西曆星期	丁亥 25 二	戊子 26 三	己丑 27 四	庚寅 28 五	辛卯 (3) 六	壬辰 2 日	癸巳 3 一	甲午 4 二	乙未 5 三	丙申 6 四	丁酉 7 五	戊戌 8 六	己亥 9 日	庚子 10 一	辛丑 11 二	壬寅 12 三	癸卯 13 四	甲辰 14 五	乙巳 15 六	丙午 16 日	丁未 17 一	戊申 18 二	己酉 19 三	庚戌 20 四	辛亥 21 五	壬子 22 六	癸丑 23 日	甲寅 24 一	乙卯 25 二			己亥驚蟄 甲寅春分
三月大	壬辰 天干地支西曆星期	丙辰 26 三	丁巳 27 四	戊午 28 五	己未 29 六	庚申 30 日	辛酉 (4) 一	壬戌 2 二	癸亥 3 三	甲子 4 四	乙丑 5 五	丙寅 6 六	丁卯 7 日	戊辰 8 一	己巳 9 二	庚午 10 三	辛未 11 四	壬申 12 五	癸酉 13 六	甲戌 14 日	乙亥 15 一	丙子 16 二	丁丑 17 三	戊寅 18 四	己卯 19 五	庚辰 20 六	辛巳 21 日	壬午 22 一	癸未 23 二	甲申 24 三	乙酉 25 四		己巳清明 乙酉穀雨
閏三月小	壬辰 天干地支西曆星期	丙戌 26 五	丁亥 27 六	戊子 28 日	己丑 29 一	庚寅 30 二	辛卯 (5) 三	壬辰 2 四	癸巳 3 五	甲午 4 六	乙未 5 日	丙申 6 一	丁酉 7 二	戊戌 8 三	己亥 9 四	庚子 10 五	辛丑 11 六	壬寅 12 日	癸卯 13 一	甲辰 14 二	乙巳 15 三	丙午 16 四	丁未 17 五	戊申 18 六	己酉 19 日	庚戌 20 一	辛亥 21 二	壬子 22 三	癸丑 23 四	甲寅 24 五			庚子立夏 丙戌日食
四月大	癸巳 天干地支西曆星期	乙卯 24 六	丙辰 25 日	丁巳 26 一	戊午 27 二	己未 28 三	庚申 29 四	辛酉 30 五	壬戌 31 六	癸亥 (6) 日	甲子 2 一	乙丑 3 二	丙寅 4 三	丁卯 5 四	戊辰 6 五	己巳 7 六	庚午 8 日	辛未 9 一	壬申 10 二	癸酉 11 三	甲戌 12 四	乙亥 13 五	丙子 14 六	丁丑 15 日	戊寅 16 一	己卯 17 二	庚辰 18 三	辛巳 19 四	壬午 20 五	癸未 21 六	甲申 22 日		乙卯小滿 庚午芒種
五月小	甲午 天干地支西曆星期	乙酉 23 一	丙戌 24 二	丁亥 25 三	戊子 26 四	己丑 27 五	庚寅 28 六	辛卯 29 日	壬辰 30 一	癸巳 (7) 二	甲午 2 三	乙未 3 四	丙申 4 五	丁酉 5 六	戊戌 6 日	己亥 7 一	庚子 8 二	辛丑 9 三	壬寅 10 四	癸卯 11 五	甲辰 12 六	乙巳 13 日	丙午 14 一	丁未 15 二	戊申 16 三	己酉 17 四	庚戌 18 五	辛亥 19 六	壬子 20 日	癸丑 21 一			丙戌夏至 辛丑小暑
六月大	乙未 天干地支西曆星期	甲寅 22 二	乙卯 23 三	丙辰 24 四	丁巳 25 五	戊午 26 六	己未 27 日	庚申 28 一	辛酉 29 二	壬戌 30 三	癸亥 31 四	甲子 (8) 五	乙丑 2 六	丙寅 3 日	丁卯 4 一	戊辰 5 二	己巳 6 三	庚午 7 四	辛未 8 五	壬申 9 六	癸酉 10 日	甲戌 11 一	乙亥 12 二	丙子 13 三	丁丑 14 四	戊寅 15 五	己卯 16 六	庚辰 17 日	辛巳 18 一	壬午 19 二	癸未 20 三		丙辰大暑 辛未立秋
七月小	丙申 天干地支西曆星期	甲申 21 四	乙酉 22 五	丙戌 23 六	丁亥 24 日	戊子 25 一	己丑 26 二	庚寅 27 三	辛卯 28 四	壬辰 29 五	癸巳 30 六	甲午 31 日	乙未 (9) 一	丙申 2 二	丁酉 3 三	戊戌 4 四	己亥 5 五	庚子 6 六	辛丑 7 日	壬寅 8 一	癸卯 9 二	甲辰 10 三	乙巳 11 四	丙午 12 五	丁未 13 六	戊申 14 日	己酉 15 一	庚戌 16 二	辛亥 17 三	壬子 18 四			丙戌處暑 壬寅白露
八月大	丁酉 天干地支西曆星期	癸丑 19 五	甲寅 20 六	乙卯 21 日	丙辰 22 一	丁巳 23 二	戊午 24 三	己未 25 四	庚申 26 五	辛酉 27 六	壬戌 28 日	癸亥 29 一	甲子 30 二	乙丑 (10) 三	丙寅 2 四	丁卯 3 五	戊辰 4 六	己巳 5 日	庚午 6 一	辛未 7 二	壬申 8 三	癸酉 9 四	甲戌 10 五	乙亥 11 六	丙子 12 日	丁丑 13 一	戊寅 14 二	己卯 15 三	庚辰 16 四	辛巳 17 五	壬午 18 六		丁巳秋分 壬申寒露
九月小	戊戌 天干地支西曆星期	癸未 19 日	甲申 20 一	乙酉 21 二	丙戌 22 三	丁亥 23 四	戊子 24 五	己丑 25 六	庚寅 26 日	辛卯 27 一	壬辰 28 二	癸巳 29 三	甲午 30 四	乙未 31 五	丙申 (11) 六	丁酉 2 日	戊戌 3 一	己亥 4 二	庚子 5 三	辛丑 6 四	壬寅 7 五	癸卯 8 六	甲辰 9 日	乙巳 10 一	丙午 11 二	丁未 12 三	戊申 13 四	己酉 14 五	庚戌 15 六	辛亥 16 日			丁亥霜降 癸巳立冬
十月大	己亥 天干地支西曆星期	壬子 17 一	癸丑 18 二	甲寅 19 三	乙卯 20 四	丙辰 21 五	丁巳 22 六	戊午 23 日	己未 24 一	庚申 25 二	辛酉 26 三	壬戌 27 四	癸亥 28 五	甲子 29 六	乙丑 30 日	丙寅 (12) 一	丁卯 2 二	戊辰 3 三	己巳 4 四	庚午 5 五	辛未 6 六	壬申 7 日	癸酉 8 一	甲戌 9 二	乙亥 10 三	丙子 11 四	丁丑 12 五	戊寅 13 六	己卯 14 日	庚辰 15 一	辛巳 16 二		戊午小雪 癸酉大雪
十一月小	庚子 天干地支西曆星期	壬午 17 三	癸未 18 四	甲申 19 五	乙酉 20 六	丙戌 21 日	丁亥 22 一	戊子 23 二	己丑 24 三	庚寅 25 四	辛卯 26 五	壬辰 27 六	癸巳 28 日	甲午 29 一	乙未 30 二	丙申 31 三	丁酉 (1) 四	戊戌 2 五	己亥 3 六	庚子 4 日	辛丑 5 一	壬寅 6 二	癸卯 7 三	甲辰 8 四	乙巳 9 五	丙午 10 六	丁未 11 日	戊申 12 一	己酉 13 二	庚戌 14 三			戊子冬至 癸卯小寒
十二月大	辛丑 天干地支西曆星期	辛亥 15 四	壬子 16 五	癸丑 17 六	甲寅 18 日	乙卯 19 一	丙辰 20 二	丁巳 21 三	戊午 22 四	己未 23 五	庚申 24 六	辛酉 25 日	壬戌 26 一	癸亥 27 二	甲子 28 三	乙丑 29 四	丙寅 30 五	丁卯 31 六	戊辰 (2) 日	己巳 2 一	庚午 3 二	辛未 4 三	壬申 5 四	癸酉 6 五	甲戌 7 六	乙亥 8 日	丙子 9 一	丁丑 10 二	戊寅 11 三	己卯 12 四	庚辰 13 五		己巳大寒 甲戌立春

* 四月癸亥（初九），改元永寧。

晉惠帝永寧二年 太安元年（壬戌 狗年） 公元 302 ～ 303 年

夏曆月序	中西曆對照	夏曆日序																													節氣與天象
		初一	初二	初三	初四	初五	初六	初七	初八	初九	初十	十一	十二	十三	十四	十五	十六	十七	十八	十九	二十	二一	二二	二三	二四	二五	二六	二七	二八	二九	三十	
正月大	壬寅 天干地支西曆星期	辛巳 14日 六	壬午 15日 日	癸未 16日 一	甲申 17日 二	乙酉 18日 三	丙戌 19日 四	丁亥 20日 五	戊子 21日 六	己丑 22日 日	庚寅 23日 一	辛卯 24日 二	壬辰 25日 三	癸巳 26日 四	甲午 27日 五	乙未 28日 六	丙申(3)日 日	丁酉 2日 一	戊戌 3日 二	己亥 4日 三	庚子 5日 四	辛丑 6日 五	壬寅 7日 六	癸卯 8日 日	甲辰 9日 一	乙巳 10日 二	丙午 11日 三	丁未 12日 四	戊申 13日 五	己酉 14日 六	庚戌 15日 日	己丑雨水 甲辰驚蟄
二月小	癸卯 天干地支西曆星期	辛亥 16日 一	壬子 17日 二	癸丑 18日 三	甲寅 19日 四	乙卯 20日 五	丙辰 21日 六	丁巳 22日 日	戊午 23日 一	己未 24日 二	庚申 25日 三	辛酉 26日 四	壬戌 27日 五	癸亥 28日 六	甲子 29日 日	乙丑 30日 一	丙寅 31日 二	丁卯(4)日 三	戊辰 2日 四	己巳 3日 五	庚午 4日 六	辛未 5日 日	壬申 6日 一	癸酉 7日 二	甲戌 8日 三	乙亥 9日 四	丙子 10日 五	丁丑 11日 六	戊寅 12日 日	己卯 13日 一		己未春分 乙亥清明
三月大	甲辰 天干地支西曆星期	庚辰 14日 二	辛巳 15日 三	壬午 16日 四	癸未 17日 五	甲申 18日 六	乙酉 19日 日	丙戌 20日 一	丁亥 21日 二	戊子 22日 三	己丑 23日 四	庚寅 24日 五	辛卯 25日 六	壬辰 26日 日	癸巳 27日 一	甲午 28日 二	乙未 29日 三	丙申 30日 四	丁酉(5)日 五	戊戌 2日 六	己亥 3日 日	庚子 4日 一	辛丑 5日 二	壬寅 6日 三	癸卯 7日 四	甲辰 8日 五	乙巳 9日 六	丙午 10日 日	丁未 11日 一	戊申 12日 二	己酉 13日 三	庚寅穀雨 乙巳立夏
四月小	乙巳 天干地支西曆星期	庚戌 14日 四	辛亥 15日 五	壬子 16日 六	癸丑 17日 日	甲寅 18日 一	乙卯 19日 二	丙辰 20日 三	丁巳 21日 四	戊午 22日 五	己未 23日 六	庚申 24日 日	辛酉 25日 一	壬戌 26日 二	癸亥 27日 三	甲子 28日 四	乙丑 29日 五	丙寅 30日 六	丁卯 31日 日	戊辰(6)日 一	己巳 2日 二	庚午 3日 三	辛未 4日 四	壬申 5日 五	癸酉 6日 六	甲戌 7日 日	乙亥 8日 一	丙子 9日 二	丁丑 10日 三	戊寅 11日 四		庚申小滿 丙子芒種
五月大	丙午 天干地支西曆星期	己卯 12日 五	庚辰 13日 六	辛巳 14日 日	壬午 15日 一	癸未 16日 二	甲申 17日 三	乙酉 18日 四	丙戌 19日 五	丁亥 20日 六	戊子 21日 日	己丑 22日 一	庚寅 23日 二	辛卯 24日 三	壬辰 25日 四	癸巳 26日 五	甲午 27日 六	乙未 28日 日	丙申 29日 一	丁酉 30日 二	戊戌(7)日 三	己亥 2日 四	庚子 3日 五	辛丑 4日 六	壬寅 5日 日	癸卯 6日 一	甲辰 7日 二	乙巳 8日 三	丙午 9日 四	丁未 10日 五	戊申 11日 六	辛卯夏至 丙午小暑
六月小	丁未 天干地支西曆星期	己酉 12日 日	庚戌 13日 一	辛亥 14日 二	壬子 15日 三	癸丑 16日 四	甲寅 17日 五	乙卯 18日 六	丙辰 19日 日	丁巳 20日 一	戊午 21日 二	己未 22日 三	庚申 23日 四	辛酉 24日 五	壬戌 25日 六	癸亥 26日 日	甲子 27日 一	乙丑 28日 二	丙寅 29日 三	丁卯 30日 四	戊辰 31日 五	己巳(8)日 六	庚午 2日 日	辛未 3日 一	壬申 4日 二	癸酉 5日 三	甲戌 6日 四	乙亥 7日 五	丙子 8日 六	丁丑 9日 日		辛酉大暑 丙子立秋
七月大	戊申 天干地支西曆星期	戊寅 10日 一	己卯 11日 二	庚辰 12日 三	辛巳 13日 四	壬午 14日 五	癸未 15日 六	甲申 16日 日	乙酉 17日 一	丙戌 18日 二	丁亥 19日 三	戊子 20日 四	己丑 21日 五	庚寅 22日 六	辛卯 23日 日	壬辰 24日 一	癸巳 25日 二	甲午 26日 三	乙未 27日 四	丙申 28日 五	丁酉 29日 六	戊戌 30日 日	己亥 31日 一	庚子(9)日 二	辛丑 2日 三	壬寅 3日 四	癸卯 4日 五	甲辰 5日 六	乙巳 6日 日	丙午 7日 一	丁未 8日 二	壬辰處暑 丁未白露
八月小	己酉 天干地支西曆星期	戊申 9日 三	己酉 10日 四	庚戌 11日 五	辛亥 12日 六	壬子 13日 日	癸丑 14日 一	甲寅 15日 二	乙卯 16日 三	丙辰 17日 四	丁巳 18日 五	戊午 19日 六	己未 20日 日	庚申 21日 一	辛酉 22日 二	壬戌 23日 三	癸亥 24日 四	甲子 25日 五	乙丑 26日 六	丙寅 27日 日	丁卯 28日 一	戊辰 29日 二	己巳 30日 三	庚午(10)日 四	辛未 2日 五	壬申 3日 六	癸酉 4日 日	甲戌 5日 一	乙亥 6日 二	丙子 7日 三		壬戌秋分
九月大	庚戌 天干地支西曆星期	丁丑 8日 四	戊寅 9日 五	己卯 10日 六	庚辰 11日 日	辛巳 12日 一	壬午 13日 二	癸未 14日 三	甲申 15日 四	乙酉 16日 五	丙戌 17日 六	丁亥 18日 日	戊子 19日 一	己丑 20日 二	庚寅 21日 三	辛卯 22日 四	壬辰 23日 五	癸巳 24日 六	甲午 25日 日	乙未 26日 一	丙申 27日 二	丁酉 28日 三	戊戌 29日 四	己亥 30日 五	庚子 31日 六	辛丑(11)日 日	壬寅 2日 一	癸卯 3日 二	甲辰 4日 三	乙巳 5日 四	丙午 6日 五	丁丑寒露 癸亥霜降 丁丑日食
十月小	辛亥 天干地支西曆星期	丁未 7日 六	戊申 8日 日	己酉 9日 一	庚戌 10日 二	辛亥 11日 三	壬子 12日 四	癸丑 13日 五	甲寅 14日 六	乙卯 15日 日	丙辰 16日 一	丁巳 17日 二	戊午 18日 三	己未 19日 四	庚申 20日 五	辛酉 21日 六	壬戌 22日 日	癸亥 23日 一	甲子 24日 二	乙丑 25日 三	丙寅 26日 四	丁卯 27日 五	戊辰 28日 六	己巳 29日 日	庚午 30日 一	辛未(12)日 二	壬申 2日 三	癸酉 3日 四	甲戌 4日 五	乙亥 5日 六		戊申立冬 癸亥小雪
十一月大	壬子 天干地支西曆星期	丙子 6日 日	丁丑 7日 一	戊寅 8日 二	己卯 9日 三	庚辰 10日 四	辛巳 11日 五	壬午 12日 六	癸未 13日 日	甲申 14日 一	乙酉 15日 二	丙戌 16日 三	丁亥 17日 四	戊子 18日 五	己丑 19日 六	庚寅 20日 日	辛卯 21日 一	壬辰 22日 二	癸巳 23日 三	甲午 24日 四	乙未 25日 五	丙申 26日 六	丁酉 27日 日	戊戌 28日 一	己亥 29日 二	庚子 30日 三	辛丑 31日 四	壬寅(1)日 五	癸卯 2日 六	甲辰 3日 日	乙巳 4日 一	戊寅大雪 癸巳冬至
十二月小	癸丑 天干地支西曆星期	丙午 5日 二	丁未 6日 三	戊申 7日 四	己酉 8日 五	庚戌 9日 六	辛亥 10日 日	壬子 11日 一	癸丑 12日 二	甲寅 13日 三	乙卯 14日 四	丙辰 15日 五	丁巳 16日 六	戊午 17日 日	己未 18日 一	庚申 19日 二	辛酉 20日 三	壬戌 21日 四	癸亥 22日 五	甲子 23日 六	乙丑 24日 日	丙寅 25日 一	丁卯 26日 二	戊辰 27日 三	己巳 28日 四	庚午 29日 五	辛未 30日 六	壬申 31日 日	癸酉(2)日 一	甲戌 2日 二		己酉小寒 甲子大寒

＊十二月丁卯（二十二日），改元太安。

晉惠帝太安二年（癸亥 豬年） 公元 303 ~ 304 年

晉惠帝太安三年 永興元年 建武元年 永安元年 （甲子 鼠年） 公元 304 ～ 305 年

夏曆月序	中西曆日對照	夏曆日序 初一	初二	初三	初四	初五	初六	初七	初八	初九	初十	十一	十二	十三	十四	十五	十六	十七	十八	十九	二十	二一	二二	二三	二四	二五	二六	二七	二八	二九	三十	節氣與天象
正月大	丙寅 天干地支/西曆/星期	己亥 22 二	庚子 23 三	辛丑 24 四	壬寅 25 五	癸卯 26 六	甲辰 27 日	乙巳 28 一	丙午 29 二	丁未 (3) 三	戊申 2 四	己酉 3 五	庚戌 4 六	辛亥 5 日	壬子 6 一	癸丑 7 二	甲寅 8 三	乙卯 9 四	丙辰 10 五	丁巳 11 六	戊午 12 日	己未 13 一	庚申 14 二	辛酉 15 三	壬戌 16 四	癸亥 17 五	甲子 18 六	乙丑 19 日	丙寅 20 一	丁卯 21 二	戊辰 22 三	庚子雨水 乙卯驚蟄
二月小	丁卯 天干地支/西曆/星期	己巳 23 四	庚午 24 五	辛未 25 六	壬申 26 日	癸酉 27 一	甲戌 28 二	乙亥 29 三	丙子 30 四	丁丑 31 五	戊寅 (4) 六	己卯 2 日	庚辰 3 一	辛巳 4 二	壬午 5 三	癸未 6 四	甲申 7 五	乙酉 8 六	丙戌 9 日	丁亥 10 一	戊子 11 二	己丑 12 三	庚寅 13 四	辛卯 14 五	壬辰 15 六	癸巳 16 日	甲午 17 一	乙未 18 二	丙申 19 三	丁酉 20 四		庚午春分 乙酉清明
三月大	戊辰 天干地支/西曆/星期	戊戌 21 五	己亥 22 六	庚子 23 日	辛丑 24 一	壬寅 25 二	癸卯 26 三	甲辰 27 四	乙巳 28 五	丙午 29 六	丁未 30 日	戊申 (5) 一	己酉 2 二	庚戌 3 三	辛亥 4 四	壬子 5 五	癸丑 6 六	甲寅 7 日	乙卯 8 一	丙辰 9 二	丁巳 10 三	戊午 11 四	己未 12 五	庚申 13 六	辛酉 14 日	壬戌 15 一	癸亥 16 二	甲子 17 三	乙丑 18 四	丙寅 19 五	丁卯 20 六	庚子穀雨 丙辰立夏
四月小	己巳 天干地支/西曆/星期	戊辰 21 日	己巳 22 一	庚午 23 二	辛未 24 三	壬申 25 四	癸酉 26 五	甲戌 27 六	乙亥 28 日	丙子 29 一	丁丑 30 二	戊寅 31 三	己卯 (6) 四	庚辰 2 五	辛巳 3 六	壬午 4 日	癸未 5 一	甲申 6 二	乙酉 7 三	丙戌 8 四	丁亥 9 五	戊子 10 六	己丑 11 日	庚寅 12 一	辛卯 13 二	壬辰 14 三	癸巳 15 四	甲午 16 五	乙未 17 六	丙申 18 日		辛未小滿 丙戌芒種
五月大	庚午 天干地支/西曆/星期	丁酉 19 一	戊戌 20 二	己亥 21 三	庚子 22 四	辛丑 23 五	壬寅 24 六	癸卯 25 日	甲辰 26 一	乙巳 27 二	丙午 28 三	丁未 29 四	戊申 30 五	己酉 (7) 六	庚戌 2 日	辛亥 3 一	壬子 4 二	癸丑 5 三	甲寅 6 四	乙卯 7 五	丙辰 8 六	丁巳 9 日	戊午 10 一	己未 11 二	庚申 12 三	辛酉 13 四	壬戌 14 五	癸亥 15 六	甲子 16 日	乙丑 17 一	丙寅 18 二	辛丑夏至 丁巳小暑
六月小	辛未 天干地支/西曆/星期	丁卯 19 三	戊辰 20 四	己巳 21 五	庚午 22 六	辛未 23 日	壬申 24 一	癸酉 25 二	甲戌 26 三	乙亥 27 四	丙子 28 五	丁丑 29 六	戊寅 30 日	己卯 31 一	庚辰 (8) 二	辛巳 2 三	壬午 3 四	癸未 4 五	甲申 5 六	乙酉 6 日	丙戌 7 一	丁亥 8 二	戊子 9 三	己丑 10 四	庚寅 11 五	辛卯 12 六	壬辰 13 日	癸巳 14 一	甲午 15 二	乙未 16 三		壬申大暑 丁亥立秋
七月大	壬申 天干地支/西曆/星期	丙申 17 四	丁酉 18 五	戊戌 19 六	己亥 20 日	庚子 21 一	辛丑 22 二	壬寅 23 三	癸卯 24 四	甲辰 25 五	乙巳 26 六	丙午 27 日	丁未 28 一	戊申 29 二	己酉 30 三	庚戌 31 四	辛亥 (9) 五	壬子 2 六	癸丑 3 日	甲寅 4 一	乙卯 5 二	丙辰 6 三	丁巳 7 四	戊午 8 五	己未 9 六	庚申 10 日	辛酉 11 一	壬戌 12 二	癸亥 13 三	甲子 14 四	乙丑 15 五	壬寅處暑 丁巳白露
八月大	癸酉 天干地支/西曆/星期	丙寅 16 六	丁卯 17 日	戊辰 18 一	己巳 19 二	庚午 20 三	辛未 21 四	壬申 22 五	癸酉 23 六	甲戌 24 日	乙亥 25 一	丙子 26 二	丁丑 27 三	戊寅 28 四	己卯 29 五	庚辰 30 六	辛巳 (10) 日	壬午 2 一	癸未 3 二	甲申 4 三	乙酉 5 四	丙戌 6 五	丁亥 7 六	戊子 8 日	己丑 9 一	庚寅 10 二	辛卯 11 三	壬辰 12 四	癸巳 13 五	甲午 14 六	乙未 15 日	癸酉秋分 戊子寒露
九月小	甲戌 天干地支/西曆/星期	丙申 16 一	丁酉 17 二	戊戌 18 三	己亥 19 四	庚子 20 五	辛丑 21 六	壬寅 22 日	癸卯 23 一	甲辰 24 二	乙巳 25 三	丙午 26 四	丁未 27 五	戊申 28 六	己酉 29 日	庚戌 30 一	辛亥 31 二	壬子 (11) 三	癸丑 2 四	甲寅 3 五	乙卯 4 六	丙辰 5 日	丁巳 6 一	戊午 7 二	己未 8 三	庚申 9 四	辛酉 10 五	壬戌 11 六	癸亥 12 日	甲子 13 一		癸卯霜降 戊午立冬
十月大	乙亥 天干地支/西曆/星期	乙丑 14 二	丙寅 15 三	丁卯 16 四	戊辰 17 五	己巳 18 六	庚午 19 日	辛未 20 一	壬申 21 二	癸酉 22 三	甲戌 23 四	乙亥 24 五	丙子 25 六	丁丑 26 日	戊寅 27 一	己卯 28 二	庚辰 29 三	辛巳 30 四	壬午 (12) 五	癸未 2 六	甲申 3 日	乙酉 4 一	丙戌 5 二	丁亥 6 三	戊子 7 四	己丑 8 五	庚寅 9 六	辛卯 10 日	壬辰 11 一	癸巳 12 二	甲午 13 三	癸酉小雪 己丑大雪
十一月小	丙子 天干地支/西曆/星期	乙未 14 四	丙申 15 五	丁酉 16 六	戊戌 17 日	己亥 18 一	庚子 19 二	辛丑 20 三	壬寅 21 四	癸卯 22 五	甲辰 23 六	乙巳 24 日	丙午 25 一	丁未 26 二	戊申 27 三	己酉 28 四	庚戌 29 五	辛亥 30 六	壬子 31 日	癸丑 (1) 一	甲寅 2 二	乙卯 3 三	丙辰 4 四	丁巳 5 五	戊午 6 六	己未 7 日	庚申 8 一	辛酉 9 二	壬戌 10 三	癸亥 11 四		甲辰冬至 己未小寒
十二月大	丁丑 天干地支/西曆/星期	甲子 12 五	乙丑 13 六	丙寅 14 日	丁卯 15 一	戊辰 16 二	己巳 17 三	庚午 18 四	辛未 19 五	壬申 20 六	癸酉 21 日	甲戌 22 一	乙亥 23 二	丙子 24 三	丁丑 25 四	戊寅 26 五	己卯 27 六	庚辰 28 日	辛巳 29 一	壬午 30 二	癸未 31 三	甲申 (2) 四	乙酉 2 五	丙戌 3 六	丁亥 4 日	戊子 5 一	己丑 6 二	庚寅 7 三	辛卯 8 四	壬辰 9 五	癸巳 10 六	甲戌大寒 庚寅立春

*正月丙午（初八），改元永興。七月庚申（二十五日），改元建武。十一月丙午（十二日），復改元永安。十二月丁亥（二十四日），改元永興。

晉惠帝永興二年（乙丑 牛年） 公元305～306年

夏曆月序	中西曆日對照	夏曆日序 初一	初二	初三	初四	初五	初六	初七	初八	初九	初十	十一	十二	十三	十四	十五	十六	十七	十八	十九	二十	二一	二二	二三	二四	二五	二六	二七	二八	二九	三十	節氣與天象
正月小	戊寅 天干地支西曆星期	甲午11日一	乙未12日二	丙申13日三	丁酉14日四	戊戌15日五	己亥16日六	庚子17日日	辛丑18日一	壬寅19日二	癸卯20日三	甲辰21日四	乙巳22日五	丙午23日六	丁未24日日	戊申25日一	己酉26日二	庚戌27日三	辛亥28日四	壬子29日五	癸丑(3)日六	甲寅2日日	乙卯3日一	丙辰4日二	丁巳5日三	戊午6日四	己未7日五	庚申8日六	辛酉9日日	壬戌10日一		乙巳雨水 庚申驚蟄
二月大	己卯 天干地支西曆星期	癸亥12日二	甲子13日三	乙丑14日四	丙寅15日五	丁卯16日六	戊辰17日日	己巳18日一	庚午19日二	辛未20日三	壬申21日四	癸酉22日五	甲戌23日六	乙亥24日日	丙子25日一	丁丑26日二	戊寅27日三	己卯28日四	庚辰29日五	辛巳30日六	壬午31日日	癸未(4)日一	甲申2日二	乙酉3日三	丙戌4日四	丁亥5日五	戊子6日六	己丑7日日	庚寅8日一	辛卯9日二	壬辰10日三	乙亥春分 庚寅清明
三月小	庚辰 天干地支西曆星期	癸巳11日三	甲午12日四	乙未13日五	丙申14日六	丁酉15日日	戊戌16日一	己亥17日二	庚子18日三	辛丑19日四	壬寅20日五	癸卯21日六	甲辰22日日	乙巳23日一	丙午24日二	丁未25日三	戊申26日四	己酉27日五	庚戌28日六	辛亥29日日	壬子30日一	癸丑(5)日二	甲寅2日三	乙卯3日四	丙辰4日五	丁巳5日六	戊午6日日	己未7日一	庚申8日二	辛酉9日三		丙午穀雨 辛酉立夏
四月大	辛巳 天干地支西曆星期	壬戌10日四	癸亥11日五	甲子12日六	乙丑13日日	丙寅14日一	丁卯15日二	戊辰16日三	己巳17日四	庚午18日五	辛未19日六	壬申20日日	癸酉21日一	甲戌22日二	乙亥23日三	丙子24日四	丁丑25日五	戊寅26日六	己卯27日日	庚辰28日一	辛巳29日二	壬午30日三	癸未31日四	甲申(6)日五	乙酉2日六	丙戌3日日	丁亥4日一	戊子5日二	己丑6日三	庚寅7日四	辛卯8日五	丙子小滿 辛卯芒種
五月小	壬午 天干地支西曆星期	壬辰9日六	癸巳10日日	甲午11日一	乙未12日二	丙申13日三	丁酉14日四	戊戌15日五	己亥16日六	庚子17日日	辛丑18日一	壬寅19日二	癸卯20日三	甲辰21日四	乙巳22日五	丙午23日六	丁未24日日	戊申25日一	己酉26日二	庚戌27日三	辛亥28日四	壬子29日五	癸丑30日六	甲寅(7)日日	乙卯2日一	丙辰3日二	丁巳4日三	戊午5日四	己未6日五	庚申7日六		丁未夏至
六月大	癸未 天干地支西曆星期	辛酉8日日	壬戌9日一	癸亥10日二	甲子11日三	乙丑12日四	丙寅13日五	丁卯14日六	戊辰15日日	己巳16日一	庚午17日二	辛未18日三	壬申19日四	癸酉20日五	甲戌21日六	乙亥22日日	丙子23日一	丁丑24日二	戊寅25日三	己卯26日四	庚辰27日五	辛巳28日六	壬午29日日	癸未30日一	甲申(8)日二	乙酉2日三	丙戌3日四	丁亥4日五	戊子5日六	己丑6日日	庚寅7日一	壬戌小暑 丁丑大暑
七月小	甲申 天干地支西曆星期	辛卯7日二	壬辰8日三	癸巳9日四	甲午10日五	乙未11日六	丙申12日日	丁酉13日一	戊戌14日二	己亥15日三	庚子16日四	辛丑17日五	壬寅18日六	癸卯19日日	甲辰20日一	乙巳21日二	丙午22日三	丁未23日四	戊申24日五	己酉25日六	庚戌26日日	辛亥27日一	壬子28日二	癸丑29日三	甲寅30日四	乙卯31日五	丙辰(9)日六	丁巳2日日	戊午3日一	己未4日二		壬辰立秋 丁未處暑 辛卯日食
八月大	乙酉 天干地支西曆星期	庚申5日三	辛酉6日四	壬戌7日五	癸亥8日六	甲子9日日	乙丑10日一	丙寅11日二	丁卯12日三	戊辰13日四	己巳14日五	庚午15日六	辛未16日日	壬申17日一	癸酉18日二	甲戌19日三	乙亥20日四	丙子21日五	丁丑22日六	戊寅23日日	己卯24日一	庚辰25日二	辛巳26日三	壬午27日四	癸未28日五	甲申29日六	乙酉30日日	丙戌(10)日一	丁亥2日二	戊子3日三	己丑4日四	癸亥白露 戊寅秋分
九月小	丙戌 天干地支西曆星期	庚寅5日五	辛卯6日六	壬辰7日日	癸巳8日一	甲午9日二	乙未10日三	丙申11日四	丁酉12日五	戊戌13日六	己亥14日日	庚子15日一	辛丑16日二	壬寅17日三	癸卯18日四	甲辰19日五	乙巳20日六	丙午21日日	丁未22日一	戊申23日二	己酉24日三	庚戌25日四	辛亥26日五	壬子27日六	癸丑28日日	甲寅29日一	乙卯30日二	丙辰31日三	丁巳(11)日四	戊午2日五		癸巳寒露 戊申霜降
十月大	丁亥 天干地支西曆星期	己未3日六	庚申4日日	辛酉5日一	壬戌6日二	癸亥7日三	甲子8日四	乙丑9日五	丙寅10日六	丁卯11日日	戊辰12日一	己巳13日二	庚午14日三	辛未15日四	壬申16日五	癸酉17日六	甲戌18日日	乙亥19日一	丙子20日二	丁丑21日三	戊寅22日四	己卯23日五	庚辰24日六	辛巳25日日	壬午26日一	癸未27日二	甲申28日三	乙酉29日四	丙戌30日五	丁亥(12)日六	戊子2日日	甲子立冬 己卯小雪
十一月小	戊子 天干地支西曆星期	己丑3日一	庚寅4日二	辛卯5日三	壬辰6日四	癸巳7日五	甲午8日六	乙未9日日	丙申10日一	丁酉11日二	戊戌12日三	己亥13日四	庚子14日五	辛丑15日六	壬寅16日日	癸卯17日一	甲辰18日二	乙巳19日三	丙午20日四	丁未21日五	戊申22日六	己酉23日日	庚戌24日一	辛亥25日二	壬子26日三	癸丑27日四	甲寅28日五	乙卯29日六	丙辰30日日	丁巳31日一		甲午大雪 己酉冬至
十二月大	己丑 天干地支西曆星期	戊午(1)日二	己未2日三	庚申3日四	辛酉4日五	壬戌5日六	癸亥6日日	甲子7日一	乙丑8日二	丙寅9日三	丁卯10日四	戊辰11日五	己巳12日六	庚午13日日	辛未14日一	壬申15日二	癸酉16日三	甲戌17日四	乙亥18日五	丙子19日六	丁丑20日日	戊寅21日一	己卯22日二	庚辰23日三	辛巳24日四	壬午25日五	癸未26日六	甲申27日日	乙酉28日一	丙戌29日二	丁亥30日三	甲子小寒 庚辰大寒

晉惠帝永興三年 光熙元年 懷帝光熙元年（丙寅 虎年） 公元 306 ~ 307 年

夏曆月序	中西曆對照	夏曆日序																													節氣與天象
		初一	初二	初三	初四	初五	初六	初七	初八	初九	初十	十一	十二	十三	十四	十五	十六	十七	十八	十九	二十	廿一	廿二	廿三	廿四	廿五	廿六	廿七	廿八	廿九	三十	
正月大	庚寅 天干地支 西曆 星期	戊子 31 四	己丑 (2) 五	庚寅 2 六	辛卯 3 日	壬辰 4 一	癸巳 5 二	甲午 6 三	乙未 7 四	丙申 8 五	丁酉 9 六	戊戌 10 日	己亥 11 一	庚子 12 二	辛丑 13 三	壬寅 14 四	癸卯 15 五	甲辰 16 六	乙巳 17 日	丙午 18 一	丁未 19 二	戊申 20 三	己酉 21 四	庚戌 22 五	辛亥 23 六	壬子 24 日	癸丑 25 一	甲寅 26 二	乙卯 27 三	丙辰 28 四	丁巳 (3) 五	乙未立春 庚戌雨水
二月小	辛卯 天干地支 西曆 星期	戊午 2 六	己未 3 日	庚申 4 一	辛酉 5 二	壬戌 6 三	癸亥 7 四	甲子 8 五	乙丑 9 六	丙寅 10 日	丁卯 11 一	戊辰 12 二	己巳 13 三	庚午 14 四	辛未 15 五	壬申 16 六	癸酉 17 日	甲戌 18 一	乙亥 19 二	丙子 20 三	丁丑 21 四	戊寅 22 五	己卯 23 六	庚辰 24 日	辛巳 25 一	壬午 26 二	癸未 27 三	甲申 28 四	乙酉 29 五	丙戌 30 六		乙丑驚蟄 庚辰春分
三月大	壬辰 天干地支 西曆 星期	丁亥 31 日	戊子 (4) 一	己丑 2 二	庚寅 3 三	辛卯 4 四	壬辰 5 五	癸巳 6 六	甲午 7 日	乙未 8 一	丙申 9 二	丁酉 10 三	戊戌 11 四	己亥 12 五	庚子 13 六	辛丑 14 日	壬寅 15 一	癸卯 16 二	甲辰 17 三	乙巳 18 四	丙午 19 五	丁未 20 六	戊申 21 日	己酉 22 一	庚戌 23 二	辛亥 24 三	壬子 25 四	癸丑 26 五	甲寅 27 六	乙卯 28 日	丙辰 29 一	丙申清明 辛亥穀雨
四月小	癸巳 天干地支 西曆 星期	丁巳 30 二	戊午 (5) 三	己未 2 四	庚申 3 五	辛酉 4 六	壬戌 5 日	癸亥 6 一	甲子 7 二	乙丑 8 三	丙寅 9 四	丁卯 10 五	戊辰 11 六	己巳 12 日	庚午 13 一	辛未 14 二	壬申 15 三	癸酉 16 四	甲戌 17 五	乙亥 18 六	丙子 19 日	丁丑 20 一	戊寅 21 二	己卯 22 三	庚辰 23 四	辛巳 24 五	壬午 25 六	癸未 26 日	甲申 27 一	乙酉 28 二		丙寅立夏 辛巳小滿
五月大	甲午 天干地支 西曆 星期	丙戌 29 三	丁亥 30 四	戊子 31 五	己丑 (6) 六	庚寅 2 日	辛卯 3 一	壬辰 4 二	癸巳 5 三	甲午 6 四	乙未 7 五	丙申 8 六	丁酉 9 日	戊戌 10 一	己亥 11 二	庚子 12 三	辛丑 13 四	壬寅 14 五	癸卯 15 六	甲辰 16 日	乙巳 17 一	丙午 18 二	丁未 19 三	戊申 20 四	己酉 21 五	庚戌 22 六	辛亥 23 日	壬子 24 一	癸丑 25 二	甲寅 26 三	乙卯 27 四	丁酉芒種 壬子夏至
六月小	乙未 天干地支 西曆 星期	丙辰 28 五	丁巳 29 六	戊午 30 日	己未 (7) 一	庚申 2 二	辛酉 3 三	壬戌 4 四	癸亥 5 五	甲子 6 六	乙丑 7 日	丙寅 8 一	丁卯 9 二	戊辰 10 三	己巳 11 四	庚午 12 五	辛未 13 六	壬申 14 日	癸酉 15 一	甲戌 16 二	乙亥 17 三	丙子 18 四	丁丑 19 五	戊寅 20 六	己卯 21 日	庚辰 22 一	辛巳 23 二	壬午 24 三	癸未 25 四	甲申 26 五		丁卯小暑 壬午大暑
七月大	丙申 天干地支 西曆 星期	乙酉 27 六	丙戌 28 日	丁亥 29 一	戊子 30 二	己丑 31 三	庚寅 (8) 四	辛卯 2 五	壬辰 3 六	癸巳 4 日	甲午 5 一	乙未 6 二	丙申 7 三	丁酉 8 四	戊戌 9 五	己亥 10 六	庚子 11 日	辛丑 12 一	壬寅 13 二	癸卯 14 三	甲辰 15 四	乙巳 16 五	丙午 17 六	丁未 18 日	戊申 19 一	己酉 20 二	庚戌 21 三	辛亥 22 四	壬子 23 五	癸丑 24 六	甲寅 25 日	丁酉立秋 癸卯處暑 乙酉日食
八月小	丁酉 天干地支 西曆 星期	乙卯 26 一	丙辰 27 二	丁巳 28 三	戊午 29 四	己未 30 五	庚申 31 六	辛酉 (9) 日	壬戌 2 一	癸亥 3 二	甲子 4 三	乙丑 5 四	丙寅 6 五	丁卯 7 六	戊辰 8 日	己巳 9 一	庚午 10 二	辛未 11 三	壬申 12 四	癸酉 13 五	甲戌 14 六	乙亥 15 日	丙子 16 一	丁丑 17 二	戊寅 18 三	己卯 19 四	庚辰 20 五	辛巳 21 六	壬午 22 日	癸未 23 一		戊辰白露 癸未秋分
閏八月大	丁酉 天干地支 西曆 星期	甲申 24 二	乙酉 25 三	丙戌 26 四	丁亥 27 五	戊子 28 六	己丑 29 日	庚寅 30 一	辛卯 (10) 二	壬辰 2 三	癸巳 3 四	甲午 4 五	乙未 5 六	丙申 6 日	丁酉 7 一	戊戌 8 二	己亥 9 三	庚子 10 四	辛丑 11 五	壬寅 12 六	癸卯 13 日	甲辰 14 一	乙巳 15 二	丙午 16 三	丁未 17 四	戊申 18 五	己酉 19 六	庚戌 20 日	辛亥 21 一	壬子 22 二	癸丑 23 三	戊戌寒露
九月小	戊戌 天干地支 西曆 星期	甲寅 24 四	乙卯 25 五	丙辰 26 六	丁巳 27 日	戊午 28 一	己未 29 二	庚申 30 三	辛酉 31 四	壬戌 (11) 五	癸亥 2 六	甲子 3 日	乙丑 4 一	丙寅 5 二	丁卯 6 三	戊辰 7 四	己巳 8 五	庚午 9 六	辛未 10 日	壬申 11 一	癸酉 12 二	甲戌 13 三	乙亥 14 四	丙子 15 五	丁丑 16 六	戊寅 17 日	己卯 18 一	庚辰 19 二	辛巳 20 三	壬午 21 四		甲寅霜降 己巳立冬
十月大	己亥 天干地支 西曆 星期	癸未 22 五	甲申 23 六	乙酉 24 日	丙戌 25 一	丁亥 26 二	戊子 27 三	己丑 28 四	庚寅 29 五	辛卯 30 六	壬辰 (12) 日	癸巳 2 一	甲午 3 二	乙未 4 三	丙申 5 四	丁酉 6 五	戊戌 7 六	己亥 8 日	庚子 9 一	辛丑 10 二	壬寅 11 三	癸卯 12 四	甲辰 13 五	乙巳 14 六	丙午 15 日	丁未 16 一	戊申 17 二	己酉 18 三	庚戌 19 四	辛亥 20 五	壬子 21 六	甲申小雪 己亥大雪
十一月小	庚子 天干地支 西曆 星期	癸丑 22 日	甲寅 23 一	乙卯 24 二	丙辰 25 三	丁巳 26 四	戊午 27 五	己未 28 六	庚申 29 日	辛酉 30 一	壬戌 31 二	癸亥 (1) 三	甲子 2 四	乙丑 3 五	丙寅 4 六	丁卯 5 日	戊辰 6 一	己巳 7 二	庚午 8 三	辛未 9 四	壬申 10 五	癸酉 11 六	甲戌 12 日	乙亥 13 一	丙子 14 二	丁丑 15 三	戊寅 16 四	己卯 17 五	庚辰 18 六	辛巳 19 日		甲寅冬至 庚午小寒
十二月大	辛丑 天干地支 西曆 星期	壬午 20 一	癸未 21 二	甲申 22 三	乙酉 23 四	丙戌 24 五	丁亥 25 六	戊子 26 日	己丑 27 一	庚寅 28 二	辛卯 29 三	壬辰 30 四	癸巳 31 五	甲午 (2) 六	乙未 2 日	丙申 3 一	丁酉 4 二	戊戌 5 三	己亥 6 四	庚子 7 五	辛丑 8 六	壬寅 9 日	癸卯 10 一	甲辰 11 二	乙巳 12 三	丙午 13 四	丁未 14 五	戊申 15 六	己酉 16 日	庚戌 17 一	辛亥 18 二	乙酉大寒 庚子立春

*六月辛未（十六日），改元光熙。十一月庚午（十八日），惠帝死。癸酉（二十一日），司馬熾即位，是爲懷帝。

晉懷帝光熙二年 永嘉元年（丁卯 兔年） 公元 307 ~ 308 年

夏曆月序	中西曆對照	夏曆日序																													節氣與天象
		初一	初二	初三	初四	初五	初六	初七	初八	初九	初十	十一	十二	十三	十四	十五	十六	十七	十八	十九	二十	二一	二二	二三	二四	二五	二六	二七	二八	二九	三十	
正月小	壬寅	天干地支 西曆 星期	壬子 19 三	癸丑 20 四	甲寅 21 五	乙卯 22 六	丙辰 23 日	丁巳 24 一	戊午 25 二	己未 26 三	庚申 27 四	辛酉 28 五	壬戌 (3) 六	癸亥 2 日	甲子 3 一	乙丑 4 二	丙寅 5 三	丁卯 6 四	戊辰 7 五	己巳 8 六	庚午 9 日	辛未 10 一	壬申 11 二	癸酉 12 三	甲戌 13 四	乙亥 14 五	丙子 15 六	丁丑 16 日	戊寅 17 一	己卯 18 二	庚辰 19 三		乙卯雨水 辛未驚蟄
二月大	癸卯	天干地支 西曆 星期	辛巳 20 四	壬午 21 五	癸未 22 六	甲申 23 日	乙酉 24 一	丙戌 25 二	丁亥 26 三	戊子 27 四	己丑 28 五	庚寅 29 六	辛卯 30 日	壬辰 31 一	癸巳 (4) 二	甲午 2 三	乙未 3 四	丙申 4 五	丁酉 5 六	戊戌 6 日	己亥 7 一	庚子 8 二	辛丑 9 三	壬寅 10 四	癸卯 11 五	甲辰 12 六	乙巳 13 日	丙午 14 一	丁未 15 二	戊申 16 三	己酉 17 四	庚戌 18 五	丙戌春分 辛丑清明
三月大	甲辰	天干地支 西曆 星期	辛亥 19 六	壬子 20 日	癸丑 21 一	甲寅 22 二	乙卯 23 三	丙辰 24 四	丁巳 25 五	戊午 26 六	己未 27 日	庚申 28 一	辛酉 29 二	壬戌 30 三	癸亥 (5) 四	甲子 2 五	乙丑 3 六	丙寅 4 日	丁卯 5 一	戊辰 6 二	己巳 7 三	庚午 8 四	辛未 9 五	壬申 10 六	癸酉 11 日	甲戌 12 一	乙亥 13 二	丙子 14 三	丁丑 15 四	戊寅 16 五	己卯 17 六	庚辰 18 日	丙辰穀雨 辛未立夏
四月小	乙巳	天干地支 西曆 星期	辛巳 19 一	壬午 20 二	癸未 21 三	甲申 22 四	乙酉 23 五	丙戌 24 六	丁亥 25 日	戊子 26 一	己丑 27 二	庚寅 28 三	辛卯 29 四	壬辰 30 五	癸巳 31 六	甲午 (6) 日	乙未 2 一	丙申 3 二	丁酉 4 三	戊戌 5 四	己亥 6 五	庚子 7 六	辛丑 8 日	壬寅 9 一	癸卯 10 二	甲辰 11 三	乙巳 12 四	丙午 13 五	丁未 14 六	戊申 15 日	己酉 16 一		丁亥小滿 壬寅芒種
五月大	丙午	天干地支 西曆 星期	庚戌 17 二	辛亥 18 三	壬子 19 四	癸丑 20 五	甲寅 21 六	乙卯 22 日	丙辰 23 一	丁巳 24 二	戊午 25 三	己未 26 四	庚申 27 五	辛酉 28 六	壬戌 29 日	癸亥 30 一	甲子 (7) 二	乙丑 2 三	丙寅 3 四	丁卯 4 五	戊辰 5 六	己巳 6 日	庚午 7 一	辛未 8 二	壬申 9 三	癸酉 10 四	甲戌 11 五	乙亥 12 六	丙子 13 日	丁丑 14 一	戊寅 15 二	己卯 16 三	丁巳夏至 壬申小暑
六月小	丁未	天干地支 西曆 星期	庚辰 17 四	辛巳 18 五	壬午 19 六	癸未 20 日	甲申 21 一	乙酉 22 二	丙戌 23 三	丁亥 24 四	戊子 25 五	己丑 26 六	庚寅 27 日	辛卯 28 一	壬辰 29 二	癸巳 30 三	甲午 31 四	乙未 (8) 五	丙申 2 六	丁酉 3 日	戊戌 4 一	己亥 5 二	庚子 6 三	辛丑 7 四	壬寅 8 五	癸卯 9 六	甲辰 10 日	乙巳 11 一	丙午 12 二	丁未 13 三	戊申 14 四		丁亥大暑 癸卯立秋
七月大	戊申	天干地支 西曆 星期	己酉 15 五	庚戌 16 六	辛亥 17 日	壬子 18 一	癸丑 19 二	甲寅 20 三	乙卯 21 四	丙辰 22 五	丁巳 23 六	戊午 24 日	己未 25 一	庚申 26 二	辛酉 27 三	壬戌 28 四	癸亥 29 五	甲子 30 六	乙丑 31 日	丙寅 (9) 一	丁卯 2 二	戊辰 3 三	己巳 4 四	庚午 5 五	辛未 6 六	壬申 7 日	癸酉 8 一	甲戌 9 二	乙亥 10 三	丙子 11 四	丁丑 12 五	戊寅 13 六	戊午處暑 癸酉白露
八月小	己酉	天干地支 西曆 星期	己卯 14 日	庚辰 15 一	辛巳 16 二	壬午 17 三	癸未 18 四	甲申 19 五	乙酉 20 六	丙戌 21 日	丁亥 22 一	戊子 23 二	己丑 24 三	庚寅 25 四	辛卯 26 五	壬辰 27 六	癸巳 28 日	甲午 29 一	乙未 30 二	丙申 (10) 三	丁酉 2 四	戊戌 3 五	己亥 4 六	庚子 5 日	辛丑 6 一	壬寅 7 二	癸卯 8 三	甲辰 9 四	乙巳 10 五	丙午 11 六	丁未 12 日		戊子秋分 甲辰寒露
九月大	庚戌	天干地支 西曆 星期	戊申 13 一	己酉 14 二	庚戌 15 三	辛亥 16 四	壬子 17 五	癸丑 18 六	甲寅 19 日	乙卯 20 一	丙辰 21 二	丁巳 22 三	戊午 23 四	己未 24 五	庚申 25 六	辛酉 26 日	壬戌 27 一	癸亥 28 二	甲子 29 三	乙丑 30 四	丙寅 31 五	丁卯 (11) 六	戊辰 2 日	己巳 3 一	庚午 4 二	辛未 5 三	壬申 6 四	癸酉 7 五	甲戌 8 六	乙亥 9 日	丙子 10 一	丁丑 11 二	己未霜降 甲辰立冬
十月小	辛亥	天干地支 西曆 星期	戊寅 12 三	己卯 13 四	庚辰 14 五	辛巳 15 六	壬午 16 日	癸未 17 一	甲申 18 二	乙酉 19 三	丙戌 20 四	丁亥 21 五	戊子 22 六	己丑 23 日	庚寅 24 一	辛卯 25 二	壬辰 26 三	癸巳 27 四	甲午 28 五	乙未 29 六	丙申 30 日	丁酉 (12) 一	戊戌 2 二	己亥 3 三	庚子 4 四	辛丑 5 五	壬寅 6 六	癸卯 7 日	甲辰 8 一	乙巳 9 二	丙午 10 三		己丑小雪 甲辰大雪
十一月大	壬子	天干地支 西曆 星期	丁未 11 四	戊申 12 五	己酉 13 六	庚戌 14 日	辛亥 15 一	壬子 16 二	癸丑 17 三	甲寅 18 四	乙卯 19 五	丙辰 20 六	丁巳 21 日	戊午 22 一	己未 23 二	庚申 24 三	辛酉 25 四	壬戌 26 五	癸亥 27 六	甲子 28 日	乙丑 29 一	丙寅 30 二	丁卯 31 三	戊辰 (1) 四	己巳 2 五	庚午 3 六	辛未 4 日	壬申 5 一	癸酉 6 二	甲戌 7 三	乙亥 8 四	丙子 9 五	庚申冬至 乙亥小寒
十二月小	癸丑	天干地支 西曆 星期	丁丑 10 六	戊寅 11 日	己卯 12 一	庚辰 13 二	辛巳 14 三	壬午 15 四	癸未 16 五	甲申 17 六	乙酉 18 日	丙戌 19 一	丁亥 20 二	戊子 21 三	己丑 22 四	庚寅 23 五	辛卯 24 六	壬辰 25 日	癸巳 26 一	甲午 27 二	乙未 28 三	丙申 29 四	丁酉 30 五	戊戌 31 六	己亥 (2) 日	庚子 2 一	辛丑 3 二	壬寅 4 三	癸卯 5 四	甲辰 6 五	乙巳 7 六		庚寅大寒 乙巳立春

＊正月癸丑（初二），改元永嘉。

晉懷帝永嘉二年（戊辰 龍年） 公元 308 ～ 309 年

夏曆月序	中西曆對照	夏曆日序																													節氣與天象
		初一	初二	初三	初四	初五	初六	初七	初八	初九	初十	十一	十二	十三	十四	十五	十六	十七	十八	十九	二十	廿一	廿二	廿三	廿四	廿五	廿六	廿七	廿八	廿九	三十	
正月大	甲寅 天干地支/西曆/星期	丙午8日一	丁未9二	戊申10三	己酉11四	庚戌12五	辛亥13六	壬子14日	癸丑15一	甲寅16二	乙卯17三	丙辰18四	丁巳19五	戊午20六	己未21日	庚申22一	辛酉23二	壬戌24三	癸亥25四	甲子26五	乙丑27六	丙寅28日	丁卯29一	戊辰(3)二	己巳2三	庚午3四	辛未4五	壬申5六	癸酉6日	甲戌7一	乙亥8二		辛酉雨水
二月小	乙卯 天干地支/西曆/星期	丙子9二	丁丑10三	戊寅11四	己卯12五	庚辰13六	辛巳14日	壬午15一	癸未16二	甲申17三	乙酉18四	丙戌19五	丁亥20六	戊子21日	己丑22一	庚寅23二	辛卯24三	壬辰25四	癸巳26五	甲午27六	乙未28日	丙申29一	丁酉30二	戊戌31三	己亥(4)四	庚子2五	辛丑3六	壬寅4日	癸卯5一	甲辰6二			丙子驚蟄 辛卯春分
三月大	丙辰 天干地支/西曆/星期	丙午7三	丁未8四	戊申9五	己酉10六	庚戌11日	辛亥12一	壬子13二	癸丑14三	甲寅15四	乙卯16五	丙辰17六	丁巳18日	戊午19一	己未20二	庚申21三	辛酉22四	壬戌23五	癸亥24六	甲子25日	乙丑26一	丙寅27二	丁卯28三	戊辰29四	己巳30五	庚午(5)六	辛未2日	壬申3一	癸酉4二	甲戌5三	乙亥6四		丙午清明 辛酉穀雨
四月小	丁巳 天干地支/西曆/星期	乙亥7五	丙子8六	丁丑9日	戊寅10一	己卯11二	庚辰12三	辛巳13四	壬午14五	癸未15六	甲申16日	乙酉17一	丙戌18二	丁亥19三	戊子20四	己丑21五	庚寅22六	辛卯23日	壬辰24一	癸巳25二	甲午26三	乙未27四	丙申28五	丁酉29六	戊戌30日	己亥31一	庚子(6)二	辛丑2三	壬寅3四	癸卯4五			丁丑立夏 壬辰小滿
五月大	戊午 天干地支/西曆/星期	甲辰5六	乙巳6日	丙午7一	丁未8二	戊申9三	己酉10四	庚戌11五	辛亥12六	壬子13日	癸丑14一	甲寅15二	乙卯16三	丙辰17四	丁巳18五	戊午19六	己未20日	庚申21一	辛酉22二	壬戌23三	癸亥24四	甲子25五	乙丑26六	丙寅27日	丁卯28一	戊辰29二	己巳30三	庚午(7)四	辛未2五	壬申3六	癸酉4日		丁未芒種 壬戌夏至
六月小	己未 天干地支/西曆/星期	甲戌5一	乙亥6二	丙子7三	丁丑8四	戊寅9五	己卯10六	庚辰11日	辛巳12一	壬午13二	癸未14三	甲申15四	乙酉16五	丙戌17六	丁亥18日	戊子19一	己丑20二	庚寅21三	辛卯22四	壬辰23五	癸巳24六	甲午25日	乙未26一	丙申27二	丁酉28三	戊戌29四	己亥30五	庚子31六	辛丑(8)日	壬寅2一			戊寅小暑 癸巳大暑
七月大	庚申 天干地支/西曆/星期	癸卯3二	甲辰4三	乙巳5四	丙午6五	丁未7六	戊申8日	己酉9一	庚戌10二	辛亥11三	壬子12四	癸丑13五	甲寅14六	乙卯15日	丙辰16一	丁巳17二	戊午18三	己未19四	庚申20五	辛酉21六	壬戌22日	癸亥23一	甲子24二	乙丑25三	丙寅26四	丁卯27五	戊辰28六	己巳29日	庚午30一	辛未31二	壬申(9)三		戊申立秋 癸亥處暑
八月大	辛酉 天干地支/西曆/星期	癸酉2四	甲戌3五	乙亥4六	丙子5日	丁丑6一	戊寅7二	己卯8三	庚辰9四	辛巳10五	壬午11六	癸未12日	甲申13一	乙酉14二	丙戌15三	丁亥16四	戊子17五	己丑18六	庚寅19日	辛卯20一	壬辰21二	癸巳22三	甲午23四	乙未24五	丙申25六	丁酉26日	戊戌27一	己亥28二	庚子29三	辛丑30四	壬寅(10)五		戊寅白露 甲午秋分
九月小	壬戌 天干地支/西曆/星期	癸卯2六	甲辰3日	乙巳4一	丙午5二	丁未6三	戊申7四	己酉8五	庚戌9六	辛亥10日	壬子11一	癸丑12二	甲寅13三	乙卯14四	丙辰15五	丁巳16六	戊午17日	己未18一	庚申19二	辛酉20三	壬戌21四	癸亥22五	甲子23六	乙丑24日	丙寅25一	丁卯26二	戊辰27三	己巳28四	庚午29五	辛未30六			己酉寒露 甲子霜降
十月大	癸亥 天干地支/西曆/星期	壬申31日	癸酉(11)一	甲戌2二	乙亥3三	丙子4四	丁丑5五	戊寅6六	己卯7日	庚辰8一	辛巳9二	壬午10三	癸未11四	甲申12五	乙酉13六	丙戌14日	丁亥15一	戊子16二	己丑17三	庚寅18四	辛卯19五	壬辰20六	癸巳21日	甲午22一	乙未23二	丙申24三	丁酉25四	戊戌26五	己亥27六	庚子28日	辛丑29一		己卯立冬 甲午小雪
十一月小	甲子 天干地支/西曆/星期	壬寅30二	癸卯(12)三	甲辰2四	乙巳3五	丙午4六	丁未5日	戊申6一	己酉7二	庚戌8三	辛亥9四	壬子10五	癸丑11六	甲寅12日	乙卯13一	丙辰14二	丁巳15三	戊午16四	己未17五	庚申18六	辛酉19日	壬戌20一	癸亥21二	甲子22三	乙丑23四	丙寅24五	丁卯25六	戊辰26日	己巳27一	庚午28二			庚戌大雪 乙丑冬至 壬寅日食
十二月大	乙丑 天干地支/西曆/星期	辛未29三	壬申30四	癸酉31五	甲戌(1)六	乙亥2日	丙子3一	丁丑4二	戊寅5三	己卯6四	庚辰7五	辛巳8六	壬午9日	癸未10一	甲申11二	乙酉12三	丙戌13四	丁亥14五	戊子15六	己丑16日	庚寅17一	辛卯18二	壬辰19三	癸巳20四	甲午21五	乙未22六	丙申23日	丁酉24一	戊戌25二	己亥26三	庚子27四		庚辰小寒 乙未大寒

晉懷帝永嘉三年（己巳 蛇年） 公元 309 ~ 310 年

夏曆月序	中西曆對照	夏 曆 日 序																													節氣與天象
		初一	初二	初三	初四	初五	初六	初七	初八	初九	初十	十一	十二	十三	十四	十五	十六	十七	十八	十九	二十	廿一	廿二	廿三	廿四	廿五	廿六	廿七	廿八	廿九	三十	
正月小	丙寅	天干地支 西曆日 星期	辛丑 28 五	壬寅 29 六	癸卯 30 日	甲辰 (2) 二	乙巳 2 三	丙午 3 四	丁未 4 五	戊申 5 六	己酉 6 日	庚戌 7 一	辛亥 8 二	壬子 9 三	癸丑 10 四	甲寅 11 五	乙卯 12 六	丙辰 13 日	丁巳 14 一	戊午 15 二	己未 16 三	庚申 17 四	辛酉 18 五	壬戌 19 六	癸亥 20 日	甲子 21 一	乙丑 22 二	丙寅 23 三	丁卯 24 四	戊辰 25 五	己巳		辛亥立春 丙寅雨水
二月大	丁卯	天干地支 西曆日 星期	庚午 26 六	辛未 27 日	壬申 28 (3) 一	癸酉 2 二	甲戌 3 三	乙亥 4 四	丙子 5 五	丁丑 6 六	戊寅 7 日	己卯 8 一	庚辰 9 二	辛巳 10 三	壬午 11 四	癸未 12 五	甲申 13 六	乙酉 14 日	丙戌 15 一	丁亥 16 二	戊子 17 三	己丑 18 四	庚寅 19 五	辛卯 20 六	壬辰 21 日	癸巳 22 一	甲午 23 二	乙未 24 三	丙申 25 四	丁酉 26 五	戊戌 27 六	己亥	辛巳驚蟄 丙申春分
三月小	戊辰	天干地支 西曆日 星期	庚子 28 一	辛丑 29 二	壬寅 30 三	癸卯 31 (4) 四	甲辰 2 五	乙巳 3 六	丙午 4 日	丁未 5 一	戊申 6 二	己酉 7 三	庚戌 8 四	辛亥 9 五	壬子 10 六	癸丑 11 日	甲寅 12 一	乙卯 13 二	丙辰 14 三	丁巳 15 四	戊午 16 五	己未 17 六	庚申 18 日	辛酉 19 一	壬戌 20 二	癸亥 21 三	甲子 22 四	乙丑 23 五	丙寅 24 六	丁卯 25 日	戊辰		辛亥清明 丁卯穀雨
四月大	己巳	天干地支 西曆日 星期	己巳 26 一	庚午 27 二	辛未 28 三	壬申 29 四	癸酉 30 五	甲戌 (5) 六	乙亥 2 日	丙子 3 一	丁丑 4 二	戊寅 5 三	己卯 6 四	庚辰 7 五	辛巳 8 六	壬午 9 日	癸未 10 一	甲申 11 二	乙酉 12 三	丙戌 13 四	丁亥 14 五	戊子 15 六	己丑 16 日	庚寅 17 一	辛卯 18 二	壬辰 19 三	癸巳 20 四	甲午 21 五	乙未 22 六	丙申 23 日	丁酉 24 一	戊戌 25 二	壬午立夏 丁酉小滿
閏四月小	己巳	天干地支 西曆日 星期	己亥 26 三	庚子 27 四	辛丑 28 五	壬寅 29 六	癸卯 30 日	甲辰 31 (6) 一	乙巳 2 二	丙午 3 三	丁未 4 四	戊申 5 五	己酉 6 六	庚戌 7 日	辛亥 8 一	壬子 9 二	癸丑 10 三	甲寅 11 四	乙卯 12 五	丙辰 13 六	丁巳 14 日	戊午 15 一	己未 16 二	庚申 17 三	辛酉 18 四	壬戌 19 五	癸亥 20 六	甲子 21 日	乙丑 22 一	丙寅 23 二	丁卯 24 三		壬子芒種
五月大	庚午	天干地支 西曆日 星期	戊辰 24 五	己巳 25 六	庚午 26 日	辛未 27 一	壬申 28 二	癸酉 29 三	甲戌 30 四	乙亥 (7) 五	丙子 2 六	丁丑 3 日	戊寅 4 一	己卯 5 二	庚辰 6 三	辛巳 7 四	壬午 8 五	癸未 9 六	甲申 10 日	乙酉 11 一	丙戌 12 二	丁亥 13 三	戊子 14 四	己丑 15 五	庚寅 16 六	辛卯 17 日	壬辰 18 一	癸巳 19 二	甲午 20 三	乙未 21 四	丙申 22 五	丁酉 23 六	戊戌夏至 癸未小暑
六月小	辛未	天干地支 西曆日 星期	戊戌 24 日	己亥 25 一	庚子 26 二	辛丑 27 三	壬寅 28 四	癸卯 29 五	甲辰 30 六	乙巳 31 (8) 日	丙午 2 一	丁未 3 二	戊申 4 三	己酉 5 四	庚戌 6 五	辛亥 7 六	壬子 8 日	癸丑 9 一	甲寅 10 二	乙卯 11 三	丙辰 12 四	丁巳 13 五	戊午 14 六	己未 15 日	庚申 16 一	辛酉 17 二	壬戌 18 三	癸亥 19 四	甲子 20 五	乙丑 21 六	丙寅		戊戌大暑 癸丑立秋
七月大	壬申	天干地支 西曆日 星期	丁卯 22 一	戊辰 23 二	己巳 24 三	庚午 25 四	辛未 26 五	壬申 27 六	癸酉 28 日	甲戌 29 一	乙亥 30 二	丙子 31 (9) 三	丁丑 2 四	戊寅 3 五	己卯 4 六	庚辰 5 日	辛巳 6 一	壬午 7 二	癸未 8 三	甲申 9 四	乙酉 10 五	丙戌 11 六	丁亥 12 日	戊子 13 一	己丑 14 二	庚寅 15 三	辛卯 16 四	壬辰 17 五	癸巳 18 六	甲午 19 日	乙未 20 一	丙申	戊辰處暑 甲申白露
八月小	癸酉	天干地支 西曆日 星期	丁酉 21 三	戊戌 22 四	己亥 23 五	庚子 24 六	辛丑 25 日	壬寅 26 一	癸卯 27 二	甲辰 28 三	乙巳 29 四	丙午 30 五	丁未 (10) 六	戊申 2 日	己酉 3 一	庚戌 4 二	辛亥 5 三	壬子 6 四	癸丑 7 五	甲寅 8 六	乙卯 9 日	丙辰 10 一	丁巳 11 二	戊午 12 三	己未 13 四	庚申 14 五	辛酉 15 六	壬戌 16 日	癸亥 17 一	甲子 18 二	乙丑		己亥秋分 甲寅寒露
九月大	甲戌	天干地支 西曆日 星期	丙寅 20 四	丁卯 21 五	戊辰 22 六	己巳 23 日	庚午 24 一	辛未 25 二	壬申 26 三	癸酉 27 四	甲戌 28 五	乙亥 29 六	丙子 30 日	丁丑 31 (11) 一	戊寅 2 二	己卯 3 三	庚辰 4 四	辛巳 5 五	壬午 6 六	癸未 7 日	甲申 8 一	乙酉 9 二	丙戌 10 三	丁亥 11 四	戊子 12 五	己丑 13 六	庚寅 14 日	辛卯 15 一	壬辰 16 二	癸巳 17 三	甲午 18 四	乙未 19 五	己巳霜降 甲申立冬
十月小	乙亥	天干地支 西曆日 星期	丙申 19 六	丁酉 20 日	戊戌 21 一	己亥 22 二	庚子 23 三	辛丑 24 四	壬寅 25 五	癸卯 26 六	甲辰 27 日	乙巳 28 一	丙午 29 二	丁未 30 三	戊申 (12) 四	己酉 2 五	庚戌 3 六	辛亥 4 日	壬子 5 一	癸丑 6 二	甲寅 7 三	乙卯 8 四	丙辰 9 五	丁巳 10 六	戊午 11 日	己未 12 一	庚申 13 二	辛酉 14 三	壬戌 15 四	癸亥 16 五	甲子 17 六		庚子小雪 乙卯大雪
十一月大	丙子	天干地支 西曆日 星期	乙丑 18 日	丙寅 19 一	丁卯 20 二	戊辰 21 三	己巳 22 四	庚午 23 五	辛未 24 六	壬申 25 日	癸酉 26 一	甲戌 27 二	乙亥 28 三	丙子 29 四	丁丑 30 五	戊寅 31 六	己卯 (1) 日	庚辰 2 一	辛巳 3 二	壬午 4 三	癸未 5 四	甲申 6 五	乙酉 7 六	丙戌 8 日	丁亥 9 一	戊子 10 二	己丑 11 三	庚寅 12 四	辛卯 13 五	壬辰 14 六	癸巳 15 日	甲午 16 一	庚午冬至 乙酉小寒
十二月大	丁丑	天干地支 西曆日 星期	乙未 17 二	丙申 18 三	丁酉 19 四	戊戌 20 五	己亥 21 六	庚子 22 日	辛丑 23 一	壬寅 24 二	癸卯 25 三	甲辰 26 四	乙巳 27 五	丙午 28 六	丁未 29 日	戊申 30 一	己酉 31 二	庚戌 (2) 三	辛亥 2 四	壬子 3 五	癸丑 4 六	甲寅 5 日	乙卯 6 一	丙辰 7 二	丁巳 8 三	戊午 9 四	己未 10 五	庚申 11 六	辛酉 12 日	壬戌 13 一	癸亥 14 二	甲子 15 三	辛丑大寒 丙辰立春

晉懷帝永嘉四年（庚午 馬年） 公元 310～311 年

夏曆月序	中西曆對照	夏曆日序 初一	初二	初三	初四	初五	初六	初七	初八	初九	初十	十一	十二	十三	十四	十五	十六	十七	十八	十九	二十	二一	二二	二三	二四	二五	二六	二七	二八	二九	三十	節氣與天象
正月小	戊寅	天干 乙丑 地支 西曆 16 星期 四	丙寅 17 五	丁卯 18 六	戊辰 19 日	己巳 20 一	庚午 21 二	辛未 22 三	壬申 23 四	癸酉 24 五	甲戌 25 六	乙亥 26 日	丙子 27 一	丁丑 28 二	戊寅 (3) 三	己卯 2 四	庚辰 3 五	辛巳 4 日	壬午 5 日	癸未 6 一	甲申 7 二	乙酉 8 三	丙戌 9 四	丁亥 10 五	戊子 11 六	己丑 12 日	庚寅 13 一	辛卯 14 二	壬辰 15 三	癸巳 16 四		辛未雨水 丙戌驚蟄
二月大	己卯	天干 甲午 地支 西曆 15 星期 五	乙未 16 六	丙申 17 日	丁酉 18 一	戊戌 19 二	己亥 20 三	庚子 21 四	辛丑 22 五	壬寅 23 六	癸卯 24 日	甲辰 25 一	乙巳 26 二	丙午 27 三	丁未 28 四	戊申 29 五	己酉 30 六	庚戌 31 日	辛亥 (4) 一	壬子 2 二	癸丑 3 三	甲寅 4 四	乙卯 5 五	丙辰 6 六	丁巳 7 日	戊午 8 一	己未 9 二	庚申 10 三	辛酉 11 四	壬戌 12 五	癸亥 13 六	甲子 14 日	辛丑春分 丁巳清明
三月小	庚辰	天干 甲子 地支 西曆 16 星期 一	乙丑 17 二	丙寅 18 三	丁卯 19 四	戊辰 20 五	己巳 21 六	庚午 22 日	辛未 23 一	壬申 24 二	癸酉 25 三	甲戌 26 四	乙亥 27 五	丙子 28 六	丁丑 29 日	戊寅 30 一	己卯 (5) 二	庚辰 2 三	辛巳 3 四	壬午 4 五	癸未 5 六	甲申 6 日	乙酉 7 一	丙戌 8 二	丁亥 9 三	戊子 10 四	己丑 11 五	庚寅 12 六	辛卯 13 日	壬辰 14 一		壬申穀雨 丁亥立夏
四月大	辛巳	天干 癸巳 地支 西曆 15 星期 二	甲午 16 三	乙未 17 四	丙申 18 五	丁酉 19 六	戊戌 20 日	己亥 21 一	庚子 22 二	辛丑 23 三	壬寅 24 四	癸卯 25 五	甲辰 26 六	乙巳 27 日	丙午 28 一	丁未 29 二	戊申 30 三	己酉 31 四	庚戌 (6) 五	辛亥 2 六	壬子 3 日	癸丑 4 一	甲寅 5 二	乙卯 6 三	丙辰 7 四	丁巳 8 五	戊午 9 六	己未 10 日	庚申 11 一	辛酉 12 二	壬戌 13 三		壬寅小滿 戊午芒種
五月小	壬午	天干 癸亥 地支 西曆 14 星期 三	甲子 15 四	乙丑 16 五	丙寅 17 六	丁卯 18 日	戊辰 19 一	己巳 20 二	庚午 21 三	辛未 22 四	壬申 23 五	癸酉 24 六	甲戌 25 日	乙亥 26 一	丙子 27 二	丁丑 28 三	戊寅 29 四	己卯 30 五	庚辰 (7) 六	辛巳 2 日	壬午 3 一	癸未 4 二	甲申 5 三	乙酉 6 四	丙戌 7 五	丁亥 8 六	戊子 9 日	己丑 10 一	庚寅 11 二	辛卯 12 三		癸酉夏至 戊子小暑
六月大	癸未	天干 壬辰 地支 西曆 13 星期 四	癸巳 14 五	甲午 15 六	乙未 16 日	丙申 17 一	丁酉 18 二	戊戌 19 三	己亥 20 四	庚子 21 五	辛丑 22 六	壬寅 23 日	癸卯 24 一	甲辰 25 二	乙巳 26 三	丙午 27 四	丁未 28 五	戊申 29 六	己酉 30 日	庚戌 31 一	辛亥 (8) 二	壬子 2 三	癸丑 3 四	甲寅 4 五	乙卯 5 六	丙辰 6 日	丁巳 7 一	戊午 8 二	己未 9 三	庚申 10 四	辛酉 11 五		癸卯大暑 戊午立秋
七月小	甲申	天干 壬戌 地支 西曆 12 星期 六	癸亥 13 日	甲子 14 一	乙丑 15 二	丙寅 16 三	丁卯 17 四	戊辰 18 五	己巳 19 六	庚午 20 日	辛未 21 一	壬申 22 二	癸酉 23 三	甲戌 24 四	乙亥 25 五	丙子 26 六	丁丑 27 日	戊寅 28 一	己卯 29 二	庚辰 30 三	辛巳 31 四	壬午 (9) 五	癸未 2 六	甲申 3 日	乙酉 4 一	丙戌 5 二	丁亥 6 三	戊子 7 四	己丑 8 五	庚寅 9 六			甲戌處暑 己丑白露
八月大	乙酉	天干 辛卯 地支 西曆 10 星期 日	壬辰 11 一	癸巳 12 二	甲午 13 三	乙未 14 四	丙申 15 五	丁酉 16 六	戊戌 17 日	己亥 18 一	庚子 19 二	辛丑 20 三	壬寅 21 四	癸卯 22 五	甲辰 23 六	乙巳 24 日	丙午 25 一	丁未 26 二	戊申 27 三	己酉 28 四	庚戌 29 五	辛亥 30 六	壬子 (⑩) 日	癸丑 2 一	甲寅 3 二	乙卯 4 三	丙辰 5 四	丁巳 6 五	戊午 7 六	己未 8 日	庚申 9 一		甲辰秋分 己未寒霜
九月小	丙戌	天干 辛酉 地支 西曆 10 星期 二	壬戌 11 三	癸亥 12 四	甲子 13 五	乙丑 14 六	丙寅 15 日	丁卯 16 一	戊辰 17 二	己巳 18 三	庚午 19 四	辛未 20 五	壬申 21 六	癸酉 22 日	甲戌 23 一	乙亥 24 二	丙子 25 三	丁丑 26 四	戊寅 27 五	己卯 28 六	庚辰 29 日	辛巳 30 一	壬午 31 二	癸未 (⑪) 三	甲申 2 四	乙酉 3 五	丙戌 4 六	丁亥 5 日	戊子 6 一	己丑 7 二			乙亥霜降
十月大	丁亥	天干 庚寅 地支 西曆 8 星期 三	辛卯 9 四	壬辰 10 五	癸巳 11 六	甲午 12 日	乙未 13 一	丙申 14 二	丁酉 15 三	戊戌 16 四	己亥 17 五	庚子 18 六	辛丑 19 日	壬寅 20 一	癸卯 21 二	甲辰 22 三	乙巳 23 四	丙午 24 五	丁未 25 六	戊申 26 日	己酉 27 一	庚戌 28 二	辛亥 29 三	壬子 30 四	癸丑 (⑫) 五	甲寅 2 六	乙卯 3 日	丙辰 4 一	丁巳 5 二	戊午 6 三	己未 7 四		庚寅立冬 乙巳小雪
十一月小	戊子	天干 庚申 地支 西曆 8 星期 五	辛酉 9 六	壬戌 10 日	癸亥 11 一	甲子 12 二	乙丑 13 三	丙寅 14 四	丁卯 15 五	戊辰 16 六	己巳 17 日	庚午 18 一	辛未 19 二	壬申 20 三	癸酉 21 四	甲戌 22 五	乙亥 23 六	丙子 24 日	丁丑 25 一	戊寅 26 二	己卯 27 三	庚辰 28 四	辛巳 29 五	壬午 30 六	癸未 31 日	甲申 (1) 一	乙酉 2 二	丙戌 3 三	丁亥 4 四	戊子 5 五			庚申大雪 乙亥冬至
十二月大	己丑	天干 己丑 地支 西曆 6 星期 六	庚寅 7 日	辛卯 8 一	壬辰 9 二	癸巳 10 三	甲午 11 四	乙未 12 五	丙申 13 六	丁酉 14 日	戊戌 15 一	己亥 16 二	庚子 17 三	辛丑 18 四	壬寅 19 五	癸卯 20 六	甲辰 21 日	乙巳 22 一	丙午 23 二	丁未 24 三	戊申 25 四	己酉 26 五	庚戌 27 六	辛亥 28 日	壬子 29 一	癸丑 30 二	甲寅 31 三	乙卯 (2) 四	丙辰 2 五	丁巳 3 六	戊午 4 日		辛卯小寒 丙午大寒

晉懷帝永嘉五年（辛未 羊年） 公元311～312年

夏曆月序	中曆對照	夏曆日序																													節氣與天象
		初一	初二	初三	初四	初五	初六	初七	初八	初九	初十	十一	十二	十三	十四	十五	十六	十七	十八	十九	二十	廿一	廿二	廿三	廿四	廿五	廿六	廿七	廿八	廿九	三十	
正月小	庚寅	天干地支／西曆／星期：己未 5日 二	庚申 6 三	辛酉 7 四	壬戌 8 五	癸亥 9 六	甲子 10 日	乙丑 11 一	丙寅 12 二	丁卯 13 三	戊辰 14 四	己巳 15 五	庚午 16 六	辛未 17 日	壬申 18 一	癸酉 19 二	甲戌 20 三	乙亥 21 四	丙子 22 五	丁丑 23 六	戊寅 24 日	己卯 25 一	庚辰 26 二	辛巳 27 三	壬午 28 四	癸未(3) 五	甲申 2 六	乙酉 3 日	丙戌 4 一	丁亥 5 二		辛酉立春 丙子雨水
二月大	辛卯	戊子 6 三	己丑 7 四	庚寅 8 五	辛卯 9 六	壬辰 10 日	癸巳 11 一	甲午 12 二	乙未 13 三	丙申 14 四	丁酉 15 五	戊戌 16 六	己亥 17 日	庚子 18 一	辛丑 19 二	壬寅 20 三	癸卯 21 四	甲辰 22 五	乙巳 23 六	丙午 24 日	丁未 25 一	戊申 26 二	己酉 27 三	庚戌 28 四	辛亥 29 五	壬子 30 六	癸丑 31 日	甲寅(4) 一	乙卯 2 二	丙辰 3 三	丁巳 4 四	辛卯驚蟄 丁未春分
三月大	壬辰	戊午 5 五	己未 6 六	庚申 7 日	辛酉 8 一	壬戌 9 二	癸亥 10 三	甲子 11 四	乙丑 12 五	丙寅 13 六	丁卯 14 日	戊辰 15 一	己巳 16 二	庚午 17 三	辛未 18 四	壬申 19 五	癸酉 20 六	甲戌 21 日	乙亥 22 一	丙子 23 二	丁丑 24 三	戊寅 25 四	己卯 26 五	庚辰 27 六	辛巳 28 日	壬午 29 一	癸未 30 二	甲申(5) 三	乙酉 2 四	丙戌 3 五	丁亥 4 六	壬戌清明 丁丑穀雨
四月小	癸巳	戊子 5 日	己丑 6 一	庚寅 7 二	辛卯 8 三	壬辰 9 四	癸巳 10 五	甲午 11 六	乙未 12 日	丙申 13 一	丁酉 14 二	戊戌 15 三	己亥 16 四	庚子 17 五	辛丑 18 六	壬寅 19 日	癸卯 20 一	甲辰 21 二	乙巳 22 三	丙午 23 四	丁未 24 五	戊申 25 六	己酉 26 日	庚戌 27 一	辛亥 28 二	壬子 29 三	癸丑 30 四	甲寅 31 五	乙卯(6) 六	丙辰 2 日		壬辰立夏 戊申小滿
五月大	甲午	丁巳 3 日	戊午 4 一	己未 5 二	庚申 6 三	辛酉 7 四	壬戌 8 五	癸亥 9 六	甲子 10 日	乙丑 11 一	丙寅 12 二	丁卯 13 三	戊辰 14 四	己巳 15 五	庚午 16 六	辛未 17 日	壬申 18 一	癸酉 19 二	甲戌 20 三	乙亥 21 四	丙子 22 五	丁丑 23 六	戊寅 24 日	己卯 25 一	庚辰 26 二	辛巳 27 三	壬午 28 四	癸未 29 五	甲申 30 六	乙酉(7) 日	丙戌 2 一	癸亥芒種 戊寅夏至
六月小	乙未	丁亥 3 二	戊子 4 三	己丑 5 四	庚寅 6 五	辛卯 7 六	壬辰 8 日	癸巳 9 一	甲午 10 二	乙未 11 三	丙申 12 四	丁酉 13 五	戊戌 14 六	己亥 15 日	庚子 16 一	辛丑 17 二	壬寅 18 三	癸卯 19 四	甲辰 20 五	乙巳 21 六	丙午 22 日	丁未 23 一	戊申 24 二	己酉 25 三	庚戌 26 四	辛亥 27 五	壬子 28 六	癸丑 29 日	甲寅 30 一	乙卯 31 二		癸巳小暑 戊申大暑
七月大	丙申	丙辰(8) 三	丁巳 2 四	戊午 3 五	己未 4 六	庚申 5 日	辛酉 6 一	壬戌 7 二	癸亥 8 三	甲子 9 四	乙丑 10 五	丙寅 11 六	丁卯 12 日	戊辰 13 一	己巳 14 二	庚午 15 三	辛未 16 四	壬申 17 五	癸酉 18 六	甲戌 19 日	乙亥 20 一	丙子 21 二	丁丑 22 三	戊寅 23 四	己卯 24 五	庚辰 25 六	辛巳 26 日	壬午 27 一	癸未 28 二	甲申 29 三	乙酉 30 四	甲子立秋 己卯處暑
八月小	丁酉	丙戌 31 五	丁亥(9) 六	戊子 2 日	己丑 3 一	庚寅 4 二	辛卯 5 三	壬辰 6 四	癸巳 7 五	甲午 8 六	乙未 9 日	丙申 10 一	丁酉 11 二	戊戌 12 三	己亥 13 四	庚子 14 五	辛丑 15 六	壬寅 16 日	癸卯 17 一	甲辰 18 二	乙巳 19 三	丙午 20 四	丁未 21 五	戊申 22 六	己酉 23 日	庚戌 24 一	辛亥 25 二	壬子 26 三	癸丑 27 四	甲寅 28 五		甲午白露 己酉秋分
九月大	戊戌	乙卯 29 六	丙辰 30 日	丁巳(10) 一	戊午 2 二	己未 3 三	庚申 4 四	辛酉 5 五	壬戌 6 六	癸亥 7 日	甲子 8 一	乙丑 9 二	丙寅 10 三	丁卯 11 四	戊辰 12 五	己巳 13 六	庚午 14 日	辛未 15 一	壬申 16 二	癸酉 17 三	甲戌 18 四	乙亥 19 五	丙子 20 六	丁丑 21 日	戊寅 22 一	己卯 23 二	庚辰 24 三	辛巳 25 四	壬午 26 五	癸未 27 六	甲申 28 日	乙丑寒露 庚辰霜降
十月小	己亥	乙酉 29 一	丙戌 30 二	丁亥(11) 三	戊子 2 四	己丑 3 五	庚寅 4 六	辛卯 5 日	壬辰 6 一	癸巳 7 二	甲午 8 三	乙未 9 四	丙申 10 五	丁酉 11 六	戊戌 12 日	己亥 13 一	庚子 14 二	辛丑 15 三	壬寅 16 四	癸卯 17 五	甲辰 18 六	乙巳 19 日	丙午 20 一	丁未 21 二	戊申 22 三	己酉 23 四	庚戌 24 五	辛亥 25 六	壬子 26 日	癸丑 26 一		乙未立冬 庚戌小雪
十一月大	庚子	甲寅 27 二	乙卯 28 三	丙辰 29 四	丁巳 30 五	戊午(02) 六	己未 2 日	庚申 3 一	辛酉 4 二	壬戌 5 三	癸亥 6 四	甲子 7 五	乙丑 8 六	丙寅 9 日	丁卯 10 一	戊辰 11 二	己巳 12 三	庚午 13 四	辛未 14 五	壬申 15 六	癸酉 16 日	甲戌 17 一	乙亥 18 二	丙子 19 三	丁丑 20 四	戊寅 21 五	己卯 22 六	庚辰 23 日	辛巳 24 一	壬午 25 二	癸未 26 三	乙丑大雪 辛巳冬至
十二月小	辛丑	甲申 27 四	乙酉 28 五	丙戌 29 六	丁亥 30 日	戊子 31 一	己丑(1) 二	庚寅 2 三	辛卯 3 四	壬辰 4 五	癸巳 5 六	甲午 6 日	乙未 7 一	丙申 8 二	丁酉 9 三	戊戌 10 四	己亥 11 五	庚子 12 六	辛丑 13 日	壬寅 14 一	癸卯 15 二	甲辰 16 三	乙巳 17 四	丙午 18 五	丁未 19 六	戊申 20 日	己酉 21 一	庚戌 22 二	辛亥 23 三	壬子 24 四		丙申小寒 辛亥大寒

晉懷帝永嘉六年（壬申 猴年） 公元312～313年

夏曆月序	中西日照對	夏曆日序																														節氣與天象
		初一	初二	初三	初四	初五	初六	初七	初八	初九	初十	十一	十二	十三	十四	十五	十六	十七	十八	十九	二十	廿一	廿二	廿三	廿四	廿五	廿六	廿七	廿八	廿九	三十	
正月大	壬寅	天干 地支 西曆 星期	癸丑 25 二	甲寅 26 三	乙卯 27 四	丙辰 28 五	丁巳 29 六	戊午 30 日	己未 31 一	庚申 2(2) 二	辛酉 2 三	壬戌 3 四	癸亥 4 五	甲子 5 六	乙丑 6 日	丙寅 7 一	丁卯 8 二	戊辰 9 三	己巳 10 四	庚午 11 五	辛未 12 六	壬申 13 日	癸酉 14 一	甲戌 15 二	乙亥 16 三	丙子 17 四	丁丑 18 五	戊寅 19 六	己卯 20 日	庚辰 21 一	辛巳 22 二	壬午 23 三	丙寅立春 壬午雨水
閏正月小	壬寅	天干 地支 西曆 星期	癸未 24 四	甲申 25 五	乙酉 26 六	丙戌 27 日	丁亥 28 一	戊子 29(3) 二	己丑 1 三	庚寅 2 四	辛卯 3 五	壬辰 4 六	癸巳 5 日	甲午 6 一	乙未 7 二	丙申 8 三	丁酉 9 四	戊戌 10 五	己亥 11 六	庚子 12 日	辛丑 13 一	壬寅 14 二	癸卯 15 三	甲辰 16 四	乙巳 17 五	丙午 18 六	丁未 19 日	戊申 20 一	己酉 21 二	庚戌 22 三	辛亥 23 四		丁酉驚蟄
二月大	癸卯	天干 地支 西曆 星期	壬子 24 五	癸丑 25 六	甲寅 26 日	乙卯 27 一	丙辰 28 二	丁巳 29 三	戊午 30 四	己未 31 五	庚申 1(4) 六	辛酉 2 日	壬戌 3 一	癸亥 4 二	甲子 5 三	乙丑 6 四	丙寅 7 五	丁卯 8 六	戊辰 9 日	己巳 10 一	庚午 11 二	辛未 12 三	壬申 13 四	癸酉 14 五	甲戌 15 六	乙亥 16 日	丙子 17 一	丁丑 18 二	戊寅 19 三	己卯 20 四	庚辰 21 五	辛巳 22 六	壬子春分 丁卯清明
三月小	甲辰	天干 地支 西曆 星期	壬午 23 日	癸未 24 一	甲申 25 二	乙酉 26 三	丙戌 27 四	丁亥 28 五	戊子 29 六	己丑 30 日	庚寅 1(5) 一	辛卯 2 二	壬辰 3 三	癸巳 4 四	甲午 5 五	乙未 6 六	丙申 7 日	丁酉 8 一	戊戌 9 二	己亥 10 三	庚子 11 四	辛丑 12 五	壬寅 13 六	癸卯 14 日	甲辰 15 一	乙巳 16 二	丙午 17 三	丁未 18 四	戊申 19 五	己酉 20 六	庚戌 21 日		壬午穀雨 戊戌立夏
四月大	乙巳	天干 地支 西曆 星期	辛亥 22 一	壬子 23 二	癸丑 24 三	甲寅 25 四	乙卯 26 五	丙辰 27 六	丁巳 28 日	戊午 29 一	己未 30 二	庚申 31 三	辛酉 1(6) 四	壬戌 2 五	癸亥 3 六	甲子 4 日	乙丑 5 一	丙寅 6 二	丁卯 7 三	戊辰 8 四	己巳 9 五	庚午 10 六	辛未 11 日	壬申 12 一	癸酉 13 二	甲戌 14 三	乙亥 15 四	丙子 16 五	丁丑 17 六	戊寅 18 日	己卯 19 一	庚辰 20 二	癸巳小滿 戊辰芒種
五月小	丙午	天干 地支 西曆 星期	辛巳 21 三	壬午 22 四	癸未 23 五	甲申 24 六	乙酉 25 日	丙戌 26 一	丁亥 27 二	戊子 28 三	己丑 29 四	庚寅 30 五	辛卯 1(7) 六	壬辰 2 日	癸巳 3 一	甲午 4 二	乙未 5 三	丙申 6 四	丁酉 7 五	戊戌 8 六	己亥 9 日	庚子 10 一	辛丑 11 二	壬寅 12 三	癸卯 13 四	甲辰 14 五	乙巳 15 六	丙午 16 日	丁未 17 一	戊申 18 二	己酉 19 三		癸未夏至 戊戌小暑
六月大	丁未	天干 地支 西曆 星期	庚戌 20 四	辛亥 21 五	壬子 22 六	癸丑 23 日	甲寅 24 一	乙卯 25 二	丙辰 26 三	丁巳 27 四	戊午 28 五	己未 29 六	庚申 30 日	辛酉 31 一	壬戌 1(8) 二	癸亥 2 三	甲子 3 四	乙丑 4 五	丙寅 5 六	丁卯 6 日	戊辰 7 一	己巳 8 二	庚午 9 三	辛未 10 四	壬申 11 五	癸酉 12 六	甲戌 13 日	乙亥 14 一	丙子 15 二	丁丑 16 三	戊寅 17 四	己卯 18 五	甲寅大暑 己巳立秋
七月大	戊申	天干 地支 西曆 星期	庚辰 19 六	辛巳 20 日	壬午 21 一	癸未 22 二	甲申 23 三	乙酉 24 四	丙戌 25 五	丁亥 26 六	戊子 27 日	己丑 28 一	庚寅 29 二	辛卯 30 三	壬辰 31 四	癸巳 1(9) 五	甲午 2 六	乙未 3 日	丙申 4 一	丁酉 5 二	戊戌 6 三	己亥 7 四	庚子 8 五	辛丑 9 六	壬寅 10 日	癸卯 11 一	甲辰 12 二	乙巳 13 三	丙午 14 四	丁未 15 五	戊申 16 六	己酉 17 日	甲申處暑 己亥白露
八月小	己酉	天干 地支 西曆 星期	庚戌 18 一	辛亥 19 二	壬子 20 三	癸丑 21 四	甲寅 22 五	乙卯 23 六	丙辰 24 日	丁巳 25 一	戊午 26 二	己未 27 三	庚申 28 四	辛酉 29 五	壬戌 30(10) 六	癸亥 1 日	甲子 2 一	乙丑 3 二	丙寅 4 三	丁卯 5 四	戊辰 6 五	己巳 7 六	庚午 8 日	辛未 9 一	壬申 10 二	癸酉 11 三	甲戌 12 四	乙亥 13 五	丙子 14 六	丁丑 15 日	戊寅 16 一		乙卯秋分 庚午寒露
九月大	庚戌	天干 地支 西曆 星期	己卯 17 二	庚辰 18 三	辛巳 19 四	壬午 20 五	癸未 21 六	甲申 22 日	乙酉 23 一	丙戌 24 二	丁亥 25 三	戊子 26 四	己丑 27 五	庚寅 28 六	辛卯 29 日	壬辰 30 一	癸巳 31(11) 二	甲午 1 三	乙未 2 四	丙申 3 五	丁酉 4 六	戊戌 5 日	己亥 6 一	庚子 7 二	辛丑 8 三	壬寅 9 四	癸卯 10 五	甲辰 11 六	乙巳 12 日	丙午 13 一	丁未 14 二	戊申 15 三	乙酉霜降 庚子立冬
十月小	辛亥	天干 地支 西曆 星期	己酉 16 四	庚戌 17 五	辛亥 18 六	壬子 19 日	癸丑 20 一	甲寅 21 二	乙卯 22 三	丙辰 23 四	丁巳 24 五	戊午 25 六	己未 26 日	庚申 27 一	辛酉 28 二	壬戌 29 三	癸亥 30(12) 四	甲子 1 五	乙丑 2 六	丙寅 3 日	丁卯 4 一	戊辰 5 二	己巳 6 三	庚午 7 四	辛未 8 五	壬申 9 六	癸酉 10 日	甲戌 11 一	乙亥 12 二	丙子 13 三	丁丑 14 四		乙卯小雪 辛未大雪
十一月大	壬子	天干 地支 西曆 星期	戊寅 15 五	己卯 16 六	庚辰 17 日	辛巳 18 一	壬午 19 二	癸未 20 三	甲申 21 四	乙酉 22 五	丙戌 23 六	丁亥 24 日	戊子 25 一	己丑 26 二	庚寅 27 三	辛卯 28 四	壬辰 29 五	癸巳 30 六	甲午 31(1) 日	乙未 1 一	丙申 2 二	丁酉 3 三	戊戌 4 四	己亥 5 五	庚子 6 六	辛丑 7 日	壬寅 8 一	癸卯 9 二	甲辰 10 三	乙巳 11 四	丙午 12 五	丁未 13 六	丙戌冬至 辛丑小寒
十二月小	癸丑	天干 地支 西曆 星期	戊申 14 日	己酉 15 一	庚戌 16 二	辛亥 17 三	壬子 18 四	癸丑 19 五	甲寅 20 六	乙卯 21 日	丙辰 22 一	丁巳 23 二	戊午 24 三	己未 25 四	庚申 26 五	辛酉 27 六	壬戌 28 日	癸亥 29 一	甲子 30 二	乙丑 31 三	丙寅 1(2) 四	丁卯 2 五	戊辰 3 六	己巳 4 日	庚午 5 一	辛未 6 二	壬申 7 三	癸酉 8 四	甲戌 9 五	乙亥 10 六	丙子 11 日		丙辰大寒 壬申立春

晉懷帝永嘉七年 愍帝建興元年（癸酉 雞年） 公元 313～314 年

夏曆月序	中西曆日對照	夏曆日序																													節氣與天象
		初一	初二	初三	初四	初五	初六	初七	初八	初九	初十	十一	十二	十三	十四	十五	十六	十七	十八	十九	二十	二一	二二	二三	二四	二五	二六	二七	二八	二九	三十	
正月大	甲寅	丁丑12五	戊寅13六	己卯14日	庚辰15一	辛巳16二	壬午17三	癸未18四	甲申19五	乙酉20六	丙戌21日	丁亥22一	戊子23二	己丑24三	庚寅25四	辛卯26五	壬辰27六	癸巳28日	甲午(3)一	乙未2二	丙申3三	丁酉4四	戊戌5五	己亥6六	庚子7日	辛丑8一	壬寅9二	癸卯10三	甲辰11四	乙巳12五	丙午13六	丁亥雨水 壬寅驚蟄
二月小	乙卯	丁未14日	戊申15一	己酉16二	庚戌17三	辛亥18四	壬子19五	癸丑20六	甲寅21日	乙卯22一	丙辰23二	丁巳24三	戊午25四	己未26五	庚申27六	辛酉28日	壬戌29一	癸亥30二	甲子(4)三	乙丑2四	丙寅3五	丁卯4六	戊辰5日	己巳6一	庚午7二	辛未8三	壬申9四	癸酉10五	甲戌11六			丁巳春分 壬申清明
三月大	丙辰	乙亥12日	丙子13一	丁丑14二	戊寅15三	己卯16四	庚辰17五	辛巳18六	壬午19日	癸未20一	甲申21二	乙酉22三	丙戌23四	丁亥24五	戊子25六	己丑26日	庚寅27一	辛卯28二	壬辰29三	癸巳30四	甲午(5)五	乙未2六	丙申3日	丁酉4一	戊戌5二	己亥6三	庚子7四	辛丑8五	壬寅9六	癸卯10日	甲辰11一	戊子穀雨 癸卯立夏
四月小	丁巳	乙巳12二	丙午13三	丁未14四	戊申15五	己酉16六	庚戌17日	辛亥18一	壬子19二	癸丑20三	甲寅21四	乙卯22五	丙辰23六	丁巳24日	戊午25一	己未26二	庚申27三	辛酉28四	壬戌29五	癸亥30六	甲子31日	乙丑(6)一	丙寅2二	丁卯3三	戊辰4四	己巳5五	庚午6六	辛未7日	壬申8一	癸酉9二		戊午小滿 癸酉芒種
五月大	戊午	乙亥10三	丙子11四	丁丑12五	戊寅13六	己卯14日	庚辰15一	辛巳16二	壬午17三	癸未18四	甲申19五	乙酉20六	丙戌21日	丁亥22一	戊子23二	己丑24三	庚寅25四	辛卯26五	壬辰27六	癸巳28日	甲午29一	乙未30二	丙申(7)三	丁酉2四	戊戌3五	己亥4六	庚子5日	辛丑6一	壬寅7二	癸卯8三	甲辰9四	己丑夏至 甲辰小暑
六月小	己未	乙巳10五	丙午11六	丁未12日	戊申13一	己酉14二	庚戌15三	辛亥16四	壬子17五	癸丑18六	甲寅19日	乙卯20一	丙辰21二	丁巳22三	戊午23四	己未24五	庚申25六	辛酉26日	壬戌27一	癸亥28二	甲子29三	乙丑30四	丙寅31五	丁卯(8)六	戊辰2日	己巳3一	庚午4二	辛未5三	壬申6四	癸酉7五		己未大暑
七月大	庚申	甲戌8六	乙亥9日	丙子10一	丁丑11二	戊寅12三	己卯13四	庚辰14五	辛巳15六	壬午16日	癸未17一	甲申18二	乙酉19三	丙戌20四	丁亥21五	戊子22六	己丑23日	庚寅24一	辛卯25二	壬辰26三	癸巳27四	甲午28五	乙未29六	丙申30日	丁酉31一	戊戌(9)二	己亥2三	庚子3四	辛丑4五	壬寅5六	癸卯6日	甲辰立秋 己丑處暑
八月小	辛酉	甲辰7一	乙巳8二	丙午9三	丁未10四	戊申11五	己酉12六	庚戌13日	辛亥14一	壬子15二	癸丑16三	甲寅17四	乙卯18五	丙辰19六	丁巳20日	戊午21一	己未22二	庚申23三	辛酉24四	壬戌25五	癸亥26六	甲子27日	乙丑28一	丙寅29二	丁卯30三	戊辰(10)四	己巳2五	庚午3六	辛未4日	壬申5一		乙巳白露 庚申秋分
九月大	壬戌	癸酉6二	甲戌7三	乙亥8四	丙子9五	丁丑10六	戊寅11日	己卯12一	庚辰13二	辛巳14三	壬午15四	癸未16五	甲申17六	乙酉18日	丙戌19一	丁亥20二	戊子21三	己丑22四	庚寅23五	辛卯24六	壬辰25日	癸巳26一	甲午27二	乙未28三	丙申29四	丁酉30五	戊戌31六	己亥(11)日	庚子2一	辛丑3二	壬寅4三	乙亥寒露 庚寅霜降
十月小	癸亥	癸卯5四	甲辰6五	乙巳7六	丙午8日	丁未9一	戊申10二	己酉11三	庚戌12四	辛亥13五	壬子14六	癸丑15日	甲寅16一	乙卯17二	丙辰18三	丁巳19四	戊午20五	己未21六	庚申22日	辛酉23一	壬戌24二	癸亥25三	甲子26四	乙丑27五	丙寅28六	丁卯29日	戊辰(12)一	己巳2二	庚午3三	辛未4四		乙巳立冬 辛酉小雪
十一月大	甲子	壬申4五	癸酉5六	甲戌6日	乙亥7一	丙子8二	丁丑9三	戊寅10四	己卯11五	庚辰12六	辛巳13日	壬午14一	癸未15二	甲申16三	乙酉17四	丙戌18五	丁亥19六	戊子20日	己丑21一	庚寅22二	辛卯23三	壬辰24四	癸巳25五	甲午26六	乙未27日	丙申28一	丁酉29二	戊戌30三	己亥31四	庚子(1)五	辛丑2六	丙子大雪 辛卯冬至
十二月小	乙丑	壬寅3日	癸卯4一	甲辰5二	乙巳6三	丙午7四	丁未8五	戊申9六	己酉10日	庚戌11一	辛亥12二	壬子13三	癸丑14四	甲寅15五	乙卯16六	丙辰17日	丁巳18一	戊午19二	己未20三	庚申21四	辛酉22五	壬戌23六	癸亥24日	甲子25一	乙丑26二	丙寅27三	丁卯28四	戊辰29五	己巳30六	庚午31日		丙午小寒 壬戌大寒

*《晉書‧懷帝記》載："（七年春五月）丁未，帝遇弒。"按晉曆，正月無丁未，二月有之，爲二月初一。四月壬申（二十七日），司馬鄴即位，是爲愍帝，改元建興。

晉愍帝建興二年（甲戌 狗年） 公元 314 ～ 315 年

夏曆月序	中西曆日對照	夏曆日序 初一	初二	初三	初四	初五	初六	初七	初八	初九	初十	十一	十二	十三	十四	十五	十六	十七	十八	十九	二十	二一	二二	二三	二四	二五	二六	二七	二八	二九	三十	節氣與天象
正月大	丙寅 天干地支西曆星期	辛未(2)一	壬申2二	癸酉3三	甲戌4四	乙亥5五	丙子6六	丁丑7日	戊寅8一	己卯9二	庚辰10三	辛巳11四	壬午12五	癸未13六	甲申14日	乙酉15一	丙戌16二	丁亥17三	戊子18四	己丑19五	庚寅20六	辛卯21日	壬辰22一	癸巳23二	甲午24三	乙未25四	丙申26五	丁酉27六	戊戌28日	己亥(3)一	庚子2二	丁丑立春 壬辰雨水
二月小	丁卯 天干地支西曆星期	辛丑3三	壬寅4四	癸卯5五	甲辰6六	乙巳7日	丙午8一	丁未9二	戊申10三	己酉11四	庚戌12五	辛亥13六	壬子14日	癸丑15一	甲寅16二	乙卯17三	丙辰18四	丁巳19五	戊午20六	己未21日	庚申22一	辛酉23二	壬戌24三	癸亥25四	甲子26五	乙丑27六	丙寅28日	丁卯29一	戊辰30二	己巳31三		丁未驚蟄 壬戌春分 辛丑日食
三月大	戊辰 天干地支西曆星期	庚午(4)四	辛未2五	壬申3六	癸酉4日	甲戌5一	乙亥6二	丙子7三	丁丑8四	戊寅9五	己卯10六	庚辰11日	辛巳12一	壬午13二	癸未14三	甲申15四	乙酉16五	丙戌17六	丁亥18日	戊子19一	己丑20二	庚寅21三	辛卯22四	壬辰23五	癸巳24六	甲午25日	乙未26一	丙申27二	丁酉28三	戊戌29四	己亥30五	戊寅清明 癸巳穀雨
四月大	己巳 天干地支西曆星期	庚子(5)六	辛丑2日	壬寅3一	癸卯4二	甲辰5三	乙巳6四	丙午7五	丁未8六	戊申9日	己酉10一	庚戌11二	辛亥12三	壬子13四	癸丑14五	甲寅15六	乙卯16日	丙辰17一	丁巳18二	戊午19三	己未20四	庚申21五	辛酉22六	壬戌23日	癸亥24一	甲子25二	乙丑26三	丙寅27四	丁卯28五	戊辰29六	己巳30日	戊申立夏 癸亥小滿
五月小	庚午 天干地支西曆星期	庚午31(6)一	辛未2二	壬申3三	癸酉4四	甲戌5五	乙亥6六	丙子7日	丁丑8一	戊寅9二	己卯10三	庚辰11四	辛巳12五	壬午13六	癸未14日	甲申15一	乙酉16二	丙戌17三	丁亥18四	戊子19五	己丑20六	庚寅21日	辛卯22一	壬辰23二	癸巳24三	甲午25四	乙未26五	丙申27六	丁酉28日			己卯芒種 甲午夏至
六月大	辛未 天干地支西曆星期	己亥29二	庚子30(7)三	辛丑2四	壬寅3五	癸卯4六	甲辰5日	乙巳6一	丙午7二	丁未8三	戊申9四	己酉10五	庚戌11六	辛亥12日	壬子13一	癸丑14二	甲寅15三	乙卯16四	丙辰17五	丁巳18六	戊午19日	己未20一	庚申21二	辛酉22三	壬戌23四	癸亥24五	甲子25六	乙丑26日	丙寅27一	丁卯28二	戊辰29三	己酉小暑 甲子大暑
七月小	壬申 天干地支西曆星期	己巳29四	庚午30五	辛未31(8)六	壬申2日	癸酉3一	甲戌4二	乙亥5三	丙子6四	丁丑7五	戊寅8六	己卯9日	庚辰10一	辛巳11二	壬午12三	癸未13四	甲申14五	乙酉15六	丙戌16日	丁亥17一	戊子18二	己丑19三	庚寅20四	辛卯21五	壬辰22六	癸巳23日	甲午24一	乙未25二	丙申26三	丁酉27四		己卯立秋 乙未處暑
八月大	癸酉 天干地支西曆星期	戊戌27五	己亥28六	庚子29日	辛丑30一	壬寅31(9)二	癸卯2三	甲辰3四	乙巳4五	丙午5六	丁未6日	戊申7一	己酉8二	庚戌9三	辛亥10四	壬子11五	癸丑12六	甲寅13日	乙卯14一	丙辰15二	丁巳16三	戊午17四	己未18五	庚申19六	辛酉20日	壬戌21一	癸亥22二	甲子23三	乙丑24四	丙寅25五	丁卯26六	庚戌白露 乙丑秋分
九月小	甲戌 天干地支西曆星期	戊辰26日	己巳27一	庚午28二	辛未29三	壬申30四	癸酉(10)五	甲戌2六	乙亥3日	丙子4一	丁丑5二	戊寅6三	己卯7四	庚辰8五	辛巳9六	壬午10日	癸未11一	甲申12二	乙酉13三	丙戌14四	丁亥15五	戊子16六	己丑17日	庚寅18一	辛卯19二	壬辰20三	癸巳21四	甲午22五	乙未23六	丙申24日		庚辰寒露 丙申霜降
十月大	乙亥 天干地支西曆星期	丁酉25一	戊戌26二	己亥27三	庚子28四	辛丑29五	壬寅30六	癸卯31(11)日	甲辰2一	乙巳3二	丙午4三	丁未5四	戊申6五	己酉7六	庚戌8日	辛亥9一	壬子10二	癸丑11三	甲寅12四	乙卯13五	丙辰14六	丁巳15日	戊午16一	己未17二	庚申18三	辛酉19四	壬戌20五	癸亥21六	甲子22日	乙丑23一	丙寅24二	辛亥立冬 丙寅小雪
閏十月小	乙亥 天干地支西曆星期	丁卯24三	戊辰25四	己巳26五	庚午27六	辛未28日	壬申29一	癸酉30二	甲戌(12)三	乙亥2四	丙子3五	丁丑4六	戊寅5日	己卯6一	庚辰7二	辛巳8三	壬午9四	癸未10五	甲申11六	乙酉12日	丙戌13一	丁亥14二	戊子15三	己丑16四	庚寅17五	辛卯18六	壬辰19日	癸巳20一	甲午21二	乙未22三		辛巳大雪
十一月大	丙子 天干地支西曆星期	丙申23四	丁酉24五	戊戌25六	己亥26日	庚子27一	辛丑28二	壬寅29三	癸卯30四	甲辰31(1)五	乙巳2六	丙午3日	丁未4一	戊申5二	己酉6三	庚戌7四	辛亥8五	壬子9六	癸丑10日	甲寅11一	乙卯12二	丙辰13三	丁巳14四	戊午15五	己未16六	庚申17日	辛酉18一	壬戌19二	癸亥20三	甲子21四	乙丑22五	丙申冬至 壬子小寒
十二月小	丁丑 天干地支西曆星期	丙寅22六	丁卯23日	戊辰24一	己巳25二	庚午26三	辛未27四	壬申28五	癸酉29六	甲戌30日	乙亥31一	丙子(2)二	丁丑2三	戊寅3四	己卯4五	庚辰5六	辛巳6日	壬午7一	癸未8二	甲申9三	乙酉10四	丙戌11五	丁亥12六	戊子13日	己丑14一	庚寅15二	辛卯16三	壬辰17四	癸巳18五	甲午19六		丁卯大寒 壬午立春

晉愍帝建興三年（乙亥 豬年） 公元315～316年

夏曆月序	中西曆對照	夏曆日序 初一	初二	初三	初四	初五	初六	初七	初八	初九	初十	十一	十二	十三	十四	十五	十六	十七	十八	十九	二十	二一	二二	二三	二四	二五	二六	二七	二八	二九	三十	節氣與天象
正月大	戊寅 天干地支西曆星期	乙未20日日	丙申21一	丁酉22二	戊戌23三	己亥24四	庚子25五	辛丑26六	壬寅27日	癸卯28(3)一	甲辰(3)二	乙巳2三	丙午3四	丁未4五	戊申5六	己酉6日	庚戌7一	辛亥8二	壬子9三	癸丑10四	甲寅11五	乙卯12六	丙辰13日	丁巳14一	戊午15二	己未16三	庚申17四	辛酉18五	壬戌19六	癸亥20日	甲子21一	丁酉雨水 壬子驚蟄
二月大	己卯 天干地支西曆星期	乙丑22二	丙寅23三	丁卯24四	戊辰25五	己巳26六	庚午27日	辛未28一	壬申29二	癸酉30三	甲戌31四	乙亥(4)五	丙子2六	丁丑3日	戊寅4一	己卯5二	庚辰6三	辛巳7四	壬午8五	癸未9六	甲申10日	乙酉11一	丙戌12二	丁亥13三	戊子14四	己丑15五	庚寅16六	辛卯17日	壬辰18一	癸巳19二	甲午20三	戊辰春分 癸未清明
三月小	庚辰 天干地支西曆星期	乙未21四	丙申22五	丁酉23六	戊戌24日	己亥25一	庚子26二	辛丑27三	壬寅28四	癸卯29五	甲辰30六	乙巳(5)日	丙午2一	丁未3二	戊申4三	己酉5四	庚戌6五	辛亥7六	壬子8日	癸丑9一	甲寅10二	乙卯11三	丙辰12四	丁巳13五	戊午14六	己未15日	庚申16一	辛酉17二	壬戌18三	癸亥19四		戊戌穀雨 癸丑立夏
四月大	辛巳 天干地支西曆星期	甲子20五	乙丑21六	丙寅22日	丁卯23一	戊辰24二	己巳25三	庚午26四	辛未27五	壬申28六	癸酉29日	甲戌30一	乙亥31二	丙子(6)三	丁丑2四	戊寅3五	己卯4六	庚辰5日	辛巳6一	壬午7二	癸未8三	甲申9四	乙酉10五	丙戌11六	丁亥12日	戊子13一	己丑14二	庚寅15三	辛卯16四	壬辰17五	癸巳18六	己巳小滿 甲申芒種
五月小	壬午 天干地支西曆星期	甲午19日	乙未20一	丙申21二	丁酉22三	戊戌23四	己亥24五	庚子25六	辛丑26日	壬寅27一	癸卯28二	甲辰29三	乙巳30四	丙午(7)五	丁未2六	戊申3日	己酉4一	庚戌5二	辛亥6三	壬子7四	癸丑8五	甲寅9六	乙卯10日	丙辰11一	丁巳12二	戊午13三	己未14四	庚申15五	辛酉16六	壬戌17日		己亥夏至 甲寅小暑
六月大	癸未 天干地支西曆星期	癸亥18一	甲子19二	乙丑20三	丙寅21四	丁卯22五	戊辰23六	己巳24日	庚午25一	辛未26二	壬申27三	癸酉28四	甲戌29五	乙亥30六	丙子31日	丁丑(8)一	戊寅2二	己卯3三	庚辰4四	辛巳5五	壬午6六	癸未7日	甲申8一	乙酉9二	丙戌10三	丁亥11四	戊子12五	己丑13六	庚寅14日	辛卯15一	壬辰16二	己巳大暑 乙酉立秋
七月小	甲申 天干地支西曆星期	癸巳17三	甲午18四	乙未19五	丙申20六	丁酉21日	戊戌22一	己亥23二	庚子24三	辛丑25四	壬寅26五	癸卯27六	甲辰28日	乙巳29一	丙午30二	丁未31三	戊申(9)四	己酉2五	庚戌3六	辛亥4日	壬子5一	癸丑6二	甲寅7三	乙卯8四	丙辰9五	丁巳10六	戊午11日	己未12一	庚申13二	辛酉14三		庚子處暑 乙卯白露
八月大	乙酉 天干地支西曆星期	壬戌15四	癸亥16五	甲子17六	乙丑18日	丙寅19一	丁卯20二	戊辰21三	己巳22四	庚午23五	辛未24六	壬申25日	癸酉26一	甲戌27二	乙亥28三	丙子29四	丁丑30五	戊寅(10)六	己卯2日	庚辰3一	辛巳4二	壬午5三	癸未6四	甲申7五	乙酉8六	丙戌9日	丁亥10一	戊子11二	己丑12三	庚寅13四	辛卯14五	庚午秋分 丙戌寒露
九月小	丙戌 天干地支西曆星期	壬辰15六	癸巳16日	甲午17一	乙未18二	丙申19三	丁酉20四	戊戌21五	己亥22六	庚子23日	辛丑24一	壬寅25二	癸卯26三	甲辰27四	乙巳28五	丙午29六	丁未30日	戊申(11)一	己酉2二	庚戌3三	辛亥4四	壬子5五	癸丑6六	甲寅7日	乙卯8一	丙辰9二	丁巳10三	戊午11四	己未12五	庚申13六		辛丑霜降 丙辰立冬
十月大	丁亥 天干地支西曆星期	辛酉13日	壬戌14一	癸亥15二	甲子16三	乙丑17四	丙寅18五	丁卯19六	戊辰20日	己巳21一	庚午22二	辛未23三	壬申24四	癸酉25五	甲戌26六	乙亥27日	丙子28一	丁丑29二	戊寅30三	己卯(12)四	庚辰2五	辛巳3六	壬午4日	癸未5一	甲申6二	乙酉7三	丙戌8四	丁亥9五	戊子10六	己丑11日	庚寅12一	辛未小雪 丙戌大雪
十一月小	戊子 天干地支西曆星期	辛卯13二	壬辰14三	癸巳15四	甲午16五	乙未17六	丙申18日	丁酉19一	戊戌20二	己亥21三	庚子22四	辛丑23五	壬寅24六	癸卯25日	甲辰26一	乙巳27二	丙午28三	丁未29四	戊申30五	己酉31六	庚戌(1)日	辛亥2一	壬子3二	癸丑4三	甲寅5四	乙卯6五	丙辰7六	丁巳8日	戊午9一	己未10二		壬寅冬至 丁巳小寒
十二月大	己丑 天干地支西曆星期	庚申11三	辛酉12四	壬戌13五	癸亥14六	甲子15日	乙丑16一	丙寅17二	丁卯18三	戊辰19四	己巳20五	庚午21六	辛未22日	壬申23一	癸酉24二	甲戌25三	乙亥26四	丙子27五	丁丑28六	戊寅29日	己卯30一	庚辰31二	辛巳(2)三	壬午3四	癸未4五	甲申5六	乙酉6日	丙戌7一	丁亥8二	戊子9三	己丑10四	壬申大寒 丁亥立春

晉愍帝建興四年（丙子 鼠年） 公元 316 ～ 317 年

夏曆月序	中西曆日照對	夏曆日序																													節氣與天象
		初一	初二	初三	初四	初五	初六	初七	初八	初九	初十	十一	十二	十三	十四	十五	十六	十七	十八	十九	二十	廿一	廿二	廿三	廿四	廿五	廿六	廿七	廿八	廿九	三十	
正月小	庚寅 天干地支西曆星期	庚寅 10 五	辛卯 11 六	壬辰 12 日	癸巳 13 一	甲午 14 二	乙未 15 三	丙申 16 四	丁酉 17 五	戊戌 18 六	己亥 19 日	庚子 20 一	辛丑 21 二	壬寅 22 三	癸卯 23 四	甲辰 24 五	乙巳 25 六	丙午 26 日	丁未 27 一	戊申 28 二	己酉 29 三	庚戌 (3) 四	辛亥 2 五	壬子 3 六	癸丑 4 日	甲寅 5 一	乙卯 6 二	丙辰 7 三	丁巳 8 四	戊午 9 五		癸卯雨水 戊午驚蟄
二月大	辛卯 天干地支西曆星期	己未 10 六	庚申 11 日	辛酉 12 一	壬戌 13 二	癸亥 14 三	甲子 15 四	乙丑 16 五	丙寅 17 六	丁卯 18 日	戊辰 19 一	己巳 20 二	庚午 21 三	辛未 22 四	壬申 23 五	癸酉 24 六	甲戌 25 日	乙亥 26 一	丙子 27 二	丁丑 28 三	戊寅 29 四	己卯 30 五	庚辰 31 六	辛巳 (4) 日	壬午 2 一	癸未 3 二	甲申 4 三	乙酉 5 四	丙戌 6 五	丁亥 7 六	戊子 8 日	癸酉春分 戊子清明
三月小	壬辰 天干地支西曆星期	己丑 9 一	庚寅 10 二	辛卯 11 三	壬辰 12 四	癸巳 13 五	甲午 14 六	乙未 15 日	丙申 16 一	丁酉 17 二	戊戌 18 三	己亥 19 四	庚子 20 五	辛丑 21 六	壬寅 22 日	癸卯 23 一	甲辰 24 二	乙巳 25 三	丙午 26 四	丁未 27 五	戊申 28 六	己酉 29 日	庚戌 30 一	辛亥 (5) 二	壬子 2 三	癸丑 3 四	甲寅 4 五	乙卯 5 六	丙辰 6 日	丁巳 7 一		癸卯穀雨
四月大	癸巳 天干地支西曆星期	戊午 8 二	己未 9 三	庚申 10 四	辛酉 11 五	壬戌 12 六	癸亥 13 日	甲子 14 一	乙丑 15 二	丙寅 16 三	丁卯 17 四	戊辰 18 五	己巳 19 六	庚午 20 日	辛未 21 一	壬申 22 二	癸酉 23 三	甲戌 24 四	乙亥 25 五	丙子 26 六	丁丑 27 日	戊寅 28 一	己卯 29 二	庚辰 30 三	辛巳 31 四	壬午 (6) 五	癸未 2 六	甲申 3 日	乙酉 4 一	丙戌 5 二	丁亥 6 三	己未立夏 甲戌小滿
五月小	甲午 天干地支西曆星期	戊子 7 四	己丑 8 五	庚寅 9 六	辛卯 10 日	壬辰 11 一	癸巳 12 二	甲午 13 三	乙未 14 四	丙申 15 五	丁酉 16 六	戊戌 17 日	己亥 18 一	庚子 19 二	辛丑 20 三	壬寅 21 四	癸卯 22 五	甲辰 23 六	乙巳 24 日	丙午 25 一	丁未 26 二	戊申 27 三	己酉 28 四	庚戌 29 五	辛亥 30 六	壬子 (7) 日	癸丑 2 一	甲寅 3 二	乙卯 4 三	丙辰 5 四		己丑芒種 甲辰夏至
六月大	乙未 天干地支西曆星期	丁巳 6 五	戊午 7 六	己未 8 日	庚申 9 一	辛酉 10 二	壬戌 11 三	癸亥 12 四	甲子 13 五	乙丑 14 六	丙寅 15 日	丁卯 16 一	戊辰 17 二	己巳 18 三	庚午 19 四	辛未 20 五	壬申 21 六	癸酉 22 日	甲戌 23 一	乙亥 24 二	丙子 25 三	丁丑 26 四	戊寅 27 五	己卯 28 六	庚辰 29 日	辛巳 30 一	壬午 31 二	癸未 (8) 三	甲申 2 四	乙酉 3 五	丙戌 4 六	己未小暑 乙亥大暑 丁巳日食
七月大	丙申 天干地支西曆星期	丁亥 5 日	戊子 6 一	己丑 7 二	庚寅 8 三	辛卯 9 四	壬辰 10 五	癸巳 11 六	甲午 12 日	乙未 13 一	丙申 14 二	丁酉 15 三	戊戌 16 四	己亥 17 五	庚子 18 六	辛丑 19 日	壬寅 20 一	癸卯 21 二	甲辰 22 三	乙巳 23 四	丙午 24 五	丁未 25 六	戊申 26 日	己酉 27 一	庚戌 28 二	辛亥 29 三	壬子 30 四	癸丑 31 五	甲寅 (9) 六	乙卯 2 日	丙辰 3 一	庚寅立秋 乙巳處暑
八月小	丁酉 天干地支西曆星期	丁巳 4 二	戊午 5 三	己未 6 四	庚申 7 五	辛酉 8 六	壬戌 9 日	癸亥 10 一	甲子 11 二	乙丑 12 三	丙寅 13 四	丁卯 14 五	戊辰 15 六	己巳 16 日	庚午 17 一	辛未 18 二	壬申 19 三	癸酉 20 四	甲戌 21 五	乙亥 22 六	丙子 23 日	丁丑 24 一	戊寅 25 二	己卯 26 三	庚辰 27 四	辛巳 28 五	壬午 29 六	癸未 30 日	甲申 (10) 一	乙酉 2 二		庚申白露 丙子秋分
九月大	戊戌 天干地支西曆星期	丙戌 3 三	丁亥 4 四	戊子 5 五	己丑 6 六	庚寅 7 日	辛卯 8 一	壬辰 9 二	癸巳 10 三	甲午 11 四	乙未 12 五	丙申 13 六	丁酉 14 日	戊戌 15 一	己亥 16 二	庚子 17 三	辛丑 18 四	壬寅 19 五	癸卯 20 六	甲辰 21 日	乙巳 22 一	丙午 23 二	丁未 24 三	戊申 25 四	己酉 26 五	庚戌 27 六	辛亥 28 日	壬子 29 一	癸丑 30 二	甲寅 31 三	乙卯 (11) 四	辛卯寒露 丙午霜降
十月小	己亥 天干地支西曆星期	丙辰 2 五	丁巳 3 六	戊午 4 日	己未 5 一	庚申 6 二	辛酉 7 三	壬戌 8 四	癸亥 9 五	甲子 10 六	乙丑 11 日	丙寅 12 一	丁卯 13 二	戊辰 14 三	己巳 15 四	庚午 16 五	辛未 17 六	壬申 18 日	癸酉 19 一	甲戌 20 二	乙亥 21 三	丙子 22 四	丁丑 23 五	戊寅 24 六	己卯 25 日	庚辰 26 一	辛巳 27 二	壬午 28 三	癸未 29 四	甲申 30 五		辛酉立冬 丙子小雪
十一月大	庚子 天干地支西曆星期	乙酉 (12) 六	丙戌 2 日	丁亥 3 一	戊子 4 二	己丑 5 三	庚寅 6 四	辛卯 7 五	壬辰 8 六	癸巳 9 日	甲午 10 一	乙未 11 二	丙申 12 三	丁酉 13 四	戊戌 14 五	己亥 15 六	庚子 16 日	辛丑 17 一	壬寅 18 二	癸卯 19 三	甲辰 20 四	乙巳 21 五	丙午 22 六	丁未 23 日	戊申 24 一	己酉 25 二	庚戌 26 三	辛亥 27 四	壬子 28 五	癸丑 29 六	甲寅 30 日	壬辰大雪 丁未冬至
十二月小	辛丑 天干地支西曆星期	乙卯 31 一	丙辰 (1) 二	丁巳 2 三	戊午 3 四	己未 4 五	庚申 5 六	辛酉 6 日	壬戌 7 一	癸亥 8 二	甲子 9 三	乙丑 10 四	丙寅 11 五	丁卯 12 六	戊辰 13 日	己巳 14 一	庚午 15 二	辛未 16 三	壬申 17 四	癸酉 18 五	甲戌 19 六	乙亥 20 日	丙子 21 一	丁丑 22 二	戊寅 23 三	己卯 24 四	庚辰 25 五	辛巳 26 六	壬午 27 日	癸未 28 一		壬戌小寒 丁丑大寒 乙卯日食

東晉日曆

晉愍帝建興五年 晉王（元帝）建武元年（丁丑 牛年）公元317～318年

夏曆月序	中西曆對照	夏曆日序 初一	初二	初三	初四	初五	初六	初七	初八	初九	初十	十一	十二	十三	十四	十五	十六	十七	十八	十九	二十	二一	二二	二三	二四	二五	二六	二七	二八	二九	三十	節氣與天象
正月大	壬寅 天干地支／西曆／星期	甲申29二	乙酉30三	丙戌31四	丁亥2(2)五	戊子2六	己丑3日	庚寅4一	辛卯5二	壬辰6三	癸巳7四	甲午8五	乙未9六	丙申10日	丁酉11一	戊戌12二	己亥13三	庚子14四	辛丑15五	壬寅16六	癸卯17日	甲辰18一	乙巳19二	丙午20三	丁未21四	戊申22五	己酉23六	庚戌24日	辛亥25一	壬子26二	癸丑27三	癸巳立春 戊申雨水
二月小	癸卯 天干地支／西曆／星期	甲寅28四	乙卯(3)五	丙辰2六	丁巳3日	戊午4一	己未5二	庚申6三	辛酉7四	壬戌8五	癸亥9六	甲子10日	乙丑11一	丙寅12二	丁卯13三	戊辰14四	己巳15五	庚午16六	辛未17日	壬申18一	癸酉19二	甲戌20三	乙亥21四	丙子22五	丁丑23六	戊寅24日	己卯25一	庚辰26二	辛巳27三	壬午28四		癸亥驚蟄 戊寅春分
三月大	甲辰 天干地支／西曆／星期	癸未29五	甲申30六	乙酉31日	丙戌(4)一	丁亥2二	戊子3三	己丑4四	庚寅5五	辛卯6六	壬辰7日	癸巳8一	甲午9二	乙未10三	丙申11四	丁酉12五	戊戌13六	己亥14日	庚子15一	辛丑16二	壬寅17三	癸卯18四	甲辰19五	乙巳20六	丙午21日	丁未22一	戊申23二	己酉24三	庚戌25四	辛亥26五	壬子27六	癸巳清明 己酉穀雨
四月小	乙巳 天干地支／西曆／星期	癸丑28日	甲寅29一	乙卯30二	丙辰(5)三	丁巳2四	戊午3五	己未4六	庚申5日	辛酉6一	壬戌7二	癸亥8三	甲子9四	乙丑10五	丙寅11六	丁卯12日	戊辰13一	己巳14二	庚午15三	辛未16四	壬申17五	癸酉18六	甲戌19日	乙亥20一	丙子21二	丁丑22三	戊寅23四	己卯24五	庚辰25六	辛巳26日		甲子立夏 己卯小滿
五月大	丙午 天干地支／西曆／星期	壬午27一	癸未28二	甲申29三	乙酉30四	丙戌31五	丁亥(6)六	戊子2日	己丑3一	庚寅4二	辛卯5三	壬辰6四	癸巳7五	甲午8六	乙未9日	丙申10一	丁酉11二	戊戌12三	己亥13四	庚子14五	辛丑15六	壬寅16日	癸卯17一	甲辰18二	乙巳19三	丙午20四	丁未21五	戊申22六	己酉23日	庚戌24一	辛亥25二	甲午芒種 庚戌夏至
六月小	丁未 天干地支／西曆／星期	壬子26三	癸丑27四	甲寅28五	乙卯29六	丙辰30日	丁巳(7)一	戊午2二	己未3三	庚申4四	辛酉5五	壬戌6六	癸亥7日	甲子8一	乙丑9二	丙寅10三	丁卯11四	戊辰12五	己巳13六	庚午14日	辛未15一	壬申16二	癸酉17三	甲戌18四	乙亥19五	丙子20六	丁丑21日	戊寅22一	己卯23二	庚辰24三		乙丑小暑 庚辰大暑
七月大	戊申 天干地支／西曆／星期	辛巳25四	壬午26五	癸未27六	甲申28日	乙酉29一	丙戌30二	丁亥31三	戊子(8)四	己丑2五	庚寅3六	辛卯4日	壬辰5一	癸巳6二	甲午7三	乙未8四	丙申9五	丁酉10六	戊戌11日	己亥12一	庚子13二	辛丑14三	壬寅15四	癸卯16五	甲辰17六	乙巳18日	丙午19一	丁未20二	戊申21三	己酉22四	庚戌23五	乙未立秋 庚戌處暑
閏七月小	戊申 天干地支／西曆／星期	辛亥24六	壬子25日	癸丑26一	甲寅27二	乙卯28三	丙辰29四	丁巳30五	戊午31六	己未(9)日	庚申2一	辛酉3二	壬戌4三	癸亥5四	甲子6五	乙丑7六	丙寅8日	丁卯9一	戊辰10二	己巳11三	庚午12四	辛未13五	壬申14六	癸酉15日	甲戌16一	乙亥17二	丙子18三	丁丑19四	戊寅20五	己卯21六		丙寅白露
八月大	己酉 天干地支／西曆／星期	庚辰22日	辛巳23一	壬午24二	癸未25三	甲申26四	乙酉27五	丙戌28六	丁亥29日	戊子30一	己丑(10)二	庚寅2三	辛卯3四	壬辰4五	癸巳5六	甲午6日	乙未7一	丙申8二	丁酉9三	戊戌10四	己亥11五	庚子12六	辛丑13日	壬寅14一	癸卯15二	甲辰16三	乙巳17四	丙午18五	丁未19六	戊申20日	己酉21一	辛巳秋分 丙申寒露
九月小	庚戌 天干地支／西曆／星期	庚戌22二	辛亥23三	壬子24四	癸丑25五	甲寅26六	乙卯27日	丙辰28一	丁巳29二	戊午30三	己未31四	庚申(11)五	辛酉2六	壬戌3日	癸亥4一	甲子5二	乙丑6三	丙寅7四	丁卯8五	戊辰9六	己巳10日	庚午11一	辛未12二	壬申13三	癸酉14四	甲戌15五	乙亥16六	丙子17日	丁丑18一	戊寅19二		辛亥霜降 丙寅立冬
十月大	辛亥 天干地支／西曆／星期	己卯20三	庚辰21四	辛巳22五	壬午23六	癸未24日	甲申25一	乙酉26二	丙戌27三	丁亥28四	戊子29五	己丑30六	庚寅(12)日	辛卯2一	壬辰3二	癸巳4三	甲午5四	乙未6五	丙申7六	丁酉8日	戊戌9一	己亥10二	庚子11三	辛丑12四	壬寅13五	癸卯14六	甲辰15日	乙巳16一	丙午17二	丁未18三	戊申19四	壬午小雪 丁酉大雪
十一月大	壬子 天干地支／西曆／星期	己酉20五	庚戌21六	辛亥22日	壬子23一	癸丑24二	甲寅25三	乙卯26四	丙辰27五	丁巳28六	戊午29日	己未30一	庚申31二	辛酉(1)三	壬戌2四	癸亥3五	甲子4六	乙丑5日	丙寅6一	丁卯7二	戊辰8三	己巳9四	庚午10五	辛未11六	壬申12日	癸酉13一	甲戌14二	乙亥15三	丙子16四	丁丑17五	戊寅18六	壬子冬至 丁卯小寒
十二月小	癸丑 天干地支／西曆／星期	己卯19日	庚辰20一	辛巳21二	壬午22三	癸未23四	甲申24五	乙酉25六	丙戌26日	丁亥27一	戊子28二	己丑29三	庚寅30四	辛卯31五	壬辰(2)六	癸巳2日	甲午3一	乙未4二	丙申5三	丁酉6四	戊戌7五	己亥8六	庚子9日	辛丑10一	壬寅11二	癸卯12三	甲辰13四	乙巳14五	丙午15六	丁未16日		癸未大寒 戊戌立春

* 三月辛卯（初九），司馬睿在建康（今江蘇南京）即王位，改元建武。十二月戊戌（二十日），愍帝被殺。

晉王（元帝）建武二年 太興元年（戊寅 虎年） 公元318～319年

夏曆月序	中西曆對照	夏曆日序																													節氣與天象
		初一	初二	初三	初四	初五	初六	初七	初八	初九	初十	十一	十二	十三	十四	十五	十六	十七	十八	十九	二十	二一	二二	二三	二四	二五	二六	二七	二八	二九	三十	
正月大	甲寅	戊戌17一	己亥18二	庚子19三	辛丑20四	壬寅21五	癸卯22六	甲辰23日	乙巳24一	丙午25二	丁未26三	戊申27四	己酉28五	庚戌(3)六	辛亥2日	壬子3一	癸丑4二	甲寅5三	乙卯6四	丙辰7五	丁巳8六	戊午9日	己未10一	庚申11二	辛酉12三	壬戌13四	癸亥14五	甲子15六	乙丑16日	丙寅17一	丁卯18二	癸丑雨水 戊辰驚蟄
二月小	乙卯	戊辰19三	己巳20四	庚午21五	辛未22六	壬申23日	癸酉24一	甲戌25二	乙亥26三	丙子27四	丁丑28五	戊寅29六	己卯30日	庚辰31一	辛巳(4)二	壬午2三	癸未3四	甲申4五	乙酉5六	丙戌6日	丁亥7一	戊子8二	己丑9三	庚寅10四	辛卯11五	壬辰12六	癸巳13日	甲午14一	乙未15二	丙申16三		癸未春分 己亥清明
三月大	丙辰	丁酉17四	戊戌18五	己亥19六	庚子20日	辛丑21一	壬寅22二	癸卯23三	甲辰24四	乙巳25五	丙午26六	丁未27日	戊申28一	己酉29二	庚戌30三	辛亥(5)四	壬子2五	癸丑3六	甲寅4日	乙卯5一	丙辰6二	丁巳7三	戊午8四	己未9五	庚申10六	辛酉11日	壬戌12一	癸亥13二	甲子14三	乙丑15四	丙寅16五	甲寅穀雨 己巳立夏
四月小	丁巳	丁卯17六	戊辰18日	己巳19一	庚午20二	辛未21三	壬申22四	癸酉23五	甲戌24六	乙亥25日	丙子26一	丁丑27二	戊寅28三	己卯29四	庚辰30五	辛巳31六	壬午(6)日	癸未2一	甲申3二	乙酉4三	丙戌5四	丁亥6五	戊子7六	己丑8日	庚寅9一	辛卯10二	壬辰11三	癸巳12四	甲午13五	乙未14六		甲申小滿 庚寅芒種 丁丑日食
五月大	戊午	丙申15日	丁酉16一	戊戌17二	己亥18三	庚子19四	辛丑20五	壬寅21六	癸卯22日	甲辰23一	乙巳24二	丙午25三	丁未26四	戊申27五	己酉28六	庚戌29日	辛亥30一	壬子(7)二	癸丑2三	甲寅3四	乙卯4五	丙辰5六	丁巳6日	戊午7一	己未8二	庚申9三	辛酉10四	壬戌11五	癸亥12六	甲子13日	乙丑14一	乙卯夏至 庚午小暑
六月小	己未	丙寅15二	丁卯16三	戊辰17四	己巳18五	庚午19六	辛未20日	壬申21一	癸酉22二	甲戌23三	乙亥24四	丙子25五	丁丑26六	戊寅27日	己卯28一	庚辰29二	辛巳30三	壬午31四	癸未(8)五	甲申2六	乙酉3日	丙戌4一	丁亥5二	戊子6三	己丑7四	庚寅8五	辛卯9六	壬辰10日	癸巳11一	甲午12二		乙酉大暑 庚子立秋
七月大	庚申	乙未13三	丙申14四	丁酉15五	戊戌16六	己亥17日	庚子18一	辛丑19二	壬寅20三	癸卯21四	甲辰22五	乙巳23六	丙午24日	丁未25一	戊申26二	己酉27三	庚戌28四	辛亥29五	壬子30六	癸丑31日	甲寅(9)一	乙卯2二	丙辰3三	丁巳4四	戊午5五	己未6六	庚申7日	辛酉8一	壬戌9二	癸亥10三	甲子11四	丙辰處暑 辛未白露
八月小	辛酉	乙丑12五	丙寅13六	丁卯14日	戊辰15一	己巳16二	庚午17三	辛未18四	壬申19五	癸酉20六	甲戌21日	乙亥22一	丙子23二	丁丑24三	戊寅25四	己卯26五	庚辰27六	辛巳28日	壬午29一	癸未30二	甲申(10)三	乙酉2四	丙戌3五	丁亥4六	戊子5日	己丑6一	庚寅7二	辛卯8三	壬辰9四	癸巳10五		丙戌秋分 辛丑寒露
九月大	壬戌	甲午11六	乙未12日	丙申13一	丁酉14二	戊戌15三	己亥16四	庚子17五	辛丑18六	壬寅19日	癸卯20一	甲辰21二	乙巳22三	丙午23四	丁未24五	戊申25六	己酉26日	庚戌27一	辛亥28二	壬子29三	癸丑30四	甲寅31五	乙卯(11)六	丙辰2日	丁巳3一	戊午4二	己未5三	庚申6四	辛酉7五	壬戌8六	癸亥9日	丙辰霜降 壬申立冬
十月小	癸亥	甲子10一	乙丑11二	丙寅12三	丁卯13四	戊辰14五	己巳15六	庚午16日	辛未17一	壬申18二	癸酉19三	甲戌20四	乙亥21五	丙子22六	丁丑23日	戊寅24一	己卯25二	庚辰26三	辛巳27四	壬午28五	癸未29六	甲申30日	乙酉31一	丙戌(12)二	丁亥2三	戊子3四	己丑4五	庚寅5六	辛卯6日	壬辰7一		丁亥小雪 壬寅大雪
十一月大	甲子	癸巳8二	甲午9三	乙未10四	丙申11五	丁酉12六	戊戌13日	己亥14一	庚子15二	辛丑16三	壬寅17四	癸卯18五	甲辰19六	乙巳20日	丙午21一	丁未22二	戊申23三	己酉24四	庚戌25五	辛亥26六	壬子27日	癸丑28一	甲寅29二	乙卯30三	丙辰31四	丁巳(1)五	戊午2六	己未3日	庚申4一	辛酉5二	壬戌6三	癸亥7四	丁巳冬至
十二月小	乙丑	癸酉8五	甲戌9六	乙亥10日	丙子11一	丁丑12二	戊寅13三	己卯14四	庚辰15五	辛巳16六	壬午17日	癸未18一	甲申19二	乙酉20三	丙戌21四	丁亥22五	戊子23六	己丑24日	庚寅25一	辛卯26二	壬辰27三	癸巳28四	甲午29五	乙未30六	丙申31日	丁酉(2)一	戊戌2二	己亥3三	庚子4四	辛丑5五		癸酉小寒 戊子大寒

*三月丙辰（初十），司馬睿即皇帝位，改元太興，是爲晉元帝。

晉元帝太興二年（己卯 兔年） 公元 319 ~ 320 年

夏曆月序	中西曆對照	夏曆日序																													節氣與天象
		初一	初二	初三	初四	初五	初六	初七	初八	初九	初十	十一	十二	十三	十四	十五	十六	十七	十八	十九	二十	二一	二二	二三	二四	二五	二六	二七	二八	二九	三十	
正月大	丙寅	天干地支／西曆／星期	壬寅6五	癸卯7六	甲辰8日	乙巳9一	丙午10二	丁未11三	戊申12四	己酉13五	庚戌14六	辛亥15日	壬子16一	癸丑17二	甲寅18三	乙卯19四	丙辰20五	丁巳21六	戊午22日	己未23一	庚申24二	辛酉25三	壬戌26四	癸亥27五	甲子28六	乙丑29日	丙寅(3)一	丁卯2二	戊辰3三	己巳4四	庚午5五	辛未6六	癸卯立春戊午雨水
二月大	丁卯	天干地支／西曆／星期	壬申8日	癸酉9一	甲戌10二	乙亥11三	丙子12四	丁丑13五	戊寅14六	己卯15日	庚辰16一	辛巳17二	壬午18三	癸未19四	甲申20五	乙酉21六	丙戌22日	丁亥23一	戊子24二	己丑25三	庚寅26四	辛卯27五	壬辰28六	癸巳29日	甲午30一	乙未31二	丙申(4)三	丁酉2四	戊戌3五	己亥4六	庚子5日	辛丑6一	癸酉驚蟄己丑春分
三月小	戊辰	天干地支／西曆／星期	壬寅7二	癸卯8三	甲辰9四	乙巳10五	丙午11六	丁未12日	戊申13一	己酉14二	庚戌15三	辛亥16四	壬子17五	癸丑18六	甲寅19日	乙卯20一	丙辰21二	丁巳22三	戊午23四	己未24五	庚申25六	辛酉26日	壬戌27一	癸亥28二	甲子29三	乙丑30四	丙寅(5)五	丁卯2六	戊辰3日	己巳4一	庚午5二		甲辰清明己未穀雨
四月大	己巳	天干地支／西曆／星期	辛未6三	壬申7四	癸酉8五	甲戌9六	乙亥10日	丙子11一	丁丑12二	戊寅13三	己卯14四	庚辰15五	辛巳16六	壬午17日	癸未18一	甲申19二	乙酉20三	丙戌21四	丁亥22五	戊子23六	己丑24日	庚寅25一	辛卯26二	壬辰27三	癸巳28四	甲午29五	乙未30六	丙申31日	丁酉(6)一	戊戌2二	己亥3三	庚子4四	甲戌立夏庚寅小滿
五月小	庚午	天干地支／西曆／星期	辛丑5五	壬寅6六	癸卯7日	甲辰8一	乙巳9二	丙午10三	丁未11四	戊申12五	己酉13六	庚戌14日	辛亥15一	壬子16二	癸丑17三	甲寅18四	乙卯19五	丙辰20六	丁巳21日	戊午22一	己未23二	庚申24三	辛酉25四	壬戌26五	癸亥27六	甲子28日	乙丑29一	丙寅30二	丁卯(7)三	戊辰2四	己巳3五		乙巳芒種庚申夏至
六月大	辛未	天干地支／西曆／星期	庚午4六	辛未5日	壬申6一	癸酉7二	甲戌8三	乙亥9四	丙子10五	丁丑11六	戊寅12日	己卯13一	庚辰14二	辛巳15三	壬午16四	癸未17五	甲申18六	乙酉19日	丙戌20一	丁亥21二	戊子22三	己丑23四	庚寅24五	辛卯25六	壬辰26日	癸巳27一	甲午28二	乙未29三	丙申30四	丁酉31五	戊戌(8)六	己亥2日	乙亥小暑庚寅大暑
七月小	壬申	天干地支／西曆／星期	庚子3一	辛丑4二	壬寅5三	癸卯6四	甲辰7五	乙巳8六	丙午9日	丁未10一	戊申11二	己酉12三	庚戌13四	辛亥14五	壬子15六	癸丑16日	甲寅17一	乙卯18二	丙辰19三	丁巳20四	戊午21五	己未22六	庚申23日	辛酉24一	壬戌25二	癸亥26三	甲子27四	乙丑28五	丙寅29六	丁卯30日	戊辰31一		丙午立秋辛酉處暑
八月大	癸酉	天干地支／西曆／星期	己巳(9)二	庚午2三	辛未3四	壬申4五	癸酉5六	甲戌6日	乙亥7一	丙子8二	丁丑9三	戊寅10四	己卯11五	庚辰12六	辛巳13日	壬午14一	癸未15二	甲申16三	乙酉17四	丙戌18五	丁亥19六	戊子20日	己丑21一	庚寅22二	辛卯23三	壬辰24四	癸巳25五	甲午26六	乙未27日	丙申28一	丁酉29二	戊戌30三	丙子白露辛卯秋分
九月小	甲戌	天干地支／西曆／星期	己亥(10)四	庚子2五	辛丑3六	壬寅4日	癸卯5一	甲辰6二	乙巳7三	丙午8四	丁未9五	戊申10六	己酉11日	庚戌12一	辛亥13二	壬子14三	癸丑15四	甲寅16五	乙卯17六	丙辰18日	丁巳19一	戊午20二	己未21三	庚申22四	辛酉23五	壬戌24六	癸亥25日	甲子26一	乙丑27二	丙寅28三	丁卯29四		丁未寒露壬戌霜降
十月大	乙亥	天干地支／西曆／星期	戊辰30五	己巳31六	庚午(11)日	辛未2一	壬申3二	癸酉4三	甲戌5四	乙亥6五	丙子7六	丁丑8日	戊寅9一	己卯10二	庚辰11三	辛巳12四	壬午13五	癸未14六	甲申15日	乙酉16一	丙戌17二	丁亥18三	戊子19四	己丑20五	庚寅21六	辛卯22日	壬辰23一	癸巳24二	甲午25三	乙未26四	丙申27五	丁酉28六	丁丑立冬壬辰小雪
十一月小	丙子	天干地支／西曆／星期	戊戌29日	己亥30一	庚子(12)二	辛丑2三	壬寅3四	癸卯4五	甲辰5六	乙巳6日	丙午7一	丁未8二	戊申9三	己酉10四	庚戌11五	辛亥12六	壬子13日	癸丑14一	甲寅15二	乙卯16三	丙辰17四	丁巳18五	戊午19六	己未20日	庚申21一	辛酉22二	壬戌23三	癸亥24四	甲子25五	乙丑26六	丙寅27日		丁未大雪癸亥冬至
十二月大	丁丑	天干地支／西曆／星期	丁卯28一	戊辰29二	己巳30三	庚午31四	辛未(1)五	壬申2六	癸酉3日	甲戌4一	乙亥5二	丙子6三	丁丑7四	戊寅8五	己卯9六	庚辰10日	辛巳11一	壬午12二	癸未13三	甲申14四	乙酉15五	丙戌16六	丁亥17日	戊子18一	己丑19二	庚寅20三	辛卯21四	壬辰22五	癸巳23六	甲午24日	乙未25一	丙申26二	戊寅小寒癸巳大寒

晉元帝太興三年（庚辰 龍年） 公元320～321年

夏曆月序	西曆日照中曆對	夏曆日序																													節氣與天象
		初一	初二	初三	初四	初五	初六	初七	初八	初九	初十	十一	十二	十三	十四	十五	十六	十七	十八	十九	二十	二一	二二	二三	二四	二五	二六	二七	二八	二九	三十	
正月小	戊寅	天干地支 西曆 星期	丁酉 27 三	戊戌 28 四	己亥 29 五	庚子 30 六	辛丑 31 日	壬寅 (2) 一	癸卯 2 二	甲辰 3 三	乙巳 4 四	丙午 5 五	丁未 6 六	戊申 7 日	己酉 8 一	庚戌 9 二	辛亥 10 三	壬子 11 四	癸丑 12 五	甲寅 13 六	乙卯 14 日	丙辰 15 一	丁巳 16 二	戊午 17 三	己未 18 四	庚申 19 五	辛酉 20 六	壬戌 21 日	癸亥 22 一	甲子 23 二	乙丑 24 三		戊申立春 癸亥雨水
二月大	己卯	天干地支 西曆 星期	丙寅 25 四	丁卯 26 五	戊辰 27 六	己巳 28 日	庚午 29 (3)一	辛未 2 二	壬申 3 三	癸酉 4 四	甲戌 5 五	乙亥 6 六	丙子 7 日	丁丑 8 一	戊寅 9 二	己卯 10 三	庚辰 11 四	辛巳 12 五	壬午 13 六	癸未 14 日	甲申 15 一	乙酉 16 二	丙戌 17 三	丁亥 18 四	戊子 19 五	己丑 20 六	庚寅 21 日	辛卯 22 一	壬辰 23 二	癸巳 24 三	甲午 25 四	乙未 26 五	己卯驚蟄 甲午春分
三月小	庚辰	天干地支 西曆 星期	丙申 26 六	丁酉 27 日	戊戌 28 一	己亥 29 二	庚子 30 三	辛丑 31 四	壬寅 (4) 五	癸卯 2 六	甲辰 3 日	乙巳 4 一	丙午 5 二	丁未 6 三	戊申 7 四	己酉 8 五	庚戌 9 六	辛亥 10 日	壬子 11 一	癸丑 12 二	甲寅 13 三	乙卯 14 四	丙辰 15 五	丁巳 16 六	戊午 17 日	己未 18 一	庚申 19 二	辛酉 20 三	壬戌 21 四	癸亥 22 五	甲子 23 六		己酉清明 甲子穀雨
閏三月大	庚辰	天干地支 西曆 星期	乙丑 24 日	丙寅 25 一	丁卯 26 二	戊辰 27 三	己巳 28 四	庚午 29 五	辛未 30 六	壬申 (5) 日	癸酉 2 一	甲戌 3 二	乙亥 4 三	丙子 5 四	丁丑 6 五	戊寅 7 六	己卯 8 日	庚辰 9 一	辛巳 10 二	壬午 11 三	癸未 12 四	甲申 13 五	乙酉 14 六	丙戌 15 日	丁亥 16 一	戊子 17 二	己丑 18 三	庚寅 19 四	辛卯 20 五	壬辰 21 六	癸巳 22 日	甲午 23 一	庚辰立夏
四月小	辛巳	天干地支 西曆 星期	乙未 24 二	丙申 25 三	丁酉 26 四	戊戌 27 五	己亥 28 六	庚子 29 日	辛丑 30 一	壬寅 31 二	癸卯 (6) 三	甲辰 2 四	乙巳 3 五	丙午 4 六	丁未 5 日	戊申 6 一	己酉 7 二	庚戌 8 三	辛亥 9 四	壬子 10 五	癸丑 11 六	甲寅 12 日	乙卯 13 一	丙辰 14 二	丁巳 15 三	戊午 16 四	己未 17 五	庚申 18 六	辛酉 19 日	壬戌 20 一	癸亥 21 二		乙未小滿 庚戌芒種
五月大	壬午	天干地支 西曆 星期	甲子 22 三	乙丑 23 四	丙寅 24 五	丁卯 25 六	戊辰 26 日	己巳 27 一	庚午 28 二	辛未 29 三	壬申 30 四	癸酉 (7) 五	甲戌 2 六	乙亥 3 日	丙子 4 一	丁丑 5 二	戊寅 6 三	己卯 7 四	庚辰 8 五	辛巳 9 六	壬午 10 日	癸未 11 一	甲申 12 二	乙酉 13 三	丙戌 14 四	丁亥 15 五	戊子 16 六	己丑 17 日	庚寅 18 一	辛卯 19 二	壬辰 20 三	癸巳 21 四	乙丑夏至 庚辰小暑
六月大	癸未	天干地支 西曆 星期	甲午 22 五	乙未 23 六	丙申 24 日	丁酉 25 一	戊戌 26 二	己亥 27 三	庚子 28 四	辛丑 29 五	壬寅 30 六	癸卯 31 日	甲辰 (8) 一	乙巳 2 二	丙午 3 三	丁未 4 四	戊申 5 五	己酉 6 六	庚戌 7 日	辛亥 8 一	壬子 9 二	癸丑 10 三	甲寅 11 四	乙卯 12 五	丙辰 13 六	丁巳 14 日	戊午 15 一	己未 16 二	庚申 17 三	辛酉 18 四	壬戌 19 五	癸亥 20 六	丙申大暑 辛亥立秋
七月小	甲申	天干地支 西曆 星期	甲子 21 日	乙丑 22 一	丙寅 23 二	丁卯 24 三	戊辰 25 四	己巳 26 五	庚午 27 六	辛未 28 日	壬申 29 一	癸酉 30 二	甲戌 31 三	乙亥 (9) 四	丙子 2 五	丁丑 3 六	戊寅 4 日	己卯 5 一	庚辰 6 二	辛巳 7 三	壬午 8 四	癸未 9 五	甲申 10 六	乙酉 11 日	丙戌 12 一	丁亥 13 二	戊子 14 三	己丑 15 四	庚寅 16 五	辛卯 17 六	壬辰 18 日		丙寅處暑 辛巳白露
八月大	乙酉	天干地支 西曆 星期	癸巳 19 一	甲午 20 二	乙未 21 三	丙申 22 四	丁酉 23 五	戊戌 24 六	己亥 25 日	庚子 26 一	辛丑 27 二	壬寅 28 三	癸卯 29 四	甲辰 30 五	乙巳 (10) 六	丙午 2 日	丁未 3 一	戊申 4 二	己酉 5 三	庚戌 6 四	辛亥 7 五	壬子 8 六	癸丑 9 日	甲寅 10 一	乙卯 11 二	丙辰 12 三	丁巳 13 四	戊午 14 五	己未 15 六	庚申 16 日	辛酉 17 一	壬戌 18 二	丁酉秋分 壬子寒露 壬戌日食
九月小	丙戌	天干地支 西曆 星期	癸亥 19 三	甲子 20 四	乙丑 21 五	丙寅 22 六	丁卯 23 日	戊辰 24 一	己巳 25 二	庚午 26 三	辛未 27 四	壬申 28 五	癸酉 29 六	甲戌 30 日	乙亥 31 一	丙子 (11) 二	丁丑 2 三	戊寅 3 四	己卯 4 五	庚辰 5 六	辛巳 6 日	壬午 7 一	癸未 8 二	甲申 9 三	乙酉 10 四	丙戌 11 五	丁亥 12 六	戊子 13 日	己丑 14 一	庚寅 15 二	辛卯 16 三		丁卯霜降 壬午立冬
十月大	丁亥	天干地支 西曆 星期	壬辰 17 四	癸巳 18 五	甲午 19 六	乙未 20 日	丙申 21 一	丁酉 22 二	戊戌 23 三	己亥 24 四	庚子 25 五	辛丑 26 六	壬寅 27 日	癸卯 28 一	甲辰 29 二	乙巳 30 三	丙午 (12) 四	丁未 2 五	戊申 3 六	己酉 4 日	庚戌 5 一	辛亥 6 二	壬子 7 三	癸丑 8 四	甲寅 9 五	乙卯 10 六	丙辰 11 日	丁巳 12 一	戊午 13 二	己未 14 三	庚申 15 四	辛酉 16 五	丁酉小雪 癸丑大雪
十一月小	戊子	天干地支 西曆 星期	壬戌 17 六	癸亥 18 日	甲子 19 一	乙丑 20 二	丙寅 21 三	丁卯 22 四	戊辰 23 五	己巳 24 六	庚午 25 日	辛未 26 一	壬申 27 二	癸酉 28 三	甲戌 29 四	乙亥 30 五	丙子 31 六	丁丑 (1) 日	戊寅 2 一	己卯 3 二	庚辰 4 三	辛巳 5 四	壬午 6 五	癸未 7 六	甲申 8 日	乙酉 9 一	丙戌 10 二	丁亥 11 三	戊子 12 四	己丑 13 五	庚寅 14 六		癸辰冬至 癸未小寒
十二月大	己丑	天干地支 西曆 星期	辛卯 15 日	壬辰 16 一	癸巳 17 二	甲午 18 三	乙未 19 四	丙申 20 五	丁酉 21 六	戊戌 22 日	己亥 23 一	庚子 24 二	辛丑 25 三	壬寅 26 四	癸卯 27 五	甲辰 28 六	乙巳 29 日	丙午 30 一	丁未 31 二	戊申 (2) 三	己酉 2 四	庚戌 3 五	辛亥 4 六	壬子 5 日	癸丑 6 一	甲寅 7 二	乙卯 8 三	丙辰 9 四	丁巳 10 五	戊午 11 六	己未 12 日	庚申 13 一	戊戌大寒 甲寅立春

晉元帝太興四年（辛巳 蛇年） 公元321～322年

夏曆月序	中西曆對照	夏曆日序																													節氣與天象
		初一	初二	初三	初四	初五	初六	初七	初八	初九	初十	十一	十二	十三	十四	十五	十六	十七	十八	十九	二十	二一	二二	二三	二四	二五	二六	二七	二八	二九	三十	
正月小	庚寅	天干地支 西曆 星期	辛酉 14 三	壬戌 15 四	癸亥 16 五	甲子 17 六	乙丑 18 日	丙寅 19 一	丁卯 20 二	戊辰 21 三	己巳 22 四	庚午 23 五	辛未 24 六	壬申 25 日	癸酉 26 一	甲戌 27 二	乙亥 28 三	丙子 (3) 三	丁丑 2 四	戊寅 3 五	己卯 4 六	庚辰 5 日	辛巳 6 一	壬午 7 二	癸未 8 三	甲申 9 四	乙酉 10 五	丙戌 11 六	丁亥 12 日	戊子 13 一	己丑 14 二		己巳雨水 甲申驚蟄
二月大	辛卯	天干地支 西曆 星期	庚寅 15 三	辛卯 16 四	壬辰 17 五	癸巳 18 六	甲午 19 日	乙未 20 一	丙申 21 二	丁酉 22 三	戊戌 23 四	己亥 24 五	庚子 25 六	辛丑 26 日	壬寅 27 一	癸卯 28 二	甲辰 29 三	乙巳 30 四	丙午 31 五	丁未 (4) 六	戊申 2 日	己酉 3 一	庚戌 4 二	辛亥 5 三	壬子 6 四	癸丑 7 五	甲寅 8 六	乙卯 9 日	丙辰 10 一	丁巳 11 二	戊午 12 三	己未 13 四	己亥春分 甲寅清明
三月小	壬辰	天干地支 西曆 星期	庚申 14 五	辛酉 15 六	壬戌 16 日	癸亥 17 一	甲子 18 二	乙丑 19 三	丙寅 20 四	丁卯 21 五	戊辰 22 六	己巳 23 日	庚午 24 一	辛未 25 二	壬申 26 三	癸酉 27 四	甲戌 28 五	乙亥 29 六	丙子 30 日	丁丑 (5) 一	戊寅 2 二	己卯 3 三	庚辰 4 四	辛巳 5 五	壬午 6 六	癸未 7 日	甲申 8 一	乙酉 9 二	丙戌 10 三	丁亥 11 四	戊子 12 五		庚午穀雨 乙酉立夏
四月大	癸巳	天干地支 西曆 星期	己丑 13 六	庚寅 14 日	辛卯 15 一	壬辰 16 二	癸巳 17 三	甲午 18 四	乙未 19 五	丙申 20 六	丁酉 21 日	戊戌 22 一	己亥 23 二	庚子 24 三	辛丑 25 四	壬寅 26 五	癸卯 27 六	甲辰 28 日	乙巳 29 一	丙午 30 二	丁未 31 三	戊申 (6) 四	己酉 2 五	庚戌 3 六	辛亥 4 日	壬子 5 一	癸丑 6 二	甲寅 7 三	乙卯 8 四	丙辰 9 五	丁巳 10 六	戊午 11 日	庚子小滿 乙卯芒種
五月小	甲午	天干地支 西曆 星期	己未 12 一	庚申 13 二	辛酉 14 三	壬戌 15 四	癸亥 16 五	甲子 17 六	乙丑 18 日	丙寅 19 一	丁卯 20 二	戊辰 21 三	己巳 22 四	庚午 23 五	辛未 24 六	壬申 25 日	癸酉 26 一	甲戌 27 二	乙亥 28 三	丙子 29 四	丁丑 30 五	戊寅 (7) 六	己卯 2 日	庚辰 3 一	辛巳 4 二	壬午 5 三	癸未 6 四	甲申 7 五	乙酉 8 六	丙戌 9 日	丁亥 10 一		庚午夏至 丙戌小暑
六月大	乙未	天干地支 西曆 星期	戊子 11 二	己丑 12 三	庚寅 13 四	辛卯 14 五	壬辰 15 六	癸巳 16 日	甲午 17 一	乙未 18 二	丙申 19 三	丁酉 20 四	戊戌 21 五	己亥 22 六	庚子 23 日	辛丑 24 一	壬寅 25 二	癸卯 26 三	甲辰 27 四	乙巳 28 五	丙午 29 六	丁未 30 日	戊申 31 一	己酉 (8) 二	庚戌 2 三	辛亥 3 四	壬子 4 五	癸丑 5 六	甲寅 6 日	乙卯 7 一	丙辰 8 二	丁巳 9 三	辛丑大暑 丙辰立秋
七月小	丙申	天干地支 西曆 星期	戊午 10 四	己未 11 五	庚申 12 六	辛酉 13 日	壬戌 14 一	癸亥 15 二	甲子 16 三	乙丑 17 四	丙寅 18 五	丁卯 19 六	戊辰 20 日	己巳 21 一	庚午 22 二	辛未 23 三	壬申 24 四	癸酉 25 五	甲戌 26 六	乙亥 27 日	丙子 28 一	丁丑 29 二	戊寅 30 三	己卯 31 四	庚辰 (9) 五	辛巳 2 六	壬午 3 日	癸未 4 一	甲申 5 二	乙酉 6 三	丙戌 7 四		辛未處暑
八月大	丁酉	天干地支 西曆 星期	丁亥 8 五	戊子 9 六	己丑 10 日	庚寅 11 一	辛卯 12 二	壬辰 13 三	癸巳 14 四	甲午 15 五	乙未 16 六	丙申 17 日	丁酉 18 一	戊戌 19 二	己亥 20 三	庚子 21 四	辛丑 22 五	壬寅 23 六	癸卯 24 日	甲辰 25 一	乙巳 26 二	丙午 27 三	丁未 28 四	戊申 29 五	己酉 30 六	庚戌 (10) 日	辛亥 2 一	壬子 3 二	癸丑 4 三	甲寅 5 四	乙卯 6 五	丙辰 7 六	丁亥白露 壬寅秋分
九月小	戊戌	天干地支 西曆 星期	丁巳 8 日	戊午 9 一	己未 10 二	庚申 11 三	辛酉 12 四	壬戌 13 五	癸亥 14 六	甲子 15 日	乙丑 16 一	丙寅 17 二	丁卯 18 三	戊辰 19 四	己巳 20 五	庚午 21 六	辛未 22 日	壬申 23 一	癸酉 24 二	甲戌 25 三	乙亥 26 四	丙子 27 五	丁丑 28 六	戊寅 29 日	己卯 30 一	庚辰 31 二	辛巳 (11) 三	壬午 2 四	癸未 3 五	甲申 4 六	乙酉 5 日		丁巳寒露 壬申霜降
十月大	己亥	天干地支 西曆 星期	丙戌 6 一	丁亥 7 二	戊子 8 三	己丑 9 四	庚寅 10 五	辛卯 11 六	壬辰 12 日	癸巳 13 一	甲午 14 二	乙未 15 三	丙申 16 四	丁酉 17 五	戊戌 18 六	己亥 19 日	庚子 20 一	辛丑 21 二	壬寅 22 三	癸卯 23 四	甲辰 24 五	乙巳 25 六	丙午 26 日	丁未 27 一	戊申 28 二	己酉 29 三	庚戌 30 四	辛亥 (12) 五	壬子 2 六	癸丑 3 日	甲寅 4 一	乙卯 5 二	丁亥立冬 癸卯小雪
十一月大	庚子	天干地支 西曆 星期	丙辰 6 三	丁巳 7 四	戊午 8 五	己未 9 六	庚申 10 日	辛酉 11 一	壬戌 12 二	癸亥 13 三	甲子 14 四	乙丑 15 五	丙寅 16 六	丁卯 17 日	戊辰 18 一	己巳 19 二	庚午 20 三	辛未 21 四	壬申 22 五	癸酉 23 六	甲戌 24 日	乙亥 25 一	丙子 26 二	丁丑 27 三	戊寅 28 四	己卯 29 五	庚辰 30 六	辛巳<оф31 日	壬午 (1) 一	癸未 2 二	甲申 3 三	乙酉 4 四	戊午大雪 癸酉冬至
十二月小	辛丑	天干地支 西曆 星期	丙戌 5 五	丁亥 6 六	戊子 7 日	己丑 8 一	庚寅 9 二	辛卯 10 三	壬辰 11 四	癸巳 12 五	甲午 13 六	乙未 14 日	丙申 15 一	丁酉 16 二	戊戌 17 三	己亥 18 四	庚子 19 五	辛丑 20 六	壬寅 21 日	癸卯 22 一	甲辰 23 二	乙巳 24 三	丙午 25 四	丁未 26 五	戊申 27 六	己酉 28 日	庚戌 29 一	辛亥 30 二	壬子 31 三	癸丑 (2) 四	甲寅 2 五		戊子小寒 甲辰大寒

晉元帝永昌元年 明帝永昌元年（壬午 馬年） 公元 322～323 年

*正月乙卯（初一），改元永昌。閏十一月己丑（初十），元帝死。庚寅（十一日），司馬紹即位，是爲明帝。

晉明帝永昌二年 太寧元年（癸未 羊年） 公元323～324年

夏曆月序	中西曆對照	夏曆日序																													節氣與天象
		初一	初二	初三	初四	初五	初六	初七	初八	初九	初十	十一	十二	十三	十四	十五	十六	十七	十八	十九	二十	廿一	廿二	廿三	廿四	廿五	廿六	廿七	廿八	廿九	三十	
正月大	甲寅 天干地支西曆星期	己卯22五	庚辰23六	辛巳24日	壬午25一	癸未26二	甲申27三	乙酉28四	丙戌(3)五	丁亥2六	戊子3日	己丑4一	庚寅5二	辛卯6三	壬辰7四	癸巳8五	甲午9六	乙未10日	丙申11一	丁酉12二	戊戌13三	己亥14四	庚子15五	辛丑16六	壬寅17日	癸卯18一	甲辰19二	乙巳20三	丙午21四	丁未22五	戊申23六	己卯雨水 甲午驚蟄
二月小	乙卯 天干地支西曆星期	己酉24日	庚戌25一	辛亥26二	壬子27三	癸丑28四	甲寅29五	乙卯30六	丙辰31日	丁巳(4)一	戊午2二	己未3三	庚申4四	辛酉5五	壬戌6六	癸亥7日	甲子8一	乙丑9二	丙寅10三	丁卯11四	戊辰12五	己巳13六	庚午14日	辛未15一	壬申16二	癸酉17三	甲戌18四	乙亥19五	丙子20六	丁丑21日		庚戌春分 乙丑清明
三月大	丙辰 天干地支西曆星期	戊寅22一	己卯23二	庚辰24三	辛巳25四	壬午26五	癸未27六	甲申28日	乙酉29一	丙戌30二	丁亥(5)三	戊子2四	己丑3五	庚寅4六	辛卯5日	壬辰6一	癸巳7二	甲午8三	乙未9四	丙申10五	丁酉11六	戊戌12日	己亥13一	庚子14二	辛丑15三	壬寅16四	癸卯17五	甲辰18六	乙巳19日	丙午20一	丁未21二	庚辰穀雨 乙未立夏
四月小	丁巳 天干地支西曆星期	戊申22三	己酉23四	庚戌24五	辛亥25六	壬子26日	癸丑27一	甲寅28二	乙卯29三	丙辰30四	丁巳31五	戊午(6)六	己未2日	庚申3一	辛酉4二	壬戌5三	癸亥6四	甲子7五	乙丑8六	丙寅9日	丁卯10一	戊辰11二	己巳12三	庚午13四	辛未14五	壬申15六	癸酉16日	甲戌17一	乙亥18二	丙子19三		辛亥小滿 丙寅芒種
五月大	戊午 天干地支西曆星期	丁丑20四	戊寅21五	己卯22六	庚辰23日	辛巳24一	壬午25二	癸未26三	甲申27四	乙酉28五	丙戌29六	丁亥30日	戊子(7)一	己丑2二	庚寅3三	辛卯4四	壬辰5五	癸巳6六	甲午7日	乙未8一	丙申9二	丁酉10三	戊戌11四	己亥12五	庚子13六	辛丑14日	壬寅15一	癸卯16二	甲辰17三	乙巳18四	丙午19五	辛巳夏至 丙申小暑
六月小	己未 天干地支西曆星期	丁未20六	戊申21日	己酉22一	庚戌23二	辛亥24三	壬子25四	癸丑26五	甲寅27六	乙卯28日	丙辰29一	丁巳30二	戊午31三	己未(8)四	庚申2五	辛酉3六	壬戌4日	癸亥5一	甲子6二	乙丑7三	丙寅8四	丁卯9五	戊辰10六	己巳11日	庚午12一	辛未13二	壬申14三	癸酉15四	甲戌16五	乙亥17六		辛亥大暑 丁卯立秋
七月大	庚申 天干地支西曆星期	丙子18日	丁丑19一	戊寅20二	己卯21三	庚辰22四	辛巳23五	壬午24六	癸未25日	甲申26一	乙酉27二	丙戌28三	丁亥29四	戊子30五	己丑31六	庚寅(9)日	辛卯2一	壬辰3二	癸巳4三	甲午5四	乙未6五	丙申7六	丁酉8日	戊戌9一	己亥10二	庚子11三	辛丑12四	壬寅13五	癸卯14六	甲辰15日	乙巳16一	壬午處暑 丁酉白露
八月小	辛酉 天干地支西曆星期	丙午17二	丁未18三	戊申19四	己酉20五	庚戌21六	辛亥22日	壬子23一	癸丑24二	甲寅25三	乙卯26四	丙辰27五	丁巳28六	戊午29日	己未30一	庚申(10)二	辛酉2三	壬戌3四	癸亥4五	甲子5六	乙丑6日	丙寅7一	丁卯8二	戊辰9三	己巳10四	庚午11五	辛未12六	壬申13日	癸酉14一	甲戌15二		壬子秋分 戊辰寒露
九月大	壬戌 天干地支西曆星期	乙亥16三	丙子17四	丁丑18五	戊寅19六	己卯20日	庚辰21一	辛巳22二	壬午23三	癸未24四	甲申25五	乙酉26六	丙戌27日	丁亥28一	戊子29二	己丑30三	庚寅31四	辛卯(11)五	壬辰2六	癸巳3日	甲午4一	乙未5二	丙申6三	丁酉7四	戊戌8五	己亥9六	庚子10日	辛丑11一	壬寅12二	癸卯13三	甲辰14四	癸未霜降 戊戌立冬
十月小	癸亥 天干地支西曆星期	乙巳15五	丙午16六	丁未17日	戊申18一	己酉19二	庚戌20三	辛亥21四	壬子22五	癸丑23六	甲寅24日	乙卯25一	丙辰26二	丁巳27三	戊午28四	己未29五	庚申30六	辛酉(12)日	壬戌2一	癸亥3二	甲子4三	乙丑5四	丙寅6五	丁卯7六	戊辰8日	己巳9一	庚午10二	辛未11三	壬申12四	癸酉13五		癸丑小雪 戊辰大雪
十一月大	甲子 天干地支西曆星期	甲戌14六	乙亥15日	丙子16一	丁丑17二	戊寅18三	己卯19四	庚辰20五	辛巳21六	壬午22日	癸未23一	甲申24二	乙酉25三	丙戌26四	丁亥27五	戊子28六	己丑29日	庚寅30一	辛卯31二	壬辰(1)三	癸巳2四	甲午3五	乙未4六	丙申5日	丁酉6一	戊戌7二	己亥8三	庚子9四	辛丑10五	壬寅11六	癸卯12日	甲申冬至 己亥小寒
十二月小	乙丑 天干地支西曆星期	甲辰13一	乙巳14二	丙午15三	丁未16四	戊申17五	己酉18六	庚戌19日	辛亥20一	壬子21二	癸丑22三	甲寅23四	乙卯24五	丙辰25六	丁巳26日	戊午27一	己未28二	庚申29三	辛酉30四	壬戌31五	癸亥(2)六	甲子2日	乙丑3一	丙寅4二	丁卯5三	戊辰6四	己巳7五	庚午8六	辛未9日	壬申10一		甲寅大寒 己巳立春

＊三月戊寅（初一），改元太寧。

晉明帝太寧二年（甲申 猴年） 公元 324 ~ 325 年

夏曆月序	中西曆對照	夏曆日序																													節氣與天象
		初一	初二	初三	初四	初五	初六	初七	初八	初九	初十	十一	十二	十三	十四	十五	十六	十七	十八	十九	二十	二一	二二	二三	二四	二五	二六	二七	二八	二九	三十	
正月大	丙寅 天干地支西曆星期	癸酉 11 二	甲戌 12 三	乙亥 13 四	丙子 14 五	丁丑 15 六	戊寅 16 日	己卯 17 一	庚辰 18 二	辛巳 19 三	壬午 20 四	癸未 21 五	甲申 22 六	乙酉 23 日	丙戌 24 一	丁亥 25 二	戊子 26 三	己丑 27 四	庚寅 28 五	辛卯 29 六	壬辰(3) 一	癸巳 2 二	甲午 3 三	乙未 4 四	丙申 5 五	丁酉 6 六	戊戌 7 日	己亥 8 一	庚子 9 二	辛丑 10 三	壬寅 11 四	甲申雨水 庚子驚蟄
二月小	丁卯 天干地支西曆星期	癸卯 12 五	甲辰 13 六	乙巳 14 日	丙午 15 一	丁未 16 二	戊申 17 三	己酉 18 四	庚戌 19 五	辛亥 20 六	壬子 21 日	癸丑 22 一	甲寅 23 二	乙卯 24 三	丙辰 25 四	丁巳 26 五	戊午 27 六	己未 28 日	庚申 29 一	辛酉 30 二	壬戌 31 三	癸亥(4) 四	甲子 2 五	乙丑 3 六	丙寅 4 日	丁卯 5 一	戊辰 6 二	己巳 7 三	庚午 8 四	辛未 9 五		乙卯春分 庚午清明
三月大	戊辰 天干地支西曆星期	壬申 10 六	癸酉 11 日	甲戌 12 一	乙亥 13 二	丙子 14 三	丁丑 15 四	戊寅 16 五	己卯 17 六	庚辰 18 日	辛巳 19 一	壬午 20 二	癸未 21 三	甲申 22 四	乙酉 23 五	丙戌 24 六	丁亥 25 日	戊子 26 一	己丑 27 二	庚寅 28 三	辛卯 29 四	壬辰 30 五	癸巳(5) 六	甲午 2 日	乙未 3 一	丙申 4 二	丁酉 5 三	戊戌 6 四	己亥 7 五	庚子 8 六	辛丑 9 日	乙酉穀雨 辛丑立夏
四月小	己巳 天干地支西曆星期	壬寅 10 一	癸卯 11 二	甲辰 12 三	乙巳 13 四	丙午 14 五	丁未 15 六	戊申 16 日	己酉 17 一	庚戌 18 二	辛亥 19 三	壬子 20 四	癸丑 21 五	甲寅 22 六	乙卯 23 日	丙辰 24 一	丁巳 25 二	戊午 26 三	己未 27 四	庚申 28 五	辛酉 29 六	壬戌 30 日	癸亥 31(6) 一	甲子 2 二	乙丑 3 三	丙寅 4 四	丁卯 5 五	戊辰 6 六	己巳 7 日	庚午 8 一		丙辰小滿
五月大	庚午 天干地支西曆星期	辛未 8 二	壬申 9 三	癸酉 10 四	甲戌 11 五	乙亥 12 六	丙子 13 日	丁丑 14 一	戊寅 15 二	己卯 16 三	庚辰 17 四	辛巳 18 五	壬午 19 六	癸未 20 日	甲申 21 一	乙酉 22 二	丙戌 23 三	丁亥 24 四	戊子 25 五	己丑 26 六	庚寅 27 日	辛卯 28 一	壬辰 29 二	癸巳 30(7) 三	甲午 2 四	乙未 3 五	丙申 4 六	丁酉 5 日	戊戌 6 一	己亥 7 二	庚子 7 三	辛未芒種 丙戌夏至
六月大	辛未 天干地支西曆星期	辛丑 8 三	壬寅 9 四	癸卯 10 五	甲辰 11 六	乙巳 12 日	丙午 13 一	丁未 14 二	戊申 15 三	己酉 16 四	庚戌 17 五	辛亥 18 六	壬子 19 日	癸丑 20 一	甲寅 21 二	乙卯 22 三	丙辰 23 四	丁巳 24 五	戊午 25 六	己未 26 日	庚申 27 一	辛酉 28 二	壬戌 29 三	癸亥 30 四	甲子 31(8) 五	乙丑 2 六	丙寅 3 日	丁卯 4 一	戊辰 5 二	己巳 6 三	庚午 6 日	辛丑小暑 丁巳大暑
七月小	壬申 天干地支西曆星期	辛未 7 四	壬申 8 六	癸酉 9 日	甲戌 10 一	乙亥 11 二	丙子 12 三	丁丑 13 四	戊寅 14 五	己卯 15 六	庚辰 16 日	辛巳 17 一	壬午 18 二	癸未 19 四	甲申 20 五	乙酉 21 六	丙戌 22 日	丁亥 23 一	戊子 24 二	己丑 25 三	庚寅 26 四	辛卯 27 五	壬辰 28 六	癸巳 29 日	甲午 30 一	乙未 31(9) 二	丙申 2 三	丁酉 3 四	戊戌 4 五	己亥 4 五		壬申立秋 丁亥處暑
八月大	癸酉 天干地支西曆星期	庚子 5 六	辛丑 6 日	壬寅 7 一	癸卯 8 二	甲辰 9 三	乙巳 10 四	丙午 11 五	丁未 12 六	戊申 13 日	己酉 14 一	庚戌 15 二	辛亥 16 三	壬子 17 四	癸丑 18 五	甲寅 19 六	乙卯 20 日	丙辰 21 一	丁巳 22 二	戊午 23 三	己未 24 四	庚申 25 五	辛酉 26 六	壬戌 27 日	癸亥 28 一	甲子 29 二	乙丑 30(10) 三	丙寅 2 四	丁卯 3 五	戊辰 4 日		壬寅白露 戊午秋分
九月小	甲戌 天干地支西曆星期	庚午 5 一	辛未 6 二	壬申 7 三	癸酉 8 四	甲戌 9 五	乙亥 10 六	丙子 11 日	丁丑 12 一	戊寅 13 二	己卯 14 三	庚辰 15 四	辛巳 16 五	壬午 17 六	癸未 18 日	甲申 19 一	乙酉 20 二	丙戌 21 三	丁亥 22 四	戊子 23 五	己丑 24 六	庚寅 25 日	辛卯 26 一	壬辰 27 二	癸巳 28 三	甲午 29 四	乙未 30 五	丙申 31(11) 六	丁酉 2 日	戊戌 3 一		癸酉寒露 戊子霜降
十月大	乙亥 天干地支西曆星期	己亥 3 二	庚子 4 三	辛丑 5 四	壬寅 6 五	癸卯 7 六	甲辰 8 日	乙巳 9 一	丙午 10 二	丁未 11 三	戊申 12 四	己酉 13 五	庚戌 14 六	辛亥 15 日	壬子 16 一	癸丑 17 二	甲寅 18 三	乙卯 19 四	丙辰 20 五	丁巳 21 六	戊午 22 日	己未 23 一	庚申 24 二	辛酉 25 三	壬戌 26 四	癸亥 27 五	甲子 28 六	乙丑 29 日	丙寅 30 一	丁卯 31(12) 二	戊辰 2 三	癸卯立冬 戊午小雪
十一月小	丙子 天干地支西曆星期	己巳 3 四	庚午 4 五	辛未 5 六	壬申 6 日	癸酉 7 一	甲戌 8 二	乙亥 9 三	丙子 10 四	丁丑 11 五	戊寅 12 六	己卯 13 日	庚辰 14 一	辛巳 15 二	壬午 16 三	癸未 17 四	甲申 18 五	乙酉 19 六	丙戌 20 日	丁亥 21 一	戊子 22 二	己丑 23 三	庚寅 24 四	辛卯 25 五	壬辰 26 六	癸巳 27 日	甲午 28 一	乙未 29 二	丙申 30 三	丁酉 31 四		甲戌大雪 己丑冬至
十二月大	丁丑 天干地支西曆星期	戊戌(1) 五	己亥 2 六	庚子 3 日	辛丑 4 一	壬寅 5 二	癸卯 6 三	甲辰 7 四	乙巳 8 五	丙午 9 六	丁未 10 日	戊申 11 一	己酉 12 二	庚戌 13 三	辛亥 14 四	壬子 15 五	癸丑 16 六	甲寅 17 日	乙卯 18 一	丙辰 19 二	丁巳 20 三	戊午 21 四	己未 22 五	庚申 23 六	辛酉 24 日	壬戌 25 一	癸亥 26 二	甲子 27 三	乙丑 28 四	丙寅 29 五	丁卯 30 六	甲辰小寒 己未大寒

晉明帝太寧三年 成帝太寧三年（乙酉 雞年） 公元 325～326 年

夏曆月序	中西曆日對照	夏曆日序 初一	初二	初三	初四	初五	初六	初七	初八	初九	初十	十一	十二	十三	十四	十五	十六	十七	十八	十九	二十	二一	二二	二三	二四	二五	二六	二七	二八	二九	三十	節氣與天象
正月小	戊寅	天干地支／西曆／星期 戊辰31日一	己巳(2)二	庚午3三	辛未4四	壬申5五	癸酉6六	甲戌7日	乙亥8一	丙子9二	丁丑10三	戊寅11四	己卯12五	庚辰13六	辛巳14日	壬午15一	癸未16二	甲申17三	乙酉18四	丙戌19五	丁亥20六	戊子21日	己丑22一	庚寅23二	辛卯24三	壬辰25四	癸巳26五	甲午27六	乙未28日	丙申29一		乙亥立春 庚寅雨水
二月大	己卯	丁酉(3)一	戊戌2二	己亥3三	庚子4四	辛丑5五	壬寅6六	癸卯7日	甲辰8一	乙巳9二	丙午10三	丁未11四	戊申12五	己酉13六	庚戌14日	辛亥15一	壬子16二	癸丑17三	甲寅18四	乙卯19五	丙辰20六	丁巳21日	戊午22一	己未23二	庚申24三	辛酉25四	壬戌26五	癸亥27六	甲子28日	乙丑29一	丙寅30二	乙巳驚蟄 庚申春分
三月小	庚辰	丁卯31三	戊辰(4)四	己巳2五	庚午3六	辛未4日	壬申5一	癸酉6二	甲戌7三	乙亥8四	丙子9五	丁丑10六	戊寅11日	己卯12一	庚辰13二	辛巳14三	壬午15四	癸未16五	甲申17六	乙酉18日	丙戌19一	丁亥20二	戊子21三	己丑22四	庚寅23五	辛卯24六	壬辰25日	癸巳26一	甲午27二	乙未28三		乙亥清明 辛卯穀雨
四月大	辛巳	丙申29四	丁酉30五	戊戌(5)六	己亥2日	庚子3一	辛丑4二	壬寅5三	癸卯6四	甲辰7五	乙巳8六	丙午9日	丁未10一	戊申11二	己酉12三	庚戌13四	辛亥14五	壬子15六	癸丑16日	甲寅17一	乙卯18二	丙辰19三	丁巳20四	戊午21五	己未22六	庚申23日	辛酉24一	壬戌25二	癸亥26三	甲子27四	乙丑28五	丙午立夏 辛酉小滿
五月小	壬午	丙寅29六	丁卯30日	戊辰31一	己巳(6)二	庚午2三	辛未3四	壬申4五	癸酉5六	甲戌6日	乙亥7一	丙子8二	丁丑9三	戊寅10四	己卯11五	庚辰12六	辛巳13日	壬午14一	癸未15二	甲申16三	乙酉17四	丙戌18五	丁亥19六	戊子20日	己丑21一	庚寅22二	辛卯23三	壬辰24四	癸巳25五	甲午26六		丙子芒種 辛卯夏至
六月大	癸未	乙未27日	丙申28一	丁酉29二	戊戌30三	己亥(7)四	庚子2五	辛丑3六	壬寅4日	癸卯5一	甲辰6二	乙巳7三	丙午8四	丁未9五	戊申10六	己酉11日	庚戌12一	辛亥13二	壬子14三	癸丑15四	甲寅16五	乙卯17六	丙辰18日	丁巳19一	戊午20二	己未21三	庚申22四	辛酉23五	壬戌24六	癸亥25日	甲子26一	丁丑小暑 壬戌大暑
七月小	甲申	乙丑27二	丙寅28三	丁卯29四	戊辰30五	己巳31六	庚午(8)日	辛未2一	壬申3二	癸酉4三	甲戌5四	乙亥6五	丙子7六	丁丑8日	戊寅9一	己卯10二	庚辰11三	辛巳12四	壬午13五	癸未14六	甲申15日	乙酉16一	丙戌17二	丁亥18三	戊子19四	己丑20五	庚寅21六	辛卯22日	壬辰23一	癸巳24二		丁丑立秋 壬辰處暑
八月大	乙酉	甲午25三	乙未26四	丙申27五	丁酉28六	戊戌29日	己亥30一	庚子31二	辛丑(9)三	壬寅2四	癸卯3五	甲辰4六	乙巳5日	丙午6一	丁未7二	戊申8三	己酉9四	庚戌10五	辛亥11六	壬子12日	癸丑13一	甲寅14二	乙卯15三	丙辰16四	丁巳17五	戊午18六	己未19日	庚申20一	辛酉21二	壬戌22三	癸亥23四	戊申白露 癸亥秋分
閏八月小	甲子24五	乙丑25六	丙寅26日	丁卯27一	戊辰28二	己巳29三	庚午30四	辛未(10)五	壬申2六	癸酉3日	甲戌4一	乙亥5二	丙子6三	丁丑7四	戊寅8五	己卯9六	庚辰10日	辛巳11一	壬午12二	癸未13三	甲申14四	乙酉15五	丙戌16六	丁亥17日	戊子18一	己丑19二	庚寅20三	辛卯21四	壬辰22五			戊寅寒露
九月大	丙戌	癸巳23六	甲午24日	乙未25一	丙申26二	丁酉27三	戊戌28四	己亥29五	庚子30六	辛丑31日	壬寅(11)一	癸卯2二	甲辰3三	乙巳4四	丙午5五	丁未6六	戊申7日	己酉8一	庚戌9二	辛亥10三	壬子11四	癸丑12五	甲寅13六	乙卯14日	丙辰15一	丁巳16二	戊午17三	己未18四	庚申19五	辛酉20六	壬戌21日	癸巳霜降 戊申立冬
十月大	丁亥	癸亥22一	甲子23二	乙丑24三	丙寅25四	丁卯26五	戊辰27六	己巳28日	庚午29一	辛未30二	壬申(12)三	癸酉2四	甲戌3五	乙亥4六	丙子5日	丁丑6一	戊寅7二	己卯8三	庚辰9四	辛巳10五	壬午11六	癸未12日	甲申13一	乙酉14二	丙戌15三	丁亥16四	戊子17五	己丑18六	庚寅19日	辛卯20一	壬辰21二	甲子小雪 己卯大雪
十一月小	戊子	癸巳22三	甲午23四	乙未24五	丙申25六	丁酉26日	戊戌27一	己亥28二	庚子29三	辛丑30四	壬寅31五	癸卯(1)六	甲辰2日	乙巳3一	丙午4二	丁未5三	戊申6四	己酉7五	庚戌8六	辛亥9日	壬子10一	癸丑11二	甲寅12三	乙卯13四	丙辰14五	丁巳15六	戊午16日	己未17一	庚申18二	辛酉19三		甲午冬至 己酉小寒 癸巳日食
十二月大	己丑	壬戌20四	癸亥21五	甲子22六	乙丑23日	丙寅24一	丁卯25二	戊辰26三	己巳27四	庚午28五	辛未29六	壬申30日	癸酉31一	甲戌(2)二	乙亥2三	丙子3四	丁丑4五	戊寅5六	己卯6日	庚辰7一	辛巳8二	壬午9三	癸未10四	甲申11五	乙酉12六	丙戌13日	丁亥14一	戊子15二	己丑16三	庚寅17四	辛卯18五	丁丑大寒 庚辰立春

*閏月戊子（二十五日），明帝死。己丑（二十六日），司馬衍即位，是為成帝。

晉成帝太寧四年 咸和元年（丙戌 狗年） 公元 326～327 年

夏曆月序	中西曆日對照	夏曆日序																													節氣與天象
		初一	初二	初三	初四	初五	初六	初七	初八	初九	初十	十一	十二	十三	十四	十五	十六	十七	十八	十九	二十	二一	二二	二三	二四	二五	二六	二七	二八	二九	三十	
正月小	庚寅 天干地支西曆星期	壬辰 19 六	癸巳 20日 日	甲午 21 一	乙未 22 二	丙申 23 三	丁酉 24 四	戊戌 25 五	己亥 26 六	庚子 27 日	辛丑 28 一	壬寅 (3) 二	癸卯 2 三	甲辰 3 四	乙巳 4 五	丙午 5 六	丁未 6 日	戊申 7 一	己酉 8 二	庚戌 9 三	辛亥 10 四	壬子 11 五	癸丑 12 六	甲寅 13 日	乙卯 14 一	丙辰 15 二	丁巳 16 三	戊午 17 四	己未 18 五	庚申 19 六		乙未雨水 庚戌驚蟄
二月大	辛卯 天干地支西曆星期	辛酉 20日 日	壬戌 21 一	癸亥 22 二	甲子 23 三	乙丑 24 四	丙寅 25 五	丁卯 26 六	戊辰 27 日	己巳 28 一	庚午 29 二	辛未 30 三	壬申 31 四	癸酉 (4) 五	甲戌 2 六	乙亥 3 日	丙子 4 一	丁丑 5 二	戊寅 6 三	己卯 7 四	庚辰 8 五	辛巳 9 六	壬午 10 日	癸未 11 一	甲申 12 二	乙酉 13 三	丙戌 14 四	丁亥 15 五	戊子 16 六	己丑 17 日	庚寅 18 一	乙丑春分 辛巳清明
三月小	壬辰 天干地支西曆星期	辛卯 19 二	壬辰 20 三	癸巳 21 四	甲午 22 五	乙未 23 六	丙申 24 日	丁酉 25 一	戊戌 26 二	己亥 27 三	庚子 28 四	辛丑 29 五	壬寅 30 六	癸卯 (5) 日	甲辰 2 一	乙巳 3 二	丙午 4 三	丁未 5 四	戊申 6 五	己酉 7 六	庚戌 8 日	辛亥 9 一	壬子 10 二	癸丑 11 三	甲寅 12 四	乙卯 13 五	丙辰 14 六	丁巳 15 日	戊午 16 一	己未 17 二		丙申穀雨 辛亥立夏
四月大	癸巳 天干地支西曆星期	庚申 18 三	辛酉 19 四	壬戌 20 五	癸亥 21 六	甲子 22 日	乙丑 23 一	丙寅 24 二	丁卯 25 三	戊辰 26 四	己巳 27 五	庚午 28 六	辛未 29 日	壬申 30 一	癸酉 31 二	甲戌 (6) 三	乙亥 2 四	丙子 3 五	丁丑 4 六	戊寅 5 日	己卯 6 一	庚辰 7 二	辛巳 8 三	壬午 9 四	癸未 10 五	甲申 11 六	乙酉 12 日	丙戌 13 一	丁亥 14 二	戊子 15 三	己丑 16 四	丙寅小滿 壬午芒種
五月小	甲午 天干地支西曆星期	庚寅 17 五	辛卯 18 六	壬辰 19 日	癸巳 20 一	甲午 21 二	乙未 22 三	丙申 23 四	丁酉 24 五	戊戌 25 六	己亥 26 日	庚子 27 一	辛丑 28 二	壬寅 29 三	癸卯 30 四	甲辰 (7) 五	乙巳 2 六	丙午 3 日	丁未 4 一	戊申 5 二	己酉 6 三	庚戌 7 四	辛亥 8 五	壬子 9 六	癸丑 10 日	甲寅 11 一	乙卯 12 二	丙辰 13 三	丁巳 14 四	戊午 15 五		丁酉夏至 壬子小暑
六月大	乙未 天干地支西曆星期	己未 16 六	庚申 17 日	辛酉 18 一	壬戌 19 二	癸亥 20 三	甲子 21 四	乙丑 22 五	丙寅 23 六	丁卯 24 日	戊辰 25 一	己巳 26 二	庚午 27 三	辛未 28 四	壬申 29 五	癸酉 30 六	甲戌 31 日	乙亥 (8) 一	丙子 2 二	丁丑 3 三	戊寅 4 四	己卯 5 五	庚辰 6 六	辛巳 7 日	壬午 8 一	癸未 9 二	甲申 10 三	乙酉 11 四	丙戌 12 五	丁亥 13 六	戊子 14 日	丁卯大暑 壬午立秋
七月小	丙申 天干地支西曆星期	己丑 15 一	庚寅 16 二	辛卯 17 三	壬辰 18 四	癸巳 19 五	甲午 20 六	乙未 21 日	丙申 22 一	丁酉 23 二	戊戌 24 三	己亥 25 四	庚子 26 五	辛丑 27 六	壬寅 28 日	癸卯 29 一	甲辰 30 二	乙巳 31 三	丙午 (9) 四	丁未 2 五	戊申 3 六	己酉 4 日	庚戌 5 一	辛亥 6 二	壬子 7 三	癸丑 8 四	甲寅 9 五	乙卯 10 六	丙辰 11 日	丁巳 12 一		戊戌處暑 癸丑白露
八月大	丁酉 天干地支西曆星期	戊午 13 二	己未 14 三	庚申 15 四	辛酉 16 五	壬戌 17 六	癸亥 18 日	甲子 19 一	乙丑 20 二	丙寅 21 三	丁卯 22 四	戊辰 23 五	己巳 24 六	庚午 25 日	辛未 26 一	壬申 27 二	癸酉 28 三	甲戌 29 四	乙亥 30 五	丙子 (10) 六	丁丑 2 日	戊寅 3 一	己卯 4 二	庚辰 5 三	辛巳 6 四	壬午 7 五	癸未 8 六	甲申 9 日	乙酉 10 一	丙戌 11 二	丁亥 12 三	戊辰秋分 癸未寒露
九月小	戊戌 天干地支西曆星期	戊子 13 四	己丑 14 五	庚寅 15 六	辛卯 16 日	壬辰 17 一	癸巳 18 二	甲午 19 三	乙未 20 四	丙申 21 五	丁酉 22 六	戊戌 23 日	己亥 24 一	庚子 25 二	辛丑 26 三	壬寅 27 四	癸卯 28 五	甲辰 29 六	乙巳 30 日	丙午 31 一	丁未 (11) 二	戊申 2 三	己酉 3 四	庚戌 4 五	辛亥 5 六	壬子 6 日	癸丑 7 一	甲寅 8 二	乙卯 9 三	丙辰 10 四		戊戌霜降 甲寅立冬
十月大	己亥 天干地支西曆星期	丁巳 11 五	戊午 12 六	己未 13 日	庚申 14 一	辛酉 15 二	壬戌 16 三	癸亥 17 四	甲子 18 五	乙丑 19 六	丙寅 20 日	丁卯 21 一	戊辰 22 二	己巳 23 三	庚午 24 四	辛未 25 五	壬申 26 六	癸酉 27 日	甲戌 28 一	乙亥 29 二	丙子 30 三	丁丑 (12) 四	戊寅 2 五	己卯 3 六	庚辰 4 日	辛巳 5 一	壬午 6 二	癸未 7 三	甲申 8 四	乙酉 9 五	丙戌 10 六	己巳小雪 甲申大雪
十一月小	庚子 天干地支西曆星期	丁亥 11 日	戊子 12 一	己丑 13 二	庚寅 14 三	辛卯 15 四	壬辰 16 五	癸巳 17 六	甲午 18 日	乙未 19 一	丙申 20 二	丁酉 21 三	戊戌 22 四	己亥 23 五	庚子 24 六	辛丑 25 日	壬寅 26 一	癸卯 27 二	甲辰 28 三	乙巳 29 四	丙午 30 五	丁未 31 六	戊申 (1) 日	己酉 2 一	庚戌 3 二	辛亥 4 三	壬子 5 四	癸丑 6 五	甲寅 7 六	乙卯 8 日		己亥冬至 乙卯小寒 丁亥日食
十二月大	辛丑 天干地支西曆星期	丙辰 9 一	丁巳 10 二	戊午 11 三	己未 12 四	庚申 13 五	辛酉 14 六	壬戌 15 日	癸亥 16 一	甲子 17 二	乙丑 18 三	丙寅 19 四	丁卯 20 五	戊辰 21 六	己巳 22 日	庚午 23 一	辛未 24 二	壬申 25 三	癸酉 26 四	甲戌 27 五	乙亥 28 六	丙子 29 日	丁丑 30 一	戊寅 31 二	己卯 (2) 三	庚辰 2 四	辛巳 3 五	壬午 4 六	癸未 5 日	甲申 6 一	乙酉 7 二	庚午大寒 乙酉立春

＊二月丁亥（二十七日），改元咸和。

晉成帝咸和二年（丁亥 豬年） 公元 327 ~ 328 年

夏曆月序	中西曆對照	夏曆日序																														節氣與天象
		初一	初二	初三	初四	初五	初六	初七	初八	初九	初十	十一	十二	十三	十四	十五	十六	十七	十八	十九	二十	二一	二二	二三	二四	二五	二六	二七	二八	二九	三十	
正月大	壬寅 天干地支 西曆 星期	丙戌 8 三	丁亥 9 四	戊子 10 五	己丑 11 六	庚寅 12 日	辛卯 13 一	壬辰 14 二	癸巳 15 三	甲午 16 四	乙未 17 五	丙申 18 六	丁酉 19 日	戊戌 20 一	己亥 21 二	庚子 22 三	辛丑 23 四	壬寅 24 五	癸卯 25 六	甲辰 26 日	乙巳 27 一	丙午 28 二	丁未(3) 三	戊申 2 四	己酉 3 五	庚戌 4 六	辛亥 5 日	壬子 6 一	癸丑 7 二	甲寅 8 三	乙卯 9 四	庚子雨水 乙卯驚蟄
二月小	癸卯 天干地支 西曆 星期	丙辰 10 五	丁巳 11 六	戊午 12 日	己未 13 一	庚申 14 二	辛酉 15 三	壬戌 16 四	癸亥 17 五	甲子 18 六	乙丑 19 日	丙寅 20 一	丁卯 21 二	戊辰 22 三	己巳 23 四	庚午 24 五	辛未 25 六	壬申 26 日	癸酉 27 一	甲戌 28 二	乙亥 29 三	丙子 30 四	丁丑 31 五	戊寅(4) 六	己卯 2 日	庚辰 3 一	辛巳 4 二	壬午 5 三	癸未 6 四	甲申 7 五		辛未春分
三月大	甲辰 天干地支 西曆 星期	乙酉 8 六	丙戌 9 日	丁亥 10 一	戊子 11 二	己丑 12 三	庚寅 13 四	辛卯 14 五	壬辰 15 六	癸巳 16 日	甲午 17 一	乙未 18 二	丙申 19 三	丁酉 20 四	戊戌 21 五	己亥 22 六	庚子 23 日	辛丑 24 一	壬寅 25 二	癸卯 26 三	甲辰 27 四	乙巳 28 五	丙午 29 六	丁未 30 日	戊申(5) 一	己酉 2 二	庚戌 3 三	辛亥 4 四	壬子 5 五	癸丑 6 六	甲寅 7 日	丙戌清明 辛卯穀雨
四月小	乙巳 天干地支 西曆 星期	乙卯 8 一	丙辰 9 二	丁巳 10 三	戊午 11 四	己未 12 五	庚申 13 六	辛酉 14 日	壬戌 15 一	癸亥 16 二	甲子 17 三	乙丑 18 四	丙寅 19 五	丁卯 20 六	戊辰 21 日	己巳 22 一	庚午 23 二	辛未 24 三	壬申 25 四	癸酉 26 五	甲戌 27 六	乙亥 28 日	丙子 29 一	丁丑 30 二	戊寅 31 三	己卯(6) 四	庚辰 2 五	辛巳 3 六	壬午 4 日	癸未 5 一		丙辰立夏 壬申小滿
五月大	丙午 天干地支 西曆 星期	甲申 6 二	乙酉 7 三	丙戌 8 四	丁亥 9 五	戊子 10 六	己丑 11 日	庚寅 12 一	辛卯 13 二	壬辰 14 三	癸巳 15 四	甲午 16 五	乙未 17 六	丙申 18 日	丁酉 19 一	戊戌 20 二	己亥 21 三	庚子 22 四	辛丑 23 五	壬寅 24 六	癸卯 25 日	甲辰 26 一	乙巳 27 二	丙午 28 三	丁未 29 四	戊申 30 五	己酉(7) 六	庚戌 2 日	辛亥 3 一	壬子 4 二	癸丑 5 三	丁亥芒種 壬申夏至 日食
六月小	丁未 天干地支 西曆 星期	甲寅 6 四	乙卯 7 五	丙辰 8 六	丁巳 9 日	戊午 10 一	己未 11 二	庚申 12 三	辛酉 13 四	壬戌 14 五	癸亥 15 六	甲子 16 日	乙丑 17 一	丙寅 18 二	丁卯 19 三	戊辰 20 四	己巳 21 五	庚午 22 六	辛未 23 日	壬申 24 一	癸酉 25 二	甲戌 26 三	乙亥 27 四	丙子 28 五	丁丑 29 六	戊寅 30 日	己卯 31 一	庚辰(8) 二	辛巳 2 三	壬午 3 四		丁巳小暑 壬申大暑
七月大	戊申 天干地支 西曆 星期	癸未 4 五	甲申 5 六	乙酉 6 日	丙戌 7 一	丁亥 8 二	戊子 9 三	己丑 10 四	庚寅 11 五	辛卯 12 六	壬辰 13 日	癸巳 14 一	甲午 15 二	乙未 16 三	丙申 17 四	丁酉 18 五	戊戌 19 六	己亥 20 日	庚子 21 一	辛丑 22 二	壬寅 23 三	癸卯 24 四	甲辰 25 五	乙巳 26 六	丙午 27 日	丁未 28 一	戊申 29 二	己酉 30 三	庚戌 31 四	辛亥(9) 五	壬子 2 六	戊子立秋 癸卯處暑
八月小	己酉 天干地支 西曆 星期	癸丑 3 日	甲寅 4 一	乙卯 5 二	丙辰 6 三	丁巳 7 四	戊午 8 五	己未 9 六	庚申 10 日	辛酉 11 一	壬戌 12 二	癸亥 13 三	甲子 14 四	乙丑 15 五	丙寅 16 六	丁卯 17 日	戊辰 18 一	己巳 19 二	庚午 20 三	辛未 21 四	壬申 22 五	癸酉 23 六	甲戌 24 日	乙亥 25 一	丙子 26 二	丁丑 27 三	戊寅 28 四	己卯 29 五	庚辰 30 六	辛巳(10) 日		戊午白露 癸酉秋分
九月大	庚戌 天干地支 西曆 星期	壬午 2 一	癸未 3 二	甲申 4 三	乙酉 5 四	丙戌 6 五	丁亥 7 六	戊子 8 日	己丑 9 一	庚寅 10 二	辛卯 11 三	壬辰 12 四	癸巳 13 五	甲午 14 六	乙未 15 日	丙申 16 一	丁酉 17 二	戊戌 18 三	己亥 19 四	庚子 20 五	辛丑 21 六	壬寅 22 日	癸卯 23 一	甲辰 24 二	乙巳 25 三	丙午 26 四	丁未 27 五	戊申 28 六	己酉 29 日	庚戌 30 一	辛亥 31 二	己丑寒露 甲辰霜降
十月小	辛亥 天干地支 西曆 星期	壬子(11) 三	癸丑 2 四	甲寅 3 五	乙卯 4 六	丙辰 5 日	丁巳 6 一	戊午 7 二	己未 8 三	庚申 9 四	辛酉 10 五	壬戌 11 六	癸亥 12 日	甲子 13 一	乙丑 14 二	丙寅 15 三	丁卯 16 四	戊辰 17 五	己巳 18 六	庚午 19 日	辛未 20 一	壬申 21 二	癸酉 22 三	甲戌 23 四	乙亥 24 五	丙子 25 六	丁丑 26 日	戊寅 27 一	己卯 28 二	庚辰 29 三		己未立冬 甲戌小雪
十一月大	壬子 天干地支 西曆 星期	辛巳 30 四	壬午(12) 五	癸未 2 六	甲申 3 日	乙酉 4 一	丙戌 5 二	丁亥 6 三	戊子 7 四	己丑 8 五	庚寅 9 六	辛卯 10 日	壬辰 11 一	癸巳 12 二	甲午 13 三	乙未 14 四	丙申 15 五	丁酉 16 六	戊戌 17 日	己亥 18 一	庚子 19 二	辛丑 20 三	壬寅 21 四	癸卯 22 五	甲辰 23 六	乙巳 24 日	丙午 25 一	丁未 26 二	戊申 27 三	己酉 28 四	庚戌 29 五	己丑大雪 己巳冬至
十二月小	癸丑 天干地支 西曆 星期	辛亥 30 六	壬子 31 日	癸丑(1) 一	甲寅 2 二	乙卯 3 三	丙辰 4 四	丁巳 5 五	戊午 6 六	己未 7 日	庚申 8 一	辛酉 9 二	壬戌 10 三	癸亥 11 四	甲子 12 五	乙丑 13 六	丙寅 14 日	丁卯 15 一	戊辰 16 二	己巳 17 三	庚午 18 四	辛未 19 五	壬申 20 六	癸酉 21 日	甲戌 22 一	乙亥 23 二	丙子 24 三	丁丑 25 四	戊寅 26 五	己卯 27 六		庚申小寒 乙亥大寒

晉成帝咸和三年（戊子 鼠年） 公元 328～329 年

夏曆月序	中西曆對照	夏曆日序 初一	初二	初三	初四	初五	初六	初七	初八	初九	初十	十一	十二	十三	十四	十五	十六	十七	十八	十九	二十	二一	二二	二三	二四	二五	二六	二七	二八	二九	三十	節氣與天象
正月大	甲寅 天干地支／西曆日／星期	庚辰 28日 一	辛巳 29 二	壬午 30 三	癸未 31 四	甲申 (2) 五	乙酉 2日 六	丙戌 3 日	丁亥 4 一	戊子 5 二	己丑 6 三	庚寅 7 四	辛卯 8 五	壬辰 9 六	癸巳 10 日	甲午 11 一	乙未 12 二	丙申 13 三	丁酉 14 四	戊戌 15 五	己亥 16 六	庚子 17 日	辛丑 18 一	壬寅 19 二	癸卯 20 三	甲辰 21 四	乙巳 22 五	丙午 23 六	丁未 24 日	戊申 25 一	己酉 26 二	庚寅立春 乙巳雨水
二月小	乙卯 天干地支／西曆日／星期	庚戌 27 二	辛亥 28 三	壬子 29 四	癸丑 (3) 五	甲寅 2日 六	乙卯 3 日	丙辰 4 一	丁巳 5 二	戊午 6 三	己未 7 四	庚申 8 五	辛酉 9 六	壬戌 10 日	癸亥 11 一	甲子 12 二	乙丑 13 三	丙寅 14 四	丁卯 15 五	戊辰 16 六	己巳 17 日	庚午 18 一	辛未 19 二	壬申 20 三	癸酉 21 四	甲戌 22 五	乙亥 23 六	丙子 24 日	丁丑 25 一	戊寅 26 二		辛酉驚蟄 丙子春分
三月大	丙辰 天干地支／西曆日／星期	己卯 27 三	庚辰 28 四	辛巳 29 五	壬午 30 六	癸未 31 日	甲申 (4) 一	乙酉 2 二	丙戌 3 三	丁亥 4 四	戊子 5 五	己丑 6 六	庚寅 7 日	辛卯 8 一	壬辰 9 二	癸巳 10 三	甲午 11 四	乙未 12 五	丙申 13 六	丁酉 14 日	戊戌 15 一	己亥 16 二	庚子 17 三	辛丑 18 四	壬寅 19 五	癸卯 20 六	甲辰 21 日	乙巳 22 一	丙午 23 二	丁未 24 三	戊申 25 四	辛卯清明 丙午穀雨
四月小	丁巳 天干地支／西曆日／星期	己酉 26 五	庚戌 27 六	辛亥 28 日	壬子 29 一	癸丑 30 二	甲寅 (5) 三	乙卯 2 四	丙辰 3 五	丁巳 4 六	戊午 5 日	己未 6 一	庚申 7 二	辛酉 8 三	壬戌 9 四	癸亥 10 五	甲子 11 六	乙丑 12 日	丙寅 13 一	丁卯 14 二	戊辰 15 三	己巳 16 四	庚午 17 五	辛未 18 六	壬申 19 日	癸酉 20 一	甲戌 21 二	乙亥 22 三	丙子 23 四	丁丑 24 五		壬戌立夏 丁丑小滿
五月大	戊午 天干地支／西曆日／星期	戊寅 25 六	己卯 26 日	庚辰 27 一	辛巳 28 二	壬午 29 三	癸未 30 四	甲申 31 五	乙酉 (6) 六	丙戌 2日 日	丁亥 3 一	戊子 4 二	己丑 5 三	庚寅 6 四	辛卯 7 五	壬辰 8 六	癸巳 9 日	甲午 10 一	乙未 11 二	丙申 12 三	丁酉 13 四	戊戌 14 五	己亥 15 六	庚子 16 日	辛丑 17 一	壬寅 18 二	癸卯 19 三	甲辰 20 四	乙巳 21 五	丙午 22 六	丁未 23 日	壬辰芒種 丁未夏至 己卯日食
閏五月大	戊午 天干地支／西曆日／星期	戊申 24 一	己酉 25 二	庚戌 26 三	辛亥 27 四	壬子 28 五	癸丑 29 六	甲寅 30 日	乙卯 (7) 一	丙辰 2 二	丁巳 3 三	戊午 4 四	己未 5 五	庚申 6 六	辛酉 7 日	壬戌 8 一	癸亥 9 二	甲子 10 三	乙丑 11 四	丙寅 12 五	丁卯 13 六	戊辰 14 日	己巳 15 一	庚午 16 二	辛未 17 三	壬申 18 四	癸酉 19 五	甲戌 20 六	乙亥 21 日	丙子 22 一	丁丑 23 二	壬戌小暑
六月小	己未 天干地支／西曆日／星期	戊寅 24 三	己卯 25 四	庚辰 26 五	辛巳 27 六	壬午 28 日	癸未 29 一	甲申 30 二	乙酉 31 三	丙戌 (8) 四	丁亥 2 五	戊子 3 六	己丑 4 日	庚寅 5 一	辛卯 6 二	壬辰 7 三	癸巳 8 四	甲午 9 五	乙未 10 六	丙申 11 日	丁酉 12 一	戊戌 13 二	己亥 14 三	庚子 15 四	辛丑 16 五	壬寅 17 六	癸卯 18 日	甲辰 19 一	乙巳 20 二	丙午 21 三		戊寅大暑 癸巳立秋
七月大	庚申 天干地支／西曆日／星期	丁未 22 四	戊申 23 五	己酉 24 六	庚戌 25 日	辛亥 26 一	壬子 27 二	癸丑 28 三	甲寅 29 四	乙卯 30 五	丙辰 31 六	丁巳 (9) 日	戊午 2 一	己未 3 二	庚申 4 三	辛酉 5 四	壬戌 6 五	癸亥 7 六	甲子 8 日	乙丑 9 一	丙寅 10 二	丁卯 11 三	戊辰 12 四	己巳 13 五	庚午 14 六	辛未 15 日	壬申 16 一	癸酉 17 二	甲戌 18 三	乙亥 19 四	丙子 20 五	戊申處暑 癸亥白露
八月小	辛酉 天干地支／西曆日／星期	丁丑 21 六	戊寅 22 日	己卯 23 一	庚辰 24 二	辛巳 25 三	壬午 26 四	癸未 27 五	甲申 28 六	乙酉 29 日	丙戌 30 一	丁亥 (10) 二	戊子 2 三	己丑 3 四	庚寅 4 五	辛卯 5 六	壬辰 6 日	癸巳 7 一	甲午 8 二	乙未 9 三	丙申 10 四	丁酉 11 五	戊戌 12 六	己亥 13 日	庚子 14 一	辛丑 15 二	壬寅 16 三	癸卯 17 四	甲辰 18 五	乙巳 19 六		己卯秋分 甲午寒露
九月大	壬戌 天干地支／西曆日／星期	丙午 20 日	丁未 21 一	戊申 22 二	己酉 23 三	庚戌 24 四	辛亥 25 五	壬子 26 六	癸丑 27 日	甲寅 28 一	乙卯 29 二	丙辰 30 三	丁巳 31 四	戊午 (11) 五	己未 2 六	庚申 3 日	辛酉 4 一	壬戌 5 二	癸亥 6 三	甲子 7 四	乙丑 8 五	丙寅 9 六	丁卯 10 日	戊辰 11 一	己巳 12 二	庚午 13 三	辛未 14 四	壬申 15 五	癸酉 16 六	甲戌 17 日	乙亥 18 一	乙酉霜降 甲子立冬
十月小	癸亥 天干地支／西曆日／星期	丙子 19 二	丁丑 20 三	戊寅 21 四	己卯 22 五	庚辰 23 六	辛巳 24 日	壬午 25 一	癸未 26 二	甲申 27 三	乙酉 28 四	丙戌 29 五	丁亥 30 六	戊子 (12) 日	己丑 2 一	庚寅 3 二	辛卯 4 三	壬辰 5 四	癸巳 6 五	甲午 7 六	乙未 8 日	丙申 9 一	丁酉 10 二	戊戌 11 三	己亥 12 四	庚子 13 五	辛丑 14 六	壬寅 15 日	癸卯 16 一	甲辰 17 二		己卯小雪 乙未大雪
十一月大	甲子 天干地支／西曆日／星期	乙巳 18 三	丙午 19 四	丁未 20 五	戊申 21 六	己酉 22 日	庚戌 23 一	辛亥 24 二	壬子 25 三	癸丑 26 四	甲寅 27 五	乙卯 28 六	丙辰 29 日	丁巳 30 一	戊午 31 二	己未 (1) 三	庚申 2 四	辛酉 3 五	壬戌 4 六	癸亥 5 日	甲子 6 一	乙丑 7 二	丙寅 8 三	丁卯 9 四	戊辰 10 五	己巳 11 六	庚午 12 日	辛未 13 一	壬申 14 二	癸酉 15 三	甲戌 16 四	庚寅冬至 乙丑小寒
十二月小	乙丑 天干地支／西曆日／星期	乙亥 17 五	丙子 18 六	丁丑 19 日	戊寅 20 一	己卯 21 二	庚辰 22 三	辛巳 23 四	壬午 24 五	癸未 25 六	甲申 26 日	乙酉 27 一	丙戌 28 二	丁亥 29 三	戊子 30 四	己丑 31 五	庚寅 (2) 六	辛卯 2 日	壬辰 3 一	癸巳 4 二	甲午 5 三	乙未 6 四	丙申 7 五	丁酉 8 六	戊戌 9 日	己亥 10 一	庚子 11 二	辛丑 12 三	壬寅 13 四	癸卯 14 五		庚辰大寒 乙未立春

晉成帝咸和四年（己丑 牛年） 公元 329 ～ 330 年

夏曆月序	中西曆對照	夏曆日序																													節氣與天象
		初一	初二	初三	初四	初五	初六	初七	初八	初九	初十	十一	十二	十三	十四	十五	十六	十七	十八	十九	二十	廿一	廿二	廿三	廿四	廿五	廿六	廿七	廿八	廿九	三十	
正月大	丙寅 天干地支西曆星期	甲辰15六	乙巳16日	丙午17一	丁未18二	戊申19三	己酉20四	庚戌21五	辛亥22六	壬子23日	癸丑24一	甲寅25二	乙卯26三	丙辰27四	丁巳28五	戊午(3)六	己未2日	庚申3一	辛酉4二	壬戌5三	癸亥6四	甲子7五	乙丑8六	丙寅9日	丁卯10一	戊辰11二	己巳12三	庚午13四	辛未14五	壬申15六	癸酉16日	辛亥雨水 丙寅驚蟄
二月小	丁卯 天干地支西曆星期	甲戌17一	乙亥18二	丙子19三	丁丑20四	戊寅21五	己卯22六	庚辰23日	辛巳24一	壬午25二	癸未26三	甲申27四	乙酉28五	丙戌29六	丁亥30日	戊子31一	己丑(4)二	庚寅2三	辛卯3四	壬辰4五	癸巳5六	甲午6日	乙未7一	丙申8二	丁酉9三	戊戌10四	己亥11五	庚子12六	辛丑13日	壬寅14一		辛卯春分 丙申清明
三月大	戊辰 天干地支西曆星期	癸卯15二	甲辰16三	乙巳17四	丙午18五	丁未19六	戊申20日	己酉21一	庚戌22二	辛亥23三	壬子24四	癸丑25五	甲寅26六	乙卯27日	丙辰28一	丁巳29二	戊午30三	己未(5)四	庚申2五	辛酉3六	壬戌4日	癸亥5一	甲子6二	乙丑7三	丙寅8四	丁卯9五	戊辰10六	己巳11日	庚午12一	辛未13二	壬申14三	壬子穀雨 丁卯立夏
四月小	己巳 天干地支西曆星期	癸酉15四	甲戌16五	乙亥17六	丙子18日	丁丑19一	戊寅20二	己卯21三	庚辰22四	辛巳23五	壬午24六	癸未25日	甲申26一	乙酉27二	丙戌28三	丁亥29四	戊子30五	己丑31六	庚寅(6)日	辛卯2一	壬辰3二	癸巳4三	甲午5四	乙未6五	丙申7六	丁酉8日	戊戌9一	己亥10二	庚子11三	辛丑12四		壬午小滿 丁酉芒種
五月大	庚午 天干地支西曆星期	壬寅13五	癸卯14六	甲辰15日	乙巳16一	丙午17二	丁未18三	戊申19四	己酉20五	庚戌21六	辛亥22日	壬子23一	癸丑24二	甲寅25三	乙卯26四	丙辰27五	丁巳28六	戊午29日	己未30一	庚申(7)二	辛酉2三	壬戌3四	癸亥4五	甲子5六	乙丑6日	丙寅7一	丁卯8二	戊辰9三	己巳10四	庚午11五	辛未12六	壬子夏至 戊辰小暑
六月小	辛未 天干地支西曆星期	癸酉13日	甲戌14一	乙亥15二	丙子16三	丁丑17四	戊寅18五	己卯19六	庚辰20日	辛巳21一	壬午22二	癸未23三	甲申24四	乙酉25五	丙戌26六	丁亥27日	戊子28一	己丑29二	庚寅30三	辛卯31四	壬辰(8)五	癸巳2六	甲午3日	乙未4一	丙申5二	丁酉6三	戊戌7四	己亥8五	庚子9六	辛丑10日		癸未大暑 戊戌立秋
七月大	壬申 天干地支西曆星期	辛丑11一	壬寅12二	癸卯13三	甲辰14四	乙巳15五	丙午16六	丁未17日	戊申18一	己酉19二	庚戌20三	辛亥21四	壬子22五	癸丑23六	甲寅24日	乙卯25一	丙辰26二	丁巳27三	戊午28四	己未29五	庚申30六	辛酉31日	壬戌(9)一	癸亥2二	甲子3三	乙丑4四	丙寅5五	丁卯6六	戊辰7日	己巳8一	庚午9二	癸丑處暑 己巳白露
八月小	癸酉 天干地支西曆星期	辛未10三	壬申11四	癸酉12五	甲戌13六	乙亥14日	丙子15一	丁丑16二	戊寅17三	己卯18四	庚辰19五	辛巳20六	壬午21日	癸未22一	甲申23二	乙酉24三	丙戌25四	丁亥26五	戊子27六	己丑28日	庚寅29一	辛卯30二	壬辰(10)三	癸巳2四	甲午3五	乙未4六	丙申5日	丁酉6一	戊戌7二	己亥8三		甲申秋分 己亥寒露
九月大	甲戌 天干地支西曆星期	庚子9四	辛丑10五	壬寅11六	癸卯12日	甲辰13一	乙巳14二	丙午15三	丁未16四	戊申17五	己酉18六	庚戌19日	辛亥20一	壬子21二	癸丑22三	甲寅23四	乙卯24五	丙辰25六	丁巳26日	戊午27一	己未28二	庚申29三	辛酉30四	壬戌31五	癸亥(11)六	甲子2日	乙丑3一	丙寅4二	丁卯5三	戊辰6四	己巳7五	甲寅霜降 己巳立冬 庚子日食
十月大	乙亥 天干地支西曆星期	庚午8六	辛未9日	壬申10一	癸酉11二	甲戌12三	乙亥13四	丙子14五	丁丑15六	戊寅16日	己卯17一	庚辰18二	辛巳19三	壬午20四	癸未21五	甲申22六	乙酉23日	丙戌24一	丁亥25二	戊子26三	己丑27四	庚寅28五	辛卯29六	壬辰30日	癸巳(12)一	甲午2二	乙未3三	丙申4四	丁酉5五	戊戌6六	己亥7日	乙酉小雪
十一月小	丙子 天干地支西曆星期	庚子8一	辛丑9二	壬寅10三	癸卯11四	甲辰12五	乙巳13六	丙午14日	丁未15一	戊申16二	己酉17三	庚戌18四	辛亥19五	壬子20六	癸丑21日	甲寅22一	乙卯23二	丙辰24三	丁巳25四	戊午26五	己未27六	庚申28日	辛酉29一	壬戌30二	癸亥(1)三	甲子2四	乙丑3五	丙寅4六	丁卯5日	戊辰6一		庚子大雪 乙卯冬至
十二月大	丁丑 天干地支西曆星期	己巳6二	庚午7三	辛未8四	壬申9五	癸酉10六	甲戌11日	乙亥12一	丙子13二	丁丑14三	戊寅15四	己卯16五	庚辰17六	辛巳18日	壬午19一	癸未20二	甲申21三	乙酉22四	丙戌23五	丁亥24六	戊子25日	己丑26一	庚寅27二	辛卯28三	壬辰29四	癸巳30五	甲午31六	乙未(2)日	丙申2一	丁酉3二	戊戌4三	庚午小寒 丙戌大寒

晉成帝咸和五年（庚寅 虎年） 公元 330 ～ 331 年

夏曆月序	中西曆對照	夏曆日序																													節氣與天象
		初一	初二	初三	初四	初五	初六	初七	初八	初九	初十	十一	十二	十三	十四	十五	十六	十七	十八	十九	二十	二一	二二	二三	二四	二五	二六	二七	二八	二九	三十	
正月小	戊寅	天干地支西曆星期	己亥5四	庚子6五	辛丑7六	壬寅8日	癸卯9一	甲辰10二	乙巳11三	丙午12四	丁未13五	戊申14六	己酉15日	庚戌16一	辛亥17二	壬子18三	癸丑19四	甲寅20五	乙卯21六	丙辰22日	丁巳23一	戊午24二	己未25三	庚申26四	辛酉27五	壬戌28六	癸亥(3)日	甲子2一	乙丑3二	丙寅4三	丁卯5四		辛丑立春 丙辰雨水
二月大	己卯	天干地支西曆星期	戊辰6五	己巳7六	庚午8日	辛未9一	壬申10二	癸酉11三	甲戌12四	乙亥13五	丙子14六	丁丑15日	戊寅16一	己卯17二	庚辰18三	辛巳19四	壬午20五	癸未21六	甲申22日	乙酉23一	丙戌24二	丁亥25三	戊子26四	己丑27五	庚寅28六	辛卯29日	壬辰30一	癸巳31二	甲午(4)三	乙未2四	丙申3五	丁酉4六	辛未驚蟄 丙戌春分
三月小	庚辰	天干地支西曆星期	戊戌5日	己亥6一	庚子7二	辛丑8三	壬寅9四	癸卯10五	甲辰11六	乙巳12日	丙午13一	丁未14二	戊申15三	己酉16四	庚戌17五	辛亥18六	壬子19日	癸丑20一	甲寅21二	乙卯22三	丙辰23四	丁巳24五	戊午25六	己未26日	庚申27一	辛酉28二	壬戌29三	癸亥30四	甲子(5)五	乙丑2六	丙寅3日		壬寅清明 丁巳穀雨
四月大	辛巳	天干地支西曆星期	丁卯4一	戊辰5二	己巳6三	庚午7四	辛未8五	壬申9六	癸酉10日	甲戌11一	乙亥12二	丙子13三	丁丑14四	戊寅15五	己卯16六	庚辰17日	辛巳18一	壬午19二	癸未20三	甲申21四	乙酉22五	丙戌23六	丁亥24日	戊子25一	己丑26二	庚寅27三	辛卯28四	壬辰29五	癸巳30六	甲午31日	乙未(6)一	丙申2二	壬申立夏 丁亥小滿
五月小	壬午	天干地支西曆星期	丁酉3三	戊戌4四	己亥5五	庚子6六	辛丑7日	壬寅8一	癸卯9二	甲辰10三	乙巳11四	丙午12五	丁未13六	戊申14日	己酉15一	庚戌16二	辛亥17三	壬子18四	癸丑19五	甲寅20六	乙卯21日	丙辰22一	丁巳23二	戊午24三	己未25四	庚申26五	辛酉27六	壬戌28日	癸亥29一	甲子30二	乙丑(7)三		壬寅芒種 戊午夏至
六月大	癸未	天干地支西曆星期	丙寅2四	丁卯3五	戊辰4六	己巳5日	庚午6一	辛未7二	壬申8三	癸酉9四	甲戌10五	乙亥11六	丙子12日	丁丑13一	戊寅14二	己卯15三	庚辰16四	辛巳17五	壬午18六	癸未19日	甲申20一	乙酉21二	丙戌22三	丁亥23四	戊子24五	己丑25六	庚寅26日	辛卯27一	壬辰28二	癸巳29三	甲午30四	乙未31五	癸酉小暑 戊子大暑
七月小	甲申	天干地支西曆星期	丙申(8)六	丁酉2日	戊戌3一	己亥4二	庚子5三	辛丑6四	壬寅7五	癸卯8六	甲辰9日	乙巳10一	丙午11二	丁未12三	戊申13四	己酉14五	庚戌15六	辛亥16日	壬子17一	癸丑18二	甲寅19三	乙卯20四	丙辰21五	丁巳22六	戊午23日	己未24一	庚申25二	辛酉26三	壬戌27四	癸亥28五	甲子29六		癸卯立秋 己未處暑
八月大	乙酉	天干地支西曆星期	乙丑30日	丙寅31一	丁卯(9)二	戊辰2三	己巳3四	庚午4五	辛未5六	壬申6日	癸酉7一	甲戌8二	乙亥9三	丙子10四	丁丑11五	戊寅12六	己卯13日	庚辰14一	辛巳15二	壬午16三	癸未17四	甲申18五	乙酉19六	丙戌20日	丁亥21一	戊子22二	己丑23三	庚寅24四	辛卯25五	壬辰26六	癸巳27日	甲午28一	甲戌白露 己丑秋分
九月小	丙戌	天干地支西曆星期	乙未29二	丙申30三	丁酉(10)四	戊戌2五	己亥3六	庚子4日	辛丑5一	壬寅6二	癸卯7三	甲辰8四	乙巳9五	丙午10六	丁未11日	戊申12一	己酉13二	庚戌14三	辛亥15四	壬子16五	癸丑17六	甲寅18日	乙卯19一	丙辰20二	丁巳21三	戊午22四	己未23五	庚申24六	辛酉25日	壬戌26一	癸亥27二		甲辰寒露 己未霜降
十月大	丁亥	天干地支西曆星期	甲子28三	乙丑29四	丙寅30五	丁卯(11)六	戊辰2日	己巳3一	庚午4二	辛未5三	壬申6四	癸酉7五	甲戌8六	乙亥9日	丙子10一	丁丑11二	戊寅12三	己卯13四	庚辰14五	辛巳15六	壬午16日	癸未17一	甲申18二	乙酉19三	丙戌20四	丁亥21五	戊子22六	己丑23日	庚寅24一	辛卯25二	壬辰26三	癸巳27四	乙亥立冬 庚寅小雪
十一月小	戊子	天干地支西曆星期	甲午27五	乙未28六	丙申29日	丁酉30一	戊戌(12)二	己亥2三	庚子3四	辛丑4五	壬寅5六	癸卯6日	甲辰7一	乙巳8二	丙午9三	丁未10四	戊申11五	己酉12六	庚戌13日	辛亥14一	壬子15二	癸丑16三	甲寅17四	乙卯18五	丙辰19六	丁巳20日	戊午21一	己未22二	庚申23三	辛酉24四	壬戌25五		乙巳大雪 庚申冬至
十二月大	己丑	天干地支西曆星期	癸亥26六	甲子27日	乙丑28一	丙寅29二	丁卯30三	戊辰31四	己巳(1)五	庚午2六	辛未3日	壬申4一	癸酉5二	甲戌6三	乙亥7四	丙子8五	丁丑9六	戊寅10日	己卯11一	庚辰12二	辛巳13三	壬午14四	癸未15五	甲申16六	乙酉17日	丙戌18一	丁亥19二	戊子20三	己丑21四	庚寅22五	辛卯23六	壬辰24日	丙子小寒 辛卯大寒

晉成帝咸和六年（辛卯 兔年） 公元331～332年

夏曆月序	中西日曆對照	夏曆日序																													節氣與天象
		初一	初二	初三	初四	初五	初六	初七	初八	初九	初十	十一	十二	十三	十四	十五	十六	十七	十八	十九	二十	廿一	廿二	廿三	廿四	廿五	廿六	廿七	廿八	廿九	三十	
正月大	庚寅 天干地支 西曆 星期	癸巳25一	甲午26二	乙未27三	丙申28四	丁酉29五	戊戌30六	己亥31日	庚子(2)一	辛丑2二	壬寅3三	癸卯4四	甲辰5五	乙巳6六	丙午7日	丁未8一	戊申9二	己酉10三	庚戌11四	辛亥12五	壬子13六	癸丑14日	甲寅15一	乙卯16二	丙辰17三	丁巳18四	戊午19五	己未20六	庚申21日	辛酉22一	壬戌23二	丙午立春 辛酉雨水
閏正月小	庚寅 天干地支 西曆 星期	癸亥24三	甲子25四	乙丑26五	丙寅27六	丁卯28日	戊辰(3)一	己巳2二	庚午3三	辛未4四	壬申5五	癸酉6六	甲戌7日	乙亥8一	丙子9二	丁丑10三	戊寅11四	己卯12五	庚辰13六	辛巳14日	壬午15一	癸未16二	甲申17三	乙酉18四	丙戌19五	丁亥20六	戊子21日	己丑22一	庚寅23二	辛卯24三		丙子驚蟄
二月大	辛卯 天干地支 西曆 星期	壬辰25四	癸巳26五	甲午27六	乙未28日	丙申29一	丁酉30二	戊戌31三	己亥(4)四	庚子2五	辛丑3六	壬寅4日	癸卯5一	甲辰6二	乙巳7三	丙午8四	丁未9五	戊申10六	己酉11日	庚戌12一	辛亥13二	壬子14三	癸丑15四	甲寅16五	乙卯17六	丙辰18日	丁巳19一	戊午20二	己未21三	庚申22四	辛酉23五	壬辰春分 丁未清明 壬辰日食
三月小	壬辰 天干地支 西曆 星期	壬戌24六	癸亥25日	甲子26一	乙丑27二	丙寅28三	丁卯29四	戊辰30五	己巳(5)六	庚午2日	辛未3一	壬申4二	癸酉5三	甲戌6四	乙亥7五	丙子8六	丁丑9日	戊寅10一	己卯11二	庚辰12三	辛巳13四	壬午14五	癸未15六	甲申16日	乙酉17一	丙戌18二	丁亥19三	戊子20四	己丑21五	庚寅22六		壬戌穀雨 丁丑立夏
四月大	癸巳 天干地支 西曆 星期	辛卯23日	壬辰24一	癸巳25二	甲午26三	乙未27四	丙申28五	丁酉29六	戊戌30日	己亥31一	庚子(6)二	辛丑2三	壬寅3四	癸卯4五	甲辰5六	乙巳6日	丙午7一	丁未8二	戊申9三	己酉10四	庚戌11五	辛亥12六	壬子13日	癸丑14一	甲寅15二	乙卯16三	丙辰17四	丁巳18五	戊午19六	己未20日	庚申21一	癸巳小滿 戊申芒種
五月小	甲午 天干地支 西曆 星期	辛酉22二	壬戌23三	癸亥24四	甲子25五	乙丑26六	丙寅27日	丁卯28一	戊辰29二	己巳30三	庚午(7)四	辛未2五	壬申3六	癸酉4日	甲戌5一	乙亥6二	丙子7三	丁丑8四	戊寅9五	己卯10六	庚辰11日	辛巳12一	壬午13二	癸未14三	甲申15四	乙酉16五	丙戌17六	丁亥18日	戊子19一	己丑20二		癸亥夏至 戊寅小暑
六月大	乙未 天干地支 西曆 星期	庚寅21三	辛卯22四	壬辰23五	癸巳24六	甲午25日	乙未26一	丙申27二	丁酉28三	戊戌29四	己亥30五	庚子31六	辛丑(8)日	壬寅2一	癸卯3二	甲辰4三	乙巳5四	丙午6五	丁未7六	戊申8日	己酉9一	庚戌10二	辛亥11三	壬子12四	癸丑13五	甲寅14六	乙卯15日	丙辰16一	丁巳17二	戊午18三	己未19四	癸巳大暑 己酉立秋
七月小	丙申 天干地支 西曆 星期	庚申20五	辛酉21六	壬戌22日	癸亥23一	甲子24二	乙丑25三	丙寅26四	丁卯27五	戊辰28六	己巳29日	庚午30一	辛未31二	壬申(9)三	癸酉2四	甲戌3五	乙亥4六	丙子5日	丁丑6一	戊寅7二	己卯8三	庚辰9四	辛巳10五	壬午11六	癸未12日	甲申13一	乙酉14二	丙戌15三	丁亥16四	戊子17五		甲子處暑 己卯白露
八月大	丁酉 天干地支 西曆 星期	己丑18六	庚寅19日	辛卯20一	壬辰21二	癸巳22三	甲午23四	乙未24五	丙申25六	丁酉26日	戊戌27一	己亥28二	庚子29三	辛丑30四	壬寅(10)五	癸卯2六	甲辰3日	乙巳4一	丙午5二	丁未6三	戊申7四	己酉8五	庚戌9六	辛亥10日	壬子11一	癸丑12二	甲寅13三	乙卯14四	丙辰15五	丁巳16六	戊午17日	甲午秋分 己酉寒露
九月小	戊戌 天干地支 西曆 星期	己未18一	庚申19二	辛酉20三	壬戌21四	癸亥22五	甲子23六	乙丑24日	丙寅25一	丁卯26二	戊辰27三	己巳28四	庚午29五	辛未30六	壬申31日	癸酉(11)一	甲戌2二	乙亥3三	丙子4四	丁丑5五	戊寅6六	己卯7日	庚辰8一	辛巳9二	壬午10三	癸未11四	甲申12五	乙酉13六	丙戌14日	丁亥15一		乙丑霜降 庚辰立冬
十月大	己亥 天干地支 西曆 星期	戊子16二	己丑17三	庚寅18四	辛卯19五	壬辰20六	癸巳21日	甲午22一	乙未23二	丙申24三	丁酉25四	戊戌26五	己亥27六	庚子28日	辛丑29一	壬寅30二	癸卯(12)三	甲辰2四	乙巳3五	丙午4六	丁未5日	戊申6一	己酉7二	庚戌8三	辛亥9四	壬子10五	癸丑11六	甲寅12日	乙卯13一	丙辰14二	丁巳15三	乙未小雪 庚戌大雪
十一月小	庚子 天干地支 西曆 星期	戊午16四	己未17五	庚申18六	辛酉19日	壬戌20一	癸亥21二	甲子22三	乙丑23四	丙寅24五	丁卯25六	戊辰26日	己巳27一	庚午28二	辛未29三	壬申30四	癸酉31五	甲戌(1)六	乙亥2日	丙子3一	丁丑4二	戊寅5三	己卯6四	庚辰7五	辛巳8六	壬午9日	癸未10一	甲申11二	乙酉12三	丙戌13四		丙寅冬至 辛巳小寒
十二月大	辛丑 天干地支 西曆 星期	丁亥14五	戊子15六	己丑16日	庚寅17一	辛卯18二	壬辰19三	癸巳20四	甲午21五	乙未22六	丙申23日	丁酉24一	戊戌25二	己亥26三	庚子27四	辛丑28五	壬寅29六	癸卯30日	甲辰31一	乙巳(2)二	丙午2三	丁未3四	戊申4五	己酉5六	庚戌6日	辛亥7一	壬子8二	癸丑9三	甲寅10四	乙卯11五	丙辰12六	丙申大寒 辛亥立春

晉成帝咸和七年（壬辰 龍年） 公元332～333年

夏曆月序	中西日照對照	夏曆日序																													節氣與天象
		初一	初二	初三	初四	初五	初六	初七	初八	初九	初十	十一	十二	十三	十四	十五	十六	十七	十八	十九	二十	二一	二二	二三	二四	二五	二六	二七	二八	二九	三十	
正月小	壬寅	天干地支 西曆 星期	戊午13二	己未14三	庚申15四	辛酉16五	壬戌17六	癸亥18日	甲子19一	乙丑20二	丙寅21三	丁卯22四	戊辰23五	己巳24六	庚午25日	辛未26一	壬申27二	癸酉28三	甲戌29四	乙亥(3)五	丙子2六	丁丑3日	戊寅4一	己卯5二	庚辰6三	辛巳7四	壬午8五	癸未9六	甲申10日	乙酉11一	丙戌12二		丙寅雨水 壬午驚蟄
二月大	癸卯	天干地支 西曆 星期	丙戌13三	丁亥14四	戊子15五	己丑16六	庚寅17日	辛卯18一	壬辰19二	癸巳20三	甲午21四	乙未22五	丙申23六	丁酉24日	戊戌25一	己亥26二	庚子27三	辛丑28四	壬寅29五	癸卯30六	甲辰31日	乙巳(4)一	丙午2二	丁未3三	戊申4四	己酉5五	庚戌6六	辛亥7日	壬子8一	癸丑9二	甲寅10三	乙卯11四	丁酉春分 壬子清明
三月小	甲辰	天干地支 西曆 星期	丙辰12五	丁巳13六	戊午14日	己未15一	庚申16二	辛酉17三	壬戌18四	癸亥19五	甲子20六	乙丑21日	丙寅22一	丁卯23二	戊辰24三	己巳25四	庚午26五	辛未27六	壬申28日	癸酉29一	甲戌30二	乙亥(5)三	丙子2四	丁丑3五	戊寅4六	己卯5日	庚辰6一	辛巳7二	壬午8三	癸未9四	甲申10五		丁卯穀雨 癸未立夏
四月大	乙巳	天干地支 西曆 星期	乙酉11六	丙戌12日	丁亥13一	戊子14二	己丑15三	庚寅16四	辛卯17五	壬辰18六	癸巳19日	甲午20一	乙未21二	丙申22三	丁酉23四	戊戌24五	己亥25六	庚子26日	辛丑27一	壬寅28二	癸卯29三	甲辰30四	乙巳31五	丙午(6)六	丁未2日	戊申3一	己酉4二	庚戌5三	辛亥6四	壬子7五	癸丑8六	甲寅9日	戊戌小滿 癸丑芒種
五月大	丙午	天干地支 西曆 星期	乙卯10一	丙辰11二	丁巳12三	戊午13四	己未14五	庚申15六	辛酉16日	壬戌17一	癸亥18二	甲子19三	乙丑20四	丙寅21五	丁卯22六	戊辰23日	己巳24一	庚午25二	辛未26三	壬申27四	癸酉28五	甲戌29六	乙亥30日	丙子(7)一	丁丑2二	戊寅3三	己卯4四	庚辰5五	辛巳6六	壬午7日	癸未8一	甲申9二	戊辰夏至 癸未小暑
六月小	丁未	天干地支 西曆 星期	乙酉10三	丙戌11四	丁亥12五	戊子13六	己丑14日	庚寅15一	辛卯16二	壬辰17三	癸巳18四	甲午19五	乙未20六	丙申21日	丁酉22一	戊戌23二	己亥24三	庚子25四	辛丑26五	壬寅27六	癸卯28日	甲辰29一	乙巳30二	丙午31三	丁未(8)四	戊申2五	己酉3六	庚戌4日	辛亥5一	壬子6二	癸丑7三		己亥大暑
七月大	戊申	天干地支 西曆 星期	甲寅8四	乙卯9五	丙辰10六	丁巳11日	戊午12一	己未13二	庚申14三	辛酉15四	壬戌16五	癸亥17六	甲子18日	乙丑19一	丙寅20二	丁卯21三	戊辰22四	己巳23五	庚午24六	辛未25日	壬申26一	癸酉27二	甲戌28三	乙亥29四	丙子30五	丁丑31六	戊寅(9)日	己卯2一	庚辰3二	辛巳4三	壬午5四	癸未6五	甲寅立秋 己巳處暑
八月小	己酉	天干地支 西曆 星期	甲申7六	乙酉8日	丙戌9一	丁亥10二	戊子11三	己丑12四	庚寅13五	辛卯14六	壬辰15日	癸巳16一	甲午17二	乙未18三	丙申19四	丁酉20五	戊戌21六	己亥22日	庚子23一	辛丑24二	壬寅25三	癸卯26四	甲辰27五	乙巳28六	丙午29日	丁未30一	戊申(10)二	己酉2三	庚戌3四	辛亥4五	壬子5六		甲申白露 庚子秋分
九月大	庚戌	天干地支 西曆 星期	癸丑6日	甲寅7一	乙卯8二	丙辰9三	丁巳10四	戊午11五	己未12六	庚申13日	辛酉14一	壬戌15二	癸亥16三	甲子17四	乙丑18五	丙寅19六	丁卯20日	戊辰21一	己巳22二	庚午23三	辛未24四	壬申25五	癸酉26六	甲戌27日	乙亥28一	丙子29二	丁丑30三	戊寅31四	己卯(11)五	庚辰2六	辛巳3日	壬午4一	乙卯寒露 庚午霜降
十月小	辛亥	天干地支 西曆 星期	癸未5二	甲申6三	乙酉7四	丙戌8五	丁亥9六	戊子10日	己丑11一	庚寅12二	辛卯13三	壬辰14四	癸巳15五	甲午16六	乙未17日	丙申18一	丁酉19二	戊戌20三	己亥21四	庚子22五	辛丑23六	壬寅24日	癸卯25一	甲辰26二	乙巳27三	丙午28四	丁未29五	戊申30六	己酉(12)日	庚戌2一	辛亥3二		乙巳立冬 庚子小雪
十一月大	壬子	天干地支 西曆 星期	壬子4三	癸丑5四	甲寅6五	乙卯7六	丙辰8日	丁巳9一	戊午10二	己未11三	庚申12四	辛酉13五	壬戌14六	癸亥15日	甲子16一	乙丑17二	丙寅18三	丁卯19四	戊辰20五	己巳21六	庚午22日	辛未23一	壬申24二	癸酉25三	甲戌26四	乙亥27五	丙子28六	丁丑29日	戊寅30一	己卯31二	庚辰(1)三	辛巳2四	丙辰大雪 辛未冬至
十二月小	癸丑	天干地支 西曆 星期	壬午3五	癸未4六	甲申5日	乙酉6一	丙戌7二	丁亥8三	戊子9四	己丑10五	庚寅11六	辛卯12日	壬辰13一	癸巳14二	甲午15三	乙未16四	丙申17五	丁酉18六	戊戌19日	己亥20一	庚子21二	辛丑22三	壬寅23四	癸卯24五	甲辰25六	乙巳26日	丙午27一	丁未28二	戊申29三	己酉30四	庚戌31五		丙戌小寒 辛丑大寒

晉成帝咸和八年（癸巳 蛇年） 公元 333～334 年

夏曆月序	中西曆對照		夏曆日序																													節氣與天象
			初一	初二	初三	初四	初五	初六	初七	初八	初九	初十	十一	十二	十三	十四	十五	十六	十七	十八	十九	二十	二一	二二	二三	二四	二五	二六	二七	二八	二九	三十	
正月大	甲寅	天干地支西曆星期	辛亥(2)四	壬子2五	癸丑3六	甲寅4日	乙卯5一	丙辰6二	丁巳7三	戊午8四	己未9五	庚申10六	辛酉11日	壬戌12一	癸亥13二	甲子14三	乙丑15四	丙寅16五	丁卯17六	戊辰18日	己巳19一	庚午20二	辛未21三	壬申22四	癸酉23五	甲戌24六	乙亥25日	丙子26一	丁丑27二	戊寅28三	己卯(3)四	庚辰2五	丙辰立春 壬申雨水
二月小	乙卯	天干地支西曆星期	辛巳3六	壬午4日	癸未5一	甲申6二	乙酉7三	丙戌8四	丁亥9五	戊子10六	己丑11日	庚寅12一	辛卯13二	壬辰14三	癸巳15四	甲午16五	乙未17六	丙申18日	丁酉19一	戊戌20二	己亥21三	庚子22四	辛丑23五	壬寅24六	癸卯25日	甲辰26一	乙巳27二	丙午28三	丁未29四	戊申30五	己酉31六		丁亥驚蟄 壬寅春分
三月大	丙辰	天干地支西曆星期	庚戌(4)日	辛亥2一	壬子3二	癸丑4三	甲寅5四	乙卯6五	丙辰7六	丁巳8日	戊午9一	己未10二	庚申11三	辛酉12四	壬戌13五	癸亥14六	甲子15日	乙丑16一	丙寅17二	丁卯18三	戊辰19四	己巳20五	庚午21六	辛未22日	壬申23一	癸酉24二	甲戌25三	乙亥26四	丙子27五	丁丑28六	戊寅29日	己卯30一	丁巳清明 癸酉穀雨
四月小	丁巳	天干地支西曆星期	庚辰(5)二	辛巳2三	壬午3四	癸未4五	甲申5六	乙酉6日	丙戌7一	丁亥8二	戊子9三	己丑10四	庚寅11五	辛卯12六	壬辰13日	癸巳14一	甲午15二	乙未16三	丙申17四	丁酉18五	戊戌19六	己亥20日	庚子21一	辛丑22二	壬寅23三	癸卯24四	甲辰25五	乙巳26六	丙午27日	丁未28一	戊申29二		戊子立夏 癸卯小滿
五月大	戊午	天干地支西曆星期	己酉30三	庚戌31四	辛亥(6)五	壬子2六	癸丑3日	甲寅4一	乙卯5二	丙辰6三	丁巳7四	戊午8五	己未9六	庚申10日	辛酉11一	壬戌12二	癸亥13三	甲子14四	乙丑15五	丙寅16六	丁卯17日	戊辰18一	己巳19二	庚午20三	辛未21四	壬申22五	癸酉23六	甲戌24日	乙亥25一	丙子26二	丁丑27三	戊寅28四	戊午芒種 癸酉夏至
六月小	己未	天干地支西曆星期	己卯29五	庚辰30六	辛巳(7)日	壬午2一	癸未3二	甲申4三	乙酉5四	丙戌6五	丁亥7六	戊子8日	己丑9一	庚寅10二	辛卯11三	壬辰12四	癸巳13五	甲午14六	乙未15日	丙申16一	丁酉17二	戊戌18三	己亥19四	庚子20五	辛丑21六	壬寅22日	癸卯23一	甲辰24二	乙巳25三	丙午26四	丁未27五		己丑小暑 甲辰大暑
七月大	庚申	天干地支西曆星期	戊申28六	己酉29日	庚戌30一	辛亥31二	壬子(8)三	癸丑2四	甲寅3五	乙卯4六	丙辰5日	丁巳6一	戊午7二	己未8三	庚申9四	辛酉10五	壬戌11六	癸亥12日	甲子13一	乙丑14二	丙寅15三	丁卯16四	戊辰17五	己巳18六	庚午19日	辛未20一	壬申21二	癸酉22三	甲戌23四	乙亥24五	丙子25六	丁丑26日	己未立秋 甲戌處暑 戊申日食
八月小	辛酉	天干地支西曆星期	戊寅27一	己卯28二	庚辰29三	辛巳30四	壬午31五	癸未(9)六	甲申2日	乙酉3一	丙戌4二	丁亥5三	戊子6四	己丑7五	庚寅8六	辛卯9日	壬辰10一	癸巳11二	甲午12三	乙未13四	丙申14五	丁酉15六	戊戌16日	己亥17一	庚子18二	辛丑19三	壬寅20四	癸卯21五	甲辰22六	乙巳23日	丙午24一		庚寅白露 乙巳秋分
九月大	壬戌	天干地支西曆星期	丁未25二	戊申26三	己酉27四	庚戌28五	辛亥29六	壬子30日	癸丑(10)一	甲寅2二	乙卯3三	丙辰4四	丁巳5五	戊午6六	己未7日	庚申8一	辛酉9二	壬戌10三	癸亥11四	甲子12五	乙丑13六	丙寅14日	丁卯15一	戊辰16二	己巳17三	庚午18四	辛未19五	壬申20六	癸酉21日	甲戌22一	乙亥23二	丙子24三	庚寅寒露 乙亥霜降
十月大	癸亥	天干地支西曆星期	丁丑25四	戊寅26五	己卯27六	庚辰28日	辛巳29一	壬午30二	癸未31三	甲申(11)四	乙酉2五	丙戌3六	丁亥4日	戊子5一	己丑6二	庚寅7三	辛卯8四	壬辰9五	癸巳10六	甲午11日	乙未12一	丙申13二	丁酉14三	戊戌15四	己亥16五	庚子17六	辛丑18日	壬寅19一	癸卯20二	甲辰21三	乙巳22四	丙午23五	庚辰立冬 丙午小雪
閏十月小	癸亥	天干地支西曆星期	丁未24六	戊申25日	己酉26一	庚戌27二	辛亥28三	壬子29四	癸丑30五	甲寅(12)六	乙卯2日	丙辰3一	丁巳4二	戊午5三	己未6四	庚申7五	辛酉8六	壬戌9日	癸亥10一	甲子11二	乙丑12三	丙寅13四	丁卯14五	戊辰15六	己巳16日	庚午17一	辛未18二	壬申19三	癸酉20四	甲戌21五	乙亥22六		辛酉大雪
十一月大	甲子	天干地支西曆星期	丙子23日	丁丑24一	戊寅25二	己卯26三	庚辰27四	辛巳28五	壬午29六	癸未30日	甲申31一	乙酉(1)二	丙戌2三	丁亥3四	戊子4五	己丑5六	庚寅6日	辛卯7一	壬辰8二	癸巳9三	甲午10四	乙未11五	丙申12六	丁酉13日	戊戌14一	己亥15二	庚子16三	辛丑17四	壬寅18五	癸卯19六	甲辰20日	乙巳21一	丙子冬至 辛卯小寒
十二月小	乙丑	天干地支西曆星期	丙午22二	丁未23三	戊申24四	己酉25五	庚戌26六	辛亥27日	壬子28一	癸丑29二	甲寅30三	乙卯31四	丙辰(2)五	丁巳2六	戊午3日	己未4一	庚申5二	辛酉6三	壬戌7四	癸亥8五	甲子9六	乙丑10日	丙寅11一	丁卯12二	戊辰13三	己巳14四	庚午15五	辛未16六	壬申17日	癸酉18一	甲戌19二		丁未大寒 壬戌立春

晉成帝咸和九年（甲午 馬年）　公元334～335年

夏曆月序	中西曆日照對	夏曆日序 初一	初二	初三	初四	初五	初六	初七	初八	初九	初十	十一	十二	十三	十四	十五	十六	十七	十八	十九	二十	二一	二二	二三	二四	二五	二六	二七	二八	二九	三十	節氣與天象
正月大	丙寅 天干地支 西曆 星期	乙亥 20 三	丙子 21 四	丁丑 22 五	戊寅 23 六	己卯 24 日	庚辰 25 一	辛巳 26 二	壬午 27 三	癸未 28 四	甲申 (3) 日	乙酉 2 六	丙戌 3 日	丁亥 4 一	戊子 5 二	己丑 6 三	庚寅 7 四	辛卯 8 五	壬辰 9 六	癸巳 10 日	甲午 11 一	乙未 12 二	丙申 13 三	丁酉 14 四	戊戌 15 五	己亥 16 六	庚子 17 日	辛丑 18 一	壬寅 19 二	癸卯 20 三	甲辰 21 四		丁丑雨水 壬辰驚蟄
二月小	丁卯 天干地支 西曆 星期	乙巳 22 五	丙午 23 六	丁未 24 日	戊申 25 一	己酉 26 二	庚戌 27 三	辛亥 28 四	壬子 29 五	癸丑 30 六	甲寅 31 日	乙卯 (4) 二	丙辰 2 三	丁巳 3 三	戊午 4 四	己未 5 五	庚申 6 六	辛酉 7 日	壬戌 8 二	癸亥 9 二	甲子 10 三	乙丑 11 四	丙寅 12 五	丁卯 13 六	戊辰 14 日	己巳 15 一	庚午 16 二	辛未 17 三	壬申 18 四	癸酉 19 五			丁未春分 癸亥清明
三月大	戊辰 天干地支 西曆 星期	甲戌 20 六	乙亥 21 日	丙子 22 一	丁丑 23 二	戊寅 24 三	己卯 25 四	庚辰 26 五	辛巳 27 六	壬午 28 日	癸未 29 一	甲申 30 二	乙酉 (5) 三	丙戌 2 四	丁亥 3 五	戊子 4 六	己丑 5 日	庚寅 6 一	辛卯 7 二	壬辰 8 三	癸巳 9 四	甲午 10 五	乙未 11 六	丙申 12 日	丁酉 13 一	戊戌 14 二	己亥 15 三	庚子 16 四	辛丑 17 五	壬寅 18 六	癸卯 19 日		戊寅穀雨 癸巳立夏
四月小	己巳 天干地支 西曆 星期	甲辰 20 一	乙巳 21 二	丙午 22 三	丁未 23 四	戊申 24 五	己酉 25 六	庚戌 26 日	辛亥 27 一	壬子 28 二	癸丑 29 三	甲寅 30 四	乙卯 31 五	丙辰 (6) 六	丁巳 2 日	戊午 3 一	己未 4 二	庚申 5 三	辛酉 6 四	壬戌 7 五	癸亥 8 六	甲子 9 日	乙丑 10 一	丙寅 11 二	丁卯 12 三	戊辰 13 四	己巳 14 五	庚午 15 六	辛未 16 日	壬申 17 一			戊申小滿 癸亥芒種
五月大	庚午 天干地支 西曆 星期	癸酉 18 二	甲戌 19 三	乙亥 20 四	丙子 21 五	丁丑 22 六	戊寅 23 日	己卯 24 一	庚辰 25 二	辛巳 26 三	壬午 27 四	癸未 28 五	甲申 29 六	乙酉 30 日	丙戌 (7) 一	丁亥 2 二	戊子 3 三	己丑 4 四	庚寅 5 五	辛卯 6 六	壬辰 7 日	癸巳 8 一	甲午 9 二	乙未 10 三	丙申 11 四	丁酉 12 五	戊戌 13 六	己亥 14 日	庚子 15 一	辛丑 16 二	壬寅 17 三		己卯夏至 甲午小暑
六月小	辛未 天干地支 西曆 星期	癸卯 18 四	甲辰 19 五	乙巳 20 六	丙午 21 日	丁未 22 一	戊申 23 二	己酉 24 三	庚戌 25 四	辛亥 26 五	壬子 27 六	癸丑 28 日	甲寅 29 一	乙卯 30 二	丙辰 31 三	丁巳 (8) 四	戊午 2 五	己未 3 六	庚申 4 日	辛酉 5 一	壬戌 6 二	癸亥 7 三	甲子 8 四	乙丑 9 五	丙寅 10 六	丁卯 11 日	戊辰 12 一	己巳 13 二	庚午 14 三	辛未 15 四			己酉大暑 甲子立秋
七月大	壬申 天干地支 西曆 星期	壬申 16 五	癸酉 17 六	甲戌 18 日	乙亥 19 一	丙子 20 二	丁丑 21 三	戊寅 22 四	己卯 23 五	庚辰 24 六	辛巳 25 日	壬午 26 一	癸未 27 二	甲申 28 三	乙酉 29 四	丙戌 30 五	丁亥 31 六	戊子 (9) 日	己丑 2 一	庚寅 3 二	辛卯 4 三	壬辰 5 四	癸巳 6 五	甲午 7 六	乙未 8 日	丙申 9 一	丁酉 10 二	戊戌 11 三	己亥 12 四	庚子 13 五	辛丑 14 六		庚辰處暑 乙未白露
八月小	癸酉 天干地支 西曆 星期	壬寅 15 日	癸卯 16 一	甲辰 17 二	乙巳 18 三	丙午 19 四	丁未 20 五	戊申 21 六	己酉 22 日	庚戌 23 一	辛亥 24 二	壬子 25 三	癸丑 26 四	甲寅 27 五	乙卯 28 六	丙辰 29 日	丁巳 30 一	戊午 (10) 二	己未 2 三	庚申 3 四	辛酉 4 五	壬戌 5 六	癸亥 6 日	甲子 7 一	乙丑 8 二	丙寅 9 三	丁卯 10 四	戊辰 11 五	己巳 12 六	庚午 13 日			庚戌秋分 乙丑寒露
九月大	甲戌 天干地支 西曆 星期	辛未 14 一	壬申 15 二	癸酉 16 三	甲戌 17 四	乙亥 18 五	丙子 19 六	丁丑 20 日	戊寅 21 一	己卯 22 二	庚辰 23 三	辛巳 24 四	壬午 25 五	癸未 26 六	甲申 27 日	乙酉 28 一	丙戌 29 二	丁亥 30 三	戊子 31 四	己丑 (11) 五	庚寅 2 六	辛卯 3 日	壬辰 4 一	癸巳 5 二	甲午 6 三	乙未 7 四	丙申 8 五	丁酉 9 六	戊戌 10 日	己亥 11 一	庚子 12 二		庚辰霜降 丙申立冬
十月小	乙亥 天干地支 西曆 星期	辛丑 13 三	壬寅 14 四	癸卯 15 五	甲辰 16 六	乙巳 17 日	丙午 18 一	丁未 19 二	戊申 20 三	己酉 21 四	庚戌 22 五	辛亥 23 六	壬子 24 日	癸丑 25 一	甲寅 26 二	乙卯 27 三	丙辰 28 四	丁巳 29 五	戊午 (12) 六	己未 2 日	庚申 3 一	辛酉 4 二	壬戌 5 三	癸亥 6 四	甲子 7 五	乙丑 8 六	丙寅 9 日	丁卯 10 一	戊辰 11 二	己巳 12 三			辛亥小雪 丙寅大雪
十一月大	丙子 天干地支 西曆 星期	庚午 12 四	辛未 13 五	壬申 14 六	癸酉 15 日	甲戌 16 一	乙亥 17 二	丙子 18 三	丁丑 19 四	戊寅 20 五	己卯 21 六	庚辰 22 日	辛巳 23 一	壬午 24 二	癸未 25 三	甲申 26 四	乙酉 27 五	丙戌 28 六	丁亥 29 日	戊子 30 一	己丑 31 二	庚寅 (1) 三	辛卯 2 四	壬辰 3 五	癸巳 4 六	甲午 5 日	乙未 6 一	丙申 7 二	丁酉 8 三	戊戌 9 四	己亥 10 五		辛巳冬至 丁酉小寒
十二月大	丁丑 天干地支 西曆 星期	庚子 11 六	辛丑 12 日	壬寅 13 一	癸卯 14 二	甲辰 15 三	乙巳 16 四	丙午 17 五	丁未 18 六	戊申 19 日	己酉 20 一	庚戌 21 二	辛亥 22 三	壬子 23 四	癸丑 24 五	甲寅 25 六	乙卯 26 日	丙辰 27 一	丁巳 28 二	戊午 29 三	己未 30 四	庚申 31 五	辛酉 (2) 六	壬戌 2 日	癸亥 3 一	甲子 4 二	乙丑 5 三	丙寅 6 四	丁卯 7 五	戊辰 8 六	己巳 9 日		壬子大寒 丁卯立春

晉成帝咸康元年（乙未 羊年） 公元 335 ~ 336 年

夏曆月序	中西曆對照	夏曆日序 初一	初二	初三	初四	初五	初六	初七	初八	初九	初十	十一	十二	十三	十四	十五	十六	十七	十八	十九	二十	二一	二二	二三	二四	二五	二六	二七	二八	二九	三十	節氣與天象
正月小	戊寅 天干地支西曆星期	庚午10一	辛未11二	壬申12三	癸酉13四	甲戌14五	乙亥15六	丙子16日	丁丑17一	戊寅18二	己卯19三	庚辰20四	辛巳21五	壬午22六	癸未23日	甲申24一	乙酉25二	丙戌26三	丁亥27四	戊子28五	己丑29(3)六	庚寅2日	辛卯3一	壬辰4二	癸巳5三	甲午6四	乙未7五	丙申8六	丁酉9日	戊戌10一		壬午雨水 丁酉驚蟄
二月大	己卯 天干地支西曆星期	己亥11二	庚子12三	辛丑13四	壬寅14五	癸卯15六	甲辰16日	乙巳17一	丙午18二	丁未19三	戊申20四	己酉21五	庚戌22六	辛亥23日	壬子24一	癸丑25二	甲寅26三	乙卯27四	丙辰28五	丁巳29六	戊午30日	己未31(4)二	庚申2二	辛酉3三	壬戌4四	癸亥5五	甲子6六	乙丑7日	丙寅8一	丁卯9二	戊辰10三	癸丑春分 戊辰清明
三月小	庚辰 天干地支西曆星期	己巳10四	庚午11五	辛未12六	壬申13日	癸酉14一	甲戌15二	乙亥16三	丙子17四	丁丑18五	戊寅19六	己卯20日	庚辰21一	辛巳22二	壬午23三	癸未24四	甲申25五	乙酉26六	丙戌27日	丁亥28一	戊子29二	己丑30(5)三	庚寅2四	辛卯3五	壬辰4六	癸巳5日	甲午6一	乙未7二	丙申8三	丁酉9四		癸未穀雨
四月大	辛巳 天干地支西曆星期	戊戌9五	己亥10六	庚子11日	辛丑12一	壬寅13二	癸卯14三	甲辰15四	乙巳16五	丙午17六	丁未18日	戊申19一	己酉20二	庚戌21三	辛亥22四	壬子23五	癸丑24六	甲寅25日	乙卯26一	丙辰27二	丁巳28三	戊午29四	己未30五	庚申31(6)六	辛酉2日	壬戌3一	癸亥4二	甲子5三	乙丑6四	丙寅7五	丁卯8六	戊戌立夏 甲寅小滿
五月小	壬午 天干地支西曆星期	戊辰8日	己巳9一	庚午10二	辛未11三	壬申12四	癸酉13五	甲戌14六	乙亥15日	丙子16一	丁丑17二	戊寅18三	己卯19四	庚辰20五	辛巳21六	壬午22日	癸未23一	甲申24二	乙酉25三	丙戌26四	丁亥27五	戊子28六	己丑29日	庚寅30(7)一	辛卯2二	壬辰3三	癸巳4四	甲午5五	乙未6六	丙申7日		己巳芒種 甲申夏至
六月大	癸未 天干地支西曆星期	丁酉7一	戊戌8二	己亥9三	庚子10四	辛丑11五	壬寅12六	癸卯13日	甲辰14一	乙巳15二	丙午16三	丁未17四	戊申18五	己酉19六	庚戌20日	辛亥21一	壬子22二	癸丑23三	甲寅24四	乙卯25五	丙辰26六	丁巳27日	戊午28一	己未29二	庚申30三	辛酉31(8)四	壬戌2五	癸亥3六	甲子4日	乙丑5一	丙寅6二	己亥小暑 甲寅大暑
七月小	甲申 天干地支西曆星期	丁卯7三	戊辰8四	己巳9五	庚午10六	辛未11日	壬申12一	癸酉13二	甲戌14三	乙亥15四	丙子16五	丁丑17六	戊寅18日	己卯19一	庚辰20二	辛巳21三	壬午22四	癸未23五	甲申24六	乙酉25日	丙戌26一	丁亥27二	戊子28三	己丑29四	庚寅30五	辛卯31(9)六	壬辰2日	癸巳3一	甲午4二	乙未5三		庚午立秋 乙酉處暑
八月大	乙酉 天干地支西曆星期	丙申4四	丁酉5五	戊戌6六	己亥7日	庚子8一	辛丑9二	壬寅10三	癸卯11四	甲辰12五	乙巳13六	丙午14日	丁未15一	戊申16二	己酉17三	庚戌18四	辛亥19五	壬子20六	癸丑21日	甲寅22一	乙卯23二	丙辰24三	丁巳25四	戊午26五	己未27六	庚申28日	辛酉29一	壬戌30二	癸亥(10)三	甲子2四	乙丑3五	庚子白露 乙卯秋分
九月小	丙戌 天干地支西曆星期	丙寅4六	丁卯5日	戊辰6一	己巳7二	庚午8三	辛未9四	壬申10五	癸酉11六	甲戌12日	乙亥13一	丙子14二	丁丑15三	戊寅16四	己卯17五	庚辰18六	辛巳19日	壬午20一	癸未21二	甲申22三	乙酉23四	丙戌24五	丁亥25六	戊子26日	己丑27一	庚寅28二	辛卯29三	壬辰30四	癸巳31五	甲午(11)六		庚午寒露 丙戌霜降
十月大	丁亥 天干地支西曆星期	乙未2日	丙申3一	丁酉4二	戊戌5三	己亥6四	庚子7五	辛丑8六	壬寅9日	癸卯10一	甲辰11二	乙巳12三	丙午13四	丁未14五	戊申15六	己酉16日	庚戌17一	辛亥18二	壬子19三	癸丑20四	甲寅21五	乙卯22六	丙辰23日	丁巳24一	戊午25二	己未26三	庚申27四	辛酉28五	壬戌29六	癸亥30日	甲子(12)一	辛亥立冬 丙辰小雪
十一月小	戊子 天干地支西曆星期	乙丑2二	丙寅3三	丁卯4四	戊辰5五	己巳6六	庚午7日	辛未8一	壬申9二	癸酉10三	甲戌11四	乙亥12五	丙子13六	丁丑14日	戊寅15一	己卯16二	庚辰17三	辛巳18四	壬午19五	癸未20六	甲申21日	乙酉22一	丙戌23二	丁亥24三	戊子25四	己丑26五	庚寅27六	辛卯28日	壬辰29一	癸巳30二		辛未大雪 丁亥冬至
十二月大	己丑 天干地支西曆星期	甲午31(1)三	乙未2四	丙申3五	丁酉4六	戊戌5日	己亥6一	庚子7二	辛丑8三	壬寅9四	癸卯10五	甲辰11六	乙巳12日	丙午13一	丁未14二	戊申15三	己酉16四	庚戌17五	辛亥18六	壬子19日	癸丑20一	甲寅21二	乙卯22三	丙辰23四	丁巳24五	戊午25六	己未26日	庚申27一	辛酉28二	壬戌29三	癸亥30四	壬寅小寒 丁巳大寒

*正月庚午（初一），改元咸康。

晉成帝咸康二年（丙申 猴年） 公元 336 ~ 337 年

夏曆月序	中西曆對照	夏曆日序																													節氣與天象
		初一	初二	初三	初四	初五	初六	初七	初八	初九	初十	十一	十二	十三	十四	十五	十六	十七	十八	十九	二十	二一	二二	二三	二四	二五	二六	二七	二八	二九	三十	
正月小	庚寅 天干地支 西曆 星期	甲子 30 五	乙丑 31 六	丙寅 (2) 日	丁卯 2 一	戊辰 3 二	己巳 4 三	庚午 5 四	辛未 6 五	壬申 7 六	癸酉 8 日	甲戌 9 一	乙亥 10 二	丙子 11 三	丁丑 12 四	戊寅 13 五	己卯 14 六	庚辰 15 日	辛巳 16 一	壬午 17 二	癸未 18 三	甲申 19 四	乙酉 20 五	丙戌 21 六	丁亥 22 日	戊子 23 一	己丑 24 二	庚寅 25 三	辛卯 26 四	壬辰 27 五		壬申立春 丁亥雨水
二月大	辛卯 天干地支 西曆 星期	癸巳 28 六	甲午 29 日	乙未 (3) 一	丙申 2 二	丁酉 3 三	戊戌 4 四	己亥 5 五	庚子 6 六	辛丑 7 日	壬寅 8 一	癸卯 9 二	甲辰 10 三	乙巳 11 四	丙午 12 五	丁未 13 六	戊申 14 日	己酉 15 一	庚戌 16 二	辛亥 17 三	壬子 18 四	癸丑 19 五	甲寅 20 六	乙卯 21 日	丙辰 22 一	丁巳 23 二	戊午 24 三	己未 25 四	庚申 26 五	辛酉 27 六	壬戌 28 日	癸卯驚蟄 戊午春分
三月小	壬辰 天干地支 西曆 星期	癸亥 29 一	甲子 30 二	乙丑 31 三	丙寅 (4) 四	丁卯 2 五	戊辰 3 六	己巳 4 日	庚午 5 一	辛未 6 二	壬申 7 三	癸酉 8 四	甲戌 9 五	乙亥 10 六	丙子 11 日	丁丑 12 一	戊寅 13 二	己卯 14 三	庚辰 15 四	辛巳 16 五	壬午 17 六	癸未 18 日	甲申 19 一	乙酉 20 二	丙戌 21 三	丁亥 22 四	戊子 23 五	己丑 24 六	庚寅 25 日	辛卯 26 一		癸酉清明 戊子穀雨
四月大	癸巳 天干地支 西曆 星期	壬辰 27 二	癸巳 28 三	甲午 29 四	乙未 30 五	丙申 (5) 六	丁酉 2 日	戊戌 3 一	己亥 4 二	庚子 5 三	辛丑 6 四	壬寅 7 五	癸卯 8 六	甲辰 9 日	乙巳 10 一	丙午 11 二	丁未 12 三	戊申 13 四	己酉 14 五	庚戌 15 六	辛亥 16 日	壬子 17 一	癸丑 18 二	甲寅 19 三	乙卯 20 四	丙辰 21 五	丁巳 22 六	戊午 23 日	己未 24 一	庚申 25 二	辛酉 26 三	甲辰立夏 己未小滿
五月大	甲午 天干地支 西曆 星期	壬戌 27 四	癸亥 28 五	甲子 29 六	乙丑 30 日	丙寅 31 一	丁卯 (6) 二	戊辰 2 三	己巳 3 四	庚午 4 五	辛未 5 六	壬申 6 日	癸酉 7 一	甲戌 8 二	乙亥 9 三	丙子 10 四	丁丑 11 五	戊寅 12 六	己卯 13 日	庚辰 14 一	辛巳 15 二	壬午 16 三	癸未 17 四	甲申 18 五	乙酉 19 六	丙戌 20 日	丁亥 21 一	戊子 22 二	己丑 23 三	庚寅 24 四	辛卯 25 五	甲戌芒種 己丑夏至
六月小	乙未 天干地支 西曆 星期	壬辰 26 六	癸巳 27 日	甲午 28 一	乙未 29 二	丙申 30 三	丁酉 (7) 四	戊戌 2 五	己亥 3 六	庚子 4 日	辛丑 5 一	壬寅 6 二	癸卯 7 三	甲辰 8 四	乙巳 9 五	丙午 10 六	丁未 11 日	戊申 12 一	己酉 13 二	庚戌 14 三	辛亥 15 四	壬子 16 五	癸丑 17 六	甲寅 18 日	乙卯 19 一	丙辰 20 二	丁巳 21 三	戊午 22 四	己未 23 五	庚申 24 六		甲辰小暑 庚申大暑
七月大	丙申 天干地支 西曆 星期	辛酉 25 日	壬戌 26 一	癸亥 27 二	甲子 28 三	乙丑 29 四	丙寅 30 五	丁卯 31 六	戊辰 (8) 日	己巳 2 一	庚午 3 二	辛未 4 三	壬申 5 四	癸酉 6 五	甲戌 7 六	乙亥 8 日	丙子 9 一	丁丑 10 二	戊寅 11 三	己卯 12 四	庚辰 13 五	辛巳 14 六	壬午 15 日	癸未 16 一	甲申 17 二	乙酉 18 三	丙戌 19 四	丁亥 20 五	戊子 21 六	己丑 22 日	庚寅 23 一	乙亥立秋 庚寅處暑
閏七月小	丙申 天干地支 西曆 星期	辛卯 24 二	壬辰 25 三	癸巳 26 四	甲午 27 五	乙未 28 六	丙申 29 日	丁酉 30 一	戊戌 31 二	己亥 (9) 三	庚子 2 四	辛丑 3 五	壬寅 4 六	癸卯 5 日	甲辰 6 一	乙巳 7 二	丙午 8 三	丁未 9 四	戊申 10 五	己酉 11 六	庚戌 12 日	辛亥 13 一	壬子 14 二	癸丑 15 三	甲寅 16 四	乙卯 17 五	丙辰 18 六	丁巳 19 日	戊午 20 一	己未 21 二		乙巳白露
八月大	丁酉 天干地支 西曆 星期	庚申 22 三	辛酉 23 四	壬戌 24 五	癸亥 25 六	甲子 26 日	乙丑 27 一	丙寅 28 二	丁卯 29 三	戊辰 30 四	己巳 (10) 五	庚午 2 六	辛未 3 日	壬申 4 一	癸酉 5 二	甲戌 6 三	乙亥 7 四	丙子 8 五	丁丑 9 六	戊寅 10 日	己卯 11 一	庚辰 12 二	辛巳 13 三	壬午 14 四	癸未 15 五	甲申 16 六	乙酉 17 日	丙戌 18 一	丁亥 19 二	戊子 20 三	己丑 21 四	辛酉秋分 丙子寒露
九月小	戊戌 天干地支 西曆 星期	庚寅 22 五	辛卯 23 六	壬辰 24 日	癸巳 25 一	甲午 26 二	乙未 27 三	丙申 28 四	丁酉 29 五	戊戌 30 六	己亥 31 日	庚子 (11) 一	辛丑 2 二	壬寅 3 三	癸卯 4 四	甲辰 5 五	乙巳 6 六	丙午 7 日	丁未 8 一	戊申 9 二	己酉 10 三	庚戌 11 四	辛亥 12 五	壬子 13 六	癸丑 14 日	甲寅 15 一	乙卯 16 二	丙辰 17 三	丁巳 18 四	戊午 19 五		辛卯霜降 丙午立冬
十月大	己亥 天干地支 西曆 星期	己未 20 六	庚申 21 日	辛酉 22 一	壬戌 23 二	癸亥 24 三	甲子 25 四	乙丑 26 五	丙寅 27 六	丁卯 28 日	戊辰 29 一	己巳 30 二	庚午 (12) 三	辛未 2 四	壬申 3 五	癸酉 4 六	甲戌 5 日	乙亥 6 一	丙子 7 二	丁丑 8 三	戊寅 9 四	己卯 10 五	庚辰 11 六	辛巳 12 日	壬午 13 一	癸未 14 二	甲申 15 三	乙酉 16 四	丙戌 17 五	丁亥 18 六	戊子 19 日	辛酉小雪 丁丑大雪
十一月小	庚子 天干地支 西曆 星期	己丑 20 一	庚寅 21 二	辛卯 22 三	壬辰 23 四	癸巳 24 五	甲午 25 六	乙未 26 日	丙申 27 一	丁酉 28 二	戊戌 29 三	己亥 30 四	庚子 31 五	辛丑 (1) 六	壬寅 2 日	癸卯 3 一	甲辰 4 二	乙巳 5 三	丙午 6 四	丁未 7 五	戊申 8 六	己酉 9 日	庚戌 10 一	辛亥 11 二	壬子 12 三	癸丑 13 四	甲寅 14 五	乙卯 15 六	丙辰 16 日	丁巳 17 一		壬辰冬至 丁未小寒
十二月大	辛丑 天干地支 西曆 星期	戊午 18 二	己未 19 三	庚申 20 四	辛酉 21 五	壬戌 22 六	癸亥 23 日	甲子 24 一	乙丑 25 二	丙寅 26 三	丁卯 27 四	戊辰 28 五	己巳 29 六	庚午 30 日	辛未 31 一	壬申 (2) 二	癸酉 2 三	甲戌 3 四	乙亥 4 五	丙子 5 六	丁丑 6 日	戊寅 7 一	己卯 8 二	庚辰 9 三	辛巳 10 四	壬午 11 五	癸未 12 六	甲申 13 日	乙酉 14 一	丙戌 15 二	丁亥 16 三	壬戌大寒 丁丑立春

晉成帝咸康三年（丁酉 雞年） 公元 337～338 年

夏曆月序	中西曆對照	夏曆日序																													節氣與天象
		初一	初二	初三	初四	初五	初六	初七	初八	初九	初十	十一	十二	十三	十四	十五	十六	十七	十八	十九	二十	二一	二二	二三	二四	二五	二六	二七	二八	二九	三十	
正月小	壬寅	天干地支 西曆 星期	戊子 17 五	己丑 18 六	庚寅 19 日	辛卯 20 一	壬辰 21 二	癸巳 22 三	甲午 23 四	乙未 24 五	丙申 25 六	丁酉 26 日	戊戌 27 一	己亥 28 二	庚子(3) 一	辛丑 2 三	壬寅 3 四	癸卯 4 五	甲辰 5 六	乙巳 6 日	丙午 7 一	丁未 8 二	戊申 9 三	己酉 10 四	庚戌 11 五	辛亥 12 六	壬子 13 日	癸丑 14 一	甲寅 15 二	乙卯 16 三	丙辰 17 四		癸巳雨水 戊申驚蟄
二月大	癸卯	天干地支 西曆 星期	丁巳 18 五	戊午 19 六	己未 20 日	庚申 21 一	辛酉 22 二	壬戌 23 三	癸亥 24 四	甲子 25 五	乙丑 26 六	丙寅 27 日	丁卯 28 一	戊辰 29 二	己巳 30 三	庚午 31 四	辛未(4) 五	壬申 2 六	癸酉 3 日	甲戌 4 一	乙亥 5 二	丙子 6 三	丁丑 7 四	戊寅 8 五	己卯 9 六	庚辰 10 日	辛巳 11 一	壬午 12 二	癸未 13 三	甲申 14 四	乙酉 15 五	丙戌 16 六	癸亥春分 戊寅清明
三月小	甲辰	天干地支 西曆 星期	丁亥 17 日	戊子 18 一	己丑 19 二	庚寅 20 三	辛卯 21 四	壬辰 22 五	癸巳 23 六	甲午 24 日	乙未 25 一	丙申 26 二	丁酉 27 三	戊戌 28 四	己亥 29 五	庚子 30 六	辛丑(5) 日	壬寅 2 一	癸卯 3 二	甲辰 4 三	乙巳 5 四	丙午 6 五	丁未 7 六	戊申 8 日	己酉 9 一	庚戌 10 二	辛亥 11 三	壬子 12 四	癸丑 13 五	甲寅 14 六	乙卯 15 日		甲午穀雨 己酉立夏
四月大	乙巳	天干地支 西曆 星期	丙辰 16 一	丁巳 17 二	戊午 18 三	己未 19 四	庚申 20 五	辛酉 21 六	壬戌 22 日	癸亥 23 一	甲子 24 二	乙丑 25 三	丙寅 26 四	丁卯 27 五	戊辰 28 六	己巳 29 日	庚午 30 一	辛未 31 二	壬申(6) 三	癸酉 2 四	甲戌 3 五	乙亥 4 六	丙子 5 日	丁丑 6 一	戊寅 7 二	己卯 8 三	庚辰 9 四	辛巳 10 五	壬午 11 六	癸未 12 日	甲申 13 一	乙酉 14 二	甲子小滿 己卯芒種 丁巳日食
五月小	丙午	天干地支 西曆 星期	丙戌 15 三	丁亥 16 四	戊子 17 五	己丑 18 六	庚寅 19 日	辛卯 20 一	壬辰 21 二	癸巳 22 三	甲午 23 四	乙未 24 五	丙申 25 六	丁酉 26 日	戊戌 27 一	己亥 28 二	庚子 29 三	辛丑 30 四	壬寅(7) 五	癸卯 2 六	甲辰 3 日	乙巳 4 一	丙午 5 二	丁未 6 三	戊申 7 四	己酉 8 五	庚戌 9 六	辛亥 10 日	壬子 11 一	癸丑 12 二	甲寅 13 三		甲午夏至 庚戌小暑
六月大	丁未	天干地支 西曆 星期	乙卯 14 四	丙辰 15 五	丁巳 16 六	戊午 17 日	己未 18 一	庚申 19 二	辛酉 20 三	壬戌 21 四	癸亥 22 五	甲子 23 六	乙丑 24 日	丙寅 25 一	丁卯 26 二	戊辰 27 三	己巳 28 四	庚午 29 五	辛未 30 六	壬申 31 日	癸酉(8) 一	甲戌 2 二	乙亥 3 三	丙子 4 四	丁丑 5 五	戊寅 6 六	己卯 7 日	庚辰 8 一	辛巳 9 二	壬午 10 三	癸未 11 四	甲申 12 五	乙丑大暑 庚辰立秋
七月小	戊申	天干地支 西曆 星期	乙酉 13 六	丙戌 14 日	丁亥 15 一	戊子 16 二	己丑 17 三	庚寅 18 四	辛卯 19 五	壬辰 20 六	癸巳 21 日	甲午 22 一	乙未 23 二	丙申 24 三	丁酉 25 四	戊戌 26 五	己亥 27 六	庚子 28 日	辛丑 29 一	壬寅 30 二	癸卯 31 三	甲辰(9) 四	乙巳 2 五	丙午 3 六	丁未 4 日	戊申 5 一	己酉 6 二	庚戌 7 三	辛亥 8 四	壬子 9 五	癸丑 10 六		乙未處暑 辛亥白露
八月大	己酉	天干地支 西曆 星期	甲寅 11 日	乙卯 12 一	丙辰 13 二	丁巳 14 三	戊午 15 四	己未 16 五	庚申 17 六	辛酉 18 日	壬戌 19 一	癸亥 20 二	甲子 21 三	乙丑 22 四	丙寅 23 五	丁卯 24 六	戊辰 25 日	己巳 26 一	庚午 27 二	辛未 28 三	壬申 29 四	癸酉 30 五	甲戌(10) 六	乙亥 2 日	丙子 3 一	丁丑 4 二	戊寅 5 三	己卯 6 四	庚辰 7 五	辛巳 8 六	壬午 9 日	癸未 10 一	丙寅秋分 辛巳寒露
九月大	庚戌	天干地支 西曆 星期	甲申 11 二	乙酉 12 三	丙戌 13 四	丁亥 14 五	戊子 15 六	己丑 16 日	庚寅 17 一	辛卯 18 二	壬辰 19 三	癸巳 20 四	甲午 21 五	乙未 22 六	丙申 23 日	丁酉 24 一	戊戌 25 二	己亥 26 三	庚子 27 四	辛丑 28 五	壬寅 29 六	癸卯 30 日	甲辰 31 一	乙巳(11) 二	丙午 2 三	丁未 3 四	戊申 4 五	己酉 5 六	庚戌 6 日	辛亥 7 一	壬子 8 二	癸丑 9 三	丙申霜降 辛亥立冬
十月小	辛亥	天干地支 西曆 星期	甲寅 10 四	乙卯 11 五	丙辰 12 六	丁巳 13 日	戊午 14 一	己未 15 二	庚申 16 三	辛酉 17 四	壬戌 18 五	癸亥 19 六	甲子 20 日	乙丑 21 一	丙寅 22 二	丁卯 23 三	戊辰 24 四	己巳 25 五	庚午 26 六	辛未 27 日	壬申 28 一	癸酉 29 二	甲戌 30 三	乙亥(12) 四	丙子 2 五	丁丑 3 六	戊寅 4 日	己卯 5 一	庚辰 6 二	辛巳 7 三	壬午 8 四		丁卯小雪 壬午大雪
十一月大	壬子	天干地支 西曆 星期	癸未 9 六	甲申 10 日	乙酉 11 一	丙戌 12 二	丁亥 13 三	戊子 14 四	己丑 15 五	庚寅 16 六	辛卯 17 日	壬辰 18 一	癸巳 19 二	甲午 20 三	乙未 21 四	丙申 22 五	丁酉 23 六	戊戌 24 日	己亥 25 一	庚子 26 二	辛丑 27 三	壬寅 28 四	癸卯 29 五	甲辰 30 六	乙巳 31 日	丙午(1) 一	丁未 2 二	戊申 3 三	己酉 4 四	庚戌 5 五	辛亥 6 六	壬子 7 日	丁酉冬至 壬子小寒
十二月小	癸丑	天干地支 西曆 星期	癸丑 8 一	甲寅 9 二	乙卯 10 三	丙辰 11 四	丁巳 12 五	戊午 13 六	己未 14 日	庚申 15 一	辛酉 16 二	壬戌 17 三	癸亥 18 四	甲子 19 五	乙丑 20 六	丙寅 21 日	丁卯 22 一	戊辰 23 二	己巳 24 三	庚午 25 四	辛未 26 五	壬申 27 六	癸酉 28 日	甲戌 29 一	乙亥 30 二	丙子 31 三	丁丑(2) 四	戊寅 2 五	己卯 3 六	庚辰 4 日	辛巳 5 一		戊辰大寒

晉成帝咸康四年（戊戌 狗年） 公元 338 ～ 339 年

夏曆月序	中西曆對照	夏曆日序																													節氣與天象
		初一	初二	初三	初四	初五	初六	初七	初八	初九	初十	十一	十二	十三	十四	十五	十六	十七	十八	十九	二十	二一	二二	二三	二四	二五	二六	二七	二八	二九	三十	
正月大	甲寅	天干 地支 西曆 星期	壬午 6 一	癸未 7 二	甲申 8 三	乙酉 9 四	丙戌 10 五	丁亥 11 六	戊子 12 日	己丑 13 一	庚寅 14 二	辛卯 15 三	壬辰 16 四	癸巳 17 五	甲午 18 六	乙未 19 日	丙申 20 一	丁酉 21 二	戊戌 22 三	己亥 23 四	庚子 24 五	辛丑 25 六	壬寅 26 日	癸卯 27 一	甲辰 28 二	乙巳 (3) 三	丙午 2 四	丁未 3 五	戊申 4 六	己酉 5 日	庚戌 6 一	辛亥 7 二	癸未立春 戊戌雨水
二月小	乙卯	天干 地支 西曆 星期	壬子 8 三	癸丑 9 四	甲寅 10 五	乙卯 11 六	丙辰 12 日	丁巳 13 一	戊午 14 二	己未 15 三	庚申 16 四	辛酉 17 五	壬戌 18 六	癸亥 19 日	甲子 20 一	乙丑 21 二	丙寅 22 三	丁卯 23 四	戊辰 24 五	己巳 25 六	庚午 26 日	辛未 27 一	壬申 28 二	癸酉 29 三	甲戌 30 四	乙亥 31 五	丙子 (4) 六	丁丑 2 日	戊寅 3 一	己卯 4 二	庚辰 5 三		癸丑驚蟄 戊辰春分
三月大	丙辰	天干 地支 西曆 星期	辛巳 6 四	壬午 7 五	癸未 8 六	甲申 9 日	乙酉 10 一	丙戌 11 二	丁亥 12 三	戊子 13 四	己丑 14 五	庚寅 15 六	辛卯 16 日	壬辰 17 一	癸巳 18 二	甲午 19 三	乙未 20 四	丙申 21 五	丁酉 22 六	戊戌 23 日	己亥 24 一	庚子 25 二	辛丑 26 三	壬寅 27 四	癸卯 28 五	甲辰 29 六	乙巳 30 日	丙午 (5) 一	丁未 2 二	戊申 3 三	己酉 4 四	庚戌 5 五	甲申清明 己亥穀雨
四月小	丁巳	天干 地支 西曆 星期	辛亥 6 六	壬子 7 日	癸丑 8 一	甲寅 9 二	乙卯 10 三	丙辰 11 四	丁巳 12 五	戊午 13 六	己未 14 日	庚申 15 一	辛酉 16 二	壬戌 17 三	癸亥 18 四	甲子 19 五	乙丑 20 六	丙寅 21 日	丁卯 22 一	戊辰 23 二	己巳 24 三	庚午 25 四	辛未 26 五	壬申 27 六	癸酉 28 日	甲戌 29 一	乙亥 30 二	丙子 31 三	丁丑 (6) 四	戊寅 2 五	己卯 3 六		甲寅立夏 己巳小滿
五月大	戊午	天干 地支 西曆 星期	庚辰 4 日	辛巳 5 一	壬午 6 二	癸未 7 三	甲申 8 四	乙酉 9 五	丙戌 10 六	丁亥 11 日	戊子 12 一	己丑 13 二	庚寅 14 三	辛卯 15 四	壬辰 16 五	癸巳 17 六	甲午 18 日	乙未 19 一	丙申 20 二	丁酉 21 三	戊戌 22 四	己亥 23 五	庚子 24 六	辛丑 25 日	壬寅 26 一	癸卯 27 二	甲辰 28 三	乙巳 29 四	丙午 30 五	丁未 (7) 六	戊申 2 日	己酉 3 一	甲申芒種 庚子夏至
六月小	己未	天干 地支 西曆 星期	庚戌 4 二	辛亥 5 三	壬子 6 四	癸丑 7 五	甲寅 8 六	乙卯 9 日	丙辰 10 一	丁巳 11 二	戊午 12 三	己未 13 四	庚申 14 五	辛酉 15 六	壬戌 16 日	癸亥 17 一	甲子 18 二	乙丑 19 三	丙寅 20 四	丁卯 21 五	戊辰 22 六	己巳 23 日	庚午 24 一	辛未 25 二	壬申 26 三	癸酉 27 四	甲戌 28 五	乙亥 29 六	丙子 30 日	丁丑 31 一	戊寅 (8) 二		乙卯小暑 庚午大暑
七月大	庚申	天干 地支 西曆 星期	己卯 2 三	庚辰 3 四	辛巳 4 五	壬午 5 六	癸未 6 日	甲申 7 一	乙酉 8 二	丙戌 9 三	丁亥 10 四	戊子 11 五	己丑 12 六	庚寅 13 日	辛卯 14 一	壬辰 15 二	癸巳 16 三	甲午 17 四	乙未 18 五	丙申 19 六	丁酉 20 日	戊戌 21 一	己亥 22 二	庚子 23 三	辛丑 24 四	壬寅 25 五	癸卯 26 六	甲辰 27 日	乙巳 28 一	丙午 29 二	丁未 30 三	戊申 31 四	乙酉立秋 辛丑處暑
八月小	辛酉	天干 地支 西曆 星期	己酉 (9) 五	庚戌 2 六	辛亥 3 日	壬子 4 一	癸丑 5 二	甲寅 6 三	乙卯 7 四	丙辰 8 五	丁巳 9 六	戊午 10 日	己未 11 一	庚申 12 二	辛酉 13 三	壬戌 14 四	癸亥 15 五	甲子 16 六	乙丑 17 日	丙寅 18 一	丁卯 19 二	戊辰 20 三	己巳 21 四	庚午 22 五	辛未 23 六	壬申 24 日	癸酉 25 一	甲戌 26 二	乙亥 27 三	丙子 28 四	丁丑 29 五		丙辰白露 辛未秋分
九月大	壬戌	天干 地支 西曆 星期	戊寅 30 六	己卯 (10) 日	庚辰 2 一	辛巳 3 二	壬午 4 三	癸未 5 四	甲申 6 五	乙酉 7 六	丙戌 8 日	丁亥 9 一	戊子 10 二	己丑 11 三	庚寅 12 四	辛卯 13 五	壬辰 14 六	癸巳 15 日	甲午 16 一	乙未 17 二	丙申 18 三	丁酉 19 四	戊戌 20 五	己亥 21 六	庚子 22 日	辛丑 23 一	壬寅 24 二	癸卯 25 三	甲辰 26 四	乙巳 27 五	丙午 28 六	丁未 29 日	丙戌寒露 辛丑霜降
十月小	癸亥	天干 地支 西曆 星期	戊申 30 一	己酉 31 二	庚戌 (11) 三	辛亥 2 四	壬子 3 五	癸丑 4 六	甲寅 5 日	乙卯 6 一	丙辰 7 二	丁巳 8 三	戊午 9 四	己未 10 五	庚申 11 六	辛酉 12 日	壬戌 13 一	癸亥 14 二	甲子 15 三	乙丑 16 四	丙寅 17 五	丁卯 18 六	戊辰 19 日	己巳 20 一	庚午 21 二	辛未 22 三	壬申 23 四	癸酉 24 五	甲戌 25 六	乙亥 26 日	丙子 27 一		丁巳立冬 壬申小雪
十一月大	甲子	天干 地支 西曆 星期	丁丑 28 二	戊寅 29 三	己卯 30 四	庚辰 (12) 五	辛巳 2 六	壬午 3 日	癸未 4 一	甲申 5 二	乙酉 6 三	丙戌 7 四	丁亥 8 五	戊子 9 六	己丑 10 日	庚寅 11 一	辛卯 12 二	壬辰 13 三	癸巳 14 四	甲午 15 五	乙未 16 六	丙申 17 日	丁酉 18 一	戊戌 19 二	己亥 20 三	庚子 21 四	辛丑 22 五	壬寅 23 六	癸卯 24 日	甲辰 25 一	乙巳 26 二	丙午 27 三	丁亥大雪 壬寅冬至
十二月大	乙丑	天干 地支 西曆 星期	丁未 28 四	戊申 29 五	己酉 30 六	庚戌 31 日	辛亥 (1) 一	壬子 2 二	癸丑 3 三	甲寅 4 四	乙卯 5 五	丙辰 6 六	丁巳 7 日	戊午 8 一	己未 9 二	庚申 10 三	辛酉 11 四	壬戌 12 五	癸亥 13 六	甲子 14 日	乙丑 15 一	丙寅 16 二	丁卯 17 三	戊辰 18 四	己巳 19 五	庚午 20 六	辛未 21 日	壬申 22 一	癸酉 23 二	甲戌 24 三	乙亥 25 四	丙子 26 五	戊午小寒 癸酉大寒

晉成帝咸康五年（己亥 猪年） 公元 339 ~ 340 年

夏曆月序	中西曆對照	夏曆日序（初一～三十）	節氣與天象
正月小 丙寅	天干地支/西曆/星期	丁丑27六…乙巳24六	戊子立春 / 癸卯雨水
二月大 丁卯	天干地支/西曆/星期	丙午25日…乙亥26一	戊午驚蟄 / 甲戌春分
三月小 戊辰	天干地支/西曆/星期	丙子27二…甲辰24二	己丑清明 / 甲辰穀雨
四月大 己巳	天干地支/西曆/星期	乙巳25三…甲戌24四	己未立夏 / 甲戌小滿
閏四月小 己巳	天干地支/西曆/星期	乙亥25五…癸卯22四	庚寅芒種
五月大 庚午	天干地支/西曆/星期	甲辰23六…癸酉22日	乙巳夏至 / 庚申小暑
六月小 辛未	天干地支/西曆/星期	甲戌23一…壬寅20一	乙亥大暑 / 辛卯立秋
七月大 壬申	天干地支/西曆/星期	癸卯21二…壬申19三	丙午處暑 / 辛酉白露
八月小 癸酉	天干地支/西曆/星期	癸酉20四…辛卯17三	丙子秋分 / 辛卯寒露
九月大 甲戌	天干地支/西曆/星期	壬辰19五…辛酉17六	丁未霜降 / 壬戌立冬 / 壬寅日食
十月小 乙亥	天干地支/西曆/星期	壬戌18日…庚寅16日	丁丑小雪 / 壬辰大雪
十一月大 丙子	天干地支/西曆/星期	辛卯17二…庚申15二	戊申冬至 / 癸亥小寒
十二月小 丁丑	天干地支/西曆/星期	辛酉16三…己亥13三	戊寅大寒 / 癸巳立春

晉成帝咸康六年（庚子 鼠年） 公元 340～341 年

夏曆月序	中西曆對照	夏曆日序																													節氣與天象
		初一	初二	初三	初四	初五	初六	初七	初八	初九	初十	十一	十二	十三	十四	十五	十六	十七	十八	十九	二十	廿一	廿二	廿三	廿四	廿五	廿六	廿七	廿八	廿九	三十	
正月大	戊寅 天干地支 西曆 星期	庚子 14 四	辛丑 15 五	壬寅 16 六	癸卯 17 日	甲辰 18 一	乙巳 19 二	丙午 20 三	丁未 21 四	戊申 22 五	己酉 23 六	庚戌 24 日	辛亥 25 一	壬子 26 二	癸丑 27 三	甲寅 28 四	乙卯 29 五	丙辰 3(3) 六	丁巳 2 日	戊午 3 一	己未 4 二	庚申 5 三	辛酉 6 四	壬戌 7 五	癸亥 8 六	甲子 9 日	乙丑 10 一	丙寅 11 二	丁卯 12 三	戊辰 13 四	己巳 14 五	戊申雨水 甲子驚蟄
二月小	己卯 天干地支 西曆 星期	庚午 15 六	辛未 16 日	壬申 17 一	癸酉 18 二	甲戌 19 三	乙亥 20 四	丙子 21 五	丁丑 22 六	戊寅 23 日	己卯 24 一	庚辰 25 二	辛巳 26 三	壬午 27 四	癸未 28 五	甲申 29 六	乙酉 30 日	丙戌 31 一	丁亥 3(4) 二	戊子 2 三	己丑 3 四	庚寅 4 五	辛卯 5 六	壬辰 6 日	癸巳 7 一	甲午 8 二	乙未 9 三	丙申 10 四	丁酉 11 五	戊戌 12 六		己卯春分 甲午清明 庚午日食
三月大	庚辰 天干地支 西曆 星期	己亥 13 日	庚子 14 一	辛丑 15 二	壬寅 16 三	癸卯 17 四	甲辰 18 五	乙巳 19 六	丙午 20 日	丁未 21 一	戊申 22 二	己酉 23 三	庚戌 24 四	辛亥 25 五	壬子 26 六	癸丑 27 日	甲寅 28 一	乙卯 29 二	丙辰 30 三	丁巳 3(5) 四	戊午 2 五	己未 3 六	庚申 4 日	辛酉 5 一	壬戌 6 二	癸亥 7 三	甲子 8 四	乙丑 9 五	丙寅 10 六	丁卯 11 日	戊辰 12 一	己酉穀雨 乙丑立夏
四月大	辛巳 天干地支 西曆 星期	己巳 13 二	庚午 14 三	辛未 15 四	壬申 16 五	癸酉 17 六	甲戌 18 日	乙亥 19 一	丙子 20 二	丁丑 21 三	戊寅 22 四	己卯 23 五	庚辰 24 六	辛巳 25 日	壬午 26 一	癸未 27 二	甲申 28 三	乙酉 29 四	丙戌 30 五	丁亥 31 六	戊子 6(6) 日	己丑 2 一	庚寅 3 二	辛卯 4 三	壬辰 5 四	癸巳 6 五	甲午 7 六	乙未 8 日	丙申 9 一	丁酉 10 二	戊戌 11 三	庚辰小滿 丙午芒種
五月小	壬午 天干地支 西曆 星期	己亥 12 四	庚子 13 五	辛丑 14 六	壬寅 15 日	癸卯 16 一	甲辰 17 二	乙巳 18 三	丙午 19 四	丁未 20 五	戊申 21 六	己酉 22 日	庚戌 23 一	辛亥 24 二	壬子 25 三	癸丑 26 四	甲寅 27 五	乙卯 28 六	丙辰 29 日	丁巳 30 一	戊午 7(7) 二	己未 2 三	庚申 3 四	辛酉 4 五	壬戌 5 六	癸亥 6 日	甲子 7 一	乙丑 8 二	丙寅 9 三	丁卯 10 四		庚戌夏至 乙丑小暑
六月大	癸未 天干地支 西曆 星期	戊辰 11 五	己巳 12 六	庚午 13 日	辛未 14 一	壬申 15 二	癸酉 16 三	甲戌 17 四	乙亥 18 五	丙子 19 六	丁丑 20 日	戊寅 21 一	己卯 22 二	庚辰 23 三	辛巳 24 四	壬午 25 五	癸未 26 六	甲申 27 日	乙酉 28 一	丙戌 29 二	丁亥 30 三	戊子 31 四	己丑 8(8) 五	庚寅 2 六	辛卯 3 日	壬辰 4 一	癸巳 5 二	甲午 6 三	乙未 7 四	丙申 8 五	丁酉 9 六	辛巳大暑 丙申立秋
七月小	甲申 天干地支 西曆 星期	戊戌 10 日	己亥 11 一	庚子 12 二	辛丑 13 三	壬寅 14 四	癸卯 15 五	甲辰 16 六	乙巳 17 日	丙午 18 一	丁未 19 二	戊申 20 三	己酉 21 四	庚戌 22 五	辛亥 23 六	壬子 24 日	癸丑 25 一	甲寅 26 二	乙卯 27 三	丙辰 28 四	丁巳 29 五	戊午 30 六	己未 31 日	庚申 9(9) 一	辛酉 2 二	壬戌 3 三	癸亥 4 四	甲子 5 五	乙丑 6 六	丙寅 7 日		辛亥處暑 丙寅白露
八月大	乙酉 天干地支 西曆 星期	丁卯 8 一	戊辰 9 二	己巳 10 三	庚午 11 四	辛未 12 五	壬申 13 六	癸酉 14 日	甲戌 15 一	乙亥 16 二	丙子 17 三	丁丑 18 四	戊寅 19 五	己卯 20 六	庚辰 21 日	辛巳 22 一	壬午 23 二	癸未 24 三	甲申 25 四	乙酉 26 五	丙戌 27 六	丁亥 28 日	戊子 29 一	己丑 30 二	庚寅 10(10) 三	辛卯 2 四	壬辰 3 五	癸巳 4 六	甲午 5 日	乙未 6 一	丙申 7 二	辛巳秋分
九月小	丙戌 天干地支 西曆 星期	丁酉 8 三	戊戌 9 四	己亥 10 五	庚子 11 六	辛丑 12 日	壬寅 13 一	癸卯 14 二	甲辰 15 三	乙巳 16 四	丙午 17 五	丁未 18 六	戊申 19 日	己酉 20 一	庚戌 21 二	辛亥 22 三	壬子 23 四	癸丑 24 五	甲寅 25 六	乙卯 26 日	丙辰 27 一	丁巳 28 二	戊午 29 三	己未 30 四	庚申 31 五	辛酉 11(11) 六	壬戌 2 日	癸亥 3 一	甲子 4 二	乙丑 5 三		丁酉寒露 壬子霜降
十月大	丁亥 天干地支 西曆 星期	丙寅 6 四	丁卯 7 五	戊辰 8 六	己巳 9 日	庚午 10 一	辛未 11 二	壬申 12 三	癸酉 13 四	甲戌 14 五	乙亥 15 六	丙子 16 日	丁丑 17 一	戊寅 18 二	己卯 19 三	庚辰 20 四	辛巳 21 五	壬午 22 六	癸未 23 日	甲申 24 一	乙酉 25 二	丙戌 26 三	丁亥 27 四	戊子 28 五	己丑 29 六	庚寅 30 日	辛卯 12(12) 一	壬辰 2 二	癸巳 3 三	甲午 4 四	乙未 5 五	丁卯立冬 壬午小雪
十一月小	戊子 天干地支 西曆 星期	丙申 6 六	丁酉 7 日	戊戌 8 一	己亥 9 二	庚子 10 三	辛丑 11 四	壬寅 12 五	癸卯 13 六	甲辰 14 日	乙巳 15 一	丙午 16 二	丁未 17 三	戊申 18 四	己酉 19 五	庚戌 20 六	辛亥 21 日	壬子 22 一	癸丑 23 二	甲寅 24 三	乙卯 25 四	丙辰 26 五	丁巳 27 六	戊午 28 日	己未 29 一	庚申 30 二	辛酉 31 三	壬戌 (1) 四	癸亥 2 五	甲子 3 六		戊戌大雪 癸丑冬至
十二月大	己丑 天干地支 西曆 星期	乙丑 4 日	丙寅 5 一	丁卯 6 二	戊辰 7 三	己巳 8 四	庚午 9 五	辛未 10 六	壬申 11 日	癸酉 12 一	甲戌 13 二	乙亥 14 三	丙子 15 四	丁丑 16 五	戊寅 17 六	己卯 18 日	庚辰 19 一	辛巳 20 二	壬午 21 三	癸未 22 四	甲申 23 五	乙酉 24 六	丙戌 25 日	丁亥 26 一	戊子 27 二	己丑 28 三	庚寅 29 四	辛卯 30 五	壬辰 31 六	癸巳 2(2) 日	甲午 2 一	戊辰小寒 癸未大寒

晉成帝咸康七年（辛丑 牛年） 公元 341 ~ 342 年

夏曆月序	中西曆對照	夏曆日序																													節氣與天象
		初一	初二	初三	初四	初五	初六	初七	初八	初九	初十	十一	十二	十三	十四	十五	十六	十七	十八	十九	二十	二一	二二	二三	二四	二五	二六	二七	二八	二九	三十	
正月小	庚寅 天干地支 西曆 星期	丙申 3 二	丁酉 4 三	戊戌 5 四	己亥 6 五	庚子 7 六	辛丑 8 日	壬寅 9 一	癸卯 10 二	甲辰 11 三	乙巳 12 四	丙午 13 五	丁未 14 六	戊申 15 日	己酉 16 一	庚戌 17 二	辛亥 18 三	壬子 19 四	癸丑 20 五	甲寅 21 六	乙卯 22 日	丙辰 23 一	丁巳 24 二	戊午 25 三	己未 26 四	庚申 27 五	辛酉 28 六	壬戌 (3) 日	癸亥 2 一	甲子 3 二		戊戌立春 甲寅雨水
二月大	辛卯 天干地支 西曆 星期	甲子 4 三	乙丑 5 四	丙寅 6 五	丁卯 7 六	戊辰 8 日	己巳 9 一	庚午 10 二	辛未 11 三	壬申 12 四	癸酉 13 五	甲戌 14 六	乙亥 15 日	丙子 16 一	丁丑 17 二	戊寅 18 三	己卯 19 四	庚辰 20 五	辛巳 21 六	壬午 22 日	癸未 23 一	甲申 24 二	乙酉 25 三	丙戌 26 四	丁亥 27 五	戊子 28 六	己丑 29 日	庚寅 30 一	辛卯 31 二	壬辰 (4) 三	癸巳 2 四	己巳驚蟄 甲申春分 甲子日食
三月小	壬辰 天干地支 西曆 星期	甲午 3 五	乙未 4 六	丙申 5 日	丁酉 6 一	戊戌 7 二	己亥 8 三	庚子 9 四	辛丑 10 五	壬寅 11 六	癸卯 12 日	甲辰 13 一	乙巳 14 二	丙午 15 三	丁未 16 四	戊申 17 五	己酉 18 六	庚戌 19 日	辛亥 20 一	壬子 21 二	癸丑 22 三	甲寅 23 四	乙卯 24 五	丙辰 25 六	丁巳 26 日	戊午 27 一	己未 28 二	庚申 29 三	辛酉 30 四	壬戌 (5) 五		己亥清明 乙卯穀雨
四月大	癸巳 天干地支 西曆 星期	癸亥 2 六	甲子 3 日	乙丑 4 一	丙寅 5 二	丁卯 6 三	戊辰 7 四	己巳 8 五	庚午 9 六	辛未 10 日	壬申 11 一	癸酉 12 二	甲戌 13 三	乙亥 14 四	丙子 15 五	丁丑 16 六	戊寅 17 日	己卯 18 一	庚辰 19 二	辛巳 20 三	壬午 21 四	癸未 22 五	甲申 23 六	乙酉 24 日	丙戌 25 一	丁亥 26 二	戊子 27 三	己丑 28 四	庚寅 29 五	辛卯 30 六	壬辰 31 日	庚午立夏 乙酉小滿
五月小	甲午 天干地支 西曆 星期	癸巳 (6) 一	甲午 2 二	乙未 3 三	丙申 4 四	丁酉 5 五	戊戌 6 六	己亥 7 日	庚子 8 一	辛丑 9 二	壬寅 10 三	癸卯 11 四	甲辰 12 五	乙巳 13 六	丙午 14 日	丁未 15 一	戊申 16 二	己酉 17 三	庚戌 18 四	辛亥 19 五	壬子 20 六	癸丑 21 日	甲寅 22 一	乙卯 23 二	丙辰 24 三	丁巳 25 四	戊午 26 五	己未 27 六	庚申 28 日	辛酉 29 一		庚子芒種 乙卯夏至
六月大	乙未 天干地支 西曆 星期	壬戌 30 二	癸亥 (7) 三	甲子 2 四	乙丑 3 五	丙寅 4 六	丁卯 5 日	戊辰 6 一	己巳 7 二	庚午 8 三	辛未 9 四	壬申 10 五	癸酉 11 六	甲戌 12 日	乙亥 13 一	丙子 14 二	丁丑 15 三	戊寅 16 四	己卯 17 五	庚辰 18 六	辛巳 19 日	壬午 20 一	癸未 21 二	甲申 22 三	乙酉 23 四	丙戌 24 五	丁亥 25 六	戊子 26 日	己丑 27 一	庚寅 28 二	辛卯 29 三	辛未小暑 丙戌大暑
七月小	丙申 天干地支 西曆 星期	壬辰 30 四	癸巳 31 五	甲午 (8) 六	乙未 2 日	丙申 3 一	丁酉 4 二	戊戌 5 三	己亥 6 四	庚子 7 五	辛丑 8 六	壬寅 9 日	癸卯 10 一	甲辰 11 二	乙巳 12 三	丙午 13 四	丁未 14 五	戊申 15 六	己酉 16 日	庚戌 17 一	辛亥 18 二	壬子 19 三	癸丑 20 四	甲寅 21 五	乙卯 22 六	丙辰 23 日	丁巳 24 一	戊午 25 二	己未 26 三	庚申 27 四		辛丑立秋 丙辰處暑
八月大	丁酉 天干地支 西曆 星期	辛酉 28 五	壬戌 29 六	癸亥 30 日	甲子 31 一	乙丑 (9) 二	丙寅 2 三	丁卯 3 四	戊辰 4 五	己巳 5 六	庚午 6 日	辛未 7 一	壬申 8 二	癸酉 9 三	甲戌 10 四	乙亥 11 五	丙子 12 六	丁丑 13 日	戊寅 14 一	己卯 15 二	庚辰 16 三	辛巳 17 四	壬午 18 五	癸未 19 六	甲申 20 日	乙酉 21 一	丙戌 22 二	丁亥 23 三	戊子 24 四	己丑 25 五	庚寅 26 六	壬辰白露 丁亥秋分
九月大	戊戌 天干地支 西曆 星期	辛卯 27 日	壬辰 28 一	癸巳 29 二	甲午 (10) 三	乙未 2 四	丙申 3 五	丁酉 4 六	戊戌 5 日	己亥 6 一	庚子 7 二	辛丑 8 三	壬寅 9 四	癸卯 10 五	甲辰 11 六	乙巳 12 日	丙午 13 一	丁未 14 二	戊申 15 三	己酉 16 四	庚戌 17 五	辛亥 18 六	壬子 19 日	癸丑 20 一	甲寅 21 二	乙卯 22 三	丙辰 23 四	丁巳 24 五	戊午 25 六	己未 26 日	庚申 27 一	甲寅寒露 丁巳霜降
十月小	己亥 天干地支 西曆 星期	辛酉 27 二	壬戌 28 三	癸亥 29 四	甲子 30 五	乙丑 31 六	丙寅 (11) 日	丁卯 2 一	戊辰 3 二	己巳 4 三	庚午 5 四	辛未 6 五	壬申 7 六	癸酉 8 日	甲戌 9 一	乙亥 10 二	丙子 11 三	丁丑 12 四	戊寅 13 五	己卯 14 六	庚辰 15 日	辛巳 16 一	壬午 17 二	癸未 18 三	甲申 19 四	乙酉 20 五	丙戌 21 六	丁亥 22 日	戊子 23 一	己丑 24 二		壬申立冬 戊子小雪
十一月大	庚子 天干地支 西曆 星期	庚寅 25 三	辛卯 26 四	壬辰 27 五	癸巳 28 六	甲午 29 日	乙未 30 一	丙申 (02) 二	丁酉 2 三	戊戌 3 四	己亥 4 五	庚子 5 六	辛丑 6 日	壬寅 7 一	癸卯 8 二	甲辰 9 三	乙巳 10 四	丙午 11 五	丁未 12 六	戊申 13 日	己酉 14 一	庚戌 15 二	辛亥 16 三	壬子 17 四	癸丑 18 五	甲寅 19 六	乙卯 20 日	丙辰 21 一	丁巳 22 二	戊午 23 三	己未 24 四	癸卯大雪 戊午冬至
十二月小	辛丑 天干地支 西曆 星期	庚申 25 五	辛酉 26 六	壬戌 27 日	癸亥 28 一	甲子 29 二	乙丑 30 三	丙寅 31 四	丁卯 (1) 五	戊辰 2 六	己巳 3 日	庚午 4 一	辛未 5 二	壬申 6 三	癸酉 7 四	甲戌 8 五	乙亥 9 六	丙子 10 日	丁丑 11 一	戊寅 12 二	己卯 13 三	庚辰 14 四	辛巳 15 五	壬午 16 六	癸未 17 日	甲申 18 一	乙酉 19 二	丙戌 20 三	丁亥 21 四	戊子 22 五		癸酉小寒 戊子大寒
閏十二月大	辛丑 天干地支 西曆 星期	己丑 23 六	庚寅 24 日	辛卯 25 一	壬辰 26 二	癸巳 27 三	甲午 28 四	乙未 29 五	丙申 30 六	丁酉 31 日	戊戌 (2) 一	己亥 2 二	庚子 3 三	辛丑 4 四	壬寅 5 五	癸卯 6 六	甲辰 7 日	乙巳 8 一	丙午 9 二	丁未 10 三	戊申 11 四	己酉 12 五	庚戌 13 六	辛亥 14 日	壬子 15 一	癸丑 16 二	甲寅 17 三	乙卯 18 四	丙辰 19 五	丁巳 20 六	戊午 21 日	甲辰立春

晉成帝咸康八年 康帝咸康八年（壬寅 虎年） 公元342～343年

夏曆月序	西中曆對照	夏曆日序																													節氣與天象
		初一	初二	初三	初四	初五	初六	初七	初八	初九	初十	十一	十二	十三	十四	十五	十六	十七	十八	十九	二十	二一	二二	二三	二四	二五	二六	二七	二八	二九	三十	
正月小	壬寅 天干地支西曆星期	己未22一	庚申23二	辛酉24三	壬戌25四	癸亥26五	甲子27六	乙丑28日	丙寅(3)一	丁卯2二	戊辰3三	己巳4四	庚午5五	辛未6六	壬申7日	癸酉8一	甲戌9二	乙亥10三	丙子11四	丁丑12五	戊寅13六	己卯14日	庚辰15一	辛巳16二	壬午17三	癸未18四	甲申19五	乙酉20六	丙戌21日	丁亥22一		己未雨水 甲戌驚蟄
二月大	癸卯 天干地支西曆星期	戊子23二	己丑24三	庚寅25四	辛卯26五	壬辰27六	癸巳28日	甲午29一	乙未30二	丙申31三	丁酉(4)四	戊戌2五	己亥3六	庚子4日	辛丑5一	壬寅6二	癸卯7三	甲辰8四	乙巳9五	丙午10六	丁未11日	戊申12一	己酉13二	庚戌14三	辛亥15四	壬子16五	癸丑17六	甲寅18日	乙卯19一	丙辰20二	丁巳21三	己丑春分 乙巳清明
三月小	甲辰 天干地支西曆星期	戊午22四	己未23五	庚申24六	辛酉25日	壬戌26一	癸亥27二	甲子28三	乙丑29四	丙寅30五	丁卯(5)日	戊辰2一	己巳3二	庚午4三	辛未5四	壬申6五	癸酉7六	甲戌8日	乙亥9一	丙子10二	丁丑11三	戊寅12四	己卯13五	庚辰14六	辛巳15日	壬午16一	癸未17二	甲申18三	乙酉19四	丙戌20五		庚申穀雨 乙亥立夏
四月大	乙巳 天干地支西曆星期	丁亥21五	戊子22六	己丑23日	庚寅24一	辛卯25二	壬辰26三	癸巳27四	甲午28五	乙未29六	丙申30日	丁酉31一	戊戌(6)二	己亥2三	庚子3四	辛丑4五	壬寅5六	癸卯6日	甲辰7一	乙巳8二	丙午9三	丁未10四	戊申11五	己酉12六	庚戌13日	辛亥14一	壬子15二	癸丑16三	甲寅17四	乙卯18五	丙辰19六	庚寅小滿 乙巳芒種
五月小	丙午 天干地支西曆星期	丁巳20日	戊午21一	己未22二	庚申23三	辛酉24四	壬戌25五	癸亥26六	甲子27日	乙丑28一	丙寅29二	丁卯30三	戊辰(7)四	己巳2五	庚午3六	辛未4日	壬申5一	癸酉6二	甲戌7三	乙亥8四	丙子9五	丁丑10六	戊寅11日	己卯12一	庚辰13二	辛巳14三	壬午15四	癸未16五	甲申17六	乙酉18日		辛酉夏至 丙子小暑
六月大	丁未 天干地支西曆星期	丙戌19一	丁亥20二	戊子21三	己丑22四	庚寅23五	辛卯24六	壬辰25日	癸巳26一	甲午27二	乙未28三	丙申29四	丁酉30五	戊戌31六	己亥(8)日	庚子2一	辛丑3二	壬寅4三	癸卯5四	甲辰6五	乙巳7六	丙午8日	丁未9一	戊申10二	己酉11三	庚戌12四	辛亥13五	壬子14六	癸丑15日	甲寅16一	乙卯17二	辛卯大暑 丙午立秋
七月小	戊申 天干地支西曆星期	丙辰18三	丁巳19四	戊午20五	己未21六	庚申22日	辛酉23一	壬戌24二	癸亥25三	甲子26四	乙丑27五	丙寅28六	丁卯29日	戊辰30一	己巳31二	庚午(9)三	辛未2四	壬申3五	癸酉4六	甲戌5日	乙亥6一	丙子7二	丁丑8三	戊寅9四	己卯10五	庚辰11六	辛巳12日	壬午13一	癸未14二	甲申15三		壬戌處暑 丁丑白露
八月大	己酉 天干地支西曆星期	乙酉16四	丙戌17五	丁亥18六	戊子19日	己丑20一	庚寅21二	辛卯22三	壬辰23四	癸巳24五	甲午25六	乙未26日	丙申27一	丁酉28二	戊戌29三	己亥30四	庚子(10)五	辛丑2六	壬寅3日	癸卯4一	甲辰5二	乙巳6三	丙午7四	丁未8五	戊申9六	己酉10日	庚戌11一	辛亥12二	壬子13三	癸丑14四	甲寅15五	壬辰秋分 丁未寒露
九月小	庚戌 天干地支西曆星期	乙卯16六	丙辰17日	丁巳18一	戊午19二	己未20三	庚申21四	辛酉22五	壬戌23六	癸亥24日	甲子25一	乙丑26二	丙寅27三	丁卯28四	戊辰29五	己巳30六	庚午31日	辛未(11)一	壬申2二	癸酉3三	甲戌4四	乙亥5五	丙子6六	丁丑7日	戊寅8一	己卯9二	庚辰10三	辛巳11四	壬午12五	癸未13六		壬戌霜降 戊寅立冬
十月大	辛亥 天干地支西曆星期	甲申14日	乙酉15一	丙戌16二	丁亥17三	戊子18四	己丑19五	庚寅20六	辛卯21日	壬辰22一	癸巳23二	甲午24三	乙未25四	丙申26五	丁酉27六	戊戌28日	己亥29一	庚子30二	辛丑(12)三	壬寅2四	癸卯3五	甲辰4六	乙巳5日	丙午6一	丁未7二	戊申8三	己酉9四	庚戌10五	辛亥11六	壬子12日	癸丑13一	癸巳小雪 戊申大雪
十一月大	壬子 天干地支西曆星期	甲寅14二	乙卯15三	丙辰16四	丁巳17五	戊午18六	己未19日	庚申20一	辛酉21二	壬戌22三	癸亥23四	甲子24五	乙丑25六	丙寅26日	丁卯27一	戊辰28二	己巳29三	庚午30四	辛未31五	壬申(1)六	癸酉2日	甲戌3一	乙亥4二	丙子5三	丁丑6四	戊寅7五	己卯8六	庚辰9日	辛巳10一	壬午11二	癸未12三	癸亥冬至 己卯小寒
十二月小	癸丑 天干地支西曆星期	甲申13四	乙酉14五	丙戌15六	丁亥16日	戊子17一	己丑18二	庚寅19三	辛卯20四	壬辰21五	癸巳22六	甲午23日	乙未24一	丙申25二	丁酉26三	戊戌27四	己亥28五	庚子29六	辛丑30日	壬寅31一	癸卯(2)二	甲辰2三	乙巳3四	丙午4五	丁未5六	戊申6日	己酉7一	庚戌8二	辛亥9三	壬子10四		甲午大寒 己酉立春

*《晉書》卷七《成帝紀》載："八年春正月己未朔，日有食之。"存疑，待考。六月癸巳（初八），成帝死。甲午（初九），司馬岳即位，是爲康帝。

晉康帝建元元年（癸卯 兔年） 公元 343 ~ 344 年

夏曆月序	中西日曆對照	夏曆日序 初一	初二	初三	初四	初五	初六	初七	初八	初九	初十	十一	十二	十三	十四	十五	十六	十七	十八	十九	二十	二一	二二	二三	二四	二五	二六	二七	二八	二九	三十	節氣與天象
正月大	甲寅 天干地支西曆星期	癸丑11五	甲寅12六	乙卯13日	丙辰14一	丁巳15二	戊午16三	己未17四	庚申18五	辛酉19六	壬戌20日	癸亥21一	甲子22二	乙丑23三	丙寅24四	丁卯25五	戊辰26六	己巳27日	庚午28一	辛未(3)二	壬申2三	癸酉3四	甲戌4五	乙亥5六	丙子6日	丁丑7一	戊寅8二	己卯9三	庚辰10四	辛巳11五	壬午12六	甲子雨水 己卯驚蟄
二月小	乙卯 天干地支西曆星期	癸未13日	甲申14一	乙酉15二	丙戌16三	丁亥17四	戊子18五	己丑19六	庚寅20日	辛卯21一	壬辰22二	癸巳23三	甲午24四	乙未25五	丙申26六	丁酉27日	戊戌28一	己亥29二	庚子30三	辛丑31四	壬寅(4)五	癸卯2六	甲辰3日	乙巳4一	丙午5二	丁未6三	戊申7四	己酉8五	庚戌9六	辛亥10日		乙未春分 庚戌清明
三月大	丙辰 天干地支西曆星期	壬子11一	癸丑12二	甲寅13三	乙卯14四	丙辰15五	丁巳16六	戊午17日	己未18一	庚申19二	辛酉20三	壬戌21四	癸亥22五	甲子23六	乙丑24日	丙寅25一	丁卯26二	戊辰27三	己巳28四	庚午29五	辛未30六	壬申(5)日	癸酉2一	甲戌3二	乙亥4三	丙子5四	丁丑6五	戊寅7六	己卯8日	庚辰9一	辛巳10二	乙丑穀雨 庚辰立夏
四月小	丁巳 天干地支西曆星期	壬午11三	癸未12四	甲申13五	乙酉14六	丙戌15日	丁亥16一	戊子17二	己丑18三	庚寅19四	辛卯20五	壬辰21六	癸巳22日	甲午23一	乙未24二	丙申25三	丁酉26四	戊戌27五	己亥28六	庚子29日	辛丑30一	壬寅31二	癸卯(6)三	甲辰2四	乙巳3五	丙午4六	丁未5日	戊申6一	己酉7二	庚戌8三		乙未小滿
五月大	戊午 天干地支西曆星期	辛亥9四	壬子10五	癸丑11六	甲寅12日	乙卯13一	丙辰14二	丁巳15三	戊午16四	己未17五	庚申18六	辛酉19日	壬戌20一	癸亥21二	甲子22三	乙丑23四	丙寅24五	丁卯25六	戊辰26日	己巳27一	庚午28二	辛未29三	壬申30四	癸酉(7)五	甲戌2六	乙亥3日	丙子4一	丁丑5二	戊寅6三	己卯7四	庚辰8五	辛亥芒種 丙寅夏至
六月小	己未 天干地支西曆星期	辛巳9六	壬午10日	癸未11一	甲申12二	乙酉13三	丙戌14四	丁亥15五	戊子16六	己丑17日	庚寅18一	辛卯19二	壬辰20三	癸巳21四	甲午22五	乙未23六	丙申24日	丁酉25一	戊戌26二	己亥27三	庚子28四	辛丑29五	壬寅30六	癸卯31日	甲辰(8)一	乙巳2二	丙午3三	丁未4四	戊申5五	己酉6六		辛巳小暑 丙申大暑
七月大	庚申 天干地支西曆星期	庚戌7日	辛亥8一	壬子9二	癸丑10三	甲寅11四	乙卯12五	丙辰13六	丁巳14日	戊午15一	己未16二	庚申17三	辛酉18四	壬戌19五	癸亥20六	甲子21日	乙丑22一	丙寅23二	丁卯24三	戊辰25四	己巳26五	庚午27六	辛未28日	壬申29一	癸酉30二	甲戌31三	乙亥(9)四	丙子2五	丁丑3六	戊寅4日	己卯5一	壬子立秋 丁卯處暑
八月小	辛酉 天干地支西曆星期	庚辰6二	辛巳7三	壬午8四	癸未9五	甲申10六	乙酉11日	丙戌12一	丁亥13二	戊子14三	己丑15四	庚寅16五	辛卯17六	壬辰18日	癸巳19一	甲午20二	乙未21三	丙申22四	丁酉23五	戊戌24六	己亥25日	庚子26一	辛丑27二	壬寅28三	癸卯29四	甲辰30五	乙巳(10)六	丙午2日	丁未3一	戊申4二		壬午白露 丁酉秋分
九月大	壬戌 天干地支西曆星期	己酉5三	庚戌6四	辛亥7五	壬子8六	癸丑9日	甲寅10一	乙卯11二	丙辰12三	丁巳13四	戊午14五	己未15六	庚申16日	辛酉17一	壬戌18二	癸亥19三	甲子20四	乙丑21五	丙寅22六	丁卯23日	戊辰24一	己巳25二	庚午26三	辛未27四	壬申28五	癸酉29六	甲戌30日	乙亥31一	丙子(11)二	丁丑2三	戊寅3四	壬子寒露 戊辰霜降
十月小	癸亥 天干地支西曆星期	己卯4五	庚辰5六	辛巳6日	壬午7一	癸未8二	甲申9三	乙酉10四	丙戌11五	丁亥12六	戊子13日	己丑14一	庚寅15二	辛卯16三	壬辰17四	癸巳18五	甲午19六	乙未20日	丙申21一	丁酉22二	戊戌23三	己亥24四	庚子25五	辛丑26六	壬寅27日	癸卯28一	甲辰29二	乙巳30三	丙午(12)四	丁未2五		癸未立冬 戊戌小雪
十一月大	甲子 天干地支西曆星期	戊申3六	己酉4日	庚戌5一	辛亥6二	壬子7三	癸丑8四	甲寅9五	乙卯10六	丙辰11日	丁巳12一	戊午13二	己未14三	庚申15四	辛酉16五	壬戌17六	癸亥18日	甲子19一	乙丑20二	丙寅21三	丁卯22四	戊辰23五	己巳24六	庚午25日	辛未26一	壬申27二	癸酉28三	甲戌29四	乙亥30五	丙子31六	丁丑(1)日	癸丑大雪 己巳冬至
十二月小	乙丑 天干地支西曆星期	戊寅2一	己卯3二	庚辰4三	辛巳5四	壬午6五	癸未7六	甲申8日	乙酉9一	丙戌10二	丁亥11三	戊子12四	己丑13五	庚寅14六	辛卯15日	壬辰16一	癸巳17二	甲午18三	乙未19四	丙申20五	丁酉21六	戊戌22日	己亥23一	庚子24二	辛丑25三	壬寅26四	癸卯27五	甲辰28六	乙巳29日	丙午30一		甲申小寒 己亥大寒

*正月，改元建元。

晉康帝建元二年 穆帝建元二年（甲辰 龍年） 公元344～345年

夏曆月序	中西曆對照	夏曆日序																													節氣與天象
		初一	初二	初三	初四	初五	初六	初七	初八	初九	初十	十一	十二	十三	十四	十五	十六	十七	十八	十九	二十	二一	二二	二三	二四	二五	二六	二七	二八	二九	三十	
正月大	丙寅	天干 地支 西曆 星期																													甲寅立春 己巳雨水
		丁未 31 二	戊申 (2) 三	己酉 3 四	庚戌 4 五	辛亥 5 六	壬子 6 日	癸丑 7 一	甲寅 8 二	乙卯 9 三	丙辰 10 四	丁巳 11 五	戊午 12 六	己未 13 日	庚申 14 一	辛酉 15 二	壬戌 16 三	癸亥 17 四	甲子 18 五	乙丑 19 六	丙寅 20 日	丁卯 21 一	戊辰 22 二	己巳 23 三	庚午 24 四	辛未 25 五	壬申 26 六	癸酉 27 日	甲戌 28 一	乙亥 29 二	丙子 三	
二月小	丁卯	丁丑 (3) 四	戊寅 2 五	己卯 3 六	庚辰 4 日	辛巳 5 一	壬午 6 二	癸未 7 三	甲申 8 四	乙酉 9 五	丙戌 10 六	丁亥 11 日	戊子 12 一	己丑 13 二	庚寅 14 三	辛卯 15 四	壬辰 16 五	癸巳 17 六	甲午 18 日	乙未 19 一	丙申 20 二	丁酉 21 三	戊戌 22 四	己亥 23 五	庚子 24 六	辛丑 25 日	壬寅 26 一	癸卯 27 二	甲辰 28 三	乙巳 29 四		乙酉驚蟄 庚子春分
三月大	戊辰	丙午 30 五	丁未 31 六	戊申 (4) 日	己酉 2 一	庚戌 3 二	辛亥 4 三	壬子 5 四	癸丑 6 五	甲寅 7 六	乙卯 8 日	丙辰 9 一	丁巳 10 二	戊午 11 三	己未 12 四	庚申 13 五	辛酉 14 六	壬戌 15 日	癸亥 16 一	甲子 17 二	乙丑 18 三	丙寅 19 四	丁卯 20 五	戊辰 21 六	己巳 22 日	庚午 23 一	辛未 24 二	壬申 25 三	癸酉 26 四	甲戌 27 五	乙亥 28 六	乙卯清明 庚午穀雨
四月大	己巳	丙子 29 日	丁丑 30 一	戊寅 (5) 二	己卯 2 三	庚辰 3 四	辛巳 4 五	壬午 5 六	癸未 6 日	甲申 7 一	乙酉 8 二	丙戌 9 三	丁亥 10 四	戊子 11 五	己丑 12 六	庚寅 13 日	辛卯 14 一	壬辰 15 二	癸巳 16 三	甲午 17 四	乙未 18 五	丙申 19 六	丁酉 20 日	戊戌 21 一	己亥 22 二	庚子 23 三	辛丑 24 四	壬寅 25 五	癸卯 26 六	甲辰 27 日	乙巳 28 一	丙戌立夏 辛丑小滿
五月小	庚午	丙午 29 二	丁未 30 三	戊申 (6) 四	己酉 2 五	庚戌 3 六	辛亥 4 日	壬子 5 一	癸丑 6 二	甲寅 7 三	乙卯 8 四	丙辰 9 五	丁巳 10 六	戊午 11 日	己未 12 一	庚申 13 二	辛酉 14 三	壬戌 15 四	癸亥 16 五	甲子 17 六	乙丑 18 日	丙寅 19 一	丁卯 20 二	戊辰 21 三	己巳 22 四	庚午 23 五	辛未 24 六	壬申 25 日	癸酉 26 一	甲戌 27 二		丙辰芒種 辛未夏至
六月大	辛未	乙亥 27 三	丙子 28 四	丁丑 29 五	戊寅 30 六	己卯 (7) 日	庚辰 2 一	辛巳 3 二	壬午 4 三	癸未 5 四	甲申 6 五	乙酉 7 六	丙戌 8 日	丁亥 9 一	戊子 10 二	己丑 11 三	庚寅 12 四	辛卯 13 五	壬辰 14 六	癸巳 15 日	甲午 16 一	乙未 17 二	丙申 18 三	丁酉 19 四	戊戌 20 五	己亥 21 六	庚子 22 日	辛丑 23 一	壬寅 24 二	癸卯 25 三	甲辰 26 四	丙戌小暑 壬寅大暑
七月小	壬申	乙巳 27 五	丙午 28 六	丁未 29 日	戊申 30 一	己酉 31 二	庚戌 (8) 三	辛亥 2 四	壬子 3 五	癸丑 4 六	甲寅 5 日	乙卯 6 一	丙辰 7 二	丁巳 8 三	戊午 9 四	己未 10 五	庚申 11 六	辛酉 12 日	壬戌 13 一	癸亥 14 二	甲子 15 三	乙丑 16 四	丙寅 17 五	丁卯 18 六	戊辰 19 日	己巳 20 一	庚午 21 二	辛未 22 三	壬申 23 四	癸酉 24 五		丁巳立秋 壬申處暑
八月大	癸酉	甲戌 25 六	乙亥 26 日	丙子 27 一	丁丑 28 二	戊寅 29 三	己卯 30 四	庚辰 31 五	辛巳 (9) 六	壬午 2 日	癸未 3 一	甲申 4 二	乙酉 5 三	丙戌 6 四	丁亥 7 五	戊子 8 六	己丑 9 日	庚寅 10 一	辛卯 11 二	壬辰 12 三	癸巳 13 四	甲午 14 五	乙未 15 六	丙申 16 日	丁酉 17 一	戊戌 18 二	己亥 19 三	庚子 20 四	辛丑 21 五	壬寅 22 六	癸卯 23 日	丁亥白露 壬寅秋分
閏八月小	癸酉	甲辰 24 一	乙巳 25 二	丙午 26 三	丁未 27 四	戊申 28 五	己酉 29 六	庚戌 30 日	辛亥 (10) 一	壬子 2 二	癸丑 3 三	甲寅 4 四	乙卯 5 五	丙辰 6 六	丁巳 7 日	戊午 8 一	己未 9 二	庚申 10 三	辛酉 11 四	壬戌 12 五	癸亥 13 六	甲子 14 日	乙丑 15 一	丙寅 16 二	丁卯 17 三	戊辰 18 四	己巳 19 五	庚午 20 六	辛未 21 日	壬申 22 一		戊午寒露
九月大	甲戌	癸酉 23 二	甲戌 24 三	乙亥 25 四	丙子 26 五	丁丑 27 六	戊寅 28 日	己卯 29 一	庚辰 30 二	辛巳 31 三	壬午 (11) 四	癸未 2 五	甲申 3 六	乙酉 4 日	丙戌 5 一	丁亥 6 二	戊子 7 三	己丑 8 四	庚寅 9 五	辛卯 10 六	壬辰 11 日	癸巳 12 一	甲午 13 二	乙未 14 三	丙申 15 四	丁酉 16 五	戊戌 17 六	己亥 18 日	庚子 19 一	辛丑 20 二	壬寅 21 三	癸酉霜降 戊子立冬
十月小	乙亥	癸卯 22 四	甲辰 23 五	乙巳 24 六	丙午 25 日	丁未 26 一	戊申 27 二	己酉 28 三	庚戌 29 四	辛亥 30 五	壬子 (12) 六	癸丑 2 日	甲寅 3 一	乙卯 4 二	丙辰 5 三	丁巳 6 四	戊午 7 五	己未 8 六	庚申 9 日	辛酉 10 一	壬戌 11 二	癸亥 12 三	甲子 13 四	乙丑 14 五	丙寅 15 六	丁卯 16 日	戊辰 17 一	己巳 18 二	庚午 19 三	辛未 20 四		癸卯小雪 己未大雪
十一月大	丙子	壬申 21 五	癸酉 22 六	甲戌 23 日	乙亥 24 一	丙子 25 二	丁丑 26 三	戊寅 27 四	己卯 28 五	庚辰 29 六	辛巳 30 日	壬午 (1) 一	癸未 2 二	甲申 3 三	乙酉 4 四	丙戌 5 五	丁亥 6 六	戊子 7 日	己丑 8 一	庚寅 9 二	辛卯 10 三	壬辰 11 四	癸巳 12 五	甲午 13 六	乙未 14 日	丙申 15 一	丁酉 16 二	戊戌 17 三	己亥 18 四	庚子 19 五	辛丑 20 六	甲戌冬至 己丑小寒
十二月小	丁丑	壬寅 20 日	癸卯 21 一	甲辰 22 二	乙巳 23 三	丙午 24 四	丁未 25 五	戊申 26 六	己酉 27 日	庚戌 28 一	辛亥 29 二	壬子 30 三	癸丑 31 四	甲寅 (2) 五	乙卯 2 六	丙辰 3 日	丁巳 4 一	戊午 5 二	己未 6 三	庚申 7 四	辛酉 8 五	壬戌 9 六	癸亥 10 日	甲子 11 一	乙丑 12 二	丙寅 13 三	丁卯 14 四	戊辰 15 五	己巳 16 六	庚午 17 日		甲辰大寒 己未立春

＊九月戊戌（二十六日），康帝死。己亥（二十七日），司馬聃即位，是爲穆帝。

晉穆帝建元四年 永和元年（乙巳 蛇年） 公元345～346年

夏曆月序	中西曆日對照	夏曆日序 初一	初二	初三	初四	初五	初六	初七	初八	初九	初十	十一	十二	十三	十四	十五	十六	十七	十八	十九	二十	二一	二二	二三	二四	二五	二六	二七	二八	二九	三十	節氣與天象
正月大	戊寅 天干地支西曆星期	辛未18一	壬申19二	癸酉20三	甲戌21四	乙亥22五	丙子23六	丁丑24日	戊寅25一	己卯26二	庚辰27三	辛巳28四	壬午(3)五	癸未2六	甲申3日	乙酉4一	丙戌5二	丁亥6三	戊子7四	己丑8五	庚寅9六	辛卯10日	壬辰11一	癸巳12二	甲午13三	乙未14四	丙申15五	丁酉16六	戊戌17日	己亥18一	庚子19二	乙亥雨水 庚寅驚蟄
二月小	己卯 天干地支西曆星期	辛丑20三	壬寅21四	癸卯22五	甲辰23六	乙巳24日	丙午25一	丁未26二	戊申27三	己酉28四	庚戌29五	辛亥30六	壬子31日	癸丑(4)一	甲寅2二	乙卯3三	丙辰4四	丁巳5五	戊午6六	己未7日	庚申8一	辛酉9二	壬戌10三	癸亥11四	甲子12五	乙丑13六	丙寅14日	丁卯15一	戊辰16二	己巳17三		乙巳春分 庚申清明
三月大	庚辰 天干地支西曆星期	庚午18四	辛未19五	壬申20六	癸酉21日	甲戌22一	乙亥23二	丙子24三	丁丑25四	戊寅26五	己卯27六	庚辰28日	辛巳29一	壬午30二	癸未(5)三	甲申2四	乙酉3五	丙戌4六	丁亥5日	戊子6一	己丑7二	庚寅8三	辛卯9四	壬辰10五	癸巳11六	甲午12日	乙未13一	丙申14二	丁酉15三	戊戌16四	己亥17五	丙子穀雨 辛卯立夏
四月小	辛巳 天干地支西曆星期	庚子18六	辛丑19日	壬寅20一	癸卯21二	甲辰22三	乙巳23四	丙午24五	丁未25六	戊申26日	己酉27一	庚戌28二	辛亥29三	壬子30四	癸丑31五	甲寅(6)日	乙卯2一	丙辰3二	丁巳4三	戊午5四	己未6五	庚申7六	辛酉8日	壬戌9一	癸亥10二	甲子11三	乙丑12四	丙寅13五	丁卯14六	戊辰15日		丙午小滿 辛酉芒種
五月大	壬午 天干地支西曆星期	己巳16一	庚午17二	辛未18三	壬申19四	癸酉20五	甲戌21六	乙亥22日	丙子23一	丁丑24二	戊寅25三	己卯26四	庚辰27五	辛巳28六	壬午29日	癸未30一	甲申(7)二	乙酉2三	丙戌3四	丁亥4五	戊子5六	己丑6日	庚寅7一	辛卯8二	壬辰9三	癸巳10四	甲午11五	乙未12六	丙申13日	丁酉14一	戊戌15二	丙子夏至 壬辰小暑
六月小	癸未 天干地支西曆星期	己亥16三	庚子17四	辛丑18五	壬寅19六	癸卯20日	甲辰21一	乙巳22二	丙午23三	丁未24四	戊申25五	己酉26六	庚戌27日	辛亥28一	壬子29二	癸丑30三	甲寅31四	乙卯(8)五	丙辰2六	丁巳3日	戊午4一	己未5二	庚申6三	辛酉7四	壬戌8五	癸亥9六	甲子10日	乙丑11一	丙寅12二	丁卯13三		丁未大暑 壬戌立秋
七月大	甲申 天干地支西曆星期	戊辰14四	己巳15五	庚午16六	辛未17日	壬申18一	癸酉19二	甲戌20三	乙亥21四	丙子22五	丁丑23六	戊寅24日	己卯25一	庚辰26二	辛巳27三	壬午28四	癸未29五	甲申30六	乙酉31日	丙戌(9)一	丁亥2二	戊子3三	己丑4四	庚寅5五	辛卯6六	壬辰7日	癸巳8一	甲午9二	乙未10三	丙申11四	丁酉12五	丁丑處暑 癸巳白露
八月大	乙酉 天干地支西曆星期	戊戌13六	己亥14日	庚子15一	辛丑16二	壬寅17三	癸卯18四	甲辰19五	乙巳20六	丙午21日	丁未22一	戊申23二	己酉24三	庚戌25四	辛亥26五	壬子27六	癸丑28日	甲寅29一	乙卯30二	丙辰(10)三	丁巳2四	戊午3五	己未4六	庚申5日	辛酉6一	壬戌7二	癸亥8三	甲子9四	乙丑10五	丙寅11六	丁卯12日	戊申秋分 癸亥寒露
九月小	丙戌 天干地支西曆星期	戊辰13一	己巳14二	庚午15三	辛未16四	壬申17五	癸酉18六	甲戌19日	乙亥20一	丙子21二	丁丑22三	戊寅23四	己卯24五	庚辰25六	辛巳26日	壬午27一	癸未28二	甲申29三	乙酉30四	丙戌31五	丁亥(11)六	戊子2日	己丑3一	庚寅4二	辛卯5三	壬辰6四	癸巳7五	甲午8六	乙未9日	丙申10一		戊寅霜降 癸巳立冬
十月大	丁亥 天干地支西曆星期	丁酉11二	戊戌12三	己亥13四	庚子14五	辛丑15六	壬寅16日	癸卯17一	甲辰18二	乙巳19三	丙午20四	丁未21五	戊申22六	己酉23日	庚戌24一	辛亥25二	壬子26三	癸丑27四	甲寅28五	乙卯29六	丙辰30日	丁巳(12)一	戊午2二	己未3三	庚申4四	辛酉5五	壬戌6六	癸亥7日	甲子8一	乙丑9二	丙寅10三	己酉小雪 甲子大雪
十一月小	戊子 天干地支西曆星期	丁卯11四	戊辰12五	己巳13六	庚午14日	辛未15一	壬申16二	癸酉17三	甲戌18四	乙亥19五	丙子20六	丁丑21日	戊寅22一	己卯23二	庚辰24三	辛巳25四	壬午26五	癸未27六	甲申28日	乙酉29一	丙戌30二	丁亥31三	戊子(1)四	己丑2五	庚寅3六	辛卯4日	壬辰5一	癸巳6二	甲午7三	乙未8四		己卯冬至 甲午小寒
十二月大	己丑 天干地支西曆星期	丙申9五	丁酉10六	戊戌11日	己亥12一	庚子13二	辛丑14三	壬寅15四	癸卯16五	甲辰17六	乙巳18日	丙午19一	丁未20二	戊申21三	己酉22四	庚戌23五	辛亥24六	壬子25日	癸丑26一	甲寅27二	乙卯28三	丙辰29四	丁巳30五	戊午31六	己未(2)日	庚申2一	辛酉3二	壬戌4三	癸亥5四	甲子6五	乙丑7六	己酉大寒 乙丑立春

*正月甲戌（初四），改元永和。

晉穆帝永和二年（丙午 馬年） 公元 346 ～ 347 年

夏曆月序	西曆日照中曆對	夏　曆　日　序																														節氣與天象
		初一	初二	初三	初四	初五	初六	初七	初八	初九	初十	十一	十二	十三	十四	十五	十六	十七	十八	十九	二十	二一	二二	二三	二四	二五	二六	二七	二八	二九	三十	
正月小	庚寅	天干 丙寅 地支 8 西曆 日 星期 六	丁卯 9 日	戊辰 10 一	己巳 11 二	庚午 12 三	辛未 13 四	壬申 14 五	癸酉 15 六	甲戌 16 日	乙亥 17 一	丙子 18 二	丁丑 19 三	戊寅 20 四	己卯 21 五	庚辰 22 六	辛巳 23 日	壬午 24 一	癸未 25 二	甲申 26 三	乙酉 27 四	丙戌 28 五	丁亥(3) 1 六	戊子 2 日	己丑 3 一	庚寅 4 二	辛卯 5 三	壬辰 6 四	癸巳 7 五	甲午 8 六		庚辰雨水
二月大	辛卯	天干 乙未 地支 9 西曆 日 星期 日	丙申 10 一	丁酉 11 二	戊戌 12 三	己亥 13 四	庚子 14 五	辛丑 15 六	壬寅 16 日	癸卯 17 一	甲辰 18 二	乙巳 19 三	丙午 20 四	丁未 21 五	戊申 22 六	己酉 23 日	庚戌 24 一	辛亥 25 二	壬子 26 三	癸丑 27 四	甲寅 28 五	乙卯 29 六	丙辰 30 日	丁巳 31 一	戊午(4) 2 二	己未 3 三	庚申 4 四	辛酉 5 五	壬戌 6 六	癸亥 7 日	甲子 7 一		乙未驚蟄 庚戌春分
三月小	壬辰	天干 乙丑 地支 8 西曆 日 星期 二	丙寅 9 三	丁卯 10 四	戊辰 11 五	己巳 12 六	庚午 13 日	辛未 14 一	壬申 15 二	癸酉 16 三	甲戌 17 四	乙亥 18 五	丙子 19 六	丁丑 20 日	戊寅 21 一	己卯 22 二	庚辰 23 三	辛巳 24 四	壬午 25 五	癸未 26 六	甲申 27 日	乙酉 28 一	丙戌 29 二	丁亥 30 三	戊子(5) 1 四	己丑 2 五	庚寅 3 六	辛卯 4 日	壬辰 5 一	癸巳 6 二			丙寅清明 辛巳穀雨
四月大	癸巳	天干 甲午 地支 7 西曆 日 星期 三	乙未 8 四	丙申 9 五	丁酉 10 六	戊戌 11 日	己亥 12 一	庚子 13 二	辛丑 14 三	壬寅 15 四	癸卯 16 五	甲辰 17 六	乙巳 18 日	丙午 19 一	丁未 20 二	戊申 21 三	己酉 22 四	庚戌 23 五	辛亥 24 六	壬子 25 日	癸丑 26 一	甲寅 27 二	乙卯 28 三	丙辰 29 四	丁巳 30 五	戊午 31 六	己未(6) 1 日	庚申 2 一	辛酉 3 二	壬戌 4 三	癸亥 5 四		丙申立夏 辛亥小滿
五月小	甲午	天干 甲子 地支 6 西曆 日 星期 五	乙丑 7 六	丙寅 8 日	丁卯 9 一	戊辰 10 二	己巳 11 三	庚午 12 四	辛未 13 五	壬申 14 六	癸酉 15 日	甲戌 16 一	乙亥 17 二	丙子 18 三	丁丑 19 四	戊寅 20 五	己卯 21 六	庚辰 22 日	辛巳 23 一	壬午 24 二	癸未 25 三	甲申 26 四	乙酉 27 五	丙戌 28 六	丁亥 29 日	戊子 30 一	己丑(7) 2 二	庚寅 2 三	辛卯 3 四	壬辰 4 五			丙寅芒種 壬午夏至 甲子日食
六月大	乙未	天干 癸巳 地支 5 西曆 日 星期 六	甲午 6 日	乙未 7 一	丙申 8 二	丁酉 9 三	戊戌 10 四	己亥 11 五	庚子 12 六	辛丑 13 日	壬寅 14 一	癸卯 15 二	甲辰 16 三	乙巳 17 四	丙午 18 五	丁未 19 六	戊申 20 日	己酉 21 一	庚戌 22 二	辛亥 23 三	壬子 24 四	癸丑 25 五	甲寅 26 六	乙卯 27 日	丙辰 28 一	丁巳 29 二	戊午 30 三	己未 31 四	庚申(8) 1 五	辛酉 2 六	壬戌 3 日		丁酉小暑 壬子大暑
七月小	丙申	天干 癸亥 地支 4 西曆 日 星期 一	甲子 5 二	乙丑 6 三	丙寅 7 四	丁卯 8 五	戊辰 9 六	己巳 10 日	庚午 11 一	辛未 12 二	壬申 13 三	癸酉 14 四	甲戌 15 五	乙亥 16 六	丙子 17 日	丁丑 18 一	戊寅 19 二	己卯 20 三	庚辰 21 四	辛巳 22 五	壬午 23 六	癸未 24 日	甲申 25 一	乙酉 26 二	丙戌 27 三	丁亥 28 四	戊子 29 五	己丑 30 六	庚寅 31 日	辛卯(9) 1 一			丁卯立秋 癸未處暑
八月大	丁酉	天干 壬辰 地支 2 西曆 日 星期 二	癸巳 3 三	甲午 4 四	乙未 5 五	丙申 6 六	丁酉 7 日	戊戌 8 一	己亥 9 二	庚子 10 三	辛丑 11 四	壬寅 12 五	癸卯 13 六	甲辰 14 日	乙巳 15 一	丙午 16 二	丁未 17 三	戊申 18 四	己酉 19 五	庚戌 20 六	辛亥 21 日	壬子 22 一	癸丑 23 二	甲寅 24 三	乙卯 25 四	丙辰 26 五	丁巳 27 六	戊午 28 日	己未 29 一	庚申 30 二	辛酉(10) 1 三	戊戌白露 癸丑秋分
九月小	戊戌	天干 壬戌 地支 2 西曆 日 星期 四	癸亥 3 五	甲子 4 六	乙丑 5 日	丙寅 6 一	丁卯 7 二	戊辰 8 三	己巳 9 四	庚午 10 五	辛未 11 六	壬申 12 日	癸酉 13 一	甲戌 14 二	乙亥 15 三	丙子 16 四	丁丑 17 五	戊寅 18 六	己卯 19 日	庚辰 20 一	辛巳 21 二	壬午 22 三	癸未 23 四	甲申 24 五	乙酉 25 六	丙戌 26 日	丁亥 27 一	戊子 28 二	己丑 29 三	庚寅 30 四			戊辰寒露 癸未霜降
十月大	己亥	天干 辛卯 地支 31 西曆 日 星期 五	壬辰(11) 1 六	癸巳 2 日	甲午 3 一	乙未 4 二	丙申 5 三	丁酉 6 四	戊戌 7 五	己亥 8 六	庚子 9 日	辛丑 10 一	壬寅 11 二	癸卯 12 三	甲辰 13 四	乙巳 14 五	丙午 15 六	丁未 16 日	戊申 17 一	己酉 18 二	庚戌 19 三	辛亥 20 四	壬子 21 五	癸丑 22 六	甲寅 23 日	乙卯 24 一	丙辰 25 二	丁巳 26 三	戊午 27 四	己未 28 五	庚申 29 六	己亥立冬 甲寅小雪
十一月大	庚子	天干 辛酉 地支 30 西曆 日 星期 日	壬戌(12) 1 一	癸亥 2 二	甲子 3 三	乙丑 4 四	丙寅 5 五	丁卯 6 六	戊辰 7 日	己巳 8 一	庚午 9 二	辛未 10 三	壬申 11 四	癸酉 12 五	甲戌 13 六	乙亥 14 日	丙子 15 一	丁丑 16 二	戊寅 17 三	己卯 18 四	庚辰 19 五	辛巳 20 六	壬午 21 日	癸未 22 一	甲申 23 二	乙酉 24 三	丙戌 25 四	丁亥 26 五	戊子 27 六	己丑 28 日	庚寅 29 一	己巳大雪 甲申冬至
十二月小	辛丑	天干 辛卯 地支 30 西曆 日 星期 二	壬辰 31 三	癸巳(1) 1 四	甲午 2 五	乙未 3 六	丙申 4 日	丁酉 5 一	戊戌 6 二	己亥 7 三	庚子 8 四	辛丑 9 五	壬寅 10 六	癸卯 11 日	甲辰 12 一	乙巳 13 二	丙午 14 三	丁未 15 四	戊申 16 五	己酉 17 六	庚戌 18 日	辛亥 19 一	壬子 20 二	癸丑 21 三	甲寅 22 四	乙卯 23 五	丙辰 24 六	丁巳 25 日	戊午 26 一	己未 27 二			庚子小寒 乙卯大寒

晉穆帝永和三年（丁未 羊年） 公元347～348年

夏曆月序	中西曆對照		夏曆日序																													節氣與天象
			初一	初二	初三	初四	初五	初六	初七	初八	初九	初十	十一	十二	十三	十四	十五	十六	十七	十八	十九	二十	二一	二二	二三	二四	二五	二六	二七	二八	二九	三十	
正月大	壬寅	天干地支西曆星期	庚申28三	辛酉29四	壬戌30五	癸亥31六	甲子(2)日	乙丑2一	丙寅3二	丁卯4三	戊辰5四	己巳6五	庚午7六	辛未8日	壬申9一	癸酉10二	甲戌11三	乙亥12四	丙子13五	丁丑14六	戊寅15日	己卯16一	庚辰17二	辛巳18三	壬午19日	癸未20五	甲申21六	乙酉22日	丙戌23一	丁亥24二	戊子25三	己丑26四	庚午立春 乙酉雨水
二月小	癸卯	天干地支西曆星期	庚寅27五	辛卯28六	壬辰(3)日	癸巳2一	甲午3二	乙未4三	丙申5四	丁酉6五	戊戌7六	己亥8日	庚子9一	辛丑10二	壬寅11三	癸卯12四	甲辰13五	乙巳14六	丙午15日	丁未16一	戊申17二	己酉18三	庚戌19四	辛亥20五	壬子21六	癸丑22日	甲寅23一	乙卯24二	丙辰25三	丁巳26四	戊午27五		庚子驚蟄 丙辰春分
三月大	甲辰	天干地支西曆星期	己未28六	庚申29日	辛酉30一	壬戌31二	癸亥(4)三	甲子2四	乙丑3五	丙寅4六	丁卯5日	戊辰6一	己巳7二	庚午8三	辛未9四	壬申10五	癸酉11六	甲戌12日	乙亥13一	丙子14二	丁丑15三	戊寅16四	己卯17五	庚辰18六	辛巳19日	壬午20一	癸未21二	甲申22三	乙酉23四	丙戌24五	丁亥25六	戊子26日	辛未清明 丙戌穀雨
四月小	乙巳	天干地支西曆星期	己丑27一	庚寅28二	辛卯29三	壬辰30四	癸巳(5)五	甲午2六	乙未3日	丙申4一	丁酉5二	戊戌6三	己亥7四	庚子8五	辛丑9六	壬寅10日	癸卯11一	甲辰12二	乙巳13三	丙午14四	丁未15五	戊申16六	己酉17日	庚戌18一	辛亥19二	壬子20三	癸丑21四	甲寅22五	乙卯23六	丙辰24日	丁巳25一		辛丑立夏 丙辰小滿
五月大	丙午	天干地支西曆星期	戊午26二	己未27三	庚申28四	辛酉29五	壬戌30六	癸亥31日	甲子(6)一	乙丑2二	丙寅3三	丁卯4四	戊辰5五	己巳6六	庚午7日	辛未8一	壬申9二	癸酉10三	甲戌11四	乙亥12五	丙子13六	丁丑14日	戊寅15一	己卯16二	庚辰17三	辛巳18四	壬午19五	癸未20六	甲申21日	乙酉22一	丙戌23二	丁亥24三	壬申芒種 丁亥夏至
閏五月小	丙午	天干地支西曆星期	戊子25四	己丑26五	庚寅27六	辛卯28日	壬辰29一	癸巳30二	甲午(7)三	乙未2四	丙申3五	丁酉4六	戊戌5日	己亥6一	庚子7二	辛丑8三	壬寅9四	癸卯10五	甲辰11六	乙巳12日	丙午13一	丁未14二	戊申15三	己酉16四	庚戌17五	辛亥18六	壬子19日	癸丑20一	甲寅21二	乙卯22三	丙辰23四		壬寅小暑
六月大	丁未	天干地支西曆星期	丁巳24五	戊午25六	己未26日	庚申27一	辛酉28二	壬戌29三	癸亥30四	甲子31五	乙丑(8)六	丙寅2日	丁卯3一	戊辰4二	己巳5三	庚午6四	辛未7五	壬申8六	癸酉9日	甲戌10一	乙亥11二	丙子12三	丁丑13四	戊寅14五	己卯15六	庚辰16日	辛巳17一	壬午18二	癸未19三	甲申20四	乙酉21五	丙戌22六	丁巳大暑 癸酉立秋
七月小	戊申	天干地支西曆星期	丁亥23日	戊子24一	己丑25二	庚寅26三	辛卯27四	壬辰28五	癸巳29六	甲午30日	乙未31一	丙申(9)二	丁酉2三	戊戌3四	己亥4五	庚子5六	辛丑6日	壬寅7一	癸卯8二	甲辰9三	乙巳10四	丙午11五	丁未12六	戊申13日	己酉14一	庚戌15二	辛亥16三	壬子17四	癸丑18五	甲寅19六	乙卯20日		戊子處暑 癸卯白露
八月大	己酉	天干地支西曆星期	丙辰21一	丁巳22二	戊午23三	己未24四	庚申25五	辛酉26六	壬戌27日	癸亥28一	甲子29二	乙丑30三	丙寅(10)四	丁卯2五	戊辰3六	己巳4日	庚午5一	辛未6二	壬申7三	癸酉8四	甲戌9五	乙亥10六	丙子11日	丁丑12一	戊寅13二	己卯14三	庚辰15四	辛巳16五	壬午17六	癸未18日	甲申19一	乙酉20二	戊午秋分 癸酉寒露
九月小	庚戌	天干地支西曆星期	丙戌21三	丁亥22四	戊子23五	己丑24六	庚寅25日	辛卯26一	壬辰27二	癸巳28三	甲午29四	乙未30五	丙申31六	丁酉(11)日	戊戌2一	己亥3二	庚子4三	辛丑5四	壬寅6五	癸卯7六	甲辰8日	乙巳9一	丙午10二	丁未11三	戊申12四	己酉13五	庚戌14六	辛亥15日	壬子16一	癸丑17二	甲寅18三		己丑霜降 甲辰立冬
十月大	辛亥	天干地支西曆星期	乙卯19四	丙辰20五	丁巳21六	戊午22日	己未23一	庚申24二	辛酉25三	壬戌26四	癸亥27五	甲子28六	乙丑29日	丙寅(12)一	丁卯2二	戊辰3三	己巳4四	庚午5五	辛未6六	壬申7日	癸酉8一	甲戌9二	乙亥10三	丙子11四	丁丑12五	戊寅13六	己卯14日	庚辰15一	辛巳16二	壬午17三	癸未18四	甲申19五	己未小雪 甲戌大雪
十一月小	壬子	天干地支西曆星期	乙酉20六	丙戌21日	丁亥22一	戊子23二	己丑24三	庚寅25四	辛卯26五	壬辰27六	癸巳28日	甲午29一	乙未30二	丙申31三	丁酉(1)四	戊戌2五	己亥3六	庚子4日	辛丑5一	壬寅6二	癸卯7三	甲辰8四	乙巳9五	丙午10六	丁未11日	戊申12一	己酉13二	庚戌14三	辛亥15四	壬子16五	癸丑17六		庚寅冬至 乙巳小寒
十二月大	癸丑	天干地支西曆星期	甲寅18日	乙卯19一	丙辰20二	丁巳21三	戊午22四	己未23五	庚申24六	辛酉25日	壬戌26一	癸亥27二	甲子28三	乙丑29四	丙寅30五	丁卯31六	戊辰(2)日	己巳2一	庚午3二	辛未4三	壬申5四	癸酉6五	甲戌7六	乙亥8日	丙子9一	丁丑10二	戊寅11三	己卯12四	庚辰13五	辛巳14六	壬午15日	癸未16一	庚申大寒 乙亥立春

晉穆帝永和四年（戊申 猴年） 公元 348 ～ 349 年

夏曆月序	中西曆對照	夏曆日序																													節氣與天象
		初一	初二	初三	初四	初五	初六	初七	初八	初九	初十	十一	十二	十三	十四	十五	十六	十七	十八	十九	二十	二一	二二	二三	二四	二五	二六	二七	二八	二九	三十	
正月小	甲寅 天干地支西曆星期	甲申16二	乙酉17三	丙戌18四	丁亥19五	戊子20六	己丑21日	庚寅22一	辛卯23二	壬辰24三	癸巳25四	甲午26五	乙未27六	丙申28日	丁酉29一	戊戌(3)二	己亥2三	庚子3四	辛丑4五	壬寅5六	癸卯6日	甲辰7一	乙巳8二	丙午9三	丁未10四	戊申11五	己酉12六	庚戌13日	辛亥14一	壬子15二		庚寅雨水 丙午驚蟄
二月大	乙卯 天干地支西曆星期	癸丑16三	甲寅17四	乙卯18五	丙辰19六	丁巳20日	戊午21一	己未22二	庚申23三	辛酉24四	壬戌25五	癸亥26六	甲子27日	乙丑28一	丙寅29二	丁卯30三	戊辰31四	己巳(4)五	庚午2六	辛未3日	壬申4一	癸酉5二	甲戌6三	乙亥7四	丙子8五	丁丑9六	戊寅10日	己卯11一	庚辰12二	辛巳13三	壬午14四	辛酉春分 丙子清明
三月大	丙辰 天干地支西曆星期	癸未15五	甲申16六	乙酉17日	丙戌18一	丁亥19二	戊子20三	己丑21四	庚寅22五	辛卯23六	壬辰24日	癸巳25一	甲午26二	乙未27三	丙申28四	丁酉29五	戊戌30六	己亥(5)日	庚子2一	辛丑3二	壬寅4三	癸卯5四	甲辰6五	乙巳7六	丙午8日	丁未9一	戊申10二	己酉11三	庚戌12四	辛亥13五	壬子14六	辛卯穀雨 丁未立夏
四月小	丁巳 天干地支西曆星期	癸丑15日	甲寅16一	乙卯17二	丙辰18三	丁巳19四	戊午20五	己未21六	庚申22日	辛酉23一	壬戌24二	癸亥25三	甲子26四	乙丑27五	丙寅28六	丁卯29日	戊辰30一	己巳31二	庚午(6)三	辛未2四	壬申3五	癸酉4六	甲戌5日	乙亥6一	丙子7二	丁丑8三	戊寅9四	己卯10五	庚辰11六	辛巳12日		壬戌小滿 丁丑芒種
五月大	戊午 天干地支西曆星期	壬午13一	癸未14二	甲申15三	乙酉16四	丙戌17五	丁亥18六	戊子19日	己丑20一	庚寅21二	辛卯22三	壬辰23四	癸巳24五	甲午25六	乙未26日	丙申27一	丁酉28二	戊戌29三	己亥30四	庚子(7)五	辛丑2六	壬寅3日	癸卯4一	甲辰5二	乙巳6三	丙午7四	丁未8五	戊申9六	己酉10日	庚戌11一	辛亥12二	壬辰夏至 丁未小暑
六月小	己未 天干地支西曆星期	壬子13三	癸丑14四	甲寅15五	乙卯16六	丙辰17日	丁巳18一	戊午19二	己未20三	庚申21四	辛酉22五	壬戌23六	癸亥24日	甲子25一	乙丑26二	丙寅27三	丁卯28四	戊辰29五	己巳30六	庚午31日	辛未(8)一	壬申2二	癸酉3三	甲戌4四	乙亥5五	丙子6六	丁丑7日	戊寅8一	己卯9二	庚辰10三		癸亥大暑 戊寅立秋
七月大	庚申 天干地支西曆星期	辛巳11四	壬午12五	癸未13六	甲申14日	乙酉15一	丙戌16二	丁亥17三	戊子18四	己丑19五	庚寅20六	辛卯21日	壬辰22一	癸巳23二	甲午24三	乙未25四	丙申26五	丁酉27六	戊戌28日	己亥29一	庚子30二	辛丑31三	壬寅(9)四	癸卯2五	甲辰3六	乙巳4日	丙午5一	丁未6二	戊申7三	己酉8四	庚戌9五	癸巳處暑 戊申白露
八月小	辛酉 天干地支西曆星期	辛亥10六	壬子11日	癸丑12一	甲寅13二	乙卯14三	丙辰15四	丁巳16五	戊午17六	己未18日	庚申19一	辛酉20二	壬戌21三	癸亥22四	甲子23五	乙丑24六	丙寅25日	丁卯26一	戊辰27二	己巳28三	庚午29四	辛未30五	壬申(10)六	癸酉2日	甲戌3一	乙亥4二	丙子5三	丁丑6四	戊寅7五	己卯8六		癸亥秋分 己卯寒露
九月大	壬戌 天干地支西曆星期	庚辰9日	辛巳10一	壬午11二	癸未12三	甲申13四	乙酉14五	丙戌15六	丁亥16日	戊子17一	己丑18二	庚寅19三	辛卯20四	壬辰21五	癸巳22六	甲午23日	乙未24一	丙申25二	丁酉26三	戊戌27四	己亥28五	庚子29六	辛丑30日	壬寅31一	癸卯(11)二	甲辰2三	乙巳3四	丙午4五	丁未5六	戊申6日	己酉7一	甲午霜降 己酉立冬 庚辰日食
十月小	癸亥 天干地支西曆星期	庚戌8二	辛亥9三	壬子10四	癸丑11五	甲寅12六	乙卯13日	丙辰14一	丁巳15二	戊午16三	己未17四	庚申18五	辛酉19六	壬戌20日	癸亥21一	甲子22二	乙丑23三	丙寅24四	丁卯25五	戊辰26六	己巳27日	庚午28一	辛未29二	壬申30三	癸酉(12)四	甲戌2五	乙亥3六	丙子4日	丁丑5一	戊寅6二		甲子小雪
十一月大	甲子 天干地支西曆星期	己卯7三	庚辰8四	辛巳9五	壬午10六	癸未11日	甲申12一	乙酉13二	丙戌14三	丁亥15四	戊子16五	己丑17六	庚寅18日	辛卯19一	壬辰20二	癸巳21三	甲午22四	乙未23五	丙申24六	丁酉25日	戊戌26一	己亥27二	庚子28三	辛丑29四	壬寅30五	癸卯31六	甲辰(1)日	乙巳2一	丙午3二	丁未4三	戊申5四	庚辰大雪 乙未冬至
十二月小	乙丑 天干地支西曆星期	己酉6五	庚戌7六	辛亥8日	壬子9一	癸丑10二	甲寅11三	乙卯12四	丙辰13五	丁巳14六	戊午15日	己未16一	庚申17二	辛酉18三	壬戌19四	癸亥20五	甲子21六	乙丑22日	丙寅23一	丁卯24二	戊辰25三	己巳26四	庚午27五	辛未28六	壬申29日	癸酉30一	甲戌31二	乙亥(2)三	丙子2四	丁丑3五		庚戌小寒 乙丑大寒

晉穆帝永和五年（己酉 雞年） 公元 349 ~ 350 年

夏曆月序	中西日照對應	夏曆日序																													節氣與天象
		初一	初二	初三	初四	初五	初六	初七	初八	初九	初十	十一	十二	十三	十四	十五	十六	十七	十八	十九	二十	廿一	廿二	廿三	廿四	廿五	廿六	廿七	廿八	廿九	三十	
正月大	丙寅	戊寅 6	己卯 5日	庚辰 6二	辛巳 7三	壬午 8四	癸未 9五	甲申 10六	乙酉 11日	丙戌 12一	丁亥 13二	戊子 14三	己丑 15四	庚寅 16五	辛卯 17六	壬辰 18日	癸巳 19一	甲午 20二	乙未 21三	丙申 22四	丁酉 23五	戊戌 24六	己亥 25日	庚子 26一	辛丑 27二	壬寅 28三	癸卯 (3)四	甲辰 2五	乙巳 3六	丙午 4日	丁未 5日	庚辰立春 丙申雨水
二月小	丁卯	戊申 6二	己酉 7三	庚戌 8四	辛亥 9五	壬子 10六	癸丑 11日	甲寅 12一	乙卯 13二	丙辰 14三	丁巳 15四	戊午 16五	己未 17六	庚申 18日	辛酉 19一	壬戌 20二	癸亥 21三	甲子 22四	乙丑 23五	丙寅 24六	丁卯 25日	戊辰 26一	己巳 27二	庚午 28三	辛未 29四	壬申 30五	癸酉 31六	甲戌 (4)日	乙亥 2一	丙子 3二		辛亥驚蟄 丙寅春分
三月大	戊辰	丁丑 4二	戊寅 5三	己卯 6四	庚辰 7五	辛巳 8六	壬午 9日	癸未 10一	甲申 11二	乙酉 12三	丙戌 13四	丁亥 14五	戊子 15六	己丑 16日	庚寅 17一	辛卯 18二	壬辰 19三	癸巳 20四	甲午 21五	乙未 22六	丙申 23日	丁酉 24一	戊戌 25二	己亥 26三	庚子 27四	辛丑 28五	壬寅 29六	癸卯 30日	甲辰 (5)一	乙巳 2二	丙午 3三	辛巳清明 丁酉穀雨 丁丑日食
四月小	己巳	丁未 4四	戊申 5五	己酉 6六	庚戌 7日	辛亥 8一	壬子 9二	癸丑 10三	甲寅 11四	乙卯 12五	丙辰 13六	丁巳 14日	戊午 15一	己未 16二	庚申 17三	辛酉 18四	壬戌 19五	癸亥 20六	甲子 21日	乙丑 22一	丙寅 23二	丁卯 24三	戊辰 25四	己巳 26五	庚午 27六	辛未 28日	壬申 29一	癸酉 30二	甲戌 31三	乙亥 (6)四		壬子立夏 丁卯小滿
五月大	庚午	丙子 2五	丁丑 3六	戊寅 4日	己卯 5一	庚辰 6二	辛巳 7三	壬午 8四	癸未 9五	甲申 10六	乙酉 11日	丙戌 12一	丁亥 13二	戊子 14三	己丑 15四	庚寅 16五	辛卯 17六	壬辰 18日	癸巳 19一	甲午 20二	乙未 21三	丙申 22四	丁酉 23五	戊戌 24六	己亥 25日	庚子 26一	辛丑 27二	壬寅 28三	癸卯 29四	甲辰 30五	乙巳 (7)六	壬午芒種 丁酉夏至
六月小	辛未	丙午 2日	丁未 3一	戊申 4二	己酉 5三	庚戌 6四	辛亥 7五	壬子 8六	癸丑 9日	甲寅 10一	乙卯 11二	丙辰 12三	丁巳 13四	戊午 14五	己未 15六	庚申 16日	辛酉 17一	壬戌 18二	癸亥 19三	甲子 20四	乙丑 21五	丙寅 22六	丁卯 23日	戊辰 24一	己巳 25二	庚午 26三	辛未 27四	壬申 28五	癸酉 29六	甲戌 30日		癸丑小暑 戊辰大暑
七月大	壬申	乙亥 31一	丙子 (8)二	丁丑 2三	戊寅 3四	己卯 4五	庚辰 5六	辛巳 6日	壬午 7一	癸未 8二	甲申 9三	乙酉 10四	丙戌 11五	丁亥 12六	戊子 13日	己丑 14一	庚寅 15二	辛卯 16三	壬辰 17四	癸巳 18五	甲午 19六	乙未 20日	丙申 21一	丁酉 22二	戊戌 23三	己亥 24四	庚子 25五	辛丑 26六	壬寅 27日	癸卯 28一	甲辰 29二	癸未立秋 戊戌處暑
八月大	癸酉	乙巳 30三	丙午 31四	丁未 (9)五	戊申 2六	己酉 3日	庚戌 4一	辛亥 5二	壬子 6三	癸丑 7四	甲寅 8五	乙卯 9六	丙辰 10日	丁巳 11一	戊午 12二	己未 13三	庚申 14四	辛酉 15五	壬戌 16六	癸亥 17日	甲子 18一	乙丑 19二	丙寅 20三	丁卯 21四	戊辰 22五	己巳 23六	庚午 24日	辛未 25一	壬申 26二	癸酉 27三	甲戌 28四	癸丑白露 己巳秋分
九月小	甲戌	乙亥 29五	丙子 30六	丁丑 (10)日	戊寅 2一	己卯 3二	庚辰 4三	辛巳 5四	壬午 6五	癸未 7六	甲申 8日	乙酉 9一	丙戌 10二	丁亥 11三	戊子 12四	己丑 13五	庚寅 14六	辛卯 15日	壬辰 16一	癸巳 17二	甲午 18三	乙未 19四	丙申 20五	丁酉 21六	戊戌 22日	己亥 23一	庚子 24二	辛丑 25三	壬寅 26四	癸卯 27五		甲申寒露 己亥霜降
十月大	乙亥	甲辰 28六	乙巳 29日	丙午 30一	丁未 31二	戊申 (11)三	己酉 2四	庚戌 3五	辛亥 4六	壬子 5日	癸丑 6一	甲寅 7二	乙卯 8三	丙辰 9四	丁巳 10五	戊午 11六	己未 12日	庚申 13一	辛酉 14二	壬戌 15三	癸亥 16四	甲子 17五	乙丑 18六	丙寅 19日	丁卯 20一	戊辰 21二	己巳 22三	庚午 23四	辛未 24五	壬申 25六	癸酉 26日	甲寅立冬 庚午小雪
十一月小	丙子	甲戌 27一	乙亥 28二	丙子 29三	丁丑 30四	戊寅 (12)五	己卯 2六	庚辰 3日	辛巳 4一	壬午 5二	癸未 6三	甲申 7四	乙酉 8五	丙戌 9六	丁亥 10日	戊子 11一	己丑 12二	庚寅 13三	辛卯 14四	壬辰 15五	癸巳 16六	甲午 17日	乙未 18一	丙申 19二	丁酉 20三	戊戌 21四	己亥 22五	庚子 23六	辛丑 24日	壬寅 25一		乙酉大雪 庚子冬至
十二月大	丁丑	癸卯 26二	甲辰 27三	乙巳 28四	丙午 29五	丁未 30六	戊申 31日	己酉 (1)一	庚戌 2二	辛亥 3三	壬子 4四	癸丑 5五	甲寅 6六	乙卯 7日	丙辰 8一	丁巳 9二	戊午 10三	己未 11四	庚申 12五	辛酉 13六	壬戌 14日	癸亥 15一	甲子 16二	乙丑 17三	丙寅 18四	丁卯 19五	戊辰 20六	己巳 21日	庚午 22一	辛未 23二	壬申 24三	乙卯小寒 庚午大寒

晉穆帝永和六年（庚戌 狗年） 公元350～351年

夏曆月序	中西日曆對照	夏曆日序																													節氣與天象
		初一	初二	初三	初四	初五	初六	初七	初八	初九	初十	十一	十二	十三	十四	十五	十六	十七	十八	十九	二十	二一	二二	二三	二四	二五	二六	二七	二八	二九	三十	
正月小	戊寅 天干地支 西曆 星期	癸酉 25 四	甲戌 26 五	乙亥 27 六	丙子 28 日	丁丑 29 一	戊寅 30 二	己卯 31 三	庚辰 (2) 四	辛巳 2 五	壬午 3 六	癸未 4 日	甲申 5 一	乙酉 6 二	丙戌 7 三	丁亥 8 四	戊子 9 五	己丑 10 六	庚寅 11 日	辛卯 12 一	壬辰 13 二	癸巳 14 三	甲午 15 四	乙未 16 五	丙申 17 六	丁酉 18 日	戊戌 19 一	己亥 20 二	庚子 21 三	辛丑 22 四		丙戌立春 辛丑雨水
二月大	己卯 天干地支 西曆 星期	壬寅 23 五	癸卯 24 六	甲辰 25 日	乙巳 26 一	丙午 27 二	丁未 28 三	戊申 (3) 四	己酉 2 五	庚戌 3 六	辛亥 4 日	壬子 5 一	癸丑 6 二	甲寅 7 三	乙卯 8 四	丙辰 9 五	丁巳 10 六	戊午 11 日	己未 12 一	庚申 13 二	辛酉 14 三	壬戌 15 四	癸亥 16 五	甲子 17 六	乙丑 18 日	丙寅 19 一	丁卯 20 二	戊辰 21 三	己巳 22 四	庚午 23 五	辛未 24 六	丙辰驚蟄 辛未春分
閏二月小	己卯 天干地支 西曆 星期	壬申 25 日	癸酉 26 一	甲戌 27 二	乙亥 28 三	丙子 29 四	丁丑 30 五	戊寅 31 六	己卯 (4) 日	庚辰 2 一	辛巳 3 二	壬午 4 三	癸未 5 四	甲申 6 五	乙酉 7 六	丙戌 8 日	丁亥 9 一	戊子 10 二	己丑 11 三	庚寅 12 四	辛卯 13 五	壬辰 14 六	癸巳 15 日	甲午 16 一	乙未 17 二	丙申 18 三	丁酉 19 四	戊戌 20 五	己亥 21 六	庚子 22 日		丁亥清明
三月大	庚辰 天干地支 西曆 星期	辛丑 23 一	壬寅 24 二	癸卯 25 三	甲辰 26 四	乙巳 27 五	丙午 28 六	丁未 29 日	戊申 30 一	己酉 (5) 二	庚戌 2 三	辛亥 3 四	壬子 4 五	癸丑 5 六	甲寅 6 日	乙卯 7 一	丙辰 8 二	丁巳 9 三	戊午 10 四	己未 11 五	庚申 12 六	辛酉 13 日	壬戌 14 一	癸亥 15 二	甲子 16 三	乙丑 17 四	丙寅 18 五	丁卯 19 六	戊辰 20 日	己巳 21 一	庚午 22 二	壬寅穀雨 丁巳立夏
四月小	辛巳 天干地支 西曆 星期	辛未 23 三	壬申 24 四	癸酉 25 五	甲戌 26 六	乙亥 27 日	丙子 28 一	丁丑 29 二	戊寅 30 三	己卯 31 四	庚辰 (6) 五	辛巳 2 六	壬午 3 日	癸未 4 一	甲申 5 二	乙酉 6 三	丙戌 7 四	丁亥 8 五	戊子 9 六	己丑 10 日	庚寅 11 一	辛卯 12 二	壬辰 13 三	癸巳 14 四	甲午 15 五	乙未 16 六	丙申 17 日	丁酉 18 一	戊戌 19 二	己亥 20 三		壬申小滿 丁亥芒種
五月大	壬午 天干地支 西曆 星期	庚子 21 四	辛丑 22 五	壬寅 23 六	癸卯 24 日	甲辰 25 一	乙巳 26 二	丙午 27 三	丁未 28 四	戊申 29 五	己酉 30 六	庚戌 (7) 日	辛亥 2 一	壬子 3 二	癸丑 4 三	甲寅 5 四	乙卯 6 五	丙辰 7 六	丁巳 8 日	戊午 9 一	己未 10 二	庚申 11 三	辛酉 12 四	壬戌 13 五	癸亥 14 六	甲子 15 日	乙丑 16 一	丙寅 17 二	丁卯 18 三	戊辰 19 四	己巳 20 五	癸卯夏至 戊午小暑
六月小	癸未 天干地支 西曆 星期	庚午 21 六	辛未 22 日	壬申 23 一	癸酉 24 二	甲戌 25 三	乙亥 26 四	丙子 27 五	丁丑 28 六	戊寅 29 日	己卯 30 一	庚辰 31 二	辛巳 (8) 三	壬午 2 四	癸未 3 五	甲申 4 六	乙酉 5 日	丙戌 6 一	丁亥 7 二	戊子 8 三	己丑 9 四	庚寅 10 五	辛卯 11 六	壬辰 12 日	癸巳 13 一	甲午 14 二	乙未 15 三	丙申 16 四	丁酉 17 五	戊戌 18 六		癸酉大暑 戊子立秋
七月大	甲申 天干地支 西曆 星期	己亥 19 日	庚子 20 一	辛丑 21 二	壬寅 22 三	癸卯 23 四	甲辰 24 五	乙巳 25 六	丙午 26 日	丁未 27 一	戊申 28 二	己酉 29 三	庚戌 30 四	辛亥 31 五	壬子 (9) 六	癸丑 2 日	甲寅 3 一	乙卯 4 二	丙辰 5 三	丁巳 6 四	戊午 7 五	己未 8 六	庚申 9 日	辛酉 10 一	壬戌 11 二	癸亥 12 三	甲子 13 四	乙丑 14 五	丙寅 15 六	丁卯 16 日	戊辰 17 一	甲辰處暑 己未白露
八月小	乙酉 天干地支 西曆 星期	己巳 18 二	庚午 19 三	辛未 20 四	壬申 21 五	癸酉 22 六	甲戌 23 日	乙亥 24 一	丙子 25 二	丁丑 26 三	戊寅 27 四	己卯 28 五	庚辰 29 六	辛巳 30 日	壬午 (10) 一	癸未 2 二	甲申 3 三	乙酉 4 四	丙戌 5 五	丁亥 6 六	戊子 7 日	己丑 8 一	庚寅 9 二	辛卯 10 三	壬辰 11 四	癸巳 12 五	甲午 13 六	乙未 14 日	丙申 15 一	丁酉 16 二		甲戌秋分 己丑寒露
九月大	丙戌 天干地支 西曆 星期	戊戌 17 三	己亥 18 四	庚子 19 五	辛丑 20 六	壬寅 21 日	癸卯 22 一	甲辰 23 二	乙巳 24 三	丙午 25 四	丁未 26 五	戊申 27 六	己酉 28 日	庚戌 29 一	辛亥 30 二	壬子 31 三	癸丑 (11) 四	甲寅 2 五	乙卯 3 六	丙辰 4 日	丁巳 5 一	戊午 6 二	己未 7 三	庚申 8 四	辛酉 9 五	壬戌 10 六	癸亥 11 日	甲子 12 一	乙丑 13 二	丙寅 14 三	丁卯 15 四	甲辰霜降 庚戌立冬
十月大	丁亥 天干地支 西曆 星期	戊辰 16 五	己巳 17 六	庚午 18 日	辛未 19 一	壬申 20 二	癸酉 21 三	甲戌 22 四	乙亥 23 五	丙子 24 六	丁丑 25 日	戊寅 26 一	己卯 27 二	庚辰 28 三	辛巳 29 四	壬午 30 五	癸未 (12) 六	甲申 2 日	乙酉 3 一	丙戌 4 二	丁亥 5 三	戊子 6 四	己丑 7 五	庚寅 8 六	辛卯 9 日	壬辰 10 一	癸巳 11 二	甲午 12 三	乙未 13 四	丙申 14 五	丁酉 15 六	乙亥小雪 庚寅大雪
十一月小	戊子 天干地支 西曆 星期	戊戌 16 日	己亥 17 一	庚子 18 二	辛丑 19 三	壬寅 20 四	癸卯 21 五	甲辰 22 六	乙巳 23 日	丙午 24 一	丁未 25 二	戊申 26 三	己酉 27 四	庚戌 28 五	辛亥 29 六	壬子 30 日	癸丑 31 一	甲寅 (1) 二	乙卯 2 三	丙辰 3 四	丁巳 4 五	戊午 5 六	己未 6 日	庚申 7 一	辛酉 8 二	壬戌 9 三	癸亥 10 四	甲子 11 五	乙丑 12 六	丙寅 13 日		乙巳冬至 庚申小寒
十二月大	己丑 天干地支 西曆 星期	丁卯 14 一	戊辰 15 二	己巳 16 三	庚午 17 四	辛未 18 五	壬申 19 六	癸酉 20 日	甲戌 21 一	乙亥 22 二	丙子 23 三	丁丑 24 四	戊寅 25 五	己卯 26 六	庚辰 27 日	辛巳 28 一	壬午 29 二	癸未 30 三	甲申 31 四	乙酉 (2) 五	丙戌 2 六	丁亥 3 日	戊子 4 一	己丑 5 二	庚寅 6 三	辛卯 7 四	壬辰 8 五	癸巳 9 六	甲午 10 日	乙未 11 一	丙申 12 二	丙子大寒 辛卯立春

晉穆帝永和七年（辛亥 豬年） 公元 351 ～ 352 年

夏曆月序	中西曆對照	夏曆日序																													節氣與天象
		初一	初二	初三	初四	初五	初六	初七	初八	初九	初十	十一	十二	十三	十四	十五	十六	十七	十八	十九	二十	二一	二二	二三	二四	二五	二六	二七	二八	二九	三十	
正月小	庚寅 天干 地支 西曆 星期	丁巳 13 三	戊午 14 四	己未 15 五	庚申 16 六	辛酉 17 日	壬戌 18 一	癸亥 19 二	甲子 20 三	乙丑 21 四	丙寅 22 五	丁卯 23 六	戊辰 24 日	己巳 25 一	庚午 26 二	辛未 27 三	壬申 28 四	癸酉(3) 五	甲戌 2 六	乙亥 3 日	丙子 4 一	丁丑 5 二	戊寅 6 三	己卯 7 四	庚辰 8 五	辛巳 9 六	壬午 10 日	癸未 11 一	甲申 12 二	乙酉 13 三		丙午雨水 辛酉驚蟄
二月大	辛卯 天干 地支 西曆 星期	丙戌 14 四	丁亥 15 五	戊子 16 六	己丑 17 日	庚寅 18 一	辛卯 19 二	壬辰 20 三	癸巳 21 四	甲午 22 五	乙未 23 六	丙申 24 日	丁酉 25 一	戊戌 26 二	己亥 27 三	庚子 28 四	辛丑 29 五	壬寅 30 六	癸卯 31 日	甲辰(4) 一	乙巳 2 二	丙午 3 三	丁未 4 四	戊申 5 五	己酉 6 六	庚戌 7 日	辛亥 8 一	壬子 9 二	癸丑 10 三	甲寅 11 四	乙卯 12 五	丁丑春分 壬辰清明
三月小	壬辰 天干 地支 西曆 星期	丙辰 13 六	丁巳 14 日	戊午 15 一	己未 16 二	庚申 17 三	辛酉 18 四	壬戌 19 五	癸亥 20 六	甲子 21 日	乙丑 22 一	丙寅 23 二	丁卯 24 三	戊辰 25 四	己巳 26 五	庚午 27 六	辛未 28 日	壬申 29 一	癸酉 30 二	甲戌(5) 三	乙亥 2 四	丙子 3 五	丁丑 4 六	戊寅 5 日	己卯 6 一	庚辰 7 二	辛巳 8 三	壬午 9 四	癸未 10 五	甲申 11 六		丁未穀雨 壬戌立夏
四月大	癸巳 天干 地支 西曆 星期	乙酉 12 日	丙戌 13 一	丁亥 14 二	戊子 15 三	己丑 16 四	庚寅 17 五	辛卯 18 六	壬辰 19 日	癸巳 20 一	甲午 21 二	乙未 22 三	丙申 23 四	丁酉 24 五	戊戌 25 六	己亥 26 日	庚子 27 一	辛丑 28 二	壬寅 29 三	癸卯 30 四	甲辰 31 五	乙巳(6) 六	丙午 2 日	丁未 3 一	戊申 4 二	己酉 5 三	庚戌 6 四	辛亥 7 五	壬子 8 六	癸丑 9 日	甲寅 10 一	丁丑小滿 癸巳芒種
五月小	甲午 天干 地支 西曆 星期	乙卯 11 二	丙辰 12 三	丁巳 13 四	戊午 14 五	己未 15 六	庚申 16 日	辛酉 17 一	壬戌 18 二	癸亥 19 三	甲子 20 四	乙丑 21 五	丙寅 22 六	丁卯 23 日	戊辰 24 一	己巳 25 二	庚午 26 三	辛未 27 四	壬申 28 五	癸酉 29 六	甲戌 30 日	乙亥(7) 一	丙子 2 二	丁丑 3 三	戊寅 4 四	己卯 5 五	庚辰 6 六	辛巳 7 日	壬午 8 一	癸未 9 二		戊申夏至 癸亥小暑
六月大	乙未 天干 地支 西曆 星期	甲申 10 三	乙酉 11 四	丙戌 12 五	丁亥 13 六	戊子 14 日	己丑 15 一	庚寅 16 二	辛卯 17 三	壬辰 18 四	癸巳 19 五	甲午 20 六	乙未 21 日	丙申 22 一	丁酉 23 二	戊戌 24 三	己亥 25 四	庚子 26 五	辛丑 27 六	壬寅 28 日	癸卯 29 一	甲辰 30 二	乙巳 31 三	丙午(8) 四	丁未 2 五	戊申 3 六	己酉 4 日	庚戌 5 一	辛亥 6 二	壬子 7 三	癸丑 8 四	戊寅大暑
七月小	丙申 天干 地支 西曆 星期	甲寅 9 五	乙卯 10 六	丙辰 11 日	丁巳 12 一	戊午 13 二	己未 14 三	庚申 15 四	辛酉 16 五	壬戌 17 六	癸亥 18 日	甲子 19 一	乙丑 20 二	丙寅 21 三	丁卯 22 四	戊辰 23 五	己巳 24 六	庚午 25 日	辛未 26 一	壬申 27 二	癸酉 28 三	甲戌 29 四	乙亥 30 五	丙子 31 六	丁丑(9) 日	戊寅 2 一	己卯 3 二	庚辰 4 三	辛巳 5 四	壬午 6 五		甲午立秋 己酉處暑
八月大	丁酉 天干 地支 西曆 星期	癸未 7 六	甲申 8 日	乙酉 9 一	丙戌 10 二	丁亥 11 三	戊子 12 四	己丑 13 五	庚寅 14 六	辛卯 15 日	壬辰 16 一	癸巳 17 二	甲午 18 三	乙未 19 四	丙申 20 五	丁酉 21 六	戊戌 22 日	己亥 23 一	庚子 24 二	辛丑 25 三	壬寅 26 四	癸卯 27 五	甲辰 28 六	乙巳 29 日	丙午 30 一	丁未(10) 二	戊申 2 三	己酉 3 四	庚戌 4 五	辛亥 5 六	壬子 6 日	甲子白露 己卯秋分
九月小	戊戌 天干 地支 西曆 星期	癸丑 7 一	甲寅 8 二	乙卯 9 三	丙辰 10 四	丁巳 11 五	戊午 12 六	己未 13 日	庚申 14 一	辛酉 15 二	壬戌 16 三	癸亥 17 四	甲子 18 五	乙丑 19 六	丙寅 20 日	丁卯 21 一	戊辰 22 二	己巳 23 三	庚午 24 四	辛未 25 五	壬申 26 六	癸酉 27 日	甲戌 28 一	乙亥 29 二	丙子 30 三	丁丑 31 四	戊寅(11) 五	己卯 2 六	庚辰 3 日	辛巳 4 一		甲午寒露 庚戌霜降
十月大	己亥 天干 地支 西曆 星期	壬午 5 二	癸未 6 三	甲申 7 四	乙酉 8 五	丙戌 9 六	丁亥 10 日	戊子 11 一	己丑 12 二	庚寅 13 三	辛卯 14 四	壬辰 15 五	癸巳 16 六	甲午 17 日	乙未 18 一	丙申 19 二	丁酉 20 三	戊戌 21 四	己亥 22 五	庚子 23 六	辛丑 24 日	壬寅 25 一	癸卯 26 二	甲辰 27 三	乙巳 28 四	丙午 29 五	丁未 30 六	戊申(12) 日	己酉 2 一	庚戌 3 二	辛亥 4 三	乙丑立冬 庚辰小雪
十一月小	庚子 天干 地支 西曆 星期	壬子 5 四	癸丑 6 五	甲寅 7 六	乙卯 8 日	丙辰 9 一	丁巳 10 二	戊午 11 三	己未 12 四	庚申 13 五	辛酉 14 六	壬戌 15 日	癸亥 16 一	甲子 17 二	乙丑 18 三	丙寅 19 四	丁卯 20 五	戊辰 21 六	己巳 22 日	庚午 23 一	辛未 24 二	壬申 25 三	癸酉 26 四	甲戌 27 五	乙亥 28 六	丙子 29 日	丁丑 30 一	戊寅 31 二	己卯(1) 三	庚辰 2 四		乙未大雪 辛亥冬至
十二月大	辛丑 天干 地支 西曆 星期	辛巳 3 五	壬午 4 六	癸未 5 日	甲申 6 一	乙酉 7 二	丙戌 8 三	丁亥 9 四	戊子 10 五	己丑 11 六	庚寅 12 日	辛卯 13 一	壬辰 14 二	癸巳 15 三	甲午 16 四	乙未 17 五	丙申 18 六	丁酉 19 日	戊戌 20 一	己亥 21 二	庚子 22 三	辛丑 23 四	壬寅 24 五	癸卯 25 六	甲辰 26 日	乙巳 27 一	丙午 28 二	丁未 29 三	戊申 30 四	己酉 31 五	庚戌(2) 六	丙寅小寒 辛巳大寒

晉穆帝永和八年（壬子 鼠年） 公元 352～353 年

夏曆月序	西日中曆對照	夏曆日序																													節氣與天象
		初一	初二	初三	初四	初五	初六	初七	初八	初九	初十	十一	十二	十三	十四	十五	十六	十七	十八	十九	二十	廿一	廿二	廿三	廿四	廿五	廿六	廿七	廿八	廿九	三十	
正月小	壬寅	天干地支 辛卯 西曆 2 星期三	壬辰 3 四	癸巳 4 五	甲午 5 六	乙未 6 日	丙申 7 一	丁酉 8 二	戊戌 9 三	己亥 10 四	庚子 11 五	辛丑 12 六	壬寅 13 日	癸卯 14 一	甲辰 15 二	乙巳 16 三	丙午 17 四	丁未 18 五	戊申 19 六	己酉 20 日	庚戌 21 一	辛亥 22 二	壬子 23 三	癸丑 24 四	甲寅 25 五	乙卯 26 六	丙辰 27 日	丁巳 28 一	戊午 29 二	己未 (3) 三		丙申立春 辛亥雨水
二月大	癸卯	庚申 2 四	辛酉 3 五	壬戌 4 六	癸亥 5 日	甲子 6 一	乙丑 7 二	丙寅 8 三	丁卯 9 四	戊辰 10 五	己巳 11 六	庚午 12 日	辛未 13 一	壬申 14 二	癸酉 15 三	甲戌 16 四	乙亥 17 五	丙子 18 六	丁丑 19 日	戊寅 20 一	己卯 21 二	庚辰 22 三	辛巳 23 四	壬午 24 五	癸未 25 六	甲申 26 日	乙酉 27 一	丙戌 28 二	丁亥 29 三	戊子 30 四	己丑 31 五	丁卯驚蟄 壬午春分
三月大	甲辰	庚寅 (4) 六	辛卯 2 日	壬辰 3 一	癸巳 4 二	甲午 5 三	乙未 6 四	丙申 7 五	丁酉 8 六	戊戌 9 日	己亥 10 一	庚子 11 二	辛丑 12 三	壬寅 13 四	癸卯 14 五	甲辰 15 六	乙巳 16 日	丙午 17 一	丁未 18 二	戊申 19 三	己酉 20 四	庚戌 21 五	辛亥 22 六	壬子 23 日	癸丑 24 一	甲寅 25 二	乙卯 26 三	丙辰 27 四	丁巳 28 五	戊午 29 六	己未 30 日	丁酉清明 壬子穀雨
四月小	乙巳	庚申 (5) 一	辛酉 2 二	壬戌 3 三	癸亥 4 四	甲子 5 五	乙丑 6 六	丙寅 7 日	丁卯 8 一	戊辰 9 二	己巳 10 三	庚午 11 四	辛未 12 五	壬申 13 六	癸酉 14 日	甲戌 15 一	乙亥 16 二	丙子 17 三	丁丑 18 四	戊寅 19 五	己卯 20 六	庚辰 21 日	辛巳 22 一	壬午 23 二	癸未 24 三	甲申 25 四	乙酉 26 五	丙戌 27 六	丁亥 28 日	戊子 29 一		丁卯立夏 癸未小滿
五月大	丙午	己丑 30 二	庚寅 31 三	辛卯 (6) 四	壬辰 2 五	癸巳 3 六	甲午 4 日	乙未 5 一	丙申 6 二	丁酉 7 三	戊戌 8 四	己亥 9 五	庚子 10 六	辛丑 11 日	壬寅 12 一	癸卯 13 二	甲辰 14 三	乙巳 15 四	丙午 16 五	丁未 17 六	戊申 18 日	己酉 19 一	庚戌 20 二	辛亥 21 三	壬子 22 四	癸丑 23 五	甲寅 24 六	乙卯 25 日	丙辰 26 一	丁巳 27 二	戊午 28 三	戊戌芒種 癸丑夏至
六月小	丁未	己未 29 四	庚申 30 五	辛酉 (7) 六	壬戌 2 日	癸亥 3 一	甲子 4 二	乙丑 5 三	丙寅 6 四	丁卯 7 五	戊辰 8 六	己巳 9 日	庚午 10 一	辛未 11 二	壬申 12 三	癸酉 13 四	甲戌 14 五	乙亥 15 六	丙子 16 日	丁丑 17 一	戊寅 18 二	己卯 19 三	庚辰 20 四	辛巳 21 五	壬午 22 六	癸未 23 日	甲申 24 一	乙酉 25 二	丙戌 26 三	丁亥 27 四		戊戌小暑 甲申大暑
七月大	戊申	戊子 28 五	己丑 29 六	庚寅 30 日	辛卯 (8) 一	壬辰 2 二	癸巳 3 三	甲午 4 四	乙未 5 五	丙申 6 六	丁酉 7 日	戊戌 8 一	己亥 9 二	庚子 10 三	辛丑 11 四	壬寅 12 五	癸卯 13 六	甲辰 14 日	乙巳 15 一	丙午 16 二	丁未 17 三	戊申 18 四	己酉 19 五	庚戌 20 六	辛亥 21 日	壬子 22 一	癸丑 23 二	甲寅 24 三	乙卯 25 四	丙辰 26 五	丁巳 27 六	己亥立秋 甲寅處暑
八月小	己酉	戊午 28 日	己未 29 一	庚申 30 二	辛酉 31 三	壬戌 (9) 四	癸亥 2 五	甲子 3 六	乙丑 4 日	丙寅 5 一	丁卯 6 二	戊辰 7 三	己巳 8 四	庚午 9 五	辛未 10 六	壬申 11 日	癸酉 12 一	甲戌 13 二	乙亥 14 三	丙子 15 四	丁丑 16 五	戊寅 17 六	己卯 18 日	庚辰 19 一	辛巳 20 二	壬午 21 三	癸未 22 四	甲申 23 五	乙酉 24 六			己巳白露 甲申秋分
九月大	庚戌	丁亥 25 日	戊子 26 一	己丑 27 二	庚寅 28 三	辛卯 29 四	壬辰 30 五	癸巳 (10) 六	甲午 2 日	乙未 3 一	丙申 4 二	丁酉 5 三	戊戌 6 四	己亥 7 五	庚子 8 六	辛丑 9 日	壬寅 10 一	癸卯 11 二	甲辰 12 三	乙巳 13 四	丙午 14 五	丁未 15 六	戊申 16 日	己酉 17 一	庚戌 18 二	辛亥 19 三	壬子 20 四	癸丑 21 五	甲寅 22 六	乙卯 23 日	丙辰 24 一	庚子寒露 乙卯霜降
十月小	辛亥	丁巳 25 二	戊午 26 三	己未 27 四	庚申 28 五	辛酉 29 六	壬戌 30 日	癸亥 31 一	甲子 (11) 二	乙丑 2 三	丙寅 3 四	丁卯 4 五	戊辰 5 六	己巳 6 日	庚午 7 一	辛未 8 二	壬申 9 三	癸酉 10 四	甲戌 11 五	乙亥 12 六	丙子 13 日	丁丑 14 一	戊寅 15 二	己卯 16 三	庚辰 17 四	辛巳 18 五	壬午 19 六	癸未 20 日	甲申 21 一	乙酉 22 二		庚午立冬 乙酉小雪
閏十月大	辛亥	丙戌 23 三	丁亥 24 四	戊子 25 五	己丑 26 六	庚寅 27 日	辛卯 28 一	壬辰 29 二	癸巳 30 三	甲午 (12) 四	乙未 2 五	丙申 3 六	丁酉 4 日	戊戌 5 一	己亥 6 二	庚子 7 三	辛丑 8 四	壬寅 9 五	癸卯 10 六	甲辰 11 日	乙巳 12 一	丙午 13 二	丁未 14 三	戊申 15 四	己酉 16 五	庚戌 17 六	辛亥 18 日	壬子 19 一	癸丑 20 二	甲寅 21 三	乙卯 22 四	辛丑大雪
十一月小	壬子	丙辰 23 五	丁巳 24 六	戊午 25 日	己未 26 一	庚申 27 二	辛酉 28 三	壬戌 29 四	癸亥 30 五	甲子 31 六	乙丑 (1) 日	丙寅 2 一	丁卯 3 二	戊辰 4 三	己巳 5 四	庚午 6 五	辛未 7 六	壬申 8 日	癸酉 9 一	甲戌 10 二	乙亥 11 三	丙子 12 四	丁丑 13 五	戊寅 14 六	己卯 15 日	庚辰 16 一	辛巳 17 二	壬午 18 三	癸未 19 四	甲申 20 五		丙辰冬至 辛未小寒
十二月大	癸丑	乙酉 21 六	丙戌 22 日	丁亥 23 一	戊子 24 二	己丑 25 三	庚寅 26 四	辛卯 27 五	壬辰 28 六	癸巳 29 日	甲午 30 一	乙未 31 二	丙申 (2) 三	丁酉 2 四	戊戌 3 五	己亥 4 六	庚子 5 日	辛丑 6 一	壬寅 7 二	癸卯 8 三	甲辰 9 四	乙巳 10 五	丙午 11 六	丁未 12 日	戊申 13 一	己酉 14 二	庚戌 15 三	辛亥 16 四	壬子 17 五	癸丑 18 六	甲寅 19 日	丙戌大寒 辛丑立春 丙戌日食

晉穆帝永和九年（癸丑 牛年） 公元 353 ~ 354 年

夏曆月序	中西曆對照	夏曆日序 初一	初二	初三	初四	初五	初六	初七	初八	初九	初十	十一	十二	十三	十四	十五	十六	十七	十八	十九	二十	廿一	廿二	廿三	廿四	廿五	廿六	廿七	廿八	廿九	三十	節氣與天象
正月小	甲寅 天干地支西曆星期	乙卯 20 六	丙辰 21 日	丁巳 22 一	戊午 23 二	己未 24 三	庚申 25 四	辛酉 26 五	壬戌 27 六	癸亥 28 日	甲子(3) 2 一	乙丑 3 二	丙寅 4 三	丁卯 5 四	戊辰 6 五	己巳 7 六	庚午 8 日	辛未 9 一	壬申 10 二	癸酉 11 三	甲戌 12 四	乙亥 13 五	丙子 14 六	丁丑 15 日	戊寅 16 一	己卯 17 二	庚辰 18 三	辛巳 19 四	壬午 20 五	癸未 21 六		丁巳雨水 壬申驚蟄
二月大	乙卯 天干地支西曆星期	甲申 21 日	乙酉 22 一	丙戌 23 二	丁亥 24 三	戊子 25 四	己丑 26 五	庚寅 27 六	辛卯 28 日	壬辰 29 一	癸巳 30 二	甲午 31 三	乙未(4) 1 四	丙申 2 五	丁酉 3 六	戊戌 4 日	己亥 5 一	庚子 6 二	辛丑 7 三	壬寅 8 四	癸卯 9 五	甲辰 10 六	乙巳 11 日	丙午 12 一	丁未 13 二	戊申 14 三	己酉 15 四	庚戌 16 五	辛亥 17 六	壬子 18 日	癸丑 19 一	丁亥春分 壬寅清明
三月小	丙辰 天干地支西曆星期	甲寅 20 二	乙卯 21 三	丙辰 22 四	丁巳 23 五	戊午 24 六	己未 25 日	庚申 26 一	辛酉 27 二	壬戌 28 三	癸亥 29 四	甲子 30 五	乙丑(5) 1 六	丙寅 2 日	丁卯 3 一	戊辰 4 二	己巳 5 三	庚午 6 四	辛未 7 五	壬申 8 六	癸酉 9 日	甲戌 10 一	乙亥 11 二	丙子 12 三	丁丑 13 四	戊寅 14 五	己卯 15 六	庚辰 16 日	辛巳 17 一	壬午 18 二		戊午穀雨 癸酉立夏
四月大	丁巳 天干地支西曆星期	癸未 19 三	甲申 20 四	乙酉 21 五	丙戌 22 六	丁亥 23 日	戊子 24 一	己丑 25 二	庚寅 26 三	辛卯 27 四	壬辰 28 五	癸巳 29 六	甲午 30 日	乙未 31 一	丙申(6) 1 二	丁酉 2 三	戊戌 3 四	己亥 4 五	庚子 5 六	辛丑 6 日	壬寅 7 一	癸卯 8 二	甲辰 9 三	乙巳 10 四	丙午 11 五	丁未 12 六	戊申 13 日	己酉 14 一	庚戌 15 二	辛亥 16 三	壬子 17 四	戊子小滿 癸卯芒種
五月小	戊午 天干地支西曆星期	癸丑 18 五	甲寅 19 六	乙卯 20 日	丙辰 21 一	丁巳 22 二	戊午 23 三	己未 24 四	庚申 25 五	辛酉 26 六	壬戌 27 日	癸亥 28 一	甲子 29 二	乙丑 30 三	丙寅(7) 1 四	丁卯 2 五	戊辰 3 六	己巳 4 日	庚午 5 一	辛未 6 二	壬申 7 三	癸酉 8 四	甲戌 9 五	乙亥 10 六	丙子 11 日	丁丑 12 一	戊寅 13 二	己卯 14 三	庚辰 15 四	辛巳 16 五		戊午夏至 甲戌小暑
六月大	己未 天干地支西曆星期	壬午 17 六	癸未 18 日	甲申 19 一	乙酉 20 二	丙戌 21 三	丁亥 22 四	戊子 23 五	己丑 24 六	庚寅 25 日	辛卯 26 一	壬辰 27 二	癸巳 28 三	甲午 29 四	乙未 30 五	丙申 31 六	丁酉(8) 1 日	戊戌 2 一	己亥 3 二	庚子 4 三	辛丑 5 四	壬寅 6 五	癸卯 7 六	甲辰 8 日	乙巳 9 一	丙午 10 二	丁未 11 三	戊申 12 四	己酉 13 五	庚戌 14 六	辛亥 15 日	己丑大暑 甲辰立秋 壬子日食
七月大	庚申 天干地支西曆星期	壬子 16 一	癸丑 17 二	甲寅 18 三	乙卯 19 四	丙辰 20 五	丁巳 21 六	戊午 22 日	己未 23 一	庚申 24 二	辛酉 25 三	壬戌 26 四	癸亥 27 五	甲子 28 六	乙丑 29 日	丙寅 30 一	丁卯 31 二	戊辰(9) 1 三	己巳 2 四	庚午 3 五	辛未 4 六	壬申 5 日	癸酉 6 一	甲戌 7 二	乙亥 8 三	丙子 9 四	丁丑 10 五	戊寅 11 六	己卯 12 日	庚辰 13 一	辛巳 14 二	己未處暑 甲戌白露
八月小	辛酉 天干地支西曆星期	壬午 15 三	癸未 16 四	甲申 17 五	乙酉 18 六	丙戌 19 日	丁亥 20 一	戊子 21 二	己丑 22 三	庚寅 23 四	辛卯 24 五	壬辰 25 六	癸巳 26 日	甲午 27 一	乙未 28 二	丙申 29 三	丁酉 30 四	戊戌(10) 1 五	己亥 2 六	庚子 3 日	辛丑 4 一	壬寅 5 二	癸卯 6 三	甲辰 7 四	乙巳 8 五	丙午 9 六	丁未 10 日	戊申 11 一	己酉 12 二	庚戌 13 三		庚寅秋分 乙巳寒露
九月大	壬戌 天干地支西曆星期	辛亥 14 四	壬子 15 五	癸丑 16 六	甲寅 17 日	乙卯 18 一	丙辰 19 二	丁巳 20 三	戊午 21 四	己未 22 五	庚申 23 六	辛酉 24 日	壬戌 25 一	癸亥 26 二	甲子 27 三	乙丑 28 四	丙寅 29 五	丁卯 30 六	戊辰 31 日	己巳(11) 1 一	庚午 2 二	辛未 3 三	壬申 4 四	癸酉 5 五	甲戌 6 六	乙亥 7 日	丙子 8 一	丁丑 9 二	戊寅 10 三	己卯 11 四	庚辰 12 五	庚申霜降 乙亥立冬
十月小	癸亥 天干地支西曆星期	辛巳 13 六	壬午 14 日	癸未 15 一	甲申 16 二	乙酉 17 三	丙戌 18 四	丁亥 19 五	戊子 20 六	己丑 21 日	庚寅 22 一	辛卯 23 二	壬辰 24 三	癸巳 25 四	甲午 26 五	乙未 27 六	丙申 28 日	丁酉 29 一	戊戌 30 二	己亥(12) 1 三	庚子 2 四	辛丑 3 五	壬寅 4 六	癸卯 5 日	甲辰 6 一	乙巳 7 二	丙午 8 三	丁未 9 四	戊申 10 五	己酉 11 六		辛卯小雪 丙午大雪
十一月大	甲子 天干地支西曆星期	庚戌 12 日	辛亥 13 一	壬子 14 二	癸丑 15 三	甲寅 16 四	乙卯 17 五	丙辰 18 六	丁巳 19 日	戊午 20 一	己未 21 二	庚申 22 三	辛酉 23 四	壬戌 24 五	癸亥 25 六	甲子 26 日	乙丑 27 一	丙寅 28 二	丁卯 29 三	戊辰 30 四	己巳 31 五	庚午(1) 1 六	辛未 2 日	壬申 3 一	癸酉 4 二	甲戌 5 三	乙亥 6 四	丙子 7 五	丁丑 8 六	戊寅 9 日	己卯 10 一	辛酉冬至 丙子小寒
十二月小	乙丑 天干地支西曆星期	庚辰 11 二	辛巳 12 三	壬午 13 四	癸未 14 五	甲申 15 六	乙酉 16 日	丙戌 17 一	丁亥 18 二	戊子 19 三	己丑 20 四	庚寅 21 五	辛卯 22 六	壬辰 23 日	癸巳 24 一	甲午 25 二	乙未 26 三	丙申 27 四	丁酉 28 五	戊戌 29 六	己亥 30 日	庚子 31 一	辛丑(2) 1 二	壬寅 2 三	癸卯 3 四	甲辰 4 五	乙巳 5 六	丙午 6 日	丁未 7 一	戊申 8 二		辛卯大寒 丁未立春 庚辰日食

晉穆帝永和十年（甲寅 虎年） 公元 354 ～ 355 年

夏曆月序	中西曆對照	夏　曆　日　序																														節氣與天象
		初一	初二	初三	初四	初五	初六	初七	初八	初九	初十	十一	十二	十三	十四	十五	十六	十七	十八	十九	二十	二一	二二	二三	二四	二五	二六	二七	二八	二九	三十	
正月大	丙寅	天干 己地支 西酉曆 9星期 三	庚戌 10 四	辛亥 11 五	壬子 12 六	癸丑 13 日	甲寅 14 一	乙卯 15 二	丙辰 16 三	丁巳 17 四	戊午 18 五	己未 19 六	庚申 20 日	辛酉 21 一	壬戌 22 二	癸亥 23 三	甲子 24 四	乙丑 25 五	丙寅 26 六	丁卯 27 日	戊辰 28 一	己巳 (3) 二	庚午 2 三	辛未 3 四	壬申 4 五	癸酉 5 六	甲戌 6 日	乙亥 7 一	丙子 8 二	丁丑 9 三	戊寅 10 四	壬戌雨水 丁丑驚蟄
二月小	丁卯	天干 己地支 卯酉曆 11星期 五	庚辰 12 六	辛巳 13 日	壬午 14 一	癸未 15 二	甲申 16 三	乙酉 17 四	丙戌 18 五	丁亥 19 六	戊子 20 日	己丑 21 一	庚寅 22 二	辛卯 23 三	壬辰 24 四	癸巳 25 五	甲午 26 六	乙未 27 日	丙申 28 一	丁酉 29 二	戊戌 30 三	己亥 31 四	庚子 (4) 五	辛丑 2 六	壬寅 3 日	癸卯 4 一	甲辰 5 二	乙巳 6 三	丙午 7 四	丁未 8 五		壬辰春分
三月大	戊辰	天干 戊地支 申酉曆 9星期 六	己酉 10 日	庚戌 11 一	辛亥 12 二	壬子 13 三	癸丑 14 四	甲寅 15 五	乙卯 16 六	丙辰 17 日	丁巳 18 一	戊午 19 二	己未 20 三	庚申 21 四	辛酉 22 五	壬戌 23 六	癸亥 24 日	甲子 25 一	乙丑 26 二	丙寅 27 三	丁卯 28 四	戊辰 29 五	己巳 30 六	庚午 (5) 日	辛未 2 一	壬申 3 二	癸酉 4 三	甲戌 5 四	乙亥 6 五	丙子 7 六	丁丑 8 日	戊申清明 癸亥穀雨
四月小	己巳	天干 戊地支 寅酉曆 9星期 一	己卯 10 二	庚辰 11 三	辛巳 12 四	壬午 13 五	癸未 14 六	甲申 15 日	乙酉 16 一	丙戌 17 二	丁亥 18 三	戊子 19 四	己丑 20 五	庚寅 21 六	辛卯 22 日	壬辰 23 一	癸巳 24 二	甲午 25 三	乙未 26 四	丙申 27 五	丁酉 28 六	戊戌 29 日	己亥 30 一	庚子 31 二	辛丑 (6) 三	壬寅 2 四	癸卯 3 五	甲辰 4 六	乙巳 5 日	丙午 6 一		戊寅立夏 癸巳小滿
五月大	庚午	天干 丁地支 未酉曆 7星期 二	戊申 8 三	己酉 9 四	庚戌 10 五	辛亥 11 六	壬子 12 日	癸丑 13 一	甲寅 14 二	乙卯 15 三	丙辰 16 四	丁巳 17 五	戊午 18 六	己未 19 日	庚申 20 一	辛酉 21 二	壬戌 22 三	癸亥 23 四	甲子 24 五	乙丑 25 六	丙寅 26 日	丁卯 27 一	戊辰 28 二	己巳 29 三	庚午 30 四	辛未 (7) 五	壬申 2 六	癸酉 3 日	甲戌 4 一	乙亥 5 二	丙子 6 三	戊申芒種 甲子夏至
六月小	辛未	天干 丁地支 丑酉曆 7星期 四	戊寅 8 五	己卯 9 六	庚辰 10 日	辛巳 11 一	壬午 12 二	癸未 13 三	甲申 14 四	乙酉 15 五	丙戌 16 六	丁亥 17 日	戊子 18 一	己丑 19 二	庚寅 20 三	辛卯 21 四	壬辰 22 五	癸巳 23 六	甲午 24 日	乙未 25 一	丙申 26 二	丁酉 27 三	戊戌 28 四	己亥 29 五	庚子 30 六	辛丑 31 日	壬寅 (8) 一	癸卯 2 二	甲辰 3 三	乙巳 4 四		己卯小暑 甲午大暑
七月大	壬申	天干 丙地支 子酉曆 5星期 五	丁丑 6 六	戊寅 7 日	己卯 8 一	庚辰 9 二	辛巳 10 三	壬午 11 四	癸未 12 五	甲申 13 六	乙酉 14 日	丙戌 15 一	丁亥 16 二	戊子 17 三	己丑 18 四	庚寅 19 五	辛卯 20 六	壬辰 21 日	癸巳 22 一	甲午 23 二	乙未 24 三	丙申 25 四	丁酉 26 五	戊戌 27 六	己亥 28 日	庚子 29 一	辛丑 30 二	壬寅 31 三	癸卯 (9) 四	甲辰 2 五	乙巳 3 六	己酉立秋 乙丑處暑
八月小	癸酉	天干 丙地支 午酉曆 4星期 日	丁未 5 一	戊申 6 二	己酉 7 三	庚戌 8 四	辛亥 9 五	壬子 10 六	癸丑 11 日	甲寅 12 一	乙卯 13 二	丙辰 14 三	丁巳 15 四	戊午 16 五	己未 17 六	庚申 18 日	辛酉 19 一	壬戌 20 二	癸亥 21 三	甲子 22 四	乙丑 23 五	丙寅 24 六	丁卯 25 日	戊辰 26 一	己巳 27 二	庚午 28 三	辛未 29 四	壬申 30 五	癸酉 (10) 六	甲戌 2 日		庚辰白露 乙未秋分
九月大	甲戌	天干 乙地支 亥酉曆 3星期 一	丙子 4 二	丁丑 5 三	戊寅 6 四	己卯 7 五	庚辰 8 六	辛巳 9 日	壬午 10 一	癸未 11 二	甲申 12 三	乙酉 13 四	丙戌 14 五	丁亥 15 六	戊子 16 日	己丑 17 一	庚寅 18 二	辛卯 19 三	壬辰 20 四	癸巳 21 五	甲午 22 六	乙未 23 日	丙申 24 一	丁酉 25 二	戊戌 26 三	己亥 27 四	庚子 28 五	辛丑 29 六	壬寅 30 日	癸卯 31 一	甲辰 (11) 二	庚戌寒露 乙丑霜降
十月大	乙亥	天干 丙地支 子酉曆 2星期 三	丁丑 3 四	戊寅 4 五	己卯 5 六	庚辰 6 日	辛巳 7 一	壬午 8 二	癸未 9 三	甲申 10 四	乙酉 11 五	丙戌 12 六	丁亥 13 日	戊子 14 一	己丑 15 二	庚寅 16 三	辛卯 17 四	壬辰 18 五	癸巳 19 六	甲午 20 日	乙未 21 一	丙申 22 二	丁酉 23 三	戊戌 24 四	己亥 25 五	庚子 26 六	辛丑 27 日	壬寅 28 一	癸卯 29 二	甲辰 30 三	乙巳 (12) 四	辛巳立冬 丙申小雪
十一月小	丙子	天干 乙地支 巳酉曆 2星期 五	丙午 3 六	丁未 4 日	戊申 5 一	己酉 6 二	庚戌 7 三	辛亥 8 四	壬子 9 五	癸丑 10 六	甲寅 11 日	乙卯 12 一	丙辰 13 二	丁巳 14 三	戊午 15 四	己未 16 五	庚申 17 六	辛酉 18 日	壬戌 19 一	癸亥 20 二	甲子 21 三	乙丑 22 四	丙寅 23 五	丁卯 24 六	戊辰 25 日	己巳 26 一	庚午 27 二	辛未 28 三	壬申 29 四	癸酉 30 五		辛亥大雪 丙寅冬至
十二月大	丁丑	天干 甲地支 戌酉曆 31星期 六	乙亥 (1) 日	丙子 2 一	丁丑 3 二	戊寅 4 三	己卯 5 四	庚辰 6 五	辛巳 7 六	壬午 8 日	癸未 9 一	甲申 10 二	乙酉 11 三	丙戌 12 四	丁亥 13 五	戊子 14 六	己丑 15 日	庚寅 16 一	辛卯 17 二	壬辰 18 三	癸巳 19 四	甲午 20 五	乙未 21 六	丙申 22 日	丁酉 23 一	戊戌 24 二	己亥 25 三	庚子 26 四	辛丑 27 五	壬寅 28 六	癸卯 29 日	辛巳小寒 丁酉大寒

晉穆帝永和十一年（乙卯 兔年） 公元 355～356 年

（夏曆日序表，內容略）

晉穆帝永和十二年（丙辰 龍年） 公元 356 ~ 357 年

夏曆月序	中西曆對照	夏曆日序																													節氣與天象
		初一	初二	初三	初四	初五	初六	初七	初八	初九	初十	十一	十二	十三	十四	十五	十六	十七	十八	十九	二十	二一	二二	二三	二四	二五	二六	二七	二八	二九	三十	
正月大	庚寅	天干 地支 西曆 星期	丁卯 17 六	戊辰 18 日	己巳 19 一	庚午 20 二	辛未 21 三	壬申 22 四	癸酉 23 五	甲戌 24 六	乙亥 25 日	丙子 26 一	丁丑 27 二	戊寅 28 三	己卯 29 四	庚辰(3) 五	辛巳 2 六	壬午 3 日	癸未 4 一	甲申 5 二	乙酉 6 三	丙戌 7 四	丁亥 8 五	戊子 9 六	己丑 10 日	庚寅 11 一	辛卯 12 二	壬辰 13 三	癸巳 14 四	甲午 15 五	乙未 16 六	丙申 17 日	壬申雨水 戊子驚蟄
二月大	辛卯	天干 地支 西曆 星期	丁酉 18 一	戊戌 19 二	己亥 20 三	庚子 21 四	辛丑 22 五	壬寅 23 六	癸卯 24 日	甲辰 25 一	乙巳 26 二	丙午 27 三	丁未 28 四	戊申 29 五	己酉 30 六	庚戌 31 日	辛亥(4) 一	壬子 2 二	癸丑 3 三	甲寅 4 四	乙卯 5 五	丙辰 6 六	丁巳 7 日	戊午 8 一	己未 9 二	庚申 10 三	辛酉 11 四	壬戌 12 五	癸亥 13 六	甲子 14 日	乙丑 15 一	丙寅 16 二		癸卯春分 戊午清明
三月小	壬辰	天干 地支 西曆 星期	丁卯 17 三	戊辰 18 四	己巳 19 五	庚午 20 六	辛未 21 日	壬申 22 一	癸酉 23 二	甲戌 24 三	乙亥 25 四	丙子 26 五	丁丑 27 六	戊寅 28 日	己卯 29 一	庚辰 30 二	辛巳(5) 三	壬午 2 四	癸未 3 五	甲申 4 六	乙酉 5 日	丙戌 6 一	丁亥 7 二	戊子 8 三	己丑 9 四	庚寅 10 五	辛卯 11 六	壬辰 12 日	癸巳 13 一	甲午 14 二	乙未 15 三		癸酉穀雨 戊子立夏
四月大	癸巳	天干 地支 西曆 星期	丙申 16 四	丁酉 17 五	戊戌 18 六	己亥 19 日	庚子 20 一	辛丑 21 二	壬寅 22 三	癸卯 23 四	甲辰 24 五	乙巳 25 六	丙午 26 日	丁未 27 一	戊申 28 二	己酉 29 三	庚戌 30 四	辛亥 31 五	壬子(6) 六	癸丑 2 日	甲寅 3 一	乙卯 4 二	丙辰 5 三	丁巳 6 四	戊午 7 五	己未 8 六	庚申 9 日	辛酉 10 一	壬戌 11 二	癸亥 12 三	甲子 13 四	乙丑 14 五	甲辰小滿 己未芒種
五月小	甲午	天干 地支 西曆 星期	丙寅 15 六	丁卯 16 日	戊辰 17 一	己巳 18 二	庚午 19 三	辛未 20 四	壬申 21 五	癸酉 22 六	甲戌 23 日	乙亥 24 一	丙子 25 二	丁丑 26 三	戊寅 27 四	己卯 28 五	庚辰 29 六	辛巳 30 日	壬午 31 一	癸未(7) 二	甲申 2 三	乙酉 3 四	丙戌 4 五	丁亥 5 六	戊子 6 日	己丑 7 一	庚寅 8 二	辛卯 9 三	壬辰 10 四	癸巳 11 五	甲午 12 六		甲戌夏至 己丑小暑
六月大	乙未	天干 地支 西曆 星期	乙未 14 日	丙申 15 一	丁酉 16 二	戊戌 17 三	己亥 18 四	庚子 19 五	辛丑 20 六	壬寅 21 日	癸卯 22 一	甲辰 23 二	乙巳 24 三	丙午 25 四	丁未 26 五	戊申 27 六	己酉 28 日	庚戌 29 一	辛亥 30 二	壬子 31 三	癸丑(8) 四	甲寅 2 五	乙卯 3 六	丙辰 4 日	丁巳 5 一	戊午 6 二	己未 7 三	庚申 8 四	辛酉 9 五	壬戌 10 六	癸亥 11 日	甲子 12 一	乙巳大暑 庚申立秋
七月小	丙申	天干 地支 西曆 星期	乙丑 13 二	丙寅 14 三	丁卯 15 四	戊辰 16 五	己巳 17 六	庚午 18 日	辛未 19 一	壬申 20 二	癸酉 21 三	甲戌 22 四	乙亥 23 五	丙子 24 六	丁丑 25 日	戊寅 26 一	己卯 27 二	庚辰 28 三	辛巳 29 四	壬午 30 五	癸未 31 六	甲申(9) 日	乙酉 2 一	丙戌 3 二	丁亥 4 三	戊子 5 四	己丑 6 五	庚寅 7 六	辛卯 8 日	壬辰 9 一	癸巳 10 二		乙亥處暑 庚寅白露
八月大	丁酉	天干 地支 西曆 星期	甲午 11 三	乙未 12 四	丙申 13 五	丁酉 14 六	戊戌 15 日	己亥 16 一	庚子 17 二	辛丑 18 三	壬寅 19 四	癸卯 20 五	甲辰 21 六	乙巳 22 日	丙午 23 一	丁未 24 二	戊申 25 三	己酉 26 四	庚戌 27 五	辛亥 28 六	壬子 29 日	癸丑 30 一	甲寅(10) 二	乙卯 2 三	丙辰 3 四	丁巳 4 五	戊午 5 六	己未 6 日	庚申 7 一	辛酉 8 二	壬戌 9 三	癸亥 10 四	乙巳秋分 辛酉寒露
九月小	戊戌	天干 地支 西曆 星期	甲子 11 五	乙丑 12 六	丙寅 13 日	丁卯 14 一	戊辰 15 二	己巳 16 三	庚午 17 四	辛未 18 五	壬申 19 六	癸酉 20 日	甲戌 21 一	乙亥 22 二	丙子 23 三	丁丑 24 四	戊寅 25 五	己卯 26 六	庚辰 27 日	辛巳 28 一	壬午 29 二	癸未 30 三	甲申 31 四	乙酉(11) 五	丙戌 2 六	丁亥 3 日	戊子 4 一	己丑 5 二	庚寅 6 三	辛卯 7 四	壬辰 8 五		丙子霜降 辛卯立冬
十月大	己亥	天干 地支 西曆 星期	癸巳 9 六	甲午 10 日	乙未 11 一	丙申 12 二	丁酉 13 三	戊戌 14 四	己亥 15 五	庚子 16 六	辛丑 17 日	壬寅 18 一	癸卯 19 二	甲辰 20 三	乙巳 21 四	丙午 22 五	丁未 23 六	戊申 24 日	己酉 25 一	庚戌 26 二	辛亥 27 三	壬子 28 四	癸丑 29 五	甲寅 30 六	乙卯(12) 日	丙辰 2 一	丁巳 3 二	戊午 4 三	己未 5 四	庚申 6 五	辛酉 7 六	壬戌 8 日	丙午小雪 壬戌大雪 癸酉日食
十一月小	庚子	天干 地支 西曆 星期	癸亥 9 一	甲子 10 二	乙丑 11 三	丙寅 12 四	丁卯 13 五	戊辰 14 六	己巳 15 日	庚午 16 一	辛未 17 二	壬申 18 三	癸酉 19 四	甲戌 20 五	乙亥 21 六	丙子 22 日	丁丑 23 一	戊寅 24 二	己卯 25 三	庚辰 26 四	辛巳 27 五	壬午 28 六	癸未 29 日	甲申 30 一	乙酉 31 二	丙戌(1) 三	丁亥 2 四	戊子 3 五	己丑 4 六	庚寅 5 日	辛卯 6 一		丁丑冬至
十二月大	辛丑	天干 地支 西曆 星期	壬辰 7 二	癸巳 8 三	甲午 9 四	乙未 10 五	丙申 11 六	丁酉 12 日	戊戌 13 一	己亥 14 二	庚子 15 三	辛丑 16 四	壬寅 17 五	癸卯 18 六	甲辰 19 日	乙巳 20 一	丙午 21 二	丁未 22 三	戊申 23 四	己酉 24 五	庚戌 25 六	辛亥 26 日	壬子 27 一	癸丑 28 二	甲寅 29 三	乙卯 30 四	丙辰 31 五	丁巳(2) 六	戊午 2 日	己未 3 一	庚申 4 二	辛酉 5 三	壬辰小寒 丁未大寒

晉穆帝升平元年（丁巳 蛇年） 公元357～358年

夏曆月序	西曆對照中曆日照	夏曆日序 初一	初二	初三	初四	初五	初六	初七	初八	初九	初十	十一	十二	十三	十四	十五	十六	十七	十八	十九	二十	二一	二二	二三	二四	二五	二六	二七	二八	二九	三十	節氣與天象
正月小	壬寅	天干地支 西曆 星期	壬戌 6 四	癸亥 7 五	甲子 8 六	乙丑 9 日	丙寅 10 一	丁卯 11 二	戊辰 12 三	己巳 13 四	庚午 14 五	辛未 15 六	壬申 16 日	癸酉 17 一	甲戌 18 二	乙亥 19 三	丙子 20 四	丁丑 21 五	戊寅 22 六	己卯 23 日	庚辰 24 一	辛巳 25 二	壬午 26 三	癸未 27 四	甲申 28 五	乙酉 29 六	丙戌 3(3) 日	丁亥 2 一	戊子 3 二	己丑 4 三	庚寅 5 四	辛卯 6 五		壬戌立春 戊寅雨水
二月大	癸卯	天干地支 西曆 星期	辛卯 7 五	壬辰 8 六	癸巳 9 日	甲午 10 一	乙未 11 二	丙申 12 三	丁酉 13 四	戊戌 14 五	己亥 15 六	庚子 16 日	辛丑 17 一	壬寅 18 二	癸卯 19 三	甲辰 20 四	乙巳 21 五	丙午 22 六	丁未 23 日	戊申 24 一	己酉 25 二	庚戌 26 三	辛亥 27 四	壬子 28 五	癸丑 29 六	甲寅 30 日	乙卯 31 一	丙辰 (4) 二	丁巳 2 三	戊午 3 四	己未 4 五	庚申 5 六		癸巳驚蟄 戊申春分
三月小	甲辰	天干地支 西曆 星期	辛酉 6 日	壬戌 7 一	癸亥 8 二	甲子 9 三	乙丑 10 四	丙寅 11 五	丁卯 12 六	戊辰 13 日	己巳 14 一	庚午 15 二	辛未 16 三	壬申 17 四	癸酉 18 五	甲戌 19 六	乙亥 20 日	丙子 21 一	丁丑 22 二	戊寅 23 三	己卯 24 四	庚辰 25 五	辛巳 26 六	壬午 27 日	癸未 28 一	甲申 29 二	乙酉 30 三	丙戌 (5) 四	丁亥 2 五	戊子 3 六	己丑 4 日			癸亥清明 己卯穀雨
四月大	乙巳	天干地支 西曆 星期	庚寅 5 一	辛卯 6 二	壬辰 7 三	癸巳 8 四	甲午 9 五	乙未 10 六	丙申 11 日	丁酉 12 一	戊戌 13 二	己亥 14 三	庚子 15 四	辛丑 16 五	壬寅 17 六	癸卯 18 日	甲辰 19 一	乙巳 20 二	丙午 21 三	丁未 22 四	戊申 23 五	己酉 24 六	庚戌 25 日	辛亥 26 一	壬子 27 二	癸丑 28 三	甲寅 29 四	乙卯 30 五	丙辰 31 六	丁巳 (6) 日	戊午 2 一	己未 3 二		甲午立夏 乙酉小滿
五月小	丙午	天干地支 西曆 星期	庚申 4 三	辛酉 5 四	壬戌 6 五	癸亥 7 六	甲子 8 日	乙丑 9 一	丙寅 10 二	丁卯 11 三	戊辰 12 四	己巳 13 五	庚午 14 六	辛未 15 日	壬申 16 一	癸酉 17 二	甲戌 18 三	乙亥 19 四	丙子 20 五	丁丑 21 六	戊寅 22 日	己卯 23 一	庚辰 24 二	辛巳 25 三	壬午 26 四	癸未 27 五	甲申 28 六	乙酉 29 日	丙戌 30 一	丁亥 (7) 二	戊子 2 三			甲子芒種 己卯夏至
六月大	丁未	天干地支 西曆 星期	己丑 3 四	庚寅 4 五	辛卯 5 六	壬辰 6 日	癸巳 7 一	甲午 8 二	乙未 9 三	丙申 10 四	丁酉 11 五	戊戌 12 六	己亥 13 日	庚子 14 一	辛丑 15 二	壬寅 16 三	癸卯 17 四	甲辰 18 五	乙巳 19 六	丙午 20 日	丁未 21 一	戊申 22 二	己酉 23 三	庚戌 24 四	辛亥 25 五	壬子 26 六	癸丑 27 日	甲寅 28 一	乙卯 29 二	丙辰 30 三	丁巳 31 四	戊午 (8) 五		乙未小暑 庚戌大暑
七月大	戊申	天干地支 西曆 星期	己未 2 六	庚申 3 日	辛酉 4 一	壬戌 5 二	癸亥 6 三	甲子 7 四	乙丑 8 五	丙寅 9 六	丁卯 10 日	戊辰 11 一	己巳 12 二	庚午 13 三	辛未 14 四	壬申 15 五	癸酉 16 六	甲戌 17 日	乙亥 18 一	丙子 19 二	丁丑 20 三	戊寅 21 四	己卯 22 五	庚辰 23 六	辛巳 24 日	壬午 25 一	癸未 26 二	甲申 27 三	乙酉 28 四	丙戌 29 五	丁亥 30 六	戊子 31 日	乙丑立秋 庚辰處暑
八月小	己酉	天干地支 西曆 星期	己丑 (9) 一	庚寅 2 二	辛卯 3 三	壬辰 4 四	癸巳 5 五	甲午 6 六	乙未 7 日	丙申 8 一	丁酉 9 二	戊戌 10 三	己亥 11 四	庚子 12 五	辛丑 13 六	壬寅 14 日	癸卯 15 一	甲辰 16 二	乙巳 17 三	丙午 18 四	丁未 19 五	戊申 20 六	己酉 21 日	庚戌 22 一	辛亥 23 二	壬子 24 三	癸丑 25 四	甲寅 26 五	乙卯 27 六	丙辰 28 日			乙未白露 辛亥秋分
九月大	庚戌	天干地支 西曆 星期	戊午 30 二	己未 (10) 三	庚申 2 四	辛酉 3 五	壬戌 4 六	癸亥 5 日	甲子 6 一	乙丑 7 二	丙寅 8 三	丁卯 9 四	戊辰 10 五	己巳 11 六	庚午 12 日	辛未 13 一	壬申 14 二	癸酉 15 三	甲戌 16 四	乙亥 17 五	丙子 18 六	丁丑 19 日	戊寅 20 一	己卯 21 二	庚辰 22 三	辛巳 23 四	壬午 24 五	癸未 25 六	甲申 26 日	乙酉 27 一	丙戌 28 二	丁亥 29 三	丙寅寒露 辛巳霜降
十月小	辛亥	天干地支 西曆 星期	戊子 30 四	己丑 31 五	庚寅 (11) 六	辛卯 2 日	壬辰 3 一	癸巳 4 二	甲午 5 三	乙未 6 四	丙申 7 五	丁酉 8 六	戊戌 9 日	己亥 10 一	庚子 11 二	辛丑 12 三	壬寅 13 四	癸卯 14 五	甲辰 15 六	乙巳 16 日	丙午 17 一	丁未 18 二	戊申 19 三	己酉 20 四	庚戌 21 五	辛亥 22 六	壬子 23 日	癸丑 24 一	甲寅 25 二	乙卯 26 三	丙辰 27 四		丙申立冬 壬子小雪
十一月大	壬子	天干地支 西曆 星期	丁巳 28 五	戊午 29 六	己未 30 日	庚申 (02) 一	辛酉 2 二	壬戌 3 三	癸亥 4 四	甲子 5 五	乙丑 6 六	丙寅 7 日	丁卯 8 一	戊辰 9 二	己巳 10 三	庚午 11 四	辛未 12 五	壬申 13 六	癸酉 14 日	甲戌 15 一	乙亥 16 二	丙子 17 三	丁丑 18 四	戊寅 19 五	己卯 20 六	庚辰 21 日	辛巳 22 一	壬午 23 二	癸未 24 三	甲申 25 四	乙酉 26 五	丙戌 27 六	丁卯大雪 壬午冬至
十二月小	癸丑	天干地支 西曆 星期	丁亥 28 日	戊子 29 一	己丑 30 二	庚寅 31 三	辛卯 (1) 四	壬辰 2 五	癸巳 3 六	甲午 4 日	乙未 5 一	丙申 6 二	丁酉 7 三	戊戌 8 四	己亥 9 五	庚子 10 六	辛丑 11 日	壬寅 12 一	癸卯 13 二	甲辰 14 三	乙巳 15 四	丙午 16 五	丁未 17 六	戊申 18 日	己酉 19 一	庚戌 20 二	辛亥 21 三	壬子 22 四	癸丑 23 五	甲寅 24 六	乙卯 25 日		丁酉小寒 壬子大寒

*正月壬戌（初一），改元升平。

晉穆帝升平二年（戊午 馬年） 公元 358 ～ 359 年

夏曆月序	中西曆對照	夏曆日序 初一	初二	初三	初四	初五	初六	初七	初八	初九	初十	十一	十二	十三	十四	十五	十六	十七	十八	十九	二十	二一	二二	二三	二四	二五	二六	二七	二八	二九	三十	節氣與天象
正月大	甲寅 天干地支／西曆／星期	丙辰 26 一	丁巳 27 二	戊午 28 三	己未 29 四	庚申 30 五	辛酉 31 六	壬戌 (2) 日	癸亥 2 一	甲子 3 二	乙丑 4 三	丙寅 5 四	丁卯 6 五	戊辰 7 六	己巳 8 日	庚午 9 一	辛未 10 二	壬申 11 三	癸酉 12 四	甲戌 13 五	乙亥 14 六	丙子 15 日	丁丑 16 一	戊寅 17 二	己卯 18 三	庚辰 19 四	辛巳 20 五	壬午 21 六	癸未 22 日	甲申 23 一	乙酉 24 二	戊辰立春 癸未雨水
二月小	乙卯 天干地支／西曆／星期	丙戌 25 三	丁亥 26 四	戊子 27 五	己丑 28 六	庚寅 (3) 日	辛卯 2 一	壬辰 3 二	癸巳 4 三	甲午 5 四	乙未 6 五	丙申 7 六	丁酉 8 日	戊戌 9 一	己亥 10 二	庚子 11 三	辛丑 12 四	壬寅 13 五	癸卯 14 六	甲辰 15 日	乙巳 16 一	丙午 17 二	丁未 18 三	戊申 19 四	己酉 20 五	庚戌 21 六	辛亥 22 日	壬子 23 一	癸丑 24 二	甲寅 25 三		戊戌驚蟄 癸丑春分
三月大	丙辰 天干地支／西曆／星期	乙卯 26 四	丙辰 27 五	丁巳 28 六	戊午 29 日	己未 30 一	庚申 31 二	辛酉 (4) 三	壬戌 2 四	癸亥 3 五	甲子 4 六	乙丑 5 日	丙寅 6 一	丁卯 7 二	戊辰 8 三	己巳 9 四	庚午 10 五	辛未 11 六	壬申 12 日	癸酉 13 一	甲戌 14 二	乙亥 15 三	丙子 16 四	丁丑 17 五	戊寅 18 六	己卯 19 日	庚辰 20 一	辛巳 21 二	壬午 22 三	癸未 23 四	甲申 24 五	己巳清明 甲申穀雨
閏三月小	丙辰 天干地支／西曆／星期	乙酉 25 六	丙戌 26 日	丁亥 27 一	戊子 28 二	己丑 29 三	庚寅 30 四	辛卯 (5) 五	壬辰 2 六	癸巳 3 日	甲午 4 一	乙未 5 二	丙申 6 三	丁酉 7 四	戊戌 8 五	己亥 9 六	庚子 10 日	辛丑 11 一	壬寅 12 二	癸卯 13 三	甲辰 14 四	乙巳 15 五	丙午 16 六	丁未 17 日	戊申 18 一	己酉 19 二	庚戌 20 三	辛亥 21 四	壬子 22 五	癸丑 23 六		己亥立夏
四月大	丁巳 天干地支／西曆／星期	甲寅 24 日	乙卯 25 一	丙辰 26 二	丁巳 27 三	戊午 28 四	己未 29 五	庚申 30 六	辛酉 31 日	壬戌 (6) 一	癸亥 2 二	甲子 3 三	乙丑 4 四	丙寅 5 五	丁卯 6 六	戊辰 7 日	己巳 8 一	庚午 9 二	辛未 10 三	壬申 11 四	癸酉 12 五	甲戌 13 六	乙亥 14 日	丙子 15 一	丁丑 16 二	戊寅 17 三	己卯 18 四	庚辰 19 五	辛巳 20 六	壬午 21 日	癸未 22 一	甲寅小滿 己巳芒種
五月小	戊午 天干地支／西曆／星期	甲申 23 二	乙酉 24 三	丙戌 25 四	丁亥 26 五	戊子 27 六	己丑 28 日	庚寅 29 一	辛卯 30 二	壬辰 (7) 三	癸巳 2 四	甲午 3 五	乙未 4 六	丙申 5 日	丁酉 6 一	戊戌 7 二	己亥 8 三	庚子 9 四	辛丑 10 五	壬寅 11 六	癸卯 12 日	甲辰 13 一	乙巳 14 二	丙午 15 三	丁未 16 四	戊申 17 五	己酉 18 六	庚戌 19 日	辛亥 20 一	壬子 21 二		乙酉夏至 庚子小暑
六月大	己未 天干地支／西曆／星期	癸丑 22 三	甲寅 23 四	乙卯 24 五	丙辰 25 六	丁巳 26 日	戊午 27 一	己未 28 二	庚申 29 三	辛酉 30 四	壬戌 31 五	癸亥 (8) 六	甲子 2 日	乙丑 3 一	丙寅 4 二	丁卯 5 三	戊辰 6 四	己巳 7 五	庚午 8 六	辛未 9 日	壬申 10 一	癸酉 11 二	甲戌 12 三	乙亥 13 四	丙子 14 五	丁丑 15 六	戊寅 16 日	己卯 17 一	庚辰 18 二	辛巳 19 三	壬午 20 四	乙卯大暑 庚午立秋
七月小	庚申 天干地支／西曆／星期	癸未 21 五	甲申 22 六	乙酉 23 日	丙戌 24 一	丁亥 25 二	戊子 26 三	己丑 27 四	庚寅 28 五	辛卯 29 六	壬辰 30 日	癸巳 31 一	甲午 (9) 二	乙未 2 三	丙申 3 四	丁酉 4 五	戊戌 5 六	己亥 6 日	庚子 7 一	辛丑 8 二	壬寅 9 三	癸卯 10 四	甲辰 11 五	乙巳 12 六	丙午 13 日	丁未 14 一	戊申 15 二	己酉 16 三	庚戌 17 四	辛亥 18 五		丙戌處暑 辛丑白露
八月大	辛酉 天干地支／西曆／星期	壬子 19 六	癸丑 20 日	甲寅 21 一	乙卯 22 二	丙辰 23 三	丁巳 24 四	戊午 25 五	己未 26 六	庚申 27 日	辛酉 28 一	壬戌 29 二	癸亥 30 三	甲子 (10) 四	乙丑 2 五	丙寅 3 六	丁卯 4 日	戊辰 5 一	己巳 6 二	庚午 7 三	辛未 8 四	壬申 9 五	癸酉 10 六	甲戌 11 日	乙亥 12 一	丙子 13 二	丁丑 14 三	戊寅 15 四	己卯 16 五	庚辰 17 六	辛巳 18 日	丙辰秋分 辛未寒露
九月大	壬戌 天干地支／西曆／星期	壬午 19 一	癸未 20 二	甲申 21 三	乙酉 22 四	丙戌 23 五	丁亥 24 六	戊子 25 日	己丑 26 一	庚寅 27 二	辛卯 28 三	壬辰 29 四	癸巳 30 五	甲午 31 六	乙未 (11) 日	丙申 2 一	丁酉 3 二	戊戌 4 三	己亥 5 四	庚子 6 五	辛丑 7 六	壬寅 8 日	癸卯 9 一	甲辰 10 二	乙巳 11 三	丙午 12 四	丁未 13 五	戊申 14 六	己酉 15 日	庚戌 16 一	辛亥 17 二	丙戌霜降 壬寅立冬
十月小	癸亥 天干地支／西曆／星期	壬子 18 三	癸丑 19 四	甲寅 20 五	乙卯 21 六	丙辰 22 日	丁巳 23 一	戊午 24 二	己未 25 三	庚申 26 四	辛酉 27 五	壬戌 28 六	癸亥 29 日	甲子 30 一	乙丑 (12) 二	丙寅 2 三	丁卯 3 四	戊辰 4 五	己巳 5 六	庚午 6 日	辛未 7 一	壬申 8 二	癸酉 9 三	甲戌 10 四	乙亥 11 五	丙子 12 六	丁丑 13 日	戊寅 14 一	己卯 15 二	庚辰 16 三		丁巳小雪 壬申大雪
十一月大	甲子 天干地支／西曆／星期	辛巳 17 四	壬午 18 五	癸未 19 六	甲申 20 日	乙酉 21 一	丙戌 22 二	丁亥 23 三	戊子 24 四	己丑 25 五	庚寅 26 六	辛卯 27 日	壬辰 28 一	癸巳 29 二	甲午 30 三	乙未 31 四	丙申 (1) 五	丁酉 2 六	戊戌 3 日	己亥 4 一	庚子 5 二	辛丑 6 三	壬寅 7 四	癸卯 8 五	甲辰 9 六	乙巳 10 日	丙午 11 一	丁未 12 二	戊申 13 三	己酉 14 四	庚戌 15 五	丁亥冬至 壬寅小寒
十二月小	乙丑 天干地支／西曆／星期	辛亥 16 六	壬子 17 日	癸丑 18 一	甲寅 19 二	乙卯 20 三	丙辰 21 四	丁巳 22 五	戊午 23 六	己未 24 日	庚申 25 一	辛酉 26 二	壬戌 27 三	癸亥 28 四	甲子 29 五	乙丑 30 六	丙寅 31 日	丁卯 (2) 一	戊辰 2 二	己巳 3 三	庚午 4 四	辛未 5 五	壬申 6 六	癸酉 7 日	甲戌 8 一	乙亥 9 二	丙子 10 三	丁丑 11 四	戊寅 12 五	己卯 13 六		戊午大寒 癸酉立春

晉穆帝升平三年（己未 羊年） 公元 359 ~ 360 年

夏曆月序	中西曆對照	夏曆日序																													節氣與天象
		初一	初二	初三	初四	初五	初六	初七	初八	初九	初十	十一	十二	十三	十四	十五	十六	十七	十八	十九	二十	二一	二二	二三	二四	二五	二六	二七	二八	二九	三十	
正月大	丙寅 天干地支 西曆 星期	庚辰 14日 一	辛巳 15 二	壬午 16 三	癸未 17 四	甲申 18 五	乙酉 19 六	丙戌 20 日	丁亥 21 一	戊子 22 二	己丑 23 三	庚寅 24 四	辛卯 25 五	壬辰 26 六	癸巳 27 日	甲午 28 一	乙未(3) 二	丙申 2月1 三	丁酉 2 四	戊戌 3 五	己亥 4 六	庚子 5 日	辛丑 6 一	壬寅 7 二	癸卯 8 三	甲辰 9 四	乙巳 10 五	丙午 11 六	丁未 12 日	戊申 13 一	己酉 14 二	戊子雨水 癸卯驚蟄
二月小	丁卯 天干地支 西曆 星期	庚戌 15日 三	辛亥 16 四	壬子 17 五	癸丑 18 六	甲寅 19 日	乙卯 20 一	丙辰 21 二	丁巳 22 三	戊午 23 四	己未 24 五	庚申 25 六	辛酉 26 日	壬戌 27 一	癸亥 28 二	甲子 29 三	乙丑 30 四	丙寅(4) 31 五	丁卯 3月1 六	戊辰 2 日	己巳 3 一	庚午 4 二	辛未 5 三	壬申 6 四	癸酉 7 五	甲戌 8 六	乙亥 9 日	丙子 10 一	丁丑 11 二	戊寅 12 三		己未春分 甲戌清明
三月大	戊辰 天干地支 西曆 星期	己卯 13日 四	庚辰 14 五	辛巳 15 六	壬午 16 日	癸未 17 一	甲申 18 二	乙酉 19 三	丙戌 20 四	丁亥 21 五	戊子 22 六	己丑 23 日	庚寅 24 一	辛卯 25 二	壬辰 26 三	癸巳 27 四	甲午 28 五	乙未 29 六	丙申(5) 30 日	丁酉 4月1 一	戊戌 2 二	己亥 3 三	庚子 4 四	辛丑 5 五	壬寅 6 六	癸卯 7 日	甲辰 8 一	乙巳 9 二	丙午 10 三	丁未 11 四	戊申 12 五	己丑穀雨 甲辰立夏
四月小	己巳 天干地支 西曆 星期	己酉 14日 六	庚戌 15 日	辛亥 16 一	壬子 17 二	癸丑 18 三	甲寅 19 四	乙卯 20 五	丙辰 21 六	丁巳 22 日	戊午 23 一	己未 24 二	庚申 25 三	辛酉 26 四	壬戌 27 五	癸亥 28 六	甲子 29 日	乙丑 30 一	丙寅(6) 31 二	丁卯 5月1 三	戊辰 2 四	己巳 3 五	庚午 4 六	辛未 5 日	壬申 6 一	癸酉 7 二	甲戌 8 三	乙亥 9 四	丙子 10 五	丁丑 11 六		己未小滿 乙亥芒種
五月大	庚午 天干地支 西曆 星期	戊寅 12日 日	己卯 13 一	庚辰 14 二	辛巳 15 三	壬午 16 四	癸未 17 五	甲申 18 六	乙酉 19 日	丙戌 20 一	丁亥 21 二	戊子 22 三	己丑 23 四	庚寅 24 五	辛卯 25 六	壬辰 26 日	癸巳 27 一	甲午 28 二	乙未 29 三	丙申 30 四	丁酉(7) 31 五	戊戌 6月1 六	己亥 2 日	庚子 3 一	辛丑 4 二	壬寅 5 三	癸卯 6 四	甲辰 7 五	乙巳 8 六	丙午 9 日	丁未 10 一	戊寅夏至 己巳小暑
六月小	辛未 天干地支 西曆 星期	戊申 11日 二	己酉 12 三	庚戌 13 四	辛亥 14 五	壬子 15 六	癸丑 16 日	甲寅 17 一	乙卯 18 二	丙辰 19 三	丁巳 20 四	戊午 21 五	己未 22 六	庚申 23 日	辛酉 24 一	壬戌 25 二	癸亥 26 三	甲子 27 四	乙丑 28 五	丙寅 29 六	丁卯 30 日	戊辰(8) 7月1 一	己巳 2 二	庚午 3 三	辛未 4 四	壬申 5 五	癸酉 6 六	甲戌 7 日	乙亥 8 一	丙子 9 二		庚申大暑 丙子立秋
七月大	壬申 天干地支 西曆 星期	丁丑 10日 三	戊寅 11 四	己卯 12 五	庚辰 13 六	辛巳 14 日	壬午 15 一	癸未 16 二	甲申 17 三	乙酉 18 四	丙戌 19 五	丁亥 20 六	戊子 21 日	己丑 22 一	庚寅 23 二	辛卯 24 三	壬辰 25 四	癸巳 26 五	甲午 27 六	乙未 28 日	丙申 29 一	丁酉 30 二	戊戌(9) 31 三	己亥 8月1 四	庚子 2 五	辛丑 3 六	壬寅 4 日	癸卯 5 一	甲辰 6 二	乙巳 7 三	丙午 8 四	辛卯處暑 丙午白露
八月小	癸酉 天干地支 西曆 星期	丁未 9日 五	戊申 10 六	己酉 11 日	庚戌 12 一	辛亥 13 二	壬子 14 三	癸丑 15 四	甲寅 16 五	乙卯 17 六	丙辰 18 日	丁巳 19 一	戊午 20 二	己未 21 三	庚申 22 四	辛酉 23 五	壬戌 24 六	癸亥 25 日	甲子 26 一	乙丑 27 二	丙寅 28 三	丁卯 29 四	戊辰 30 五	己巳(10) 31 六	庚午 9月1 日	辛未 2 一	壬申 3 二	癸酉 4 三	甲戌 5 四			辛酉秋分
九月大	甲戌 天干地支 西曆 星期	丙子 7日 五	丁丑 8 六	戊寅 9 日	己卯 10 一	庚辰 11 二	辛巳 12 三	壬午 13 四	癸未 14 五	甲申 15 六	乙酉 16 日	丙戌 17 一	丁亥 18 二	戊子 19 三	己丑 20 四	庚寅 21 五	辛卯 22 六	壬辰 23 日	癸巳 24 一	甲午 25 二	乙未 26 三	丙申 27 四	丁酉 28 五	戊戌 29 六	己亥 30 日	庚子(11) 10月1 一	辛丑 2 二	壬寅 3 三	癸卯 4 四	甲辰 5 五	乙巳 6 六	丙子寒露 壬辰霜降
十月小	乙亥 天干地支 西曆 星期	丙午 7日 日	丁未 8 一	戊申 9 二	己酉 10 三	庚戌 11 四	辛亥 12 五	壬子 13 六	癸丑 14 日	甲寅 15 一	乙卯 16 二	丙辰 17 三	丁巳 18 四	戊午 19 五	己未 20 六	庚申 21 日	辛酉 22 一	壬戌 23 二	癸亥 24 三	甲子 25 四	乙丑 26 五	丙寅 27 六	丁卯 28 日	戊辰 29 一	己巳 30 二	庚午(02) 31 三	辛未 11月1 四	壬申 2 五	癸酉 3 六	甲戌 4 日		丁未立冬 壬戌小雪
十一月大	丙子 天干地支 西曆 星期	乙亥 5日 一	丙子 6 二	丁丑 7 三	戊寅 8 四	己卯 9 五	庚辰 10 六	辛巳 11 日	壬午 12 一	癸未 13 二	甲申 14 三	乙酉 15 四	丙戌 16 五	丁亥 17 六	戊子 18 日	己丑 19 一	庚寅 20 二	辛卯 21 三	壬辰 22 四	癸巳 23 五	甲午 24 六	乙未 25 日	丙申 26 一	丁酉 27 二	戊戌 28 三	己亥 29 四	庚子 30 五	辛丑(1) 31 六	壬寅 12月1 日	癸卯 2 一	甲辰 3 二	丁丑大雪 壬辰冬至
十二月小	丁丑 天干地支 西曆 星期	乙巳 4日 三	丙午 5 四	丁未 6 五	戊申 7 六	己酉 8 日	庚戌 9 一	辛亥 10 二	壬子 11 三	癸丑 12 四	甲寅 13 五	乙卯 14 六	丙辰 15 日	丁巳 16 一	戊午 17 二	己未 18 三	庚申 19 四	辛酉 20 五	壬戌 21 六	癸亥 22 日	甲子 23 一	乙丑 24 二	丙寅 25 三	丁卯 26 四	戊辰 27 五	己巳 28 六	庚午 29 日	辛未 30 一	壬申(2) 31 二	癸酉 360 1月1 三		戊申小寒 癸亥大寒

晉穆帝升平四年（庚申 猴年） 公元360～361年

夏曆月序	中西日曆對照	\	初一	初二	初三	初四	初五	初六	初七	初八	初九	初十	十一	十二	十三	十四	十五	十六	十七	十八	十九	二十	廿一	廿二	廿三	廿四	廿五	廿六	廿七	廿八	廿九	三十	節氣與天象
正月大	戊寅	天干地支/西曆/星期	甲戌 3 四	乙亥 4 五	丙子 5 六	丁丑 6 日	戊寅 7 一	己卯 8 二	庚辰 9 三	辛巳 10 四	壬午 11 五	癸未 12 六	甲申 13 日	乙酉 14 一	丙戌 15 二	丁亥 16 三	戊子 17 四	己丑 18 五	庚寅 19 六	辛卯 20 日	壬辰 21 一	癸巳 22 二	甲午 23 三	乙未 24 四	丙申 25 五	丁酉 26 六	戊戌 27 日	己亥 28 一	庚子 29 二	辛丑 (3) 三	壬寅 2 四	癸卯 3 五	戊寅立春 癸巳雨水
二月大	己卯	天干地支/西曆/星期	甲辰 4 六	乙巳 5 日	丙午 6 一	丁未 7 二	戊申 8 三	己酉 9 四	庚戌 10 五	辛亥 11 六	壬子 12 日	癸丑 13 一	甲寅 14 二	乙卯 15 三	丙辰 16 四	丁巳 17 五	戊午 18 六	己未 19 日	庚申 20 一	辛酉 21 二	壬戌 22 三	癸亥 23 四	甲子 24 五	乙丑 25 六	丙寅 26 日	丁卯 27 一	戊辰 28 二	己巳 29 三	庚午 30 四	辛未 31 五	壬申 (4) 六	癸酉 2 日	己酉驚蟄 甲子春分
三月小	庚辰	天干地支/西曆/星期	甲戌 3 一	乙亥 4 二	丙子 5 三	丁丑 6 四	戊寅 7 五	己卯 8 六	庚辰 9 日	辛巳 10 一	壬午 11 二	癸未 12 三	甲申 13 四	乙酉 14 五	丙戌 15 六	丁亥 16 日	戊子 17 一	己丑 18 二	庚寅 19 三	辛卯 20 四	壬辰 21 五	癸巳 22 六	甲午 23 日	乙未 24 一	丙申 25 二	丁酉 26 三	戊戌 27 四	己亥 28 五	庚子 29 六	辛丑 30 日	壬寅 (5) 一		己卯清明 甲午穀雨
四月大	辛巳	天干地支/西曆/星期	癸卯 2 二	甲辰 3 三	乙巳 4 四	丙午 5 五	丁未 6 六	戊申 7 日	己酉 8 一	庚戌 9 二	辛亥 10 三	壬子 11 四	癸丑 12 五	甲寅 13 六	乙卯 14 日	丙辰 15 一	丁巳 16 二	戊午 17 三	己未 18 四	庚申 19 五	辛酉 20 六	壬戌 21 日	癸亥 22 一	甲子 23 二	乙丑 24 三	丙寅 25 四	丁卯 26 五	戊辰 27 六	己巳 28 日	庚午 29 一	辛未 30 二	壬申 31 三	己巳立夏 乙丑小滿
五月小	壬午	天干地支/西曆/星期	癸酉 (6) 四	甲戌 2 五	乙亥 3 六	丙子 4 日	丁丑 5 一	戊寅 6 二	己卯 7 三	庚辰 8 四	辛巳 9 五	壬午 10 六	癸未 11 日	甲申 12 一	乙酉 13 二	丙戌 14 三	丁亥 15 四	戊子 16 五	己丑 17 六	庚寅 18 日	辛卯 19 一	壬辰 20 二	癸巳 21 三	甲午 22 四	乙未 23 五	丙申 24 六	丁酉 25 日	戊戌 26 一	己亥 27 二	庚子 28 三	辛丑 29 四		庚辰芒種 乙未夏至
六月大	癸未	天干地支/西曆/星期	壬寅 30 五	癸卯 (7) 六	甲辰 2 日	乙巳 3 一	丙午 4 二	丁未 5 三	戊申 6 四	己酉 7 五	庚戌 8 六	辛亥 9 日	壬子 10 一	癸丑 11 二	甲寅 12 三	乙卯 13 四	丙辰 14 五	丁巳 15 六	戊午 16 日	己未 17 一	庚申 18 二	辛酉 19 三	壬戌 20 四	癸亥 21 五	甲子 22 六	乙丑 23 日	丙寅 24 一	丁卯 25 二	戊辰 26 三	己巳 27 四	庚午 28 五	辛未 29 六	庚戌小暑 丙寅大暑
七月小	甲申	天干地支/西曆/星期	壬申 30 日	癸酉 (8) 一	甲戌 2 二	乙亥 3 三	丙子 4 四	丁丑 5 五	戊寅 6 六	己卯 7 日	庚辰 8 一	辛巳 9 二	壬午 10 三	癸未 11 四	甲申 12 五	乙酉 13 六	丙戌 14 日	丁亥 15 一	戊子 16 二	己丑 17 三	庚寅 18 四	辛卯 19 五	壬辰 20 六	癸巳 21 日	甲午 22 一	乙未 23 二	丙申 24 三	丁酉 25 四	戊戌 26 五	己亥 27 六			辛巳立秋 丙申處暑
八月大	乙酉	天干地支/西曆/星期	辛丑 28 日	壬寅 29 一	癸卯 30 二	甲辰 31 三	乙巳 (9) 四	丙午 2 五	丁未 3 六	戊申 4 日	己酉 5 一	庚戌 6 二	辛亥 7 三	壬子 8 四	癸丑 9 五	甲寅 10 六	乙卯 11 日	丙辰 12 一	丁巳 13 二	戊午 14 三	己未 15 四	庚申 16 五	辛酉 17 六	壬戌 18 日	癸亥 19 一	甲子 20 二	乙丑 21 三	丙寅 22 四	丁卯 23 五	戊辰 24 六	己巳 25 日	庚午 26 一	辛亥白露 丙寅秋分 辛丑日食
九月小	丙戌	天干地支/西曆/星期	辛未 27 三	壬申 28 四	癸酉 29 五	甲戌 30 六	乙亥 (10) 日	丙子 2 一	丁丑 3 二	戊寅 4 三	己卯 5 四	庚辰 6 五	辛巳 7 六	壬午 8 日	癸未 9 一	甲申 10 二	乙酉 11 三	丙戌 12 四	丁亥 13 五	戊子 14 六	己丑 15 日	庚寅 16 一	辛卯 17 二	壬辰 18 三	癸巳 19 四	甲午 20 五	乙未 21 六	丙申 22 日	丁酉 23 一	戊戌 24 二	己亥 25 三		壬午寒露 丁酉霜降
十月大	丁亥	天干地支/西曆/星期	庚子 26 四	辛丑 27 五	壬寅 28 六	癸卯 29 日	甲辰 30 一	乙巳 (11) 二	丙午 2 三	丁未 3 四	戊申 4 五	己酉 5 六	庚戌 6 日	辛亥 7 一	壬子 8 二	癸丑 9 三	甲寅 10 四	乙卯 11 五	丙辰 12 六	丁巳 13 日	戊午 14 一	己未 15 二	庚申 16 三	辛酉 17 四	壬戌 18 五	癸亥 19 六	甲子 20 日	乙丑 21 一	丙寅 22 二	丁卯 23 三	戊辰 24 四	己巳 25 五	壬子立冬 丁卯小雪
十一月小	戊子	天干地支/西曆/星期	庚午 25 六	辛未 26 日	壬申 27 一	癸酉 28 二	甲戌 29 三	乙亥 30 四	丙子 (12) 五	丁丑 2 六	戊寅 3 日	己卯 4 一	庚辰 5 二	辛巳 6 三	壬午 7 四	癸未 8 五	甲申 9 六	乙酉 10 日	丙戌 11 一	丁亥 12 二	戊子 13 三	己丑 14 四	庚寅 15 五	辛卯 16 六	壬辰 17 日	癸巳 18 一	甲午 19 二	乙未 20 三	丙申 21 四	丁酉 22 五	戊戌 23 六		癸未大雪 戊戌冬至
十二月大	己丑	天干地支/西曆/星期	己亥 24 日	庚子 25 一	辛丑 26 二	壬寅 27 三	癸卯 28 四	甲辰 29 五	乙巳 30 六	丙午 31 日	丁未 (1) 一	戊申 2 二	己酉 3 三	庚戌 4 四	辛亥 5 五	壬子 6 六	癸丑 7 日	甲寅 8 一	乙卯 9 二	丙辰 10 三	丁巳 11 四	戊午 12 五	己未 13 六	庚申 14 日	辛酉 15 一	壬戌 16 二	癸亥 17 三	甲子 18 四	乙丑 19 五	丙寅 20 六	丁卯 21 日	戊辰 22 一	癸丑小寒 戊辰大寒
閏十二月小	己丑	天干地支/西曆/星期	己巳 23 二	庚午 24 三	辛未 25 四	壬申 26 五	癸酉 27 六	甲戌 28 日	乙亥 29 一	丙子 30 二	丁丑 31 三	戊寅 (2) 四	己卯 2 五	庚辰 3 六	辛巳 4 日	壬午 5 一	癸未 6 二	甲申 7 三	乙酉 8 四	丙戌 9 五	丁亥 10 六	戊子 11 日	己丑 12 一	庚寅 13 二	辛卯 14 三	壬辰 15 四	癸巳 16 五	甲午 17 六	乙未 18 日	丙申 19 一	丁酉 20 二		癸未立春

晉穆帝升平五年 哀帝升平五年（辛酉 雞年） 公元361～362年

夏曆月序	中西曆對照	夏曆日序 初一	初二	初三	初四	初五	初六	初七	初八	初九	初十	十一	十二	十三	十四	十五	十六	十七	十八	十九	二十	二一	二二	二三	二四	二五	二六	二七	二八	二九	三十	節氣與天象
正月大	庚寅 天干地支西曆星期	戊戌 21 三	己亥 22 四	庚子 23 五	辛丑 24 六	壬寅 25 日	癸卯 26 一	甲辰 27 二	乙巳 28 三	丙午 (3) 四	丁未 2 五	戊申 3 六	己酉 4 日	庚戌 5 一	辛亥 6 二	壬子 7 三	癸丑 8 四	甲寅 9 五	乙卯 10 六	丙辰 11 日	丁巳 12 一	戊午 13 二	己未 14 三	庚申 15 四	辛酉 16 五	壬戌 17 六	癸亥 18 日	甲子 19 一	乙丑 20 二	丙寅 21 三	丁卯 22 四	己亥雨水 甲寅驚蟄
二月小	辛卯 天干地支西曆星期	戊辰 23 五	己巳 24 六	庚午 25 日	辛未 26 一	壬申 27 二	癸酉 28 三	甲戌 29 四	乙亥 30 五	丙子 31 六	丁丑 (4) 日	戊寅 2 一	己卯 3 二	庚辰 4 三	辛巳 5 四	壬午 6 五	癸未 7 六	甲申 8 日	乙酉 9 一	丙戌 10 二	丁亥 11 三	戊子 12 四	己丑 13 五	庚寅 14 六	辛卯 15 日	壬辰 16 一	癸巳 17 二	甲午 18 三	乙未 19 四	丙申 20 五		己巳春分 甲申清明
三月大	壬辰 天干地支西曆星期	丁酉 21 六	戊戌 22 日	己亥 23 一	庚子 24 二	辛丑 25 三	壬寅 26 四	癸卯 27 五	甲辰 28 六	乙巳 29 日	丙午 30 一	丁未 (5) 二	戊申 2 三	己酉 3 四	庚戌 4 五	辛亥 5 六	壬子 6 日	癸丑 7 一	甲寅 8 二	乙卯 9 三	丙辰 10 四	丁巳 11 五	戊午 12 六	己未 13 日	庚申 14 一	辛酉 15 二	壬戌 16 三	癸亥 17 四	甲子 18 五	乙丑 19 六	丙寅 20 日	己亥穀雨 乙卯立夏
四月小	癸巳 天干地支西曆星期	丁卯 21 一	戊辰 22 二	己巳 23 三	庚午 24 四	辛未 25 五	壬申 26 六	癸酉 27 日	甲戌 28 一	乙亥 29 二	丙子 30 三	丁丑 31 四	戊寅 (6) 五	己卯 2 六	庚辰 3 日	辛巳 4 一	壬午 5 二	癸未 6 三	甲申 7 四	乙酉 8 五	丙戌 9 六	丁亥 10 日	戊子 11 一	己丑 12 二	庚寅 13 三	辛卯 14 四	壬辰 15 五	癸巳 16 六	甲午 17 日	乙未 18 一		庚午小滿 乙酉芒種
五月大	甲午 天干地支西曆星期	丙申 19 二	丁酉 20 三	戊戌 21 四	己亥 22 五	庚子 23 六	辛丑 24 日	壬寅 25 一	癸卯 26 二	甲辰 27 三	乙巳 28 四	丙午 29 五	丁未 30 六	戊申 (7) 日	己酉 2 一	庚戌 3 二	辛亥 4 三	壬子 5 四	癸丑 6 五	甲寅 7 六	乙卯 8 日	丙辰 9 一	丁巳 10 二	戊午 11 三	己未 12 四	庚申 13 五	辛酉 14 六	壬戌 15 日	癸亥 16 一	甲子 17 二	乙丑 18 三	庚子夏至 丙辰小暑
六月大	乙未 天干地支西曆星期	丙寅 19 四	丁卯 20 五	戊辰 21 六	己巳 22 日	庚午 23 一	辛未 24 二	壬申 25 三	癸酉 26 四	甲戌 27 五	乙亥 28 六	丙子 29 日	丁丑 30 一	戊寅 31 二	己卯 (8) 三	庚辰 2 四	辛巳 3 五	壬午 4 六	癸未 5 日	甲申 6 一	乙酉 7 二	丙戌 8 三	丁亥 9 四	戊子 10 五	己丑 11 六	庚寅 12 日	辛卯 13 一	壬辰 14 二	癸巳 15 三	甲午 16 四	乙未 17 五	辛未大暑 戊戌立秋 乙未日食
七月小	丙申 天干地支西曆星期	丙申 18 六	丁酉 19 日	戊戌 20 一	己亥 21 二	庚子 22 三	辛丑 23 四	壬寅 24 五	癸卯 25 六	甲辰 26 日	乙巳 27 一	丙午 28 二	丁未 29 三	戊申 30 四	己酉 31 五	庚戌 (9) 六	辛亥 2 日	壬子 3 一	癸丑 4 二	甲寅 5 三	乙卯 6 四	丙辰 7 五	丁巳 8 六	戊午 9 日	己未 10 一	庚申 11 二	辛酉 12 三	壬戌 13 四	癸亥 14 五	甲子 15 六		辛丑處暑 丙辰白露
八月大	丁酉 天干地支西曆星期	乙丑 16 日	丙寅 17 一	丁卯 18 二	戊辰 19 三	己巳 20 四	庚午 21 五	辛未 22 六	壬申 23 日	癸酉 24 一	甲戌 25 二	乙亥 26 三	丙子 27 四	丁丑 28 五	戊寅 29 六	己卯 30 日	庚辰 (10) 一	辛巳 2 二	壬午 3 三	癸未 4 四	甲申 5 五	乙酉 6 六	丙戌 7 日	丁亥 8 一	戊子 9 二	己丑 10 三	庚寅 11 四	辛卯 12 五	壬辰 13 六	癸巳 14 日	甲午 15 一	壬申秋分 丁亥寒露
九月小	戊戌 天干地支西曆星期	乙未 16 二	丙申 17 三	丁酉 18 四	戊戌 19 五	己亥 20 六	庚子 21 日	辛丑 22 一	壬寅 23 二	癸卯 24 三	甲辰 25 四	乙巳 26 五	丙午 27 六	丁未 28 日	戊申 29 一	己酉 30 二	庚戌 31 三	辛亥 (11) 四	壬子 2 五	癸丑 3 六	甲寅 4 日	乙卯 5 一	丙辰 6 二	丁巳 7 三	戊午 8 四	己未 9 五	庚申 10 六	辛酉 11 日	壬戌 12 一	癸亥 13 二		壬寅霜降 丁巳立冬
十月大	己亥 天干地支西曆星期	甲子 14 三	乙丑 15 四	丙寅 16 五	丁卯 17 六	戊辰 18 日	己巳 19 一	庚午 20 二	辛未 21 三	壬申 22 四	癸酉 23 五	甲戌 24 六	乙亥 25 日	丙子 26 一	丁丑 27 二	戊寅 28 三	己卯 29 四	庚辰 30 五	辛巳 (12) 六	壬午 2 日	癸未 3 一	甲申 4 二	乙酉 5 三	丙戌 6 四	丁亥 7 五	戊子 8 六	己丑 9 日	庚寅 10 一	辛卯 11 二	壬辰 12 三	癸巳 13 四	癸酉小雪 戊子大雪
十一月小	庚子 天干地支西曆星期	甲午 14 五	乙未 15 六	丙申 16 日	丁酉 17 一	戊戌 18 二	己亥 19 三	庚子 20 四	辛丑 21 五	壬寅 22 六	癸卯 23 日	甲辰 24 一	乙巳 25 二	丙午 26 三	丁未 27 四	戊申 28 五	己酉 29 六	庚戌 30 日	辛亥 31 一	壬子 (1) 二	癸丑 2 三	甲寅 3 四	乙卯 4 五	丙辰 5 六	丁巳 6 日	戊午 7 一	己未 8 二	庚申 9 三	辛酉 10 四	壬戌 11 五		癸卯冬至 戊午小寒
十二月大	辛丑 天干地支西曆星期	癸亥 12 六	甲子 13 日	乙丑 14 一	丙寅 15 二	丁卯 16 三	戊辰 17 四	己巳 18 五	庚午 19 六	辛未 20 日	壬申 21 一	癸酉 22 二	甲戌 23 三	乙亥 24 四	丙子 25 五	丁丑 26 六	戊寅 27 日	己卯 28 一	庚辰 29 二	辛巳 30 三	壬午 31 四	癸未 (2) 五	甲申 2 六	乙酉 3 日	丙戌 4 一	丁亥 5 二	戊子 6 三	己丑 7 四	庚寅 8 五	辛卯 9 六	壬辰 10 日	癸酉大寒 己丑立春

*五月丁巳（二十二日），穆帝死。庚申（二十五日），司馬丕即位，是爲哀帝。

晉哀帝升平六年 隆和元年（壬戌 狗年） 公元 362～363 年

夏曆月序	中西曆對照	夏曆日序 初一	初二	初三	初四	初五	初六	初七	初八	初九	初十	十一	十二	十三	十四	十五	十六	十七	十八	十九	二十	二一	二二	二三	二四	二五	二六	二七	二八	二九	三十	節氣與天象
正月小	壬寅 天干地支 西曆 星期	癸巳11二	甲午12三	乙未13四	丙申14五	丁酉15六	戊戌16日	己亥17一	庚子18二	辛丑19三	壬寅20四	癸卯21五	甲辰22六	乙巳23日	丙午24一	丁未25二	戊申26三	己酉27四	庚戌(3)五	辛亥2六	壬子3日	癸丑4一	甲寅5二	乙卯6三	丙辰7四	丁巳8五	戊午9六	己未10日	庚申11一	辛酉12二		甲辰雨水 己未驚蟄
二月大	癸卯 天干地支 西曆 星期	壬戌12二	癸亥13三	甲子14四	乙丑15五	丙寅16六	丁卯17日	戊辰18一	己巳19二	庚午20三	辛未21四	壬申22五	癸酉23六	甲戌24日	乙亥25一	丙子26二	丁丑27三	戊寅28四	己卯29五	庚辰30六	辛巳31日	壬午(4)一	癸未2二	甲申3三	乙酉4四	丙戌5五	丁亥6六	戊子7日	己丑8一	庚寅9二	辛卯10三	甲戌春分 庚寅清明
三月小	甲辰 天干地支 西曆 星期	壬辰11四	癸巳12五	甲午13六	乙未14日	丙申15一	丁酉16二	戊戌17三	己亥18四	庚子19五	辛丑20六	壬寅21日	癸卯22一	甲辰23二	乙巳24三	丙午25四	丁未26五	戊申27六	己酉28日	庚戌29一	辛亥30二	壬子(5)三	癸丑2四	甲寅3五	乙卯4六	丙辰5日	丁巳6一	戊午7二	己未8三	庚申9四		乙巳穀雨 庚申立夏
四月大	乙巳 天干地支 西曆 星期	辛酉10五	壬戌11六	癸亥12日	甲子13一	乙丑14二	丙寅15三	丁卯16四	戊辰17五	己巳18六	庚午19日	辛未20一	壬申21二	癸酉22三	甲戌23四	乙亥24五	丙子25六	丁丑26日	戊寅27一	己卯28二	庚辰29三	辛巳30四	壬午31五	癸未(6)六	甲申2日	乙酉3一	丙戌4二	丁亥5三	戊子6四	己丑7五	庚寅8六	乙亥小滿 庚寅芒種
五月小	丙午 天干地支 西曆 星期	辛卯9日	壬辰10一	癸巳11二	甲午12三	乙未13四	丙申14五	丁酉15六	戊戌16日	己亥17一	庚子18二	辛丑19三	壬寅20四	癸卯21五	甲辰22六	乙巳23日	丙午24一	丁未25二	戊申26三	己酉27四	庚戌28五	辛亥29六	壬子30日	癸丑(7)一	甲寅2二	乙卯3三	丙辰4四	丁巳5五	戊午6六	己未7日		丙午夏至
六月大	丁未 天干地支 西曆 星期	庚申8一	辛酉9二	壬戌10三	癸亥11四	甲子12五	乙丑13六	丙寅14日	丁卯15一	戊辰16二	己巳17三	庚午18四	辛未19五	壬申20六	癸酉21日	甲戌22一	乙亥23二	丙子24三	丁丑25四	戊寅26五	己卯27六	庚辰28日	辛巳29一	壬午30二	癸未31三	甲申(8)四	乙酉2五	丙戌3六	丁亥4日	戊子5一	己丑6二	辛酉小暑 丙子大暑
七月小	戊申 天干地支 西曆 星期	庚寅7三	辛卯8四	壬辰9五	癸巳10六	甲午11日	乙未12一	丙申13二	丁酉14三	戊戌15四	己亥16五	庚子17六	辛丑18日	壬寅19一	癸卯20二	甲辰21三	乙巳22四	丙午23五	丁未24六	戊申25日	己酉26一	庚戌27二	辛亥28三	壬子29四	癸丑30五	甲寅31六	乙卯(9)日	丙辰2一	丁巳3二	戊午4三		辛卯立秋 丙午處暑
八月大	己酉 天干地支 西曆 星期	己未5四	庚申6五	辛酉7六	壬戌8日	癸亥9一	甲子10二	乙丑11三	丙寅12四	丁卯13五	戊辰14六	己巳15日	庚午16一	辛未17二	壬申18三	癸酉19四	甲戌20五	乙亥21六	丙子22日	丁丑23一	戊寅24二	己卯25三	庚辰26四	辛巳27五	壬午28六	癸未29日	甲申(10)一	乙酉2二	丙戌3三	丁亥4四	戊子5五	壬戌白露 丁丑秋分
九月大	庚戌 天干地支 西曆 星期	己丑5六	庚寅6日	辛卯7一	壬辰8二	癸巳9三	甲午10四	乙未11五	丙申12六	丁酉13日	戊戌14一	己亥15二	庚子16三	辛丑17四	壬寅18五	癸卯19六	甲辰20日	乙巳21一	丙午22二	丁未23三	戊申24四	己酉25五	庚戌26六	辛亥27日	壬子28一	癸丑29二	甲寅30三	乙卯31四	丙辰(11)五	丁巳2六	戊午3日	壬辰寒露 丁未霜降
十月小	辛亥 天干地支 西曆 星期	己未4一	庚申5二	辛酉6三	壬戌7四	癸亥8五	甲子9六	乙丑10日	丙寅11一	丁卯12二	戊辰13三	己巳14四	庚午15五	辛未16六	壬申17日	癸酉18一	甲戌19二	乙亥20三	丙子21四	丁丑22五	戊寅23六	己卯24日	庚辰25一	辛巳26二	壬午27三	癸未28四	甲申29五	乙酉30六	丙戌(12)日	丁亥2一		癸亥立冬 戊寅小雪
十一月大	壬子 天干地支 西曆 星期	戊子3二	己丑4三	庚寅5四	辛卯6五	壬辰7六	癸巳8日	甲午9一	乙未10二	丙申11三	丁酉12四	戊戌13五	己亥14六	庚子15日	辛丑16一	壬寅17二	癸卯18三	甲辰19四	乙巳20五	丙午21六	丁未22日	戊申23一	己酉24二	庚戌25三	辛亥26四	壬子27五	癸丑28六	甲寅29日	乙卯30一	丙辰31二	丁巳(1)三	癸巳大雪 戊申冬至
十二月小	癸丑 天干地支 西曆 星期	戊午2四	己未3五	庚申4六	辛酉5日	壬戌6一	癸亥7二	甲子8三	乙丑9四	丙寅10五	丁卯11六	戊辰12日	己巳13一	庚午14二	辛未15三	壬申16四	癸酉17五	甲戌18六	乙亥19日	丙子20一	丁丑21二	戊寅22三	己卯23四	庚辰24五	辛巳25六	壬午26日	癸未27一	甲申28二	乙酉29三	丙戌30四		癸亥小寒 己卯大寒 戊午日食

*正月壬子（二十日），改元隆和。

晉哀帝隆和二年 興寧元年（癸亥 豬年） 公元 363 ~ 364 年

表格内容从略。

*《晉書》卷八《哀帝紀》載："二月己亥，大赦，改元（興寧）。"二月丁巳朔，無"己亥"，疑爲"乙亥"之誤。

晉哀帝興寧二年（甲子 鼠年） 公元 364 ～ 365 年

夏曆月序	西中日曆對照	夏曆日序																													節氣與天象
		初一	初二	初三	初四	初五	初六	初七	初八	初九	初十	十一	十二	十三	十四	十五	十六	十七	十八	十九	二十	廿一	廿二	廿三	廿四	廿五	廿六	廿七	廿八	廿九	三十	
正月大	丙寅	天干地支 西曆 星期	辛巳 19 四	壬午 20 五	癸未 21 六	甲申 22 日	乙酉 23 一	丙戌 24 二	丁亥 25 三	戊子 26 四	己丑 27 五	庚寅 28 六	辛卯 29 日	壬辰 (3) 一	癸巳 2 二	甲午 3 三	乙未 4 四	丙申 5 五	丁酉 6 六	戊戌 7 日	己亥 8 一	庚子 9 二	辛丑 10 三	壬寅 11 四	癸卯 12 五	甲辰 13 六	乙巳 14 日	丙午 15 一	丁未 16 二	戊申 17 三	己酉 18 四	庚戌 19 五	甲寅雨水 庚午驚蟄
二月小	丁卯	天干地支 西曆 星期	辛亥 20 六	壬子 21 日	癸丑 22 一	甲寅 23 二	乙卯 24 三	丙辰 25 四	丁巳 26 五	戊午 27 六	己未 28 日	庚申 29 一	辛酉 30 二	壬戌 31 三	癸亥 (4) 四	甲子 2 五	乙丑 3 六	丙寅 4 日	丁卯 5 一	戊辰 6 二	己巳 7 三	庚午 8 四	辛未 9 五	壬申 10 六	癸酉 11 日	甲戌 12 一	乙亥 13 二	丙子 14 三	丁丑 15 四	戊寅 16 五	己卯 17 六		乙酉春分 庚子清明
三月大	戊辰	天干地支 西曆 星期	庚辰 18 日	辛巳 19 一	壬午 20 二	癸未 21 三	甲申 22 四	乙酉 23 五	丙戌 24 六	丁亥 25 日	戊子 26 一	己丑 27 二	庚寅 28 三	辛卯 29 四	壬辰 30 五	癸巳 (5) 六	甲午 2 日	乙未 3 一	丙申 4 二	丁酉 5 三	戊戌 6 四	己亥 7 五	庚子 8 六	辛丑 9 日	壬寅 10 一	癸卯 11 二	甲辰 12 三	乙巳 13 四	丙午 14 五	丁未 15 六	戊申 16 日	己酉 17 一	乙卯穀雨 庚午立夏
四月小	己巳	天干地支 西曆 星期	庚戌 18 二	辛亥 19 三	壬子 20 四	癸丑 21 五	甲寅 22 六	乙卯 23 日	丙辰 24 一	丁巳 25 二	戊午 26 三	己未 27 四	庚申 28 五	辛酉 29 六	壬戌 30 日	癸亥 31 一	甲子 (6) 二	乙丑 2 三	丙寅 3 四	丁卯 4 五	戊辰 5 六	己巳 6 日	庚午 7 一	辛未 8 二	壬申 9 三	癸酉 10 四	甲戌 11 五	乙亥 12 六	丙子 13 日	丁丑 14 一	戊寅 15 二		丙戌小滿 辛丑芒種
五月大	庚午	天干地支 西曆 星期	己卯 16 三	庚辰 17 四	辛巳 18 五	壬午 19 六	癸未 20 日	甲申 21 一	乙酉 22 二	丙戌 23 三	丁亥 24 四	戊子 25 五	己丑 26 六	庚寅 27 日	辛卯 28 一	壬辰 29 二	癸巳 30 三	甲午 (7) 四	乙未 2 五	丙申 3 六	丁酉 4 日	戊戌 5 一	己亥 6 二	庚子 7 三	辛丑 8 四	壬寅 9 五	癸卯 10 六	甲辰 11 日	乙巳 12 一	丙午 13 二	丁未 14 三	戊申 15 四	丙辰夏至 辛未小暑
六月小	辛未	天干地支 西曆 星期	己酉 16 五	庚戌 17 六	辛亥 18 日	壬子 19 一	癸丑 20 二	甲寅 21 三	乙卯 22 四	丙辰 23 五	丁巳 24 六	戊午 25 日	己未 26 一	庚申 27 二	辛酉 28 三	壬戌 29 四	癸亥 30 五	甲子 31 六	乙丑 (8) 日	丙寅 2 一	丁卯 3 二	戊辰 4 三	己巳 5 四	庚午 6 五	辛未 7 六	壬申 8 日	癸酉 9 一	甲戌 10 二	乙亥 11 三	丙子 12 四	丁丑 13 五		丁亥大暑 壬寅立秋
七月大	壬申	天干地支 西曆 星期	戊寅 14 六	己卯 15 日	庚辰 16 一	辛巳 17 二	壬午 18 三	癸未 19 四	甲申 20 五	乙酉 21 六	丙戌 22 日	丁亥 23 一	戊子 24 二	己丑 25 三	庚寅 26 四	辛卯 27 五	壬辰 28 六	癸巳 29 日	甲午 30 一	乙未 31 二	丙申 (9) 三	丁酉 2 四	戊戌 3 五	己亥 4 六	庚子 5 日	辛丑 6 一	壬寅 7 二	癸卯 8 三	甲辰 9 四	乙巳 10 五	丙午 11 六	丁未 12 日	丁巳處暑 壬申白露
八月小	癸酉	天干地支 西曆 星期	戊申 13 一	己酉 14 二	庚戌 15 三	辛亥 16 四	壬子 17 五	癸丑 18 六	甲寅 19 日	乙卯 20 一	丙辰 21 二	丁巳 22 三	戊午 23 四	己未 24 五	庚申 25 六	辛酉 26 日	壬戌 27 一	癸亥 28 二	甲子 29 三	乙丑 30 四	丙寅 (10) 五	丁卯 2 六	戊辰 3 日	己巳 4 一	庚午 5 二	辛未 6 三	壬申 7 四	癸酉 8 五	甲戌 9 六	乙亥 10 日	丙子 11 一		丁亥秋分 癸卯寒露
九月大	甲戌	天干地支 西曆 星期	丁丑 12 二	戊寅 13 三	己卯 14 四	庚辰 15 五	辛巳 16 六	壬午 17 日	癸未 18 一	甲申 19 二	乙酉 20 三	丙戌 21 四	丁亥 22 五	戊子 23 六	己丑 24 日	庚寅 25 一	辛卯 26 二	壬辰 27 三	癸巳 28 四	甲午 29 五	乙未 30 六	丙申 31 日	丁酉 (11) 一	戊戌 2 二	己亥 3 三	庚子 4 四	辛丑 5 五	壬寅 6 六	癸卯 7 日	甲辰 8 一	乙巳 9 二	丙午 10 三	戊午霜降 癸酉立冬
十月小	乙亥	天干地支 西曆 星期	丁未 11 四	戊申 12 五	己酉 13 六	庚戌 14 日	辛亥 15 一	壬子 16 二	癸丑 17 三	甲寅 18 四	乙卯 19 五	丙辰 20 六	丁巳 21 日	戊午 22 一	己未 23 二	庚申 24 三	辛酉 25 四	壬戌 26 五	癸亥 27 六	甲子 28 日	乙丑 29 一	丙寅 30 二	丁卯 (12) 三	戊辰 2 四	己巳 3 五	庚午 4 六	辛未 5 日	壬申 6 一	癸酉 7 二	甲戌 8 三			戊子小雪 甲辰大雪
十一月大	丙子	天干地支 西曆 星期	丙子 9 四	丁丑 10 五	戊寅 11 六	己卯 12 日	庚辰 13 一	辛巳 14 二	壬午 15 三	癸未 16 四	甲申 17 五	乙酉 18 六	丙戌 19 日	丁亥 20 一	戊子 21 二	己丑 22 三	庚寅 23 四	辛卯 24 五	壬辰 25 六	癸巳 26 日	甲午 27 一	乙未 28 二	丙申 29 三	丁酉 30 四	戊戌 31 五	己亥 (1) 六	庚子 2 日	辛丑 3 一	壬寅 4 二	癸卯 5 三	甲辰 6 四	乙巳 7 五	己未冬至 戊戌小寒
十二月小	丁丑	天干地支 西曆 星期	丙午 8 六	丁未 9 日	戊申 10 一	己酉 11 二	庚戌 12 三	辛亥 13 四	壬子 14 五	癸丑 15 六	甲寅 16 日	乙卯 17 一	丙辰 18 二	丁巳 19 三	戊午 20 四	己未 21 五	庚申 22 六	辛酉 23 日	壬戌 24 一	癸亥 25 二	甲子 26 三	乙丑 27 四	丙寅 28 五	丁卯 29 六	戊辰 30 日	己巳 31 一	庚午 (2) 二	辛未 2 三	壬申 3 四	癸酉 4 五	甲戌 5 六		己丑大寒 甲辰立春

晉哀帝興寧三年 海西公（廢帝）興寧三年（乙丑 牛年） 公元365～366年

夏曆月序	中西曆對照	夏曆日序 初一	初二	初三	初四	初五	初六	初七	初八	初九	初十	十一	十二	十三	十四	十五	十六	十七	十八	十九	二十	二一	二二	二三	二四	二五	二六	二七	二八	二九	三十	節氣與天象
正月大	戊寅	乙巳 7 一	丙午 8 二	丁未 9 三	戊申 10 四	己酉 11 五	庚戌 12 六	辛亥 13 日	壬子 14 一	癸丑 15 二	甲寅 16 三	乙卯 17 四	丙辰 18 五	丁巳 19 六	戊午 20 日	己未 21 一	庚申 22 二	辛酉 23 三	壬戌 24 四	癸亥 25 五	甲子 26 六	乙丑 27 日	丙寅 28 一	丁卯(3) 二	戊辰 2 三	己巳 3 四	庚午 4 五	辛未 5 六	壬申 6 日	癸酉 7 一	甲戌 8 二	庚申雨水
二月小	己卯	乙亥 9 三	丙子 10 四	丁丑 11 五	戊寅 12 六	己卯 13 日	庚辰 14 一	辛巳 15 二	壬午 16 三	癸未 17 四	甲申 18 五	乙酉 19 六	丙戌 20 日	丁亥 21 一	戊子 22 二	己丑 23 三	庚寅 24 四	辛卯 25 五	壬辰 26 六	癸巳 27 日	甲午 28 一	乙未 29 二	丙申 30 三	丁酉 31 四	戊戌(4) 五	己亥 2 六	庚子 3 日	辛丑 4 一	壬寅 5 二	癸卯 6 三		乙亥驚蟄 庚寅春分
三月大	庚辰	甲辰 7 四	乙巳 8 五	丙午 9 六	丁未 10 日	戊申 11 一	己酉 12 二	庚戌 13 三	辛亥 14 四	壬子 15 五	癸丑 16 六	甲寅 17 日	乙卯 18 一	丙辰 19 二	丁巳 20 三	戊午 21 四	己未 22 五	庚申 23 六	辛酉 24 日	壬戌 25 一	癸亥 26 二	甲子 27 三	乙丑 28 四	丙寅 29 五	丁卯 30 六	戊辰(5) 日	己巳 2 一	庚午 3 二	辛未 4 三	壬申 5 四	癸酉 6 五	乙巳清明 庚申穀雨
四月小	辛巳	甲戌 7 六	乙亥 8 日	丙子 9 一	丁丑 10 二	戊寅 11 三	己卯 12 四	庚辰 13 五	辛巳 14 六	壬午 15 日	癸未 16 一	甲申 17 二	乙酉 18 三	丙戌 19 四	丁亥 20 五	戊子 21 六	己丑 22 日	庚寅 23 一	辛卯 24 二	壬辰 25 三	癸巳 26 四	甲午 27 五	乙未 28 六	丙申 29 日	丁酉 30 一	戊戌 31 二	己亥(6) 三	庚子 2 四	辛丑 3 五	壬寅 4 六		丙子立夏 辛卯小滿
五月大	壬午	癸卯 5 日	甲辰 6 一	乙巳 7 二	丙午 8 三	丁未 9 四	戊申 10 五	己酉 11 六	庚戌 12 日	辛亥 13 一	壬子 14 二	癸丑 15 三	甲寅 16 四	乙卯 17 五	丙辰 18 六	丁巳 19 日	戊午 20 一	己未 21 二	庚申 22 三	辛酉 23 四	壬戌 24 五	癸亥 25 六	甲子 26 日	乙丑 27 一	丙寅 28 二	丁卯 29 三	戊辰 30 四	己巳(7) 五	庚午 2 六	辛未 3 日	壬申 4 一	丙午芒種 辛酉夏至
六月大	癸未	癸酉 5 二	甲戌 6 三	乙亥 7 四	丙子 8 五	丁丑 9 六	戊寅 10 日	己卯 11 一	庚辰 12 二	辛巳 13 三	壬午 14 四	癸未 15 五	甲申 16 六	乙酉 17 日	丙戌 18 一	丁亥 19 二	戊子 20 三	己丑 21 四	庚寅 22 五	辛卯 23 六	壬辰 24 日	癸巳 25 一	甲午 26 二	乙未 27 三	丙申 28 四	丁酉 29 五	戊戌 30 六	己亥 31 日	庚子(8) 一	辛丑 2 二	壬寅 3 三	丁丑小暑 壬辰大暑
七月小	甲申	癸卯 4 四	甲辰 5 五	乙巳 6 六	丙午 7 日	丁未 8 一	戊申 9 二	己酉 10 三	庚戌 11 四	辛亥 12 五	壬子 13 六	癸丑 14 日	甲寅 15 一	乙卯 16 二	丙辰 17 三	丁巳 18 四	戊午 19 五	己未 20 六	庚申 21 日	辛酉 22 一	壬戌 23 二	癸亥 24 三	甲子 25 四	乙丑 26 五	丙寅 27 六	丁卯 28 日	戊辰 29 一	己巳 30 二	庚午 31 三	辛未(9) 四		丁未立秋 壬戌處暑
八月大	乙酉	壬申 2 五	癸酉 3 六	甲戌 4 日	乙亥 5 一	丙子 6 二	丁丑 7 三	戊寅 8 四	己卯 9 五	庚辰 10 六	辛巳 11 日	壬午 12 一	癸未 13 二	甲申 14 三	乙酉 15 四	丙戌 16 五	丁亥 17 六	戊子 18 日	己丑 19 一	庚寅 20 二	辛卯 21 三	壬辰 22 四	癸巳 23 五	甲午 24 六	乙未 25 日	丙申 26 一	丁酉 27 二	戊戌 28 三	己亥 29 四	庚子 30 五	辛丑(10) 六	丁丑白露 癸巳秋分
九月小	丙戌	壬寅 2 日	癸卯 3 一	甲辰 4 二	乙巳 5 三	丙午 6 四	丁未 7 五	戊申 8 六	己酉 9 日	庚戌 10 一	辛亥 11 二	壬子 12 三	癸丑 13 四	甲寅 14 五	乙卯 15 六	丙辰 16 日	丁巳 17 一	戊午 18 二	己未 19 三	庚申 20 四	辛酉 21 五	壬戌 22 六	癸亥 23 日	甲子 24 一	乙丑 25 二	丙寅 26 三	丁卯 27 四	戊辰 28 五	己巳 29 六	庚午 30 日		戊申寒露 癸亥霜降
十月大	丁亥	辛未 31 一	壬申(11) 二	癸酉 2 三	甲戌 3 四	乙亥 4 五	丙子 5 六	丁丑 6 日	戊寅 7 一	己卯 8 二	庚辰 9 三	辛巳 10 四	壬午 11 五	癸未 12 六	甲申 13 日	乙酉 14 一	丙戌 15 二	丁亥 16 三	戊子 17 四	己丑 18 五	庚寅 19 六	辛卯 20 日	壬辰 21 一	癸巳 22 二	甲午 23 三	乙未 24 四	丙申 25 五	丁酉 26 六	戊戌 27 日	己亥 28 一	庚子 29 二	戊寅立冬 甲午小雪
十一月小	戊子	辛丑 30 三	壬寅(12) 四	癸卯 2 五	甲辰 3 六	乙巳 4 日	丙午 5 一	丁未 6 二	戊申 7 三	己酉 8 四	庚戌 9 五	辛亥 10 六	壬子 11 日	癸丑 12 一	甲寅 13 二	乙卯 14 三	丙辰 15 四	丁巳 16 五	戊午 17 六	己未 18 日	庚申 19 一	辛酉 20 二	壬戌 21 三	癸亥 22 四	甲子 23 五	乙丑 24 六	丙寅 25 日	丁卯 26 一	戊辰 27 二	己巳 28 三		己酉大雪 甲子冬至
十二月大	己丑	庚午 29 四	辛未 30 五	壬申(1) 六	癸酉 2 日	甲戌 3 一	乙亥 4 二	丙子 5 三	丁丑 6 四	戊寅 7 五	己卯 8 六	庚辰 9 日	辛巳 10 一	壬午 11 二	癸未 12 三	甲申 13 四	乙酉 14 五	丙戌 15 六	丁亥 16 日	戊子 17 一	己丑 18 二	庚寅 19 三	辛卯 20 四	壬辰 21 五	癸巳 22 六	甲午 23 日	乙未 24 一	丙申 25 二	丁酉 26 三	戊戌 27 四	己亥 28 五	己卯小寒 甲午大寒

*二月丙申（二十二日），哀帝死。丁酉（二十三日），司馬奕即位，是爲海西公（廢帝），改明年爲太和元年。

晉海西公（廢帝）太和元年（丙寅 虎年） 公元366～367年

夏曆月序	中西曆對照	夏曆日序 初一	初二	初三	初四	初五	初六	初七	初八	初九	初十	十一	十二	十三	十四	十五	十六	十七	十八	十九	二十	二一	二二	二三	二四	二五	二六	二七	二八	二九	三十	節氣與天象
正月小	庚寅	天干地支／西曆／星期 庚子28六	辛丑29日	壬寅30一	癸卯31二	甲辰(2)三	乙巳2四	丙午3五	丁未4六	戊申5日	己酉6一	庚戌7二	辛亥8三	壬子9四	癸丑10五	甲寅11六	乙卯12日	丙辰13一	丁巳14二	戊午15三	己未16四	庚申17五	辛酉18六	壬戌19日	癸亥20一	甲子21二	乙丑22三	丙寅23四	丁卯24五	戊辰25六		庚戌立春 乙丑雨水
二月大	辛卯	己巳26日	庚午27一	辛未28(3)二	壬申29三	癸酉2四	甲戌3五	乙亥4六	丙子5日	丁丑6一	戊寅7二	己卯8三	庚辰9四	辛巳10五	壬午11六	癸未12日	甲申13一	乙酉14二	丙戌15三	丁亥16四	戊子17五	己丑18六	庚寅19日	辛卯20一	壬辰21二	癸巳22三	甲午23四	乙未24五	丙申25六	丁酉26日	戊戌27一	庚辰驚蟄 乙未春分
三月小	壬辰	己亥28二	庚子29三	辛丑30四	壬寅31(4)五	癸卯2日	甲辰3一	乙巳4二	丙午5三	丁未6四	戊申7五	己酉8六	庚戌9日	辛亥10一	壬子11二	癸丑12三	甲寅13四	乙卯14五	丙辰15六	丁巳16日	戊午17一	己未18二	庚申19三	辛酉20四	壬戌21五	癸亥22六	甲子23日	乙丑24一	丙寅25二	丁卯26三		辛亥清明 丙寅穀雨
四月大	癸巳	戊辰26三	己巳27四	庚午28五	辛未29六	壬申30(5)日	癸酉2一	甲戌3二	乙亥4三	丙子5四	丁丑6五	戊寅7六	己卯8日	庚辰9一	辛巳10二	壬午11三	癸未12四	甲申13五	乙酉14六	丙戌15日	丁亥16一	戊子17二	己丑18三	庚寅19四	辛卯20五	壬辰21六	癸巳22日	甲午23一	乙未24二	丙申25三	丁酉26四	辛巳立夏 丙申小滿
閏四月小	癸巳	戊戌26五	己亥27六	庚子28日	辛丑29一	壬寅30二	癸卯31(6)三	甲辰2四	乙巳3五	丙午4六	丁未5日	戊申6一	己酉7二	庚戌8三	辛亥9四	壬子10五	癸丑11六	甲寅12日	乙卯13一	丙辰14二	丁巳15三	戊午16四	己未17五	庚申18六	辛酉19日	壬戌20一	癸亥21二	甲子22三	乙丑23四			辛亥芒種
五月大	甲午	丙寅24五	丁卯25六	戊辰26日	己巳27一	庚午28二	辛未29三	壬申30四	癸酉(7)五	甲戌2六	乙亥3日	丙子4一	丁丑5二	戊寅6三	己卯7四	庚辰8五	辛巳9六	壬午10日	癸未11一	甲申12二	乙酉13三	丙戌14四	丁亥15五	戊子16六	己丑17日	庚寅18一	辛卯19二	壬辰20三	癸巳21四	甲午22五	乙未23六	丁卯夏至 壬午小暑
六月小	乙未	丙申24日	丁酉25一	戊戌26二	己亥27三	庚子28四	辛丑29五	壬寅30六	癸卯31(8)日	甲辰2一	乙巳3二	丙午4三	丁未5四	戊申6五	己酉7六	庚戌8日	辛亥9一	壬子10二	癸丑11三	甲寅12四	乙卯13五	丙辰14六	丁巳15日	戊午16一	己未17二	庚申18三	辛酉19四	壬戌20五	癸亥21六			丁酉大暑 壬子立秋
七月大	丙申	甲子22日	乙丑23一	丙寅24二	丁卯25三	戊辰26四	己巳27五	庚午28六	辛未29日	壬申30一	癸酉31(9)二	甲戌2三	乙亥3四	丙子4五	丁丑5六	戊寅6日	己卯7一	庚辰8二	辛巳9三	壬午10四	癸未11五	甲申12六	乙酉13日	丙戌14一	丁亥15二	戊子16三	己丑17四	庚寅18五	辛卯19六	壬辰20日	癸巳21一	丁卯處暑 癸未白露
八月大	丁酉	甲午22二	乙未23三	丙申24四	丁酉25五	戊戌26六	己亥27日	庚子28一	辛丑29二	壬寅30三	癸卯(10)四	甲辰2五	乙巳3六	丙午4日	丁未5一	戊申6二	己酉7三	庚戌8四	辛亥9五	壬子10六	癸丑11日	甲寅12一	乙卯13二	丙辰14三	丁巳15四	戊午16五	己未17六	庚申18日	辛酉19一	壬戌20二	癸亥21三	戊戌秋分 癸丑寒露
九月小	戊戌	甲子22四	乙丑23五	丙寅24六	丁卯25日	戊辰26一	己巳27二	庚午28三	辛未29四	壬申30五	癸酉31(11)六	甲戌2日	乙亥3一	丙子4二	丁丑5三	戊寅6四	己卯7五	庚辰8六	辛巳9日	壬午10一	癸未11二	甲申12三	乙酉13四	丙戌14五	丁亥15六	戊子16日	己丑17一	庚寅18二	辛卯19三	壬辰20四		戊辰霜降 甲申立冬
十月大	己亥	癸巳21五	甲午22六	乙未23日	丙申24一	丁酉25二	戊戌26三	己亥27四	庚子28五	辛丑29六	壬寅30日	癸卯(12)一	甲辰2二	乙巳3三	丙午4四	丁未5五	戊申6六	己酉7日	庚戌8一	辛亥9二	壬子10三	癸丑11四	甲寅12五	乙卯13六	丙辰14日	丁巳15一	戊午16二	己未17三	庚申18四	辛酉19五	壬戌20六	己亥小雪 甲寅大雪
十一月小	庚子	癸亥21日	甲子22一	乙丑23二	丙寅24三	丁卯25四	戊辰26五	己巳27六	庚午28日	辛未29一	壬申30二	癸酉31(1)三	甲戌2四	乙亥3五	丙子4六	丁丑5日	戊寅6一	己卯7二	庚辰8三	辛巳9四	壬午10五	癸未11六	甲申12日	乙酉13一	丙戌14二	丁亥15三	戊子16四	己丑17五	庚寅18六	辛卯19日		己巳冬至 甲申小寒
十二月大	辛丑	壬辰20一	癸巳21二	甲午22三	乙未23四	丙申24五	丁酉25六	戊戌26日	己亥27一	庚子28二	辛丑29三	壬寅30四	癸卯31(2)五	甲辰2六	乙巳3日	丙午4一	丁未5二	戊申6三	己酉7四	庚戌8五	辛亥9六	壬子10日	癸丑11一	甲寅12二	乙卯13三	丙辰14四	丁巳15五	戊午16六	己未17日	庚申18一	辛酉19二	庚寅大寒 乙卯立春

晉海西公（廢帝）太和二年（丁卯 兔年） 公元367～368年

夏曆月序	中曆對照西日照	夏曆日序																													節氣與天象
		初一	初二	初三	初四	初五	初六	初七	初八	初九	初十	十一	十二	十三	十四	十五	十六	十七	十八	十九	二十	廿一	廿二	廿三	廿四	廿五	廿六	廿七	廿八	廿九	三十	
正月小	壬寅	甲子16五	乙丑17六	丙寅18日	丁卯19一	戊辰20二	己巳21三	庚午22四	辛未23五	壬申24六	癸酉25日	甲戌26一	乙亥27二	丙子28三	丁丑(3)四	戊寅2五	己卯3六	庚辰4日	辛巳5一	壬午6二	癸未7三	甲申8四	乙酉9五	丙戌10六	丁亥11日	戊子12一	己丑13二	庚寅14三	辛卯15四	壬辰16五		庚午雨水 乙酉驚蟄
二月大	癸卯	癸巳17六	甲午18日	乙未19一	丙申20二	丁酉21三	戊戌22四	己亥23五	庚子24六	辛丑25日	壬寅26一	癸卯27二	甲辰28三	乙巳29四	丙午30五	丁未31六	戊申(4)日	己酉2一	庚戌3二	辛亥4三	壬子5四	癸丑6五	甲寅7六	乙卯8日	丙辰9一	丁巳10二	戊午11三	己未12四	庚申13五	辛酉14六	壬戌15日	辛丑春分 丙辰清明
三月小	甲辰	癸亥16一	甲子17二	乙丑18三	丙寅19四	丁卯20五	戊辰21六	己巳22日	庚午23一	辛未24二	壬申25三	癸酉26四	甲戌27五	乙亥28六	丙子29日	丁丑30一	戊寅(5)二	己卯2三	庚辰3四	辛巳4五	壬午5六	癸未6日	甲申7一	乙酉8二	丙戌9三	丁亥10四	戊子11五	己丑12六	庚寅13日	辛卯14一		辛未穀雨 丙戌立夏
四月大	乙巳	壬辰15二	癸巳16三	甲午17四	乙未18五	丙申19六	丁酉20日	戊戌21一	己亥22二	庚子23三	辛丑24四	壬寅25五	癸卯26六	甲辰27日	乙巳28一	丙午29二	丁未30三	戊申31四	己酉(6)五	庚戌2六	辛亥3日	壬子4一	癸丑5二	甲寅6三	乙卯7四	丙辰8五	丁巳9六	戊午10日	己未11一	庚申12二	辛酉13三	辛丑小滿 丁巳芒種
五月小	丙午	壬戌14四	癸亥15五	甲子16六	乙丑17日	丙寅18一	丁卯19二	戊辰20三	己巳21四	庚午22五	辛未23六	壬申24日	癸酉25一	甲戌26二	乙亥27三	丙子28四	丁丑29五	戊寅30六	己卯(7)日	庚辰2一	辛巳3二	壬午4三	癸未5四	甲申6五	乙酉7六	丙戌8日	丁亥9一	戊子10二	己丑11三	庚寅12四		壬申夏至 丁亥小暑
六月大	丁未	辛卯13五	壬辰14六	癸巳15日	甲午16一	乙未17二	丙申18三	丁酉19四	戊戌20五	己亥21六	庚子22日	辛丑23一	壬寅24二	癸卯25三	甲辰26四	乙巳27五	丙午28六	丁未29日	戊申30一	己酉31二	庚戌(8)三	辛亥2四	壬子3五	癸丑4六	甲寅5日	乙卯6一	丙辰7二	丁巳8三	戊午9四	己未10五	庚申11六	壬寅大暑 戊午立秋
七月小	戊申	辛酉12日	壬戌13一	癸亥14二	甲子15三	乙丑16四	丙寅17五	丁卯18六	戊辰19日	己巳20一	庚午21二	辛未22三	壬申23四	癸酉24五	甲戌25六	乙亥26日	丙子27一	丁丑28二	戊寅29三	己卯30四	庚辰31五	辛巳(9)六	壬午2日	癸未3一	甲申4二	乙酉5三	丙戌6四	丁亥7五	戊子8六	己丑9日		癸酉處暑 戊子白露
八月大	己酉	庚寅10一	辛卯11二	壬辰12三	癸巳13四	甲午14五	乙未15六	丙申16日	丁酉17一	戊戌18二	己亥19三	庚子20四	辛丑21五	壬寅22六	癸卯23日	甲辰24一	乙巳25二	丙午26三	丁未27四	戊申28五	己酉29六	庚戌30日	辛亥(10)一	壬子2二	癸丑3三	甲寅4四	乙卯5五	丙辰6六	丁巳7日	戊午8一	己未9二	癸卯秋分 戊午寒露
九月小	庚戌	庚申10三	辛酉11四	壬戌12五	癸亥13六	甲子14日	乙丑15一	丙寅16二	丁卯17三	戊辰18四	己巳19五	庚午20六	辛未21日	壬申22一	癸酉23二	甲戌24三	乙亥25四	丙子26五	丁丑27六	戊寅28日	己卯29一	庚辰30二	辛巳31三	壬午(11)四	癸未2五	甲申3六	乙酉4日	丙戌5一	丁亥6二	戊子7三		甲戌霜降
十月大	辛亥	己丑8四	庚寅9五	辛卯10六	壬辰11日	癸巳12一	甲午13二	乙未14三	丙申15四	丁酉16五	戊戌17六	己亥18日	庚子19一	辛丑20二	壬寅21三	癸卯22四	甲辰23五	乙巳24六	丙午25日	丁未26一	戊申27二	己酉28三	庚戌29四	辛亥30五	壬子(12)六	癸丑2日	甲寅3一	乙卯4二	丙辰5三	丁巳6四	戊午7五	己丑立冬 甲辰小雪
十一月小	壬子	己未8六	庚申9日	辛酉10一	壬戌11二	癸亥12三	甲子13四	乙丑14五	丙寅15六	丁卯16日	戊辰17一	己巳18二	庚午19三	辛未20四	壬申21五	癸酉22六	甲戌23日	乙亥24一	丙子25二	丁丑26三	戊寅27四	己卯28五	庚辰29六	辛巳30日	壬午31(1)一	癸未2二	甲申3三	乙酉4四	丙戌5五	丁亥6日		己未大雪 甲戌冬至
十二月大	癸丑	戊子6一	己丑7二	庚寅8三	辛卯9四	壬辰10五	癸巳11六	甲午12日	乙未13一	丙申14二	丁酉15三	戊戌16四	己亥17五	庚子18六	辛丑19日	壬寅20一	癸卯21二	甲辰22三	乙巳23四	丙午24五	丁未25六	戊申26日	己酉27一	庚戌28二	辛亥29三	壬子30四	癸丑31五	甲寅(2)六	乙卯2日	丙辰3一	丁巳4二	庚寅小寒 乙巳大寒

晉海西公（廢帝）太和三年（戊辰 龍年） 公元368～369年

夏曆月序	中西曆對照	夏曆日序																													節氣與天象
		初一	初二	初三	初四	初五	初六	初七	初八	初九	初十	十一	十二	十三	十四	十五	十六	十七	十八	十九	二十	廿一	廿二	廿三	廿四	廿五	廿六	廿七	廿八	廿九	三十	
正月大	甲寅 天干地支西曆星期	戊午5二	己未6三	庚申7四	辛酉8五	壬戌9六	癸亥10日	甲子11一	乙丑12二	丙寅13三	丁卯14四	戊辰15五	己巳16六	庚午17日	辛未18一	壬申19二	癸酉20三	甲戌21四	乙亥22五	丙子23六	丁丑24日	戊寅25一	己卯26二	庚辰27三	辛巳28四	壬午29五	癸未(3)六	甲申2日	乙酉3一	丙戌4二	丁亥5三	庚申立春 乙亥雨水
二月小	乙卯 天干地支西曆星期	戊子6四	己丑7五	庚寅8六	辛卯9日	壬辰10一	癸巳11二	甲午12三	乙未13四	丙申14五	丁酉15六	戊戌16日	己亥17一	庚子18二	辛丑19三	壬寅20四	癸卯21五	甲辰22六	乙巳23日	丙午24一	丁未25二	戊申26三	己酉27四	庚戌28五	辛亥29六	壬子30日	癸丑31一	甲寅(4)二	乙卯2三	丙辰3四		辛酉驚蟄 丙午春分
三月大	丙辰 天干地支西曆星期	丁巳4五	戊午5六	己未6日	庚申7一	辛酉8二	壬戌9三	癸亥10四	甲子11五	乙丑12六	丙寅13日	丁卯14一	戊辰15二	己巳16三	庚午17四	辛未18五	壬申19六	癸酉20日	甲戌21一	乙亥22二	丙子23三	丁丑24四	戊寅25五	己卯26六	庚辰27日	辛巳28一	壬午29二	癸未30三	甲申(5)四	乙酉2五	丙戌3六	辛酉清明 丙子穀雨 丁巳日食
四月小	丁巳 天干地支西曆星期	丁亥4日	戊子5一	己丑6二	庚寅7三	辛卯8四	壬辰9五	癸巳10六	甲午11日	乙未12一	丙申13二	丁酉14三	戊戌15四	己亥16五	庚子17六	辛丑18日	壬寅19一	癸卯20二	甲辰21三	乙巳22四	丙午23五	丁未24六	戊申25日	己酉26一	庚戌27二	辛亥28三	壬子29四	癸丑30五	甲寅31六	乙卯(6)日		辛卯立夏 丁未小滿
五月大	戊午 天干地支西曆星期	丙辰2一	丁巳3二	戊午4三	己未5四	庚申6五	辛酉7六	壬戌8日	癸亥9一	甲子10二	乙丑11三	丙寅12四	丁卯13五	戊辰14六	己巳15日	庚午16一	辛未17二	壬申18三	癸酉19四	甲戌20五	乙亥21六	丙子22日	丁丑23一	戊寅24二	己卯25三	庚辰26四	辛巳27五	壬午28六	癸未29日	甲申30一	乙酉(7)二	壬戌芒種 丁丑夏至
六月小	己未 天干地支西曆星期	丙戌2三	丁亥3四	戊子4五	己丑5六	庚寅6日	辛卯7一	壬辰8二	癸巳9三	甲午10四	乙未11五	丙申12六	丁酉13日	戊戌14一	己亥15二	庚子16三	辛丑17四	壬寅18五	癸卯19六	甲辰20日	乙巳21一	丙午22二	丁未23三	戊申24四	己酉25五	庚戌26六	辛亥27日	壬子28一	癸丑29二	甲寅30三		壬辰小暑 戊申大暑
七月大	庚申 天干地支西曆星期	乙卯31四	丙辰(8)五	丁巳2六	戊午3日	己未4一	庚申5二	辛酉6三	壬戌7四	癸亥8五	甲子9六	乙丑10日	丙寅11一	丁卯12二	戊辰13三	己巳14四	庚午15五	辛未16六	壬申17日	癸酉18一	甲戌19二	乙亥20三	丙子21四	丁丑22五	戊寅23六	己卯24日	庚辰25一	辛巳26二	壬午27三	癸未28四	甲申29五	癸亥立秋 戊寅處暑
八月小	辛酉 天干地支西曆星期	乙酉30六	丙戌31日	丁亥(9)一	戊子2二	己丑3三	庚寅4四	辛卯5五	壬辰6六	癸巳7日	甲午8一	乙未9二	丙申10三	丁酉11四	戊戌12五	己亥13六	庚子14日	辛丑15一	壬寅16二	癸卯17三	甲辰18四	乙巳19五	丙午20六	丁未21日	戊申22一	己酉23二	庚戌24三	辛亥25四	壬子26五	癸丑27六		癸巳白露 戊申秋分
九月大	壬戌 天干地支西曆星期	甲寅28日	乙卯29一	丙辰(10)二	丁巳2三	戊午3四	己未4五	庚申5六	辛酉6日	壬戌7一	癸亥8二	甲子9三	乙丑10四	丙寅11五	丁卯12六	戊辰13日	己巳14一	庚午15二	辛未16三	壬申17四	癸酉18五	甲戌19六	乙亥20日	丙子21一	丁丑22二	戊寅23三	己卯24四	庚辰25五	辛巳26六	壬午27日	癸未28一	甲午寒露 己卯霜降
十月小	癸亥 天干地支西曆星期	甲申28二	乙酉29三	丙戌30四	丁亥31五	戊子(11)六	己丑2日	庚寅3一	辛卯4二	壬辰5三	癸巳6四	甲午7五	乙未8六	丙申9日	丁酉10一	戊戌11二	己亥12三	庚子13四	辛丑14五	壬寅15六	癸卯16日	甲辰17一	乙巳18二	丙午19三	丁未20四	戊申21五	己酉22六	庚戌23日	辛亥24一	壬子25二		甲午立冬 己酉小雪
十一月大	甲子 天干地支西曆星期	癸丑26三	甲寅27四	乙卯28五	丙辰29六	丁巳30日	戊午(12)一	己未2二	庚申3三	辛酉4四	壬戌5五	癸亥6六	甲子7日	乙丑8一	丙寅9二	丁卯10三	戊辰11四	己巳12五	庚午13六	辛未14日	壬申15一	癸酉16二	甲戌17三	乙亥18四	丙子19五	丁丑20六	戊寅21日	己卯22一	庚辰23二	辛巳24三	壬午25四	甲子大雪 庚辰冬至
十二月小	乙丑 天干地支西曆星期	癸未26五	甲申27六	乙酉28日	丙戌29一	丁亥30二	戊子31三	己丑(1)四	庚寅2五	辛卯3六	壬辰4日	癸巳5一	甲午6二	乙未7三	丙申8四	丁酉9五	戊戌10六	己亥11日	庚子12一	辛丑13二	壬寅14三	癸卯15四	甲辰16五	乙巳17六	丙午18日	丁未19一	戊申20二	己酉21三	庚戌22四	辛亥23五		乙未小寒 庚戌大寒

晉海西公（廢帝）太和四年（己巳 蛇年） 公元369～370年

夏曆月序	中西曆對照	夏曆日序 初一	初二	初三	初四	初五	初六	初七	初八	初九	初十	十一	十二	十三	十四	十五	十六	十七	十八	十九	二十	二一	二二	二三	二四	二五	二六	二七	二八	二九	三十	節氣與天象
正月大	丙寅 天干地支西曆星期	壬子24日六	癸丑25日一	甲寅26日二	乙卯27日三	丙辰28日四	丁巳29日五	戊午30日六	己未31日日	庚申2(2)日一	辛酉2日二	壬戌3日三	癸亥4日四	甲子5日五	乙丑6日六	丙寅7日日	丁卯8日一	戊辰9日二	己巳10日三	庚午11日四	辛未12日五	壬申13日六	癸酉14日日	甲戌15日一	乙亥16日二	丙子17日三	丁丑18日四	戊寅19日五	己卯20日六	庚辰21日日	辛巳22日一		乙丑立春 辛巳雨水
閏正月小	丙寅	壬午23日二	癸未24日三	甲申25日四	乙酉26日五	丙戌27日六	丁亥28日日	戊子(3)日一	己丑2日二	庚寅3日三	辛卯4日四	壬辰5日五	癸巳6日六	甲午7日日	乙未8日一	丙申9日二	丁酉10日三	戊戌11日四	己亥12日五	庚子13日六	辛丑14日日	壬寅15日一	癸卯16日二	甲辰17日三	乙巳18日四	丙午19日五	丁未20日六	戊申21日日	己酉22日一	庚戌23日二			丙申驚蟄
二月大	丁卯	辛亥24日三	壬子25日四	癸丑26日五	甲寅27日六	乙卯28日日	丙辰29日一	丁巳30日二	戊午31日三	己未(4)日四	庚申2日五	辛酉3日六	壬戌4日日	癸亥5日一	甲子6日二	乙丑7日三	丙寅8日四	丁卯9日五	戊辰10日六	己巳11日日	庚午12日一	辛未13日二	壬申14日三	癸酉15日四	甲戌16日五	乙亥17日六	丙子18日日	丁丑19日一	戊寅20日二	己卯21日三	庚辰22日四		辛亥春分 丙寅清明
三月小	戊辰	辛巳23日五	壬午24日六	癸未25日日	甲申26日一	乙酉27日二	丙戌28日三	丁亥29日四	戊子30日五	己丑(5)日六	庚寅2日日	辛卯3日一	壬辰4日二	癸巳5日三	甲午6日四	乙未7日五	丙申8日六	丁酉9日日	戊戌10日一	己亥11日二	庚子12日三	辛丑13日四	壬寅14日五	癸卯15日六	甲辰16日日	乙巳17日一	丙午18日二	丁未19日三	戊申20日四	己酉21日五			辛巳穀雨 丁酉立夏
四月大	己巳	庚戌22日六	辛亥23日日	壬子24日一	癸丑25日二	甲寅26日三	乙卯27日四	丙辰28日五	丁巳29日六	戊午30日日	己未31日一	庚申(6)日二	辛酉2日三	壬戌3日四	癸亥4日五	甲子5日六	乙丑6日日	丙寅7日一	丁卯8日二	戊辰9日三	己巳10日四	庚午11日五	辛未12日六	壬申13日日	癸酉14日一	甲戌15日二	乙亥16日三	丙子17日四	丁丑18日五	戊寅19日六	己卯20日日		壬子小滿 丁卯芒種
五月大	庚午	庚辰21日一	辛巳22日二	壬午23日三	癸未24日四	甲申25日五	乙酉26日六	丙戌27日日	丁亥28日一	戊子29日二	己丑30日三	庚寅(7)日四	辛卯2日五	壬辰3日六	癸巳4日日	甲午5日一	乙未6日二	丙申7日三	丁酉8日四	戊戌9日五	己亥10日六	庚子11日日	辛丑12日一	壬寅13日二	癸卯14日三	甲辰15日四	乙巳16日五	丙午17日六	丁未18日日	戊申19日一	己酉20日二		壬午夏至 戊戌小暑
六月小	辛未	庚戌21日三	辛亥22日四	壬子23日五	癸丑24日六	甲寅25日日	乙卯26日一	丙辰27日二	丁巳28日三	戊午29日四	己未30日五	庚申31日六	辛酉(8)日日	壬戌2日一	癸亥3日二	甲子4日三	乙丑5日四	丙寅6日五	丁卯7日六	戊辰8日日	己巳9日一	庚午10日二	辛未11日三	壬申12日四	癸酉13日五	甲戌14日六	乙亥15日日	丙子16日一	丁丑17日二	戊寅18日三			癸丑大暑 戊辰立秋
七月大	壬申	己卯19日四	庚辰20日五	辛巳21日六	壬午22日日	癸未23日一	甲申24日二	乙酉25日三	丙戌26日四	丁亥27日五	戊子28日六	己丑29日日	庚寅30日一	辛卯31日二	壬辰(9)日三	癸巳2日四	甲午3日五	乙未4日六	丙申5日日	丁酉6日一	戊戌7日二	己亥8日三	庚子9日四	辛丑10日五	壬寅11日六	癸卯12日日	甲辰13日一	乙巳14日二	丙午15日三	丁未16日四	戊申17日五		癸未處暑 戊戌白露
八月小	癸酉	己酉18日六	庚戌19日日	辛亥20日一	壬子21日二	癸丑22日三	甲寅23日四	乙卯24日五	丙辰25日六	丁巳26日日	戊午27日一	己未28日二	庚申29日三	辛酉30日四	壬戌(10)日五	癸亥2日六	甲子3日日	乙丑4日一	丙寅5日二	丁卯6日三	戊辰7日四	己巳8日五	庚午9日六	辛未10日日	壬申11日一	癸酉12日二	甲戌13日三	乙亥14日四	丙子15日五	丁丑16日六			甲寅秋分 己巳寒露
九月大	甲戌	戊寅17日六	己卯18日日	庚辰19日一	辛巳20日二	壬午21日三	癸未22日四	甲申23日五	乙酉24日六	丙戌25日日	丁亥26日一	戊子27日二	己丑28日三	庚寅29日四	辛卯30日五	壬辰31日六	癸巳(11)日日	甲午2日一	乙未3日二	丙申4日三	丁酉5日四	戊戌6日五	己亥7日六	庚子8日日	辛丑9日一	壬寅10日二	癸卯11日三	甲辰12日四	乙巳13日五	丙午14日六	丁未15日日		甲申霜降 己亥立冬
十月小	乙亥	戊申16日一	己酉17日二	庚戌18日三	辛亥19日四	壬子20日五	癸丑21日六	甲寅22日日	乙卯23日一	丙辰24日二	丁巳25日三	戊午26日四	己未27日五	庚申28日六	辛酉29日日	壬戌30日一	癸亥(12)日二	甲子2日三	乙丑3日四	丙寅4日五	丁卯5日六	戊辰6日日	己巳7日一	庚午8日二	辛未9日三	壬申10日四	癸酉11日五	甲戌12日六	乙亥13日日	丙子14日一			乙卯小雪 庚午大雪
十一月大	丙子	丁丑15日二	戊寅16日三	己卯17日四	庚辰18日五	辛巳19日六	壬午20日日	癸未21日一	甲申22日二	乙酉23日三	丙戌24日四	丁亥25日五	戊子26日六	己丑27日日	庚寅28日一	辛卯29日二	壬辰30日三	癸巳31日四	甲午(1)日五	乙未2日六	丙申3日日	丁酉4日一	戊戌5日二	己亥6日三	庚子7日四	辛丑8日五	壬寅9日六	癸卯10日日	甲辰11日一	乙巳12日二	丙午13日三		乙酉冬至 庚子小寒
十二月小	丁丑	丁未14日四	戊申15日五	己酉16日六	庚戌17日日	辛亥18日一	壬子19日二	癸丑20日三	甲寅21日四	乙卯22日五	丙辰23日六	丁巳24日日	戊午25日一	己未26日二	庚申27日三	辛酉28日四	壬戌29日五	癸亥30日六	甲子31日日	乙丑(2)日一	丙寅2日二	丁卯3日三	戊辰4日四	己巳5日五	庚午6日六	辛未7日日	壬申8日一	癸酉9日二	甲戌10日三	乙亥11日四			乙卯大寒 辛未立春

晉海西公（廢帝）太和五年（庚午 馬年） 公元370～371年

夏曆月序	中西曆對照	夏曆日序																													節氣與天象
		初一	初二	初三	初四	初五	初六	初七	初八	初九	初十	十一	十二	十三	十四	十五	十六	十七	十八	十九	二十	廿一	廿二	廿三	廿四	廿五	廿六	廿七	廿八	廿九	三十	
正月大	戊寅	天干地支 西曆 星期	丙子 12 五	丁丑 13 六	戊寅 14 日	己卯 15 一	庚辰 16 二	辛巳 17 三	壬午 18 四	癸未 19 五	甲申 20 六	乙酉 21 日	丙戌 22 一	丁亥 23 二	戊子 24 三	己丑 25 四	庚寅 26 五	辛卯 27 六	壬辰 28 日	癸巳(3) 二	甲午 2 二	乙未 3 三	丙申 4 四	丁酉 5 五	戊戌 6 六	己亥 7 日	庚子 8 一	辛丑 9 二	壬寅 10 三	癸卯 11 四	甲辰 12 五	乙巳 13 六	丙戌雨水 辛丑驚蟄
二月小	己卯	天干地支 西曆 星期	丙午 14 日	丁未 15 一	戊申 16 二	己酉 17 三	庚戌 18 四	辛亥 19 五	壬子 20 六	癸丑 21 日	甲寅 22 一	乙卯 23 二	丙辰 24 三	丁巳 25 四	戊午 26 五	己未 27 六	庚申 28 日	辛酉 29 一	壬戌 30 二	癸亥 31 三	甲子(4) 四	乙丑 2 五	丙寅 3 六	丁卯 4 日	戊辰 5 一	己巳 6 二	庚午 7 三	辛未 8 四	壬申 9 五	癸酉 10 六	甲戌 11 日		丙辰春分 辛未清明
三月大	庚辰	天干地支 西曆 星期	乙亥 12 一	丙子 13 二	丁丑 14 三	戊寅 15 四	己卯 16 五	庚辰 17 六	辛巳 18 日	壬午 19 一	癸未 20 二	甲申 21 三	乙酉 22 四	丙戌 23 五	丁亥 24 六	戊子 25 日	己丑 26 一	庚寅 27 二	辛卯 28 三	壬辰 29 四	癸巳 30 五	甲午(5) 六	乙未 2 日	丙申 3 一	丁酉 4 二	戊戌 5 三	己亥 6 四	庚子 7 五	辛丑 8 六	壬寅 9 日	癸卯 10 一	甲辰 11 二	丁亥穀雨 壬寅立夏
四月小	辛巳	天干地支 西曆 星期	乙巳 12 三	丙午 13 四	丁未 14 五	戊申 15 六	己酉 16 日	庚戌 17 一	辛亥 18 二	壬子 19 三	癸丑 20 四	甲寅 21 五	乙卯 22 六	丙辰 23 日	丁巳 24 一	戊午 25 二	己未 26 三	庚申 27 四	辛酉 28 五	壬戌 29 六	癸亥 30 日	甲子 31 一	乙丑(6) 二	丙寅 2 三	丁卯 3 四	戊辰 4 五	己巳 5 六	庚午 6 日	辛未 7 一	壬申 8 二	癸酉 9 三		丁巳小滿 壬申芒種
五月大	壬午	天干地支 西曆 星期	甲戌 10 四	乙亥 11 五	丙子 12 六	丁丑 13 日	戊寅 14 一	己卯 15 二	庚辰 16 三	辛巳 17 四	壬午 18 五	癸未 19 六	甲申 20 日	乙酉 21 一	丙戌 22 二	丁亥 23 三	戊子 24 四	己丑 25 五	庚寅 26 六	辛卯 27 日	壬辰 28 一	癸巳 29 二	甲午 30 三	乙未(7) 四	丙申 2 五	丁酉 3 六	戊戌 4 日	己亥 5 一	庚子 6 二	辛丑 7 三	壬寅 8 四	癸卯 9 五	戊子夏至 癸卯小暑
六月小	癸未	天干地支 西曆 星期	甲辰 10 六	乙巳 11 日	丙午 12 一	丁未 13 二	戊申 14 三	己酉 15 四	庚戌 16 五	辛亥 17 六	壬子 18 日	癸丑 19 一	甲寅 20 二	乙卯 21 三	丙辰 22 四	丁巳 23 五	戊午 24 六	己未 25 日	庚申 26 一	辛酉 27 二	壬戌 28 三	癸亥 29 四	甲子 30 五	乙丑 31 六	丙寅(8) 日	丁卯 2 一	戊辰 3 二	己巳 4 三	庚午 5 四	辛未 6 五	壬申 7 六		戊午大暑
七月大	甲申	天干地支 西曆 星期	癸酉 8 日	甲戌 9 一	乙亥 10 二	丙子 11 三	丁丑 12 四	戊寅 13 五	己卯 14 六	庚辰 15 日	辛巳 16 一	壬午 17 二	癸未 18 三	甲申 19 四	乙酉 20 五	丙戌 21 六	丁亥 22 日	戊子 23 一	己丑 24 二	庚寅 25 三	辛卯 26 四	壬辰 27 五	癸巳 28 六	甲午 29 日	乙未 30 一	丙申 31 二	丁酉(9) 三	戊戌 2 四	己亥 3 五	庚子 4 六	辛丑 5 日	壬寅 6 一	癸酉立秋 戊子處暑 癸酉日食
八月小	乙酉	天干地支 西曆 星期	癸卯 7 二	甲辰 8 三	乙巳 9 四	丙午 10 五	丁未 11 六	戊申 12 日	己酉 13 一	庚戌 14 二	辛亥 15 三	壬子 16 四	癸丑 17 五	甲寅 18 六	乙卯 19 日	丙辰 20 一	丁巳 21 二	戊午 22 三	己未 23 四	庚申 24 五	辛酉 25 六	壬戌 26 日	癸亥 27 一	甲子 28 二	乙丑 29 三	丙寅 30 四	丁卯(10) 五	戊辰 2 六	己巳 3 日	庚午 4 一	辛未 5 二		甲辰白露 己未秋分
九月大	丙戌	天干地支 西曆 星期	壬申 6 三	癸酉 7 四	甲戌 8 五	乙亥 9 六	丙子 10 日	丁丑 11 一	戊寅 12 二	己卯 13 三	庚辰 14 四	辛巳 15 五	壬午 16 六	癸未 17 日	甲申 18 一	乙酉 19 二	丙戌 20 三	丁亥 21 四	戊子 22 五	己丑 23 六	庚寅 24 日	辛卯 25 一	壬辰 26 二	癸巳 27 三	甲午 28 四	乙未 29 五	丙申 30 六	丁酉 31 日	戊戌(11) 一	己亥 2 二	庚子 3 三	辛丑 4 四	甲戌寒露 己丑霜降
十月大	丁亥	天干地支 西曆 星期	壬寅 5 五	癸卯 6 六	甲辰 7 日	乙巳 8 一	丙午 9 二	丁未 10 三	戊申 11 四	己酉 12 五	庚戌 13 六	辛亥 14 日	壬子 15 一	癸丑 16 二	甲寅 17 三	乙卯 18 四	丙辰 19 五	丁巳 20 六	戊午 21 日	己未 22 一	庚申 23 二	辛酉 24 三	壬戌 25 四	癸亥 26 五	甲子 27 六	乙丑 28 日	丙寅 29 一	丁卯 30 二	戊辰(12) 三	己巳 2 四	庚午 3 五	辛未 4 六	乙巳立冬 庚申小雪
十一月小	戊子	天干地支 西曆 星期	壬申 5 日	癸酉 6 一	甲戌 7 二	乙亥 8 三	丙子 9 四	丁丑 10 五	戊寅 11 六	己卯 12 日	庚辰 13 一	辛巳 14 二	壬午 15 三	癸未 16 四	甲申 17 五	乙酉 18 六	丙戌 19 日	丁亥 20 一	戊子 21 二	己丑 22 三	庚寅 23 四	辛卯 24 五	壬辰 25 六	癸巳 26 日	甲午 27 一	乙未 28 二	丙申 29 三	丁酉 30 四	戊戌 31 五	己亥(1) 六	庚子 2 日		乙亥大雪 庚寅冬至
十二月大	己丑	天干地支 西曆 星期	辛丑 3 一	壬寅 4 二	癸卯 5 三	甲辰 6 四	乙巳 7 五	丙午 8 六	丁未 9 日	戊申 10 一	己酉 11 二	庚戌 12 三	辛亥 13 四	壬子 14 五	癸丑 15 六	甲寅 16 日	乙卯 17 一	丙辰 18 二	丁巳 19 三	戊午 20 四	己未 21 五	庚申 22 六	辛酉 23 日	壬戌 24 一	癸亥 25 二	甲子 26 三	乙丑 27 四	丙寅 28 五	丁卯 29 六	戊辰 30 日	己巳 31 一	庚午(2) 二	乙巳小寒 辛酉大寒

晉海西公（廢帝）太和六年 簡文帝咸安元年（辛未 羊年） 公元371～372年

夏曆月序	中西曆對照	夏曆日序																													節氣與天象
		初一	初二	初三	初四	初五	初六	初七	初八	初九	初十	十一	十二	十三	十四	十五	十六	十七	十八	十九	二十	二一	二二	二三	二四	二五	二六	二七	二八	二九	三十	
正月小	庚寅 天干地支 西曆 星期	辛未 2 三	壬申 3 四	癸酉 4 五	甲戌 5 六	乙亥 6 日	丙子 7 一	丁丑 8 二	戊寅 9 三	己卯 10 四	庚辰 11 五	辛巳 12 六	壬午 13 日	癸未 14 一	甲申 15 二	乙酉 16 三	丙戌 17 四	丁亥 18 五	戊子 19 六	己丑 20 日	庚寅 21 一	辛卯 22 二	壬辰 23 三	癸巳 24 四	甲午 25 五	乙未 26 六	丙申 27 日	丁酉 28 一	戊戌 (3) 二	己亥 2 三		丙子立春 辛卯雨水 辛未日食
二月大	辛卯 天干地支 西曆 星期	庚子 3 四	辛丑 4 五	壬寅 5 六	癸卯 6 日	甲辰 7 一	乙巳 8 二	丙午 9 三	丁未 10 四	戊申 11 五	己酉 12 六	庚戌 13 日	辛亥 14 一	壬子 15 二	癸丑 16 三	甲寅 17 四	乙卯 18 五	丙辰 19 六	丁巳 20 日	戊午 21 一	己未 22 二	庚申 23 三	辛酉 24 四	壬戌 25 五	癸亥 26 六	甲子 27 日	乙丑 28 一	丙寅 29 二	丁卯 30 三	戊辰 31 四	己巳 (4) 五	丙午驚蟄 壬戌春分
三月小	壬辰 天干地支 西曆 星期	庚午 2 六	辛未 3 日	壬申 4 一	癸酉 5 二	甲戌 6 三	乙亥 7 四	丙子 8 五	丁丑 9 六	戊寅 10 日	己卯 11 一	庚辰 12 二	辛巳 13 三	壬午 14 四	癸未 15 五	甲申 16 六	乙酉 17 日	丙戌 18 一	丁亥 19 二	戊子 20 三	己丑 21 四	庚寅 22 五	辛卯 23 六	壬辰 24 日	癸巳 25 一	甲午 26 二	乙未 27 三	丙申 28 四	丁酉 29 五	戊戌 30 六		丁丑清明 壬辰穀雨
四月大	癸巳 天干地支 西曆 星期	己亥 (5) 日	庚子 2 一	辛丑 3 二	壬寅 4 三	癸卯 5 四	甲辰 6 五	乙巳 7 六	丙午 8 日	丁未 9 一	戊申 10 二	己酉 11 三	庚戌 12 四	辛亥 13 五	壬子 14 六	癸丑 15 日	甲寅 16 一	乙卯 17 二	丙辰 18 三	丁巳 19 四	戊午 20 五	己未 21 六	庚申 22 日	辛酉 23 一	壬戌 24 二	癸亥 25 三	甲子 26 四	乙丑 27 五	丙寅 28 六	丁卯 29 日	戊辰 30 一	丁未立夏 壬戌小滿
五月小	甲午 天干地支 西曆 星期	己巳 31 二	庚午 (6) 三	辛未 2 四	壬申 3 五	癸酉 4 六	甲戌 5 日	乙亥 6 一	丙子 7 二	丁丑 8 三	戊寅 9 四	己卯 10 五	庚辰 11 六	辛巳 12 日	壬午 13 一	癸未 14 二	甲申 15 三	乙酉 16 四	丙戌 17 五	丁亥 18 六	戊子 19 日	己丑 20 一	庚寅 21 二	辛卯 22 三	壬辰 23 四	癸巳 24 五	甲午 25 六	乙未 26 日	丙申 27 一	丁酉 28 二		戊寅芒種 癸巳夏至
六月大	乙未 天干地支 西曆 星期	戊戌 29 三	己亥 30 四	庚子 (7) 五	辛丑 2 六	壬寅 3 日	癸卯 4 一	甲辰 5 二	乙巳 6 三	丙午 7 四	丁未 8 五	戊申 9 六	己酉 10 日	庚戌 11 一	辛亥 12 二	壬子 13 三	癸丑 14 四	甲寅 15 五	乙卯 16 六	丙辰 17 日	丁巳 18 一	戊午 19 二	己未 20 三	庚申 21 四	辛酉 22 五	壬戌 23 六	癸亥 24 日	甲子 25 一	乙丑 26 二	丙寅 27 三	丁卯 28 四	戊申小暑 癸亥大暑
七月小	丙申 天干地支 西曆 星期	戊辰 29 五	己巳 30 六	庚午 31 日	辛未 (8) 一	壬申 2 二	癸酉 3 三	甲戌 4 四	乙亥 5 五	丙子 6 六	丁丑 7 日	戊寅 8 一	己卯 9 二	庚辰 10 三	辛巳 11 四	壬午 12 五	癸未 13 六	甲申 14 日	乙酉 15 一	丙戌 16 二	丁亥 17 三	戊子 18 四	己丑 19 五	庚寅 20 六	辛卯 21 日	壬辰 22 一	癸巳 23 二	甲午 24 三	乙未 25 四	丙申 26 五		戊寅立秋 甲午處暑
八月大	丁酉 天干地支 西曆 星期	丁酉 27 六	戊戌 28 日	己亥 29 一	庚子 30 二	辛丑 31 三	壬寅 (9) 四	癸卯 2 五	甲辰 3 六	乙巳 4 日	丙午 5 一	丁未 6 二	戊申 7 三	己酉 8 四	庚戌 9 五	辛亥 10 六	壬子 11 日	癸丑 12 一	甲寅 13 二	乙卯 14 三	丙辰 15 四	丁巳 16 五	戊午 17 六	己未 18 日	庚申 19 一	辛酉 20 二	壬戌 21 三	癸亥 22 四	甲子 23 五	乙丑 24 六	丙寅 25 日	己酉白露 甲子秋分
九月小	戊戌 天干地支 西曆 星期	丁卯 26 一	戊辰 27 二	己巳 28 三	庚午 29 四	辛未 30 五	壬申 (10) 六	癸酉 2 日	甲戌 3 一	乙亥 4 二	丙子 5 三	丁丑 6 四	戊寅 7 五	己卯 8 六	庚辰 9 日	辛巳 10 一	壬午 11 二	癸未 12 三	甲申 13 四	乙酉 14 五	丙戌 15 六	丁亥 16 日	戊子 17 一	己丑 18 二	庚寅 19 三	辛卯 20 四	壬辰 21 五	癸巳 22 六	甲午 23 日	乙未 24 一		己卯寒露 乙未霜降
十月大	己亥 天干地支 西曆 星期	丙申 25 二	丁酉 26 三	戊戌 27 四	己亥 28 五	庚子 29 六	辛丑 30 日	壬寅 31 一	癸卯 (11) 二	甲辰 2 三	乙巳 3 四	丙午 4 五	丁未 5 六	戊申 6 日	己酉 7 一	庚戌 8 二	辛亥 9 三	壬子 10 四	癸丑 11 五	甲寅 12 六	乙卯 13 日	丙辰 14 一	丁巳 15 二	戊午 16 三	己未 17 四	庚申 18 五	辛酉 19 六	壬戌 20 日	癸亥 21 一	甲子 22 二	乙丑 23 三	庚戌立冬 乙丑小雪
閏十月小	己亥 天干地支 西曆 星期	丙寅 24 四	丁卯 25 五	戊辰 26 六	己巳 27 日	庚午 28 一	辛未 29 二	壬申 30 三	癸酉 (12) 四	甲戌 2 五	乙亥 3 六	丙子 4 日	丁丑 5 一	戊寅 6 二	己卯 7 三	庚辰 8 四	辛巳 9 五	壬午 10 六	癸未 11 日	甲申 12 一	乙酉 13 二	丙戌 14 三	丁亥 15 四	戊子 16 五	己丑 17 六	庚寅 18 日	辛卯 19 一	壬辰 20 二	癸巳 21 三	甲午 22 四		庚辰大雪
十一月大	庚子 天干地支 西曆 星期	乙未 23 五	丙申 24 六	丁酉 25 日	戊戌 26 一	己亥 27 二	庚子 28 三	辛丑 29 四	壬寅 30 五	癸卯 31 六	甲辰 (1) 日	乙巳 2 一	丙午 3 二	丁未 4 三	戊申 5 四	己酉 6 五	庚戌 7 六	辛亥 8 日	壬子 9 一	癸丑 10 二	甲寅 11 三	乙卯 12 四	丙辰 13 五	丁巳 14 六	戊午 15 日	己未 16 一	庚申 17 二	辛酉 18 三	壬戌 19 四	癸亥 20 五	甲子 21 六	乙未冬至 辛亥小寒
十二月大	辛丑 天干地支 西曆 星期	乙丑 22 日	丙寅 23 一	丁卯 24 二	戊辰 25 三	己巳 26 四	庚午 27 五	辛未 28 六	壬申 29 日	癸酉 30 一	甲戌 31 二	乙亥 (2) 三	丙子 2 四	丁丑 3 五	戊寅 4 六	己卯 5 日	庚辰 6 一	辛巳 7 二	壬午 8 三	癸未 9 四	甲申 10 五	乙酉 11 六	丙戌 12 日	丁亥 13 一	戊子 14 二	己丑 15 三	庚寅 16 四	辛卯 17 五	壬辰 18 六	癸巳 19 日	甲午 20 一	丙寅大寒 辛巳立春

*十一月己酉（十五日），海西公被廢。司馬昱即位，是為簡文帝，改元咸安。

晉簡文帝咸安二年 孝武帝咸安二年（壬申 猴年） 公元 372～373 年

(Table omitted due to complexity)

*七月己未（二十八日），簡文帝死，司馬曜即位，是爲孝武帝。

晉孝武帝寧康元年（癸酉 雞年） 公元 373 ～ 374 年

夏曆月序	中曆對照西日照	夏曆日序																													節氣與天象
		初一	初二	初三	初四	初五	初六	初七	初八	初九	初十	十一	十二	十三	十四	十五	十六	十七	十八	十九	二十	廿一	廿二	廿三	廿四	廿五	廿六	廿七	廿八	廿九	三十	
正月小	甲寅 天干地支西曆星期	己丑 9日 六	庚寅 10日 日	辛卯 11日 一	壬辰 12日 二	癸巳 13日 三	甲午 14日 四	乙未 15日 五	丙申 16日 六	丁酉 17日 日	戊戌 18日 一	己亥 19日 二	庚子 20日 三	辛丑 21日 四	壬寅 22日 五	癸卯 23日 六	甲辰 24日 日	乙巳 25日 一	丙午 26日 二	丁未 27日 三	戊申 28日 四	己酉(3) 2日 五	庚戌 2日 六	辛亥 3日 日	壬子 4日 一	癸丑 5日 二	甲寅 6日 三	乙卯 7日 四	丙辰 8日 五	丁巳 9日 六		壬寅雨水 丁巳驚蟄
二月大	乙卯	戊午 10日 日	己未 11日 一	庚申 12日 二	辛酉 13日 三	壬戌 14日 四	癸亥 15日 五	甲子 16日 六	乙丑 17日 日	丙寅 18日 一	丁卯 19日 二	戊辰 20日 三	己巳 21日 四	庚午 22日 五	辛未 23日 六	壬申 24日 日	癸酉 25日 一	甲戌 26日 二	乙亥 27日 三	丙子 28日 四	丁丑 29日 五	戊寅 30日 六	己卯 31日 日	庚辰(4) 1日 一	辛巳 2日 二	壬午 3日 三	癸未 4日 四	甲申 5日 五	乙酉 6日 六	丙戌 7日 日	丁亥 8日 一	壬申春分 丁亥清明
三月小	丙辰	戊子 9日 二	己丑 10日 三	庚寅 11日 四	辛卯 12日 五	壬辰 13日 六	癸巳 14日 日	甲午 15日 一	乙未 16日 二	丙申 17日 三	丁酉 18日 四	戊戌 19日 五	己亥 20日 六	庚子 21日 日	辛丑 22日 一	壬寅 23日 二	癸卯 24日 三	甲辰 25日 四	乙巳 26日 五	丙午 27日 六	丁未 28日 日	戊申 29日 一	己酉(5) 2日 二	庚戌 2日 三	辛亥 3日 四	壬子 4日 五	癸丑 5日 六	甲寅 6日 日	乙卯 7日 一	丙辰 8日 二		壬寅穀雨
四月大	丁巳	丁巳 8日 三	戊午 9日 四	己未 10日 五	庚申 11日 六	辛酉 12日 日	壬戌 13日 一	癸亥 14日 二	甲子 15日 三	乙丑 16日 四	丙寅 17日 五	丁卯 18日 六	戊辰 19日 日	己巳 20日 一	庚午 21日 二	辛未 22日 三	壬申 23日 四	癸酉 24日 五	甲戌 25日 六	乙亥 26日 日	丙子 27日 一	丁丑 28日 二	戊寅 29日 三	己卯 30日 四	庚辰 31日 五	辛巳(6) 1日 六	壬午 2日 日	癸未 3日 一	甲申 4日 二	乙酉 5日 三	丙戌 6日 四	戊午立夏 癸酉小滿
五月大	戊午	丁亥 7日 五	戊子 8日 六	己丑 9日 日	庚寅 10日 一	辛卯 11日 二	壬辰 12日 三	癸巳 13日 四	甲午 14日 五	乙未 15日 六	丙申 16日 日	丁酉 17日 一	戊戌 18日 二	己亥 19日 三	庚子 20日 四	辛丑 21日 五	壬寅 22日 六	癸卯 23日 日	甲辰 24日 一	乙巳 25日 二	丙午 26日 三	丁未 27日 四	戊申 28日 五	己酉 29日 六	庚戌 30日 日	辛亥(7) 1日 一	壬子 2日 二	癸丑 3日 三	甲寅 4日 四	乙卯 5日 五	丙辰 6日 六	戊子芒種 癸卯夏至
六月小	己未	丁巳 7日 日	戊午 8日 一	己未 9日 二	庚申 10日 三	辛酉 11日 四	壬戌 12日 五	癸亥 13日 六	甲子 14日 日	乙丑 15日 一	丙寅 16日 二	丁卯 17日 三	戊辰 18日 四	己巳 19日 五	庚午 20日 六	辛未 21日 日	壬申 22日 一	癸酉 23日 二	甲戌 24日 三	乙亥 25日 四	丙子 26日 五	丁丑 27日 六	戊寅 28日 日	己卯 29日 一	庚辰 30日 二	辛巳 31日(8) 三	壬午 1日 四	癸未 2日 五	甲申 3日 六	乙酉 4日 日		己未小暑 甲戌大暑
七月大	庚申	丙戌 5日 一	丁亥 6日 二	戊子 7日 三	己丑 8日 四	庚寅 9日 五	辛卯 10日 六	壬辰 11日 日	癸巳 12日 一	甲午 13日 二	乙未 14日 三	丙申 15日 四	丁酉 16日 五	戊戌 17日 六	己亥 18日 日	庚子 19日 一	辛丑 20日 二	壬寅 21日 三	癸卯 22日 四	甲辰 23日 五	乙巳 24日 六	丙午 25日 日	丁未 26日 一	戊申 27日 二	己酉 28日 三	庚戌 29日 四	辛亥 30日 五	壬子 31日(9) 六	癸丑 1日 日	甲寅 2日 一	乙卯 3日 二	己丑立秋 甲辰處暑
八月小	辛酉	丙辰 4日 三	丁巳 5日 四	戊午 6日 五	己未 7日 六	庚申 8日 日	辛酉 9日 一	壬戌 10日 二	癸亥 11日 三	甲子 12日 四	乙丑 13日 五	丙寅 14日 六	丁卯 15日 日	戊辰 16日 一	己巳 17日 二	庚午 18日 三	辛未 19日 四	壬申 20日 五	癸酉 21日 六	甲戌 22日 日	乙亥 23日 一	丙子 24日 二	丁丑 25日 三	戊寅 26日 四	己卯 27日 五	庚辰 29日 六	辛巳 30日⑩ 日	壬午 1日 一	癸未 2日 二			己未白露 乙亥秋分
九月大	壬戌	乙酉 3日 四	丙戌 4日 五	丁亥 5日 六	戊子 6日 日	己丑 7日 一	庚寅 8日 二	辛卯 9日 三	壬辰 10日 四	癸巳 11日 五	甲午 12日 六	乙未 13日 日	丙申 14日 一	丁酉 15日 二	戊戌 16日 三	己亥 17日 四	庚子 18日 五	辛丑 19日 六	壬寅 20日 日	癸卯 21日 一	甲辰 22日 二	乙巳 23日 三	丙午 24日 四	丁未 25日 五	戊申 26日 六	己酉 27日 日	庚戌 28日 一	辛亥 29日 二	壬子 30日 三	癸丑 31日⑪ 四	甲寅 1日 五	庚寅寒露 乙巳霜降
十月小	癸亥	乙卯 2日 六	丙辰 3日 日	丁巳 4日 一	戊午 5日 二	己未 6日 三	庚申 7日 四	辛酉 8日 五	壬戌 9日 六	癸亥 10日 日	甲子 11日 一	乙丑 12日 二	丙寅 13日 三	丁卯 14日 四	戊辰 15日 五	己巳 16日 六	庚午 17日 日	辛未 18日 一	壬申 19日 二	癸酉 20日 三	甲戌 21日 四	乙亥 22日 五	丙子 23日 六	丁丑 24日 日	戊寅 25日 一	己卯 26日 二	庚辰 27日 三	辛巳 28日 四	壬午 29日 五	癸未 30日 六		庚申立冬 丙子小雪
十一月大	甲子	甲申 31日⑫ 日	乙酉 2日 一	丙戌 3日 二	丁亥 4日 三	戊子 5日 四	己丑 6日 五	庚寅 7日 六	辛卯 8日 日	壬辰 9日 一	癸巳 10日 二	甲午 11日 三	乙未 12日 四	丙申 13日 五	丁酉 14日 六	戊戌 15日 日	己亥 16日 一	庚子 17日 二	辛丑 18日 三	壬寅 19日 四	癸卯 20日 五	甲辰 21日 六	乙巳 22日 日	丙午 23日 一	丁未 24日 二	戊申 25日 三	己酉 26日 四	庚戌 27日 五	辛亥 28日 六	壬子 29日 日	癸丑 30日 一	辛卯大雪 丙午冬至
十二月小	乙丑	甲寅 31日(1) 二	乙卯 1日 三	丙辰 2日 四	丁巳 3日 五	戊午 4日 六	己未 5日 日	庚申 6日 一	辛酉 7日 二	壬戌 8日 三	癸亥 9日 四	甲子 10日 五	乙丑 11日 六	丙寅 12日 日	丁卯 13日 一	戊辰 14日 二	己巳 15日 三	庚午 16日 四	辛未 17日 五	壬申 18日 六	癸酉 19日 日	甲戌 20日 一	乙亥 21日 二	丙子 22日 三	丁丑 23日 四	戊寅 24日 五	己卯 25日 六	庚辰 26日 日	辛巳 27日 一	壬午 28日 二		辛酉小寒 丙子大寒

＊正月己丑（初一），改元寧康。

晉孝武帝寧康二年（甲戌 狗年） 公元 374 ~ 375 年

夏曆月序	中西日曆對照	夏曆日序																														節氣與天象
		初一	初二	初三	初四	初五	初六	初七	初八	初九	初十	十一	十二	十三	十四	十五	十六	十七	十八	十九	二十	廿一	廿二	廿三	廿四	廿五	廿六	廿七	廿八	廿九	三十	
正月大	丙寅	天干地支 西曆 星期	癸未 29 三	甲申 30 四	乙酉 31 五	丙戌 (2) 六	丁亥 2 日	戊子 3 一	己丑 4 二	庚寅 5 三	辛卯 6 四	壬辰 7 五	癸巳 8 六	甲午 9 日	乙未 10 一	丙申 11 二	丁酉 12 三	戊戌 13 四	己亥 14 五	庚子 15 六	辛丑 16 日	壬寅 17 一	癸卯 18 二	甲辰 19 三	乙巳 20 四	丙午 21 五	丁未 22 六	戊申 23 日	己酉 24 一	庚戌 25 二	辛亥 26 三	壬子 27 四	壬辰立春 丁未雨水
二月小	丁卯	天干地支 西曆 星期	癸丑 28 五	甲寅 (3) 六	乙卯 2 日	丙辰 3 一	丁巳 4 二	戊午 5 三	己未 6 四	庚申 7 五	辛酉 8 六	壬戌 9 日	癸亥 10 一	甲子 11 二	乙丑 12 三	丙寅 13 四	丁卯 14 五	戊辰 15 六	己巳 16 日	庚午 17 一	辛未 18 二	壬申 19 三	癸酉 20 四	甲戌 21 五	乙亥 22 六	丙子 23 日	丁丑 24 一	戊寅 25 二	己卯 26 三	庚辰 27 四	辛巳 28 五		壬戌驚蟄 丁丑春分
三月大	戊辰	天干地支 西曆 星期	壬午 29 六	癸未 30 日	甲申 31 一	乙酉 (4) 二	丙戌 2 三	丁亥 3 四	戊子 4 五	己丑 5 六	庚寅 6 日	辛卯 7 一	壬辰 8 二	癸巳 9 三	甲午 10 四	乙未 11 五	丙申 12 六	丁酉 13 日	戊戌 14 一	己亥 15 二	庚子 16 三	辛丑 17 四	壬寅 18 五	癸卯 19 六	甲辰 20 日	乙巳 21 一	丙午 22 二	丁未 23 三	戊申 24 四	己酉 25 五	庚戌 26 六	辛亥 27 日	壬辰清明 戊申穀雨
四月小	己巳	天干地支 西曆 星期	壬子 28 一	癸丑 29 二	甲寅 30 三	乙卯 (5) 四	丙辰 2 五	丁巳 3 六	戊午 4 日	己未 5 一	庚申 6 二	辛酉 7 三	壬戌 8 四	癸亥 9 五	甲子 10 六	乙丑 11 日	丙寅 12 一	丁卯 13 二	戊辰 14 三	己巳 15 四	庚午 16 五	辛未 17 六	壬申 18 日	癸酉 19 一	甲戌 20 二	乙亥 21 三	丙子 22 四	丁丑 23 五	戊寅 24 六	己卯 25 日	庚辰 26 一		癸亥立夏 戊寅小滿
五月大	庚午	天干地支 西曆 星期	辛巳 27 二	壬午 28 三	癸未 29 四	甲申 30 五	乙酉 31 六	丙戌 (6) 日	丁亥 2 一	戊子 3 二	己丑 4 三	庚寅 5 四	辛卯 6 五	壬辰 7 六	癸巳 8 日	甲午 9 一	乙未 10 二	丙申 11 三	丁酉 12 四	戊戌 13 五	己亥 14 六	庚子 15 日	辛丑 16 一	壬寅 17 二	癸卯 18 三	甲辰 19 四	乙巳 20 五	丙午 21 六	丁未 22 日	戊申 23 一	己酉 24 二	庚戌 25 三	癸巳芒種 己酉夏至 壬午日食
六月小	辛未	天干地支 西曆 星期	辛亥 26 四	壬子 27 五	癸丑 28 六	甲寅 29 日	乙卯 30 一	丙辰 (7) 二	丁巳 2 三	戊午 3 四	己未 4 五	庚申 5 六	辛酉 6 日	壬戌 7 一	癸亥 8 二	甲子 9 三	乙丑 10 四	丙寅 11 五	丁卯 12 六	戊辰 13 日	己巳 14 一	庚午 15 二	辛未 16 三	壬申 17 四	癸酉 18 五	甲戌 19 六	乙亥 20 日	丙子 21 一	丁丑 22 二	戊寅 23 三	己卯 24 四		甲子小暑 己卯大暑
七月大	壬申	天干地支 西曆 星期	庚辰 25 五	辛巳 26 六	壬午 27 日	癸未 28 一	甲申 29 二	乙酉 30 三	丙戌 31 四	丁亥 (8) 五	戊子 2 六	己丑 3 日	庚寅 4 一	辛卯 5 二	壬辰 6 三	癸巳 7 四	甲午 8 五	乙未 9 六	丙申 10 日	丁酉 11 一	戊戌 12 二	己亥 13 三	庚子 14 四	辛丑 15 五	壬寅 16 六	癸卯 17 日	甲辰 18 一	乙巳 19 二	丙午 20 三	丁未 21 四	戊申 22 五	己酉 23 六	甲午立秋 己酉處暑
閏七月小	壬申	天干地支 西曆 星期	庚戌 24 日	辛亥 25 一	壬子 26 二	癸丑 27 三	甲寅 28 四	乙卯 29 五	丙辰 30 六	丁巳 31 日	戊午 (9) 一	己未 2 二	庚申 3 三	辛酉 4 四	壬戌 5 五	癸亥 6 六	甲子 7 日	乙丑 8 一	丙寅 9 二	丁卯 10 三	戊辰 11 四	己巳 12 五	庚午 13 六	辛未 14 日	壬申 15 一	癸酉 16 二	甲戌 17 三	乙亥 18 四	丙子 19 五	丁丑 20 六	戊寅 21 日		乙丑白露
八月大	癸酉	天干地支 西曆 星期	己卯 22 一	庚辰 23 二	辛巳 24 三	壬午 25 四	癸未 26 五	甲申 27 六	乙酉 28 日	丙戌 29 一	丁亥 30 二	戊子 (10) 三	己丑 2 四	庚寅 3 五	辛卯 4 六	壬辰 5 日	癸巳 6 一	甲午 7 二	乙未 8 三	丙申 9 四	丁酉 10 五	戊戌 11 六	己亥 12 日	庚子 13 一	辛丑 14 二	壬寅 15 三	癸卯 16 四	甲辰 17 五	乙巳 18 六	丙午 19 日	丁未 20 一	戊申 21 二	庚辰秋分 乙未寒露
九月大	甲戌	天干地支 西曆 星期	己酉 22 三	庚戌 23 四	辛亥 24 五	壬子 25 六	癸丑 26 日	甲寅 27 一	乙卯 28 二	丙辰 29 三	丁巳 30 四	戊午 31 五	己未 (11) 六	庚申 2 日	辛酉 3 一	壬戌 4 二	癸亥 5 三	甲子 6 四	乙丑 7 五	丙寅 8 六	丁卯 9 日	戊辰 10 一	己巳 11 二	庚午 12 三	辛未 13 四	壬申 14 五	癸酉 15 六	甲戌 16 日	乙亥 17 一	丙子 18 二	丁丑 19 三	戊寅 20 四	庚戌霜降 丙寅立冬
十月小	乙亥	天干地支 西曆 星期	己卯 21 五	庚辰 22 六	辛巳 23 日	壬午 24 一	癸未 25 二	甲申 26 三	乙酉 27 四	丙戌 28 五	丁亥 29 六	戊子 30 日	己丑 (12) 一	庚寅 2 二	辛卯 3 三	壬辰 4 四	癸巳 5 五	甲午 6 六	乙未 7 日	丙申 8 一	丁酉 9 二	戊戌 10 三	己亥 11 四	庚子 12 五	辛丑 13 六	壬寅 14 日	癸卯 15 一	甲辰 16 二	乙巳 17 三	丙午 18 四	丁未 19 五		辛巳小雪 丙申大雪
十一月大	丙子	天干地支 西曆 星期	戊申 20 六	己酉 21 日	庚戌 22 一	辛亥 23 二	壬子 24 三	癸丑 25 四	甲寅 26 五	乙卯 27 六	丙辰 28 日	丁巳 29 一	戊午 30 二	己未 31 三	庚申 (1) 四	辛酉 2 五	壬戌 3 六	癸亥 4 日	甲子 5 一	乙丑 6 二	丙寅 7 三	丁卯 8 四	戊辰 9 五	己巳 10 六	庚午 11 日	辛未 12 一	壬申 13 二	癸酉 14 三	甲戌 15 四	乙亥 16 五	丙子 17 六	丁丑 18 日	辛亥冬至 丙寅小寒
十二月小	丁丑	天干地支 西曆 星期	戊寅 19 一	己卯 20 二	庚辰 21 三	辛巳 22 四	壬午 23 五	癸未 24 六	甲申 25 日	乙酉 26 一	丙戌 27 二	丁亥 28 三	戊子 29 四	己丑 30 五	庚寅 31 六	辛卯 (2) 日	壬辰 2 一	癸巳 3 二	甲午 4 三	乙未 5 四	丙申 6 五	丁酉 7 六	戊戌 8 日	己亥 9 一	庚子 10 二	辛丑 11 三	壬寅 12 四	癸卯 13 五	甲辰 14 六	乙巳 15 日	丙午 16 一		壬午大寒 丁酉立春

晉孝武帝寧康三年（乙亥 豬年） 公元 375 ～ 376 年

夏曆月序	中西日曆對照	夏曆日序																													節氣與天象
		初一	初二	初三	初四	初五	初六	初七	初八	初九	初十	十一	十二	十三	十四	十五	十六	十七	十八	十九	二十	廿一	廿二	廿三	廿四	廿五	廿六	廿七	廿八	廿九	三十	
正月大	戊寅 天干地支 西曆 星期	戊申 17 二	己酉 18 三	庚戌 19 四	辛亥 20 五	壬子 21 六	癸丑 22 日	甲寅 23 一	乙卯 24 二	丙辰 25 三	丁巳 26 四	戊午 27 五	己未 28 六	庚申 (3)日	辛酉 2 一	壬戌 3 二	癸亥 4 三	甲子 5 四	乙丑 6 五	丙寅 7 六	丁卯 8 日	戊辰 9 一	己巳 10 二	庚午 11 三	辛未 12 四	壬申 13 五	癸酉 14 六	甲戌 15 日	乙亥 16 一	丙子 17 二	丁丑 18 三	壬子雨水 丁卯驚蟄
二月小	己卯 天干地支 西曆 星期	丁丑 19 四	戊寅 20 五	己卯 21 六	庚辰 22 日	辛巳 23 一	壬午 24 二	癸未 25 三	甲申 26 四	乙酉 27 五	丙戌 28 六	丁亥 29 日	戊子 30 一	己丑 31 二	庚寅 (4) 三	辛卯 2 四	壬辰 3 五	癸巳 4 六	甲午 5 日	乙未 6 一	丙申 7 二	丁酉 8 三	戊戌 9 四	己亥 10 五	庚子 11 六	辛丑 12 日	壬寅 13 一	癸卯 14 二	甲辰 15 三	乙巳 16 四		癸未春分 戊戌清明
三月大	庚辰 天干地支 西曆 星期	丙午 17 五	丁未 18 六	戊申 19 日	己酉 20 一	庚戌 21 二	辛亥 22 三	壬子 23 四	癸丑 24 五	甲寅 25 六	乙卯 26 日	丙辰 27 一	丁巳 28 二	戊午 29 三	己未 30 四	庚申 (5) 五	辛酉 2 六	壬戌 3 日	癸亥 4 一	甲子 5 二	乙丑 6 三	丙寅 7 四	丁卯 8 五	戊辰 9 六	己巳 10 日	庚午 11 一	辛未 12 二	壬申 13 三	癸酉 14 四	甲戌 15 五	乙亥 16 六	癸丑穀雨 戊辰立夏
四月小	辛巳 天干地支 西曆 星期	丙子 17 日	丁丑 18 一	戊寅 19 二	己卯 20 三	庚辰 21 四	辛巳 22 五	壬午 23 六	癸未 24 日	甲申 25 一	乙酉 26 二	丙戌 27 三	丁亥 28 四	戊子 29 五	己丑 30 六	庚寅 31 日	辛卯 (6) 一	壬辰 2 二	癸巳 3 三	甲午 4 四	乙未 5 五	丙申 6 六	丁酉 7 日	戊戌 8 一	己亥 9 二	庚子 10 三	辛丑 11 四	壬寅 12 五	癸卯 13 六	甲辰 14 日		癸未小滿 己亥芒種
五月大	壬午 天干地支 西曆 星期	乙巳 15 一	丙午 16 二	丁未 17 三	戊申 18 四	己酉 19 五	庚戌 20 六	辛亥 21 日	壬子 22 一	癸丑 23 二	甲寅 24 三	乙卯 25 四	丙辰 26 五	丁巳 27 六	戊午 28 日	己未 29 一	庚申 30 二	辛酉 (7) 三	壬戌 2 四	癸亥 3 五	甲子 4 六	乙丑 5 日	丙寅 6 一	丁卯 7 二	戊辰 8 三	己巳 9 四	庚午 10 五	辛未 11 六	壬申 12 日	癸酉 13 一	甲戌 14 二	甲寅夏至 己巳小暑
六月小	癸未 天干地支 西曆 星期	乙亥 15 三	丙子 16 四	丁丑 17 五	戊寅 18 六	己卯 19 日	庚辰 20 一	辛巳 21 二	壬午 22 三	癸未 23 四	甲申 24 五	乙酉 25 六	丙戌 26 日	丁亥 27 一	戊子 28 二	己丑 29 三	庚寅 30 四	辛卯 31 五	壬辰 (8) 六	癸巳 2 日	甲午 3 一	乙未 4 二	丙申 5 三	丁酉 6 四	戊戌 7 五	己亥 8 六	庚子 9 日	辛丑 10 一	壬寅 11 二	癸卯 12 三		甲申大暑 己亥立秋
七月大	甲申 天干地支 西曆 星期	甲辰 13 四	乙巳 14 五	丙午 15 六	丁未 16 日	戊申 17 一	己酉 18 二	庚戌 19 三	辛亥 20 四	壬子 21 五	癸丑 22 六	甲寅 23 日	乙卯 24 一	丙辰 25 二	丁巳 26 三	戊午 27 四	己未 28 五	庚申 29 六	辛酉 30 日	壬戌 31 一	癸亥 (9) 二	甲子 2 三	乙丑 3 四	丙寅 4 五	丁卯 5 六	戊辰 6 日	己巳 7 一	庚午 8 二	辛未 9 三	壬申 10 四	癸酉 11 五	乙卯處暑 庚午白露
八月小	乙酉 天干地支 西曆 星期	甲戌 12 六	乙亥 13 日	丙子 14 一	丁丑 15 二	戊寅 16 三	己卯 17 四	庚辰 18 五	辛巳 19 六	壬午 20 日	癸未 21 一	甲申 22 二	乙酉 23 三	丙戌 24 四	丁亥 25 五	戊子 26 六	己丑 27 日	庚寅 28 一	辛卯 29 二	壬辰 30 三	癸巳 (10) 四	甲午 2 五	乙未 3 六	丙申 4 日	丁酉 5 一	戊戌 6 二	己亥 7 三	庚子 8 四	辛丑 9 五	壬寅 10 六		乙酉秋分 庚子寒露
九月大	丙戌 天干地支 西曆 星期	癸卯 11 日	甲辰 12 一	乙巳 13 二	丙午 14 三	丁未 15 四	戊申 16 五	己酉 17 六	庚戌 18 日	辛亥 19 一	壬子 20 二	癸丑 21 三	甲寅 22 四	乙卯 23 五	丙辰 24 六	丁巳 25 日	戊午 26 一	己未 27 二	庚申 28 三	辛酉 29 四	壬戌 30 五	癸亥 31 六	甲子 (11) 日	乙丑 2 一	丙寅 3 二	丁卯 4 三	戊辰 5 四	己巳 6 五	庚午 7 六	辛未 8 日	壬申 9 一	丙辰霜降 辛未立冬
十月小	丁亥 天干地支 西曆 星期	癸酉 10 二	甲戌 11 三	乙亥 12 四	丙子 13 五	丁丑 14 六	戊寅 15 日	己卯 16 一	庚辰 17 二	辛巳 18 三	壬午 19 四	癸未 20 五	甲申 21 六	乙酉 22 日	丙戌 23 一	丁亥 24 二	戊子 25 三	己丑 26 四	庚寅 27 五	辛卯 28 六	壬辰 29 日	癸巳 30 一	甲午 (12) 二	乙未 2 三	丙申 3 四	丁酉 4 五	戊戌 5 六	己亥 6 日	庚子 7 一	辛丑 8 二		丙戌小雪 辛丑大雪 癸酉日食
十一月大	戊子 天干地支 西曆 星期	壬寅 9 三	癸卯 10 四	甲辰 11 五	乙巳 12 六	丙午 13 日	丁未 14 一	戊申 15 二	己酉 16 三	庚戌 17 四	辛亥 18 五	壬子 19 六	癸丑 20 日	甲寅 21 一	乙卯 22 二	丙辰 23 三	丁巳 24 四	戊午 25 五	己未 26 六	庚申 27 日	辛酉 28 一	壬戌 29 二	癸亥 30 三	甲子 31 四	乙丑 (1) 五	丙寅 2 六	丁卯 3 日	戊辰 4 一	己巳 5 二	庚午 6 三	辛未 7 四	丙辰冬至
十二月大	己丑 天干地支 西曆 星期	壬申 8 五	癸酉 9 六	甲戌 10 日	乙亥 11 一	丙子 12 二	丁丑 13 三	戊寅 14 四	己卯 15 五	庚辰 16 六	辛巳 17 日	壬午 18 一	癸未 19 二	甲申 20 三	乙酉 21 四	丙戌 22 五	丁亥 23 六	戊子 24 日	己丑 25 一	庚寅 26 二	辛卯 27 三	壬辰 28 四	癸巳 29 五	甲午 30 六	乙未 31 日	丙申 (2) 一	丁酉 2 二	戊戌 3 三	己亥 4 四	庚子 5 五	辛丑 6 六	壬申小寒 丁亥大寒

晉孝武帝寧康四年 太元元年（丙子 鼠年） 公元 376 ～ 377 年

(Table content omitted due to complexity)

*正月甲辰（初三），改元太元。

晉孝武帝太元二年（丁丑 牛年） 公元 377 ～ 378 年

夏曆月序	中西曆日對照	夏曆日序 初一	初二	初三	初四	初五	初六	初七	初八	初九	初十	十一	十二	十三	十四	十五	十六	十七	十八	十九	二十	二一	二二	二三	二四	二五	二六	二七	二八	二九	三十	節氣與天象
正月小	壬寅 天干地支西曆星期	丙申26四	丁酉27五	戊戌28六	己亥29日	庚子30一	辛丑31二	壬寅(2)三	癸卯2四	甲辰3五	乙巳4六	丙午5日	丁未6一	戊申7二	己酉8三	庚戌9四	辛亥10五	壬子11六	癸丑12日	甲寅13一	乙卯14二	丙辰15三	丁巳16四	戊午17五	己未18六	庚申19日	辛酉20一	壬戌21二	癸亥22三	甲子23四		丁未立春 癸亥雨水
二月大	癸卯 天干地支西曆星期	丙寅24五	丁卯25六	戊辰26日	己巳27一	庚午28二	辛未(3)三	壬申2四	癸酉3五	甲戌4六	乙亥5日	丙子6一	丁丑7二	戊寅8三	己卯9四	庚辰10五	辛巳11六	壬午12日	癸未13一	甲申14二	乙酉15三	丙戌16四	丁亥17五	戊子18六	己丑19日	庚寅20一	辛卯21二	壬辰22三	癸巳23四	甲午24五	乙未25六	戊寅驚蟄 癸巳春分
三月小	甲辰 天干地支西曆星期	丙申26日	丁酉27一	戊戌28二	己亥29三	庚子30四	辛丑31五	壬寅(4)六	癸卯2日	甲辰3一	乙巳4二	丙午5三	丁未6四	戊申7五	己酉8六	庚戌9日	辛亥10一	壬子11二	癸丑12三	甲寅13四	乙卯14五	丙辰15六	丁巳16日	戊午17一	己未18二	庚申19三	辛酉20四	壬戌21五	癸亥23日			戊申清明 癸亥穀雨
閏三月大	甲辰 天干地支西曆星期	甲子24一	乙丑25二	丙寅26三	丁卯27四	戊辰28五	己巳29六	庚午30日	辛未(5)一	壬申2二	癸酉3三	甲戌4四	乙亥5五	丙子6六	丁丑7日	戊寅8一	己卯9二	庚辰10三	辛巳11四	壬午12五	癸未13六	甲申14日	乙酉15一	丙戌16二	丁亥17三	戊子18四	己丑19五	庚寅20六	辛卯21日	壬辰22一	癸巳23二	己卯立夏
四月大	乙巳 天干地支西曆星期	甲午24三	乙未25四	丙申26五	丁酉27六	戊戌28日	己亥29一	庚子30二	辛丑31三	壬寅(6)四	癸卯2五	甲辰3六	乙巳4日	丙午5一	丁未6二	戊申7三	己酉8四	庚戌9五	辛亥10六	壬子11日	癸丑12一	甲寅13二	乙卯14三	丙辰15四	丁巳16五	戊午17六	己未18日	庚申19一	辛酉20二	壬戌21三	癸亥22四	甲午小滿 己酉芒種
五月小	丙午 天干地支西曆星期	甲子23五	乙丑24六	丙寅25日	丁卯26一	戊辰27二	己巳28三	庚午29四	辛未30五	壬申(7)六	癸酉2日	甲戌3一	乙亥4二	丙子5三	丁丑6四	戊寅7五	己卯8六	庚辰9日	辛巳10一	壬午11二	癸未12三	甲申13四	乙酉14五	丙戌15六	丁亥16日	戊子17一	己丑18二	庚寅19三	辛卯20四	壬辰21五		甲子夏至 庚辰小暑
六月大	丁未 天干地支西曆星期	癸巳22六	甲午23日	乙未24一	丙申25二	丁酉26三	戊戌27四	己亥28五	庚子29六	辛丑30日	壬寅31一	癸卯(8)二	甲辰2三	乙巳3四	丙午4五	丁未5六	戊申6日	己酉7一	庚戌8二	辛亥9三	壬子10四	癸丑11五	甲寅12六	乙卯13日	丙辰14一	丁巳15二	戊午16三	己未17四	庚申18五	辛酉19六	壬戌20日	乙未大暑 庚戌立秋
七月小	戊申 天干地支西曆星期	癸亥21一	甲子22二	乙丑23三	丙寅24四	丁卯25五	戊辰26六	己巳27日	庚午28一	辛未29二	壬申30三	癸酉31四	甲戌(9)五	乙亥2六	丙子3日	丁丑4一	戊寅5二	己卯6三	庚辰7四	辛巳8五	壬午9六	癸未10日	甲申11一	乙酉12二	丙戌13三	丁亥14四	戊子15五	己丑16六	庚寅17日	辛卯18一		乙丑處暑 庚辰白露
八月大	己酉 天干地支西曆星期	壬辰19二	癸巳20三	甲午21四	乙未22五	丙申23六	丁酉24日	戊戌25一	己亥26二	庚子27三	辛丑28四	壬寅29五	癸卯30六	甲辰(10)日	乙巳2一	丙午3二	丁未4三	戊申5四	己酉6五	庚戌7六	辛亥8日	壬子9一	癸丑10二	甲寅11三	乙卯12四	丙辰13五	丁巳14六	戊午15日	己未16一	庚申17二	辛酉18三	丙申秋分 辛亥寒露
九月小	庚戌 天干地支西曆星期	壬戌19四	癸亥20五	甲子21六	乙丑22日	丙寅23一	丁卯24二	戊辰25三	己巳26四	庚午27五	辛未28六	壬申29日	癸酉30一	甲戌31二	乙亥(11)三	丙子2四	丁丑3五	戊寅4六	己卯5日	庚辰6一	辛巳7二	壬午8三	癸未9四	甲申10五	乙酉11六	丙戌12日	丁亥13一	戊子14二	己丑15三	庚寅16四		丙寅霜降 辛巳立冬
十月大	辛亥 天干地支西曆星期	辛卯17五	壬辰18六	癸巳19日	甲午20一	乙未21二	丙申22三	丁酉23四	戊戌24五	己亥25六	庚子26日	辛丑27一	壬寅28二	癸卯29三	甲辰30四	乙巳(12)五	丙午2六	丁未3日	戊申4一	己酉5二	庚戌6三	辛亥7四	壬子8五	癸丑9六	甲寅10日	乙卯11一	丙辰12二	丁巳13三	戊午14四	己未15五	庚申16六	丁酉小雪 壬子大雪
十一月小	壬子 天干地支西曆星期	辛酉17日	壬戌18一	癸亥19二	甲子20三	乙丑21四	丙寅22五	丁卯23六	戊辰24日	己巳25一	庚午26二	辛未27三	壬申28四	癸酉29五	甲戌30六	乙亥31日	丙子(1)一	丁丑2二	戊寅3三	己卯4四	庚辰5五	辛巳6六	壬午7日	癸未8一	甲申9二	乙酉10三	丙戌11四	丁亥12五	戊子13六	己丑14日		丁卯冬至 壬午小寒
十二月大	癸丑 天干地支西曆星期	庚寅15一	辛卯16二	壬辰17三	癸巳18四	甲午19五	乙未20六	丙申21日	丁酉22一	戊戌23二	己亥24三	庚子25四	辛丑26五	壬寅27六	癸卯28日	甲辰29一	乙巳30二	丙午31三	丁未(2)四	戊申2五	己酉3六	庚戌4日	辛亥5一	壬子6二	癸丑7三	甲寅8四	乙卯9五	丙辰10六	丁巳11日	戊午12一	己未13二	丁酉大寒 癸丑立春

晉孝武帝太元三年（戊寅 虎年） 公元 378 ～ 379 年

夏曆月序	中西曆對照 日照	夏曆日序 初一	初二	初三	初四	初五	初六	初七	初八	初九	初十	十一	十二	十三	十四	十五	十六	十七	十八	十九	二十	二一	二二	二三	二四	二五	二六	二七	二八	二九	三十	節氣與天象
正月小	甲寅 天干地支/西曆日/星期	庚申 14 三	辛酉 15 四	壬戌 16 五	癸亥 17 六	甲子 18 日	乙丑 19 一	丙寅 20 二	丁卯 21 三	戊辰 22 四	己巳 23 五	庚午 24 六	辛未 25 日	壬申 26 一	癸酉 27 二	甲戌 28 (3) 三	乙亥 1 四	丙子 2 五	丁丑 3 六	戊寅 4 日	己卯 5 一	庚辰 6 二	辛巳 7 三	壬午 8 四	癸未 9 五	甲申 10 六	乙酉 11 日	丙戌 12 一	丁亥 13 二	戊子 14 三		戊辰雨水 癸未驚蟄
二月大	乙卯 天干地支/西曆日/星期	己丑 15 四	庚寅 16 五	辛卯 17 六	壬辰 18 日	癸巳 19 一	甲午 20 二	乙未 21 三	丙申 22 四	丁酉 23 五	戊戌 24 六	己亥 25 日	庚子 26 一	辛丑 27 二	壬寅 28 三	癸卯 29 四	甲辰 30 五	乙巳 31 六	丙午 (4) 日	丁未 2 一	戊申 3 二	己酉 4 三	庚戌 5 四	辛亥 6 五	壬子 7 六	癸丑 8 日	甲寅 9 一	乙卯 10 二	丙辰 11 三	丁巳 12 四	戊午 13 五	戊戌春分 癸丑清明
三月小	丙辰 天干地支/西曆日/星期	己未 14 六	庚申 15 日	辛酉 16 一	壬戌 17 二	癸亥 18 三	甲子 19 四	乙丑 20 五	丙寅 21 六	丁卯 22 日	戊辰 23 一	己巳 24 二	庚午 25 三	辛未 26 四	壬申 27 五	癸酉 28 六	甲戌 29 日	乙亥 30 一	丙子 (5) 二	丁丑 2 三	戊寅 3 四	己卯 4 五	庚辰 5 六	辛巳 6 日	壬午 7 一	癸未 8 二	甲申 9 三	乙酉 10 四	丙戌 11 五	丁亥 12 六		己巳穀雨 甲申立夏
四月大	丁巳 天干地支/西曆日/星期	戊子 13 日	己丑 14 一	庚寅 15 二	辛卯 16 三	壬辰 17 四	癸巳 18 五	甲午 19 六	乙未 20 日	丙申 21 一	丁酉 22 二	戊戌 23 三	己亥 24 四	庚子 25 五	辛丑 26 六	壬寅 27 日	癸卯 28 一	甲辰 29 二	乙巳 30 三	丙午 31 四	丁未 (6) 五	戊申 2 六	己酉 3 日	庚戌 4 一	辛亥 5 二	壬子 6 三	癸丑 7 四	甲寅 8 五	乙卯 9 六	丙辰 10 日	丁巳 11 一	己亥小滿 甲寅芒種
五月小	戊午 天干地支/西曆日/星期	戊午 12 二	己未 13 三	庚申 14 四	辛酉 15 五	壬戌 16 六	癸亥 17 日	甲子 18 一	乙丑 19 二	丙寅 20 三	丁卯 21 四	戊辰 22 五	己巳 23 六	庚午 24 日	辛未 25 一	壬申 26 二	癸酉 27 三	甲戌 28 四	乙亥 29 五	丙子 30 六	丁丑 (7) 日	戊寅 2 一	己卯 3 二	庚辰 4 三	辛巳 5 四	壬午 6 五	癸未 7 六	甲申 8 日	乙酉 9 一	丙戌 10 二		庚午夏至 乙酉小暑
六月大	己未 天干地支/西曆日/星期	丁亥 11 三	戊子 12 四	己丑 13 五	庚寅 14 六	辛卯 15 日	壬辰 16 一	癸巳 17 二	甲午 18 三	乙未 19 四	丙申 20 五	丁酉 21 六	戊戌 22 日	己亥 23 一	庚子 24 二	辛丑 25 三	壬寅 26 四	癸卯 27 五	甲辰 28 六	乙巳 29 日	丙午 30 一	丁未 31 二	戊申 (8) 三	己酉 2 四	庚戌 3 五	辛亥 4 六	壬子 5 日	癸丑 6 一	甲寅 7 二	乙卯 8 三	丙辰 9 四	庚子大暑 乙卯立秋
七月小	庚申 天干地支/西曆日/星期	丁巳 10 五	戊午 11 六	己未 12 日	庚申 13 一	辛酉 14 二	壬戌 15 三	癸亥 16 四	甲子 17 五	乙丑 18 六	丙寅 19 日	丁卯 20 一	戊辰 21 二	己巳 22 三	庚午 23 四	辛未 24 五	壬申 25 六	癸酉 26 日	甲戌 27 一	乙亥 28 二	丙子 29 三	丁丑 30 四	戊寅 31 五	己卯 (9) 六	庚辰 2 日	辛巳 3 一	壬午 4 二	癸未 5 三	甲申 6 四	乙酉 7 五		庚午處暑
八月大	辛酉 天干地支/西曆日/星期	丙戌 8 六	丁亥 9 日	戊子 10 一	己丑 11 二	庚寅 12 三	辛卯 13 四	壬辰 14 五	癸巳 15 六	甲午 16 日	乙未 17 一	丙申 18 二	丁酉 19 三	戊戌 20 四	己亥 21 五	庚子 22 六	辛丑 23 日	壬寅 24 一	癸卯 25 二	甲辰 26 三	乙巳 27 四	丙午 28 五	丁未 29 六	戊申 30 日	己酉 ⑩ 一	庚戌 2 二	辛亥 3 三	壬子 4 四	癸丑 5 五	甲寅 6 六	乙卯 7 日	丙戌白露 辛丑秋分
九月大	壬戌 天干地支/西曆日/星期	丙辰 8 一	丁巳 9 二	戊午 10 三	己未 11 四	庚申 12 五	辛酉 13 六	壬戌 14 日	癸亥 15 一	甲子 16 二	乙丑 17 三	丙寅 18 四	丁卯 19 五	戊辰 20 六	己巳 21 日	庚午 22 一	辛未 23 二	壬申 24 三	癸酉 25 四	甲戌 26 五	乙亥 27 六	丙子 28 日	丁丑 29 一	戊寅 30 二	己卯 31 三	庚辰 ⑪ 四	辛巳 2 五	壬午 3 六	癸未 4 日	甲申 5 一	乙酉 6 二	丙辰寒露 辛未霜降
十月小	癸亥 天干地支/西曆日/星期	丙戌 7 三	丁亥 8 四	戊子 9 五	己丑 10 六	庚寅 11 日	辛卯 12 一	壬辰 13 二	癸巳 14 三	甲午 15 四	乙未 16 五	丙申 17 六	丁酉 18 日	戊戌 19 一	己亥 20 二	庚子 21 三	辛丑 22 四	壬寅 23 五	癸卯 24 六	甲辰 25 日	乙巳 26 一	丙午 27 二	丁未 28 三	戊申 29 四	己酉 30 五	庚戌 ⑫ 六	辛亥 2 日	壬子 3 一	癸丑 4 二	甲寅 5 三		丁亥立冬 壬寅小雪
十一月大	甲子 天干地支/西曆日/星期	乙卯 6 四	丙辰 7 五	丁巳 8 六	戊午 9 日	己未 10 一	庚申 11 二	辛酉 12 三	壬戌 13 四	癸亥 14 五	甲子 15 六	乙丑 16 日	丙寅 17 一	丁卯 18 二	戊辰 19 三	己巳 20 四	庚午 21 五	辛未 22 六	壬申 23 日	癸酉 24 一	甲戌 25 二	乙亥 26 三	丙子 27 四	丁丑 28 五	戊寅 29 六	己卯 30 日	庚辰 31 一	辛巳 (1) 二	壬午 2 三	癸未 3 四	甲申 4 五	丁巳大雪 壬申冬至
十二月小	乙丑 天干地支/西曆日/星期	乙酉 5 六	丙戌 6 日	丁亥 7 一	戊子 8 二	己丑 9 三	庚寅 10 四	辛卯 11 五	壬辰 12 六	癸巳 13 日	甲午 14 一	乙未 15 二	丙申 16 三	丁酉 17 四	戊戌 18 五	己亥 19 六	庚子 20 日	辛丑 21 一	壬寅 22 二	癸卯 23 三	甲辰 24 四	乙巳 25 五	丙午 26 六	丁未 27 日	戊申 28 一	己酉 29 二	庚戌 30 三	辛亥 31 四	壬子 (2) 五	癸丑 2 六		丁亥小寒 癸卯大寒

晉孝武帝太元四年（己卯 兔年） 公元 379 ~ 380 年

夏曆月序	中西曆日對照	夏曆日序																													節氣與天象
		初一	初二	初三	初四	初五	初六	初七	初八	初九	初十	十一	十二	十三	十四	十五	十六	十七	十八	十九	二十	二一	二二	二三	二四	二五	二六	二七	二八	二九	三十	
正月大	丙寅 天干地支 西曆 星期	甲寅 3日 一	乙卯 4 二	丙辰 5 三	丁巳 6 四	戊午 7 五	己未 8 六	庚申 9 日	辛酉 10 一	壬戌 11 二	癸亥 12 三	甲子 13 四	乙丑 14 五	丙寅 15 六	丁卯 16 日	戊辰 17 一	己巳 18 二	庚午 19 三	辛未 20 四	壬申 21 五	癸酉 22 六	甲戌 23 日	乙亥 24 一	丙子 25 二	丁丑 26 三	戊寅 27 四	己卯 28 五	庚辰 (3) 六	辛巳 2 日	壬午 3 一	癸未 4 二	戊午立春 癸酉雨水
二月小	丁卯 天干地支 西曆 星期	甲申 5 二	乙酉 6 三	丙戌 7 四	丁亥 8 五	戊子 9 六	己丑 10 日	庚寅 11 一	辛卯 12 二	壬辰 13 三	癸巳 14 四	甲午 15 五	乙未 16 六	丙申 17 日	丁酉 18 一	戊戌 19 二	己亥 20 三	庚子 21 四	辛丑 22 五	壬寅 23 六	癸卯 24 日	甲辰 25 一	乙巳 26 二	丙午 27 三	丁未 28 四	戊申 29 五	己酉 30 六	庚戌 31 日	辛亥 (4) 一	壬子 2 二		戊子驚蟄 癸卯春分
三月大	戊辰 天干地支 西曆 星期	癸丑 3 三	甲寅 4 四	乙卯 5 五	丙辰 6 六	丁巳 7 日	戊午 8 一	己未 9 二	庚申 10 三	辛酉 11 四	壬戌 12 五	癸亥 13 六	甲子 14 日	乙丑 15 一	丙寅 16 二	丁卯 17 三	戊辰 18 四	己巳 19 五	庚午 20 六	辛未 21 日	壬申 22 一	癸酉 23 二	甲戌 24 三	乙亥 25 四	丙子 26 五	丁丑 27 六	戊寅 28 日	己卯 29 一	庚辰 30 二	辛巳 (5) 三	壬午 2 四	己未清明 甲戌穀雨
四月小	己巳 天干地支 西曆 星期	癸未 3 五	甲申 4 六	乙酉 5 日	丙戌 6 一	丁亥 7 二	戊子 8 三	己丑 9 四	庚寅 10 五	辛卯 11 六	壬辰 12 日	癸巳 13 一	甲午 14 二	乙未 15 三	丙申 16 四	丁酉 17 五	戊戌 18 六	己亥 19 日	庚子 20 一	辛丑 21 二	壬寅 22 三	癸卯 23 四	甲辰 24 五	乙巳 25 六	丙午 26 日	丁未 27 一	戊申 28 二	己酉 29 三	庚戌 30 四	辛亥 31 五		己丑立夏 甲辰小滿
五月大	庚午 天干地支 西曆 星期	壬子 (6) 六	癸丑 2 日	甲寅 3 一	乙卯 4 二	丙辰 5 三	丁巳 6 四	戊午 7 五	己未 8 六	庚申 9 日	辛酉 10 一	壬戌 11 二	癸亥 12 三	甲子 13 四	乙丑 14 五	丙寅 15 六	丁卯 16 日	戊辰 17 一	己巳 18 二	庚午 19 三	辛未 20 四	壬申 21 五	癸酉 22 六	甲戌 23 日	乙亥 24 一	丙子 25 二	丁丑 26 三	戊寅 27 四	己卯 28 五	庚辰 29 六	辛巳 30 日	庚申芒種 乙亥夏至
六月小	辛未 天干地支 西曆 星期	壬午 (7) 一	癸未 2 二	甲申 3 三	乙酉 4 四	丙戌 5 五	丁亥 6 六	戊子 7 日	己丑 8 一	庚寅 9 二	辛卯 10 三	壬辰 11 四	癸巳 12 五	甲午 13 六	乙未 14 日	丙申 15 一	丁酉 16 二	戊戌 17 三	己亥 18 四	庚子 19 五	辛丑 20 六	壬寅 21 日	癸卯 22 一	甲辰 23 二	乙巳 24 三	丙午 25 四	丁未 26 五	戊申 27 六	己酉 28 日	庚戌 29 一		庚寅小暑 乙巳大暑
七月大	壬申 天干地支 西曆 星期	辛亥 30 二	壬子 31 三	癸丑 (8) 四	甲寅 2 五	乙卯 3 六	丙辰 4 日	丁巳 5 一	戊午 6 二	己未 7 三	庚申 8 四	辛酉 9 五	壬戌 10 六	癸亥 11 日	甲子 12 一	乙丑 13 二	丙寅 14 三	丁卯 15 四	戊辰 16 五	己巳 17 六	庚午 18 日	辛未 19 一	壬申 20 二	癸酉 21 三	甲戌 22 四	乙亥 23 五	丙子 24 六	丁丑 25 日	戊寅 26 一	己卯 27 二	庚辰 28 三	甲申立秋 丙子處暑
八月小	癸酉 天干地支 西曆 星期	辛巳 29 四	壬午 30 五	癸未 31 六	甲申 (9) 日	乙酉 2 一	丙戌 3 二	丁亥 4 三	戊子 5 四	己丑 6 五	庚寅 7 六	辛卯 8 日	壬辰 9 一	癸巳 10 二	甲午 11 三	乙未 12 四	丙申 13 五	丁酉 14 六	戊戌 15 日	己亥 16 一	庚子 17 二	辛丑 18 三	壬寅 19 四	癸卯 20 五	甲辰 21 六	乙巳 22 日	丙午 23 一	丁未 24 二	戊申 25 三	己酉 26 四		辛卯白露 丙午秋分
九月大	甲戌 天干地支 西曆 星期	庚戌 27 五	辛亥 28 六	壬子 29 日	癸丑 (10) 一	甲寅 2 二	乙卯 3 三	丙辰 4 四	丁巳 5 五	戊午 6 六	己未 7 日	庚申 8 一	辛酉 9 二	壬戌 10 三	癸亥 11 四	甲子 12 五	乙丑 13 六	丙寅 14 日	丁卯 15 一	戊辰 16 二	己巳 17 三	庚午 18 四	辛未 19 五	壬申 20 六	癸酉 21 日	甲戌 22 一	乙亥 23 二	丙子 24 三	丁丑 25 四	戊寅 26 五	己卯 26 六	辛酉寒露 丁丑霜降
十月小	乙亥 天干地支 西曆 星期	庚辰 27 日	辛巳 28 一	壬午 29 二	癸未 30 三	甲申 31 四	乙酉 (11) 五	丙戌 2 六	丁亥 3 日	戊子 4 一	己丑 5 二	庚寅 6 三	辛卯 7 四	壬辰 8 五	癸巳 9 六	甲午 10 日	乙未 11 一	丙申 12 二	丁酉 13 三	戊戌 14 四	己亥 15 五	庚子 16 六	辛丑 17 日	壬寅 18 一	癸卯 19 二	甲辰 20 三	乙巳 21 四	丙午 22 五	丁未 23 六	戊申 24 日		壬辰立冬 丁未小雪
十一月大	丙子 天干地支 西曆 星期	己酉 25 一	庚戌 26 二	辛亥 27 三	壬子 28 四	癸丑 29 五	甲寅 30 六	乙卯 (12) 日	丙辰 2 一	丁巳 3 二	戊午 4 三	己未 5 四	庚申 6 五	辛酉 7 六	壬戌 8 日	癸亥 9 一	甲子 10 二	乙丑 11 三	丙寅 12 四	丁卯 13 五	戊辰 14 六	己巳 15 日	庚午 16 一	辛未 17 二	壬申 18 三	癸酉 19 四	甲戌 20 五	乙亥 21 六	丙子 22 日	丁丑 23 一	戊寅 24 二	壬戌大雪 丁丑冬至
十二月大	丁丑 天干地支 西曆 星期	己卯 25 三	庚辰 26 四	辛巳 27 五	壬午 28 六	癸未 29 日	甲申 30 一	乙酉 31 二	丙戌 (1) 三	丁亥 2 四	戊子 3 五	己丑 4 六	庚寅 5 日	辛卯 6 一	壬辰 7 二	癸巳 8 三	甲午 9 四	乙未 10 五	丙申 11 六	丁酉 12 日	戊戌 13 一	己亥 14 二	庚子 15 三	辛丑 16 四	壬寅 17 五	癸卯 18 六	甲辰 19 日	乙巳 20 一	丙午 21 二	丁未 22 三	戊申 23 四	癸巳小寒 戊申大寒
閏十二月小	丁丑 天干地支 西曆 星期	己酉 24 五	庚戌 25 六	辛亥 26 日	壬子 27 一	癸丑 28 二	甲寅 29 三	乙卯 30 四	丙辰 31 五	丁巳 (2) 六	戊午 2 日	己未 3 一	庚申 4 二	辛酉 5 三	壬戌 6 四	癸亥 7 五	甲子 8 六	乙丑 9 日	丙寅 10 一	丁卯 11 二	戊辰 12 三	己巳 13 四	庚午 14 五	辛未 15 六	壬申 16 日	癸酉 17 一	甲戌 18 二	乙亥 19 三	丙子 20 四	丁丑 21 五		癸亥立春 己酉日食

晉孝武帝太元五年（庚辰 龍年） 公元 380 ~ 381 年

夏曆月序	中西曆日對照	夏曆日序 初一	初二	初三	初四	初五	初六	初七	初八	初九	初十	十一	十二	十三	十四	十五	十六	十七	十八	十九	二十	二一	二二	二三	二四	二五	二六	二七	二八	二九	三十	節氣與天象
正月大 戊寅	天干地支西曆星期	戊寅22日六	己卯23日日	庚辰24一	辛巳25二	壬午26三	癸未27四	甲申28五	乙酉29六	丙戌(3)日	丁亥2一	戊子3二	己丑4三	庚寅5四	辛卯6五	壬辰7六	癸巳8日	甲午9一	乙未10二	丙申11三	丁酉12四	戊戌13五	己亥14六	庚子15日	辛丑16一	壬寅17二	癸卯18三	甲辰19四	乙巳20五	丙午21六	丁未22日	戊寅雨水 甲午驚蟄
二月小 己卯	天干地支西曆星期	戊申23一	己酉24二	庚戌25三	辛亥26四	壬子27五	癸丑28六	甲寅29日	乙卯30一	丙辰31二	丁巳(4)三	戊午2四	己未3五	庚申4六	辛酉5日	壬戌6一	癸亥7二	甲子8三	乙丑9四	丙寅10五	丁卯11六	戊辰12日	己巳13一	庚午14二	辛未15三	壬申16四	癸酉17五	甲戌18六	乙亥19日	丙子20一		己酉春分 甲子清明
三月大 庚辰	天干地支西曆星期	戊寅21二	己卯22三	庚辰23四	辛巳24五	壬午25六	癸未26日	甲申27一	乙酉28二	丙戌29三	丁亥30四	戊子(5)五	己丑2六	庚寅3日	辛卯4一	壬辰5二	癸巳6三	甲午7四	乙未8五	丙申9六	丁酉10日	戊戌11一	己亥12二	庚子13三	辛丑14四	壬寅15五	癸卯16六	甲辰17日	乙巳18一	丙午19二	丁未20三	己卯穀雨 甲午立夏
四月小 辛巳	天干地支西曆星期	丁未21四	戊申22五	己酉23六	庚戌24日	辛亥25一	壬子26二	癸丑27三	甲寅28四	乙卯29五	丙辰30六	丁巳31日	戊午(6)一	己未2二	庚申3三	辛酉4四	壬戌5五	癸亥6六	甲子7日	乙丑8一	丙寅9二	丁卯10三	戊辰11四	己巳12五	庚午13六	辛未14日	壬申15一	癸酉16二	甲戌17三	乙亥18四		庚戌小滿 乙丑芒種
五月大 壬午	天干地支西曆星期	丙子19五	丁丑20六	戊寅21日	己卯22一	庚辰23二	辛巳24三	壬午25四	癸未26五	甲申27六	乙酉28日	丙戌29一	丁亥30二	戊子(7)三	己丑2四	庚寅3五	辛卯4六	壬辰5日	癸巳6一	甲午7二	乙未8三	丙申9四	丁酉10五	戊戌11六	己亥12日	庚子13一	辛丑14二	壬寅15三	癸卯16四	甲辰17五	乙巳18六	庚辰夏至 乙未小暑
六月小 癸未	天干地支西曆星期	丙午19日	丁未20一	戊申21二	己酉22三	庚戌23四	辛亥24五	壬子25六	癸丑26日	甲寅27一	乙卯28二	丙辰29三	丁巳30四	戊午31五	己未(8)六	庚申2日	辛酉3一	壬戌4二	癸亥5三	甲子6四	乙丑7五	丙寅8六	丁卯9日	戊辰10一	己巳11二	庚午12三	辛未13四	壬申14五	癸酉15六	甲戌16日		庚戌大暑 丙寅立秋
七月大 甲申	天干地支西曆星期	乙亥17一	丙子18二	丁丑19三	戊寅20四	己卯21五	庚辰22六	辛巳23日	壬午24一	癸未25二	甲申26三	乙酉27四	丙戌28五	丁亥29六	戊子30日	己丑31一	庚寅(9)二	辛卯2三	壬辰3四	癸巳4五	甲午5六	乙未6日	丙申7一	丁酉8二	戊戌9三	己亥10四	庚子11五	辛丑12六	壬寅13日	癸卯14一	甲辰15二	辛巳處暑 丙申白露
八月小 乙酉	天干地支西曆星期	乙巳16三	丙午17四	丁未18五	戊申19六	己酉20日	庚戌21一	辛亥22二	壬子23三	癸丑24四	甲寅25五	乙卯26六	丙辰27日	丁巳28一	戊午29二	己未30三	庚申(10)四	辛酉2五	壬戌3六	癸亥4日	甲子5一	乙丑6二	丙寅7三	丁卯8四	戊辰9五	己巳10六	庚午11日	辛未12一	壬申13二	癸酉14三		辛亥秋分 丁卯寒露
九月大 丙戌	天干地支西曆星期	甲戌15四	乙亥16五	丙子17六	丁丑18日	戊寅19一	己卯20二	庚辰21三	辛巳22四	壬午23五	癸未24六	甲申25日	乙酉26一	丙戌27二	丁亥28三	戊子29四	己丑30五	庚寅31六	辛卯(11)日	壬辰2一	癸巳3二	甲午4三	乙未5四	丙申6五	丁酉7六	戊戌8日	己亥9一	庚子10二	辛丑11三	壬寅12四	癸卯13五	壬午霜降 丁酉立冬
十月小 丁亥	天干地支西曆星期	甲辰14六	乙巳15日	丙午16一	丁未17二	戊申18三	己酉19四	庚戌20五	辛亥21六	壬子22日	癸丑23一	甲寅24二	乙卯25三	丙辰26四	丁巳27五	戊午28六	己未29日	庚申30一	辛酉(12)二	壬戌2三	癸亥3四	甲子4五	乙丑5六	丙寅6日	丁卯7一	戊辰8二	己巳9三	庚午10四	辛未11五	壬申12六		壬子小雪 丁卯大雪
十一月大 戊子	天干地支西曆星期	癸酉13日	甲戌14一	乙亥15二	丙子16三	丁丑17四	戊寅18五	己卯19六	庚辰20日	辛巳21一	壬午22二	癸未23三	甲申24四	乙酉25五	丙戌26六	丁亥27日	戊子28一	己丑29二	庚寅30三	辛卯31四	壬辰(1)五	癸巳2六	甲午3日	乙未4一	丙申5二	丁酉6三	戊戌7四	己亥8五	庚子9六	辛丑10日	壬寅11一	癸未冬至 戊戌小寒
十二月小 己丑	天干地支西曆星期	癸卯12二	甲辰13三	乙巳14四	丙午15五	丁未16六	戊申17日	己酉18一	庚戌19二	辛亥20三	壬子21四	癸丑22五	甲寅23六	乙卯24日	丙辰25一	丁巳26二	戊午27三	己未28四	庚申29五	辛酉30六	壬戌31日	癸亥(2)一	甲子2二	乙丑3三	丙寅4四	丁卯5五	戊辰6六	己巳7日	庚午8一	辛未9二		癸丑大寒 戊辰立春 癸卯日食

晉孝武帝太元六年（辛巳 蛇年） 公元 381～382 年

夏曆月序	中西日照對	夏曆日序 初一	初二	初三	初四	初五	初六	初七	初八	初九	初十	十一	十二	十三	十四	十五	十六	十七	十八	十九	二十	二一	二二	二三	二四	二五	二六	二七	二八	二九	三十	節氣與天象
正月大	庚寅	天干地支西曆星期	壬申10三	癸酉11四	甲戌12五	乙亥13六	丙子14日	丁丑15一	戊寅16二	己卯17三	庚辰18四	辛巳19五	壬午20六	癸未21日	甲申22一	乙酉23二	丙戌24三	丁亥25四	戊子26五	己丑27六	庚寅28日	辛卯(3)二	壬辰2三	癸巳3四	甲午4五	乙未5六	丙申6日	丁酉7一	戊戌8二	己亥9三	庚子10四	辛丑11四	甲申雨水 己亥驚蟄
二月小	辛卯	天干地支西曆星期	壬寅12六	癸卯13日	甲辰14一	乙巳15二	丙午16三	丁未17四	戊申18五	己酉19六	庚戌20日	辛亥21一	壬子22二	癸丑23三	甲寅24四	乙卯25五	丙辰26六	丁巳27日	戊午28一	己未29二	庚申30三	辛酉31四	壬戌(4)五	癸亥2六	甲子3日	乙丑4一	丙寅5二	丁卯6三	戊辰7四	己巳8五	庚午9六		甲寅春分 己巳清明
三月大	壬辰	天干地支西曆星期	辛未10日	壬申11一	癸酉12二	甲戌13三	乙亥14四	丙子15五	丁丑16六	戊寅17日	己卯18一	庚辰19二	辛巳20三	壬午21四	癸未22五	甲申23六	乙酉24日	丙戌25一	丁亥26二	戊子27三	己丑28四	庚寅29五	辛卯30六	壬辰(5)日	癸巳2一	甲午3二	乙未4三	丙申5四	丁酉6五	戊戌7六	己亥8日	庚子9一	甲申穀雨 庚子立夏
四月大	癸巳	天干地支西曆星期	辛丑10二	壬寅11三	癸卯12四	甲辰13五	乙巳14六	丙午15日	丁未16一	戊申17二	己酉18三	庚戌19四	辛亥20五	壬子21六	癸丑22日	甲寅23一	乙卯24二	丙辰25三	丁巳26四	戊午27五	己未28六	庚申29日	辛酉30一	壬戌31二	癸亥(6)三	甲子2四	乙丑3五	丙寅4六	丁卯5日	戊辰6一	己巳7二	庚午8三	乙卯小滿 庚午芒種
五月小	甲午	天干地支西曆星期	辛未9四	壬申10五	癸酉11六	甲戌12日	乙亥13一	丙子14二	丁丑15三	戊寅16四	己卯17五	庚辰18六	辛巳19日	壬午20一	癸未21二	甲申22三	乙酉23四	丙戌24五	丁亥25六	戊子26日	己丑27一	庚寅28二	辛卯29三	壬辰30四	癸巳(7)五	甲午2六	乙未3日	丙申4一	丁酉5二	戊戌6三	己亥7四		乙酉夏至
六月大	乙未	天干地支西曆星期	庚子8四	辛丑9五	壬寅10六	癸卯11日	甲辰12一	乙巳13二	丙午14三	丁未15四	戊申16五	己酉17六	庚戌18日	辛亥19一	壬子20二	癸丑21三	甲寅22四	乙卯23五	丙辰24六	丁巳25日	戊午26一	己未27二	庚申28三	辛酉29四	壬戌30五	癸亥31六	甲子(8)日	乙丑2一	丙寅3二	丁卯4三	戊辰5四	己巳6五	辛丑小暑 丙辰大暑 庚子日食
七月小	丙申	天干地支西曆星期	庚午7六	辛未8日	壬申9一	癸酉10二	甲戌11三	乙亥12四	丙子13五	丁丑14六	戊寅15日	己卯16一	庚辰17二	辛巳18三	壬午19四	癸未20五	甲申21六	乙酉22日	丙戌23一	丁亥24二	戊子25三	己丑26四	庚寅27五	辛卯28六	壬辰29日	癸巳30一	甲午31二	乙未(9)三	丙申2四	丁酉3五	戊戌4六		辛未立秋 丙戌處暑
八月大	丁酉	天干地支西曆星期	己亥5日	庚子6一	辛丑7二	壬寅8三	癸卯9四	甲辰10五	乙巳11六	丙午12日	丁未13一	戊申14二	己酉15三	庚戌16四	辛亥17五	壬子18六	癸丑19日	甲寅20一	乙卯21二	丙辰22三	丁巳23四	戊午24五	己未25六	庚申26日	辛酉27一	壬戌28二	癸亥29三	甲子30四	乙丑(10)五	丙寅2六	丁卯3日	戊辰4一	辛丑白露 丁巳秋分
九月小	戊戌	天干地支西曆星期	己巳5二	庚午6三	辛未7四	壬申8五	癸酉9六	甲戌10日	乙亥11一	丙子12二	丁丑13三	戊寅14四	己卯15五	庚辰16六	辛巳17日	壬午18一	癸未19二	甲申20三	乙酉21四	丙戌22五	丁亥23六	戊子24日	己丑25一	庚寅26二	辛卯27三	壬辰28四	癸巳29五	甲午30六	乙未31日	丙申(11)一	丁酉2二		壬申寒露 丁亥霜降
十月大	己亥	天干地支西曆星期	戊戌3三	己亥4四	庚子5五	辛丑6六	壬寅7日	癸卯8一	甲辰9二	乙巳10三	丙午11四	丁未12五	戊申13六	己酉14日	庚戌15一	辛亥16二	壬子17三	癸丑18四	甲寅19五	乙卯20六	丙辰21日	丁巳22一	戊午23二	己未24三	庚申25四	辛酉26五	壬戌27六	癸亥28日	甲子29一	乙丑30二	丙寅(12)三	丁卯2四	壬寅立冬 丁巳小雪
十一月小	庚子	天干地支西曆星期	戊辰3五	己巳4六	庚午5日	辛未6一	壬申7二	癸酉8三	甲戌9四	乙亥10五	丙子11六	丁丑12日	戊寅13一	己卯14二	庚辰15三	辛巳16四	壬午17五	癸未18六	甲申19日	乙酉20一	丙戌21二	丁亥22三	戊子23四	己丑24五	庚寅25六	辛卯26日	壬辰27一	癸巳28二	甲午29三	乙未30四	丙申31五		癸酉大雪 戊子冬至
十二月大	辛丑	天干地支西曆星期	丁酉(1)六	戊戌2日	己亥3一	庚子4二	辛丑5三	壬寅6四	癸卯7五	甲辰8六	乙巳9日	丙午10一	丁未11二	戊申12三	己酉13四	庚戌14五	辛亥15六	壬子16日	癸丑17一	甲寅18二	乙卯19三	丙辰20四	丁巳21五	戊午22六	己未23日	庚申24一	辛酉25二	壬戌26三	癸亥27四	甲子28五	乙丑29六	丙寅30日	癸卯小寒 戊午大寒

晉孝武帝太元七年（壬午 馬年） 公元382～383年

夏曆月序	中西曆對照	夏曆日序																													節氣與天象
		初一	初二	初三	初四	初五	初六	初七	初八	初九	初十	十一	十二	十三	十四	十五	十六	十七	十八	十九	二十	廿一	廿二	廿三	廿四	廿五	廿六	廿七	廿八	廿九	三十	
正月小	壬寅 天干地支西曆星期	丁卯31一	戊辰(2)二	己巳2三	庚午3四	辛未4五	壬申5六	癸酉6日	甲戌7一	乙亥8二	丙子9三	丁丑10四	戊寅11五	己卯12六	庚辰13日	辛巳14一	壬午15二	癸未16三	甲申17四	乙酉18五	丙戌19六	丁亥20日	戊子21一	己丑22二	庚寅23三	辛卯24四	壬辰25五	癸巳26六	甲午27日	乙未28一		甲戌立春 己丑雨水
二月大	癸卯 天干地支西曆星期	丙申(3)二	丁酉2三	戊戌3四	己亥4五	庚子5六	辛丑6日	壬寅7一	癸卯8二	甲辰9三	乙巳10四	丙午11五	丁未12六	戊申13日	己酉14一	庚戌15二	辛亥16三	壬子17四	癸丑18五	甲寅19六	乙卯20日	丙辰21一	丁巳22二	戊午23三	己未24四	庚申25五	辛酉26六	壬戌27日	癸亥28一	甲子29二	乙丑30三	甲辰驚蟄 己未春分
三月小	甲辰 天干地支西曆星期	丙寅31四	丁卯(4)五	戊辰2六	己巳3日	庚午4一	辛未5二	壬申6三	癸酉7四	甲戌8五	乙亥9六	丙子10日	丁丑11一	戊寅12二	己卯13三	庚辰14四	辛巳15五	壬午16六	癸未17日	甲申18一	乙酉19二	丙戌20三	丁亥21四	戊子22五	己丑23六	庚寅24日	辛卯25一	壬辰26二	癸巳27三	甲午28四		甲戌清明 庚寅穀雨
四月大	乙巳 天干地支西曆星期	乙未29五	丙申30六	丁酉(5)日	戊戌2一	己亥3二	庚子4三	辛丑5四	壬寅6五	癸卯7六	甲辰8日	乙巳9一	丙午10二	丁未11三	戊申12四	己酉13五	庚戌14六	辛亥15日	壬子16一	癸丑17二	甲寅18三	乙卯19四	丙辰20五	丁巳21六	戊午22日	己未23一	庚申24二	辛酉25三	壬戌26四	癸亥27五	甲子28六	乙巳立夏 庚申小滿
五月小	丙午 天干地支西曆星期	乙丑29日	丙寅30一	丁卯31二	戊辰(6)三	己巳2四	庚午3五	辛未4六	壬申5日	癸酉6一	甲戌7二	乙亥8三	丙子9四	丁丑10五	戊寅11六	己卯12日	庚辰13一	辛巳14二	壬午15三	癸未16四	甲申17五	乙酉18六	丙戌19日	丁亥20一	戊子21二	己丑22三	庚寅23四	辛卯24五	壬辰25六	癸巳26日		乙亥芒種 辛卯夏至
六月大	丁未 天干地支西曆星期	甲午27一	乙未28二	丙申29三	丁酉30四	戊戌(7)五	己亥2六	庚子3日	辛丑4一	壬寅5二	癸卯6三	甲辰7四	乙巳8五	丙午9六	丁未10日	戊申11一	己酉12二	庚戌13三	辛亥14四	壬子15五	癸丑16六	甲寅17日	乙卯18一	丙辰19二	丁巳20三	戊午21四	己未22五	庚申23六	辛酉24日	壬戌25一	癸亥26二	丙子小暑 辛酉大暑
七月小	戊申 天干地支西曆星期	甲子27三	乙丑28四	丙寅29五	丁卯30六	戊辰31日	己巳(8)一	庚午2二	辛未3三	壬申4四	癸酉5五	甲戌6六	乙亥7日	丙子8一	丁丑9二	戊寅10三	己卯11四	庚辰12五	辛巳13六	壬午14日	癸未15一	甲申16二	乙酉17三	丙戌18四	丁亥19五	戊子20六	己丑21日	庚寅22一	辛卯23二	壬辰24三		丙子立秋 辛卯處暑
八月大	己酉 天干地支西曆星期	癸巳25四	甲午26五	乙未27六	丙申28日	丁酉29一	戊戌30二	己亥31三	庚子(9)四	辛丑2五	壬寅3六	癸卯4日	甲辰5一	乙巳6二	丙午7三	丁未8四	戊申9五	己酉10六	庚戌11日	辛亥12一	壬子13二	癸丑14三	甲寅15四	乙卯16五	丙辰17六	丁巳18日	戊午19一	己未20二	庚申21三	辛酉22四	壬戌23五	丁未白露 壬戌秋分
九月大	庚戌 天干地支西曆星期	癸亥24六	甲子25日	乙丑26一	丙寅27二	丁卯28三	戊辰29四	己巳30五	庚午(10)六	辛未2日	壬申3一	癸酉4二	甲戌5三	乙亥6四	丙子7五	丁丑8六	戊寅9日	己卯10一	庚辰11二	辛巳12三	壬午13四	癸未14五	甲申15六	乙酉16日	丙戌17一	丁亥18二	戊子19三	己丑20四	庚寅21五	辛卯22六	壬辰23日	丁丑寒露 壬辰霜降
閏九月小	庚戌 天干地支西曆星期	癸巳24一	甲午25二	乙未26三	丙申27四	丁酉28五	戊戌29六	己亥30日	庚子(11)一	辛丑2二	壬寅3三	癸卯4四	甲辰5五	乙巳6六	丙午7日	丁未8一	戊申9二	己酉10三	庚戌11四	辛亥12五	壬子13六	癸丑14日	甲寅15一	乙卯16二	丙辰17三	丁巳18四	戊午19五	己未20六	庚申21日	辛酉22一		戊申立冬
十月大	辛亥 天干地支西曆星期	壬戌22二	癸亥23三	甲子24四	乙丑25五	丙寅26六	丁卯27日	戊辰28一	己巳29二	庚午30三	辛未(12)四	壬申2五	癸酉3六	甲戌4日	乙亥5一	丙子6二	丁丑7三	戊寅8四	己卯9五	庚辰10六	辛巳11日	壬午12一	癸未13二	甲申14三	乙酉15四	丙戌16五	丁亥17六	戊子18日	己丑19一	庚寅20二	辛卯21三	癸亥小雪 戊寅大雪
十一月小	壬子 天干地支西曆星期	壬辰22四	癸巳23五	甲午24六	乙未25日	丙申26一	丁酉27二	戊戌28三	己亥29四	庚子30五	辛丑31六	壬寅(1)日	癸卯2一	甲辰3二	乙巳4三	丙午5四	丁未6五	戊申7六	己酉8日	庚戌9一	辛亥10二	壬子11三	癸丑12四	甲寅13五	乙卯14六	丙辰15日	丁巳16一	戊午17二	己未18三	庚申19四		癸亥冬至 戊申小寒
十二月大	癸丑 天干地支西曆星期	辛酉20五	壬戌21六	癸亥22日	甲子23一	乙丑24二	丙寅25三	丁卯26四	戊辰27五	己巳28六	庚午29日	辛未30一	壬申31二	癸酉(2)三	甲戌2四	乙亥3五	丙子4六	丁丑5日	戊寅6一	己卯7二	庚辰8三	辛巳9四	壬午10五	癸未11六	甲申12日	乙酉13一	丙戌14二	丁亥15三	戊子16四	己丑17五	庚寅18六	甲午大寒 己卯立春

晉孝武帝太元八年（癸未 羊年）　公元 383 ～ 384 年

夏曆月序	中西曆對照	夏曆日序																													節氣與天象
		初一	初二	初三	初四	初五	初六	初七	初八	初九	初十	十一	十二	十三	十四	十五	十六	十七	十八	十九	二十	二一	二二	二三	二四	二五	二六	二七	二八	二九	三十	
正月小	甲寅 天干地支西曆星期	辛卯19日	壬辰20二	癸巳21三	甲午22四	乙未23五	丙申24六	丁酉25日	戊戌26一	己亥27二	庚子28三	辛丑(3)四	壬寅2五	癸卯3六	甲辰4日	乙巳5一	丙午6二	丁未7三	戊申8四	己酉9五	庚戌10六	辛亥11日	壬子12一	癸丑13二	甲寅14三	乙卯15四	丙辰16五	丁巳17六	戊午18日	己未19一		甲午雨水 己酉驚蟄
二月大	乙卯 天干地支西曆星期	庚申20二	辛酉21三	壬戌22四	癸亥23五	甲子24六	乙丑25日	丙寅26一	丁卯27二	戊辰28三	己巳29四	庚午30五	辛未31六	壬申(4)日	癸酉2一	甲戌3二	乙亥4三	丙子5四	丁丑6五	戊寅7六	己卯8日	庚辰9一	辛巳10二	壬午11三	癸未12四	甲申13五	乙酉14六	丙戌15日	丁亥16一	戊子17二	己丑18三	甲子春分 庚辰清明
三月小	丙辰 天干地支西曆星期	庚寅19四	辛卯20五	壬辰21六	癸巳22日	甲午23一	乙未24二	丙申25三	丁酉26四	戊戌27五	己亥28六	庚子29日	辛丑30一	壬寅31二	癸卯(5)三	甲辰2四	乙巳3五	丙午4六	丁未5日	戊申6一	己酉7二	庚戌8三	辛亥9四	壬子10五	癸丑11六	甲寅12日	乙卯13一	丙辰14二	丁巳15三	戊午16四	己未17五	乙未穀雨 庚戌立夏
四月大	丁巳 天干地支西曆星期	庚申18六	辛酉19日	壬戌20一	癸亥21二	甲子22三	乙丑23四	丙寅24五	丁卯25六	戊辰26日	己巳27一	庚午28二	辛未29三	壬申30四	癸酉31五	甲戌(6)六	乙亥2日	丙子3一	丁丑4二	戊寅5三	己卯6四	庚辰7五	辛巳8六	壬午9日	癸未10一	甲申11二	乙酉12三	丙戌13四	丁亥14五	戊子15六	己丑16日	乙丑小滿 辛巳芒種
五月小	戊午 天干地支西曆星期	庚寅17一	辛卯18二	壬辰19三	癸巳20四	甲午21五	乙未22六	丙申23日	丁酉24一	戊戌25二	己亥26三	庚子27四	辛丑28五	壬寅29六	癸卯30日	甲辰(7)一	乙巳2二	丙午3三	丁未4四	戊申5五	己酉6六	庚戌7日	辛亥8一	壬子9二	癸丑10三	甲寅11四	乙卯12五	丙辰13六	丁巳14日	戊午15一		丙申夏至 辛亥小暑
六月大	己未 天干地支西曆星期	戊午16二	己未17三	庚申18四	辛酉19五	壬戌20六	癸亥21日	甲子22一	乙丑23二	丙寅24三	丁卯25四	戊辰26五	己巳27六	庚午28日	辛未29一	壬申30二	癸酉31三	甲戌(8)四	乙亥2五	丙子3六	丁丑4日	戊寅5一	己卯6二	庚辰7三	辛巳8四	壬午9五	癸未10六	甲申11日	乙酉12一	丙戌13二	丁亥14三	丙寅大暑 辛巳立秋
七月小	庚申 天干地支西曆星期	戊子15四	己丑16五	庚寅17六	辛卯18日	壬辰19一	癸巳20二	甲午21三	乙未22四	丙申23五	丁酉24六	戊戌25日	己亥26一	庚子27二	辛丑28三	壬寅29四	癸卯30五	甲辰31六	乙巳(9)日	丙午2一	丁未3二	戊申4三	己酉5四	庚戌6五	辛亥7六	壬子8日	癸丑9一	甲寅10二	乙卯11三	丙辰12四		丁酉處暑 壬子白露
八月大	辛酉 天干地支西曆星期	丁巳13五	戊午14六	己未15日	庚申16一	辛酉17二	壬戌18三	癸亥19四	甲子20五	乙丑21六	丙寅22日	丁卯23一	戊辰24二	己巳25三	庚午26四	辛未27五	壬申28六	癸酉29日	甲戌30一	乙亥(10)二	丙子2三	丁丑3四	戊寅4五	己卯5六	庚辰6日	辛巳7一	壬午8二	癸未9三	甲申10四	乙酉11五	丙戌12六	丁卯秋分 壬午寒露
九月小	壬戌 天干地支西曆星期	丁亥13日	戊子14一	己丑15二	庚寅16三	辛卯17四	壬辰18五	癸巳19六	甲午20日	乙未21一	丙申22二	丁酉23三	戊戌24四	己亥25五	庚子26六	辛丑27日	壬寅28一	癸卯29二	甲辰30三	乙巳31四	丙午(11)五	丁未2六	戊申3日	己酉4一	庚戌5二	辛亥6三	壬子7四	癸丑8五	甲寅9六	乙卯10日		戊戌霜降 癸丑立冬
十月大	癸亥 天干地支西曆星期	丙辰11一	丁巳12二	戊午13三	己未14四	庚申15五	辛酉16六	壬戌17日	癸亥18一	甲子19二	乙丑20三	丙寅21四	丁卯22五	戊辰23六	己巳24日	庚午25一	辛未26二	壬申27三	癸酉28四	甲戌29五	乙亥30六	丙子(12)日	丁丑2一	戊寅3二	己卯4三	庚辰5四	辛巳6五	壬午7六	癸未8日	甲申9一	乙酉10二	戊辰小雪 癸未大雪 丙辰日食
十一月大	甲子 天干地支西曆星期	丙戌11三	丁亥12四	戊子13五	己丑14六	庚寅15日	辛卯16一	壬辰17二	癸巳18三	甲午19四	乙未20五	丙申21六	丁酉22日	戊戌23一	己亥24二	庚子25三	辛丑26四	壬寅27五	癸卯28六	甲辰29日	乙巳30一	丙午31二	丁未(1)三	戊申2四	己酉3五	庚戌4六	辛亥5日	壬子6一	癸丑7二	甲寅8三	乙卯9四	戊戌冬至 甲寅小寒
十二月小	乙丑 天干地支西曆星期	丙辰10五	丁巳11六	戊午12日	己未13一	庚申14二	辛酉15三	壬戌16四	癸亥17五	甲子18六	乙丑19日	丙寅20一	丁卯21二	戊辰22三	己巳23四	庚午24五	辛未25六	壬申26日	癸酉27一	甲戌28二	乙亥29三	丙子30四	丁丑31五	戊寅(2)六	己卯2日	庚辰3一	辛巳4二	壬午5三	癸未6四	甲申7五		己巳大寒 甲申立春

晉孝武帝太元九年（甲申 猴年） 公元384 ~ 385年

夏曆月序	中西曆對照	夏曆日序																													節氣與天象
		初一	初二	初三	初四	初五	初六	初七	初八	初九	初十	十一	十二	十三	十四	十五	十六	十七	十八	十九	二十	廿一	廿二	廿三	廿四	廿五	廿六	廿七	廿八	廿九	三十	
正月大	丙寅	天干 乙酉 地支 8 西曆 四 星期	丙戌 9 五	丁亥 10 六	戊子 11 日	己丑 12 一	庚寅 13 二	辛卯 14 三	壬辰 15 四	癸巳 16 五	甲午 17 六	乙未 18 日	丙申 19 一	丁酉 20 二	戊戌 21 三	己亥 22 四	庚子 23 五	辛丑 24 六	壬寅 25 日	癸卯 26 一	甲辰 27 二	乙巳 28 三	丙午 29(3) 四	丁未 2 五	戊申 3 六	己酉 4 日	庚戌 5 一	辛亥 6 二	壬子 7 三	癸丑 8 四	甲寅 9 五	己亥雨水
二月小	丁卯	天干 乙卯 地支 9 西曆 六 星期	丙辰 10 日	丁巳 11 一	戊午 12 二	己未 13 三	庚申 14 四	辛酉 15 五	壬戌 16 六	癸亥 17 日	甲子 18 一	乙丑 19 二	丙寅 20 三	丁卯 21 四	戊辰 22 五	己巳 23 六	庚午 24 日	辛未 25 一	壬申 26 二	癸酉 27 三	甲戌 28 四	乙亥 29 五	丙子 30 六	丁丑 31 日	戊寅 (4) 一	己卯 2 二	庚辰 3 三	辛巳 4 四	壬午 5 五	癸未 6 六		乙卯驚蟄 庚午春分
三月大	戊辰	天干 甲申 地支 7 西曆 日 星期	乙酉 8 一	丙戌 9 二	丁亥 10 三	戊子 11 四	己丑 12 五	庚寅 13 六	辛卯 14 日	壬辰 15 一	癸巳 16 二	甲午 17 三	乙未 18 四	丙申 19 五	丁酉 20 六	戊戌 21 日	己亥 22 一	庚子 23 二	辛丑 24 三	壬寅 25 四	癸卯 26 五	甲辰 27 六	乙巳 28 日	丙午 29 一	丁未 30 二	戊申 (5) 三	己酉 2 四	庚戌 3 五	辛亥 4 六	壬子 5 日	癸丑 6 一	乙酉清明 庚子穀雨
四月小	己巳	天干 甲寅 地支 7 西曆 二 星期	乙卯 8 三	丙辰 9 四	丁巳 10 五	戊午 11 六	己未 12 日	庚申 13 一	辛酉 14 二	壬戌 15 三	癸亥 16 四	甲子 17 五	乙丑 18 六	丙寅 19 日	丁卯 20 一	戊辰 21 二	己巳 22 三	庚午 23 四	辛未 24 五	壬申 25 六	癸酉 26 日	甲戌 27 一	乙亥 28 二	丙子 29 三	丁丑 30 四	戊寅 31 五	己卯 (6) 六	庚辰 2 日	辛巳 3 一	壬午 4 二		乙卯立夏 辛未小滿
五月大	庚午	天干 癸未 地支 5 西曆 三 星期	甲申 6 四	乙酉 7 五	丙戌 8 六	丁亥 9 日	戊子 10 一	己丑 11 二	庚寅 12 三	辛卯 13 四	壬辰 14 五	癸巳 15 六	甲午 16 日	乙未 17 一	丙申 18 二	丁酉 19 三	戊戌 20 四	己亥 21 五	庚子 22 六	辛丑 23 日	壬寅 24 一	癸卯 25 二	甲辰 26 三	乙巳 27 四	丙午 28 五	丁未 29 六	戊申 30(7) 日	己酉 2 一	庚戌 3 二	辛亥 4 三	壬子 4 四	丙戌芒種 辛丑夏至
六月小	辛未	天干 癸丑 地支 5 西曆 五 星期	甲寅 6 六	乙卯 7 日	丙辰 8 一	丁巳 9 二	戊午 10 三	己未 11 四	庚申 12 五	辛酉 13 六	壬戌 14 日	癸亥 15 一	甲子 16 二	乙丑 17 三	丙寅 18 四	丁卯 19 五	戊辰 20 六	己巳 21 日	庚午 22 一	辛未 23 二	壬申 24 三	癸酉 25 四	甲戌 26 五	乙亥 27 六	丙子 28 日	丁丑 29 一	戊寅 30 二	己卯 31(8) 三	庚辰 (8) 四	辛巳 2 五		丙辰小暑 辛未大暑
七月大	壬申	天干 壬午 地支 3 西曆 六 星期	癸未 4 日	甲申 5 一	乙酉 6 二	丙戌 7 三	丁亥 8 四	戊子 9 五	己丑 10 六	庚寅 11 日	辛卯 12 一	壬辰 13 二	癸巳 14 三	甲午 15 四	乙未 16 五	丙申 17 六	丁酉 18 日	戊戌 19 一	己亥 20 二	庚子 21 三	辛丑 22 四	壬寅 23 五	癸卯 24 六	甲辰 25 日	乙巳 26 一	丙午 27 二	丁未 28 三	戊申 29 四	己酉 30 五	庚戌 31 六	辛亥 (9) 日	丁亥立秋 壬寅處暑
八月小	癸酉	天干 壬子 地支 2 西曆 一 星期	癸丑 3 二	甲寅 4 三	乙卯 5 四	丙辰 6 五	丁巳 7 六	戊午 8 日	己未 9 一	庚申 10 二	辛酉 11 三	壬戌 12 四	癸亥 13 五	甲子 14 六	乙丑 15 日	丙寅 16 一	丁卯 17 二	戊辰 18 三	己巳 19 四	庚午 20 五	辛未 21 六	壬申 22 日	癸酉 23 一	甲戌 24 二	乙亥 25 三	丙子 26 四	丁丑 27 五	戊寅 28 六	己卯 29 日	庚辰 30 一		丁巳白露 壬申秋分
九月大	甲戌	天干 辛巳 地支 (10) 西曆 二 星期	壬午 2 三	癸未 3 四	甲申 4 五	乙酉 5 六	丙戌 6 日	丁亥 7 一	戊子 8 二	己丑 9 三	庚寅 10 四	辛卯 11 五	壬辰 12 六	癸巳 13 日	甲午 14 一	乙未 15 二	丙申 16 三	丁酉 17 四	戊戌 18 五	己亥 19 六	庚子 20 日	辛丑 21 一	壬寅 22 二	癸卯 23 三	甲辰 24 四	乙巳 25 五	丙午 26 六	丁未 27 日	戊申 28 一	己酉 29 二	庚戌 30 三	戊子寒露 癸卯霜降
十月小	乙亥	天干 辛亥 地支 31 西曆 四 星期	壬子 (11) 五	癸丑 2 六	甲寅 3 日	乙卯 4 一	丙辰 5 二	丁巳 6 三	戊午 7 四	己未 8 五	庚申 9 六	辛酉 10 日	壬戌 11 一	癸亥 12 二	甲子 13 三	乙丑 14 四	丙寅 15 五	丁卯 16 六	戊辰 17 日	己巳 18 一	庚午 19 二	辛未 20 三	壬申 21 四	癸酉 22 五	甲戌 23 六	乙亥 24 日	丙子 25 一	丁丑 26 二	戊寅 27 三	己卯 28 四		戊午立冬 癸酉小雪 辛亥日食
十一月大	丙子	天干 庚辰 地支 29 西曆 五 星期	辛巳 30 六	壬午 (12) 日	癸未 2 一	甲申 3 二	乙酉 4 三	丙戌 5 四	丁亥 6 五	戊子 7 六	己丑 8 日	庚寅 9 一	辛卯 10 二	壬辰 11 三	癸巳 12 四	甲午 13 五	乙未 14 六	丙申 15 日	丁酉 16 一	戊戌 17 二	己亥 18 三	庚子 19 四	辛丑 20 五	壬寅 21 六	癸卯 22 日	甲辰 23 一	乙巳 24 二	丙午 25 三	丁未 26 四	戊申 27 五	己酉 28 六	戊子大雪 甲辰冬至
十二月小	丁丑	天干 庚戌 地支 29 西曆 日 星期	辛亥 30 一	壬子 31(1) 二	癸丑 2 三	甲寅 3 四	乙卯 4 五	丙辰 5 六	丁巳 6 日	戊午 7 一	己未 8 二	庚申 9 三	辛酉 10 四	壬戌 11 五	癸亥 12 六	甲子 13 日	乙丑 14 一	丙寅 15 二	丁卯 16 三	戊辰 17 四	己巳 18 五	庚午 19 六	辛未 20 日	壬申 21 一	癸酉 22 二	甲戌 23 三	乙亥 24 四	丙子 25 五	丁丑 26 六	戊寅 27 日		己未小寒 甲戌大寒

晉孝武帝太元十年（乙酉 雞年） 公元 385 ～ 386 年

夏曆月序	中西日照對照	夏 曆 日 序																													節氣與天象
		初一	初二	初三	初四	初五	初六	初七	初八	初九	初十	十一	十二	十三	十四	十五	十六	十七	十八	十九	二十	二一	二二	二三	二四	二五	二六	二七	二八	二九	三十	
正月大	戊寅	天干地支 西曆 星期	己卯 27 一	庚辰 28 二	辛巳 29 三	壬午 30 四	癸未 31 五	甲申 (2) 日	乙酉 2 一	丙戌 3 二	丁亥 4 三	戊子 5 四	己丑 6 五	庚寅 7 六	辛卯 8 日	壬辰 9 一	癸巳 10 二	甲午 11 三	乙未 12 四	丙申 13 五	丁酉 14 六	戊戌 15 日	己亥 16 一	庚子 17 二	辛丑 18 三	壬寅 19 四	癸卯 20 五	甲辰 21 六	乙巳 22 日	丙午 23 一	丁未 24 二	戊申 25 三	己丑立春 乙巳雨水
二月小	己卯	天干地支 西曆 星期	己酉 26 三	庚戌 27 四	辛亥 28 五	壬子 (3) 日	癸丑 2 日	甲寅 3 一	乙卯 4 二	丙辰 5 三	丁巳 6 四	戊午 7 五	己未 8 六	庚申 9 日	辛酉 10 一	壬戌 11 二	癸亥 12 三	甲子 13 四	乙丑 14 五	丙寅 15 六	丁卯 16 日	戊辰 17 一	己巳 18 二	庚午 19 三	辛未 20 四	壬申 21 五	癸酉 22 六	甲戌 23 日	乙亥 24 一	丙子 25 二	丁丑 26 三		庚申驚蟄 乙亥春分
三月大	庚辰	天干地支 西曆 星期	戊寅 27 四	己卯 28 五	庚辰 29 六	辛巳 30 日	壬午 31 一	癸未 (4) 二	甲申 2 三	乙酉 3 四	丙戌 4 五	丁亥 5 六	戊子 6 日	己丑 7 一	庚寅 8 二	辛卯 9 三	壬辰 10 四	癸巳 11 五	甲午 12 六	乙未 13 日	丙申 14 一	丁酉 15 二	戊戌 16 三	己亥 17 四	庚子 18 五	辛丑 19 六	壬寅 20 日	癸卯 21 一	甲辰 22 二	乙巳 23 三	丙午 24 四	丁未 25 五	庚寅清明 乙巳穀雨
四月大	辛巳	天干地支 西曆 星期	戊申 26 六	己酉 27 日	庚戌 28 一	辛亥 29 二	壬子 30 三	癸丑 (5) 四	甲寅 2 五	乙卯 3 六	丙辰 4 日	丁巳 5 一	戊午 6 二	己未 7 三	庚申 8 四	辛酉 9 五	壬戌 10 六	癸亥 11 日	甲子 12 一	乙丑 13 二	丙寅 14 三	丁卯 15 四	戊辰 16 五	己巳 17 六	庚午 18 日	辛未 19 一	壬申 20 二	癸酉 21 三	甲戌 22 四	乙亥 23 五	丙子 24 六	丁丑 25 日	辛酉立夏 丙子小滿
五月小	壬午	天干地支 西曆 星期	戊寅 26 一	己卯 27 二	庚辰 28 三	辛巳 29 四	壬午 30 五	癸未 31 六	甲申 (6) 日	乙酉 2 一	丙戌 3 二	丁亥 4 三	戊子 5 四	己丑 6 五	庚寅 7 六	辛卯 8 日	壬辰 9 一	癸巳 10 二	甲午 11 三	乙未 12 四	丙申 13 五	丁酉 14 六	戊戌 15 日	己亥 16 一	庚子 17 二	辛丑 18 三	壬寅 19 四	癸卯 20 五	甲辰 21 六	乙巳 22 日	丙午 23 一		辛卯芒種 丙午夏至
閏五月大	壬午	天干地支 西曆 星期	丁未 24 二	戊申 25 三	己酉 26 四	庚戌 27 五	辛亥 28 六	壬子 29 日	癸丑 30 一	甲寅 (7) 二	乙卯 2 三	丙辰 3 四	丁巳 4 五	戊午 5 六	己未 6 日	庚申 7 一	辛酉 8 二	壬戌 9 三	癸亥 10 四	甲子 11 五	乙丑 12 六	丙寅 13 日	丁卯 14 一	戊辰 15 二	己巳 16 三	庚午 17 四	辛未 18 五	壬申 19 六	癸酉 20 日	甲戌 21 一	乙亥 22 二	丙子 23 三	壬戌小暑
六月小	癸未	天干地支 西曆 星期	丁丑 24 四	戊寅 25 五	己卯 26 六	庚辰 27 日	辛巳 28 一	壬午 29 二	癸未 30 三	甲申 31 四	乙酉 (8) 五	丙戌 2 六	丁亥 3 日	戊子 4 一	己丑 5 二	庚寅 6 三	辛卯 7 四	壬辰 8 五	癸巳 9 六	甲午 10 日	乙未 11 一	丙申 12 二	丁酉 13 三	戊戌 14 四	己亥 15 五	庚子 16 六	辛丑 17 日	壬寅 18 一	癸卯 19 二	甲辰 20 三	乙巳 21 四		丁丑大暑 壬辰立秋
七月大	甲申	天干地支 西曆 星期	丙午 22 五	丁未 23 六	戊申 24 日	己酉 25 一	庚戌 26 二	辛亥 27 三	壬子 28 四	癸丑 29 五	甲寅 30 六	乙卯 31 日	丙辰 (9) 一	丁巳 2 二	戊午 3 三	己未 4 四	庚申 5 五	辛酉 6 六	壬戌 7 日	癸亥 8 一	甲子 9 二	乙丑 10 三	丙寅 11 四	丁卯 12 五	戊辰 13 六	己巳 14 日	庚午 15 一	辛未 16 二	壬申 17 三	癸酉 18 四	甲戌 19 五	乙亥 20 六	丁未處暑 壬戌白露
八月小	乙酉	天干地支 西曆 星期	丙子 21 日	丁丑 22 一	戊寅 23 二	己卯 24 三	庚辰 25 四	辛巳 26 五	壬午 27 六	癸未 28 日	甲申 29 一	乙酉 30 二	丙戌 (10) 三	丁亥 2 四	戊子 3 五	己丑 4 六	庚寅 5 日	辛卯 6 一	壬辰 7 二	癸巳 8 三	甲午 9 四	乙未 10 五	丙申 11 六	丁酉 12 日	戊戌 13 一	己亥 14 二	庚子 15 三	辛丑 16 四	壬寅 17 五	癸卯 18 六	甲辰 19 日		戊寅秋分 癸巳寒露
九月大	丙戌	天干地支 西曆 星期	乙巳 20 一	丙午 21 二	丁未 22 三	戊申 23 四	己酉 24 五	庚戌 25 六	辛亥 26 日	壬子 27 一	癸丑 28 二	甲寅 29 三	乙卯 30 四	丙辰 31 五	丁巳 (11) 六	戊午 2 日	己未 3 一	庚申 4 二	辛酉 5 三	壬戌 6 四	癸亥 7 五	甲子 8 六	乙丑 9 日	丙寅 10 一	丁卯 11 二	戊辰 12 三	己巳 13 四	庚午 14 五	辛未 15 六	壬申 16 日	癸酉 17 一	甲戌 18 二	戊申霜降 癸亥立冬
十月小	丁亥	天干地支 西曆 星期	乙亥 19 三	丙子 20 四	丁丑 21 五	戊寅 22 六	己卯 23 日	庚辰 24 一	辛巳 25 二	壬午 26 三	癸未 27 四	甲申 28 五	乙酉 29 六	丙戌 30 日	丁亥 (12) 一	戊子 2 二	己丑 3 三	庚寅 4 四	辛卯 5 五	壬辰 6 六	癸巳 7 日	甲午 8 一	乙未 9 二	丙申 10 三	丁酉 11 四	戊戌 12 五	己亥 13 六	庚子 14 日	辛丑 15 一	壬寅 16 二	癸卯 17 三		戊寅小雪 甲午大雪
十一月大	戊子	天干地支 西曆 星期	甲辰 18 四	乙巳 19 五	丙午 20 六	丁未 21 日	戊申 22 一	己酉 23 二	庚戌 24 三	辛亥 25 四	壬子 26 五	癸丑 27 六	甲寅 28 日	乙卯 29 一	丙辰 30 二	丁巳 (1) 三	戊午 2 四	己未 3 五	庚申 4 六	辛酉 5 日	壬戌 6 一	癸亥 7 二	甲子 8 三	乙丑 9 四	丙寅 10 五	丁卯 11 六	戊辰 12 日	己巳 13 一	庚午 14 二	辛未 15 三	壬申 16 四	癸酉 17 五	己酉冬至 甲子小寒
十二月小	己丑	天干地支 西曆 星期	甲戌 17 六	乙亥 18 日	丙子 19 一	丁丑 20 二	戊寅 21 三	己卯 22 四	庚辰 23 五	辛巳 24 六	壬午 25 日	癸未 26 一	甲申 27 二	乙酉 28 三	丙戌 29 四	丁亥 30 五	戊子 31 六	己丑 (2) 日	庚寅 2 一	辛卯 3 二	壬辰 4 三	癸巳 5 四	甲午 6 五	乙未 7 六	丙申 8 日	丁酉 9 一	戊戌 10 二	己亥 11 三	庚子 12 四	辛丑 13 五	壬寅 14 六		己卯大寒 乙未立春

晉孝武帝太元十一年（丙戌 狗年） 公元 386 ~ 387 年

夏曆月序	中西曆對照	夏曆日序																													節氣與天象
		初一	初二	初三	初四	初五	初六	初七	初八	初九	初十	十一	十二	十三	十四	十五	十六	十七	十八	十九	二十	二一	二二	二三	二四	二五	二六	二七	二八	二九	三十	
正月大	庚寅	天干地支 西曆 星期	癸卯 15日 二	甲辰 16日 三	乙巳 17日 四	丙午 18日 五	丁未 19日 六	戊申 20日 日	己酉 21日 一	庚戌 22日 二	辛亥 23日 三	壬子 24日 四	癸丑 25日 五	甲寅 26日 六	乙卯 27日 日	丙辰 28日 一	丁巳(3)日 二	戊午 2日 三	己未 3日 四	庚申 4日 五	辛酉 5日 六	壬戌 6日 日	癸亥 7日 一	甲子 8日 二	乙丑 9日 三	丙寅 10日 四	丁卯 11日 五	戊辰 12日 六	己巳 13日 日	庚午 14日 一	辛未 15日 二	壬申 16日 三	庚戌雨水 乙丑驚蟄
二月小	辛卯	天干地支 西曆 星期	癸酉 17日 二	甲戌 18日 三	乙亥 19日 四	丙子 20日 五	丁丑 21日 六	戊寅 22日 日	己卯 23日 一	庚辰 24日 二	辛巳 25日 三	壬午 26日 四	癸未 27日 五	甲申 28日 六	乙酉 29日 日	丙戌 30日 一	丁亥 31日 二	戊子(4)日 三	己丑 2日 四	庚寅 3日 五	辛卯 4日 六	壬辰 5日 日	癸巳 6日 一	甲午 7日 二	乙未 8日 三	丙申 9日 四	丁酉 10日 五	戊戌 11日 六	己亥 12日 日	庚子 13日 一	辛丑 14日 二		庚辰春分 乙未清明
三月大	壬辰	天干地支 西曆 星期	壬寅 15日 三	癸卯 16日 四	甲辰 17日 五	乙巳 18日 六	丙午 19日 日	丁未 20日 一	戊申 21日 二	己酉 22日 三	庚戌 23日 四	辛亥 24日 五	壬子 25日 六	癸丑 26日 日	甲寅 27日 一	乙卯 28日 二	丙辰 29日 三	丁巳 30日 四	戊午(5)日 五	己未 2日 六	庚申 3日 日	辛酉 4日 一	壬戌 5日 二	癸亥 6日 三	甲子 7日 四	乙丑 8日 五	丙寅 9日 六	丁卯 10日 日	戊辰 11日 一	己巳 12日 二	庚午 13日 三	辛未 14日 四	辛亥穀雨 丙寅立夏
四月小	癸巳	天干地支 西曆 星期	壬申 15日 五	癸酉 16日 六	甲戌 17日 日	乙亥 18日 一	丙子 19日 二	丁丑 20日 三	戊寅 21日 四	己卯 22日 五	庚辰 23日 六	辛巳 24日 日	壬午 25日 一	癸未 26日 二	甲申 27日 三	乙酉 28日 四	丙戌 29日 五	丁亥 30日 六	戊子 31日 日	己丑(6)日 一	庚寅 2日 二	辛卯 3日 三	壬辰 4日 四	癸巳 5日 五	甲午 6日 六	乙未 7日 日	丙申 8日 一	丁酉 9日 二	戊戌 10日 三	己亥 11日 四	庚子 12日 五		辛巳小滿 丙申芒種
五月大	甲午	天干地支 西曆 星期	辛丑 13日 六	壬寅 14日 日	癸卯 15日 一	甲辰 16日 二	乙巳 17日 三	丙午 18日 四	丁未 19日 五	戊申 20日 六	己酉 21日 日	庚戌 22日 一	辛亥 23日 二	壬子 24日 三	癸丑 25日 四	甲寅 26日 五	乙卯 27日 六	丙辰 28日 日	丁巳 29日 一	戊午 30日 二	己未(7)日 三	庚申 2日 四	辛酉 3日 五	壬戌 4日 六	癸亥 5日 日	甲子 6日 一	乙丑 7日 二	丙寅 8日 三	丁卯 9日 四	戊辰 10日 五	己巳 11日 六	庚午 12日 日	壬子夏至 丁卯小暑
六月小	乙未	天干地支 西曆 星期	辛未 13日 一	壬申 14日 二	癸酉 15日 三	甲戌 16日 四	乙亥 17日 五	丙子 18日 六	丁丑 19日 日	戊寅 20日 一	己卯 21日 二	庚辰 22日 三	辛巳 23日 四	壬午 24日 五	癸未 25日 六	甲申 26日 日	乙酉 27日 一	丙戌 28日 二	丁亥 29日 三	戊子 30日 四	己丑 31日 五	庚寅(8)日 六	辛卯 2日 日	壬辰 3日 一	癸巳 4日 二	甲午 5日 三	乙未 6日 四	丙申 7日 五	丁酉 8日 六	戊戌 9日 日	己亥 10日 一		壬午大暑 丁酉立秋
七月大	丙申	天干地支 西曆 星期	庚子 11日 二	辛丑 12日 三	壬寅 13日 四	癸卯 14日 五	甲辰 15日 六	乙巳 16日 日	丙午 17日 一	丁未 18日 二	戊申 19日 三	己酉 20日 四	庚戌 21日 五	辛亥 22日 六	壬子 23日 日	癸丑 24日 一	甲寅 25日 二	乙卯 26日 三	丙辰 27日 四	丁巳 28日 五	戊午 29日 六	己未 30日 日	庚申 31日 一	辛酉(9)日 二	壬戌 2日 三	癸亥 3日 四	甲子 4日 五	乙丑 5日 六	丙寅 6日 日	丁卯 7日 一	戊辰 8日 二	己巳 9日 三	壬子處暑 戊辰白露
八月大	丁酉	天干地支 西曆 星期	庚午 10日 四	辛未 11日 五	壬申 12日 六	癸酉 13日 日	甲戌 14日 一	乙亥 15日 二	丙子 16日 三	丁丑 17日 四	戊寅 18日 五	己卯 19日 六	庚辰 20日 日	辛巳 21日 一	壬午 22日 二	癸未 23日 三	甲申 24日 四	乙酉 25日 五	丙戌 26日 六	丁亥 27日 日	戊子 28日 一	己丑 29日 二	庚寅 30日 三	辛卯(10)日 四	壬辰 2日 五	癸巳 3日 六	甲午 4日 日	乙未 5日 一	丙申 6日 二	丁酉 7日 三	戊戌 8日 四	己亥 9日 五	癸未秋分 戊戌寒露
九月小	戊戌	天干地支 西曆 星期	庚子 10日 六	辛丑 11日 日	壬寅 12日 一	癸卯 13日 二	甲辰 14日 三	乙巳 15日 四	丙午 16日 五	丁未 17日 六	戊申 18日 日	己酉 19日 一	庚戌 20日 二	辛亥 21日 三	壬子 22日 四	癸丑 23日 五	甲寅 24日 六	乙卯 25日 日	丙辰 26日 一	丁巳 27日 二	戊午 28日 三	己未 29日 四	庚申 30日 五	辛酉 31日 六	壬戌(11)日 日	癸亥 2日 一	甲子 3日 二	乙丑 4日 三	丙寅 5日 四	丁卯 6日 五	戊辰 7日 六		癸丑霜降
十月大	己亥	天干地支 西曆 星期	己巳 8日 日	庚午 9日 一	辛未 10日 二	壬申 11日 三	癸酉 12日 四	甲戌 13日 五	乙亥 14日 六	丙子 15日 日	丁丑 16日 一	戊寅 17日 二	己卯 18日 三	庚辰 19日 四	辛巳 20日 五	壬午 21日 六	癸未 22日 日	甲申 23日 一	乙酉 24日 二	丙戌 25日 三	丁亥 26日 四	戊子 27日 五	己丑 28日 六	庚寅 29日 日	辛卯 30日 一	壬辰(12)日 二	癸巳 2日 三	甲午 3日 四	乙未 4日 五	丙申 5日 六	丁酉 6日 日	戊戌 7日 一	己巳立冬 甲申小雪
十一月小	庚子	天干地支 西曆 星期	己亥 8日 二	庚子 9日 三	辛丑 10日 四	壬寅 11日 五	癸卯 12日 六	甲辰 13日 日	乙巳 14日 一	丙午 15日 二	丁未 16日 三	戊申 17日 四	己酉 18日 五	庚戌 19日 六	辛亥 20日 日	壬子 21日 一	癸丑 22日 二	甲寅 23日 三	乙卯 24日 四	丙辰 25日 五	丁巳 26日 六	戊午 27日 日	己未 28日 一	庚申 29日 二	辛酉 30日 三	壬戌 31日 四	癸亥(1)日 五	甲子 2日 六	乙丑 3日 日	丙寅 4日 一	丁卯 5日 二		己亥大雪 甲寅冬至
十二月大	辛丑	天干地支 西曆 星期	戊辰 6日 三	己巳 7日 四	庚午 8日 五	辛未 9日 六	壬申 10日 日	癸酉 11日 一	甲戌 12日 二	乙亥 13日 三	丙子 14日 四	丁丑 15日 五	戊寅 16日 六	己卯 17日 日	庚辰 18日 一	辛巳 19日 二	壬午 20日 三	癸未 21日 四	甲申 22日 五	乙酉 23日 六	丙戌 24日 日	丁亥 25日 一	戊子 26日 二	己丑 27日 三	庚寅 28日 四	辛卯 29日 五	壬辰 30日 六	癸巳 31日 日	甲午(2)日 一	乙未 2日 二	丙申 3日 三	丁酉 4日 四	己巳小寒 乙酉大寒

晉孝武帝太元十二年（丁亥 豬年） 公元 387 ~ 388 年

夏曆月序	中西日照曆對	夏曆日序																													節氣與天象
		初一	初二	初三	初四	初五	初六	初七	初八	初九	初十	十一	十二	十三	十四	十五	十六	十七	十八	十九	二十	廿一	廿二	廿三	廿四	廿五	廿六	廿七	廿八	廿九	三十	
正月小 壬寅	天干地支西曆星期	戊戌5五	己亥6六	庚子7日	辛丑8一	壬寅9二	癸卯10三	甲辰11四	乙巳12五	丙午13六	丁未14日	戊申15一	己酉16二	庚戌17三	辛亥18四	壬子19五	癸丑20六	甲寅21日	乙卯22一	丙辰23二	丁巳24三	戊午25四	己未26五	庚申27六	辛酉28日	壬戌(3)一	癸亥2二	甲子3三	乙丑4四	丙寅5五		庚子立春 乙卯雨水
二月大 癸卯	天干地支西曆星期	丁卯6六	戊辰7日	己巳8一	庚午9二	辛未10三	壬申11四	癸酉12五	甲戌13六	乙亥14日	丙子15一	丁丑16二	戊寅17三	己卯18四	庚辰19五	辛巳20六	壬午21日	癸未22一	甲申23二	乙酉24三	丙戌25四	丁亥26五	戊子27六	己丑28日	庚寅29一	辛卯30二	壬辰31三	癸巳(4)四	甲午2五	乙未3六	丙申4日	庚午驚蟄 乙酉春分
三月小 甲辰	天干地支西曆星期	丁酉5一	戊戌6二	己亥7三	庚子8四	辛丑9五	壬寅10六	癸卯11日	甲辰12一	乙巳13二	丙午14三	丁未15四	戊申16五	己酉17六	庚戌18日	辛亥19一	壬子20二	癸丑21三	甲寅22四	乙卯23五	丙辰24六	丁巳25日	戊午26一	己未27二	庚申28三	辛酉29四	壬戌30五	癸亥(5)六	甲子2日	乙丑3一		辛丑清明 丙辰穀雨
四月大 乙巳	天干地支西曆星期	丙寅4二	丁卯5三	戊辰6四	己巳7五	庚午8六	辛未9日	壬申10一	癸酉11二	甲戌12三	乙亥13四	丙子14五	丁丑15六	戊寅16日	己卯17一	庚辰18二	辛巳19三	壬午20四	癸未21五	甲申22六	乙酉23日	丙戌24一	丁亥25二	戊子26三	己丑27四	庚寅28五	辛卯29六	壬辰30日	癸巳31一	甲午(6)二	乙未2三	辛未立夏 丙戌小滿
五月小 丙午	天干地支西曆星期	丙申3四	丁酉4五	戊戌5六	己亥6日	庚子7一	辛丑8二	壬寅9三	癸卯10四	甲辰11五	乙巳12六	丙午13日	丁未14一	戊申15二	己酉16三	庚戌17四	辛亥18五	壬子19六	癸丑20日	甲寅21一	乙卯22二	丙辰23三	丁巳24四	戊午25五	己未26六	庚申27日	辛酉28一	壬戌29二	癸亥30三	甲子(7)四		壬寅芒種 丁巳夏至
六月大 丁未	天干地支西曆星期	乙丑2五	丙寅3六	丁卯4日	戊辰5一	己巳6二	庚午7三	辛未8四	壬申9五	癸酉10六	甲戌11日	乙亥12一	丙子13二	丁丑14三	戊寅15四	己卯16五	庚辰17六	辛巳18日	壬午19一	癸未20二	甲申21三	乙酉22四	丙戌23五	丁亥24六	戊子25日	己丑26一	庚寅27二	辛卯28三	壬辰29四	癸巳30五	甲午31六	壬申小暑 丁亥大暑
七月小 戊申	天干地支西曆星期	乙未(8)日	丙申2一	丁酉3二	戊戌4三	己亥5四	庚子6五	辛丑7六	壬寅8日	癸卯9一	甲辰10二	乙巳11三	丙午12四	丁未13五	戊申14六	己酉15日	庚戌16一	辛亥17二	壬子18三	癸丑19四	甲寅20五	乙卯21六	丙辰22日	丁巳23一	戊午24二	己未25三	庚申26四	辛酉27五	壬戌28六	癸亥29日		壬寅立秋 戊午處暑
八月大 己酉	天干地支西曆星期	甲子30一	乙丑31二	丙寅(9)三	丁卯2四	戊辰3五	己巳4六	庚午5日	辛未6一	壬申7二	癸酉8三	甲戌9四	乙亥10五	丙子11六	丁丑12日	戊寅13一	己卯14二	庚辰15三	辛巳16四	壬午17五	癸未18六	甲申19日	乙酉20一	丙戌21二	丁亥22三	戊子23四	己丑24五	庚寅25六	辛卯26日	壬辰27一	癸巳28二	癸酉白露 戊子秋分
九月小 庚戌	天干地支西曆星期	甲午29三	乙未30四	丙申(10)五	丁酉2六	戊戌3日	己亥4一	庚子5二	辛丑6三	壬寅7四	癸卯8五	甲辰9六	乙巳10日	丙午11一	丁未12二	戊申13三	己酉14四	庚戌15五	辛亥16六	壬子17日	癸丑18一	甲寅19二	乙卯20三	丙辰21四	丁巳22五	戊午23六	己未24日	庚申25一	辛酉26二	壬戌27三		癸卯寒露 己未霜降
十月大 辛亥	天干地支西曆星期	癸亥28四	甲子29五	乙丑30六	丙寅(11)日	丁卯2一	戊辰3二	己巳4三	庚午5四	辛未6五	壬申7六	癸酉8日	甲戌9一	乙亥10二	丙子11三	丁丑12四	戊寅13五	己卯14六	庚辰15日	辛巳16一	壬午17二	癸未18三	甲申19四	乙酉20五	丙戌21六	丁亥22日	戊子23一	己丑24二	庚寅25三	辛卯26四	壬辰27五	甲戌立冬 己丑小雪
十一月大 壬子	天干地支西曆星期	癸巳27六	甲午28日	乙未29一	丙申30二	丁酉(12)三	戊戌2四	己亥3五	庚子4六	辛丑5日	壬寅6一	癸卯7二	甲辰8三	乙巳9四	丙午10五	丁未11六	戊申12日	己酉13一	庚戌14二	辛亥15三	壬子16四	癸丑17五	甲寅18六	乙卯19日	丙辰20一	丁巳21二	戊午22三	己未23四	庚申24五	辛酉25六	壬戌26日	甲辰大雪 己未冬至
十二月小 癸丑	天干地支西曆星期	癸亥27一	甲子28二	乙丑29三	丙寅30四	丁卯31五	戊辰(1)六	己巳2日	庚午3一	辛未4二	壬申5三	癸酉6四	甲戌7五	乙亥8六	丙子9日	丁丑10一	戊寅11二	己卯12三	庚辰13四	辛巳14五	壬午15六	癸未16日	甲申17一	乙酉18二	丙戌19三	丁亥20四	戊子21五	己丑22六	庚寅23日	辛卯24一		乙亥小寒 庚寅大寒

晉孝武帝太元十三年（戊子 鼠年） 公元 388 ~ 389 年

晉孝帝太元十四年（己丑 牛年） 公元 389～390 年

夏曆月序	中西曆對照	夏曆日序																													節氣與天象
		初一	初二	初三	初四	初五	初六	初七	初八	初九	初十	十一	十二	十三	十四	十五	十六	十七	十八	十九	二十	廿一	廿二	廿三	廿四	廿五	廿六	廿七	廿八	廿九	三十	
正月小	丙寅 天干地支西曆星期	丙辰12二	丁巳13三	戊午14四	己未15五	庚申16六	辛酉17日	壬戌18一	癸亥19二	甲子20三	乙丑21四	丙寅22五	丁卯23六	戊辰24日	己巳25一	庚午26二	辛未27三	壬申28四	癸酉(3)五	甲戌2六	乙亥3日	丙子4一	丁丑5二	戊寅6三	己卯7四	庚辰8五	辛巳9六	壬午10日	癸未11一	甲申12二		丙辰雨水 辛巳驚蟄
二月大	丁卯 天干地支西曆星期	乙酉13三	丙戌14四	丁亥15五	戊子16六	己丑17日	庚寅18一	辛卯19二	壬辰20三	癸巳21四	甲午22五	乙未23六	丙申24日	丁酉25一	戊戌26二	己亥27三	庚子28四	辛丑29五	壬寅30六	癸卯31日	甲辰(4)一	乙巳2二	丙午3三	丁未4四	戊申5五	己酉6六	庚戌7日	辛亥8一	壬子9二	癸丑10三	甲寅11三	丙申春分 辛亥清明
三月大	戊辰 天干地支西曆星期	乙卯12四	丙辰13五	丁巳14六	戊午15日	己未16一	庚申17二	辛酉18三	壬戌19四	癸亥20五	甲子21六	乙丑22日	丙寅23一	丁卯24二	戊辰25三	己巳26四	庚午27五	辛未28六	壬申29日	癸酉30一	甲戌(5)二	乙亥2三	丙子3四	丁丑4五	戊寅5六	己卯6日	庚辰7一	辛巳8二	壬午9三	癸未10四	甲申11五	丙寅穀雨 壬午立夏
四月小	己巳 天干地支西曆星期	丙戌12六	丁亥13日	戊子14一	己丑15二	庚寅16三	辛卯17四	壬辰18五	癸巳19六	甲午20日	乙未21一	丙申22二	丁酉23三	戊戌24四	己亥25五	庚子26六	辛丑27日	壬寅28一	癸卯29二	甲辰30三	乙巳31四	丙午(6)五	丁未2六	戊申3日	己酉4一	庚戌5二	辛亥6三	壬子7四	癸丑8五	甲寅9六		丁酉小滿 壬子芒種
五月大	庚午 天干地支西曆星期	甲寅10日	乙卯11一	丙辰12二	丁巳13三	戊午14四	己未15五	庚申16六	辛酉17日	壬戌18一	癸亥19二	甲子20三	乙丑21四	丙寅22五	丁卯23六	戊辰24日	己巳25一	庚午26二	辛未27三	壬申28四	癸酉29五	甲戌30六	乙亥(7)日	丙子2一	丁丑3二	戊寅4三	己卯5四	庚辰6五	辛巳7六	壬午8日	癸未9一	丁卯夏至 壬午小暑
六月小	辛未 天干地支西曆星期	甲申10二	乙酉11三	丙戌12四	丁亥13五	戊子14六	己丑15日	庚寅16一	辛卯17二	壬辰18三	癸巳19四	甲午20五	乙未21六	丙申22日	丁酉23一	戊戌24二	己亥25三	庚子26四	辛丑27五	壬寅28六	癸卯29日	甲辰30一	乙巳31二	丙午(8)三	丁未2四	戊申3五	己酉4六	庚戌5日	辛亥6一	壬子7二		戊戌大暑
七月大	壬申 天干地支西曆星期	癸丑8三	甲寅9四	乙卯10五	丙辰11六	丁巳12日	戊午13一	己未14二	庚申15三	辛酉16四	壬戌17五	癸亥18六	甲子19日	乙丑20一	丙寅21二	丁卯22三	戊辰23四	己巳24五	庚午25六	辛未26日	壬申27一	癸酉28二	甲戌29三	乙亥30四	丙子31五	丁丑(9)六	戊寅2日	己卯3一	庚辰4二	辛巳5三	壬午6四	癸未立秋 戊辰處暑
八月小	癸酉 天干地支西曆星期	癸未7五	甲申8六	乙酉9日	丙戌10一	丁亥11二	戊子12三	己丑13四	庚寅14五	辛卯15六	壬辰16日	癸巳17一	甲午18二	乙未19三	丙申20四	丁酉21五	戊戌22六	己亥23日	庚子24一	辛丑25二	壬寅26三	癸卯27四	甲辰28五	乙巳29六	丙午30(10)日	丁未2一	戊申3二	己酉4三	庚戌5四	辛亥6五		癸未白露 己亥秋分
九月大	甲戌 天干地支西曆星期	壬子6六	癸丑7日	甲寅8一	乙卯9二	丙辰10三	丁巳11四	戊午12五	己未13六	庚申14日	辛酉15一	壬戌16二	癸亥17三	甲子18四	乙丑19五	丙寅20六	丁卯21日	戊辰22一	己巳23二	庚午24三	辛未25四	壬申26五	癸酉27六	甲戌28日	乙亥29一	丙子30二	丁丑31三	戊寅(11)四	己卯2五	庚辰3六	辛巳4日	甲寅寒露 己巳霜降
十月小	乙亥 天干地支西曆星期	壬午5一	癸未6二	甲申7三	乙酉8四	丙戌9五	丁亥10六	戊子11日	己丑12一	庚寅13二	辛卯14三	壬辰15四	癸巳16五	甲午17六	乙未18日	丙申19一	丁酉20二	戊戌21三	己亥22四	庚子23五	辛丑24六	壬寅25日	癸卯26一	甲辰27二	乙巳28三	丙午29四	丁未30五	戊申(12)六	己酉2日	庚戌3一		甲申立冬 己亥小雪
十一月大	丙子 天干地支西曆星期	辛亥4二	壬子5三	癸丑6四	甲寅7五	乙卯8六	丙辰9日	丁巳10一	戊午11二	己未12三	庚申13四	辛酉14五	壬戌15六	癸亥16日	甲子17一	乙丑18二	丙寅19三	丁卯20四	戊辰21五	己巳22六	庚午23日	辛未24一	壬申25二	癸酉26三	甲戌27四	乙亥28五	丙子29六	丁丑30日	戊寅31一	己卯(1)二	庚辰2三	乙卯大雪 庚午冬至
十二月小	丁丑 天干地支西曆星期	辛巳3四	壬午4五	癸未5六	甲申6日	乙酉7一	丙戌8二	丁亥9三	戊子10四	己丑11五	庚寅12六	辛卯13日	壬辰14一	癸巳15二	甲午16三	乙未17四	丙申18五	丁酉19六	戊戌20日	己亥21一	庚子22二	辛丑23三	壬寅24四	癸卯25五	甲辰26六	乙巳27日	丙午28一	丁未29二	戊申30三	己酉31四		乙酉小寒 庚子大寒

晉孝武帝太元十五年（庚寅 虎年） 公元390～391年

夏曆月序	中西曆對照	夏曆日序 初一	初二	初三	初四	初五	初六	初七	初八	初九	初十	十一	十二	十三	十四	十五	十六	十七	十八	十九	二十	廿一	廿二	廿三	廿四	廿五	廿六	廿七	廿八	廿九	三十	節氣與天象
正月大	戊寅	天干庚戌 地支(2) 西曆五	辛亥2六	壬子3日	癸丑4一	甲寅5二	乙卯6三	丙辰7四	丁巳8五	戊午9六	己未10日	庚申11一	辛酉12二	壬戌13三	癸亥14四	甲子15五	乙丑16六	丙寅17日	丁卯18一	戊辰19二	己巳20三	庚午21四	辛未22五	壬申23六	癸酉24日	甲戌25一	乙亥26二	丙子27三	丁丑28四	戊寅(3)五	己卯2六	丙辰立春 辛未雨水
二月小	己卯	庚辰3日	辛巳4一	壬午5二	癸未6三	甲申7四	乙酉8五	丙戌9六	丁亥10日	戊子11一	己丑12二	庚寅13三	辛卯14四	壬辰15五	癸巳16六	甲午17日	乙未18一	丙申19二	丁酉20三	戊戌21四	己亥22五	庚子23六	辛丑24日	壬寅25一	癸卯26二	甲辰27三	乙巳28四	丙午29五	丁未30六	戊申31日		丙戌驚蟄 辛丑春分
三月大	庚辰	己酉(4)一	庚戌2二	辛亥3三	壬子4四	癸丑5五	甲寅6六	乙卯7日	丙辰8一	丁巳9二	戊午10三	己未11四	庚申12五	辛酉13六	壬戌14日	癸亥15一	甲子16二	乙丑17三	丙寅18四	丁卯19五	戊辰20六	己巳21日	庚午22一	辛未23二	壬申24三	癸酉25四	甲戌26五	乙亥27六	丙子28日	丁丑29一	戊寅30二	丙辰清明 壬申穀雨
四月小	辛巳	己卯(5)三	庚辰2四	辛巳3五	壬午4六	癸未5日	甲申6一	乙酉7二	丙戌8三	丁亥9四	戊子10五	己丑11六	庚寅12日	辛卯13一	壬辰14二	癸巳15三	甲午16四	乙未17五	丙申18六	丁酉19日	戊戌20一	己亥21二	庚子22三	辛丑23四	壬寅24五	癸卯25六	甲辰26日	乙巳27一	丙午28二	丁未29三		丁亥立夏 壬寅小滿
五月大	壬午	戊申30四	己酉31五	庚戌(6)六	辛亥2日	壬子3一	癸丑4二	甲寅5三	乙卯6四	丙辰7五	丁巳8六	戊午9日	己未10一	庚申11二	辛酉12三	壬戌13四	癸亥14五	甲子15六	乙丑16日	丙寅17一	丁卯18二	戊辰19三	己巳20四	庚午21五	辛未22六	壬申23日	癸酉24一	甲戌25二	乙亥26三	丙子27四	丁丑28五	丁巳芒種 癸酉夏至
六月小	癸未	戊寅29六	己卯30日	庚辰(7)一	辛巳2二	壬午3三	癸未4四	甲申5五	乙酉6六	丙戌7日	丁亥8一	戊子9二	己丑10三	庚寅11四	辛卯12五	壬辰13六	癸巳14日	甲午15一	乙未16二	丙申17三	丁酉18四	戊戌19五	己亥20六	庚子21日	辛丑22一	壬寅23二	癸卯24三	甲辰25四	乙巳26五	丙午27六		戊子小暑 癸卯大暑
七月大	甲申	丁未28日	戊申29一	己酉30二	庚戌31三	辛亥(8)四	壬子2五	癸丑3六	甲寅4日	乙卯5一	丙辰6二	丁巳7三	戊午8四	己未9五	庚申10六	辛酉11日	壬戌12一	癸亥13二	甲子14三	乙丑15四	丙寅16五	丁卯17六	戊辰18日	己巳19一	庚午20二	辛未21三	壬申22四	癸酉23五	甲戌24六	乙亥25日	丙子26一	戊午立秋 癸酉處暑
八月大	乙酉	丁丑27二	戊寅28三	己卯29四	庚辰30五	辛巳31六	壬午(9)日	癸未2一	甲申3二	乙酉4三	丙戌5四	丁亥6五	戊子7六	己丑8日	庚寅9一	辛卯10二	壬辰11三	癸巳12四	甲午13五	乙未14六	丙申15日	丁酉16一	戊戌17二	己亥18三	庚子19四	辛丑20五	壬寅21六	癸卯22日	甲辰23一	乙巳24二	丙午25三	己丑白露 甲辰秋分
九月小	丙戌	丁未26四	戊申27五	己酉28六	庚戌29日	辛亥30一	壬子(10)二	癸丑2三	甲寅3四	乙卯4五	丙辰5六	丁巳6日	戊午7一	己未8二	庚申9三	辛酉10四	壬戌11五	癸亥12六	甲子13日	乙丑14一	丙寅15二	丁卯16三	戊辰17四	己巳18五	庚午19六	辛未20日	壬申21一	癸酉22二	甲戌23三	乙亥24四		己未寒露 甲戌霜降
十月大	丁亥	丙子25五	丁丑26六	戊寅27日	己卯28一	庚辰29二	辛巳30三	壬午31四	癸未(11)五	甲申2六	乙酉3日	丙戌4一	丁亥5二	戊子6三	己丑7四	庚寅8五	辛卯9六	壬辰10日	癸巳11一	甲午12二	乙未13三	丙申14四	丁酉15五	戊戌16六	己亥17日	庚子18一	辛丑19二	壬寅20三	癸卯21四	甲辰22五	乙巳23六	己丑立冬 己巳小雪
閏十月小	丁亥	丙午24日	丁未25一	戊申26二	己酉27三	庚戌28四	辛亥29五	壬子30六	癸丑(12)日	甲寅2一	乙卯3二	丙辰4三	丁巳5四	戊午6五	己未7六	庚申8日	辛酉9一	壬戌10二	癸亥11三	甲子12四	乙丑13五	丙寅14六	丁卯15日	戊辰16一	己巳17二	庚午18三	辛未19四	壬申20五	癸酉21六	甲戌22日		庚申大雪
十一月大	戊子	乙亥23一	丙子24二	丁丑25三	戊寅26四	己卯27五	庚辰28六	辛巳29日	壬午30一	癸未31二	甲申(1)三	乙酉2四	丙戌3五	丁亥4六	戊子5日	己丑6一	庚寅7二	辛卯8三	壬辰9四	癸巳10五	甲午11六	乙未12日	丙申13一	丁酉14二	戊戌15三	己亥16四	庚子17五	辛丑18六	壬寅19日	癸卯20一	甲辰21二	乙亥冬至 庚寅小寒
十二月小	己丑	乙巳22三	丙午23四	丁未24五	戊申25六	己酉26日	庚戌27一	辛亥28二	壬子29三	癸丑30四	甲寅31五	乙卯(2)六	丙辰2日	丁巳3一	戊午4二	己未5三	庚申6四	辛酉7五	壬戌8六	癸亥9日	甲子10一	乙丑11二	丙寅12三	丁卯13四	戊辰14五	己巳15六	庚午16日	辛未17一	壬申18二	癸酉19三		丙午大寒 辛酉立春

晉孝武帝太元十六年（辛卯 兔年） 公元 391～392 年

夏曆月序	中西曆對照	夏曆日序 初一	初二	初三	初四	初五	初六	初七	初八	初九	初十	十一	十二	十三	十四	十五	十六	十七	十八	十九	二十	二一	二二	二三	二四	二五	二六	二七	二八	二九	三十	節氣與天象
正月大 庚寅	天干地支西曆星期	甲戌20四	乙亥21五	丙子22六	丁丑23日	戊寅24一	己卯25二	庚辰26三	辛巳27四	壬午28五	癸未(3)六	甲申2日	乙酉3一	丙戌4二	丁亥5三	戊子6四	己丑7五	庚寅8六	辛卯9日	壬辰10一	癸巳11二	甲午12三	乙未13四	丙申14五	丁酉15六	戊戌16日	己亥17一	庚子18二	辛丑19三	壬寅20四	癸卯21五	丙子雨水 辛卯驚蟄
二月小 辛卯	天干地支西曆星期	甲辰22六	乙巳23日	丙午24一	丁未25二	戊申26三	己酉27四	庚戌28五	辛亥29六	壬子30日	癸丑31一	甲寅(4)二	乙卯2三	丙辰3四	丁巳4五	戊午5六	己未6日	庚申7一	辛酉8二	壬戌9三	癸亥10四	甲子11五	乙丑12六	丙寅13日	丁卯14一	戊辰15二	己巳16三	庚午17四	辛未18五	壬申19六		丙午春分 壬戌清明
三月大 壬辰	天干地支西曆星期	癸酉20日	甲戌21一	乙亥22二	丙子23三	丁丑24四	戊寅25五	己卯26六	庚辰27日	辛巳28一	壬午29二	癸未30三	甲申(5)四	乙酉2五	丙戌3六	丁亥4日	戊子5一	己丑6二	庚寅7三	辛卯8四	壬辰9五	癸巳10六	甲午11日	乙未12一	丙申13二	丁酉14三	戊戌15四	己亥16五	庚子17六	辛丑18日	壬寅19一	丁丑穀雨 壬辰立夏
四月小 癸巳	天干地支西曆星期	癸卯20二	甲辰21三	乙巳22四	丙午23五	丁未24六	戊申25日	己酉26一	庚戌27二	辛亥28三	壬子29四	癸丑30五	甲寅31六	乙卯(6)日	丙辰2一	丁巳3二	戊午4三	己未5四	庚申6五	辛酉7六	壬戌8日	癸亥9一	甲子10二	乙丑11三	丙寅12四	丁卯13五	戊辰14六	己巳15日	庚午16一	辛未17二		丁未小滿 癸亥芒種
五月大 甲午	天干地支西曆星期	壬申18三	癸酉19四	甲戌20五	乙亥21六	丙子22日	丁丑23一	戊寅24二	己卯25三	庚辰26四	辛巳27五	壬午28六	癸未29日	甲申30一	乙酉(7)二	丙戌2三	丁亥3四	戊子4五	己丑5六	庚寅6日	辛卯7一	壬辰8二	癸巳9三	甲午10四	乙未11五	丙申12六	丁酉13日	戊戌14一	己亥15二	庚子16三	辛丑17四	戊寅夏至 癸巳小暑
六月小 乙未	天干地支西曆星期	壬寅18五	癸卯19六	甲辰20日	乙巳21一	丙午22二	丁未23三	戊申24四	己酉25五	庚戌26六	辛亥27日	壬子28一	癸丑29二	甲寅30三	乙卯31四	丙辰(8)五	丁巳2六	戊午3日	己未4一	庚申5二	辛酉6三	壬戌7四	癸亥8五	甲子9六	乙丑10日	丙寅11一	丁卯12二	戊辰13三	己巳14四	庚午15五		戊申大暑 癸亥立秋
七月大 丙申	天干地支西曆星期	辛未16六	壬申17日	癸酉18一	甲戌19二	乙亥20三	丙子21四	丁丑22五	戊寅23六	己卯24日	庚辰25一	辛巳26二	壬午27三	癸未28四	甲申29五	乙酉30六	丙戌31日	丁亥(9)一	戊子2二	己丑3三	庚寅4四	辛卯5五	壬辰6六	癸巳7日	甲午8一	乙未9二	丙申10三	丁酉11四	戊戌12五	己亥13六	庚子14日	己卯處暑 甲午白露
八月小 丁酉	天干地支西曆星期	辛丑15一	壬寅16二	癸卯17三	甲辰18四	乙巳19五	丙午20六	丁未21日	戊申22一	己酉23二	庚戌24三	辛亥25四	壬子26五	癸丑27六	甲寅28日	乙卯29一	丙辰30二	丁巳31三	戊午(10)四	己未2五	庚申3六	辛酉4日	壬戌5一	癸亥6二	甲子7三	乙丑8四	丙寅9五	丁卯10六	戊辰11日	己巳12一		己酉秋分 甲子寒露
九月大 戊戌	天干地支西曆星期	庚午14二	辛未15三	壬申16四	癸酉17五	甲戌18六	乙亥19日	丙子20一	丁丑21二	戊寅22三	己卯23四	庚辰24五	辛巳25六	壬午26日	癸未27一	甲申28二	乙酉29三	丙戌30四	丁亥31五	戊子(11)六	己丑2日	庚寅3一	辛卯4二	壬辰5三	癸巳6四	甲午7五	乙未8六	丙申9日	丁酉10一	戊戌11二	己亥12三	庚辰霜降 乙未立冬
十月大 己亥	天干地支西曆星期	庚子13四	辛丑14五	壬寅15六	癸卯16日	甲辰17一	乙巳18二	丙午19三	丁未20四	戊申21五	己酉22六	庚戌23日	辛亥24一	壬子25二	癸丑26三	甲寅27四	乙卯28五	丙辰29六	丁巳30日	戊午(12)一	己未2二	庚申3三	辛酉4四	壬戌5五	癸亥6六	甲子7日	乙丑8一	丙寅9二	丁卯10三	戊辰11四	己巳12五	庚戌小雪 乙丑大雪
十一月小 庚子	天干地支西曆星期	庚午13六	辛未14日	壬申15一	癸酉16二	甲戌17三	乙亥18四	丙子19五	丁丑20六	戊寅21日	己卯22一	庚辰23二	辛巳24三	壬午25四	癸未26五	甲申27六	乙酉28日	丙戌29一	丁亥30二	戊子31三	己丑(1)四	庚寅2五	辛卯3六	壬辰4日	癸巳5一	甲午6二	乙未7三	丙申8四	丁酉9五	戊戌10六		庚辰冬至 丙申小寒
十二月大 辛丑	天干地支西曆星期	己亥11日	庚子12一	辛丑13二	壬寅14三	癸卯15四	甲辰16五	乙巳17六	丙午18日	丁未19一	戊申20二	己酉21三	庚戌22四	辛亥23五	壬子24六	癸丑25日	甲寅26一	乙卯27二	丙辰28三	丁巳29四	戊午30五	己未31六	庚申(2)日	辛酉2一	壬戌3二	癸亥4三	甲子5四	乙丑6五	丙寅7六	丁卯8日	戊辰9一	辛亥大寒 丙寅立春

晉孝武帝太元十七年（壬辰 龍年） 公元 392～393 年

夏曆月序	西曆對照	夏曆日序																													節氣與天象
	中西曆對照	初一	初二	初三	初四	初五	初六	初七	初八	初九	初十	十一	十二	十三	十四	十五	十六	十七	十八	十九	二十	二一	二二	二三	二四	二五	二六	二七	二八	二九	三十	
正月小	壬寅 天干地支 西曆日 星期	己巳 10 二	庚午 11 三	辛未 12 四	壬申 13 五	癸酉 14 六	甲戌 15日	乙亥 16 一	丙子 17 二	丁丑 18 三	戊寅 19 四	己卯 20 五	庚辰 21 六	辛巳 22日	壬午 23 一	癸未 24 二	甲申 25 三	乙酉 26 四	丙戌 27 五	丁亥 28 六	戊子 29日	己丑 (3) 一	庚寅 2 二	辛卯 3 三	壬辰 4 四	癸巳 5 五	甲午 6 六	乙未 7日	丙申 8 一	丁酉 9 二		辛巳雨水 丙申驚蟄
二月大	癸卯 天干地支 西曆日 星期	戊戌 10 三	己亥 11 四	庚子 12 五	辛丑 13 六	壬寅 14日	癸卯 15 一	甲辰 16 二	乙巳 17 三	丙午 18 四	丁未 19 五	戊申 20 六	己酉 21日	庚戌 22 一	辛亥 23 二	壬子 24 三	癸丑 25 四	甲寅 26 五	乙卯 27 六	丙辰 28日	丁巳 29 一	戊午 30 二	己未 31 三	庚申 (4) 四	辛酉 2 五	壬戌 3 六	癸亥 4日	甲子 5 一	乙丑 6 二	丙寅 7 三	丁卯 8 四	壬子春分 丁卯清明
三月小	甲辰 天干地支 西曆日 星期	戊辰 9 五	己巳 10 六	庚午 11日	辛未 12 一	壬申 13 二	癸酉 14 三	甲戌 15 四	乙亥 16 五	丙子 17 六	丁丑 18日	戊寅 19 一	己卯 20 二	庚辰 21 三	辛巳 22 四	壬午 23 五	癸未 24 六	甲申 25日	乙酉 26 一	丙戌 27 二	丁亥 28 三	戊子 29 四	己丑 30 五	庚寅 (5) 六	辛卯 2日	壬辰 3 一	癸巳 4 二	甲午 5 三	乙未 6 四	丙申 7 五		壬午穀雨
四月大	乙巳 天干地支 西曆日 星期	丁酉 8 六	戊戌 9日	己亥 10 一	庚子 11 二	辛丑 12 三	壬寅 13 四	癸卯 14 五	甲辰 15 六	乙巳 16日	丙午 17 一	丁未 18 二	戊申 19 三	己酉 20 四	庚戌 21 五	辛亥 22 六	壬子 23日	癸丑 24 一	甲寅 25 二	乙卯 26 三	丙辰 27 四	丁巳 28 五	戊午 29 六	己未 30日	庚申 31 一	辛酉 (6) 二	壬戌 2 三	癸亥 3 四	甲子 4 五	乙丑 5 六	丙寅 6日	丁酉立夏 癸丑小滿
五月小	丙午 天干地支 西曆日 星期	丁卯 7 一	戊辰 8 二	己巳 9 三	庚午 10 四	辛未 11 五	壬申 12 六	癸酉 13日	甲戌 14 一	乙亥 15 二	丙子 16 三	丁丑 17 四	戊寅 18 五	己卯 19 六	庚辰 20日	辛巳 21 一	壬午 22 二	癸未 23 三	甲申 24 四	乙酉 25 五	丙戌 26 六	丁亥 27日	戊子 28 一	己丑 29 二	庚寅 30 三	辛卯 (7) 四	壬辰 2 五	癸巳 3 六	甲午 4日	乙未 5 一		戊辰芒種 癸未夏至 丁卯日食
六月大	丁未 天干地支 西曆日 星期	丙申 6 二	丁酉 7 三	戊戌 8 四	己亥 9 五	庚子 10 六	辛丑 11日	壬寅 12 一	癸卯 13 二	甲辰 14 三	乙巳 15 四	丙午 16 五	丁未 17 六	戊申 18日	己酉 19 一	庚戌 20 二	辛亥 21 三	壬子 22 四	癸丑 23 五	甲寅 24 六	乙卯 25日	丙辰 26 一	丁巳 27 二	戊午 28 三	己未 29 四	庚申 30 五	辛酉 31 六	壬戌 (8)日	癸亥 2 一	甲子 3 二	乙丑 4 三	戊戌小暑 癸丑大暑
七月小	戊申 天干地支 西曆日 星期	丙寅 5 四	丁卯 6 五	戊辰 7 六	己巳 8日	庚午 9 一	辛未 10 二	壬申 11 三	癸酉 12 四	甲戌 13 五	乙亥 14 六	丙子 15日	丁丑 16 一	戊寅 17 二	己卯 18 三	庚辰 19 四	辛巳 20 五	壬午 21 六	癸未 22日	甲申 23 一	乙酉 24 二	丙戌 25 三	丁亥 26 四	戊子 27 五	己丑 28 六	庚寅 29日	辛卯 30 一	壬辰 31 二	癸巳 (9) 三	甲午 2 四		己巳立秋 甲申處暑
八月大	己酉 天干地支 西曆日 星期	乙未 3 五	丙申 4 六	丁酉 5日	戊戌 6 一	己亥 7 二	庚子 8 三	辛丑 9 四	壬寅 10 五	癸卯 11 六	甲辰 12日	乙巳 13 一	丙午 14 二	丁未 15 三	戊申 16 四	己酉 17 五	庚戌 18 六	辛亥 19日	壬子 20 一	癸丑 21 二	甲寅 22 三	乙卯 23 四	丙辰 24 五	丁巳 25 六	戊午 26日	己未 27 一	庚申 28 二	辛酉 29 三	壬戌 30 四	癸亥 (10) 五	甲子 2 六	己亥白露 甲寅秋分
九月小	庚戌 天干地支 西曆日 星期	乙丑 3日	丙寅 4 一	丁卯 5 二	戊辰 6 三	己巳 7 四	庚午 8 五	辛未 9 六	壬申 10日	癸酉 11 一	甲戌 12 二	乙亥 13 三	丙子 14 四	丁丑 15 五	戊寅 16 六	己卯 17日	庚辰 18 一	辛巳 19 二	壬午 20 三	癸未 21 四	甲申 22 五	乙酉 23 六	丙戌 24日	丁亥 25 一	戊子 26 二	己丑 27 三	庚寅 28 四	辛卯 29 五	壬辰 30 六	癸巳 31日		庚午寒露 乙酉霜降
十月大	辛亥 天干地支 西曆日 星期	甲午 (11) 一	乙未 2 二	丙申 3 三	丁酉 4 四	戊戌 5 五	己亥 6 六	庚子 7日	辛丑 8 一	壬寅 9 二	癸卯 10 三	甲辰 11 四	乙巳 12 五	丙午 13 六	丁未 14日	戊申 15 一	己酉 16 二	庚戌 17 三	辛亥 18 四	壬子 19 五	癸丑 20 六	甲寅 21日	乙卯 22 一	丙辰 23 二	丁巳 24 三	戊午 25 四	己未 26 五	庚申 27 六	辛酉 28日	壬戌 29 一	癸亥 30 二	庚子立冬 乙卯小雪
十一月小	壬子 天干地支 西曆日 星期	甲子 (12) 三	乙丑 2 四	丙寅 3 五	丁卯 4 六	戊辰 5日	己巳 6 一	庚午 7 二	辛未 8 三	壬申 9 四	癸酉 10 五	甲戌 11 六	乙亥 12日	丙子 13 一	丁丑 14 二	戊寅 15 三	己卯 16 四	庚辰 17 五	辛巳 18 六	壬午 19日	癸未 20 一	甲申 21 二	乙酉 22 三	丙戌 23 四	丁亥 24 五	戊子 25 六	己丑 26日	庚寅 27 一	辛卯 28 二	壬辰 29 三		庚午大雪 丙戌冬至
十二月大	癸丑 天干地支 西曆日 星期	癸巳 30 四	甲午 31 五	乙未 (1) 六	丙申 2日	丁酉 3 一	戊戌 4 二	己亥 5 三	庚子 6 四	辛丑 7 五	壬寅 8 六	癸卯 9日	甲辰 10 一	乙巳 11 二	丙午 12 三	丁未 13 四	戊申 14 五	己酉 15 六	庚戌 16日	辛亥 17 一	壬子 18 二	癸丑 19 三	甲寅 20 四	乙卯 21 五	丙辰 22 六	丁巳 23日	戊午 24 一	己未 25 二	庚申 26 三	辛酉 27 四	壬戌 28 五	辛丑小寒 丙辰大寒

晉孝武帝太元十八年（癸巳 蛇年） 公元 393 ~ 394 年

夏曆月序	中西曆對照	夏曆日序																													節氣與天象
		初一	初二	初三	初四	初五	初六	初七	初八	初九	初十	十一	十二	十三	十四	十五	十六	十七	十八	十九	二十	二一	二二	二三	二四	二五	二六	二七	二八	二九	三十	
正月小	甲寅 天干 地支 西曆 星期 日照	癸亥 六	甲子 30日 日	乙丑 31 一	丙寅 (2) 二	丁卯 2 三	戊辰 3 四	己巳 4 五	庚午 5 六	辛未 6 日	壬申 7 一	癸酉 8 二	甲戌 9 三	乙亥 10 四	丙子 11 五	丁丑 12 六	戊寅 13 日	己卯 14 一	庚辰 15 二	辛巳 16 三	壬午 17 四	癸未 18 五	甲申 19 六	乙酉 20 日	丙戌 21 一	丁亥 22 二	戊子 23 三	己丑 24 四	庚寅 25 五	辛卯 26 六		辛未立春 丁亥雨水
二月大	乙卯 天干 地支 西曆 星期	壬辰 27 日	癸巳 28 一	甲午 (3) 二	乙未 3 三	丙申 4 四	丁酉 5 五	戊戌 6 六	己亥 7 日	庚子 8 一	辛丑 9 二	壬寅 10 三	癸卯 11 四	甲辰 12 五	乙巳 13 六	丙午 14 日	丁未 15 一	戊申 16 二	己酉 17 三	庚戌 18 四	辛亥 19 五	壬子 20 六	癸丑 21 日	甲寅 22 一	乙卯 23 二	丙辰 24 三	丁巳 25 四	戊午 26 五	己未 27 六	庚申 28 日	辛酉 29 一	壬寅驚蟄 丁巳春分
三月大	丙辰 天干 地支 西曆 星期	壬戌 29 二	癸亥 30 三	甲子 31 四	乙丑 (4) 五	丙寅 2 六	丁卯 3 日	戊辰 4 一	己巳 5 二	庚午 6 三	辛未 7 四	壬申 8 五	癸酉 9 六	甲戌 10 日	乙亥 11 一	丙子 12 二	丁丑 13 三	戊寅 14 四	己卯 15 五	庚辰 16 六	辛巳 17 日	壬午 18 一	癸未 19 二	甲申 20 三	乙酉 21 四	丙戌 22 五	丁亥 23 六	戊子 24 日	己丑 25 一	庚寅 26 二	辛卯 27 三	壬申清明 丁亥穀雨
四月小	丁巳 天干 地支 西曆 星期	壬辰 28 四	癸巳 29 五	甲午 30 六	乙未 (5) 日	丙申 2 一	丁酉 3 二	戊戌 4 三	己亥 5 四	庚子 6 五	辛丑 7 六	壬寅 8 日	癸卯 9 一	甲辰 10 二	乙巳 11 三	丙午 12 四	丁未 13 五	戊申 14 六	己酉 15 日	庚戌 16 一	辛亥 17 二	壬子 18 三	癸丑 19 四	甲寅 20 五	乙卯 21 六	丙辰 22 日	丁巳 23 一	戊午 24 二	己未 25 三	庚申 26 四		癸卯立夏 戊午小滿
五月大	戊午 天干 地支 西曆 星期	辛酉 27 五	壬戌 28 六	癸亥 29 日	甲子 30 一	乙丑 31 二	丙寅 (6) 三	丁卯 2 四	戊辰 3 五	己巳 4 六	庚午 5 日	辛未 6 一	壬申 7 二	癸酉 8 三	甲戌 9 四	乙亥 10 五	丙子 11 六	丁丑 12 日	戊寅 13 一	己卯 14 二	庚辰 15 三	辛巳 16 四	壬午 17 五	癸未 18 六	甲申 19 日	乙酉 20 一	丙戌 21 二	丁亥 22 三	戊子 23 四	己丑 24 五	庚寅 25 六	癸酉芒種 戊子夏至
六月小	己未 天干 地支 西曆 星期	辛卯 26 日	壬辰 27 一	癸巳 28 二	甲午 29 三	乙未 30 四	丙申 (7) 五	丁酉 2 六	戊戌 3 日	己亥 4 一	庚子 5 二	辛丑 6 三	壬寅 7 四	癸卯 8 五	甲辰 9 六	乙巳 10 日	丙午 11 一	丁未 12 二	戊申 13 三	己酉 14 四	庚戌 15 五	辛亥 16 六	壬子 17 日	癸丑 18 一	甲寅 19 二	乙卯 20 三	丙辰 21 四	丁巳 22 五	戊午 23 六	己未 24 日		癸卯小暑 己未大暑
七月大	庚申 天干 地支 西曆 星期	庚申 25 一	辛酉 26 二	壬戌 27 三	癸亥 28 四	甲子 29 五	乙丑 30 六	丙寅 31 日	丁卯 (8) 一	戊辰 2 二	己巳 3 三	庚午 4 四	辛未 5 五	壬申 6 六	癸酉 7 日	甲戌 8 一	乙亥 9 二	丙子 10 三	丁丑 11 四	戊寅 12 五	己卯 13 六	庚辰 14 日	辛巳 15 一	壬午 16 二	癸未 17 三	甲申 18 四	乙酉 19 五	丙戌 20 六	丁亥 21 日	戊子 22 一	己丑 23 二	甲丑立秋 己丑處暑
閏七月小	庚申 天干 地支 西曆 星期	庚寅 24 三	辛卯 25 四	壬辰 26 五	癸巳 27 六	甲午 28 日	乙未 29 一	丙申 30 二	丁酉 31 三	戊戌 (9) 四	己亥 2 五	庚子 3 六	辛丑 4 日	壬寅 5 一	癸卯 6 二	甲辰 7 三	乙巳 8 四	丙午 9 五	丁未 10 六	戊申 11 日	己酉 12 一	庚戌 13 二	辛亥 14 三	壬子 15 四	癸丑 16 五	甲寅 17 六	乙卯 18 日	丙辰 19 一	丁巳 20 二	戊午 21 三		甲辰白露
八月大	辛酉 天干 地支 西曆 星期	己未 22 四	庚申 23 五	辛酉 24 六	壬戌 25 日	癸亥 26 一	甲子 27 二	乙丑 28 三	丙寅 29 四	丁卯 30 五	戊辰 (10) 六	己巳 2 日	庚午 3 一	辛未 4 二	壬申 5 三	癸酉 6 四	甲戌 7 五	乙亥 8 六	丙子 9 日	丁丑 10 一	戊寅 11 二	己卯 12 三	庚辰 13 四	辛巳 14 五	壬午 15 六	癸未 16 日	甲申 17 一	乙酉 18 二	丙戌 19 三	丁亥 20 四	戊子 21 五	庚申秋分 乙亥寒露
九月小	壬戌 天干 地支 西曆 星期	己丑 22 六	庚寅 23 日	辛卯 24 一	壬辰 25 二	癸巳 26 三	甲午 27 四	乙未 28 五	丙申 29 六	丁酉 30 日	戊戌 31 一	己亥 (11) 二	庚子 2 三	辛丑 3 四	壬寅 4 五	癸卯 5 六	甲辰 6 日	乙巳 7 一	丙午 8 二	丁未 9 三	戊申 10 四	己酉 11 五	庚戌 12 六	辛亥 13 日	壬子 14 一	癸丑 15 二	甲寅 16 三	乙卯 17 四	丙辰 18 五	丁巳 19 六		庚寅霜降 乙巳立冬
十月大	癸亥 天干 地支 西曆 星期	戊午 20日 日	己未 21 一	庚申 22 二	辛酉 23 三	壬戌 24 四	癸亥 25 五	甲子 26 六	乙丑 27 日	丙寅 28 一	丁卯 29 二	戊辰 30 三	己巳 (12) 四	庚午 2 五	辛未 3 六	壬申 4 日	癸酉 5 一	甲戌 6 二	乙亥 7 三	丙子 8 四	丁丑 9 五	戊寅 10 六	己卯 11 日	庚辰 12 一	辛巳 13 二	壬午 14 三	癸未 15 四	甲申 16 五	乙酉 17 六	丙戌 18 日	丁亥 19 一	庚申小雪 丙子大雪
十一月小	甲子 天干 地支 西曆 星期	戊子 20 二	己丑 21 三	庚寅 22 四	辛卯 23 五	壬辰 24 六	癸巳 25 日	甲午 26 一	乙未 27 二	丙申 28 三	丁酉 29 四	戊戌 30 五	己亥 31 六	庚子 (1) 日	辛丑 2 一	壬寅 3 二	癸卯 4 三	甲辰 5 四	乙巳 6 五	丙午 7 六	丁未 8 日	戊申 9 一	己酉 10 二	庚戌 11 三	辛亥 12 四	壬子 13 五	癸丑 14 六	甲寅 15 日	乙卯 16 一	丙辰 17 二		辛卯冬至 丙午小寒
十二月大	乙丑 天干 地支 西曆 星期	丁巳 18 三	戊午 19 四	己未 20 五	庚申 21 六	辛酉 22 日	壬戌 23 一	癸亥 24 二	甲子 25 三	乙丑 26 四	丙寅 27 五	丁卯 28 六	戊辰 29 日	己巳 30 一	庚午 31 二	辛未 (2) 三	壬申 2 四	癸酉 3 五	甲戌 4 六	乙亥 5 日	丙子 6 一	丁丑 7 二	戊寅 8 三	己卯 9 四	庚辰 10 五	辛巳 11 六	壬午 12 日	癸未 13 一	甲申 14 二	乙酉 15 三	丙戌 16 四	辛酉大寒 丁丑立春

晉孝武帝太元十九年（甲午 馬年） 公元 394 ～ 395 年

夏曆月序	中西曆對照	夏曆日序																													節氣與天象
		初一	初二	初三	初四	初五	初六	初七	初八	初九	初十	十一	十二	十三	十四	十五	十六	十七	十八	十九	二十	二一	二二	二三	二四	二五	二六	二七	二八	二九	三十	
正月小	丙寅 天干地支／西曆日／星期	丁亥 17 五	戊子 18 六	己丑 19 日	庚寅 20 一	辛卯 21 二	壬辰 22 三	癸巳 23 四	甲午 24 五	乙未 25 六	丙申 26 日	丁酉 27 一	戊戌 28 二	己亥 (3) 三	庚子 2 四	辛丑 3 五	壬寅 4 六	癸卯 5 日	甲辰 6 一	乙巳 7 二	丙午 8 三	丁未 9 四	戊申 10 五	己酉 11 六	庚戌 12 日	辛亥 13 一	壬子 14 二	癸丑 15 三	甲寅 16 四	乙卯 17 五		壬辰雨水 丁未驚蟄
二月大	丁卯 天干地支／西曆日／星期	丙辰 18 六	丁巳 19 日	戊午 20 一	己未 21 二	庚申 22 三	辛酉 23 四	壬戌 24 五	癸亥 25 六	甲子 26 日	乙丑 27 一	丙寅 28 二	丁卯 29 三	戊辰 30 四	己巳 31 五	庚午 (4) 六	辛未 2 日	壬申 3 一	癸酉 4 二	甲戌 5 三	乙亥 6 四	丙子 7 五	丁丑 8 六	戊寅 9 日	己卯 10 一	庚辰 11 二	辛巳 12 三	壬午 13 四	癸未 14 五	甲申 15 六	乙酉 16 日	壬戌春分 丁丑清明
三月小	戊辰 天干地支／西曆日／星期	丙戌 17 一	丁亥 18 二	戊子 19 三	己丑 20 四	庚寅 21 五	辛卯 22 六	壬辰 23 日	癸巳 24 一	甲午 25 二	乙未 26 三	丙申 27 四	丁酉 28 五	戊戌 29 六	己亥 30 日	庚子 (5) 一	辛丑 2 二	壬寅 3 三	癸卯 4 四	甲辰 5 五	乙巳 6 六	丙午 7 日	丁未 8 一	戊申 9 二	己酉 10 三	庚戌 11 四	辛亥 12 五	壬子 13 六	癸丑 14 日	甲寅 15 一		癸巳穀雨 戊申立夏
四月大	己巳 天干地支／西曆日／星期	乙卯 16 二	丙辰 17 三	丁巳 18 四	戊午 19 五	己未 20 六	庚申 21 日	辛酉 22 一	壬戌 23 二	癸亥 24 三	甲子 25 四	乙丑 26 五	丙寅 27 六	丁卯 28 日	戊辰 29 一	己巳 30 二	庚午 31 三	辛未 (6) 四	壬申 2 五	癸酉 3 六	甲戌 4 日	乙亥 5 一	丙子 6 二	丁丑 7 三	戊寅 8 四	己卯 9 五	庚辰 10 六	辛巳 11 日	壬午 12 一	癸未 13 二	甲申 14 三	癸亥小滿 戊寅芒種
五月小	庚午 天干地支／西曆日／星期	乙酉 15 四	丙戌 16 五	丁亥 17 六	戊子 18 日	己丑 19 一	庚寅 20 二	辛卯 21 三	壬辰 22 四	癸巳 23 五	甲午 24 六	乙未 25 日	丙申 26 一	丁酉 27 二	戊戌 28 三	己亥 29 四	庚子 30 五	辛丑 (7) 六	壬寅 2 日	癸卯 3 一	甲辰 4 二	乙巳 5 三	丙午 6 四	丁未 7 五	戊申 8 六	己酉 9 日	庚戌 10 一	辛亥 11 二	壬子 12 三	癸丑 13 四		甲午夏至 己酉小暑
六月大	辛未 天干地支／西曆日／星期	甲寅 14 五	乙卯 15 六	丙辰 16 日	丁巳 17 一	戊午 18 二	己未 19 三	庚申 20 四	辛酉 21 五	壬戌 22 六	癸亥 23 日	甲子 24 一	乙丑 25 二	丙寅 26 三	丁卯 27 四	戊辰 28 五	己巳 29 六	庚午 30 日	辛未 31 一	壬申 (8) 二	癸酉 2 三	甲戌 3 四	乙亥 4 五	丙子 5 六	丁丑 6 日	戊寅 7 一	己卯 8 二	庚辰 9 三	辛巳 10 四	壬午 11 五	癸未 12 六	甲子大暑 己卯立秋
七月大	壬申 天干地支／西曆日／星期	甲申 13 日	乙酉 14 一	丙戌 15 二	丁亥 16 三	戊子 17 四	己丑 18 五	庚寅 19 六	辛卯 20 日	壬辰 21 一	癸巳 22 二	甲午 23 三	乙未 24 四	丙申 25 五	丁酉 26 六	戊戌 27 日	己亥 28 一	庚子 29 二	辛丑 30 三	壬寅 31 四	癸卯 (9) 五	甲辰 2 六	乙巳 3 日	丙午 4 一	丁未 5 二	戊申 6 三	己酉 7 四	庚戌 8 五	辛亥 9 六	壬子 10 日	癸丑 11 一	甲午處暑 庚戌白露
八月小	癸酉 天干地支／西曆日／星期	甲寅 12 二	乙卯 13 三	丙辰 14 四	丁巳 15 五	戊午 16 六	己未 17 日	庚申 18 一	辛酉 19 二	壬戌 20 三	癸亥 21 四	甲子 22 五	乙丑 23 六	丙寅 24 日	丁卯 25 一	戊辰 26 二	己巳 27 三	庚午 28 四	辛未 29 五	壬申 30 六	癸酉 (10) 日	甲戌 2 一	乙亥 3 二	丙子 4 三	丁丑 5 四	戊寅 6 五	己卯 7 六	庚辰 8 日	辛巳 9 一	壬午 10 二		乙丑秋分 庚辰寒露
九月大	甲戌 天干地支／西曆日／星期	癸未 11 三	甲申 12 四	乙酉 13 五	丙戌 14 六	丁亥 15 日	戊子 16 一	己丑 17 二	庚寅 18 三	辛卯 19 四	壬辰 20 五	癸巳 21 六	甲午 22 日	乙未 23 一	丙申 24 二	丁酉 25 三	戊戌 26 四	己亥 27 五	庚子 28 六	辛丑 29 日	壬寅 30 一	癸卯 31 二	甲辰 (11) 三	乙巳 2 四	丙午 3 五	丁未 4 六	戊申 5 日	己酉 6 一	庚戌 7 二	辛亥 8 三	壬子 9 四	乙未霜降 庚戌立冬
十月小	乙亥 天干地支／西曆日／星期	癸丑 10 五	甲寅 11 六	乙卯 12 日	丙辰 13 一	丁巳 14 二	戊午 15 三	己未 16 四	庚申 17 五	辛酉 18 六	壬戌 19 日	癸亥 20 一	甲子 21 二	乙丑 22 三	丙寅 23 四	丁卯 24 五	戊辰 25 六	己巳 26 日	庚午 27 一	辛未 28 二	壬申 29 三	癸酉 30 四	甲戌 (12) 五	乙亥 2 六	丙子 3 日	丁丑 4 一	戊寅 5 二	己卯 6 三	庚辰 7 四	辛巳 8 五		丙寅小雪 辛巳大雪
十一月大	丙子 天干地支／西曆日／星期	壬午 9 六	癸未 10 日	甲申 11 一	乙酉 12 二	丙戌 13 三	丁亥 14 四	戊子 15 五	己丑 16 六	庚寅 17 日	辛卯 18 一	壬辰 19 二	癸巳 20 三	甲午 21 四	乙未 22 五	丙申 23 六	丁酉 24 日	戊戌 25 一	己亥 26 二	庚子 27 三	辛丑 28 四	壬寅 29 五	癸卯 30 六	甲辰 31 日	乙巳 (1) 一	丙午 2 二	丁未 3 三	戊申 4 四	己酉 5 五	庚戌 6 六	辛亥 7 日	丙申冬至 辛亥小寒
十二月小	丁丑 天干地支／西曆日／星期	壬子 8 一	癸丑 9 二	甲寅 10 三	乙卯 11 四	丙辰 12 五	丁巳 13 六	戊午 14 日	己未 15 一	庚申 16 二	辛酉 17 三	壬戌 18 四	癸亥 19 五	甲子 20 六	乙丑 21 日	丙寅 22 一	丁卯 23 二	戊辰 24 三	己巳 25 四	庚午 26 五	辛未 27 六	壬申 28 日	癸酉 29 一	甲戌 30 二	乙亥 31 三	丙子 (2) 四	丁丑 2 五	戊寅 3 六	己卯 4 日	庚辰 5 一		丁卯大寒

晉孝武帝太元二十年（乙未 羊年）　公元 395 ~ 396 年

夏曆月序	中西曆日對照	夏曆日序																													節氣與天象
		初一	初二	初三	初四	初五	初六	初七	初八	初九	初十	十一	十二	十三	十四	十五	十六	十七	十八	十九	二十	廿一	廿二	廿三	廿四	廿五	廿六	廿七	廿八	廿九	三十	
正月大	戊寅 天干地支 西曆 星期	辛巳 6 二	壬午 7 三	癸未 8 四	甲申 9 五	乙酉 10 六	丙戌 11 日	丁亥 12 一	戊子 13 二	己丑 14 三	庚寅 15 四	辛卯 16 五	壬辰 17 六	癸巳 18 日	甲午 19 一	乙未 20 二	丙申 21 三	丁酉 22 四	戊戌 23 五	己亥 24 六	庚子 25 日	辛丑 26 一	壬寅 27 二	癸卯 28 三	甲辰 (3) 四	乙巳 2 五	丙午 3 六	丁未 4 日	戊申 5 一	己酉 6 二	庚戌 7 三	壬午立春 丁酉雨水
二月小	己卯 天干地支 西曆 星期	辛亥 8 四	壬子 9 五	癸丑 10 六	甲寅 11 日	乙卯 12 一	丙辰 13 二	丁巳 14 三	戊午 15 四	己未 16 五	庚申 17 六	辛酉 18 日	壬戌 19 一	癸亥 20 二	甲子 21 三	乙丑 22 四	丙寅 23 五	丁卯 24 六	戊辰 25 日	己巳 26 一	庚午 27 二	辛未 28 三	壬申 29 四	癸酉 30 五	甲戌 31 六	乙亥 (4) 日	丙子 2 一	丁丑 3 二	戊寅 4 三	己卯 5 四		壬子驚蟄 丁卯春分
三月大	庚辰 天干地支 西曆 星期	庚辰 6 六	辛巳 7 日	壬午 8 一	癸未 9 二	甲申 10 三	乙酉 11 四	丙戌 12 五	丁亥 13 六	戊子 14 日	己丑 15 一	庚寅 16 二	辛卯 17 三	壬辰 18 四	癸巳 19 五	甲午 20 六	乙未 21 日	丙申 22 一	丁酉 23 二	戊戌 24 三	己亥 25 四	庚子 26 五	辛丑 27 六	壬寅 28 日	癸卯 29 一	甲辰 30 二	乙巳 (5) 三	丙午 2 四	丁未 3 五	戊申 4 六	己酉 5 日	癸未清明 戊戌穀雨 庚辰日食
四月小	辛巳 天干地支 西曆 星期	庚戌 6 一	辛亥 7 二	壬子 8 三	癸丑 9 四	甲寅 10 五	乙卯 11 六	丙辰 12 日	丁巳 13 一	戊午 14 二	己未 15 三	庚申 16 四	辛酉 17 五	壬戌 18 六	癸亥 19 日	甲子 20 一	乙丑 21 二	丙寅 22 三	丁卯 23 四	戊辰 24 五	己巳 25 六	庚午 26 日	辛未 27 一	壬申 28 二	癸酉 29 三	甲戌 30 四	乙亥 31 五	丙子 (6) 六	丁丑 2 日	戊寅 3 一		癸丑立夏 戊辰小滿
五月大	壬午 天干地支 西曆 星期	己卯 4 二	庚辰 5 三	辛巳 6 四	壬午 7 五	癸未 8 六	甲申 9 日	乙酉 10 一	丙戌 11 二	丁亥 12 三	戊子 13 四	己丑 14 五	庚寅 15 六	辛卯 16 日	壬辰 17 一	癸巳 18 二	甲午 19 三	乙未 20 四	丙申 21 五	丁酉 22 六	戊戌 23 日	己亥 24 一	庚子 25 二	辛丑 26 三	壬寅 27 四	癸卯 28 五	甲辰 29 六	乙巳 30 日	丙午 (7) 一	丁未 2 二	戊申 3 三	甲申芒種 己亥夏至
六月小	癸未 天干地支 西曆 星期	己酉 4 四	庚戌 5 五	辛亥 6 六	壬子 7 日	癸丑 8 一	甲寅 9 二	乙卯 10 三	丙辰 11 四	丁巳 12 五	戊午 13 六	己未 14 日	庚申 15 一	辛酉 16 二	壬戌 17 三	癸亥 18 四	甲子 19 五	乙丑 20 六	丙寅 21 日	丁卯 22 一	戊辰 23 二	己巳 24 三	庚午 25 四	辛未 26 五	壬申 27 六	癸酉 28 日	甲戌 29 一	乙亥 30 二	丙子<>31 三	丁丑 (8) 四		甲寅小暑 己巳大暑
七月大	甲申 天干地支 西曆 星期	戊寅 2 四	己卯 3 五	庚辰 4 六	辛巳 5 日	壬午 6 一	癸未 7 二	甲申 8 三	乙酉 9 四	丙戌 10 五	丁亥 11 六	戊子 12 日	己丑 13 一	庚寅 14 二	辛卯 15 三	壬辰 16 四	癸巳 17 五	甲午 18 六	乙未 19 日	丙申 20 一	丁酉 21 二	戊戌 22 三	己亥 23 四	庚子 24 五	辛丑 25 六	壬寅 26 日	癸卯 27 一	甲辰<>28 二	乙巳<>29 三	丙午<>30 四	丁未 31 五	甲申立秋 庚子處暑
八月小	乙酉 天干地支 西曆 星期	戊申 (9) 六	己酉 2 日	庚戌 3 一	辛亥 4 二	壬子 5 三	癸丑 6 四	甲寅 7 五	乙卯 8 六	丙辰 9 日	丁巳 10 一	戊午 11 二	己未 12 三	庚申 13 四	辛酉<>14 五	壬戌 15 六	癸亥 16 日	甲子<>17 一	乙丑<>18 二	丙寅<>19 三	丁卯<>20 四	戊辰<>21 五	己巳<>22 六	庚午<>23 日	辛未<>24 一	壬申<>25 二	癸酉<>26 三	甲戌<>27 四	乙亥<>28 五	丙子<>29 六		乙卯白露 庚午秋分
九月大	丙戌 天干地支 西曆 星期	丁丑 30 日	戊寅 (10) 一	己卯 2 二	庚辰 3 三	辛巳 4 四	壬午 5 五	癸未 6 六	甲申 7 日	乙酉<>8 一	丙戌<>9 二	丁亥<>10 三	戊子<>11 四	己丑<>12 五	庚寅<>13 六	辛卯<>14 日	壬辰<>15 一	癸巳<>16 二	甲午<>17 三	乙未<>18 四	丙申<>19 五	丁酉<>20 六	戊戌<>21 日	己亥<>22 一	庚子<>23 二	辛丑<>24 三	壬寅<>25 四	癸卯<>26 五	甲辰<>27 六	乙巳<>28 日	丙午<>29 一	乙酉寒露 辛丑霜降
十月大	丁亥 天干地支 西曆 星期	丁未 30 二	戊申 31 三	己酉 (11) 四	庚戌<>2 五	辛亥<>3 六	壬子<>4 日	癸丑<>5 一	甲寅<>6 二	乙卯<>7 三	丙辰<>8 四	丁巳<>9 五	戊午<>10 六	己未<>11 日	庚申<>12 一	辛酉<>13 二	壬戌<>14 三	癸亥<>15 四	甲子<>16 五	乙丑<>17 六	丙寅<>18 日	丁卯<>19 一	戊辰<>20 二	己巳<>21 三	庚午<>22 四	辛未<>23 五	壬申<>24 六	癸酉<>25 日	甲戌<>26 一	乙亥<>27 二	丙子<>28 三	丙辰立冬 辛未小雪
十一月小	戊子 天干地支 西曆 星期	丁丑<>29 四	戊寅<>30 五	己卯<>(12) 六	庚辰<>2 日	辛巳<>3 一	壬午<>4 二	癸未<>5 三	甲申<>6 四	乙酉<>7 五	丙戌<>8 六	丁亥<>9 日	戊子<>10 一	己丑<>11 二	庚寅<>12 三	辛卯<>13 四	壬辰<>14 五	癸巳<>15 六	甲午<>16 日	乙未<>17 一	丙申<>18<>二	丁酉<>19 三	戊戌<>20<>四	己亥<>21<>五	庚子<>22<>六	辛丑<>23<>日	壬寅<>24<>一	癸卯<>25<>二	甲辰<>26<>三	乙巳<>27<>四		丙戌大雪 辛丑冬至
十二月大	己丑 天干地支 西曆 星期	丙午<>28<>五	丁未<>29<>六	戊申<>30<>日	己酉<>31<>一	庚戌<>(1)<>二	辛亥<>2<>三	壬子<>3<>四	癸丑<>4<>五	甲寅<>5<>六	乙卯<>6<>日	丙辰<>7<>一	丁巳<>8<>二	戊午<>9<>三	己未<>10<>四	庚申<>11<>五	辛酉<>12<>六	壬戌<>13<>日	癸亥<>14<>一	甲子<>15<>二	乙丑<>16<>三	丙寅<>17<>四	丁卯<>18<>五	戊辰<>19<>六	己巳<>20<>日	庚午<>21<>一	辛未<>22<>二	壬申<>23<>三	癸酉<>24<>四	甲戌<>25<>五	乙亥<>26<>六	丁巳小寒 壬申大寒

晉孝武帝太元二十一年 安帝太元二十一年（丙申 猴年） 公元396～397年

夏曆月序	中西曆對照	夏曆日序																													節氣與天象
		初一	初二	初三	初四	初五	初六	初七	初八	初九	初十	十一	十二	十三	十四	十五	十六	十七	十八	十九	二十	二一	二二	二三	二四	二五	二六	二七	二八	二九	三十	
正月小	庚寅	天干 丙子 地支 西曆27日 星期一	丁丑 28 二	戊寅 29 三	己卯 30 四	庚辰 31 五	辛巳 2(2) 六	壬午 3 日	癸未 4 一	甲申 5 二	乙酉 6 三	丙戌 7 四	丁亥 8 五	戊子 9 六	己丑 10 日	庚寅 11 一	辛卯 12 二	壬辰 13 三	癸巳 14 四	甲午 15 五	乙未 16 六	丙申 17 日	丁酉 18 一	戊戌 19 二	己亥 20 三	庚子 21 四	辛丑 22 五	壬寅 23 六	癸卯 24 日			丁亥立春 壬寅雨水
二月大	辛卯	乙巳 25 一	丙午 26 二	丁未 27 三	戊申 28 四	己酉 29 五	庚戌 3(3) 六	辛亥 2 日	壬子 3 一	癸丑 4 二	甲寅 5 三	乙卯 6 四	丙辰 7 五	丁巳 8 六	戊午 9 日	己未 10 一	庚申 11 二	辛酉 12 三	壬戌 13 四	癸亥 14 五	甲子 15 六	乙丑 16 日	丙寅 17 一	丁卯 18 二	戊辰 19 三	己巳 20 四	庚午 21 五	辛未 22 六	壬申 23 日	癸酉 24 一	甲戌 25 二	丁巳驚蟄 癸酉春分
三月小	壬辰	乙亥 26 三	丙子 27 四	丁丑 28 五	戊寅 29 六	己卯 30 日	庚辰 31 一	辛巳 4(4) 二	壬午 2 三	癸未 3 四	甲申 4 五	乙酉 5 六	丙戌 6 日	丁亥 7 一	戊子 8 二	己丑 9 三	庚寅 10 四	辛卯 11 五	壬辰 12 六	癸巳 13 日	甲午 14 一	乙未 15 二	丙申 16 三	丁酉 17 四	戊戌 18 五	己亥 19 六	庚子 20 日	辛丑 21 一	壬寅 22 二	癸卯 23 三		戊子清明 癸卯穀雨
閏三月大	壬辰	甲辰 24 四	乙巳 25 五	丙午 26 六	丁未 27 日	戊申 28 一	己酉 29 二	庚戌 30 三	辛亥 5(5) 四	壬子 2 五	癸丑 3 六	甲寅 4 日	乙卯 5 一	丙辰 6 二	丁巳 7 三	戊午 8 四	己未 9 五	庚申 10 六	辛酉 11 日	壬戌 12 一	癸亥 13 二	甲子 14 三	乙丑 15 四	丙寅 16 五	丁卯 17 六	戊辰 18 日	己巳 19 一	庚午 20 二	辛未 21 三	壬申 22 四	癸酉 23 五	戊午立夏
四月小	癸巳	乙戌 24 六	丙子 25 日	丁丑 26 一	戊寅 27 二	己卯 28 三	庚辰 29 四	辛巳 30 五	壬午 31 六	癸未 6(6) 日	甲申 2 一	乙酉 3 二	丙戌 4 三	丁亥 5 四	戊子 6 五	己丑 7 六	庚寅 8 日	辛卯 9 一	壬辰 10 二	癸巳 11 三	甲午 12 四	乙未 13 五	丙申 14 六	丁酉 15 日	戊戌 16 一	己亥 17 二	庚子 18 三	辛丑 19 四	壬寅 20 五	癸卯 21 六		甲戌小滿 己丑芒種
五月大	甲午	癸卯 22 日	甲辰 23 一	乙巳 24 二	丙午 25 三	丁未 26 四	戊申 27 五	己酉 28 六	庚戌 29 日	辛亥 30 一	壬子 7(7) 二	癸丑 2 三	甲寅 3 四	乙卯 4 五	丙辰 5 六	丁巳 6 日	戊午 7 一	己未 8 二	庚申 9 三	辛酉 10 四	壬戌 11 五	癸亥 12 六	甲子 13 日	乙丑 14 一	丙寅 15 二	丁卯 16 三	戊辰 17 四	己巳 18 五	庚午 19 六	辛未 20 日	壬申 21 一	甲辰夏至 己未小暑
六月小	乙未	癸酉 22 二	甲戌 23 三	乙亥 24 四	丙子 25 五	丁丑 26 六	戊寅 27 日	己卯 28 一	庚辰 29 二	辛巳 30 三	壬午 31 四	癸未 8(8) 五	甲申 2 六	乙酉 3 日	丙戌 4 一	丁亥 5 二	戊子 6 三	己丑 7 四	庚寅 8 五	辛卯 9 六	壬辰 10 日	癸巳 11 一	甲午 12 二	乙未 13 三	丙申 14 四	丁酉 15 五	戊戌 16 六	己亥 17 日	庚子 18 一	辛丑 19 二		甲戌大暑 庚寅立秋
七月大	丙申	壬寅 20 三	癸卯 21 四	甲辰 22 五	乙巳 23 六	丙午 24 日	丁未 25 一	戊申 26 二	己酉 27 三	庚戌 28 四	辛亥 29 五	壬子 30 六	癸丑 31 日	甲寅 9(9) 一	乙卯 2 二	丙辰 3 三	丁巳 4 四	戊午 5 五	己未 6 六	庚申 7 日	辛酉 8 一	壬戌 9 二	癸亥 10 三	甲子 11 四	乙丑 12 五	丙寅 13 六	丁卯 14 日	戊辰 15 一	己巳 16 二	庚午 17 三	辛未 18 四	乙巳處暑 庚申白露
八月小	丁酉	壬申 19 五	癸酉 20 六	甲戌 21 日	乙亥 22 一	丙子 23 二	丁丑 24 三	戊寅 25 四	己卯 26 五	庚辰 27 六	辛巳 28 日	壬午 29 一	癸未 29 二	甲申 10(10) 三	乙酉 2 四	丙戌 3 五	丁亥 4 六	戊子 5 日	己丑 6 一	庚寅 7 二	辛卯 8 三	壬辰 9 四	癸巳 10 五	甲午 11 六	乙未 12 日	丙申 13 一	丁酉 14 二	戊戌 15 三	己亥 16 四	庚子 17 五		乙亥秋分 辛卯寒露
九月大	戊戌	辛丑 18 六	壬寅 19 日	癸卯 20 一	甲辰 21 二	乙巳 22 三	丙午 23 四	丁未 24 五	戊申 25 六	己酉 26 日	庚戌 27 一	辛亥 28 二	壬子 29 三	癸丑 30 四	甲寅 31 五	乙卯 11(11) 六	丙辰 2 日	丁巳 3 一	戊午 4 二	己未 5 三	庚申 6 四	辛酉 7 五	壬戌 8 六	癸亥 9 日	甲子 10 一	乙丑 11 二	丙寅 12 三	丁卯 13 四	戊辰 14 五	己巳 15 六	庚午 16 日	丙午霜降 辛酉立冬
十月小	己亥	辛未 17 一	壬申 18 二	癸酉 19 三	甲戌 20 四	乙亥 21 五	丙子 22 六	丁丑 23 日	戊寅 24 一	己卯 25 二	庚辰 26 三	辛巳 27 四	壬午 28 五	癸未 29 六	甲申 30 日	乙酉 12(12) 一	丙戌 2 二	丁亥 3 三	戊子 4 四	己丑 5 五	庚寅 6 六	辛卯 7 日	壬辰 8 一	癸巳 9 二	甲午 10 三	乙未 11 四	丙申 12 五	丁酉 13 六	戊戌 14 日	己亥 15 一		丙子小雪 辛卯大雪
十一月大	庚子	庚子 16 二	辛丑 17 三	壬寅 18 四	癸卯 19 五	甲辰 20 六	乙巳 21 日	丙午 22 一	丁未 23 二	戊申 24 三	己酉 25 四	庚戌 26 五	辛亥 27 六	壬子 28 日	癸丑 29 一	甲寅 30 二	乙卯 1(1) 三	丙辰 2 四	丁巳 3 五	戊午 4 六	己未 5 日	庚申 6 一	辛酉 7 二	壬戌 8 三	癸亥 9 四	甲子 10 五	乙丑 11 六	丙寅 12 日	丁卯 13 一	戊辰 14 二	己巳 15 三	丁未冬至 壬戌小寒
十二月小	辛丑	庚午 16 四	辛未 17 五	壬申 18 六	癸酉 19 日	甲戌 20 一	乙亥 21 二	丙子 22 三	丁丑 23 四	戊寅 24 五	己卯 25 六	庚辰 26 日	辛巳 27 一	壬午 28 二	癸未 29 三	甲申 30 四	乙酉 31 五	丙戌 2(2) 六	丁亥 2 日	戊子 3 一	己丑 4 二	庚寅 5 三	辛卯 6 四	壬辰 7 五	癸巳 8 六	甲午 9 日	乙未 10 一	丙申 11 二	丁酉 12 三	戊戌 13 四		丁丑大寒 壬辰立春

＊九月庚申（二十日），孝武帝死。辛酉（二十一日），司馬德宗即位，是爲安帝。

晉安帝隆安元年（丁酉 雞年） 公元 397 ~ 398 年

夏曆月序	中西日曆對照	夏曆日序 初一	初二	初三	初四	初五	初六	初七	初八	初九	初十	十一	十二	十三	十四	十五	十六	十七	十八	十九	二十	二一	二二	二三	二四	二五	二六	二七	二八	二九	三十	節氣與天象
正月大	壬寅	己亥 13 五	庚子 14 六	辛丑 15 日	壬寅 16 一	癸卯 17 二	甲辰 18 三	乙巳 19 四	丙午 20 五	丁未 21 六	戊申 22 日	己酉 23 一	庚戌 24 二	辛亥 25 三	壬子 26 四	癸丑 27 五	甲寅 28(3) 日	乙卯 2 一	丙辰 3 二	丁巳 4 三	戊午 5 四	己未 6 五	庚申 7 六	辛酉 8 日	壬戌 9 一	癸亥 10 二	甲子 11 三	乙丑 12 四	丙寅 13 五	丁卯 14 六	戊辰 15 日	戊申雨水 癸亥驚蟄
二月大	癸卯	己巳 15 日	庚午 16 一	辛未 17 二	壬申 18 三	癸酉 19 四	甲戌 20 五	乙亥 21 六	丙子 22 日	丁丑 23 一	戊寅 24 二	己卯 25 三	庚辰 26 四	辛巳 27 五	壬午 28 六	癸未 29 日	甲申 30 一	乙酉 31(4) 二	丙戌 2 三	丁亥 3 四	戊子 4 五	己丑 5 六	庚寅 6 日	辛卯 7 一	壬辰 8 二	癸巳 9 三	甲午 10 四	乙未 11 五	丙申 12 六	丁酉 13 日	戊戌 14 一	戊寅春分 癸巳清明
三月小	甲辰	己亥 15 二	庚子 16 三	辛丑 17 四	壬寅 18 五	癸卯 19 六	甲辰 20 日	乙巳 21 一	丙午 22 二	丁未 23 三	戊申 24 四	己酉 25 五	庚戌 26 六	辛亥 27 日	壬子 28 一	癸丑 29 二	甲寅 30(5) 三	乙卯 2 四	丙辰 3 五	丁巳 4 六	戊午 5 日	己未 6 一	庚申 7 二	辛酉 8 三	壬戌 9 四	癸亥 10 五	甲子 11 六	乙丑 12 日				戊申穀雨 甲子立夏
四月大	乙巳	戊辰 13 一	己巳 14 二	庚午 15 三	辛未 16 四	壬申 17 五	癸酉 18 六	甲戌 19 日	乙亥 20 一	丙子 21 二	丁丑 22 三	戊寅 23 四	己卯 24 五	庚辰 25 六	辛巳 26 日	壬午 27 一	癸未 28 二	甲申 29 三	乙酉 30 四	丙戌 31(6) 五	丁亥 2 六	戊子 3 日	己丑 4 一	庚寅 5 二	辛卯 6 三	壬辰 7 四	癸巳 8 五	甲午 9 六	乙未 10 日	丙申 11 一	丁酉 12 二	己卯小滿 甲午芒種
五月小	丙午	戊戌 13 三	己亥 14 四	庚子 15 五	辛丑 16 六	壬寅 17 日	癸卯 18 一	甲辰 19 二	乙巳 20 三	丙午 21 四	丁未 22 五	戊申 23 六	己酉 24 日	庚戌 25 一	辛亥 26 二	壬子 27 三	癸丑 28 四	甲寅 29 五	乙卯 30 六	丙辰 31(7) 日	丁巳 2 一	戊午 3 二	己未 4 三	庚申 5 四	辛酉 6 五	壬戌 7 六	癸亥 8 日	甲子 9 一	乙丑 10 二	丙寅 11 三		己酉夏至 甲子小暑
六月大	丁未	丁卯 12 四	戊辰 13 五	己巳 14 六	庚午 15 日	辛未 16 一	壬申 17 二	癸酉 18 三	甲戌 19 四	乙亥 20 五	丙子 21 六	丁丑 22 日	戊寅 23 一	己卯 24 二	庚辰 25 三	辛巳 26 四	壬午 27 五	癸未 28 六	甲申 29 日	乙酉 30 一	丙戌 31(8) 二	丁亥 2 三	戊子 3 四	己丑 4 五	庚寅 5 六	辛卯 6 日	壬辰 7 一	癸巳 8 二	甲午 9 三	乙未 10 四	丙申 11 五	庚辰大暑 乙未立秋
七月小	戊申	丁酉 12 六	戊戌 13 日	己亥 14 一	庚子 15 二	辛丑 16 三	壬寅 17 四	癸卯 18 五	甲辰 19 六	乙巳 20 日	丙午 21 一	丁未 22 二	戊申 23 三	己酉 24 四	庚戌 25 五	辛亥 26 六	壬子 27 日	癸丑 28 一	甲寅 29 二	乙卯 30 三	丙辰 31(9) 四	丁巳 2 五	戊午 3 六	己未 4 日	庚申 5 一	辛酉 6 二	壬戌 7 三	癸亥 8 四	甲子 9 五	乙丑 10 六		庚戌處暑 乙丑白露
八月大	己酉	丙寅 8 日	丁卯 9 一	戊辰 10 二	己巳 11 三	庚午 12 四	辛未 13 五	壬申 14 六	癸酉 15 日	甲戌 16 一	乙亥 17 二	丙子 18 三	丁丑 19 四	戊寅 20 五	己卯 21 六	庚辰 22 日	辛巳 23 一	壬午 24 二	癸未 25 三	甲申 26 四	乙酉 27 五	丙戌 28 六	丁亥 29 日	戊子 30(10) 一	己丑 2 二	庚寅 3 三	辛卯 4 四	壬辰 5 五	癸巳 6 六	甲午 7 日	乙未 8 一	辛巳秋分
九月小	庚戌	丙申 8 二	丁酉 9 三	戊戌 10 四	己亥 11 五	庚子 12 六	辛丑 13 日	壬寅 14 一	癸卯 15 二	甲辰 16 三	乙巳 17 四	丙午 18 五	丁未 19 六	戊申 20 日	己酉 21 一	庚戌 22 二	辛亥 23 三	壬子 24 四	癸丑 25 五	甲寅 26 六	乙卯 27 日	丙辰 28 一	丁巳 29 二	戊午 30 三	己未 31(11) 四	庚申 2 五	辛酉 3 六	壬戌 4 日	癸亥 5 一	甲子 6 二		丙申寒露 辛亥霜降
十月大	辛亥	乙丑 6 五	丙寅 7 六	丁卯 8 日	戊辰 9 一	己巳 10 二	庚午 11 三	辛未 12 四	壬申 13 五	癸酉 14 六	甲戌 15 日	乙亥 16 一	丙子 17 二	丁丑 18 三	戊寅 19 四	己卯 20 五	庚辰 21 六	辛巳 22 日	壬午 23 一	癸未 24 二	甲申 25 三	乙酉 26 四	丙戌 27 五	丁亥 28 六	戊子 29 日	己丑 30(12) 一	庚寅 2 二	辛卯 3 三	壬辰 4 四	癸巳 5 五	甲午 6 六	丙寅立冬 辛巳小雪
十一月小	壬子	乙未 7 日	丙申 8 一	丁酉 9 二	戊戌 10 三	己亥 11 四	庚子 12 五	辛丑 13 六	壬寅 14 日	癸卯 15 一	甲辰 16 二	乙巳 17 三	丙午 18 四	丁未 19 五	戊申 20 六	己酉 21 日	庚戌 22 一	辛亥 23 二	壬子 24 三	癸丑 25 四	甲寅 26 五	乙卯 27 六	丙辰 28 日	丁巳 29 一	戊午 30 二	己未 31(1) 三	庚申 2 四	辛酉 3 五	壬戌 4 六	癸亥 5 日		丁酉大雪 壬子冬至
十二月大	癸丑	甲子 4 一	乙丑 5 二	丙寅 6 三	丁卯 7 四	戊辰 8 五	己巳 9 六	庚午 10 日	辛未 11 一	壬申 12 二	癸酉 13 三	甲戌 14 四	乙亥 15 五	丙子 16 六	丁丑 17 日	戊寅 18 一	己卯 19 二	庚辰 20 三	辛巳 21 四	壬午 22 五	癸未 23 六	甲申 24 日	乙酉 25 一	丙戌 26 二	丁亥 27 三	戊子 28 四	己丑 29 五	庚寅 30 六	辛卯 31 日	壬辰 (2) 一	癸巳 2 二	丁卯小寒 壬午大寒

*正月己亥（初一），改元隆安。

晉安帝隆安二年（戊戌 狗年） 公元 398 ~ 399 年

夏曆月序	中西曆對照	夏曆日序																													節氣與天象
		初一	初二	初三	初四	初五	初六	初七	初八	初九	初十	十一	十二	十三	十四	十五	十六	十七	十八	十九	二十	二一	二二	二三	二四	二五	二六	二七	二八	二九	三十	
正月小	甲寅	天干 地支 西曆 星期	甲午 3 三	乙未 4 四	丙申 5 五	丁酉 6 六	戊戌 7 日	己亥 8 一	庚子 9 二	辛丑 10 三	壬寅 11 四	癸卯 12 五	甲辰 13 六	乙巳 14 日	丙午 15 一	丁未 16 二	戊申 17 三	己酉 18 四	庚戌 19 五	辛亥 20 六	壬子 21 日	癸丑 22 一	甲寅 23 二	乙卯 24 三	丙辰 25 四	丁巳 26 五	戊午 27 六	己未 28 日	庚申 (3) 一	辛酉 2 二	壬戌 3 三		戊戌立春 癸丑雨水
二月大	乙卯	天干 地支 西曆 星期	癸亥 4 四	甲子 5 五	乙丑 6 六	丙寅 7 日	丁卯 8 一	戊辰 9 二	己巳 10 三	庚午 11 四	辛未 12 五	壬申 13 六	癸酉 14 日	甲戌 15 一	乙亥 16 二	丙子 17 三	丁丑 18 四	戊寅 19 五	己卯 20 六	庚辰 21 日	辛巳 22 一	壬午 23 二	癸未 24 三	甲申 25 四	乙酉 26 五	丙戌 27 六	丁亥 28 日	戊子 29 一	己丑 30 二	庚寅 31 三	辛卯 (4) 四	壬辰 2 五	戊辰驚蟄 癸未春分
三月小	丙辰	天干 地支 西曆 星期	癸巳 3 六	甲午 4 日	乙未 5 一	丙申 6 二	丁酉 7 三	戊戌 8 四	己亥 9 五	庚子 10 六	辛丑 11 日	壬寅 12 一	癸卯 13 二	甲辰 14 三	乙巳 15 四	丙午 16 五	丁未 17 六	戊申 18 日	己酉 19 一	庚戌 20 二	辛亥 21 三	壬子 22 四	癸丑 23 五	甲寅 24 六	乙卯 25 日	丙辰 26 一	丁巳 27 二	戊午 28 三	己未 29 四	庚申 30 五	辛酉 (5) 六		戊戌清明 甲寅穀雨
四月大	丁巳	天干 地支 西曆 星期	壬戌 2 日	癸亥 3 一	甲子 4 二	乙丑 5 三	丙寅 6 四	丁卯 7 五	戊辰 8 六	己巳 9 日	庚午 10 一	辛未 11 二	壬申 12 三	癸酉 13 四	甲戌 14 五	乙亥 15 六	丙子 16 日	丁丑 17 一	戊寅 18 二	己卯 19 三	庚辰 20 四	辛巳 21 五	壬午 22 六	癸未 23 日	甲申 24 一	乙酉 25 二	丙戌 26 三	丁亥 27 四	戊子 28 五	己丑 29 六	庚寅 30 日	辛卯 31 一	己巳立夏 甲申小滿
五月小	戊午	天干 地支 西曆 星期	壬辰 (6) 二	癸巳 2 三	甲午 3 四	乙未 4 五	丙申 5 六	丁酉 6 日	戊戌 7 一	己亥 8 二	庚子 9 三	辛丑 10 四	壬寅 11 五	癸卯 12 六	甲辰 13 日	乙巳 14 一	丙午 15 二	丁未 16 三	戊申 17 四	己酉 18 五	庚戌 19 六	辛亥 20 日	壬子 21 一	癸丑 22 二	甲寅 23 三	乙卯 24 四	丙辰 25 五	丁巳 26 六	戊午 27 日	己未 28 一	庚申 29 二		己亥芒種 乙卯夏至
六月大	己未	天干 地支 西曆 星期	辛酉 30 三	壬戌 (7) 四	癸亥 2 五	甲子 3 六	乙丑 4 日	丙寅 5 一	丁卯 6 二	戊辰 7 三	己巳 8 四	庚午 9 五	辛未 10 六	壬申 11 日	癸酉 12 一	甲戌 13 二	乙亥 14 三	丙子 15 四	丁丑 16 五	戊寅 17 六	己卯 18 日	庚辰 19 一	辛巳 20 二	壬午 21 三	癸未 22 四	甲申 23 五	乙酉 24 六	丙戌 25 日	丁亥 26 一	戊子 27 二	己丑 28 三	庚寅 29 四	庚午小暑 乙酉大暑
七月大	庚申	天干 地支 西曆 星期	辛卯 30 五	壬辰 31 六	癸巳 (8) 日	甲午 2 一	乙未 3 二	丙申 4 三	丁酉 5 四	戊戌 6 五	己亥 7 六	庚子 8 日	辛丑 9 一	壬寅 10 二	癸卯 11 三	甲辰 12 四	乙巳 13 五	丙午 14 六	丁未 15 日	戊申 16 一	己酉 17 二	庚戌 18 三	辛亥 19 四	壬子 20 五	癸丑 21 六	甲寅 22 日	乙卯 23 一	丙辰 24 二	丁巳 25 三	戊午 26 四	己未 27 五	庚申 28 六	庚子立秋 乙卯處暑
八月小	辛酉	天干 地支 西曆 星期	辛酉 29 日	壬戌 30 一	癸亥 31 二	甲子 (9) 三	乙丑 2 四	丙寅 3 五	丁卯 4 六	戊辰 5 日	己巳 6 一	庚午 7 二	辛未 8 三	壬申 9 四	癸酉 10 五	甲戌 11 六	乙亥 12 日	丙子 13 一	丁丑 14 二	戊寅 15 三	己卯 16 四	庚辰 17 五	辛巳 18 六	壬午 19 日	癸未 20 一	甲申 21 二	乙酉 22 三	丙戌 23 四	丁亥 24 五	戊子 25 六	己丑 26 日		辛未白露 丙戌秋分
九月大	壬戌	天干 地支 西曆 星期	庚寅 27 一	辛卯 28 二	壬辰 29 三	癸巳 30 四	甲午 (10) 五	乙未 2 六	丙申 3 日	丁酉 4 一	戊戌 5 二	己亥 6 三	庚子 7 四	辛丑 8 五	壬寅 9 六	癸卯 10 日	甲辰 11 一	乙巳 12 二	丙午 13 三	丁未 14 四	戊申 15 五	己酉 16 六	庚戌 17 日	辛亥 18 一	壬子 19 二	癸丑 20 三	甲寅 21 四	乙卯 22 五	丙辰 23 六	丁巳 24 日	戊午 25 一	己未 26 二	辛丑寒露 丙辰霜降
十月小	癸亥	天干 地支 西曆 星期	庚申 27 三	辛酉 28 四	壬戌 29 五	癸亥 30 六	甲子 31 日	乙丑 (11) 一	丙寅 2 二	丁卯 3 三	戊辰 4 四	己巳 5 五	庚午 6 六	辛未 7 日	壬申 8 一	癸酉 9 二	甲戌 10 三	乙亥 11 四	丙子 12 五	丁丑 13 六	戊寅 14 日	己卯 15 一	庚辰 16 二	辛巳 17 三	壬午 18 四	癸未 19 五	甲申 20 六	乙酉 21 日	丙戌 22 一	丁亥 23 二	戊子 24 三		辛未立冬 丁亥小雪
十一月大	甲子	天干 地支 西曆 星期	己丑 25 四	庚寅 26 五	辛卯 27 六	壬辰 28 日	癸巳 29 一	甲午 30 二	乙未 (12) 三	丙申 2 四	丁酉 3 五	戊戌 4 六	己亥 5 日	庚子 6 一	辛丑 7 二	壬寅 8 三	癸卯 9 四	甲辰 10 五	乙巳 11 六	丙午 12 日	丁未 13 一	戊申 14 二	己酉 15 三	庚戌 16 四	辛亥 17 五	壬子 18 六	癸丑 19 日	甲寅 20 一	乙卯 21 二	丙辰 22 三	丁巳 23 四	戊午 24 五	壬寅大雪 丁巳冬至
閏十一小	甲子	天干 地支 西曆 星期	己未 25 六	庚申 26 日	辛酉 27 一	壬戌 28 二	癸亥 29 三	甲子 30 四	乙丑 31 五	丙寅 (1) 六	丁卯 2 日	戊辰 3 一	己巳 4 二	庚午 5 三	辛未 6 四	壬申 7 五	癸酉 8 六	甲戌 9 日	乙亥 10 一	丙子 11 二	丁丑 12 三	戊寅 13 四	己卯 14 五	庚辰 15 六	辛巳 16 日	壬午 17 一	癸未 18 二	甲申 19 三	乙酉 20 四	丙戌 21 五	丁亥 22 六		壬申小寒
十二月大	乙丑	天干 地支 西曆 星期	戊子 23 日	己丑 24 一	庚寅 25 二	辛卯 26 三	壬辰 27 四	癸巳 28 五	甲午 29 六	乙未 30 日	丙申 31 一	丁酉 (2) 二	戊戌 2 三	己亥 3 四	庚子 4 五	辛丑 5 六	壬寅 6 日	癸卯 7 一	甲辰 8 二	乙巳 9 三	丙午 10 四	丁未 11 五	戊申 12 六	己酉 13 日	庚戌 14 一	辛亥 15 二	壬子 16 三	癸丑 17 四	甲寅 18 五	乙卯 19 六	丙辰 20 日	丁巳 21 一	戊子大寒 癸卯立春

晉安帝隆安三年（己亥 豬年） 公元 399～400 年

夏曆月序	中西曆對照	夏曆日序																													節氣與天象
		初一	初二	初三	初四	初五	初六	初七	初八	初九	初十	十一	十二	十三	十四	十五	十六	十七	十八	十九	二十	二一	二二	二三	二四	二五	二六	二七	二八	二九	三十	
正月小	丙寅	天干地支西曆星期 戊午22二	己未23三	庚申24四	辛酉25五	壬戌26六	癸亥27日	甲子28一	乙丑(3)二	丙寅2三	丁卯3四	戊辰4五	己巳5六	庚午6日	辛未7一	壬申8二	癸酉9三	甲戌10四	乙亥11五	丙子12六	丁丑13日	戊寅14一	己卯15二	庚辰16三	辛巳17四	壬午18五	癸未19六	甲申20日	乙酉21一	丙戌22二		戊午雨水 癸酉驚蟄
二月大	丁卯	天干地支西曆星期 丁亥23三	戊子24四	己丑25五	庚寅26六	辛卯27日	壬辰28一	癸巳29二	甲午30三	乙未31四	丙申(4)五	丁酉2六	戊戌3日	己亥4一	庚子5二	辛丑6三	壬寅7四	癸卯8五	甲辰9六	乙巳10日	丙午11一	丁未12二	戊申13三	己酉14四	庚戌15五	辛亥16六	壬子17日	癸丑18一	甲寅19二	乙卯20三	丙辰21四	戊子春分 甲辰清明
三月小	戊辰	天干地支西曆星期 丁巳22五	戊午23六	己未24日	庚申25一	辛酉26二	壬戌27三	癸亥28四	甲子29五	乙丑30六	丙寅(5)日	丁卯2一	戊辰3二	己巳4三	庚午5四	辛未6五	壬申7六	癸酉8日	甲戌9一	乙亥10二	丙子11三	丁丑12四	戊寅13五	己卯14六	庚辰15日	辛巳16一	壬午17二	癸未18三	甲申19四	乙酉20五		己未穀雨 甲戌立夏
四月大	己巳	天干地支西曆星期 丙戌21六	丁亥22日	戊子23一	己丑24二	庚寅25三	辛卯26四	壬辰27五	癸巳28六	甲午29日	乙未30一	丙申31二	丁酉(6)三	戊戌2四	己亥3五	庚子4六	辛丑5日	壬寅6一	癸卯7二	甲辰8三	乙巳9四	丙午10五	丁未11六	戊申12日	己酉13一	庚戌14二	辛亥15三	壬子16四	癸丑17五	甲寅18六	乙卯19日	己丑小滿 乙巳芒種
五月小	庚午	天干地支西曆星期 丙辰20一	丁巳21二	戊午22三	己未23四	庚申24五	辛酉25六	壬戌26日	癸亥27一	甲子28二	乙丑29三	丙寅30四	丁卯(7)五	戊辰2六	己巳3日	庚午4一	辛未5二	壬申6三	癸酉7四	甲戌8五	乙亥9六	丙子10日	丁丑11一	戊寅12二	己卯13三	庚辰14四	辛巳15五	壬午16六	癸未17日	甲申18一		庚午夏至 乙亥小暑
六月大	辛未	天干地支西曆星期 乙酉19二	丙戌20三	丁亥21四	戊子22五	己丑23六	庚寅24日	辛卯25一	壬辰26二	癸巳27三	甲午28四	乙未29五	丙申30六	丁酉31日	戊戌(8)一	己亥2二	庚子3三	辛丑4四	壬寅5五	癸卯6六	甲辰7日	乙巳8一	丙午9二	丁未10三	戊申11四	己酉12五	庚戌13六	辛亥14日	壬子15一	癸丑16二	甲寅17三	庚寅大暑 乙巳立秋
七月小	壬申	天干地支西曆星期 乙卯18四	丙辰19五	丁巳20六	戊午21日	己未22一	庚申23二	辛酉24三	壬戌25四	癸亥26五	甲子27六	乙丑28日	丙寅29一	丁卯30二	戊辰31三	己巳(9)四	庚午2五	辛未3六	壬申4日	癸酉5一	甲戌6二	乙亥7三	丙子8四	丁丑9五	戊寅10六	己卯11日	庚辰12一	辛巳13二	壬午14三	癸未15四		辛酉處暑 丙子白露
八月大	癸酉	天干地支西曆星期 甲申16五	乙酉17六	丙戌18日	丁亥19一	戊子20二	己丑21三	庚寅22四	辛卯23五	壬辰24六	癸巳25日	甲午26一	乙未27二	丙申28三	丁酉29四	戊戌30五	己亥(10)六	庚子2日	辛丑3一	壬寅4二	癸卯5三	甲辰6四	乙巳7五	丙午8六	丁未9日	戊申10一	己酉11二	庚戌12三	辛亥13四	壬子14五	癸丑15六	辛卯秋分 丙午寒露
九月大	甲戌	天干地支西曆星期 甲寅16日	乙卯17一	丙辰18二	丁巳19三	戊午20四	己未21五	庚申22六	辛酉23日	壬戌24一	癸亥25二	甲子26三	乙丑27四	丙寅28五	丁卯29六	戊辰30日	己巳31一	庚午(11)二	辛未2三	壬申3四	癸酉4五	甲戌5六	乙亥6日	丙子7一	丁丑8二	戊寅9三	己卯10四	庚辰11五	辛巳12六	壬午13日	癸未14一	辛酉霜降 丁丑立冬
十月小	乙亥	天干地支西曆星期 甲申15二	乙酉16三	丙戌17四	丁亥18五	戊子19六	己丑20日	庚寅21一	辛卯22二	壬辰23三	癸巳24四	甲午25五	乙未26六	丙申27日	丁酉28一	戊戌29二	己亥30三	庚子(12)四	辛丑2五	壬寅3六	癸卯4日	甲辰5一	乙巳6二	丙午7三	丁未8四	戊申9五	己酉10六	庚戌11日	辛亥12一	壬子13二		壬辰小雪 丁未大雪
十一月大	丙子	天干地支西曆星期 癸丑14三	甲寅15四	乙卯16五	丙辰17六	丁巳18日	戊午19一	己未20二	庚申21三	辛酉22四	壬戌23五	癸亥24六	甲子25日	乙丑26一	丙寅27二	丁卯28三	戊辰29四	己巳30五	庚午31六	辛未(1)日	壬申2一	癸酉3二	甲戌4三	乙亥5四	丙子6五	丁丑7六	戊寅8日	己卯9一	庚辰10二	辛巳11三	壬午12四	壬戌冬至 戊寅小寒
十二月小	丁丑	天干地支西曆星期 癸未13五	甲申14六	乙酉15日	丙戌16一	丁亥17二	戊子18三	己丑19四	庚寅20五	辛卯21六	壬辰22日	癸巳23一	甲午24二	乙未25三	丙申26四	丁酉27五	戊戌28六	己亥29日	庚子30一	辛丑31二	壬寅(2)三	癸卯2四	甲辰3五	乙巳4六	丙午5日	丁未6一	戊申7二	己酉8三	庚戌9四	辛亥10五		癸巳大寒 戊申立春

晉安帝隆安四年（庚子 鼠年） 公元 400 ～ 401 年

夏曆月序	西曆中曆對照	夏曆日序																													節氣與天象
		初一	初二	初三	初四	初五	初六	初七	初八	初九	初十	十一	十二	十三	十四	十五	十六	十七	十八	十九	二十	廿一	廿二	廿三	廿四	廿五	廿六	廿七	廿八	廿九	三十	
正月大	戊寅	天干地支 壬子	癸丑	甲寅	乙卯	丙辰	丁巳	戊午	己未	庚申	辛酉	壬戌	癸亥	甲子	乙丑	丙寅	丁卯	戊辰	己巳	庚午	辛未	壬申	癸酉	甲戌	乙亥	丙子	丁丑	戊寅	己卯	庚辰	辛巳	癸亥雨水 戊寅驚蟄
		西曆 11日	12日	13	14	15	16	17	18日	19	20	21	22	23	24	25	26日	27	28	29(3)	2月1	3	4	5	6日	7	8	9	10	11日		
		星期 六	日	一	二	三	四	五	六	日	一	二	三	四	五	六	日	一	二	三	四	五	六	日	一	二	三	四	五	六		
二月小	己卯	壬午	癸未	甲申	乙酉	丙戌	丁亥	戊子	己丑	庚寅	辛卯	壬辰	癸巳	甲午	乙未	丙申	丁酉	戊戌	己亥	庚子	辛丑	壬寅	癸卯	甲辰	乙巳	丙午	丁未	戊申	己酉	庚戌		甲午春分 己酉清明
		12日	13	14	15	16	17	18日	19	20	21	22	23	24	25日	26	27	28	29	30	31	4月1(4)	2	3	4	5	6日	7	8	9		
		日	一	二	三	四	五	六	日	一	二	三	四	五	六	日	一	二	三	四	五	六	日	一	二	三	四	五	六	日		
三月大	庚辰	辛亥	壬子	癸丑	甲寅	乙卯	丙辰	丁巳	戊午	己未	庚申	辛酉	壬戌	癸亥	甲子	乙丑	丙寅	丁卯	戊辰	己巳	庚午	辛未	壬申	癸酉	甲戌	乙亥	丙子	丁丑	戊寅	己卯	庚辰	甲子穀雨 己卯立夏
		10	11	12	13	14	15日	16	17	18	19	20	21	22	23	24	25日	26	27	28	29	30	5月1(5)	2	3	4	5	6日	7	8	9		
		二	三	四	五	六	日	一	二	三	四	五	六	日	一	二	三	四	五	六	日	一	二	三	四	五	六	日	一	二	三		
四月小	辛巳	辛巳	壬午	癸未	甲申	乙酉	丙戌	丁亥	戊子	己丑	庚寅	辛卯	壬辰	癸巳	甲午	乙未	丙申	丁酉	戊戌	己亥	庚子	辛丑	壬寅	癸卯	甲辰	乙巳	丙午	丁未	戊申	己酉		乙未小滿
		10	11	12	13	14	15日	16	17	18	19	20	21	22日	23	24	25	26	27	28	29	30	31(6)	6月1	2	3	4日	5	6	7		
		四	五	六	日	一	二	三	四	五	六	日	一	二	三	四	五	六	日	一	二	三	四	五	六	日	一	二	三	四		
五月大	壬午	庚戌	辛亥	壬子	癸丑	甲寅	乙卯	丙辰	丁巳	戊午	己未	庚申	辛酉	壬戌	癸亥	甲子	乙丑	丙寅	丁卯	戊辰	己巳	庚午	辛未	壬申	癸酉	甲戌	乙亥	丙子	丁丑	戊寅	己卯	庚戌芒種 乙丑夏至
		8日	9	10	11	12	13	14	15日	16	17	18	19	20	21	22日	23	24	25	26	27	28	29日	30	7月1(7)	2	3	4	5	6日	7		
		五	六	日	一	二	三	四	五	六	日	一	二	三	四	五	六	日	一	二	三	四	五	六	日	一	二	三	四	五	六		
六月小	癸未	庚辰	辛巳	壬午	癸未	甲申	乙酉	丙戌	丁亥	戊子	己丑	庚寅	辛卯	壬辰	癸巳	甲午	乙未	丙申	丁酉	戊戌	己亥	庚子	辛丑	壬寅	癸卯	甲辰	乙巳	丙午	丁未	戊申		庚辰小暑 乙未大暑 庚辰日食
		8	9	10	11	12	13	14	15日	16	17	18	19	20	21日	22	23	24	25	26	27	28	29	30	31(8)	8月1	2	3	4	5日			
		日	一	二	三	四	五	六	日	一	二	三	四	五	六	日	一	二	三	四	五	六	日	一	二	三	四	五	六	日			
七月大	甲申	己酉	庚戌	辛亥	壬子	癸丑	甲寅	乙卯	丙辰	丁巳	戊午	己未	庚申	辛酉	壬戌	癸亥	甲子	乙丑	丙寅	丁卯	戊辰	己巳	庚午	辛未	壬申	癸酉	甲戌	乙亥	丙子	丁丑	戊寅	辛亥立秋 丙寅處暑
		6	7	8	9	10	11	12日	13	14	15	16	17	18	19日	20	21	22	23	24	25	26日	27	28	29	30	31	9月1(9)	2	3	4		
		一	二	三	四	五	六	日	一	二	三	四	五	六	日	一	二	三	四	五	六	日	一	二	三	四	五	六	日	一	二		
八月小	乙酉	己卯	庚辰	辛巳	壬午	癸未	甲申	乙酉	丙戌	丁亥	戊子	己丑	庚寅	辛卯	壬辰	癸巳	甲午	乙未	丙申	丁酉	戊戌	己亥	庚子	辛丑	壬寅	癸卯	甲辰	乙巳	丙午	丁未		辛巳白露 丙申秋分
		5	6	7	8	9	10	11	12日	13	14	15	16	17	18	19日	20	21	22	23	24	25	26日	27	28	29	30	10月1(10)	2	3			
		三	四	五	六	日	一	二	三	四	五	六	日	一	二	三	四	五	六	日	一	二	三	四	五	六	日	一	二	三			
九月大	丙戌	戊申	己酉	庚戌	辛亥	壬子	癸丑	甲寅	乙卯	丙辰	丁巳	戊午	己未	庚申	辛酉	壬戌	癸亥	甲子	乙丑	丙寅	丁卯	戊辰	己巳	庚午	辛未	壬申	癸酉	甲戌	乙亥	丙子	丁丑	壬子寒露 丁卯霜降
		4	5	6	7日	8	9	10	11	12	13	14日	15	16	17	18	19	20	21日	22	23	24	25	26	27	28日	29	30	31	11月1(11)	2	3	
		四	五	六	日	一	二	三	四	五	六	日	一	二	三	四	五	六	日	一	二	三	四	五	六	日	一	二	三	四	五		
十月小	丁亥	戊寅	己卯	庚辰	辛巳	壬午	癸未	甲申	乙酉	丙戌	丁亥	戊子	己丑	庚寅	辛卯	壬辰	癸巳	甲午	乙未	丙申	丁酉	戊戌	己亥	庚子	辛丑	壬寅	癸卯	甲辰	乙巳	丙午		壬午立冬 丁酉小雪
		4	5	6	7	8	9	10日	11	12	13	14	15	16	17日	18	19	20	21	22	23	24日	25	26	27	28	29	30	12月1(12)	2			
		六	日	一	二	三	四	五	六	日	一	二	三	四	五	六	日	一	二	三	四	五	六	日	一	二	三	四	五	六			
十一月大	戊子	丁未	戊申	己酉	庚戌	辛亥	壬子	癸丑	甲寅	乙卯	丙辰	丁巳	戊午	己未	庚申	辛酉	壬戌	癸亥	甲子	乙丑	丙寅	丁卯	戊辰	己巳	庚午	辛未	壬申	癸酉	甲戌	乙亥	丙子	壬子大雪 戊辰冬至
		2	3	4	5	6	7日	8	9	10	11	12	13	14日	15	16	17	18	19	20	21日	22	23	24	25	26	27	28日	29	30	31	1月1	
		日	一	二	三	四	五	六	日	一	二	三	四	五	六	日	一	二	三	四	五	六	日	一	二	三	四	五	六	日	一		
十二月小	己丑	丁丑	戊寅	己卯	庚辰	辛巳	壬午	癸未	甲申	乙酉	丙戌	丁亥	戊子	己丑	庚寅	辛卯	壬辰	癸巳	甲午	乙未	丙申	丁酉	戊戌	己亥	庚子	辛丑	壬寅	癸卯	甲辰	乙巳		癸未小寒 戊戌大寒
		2(1)	3	4	5	6	7	8	9日	10	11	12	13	14	15	16日	17	18	19	20	21	22	23日	24	25	26	27	28	29				
		二	三	四	五	六	日	一	二	三	四	五	六	日	一	二	三	四	五	六	日	一	二	三	四	五	六	日	一	二			

晉安帝隆安五年（辛丑 牛年） 公元 401 ~ 402 年

夏曆月序	中西曆對照	夏曆日序 初一	初二	初三	初四	初五	初六	初七	初八	初九	初十	十一	十二	十三	十四	十五	十六	十七	十八	十九	二十	二一	二二	二三	二四	二五	二六	二七	二八	二九	三十	節氣與天象
正月大	庚寅 天干地支 西曆 星期	丙午 30 四	丁未 31 五	戊申 (2) 六	己酉 2 日	庚戌 3 一	辛亥 4 二	壬子 5 三	癸丑 6 四	甲寅 7 五	乙卯 8 六	丙辰 9 日	丁巳 10 一	戊午 11 二	己未 12 三	庚申 13 四	辛酉 14 五	壬戌 15 六	癸亥 16 日	甲子 17 一	乙丑 18 二	丙寅 19 三	丁卯 20 四	戊辰 21 五	己巳 22 六	庚午 23 日	辛未 24 一	壬申 25 二	癸酉 26 三	甲戌 27 四	乙亥 28 五		癸丑立春 戊辰雨水
二月大	辛卯 天干地支 西曆 星期	丙子 (3) 六	丁丑 3 日	戊寅 2 一	己卯 3 二	庚辰 4 三	辛巳 5 四	壬午 6 五	癸未 7 六	甲申 8 日	乙酉 9 一	丙戌 10 二	丁亥 11 三	戊子 12 四	己丑 13 五	庚寅 14 六	辛卯 15 日	壬辰 16 一	癸巳 17 二	甲午 18 三	乙未 19 四	丙申 20 五	丁酉 21 六	戊戌 22 日	己亥 23 一	庚子 24 二	辛丑 25 三	壬寅 26 四	癸卯 27 五	甲辰 28 六	乙巳 29 日	30 一	甲申驚蟄 己亥春分
三月小	壬辰 天干地支 西曆 星期	丙午 31 二	丁未 (4) 三	戊申 2 四	己酉 3 五	庚戌 4 六	辛亥 5 日	壬子 6 一	癸丑 7 二	甲寅 8 三	乙卯 9 四	丙辰 10 五	丁巳 11 六	戊午 12 日	己未 13 一	庚申 14 二	辛酉 15 三	壬戌 16 四	癸亥 17 五	甲子 18 六	乙丑 19 日	丙寅 20 一	丁卯 21 二	戊辰 22 三	己巳 23 四	庚午 24 五	辛未 25 六	壬申 26 日	癸酉 27 一	甲戌 28 二			甲寅清明 己巳穀雨
四月大	癸巳 天干地支 西曆 星期	乙亥 29 三	丙子 30 四	丁丑 (5) 五	戊寅 2 六	己卯 3 日	庚辰 4 一	辛巳 5 二	壬午 6 三	癸未 7 四	甲申 8 五	乙酉 9 六	丙戌 10 日	丁亥 11 一	戊子 12 二	己丑 13 三	庚寅 14 四	辛卯 15 五	壬辰 16 六	癸巳 17 日	甲午 18 一	乙未 19 二	丙申 20 三	丁酉 21 四	戊戌 22 五	己亥 23 六	庚子 24 日	辛丑 25 一	壬寅 26 二	癸卯 27 三	甲辰 28 四		乙酉立夏 庚子小滿
五月小	甲午 天干地支 西曆 星期	乙巳 29 五	丙午 30 六	丁未 (6) 日	戊申 2 一	己酉 3 二	庚戌 4 三	辛亥 5 四	壬子 6 五	癸丑 7 六	甲寅 8 日	乙卯 9 一	丙辰 10 二	丁巳 11 三	戊午 12 四	己未 13 五	庚申 14 六	辛酉 15 日	壬戌 16 一	癸亥 17 二	甲子 18 三	乙丑 19 四	丙寅 20 五	丁卯 21 六	戊辰 22 日	己巳 23 一	庚午 24 二	辛未 25 三	壬申 26 四	癸酉 26 三			乙卯芒種 庚午夏至
六月大	乙未 天干地支 西曆 星期	甲戌 27 四	乙亥 28 五	丙子 29 六	丁丑 30 日	戊寅 (7) 一	己卯 2 二	庚辰 3 三	辛巳 4 四	壬午 5 五	癸未 6 六	甲申 7 日	乙酉 8 一	丙戌 9 二	丁亥 10 三	戊子 11 四	己丑 12 五	庚寅 13 六	辛卯 14 日	壬辰 15 一	癸巳 16 二	甲午 17 三	乙未 18 四	丙申 19 五	丁酉 20 六	戊戌 21 日	己亥 22 一	庚子 23 二	辛丑 24 三	壬寅 25 四	癸卯 26 五		乙卯小暑 辛丑大暑
七月小	丙申 天干地支 西曆 星期	甲辰 27 六	乙巳 28 日	丙午 29 一	丁未 30 二	戊申 31 三	己酉 (8) 四	庚戌 2 五	辛亥 3 六	壬子 4 日	癸丑 5 一	甲寅 6 二	乙卯 7 三	丙辰 8 四	丁巳 9 五	戊午 10 六	己未 11 日	庚申 12 一	辛酉 13 二	壬戌 14 三	癸亥 15 四	甲子 16 五	乙丑 17 六	丙寅 18 日	丁卯 19 一	戊辰 20 二	己巳 21 三	庚午 22 四	辛未 23 五	壬申 24 六			丙辰立秋 辛未處暑
八月大	丁酉 天干地支 西曆 星期	癸酉 25 日	甲戌 26 一	乙亥 27 二	丙子 28 三	丁丑 29 四	戊寅 30 五	己卯 31 六	庚辰 (9) 日	辛巳 2 一	壬午 3 二	癸未 4 三	甲申 5 四	乙酉 6 五	丙戌 7 六	丁亥 8 日	戊子 9 一	己丑 10 二	庚寅 11 三	辛卯 12 四	壬辰 13 五	癸巳 14 六	甲午 15 日	乙未 16 一	丙申 17 二	丁酉 18 三	戊戌 19 四	己亥 20 五	庚子 21 六	辛丑 22 日	壬寅 23 一		丙戌白露 壬寅秋分
閏八月小	丁酉 天干地支 西曆 星期	癸卯 24 二	甲辰 25 三	乙巳 26 四	丙午 27 五	丁未 28 六	戊申 29 日	己酉 30 一	庚戌 (10) 二	辛亥 2 三	壬子 3 四	癸丑 4 五	甲寅 5 六	乙卯 6 日	丙辰 7 一	丁巳 8 二	戊午 9 三	己未 10 四	庚申 11 五	辛酉 12 六	壬戌 13 日	癸亥 14 一	甲子 15 二	乙丑 16 三	丙寅 17 四	丁卯 18 五	戊辰 19 六	己巳 20 日	庚午 21 一	辛未 22 二			丁巳寒露
九月大	戊戌 天干地支 西曆 星期	壬申 23 三	癸酉 24 四	甲戌 25 五	乙亥 26 六	丙子 27 日	丁丑 28 一	戊寅 29 二	己卯 30 三	庚辰 31 四	辛巳 (11) 五	壬午 2 六	癸未 3 日	甲申 4 一	乙酉 5 二	丙戌 6 三	丁亥 7 四	戊子 8 五	己丑 9 六	庚寅 10 日	辛卯 11 一	壬辰 12 二	癸巳 13 三	甲午 14 四	乙未 15 五	丙申 16 六	丁酉 17 日	戊戌 18 一	己亥 19 二	庚子 20 三	辛丑 21 四		壬申霜降 丁亥立冬
十月小	己亥 天干地支 西曆 星期	壬寅 22 五	癸卯 23 六	甲辰 24 日	乙巳 25 一	丙午 26 二	丁未 27 三	戊申 28 四	己酉 29 五	庚戌 30 六	辛亥 (12) 日	壬子 2 一	癸丑 3 二	甲寅 4 三	乙卯 5 四	丙辰 6 五	丁巳 7 六	戊午 8 日	己未 9 一	庚申 10 二	辛酉 11 三	壬戌 12 四	癸亥 13 五	甲子 14 六	乙丑 15 日	丙寅 16 一	丁卯 17 二	戊辰 18 三	己巳 19 四	庚午 20 五			壬寅小雪 戊午大雪
十一月大	庚子 天干地支 西曆 星期	辛未 21 六	壬申 22 日	癸酉 23 一	甲戌 24 二	乙亥 25 三	丙子 26 四	丁丑 27 五	戊寅 28 六	己卯 29 日	庚辰 30 一	辛巳 31 二	壬午 (1) 三	癸未 2 四	甲申 3 五	乙酉 4 六	丙戌 5 日	丁亥 6 一	戊子 7 二	己丑 8 三	庚寅 9 四	辛卯 10 五	壬辰 11 六	癸巳 12 日	甲午 13 一	乙未 14 二	丙申 15 三	丁酉 16 四	戊戌 17 五	己亥 18 六	庚子 19 日		癸酉冬至 戊子小寒
十二月小	辛丑 天干地支 西曆 星期	辛丑 20 一	壬寅 21 二	癸卯 22 三	甲辰 23 四	乙巳 24 五	丙午 25 六	丁未 26 日	戊申 27 一	己酉 28 二	庚戌 29 三	辛亥 30 四	壬子 31 五	癸丑 (2) 六	甲寅 2 日	乙卯 3 一	丙辰 4 二	丁巳 5 三	戊午 6 四	己未 7 五	庚申 8 六	辛酉 9 日	壬戌 10 一	癸亥 11 二	甲子 12 三	乙丑 13 四	丙寅 14 五	丁卯 15 六	戊辰 16 日	己巳 17 一			癸丑大寒 己未立春

晉安帝元興元年 隆安六年 大亨元年（壬寅 虎年） 公元 402～403 年

夏曆月序	中西曆對照	夏曆日序																													節氣與天象
		初一	初二	初三	初四	初五	初六	初七	初八	初九	初十	十一	十二	十三	十四	十五	十六	十七	十八	十九	二十	廿一	廿二	廿三	廿四	廿五	廿六	廿七	廿八	廿九	三十	
正月大 壬寅	天干 地支 西曆 星期	庚寅18二	辛卯19三	壬辰20四	癸巳21五	甲午22六	乙未23日	丙申24一	丁酉25二	戊戌26三	己亥27四	庚子28五	辛丑(3)六	壬寅2日	癸卯3一	甲辰4二	乙巳5三	丙午6四	丁未7五	戊申8六	己酉9日	庚戌10一	辛亥11二	壬子12三	癸丑13四	甲寅14五	乙卯15六	丙辰16日	丁巳17一	戊午18二	己未19三	甲戌雨水 己丑驚蟄
二月小 癸卯	天干 地支 西曆 星期	庚申20四	辛酉21五	壬戌22六	癸亥23日	甲子24一	乙丑25二	丙寅26三	丁卯27四	戊辰28五	己巳29六	庚午30日	辛未31一	壬申(4)二	癸酉2三	甲戌3四	乙亥4五	丙子5六	丁丑6日	戊寅7一	己卯8二	庚辰9三	辛巳10四	壬午11五	癸未12六	甲申13日	乙酉14一	丙戌15二	丁亥16三	戊子17四		甲辰春分 己未清明
三月大 甲辰	天干 地支 西曆 星期	己丑18五	庚寅19六	辛卯20日	壬辰21一	癸巳22二	甲午23三	乙未24四	丙申25五	丁酉26六	戊戌27日	己亥28一	庚子29二	辛丑30三	壬寅(5)四	癸卯2五	甲辰3六	乙巳4日	丙午5一	丁未6二	戊申7三	己酉8四	庚戌9五	辛亥10六	壬子11日	癸丑12一	甲寅13二	乙卯14三	丙辰15四	丁巳16五	戊午17六	乙亥穀雨 庚寅立夏
四月小 乙巳	天干 地支 西曆 星期	己未18日	庚申19一	辛酉20二	壬戌21三	癸亥22四	甲子23五	乙丑24六	丙寅25日	丁卯26一	戊辰27二	己巳28三	庚午29四	辛未30五	壬申31六	癸酉(6)日	甲戌2一	乙亥3二	丙子4三	丁丑5四	戊寅6五	己卯7六	庚辰8日	辛巳9一	壬午10二	癸未11三	甲申12四	乙酉13五	丙戌14六	丁亥15日		乙巳小滿 庚申芒種
五月大 丙午	天干 地支 西曆 星期	戊子16一	己丑17二	庚寅18三	辛卯19四	壬辰20五	癸巳21六	甲午22日	乙未23一	丙申24二	丁酉25三	戊戌26四	己亥27五	庚子28六	辛丑29日	壬寅30一	癸卯31二	甲辰(7)三	乙巳2四	丙午3五	丁未4六	戊申5日	己酉6一	庚戌7二	辛亥8三	壬子9四	癸丑10五	甲寅11六	乙卯12日	丙辰13一	丁巳14二	乙亥夏至 辛卯小暑
六月大 丁未	天干 地支 西曆 星期	戊午15三	己未16四	庚申17五	辛酉18六	壬戌19日	癸亥20一	甲子21二	乙丑22三	丙寅23四	丁卯24五	戊辰25六	己巳26日	庚午27一	辛未28二	壬申29三	癸酉30四	甲戌31五	乙亥(8)六	丙子2日	丁丑3一	戊寅4二	己卯5三	庚辰6四	辛巳7五	壬午8六	癸未9日	甲申10一	乙酉11二	丙戌12三	丁亥13四	丙午大暑 辛酉立秋
七月小 戊申	天干 地支 西曆 星期	戊子14五	己丑15六	庚寅16日	辛卯17一	壬辰18二	癸巳19三	甲午20四	乙未21五	丙申22六	丁酉23日	戊戌24一	己亥25二	庚子26三	辛丑27四	壬寅28五	癸卯29六	甲辰30日	乙巳31一	丙午(9)二	丁未2三	戊申3四	己酉4五	庚戌5六	辛亥6日	壬子7一	癸丑8二	甲寅9三	乙卯10四	丙辰11五		丙子處暑 壬辰白露
八月大 己酉	天干 地支 西曆 星期	丁巳12六	戊午13日	己未14一	庚申15二	辛酉16三	壬戌17四	癸亥18五	甲子19六	乙丑20日	丙寅21一	丁卯22二	戊辰23三	己巳24四	庚午25五	辛未26六	壬申27日	癸酉28一	甲戌29二	乙亥30三	丙子(10)四	丁丑2五	戊寅3六	己卯4日	庚辰5一	辛巳6二	壬午7三	癸未8四	甲申9五	乙酉10六	丙戌11日	丁未秋分 壬戌寒露
九月小 庚戌	天干 地支 西曆 星期	丁亥12一	戊子13二	己丑14三	庚寅15四	辛卯16五	壬辰17六	癸巳18日	甲午19一	乙未20二	丙申21三	丁酉22四	戊戌23五	己亥24六	庚子25日	辛丑26一	壬寅27二	癸卯28三	甲辰29四	乙巳30五	丙午31六	丁未(11)日	戊申2一	己酉3二	庚戌4三	辛亥5四	壬子6五	癸丑7六	甲寅8日	乙卯9一		丁丑霜降 壬辰立冬
十月大 辛亥	天干 地支 西曆 星期	丙辰10二	丁巳11三	戊午12四	己未13五	庚申14六	辛酉15日	壬戌16一	癸亥17二	甲子18三	乙丑19四	丙寅20五	丁卯21六	戊辰22日	己巳23一	庚午24二	辛未25三	壬申26四	癸酉27五	甲戌28六	乙亥29日	丙子30一	丁丑(12)二	戊寅2三	己卯3四	庚辰4五	辛巳5六	壬午6日	癸未7一	甲申8二	乙酉9三	戊申小雪 癸亥大雪 丙申日食
十一月小 壬子	天干 地支 西曆 星期	丙戌10四	丁亥11五	戊子12六	己丑13日	庚寅14一	辛卯15二	壬辰16三	癸巳17四	甲午18五	乙未19六	丙申20日	丁酉21一	戊戌22二	己亥23三	庚子24四	辛丑25五	壬寅26六	癸卯27日	甲辰28一	乙巳29二	丙午30三	丁未31四	戊申(1)五	己酉2六	庚戌3日	辛亥4一	壬子5二	癸丑6三	甲寅7四		戊寅冬至 癸巳小寒
十二月大 癸丑	天干 地支 西曆 星期	乙卯8五	丙辰9六	丁巳10日	戊午11一	己未12二	庚申13三	辛酉14四	壬戌15五	癸亥16六	甲子17日	乙丑18一	丙寅19二	丁卯20三	戊辰21四	己巳22五	庚午23六	辛未24日	壬申25一	癸酉26二	甲戌27三	乙亥28四	丙子29五	丁丑30六	戊寅31日	己卯(2)一	庚辰2二	辛巳3三	壬午4四	癸未5五	甲申6六	己酉大寒 甲子立春

＊正月庚午（初一），改元元興。三月復稱隆安六年，不久改爲大亨，次年又稱元興二年。

晉安帝元興二年（癸卯 兔年） 公元 403 ~ 404 年

夏曆月序	中西日曆對照	夏曆日序 初一	初二	初三	初四	初五	初六	初七	初八	初九	初十	十一	十二	十三	十四	十五	十六	十七	十八	十九	二十	二一	二二	二三	二四	二五	二六	二七	二八	二九	三十	節氣與天象
正月小	甲寅 天干地支西曆星期	乙丑 8日	丙寅 9 二	丁卯 10 三	戊辰 11 四	己巳 12 五	庚午 13 六	辛未 14 日	壬申 15 一	癸酉 16 二	甲戌 17 三	乙亥 18 四	丙子 19 五	丁丑 20 六	戊寅 21 日	己卯 22 一	庚辰 23 二	辛巳 24 三	壬午 25 四	癸未 26 五	甲申 27 六	乙酉 28 日	丙戌 (3) 一	丁亥 2 二	戊子 3 三	己丑 4 四	庚寅 5 五	辛卯 6 六	壬辰 7 日	癸巳 8 一		己卯雨水
二月大	乙卯 天干地支西曆星期	甲午 9 二	乙未 10 三	丙申 11 四	丁酉 12 五	戊戌 13 六	己亥 14 日	庚子 15 一	辛丑 16 二	壬寅 17 三	癸卯 18 四	甲辰 19 五	乙巳 20 六	丙午 21 日	丁未 22 一	戊申 23 二	己酉 24 三	庚戌 25 四	辛亥 26 五	壬子 27 六	癸丑 28 日	甲寅 29 一	乙卯 30 二	丙辰 31 三	丁巳 (4) 四	戊午 2 五	己未 3 六	庚申 4 日	辛酉 5 一	壬戌 6 二	癸亥 7 三	甲午驚蟄 己酉春分
三月小	丙辰 天干地支西曆星期	甲子 8 四	乙丑 9 五	丙寅 10 六	丁卯 11 日	戊辰 12 一	己巳 13 二	庚午 14 三	辛未 15 四	壬申 16 五	癸酉 17 六	甲戌 18 日	乙亥 19 一	丙子 20 二	丁丑 21 三	戊寅 22 四	己卯 23 五	庚辰 24 六	辛巳 25 日	壬午 26 一	癸未 27 二	甲申 28 三	乙酉 29 四	丙戌 30 五	丁亥 (5) 六	戊子 2 日	己丑 3 一	庚寅 4 二	辛卯 5 三	壬辰 6 四		乙丑清明 庚辰穀雨
四月大	丁巳 天干地支西曆星期	癸巳 7 五	甲午 8 六	乙未 9 日	丙申 10 一	丁酉 11 二	戊戌 12 三	己亥 13 四	庚子 14 五	辛丑 15 六	壬寅 16 日	癸卯 17 一	甲辰 18 二	乙巳 19 三	丙午 20 四	丁未 21 五	戊申 22 六	己酉 23 日	庚戌 24 一	辛亥 25 二	壬子 26 三	癸丑 27 四	甲寅 28 五	乙卯 29 六	丙辰 30 日	丁巳 31 一	戊午 (6) 二	己未 2 三	庚申 3 四	辛酉 4 五	壬戌 5 六	乙未立夏 庚戌小滿
五月小	戊午 天干地支西曆星期	癸亥 6 日	甲子 7 一	乙丑 8 二	丙寅 9 三	丁卯 10 四	戊辰 11 五	己巳 12 六	庚午 13 日	辛未 14 一	壬申 15 二	癸酉 16 三	甲戌 17 四	乙亥 18 五	丙子 19 六	丁丑 20 日	戊寅 21 一	己卯 22 二	庚辰 23 三	辛巳 24 四	壬午 25 五	癸未 26 六	甲申 27 日	乙酉 28 一	丙戌 29 二	丁亥 30 三	戊子 (7) 四	己丑 2 五	庚寅 3 六	辛卯 4 日		丙寅芒種 辛巳夏至
六月大	己未 天干地支西曆星期	壬辰 5日	癸巳 6 二	甲午 7 三	乙未 8 四	丙申 9 五	丁酉 10 六	戊戌 11 日	己亥 12 一	庚子 13 二	辛丑 14 三	壬寅 15 四	癸卯 16 五	甲辰 17 六	乙巳 18 日	丙午 19 一	丁未 20 二	戊申 21 三	己酉 22 四	庚戌 23 五	辛亥 24 六	壬子 25 日	癸丑 26 一	甲寅 27 二	乙卯 28 三	丙辰 29 四	丁巳 30 五	戊午 31 六	己未 (8) 日	庚申 2 一	辛酉 3 二	丙寅小暑 辛亥大暑
七月小	庚申 天干地支西曆星期	壬戌 4 二	癸亥 5 三	甲子 6 四	乙丑 7 五	丙寅 8 六	丁卯 9 日	戊辰 10 一	己巳 11 二	庚午 12 三	辛未 13 四	壬申 14 五	癸酉 15 六	甲戌 16 日	乙亥 17 一	丙子 18 二	丁丑 19 三	戊寅 20 四	己卯 21 五	庚辰 22 六	辛巳 23 日	壬午 24 一	癸未 25 二	甲申 26 三	乙酉 27 四	丙戌 28 五	丁亥 29 六	戊子 30 日	己丑 31 一	庚寅 (9) 二		丙寅立秋 壬午處暑
八月大	辛酉 天干地支西曆星期	辛卯 2 三	壬辰 3 四	癸巳 4 五	甲午 5 六	乙未 6 日	丙申 7 一	丁酉 8 二	戊戌 9 三	己亥 10 四	庚子 11 五	辛丑 12 六	壬寅 13 日	癸卯 14 一	甲辰 15 二	乙巳 16 三	丙午 17 四	丁未 18 五	戊申 19 六	己酉 20 日	庚戌 21 一	辛亥 22 二	壬子 23 三	癸丑 24 四	甲寅 25 五	乙卯 26 六	丙辰 27 日	丁巳 28 一	戊午 29 二	己未 30 三	庚申 (10) 四	丁酉白露 壬子秋分
九月大	壬戌 天干地支西曆星期	辛酉 2 五	壬戌 3 六	癸亥 4 日	甲子 5 一	乙丑 6 二	丙寅 7 三	丁卯 8 四	戊辰 9 五	己巳 10 六	庚午 11 日	辛未 12 一	壬申 13 二	癸酉 14 三	甲戌 15 四	乙亥 16 五	丙子 17 六	丁丑 18 日	戊寅 19 一	己卯 20 二	庚辰 21 三	辛巳 22 四	壬午 23 五	癸未 24 六	甲申 25 日	乙酉 26 一	丙戌 27 二	丁亥 28 三	戊子 29 四	己丑 30 五	庚寅 31 六	丁卯寒露 壬午霜降
十月小	癸亥 天干地支西曆星期	辛卯 (11) 日	壬辰 2 一	癸巳 3 二	甲午 4 三	乙未 5 四	丙申 6 五	丁酉 7 六	戊戌 8 日	己亥 9 一	庚子 10 二	辛丑 11 三	壬寅 12 四	癸卯 13 五	甲辰 14 六	乙巳 15 日	丙午 16 一	丁未 17 二	戊申 18 三	己酉 19 四	庚戌 20 五	辛亥 21 六	壬子 22 日	癸丑 23 一	甲寅 24 二	乙卯 25 三	丙辰 26 四	丁巳 27 五	戊午 28 六	己未 29 日		戊戌立冬 癸丑小雪
十一月大	甲子 天干地支西曆星期	庚申 30 一	辛酉 (12) 二	壬戌 2 三	癸亥 3 四	甲子 4 五	乙丑 5 六	丙寅 6 日	丁卯 7 一	戊辰 8 二	己巳 9 三	庚午 10 四	辛未 11 五	壬申 12 六	癸酉 13 日	甲戌 14 一	乙亥 15 二	丙子 16 三	丁丑 17 四	戊寅 18 五	己卯 19 六	庚辰 20 日	辛巳 21 一	壬午 22 二	癸未 23 三	甲申 24 四	乙酉 25 五	丙戌 26 六	丁亥 27 日	戊子 28 一	己丑 29 二	戊辰大雪 癸未冬至
十二月小	乙丑 天干地支西曆星期	庚寅 30 三	辛卯 31 四	壬辰 (1) 五	癸巳 2 六	甲午 3 日	乙未 4 一	丙申 5 二	丁酉 6 三	戊戌 7 四	己亥 8 五	庚子 9 六	辛丑 10 日	壬寅 11 一	癸卯 12 二	甲辰 13 三	乙巳 14 四	丙午 15 五	丁未 16 六	戊申 17 日	己酉 18 一	庚戌 19 二	辛亥 20 三	壬子 21 四	癸丑 22 五	甲寅 23 六	乙卯 24 日	丙辰 25 一	丁巳 26 二	戊午 27 三		己亥小寒 甲寅大寒

晉安帝元興三年（甲辰 龍年） 公元404～405年

夏曆月序	中西日照對照	夏曆日序 初一	初二	初三	初四	初五	初六	初七	初八	初九	初十	十一	十二	十三	十四	十五	十六	十七	十八	十九	二十	二一	二二	二三	二四	二五	二六	二七	二八	二九	三十	節氣與天象
正月大	丙寅	天干地支/西曆/星期 己未28四	庚申29五	辛酉30六	壬戌31日	癸亥2(2)一	甲子2二	乙丑3三	丙寅4四	丁卯5五	戊辰6六	己巳7日	庚午8一	辛未9二	壬申10三	癸酉11四	甲戌12五	乙亥13六	丙子14日	丁丑15一	戊寅16二	己卯17三	庚辰18四	辛巳19五	壬午20六	癸未21日	甲申22一	乙酉23二	丙戌24三	丁亥25四	戊子26五	己巳立春 甲申雨水
二月小	丁卯	天干地支/西曆/星期 己丑27六	庚寅28日	辛卯29一	壬辰(3)二	癸巳2三	甲午3四	乙未4五	丙申5六	丁酉6日	戊戌7一	己亥8二	庚子9三	辛丑10四	壬寅11五	癸卯12六	甲辰13日	乙巳14一	丙午15二	丁未16三	戊申17四	己酉18五	庚戌19六	辛亥20日	壬子21一	癸丑22二	甲寅23三	乙卯24四	丙辰25五	丁巳26六		己亥驚蟄 乙卯春分
三月大	戊辰	天干地支/西曆/星期 戊午27日	己未28一	庚申29二	辛酉30三	壬戌31四	癸亥(4)五	甲子2六	乙丑3日	丙寅4一	丁卯5二	戊辰6三	己巳7四	庚午8五	辛未9六	壬申10日	癸酉11一	甲戌12二	乙亥13三	丙子14四	丁丑15五	戊寅16六	己卯17日	庚辰18一	辛巳19二	壬午20三	癸未21四	甲申22五	乙酉23六	丙戌24日	丁亥25一	庚午清明 乙酉穀雨
四月小	己巳	天干地支/西曆/星期 戊子26二	己丑27三	庚寅28四	辛卯29五	壬辰30六	癸巳(5)日	甲午2一	乙未3二	丙申4三	丁酉5四	戊戌6五	己亥7六	庚子8日	辛丑9一	壬寅10二	癸卯11三	甲辰12四	乙巳13五	丙午14六	丁未15日	戊申16一	己酉17二	庚戌18三	辛亥19四	壬子20五	癸丑21六	甲寅22日	乙卯23一	丙辰24二		庚子立夏 丙辰小滿
五月大	庚午	天干地支/西曆/星期 丁巳25三	戊午26四	己未27五	庚申28六	辛酉29日	壬戌30一	癸亥31二	甲子(6)三	乙丑2四	丙寅3五	丁卯4六	戊辰5日	己巳6一	庚午7二	辛未8三	壬申9四	癸酉10五	甲戌11六	乙亥12日	丙子13一	丁丑14二	戊寅15三	己卯16四	庚辰17五	辛巳18六	壬午19日	癸未20一	甲申21二	乙酉22三	丙戌23四	辛未芒種 丙戌夏至
閏五月小	庚午	天干地支/西曆/星期 丁亥24五	戊子25六	己丑26日	庚寅27一	辛卯28二	壬辰29三	癸巳(7)四	甲午2五	乙未3六	丙申4日	丁酉5一	戊戌6二	己亥7三	庚子8四	辛丑9五	壬寅10六	癸卯11日	甲辰12一	乙巳13二	丙午14三	丁未15四	戊申16五	己酉17六	庚戌18日	辛亥19一	壬子20二	癸丑21三	甲寅22四	乙卯22五		辛丑小暑
六月大	辛未	天干地支/西曆/星期 丙辰23六	丁巳24日	戊午25一	己未26二	庚申27三	辛酉28四	壬戌29五	癸亥30六	甲子31日	乙丑(8)一	丙寅2二	丁卯3三	戊辰4四	己巳5五	庚午6六	辛未7日	壬申8一	癸酉9二	甲戌10三	乙亥11四	丙子12五	丁丑13六	戊寅14日	己卯15一	庚辰16二	辛巳17三	壬午18四	癸未19五	甲申20六	乙酉21日	丙辰大暑 壬申立秋
七月小	壬申	天干地支/西曆/星期 丙戌22一	丁亥23二	戊子24三	己丑25四	庚寅26五	辛卯27六	壬辰28日	癸巳29一	甲午30二	乙未31三	丙申(9)四	丁酉2五	戊戌3六	己亥4日	庚子5一	辛丑6二	壬寅7三	癸卯8四	甲辰9五	乙巳10六	丙午11日	丁未12一	戊申13二	己酉14三	庚戌15四	辛亥16五	壬子17六	癸丑18日	甲寅19一		丁亥處暑 壬寅白露
八月大	癸酉	天干地支/西曆/星期 乙卯20二	丙辰21三	丁巳22四	戊午23五	己未24六	庚申25日	辛酉26一	壬戌27二	癸亥28三	甲子29四	乙丑30五	丙寅(10)六	丁卯2日	戊辰3一	己巳4二	庚午5三	辛未6四	壬申7五	癸酉8六	甲戌9日	乙亥10一	丙子11二	丁丑12三	戊寅13四	己卯14五	庚辰15六	辛巳16日	壬午17一	癸未18二	甲申19三	丁巳秋分 癸酉寒露
九月小	甲戌	天干地支/西曆/星期 乙酉20四	丙戌21五	丁亥22六	戊子23日	己丑24一	庚寅25二	辛卯26三	壬辰27四	癸巳28五	甲午29六	乙未30日	丙申31一	丁酉(11)二	戊戌2三	己亥3四	庚子4五	辛丑5六	壬寅6日	癸卯7一	甲辰8二	乙巳9三	丙午10四	丁未11五	戊申12六	己酉13日	庚戌14一	辛亥15二	壬子16三	癸丑17四		戊子霜降 癸卯立冬
十月大	乙亥	天干地支/西曆/星期 甲寅18五	乙卯19六	丙辰20日	丁巳21一	戊午22二	己未23三	庚申24四	辛酉25五	壬戌26六	癸亥27日	甲子28一	乙丑29二	丙寅30三	丁卯(12)四	戊辰2五	己巳3六	庚午4日	辛未5一	壬申6二	癸酉7三	甲戌8四	乙亥9五	丙子10六	丁丑11日	戊寅12一	己卯13二	庚辰14三	辛巳15四	壬午16五	癸未17六	戊午小雪 癸丑大雪
十一月小	丙子	天干地支/西曆/星期 甲申18日	乙酉19一	丙戌20二	丁亥21三	戊子22四	己丑23五	庚寅24六	辛卯25日	壬辰26一	癸巳27二	甲午28三	乙未29四	丙申30五	丁酉31六	戊戌(1)日	己亥2一	庚子3二	辛丑4三	壬寅5四	癸卯6五	甲辰7六	乙巳8日	丙午9一	丁未10二	戊申11三	己酉12四	庚戌13五	辛亥14六	壬子15日		己丑冬至 甲辰小寒
十二月大	丁丑	天干地支/西曆/星期 癸丑16一	甲寅17二	乙卯18三	丙辰19四	丁巳20五	戊午21六	己未22日	庚申23一	辛酉24二	壬戌25三	癸亥26四	甲子27五	乙丑28六	丙寅29日	丁卯30一	戊辰31二	己巳(2)三	庚午2四	辛未3五	壬申4六	癸酉5日	甲戌6一	乙亥7二	丙子8三	丁丑9四	戊寅10五	己卯11六	庚辰12日	辛巳13一	壬午14二	己未大寒 甲戌立春

晉安帝元興四年 義熙元年（乙巳 蛇年） 公元 405～406 年

夏曆月序	中西曆對照	夏曆日序																													節氣與天象
		初一	初二	初三	初四	初五	初六	初七	初八	初九	初十	十一	十二	十三	十四	十五	十六	十七	十八	十九	二十	二一	二二	二三	二四	二五	二六	二七	二八	二九	三十	
正月大 戊寅	天干地支 西曆 星期	癸未 15 三	甲申 16 四	乙酉 17 五	丙戌 18 六	丁亥 19 日	戊子 20 一	己丑 21 二	庚寅 22 三	辛卯 23 四	壬辰 24 五	癸巳 25 六	甲午 26 日	乙未 27 一	丙申 28 二	丁酉(3) 三	戊戌 2 四	己亥 3 五	庚子 4 六	辛丑 5 日	壬寅 6 一	癸卯 7 二	甲辰 8 三	乙巳 9 四	丙午 10 五	丁未 11 六	戊申 12 日	己酉 13 一	庚戌 14 二	辛亥 15 三	壬子 16 四	己丑雨水 己巳驚蟄
二月小 己卯	天干地支 西曆 星期	癸丑 17 五	甲寅 18 六	乙卯 19 日	丙辰 20 一	丁巳 21 二	戊午 22 三	己未 23 四	庚申 24 五	辛酉 25 六	壬戌 26 日	癸亥 27 一	甲子 28 二	乙丑 29 三	丙寅 30 四	丁卯 31 五	戊辰(4) 六	己巳 2 日	庚午 3 一	辛未 4 二	壬申 5 三	癸酉 6 四	甲戌 7 五	乙亥 8 六	丙子 9 日	丁丑 10 一	戊寅 11 二	己卯 12 三	庚辰 13 四	辛巳 14 五		庚申春分 乙亥清明
三月大 庚辰	天干地支 西曆 星期	壬午 15 六	癸未 16 日	甲申 17 一	乙酉 18 二	丙戌 19 三	丁亥 20 四	戊子 21 五	己丑 22 六	庚寅 23 日	辛卯 24 一	壬辰 25 二	癸巳 26 三	甲午 27 四	乙未 28 五	丙申 29 六	丁酉 30 日	戊戌(5) 一	己亥 2 二	庚子 3 三	辛丑 4 四	壬寅 5 五	癸卯 6 六	甲辰 7 日	乙巳 8 一	丙午 9 二	丁未 10 三	戊申 11 四	己酉 12 五	庚戌 13 六	辛亥 14 日	庚寅穀雨 丙午立夏
四月小 辛巳	天干地支 西曆 星期	壬子 15 一	癸丑 16 二	甲寅 17 三	乙卯 18 四	丙辰 19 五	丁巳 20 六	戊午 21 日	己未 22 一	庚申 23 二	辛酉 24 三	壬戌 25 四	癸亥 26 五	甲子 27 六	乙丑 28 日	丙寅 29 一	丁卯 30 二	戊辰 31 三	己巳(6) 四	庚午 2 五	辛未 3 六	壬申 4 日	癸酉 5 一	甲戌 6 二	乙亥 7 三	丙子 8 四	丁丑 9 五	戊寅 10 六	己卯 11 日	庚辰 12 一		辛酉小滿 丙子芒種
五月大 壬午	天干地支 西曆 星期	辛巳 13 二	壬午 14 三	癸未 15 四	甲申 16 五	乙酉 17 六	丙戌 18 日	丁亥 19 一	戊子 20 二	己丑 21 三	庚寅 22 四	辛卯 23 五	壬辰 24 六	癸巳 25 日	甲午 26 一	乙未 27 二	丙申 28 三	丁酉 29 四	戊戌 30 五	己亥(7) 六	庚子 2 日	辛丑 3 一	壬寅 4 二	癸卯 5 三	甲辰 6 四	乙巳 7 五	丙午 8 六	丁未 9 日	戊申 10 一	己酉 11 二	庚戌 12 三	辛巳夏至 丙午小暑
六月小 癸未	天干地支 西曆 星期	辛亥 13 四	壬子 14 五	癸丑 15 六	甲寅 16 日	乙卯 17 一	丙辰 18 二	丁巳 19 三	戊午 20 四	己未 21 五	庚申 22 六	辛酉 23 日	壬戌 24 一	癸亥 25 二	甲子 26 三	乙丑 27 四	丙寅 28 五	丁卯 29 六	戊辰 30 日	己巳 31 一	庚午(8) 二	辛未 2 三	壬申 3 四	癸酉 4 五	甲戌 5 六	乙亥 6 日	丙子 7 一	丁丑 8 二	戊寅 9 三	己卯 10 四		壬戌大暑 丁丑立秋
七月大 甲申	天干地支 西曆 星期	庚辰 11 五	辛巳 12 六	壬午 13 日	癸未 14 一	甲申 15 二	乙酉 16 三	丙戌 17 四	丁亥 18 五	戊子 19 六	己丑 20 日	庚寅 21 一	辛卯 22 二	壬辰 23 三	癸巳 24 四	甲午 25 五	乙未 26 六	丙申 27 日	丁酉 28 一	戊戌 29 二	己亥 30 三	庚子 31 四	辛丑(9) 五	壬寅 2 六	癸卯 3 日	甲辰 4 一	乙巳 5 二	丙午 6 三	丁未 7 四	戊申 8 五	己酉 9 六	壬辰處暑 丁未白露
八月小 乙酉	天干地支 西曆 星期	庚戌 10 日	辛亥 11 一	壬子 12 二	癸丑 13 三	甲寅 14 四	乙卯 15 五	丙辰 16 六	丁巳 17 日	戊午 18 一	己未 19 二	庚申 20 三	辛酉 21 四	壬戌 22 五	癸亥 23 六	甲子 24 日	乙丑 25 一	丙寅 26 二	丁卯 27 三	戊辰 28 四	己巳 29 五	庚午 30 六	辛未(10) 日	壬申 2 一	癸酉 3 二	甲戌 4 三	乙亥 5 四	丙子 6 五	丁丑 7 六	戊寅 8 日		癸亥秋分 戊寅寒露
九月大 丙戌	天干地支 西曆 星期	己卯 9 一	庚辰 10 二	辛巳 11 三	壬午 12 四	癸未 13 五	甲申 14 六	乙酉 15 日	丙戌 16 一	丁亥 17 二	戊子 18 三	己丑 19 四	庚寅 20 五	辛卯 21 六	壬辰 22 日	癸巳 23 一	甲午 24 二	乙未 25 三	丙申 26 四	丁酉 27 五	戊戌 28 六	己亥 29 日	庚子 30 一	辛丑(11) 二	壬寅 2 三	癸卯 3 四	甲辰 4 五	乙巳 5 六	丙午 6 日	丁未 7 一	戊申 8 二	癸巳霜降 戊申立冬
十月小 丁亥	天干地支 西曆 星期	己酉 9 三	庚戌 10 四	辛亥 11 五	壬子 12 六	癸丑 13 日	甲寅 14 一	乙卯 15 二	丙辰 16 三	丁巳 17 四	戊午 18 五	己未 19 六	庚申 20 日	辛酉 21 一	壬戌 22 二	癸亥 23 三	甲子 24 四	乙丑 25 五	丙寅 26 六	丁卯 27 日	戊辰 28 一	己巳 29 二	庚午 30 三	辛未(12) 四	壬申 2 五	癸酉 3 六	甲戌 4 日	乙亥 5 一	丙子 6 二			癸亥小雪
十一月大 戊子	天干地支 西曆 星期	丁丑 7 三	戊寅 8 四	己卯 9 五	庚辰 10 六	辛巳 11 日	壬午 12 一	癸未 13 二	甲申 14 三	乙酉 15 四	丙戌 16 五	丁亥 17 六	戊子 18 日	己丑 19 一	庚寅 20 二	辛卯 21 三	壬辰 22 四	癸巳 23 五	甲午 24 六	乙未 25 日	丙申 26 一	丁酉 27 二	戊戌 28 三	己亥 29 四	庚子 30 五	辛丑 31 六	壬寅(1) 日	癸卯 2 一	甲辰 3 二	乙巳 4 三	丙午 5 四	己卯大雪 甲午冬至
十二月小 己丑	天干地支 西曆 星期	丁未 6 五	戊申 7 六	己酉 8 日	庚戌 9 一	辛亥 10 二	壬子 11 三	癸丑 12 四	甲寅 13 五	乙卯 14 六	丙辰 15 日	丁巳 16 一	戊午 17 二	己未 18 三	庚申 19 四	辛酉 20 五	壬戌 21 六	癸亥 22 日	甲子 23 一	乙丑 24 二	丙寅 25 三	丁卯 26 四	戊辰 27 五	己巳 28 六	庚午 29 日	辛未 30 一	壬申 31 二	癸酉(2) 三	甲戌 2 四	乙亥 3 五		己酉小寒 甲子大寒

＊正月戊戌（十六日），改元義熙。

晉安帝義熙二年（丙午 馬年） 公元 406～407 年

夏曆月序	中西曆日對照	夏曆日序 初一	初二	初三	初四	初五	初六	初七	初八	初九	初十	十一	十二	十三	十四	十五	十六	十七	十八	十九	二十	廿一	廿二	廿三	廿四	廿五	廿六	廿七	廿八	廿九	三十	節氣與天象
正月大	庚寅 天干地支西曆星期	丁丑 4日 一	戊寅 5 二	己卯 6 三	庚辰 7 四	辛巳 8 五	壬午 9 六	癸未 10日	甲申 11 一	乙酉 12 二	丙戌 13 三	丁亥 14 四	戊子 15 五	己丑 16 六	庚寅 17日	辛卯 18 一	壬辰 19 二	癸巳 20 三	甲午 21 四	乙未 22 五	丙申 23 六	丁酉 24日	戊戌 25 一	己亥 26 二	庚子 27 三	辛丑 28 四	壬寅 (3) 五	癸卯 2 六	甲辰 3日	乙巳 4 一	丙午 5 二	庚辰立春 乙未雨水
二月小	辛卯 天干地支西曆星期	丁未 6日 二	戊申 7 三	己酉 8 四	庚戌 9 五	辛亥 10 六	壬子 11日	癸丑 12 一	甲寅 13 二	乙卯 14 三	丙辰 15 四	丁巳 16 五	戊午 17 六	己未 18日	庚申 19 一	辛酉 20 二	壬戌 21 三	癸亥 22 四	甲子 23 五	乙丑 24 六	丙寅 25日	丁卯 26 一	戊辰 27 二	己巳 28 三	庚午 29 四	辛未 30 五	壬申 31 六	癸酉 (4)日	甲戌 2 一	乙亥 3 二		庚戌驚蟄 乙丑春分
三月大	壬辰 天干地支西曆星期	丙子 4 三	丁丑 5 四	戊寅 6 五	己卯 7 六	庚辰 8日	辛巳 9 一	壬午 10 二	癸未 11 三	甲申 12 四	乙酉 13 五	丙戌 14 六	丁亥 15日	戊子 16 一	己丑 17 二	庚寅 18 三	辛卯 19 四	壬辰 20 五	癸巳 21 六	甲午 22日	乙未 23 一	丙申 24 二	丁酉 25 三	戊戌 26 四	己亥 27 五	庚子 28 六	辛丑 29日	壬寅 30 一	癸卯 (5) 二	甲辰 2 三	乙巳 3 四	庚辰清明 丙申穀雨
四月小	癸巳 天干地支西曆星期	丙午 4 五	丁未 5 六	戊申 6日	己酉 7 一	庚戌 8 二	辛亥 9 三	壬子 10 四	癸丑 11 五	甲寅 12 六	乙卯 13日	丙辰 14 一	丁巳 15 二	戊午 16 三	己未 17 四	庚申 18 五	辛酉 19 六	壬戌 20日	癸亥 21 一	甲子 22 二	乙丑 23 三	丙寅 24 四	丁卯 25 五	戊辰 26 六	己巳 27日	庚午 28 一	辛未 29 二	壬申 30 三	癸酉 31 四	甲戌 (6) 五		辛亥立夏 丙寅小滿
五月大	甲午 天干地支西曆星期	乙亥 2 六	丙子 3日	丁丑 4 一	戊寅 5 二	己卯 6 三	庚辰 7 四	辛巳 8 五	壬午 9 六	癸未 10日	甲申 11 一	乙酉 12 二	丙戌 13 三	丁亥 14 四	戊子 15 五	己丑 16 六	庚寅 17日	辛卯 18 一	壬辰 19 二	癸巳 20 三	甲午 21 四	乙未 22 五	丙申 23 六	丁酉 24日	戊戌 25 一	己亥 26 二	庚子 27 三	辛丑 28 四	壬寅 29 五	癸卯 30 六	甲辰 (7)日	辛巳芒種 丙申夏至
六月大	乙未 天干地支西曆星期	乙巳 2 一	丙午 3 二	丁未 4 三	戊申 5 四	己酉 6 五	庚戌 7 六	辛亥 8日	壬子 9 一	癸丑 10 二	甲寅 11 三	乙卯 12 四	丙辰 13 五	丁巳 14 六	戊午 15日	己未 16 一	庚申 17 二	辛酉 18 三	壬戌 19 四	癸亥 20 五	甲子 21 六	乙丑 22日	丙寅 23 一	丁卯 24 二	戊辰 25 三	己巳 26 四	庚午 27 五	辛未 28 六	壬申 29日	癸酉 30 一	甲戌 31 二	壬子小暑 丁卯大暑
七月小	丙申 天干地支西曆星期	乙亥 (8) 三	丙子 2 四	丁丑 3 五	戊寅 4 六	己卯 5日	庚辰 6 一	辛巳 7 二	壬午 8 三	癸未 9 四	甲申 10 五	乙酉 11 六	丙戌 12日	丁亥 13 一	戊子 14 二	己丑 15 三	庚寅 16 四	辛卯 17 五	壬辰 18 六	癸巳 19日	甲午 20 一	乙未 21 二	丙申 22 三	丁酉 23 四	戊戌 24 五	己亥 25 六	庚子 26日	辛丑 27 一	壬寅 28 二	癸卯 29 三		壬午立秋 丁酉處暑
八月大	丁酉 天干地支西曆星期	甲辰 30 四	乙巳 31 五	丙午 (9) 六	丁未 2日	戊申 3 一	己酉 4 二	庚戌 5 三	辛亥 6 四	壬子 7 五	癸丑 8 六	甲寅 9日	乙卯 10 一	丙辰 11 二	丁巳 12 三	戊午 13 四	己未 14 五	庚申 15 六	辛酉 16日	壬戌 17 一	癸亥 18 二	甲子 19 三	乙丑 20 四	丙寅 21 五	丁卯 22 六	戊辰 23日	己巳 24 一	庚午 25 二	辛未 26 三	壬申 27 四	癸酉 28 五	癸丑白露 戊辰秋分
九月小	戊戌 天干地支西曆星期	甲戌 29 六	乙亥 30日	丙子 (10) 一	丁丑 2 二	戊寅 3 三	己卯 4 四	庚辰 5 五	辛巳 6 六	壬午 7日	癸未 8 一	甲申 9 二	乙酉 10 三	丙戌 11 四	丁亥 12 五	戊子 13 六	己丑 14日	庚寅 15 一	辛卯 16 二	壬辰 17 三	癸巳 18 四	甲午 19 五	乙未 20 六	丙申 21日	丁酉 22 一	戊戌 23 二	己亥 24 三	庚子 25 四	辛丑 26 五	壬寅 27 六		癸未寒露 戊戌霜降
十月大	己亥 天干地支西曆星期	癸卯 28日	甲辰 29 一	乙巳 30 二	丙午 31 三	丁未 (11) 四	戊申 2 五	己酉 3 六	庚戌 4日	辛亥 5 一	壬子 6 二	癸丑 7 三	甲寅 8 四	乙卯 9 五	丙辰 10 六	丁巳 11日	戊午 12 一	己未 13 二	庚申 14 三	辛酉 15 四	壬戌 16 五	癸亥 17 六	甲子 18日	乙丑 19 一	丙寅 20 二	丁卯 21 三	戊辰 22 四	己巳 23 五	庚午 24 六	辛未 25日	壬申 26 一	癸丑立冬 己巳小雪
十一月小	庚子 天干地支西曆星期	癸酉 27 二	甲戌 28 三	乙亥 29 四	丙子 30 五	丁丑 (12) 六	戊寅 2日	己卯 3 一	庚辰 4 二	辛巳 5 三	壬午 6 四	癸未 7 五	甲申 8 六	乙酉 9日	丙戌 10 一	丁亥 11 二	戊子 12 三	己丑 13 四	庚寅 14 五	辛卯 15 六	壬辰 16日	癸巳 17 一	甲午 18 二	乙未 19 三	丙申 20 四	丁酉 21 五	戊戌 22 六	己亥 23日	庚子 24 一	辛丑 25 二		甲申大雪 己亥冬至
十二月大	辛丑 天干地支西曆星期	壬寅 26 三	癸卯 27 四	甲辰 28 五	乙巳 29 六	丙午 30日	丁未 31 一	戊申 (1) 二	己酉 2 三	庚戌 3 四	辛亥 4 五	壬子 5 六	癸丑 6日	甲寅 7 一	乙卯 8 二	丙辰 9 三	丁巳 10 四	戊午 11 五	己未 12 六	庚申 13日	辛酉 14 一	壬戌 15 二	癸亥 16 三	甲子 17 四	乙丑 18 五	丙寅 19 六	丁卯 20日	戊辰 21 一	己巳 22 二	庚午 23 三	辛未 24 四	甲寅小寒 庚午大寒

晉安帝義熙三年（丁未 羊年） 公元 407 ~ 408 年

夏曆月序	中西曆日對照	夏曆日序																													節氣與天象
		初一	初二	初三	初四	初五	初六	初七	初八	初九	初十	十一	十二	十三	十四	十五	十六	十七	十八	十九	二十	廿一	廿二	廿三	廿四	廿五	廿六	廿七	廿八	廿九	三十	
正月小	壬寅 天干 地支 西曆 星期	壬申 25 五	癸酉 26 六	甲戌 27 日	乙亥 28 一	丙子 29 二	丁丑 30 三	戊寅 31 四	己卯 (2) 五	庚辰 2 六	辛巳 3 日	壬午 4 一	癸未 5 二	甲申 6 三	乙酉 7 四	丙戌 8 五	丁亥 9 六	戊子 10 日	己丑 11 一	庚寅 12 二	辛卯 13 三	壬辰 14 四	癸巳 15 五	甲午 16 六	乙未 17 日	丙申 18 一	丁酉 19 二	戊戌 20 三	己亥 21 四	庚子 22 五		乙酉立春 庚子雨水
二月大	癸卯 天干 地支 西曆 星期	辛丑 23 六	壬寅 24 日	癸卯 25 一	甲辰 26 二	乙巳 27 三	丙午 28 四	丁未 (3) 五	戊申 2 六	己酉 3 日	庚戌 4 一	辛亥 5 二	壬子 6 三	癸丑 7 四	甲寅 8 五	乙卯 9 六	丙辰 10 日	丁巳 11 一	戊午 12 二	己未 13 三	庚申 14 四	辛酉 15 五	壬戌 16 六	癸亥 17 日	甲子 18 一	乙丑 19 二	丙寅 20 三	丁卯 21 四	戊辰 22 五	己巳 23 六	庚午 24 日	乙卯驚蟄 庚午春分 壬寅日食
閏二月小	癸卯 天干 地支 西曆 星期	辛未 25 一	壬申 26 二	癸酉 27 三	甲戌 28 四	乙亥 29 五	丙子 30 六	丁丑 31 日	戊寅 (4) 一	己卯 2 二	庚辰 3 三	辛巳 4 四	壬午 5 五	癸未 6 六	甲申 7 日	乙酉 8 一	丙戌 9 二	丁亥 10 三	戊子 11 四	己丑 12 五	庚寅 13 六	辛卯 14 日	壬辰 15 一	癸巳 16 二	甲午 17 三	乙未 18 四	丙申 19 五	丁酉 20 六	戊戌 21 日	己亥 22 一		丙戌清明
三月大	甲辰 天干 地支 西曆 星期	庚子 23 二	辛丑 24 三	壬寅 25 四	癸卯 26 五	甲辰 27 六	乙巳 28 日	丙午 29 一	丁未 30 二	戊申 (5) 三	己酉 2 四	庚戌 3 五	辛亥 4 六	壬子 5 日	癸丑 6 一	甲寅 7 二	乙卯 8 三	丙辰 9 四	丁巳 10 五	戊午 11 六	己未 12 日	庚申 13 一	辛酉 14 二	壬戌 15 三	癸亥 16 四	甲子 17 五	乙丑 18 六	丙寅 19 日	丁卯 20 一	戊辰 21 二	己巳 22 三	辛丑穀雨 丙辰立夏
四月小	乙巳 天干 地支 西曆 星期	庚午 23 四	辛未 24 五	壬申 25 六	癸酉 26 日	甲戌 27 一	乙亥 28 二	丙子 29 三	丁丑 30 四	戊寅 31 五	己卯 (6) 六	庚辰 2 日	辛巳 3 一	壬午 4 二	癸未 5 三	甲申 6 四	乙酉 7 五	丙戌 8 六	丁亥 9 日	戊子 10 一	己丑 11 二	庚寅 12 三	辛卯 13 四	壬辰 14 五	癸巳 15 六	甲午 16 日	乙未 17 一	丙申 18 二	丁酉 19 三	戊戌 20 四		辛未小滿 丁亥芒種
五月大	丙午 天干 地支 西曆 星期	己亥 21 五	庚子 22 六	辛丑 23 日	壬寅 24 一	癸卯 25 二	甲辰 26 三	乙巳 27 四	丙午 28 五	丁未 29 六	戊申 30 日	己酉 (7) 一	庚戌 2 二	辛亥 3 三	壬子 4 四	癸丑 5 五	甲寅 6 六	乙卯 7 日	丙辰 8 一	丁巳 9 二	戊午 10 三	己未 11 四	庚申 12 五	辛酉 13 六	壬戌 14 日	癸亥 15 一	甲子 16 二	乙丑 17 三	丙寅 18 四	丁卯 19 五	戊辰 20 六	壬寅夏至 丁巳小暑
六月小	丁未 天干 地支 西曆 星期	己巳 21 日	庚午 22 一	辛未 23 二	壬申 24 三	癸酉 25 四	甲戌 26 五	乙亥 27 六	丙子 28 日	丁丑 29 一	戊寅 30 二	己卯 31 三	庚辰 (8) 四	辛巳 2 五	壬午 3 六	癸未 4 日	甲申 5 一	乙酉 6 二	丙戌 7 三	丁亥 8 四	戊子 9 五	己丑 10 六	庚寅 11 日	辛卯 12 一	壬辰 13 二	癸巳 14 三	甲午 15 四	乙未 16 五	丙申 17 六	丁酉 18 日		壬申大暑 丁亥立秋
七月大	戊申 天干 地支 西曆 星期	戊戌 19 一	己亥 20 二	庚子 21 三	辛丑 22 四	壬寅 23 五	癸卯 24 六	甲辰 25 日	乙巳 26 一	丙午 27 二	丁未 28 三	戊申 29 四	己酉 30 五	庚戌 31 六	辛亥 (9) 日	壬子 2 一	癸丑 3 二	甲寅 4 三	乙卯 5 四	丙辰 6 五	丁巳 7 六	戊午 8 日	己未 9 一	庚申 10 二	辛酉 11 三	壬戌 12 四	癸亥 13 五	甲子 14 六	乙丑 15 日	丙寅 16 一	丁卯 17 二	癸卯處暑 戊午白露 戊戌日食
八月大	己酉 天干 地支 西曆 星期	戊辰 18 三	己巳 19 四	庚午 20 五	辛未 21 六	壬申 22 日	癸酉 23 一	甲戌 24 二	乙亥 25 三	丙子 26 四	丁丑 27 五	戊寅 28 六	己卯 29 日	庚辰 30 一	辛巳 (10) 二	壬午 2 三	癸未 3 四	甲申 4 五	乙酉 5 六	丙戌 6 日	丁亥 7 一	戊子 8 二	己丑 9 三	庚寅 10 四	辛卯 11 五	壬辰 12 六	癸巳 13 日	甲午 14 一	乙未 15 二	丙申 16 三	丁酉 17 四	癸酉秋分 戊子寒露
九月小	庚戌 天干 地支 西曆 星期	戊戌 18 五	己亥 19 六	庚子 20 日	辛丑 21 一	壬寅 22 二	癸卯 23 三	甲辰 24 四	乙巳 25 五	丙午 26 六	丁未 27 日	戊申 28 一	己酉 29 二	庚戌 30 三	辛亥 31 四	壬子 (11) 五	癸丑 2 六	甲寅 3 日	乙卯 4 一	丙辰 5 二	丁巳 6 三	戊午 7 四	己未 8 五	庚申 9 六	辛酉 10 日	壬戌 11 一	癸亥 12 二	甲子 13 三	乙丑 14 四	丙寅 15 五		癸卯霜降 己未立冬
十月大	辛亥 天干 地支 西曆 星期	丁卯 16 六	戊辰 17 日	己巳 18 一	庚午 19 二	辛未 20 三	壬申 21 四	癸酉 22 五	甲戌 23 六	乙亥 24 日	丙子 25 一	丁丑 26 二	戊寅 27 三	己卯 28 四	庚辰 29 五	辛巳 30 六	壬午 (12) 日	癸未 2 一	甲申 3 二	乙酉 4 三	丙戌 5 四	丁亥 6 五	戊子 7 六	己丑 8 日	庚寅 9 一	辛卯 10 二	壬辰 11 三	癸巳 12 四	甲午 13 五	乙未 14 六	丙申 15 日	甲戌小雪 己丑大雪
十一月小	壬子 天干 地支 西曆 星期	丁酉 16 一	戊戌 17 二	己亥 18 三	庚子 19 四	辛丑 20 五	壬寅 21 六	癸卯 22 日	甲辰 23 一	乙巳 24 二	丙午 25 三	丁未 26 四	戊申 27 五	己酉 28 六	庚戌 29 日	辛亥 30 一	壬子 31 二	癸丑 (1) 三	甲寅 2 四	乙卯 3 五	丙辰 4 六	丁巳 5 日	戊午 6 一	己未 7 二	庚申 8 三	辛酉 9 四	壬戌 10 五	癸亥 11 六	甲子 12 日	乙丑 13 一		甲辰冬至 庚申小寒
十二月大	癸丑 天干 地支 西曆 星期	丙寅 14 二	丁卯 15 三	戊辰 16 四	己巳 17 五	庚午 18 六	辛未 19 日	壬申 20 一	癸酉 21 二	甲戌 22 三	乙亥 23 四	丙子 24 五	丁丑 25 六	戊寅 26 日	己卯 27 一	庚辰 28 二	辛巳 29 三	壬午 30 四	癸未 31 五	甲申 (2) 六	乙酉 2 日	丙戌 3 一	丁亥 4 二	戊子 5 三	己丑 6 四	庚寅 7 五	辛卯 8 六	壬辰 9 日	癸巳 10 一	甲午 11 二	乙未 12 三	乙亥大寒 庚寅立春

晉安帝義熙四年（戊申 猴年） 公元 408～409 年

夏曆月序	中西曆對照	夏曆日序																													節氣與天象
		初一	初二	初三	初四	初五	初六	初七	初八	初九	初十	十一	十二	十三	十四	十五	十六	十七	十八	十九	二十	二一	二二	二三	二四	二五	二六	二七	二八	二九	三十	
正月小	甲寅	天干地支 西曆日 星期	丙申 13 四	丁酉 14 五	戊戌 15 六	己亥 16 日	庚子 17 一	辛丑 18 二	壬寅 19 三	癸卯 20 四	甲辰 21 五	乙巳 22 六	丙午 23 日	丁未 24 一	戊申 25 二	己酉 26 三	庚戌 27 四	辛亥 28 五	壬子 29 六	癸丑 (3) 日	甲寅 2 一	乙卯 3 二	丙辰 4 三	丁巳 5 四	戊午 6 五	己未 7 六	庚申 8 日	辛酉 9 一	壬戌 10 二	癸亥 11 三	甲子 12 四		乙巳雨水 庚申驚蟄
二月大	乙卯	天干地支 西曆日 星期	乙丑 13 五	丙寅 14 六	丁卯 15 日	戊辰 16 一	己巳 17 二	庚午 18 三	辛未 19 四	壬申 20 五	癸酉 21 六	甲戌 22 日	乙亥 23 一	丙子 24 二	丁丑 25 三	戊寅 26 四	己卯 27 五	庚辰 28 六	辛巳 29 日	壬午 30 一	癸未 31 二	甲申 (4) 三	乙酉 2 四	丙戌 3 五	丁亥 4 六	戊子 5 日	己丑 6 一	庚寅 7 二	辛卯 8 三	壬辰 9 四	癸巳 10 五	甲午 11 六	丙子春分 辛卯清明
三月小	丙辰	天干地支 西曆日 星期	乙未 12 日	丙申 13 一	丁酉 14 二	戊戌 15 三	己亥 16 四	庚子 17 五	辛丑 18 六	壬寅 19 日	癸卯 20 一	甲辰 21 二	乙巳 22 三	丙午 23 四	丁未 24 五	戊申 25 六	己酉 26 日	庚戌 27 一	辛亥 28 二	壬子 29 三	癸丑 30 四	甲寅 (5) 五	乙卯 2 六	丙辰 3 日	丁巳 4 一	戊午 5 二	己未 6 三	庚申 7 四	辛酉 8 五	壬戌 9 六	癸亥 10 日		丙午穀雨 辛酉立夏
四月大	丁巳	天干地支 西曆日 星期	甲子 11 一	乙丑 12 二	丙寅 13 三	丁卯 14 四	戊辰 15 五	己巳 16 六	庚午 17 日	辛未 18 一	壬申 19 二	癸酉 20 三	甲戌 21 四	乙亥 22 五	丙子 23 六	丁丑 24 日	戊寅 25 一	己卯 26 二	庚辰 27 三	辛巳 28 四	壬午 29 五	癸未 30 六	甲申 31 日	乙酉 (6) 一	丙戌 2 二	丁亥 3 三	戊子 4 四	己丑 5 五	庚寅 6 六	辛卯 7 日	壬辰 8 一	癸巳 9 二	丁丑小滿 壬辰芒種
五月小	戊午	天干地支 西曆日 星期	甲午 10 三	乙未 11 四	丙申 12 五	丁酉 13 六	戊戌 14 日	己亥 15 一	庚子 16 二	辛丑 17 三	壬寅 18 四	癸卯 19 五	甲辰 20 六	乙巳 21 日	丙午 22 一	丁未 23 二	戊申 24 三	己酉 25 四	庚戌 26 五	辛亥 27 六	壬子 28 日	癸丑 29 一	甲寅 30 二	乙卯 (7) 三	丙辰 2 四	丁巳 3 五	戊午 4 六	己未 5 日	庚申 6 一	辛酉 7 二	壬戌 8 三		丁未夏至 壬戌小暑
六月大	己未	天干地支 西曆日 星期	癸亥 9 四	甲子 10 五	乙丑 11 六	丙寅 12 日	丁卯 13 一	戊辰 14 二	己巳 15 三	庚午 16 四	辛未 17 五	壬申 18 六	癸酉 19 日	甲戌 20 一	乙亥 21 二	丙子 22 三	丁丑 23 四	戊寅 24 五	己卯 25 六	庚辰 26 日	辛巳 27 一	壬午 28 二	癸未 29 三	甲申 30 四	乙酉 31 五	丙戌 (8) 六	丁亥 2 日	戊子 3 一	己丑 4 二	庚寅 5 三	辛卯 6 四	壬辰 7 五	丁丑大暑
七月小	庚申	天干地支 西曆日 星期	癸巳 8 六	甲午 9 日	乙未 10 一	丙申 11 二	丁酉 12 三	戊戌 13 四	己亥 14 五	庚子 15 六	辛丑 16 日	壬寅 17 一	癸卯 18 二	甲辰 19 三	乙巳 20 四	丙午 21 五	丁未 22 六	戊申 23 日	己酉 24 一	庚戌 25 二	辛亥 26 三	壬子 27 四	癸丑 28 五	甲寅 29 六	乙卯 30 日	丙辰 31 一	丁巳 (9) 二	戊午 2 三	己未 3 四	庚申 4 五	辛酉 5 六		癸巳立秋 戊申處暑
八月大	辛酉	天干地支 西曆日 星期	壬戌 6 日	癸亥 7 一	甲子 8 二	乙丑 9 三	丙寅 10 四	丁卯 11 五	戊辰 12 六	己巳 13 日	庚午 14 一	辛未 15 二	壬申 16 三	癸酉 17 四	甲戌 18 五	乙亥 19 六	丙子 20 日	丁丑 21 一	戊寅 22 二	己卯 23 三	庚辰 24 四	辛巳 25 五	壬午 26 六	癸未 27 日	甲申 28 一	乙酉 29 二	丙戌 30 三	丁亥 (10) 四	戊子 2 五	己丑 3 六	庚寅 4 日	辛卯 5 一	癸亥白露 戊寅秋分
九月小	壬戌	天干地支 西曆日 星期	壬辰 6 二	癸巳 7 三	甲午 8 四	乙未 9 五	丙申 10 六	丁酉 11 日	戊戌 12 一	己亥 13 二	庚子 14 三	辛丑 15 四	壬寅 16 五	癸卯 17 六	甲辰 18 日	乙巳 19 一	丙午 20 二	丁未 21 三	戊申 22 四	己酉 23 五	庚戌 24 六	辛亥 25 日	壬子 26 一	癸丑 27 二	甲寅 28 三	乙卯 29 四	丙辰 30 五	丁巳 31 六	戊午 (11) 日	己未 2 一	庚申 3 二		甲午寒露 己酉霜降
十月大	癸亥	天干地支 西曆日 星期	辛酉 4 三	壬戌 5 四	癸亥 6 五	甲子 7 六	乙丑 8 日	丙寅 9 一	丁卯 10 二	戊辰 11 三	己巳 12 四	庚午 13 五	辛未 14 六	壬申 15 日	癸酉 16 一	甲戌 17 二	乙亥 18 三	丙子 19 四	丁丑 20 五	戊寅 21 六	己卯 22 日	庚辰 23 一	辛巳 24 二	壬午 25 三	癸未 26 四	甲申 27 五	乙酉 28 六	丙戌 29 日	丁亥 30 一	戊子 (12) 二	己丑 2 三	庚寅 3 四	甲子立冬 乙卯小雪
十一月小	甲子	天干地支 西曆日 星期	辛卯 4 五	壬辰 5 六	癸巳 6 日	甲午 7 一	乙未 8 二	丙申 9 三	丁酉 10 四	戊戌 11 五	己亥 12 六	庚子 13 日	辛丑 14 一	壬寅 15 二	癸卯 16 三	甲辰 17 四	乙巳 18 五	丙午 19 六	丁未 20 日	戊申 21 一	己酉 22 二	庚戌 23 三	辛亥 24 四	壬子 25 五	癸丑 26 六	甲寅 27 日	乙卯 28 一	丙辰 29 二	丁巳 30 三	戊午 31 四	己未 (1) 五		甲午大雪 庚戌冬至
十二月大	乙丑	天干地支 西曆日 星期	庚申 2 六	辛酉 3 日	壬戌 4 一	癸亥 5 二	甲子 6 三	乙丑 7 四	丙寅 8 五	丁卯 9 六	戊辰 10 日	己巳 11 一	庚午 12 二	辛未 13 三	壬申 14 四	癸酉 15 五	甲戌 16 六	乙亥 17 日	丙子 18 一	丁丑 19 二	戊寅 20 三	己卯 21 四	庚辰 22 五	辛巳 23 六	壬午 24 日	癸未 25 一	甲申 26 二	乙酉 27 三	丙戌 28 四	丁亥 29 五	戊子 30 六	己丑 31 日	乙丑小寒 庚辰大寒

晉安帝義熙五年（己酉 雞年） 公元 409 ～ 410 年

夏曆月序	中西日曆對照	夏曆日序 初一	初二	初三	初四	初五	初六	初七	初八	初九	初十	十一	十二	十三	十四	十五	十六	十七	十八	十九	二十	廿一	廿二	廿三	廿四	廿五	廿六	廿七	廿八	廿九	三十	節氣與天象
正月大	丙寅	天干地支西曆星期 庚寅(2)二	辛卯 2 三	壬辰 3 四	癸巳 4 五	甲午 5 六	乙未 6 日	丙申 7 一	丁酉 8 二	戊戌 9 三	己亥 10 四	庚子 11 五	辛丑 12 六	壬寅 13 日	癸卯 14 一	甲辰 15 二	乙巳 16 三	丙午 17 四	丁未 18 五	戊申 19 六	己酉 20 日	庚戌 21 一	辛亥 22 二	壬子 23 三	癸丑 24 四	甲寅 25 五	乙卯 26 六	丙辰 27 日	丁巳 28 一	戊午(3)二	己未 2 三	乙未立春 庚戌雨水
二月小	丁卯	庚申 3 四	辛酉 4 五	壬戌 5 六	癸亥 6 日	甲子 7 一	乙丑 8 二	丙寅 9 三	丁卯 10 四	戊辰 11 五	己巳 12 六	庚午 13 日	辛未 14 一	壬申 15 二	癸酉 16 三	甲戌 17 四	乙亥 18 五	丙子 19 六	丁丑 20 日	戊寅 21 一	己卯 22 二	庚辰 23 三	辛巳 24 四	壬午 25 五	癸未 26 六	甲申 27 日	乙酉 28 一	丙戌 29 二	丁亥 30 三	戊子 31 四		丙寅驚蟄 辛巳春分
三月大	戊辰	己丑(4)五	庚寅 2 六	辛卯 3 日	壬辰 4 一	癸巳 5 二	甲午 6 三	乙未 7 四	丙申 8 五	丁酉 9 六	戊戌 10 日	己亥 11 一	庚子 12 二	辛丑 13 三	壬寅 14 四	癸卯 15 五	甲辰 16 六	乙巳 17 日	丙午 18 一	丁未 19 二	戊申 20 三	己酉 21 四	庚戌 22 五	辛亥 23 六	壬子 24 日	癸丑 25 一	甲寅 26 二	乙卯 27 三	丙辰 28 四	丁巳 29 五	戊午 30 六	丙申清明 辛亥穀雨
四月小	己巳	己未(5)日	庚申 2 一	辛酉 3 二	壬戌 4 三	癸亥 5 四	甲子 6 五	乙丑 7 六	丙寅 8 日	丁卯 9 一	戊辰 10 二	己巳 11 三	庚午 12 四	辛未 13 五	壬申 14 六	癸酉 15 日	甲戌 16 一	乙亥 17 二	丙子 18 三	丁丑 19 四	戊寅 20 五	己卯 21 六	庚辰 22 日	辛巳 23 一	壬午 24 二	癸未 25 三	甲申 26 四	乙酉 27 五	丙戌 28 六	丁亥 29 日		丁卯立夏 壬午小滿
五月大	庚午	戊子 30 一	己丑 31 二	庚寅(6)三	辛卯 2 四	壬辰 3 五	癸巳 4 六	甲午 5 日	乙未 6 一	丙申 7 二	丁酉 8 三	戊戌 9 四	己亥 10 五	庚子 11 六	辛丑 12 日	壬寅 13 一	癸卯 14 二	甲辰 15 三	乙巳 16 四	丙午 17 五	丁未 18 六	戊申 19 日	己酉 20 一	庚戌 21 二	辛亥 22 三	壬子 23 四	癸丑 24 五	甲寅 25 六	乙卯 26 日	丙辰 27 一	丁巳 28 二	丁酉芒種 壬子夏至
六月小	辛未	戊午 29 三	己未 30 四	庚申(7)五	辛酉 2 六	壬戌 3 日	癸亥 4 一	甲子 5 二	乙丑 6 三	丙寅 7 四	丁卯 8 五	戊辰 9 六	己巳 10 日	庚午 11 一	辛未 12 二	壬申 13 三	癸酉 14 四	甲戌 15 五	乙亥 16 六	丙子 17 日	丁丑 18 一	戊寅 19 二	己卯 20 三	庚辰 21 四	辛巳 22 五	壬午 23 六	癸未 24 日	甲申 25 一	乙酉 26 二	丙戌 27 三		丁卯小暑 癸未大暑
七月大	壬申	丁亥 28 四	戊子 29 五	己丑 30 六	庚寅 31 日	辛卯(8)一	壬辰 2 二	癸巳 3 三	甲午 4 四	乙未 5 五	丙申 6 六	丁酉 7 日	戊戌 8 一	己亥 9 二	庚子 10 三	辛丑 11 四	壬寅 12 五	癸卯 13 六	甲辰 14 日	乙巳 15 一	丙午 16 二	丁未 17 三	戊申 18 四	己酉 19 五	庚戌 20 六	辛亥 21 日	壬子 22 一	癸丑 23 二	甲寅 24 三	乙卯 25 四	丙辰 26 五	戊戌立秋 癸丑處暑
八月小	癸酉	丁巳 27 六	戊午 28 日	己未 29 一	庚申 30 二	辛酉 31 三	壬戌(9)四	癸亥 2 五	甲子 3 六	乙丑 4 日	丙寅 5 一	丁卯 6 二	戊辰 7 三	己巳 8 四	庚午 9 五	辛未 10 六	壬申 11 日	癸酉 12 一	甲戌 13 二	乙亥 14 三	丙子 15 四	丁丑 16 五	戊寅 17 六	己卯 18 日	庚辰 19 一	辛巳 20 二	壬午 21 三	癸未 22 四	甲申 23 五	乙酉 24 六		戊辰白露 甲申秋分
九月大	甲戌	丙戌 25 日	丁亥 26 一	戊子 27 二	己丑 28 三	庚寅 29 四	辛卯 30 五	壬辰(10)六	癸巳 2 日	甲午 3 一	乙未 4 二	丙申 5 三	丁酉 6 四	戊戌 7 五	己亥 8 六	庚子 9 日	辛丑 10 一	壬寅 11 二	癸卯 12 三	甲辰 13 四	乙巳 14 五	丙午 15 六	丁未 16 日	戊申 17 一	己酉 18 二	庚戌 19 三	辛亥 20 四	壬子 21 五	癸丑 22 六	甲寅 23 日	乙卯 24 一	己亥寒露 甲寅霜降
十月小	乙亥	丙辰 25 二	丁巳 26 三	戊午 27 四	己未 28 五	庚申 29 六	辛酉 30 日	壬戌 31 一	癸亥(11)二	甲子 2 三	乙丑 3 四	丙寅 4 五	丁卯 5 六	戊辰 6 日	己巳 7 一	庚午 8 二	辛未 9 三	壬申 10 四	癸酉 11 五	甲戌 12 六	乙亥 13 日	丙子 14 一	丁丑 15 二	戊寅 16 三	己卯 17 四	庚辰 18 五	辛巳 19 六	壬午 20 日	癸未 21 一	甲申 22 二		己巳立冬 甲申小雪
閏十月大	乙亥	乙酉 23 三	丙戌 24 四	丁亥 25 五	戊子 26 六	己丑 27 日	庚寅 28 一	辛卯 29 二	壬辰 30 三	癸巳(12)四	甲午 2 五	乙未 3 六	丙申 4 日	丁酉 5 一	戊戌 6 二	己亥 7 三	庚子 8 四	辛丑 9 五	壬寅 10 六	癸卯 11 日	甲辰 12 一	乙巳 13 二	丙午 14 三	丁未 15 四	戊申 16 五	己酉 17 六	庚戌 18 日	辛亥 19 一	壬子 20 二	癸丑 21 三	甲寅 22 四	庚子大雪
十一月小	丙子	乙卯 23 五	丙辰 24 六	丁巳 25 日	戊午 26 一	己未 27 二	庚申 28 三	辛酉 29 四	壬戌 30 五	癸亥 31 六	甲子(1)日	乙丑 2 一	丙寅 3 二	丁卯 4 三	戊辰 5 四	己巳 6 五	庚午 7 六	辛未 8 日	壬申 9 一	癸酉 10 二	甲戌 11 三	乙亥 12 四	丙子 13 五	丁丑 14 六	戊寅 15 日	己卯 16 一	庚辰 17 二	辛巳 18 三	壬午 19 四	癸未 20 五		乙卯冬至 庚午小寒
十二月大	丁丑	甲申 21 六	乙酉 22 日	丙戌 23 一	丁亥 24 二	戊子 25 三	己丑 26 四	庚寅 27 五	辛卯 28 六	壬辰 29 日	癸巳 30 一	甲午 31 二	乙未(2)三	丙申 2 四	丁酉 3 五	戊戌 4 六	己亥 5 日	庚子 6 一	辛丑 7 二	壬寅 8 三	癸卯 9 四	甲辰 10 五	乙巳 11 六	丙午 12 日	丁未 13 一	戊申 14 二	己酉 15 三	庚戌 16 四	辛亥 17 五	壬子 18 六	癸丑 19 日	乙酉大寒 庚子立春

晉安帝義熙六年（庚戌 狗年） 公元 410 ～ 411 年

夏曆月序	中西曆對照	夏曆日序																													節氣與天象
		初一	初二	初三	初四	初五	初六	初七	初八	初九	初十	十一	十二	十三	十四	十五	十六	十七	十八	十九	二十	二一	二二	二三	二四	二五	二六	二七	二八	二九	三十	
正月小	戊寅	天干 地支 西曆 星期	甲寅 20 一	乙卯 21 二	丙辰 22 三	丁巳 23 四	戊午 24 五	己未 25 六	庚申 26 日	辛酉 27 一	壬戌 28 二	癸亥(3) 三	甲子 2 四	乙丑 3 五	丙寅 4 六	丁卯 5 日	戊辰 6 一	己巳 7 二	庚午 8 三	辛未 9 四	壬申 10 五	癸酉 11 六	甲戌 12 日	乙亥 13 一	丙子 14 二	丁丑 15 三	戊寅 16 四	己卯 17 五	庚辰 18 六	辛巳 19 日	壬午 20 一		丙辰雨水 辛未驚蟄
二月大	己卯	天干 地支 西曆 星期	癸未 21 二	甲申 22 三	乙酉 23 四	丙戌 24 五	丁亥 25 六	戊子 26 日	己丑 27 一	庚寅 28 二	辛卯 29 三	壬辰 30 四	癸巳 31 五	甲午(4) 六	乙未 2 日	丙申 3 一	丁酉 4 二	戊戌 5 三	己亥 6 四	庚子 7 五	辛丑 8 六	壬寅 9 日	癸卯 10 一	甲辰 11 二	乙巳 12 三	丙午 13 四	丁未 14 五	戊申 15 六	己酉 16 日	庚戌 17 一	辛亥 18 二	壬子 19 三	丙戌春分 辛丑清明
三月小	庚辰	天干 地支 西曆 星期	癸丑 20 三	甲寅 21 四	乙卯 22 五	丙辰 23 六	丁巳 24 日	戊午 25 一	己未 26 二	庚申 27 三	辛酉 28 四	壬戌 29 五	癸亥 30 六	甲子(5) 日	乙丑 2 一	丙寅 3 二	丁卯 4 三	戊辰 5 四	己巳 6 五	庚午 7 六	辛未 8 日	壬申 9 一	癸酉 10 二	甲戌 11 三	乙亥 12 四	丙子 13 五	丁丑 14 六	戊寅 15 日	己卯 16 一	庚辰 17 二	辛巳 18 三		丁巳穀雨 壬申立夏
四月大	辛巳	天干 地支 西曆 星期	壬午 19 四	癸未 20 五	甲申 21 六	乙酉 22 日	丙戌 23 一	丁亥 24 二	戊子 25 三	己丑 26 四	庚寅 27 五	辛卯 28 六	壬辰 29 日	癸巳 30 一	甲午(6) 二	乙未 2 三	丙申 3 四	丁酉 4 五	戊戌 5 六	己亥 6 日	庚子 7 一	辛丑 8 二	壬寅 9 三	癸卯 10 四	甲辰 11 五	乙巳 12 六	丙午 13 日	丁未 14 一	戊申 15 二	己酉 16 三	庚戌 17 四	辛亥 18 五	丁亥小滿 壬寅芒種
五月大	壬午	天干 地支 西曆 星期	壬子 18 六	癸丑 19 日	甲寅 20 一	乙卯 21 二	丙辰 22 三	丁巳 23 四	戊午 24 五	己未 25 六	庚申 26 日	辛酉 27 一	壬戌 28 二	癸亥 29 三	甲子 30 四	乙丑(7) 五	丙寅 2 六	丁卯 3 日	戊辰 4 一	己巳 5 二	庚午 6 三	辛未 7 四	壬申 8 五	癸酉 9 六	甲戌 10 日	乙亥 11 一	丙子 12 二	丁丑 13 三	戊寅 14 四	己卯 15 五	庚辰 16 六	辛巳 17 日	丁巳夏至 癸酉小暑
六月小	癸未	天干 地支 西曆 星期	壬午 18 一	癸未 19 二	甲申 20 三	乙酉 21 四	丙戌 22 五	丁亥 23 六	戊子 24 日	己丑 25 一	庚寅 26 二	辛卯 27 三	壬辰 28 四	癸巳 29 五	甲午 30 六	乙未 31 日	丙申(8) 一	丁酉 2 二	戊戌 3 三	己亥 4 四	庚子 5 五	辛丑 6 六	壬寅 7 日	癸卯 8 一	甲辰 9 二	乙巳 10 三	丙午 11 四	丁未 12 五	戊申 13 六	己酉 14 日	庚戌 15 一		戊子大暑 癸卯立秋
七月大	甲申	天干 地支 西曆 星期	辛亥 16 二	壬子 17 三	癸丑 18 四	甲寅 19 五	乙卯 20 六	丙辰 21 日	丁巳 22 一	戊午 23 二	己未 24 三	庚申 25 四	辛酉 26 五	壬戌 27 六	癸亥 28 日	甲子 29 一	乙丑 30 二	丙寅 31 三	丁卯(9) 四	戊辰 2 五	己巳 3 六	庚午 4 日	辛未 5 一	壬申 6 二	癸酉 7 三	甲戌 8 四	乙亥 9 五	丙子 10 六	丁丑 11 日	戊寅 12 一	己卯 13 二	庚辰 14 三	戊午處暑 甲戌白露
八月小	乙酉	天干 地支 西曆 星期	辛巳 15 四	壬午 16 五	癸未 17 六	甲申 18 日	乙酉 19 一	丙戌 20 二	丁亥 21 三	戊子 22 四	己丑 23 五	庚寅 24 六	辛卯 25 日	壬辰 26 一	癸巳 27 二	甲午 28 三	乙未 29 四	丙申 30 五	丁酉(10) 六	戊戌 2 日	己亥 3 一	庚子 4 二	辛丑 5 三	壬寅 6 四	癸卯 7 五	甲辰 8 六	乙巳 9 日	丙午 10 一	丁未 11 二	戊申 12 三	己酉 13 四		己丑秋分 甲辰寒露
九月大	丙戌	天干 地支 西曆 星期	庚戌 14 五	辛亥 15 六	壬子 16 日	癸丑 17 一	甲寅 18 二	乙卯 19 三	丙辰 20 四	丁巳 21 五	戊午 22 六	己未 23 日	庚申 24 一	辛酉 25 二	壬戌 26 三	癸亥 27 四	甲子 28 五	乙丑 29 六	丙寅 30 日	丁卯 31 一	戊辰(11) 二	己巳 2 三	庚午 3 四	辛未 4 五	壬申 5 六	癸酉 6 日	甲戌 7 一	乙亥 8 二	丙子 9 三	丁丑 10 四	戊寅 11 五	己卯 12 六	己未霜降 甲戌立冬
十月小	丁亥	天干 地支 西曆 星期	庚辰 13 日	辛巳 14 一	壬午 15 二	癸未 16 三	甲申 17 四	乙酉 18 五	丙戌 19 六	丁亥 20 日	戊子 21 一	己丑 22 二	庚寅 23 三	辛卯 24 四	壬辰 25 五	癸巳 26 六	甲午 27 日	乙未 28 一	丙申 29 二	丁酉 30 三	戊戌(12) 四	己亥 2 五	庚子 3 六	辛丑 4 日	壬寅 5 一	癸卯 6 二	甲辰 7 三	乙巳 8 四	丙午 9 五	丁未 10 六	戊申 11 日		庚寅小雪 乙巳大雪
十一月大	戊子	天干 地支 西曆 星期	己酉 12 一	庚戌 13 二	辛亥 14 三	壬子 15 四	癸丑 16 五	甲寅 17 六	乙卯 18 日	丙辰 19 一	丁巳 20 二	戊午 21 三	己未 22 四	庚申 23 五	辛酉 24 六	壬戌 25 日	癸亥 26 一	甲子 27 二	乙丑 28 三	丙寅 29 四	丁卯 30 五	戊辰 31 六	己巳(1) 日	庚午 2 一	辛未 3 二	壬申 4 三	癸酉 5 四	甲戌 6 五	乙亥 7 六	丙子 8 日	丁丑 9 一	戊寅 10 二	庚申冬至 乙亥小寒
十二月小	己丑	天干 地支 西曆 星期	己卯 11 三	庚辰 12 四	辛巳 13 五	壬午 14 六	癸未 15 日	甲申 16 一	乙酉 17 二	丙戌 18 三	丁亥 19 四	戊子 20 五	己丑 21 六	庚寅 22 日	辛卯 23 一	壬辰 24 二	癸巳 25 三	甲午 26 四	乙未 27 五	丙申 28 六	丁酉 29 日	戊戌 30 一	己亥 31 二	庚子(2) 三	辛丑 2 四	壬寅 3 五	癸卯 4 六	甲辰 5 日	乙巳 6 一	丙午 7 二	丁未 8 三		辛卯大寒 丙午立春

晉安帝義熙七年（辛亥 豬年） 公元 411 ~ 412 年

夏曆月序	中西曆對	西日照	夏曆日序																												節氣與天象
			初一	初二	初三	初四	初五	初六	初七	初八	初九	初十	十一	十二	十三	十四	十五	十六	十七	十八	十九	二十	二一	二二	二三	二四	二五	二六	二七	二八	二九	三十	
正月大	庚寅	天干地支西曆星期	戊申9四	己酉10五	庚戌11六	辛亥12日	壬子13一	癸丑14二	甲寅15三	乙卯16四	丙辰17五	丁巳18六	戊午19日	己未20一	庚申21二	辛酉22三	壬戌23四	癸亥24五	甲子25六	乙丑26日	丙寅27一	丁卯28二	戊辰(3)三	己巳2四	庚午3五	辛未4六	壬申5日	癸酉6一	甲戌7二	乙亥8三	丙子9四	丁丑10五	辛酉雨水 丙子驚蟄
二月小	辛卯	天干地支西曆星期	戊寅11六	己卯12日	庚辰13一	辛巳14二	壬午15三	癸未16四	甲申17五	乙酉18六	丙戌19日	丁亥20一	戊子21二	己丑22三	庚寅23四	辛卯24五	壬辰25六	癸巳26日	甲午27一	乙未28二	丙申29三	丁酉30四	戊戌31五	己亥(4)六	庚子2日	辛丑3一	壬寅4二	癸卯5三	甲辰6四	乙巳7五	丙午8六		辛卯春分
三月大	壬辰	天干地支西曆星期	丁未9日	戊申10一	己酉11二	庚戌12三	辛亥13四	壬子14五	癸丑15六	甲寅16日	乙卯17一	丙辰18二	丁巳19三	戊午20四	己未21五	庚申22六	辛酉23日	壬戌24一	癸亥25二	甲子26三	乙丑27四	丙寅28五	丁卯29六	戊辰30日	己巳(5)一	庚午2二	辛未3三	壬申4四	癸酉5五	甲戌6六	乙亥7日	丙子8一	丁未清明 壬戌穀雨
四月小	癸巳	天干地支西曆星期	丁丑9二	戊寅10三	己卯11四	庚辰12五	辛巳13六	壬午14日	癸未15一	甲申16二	乙酉17三	丙戌18四	丁亥19五	戊子20六	己丑21日	庚寅22一	辛卯23二	壬辰24三	癸巳25四	甲午26五	乙未27六	丙申28日	丁酉29一	戊戌30二	己亥31三	庚子(6)四	辛丑2五	壬寅3六	癸卯4日	甲辰5一	乙巳6二		丁丑立夏 壬辰小滿
五月大	甲午	天干地支西曆星期	丙午7三	丁未8四	戊申9五	己酉10六	庚戌11日	辛亥12一	壬子13二	癸丑14三	甲寅15四	乙卯16五	丙辰17六	丁巳18日	戊午19一	己未20二	庚申21三	辛酉22四	壬戌23五	癸亥24六	甲子25日	乙丑26一	丙寅27二	丁卯28三	戊辰29四	己巳30五	庚午(7)六	辛未2日	壬申3一	癸酉4二	甲戌5三	乙亥6四	丁未芒種 癸亥夏至
六月小	乙未	天干地支西曆星期	丙子7五	丁丑8六	戊寅9日	己卯10一	庚辰11二	辛巳12三	壬午13四	癸未14五	甲申15六	乙酉16日	丙戌17一	丁亥18二	戊子19三	己丑20四	庚寅21五	辛卯22六	壬辰23日	癸巳24一	甲午25二	乙未26三	丙申27四	丁酉28五	戊戌29六	己亥30日	庚子31一	辛丑(8)二	壬寅2三	癸卯3四	甲辰4五		戊寅小暑 癸巳大暑
七月大	丙申	天干地支西曆星期	乙巳5六	丙午6日	丁未7一	戊申8二	己酉9三	庚戌10四	辛亥11五	壬子12六	癸丑13日	甲寅14一	乙卯15二	丙辰16三	丁巳17四	戊午18五	己未19六	庚申20日	辛酉21一	壬戌22二	癸亥23三	甲子24四	乙丑25五	丙寅26六	丁卯27日	戊辰28一	己巳29二	庚午30三	辛未31四	壬申(9)五	癸酉2六	甲戌3日	戊申立秋 甲子處暑
八月大	丁酉	天干地支西曆星期	乙亥4一	丙子5二	丁丑6三	戊寅7四	己卯8五	庚辰9六	辛巳10日	壬午11一	癸未12二	甲申13三	乙酉14四	丙戌15五	丁亥16六	戊子17日	己丑18一	庚寅19二	辛卯20三	壬辰21四	癸巳22五	甲午23六	乙未24日	丙申25一	丁酉26二	戊戌27三	己亥28四	庚子29五	辛丑30六	壬寅(10)日	癸卯2一	甲辰3二	己卯白露 甲午秋分
九月小	戊戌	天干地支西曆星期	乙巳4三	丙午5四	丁未6五	戊申7六	己酉8日	庚戌9一	辛亥10二	壬子11三	癸丑12四	甲寅13五	乙卯14六	丙辰15日	丁巳16一	戊午17二	己未18三	庚申19四	辛酉20五	壬戌21六	癸亥22日	甲子23一	乙丑24二	丙寅25三	丁卯26四	戊辰27五	己巳28六	庚午29日	辛未30一	壬申31二	癸酉(11)三		己酉寒露 甲子霜降
十月大	己亥	天干地支西曆星期	甲戌2四	乙亥3五	丙子4六	丁丑5日	戊寅6一	己卯7二	庚辰8三	辛巳9四	壬午10五	癸未11六	甲申12日	乙酉13一	丙戌14二	丁亥15三	戊子16四	己丑17五	庚寅18六	辛卯19日	壬辰20一	癸巳21二	甲午22三	乙未23四	丙申24五	丁酉25六	戊戌26日	己亥27一	庚子28二	辛丑29三	壬寅30四	癸卯(12)五	庚辰立冬 乙未小雪
十一月小	庚子	天干地支西曆星期	甲辰2六	乙巳3日	丙午4一	丁未5二	戊申6三	己酉7四	庚戌8五	辛亥9六	壬子10日	癸丑11一	甲寅12二	乙卯13三	丙辰14四	丁巳15五	戊午16六	己未17日	庚申18一	辛酉19二	壬戌20三	癸亥21四	甲子22五	乙丑23六	丙寅24日	丁卯25一	戊辰26二	己巳27三	庚午28四	辛未29五	壬申30六		庚戌大雪 乙丑冬至
十二月大	辛丑	天干地支西曆星期	癸酉31日	甲戌(1)一	乙亥2二	丙子3三	丁丑4四	戊寅5五	己卯6六	庚辰7日	辛巳8一	壬午9二	癸未10三	甲申11四	乙酉12五	丙戌13六	丁亥14日	戊子15一	己丑16二	庚寅17三	辛卯18四	壬辰19五	癸巳20六	甲午21日	乙未22一	丙申23二	丁酉24三	戊戌25四	己亥26五	庚子27六	辛丑28日	壬寅29一	辛巳小寒 丙申大寒

晉安帝義熙八年（壬子 鼠年） 公元 412～413 年

夏曆月序	中西曆對照	夏曆日序 初一	初二	初三	初四	初五	初六	初七	初八	初九	初十	十一	十二	十三	十四	十五	十六	十七	十八	十九	二十	二一	二二	二三	二四	二五	二六	二七	二八	二九	三十	節氣與天象
正月小	壬寅	天干地支 西曆 星期	癸卯30二	甲辰31三	乙巳(2)四	丙午2五	丁未3六	戊申4日	己酉5一	庚戌6二	辛亥7三	壬子8四	癸丑9五	甲寅10日	乙卯11日	丙辰12一	丁巳13二	戊午14三	己未15四	庚申16五	辛酉17六	壬戌18日	癸亥19一	甲子20二	乙丑21三	丙寅22四	丁卯23五	戊辰24六	己巳25日	庚午26一	辛未27二		辛亥立春 丙寅雨水
二月大	癸卯	天干地支 西曆 星期	壬申28三	癸酉(3)四	甲戌2五	乙亥3六	丙子4日	丁丑5一	戊寅6二	己卯7三	庚辰8四	辛巳9五	壬午10日	癸未11日	甲申12一	乙酉13二	丙戌14三	丁亥15四	戊子16五	己丑17六	庚寅18日	辛卯19一	壬辰20二	癸巳21三	甲午22四	乙未23五	丙申24六	丁酉25日	戊戌26一	己亥27二	庚子28三	辛丑29四	辛巳驚蟄 丁酉春分
三月小	甲辰	天干地支 西曆 星期	壬寅29五	癸卯30六	甲辰31日	乙巳(4)一	丙午2二	丁未3三	戊申4四	己酉5五	庚戌6六	辛亥7日	壬子8一	癸丑9二	甲寅10三	乙卯11四	丙辰12五	丁巳13六	戊午14日	己未15一	庚申16二	辛酉17三	壬戌18四	癸亥19五	甲子20六	乙丑21日	丙寅22一	丁卯23二	戊辰24三	己巳25四	庚午26五		壬子清明 丁卯穀雨
四月大	乙巳	天干地支 西曆 星期	辛未27六	壬申28日	癸酉29一	甲戌30二	乙亥(5)三	丙子2四	丁丑3五	戊寅4六	己卯5日	庚辰6一	辛巳7二	壬午8三	癸未9四	甲申10五	乙酉11六	丙戌12日	丁亥13一	戊子14二	己丑15三	庚寅16四	辛卯17五	壬辰18六	癸巳19日	甲午20一	乙未21二	丙申22三	丁酉23四	戊戌24五	己亥25六	庚子26日	壬午立夏 戊戌小滿
五月小	丙午	天干地支 西曆 星期	辛丑27一	壬寅28二	癸卯29三	甲辰30四	乙巳31五	丙午(6)六	丁未2日	戊申3一	己酉4二	庚戌5三	辛亥6四	壬子7五	癸丑8六	甲寅9日	乙卯10一	丙辰11二	丁巳12三	戊午13四	己未14五	庚申15六	辛酉16日	壬戌17一	癸亥18二	甲子19三	乙丑20四	丙寅21五	丁卯22六	戊辰23日	己巳24一		癸丑芒種 戊辰夏至
六月大	丁未	天干地支 西曆 星期	庚午25二	辛未26三	壬申27四	癸酉28五	甲戌29六	乙亥30日	丙子(7)一	丁丑2二	戊寅3三	己卯4四	庚辰5五	辛巳6六	壬午7日	癸未8一	甲申9二	乙酉10三	丙戌11四	丁亥12五	戊子13六	己丑14日	庚寅15一	辛卯16二	壬辰17三	癸巳18四	甲午19五	乙未20六	丙申21日	丁酉22一	戊戌23二	己亥24三	癸未小暑 戊戌大暑
閏六月小	丁未	天干地支 西曆 星期	庚子25四	辛丑26五	壬寅27六	癸卯28日	甲辰29一	乙巳30二	丙午31三	丁未(8)四	戊申2五	己酉3六	庚戌4日	辛亥5一	壬子6二	癸丑7三	甲寅8四	乙卯9五	丙辰10六	丁巳11日	戊午12一	己未13二	庚申14三	辛酉15四	壬戌16五	癸亥17六	甲子18日	乙丑19一	丙寅20二	丁卯21三	戊辰22四		甲寅立秋
七月大	戊申	天干地支 西曆 星期	己巳23五	庚午24六	辛未25日	壬申26一	癸酉27二	甲戌28三	乙亥29四	丙子30五	丁丑31六	戊寅(9)日	己卯2一	庚辰3二	辛巳4三	壬午5四	癸未6五	甲申7六	乙酉8日	丙戌9一	丁亥10二	戊子11三	己丑12四	庚寅13五	辛卯14六	壬辰15日	癸巳16一	甲午17二	乙未18三	丙申19四	丁酉20五	戊戌21六	己巳處暑 甲申白露
八月小	己酉	天干地支 西曆 星期	己亥22日	庚子23一	辛丑24二	壬寅25三	癸卯26四	甲辰27五	乙巳28六	丙午29日	丁未30一	戊申(10)二	己酉2三	庚戌3四	辛亥4五	壬子5六	癸丑6日	甲寅7一	乙卯8二	丙辰9三	丁巳10四	戊午11五	己未12六	庚申13日	辛酉14一	壬戌15二	癸亥16三	甲子17四	乙丑18五	丙寅19六	丁卯20日		己亥秋分 甲寅寒露
九月大	庚戌	天干地支 西曆 星期	戊辰21一	己巳22二	庚午23三	辛未24四	壬申25五	癸酉26六	甲戌27日	乙亥28一	丙子29二	丁丑30三	戊寅31四	己卯(11)五	庚辰2六	辛巳3日	壬午4一	癸未5二	甲申6三	乙酉7四	丙戌8五	丁亥9六	戊子10日	己丑11一	庚寅12二	辛卯13三	壬辰14四	癸巳15五	甲午16六	乙未17日	丙申18一	丁酉19二	庚午霜降 乙酉立冬
十月小	辛亥	天干地支 西曆 星期	戊戌20三	己亥21四	庚子22五	辛丑23六	壬寅24日	癸卯25一	甲辰26二	乙巳27三	丙午28四	丁未29五	戊申30六	己酉(12)日	庚戌2一	辛亥3二	壬子4三	癸丑5四	甲寅6五	乙卯7六	丙辰8日	丁巳9一	戊午10二	己未11三	庚申12四	辛酉13五	壬戌14六	癸亥15日	甲子16一	乙丑17二	丙寅18三		庚子小雪 乙卯大雪
十一月大	壬子	天干地支 西曆 星期	丁卯19四	戊辰20五	己巳21六	庚午22日	辛未23一	壬申24二	癸酉25三	甲戌26四	乙亥27五	丙子28六	丁丑29日	戊寅30一	己卯31二	庚辰(1)三	辛巳2四	壬午3五	癸未4六	甲申5日	乙酉6一	丙戌7二	丁亥8三	戊子9四	己丑10五	庚寅11六	辛卯12日	壬辰13一	癸巳14二	甲午15三	乙未16四	丙申17五	辛未冬至 丙戌大寒
十二月大	癸丑	天干地支 西曆 星期	丁酉18六	戊戌19日	己亥20一	庚子21二	辛丑22三	壬寅23四	癸卯24五	甲辰25六	乙巳26日	丙午27一	丁未28二	戊申29三	己酉30四	庚戌31五	辛亥(2)六	壬子2日	癸丑3一	甲寅4二	乙卯5三	丙辰6四	丁巳7五	戊午8六	己未9日	庚申10一	辛酉11二	壬戌12三	癸亥13四	甲子14五	乙丑15六	丙寅16日	辛巳大寒 丙辰立春

晉安帝義熙九年（癸丑 牛年） 公元 413 ~ 414 年

夏曆月序	中西曆對照	夏曆日序 初一	初二	初三	初四	初五	初六	初七	初八	初九	初十	十一	十二	十三	十四	十五	十六	十七	十八	十九	二十	廿一	廿二	廿三	廿四	廿五	廿六	廿七	廿八	廿九	三十	節氣與天象
正月小	甲寅 天干地支西曆星期	丁卯 17 一	戊辰 18 二	己巳 19 三	庚午 20 四	辛未 21 五	壬申 22 六	癸酉 23 日	甲戌 24 一	乙亥 25 二	丙子 26 三	丁丑 27 四	戊寅 28 五	己卯 (3) 六	庚辰 2 日	辛巳 3 一	壬午 4 二	癸未 5 三	甲申 6 四	乙酉 7 五	丙戌 8 六	丁亥 9 日	戊子 10 一	己丑 11 二	庚寅 12 三	辛卯 13 四	壬辰 14 五	癸巳 15 六	甲午 16 日	乙未 17 一		辛未雨水 丁亥驚蟄
二月大	乙卯 天干地支西曆星期	丙申 18 二	丁酉 19 三	戊戌 20 四	己亥 21 五	庚子 22 六	辛丑 23 日	壬寅 24 一	癸卯 25 二	甲辰 26 三	乙巳 27 四	丙午 28 五	丁未 29 六	戊申 30 日	己酉 31 一	庚戌 (4) 二	辛亥 2 三	壬子 3 四	癸丑 4 五	甲寅 5 六	乙卯 6 日	丙辰 7 一	丁巳 8 二	戊午 9 三	己未 10 四	庚申 11 五	辛酉 12 六	壬戌 13 日	癸亥 14 一	甲子 15 二	乙丑 16 三	壬寅春分 丁巳清明
三月小	丙辰 天干地支西曆星期	丙寅 17 四	丁卯 18 五	戊辰 19 六	己巳 20 日	庚午 21 一	辛未 22 二	壬申 23 三	癸酉 24 四	甲戌 25 五	乙亥 26 六	丙子 27 日	丁丑 28 一	戊寅 29 二	己卯 30 三	庚辰 (5) 四	辛巳 2 五	壬午 3 六	癸未 4 日	甲申 5 一	乙酉 6 二	丙戌 7 三	丁亥 8 四	戊子 9 五	己丑 10 六	庚寅 11 日	辛卯 12 一	壬辰 13 二	癸巳 14 三	甲午 15 四		壬申穀雨 戊子立夏
四月大	丁巳 天干地支西曆星期	丙申 16 五	丁酉 17 六	戊戌 18 日	己亥 19 一	庚子 20 二	辛丑 21 三	壬寅 22 四	癸卯 23 五	甲辰 24 六	乙巳 25 日	丙午 26 一	丁未 27 二	戊申 28 三	己酉 29 四	庚戌 30 五	辛亥 31 (6) 六	壬子 2 日	癸丑 3 一	甲寅 4 二	乙卯 5 三	丙辰 6 四	丁巳 7 五	戊午 8 六	己未 9 日	庚申 10 一	辛酉 11 二	壬戌 12 三	癸亥 13 四	甲子 14 五	乙丑 15 六	癸亥小滿 戊午芒種
五月小	戊午 天干地支西曆星期	乙丑 16 日	丙寅 17 一	丁卯 18 二	戊辰 19 三	己巳 20 四	庚午 21 五	辛未 22 六	壬申 23 日	癸酉 24 一	甲戌 25 二	乙亥 26 三	丙子 27 四	丁丑 28 五	戊寅 29 六	己卯 30 日	庚辰 (7) 一	辛巳 2 二	壬午 3 三	癸未 4 四	甲申 5 五	乙酉 6 六	丙戌 7 日	丁亥 8 一	戊子 9 二	己丑 10 三	庚寅 11 四	辛卯 12 五	壬辰 13 六	癸巳 14 日		癸酉夏至 戊子小暑
六月大	己未 天干地支西曆星期	甲午 14 一	乙未 15 二	丙申 16 三	丁酉 17 四	戊戌 18 五	己亥 19 六	庚子 20 日	辛丑 21 一	壬寅 22 二	癸卯 23 三	甲辰 24 四	乙巳 25 五	丙午 26 六	丁未 27 日	戊申 28 一	己酉 29 二	庚戌 30 三	辛亥 31 四	壬子 (8) 五	癸丑 2 六	甲寅 3 日	乙卯 4 一	丙辰 5 二	丁巳 6 三	戊午 7 四	己未 8 五	庚申 9 六	辛酉 10 日	壬戌 11 一	癸亥 12 二	甲辰大暑 己未立秋
七月小	庚申 天干地支西曆星期	甲子 13 三	乙丑 14 四	丙寅 15 五	丁卯 16 六	戊辰 17 日	己巳 18 一	庚午 19 二	辛未 20 三	壬申 21 四	癸酉 22 五	甲戌 23 六	乙亥 24 日	丙子 25 一	丁丑 26 二	戊寅 27 三	己卯 28 四	庚辰 29 五	辛巳 30 六	壬午 31 (9) 日	癸未 2 一	甲申 3 二	乙酉 4 三	丙戌 5 四	丁亥 6 五	戊子 7 六	己丑 8 日	庚寅 9 一	辛卯 10 二	壬辰 11 三		甲戌處暑 己丑白露
八月大	辛酉 天干地支西曆星期	癸巳 11 四	甲午 12 五	乙未 13 六	丙申 14 日	丁酉 15 一	戊戌 16 二	己亥 17 三	庚子 18 四	辛丑 19 五	壬寅 20 六	癸卯 21 日	甲辰 22 一	乙巳 23 二	丙午 24 三	丁未 25 四	戊申 26 五	己酉 27 六	庚戌 28 日	辛亥 29 一	壬子 30 二	癸丑 (10) 三	甲寅 2 四	乙卯 3 五	丙辰 4 六	丁巳 5 日	戊午 6 一	己未 7 二	庚申 8 三	辛酉 9 四	壬戌 10 五	乙巳秋分 庚申寒露
九月小	壬戌 天干地支西曆星期	癸亥 11 六	甲子 12 日	乙丑 13 一	丙寅 14 二	丁卯 15 三	戊辰 16 四	己巳 17 五	庚午 18 六	辛未 19 日	壬申 20 一	癸酉 21 二	甲戌 22 三	乙亥 23 四	丙子 24 五	丁丑 25 六	戊寅 26 日	己卯 27 一	庚辰 28 二	辛巳 29 三	壬午 30 四	癸未 31 五	甲申 (11) 六	乙酉 2 日	丙戌 3 一	丁亥 4 二	戊子 5 三	己丑 6 四	庚寅 7 五	辛卯 8 六		乙亥霜降 庚寅立冬
十月大	癸亥 天干地支西曆星期	壬辰 9 日	癸巳 10 一	甲午 11 二	乙未 12 三	丙申 13 四	丁酉 14 五	戊戌 15 六	己亥 16 日	庚子 17 一	辛丑 18 二	壬寅 19 三	癸卯 20 四	甲辰 21 五	乙巳 22 六	丙午 23 日	丁未 24 一	戊申 25 二	己酉 26 三	庚戌 27 四	辛亥 28 五	壬子 29 六	癸丑 30 日	甲寅 (12) 一	乙卯 2 二	丙辰 3 三	丁巳 4 四	戊午 5 五	己未 6 六	庚申 7 日	辛酉 8 一	辛巳小雪 辛酉大雪
十一月小	甲子 天干地支西曆星期	壬戌 9 二	癸亥 10 三	甲子 11 四	乙丑 12 五	丙寅 13 六	丁卯 14 日	戊辰 15 一	己巳 16 二	庚午 17 三	辛未 18 四	壬申 19 五	癸酉 20 六	甲戌 21 日	乙亥 22 一	丙子 23 二	丁丑 24 三	戊寅 25 四	己卯 26 五	庚辰 27 六	辛巳 28 日	壬午 29 一	癸未 30 二	甲申 31 三	乙酉 (1) 四	丙戌 2 五	丁亥 3 六	戊子 4 日	己丑 5 一	庚寅 6 二		丙子冬至
十二月大	乙丑 天干地支西曆星期	辛卯 7 三	壬辰 8 四	癸巳 9 五	甲午 10 六	乙未 11 日	丙申 12 一	丁酉 13 二	戊戌 14 三	己亥 15 四	庚子 16 五	辛丑 17 六	壬寅 18 日	癸卯 19 一	甲辰 20 二	乙巳 21 三	丙午 22 四	丁未 23 五	戊申 24 六	己酉 25 日	庚戌 26 一	辛亥 27 二	壬子 28 三	癸丑 29 四	甲寅 30 五	乙卯 31 六	丙辰 (2) 日	丁巳 2 一	戊午 3 二	己未 4 三	庚申 5 四	辛卯小寒 丙午大寒

晉安帝義熙十年（甲寅 虎年） 公元 414 ~ 415 年

夏曆月序	中西曆對照	夏曆日序 初一	初二	初三	初四	初五	初六	初七	初八	初九	初十	十一	十二	十三	十四	十五	十六	十七	十八	十九	二十	二一	二二	二三	二四	二五	二六	二七	二八	二九	三十	節氣與天象
正月小	丙寅	辛酉 6五	壬戌 7六	癸亥 8日	甲子 9一	乙丑 10二	丙寅 11三	丁卯 12四	戊辰 13五	己巳 14六	庚午 15日	辛未 16一	壬申 17二	癸酉 18三	甲戌 19四	乙亥 20五	丙子 21六	丁丑 22日	戊寅 23一	己卯 24二	庚辰 25三	辛巳 26四	壬午 27五	癸未 28六	甲申 (3)日	乙酉 2一	丙戌 3二	丁亥 4三	戊子 5四	己丑 6五		辛酉立春 丁丑雨水
二月大	丁卯	庚寅 7六	辛卯 8日	壬辰 9一	癸巳 10二	甲午 11三	乙未 12四	丙申 13五	丁酉 14六	戊戌 15日	己亥 16一	庚子 17二	辛丑 18三	壬寅 19四	癸卯 20五	甲辰 21六	乙巳 22日	丙午 23一	丁未 24二	戊申 25三	己酉 26四	庚戌 27五	辛亥 28六	壬子 29日	癸丑 30一	甲寅 (4)二	乙卯 2三	丙辰 3四	丁巳 4五	戊午 5六	己未 5日	壬辰驚蟄 丁未春分
三月小	戊辰	庚申 6一	辛酉 7二	壬戌 8三	癸亥 9四	甲子 10五	乙丑 11六	丙寅 12日	丁卯 13一	戊辰 14二	己巳 15三	庚午 16四	辛未 17五	壬申 18六	癸酉 19日	甲戌 20一	乙亥 21二	丙子 22三	丁丑 23四	戊寅 24五	己卯 25六	庚辰 26日	辛巳 27一	壬午 28二	癸未 29三	甲申 (5)四	乙酉 2五	丙戌 3六	丁亥 4日			壬戌清明 戊寅穀雨 庚申日食
四月大	己巳	戊子 5一	庚寅 6二	辛卯 7三	壬辰 8四	癸巳 9五	甲午 10六	乙未 11日	丙申 12一	丁酉 13二	戊戌 14三	己亥 15四	庚子 16五	辛丑 17六	壬寅 18日	癸卯 19一	甲辰 20二	乙巳 21三	丙午 22四	丁未 23五	戊申 24六	己酉 25日	庚戌 26一	辛亥 27二	壬子 28三	癸丑 29四	甲寅 30五	乙卯 31六	丙辰 (6)日	丁巳 2一	戊午 3二	癸巳立夏 戊申小滿
五月大	庚午	己未 4三	庚申 5四	辛酉 6五	壬戌 7六	癸亥 8日	甲子 9一	乙丑 10二	丙寅 11三	丁卯 12四	戊辰 13五	己巳 14六	庚午 15日	辛未 16一	壬申 17二	癸酉 18三	甲戌 19四	乙亥 20五	丙子 21六	丁丑 22日	戊寅 23一	己卯 24二	庚辰 25三	辛巳 26四	壬午 27五	癸未 28六	甲申 29日	乙酉 30一	丙戌 31二	丁亥 (7)三	戊子 2四	癸亥芒種 戊寅夏至
六月小	辛未	己丑 3五	庚寅 4六	辛卯 5日	壬辰 6一	癸巳 7二	甲午 8三	乙未 9四	丙申 10五	丁酉 11六	戊戌 12日	己亥 13一	庚子 14二	辛丑 15三	壬寅 16四	癸卯 17五	甲辰 18六	乙巳 19日	丙午 20一	丁未 21二	戊申 22三	己酉 23四	庚戌 24五	辛亥 25六	壬子 26日	癸丑 27一	甲寅 28二	乙卯 29三	丙辰 30四	丁巳 31五		甲午小暑 己酉大暑
七月大	壬申	戊午 2日	己未 3一	庚申 4二	辛酉 5三	壬戌 6四	癸亥 7五	甲子 8六	乙丑 9日	丙寅 10一	丁卯 11二	戊辰 12三	己巳 13四	庚午 14五	辛未 15六	壬申 16日	癸酉 17一	甲戌 18二	乙亥 19三	丙子 20四	丁丑 21五	戊寅 22六	己卯 23日	庚辰 24一	辛巳 25二	壬午 26三	癸未 27四	甲申 28五	乙酉 29六	丙戌 30日	丁亥 31一	甲子立秋 己卯處暑
八月小	癸酉	戊子 (9)二	己丑 2三	庚寅 3四	辛卯 4五	壬辰 5六	癸巳 6日	甲午 7一	乙未 8二	丙申 9三	丁酉 10四	戊戌 11五	己亥 12六	庚子 13日	辛丑 14一	壬寅 15二	癸卯 16三	甲辰 17四	乙巳 18五	丙午 19六	丁未 20日	戊申 21一	己酉 22二	庚戌 23三	辛亥 24四	壬子 25五	癸丑 26六	甲寅 27日	乙卯 28一	丙辰 29二		乙未白露 庚戌秋分
九月大	甲戌	丁巳 30三	戊午 (10)四	己未 2五	庚申 3六	辛酉 4日	壬戌 5一	癸亥 6二	甲子 7三	乙丑 8四	丙寅 9五	丁卯 10六	戊辰 11日	己巳 12一	庚午 13二	辛未 14三	壬申 15四	癸酉 16五	甲戌 17六	乙亥 18日	丙子 19一	丁丑 20二	戊寅 21三	己卯 22四	庚辰 23五	辛巳 24六	壬午 25日	癸未 26一	甲申 27二	乙酉 28三	丙戌 29四	乙丑寒露 庚辰霜降 丁巳日食
十月小	乙亥	丁亥 30五	戊子 31六	己丑 (11)日	庚寅 2一	辛卯 3二	壬辰 4三	癸巳 5四	甲午 6五	乙未 7六	丙申 8日	丁酉 9一	戊戌 10二	己亥 11三	庚子 12四	辛丑 13五	壬寅 14六	癸卯 15日	甲辰 16一	乙巳 17二	丙午 18三	丁未 19四	戊申 20五	己酉 21六	庚戌 22日	辛亥 23一	壬子 24二	癸丑 25三	甲寅 26四	乙卯 27五		乙未立冬 辛亥小雪
十一月大	丙子	丙辰 28六	丁巳 29日	戊午 30一	己未 (12)二	庚申 2三	辛酉 3四	壬戌 4五	癸亥 5六	甲子 6日	乙丑 7一	丙寅 8二	丁卯 9三	戊辰 10四	己巳 11五	庚午 12六	辛未 13日	壬申 14一	癸酉 15二	甲戌 16三	乙亥 17四	丙子 18五	丁丑 19六	戊寅 20日	己卯 21一	庚辰 22二	辛巳 23三	壬午 24四	癸未 25五	甲申 26六	乙酉 27日	丙寅大雪 辛巳冬至
十二月小	丁丑	丙戌 28一	丁亥 29二	戊子 30三	己丑 31四	庚寅 (1)五	辛卯 2六	壬辰 3日	癸巳 4一	甲午 5二	乙未 6三	丙申 7四	丁酉 8五	戊戌 9六	己亥 10日	庚子 11一	辛丑 12二	壬寅 13三	癸卯 14四	甲辰 15五	乙巳 16六	丙午 17日	丁未 18一	戊申 19二	己酉 20三	庚戌 21四	辛亥 22五	壬子 23六	癸丑 24日	甲寅 25一		丙申小寒 壬子大寒

晉安帝義熙十一年（乙卯 兔年） 公元 415 ~ 416 年

夏曆月序	中西日曆對照	夏曆日序																													節氣與天象
		初一	初二	初三	初四	初五	初六	初七	初八	初九	初十	十一	十二	十三	十四	十五	十六	十七	十八	十九	二十	廿一	廿二	廿三	廿四	廿五	廿六	廿七	廿八	廿九	三十	
正月大 戊寅	天干地支西曆星期	乙卯 26 二	丙辰 27 三	丁巳 28 四	戊午 29 五	己未 30 六	庚申 31 日	辛酉 (2) 一	壬戌 2 二	癸亥 3 三	甲子 4 四	乙丑 5 五	丙寅 6 六	丁卯 7 日	戊辰 8 一	己巳 9 二	庚午 10 三	辛未 11 四	壬申 12 五	癸酉 13 六	甲戌 14 日	乙亥 15 一	丙子 16 二	丁丑 17 三	戊寅 18 四	己卯 19 五	庚辰 20 六	辛巳 21 日	壬午 22 一	癸未 23 二	甲申 24 三	丁卯立春 壬午雨水
二月小 己卯	天干地支西曆星期	乙酉 25 四	丙戌 26 五	丁亥 27 六	戊子 28 日	己丑 (3) 一	庚寅 2 二	辛卯 3 三	壬辰 4 四	癸巳 5 五	甲午 6 六	乙未 7 日	丙申 8 一	丁酉 9 二	戊戌 10 三	己亥 11 四	庚子 12 五	辛丑 13 六	壬寅 14 日	癸卯 15 一	甲辰 16 二	乙巳 17 三	丙午 18 四	丁未 19 五	戊申 20 六	己酉 21 日	庚戌 22 一	辛亥 23 二	壬子 24 三	癸丑 25 四		丁酉驚蟄 壬子春分
三月大 庚辰	天干地支西曆星期	甲寅 26 五	乙卯 27 六	丙辰 28 日	丁巳 29 一	戊午 30 二	己未 31 三	庚申 (4) 四	辛酉 2 五	壬戌 3 六	癸亥 4 日	甲子 5 一	乙丑 6 二	丙寅 7 三	丁卯 8 四	戊辰 9 五	己巳 10 六	庚午 11 日	辛未 12 一	壬申 13 二	癸酉 14 三	甲戌 15 四	乙亥 16 五	丙子 17 六	丁丑 18 日	戊寅 19 一	己卯 20 二	庚辰 21 三	辛巳 22 四	壬午 23 五	癸未 24 六	戊辰清明 癸未穀雨
閏三月小 庚辰	天干地支西曆星期	甲申 25 日	乙酉 26 一	丙戌 27 二	丁亥 28 三	戊子 29 四	己丑 30 五	庚寅 (5) 六	辛卯 2 日	壬辰 3 一	癸巳 4 二	甲午 5 三	乙未 6 四	丙申 7 五	丁酉 8 六	戊戌 9 日	己亥 10 一	庚子 11 二	辛丑 12 三	壬寅 13 四	癸卯 14 五	甲辰 15 六	乙巳 16 日	丙午 17 一	丁未 18 二	戊申 19 三	己酉 20 四	庚戌 21 五	辛亥 22 六	壬子 23 日		戊戌立夏
四月大 辛巳	天干地支西曆星期	癸丑 24 一	甲寅 25 二	乙卯 26 三	丙辰 27 四	丁巳 28 五	戊午 29 六	己未 30 日	庚申 31 一	辛酉 (6) 二	壬戌 2 三	癸亥 3 四	甲子 4 五	乙丑 5 六	丙寅 6 日	丁卯 7 一	戊辰 8 二	己巳 9 三	庚午 10 四	辛未 11 五	壬申 12 六	癸酉 13 日	甲戌 14 一	乙亥 15 二	丙子 16 三	丁丑 17 四	戊寅 18 五	己卯 19 六	庚辰 20 日	辛巳 21 一	壬午 22 二	癸丑小滿 戊辰芒種
五月小 壬午	天干地支西曆星期	癸未 23 三	甲申 24 四	乙酉 25 五	丙戌 26 六	丁亥 27 日	戊子 28 一	己丑 29 二	庚寅 30 三	辛卯 (7) 四	壬辰 2 五	癸巳 3 六	甲午 4 日	乙未 5 一	丙申 6 二	丁酉 7 三	戊戌 8 四	己亥 9 五	庚子 10 六	辛丑 11 日	壬寅 12 一	癸卯 13 二	甲辰 14 三	乙巳 15 四	丙午 16 五	丁未 17 六	戊申 18 日	己酉 19 一	庚戌 20 二	辛亥 21 三		甲申夏至 己亥小暑
六月大 癸未	天干地支西曆星期	壬子 22 四	癸丑 23 五	甲寅 24 六	乙卯 25 日	丙辰 26 一	丁巳 27 二	戊午 28 三	己未 29 四	庚申 30 五	辛酉 31 六	壬戌 (8) 日	癸亥 2 一	甲子 3 二	乙丑 4 三	丙寅 5 四	丁卯 6 五	戊辰 7 六	己巳 8 日	庚午 9 一	辛未 10 二	壬申 11 三	癸酉 12 四	甲戌 13 五	乙亥 14 六	丙子 15 日	丁丑 16 一	戊寅 17 二	己卯 18 三	庚辰 19 四	辛巳 20 五	甲寅大暑 己巳立秋
七月大 甲申	天干地支西曆星期	壬午 21 六	癸未 22 日	甲申 23 一	乙酉 24 二	丙戌 25 三	丁亥 26 四	戊子 27 五	己丑 28 六	庚寅 29 日	辛卯 30 一	壬辰 31 二	癸巳 (9) 三	甲午 2 四	乙未 3 五	丙申 4 六	丁酉 5 日	戊戌 6 一	己亥 7 二	庚子 8 三	辛丑 9 四	壬寅 10 五	癸卯 11 六	甲辰 12 日	乙巳 13 一	丙午 14 二	丁未 15 三	戊申 16 四	己酉 17 五	庚戌 18 六	辛亥 19 日	乙酉處暑 庚寅白露 辛亥日食
八月小 乙酉	天干地支西曆星期	壬子 20 一	癸丑 21 二	甲寅 22 三	乙卯 23 四	丙辰 24 五	丁巳 25 六	戊午 26 日	己未 27 一	庚申 28 二	辛酉 29 三	壬戌 30 四	癸亥 (10) 五	甲子 2 六	乙丑 3 日	丙寅 4 一	丁卯 5 二	戊辰 6 三	己巳 7 四	庚午 8 五	辛未 9 六	壬申 10 日	癸酉 11 一	甲戌 12 二	乙亥 13 三	丙子 14 四	丁丑 15 五	戊寅 16 六	己卯 17 日	庚辰 18 一		乙卯秋分 庚午寒露
九月大 丙戌	天干地支西曆星期	辛巳 19 二	壬午 20 三	癸未 21 四	甲申 22 五	乙酉 23 六	丙戌 24 日	丁亥 25 一	戊子 26 二	己丑 27 三	庚寅 28 四	辛卯 29 五	壬辰 30 六	癸巳 31 日	甲午 (11) 一	乙未 2 二	丙申 3 三	丁酉 4 四	戊戌 5 五	己亥 6 六	庚子 7 日	辛丑 8 一	壬寅 9 二	癸卯 10 三	甲辰 11 四	乙巳 12 五	丙午 13 六	丁未 14 日	戊申 15 一	己酉 16 二	庚戌 17 三	乙酉霜降 辛丑立冬
十月小 丁亥	天干地支西曆星期	辛亥 18 四	壬子 19 五	癸丑 20 六	甲寅 21 日	乙卯 22 一	丙辰 23 二	丁巳 24 三	戊午 25 四	己未 26 五	庚申 27 六	辛酉 28 日	壬戌 29 一	癸亥 30 二	甲子 (12) 三	乙丑 2 四	丙寅 3 五	丁卯 4 六	戊辰 5 日	己巳 6 一	庚午 7 二	辛未 8 三	壬申 9 四	癸酉 10 五	甲戌 11 六	乙亥 12 日	丙子 13 一	丁丑 14 二	戊寅 15 三	己卯 16 四		丙辰小雪 辛未大雪
十一月大 戊子	天干地支西曆星期	庚辰 17 五	辛巳 18 六	壬午 19 日	癸未 20 一	甲申 21 二	乙酉 22 三	丙戌 23 四	丁亥 24 五	戊子 25 六	己丑 26 日	庚寅 27 一	辛卯 28 二	壬辰 29 三	癸巳 30 四	甲午 31 五	乙未 (1) 六	丙申 2 日	丁酉 3 一	戊戌 4 二	己亥 5 三	庚子 6 四	辛丑 7 五	壬寅 8 六	癸卯 9 日	甲辰 10 一	乙巳 11 二	丙午 12 三	丁未 13 四	戊申 14 五	己酉 15 六	丙戌冬至 壬寅小寒
十二月小 己丑	天干地支西曆星期	庚戌 16 日	辛亥 17 一	壬子 18 二	癸丑 19 三	甲寅 20 四	乙卯 21 五	丙辰 22 六	丁巳 23 日	戊午 24 一	己未 25 二	庚申 26 三	辛酉 27 四	壬戌 28 五	癸亥 29 六	甲子 30 日	乙丑 31 一	丙寅 (2) 二	丁卯 2 三	戊辰 3 四	己巳 4 五	庚午 5 六	辛未 6 日	壬申 7 一	癸酉 8 二	甲戌 9 三	乙亥 10 四	丙子 11 五	丁丑 12 六	戊寅 13 日		丁巳大寒 壬申立春

晉安帝義熙十二年（丙辰 龍年） 公元 416 ~ 417 年

夏曆月序	中西曆對照	夏曆日序																													節氣與天象
		初一	初二	初三	初四	初五	初六	初七	初八	初九	初十	十一	十二	十三	十四	十五	十六	十七	十八	十九	二十	廿一	廿二	廿三	廿四	廿五	廿六	廿七	廿八	廿九	三十	
正月大	庚寅	己卯 14日 一	庚辰 15 二	辛巳 16 三	壬午 17 四	癸未 18 五	甲申 19 六	乙酉 20日 日	丙戌 21 一	丁亥 22 二	戊子 23 三	己丑 24 四	庚寅 25 五	辛卯 26 六	壬辰 27日 日	癸巳 28 一	甲午 29 二	乙未 (3) 三	丙申 2 四	丁酉 3 五	戊戌 4 六	己亥 5日 日	庚子 6 一	辛丑 7 二	壬寅 8 三	癸卯 9 四	甲辰 10 五	乙巳 11 六	丙午 12日 日	丁未 13 一	戊申 14 二	丁亥雨水 壬寅驚蟄
二月小	辛卯	己酉 15 三	庚戌 16 四	辛亥 17 五	壬子 18 六	癸丑 19日 日	甲寅 20 一	乙卯 21 二	丙辰 22 三	丁巳 23 四	戊午 24 五	己未 25 六	庚申 26日 日	辛酉 27 一	壬戌 28 二	癸亥 29 三	甲子 30 四	乙丑 31 五	丙寅 (4) 六	丁卯 2日 日	戊辰 3 一	己巳 4 二	庚午 5 三	辛未 6 四	壬申 7 五	癸酉 8 六	甲戌 9日 日	乙亥 10 一	丙子 11 二	丁丑 12 三		戊午春分 癸酉清明
三月大	壬辰	戊寅 13 四	己卯 14 五	庚辰 15 六	辛巳 16日 日	壬午 17 一	癸未 18 二	甲申 19 三	乙酉 20 四	丙戌 21 五	丁亥 22 六	戊子 23日 日	己丑 24 一	庚寅 25 二	辛卯 26 三	壬辰 27 四	癸巳 28 五	甲午 29 六	乙未 30日 日	丙申 (5) 一	丁酉 2 二	戊戌 3 三	己亥 4 四	庚子 5 五	辛丑 6 六	壬寅 7日 日	癸卯 8 一	甲辰 9 二	乙巳 10 三	丙午 11 四	丁未 12 五	戊子穀雨 癸卯立夏
四月小	癸巳	戊申 13 六	己酉 14日 日	庚戌 15 一	辛亥 16 二	壬子 17 三	癸丑 18 四	甲寅 19 五	乙卯 20 六	丙辰 21日 日	丁巳 22 一	戊午 23 二	己未 24 三	庚申 25 四	辛酉 26 五	壬戌 27 六	癸亥 28日 日	甲子 29 一	乙丑 30 二	丙寅 31 三	丁卯 (6) 四	戊辰 2 五	己巳 3 六	庚午 4日 日	辛未 5 一	壬申 6 二	癸酉 7 三	甲戌 8 四	乙亥 9 五	丙子 10 六		己未小滿 甲戌芒種
五月大	甲午	丁丑 11日 日	戊寅 12 一	己卯 13 二	庚辰 14 三	辛巳 15 四	壬午 16 五	癸未 17 六	甲申 18日 日	乙酉 19 一	丙戌 20 二	丁亥 21 三	戊子 22 四	己丑 23 五	庚寅 24 六	辛卯 25日 日	壬辰 26 一	癸巳 27 二	甲午 28 三	乙未 29 四	丙申 30 五	丁酉 (7) 六	戊戌 2日 日	己亥 3 一	庚子 4 二	辛丑 5 三	壬寅 6 四	癸卯 7 五	甲辰 8 六	乙巳 9日 日	丙午 10 一	己丑夏至 甲辰小暑
六月小	乙未	丁未 11 二	戊申 12 三	己酉 13 四	庚戌 14 五	辛亥 15 六	壬子 16日 日	癸丑 17 一	甲寅 18 二	乙卯 19 三	丙辰 20 四	丁巳 21 五	戊午 22 六	己未 23日 日	庚申 24 一	辛酉 25 二	壬戌 26 三	癸亥 27 四	甲子 28 五	乙丑 29 六	丙寅 30日 日	丁卯 31 一	戊辰 (8) 二	己巳 2 三	庚午 3 四	辛未 4 五	壬申 5 六	癸酉 6日 日	甲戌 7 一	乙亥 8 二		己未大暑 乙亥立秋
七月大	丙申	丙子 9 三	丁丑 10 四	戊寅 11 五	己卯 12 六	庚辰 13日 日	辛巳 14 一	壬午 15 二	癸未 16 三	甲申 17 四	乙酉 18 五	丙戌 19 六	丁亥 20日 日	戊子 21 一	己丑 22 二	庚寅 23 三	辛卯 24 四	壬辰 25 五	癸巳 26 六	甲午 27日 日	乙未 28 一	丙申 29 二	丁酉 30 三	戊戌 31 四	己亥 (9) 五	庚子 2日 日	辛丑 3 一	壬寅 4 二	癸卯 5 三	甲辰 6 四	乙巳 7 五	庚寅處暑 乙巳白露
八月小	丁酉	丙午 8 六	丁未 9日 日	戊申 10 一	己酉 11 二	庚戌 12 三	辛亥 13 四	壬子 14 五	癸丑 15 六	甲寅 16日 日	乙卯 17 一	丙辰 18 二	丁巳 19 三	戊午 20 四	己未 21 五	庚申 22 六	辛酉 23日 日	壬戌 24 一	癸亥 25 二	甲子 26 三	乙丑 27 四	丙寅 28 五	丁卯 29 六	戊辰 30日 日	己巳 (10) 一	庚午 2 二	辛未 3 三	壬申 4 四	癸酉 5 五	甲戌 6 六		庚申秋分
九月大	戊戌	乙亥 7日 日	丙子 8 一	丁丑 9 二	戊寅 10 三	己卯 11 四	庚辰 12 五	辛巳 13 六	壬午 14日 日	癸未 15 一	甲申 16 二	乙酉 17 三	丙戌 18 四	丁亥 19 五	戊子 20 六	己丑 21日 日	庚寅 22 一	辛卯 23 二	壬辰 24 三	癸巳 25 四	甲午 26 五	乙未 27 六	丙申 28日 日	丁酉 29 一	戊戌 30 二	己亥 31 三	庚子 (11) 四	辛丑 2 五	壬寅 3 六	癸卯 4日 日	甲辰 5 一	乙亥寒露 辛卯霜降
十月小	己亥	乙巳 6 二	丙午 7 三	丁未 8 四	戊申 9 五	己酉 10 六	庚戌 11日 日	辛亥 12 一	壬子 13 二	癸丑 14 三	甲寅 15 四	乙卯 16 五	丙辰 17 六	丁巳 18日 日	戊午 19 一	己未 20 二	庚申 21 三	辛酉 22 四	壬戌 23 五	癸亥 24 六	甲子 25日 日	乙丑 26 一	丙寅 27 二	丁卯 28 三	戊辰 29 四	己巳 30 五	庚午 (12) 六	辛未 2日 日	壬申 3 一	癸酉 4 二		丙午立冬 辛酉小雪
十一月大	庚子	甲戌 5 三	乙亥 6 四	丙子 7 五	丁丑 8 六	戊寅 9日 日	己卯 10 一	庚辰 11 二	辛巳 12 三	壬午 13 四	癸未 14 五	甲申 15 六	乙酉 16日 日	丙戌 17 一	丁亥 18 二	戊子 19 三	己丑 20 四	庚寅 21 五	辛卯 22 六	壬辰 23日 日	癸巳 24 一	甲午 25 二	乙未 26 三	丙申 27 四	丁酉 28 五	戊戌 29 六	己亥 30日 日	庚子 31 一	辛丑 (1) 二	壬寅 2 三	癸卯 3 四	丙子大雪 壬辰冬至
十二月大	辛丑	甲辰 4 五	乙巳 5 六	丙午 6日 日	丁未 7 一	戊申 8 二	己酉 9 三	庚戌 10 四	辛亥 11 五	壬子 12 六	癸丑 13日 日	甲寅 14 一	乙卯 15 二	丙辰 16 三	丁巳 17 四	戊午 18 五	己未 19 六	庚申 20日 日	辛酉 21 一	壬戌 22 二	癸亥 23 三	甲子 24 四	乙丑 25 五	丙寅 26 六	丁卯 27日 日	戊辰 28 一	己巳 29 二	庚午 30 三	辛未 31 四	壬申 (2) 五	癸酉 2 六	丁未小寒 壬戌大寒

晉安帝義熙十三年（丁巳 蛇年） 公元 417 ~ 418 年

夏曆月序	中西曆對照	夏曆日序																													節氣與天象
		初一	初二	初三	初四	初五	初六	初七	初八	初九	初十	十一	十二	十三	十四	十五	十六	十七	十八	十九	二十	廿一	廿二	廿三	廿四	廿五	廿六	廿七	廿八	廿九	三十	
正月小	壬寅	天干地支 西曆 星期	甲戌 3 六	乙亥 4 日	丙子 5 一	丁丑 6 二	戊寅 7 三	己卯 8 四	庚辰 9 五	辛巳 10 六	壬午 11 日	癸未 12 一	甲申 13 二	乙酉 14 三	丙戌 15 四	丁亥 16 五	戊子 17 六	己丑 18 日	庚寅 19 一	辛卯 20 二	壬辰 21 三	癸巳 22 四	甲午 23 五	乙未 24 六	丙申 25 日	丁酉 26 一	戊戌 27 二	己亥 28(3) 三	庚子 (3) 四	辛丑 2 五	壬寅 3 六		丁丑立春 壬辰雨水 甲戌日食
二月大	癸卯	天干地支 西曆 星期	癸卯 4 日	甲辰 5 一	乙巳 6 二	丙午 7 三	丁未 8 四	戊申 9 五	己酉 10 六	庚戌 11 日	辛亥 12 一	壬子 13 二	癸丑 14 三	甲寅 15 四	乙卯 16 五	丙辰 17 六	丁巳 18 日	戊午 19 一	己未 20 二	庚申 21 三	辛酉 22 四	壬戌 23 五	癸亥 24 六	甲子 25 日	乙丑 26 一	丙寅 27 二	丁卯 28 三	戊辰 29 四	己巳 30 五	庚午 31 六	辛未 (4) 日	壬申 2 一	戊申驚蟄 癸亥春分
三月小	甲辰	天干地支 西曆 星期	癸酉 3 二	甲戌 4 三	乙亥 5 四	丙子 6 五	丁丑 7 六	戊寅 8 日	己卯 9 一	庚辰 10 二	辛巳 11 三	壬午 12 四	癸未 13 五	甲申 14 六	乙酉 15 日	丙戌 16 一	丁亥 17 二	戊子 18 三	己丑 19 四	庚寅 20 五	辛卯 21 六	壬辰 22 日	癸巳 23 一	甲午 24 二	乙未 25 三	丙申 26 四	丁酉 27 五	戊戌 28 六	己亥 29 日	庚子 30 一	辛丑 (5) 二		戊寅清明 癸巳穀雨
四月大	乙巳	天干地支 西曆 星期	壬寅 2 三	癸卯 3 四	甲辰 4 五	乙巳 5 六	丙午 6 日	丁未 7 一	戊申 8 二	己酉 9 三	庚戌 10 四	辛亥 11 五	壬子 12 六	癸丑 13 日	甲寅 14 一	乙卯 15 二	丙辰 16 三	丁巳 17 四	戊午 18 五	己未 19 六	庚申 20 日	辛酉 21 一	壬戌 22 二	癸亥 23 三	甲子 24 四	乙丑 25 五	丙寅 26 六	丁卯 27 日	戊辰 28 一	己巳 29 二	庚午 30 三	辛未 31 四	己酉立夏 甲子小滿
五月小	丙午	天干地支 西曆 星期	壬申 (6) 五	癸酉 2 六	甲戌 3 日	乙亥 4 一	丙子 5 二	丁丑 6 三	戊寅 7 四	己卯 8 五	庚辰 9 六	辛巳 10 日	壬午 11 一	癸未 12 二	甲申 13 三	乙酉 14 四	丙戌 15 五	丁亥 16 六	戊子 17 日	己丑 18 一	庚寅 19 二	辛卯 20 三	壬辰 21 四	癸巳 22 五	甲午 23 六	乙未 24 日	丙申 25 一	丁酉 26 二	戊戌 27 三	己亥 28 四	庚子 29 五		己卯芒種 甲午夏至
六月大	丁未	天干地支 西曆 星期	辛丑 30 六	壬寅 (7) 日	癸卯 2 一	甲辰 3 二	乙巳 4 三	丙午 5 四	丁未 6 五	戊申 7 六	己酉 8 日	庚戌 9 一	辛亥 10 二	壬子 11 三	癸丑 12 四	甲寅 13 五	乙卯 14 六	丙辰 15 日	丁巳 16 一	戊午 17 二	己未 18 三	庚申 19 四	辛酉 20 五	壬戌 21 六	癸亥 22 日	甲子 23 一	乙丑 24 二	丙寅 25 三	丁卯 26 四	戊辰 27 五	己巳 28 六	庚午 29 日	己酉小暑 乙丑大暑
七月小	戊申	天干地支 西曆 星期	辛未 30 一	壬申 31(8) 二	癸酉 (8) 三	甲戌 2 四	乙亥 3 五	丙子 4 六	丁丑 5 日	戊寅 6 一	己卯 7 二	庚辰 8 三	辛巳 9 四	壬午 10 五	癸未 11 六	甲申 12 日	乙酉 13 一	丙戌 14 二	丁亥 15 三	戊子 16 四	己丑 17 五	庚寅 18 六	辛卯 19 日	壬辰 20 一	癸巳 21 二	甲午 22 三	乙未 23 四	丙申 24 五	丁酉 25 六	戊戌 26 日	己亥 27 一		庚辰立秋 乙未處暑
八月大	己酉	天干地支 西曆 星期	庚子 28 二	辛丑 29 三	壬寅 30 四	癸卯 31(9) 五	甲辰 (9) 六	乙巳 2 日	丙午 3 一	丁未 4 二	戊申 5 三	己酉 6 四	庚戌 7 五	辛亥 8 六	壬子 9 日	癸丑 10 一	甲寅 11 二	乙卯 12 三	丙辰 13 四	丁巳 14 五	戊午 15 六	己未 16 日	庚申 17 一	辛酉 18 二	壬戌 19 三	癸亥 20 四	甲子 21 五	乙丑 22 六	丙寅 23 日	丁卯 24 一	戊辰 25 二	己巳 26 三	庚戌白露 丙寅秋分
九月小	庚戌	天干地支 西曆 星期	庚午 27 四	辛未 28 五	壬申 29 六	癸酉 30(00) 日	甲戌 (00) 一	乙亥 2 二	丙子 3 三	丁丑 4 四	戊寅 5 五	己卯 6 六	庚辰 7 日	辛巳 8 一	壬午 9 二	癸未 10 三	甲申 11 四	乙酉 12 五	丙戌 13 六	丁亥 14 日	戊子 15 一	己丑 16 二	庚寅 17 三	辛卯 18 四	壬辰 19 五	癸巳 20 六	甲午 21 日	乙未 22 一	丙申 23 二	丁酉 24 三	戊戌 25 四		辛巳寒露 丙申霜降
十月大	辛亥	天干地支 西曆 星期	己亥 26 五	庚子 27 六	辛丑 28 日	壬寅 29 一	癸卯 30 二	甲辰 31(11) 三	乙巳 (11) 四	丙午 2 五	丁未 3 六	戊申 4 日	己酉 5 一	庚戌 6 二	辛亥 7 三	壬子 8 四	癸丑 9 五	甲寅 10 六	乙卯 11 日	丙辰 12 一	丁巳 13 二	戊午 14 三	己未 15 四	庚申 16 五	辛酉 17 六	壬戌 18 日	癸亥 19 一	甲子 20 二	乙丑 21 三	丙寅 22 四	丁卯 23 五	戊辰 24 六	辛亥立冬 丙寅小雪
十一月小	壬子	天干地支 西曆 星期	己巳 25 日	庚午 26 一	辛未 27 二	壬申 28 三	癸酉 29 四	甲戌 30(02) 五	乙亥 (02) 六	丙子 2 日	丁丑 3 一	戊寅 4 二	己卯 5 三	庚辰 6 四	辛巳 7 五	壬午 8 六	癸未 9 日	甲申 10 一	乙酉 11 二	丙戌 12 三	丁亥 13 四	戊子 14 五	己丑 15 六	庚寅 16 日	辛卯 17 一	壬辰 18 二	癸巳 19 三	甲午 20 四	乙未 21 五	丙申 22 六	丁酉 23 日		壬午大雪 丁酉冬至
十二月大	癸丑	天干地支 西曆 星期	戊戌 24 一	己亥 25 二	庚子 26 三	辛丑 27 四	壬寅 28 五	癸卯 29 六	甲辰 30 日	乙巳 31(1) 一	丙午 (1) 二	丁未 2 三	戊申 3 四	己酉 4 五	庚戌 5 六	辛亥 6 日	壬子 7 一	癸丑 8 二	甲寅 9 三	乙卯 10 四	丙辰 11 五	丁巳 12 六	戊午 13 日	己未 14 一	庚申 15 二	辛酉 16 三	壬戌 17 四	癸亥 18 五	甲子 19 六	乙丑 20 日	丙寅 21 一	丁卯 22 二	壬子小寒 丁卯大寒
閏十二小	癸丑	天干地支 西曆 星期	戊辰 23 三	己巳 24 四	庚午 25 五	辛未 26 六	壬申 27 日	癸酉 28 一	甲戌 29 二	乙亥 30 三	丙子 31(2) 四	丁丑 (2) 五	戊寅 2 六	己卯 3 日	庚辰 4 一	辛巳 5 二	壬午 6 三	癸未 7 四	甲申 8 五	乙酉 9 六	丙戌 10 日	丁亥 11 一	戊子 12 二	己丑 13 三	庚寅 14 四	辛卯 15 五	壬辰 16 六	癸巳 17 日	甲午 18 一	乙未 19 二	丙申 20 三		壬午立春

晉安帝義熙十四年 恭帝義熙十四年（戊午 馬年） 公元 418 ～ 419 年

夏曆月序	中西曆對照	夏曆日序 初一	初二	初三	初四	初五	初六	初七	初八	初九	初十	十一	十二	十三	十四	十五	十六	十七	十八	十九	二十	二一	二二	二三	二四	二五	二六	二七	二八	二九	三十	節氣與天象
正月大	甲寅 天干地支 西曆 星期	丁酉 21 四	戊戌 22 五	己亥 23 六	庚子 24 日	辛丑 25 一	壬寅 26 二	癸卯 27 三	甲辰 28 四	乙巳(3) 五	丙午 2 六	丁未 3 日	戊申 4 一	己酉 5 二	庚戌 6 三	辛亥 7 四	壬子 8 五	癸丑 9 六	甲寅 10 日	乙卯 11 一	丙辰 12 二	丁巳 13 三	戊午 14 四	己未 15 五	庚申 16 六	辛酉 17 日	壬戌 18 一	癸亥 19 二	甲子 20 三	乙丑 21 四	丙寅 22 五	戊戌雨水 癸丑驚蟄
二月小	乙卯 天干地支 西曆 星期	丁卯 23 六	戊辰 24 日	己巳 25 一	庚午 26 二	辛未 27 三	壬申 28 四	癸酉 29 五	甲戌 30 六	乙亥 31 日	丙子(4) 一	丁丑 2 二	戊寅 3 三	己卯 4 四	庚辰 5 五	辛巳 6 六	壬午 7 日	癸未 8 一	甲申 9 二	乙酉 10 三	丙戌 11 四	丁亥 12 五	戊子 13 六	己丑 14 日	庚寅 15 一	辛卯 16 二	壬辰 17 三	癸巳 18 四	甲午 19 五	乙未 20 六		戊辰春分 癸未清明
三月大	丙辰 天干地支 西曆 星期	丙申 21 日	丁酉 22 一	戊戌 23 二	己亥 24 三	庚子 25 四	辛丑 26 五	壬寅 27 六	癸卯 28 日	甲辰 29 一	乙巳 30 二	丙午(5) 三	丁未 2 四	戊申 3 五	己酉 4 六	庚戌 5 日	辛亥 6 一	壬子 7 二	癸丑 8 三	甲寅 9 四	乙卯 10 五	丙辰 11 六	丁巳 12 日	戊午 13 一	己未 14 二	庚申 15 三	辛酉 16 四	壬戌 17 五	癸亥 18 六	甲子 19 日	乙丑 20 一	己亥穀雨 甲寅立夏
四月大	丁巳 天干地支 西曆 星期	丙寅 21 二	丁卯 22 三	戊辰 23 四	己巳 24 五	庚午 25 六	辛未 26 日	壬申 27 一	癸酉 28 二	甲戌 29 三	乙亥 30 四	丙子 31 五	丁丑(6) 六	戊寅 2 日	己卯 3 一	庚辰 4 二	辛巳 5 三	壬午 6 四	癸未 7 五	甲申 8 六	乙酉 9 日	丙戌 10 一	丁亥 11 二	戊子 12 三	己丑 13 四	庚寅 14 五	辛卯 15 六	壬辰 16 日	癸巳 17 一	甲午 18 二	乙未 19 三	己巳小滿 甲申芒種
五月小	戊午 天干地支 西曆 星期	丙申 20 四	丁酉 21 五	戊戌 22 六	己亥 23 日	庚子 24 一	辛丑 25 二	壬寅 26 三	癸卯 27 四	甲辰 28 五	乙巳 29 六	丙午 30 日	丁未(7) 一	戊申 2 二	己酉 3 三	庚戌 4 四	辛亥 5 五	壬子 6 六	癸丑 7 日	甲寅 8 一	乙卯 9 二	丙辰 10 三	丁巳 11 四	戊午 12 五	己未 13 六	庚申 14 日	辛酉 15 一	壬戌 16 二	癸亥 17 三	甲子 18 四		己亥夏至 乙卯小暑
六月大	己未 天干地支 西曆 星期	乙丑 19 五	丙寅 20 六	丁卯 21 日	戊辰 22 一	己巳 23 二	庚午 24 三	辛未 25 四	壬申 26 五	癸酉 27 六	甲戌 28 日	乙亥 29 一	丙子 30 二	丁丑 31 三	戊寅(8) 四	己卯 2 五	庚辰 3 六	辛巳 4 日	壬午 5 一	癸未 6 二	甲申 7 三	乙酉 8 四	丙戌 9 五	丁亥 10 六	戊子 11 日	己丑 12 一	庚寅 13 二	辛卯 14 三	壬辰 15 四	癸巳 16 五	甲午 17 六	庚午大暑 乙酉立秋 乙丑日食
七月小	庚申 天干地支 西曆 星期	乙未 18 日	丙申 19 一	丁酉 20 二	戊戌 21 三	己亥 22 四	庚子 23 五	辛丑 24 六	壬寅 25 日	癸卯 26 一	甲辰 27 二	乙巳 28 三	丙午 29 四	丁未 30 五	戊申 31 六	己酉(9) 日	庚戌 2 一	辛亥 3 二	壬子 4 三	癸丑 5 四	甲寅 6 五	乙卯 7 六	丙辰 8 日	丁巳 9 一	戊午 10 二	己未 11 三	庚申 12 四	辛酉 13 五	壬戌 14 六	癸亥 15 日		庚子處暑 丙辰白露
八月大	辛酉 天干地支 西曆 星期	甲子 16 一	乙丑 17 二	丙寅 18 三	丁卯 19 四	戊辰 20 五	己巳 21 六	庚午 22 日	辛未 23 一	壬申 24 二	癸酉 25 三	甲戌 26 四	乙亥 27 五	丙子 28 六	丁丑 29 日	戊寅 30 一	己卯(10) 二	庚辰 2 三	辛巳 3 四	壬午 4 五	癸未 5 六	甲申 6 日	乙酉 7 一	丙戌 8 二	丁亥 9 三	戊子 10 四	己丑 11 五	庚寅 12 六	辛卯 13 日	壬辰 14 一	癸巳 15 二	辛未秋分 丙戌寒露
九月小	壬戌 天干地支 西曆 星期	甲午 16 三	乙未 17 四	丙申 18 五	丁酉 19 六	戊戌 20 日	己亥 21 一	庚子 22 二	辛丑 23 三	壬寅 24 四	癸卯 25 五	甲辰 26 六	乙巳 27 日	丙午 28 一	丁未 29 二	戊申 30 三	己酉 31 四	庚戌(11) 五	辛亥 2 六	壬子 3 日	癸丑 4 一	甲寅 5 二	乙卯 6 三	丙辰 7 四	丁巳 8 五	戊午 9 六	己未 10 日	庚申 11 一	辛酉 12 二	壬戌 13 三		辛丑霜降 丙辰立冬
十月大	癸亥 天干地支 西曆 星期	癸亥 14 四	甲子 15 五	乙丑 16 六	丙寅 17 日	丁卯 18 一	戊辰 19 二	己巳 20 三	庚午 21 四	辛未 22 五	壬申 23 六	癸酉 24 日	甲戌 25 一	乙亥 26 二	丙子 27 三	丁丑 28 四	戊寅 29 五	己卯 30 六	庚辰(12) 日	辛巳 2 一	壬午 3 二	癸未 4 三	甲申 5 四	乙酉 6 五	丙戌 7 六	丁亥 8 日	戊子 9 一	己丑 10 二	庚寅 11 三	辛卯 12 四	壬辰 13 五	壬申小雪 丁亥大雪
十一月小	甲子 天干地支 西曆 星期	癸巳 14 六	甲午 15 日	乙未 16 一	丙申 17 二	丁酉 18 三	戊戌 19 四	己亥 20 五	庚子 21 六	辛丑 22 日	壬寅 23 一	癸卯 24 二	甲辰 25 三	乙巳 26 四	丙午 27 五	丁未 28 六	戊申 29 日	己酉 30 一	庚戌 31 二	辛亥(1) 三	壬子 2 四	癸丑 3 五	甲寅 4 六	乙卯 5 日	丙辰 6 一	丁巳 7 二	戊午 8 三	己未 9 四	庚申 10 五	辛酉 11 六		壬寅冬至 丁巳小寒
十二月大	乙丑 天干地支 西曆 星期	壬戌 12 日	癸亥 13 一	甲子 14 二	乙丑 15 三	丙寅 16 四	丁卯 17 五	戊辰 18 六	己巳 19 日	庚午 20 一	辛未 21 二	壬申 22 三	癸酉 23 四	甲戌 24 五	乙亥 25 六	丙子 26 日	丁丑 27 一	戊寅 28 二	己卯 29 三	庚辰 30 四	辛巳 31 五	壬午(2) 六	癸未 2 日	甲申 3 一	乙酉 4 二	丙戌 5 三	丁亥 6 四	戊子 7 五	己丑 8 六	庚寅 9 日	辛卯 10 一	壬申大寒 戊子立春

*十二月戊寅（十七日），安帝死。司馬德文即位，是爲恭帝。

晉恭帝元熙元年（己未 羊年）　公元 419 ～ 420 年

夏曆月序	中西曆對照	夏曆日序 初一	初二	初三	初四	初五	初六	初七	初八	初九	初十	十一	十二	十三	十四	十五	十六	十七	十八	十九	二十	二一	二二	二三	二四	二五	二六	二七	二八	二九	三十	節氣與天象
正月小	丙寅	壬辰 11 一	癸巳 12 二	甲午 13 三	乙未 14 四	丙申 15 五	丁酉 16 六	戊戌 17 日	己亥 18 一	庚子 19 二	辛丑 20 三	壬寅 21 四	癸卯 22 五	甲辰 23 六	乙巳 24 日	丙午 25 一	丁未 26 二	戊申 27 三	己酉 28 四	庚戌(3) 五	辛亥 2 日	壬子 3 一	癸丑 4 二	甲寅 5 三	乙卯 6 四	丙辰 7 五	丁巳 8 六	戊午 9 日	己未 10 一	庚申 11 二		癸卯雨水 戊午驚蟄
二月大	丁卯	辛酉 12 三	壬戌 13 四	癸亥 14 五	甲子 15 六	乙丑 16 日	丙寅 17 一	丁卯 18 二	戊辰 19 三	己巳 20 四	庚午 21 五	辛未 22 六	壬申 23 日	癸酉 24 一	甲戌 25 二	乙亥 26 三	丙子 27 四	丁丑 28 五	戊寅 29 六	己卯 30 日	庚辰 31 一	辛巳(4) 二	壬午 2 三	癸未 3 四	甲申 4 五	乙酉 5 六	丙戌 6 日	丁亥 7 一	戊子 8 二	己丑 9 三	庚寅 10 四	癸酉春分 己丑清明
三月小	戊辰	辛卯 11 五	壬辰 12 六	癸巳 13 日	甲午 14 一	乙未 15 二	丙申 16 三	丁酉 17 四	戊戌 18 五	己亥 19 六	庚子 20 日	辛丑 21 一	壬寅 22 二	癸卯 23 三	甲辰 24 四	乙巳 25 五	丙午 26 六	丁未 27 日	戊申 28 一	己酉 29 二	庚戌 30 三	辛亥(5) 四	壬子 2 五	癸丑 3 六	甲寅 4 日	乙卯 5 一	丙辰 6 二	丁巳 7 三	戊午 8 四	己未 9 五		甲辰穀雨 己未立夏
四月大	己巳	庚申 10 六	辛酉 11 日	壬戌 12 一	癸亥 13 二	甲子 14 三	乙丑 15 四	丙寅 16 五	丁卯 17 六	戊辰 18 日	己巳 19 一	庚午 20 二	辛未 21 三	壬申 22 四	癸酉 23 五	甲戌 24 六	乙亥 25 日	丙子 26 一	丁丑 27 二	戊寅 28 三	己卯 29 四	庚辰 30 五	辛巳 31 六	壬午(6) 日	癸未 2 一	甲申 3 二	乙酉 4 三	丙戌 5 四	丁亥 6 五	戊子 7 六	己丑 8 日	甲戌小滿 己丑芒種
五月小	庚午	庚寅 9 一	辛卯 10 二	壬辰 11 三	癸巳 12 四	甲午 13 五	乙未 14 六	丙申 15 日	丁酉 16 一	戊戌 17 二	己亥 18 三	庚子 19 四	辛丑 20 五	壬寅 21 六	癸卯 22 日	甲辰 23 一	乙巳 24 二	丙午 25 三	丁未 26 四	戊申 27 五	己酉 28 六	庚戌 29 日	辛亥 30 一	壬子(7) 二	癸丑 2 三	甲寅 3 四	乙卯 4 五	丙辰 5 六	丁巳 6 日	戊午 7 一		乙巳夏至
六月大	辛未	己未 8 二	庚申 9 三	辛酉 10 四	壬戌 11 五	癸亥 12 六	甲子 13 日	乙丑 14 一	丙寅 15 二	丁卯 16 三	戊辰 17 四	己巳 18 五	庚午 19 六	辛未 20 日	壬申 21 一	癸酉 22 二	甲戌 23 三	乙亥 24 四	丙子 25 五	丁丑 26 六	戊寅 27 日	己卯 28 一	庚辰 29 二	辛巳 30 三	壬午 31 四	癸未(8) 五	甲申 2 六	乙酉 3 日	丙戌 4 一	丁亥 5 二	戊子 6 三	庚申小暑 乙亥大暑 庚申日食
七月大	壬申	己丑 7 四	庚寅 8 五	辛卯 9 六	壬辰 10 日	癸巳 11 一	甲午 12 二	乙未 13 三	丙申 14 四	丁酉 15 五	戊戌 16 六	己亥 17 日	庚子 18 一	辛丑 19 二	壬寅 20 三	癸卯 21 四	甲辰 22 五	乙巳 23 六	丙午 24 日	丁未 25 一	戊申 26 二	己酉 27 三	庚戌 28 四	辛亥 29 五	壬子 30 六	癸丑 31 日	甲寅(9) 一	乙卯 2 二	丙辰 3 三	丁巳 4 四	戊午 5 五	庚寅立秋 丙午處暑
八月小	癸酉	己未 6 六	庚申 7 日	辛酉 8 一	壬戌 9 二	癸亥 10 三	甲子 11 四	乙丑 12 五	丙寅 13 六	丁卯 14 日	戊辰 15 一	己巳 16 二	庚午 17 三	辛未 18 四	壬申 19 五	癸酉 20 六	甲戌 21 日	乙亥 22 一	丙子 23 二	丁丑 24 三	戊寅 25 四	己卯 26 五	庚辰 27 六	辛巳 28 日	壬午 29 一	癸未 30 二	甲申(10) 三	乙酉 2 四	丙戌 3 五	丁亥 4 六		辛酉白露 丙子秋分
九月大	甲戌	戊子 5 日	己丑 6 一	庚寅 7 二	辛卯 8 三	壬辰 9 四	癸巳 10 五	甲午 11 六	乙未 12 日	丙申 13 一	丁酉 14 二	戊戌 15 三	己亥 16 四	庚子 17 五	辛丑 18 六	壬寅 19 日	癸卯 20 一	甲辰 21 二	乙巳 22 三	丙午 23 四	丁未 24 五	戊申 25 六	己酉 26 日	庚戌 27 一	辛亥 28 二	壬子 29 三	癸丑 30 四	甲寅 31 五	乙卯(11) 六	丙辰 2 日	丁巳 3 一	辛卯寒露 丙午霜降
十月小	乙亥	戊午 4 二	己未 5 三	庚申 6 四	辛酉 7 五	壬戌 8 六	癸亥 9 日	甲子 10 一	乙丑 11 二	丙寅 12 三	丁卯 13 四	戊辰 14 五	己巳 15 六	庚午 16 日	辛未 17 一	壬申 18 二	癸酉 19 三	甲戌 20 四	乙亥 21 五	丙子 22 六	丁丑 23 日	戊寅 24 一	己卯 25 二	庚辰 26 三	辛巳 27 四	壬午 28 五	癸未 29 六	甲申 30 日	乙酉(12) 一	丙戌 2 二		壬戌立冬 丁丑小雪
十一月大	丙子	丁亥 3 三	戊子 4 四	己丑 5 五	庚寅 6 六	辛卯 7 日	壬辰 8 一	癸巳 9 二	甲午 10 三	乙未 11 四	丙申 12 五	丁酉 13 六	戊戌 14 日	己亥 15 一	庚子 16 二	辛丑 17 三	壬寅 18 四	癸卯 19 五	甲辰 20 六	乙巳 21 日	丙午 22 一	丁未 23 二	戊申 24 三	己酉 25 四	庚戌 26 五	辛亥 27 六	壬子 28 日	癸丑 29 一	甲寅 30 二	乙卯 31 三	丙辰(1) 四	壬辰大雪 丁未冬至 丁亥日食
十二月小	丁丑	丁巳 2 五	戊午 3 六	己未 4 日	庚申 5 一	辛酉 6 二	壬戌 7 三	癸亥 8 四	甲子 9 五	乙丑 10 六	丙寅 11 日	丁卯 12 一	戊辰 13 二	己巳 14 三	庚午 15 四	辛未 16 五	壬申 17 六	癸酉 18 日	甲戌 19 一	乙亥 20 二	丙子 21 三	丁丑 22 四	戊寅 23 五	己卯 24 六	庚辰 25 日	辛巳 26 一	壬午 27 二	癸未 28 三	甲申 29 四	乙酉 30 五		癸亥小寒 戊寅大寒

*正月壬辰（初一），改元元熙。

晉恭帝元熙二年（庚申 猴年） 公元 420～421 年

夏曆月序	中西曆對照	夏曆日序 初一	初二	初三	初四	初五	初六	初七	初八	初九	初十	十一	十二	十三	十四	十五	十六	十七	十八	十九	二十	二一	二二	二三	二四	二五	二六	二七	二八	二九	三十	節氣與天象
正月大	戊寅 天干地支/西曆/星期	丙戌 31 六	丁亥 (2) 日	戊子 2 一	己丑 3 二	庚寅 4 三	辛卯 5 四	壬辰 6 五	癸巳 7 六	甲午 8 日	乙未 9 一	丙申 10 二	丁酉 11 三	戊戌 12 四	己亥 13 五	庚子 14 六	辛丑 15 日	壬寅 16 一	癸卯 17 二	甲辰 18 三	乙巳 19 四	丙午 20 五	丁未 21 六	戊申 22 日	己酉 23 一	庚戌 24 二	辛亥 25 三	壬子 26 四	癸丑 27 五	甲寅 28 六	乙卯 29 日		癸巳立春 戊申雨水
二月小	己卯	丙辰 (3) 二	丁巳 2 三	戊午 3 四	己未 4 五	庚申 5 六	辛酉 6 日	壬戌 7 一	癸亥 8 二	甲子 9 三	乙丑 10 四	丙寅 11 五	丁卯 12 六	戊辰 13 日	己巳 14 一	庚午 15 二	辛未 16 三	壬申 17 四	癸酉 18 五	甲戌 19 六	乙亥 20 日	丙子 21 一	丁丑 22 二	戊寅 23 三	己卯 24 四	庚辰 25 五	辛巳 26 六	壬午 27 日	癸未 28 一	甲申 29 二			癸亥驚蟄 己卯春分
三月大	庚辰	乙酉 30 三	丙戌 31 四	丁亥 (4) 五	戊子 2 六	己丑 3 日	庚寅 4 一	辛卯 5 二	壬辰 6 三	癸巳 7 四	甲午 8 五	乙未 9 六	丙申 10 日	丁酉 11 一	戊戌 12 二	己亥 13 三	庚子 14 四	辛丑 15 五	壬寅 16 六	癸卯 17 日	甲辰 18 一	乙巳 19 二	丙午 20 三	丁未 21 四	戊申 22 五	己酉 23 六	庚戌 24 日	辛亥 25 一	壬子 26 二	癸丑 27 三	甲寅 28 四		甲午清明 己酉穀雨
四月小	辛巳	乙卯 29 五	丙辰 30 六	丁巳 (5) 日	戊午 2 一	己未 3 二	庚申 4 三	辛酉 5 四	壬戌 6 五	癸亥 7 六	甲子 8 日	乙丑 9 一	丙寅 10 二	丁卯 11 三	戊辰 12 四	己巳 13 五	庚午 14 六	辛未 15 日	壬申 16 一	癸酉 17 二	甲戌 18 三	乙亥 19 四	丙子 20 五	丁丑 21 六	戊寅 22 日	己卯 23 一	庚辰 24 二	辛巳 25 三	壬午 26 四	癸未 27 五			甲子立夏 己卯小滿
五月大	壬午	甲申 28 六	乙酉 29 日	丙戌 30 一	丁亥 (6) 二	戊子 2 三	己丑 3 四	庚寅 4 五	辛卯 5 六	壬辰 6 日	癸巳 7 一	甲午 8 二	乙未 9 三	丙申 10 四	丁酉 11 五	戊戌 12 六	己亥 13 日	庚子 14 一	辛丑 15 二	壬寅 16 三	癸卯 17 四	甲辰 18 五	乙巳 19 六	丙午 20 日	丁未 21 一	戊申 22 二	己酉 23 三	庚戌 24 四	辛亥 25 五	壬子 26 六	癸丑 27 日	乙未芒種 庚戌夏至
六月小	癸未	甲寅 27 一	乙卯 28 二	丙辰 29 三	丁巳 30 四	戊午 (7) 五	己未 2 六	庚申 3 日	辛酉 4 一	壬戌 5 二	癸亥 6 三	甲子 7 四	乙丑 8 五	丙寅 9 六	丁卯 10 日	戊辰 11 一	己巳 12 二	庚午 13 三	辛未 14 四	壬申 15 五	癸酉 16 六	甲戌 17 日	乙亥 18 一	丙子 19 二	丁丑 20 三	戊寅 21 四	己卯 22 五	庚辰 23 六	辛巳 24 日	壬午 25 一		乙丑小暑 庚辰大暑
七月大	甲申	癸未 26 二	甲申 27 三	乙酉 28 四	丙戌 29 五	丁亥 30 六	戊子 31 日	己丑 (8) 一	庚寅 2 二	辛卯 3 三	壬辰 4 四	癸巳 5 五	甲午 6 六	乙未 7 日	丙申 8 一	丁酉 9 二	戊戌 10 三	己亥 11 四	庚子 12 五	辛丑 13 六	壬寅 14 日	癸卯 15 一	甲辰 16 二	乙巳 17 三	丙午 18 四	丁未 19 五	戊申 20 六	己酉 21 日	庚戌 22 一	辛亥 23 二	壬子 24 三	丙申立秋 辛亥處暑
八月小	乙酉	癸丑 25 四	甲寅 26 五	乙卯 27 六	丙辰 28 日	丁巳 29 一	戊午 30 二	己未 (9) 三	庚申 2 四	辛酉 3 五	壬戌 4 六	癸亥 5 日	甲子 6 一	乙丑 7 二	丙寅 8 三	丁卯 9 四	戊辰 10 五	己巳 11 六	庚午 12 日	辛未 13 一	壬申 14 二	癸酉 15 三	甲戌 16 四	乙亥 17 五	丙子 18 六	丁丑 19 日	戊寅 20 一	己卯 21 二	庚辰 22 三	辛巳 23 日		丙寅白露 辛巳秋分
閏八月大	乙酉	壬午 23 四	癸未 24 五	甲申 25 六	乙酉 26 日	丙戌 27 一	丁亥 28 二	戊子 29 三	己丑 30 四	庚寅 (10) 五	辛卯 2 六	壬辰 3 日	癸巳 4 一	甲午 5 二	乙未 6 三	丙申 7 四	丁酉 8 五	戊戌 9 六	己亥 10 日	庚子 11 一	辛丑 12 二	壬寅 13 三	癸卯 14 四	甲辰 15 五	乙巳 16 六	丙午 17 日	丁未 18 一	戊申 19 二	己酉 20 三	庚戌 21 四	辛亥 22 五	丙申寒露
九月小	丙戌	壬子 23 六	癸丑 24 日	甲寅 25 一	乙卯 26 二	丙辰 27 三	丁巳 28 四	戊午 29 五	己未 30 六	庚申 31 日	辛酉 (11) 一	壬戌 2 二	癸亥 3 三	甲子 4 四	乙丑 5 五	丙寅 6 六	丁卯 7 日	戊辰 8 一	己巳 9 二	庚午 10 三	辛未 11 四	壬申 12 五	癸酉 13 六	甲戌 14 日	乙亥 15 一	丙子 16 二	丁丑 17 三	戊寅 18 四	己卯 19 五	庚辰 20 六		壬子霜降 丁卯立冬
十月大	丁亥	辛巳 21 日	壬午 22 一	癸未 23 二	甲申 24 三	乙酉 25 四	丙戌 26 五	丁亥 27 六	戊子 28 日	己丑 29 一	庚寅 30 二	辛卯 (12) 三	壬辰 2 四	癸巳 3 五	甲午 4 六	乙未 5 日	丙申 6 一	丁酉 7 二	戊戌 8 三	己亥 9 四	庚子 10 五	辛丑 11 六	壬寅 12 日	癸卯 13 一	甲辰 14 二	乙巳 15 三	丙午 16 四	丁未 17 五	戊申 18 六	己酉 19 日	庚戌 20 一	壬午小雪 丁酉大雪
十一月大	戊子	辛亥 21 二	壬子 22 三	癸丑 23 四	甲寅 24 五	乙卯 25 六	丙辰 26 日	丁巳 27 一	戊午 28 二	己未 29 三	庚申 30 四	辛酉 31 五	壬戌 (1) 六	癸亥 2 日	甲子 3 一	乙丑 4 二	丙寅 5 三	丁卯 6 四	戊辰 7 五	己巳 8 六	庚午 9 日	辛未 10 一	壬申 11 二	癸酉 12 三	甲戌 13 四	乙亥 14 五	丙子 15 六	丁丑 16 日	戊寅 17 一	己卯 18 二	庚辰 19 三	癸丑冬至 戊辰小寒
十二月小	己丑	辛巳 20 四	壬午 21 五	癸未 22 六	甲申 23 日	乙酉 24 一	丙戌 25 二	丁亥 26 三	戊子 27 四	己丑 28 五	庚寅 29 六	辛卯 30 日	壬辰 31 一	癸巳 (2) 二	甲午 2 三	乙未 3 四	丙申 4 五	丁酉 5 六	戊戌 6 日	己亥 7 一	庚子 8 二	辛丑 9 三	壬寅 10 四	癸卯 11 五	甲辰 12 六	乙巳 13 日	丙午 14 一	丁未 15 二	戊申 16 三	己酉 17 四		癸未大寒 戊戌立春

*六月甲子（十一日），恭帝遜位，東晉滅亡。

後秦日曆

後秦姚萇白雀元年（甲申 猴年） 公元 384 ~ 385 年

夏曆月序	中西曆對照	夏曆日序																													節氣與天象
		初一	初二	初三	初四	初五	初六	初七	初八	初九	初十	十一	十二	十三	十四	十五	十六	十七	十八	十九	二十	廿一	廿二	廿三	廿四	廿五	廿六	廿七	廿八	廿九	三十	
正月大	丙寅 天干地支 西曆 星期	乙酉 8 四	丙戌 9 五	丁亥 10 六	戊子 11 日	己丑 12 一	庚寅 13 二	辛卯 14 三	壬辰 15 四	癸巳 16 五	甲午 17 六	乙未 18 日	丙申 19 一	丁酉 20 二	戊戌 21 三	己亥 22 四	庚子 23 五	辛丑 24 六	壬寅 25 日	癸卯 26 一	甲辰 27 二	乙巳 28 三	丙午 29 四	丁未(3) 五	戊申 2 六	己酉 3 日	庚戌 4 一	辛亥 5 二	壬子 6 三	癸丑 7 四	甲寅 8 五	己亥雨水
二月小	丁卯 天干地支 西曆 星期	乙卯 9 六	丙辰 10 日	丁巳 11 一	戊午 12 二	己未 13 三	庚申 14 四	辛酉 15 五	壬戌 16 六	癸亥 17 日	甲子 18 一	乙丑 19 二	丙寅 20 三	丁卯 21 四	戊辰 22 五	己巳 23 六	庚午 24 日	辛未 25 一	壬申 26 二	癸酉 27 三	甲戌 28 四	乙亥 29 五	丙子 30 六	丁丑 31 日	戊寅(4) 一	己卯 2 二	庚辰 3 三	辛巳 4 四	壬午 5 五	癸未 6 六		乙卯驚蟄 庚午春分
三月大	戊辰 天干地支 西曆 星期	甲申 7 日	乙酉 8 一	丙戌 9 二	丁亥 10 三	戊子 11 四	己丑 12 五	庚寅 13 六	辛卯 14 日	壬辰 15 一	癸巳 16 二	甲午 17 三	乙未 18 四	丙申 19 五	丁酉 20 六	戊戌 21 日	己亥 22 一	庚子 23 二	辛丑 24 三	壬寅 25 四	癸卯 26 五	甲辰 27 六	乙巳 28 日	丙午 29 一	丁未 30 二	戊申(5) 三	己酉 2 四	庚戌 3 五	辛亥 4 六	壬子 5 日	癸丑 6 一	乙酉清明 庚子穀雨
四月小	己巳 天干地支 西曆 星期	甲寅 7 二	乙卯 8 三	丙辰 9 四	丁巳 10 五	戊午 11 六	己未 12 日	庚申 13 一	辛酉 14 二	壬戌 15 三	癸亥 16 四	甲子 17 五	乙丑 18 六	丙寅 19 日	丁卯 20 一	戊辰 21 二	己巳 22 三	庚午 23 四	辛未 24 五	壬申 25 六	癸酉 26 日	甲戌 27 一	乙亥 28 二	丙子 29 三	丁丑 30 四	戊寅 31 五	己卯(6) 六	庚辰 2 日	辛巳 3 一	壬午 4 二		乙卯立夏 辛未小滿
五月大	庚午 天干地支 西曆 星期	癸未 5 三	甲申 6 四	乙酉 7 五	丙戌 8 六	丁亥 9 日	戊子 10 一	己丑 11 二	庚寅 12 三	辛卯 13 四	壬辰 14 五	癸巳 15 六	甲午 16 日	乙未 17 一	丙申 18 二	丁酉 19 三	戊戌 20 四	己亥 21 五	庚子 22 六	辛丑 23 日	壬寅 24 一	癸卯 25 二	甲辰 26 三	乙巳 27 四	丙午 28 五	丁未 29 六	戊申 30(7) 日	己酉 2 一	庚戌 2 二	辛亥 3 三	壬子 4 四	丙戌芒種 辛丑夏至
六月小	辛未 天干地支 西曆 星期	癸丑 5 五	甲寅 6 六	乙卯 7 日	丙辰 8 一	丁巳 9 二	戊午 10 三	己未 11 四	庚申 12 五	辛酉 13 六	壬戌 14 日	癸亥 15 一	甲子 16 二	乙丑 17 三	丙寅 18 四	丁卯 19 五	戊辰 20 六	己巳 21 日	庚午 22 一	辛未 23 二	壬申 24 三	癸酉 25 四	甲戌 26 五	乙亥 27 六	丙子 28 日	丁丑 29 一	戊寅 30 二	己卯(8) 四	庚辰 2 五	辛巳		丙辰小暑 辛未大暑
七月大	壬申 天干地支 西曆 星期	壬午 3 六	癸未 4 日	甲申 5 一	乙酉 6 二	丙戌 7 三	丁亥 8 四	戊子 9 五	己丑 10 六	庚寅 11 日	辛卯 12 一	壬辰 13 二	癸巳 14 三	甲午 15 四	乙未 16 五	丙申 17 六	丁酉 18 日	戊戌 19 一	己亥 20 二	庚子 21 三	辛丑 22 四	壬寅 23 五	癸卯 24 六	甲辰 25 日	乙巳 26 一	丙午 27 二	丁未 28 三	戊申 29 四	己酉 30 五	庚戌 31 六	辛亥(9) 日	丁亥立秋 壬寅處暑
八月小	癸酉 天干地支 西曆 星期	壬子 2 一	癸丑 3 二	甲寅 4 三	乙卯 5 四	丙辰 6 五	丁巳 7 六	戊午 8 日	己未 9 一	庚申 10 二	辛酉 11 三	壬戌 12 四	癸亥 13 五	甲子 14 六	乙丑 15 日	丙寅 16 一	丁卯 17 二	戊辰 18 三	己巳 19 四	庚午 20 五	辛未 21 六	壬申 22 日	癸酉 23 一	甲戌 24 二	乙亥 25 三	丙子 26 四	丁丑 27 五	戊寅 28 六	己卯 29 日	庚辰 30 一		丁巳白露 壬申秋分
九月大	甲戌 天干地支 西曆 星期	辛巳 10(10) 二	壬午 2 三	癸未 3 四	甲申 4 五	乙酉 5 六	丙戌 6 日	丁亥 7 一	戊子 8 二	己丑 9 三	庚寅 10 四	辛卯 11 五	壬辰 12 六	癸巳 13 日	甲午 14 一	乙未 15 二	丙申 16 三	丁酉 17 四	戊戌 18 五	己亥 19 六	庚子 20 日	辛丑 21 一	壬寅 22 二	癸卯 23 三	甲辰 24 四	乙巳 25 五	丙午 26 六	丁未 27 日	戊申 28 一	己酉 29 二	庚戌 30 三	戊子寒露 癸卯霜降
十月小	乙亥 天干地支 西曆 星期	辛亥 31 四	壬子(11) 五	癸丑 2 六	甲寅 3 日	乙卯 4 一	丙辰 5 二	丁巳 6 三	戊午 7 四	己未 8 五	庚申 9 六	辛酉 10 日	壬戌 11 一	癸亥 12 二	甲子 13 三	乙丑 14 四	丙寅 15 五	丁卯 16 六	戊辰 17 日	己巳 18 一	庚午 19 二	辛未 20 三	壬申 21 四	癸酉 22 五	甲戌 23 六	乙亥 24 日	丙子 25 一	丁丑 26 二	戊寅 27 三	己卯 28 四		戊午立冬 癸酉小雪 辛亥日食
十一月大	丙子 天干地支 西曆 星期	庚辰 29 五	辛巳 30 六	壬午(12) 日	癸未 2 一	甲申 3 二	乙酉 4 三	丙戌 5 四	丁亥 6 五	戊子 7 六	己丑 8 日	庚寅 9 一	辛卯 10 二	壬辰 11 三	癸巳 12 四	甲午 13 五	乙未 14 六	丙申 15 日	丁酉 16 一	戊戌 17 二	己亥 18 三	庚子 19 四	辛丑 20 五	壬寅 21 六	癸卯 22 日	甲辰 23 一	乙巳 24 二	丙午 25 三	丁未 26 四	戊申 27 五	己酉 28 六	戊午大雪 甲辰冬至
十二月小	丁丑 天干地支 西曆 星期	庚戌 29 日	辛亥 30 一	壬子(1) 二	癸丑 2 三	甲寅 3 四	乙卯 4 五	丙辰 5 六	丁巳 6 日	戊午 7 一	己未 8 二	庚申 9 三	辛酉 10 四	壬戌 11 五	癸亥 12 六	甲子 13 日	乙丑 14 一	丙寅 15 二	丁卯 16 三	戊辰 17 四	己巳 18 五	庚午 19 六	辛未 20 日	壬申 21 一	癸酉 22 二	甲戌 23 三	乙亥 24 四	丙子 25 五	丁丑 26 六	戊寅 27 日		己未小寒 甲戌大寒

*四月，姚萇自稱大將軍、大單于、萬年秦王，建元白雀。

後秦姚萇白雀二年（乙酉 雞年） 公元 385 ~ 386 年

夏曆月序	中西曆日對照	夏曆日序																															節氣與天象
		初一	初二	初三	初四	初五	初六	初七	初八	初九	初十	十一	十二	十三	十四	十五	十六	十七	十八	十九	二十	廿一	廿二	廿三	廿四	廿五	廿六	廿七	廿八	廿九	三十	
正月大	戊寅 天干地支西曆星期	己卯 27 一	庚辰 28 二	辛巳 29 三	壬午 30 四	癸未 31 五	甲申 (2) 六	乙酉 2 日	丙戌 3 一	丁亥 4 二	戊子 5 三	己丑 6 四	庚寅 7 五	辛卯 8 六	壬辰 9 日	癸巳 10 一	甲午 11 二	乙未 12 三	丙申 13 四	丁酉 14 五	戊戌 15 六	己亥 16 日	庚子 17 一	辛丑 18 二	壬寅 19 三	癸卯 20 四	甲辰 21 五	乙巳 22 六	丙午 23 日	丁未 24 一	戊申 25 二	己丑立春 乙巳雨水
二月小	己卯 天干地支西曆星期	己酉 26 三	庚戌 27 四	辛亥 28 五	壬子 (3) 六	癸丑 2 日	甲寅 3 一	乙卯 4 二	丙辰 5 三	丁巳 6 四	戊午 7 五	己未 8 六	庚申 9 日	辛酉 10 一	壬戌 11 二	癸亥 12 三	甲子 13 四	乙丑 14 五	丙寅 15 六	丁卯 16 日	戊辰 17 一	己巳 18 二	庚午 19 三	辛未 20 四	壬申 21 五	癸酉 22 六	甲戌 23 日	乙亥 24 一	丙子 25 二	丁丑 26 三		庚申驚蟄 乙亥春分
三月大	庚辰 天干地支西曆星期	戊寅 27 四	己卯 28 五	庚辰 29 六	辛巳 30 日	壬午 31 一	癸未 (4) 二	甲申 2 三	乙酉 3 四	丙戌 4 五	丁亥 5 六	戊子 6 日	己丑 7 一	庚寅 8 二	辛卯 9 三	壬辰 10 四	癸巳 11 五	甲午 12 六	乙未 13 日	丙申 14 一	丁酉 15 二	戊戌 16 三	己亥 17 四	庚子 18 五	辛丑 19 六	壬寅 20 日	癸卯 21 一	甲辰 22 二	乙巳 23 三	丙午 24 四	丁未 25 五	庚寅清明 乙巳穀雨
四月大	辛巳 天干地支西曆星期	戊申 26 六	己酉 27 日	庚戌 28 一	辛亥 29 二	壬子 30 三	癸丑 (5) 四	甲寅 2 五	乙卯 3 六	丙辰 4 日	丁巳 5 一	戊午 6 二	己未 7 三	庚申 8 四	辛酉 9 五	壬戌 10 六	癸亥 11 日	甲子 12 一	乙丑 13 二	丙寅 14 三	丁卯 15 四	戊辰 16 五	己巳 17 六	庚午 18 日	辛未 19 一	壬申 20 二	癸酉 21 三	甲戌 22 四	乙亥 23 五	丙子 24 六	丁丑 25 日	辛酉立夏 丙子小滿
五月小	壬午 天干地支西曆星期	戊寅 26 一	己卯 27 二	庚辰 28 三	辛巳 29 四	壬午 30 五	癸未 31 六	甲申 (6) 日	乙酉 2 一	丙戌 3 二	丁亥 4 三	戊子 5 四	己丑 6 五	庚寅 7 六	辛卯 8 日	壬辰 9 一	癸巳 10 二	甲午 11 三	乙未 12 四	丙申 13 五	丁酉 14 六	戊戌 15 日	己亥 16 一	庚子 17 二	辛丑 18 三	壬寅 19 四	癸卯 20 五	甲辰 21 六	乙巳 22 日	丙午 23 一		辛卯芒種 丙午夏至
閏五月大	壬午 天干地支西曆星期	丁未 24 二	戊申 25 三	己酉 26 四	庚戌 27 五	辛亥 28 六	壬子 29 日	癸丑 (7) 一	甲寅 2 二	乙卯 3 三	丙辰 4 四	丁巳 5 五	戊午 6 六	己未 7 日	庚申 8 一	辛酉 9 二	壬戌 10 三	癸亥 11 四	甲子 12 五	乙丑 13 六	丙寅 14 日	丁卯 15 一	戊辰 16 二	己巳 17 三	庚午 18 四	辛未 19 五	壬申 20 六	癸酉 21 日	甲戌 22 一	乙亥 23 二	丙子 23 三	壬戌小暑
六月小	癸未 天干地支西曆星期	丁丑 24 四	戊寅 25 五	己卯 26 六	庚辰 27 日	辛巳 28 一	壬午 29 二	癸未 30 三	甲申 (8) 四	乙酉 2 五	丙戌 3 六	丁亥 4 日	戊子 5 一	己丑 6 二	庚寅 7 三	辛卯 8 四	壬辰 9 五	癸巳 10 六	甲午 11 日	乙未 12 一	丙申 13 二	丁酉 14 三	戊戌 15 四	己亥 16 五	庚子 17 六	辛丑 18 日	壬寅 19 一	癸卯 20 二	甲辰 21 三	乙巳 22 四		丁丑大暑 壬辰立秋
七月大	甲申 天干地支西曆星期	丙午 22 五	丁未 23 六	戊申 24 日	己酉 25 一	庚戌 26 二	辛亥 27 三	壬子 28 四	癸丑 29 五	甲寅 30 六	乙卯 31 日	丙辰 (9) 一	丁巳 2 二	戊午 3 三	己未 4 四	庚申 5 五	辛酉 6 六	壬戌 7 日	癸亥 8 一	甲子 9 二	乙丑 10 三	丙寅 11 四	丁卯 12 五	戊辰 13 六	己巳 14 日	庚午 15 一	辛未 16 二	壬申 17 三	癸酉 18 四	甲戌 19 五	乙亥 20 六	丁未處暑 壬戌白露
八月小	乙酉 天干地支西曆星期	丙子 21 日	丁丑 22 一	戊寅 23 二	己卯 24 三	庚辰 25 四	辛巳 26 五	壬午 27 六	癸未 28 日	甲申 29 一	乙酉 30 二	丙戌 (10) 三	丁亥 2 四	戊子 3 五	己丑 4 六	庚寅 5 日	辛卯 6 一	壬辰 7 二	癸巳 8 三	甲午 9 四	乙未 10 五	丙申 11 六	丁酉 12 日	戊戌 13 一	己亥 14 二	庚子 15 三	辛丑 16 四	壬寅 17 五	癸卯 18 六	甲辰 19 日		戊寅秋分 癸巳寒露
九月大	丙戌 天干地支西曆星期	乙巳 20 一	丙午 21 二	丁未 22 三	戊申 23 四	己酉 24 五	庚戌 25 六	辛亥 26 日	壬子 27 一	癸丑 28 二	甲寅 29 三	乙卯 30 四	丙辰 31 五	丁巳 (11) 六	戊午 2 日	己未 3 一	庚申 4 二	辛酉 5 三	壬戌 6 四	癸亥 7 五	甲子 8 六	乙丑 9 日	丙寅 10 一	丁卯 11 二	戊辰 12 三	己巳 13 四	庚午 14 五	辛未 15 六	壬申 16 日	癸酉 17 一	甲戌 18 二	戊申霜降 癸亥立冬
十月小	丁亥 天干地支西曆星期	乙亥 19 三	丙子 20 四	丁丑 21 五	戊寅 22 六	己卯 23 日	庚辰 24 一	辛巳 25 二	壬午 26 三	癸未 27 四	甲申 28 五	乙酉 29 六	丙戌 30 日	丁亥 (12) 一	戊子 2 二	己丑 3 三	庚寅 4 四	辛卯 5 五	壬辰 6 六	癸巳 7 日	甲午 8 一	乙未 9 二	丙申 10 三	丁酉 11 四	戊戌 12 五	己亥 13 六	庚子 14 日	辛丑 15 一	壬寅 16 二	癸卯 17 三		戊寅小雪 甲午大雪
十一月大	戊子 天干地支西曆星期	甲辰 18 四	乙巳 19 五	丙午 20 六	丁未 21 日	戊申 22 一	己酉 23 二	庚戌 24 三	辛亥 25 四	壬子 26 五	癸丑 27 六	甲寅 28 日	乙卯 29 一	丙辰 30 二	丁巳 (1) 三	戊午 2 四	己未 3 五	庚申 4 六	辛酉 5 日	壬戌 6 一	癸亥 7 二	甲子 8 三	乙丑 9 四	丙寅 10 五	丁卯 11 六	戊辰 12 日	己巳 13 一	庚午 14 二	辛未 15 三	壬申 16 四	癸酉 17 五	己酉冬至 甲子小寒
十二月小	己丑 天干地支西曆星期	甲戌 17 六	乙亥 18 日	丙子 19 一	丁丑 20 二	戊寅 21 三	己卯 22 四	庚辰 23 五	辛巳 24 六	壬午 25 日	癸未 26 一	甲申 27 二	乙酉 28 三	丙戌 29 四	丁亥 30 五	戊子 31 六	己丑 (2) 日	庚寅 2 一	辛卯 3 二	壬辰 4 三	癸巳 5 四	甲午 6 五	乙未 7 六	丙申 8 日	丁酉 9 一	戊戌 10 二	己亥 11 三	庚子 12 四	辛丑 13 五	壬寅 14 六		己卯大寒 乙未立春

後秦姚萇白雀三年 建初元年（丙戌 狗年） 公元 386 ~ 387 年

夏曆月序	中西曆日對照	夏曆日序																													節氣與天象
		初一	初二	初三	初四	初五	初六	初七	初八	初九	初十	十一	十二	十三	十四	十五	十六	十七	十八	十九	二十	二一	二二	二三	二四	二五	二六	二七	二八	二九	三十	
正月大	庚寅 天干地支西曆星期	癸巳15日一	甲午16日二	乙未17日三	丙申18日四	丁酉19日五	戊戌20日六	己亥21日日	庚子22日一	辛丑23日二	壬寅24日三	癸卯25日四	甲辰26日五	乙巳27日六	丙午28日日	丁未(3)日一	戊申2日二	己酉3日三	庚戌4日四	辛亥5日五	壬子6日六	癸丑7日日	甲寅8日一	乙卯9日二	丙辰10日三	丁巳11日四	戊午12日五	己未13日六	庚申14日日	辛酉15日一	壬戌16日二	庚戌雨水 乙丑驚蟄
二月小	辛卯 天干地支西曆星期	癸亥17日三	甲子18日四	乙丑19日五	丙寅20日六	丁卯21日日	戊辰22日一	己巳23日二	庚午24日三	辛未25日四	壬申26日五	癸酉27日六	甲戌28日日	乙亥29日一	丙子30日二	丁丑31日三	戊寅(4)日四	己卯2日五	庚辰3日六	辛巳4日日	壬午5日一	癸未6日二	甲申7日三	乙酉8日四	丙戌9日五	丁亥10日六	戊子11日日	己丑12日一	庚寅13日二	辛卯14日三		庚辰春分 乙未清明
三月大	壬辰 天干地支西曆星期	壬辰15日三	癸巳16日四	甲午17日五	乙未18日六	丙申19日日	丁酉20日一	戊戌21日二	己亥22日三	庚子23日四	辛丑24日五	壬寅25日六	癸卯26日日	甲辰27日一	乙巳28日二	丙午29日三	丁未30日四	戊申(5)日五	己酉2日六	庚戌3日日	辛亥4日一	壬子5日二	癸丑6日三	甲寅7日四	乙卯8日五	丙辰9日六	丁巳10日日	戊午11日一	己未12日二	庚申13日三	辛酉14日四	辛亥穀雨 丙寅立夏
四月小	癸巳 天干地支西曆星期	壬戌15日五	癸亥16日六	甲子17日日	乙丑18日一	丙寅19日二	丁卯20日三	戊辰21日四	己巳22日五	庚午23日六	辛未24日日	壬申25日一	癸酉26日二	甲戌27日三	乙亥28日四	丙子29日五	丁丑30日六	戊寅31日日	己卯(6)日一	庚辰2日二	辛巳3日三	壬午4日四	癸未5日五	甲申6日六	乙酉7日日	丙戌8日一	丁亥9日二	戊子10日三	己丑11日四	庚寅12日五		辛巳小滿 丙申芒種
五月大	甲午 天干地支西曆星期	辛卯13日六	壬辰14日日	癸巳15日一	甲午16日二	乙未17日三	丙申18日四	丁酉19日五	戊戌20日六	己亥21日日	庚子22日一	辛丑23日二	壬寅24日三	癸卯25日四	甲辰26日五	乙巳27日六	丙午28日日	丁未29日一	戊申30日二	己酉(7)日三	庚戌2日四	辛亥3日五	壬子4日六	癸丑5日日	甲寅6日一	乙卯7日二	丙辰8日三	丁巳9日四	戊午10日五	己未11日六	庚申12日日	壬子夏至 丁卯小暑
六月小	乙未 天干地支西曆星期	辛酉13日一	壬戌14日二	癸亥15日三	甲子16日四	乙丑17日五	丙寅18日六	丁卯19日日	戊辰20日一	己巳21日二	庚午22日三	辛未23日四	壬申24日五	癸酉25日六	甲戌26日日	乙亥27日一	丙子28日二	丁丑29日三	戊寅30日四	己卯31日五	庚辰(8)日六	辛巳2日日	壬午3日一	癸未4日二	甲申5日三	乙酉6日四	丙戌7日五	丁亥8日六	戊子9日日	己丑10日一		壬午大暑 丁酉立秋
七月大	丙申 天干地支西曆星期	庚寅11日二	辛卯12日三	壬辰13日四	癸巳14日五	甲午15日六	乙未16日日	丙申17日一	丁酉18日二	戊戌19日三	己亥20日四	庚子21日五	辛丑22日六	壬寅23日日	癸卯24日一	甲辰25日二	乙巳26日三	丙午27日四	丁未28日五	戊申29日六	己酉30日日	庚戌31日一	辛亥(9)日二	壬子3日三	癸丑4日四	甲寅5日五	乙卯6日六	丙辰7日日	丁巳8日一	戊午9日二	己未10日三	壬子處暑 戊辰白露
八月大	丁酉 天干地支西曆星期	庚申10日四	辛酉11日五	壬戌12日六	癸亥13日日	甲子14日一	乙丑15日二	丙寅16日三	丁卯17日四	戊辰18日五	己巳19日六	庚午20日日	辛未21日一	壬申22日二	癸酉23日三	甲戌24日四	乙亥25日五	丙子26日六	丁丑27日日	戊寅28日一	己卯29日二	庚辰30日三	辛巳(10)日四	壬午2日五	癸未3日六	甲申4日日	乙酉5日一	丙戌6日二	丁亥7日三	戊子8日四	己丑9日五	癸未秋分 戊戌寒露
九月小	戊戌 天干地支西曆星期	庚寅10日六	辛卯11日日	壬辰12日一	癸巳13日二	甲午14日三	乙未15日四	丙申16日五	丁酉17日六	戊戌18日日	己亥19日一	庚子20日二	辛丑21日三	壬寅22日四	癸卯23日五	甲辰24日六	乙巳25日日	丙午26日一	丁未27日二	戊申28日三	己酉29日四	庚戌30日五	辛亥31日六	壬子(11)日日	癸丑2日一	甲寅3日二	乙卯4日三	丙辰5日四	丁巳6日五	戊午7日六		癸丑霜降
十月大	己亥 天干地支西曆星期	己未8日日	庚申9日一	辛酉10日二	壬戌11日三	癸亥12日四	甲子13日五	乙丑14日六	丙寅15日日	丁卯16日一	戊辰17日二	己巳18日三	庚午19日四	辛未20日五	壬申21日六	癸酉22日日	甲戌23日一	乙亥24日二	丙子25日三	丁丑26日四	戊寅27日五	己卯28日六	庚辰29日日	辛巳30日一	壬午(12)日二	癸未2日三	甲申3日四	乙酉4日五	丙戌5日六	丁亥6日日	戊子7日一	己巳立冬 甲申小雪
十一月小	庚子 天干地支西曆星期	己丑8日二	庚寅9日三	辛卯10日四	壬辰11日五	癸巳12日六	甲午13日日	乙未14日一	丙申15日二	丁酉16日三	戊戌17日四	己亥18日五	庚子19日六	辛丑20日日	壬寅21日一	癸卯22日二	甲辰23日三	乙巳24日四	丙午25日五	丁未26日六	戊申27日日	己酉28日一	庚戌29日二	辛亥30日三	壬子31日四	癸丑(1)日五	甲寅2日六	乙卯3日日	丙辰4日一	丁巳5日二		己亥大雪 甲寅冬至
十二月大	辛丑 天干地支西曆星期	戊午6日三	己未7日四	庚申8日五	辛酉9日六	壬戌10日日	癸亥11日一	甲子12日二	乙丑13日三	丙寅14日四	丁卯15日五	戊辰16日六	己巳17日日	庚午18日一	辛未19日二	壬申20日三	癸酉21日四	甲戌22日五	乙亥23日六	丙子24日日	丁丑25日一	戊寅26日二	己卯27日三	庚辰28日四	辛巳29日五	壬午30日六	癸未31日日	甲申(2)日一	乙酉2日二	丙戌3日三	丁亥4日四	己巳小寒 乙酉大寒

*四月，姚萇即皇帝位於長安（今陝西西安），改元建初，國號大秦。

後秦姚萇建初二年（丁亥 豬年） 公元387～388年

夏曆月序	中西曆日對照	夏曆日序																													節氣與天象
		初一	初二	初三	初四	初五	初六	初七	初八	初九	初十	十一	十二	十三	十四	十五	十六	十七	十八	十九	二十	二一	二二	二三	二四	二五	二六	二七	二八	二九	三十	
正月小	壬寅 天干地支 西曆 星期	戊戌 5日 五	己亥 6日 六	庚子 7日 日	辛丑 8日 一	壬寅 9日 二	癸卯 10日 三	甲辰 11日 四	乙巳 12日 五	丙午 13日 六	丁未 14日 日	戊申 15日 一	己酉 16日 二	庚戌 17日 三	辛亥 18日 四	壬子 19日 五	癸丑 20日 六	甲寅 21日 日	乙卯 22日 一	丙辰 23日 二	丁巳 24日 三	戊午 25日 四	己未 26日 五	庚申 27日 六	辛酉 28日 日	壬戌 (3) 一	癸亥 2日 二	甲子 3日 三	乙丑 4日 四	丙寅 5日 五		庚子立春 乙卯雨水
二月大	癸卯 天干地支 西曆 星期	丁卯 6日 六	戊辰 7日 日	己巳 8日 一	庚午 9日 二	辛未 10日 三	壬申 11日 四	癸酉 12日 五	甲戌 13日 六	乙亥 14日 日	丙子 15日 一	丁丑 16日 二	戊寅 17日 三	己卯 18日 四	庚辰 19日 五	辛巳 20日 六	壬午 21日 日	癸未 22日 一	甲申 23日 二	乙酉 24日 三	丙戌 25日 四	丁亥 26日 五	戊子 27日 六	己丑 28日 日	庚寅 29日 一	辛卯 30日 二	壬辰 31日 三	癸巳 (4) 四	甲午 2日 五	乙未 3日 六	丙申 4日 日	庚午驚蟄 乙酉春分
三月小	甲辰 天干地支 西曆 星期	丁酉 5日 一	戊戌 6日 二	己亥 7日 三	庚子 8日 四	辛丑 9日 五	壬寅 10日 六	癸卯 11日 日	甲辰 12日 一	乙巳 13日 二	丙午 14日 三	丁未 15日 四	戊申 16日 五	己酉 17日 六	庚戌 18日 日	辛亥 19日 一	壬子 20日 二	癸丑 21日 三	甲寅 22日 四	乙卯 23日 五	丙辰 24日 六	丁巳 25日 日	戊午 26日 一	己未 27日 二	庚申 28日 三	辛酉 29日 四	壬戌 30日 五	癸亥 (5) 六	甲子 2日 日	乙丑 3日 一		辛丑清明 丙辰穀雨
四月大	乙巳 天干地支 西曆 星期	丙寅 4日 二	丁卯 5日 三	戊辰 6日 四	己巳 7日 五	庚午 8日 六	辛未 9日 日	壬申 10日 一	癸酉 11日 二	甲戌 12日 三	乙亥 13日 四	丙子 14日 五	丁丑 15日 六	戊寅 16日 日	己卯 17日 一	庚辰 18日 二	辛巳 19日 三	壬午 20日 四	癸未 21日 五	甲申 22日 六	乙酉 23日 日	丙戌 24日 一	丁亥 25日 二	戊子 26日 三	己丑 27日 四	庚寅 28日 五	辛卯 29日 六	壬辰 30日 日	癸巳 31日 一	甲午 (6) 二	乙未 2日 三	辛未立夏 丙戌小滿
五月小	丙午 天干地支 西曆 星期	丙申 3日 四	丁酉 4日 五	戊戌 5日 六	己亥 6日 日	庚子 7日 一	辛丑 8日 二	壬寅 9日 三	癸卯 10日 四	甲辰 11日 五	乙巳 12日 六	丙午 13日 日	丁未 14日 一	戊申 15日 二	己酉 16日 三	庚戌 17日 四	辛亥 18日 五	壬子 19日 六	癸丑 20日 日	甲寅 21日 一	乙卯 22日 二	丙辰 23日 三	丁巳 24日 四	戊午 25日 五	己未 26日 六	庚申 27日 日	辛酉 28日 一	壬戌 29日 二	癸亥 30日 三	甲子 (7) 四		壬寅芒種 丁巳夏至
六月大	丁未 天干地支 西曆 星期	乙丑 2日 五	丙寅 3日 六	丁卯 4日 日	戊辰 5日 一	己巳 6日 二	庚午 7日 三	辛未 8日 四	壬申 9日 五	癸酉 10日 六	甲戌 11日 日	乙亥 12日 一	丙子 13日 二	丁丑 14日 三	戊寅 15日 四	己卯 16日 五	庚辰 17日 六	辛巳 18日 日	壬午 19日 一	癸未 20日 二	甲申 21日 三	乙酉 22日 四	丙戌 23日 五	丁亥 24日 六	戊子 25日 日	己丑 26日 一	庚寅 27日 二	辛卯 28日 三	壬辰 29日 四	癸巳 30日 五	甲午 31日 六	壬申小暑 丁亥大暑
七月小	戊申 天干地支 西曆 星期	乙未 (8) 日	丙申 2日 一	丁酉 3日 二	戊戌 4日 三	己亥 5日 四	庚子 6日 五	辛丑 7日 六	壬寅 8日 日	癸卯 9日 一	甲辰 10日 二	乙巳 11日 三	丙午 12日 四	丁未 13日 五	戊申 14日 六	己酉 15日 日	庚戌 16日 一	辛亥 17日 二	壬子 18日 三	癸丑 19日 四	甲寅 20日 五	乙卯 21日 六	丙辰 22日 日	丁巳 23日 一	戊午 24日 二	己未 25日 三	庚申 26日 四	辛酉 27日 五	壬戌 28日 六	癸亥 29日 日		壬寅立秋 戊午處暑
八月大	己酉 天干地支 西曆 星期	甲子 30日 一	乙丑 31日 二	丙寅 (9) 三	丁卯 2日 四	戊辰 3日 五	己巳 4日 六	庚午 5日 日	辛未 6日 一	壬申 7日 二	癸酉 8日 三	甲戌 9日 四	乙亥 10日 五	丙子 11日 六	丁丑 12日 日	戊寅 13日 一	己卯 14日 二	庚辰 15日 三	辛巳 16日 四	壬午 17日 五	癸未 18日 六	甲申 19日 日	乙酉 20日 一	丙戌 21日 二	丁亥 22日 三	戊子 23日 四	己丑 24日 五	庚寅 25日 六	辛卯 26日 日	壬辰 27日 一	癸巳 28日 二	癸酉白露 戊子秋分
九月小	庚戌 天干地支 西曆 星期	甲午 29日 三	乙未 30日 四	丙申 (10) 五	丁酉 2日 六	戊戌 3日 日	己亥 4日 一	庚子 5日 二	辛丑 6日 三	壬寅 7日 四	癸卯 8日 五	甲辰 9日 六	乙巳 10日 日	丙午 11日 一	丁未 12日 二	戊申 13日 三	己酉 14日 四	庚戌 15日 五	辛亥 16日 六	壬子 17日 日	癸丑 18日 一	甲寅 19日 二	乙卯 20日 三	丙辰 21日 四	丁巳 22日 五	戊午 23日 六	己未 24日 日	庚申 25日 一	辛酉 26日 二	壬戌 27日 三		癸卯寒露 己未霜降
十月大	辛亥 天干地支 西曆 星期	癸亥 28日 四	甲子 29日 五	乙丑 30日 六	丙寅 31日 日	丁卯 (11) 一	戊辰 2日 二	己巳 3日 三	庚午 4日 四	辛未 5日 五	壬申 6日 六	癸酉 7日 日	甲戌 8日 一	乙亥 9日 二	丙子 10日 三	丁丑 11日 四	戊寅 12日 五	己卯 13日 六	庚辰 14日 日	辛巳 15日 一	壬午 16日 二	癸未 17日 三	甲申 18日 四	乙酉 19日 五	丙戌 20日 六	丁亥 21日 日	戊子 22日 一	己丑 23日 二	庚寅 24日 三	辛卯 25日 四	壬辰 26日 五	甲戌立冬 己丑小雪
十一月小	壬子 天干地支 西曆 星期	癸巳 27日 六	甲午 28日 日	乙未 29日 一	丙申 30日 二	丁酉 (12) 三	戊戌 2日 四	己亥 3日 五	庚子 4日 六	辛丑 5日 日	壬寅 6日 一	癸卯 7日 二	甲辰 8日 三	乙巳 9日 四	丙午 10日 五	丁未 11日 六	戊申 12日 日	己酉 13日 一	庚戌 14日 二	辛亥 15日 三	壬子 16日 四	癸丑 17日 五	甲寅 18日 六	乙卯 19日 日	丙辰 20日 一	丁巳 21日 二	戊午 22日 三	己未 23日 四	庚申 24日 五	辛酉 25日 六		甲辰大雪 己未冬至
十二月大	癸丑 天干地支 西曆 星期	壬戌 26日 日	癸亥 27日 一	甲子 28日 二	乙丑 29日 三	丙寅 30日 四	丁卯 31日 五	戊辰 (1) 六	己巳 2日 日	庚午 3日 一	辛未 4日 二	壬申 5日 三	癸酉 6日 四	甲戌 7日 五	乙亥 8日 六	丙子 9日 日	丁丑 10日 一	戊寅 11日 二	己卯 12日 三	庚辰 13日 四	辛巳 14日 五	壬午 15日 六	癸未 16日 日	甲申 17日 一	乙酉 18日 二	丙戌 19日 三	丁亥 20日 四	戊子 21日 五	己丑 22日 六	庚寅 23日 日	辛卯 24日 一	乙亥小寒 庚寅大寒

後秦姚萇建初三年（戊子 鼠年） 公元388～389年

夏曆月序	中西日曆對照	夏曆日序																													節氣與天象
		初一	初二	初三	初四	初五	初六	初七	初八	初九	初十	十一	十二	十三	十四	十五	十六	十七	十八	十九	二十	廿一	廿二	廿三	廿四	廿五	廿六	廿七	廿八	廿九	三十	
正月大	甲寅 天干地支 西曆 星期	壬辰 25 二	癸巳 26 三	甲午 27 四	乙未 28 五	丙申 29 六	丁酉 30 日	戊戌 31 一	己亥 2(2) 二	庚子 2 三	辛丑 3 四	壬寅 4 五	癸卯 5 六	甲辰 6 日	乙巳 7 一	丙午 8 二	丁未 9 三	戊申 10 四	己酉 11 五	庚戌 12 六	辛亥 13 日	壬子 14 一	癸丑 15 二	甲寅 16 三	乙卯 17 四	丙辰 18 五	丁巳 19 六	戊午 20 日	己未 21 一	庚申 22 二	辛酉 23 三	乙巳立春 庚申雨水
閏正月小	甲寅 天干地支 西曆 星期	壬戌 24 四	癸亥 25 五	甲子 26 六	乙丑 27 日	丙寅 28 一	丁卯 29 二	戊辰 3(3) 三	己巳 2 四	庚午 3 五	辛未 4 六	壬申 5 日	癸酉 6 一	甲戌 7 二	乙亥 8 三	丙子 9 四	丁丑 10 五	戊寅 11 六	己卯 12 日	庚辰 13 一	辛巳 14 二	壬午 15 三	癸未 16 四	甲申 17 五	乙酉 18 六	丙戌 19 日	丁亥 20 一	戊子 21 二	己丑 22 三	庚寅 23 四		丙子驚蟄
二月大	乙卯 天干地支 西曆 星期	辛卯 24 五	壬辰 25 六	癸巳 26 日	甲午 27 一	乙未 28 二	丙申 29 三	丁酉 30 四	戊戌 31 五	己亥 4(4) 六	庚子 2 日	辛丑 3 一	壬寅 4 二	癸卯 5 三	甲辰 6 四	乙巳 7 五	丙午 8 六	丁未 9 日	戊申 10 一	己酉 11 二	庚戌 12 三	辛亥 13 四	壬子 14 五	癸丑 15 六	甲寅 16 日	乙卯 17 一	丙辰 18 二	丁巳 19 三	戊午 20 四	己未 21 五	庚申 22 六	辛卯春分 丙午清明
三月小	丙辰 天干地支 西曆 星期	辛酉 23 日	壬戌 24 一	癸亥 25 二	甲子 26 三	乙丑 27 四	丙寅 28 五	丁卯 29 六	戊辰 30 日	己巳 5(5) 一	庚午 2 二	辛未 3 三	壬申 4 四	癸酉 5 五	甲戌 6 六	乙亥 7 日	丙子 8 一	丁丑 9 二	戊寅 10 三	己卯 11 四	庚辰 12 五	辛巳 13 六	壬午 14 日	癸未 15 一	甲申 16 二	乙酉 17 三	丙戌 18 四	丁亥 19 五	戊子 20 六	己丑 21 日		辛酉穀雨 丙子立夏
四月大	丁巳 天干地支 西曆 星期	庚寅 22 一	辛卯 23 二	壬辰 24 三	癸巳 25 四	甲午 26 五	乙未 27 六	丙申 28 日	丁酉 29 一	戊戌 30 二	己亥 31 三	庚子 6(6) 四	辛丑 2 五	壬寅 3 六	癸卯 4 日	甲辰 5 一	乙巳 6 二	丙午 7 三	丁未 8 四	戊申 9 五	己酉 10 六	庚戌 11 日	辛亥 12 一	壬子 13 二	癸丑 14 三	甲寅 15 四	乙卯 16 五	丙辰 17 六	丁巳 18 日	戊午 19 一	己未 20 二	壬辰小滿 丁未芒種
五月小	戊午 天干地支 西曆 星期	庚申 21 三	辛酉 22 四	壬戌 23 五	癸亥 24 六	甲子 25 日	乙丑 26 一	丙寅 27 二	丁卯 28 三	戊辰 29 四	己巳 30 五	庚午 7(7) 六	辛未 2 日	壬申 3 一	癸酉 4 二	甲戌 5 三	乙亥 6 四	丙子 7 五	丁丑 8 六	戊寅 9 日	己卯 10 一	庚辰 11 二	辛巳 12 三	壬午 13 四	癸未 14 五	甲申 15 六	乙酉 16 日	丙戌 17 一	丁亥 18 二	戊子 19 三		壬戌夏至 丁丑小暑
六月大	己未 天干地支 西曆 星期	己丑 20 四	庚寅 21 五	辛卯 22 六	壬辰 23 日	癸巳 24 一	甲午 25 二	乙未 26 三	丙申 27 四	丁酉 28 五	戊戌 29 六	己亥 30 日	庚子 31 一	辛丑 8(8) 二	壬寅 2 三	癸卯 3 四	甲辰 4 五	乙巳 5 六	丙午 6 日	丁未 7 一	戊申 8 二	己酉 9 三	庚戌 10 四	辛亥 11 五	壬子 12 六	癸丑 13 日	甲寅 14 一	乙卯 15 二	丙辰 16 三	丁巳 17 四	戊午 18 五	壬辰大暑 戊申立秋 戊午日食
七月小	庚申 天干地支 西曆 星期	己未 19 六	庚申 20 日	辛酉 21 一	壬戌 22 二	癸亥 23 三	甲子 24 四	乙丑 25 五	丙寅 26 六	丁卯 27 日	戊辰 28 一	己巳 29 二	庚午 30 三	辛未 31 四	壬申 9(9) 五	癸酉 2 六	甲戌 3 日	乙亥 4 一	丙子 5 二	丁丑 6 三	戊寅 7 四	己卯 8 五	庚辰 9 六	辛巳 10 日	壬午 11 一	癸未 12 二	甲申 13 三	乙酉 14 四	丙戌 15 五	丁亥 16 六		癸亥處暑 戊寅白露
八月大	辛酉 天干地支 西曆 星期	戊子 17 日	己丑 18 一	庚寅 19 二	辛卯 20 三	壬辰 21 四	癸巳 22 五	甲午 23 六	乙未 24 日	丙申 25 一	丁酉 26 二	戊戌 27 三	己亥 28 四	庚子 29 五	辛丑 30 六	壬寅 10(10) 日	癸卯 2 一	甲辰 3 二	乙巳 4 三	丙午 5 四	丁未 6 五	戊申 7 六	己酉 8 日	庚戌 9 一	辛亥 10 二	壬子 11 三	癸丑 12 四	甲寅 13 五	乙卯 14 六	丙辰 15 日	丁巳 16 一	癸巳秋分 己酉寒露
九月小	壬戌 天干地支 西曆 星期	戊午 17 二	己未 18 三	庚申 19 四	辛酉 20 五	壬戌 21 六	癸亥 22 日	甲子 24 一	乙丑 25 二	丙寅 26 三	丁卯 27 四	戊辰 28 五	己巳 29 六	庚午 30 日	辛未 31 一	壬申 11(11) 二	癸酉 2 三	甲戌 3 四	乙亥 4 五	丙子 5 六	丁丑 6 日	戊寅 7 一	己卯 8 二	庚辰 9 三	辛巳 10 四	壬午 11 五	癸未 12 六	甲申 13 日	乙酉 14 一	丙戌 15 二		甲子霜降 己卯立冬
十月大	癸亥 天干地支 西曆 星期	丁亥 15 三	戊子 16 四	己丑 17 五	庚寅 18 六	辛卯 19 日	壬辰 20 一	癸巳 21 二	甲午 22 三	乙未 23 四	丙申 24 五	丁酉 25 六	戊戌 26 日	己亥 27 一	庚子 28 二	辛丑 29 三	壬寅 30 四	癸卯 12(12) 五	甲辰 2 六	乙巳 3 日	丙午 4 一	丁未 5 二	戊申 6 三	己酉 7 四	庚戌 8 五	辛亥 9 六	壬子 10 日	癸丑 11 一	甲寅 12 二	乙卯 13 三	丙辰 14 四	甲午小雪 己酉大雪
十一月小	甲子 天干地支 西曆 星期	丁巳 15 五	戊午 16 六	己未 17 日	庚申 18 一	辛酉 19 二	壬戌 20 三	癸亥 21 四	甲子 22 五	乙丑 23 六	丙寅 24 日	丁卯 25 一	戊辰 26 二	己巳 27 三	庚午 28 四	辛未 29 五	壬申 30 六	癸酉 31 日	甲戌 1(1) 一	乙亥 2 二	丙子 3 三	丁丑 4 四	戊寅 5 五	己卯 6 六	庚辰 7 日	辛巳 8 一	壬午 9 二	癸未 10 三	甲申 11 四	乙酉 12 五		乙卯冬至 庚辰小寒
十二月大	乙丑 天干地支 西曆 星期	丙戌 13 六	丁亥 14 日	戊子 15 一	己丑 16 二	庚寅 17 三	辛卯 18 四	壬辰 19 五	癸巳 20 六	甲午 21 日	乙未 22 一	丙申 23 二	丁酉 24 三	戊戌 25 四	己亥 26 五	庚子 27 六	辛丑 28 日	壬寅 29 一	癸卯 30 二	甲辰 31 三	乙巳 2(2) 四	丙午 2 五	丁未 3 六	戊申 4 日	己酉 5 一	庚戌 6 二	辛亥 7 三	壬子 8 四	癸丑 9 五	甲寅 10 六	乙卯 11 日	乙未大寒 庚戌立春

後秦姚萇建初四年（己丑 牛年） 公元389～390年

夏曆月序	中西曆對照	夏曆日序																													節氣與天象
		初一	初二	初三	初四	初五	初六	初七	初八	初九	初十	十一	十二	十三	十四	十五	十六	十七	十八	十九	二十	二一	二二	二三	二四	二五	二六	二七	二八	二九	三十	
正月小	丙寅 天干地支西曆星期	丙辰 12 二	丁巳 13 三	戊午 14 四	己未 15 五	庚申 16 六	辛酉 17 日	壬戌 18 一	癸亥 19 二	甲子 20 三	乙丑 21 四	丙寅 22 五	丁卯 23 六	戊辰 24 日	己巳 25 一	庚午 26 二	辛未 27 三	壬申 28 四	癸酉 (3) 五	甲戌 2 六	乙亥 3 日	丙子 4 一	丁丑 5 二	戊寅 6 三	己卯 7 四	庚辰 8 五	辛巳 9 六	壬午 10 日	癸未 11 一	甲申 12 二		丙寅雨水 辛巳驚蟄
二月大	丁卯 天干地支西曆星期	乙酉 13 二	丙戌 14 三	丁亥 15 四	戊子 16 五	己丑 17 六	庚寅 18 日	辛卯 19 一	壬辰 20 二	癸巳 21 三	甲午 22 四	乙未 23 五	丙申 24 六	丁酉 25 日	戊戌 26 一	己亥 27 二	庚子 28 三	辛丑 29 四	壬寅 30 五	癸卯 31 六	甲辰 (4) 日	乙巳 2 一	丙午 3 二	丁未 4 三	戊申 5 四	己酉 6 五	庚戌 7 六	辛亥 8 日	壬子 9 一	癸丑 10 二	甲寅 11 三	丙申春分 辛亥清明
三月大	戊辰 天干地支西曆星期	乙卯 12 四	丙辰 13 五	丁巳 14 六	戊午 15 日	己未 16 一	庚申 17 二	辛酉 18 三	壬戌 19 四	癸亥 20 五	甲子 21 六	乙丑 22 日	丙寅 23 一	丁卯 24 二	戊辰 25 三	己巳 26 四	庚午 27 五	辛未 28 六	壬申 29 日	癸酉 30 一	甲戌 (5) 二	乙亥 2 三	丙子 3 四	丁丑 4 五	戊寅 5 六	己卯 6 日	庚辰 7 一	辛巳 8 二	壬午 9 三	癸未 10 四	甲申 11 五	丙寅穀雨 壬午立夏
四月小	己巳 天干地支西曆星期	乙酉 12 六	丙戌 13 日	丁亥 14 一	戊子 15 二	己丑 16 三	庚寅 17 四	辛卯 18 五	壬辰 19 六	癸巳 20 日	甲午 21 一	乙未 22 二	丙申 23 三	丁酉 24 四	戊戌 25 五	己亥 26 六	庚子 27 日	辛丑 28 一	壬寅 29 二	癸卯 30 三	甲辰 31 四	乙巳 (6) 五	丙午 2 六	丁未 3 日	戊申 4 一	己酉 5 二	庚戌 6 三	辛亥 7 四	壬子 8 五	癸丑 9 六		丁酉小滿 壬子芒種
五月大	庚午 天干地支西曆星期	甲寅 10 日	乙卯 11 一	丙辰 12 二	丁巳 13 三	戊午 14 四	己未 15 五	庚申 16 六	辛酉 17 日	壬戌 18 一	癸亥 19 二	甲子 20 三	乙丑 21 四	丙寅 22 五	丁卯 23 六	戊辰 24 日	己巳 25 一	庚午 26 二	辛未 27 三	壬申 28 四	癸酉 29 五	甲戌 30 六	乙亥 (7) 日	丙子 2 一	丁丑 3 二	戊寅 4 三	己卯 5 四	庚辰 6 五	辛巳 7 六	壬午 8 日	癸未 9 一	丁卯夏至 壬午小暑
六月小	辛未 天干地支西曆星期	甲申 10 二	乙酉 11 三	丙戌 12 四	丁亥 13 五	戊子 14 六	己丑 15 日	庚寅 16 一	辛卯 17 二	壬辰 18 三	癸巳 19 四	甲午 20 五	乙未 21 六	丙申 22 日	丁酉 23 一	戊戌 24 二	己亥 25 三	庚子 26 四	辛丑 27 五	壬寅 28 六	癸卯 29 日	甲辰 30 一	乙巳 31 二	丙午 (8) 三	丁未 2 四	戊申 3 五	己酉 4 六	庚戌 5 日	辛亥 6 一	壬子 7 二		戊戌大暑
七月大	壬申 天干地支西曆星期	癸丑 8 三	甲寅 9 四	乙卯 10 五	丙辰 11 六	丁巳 12 日	戊午 13 一	己未 14 二	庚申 15 三	辛酉 16 四	壬戌 17 五	癸亥 18 六	甲子 19 日	乙丑 20 一	丙寅 21 二	丁卯 22 三	戊辰 23 四	己巳 24 五	庚午 25 六	辛未 26 日	壬申 27 一	癸酉 28 二	甲戌 29 三	乙亥 30 四	丙子 31 五	丁丑 (9) 六	戊寅 2 日	己卯 3 一	庚辰 4 二	辛巳 5 三	壬午 6 四	癸丑立秋 戊辰處暑
八月小	癸酉 天干地支西曆星期	癸未 7 五	甲申 8 六	乙酉 9 日	丙戌 10 一	丁亥 11 二	戊子 12 三	己丑 13 四	庚寅 14 五	辛卯 15 六	壬辰 16 日	癸巳 17 一	甲午 18 二	乙未 19 三	丙申 20 四	丁酉 21 五	戊戌 22 六	己亥 23 日	庚子 24 一	辛丑 25 二	壬寅 26 三	癸卯 27 四	甲辰 28 五	乙巳 29 六	丙午 30 日	丁未 (10) 一	戊申 2 二	己酉 3 三	庚戌 4 四	辛亥 5 五		癸未白露 己亥秋分
九月大	甲戌 天干地支西曆星期	壬子 6 六	癸丑 7 日	甲寅 8 一	乙卯 9 二	丙辰 10 三	丁巳 11 四	戊午 12 五	己未 13 六	庚申 14 日	辛酉 15 一	壬戌 16 二	癸亥 17 三	甲子 18 四	乙丑 19 五	丙寅 20 六	丁卯 21 日	戊辰 22 一	己巳 23 二	庚午 24 三	辛未 25 四	壬申 26 五	癸酉 27 六	甲戌 28 日	乙亥 29 一	丙子 30 二	丁丑 31 三	戊寅 (11) 四	己卯 2 五	庚辰 3 六	辛巳 4 日	甲寅寒露 己巳霜降
十月小	乙亥 天干地支西曆星期	壬午 5 一	癸未 6 二	甲申 7 三	乙酉 8 四	丙戌 9 五	丁亥 10 六	戊子 11 日	己丑 12 一	庚寅 13 二	辛卯 14 三	壬辰 15 四	癸巳 16 五	甲午 17 六	乙未 18 日	丙申 19 一	丁酉 20 二	戊戌 21 三	己亥 22 四	庚子 23 五	辛丑 24 六	壬寅 25 日	癸卯 26 一	甲辰 27 二	乙巳 28 三	丙午 29 四	丁未 30 五	戊申 (12) 六	己酉 2 日	庚戌 3 一		甲申立冬 己亥小雪
十一月大	丙子 天干地支西曆星期	辛亥 4 二	壬子 5 三	癸丑 6 四	甲寅 7 五	乙卯 8 六	丙辰 9 日	丁巳 10 一	戊午 11 二	己未 12 三	庚申 13 四	辛酉 14 五	壬戌 15 六	癸亥 16 日	甲子 17 一	乙丑 18 二	丙寅 19 三	丁卯 20 四	戊辰 21 五	己巳 22 六	庚午 23 日	辛未 24 一	壬申 25 二	癸酉 26 三	甲戌 27 四	乙亥 28 五	丙子 29 六	丁丑 30 日	戊寅 31 一	己卯 (1) 二	庚辰 2 三	乙卯大雪 庚午冬至
十二月小	丁丑 天干地支西曆星期	辛巳 3 四	壬午 4 五	癸未 5 六	甲申 6 日	乙酉 7 一	丙戌 8 二	丁亥 9 三	戊子 10 四	己丑 11 五	庚寅 12 六	辛卯 13 日	壬辰 14 一	癸巳 15 二	甲午 16 三	乙未 17 四	丙申 18 五	丁酉 19 六	戊戌 20 日	己亥 21 一	庚子 22 二	辛丑 23 三	壬寅 24 四	癸卯 25 五	甲辰 26 六	乙巳 27 日	丙午 28 一	丁未 29 二	戊申 30 三	己酉 31 四		乙酉小寒 庚子大寒

後秦姚萇建初五年（庚寅 虎年） 公元390～391年

夏曆月序	中西日曆對照	夏曆日序																													節氣與天象
		初一	初二	初三	初四	初五	初六	初七	初八	初九	初十	十一	十二	十三	十四	十五	十六	十七	十八	十九	二十	二一	二二	二三	二四	二五	二六	二七	二八	二九	三十	
正月大 戊寅	天干地支/西曆/星期	庚戌(2)五	辛亥3六	壬子4日	癸丑5一	甲寅6二	乙卯7三	丙辰8四	丁巳9五	戊午10六	己未11日	庚申12一	辛酉13二	壬戌14三	癸亥15四	甲子16五	乙丑17六	丙寅18日	丁卯19一	戊辰20二	己巳21三	庚午22四	辛未23五	壬申24六	癸酉25日	甲戌26一	乙亥27二	丙子28三	丁丑29四	戊寅(3)五	己卯2六	丙辰立春 辛未雨水
二月小 己卯	天干地支/西曆/星期	庚辰3日	辛巳4一	壬午5二	癸未6三	甲申7四	乙酉8五	丙戌9六	丁亥10日	戊子11一	己丑12二	庚寅13三	辛卯14四	壬辰15五	癸巳16六	甲午17日	乙未18一	丙申19二	丁酉20三	戊戌21四	己亥22五	庚子23六	辛丑24日	壬寅25一	癸卯26二	甲辰27三	乙巳28四	丙午29五	丁未30六	戊申31日		丙戌驚蟄 辛丑春分
三月大 庚辰	天干地支/西曆/星期	己酉(4)一	庚戌2二	辛亥3三	壬子4四	癸丑5五	甲寅6六	乙卯7日	丙辰8一	丁巳9二	戊午10三	己未11四	庚申12五	辛酉13六	壬戌14日	癸亥15一	甲子16二	乙丑17三	丙寅18四	丁卯19五	戊辰20六	己巳21日	庚午22一	辛未23二	壬申24三	癸酉25四	甲戌26五	乙亥27六	丙子28日	丁丑29一	戊寅30二	丙辰清明 壬申穀雨
四月小 辛巳	天干地支/西曆/星期	己卯(5)三	庚辰2四	辛巳3五	壬午4六	癸未5日	甲申6一	乙酉7二	丙戌8三	丁亥9四	戊子10五	己丑11六	庚寅12日	辛卯13一	壬辰14二	癸巳15三	甲午16四	乙未17五	丙申18六	丁酉19日	戊戌20一	己亥21二	庚子22三	辛丑23四	壬寅24五	癸卯25六	甲辰26日	乙巳27一	丙午28二	丁未29三		丁亥立夏 壬寅小滿
五月大 壬午	天干地支/西曆/星期	戊申30四	己酉31五	庚戌(6)六	辛亥2日	壬子3一	癸丑4二	甲寅5三	乙卯6四	丙辰7五	丁巳8六	戊午9日	己未10一	庚申11二	辛酉12三	壬戌13四	癸亥14五	甲子15六	乙丑16日	丙寅17一	丁卯18二	戊辰19三	己巳20四	庚午21五	辛未22六	壬申23日	癸酉24一	甲戌25二	乙亥26三	丙子27四	丁丑28五	丁巳芒種 癸酉夏至
六月小 癸未	天干地支/西曆/星期	戊寅29六	己卯30日	庚辰(7)一	辛巳2二	壬午3三	癸未4四	甲申5五	乙酉6六	丙戌7日	丁亥8一	戊子9二	己丑10三	庚寅11四	辛卯12五	壬辰13六	癸巳14日	甲午15一	乙未16二	丙申17三	丁酉18四	戊戌19五	己亥20六	庚子21日	辛丑22一	壬寅23二	癸卯24三	甲辰25四	乙巳26五	丙午27六		戊子小暑 癸卯大暑
七月大 甲申	天干地支/西曆/星期	丁未28日	戊申29一	己酉30二	庚戌31三	辛亥(8)四	壬子2五	癸丑3六	甲寅4日	乙卯5一	丙辰6二	丁巳7三	戊午8四	己未9五	庚申10六	辛酉11日	壬戌12一	癸亥13二	甲子14三	乙丑15四	丙寅16五	丁卯17六	戊辰18日	己巳19一	庚午20二	辛未21三	壬申22四	癸酉23五	甲戌24六	乙亥25日	丙子26一	戊午立秋 癸酉處暑
八月大 乙酉	天干地支/西曆/星期	丁丑27二	戊寅28三	己卯29四	庚辰30五	辛巳31六	壬午(9)日	癸未2一	甲申3二	乙酉4三	丙戌5四	丁亥6五	戊子7六	己丑8日	庚寅9一	辛卯10二	壬辰11三	癸巳12四	甲午13五	乙未14六	丙申15日	丁酉16一	戊戌17二	己亥18三	庚子19四	辛丑20五	壬寅21六	癸卯22日	甲辰23一	乙巳24二	丙午25三	己丑白露 甲辰秋分
九月小 丙戌	天干地支/西曆/星期	丁未26四	戊申27五	己酉28六	庚戌29日	辛亥30一	壬子(00)二	癸丑2三	甲寅3四	乙卯4五	丙辰5六	丁巳6日	戊午7一	己未8二	庚申9三	辛酉10四	壬戌11五	癸亥12六	甲子13日	乙丑14一	丙寅15二	丁卯16三	戊辰17四	己巳18五	庚午19六	辛未20日	壬申21一	癸酉22二	甲戌23三	乙亥24四		己未寒露 甲戌霜降
十月大 丁亥	天干地支/西曆/星期	丙子25五	丁丑26六	戊寅27日	己卯28一	庚辰29二	辛巳30三	壬午31四	癸未(11)五	甲申2六	乙酉3日	丙戌4一	丁亥5二	戊子6三	己丑7四	庚寅8五	辛卯9六	壬辰10日	癸巳11一	甲午12二	乙未13三	丙申14四	丁酉15五	戊戌16六	己亥17日	庚子18一	辛丑19二	壬寅20三	癸卯21四	甲辰22五	乙巳23六	己丑立冬 乙巳小雪
閏十月小 丁亥	天干地支/西曆/星期	丙午24日	丁未25一	戊申26二	己酉27三	庚戌28四	辛亥29五	壬子30六	癸丑(12)日	甲寅2一	乙卯3二	丙辰4三	丁巳5四	戊午6五	己未7六	庚申8日	辛酉9一	壬戌10二	癸亥11三	甲子12四	乙丑13五	丙寅14六	丁卯15日	戊辰16一	己巳17二	庚午18三	辛未19四	壬申20五	癸酉21六	甲戌22日		庚申大雪
十一月大 戊子	天干地支/西曆/星期	乙亥23一	丙子24二	丁丑25三	戊寅26四	己卯27五	庚辰28六	辛巳29日	壬午30一	癸未31二	甲申(1)三	乙酉2四	丙戌3五	丁亥4六	戊子5日	己丑6一	庚寅7二	辛卯8三	壬辰9四	癸巳10五	甲午11六	乙未12日	丙申13一	丁酉14二	戊戌15三	己亥16四	庚子17五	辛丑18六	壬寅19日	癸卯20一	甲辰21二	乙亥冬至 庚寅小寒
十二月小 己丑	天干地支/西曆/星期	乙巳22三	丙午23四	丁未24五	戊申25六	己酉26日	庚戌27一	辛亥28二	壬子29三	癸丑30四	甲寅31五	乙卯(2)六	丙辰2日	丁巳3一	戊午4二	己未5三	庚申6四	辛酉7五	壬戌8六	癸亥9日	甲子10一	乙丑11二	丙寅12三	丁卯13四	戊辰14五	己巳15六	庚午16日	辛未17一	壬申18二	癸酉19三		丙午大寒 辛酉立春

後秦姚萇建初六年（辛卯 兔年） 公元 391～392 年

夏曆月序	中西曆日對照	夏曆日序																														節氣與天象
		初一	初二	初三	初四	初五	初六	初七	初八	初九	初十	十一	十二	十三	十四	十五	十六	十七	十八	十九	二十	廿一	廿二	廿三	廿四	廿五	廿六	廿七	廿八	廿九	三十	
正月大	庚寅 天干地支 西曆 星期	甲戌 20 四	乙亥 21 五	丙子 22 六	丁丑 23 日	戊寅 24 一	己卯 25 二	庚辰 26 三	辛巳 27 四	壬午 28 五	癸未 29 六	甲申 (3) 日	乙酉 2 一	丙戌 3 二	丁亥 4 三	戊子 5 四	己丑 6 五	庚寅 7 六	辛卯 8 日	壬辰 9 一	癸巳 10 二	甲午 11 三	乙未 12 四	丙申 13 五	丁酉 14 六	戊戌 15 日	己亥 16 一	庚子 17 二	辛丑 18 三	壬寅 19 四	癸卯 20 五	丙子雨水 辛卯驚蟄
二月小	辛卯 天干地支 西曆 星期	甲辰 22 六	乙巳 23 日	丙午 24 一	丁未 25 二	戊申 26 三	己酉 27 四	庚戌 28 五	辛亥 29 六	壬子 30 日	癸丑 31 一	甲寅 (4) 二	乙卯 2 三	丙辰 3 四	丁巳 4 五	戊午 5 六	己未 6 日	庚申 7 一	辛酉 8 二	壬戌 9 三	癸亥 10 四	甲子 11 五	乙丑 12 六	丙寅 13 日	丁卯 14 一	戊辰 15 二	己巳 16 三	庚午 17 四	辛未 18 五	壬申 19 六		丙午春分 壬戌清明
三月大	壬辰 天干地支 西曆 星期	癸酉 20 日	甲戌 21 一	乙亥 22 二	丙子 23 三	丁丑 24 四	戊寅 25 五	己卯 26 六	庚辰 27 日	辛巳 28 一	壬午 29 二	癸未 30 三	甲申 (5) 四	乙酉 2 五	丙戌 3 六	丁亥 4 日	戊子 5 一	己丑 6 二	庚寅 7 三	辛卯 8 四	壬辰 9 五	癸巳 10 六	甲午 11 日	乙未 12 一	丙申 13 二	丁酉 14 三	戊戌 15 四	己亥 16 五	庚子 17 六	辛丑 18 日	壬寅 19 一	丁丑穀雨 壬辰立夏
四月小	癸巳 天干地支 西曆 星期	癸卯 20 二	甲辰 21 三	乙巳 22 四	丙午 23 五	丁未 24 六	戊申 25 日	己酉 26 一	庚戌 27 二	辛亥 28 三	壬子 29 四	癸丑 30 五	甲寅 31 六	乙卯 (6) 日	丙辰 2 一	丁巳 3 二	戊午 4 三	己未 5 四	庚申 6 五	辛酉 7 六	壬戌 8 日	癸亥 9 一	甲子 10 二	乙丑 11 三	丙寅 12 四	丁卯 13 五	戊辰 14 六	己巳 15 日	庚午 16 一	辛未 17 二		丁未小滿 癸亥芒種
五月大	甲午 天干地支 西曆 星期	壬申 18 三	癸酉 19 四	甲戌 20 五	乙亥 21 六	丙子 22 日	丁丑 23 一	戊寅 24 二	己卯 25 三	庚辰 26 四	辛巳 27 五	壬午 28 六	癸未 29 日	甲申 30 一	乙酉 (7) 二	丙戌 2 三	丁亥 3 四	戊子 4 五	己丑 5 六	庚寅 6 日	辛卯 7 一	壬辰 8 二	癸巳 9 三	甲午 10 四	乙未 11 五	丙申 12 六	丁酉 13 日	戊戌 14 一	己亥 15 二	庚子 16 三	辛丑 17 四	戊寅夏至 癸巳小暑
六月小	乙未 天干地支 西曆 星期	壬寅 18 五	癸卯 19 六	甲辰 20 日	乙巳 21 一	丙午 22 二	丁未 23 三	戊申 24 四	己酉 25 五	庚戌 26 六	辛亥 27 日	壬子 28 一	癸丑 29 二	甲寅 30 三	乙卯 31 四	丙辰 (8) 五	丁巳 2 六	戊午 3 日	己未 4 一	庚申 5 二	辛酉 6 三	壬戌 7 四	癸亥 8 五	甲子 9 六	乙丑 10 日	丙寅 11 一	丁卯 12 二	戊辰 13 三	己巳 14 四	庚午 15 五		戊申大暑 癸亥立秋
七月大	丙申 天干地支 西曆 星期	辛未 16 六	壬申 17 日	癸酉 18 一	甲戌 19 二	乙亥 20 三	丙子 21 四	丁丑 22 五	戊寅 23 六	己卯 24 日	庚辰 25 一	辛巳 26 二	壬午 27 三	癸未 28 四	甲申 29 五	乙酉 30 六	丙戌 31 日	丁亥 (9) 一	戊子 2 二	己丑 3 三	庚寅 4 四	辛卯 5 五	壬辰 6 六	癸巳 7 日	甲午 8 一	乙未 9 二	丙申 10 三	丁酉 11 四	戊戌 12 五	己亥 13 六	庚子 14 日	己卯處暑 甲午白露
八月小	丁酉 天干地支 西曆 星期	辛丑 15 一	壬寅 16 二	癸卯 17 三	甲辰 18 四	乙巳 19 五	丙午 20 六	丁未 21 日	戊申 22 一	己酉 23 二	庚戌 24 三	辛亥 25 四	壬子 26 五	癸丑 27 六	甲寅 28 日	乙卯 29 一	丙辰 30 二	丁巳 (10) 三	戊午 2 四	己未 3 五	庚申 4 六	辛酉 5 日	壬戌 6 一	癸亥 7 二	甲子 8 三	乙丑 9 四	丙寅 10 五	丁卯 11 六	戊辰 12 日	己巳 13 一		己酉秋分 甲子寒露
九月大	戊戌 天干地支 西曆 星期	庚午 14 二	辛未 15 三	壬申 16 四	癸酉 17 五	甲戌 18 六	乙亥 19 日	丙子 20 一	丁丑 21 二	戊寅 22 三	己卯 23 四	庚辰 24 五	辛巳 25 六	壬午 26 日	癸未 27 一	甲申 28 二	乙酉 29 三	丙戌 30 四	丁亥 31 五	戊子 (11) 六	己丑 2 日	庚寅 3 一	辛卯 4 二	壬辰 5 三	癸巳 6 四	甲午 7 五	乙未 8 六	丙申 9 日	丁酉 10 一	戊戌 11 二	己亥 12 三	庚辰霜降 乙未立冬
十月小	己亥 天干地支 西曆 星期	庚子 13 四	辛丑 14 五	壬寅 15 六	癸卯 16 日	甲辰 17 一	乙巳 18 二	丙午 19 三	丁未 20 四	戊申 21 五	己酉 22 六	庚戌 23 日	辛亥 24 一	壬子 25 二	癸丑 26 三	甲寅 27 四	乙卯 28 五	丙辰 29 六	丁巳 30 日	戊午 (12) 一	己未 2 二	庚申 3 三	辛酉 4 四	壬戌 5 五	癸亥 6 六	甲子 7 日	乙丑 8 一	丙寅 9 二	丁卯 10 三	戊辰 11 四		庚戌小雪 乙丑大雪
十一月大	庚子 天干地支 西曆 星期	己巳 12 五	庚午 13 六	辛未 14 日	壬申 15 一	癸酉 16 二	甲戌 17 三	乙亥 18 四	丙子 19 五	丁丑 20 六	戊寅 21 日	己卯 22 一	庚辰 23 二	辛巳 24 三	壬午 25 四	癸未 26 五	甲申 27 六	乙酉 28 日	丙戌 29 一	丁亥 30 二	戊子 31 三	己丑 (1) 四	庚寅 2 五	辛卯 3 六	壬辰 4 日	癸巳 5 一	甲午 6 二	乙未 7 三	丙申 8 四	丁酉 9 五	戊戌 10 六	庚辰冬至 丙申小寒
十二月大	辛丑 天干地支 西曆 星期	己亥 11 日	庚子 12 一	辛丑 13 二	壬寅 14 三	癸卯 15 四	甲辰 16 五	乙巳 17 六	丙午 18 日	丁未 19 一	戊申 20 二	己酉 21 三	庚戌 22 四	辛亥 23 五	壬子 24 六	癸丑 25 日	甲寅 26 一	乙卯 27 二	丙辰 28 三	丁巳 29 四	戊午 30 五	己未 31 六	庚申 (2) 日	辛酉 2 一	壬戌 3 二	癸亥 4 三	甲子 5 四	乙丑 6 五	丙寅 7 六	丁卯 8 日	戊辰 9 一	辛亥大寒 丙寅立春

後秦姚萇建初七年（壬辰 龍年） 公元 392 ～ 393 年

夏曆月序	中西曆對照	夏曆日序																													節氣與天象
		初一	初二	初三	初四	初五	初六	初七	初八	初九	初十	十一	十二	十三	十四	十五	十六	十七	十八	十九	二十	廿一	廿二	廿三	廿四	廿五	廿六	廿七	廿八	廿九	三十	
正月小	壬寅 天干地支 西曆 星期	庚午 11 二	辛未 12 三	壬申 13 四	癸酉 14 五	甲戌 15 六	乙亥 16 日	丙子 17 一	丁丑 18 二	戊寅 19 三	己卯 20 四	庚辰 21 五	辛巳 22 六	壬午 23 日	癸未 24 一	甲申 25 二	乙酉 26 三	丙戌 27 四	丁亥 28 五	戊子 29 六	己丑 (3) 日	庚寅 2 一	辛卯 3 二	壬辰 4 三	癸巳 5 四	甲午 6 五	乙未 7 六	丙申 8 日	丁酉 9 一			辛巳雨水 丙申驚蟄
二月大	癸卯 天干地支 西曆 星期	戊戌 10 二	己亥 11 三	庚子 12 四	辛丑 13 五	壬寅 14 六	癸卯 15 日	甲辰 16 一	乙巳 17 二	丙午 18 三	丁未 19 四	戊申 20 五	己酉 21 六	庚戌 22 日	辛亥 23 一	壬子 24 二	癸丑 25 三	甲寅 26 四	乙卯 27 五	丙辰 28 六	丁巳 29 日	戊午 30 一	己未 31 二	庚申 (4) 三	辛酉 2 四	壬戌 3 五	癸亥 4 六	甲子 5 日	乙丑 6 一	丙寅 7 二	丁卯 8 三	壬子春分 丁卯清明
三月小	甲辰 天干地支 西曆 星期	戊辰 9 五	己巳 10 六	庚午 11 日	辛未 12 一	壬申 13 二	癸酉 14 三	甲戌 15 四	乙亥 16 五	丙子 17 六	丁丑 18 日	戊寅 19 一	己卯 20 二	庚辰 21 三	辛巳 22 四	壬午 23 五	癸未 24 六	甲申 25 日	乙酉 26 一	丙戌 27 二	丁亥 28 三	戊子 29 四	己丑 30 五	庚寅 (5) 六	辛卯 2 日	壬辰 3 一	癸巳 4 二	甲午 5 三	乙未 6 四	丙申 7 五		壬午穀雨
四月大	乙巳 天干地支 西曆 星期	丁酉 8 六	戊戌 9 日	己亥 10 一	庚子 11 二	辛丑 12 三	壬寅 13 四	癸卯 14 五	甲辰 15 六	乙巳 16 日	丙午 17 一	丁未 18 二	戊申 19 三	己酉 20 四	庚戌 21 五	辛亥 22 六	壬子 23 日	癸丑 24 一	甲寅 25 二	乙卯 26 三	丙辰 27 四	丁巳 28 五	戊午 29 六	己未 30 日	庚申 31 一	辛酉 (6) 二	壬戌 2 三	癸亥 3 四	甲子 4 五	乙丑 5 六	丙寅 6 日	丁酉立夏 癸丑小滿
五月小	丙午 天干地支 西曆 星期	丁卯 7 一	戊辰 8 二	己巳 9 三	庚午 10 四	辛未 11 五	壬申 12 六	癸酉 13 日	甲戌 14 一	乙亥 15 二	丙子 16 三	丁丑 17 四	戊寅 18 五	己卯 19 六	庚辰 20 日	辛巳 21 一	壬午 22 二	癸未 23 三	甲申 24 四	乙酉 25 五	丙戌 26 六	丁亥 27 日	戊子 28 一	己丑 29 二	庚寅 30 三	辛卯 (7) 四	壬辰 2 五	癸巳 3 六	甲午 4 日	乙未 5 一		戊辰芒種 癸未夏至 丁卯日食
六月大	丁未 天干地支 西曆 星期	丙申 6 二	丁酉 7 三	戊戌 8 四	己亥 9 五	庚子 10 六	辛丑 11 日	壬寅 12 一	癸卯 13 二	甲辰 14 三	乙巳 15 四	丙午 16 五	丁未 17 六	戊申 18 日	己酉 19 一	庚戌 20 二	辛亥 21 三	壬子 22 四	癸丑 23 五	甲寅 24 六	乙卯 25 日	丙辰 26 一	丁巳 27 二	戊午 28 三	己未 29 四	庚申 30 五	辛酉 31 六	壬戌 (8) 日	癸亥 2 一	甲子 3 二	乙丑 4 三	戊戌小暑 癸丑大暑
七月小	戊申 天干地支 西曆 星期	丙寅 5 四	丁卯 6 五	戊辰 7 六	己巳 8 日	庚午 9 一	辛未 10 二	壬申 11 三	癸酉 12 四	甲戌 13 五	乙亥 14 六	丙子 15 日	丁丑 16 一	戊寅 17 二	己卯 18 三	庚辰 19 四	辛巳 20 五	壬午 21 六	癸未 22 日	甲申 23 一	乙酉 24 二	丙戌 25 三	丁亥 26 四	戊子 27 五	己丑 28 六	庚寅 29 日	辛卯 30 一	壬辰 31 二	癸巳 (9) 三	甲午 2 四		己巳立秋 甲申處暑
八月大	己酉 天干地支 西曆 星期	乙未 3 五	丙申 4 六	丁酉 5 日	戊戌 6 一	己亥 7 二	庚子 8 三	辛丑 9 四	壬寅 10 五	癸卯 11 六	甲辰 12 日	乙巳 13 一	丙午 14 二	丁未 15 三	戊申 16 四	己酉 17 五	庚戌 18 六	辛亥 19 日	壬子 20 一	癸丑 21 二	甲寅 22 三	乙卯 23 四	丙辰 24 五	丁巳 25 六	戊午 26 日	己未 27 一	庚申 28 二	辛酉 29 三	壬戌 30 四	癸亥 (10) 五	甲子 2 六	己亥白露 甲寅秋分
九月小	庚戌 天干地支 西曆 星期	乙丑 3 日	丙寅 4 一	丁卯 5 二	戊辰 6 三	己巳 7 四	庚午 8 五	辛未 9 六	壬申 10 日	癸酉 11 一	甲戌 12 二	乙亥 13 三	丙子 14 四	丁丑 15 五	戊寅 16 六	己卯 17 日	庚辰 18 一	辛巳 19 二	壬午 20 三	癸未 21 四	甲申 22 五	乙酉 23 六	丙戌 24 日	丁亥 25 一	戊子 26 二	己丑 27 三	庚寅 28 四	辛卯 29 五	壬辰 30 六	癸巳 31 日		庚午寒露 乙酉霜降
十月大	辛亥 天干地支 西曆 星期	甲午 (11) 一	乙未 2 二	丙申 3 三	丁酉 4 四	戊戌 5 五	己亥 6 六	庚子 7 日	辛丑 8 一	壬寅 9 二	癸卯 10 三	甲辰 11 四	乙巳 12 五	丙午 13 六	丁未 14 日	戊申 15 一	己酉 16 二	庚戌 17 三	辛亥 18 四	壬子 19 五	癸丑 20 六	甲寅 21 日	乙卯 22 一	丙辰 23 二	丁巳 24 三	戊午 25 四	己未 26 五	庚申 27 六	辛酉 28 日	壬戌 29 一	癸亥 30 二	庚子立冬 乙卯小雪
十一月小	壬子 天干地支 西曆 星期	甲子 (12) 三	乙丑 2 四	丙寅 3 五	丁卯 4 六	戊辰 5 日	己巳 6 一	庚午 7 二	辛未 8 三	壬申 9 四	癸酉 10 五	甲戌 11 六	乙亥 12 日	丙子 13 一	丁丑 14 二	戊寅 15 三	己卯 16 四	庚辰 17 五	辛巳 18 六	壬午 19 日	癸未 20 一	甲申 21 二	乙酉 22 三	丙戌 23 四	丁亥 24 五	戊子 25 六	己丑 26 日	庚寅 27 一	辛卯 28 二	壬辰 29 三		庚午大雪 丙戌冬至
十二月大	癸丑 天干地支 西曆 星期	癸巳 30 四	甲午 31 五	乙未 (1) 六	丙申 2 日	丁酉 3 一	戊戌 4 二	己亥 5 三	庚子 6 四	辛丑 7 五	壬寅 8 六	癸卯 9 日	甲辰 10 一	乙巳 11 二	丙午 12 三	丁未 13 四	戊申 14 五	己酉 15 六	庚戌 16 日	辛亥 17 一	壬子 18 二	癸丑 19 三	甲寅 20 四	乙卯 21 五	丙辰 22 六	丁巳 23 日	戊午 24 一	己未 25 二	庚申 26 三	辛酉 27 四	壬戌 28 五	辛丑小寒 丙辰大寒

後秦姚萇建初八年 姚興建初八年（癸巳 蛇年） 公元 393 ~ 394 年

夏曆月序	中西曆日對照	夏 曆 日 序																															節氣與天象
		初一	初二	初三	初四	初五	初六	初七	初八	初九	初十	十一	十二	十三	十四	十五	十六	十七	十八	十九	二十	二一	二二	二三	二四	二五	二六	二七	二八	二九	三十	
正月小	甲寅	天干地支／西曆／星期 癸亥 29 六	甲子 30 日	乙丑 31 一	丙寅(2) 二	丁卯 2 三	戊辰 3 四	己巳 4 五	庚午 5 六	辛未 6 日	壬申 7 一	癸酉 8 二	甲戌 9 三	乙亥 10 四	丙子 11 五	丁丑 12 六	戊寅 13 日	己卯 14 一	庚辰 15 二	辛巳 16 三	壬午 17 四	癸未 18 五	甲申 19 六	乙酉 20 日	丙戌 21 一	丁亥 22 二	戊子 23 三	己丑 24 四	庚寅 25 五	辛卯 26 六		辛未立春 丁亥雨水
二月大	乙卯	壬辰 27 日	癸巳 28 一	甲午(3) 二	乙未 2 三	丙申 3 四	丁酉 4 五	戊戌 5 六	己亥 6 日	庚子 7 一	辛丑 8 二	壬寅 9 三	癸卯 10 四	甲辰 11 五	乙巳 12 六	丙午 13 日	丁未 14 一	戊申 15 二	己酉 16 三	庚戌 17 四	辛亥 18 五	壬子 19 六	癸丑 20 日	甲寅 21 一	乙卯 22 二	丙辰 23 三	丁巳 24 四	戊午 25 五	己未 26 六	庚申 27 日	辛酉 28 一	壬寅驚蟄 丁巳春分
三月大	丙辰	壬戌 29 二	癸亥 30 三	甲子 31 四	乙丑(4) 五	丙寅 2 六	丁卯 3 日	戊辰 4 一	己巳 5 二	庚午 6 三	辛未 7 四	壬申 8 五	癸酉 9 六	甲戌 10 日	乙亥 11 一	丙子 12 二	丁丑 13 三	戊寅 14 四	己卯 15 五	庚辰 16 六	辛巳 17 日	壬午 18 一	癸未 19 二	甲申 20 三	乙酉 21 四	丙戌 22 五	丁亥 23 六	戊子 24 日	己丑 25 一	庚寅 26 二	辛卯 27 三	壬申清明 丁亥穀雨
四月小	丁巳	壬辰 28 四	癸巳 29 五	甲午 30 六	乙未(5) 日	丙申 2 一	丁酉 3 二	戊戌 4 三	己亥 5 四	庚子 6 五	辛丑 7 六	壬寅 8 日	癸卯 9 一	甲辰 10 二	乙巳 11 三	丙午 12 四	丁未 13 五	戊申 14 六	己酉 15 日	庚戌 16 一	辛亥 17 二	壬子 18 三	癸丑 19 四	甲寅 20 五	乙卯 21 六	丙辰 22 日	丁巳 23 一	戊午 24 二	己未 25 三	庚申 26 四		癸卯立夏 戊午小滿
五月大	戊午	辛酉 27 五	壬戌 28 六	癸亥 29 日	甲子 30 一	乙丑 31 二	丙寅(6) 三	丁卯 2 四	戊辰 3 五	己巳 4 六	庚午 5 日	辛未 6 一	壬申 7 二	癸酉 8 三	甲戌 9 四	乙亥 10 五	丙子 11 六	丁丑 12 日	戊寅 13 一	己卯 14 二	庚辰 15 三	辛巳 16 四	壬午 17 五	癸未 18 六	甲申 19 日	乙酉 20 一	丙戌 21 二	丁亥 22 三	戊子 23 四	己丑 24 五	庚寅 25 六	癸酉芒種 戊子夏至
六月小	己未	辛卯 26 日	壬辰 27 一	癸巳 28 二	甲午 29 三	乙未 30 四	丙申(7) 五	丁酉 2 六	戊戌 3 日	己亥 4 一	庚子 5 二	辛丑 6 三	壬寅 7 四	癸卯 8 五	甲辰 9 六	乙巳 10 日	丙午 11 一	丁未 12 二	戊申 13 三	己酉 14 四	庚戌 15 五	辛亥 16 六	壬子 17 日	癸丑 18 一	甲寅 19 二	乙卯 20 三	丙辰 21 四	丁巳 22 五	戊午 23 六	己未 24 日		癸卯小暑 己未大暑
七月大	庚申	庚申 25 一	辛酉 26 二	壬戌 27 三	癸亥 28 四	甲子 29 五	乙丑 30 六	丙寅 31 日	丁卯(8) 一	戊辰 2 二	己巳 3 三	庚午 4 四	辛未 5 五	壬申 6 六	癸酉 7 日	甲戌 8 一	乙亥 9 二	丙子 10 三	丁丑 11 四	戊寅 12 五	己卯 13 六	庚辰 14 日	辛巳 15 一	壬午 16 二	癸未 17 三	甲申 18 四	乙酉 19 五	丙戌 20 六	丁亥 21 日	戊子 22 一	己丑 23 二	甲戌立秋 己丑處暑
閏七月小	庚申	庚寅 24 三	辛卯 25 四	壬辰 26 五	癸巳 27 六	甲午 28 日	乙未 29 一	丙申 30 二	丁酉 31 三	戊戌(9) 四	己亥 2 五	庚子 3 六	辛丑 4 日	壬寅 5 一	癸卯 6 二	甲辰 7 三	乙巳 8 四	丙午 9 五	丁未 10 六	戊申 11 日	己酉 12 一	庚戌 13 二	辛亥 14 三	壬子 15 四	癸丑 16 五	甲寅 17 六	乙卯 18 日	丙辰 19 一	丁巳 20 二	戊午 21 三		甲辰白露
八月大	辛酉	己未 22 四	庚申 23 五	辛酉 24 六	壬戌 25 日	癸亥 26 一	甲子 27 二	乙丑 28 三	丙寅 29 四	丁卯 30 五	戊辰(10) 六	己巳 2 日	庚午 3 一	辛未 4 二	壬申 5 三	癸酉 6 四	甲戌 7 五	乙亥 8 六	丙子 9 日	丁丑 10 一	戊寅 11 二	己卯 12 三	庚辰 13 四	辛巳 14 五	壬午 15 六	癸未 16 日	甲申 17 一	乙酉 18 二	丙戌 19 三	丁亥 20 四	戊子 21 五	庚申秋分 乙亥寒露
九月小	壬戌	己丑 22 六	庚寅 23 日	辛卯 24 一	壬辰 25 二	癸巳 26 三	甲午 27 四	乙未 28 五	丙申 29 六	丁酉 30 日	戊戌 31 一	己亥(11) 二	庚子 2 三	辛丑 3 四	壬寅 4 五	癸卯 5 六	甲辰 6 日	乙巳 7 一	丙午 8 二	丁未 9 三	戊申 10 四	己酉 11 五	庚戌 12 六	辛亥 13 日	壬子 14 一	癸丑 15 二	甲寅 16 三	乙卯 17 四	丙辰 18 五	丁巳 19 六		庚寅霜降 乙巳立冬
十月大	癸亥	戊午 20 日	己未 21 一	庚申 22 二	辛酉 23 三	壬戌 24 四	癸亥 25 五	甲子 26 六	乙丑 27 日	丙寅 28 一	丁卯 29 二	戊辰 30 三	己巳(02) 四	庚午 2 五	辛未 3 六	壬申 4 日	癸酉 5 一	甲戌 6 二	乙亥 7 三	丙子 8 四	丁丑 9 五	戊寅 10 六	己卯 11 日	庚辰 12 一	辛巳 13 二	壬午 14 三	癸未 15 四	甲申 16 五	乙酉 17 六	丙戌 18 日	丁亥 19 一	庚申小雪 丙寅大雪
十一月小	甲子	戊子 20 二	己丑 21 三	庚寅 22 四	辛卯 23 五	壬辰 24 六	癸巳 25 日	甲午 26 一	乙未 27 二	丙申 28 三	丁酉 29 四	戊戌 30 五	己亥 31 六	庚子(1) 日	辛丑 2 一	壬寅 3 二	癸卯 4 三	甲辰 5 四	乙巳 6 五	丙午 7 六	丁未 8 日	戊申 9 一	己酉 10 二	庚戌 11 三	辛亥 12 四	壬子 13 五	癸丑 14 六	甲寅 15 日	乙卯 16 一	丙辰 17 二		辛卯冬至 丙午小寒
十二月大	乙丑	丁巳 18 三	戊午 19 四	己未 20 五	庚申 21 六	辛酉 22 日	壬戌 23 一	癸亥 24 二	甲子 25 三	乙丑 26 四	丙寅 27 五	丁卯 28 六	戊辰 29 日	己巳 30 一	庚午 31 二	辛未(2) 三	壬申 2 四	癸酉 3 五	甲戌 4 六	乙亥 5 日	丙子 6 一	丁丑 7 二	戊寅 8 三	己卯 9 四	庚辰 10 五	辛巳 11 六	壬午 12 日	癸未 13 一	甲申 14 二	乙酉 15 三	丙戌 16 四	辛酉大寒 丁丑立春

* 十二月，姚萇死。姚興自稱大將軍。

後秦姚興建初九年 皇初元年（甲午 馬年） 公元394～395年

夏曆月序	中西曆日對照	夏曆日序																													節氣與天象
		初一	初二	初三	初四	初五	初六	初七	初八	初九	初十	十一	十二	十三	十四	十五	十六	十七	十八	十九	二十	二一	二二	二三	二四	二五	二六	二七	二八	二九	三十	
正月小	丙寅 天干地支 西曆 星期	丁亥 17 五	戊子 18 六	己丑 19 日	庚寅 20 一	辛卯 21 二	壬辰 22 三	癸巳 23 四	甲午 24 五	乙未 25 六	丙申 26 日	丁酉 27 一	戊戌 28 二	己亥(3) 三	庚子 2 四	辛丑 3 五	壬寅 4 六	癸卯 5 日	甲辰 6 一	乙巳 7 二	丙午 8 三	丁未 9 四	戊申 10 五	己酉 11 六	庚戌 12 日	辛亥 13 一	壬子 14 二	癸丑 15 三	甲寅 16 四	乙卯 17 五		壬辰雨水 丁未驚蟄
二月大	丁卯 天干地支 西曆 星期	丙辰 18 六	丁巳 19 日	戊午 20 一	己未 21 二	庚申 22 三	辛酉 23 四	壬戌 24 五	癸亥 25 六	甲子 26 日	乙丑 27 一	丙寅 28 二	丁卯 29 三	戊辰 30 四	己巳 31 五	庚午(4) 六	辛未 2 日	壬申 3 一	癸酉 4 二	甲戌 5 三	乙亥 6 四	丙子 7 五	丁丑 8 六	戊寅 9 日	己卯 10 一	庚辰 11 二	辛巳 12 三	壬午 13 四	癸未 14 五	甲申 15 六	乙酉 16 日	壬戌春分 丁丑清明
三月小	戊辰 天干地支 西曆 星期	丙戌 17 一	丁亥 18 二	戊子 19 三	己丑 20 四	庚寅 21 五	辛卯 22 六	壬辰 23 日	癸巳 24 一	甲午 25 二	乙未 26 三	丙申 27 四	丁酉 28 五	戊戌 29 六	己亥 30 日	庚子(5) 一	辛丑 2 二	壬寅 3 三	癸卯 4 四	甲辰 5 五	乙巳 6 六	丙午 7 日	丁未 8 一	戊申 9 二	己酉 10 三	庚戌 11 四	辛亥 12 五	壬子 13 六	癸丑 14 日	甲寅 15 一		癸巳穀雨 戊申立夏
四月大	己巳 天干地支 西曆 星期	丙辰 16 二	丁巳 17 三	戊午 18 四	己未 19 五	庚申 20 六	辛酉 21 日	壬戌 22 一	癸亥 23 二	甲子 24 三	乙丑 25 四	丙寅 26 五	丁卯 27 六	戊辰 28 日	己巳 29 一	庚午 30 二	辛未(6) 三	壬申 2 四	癸酉 3 五	甲戌 4 六	乙亥 5 日	丙子 6 一	丁丑 7 二	戊寅 8 三	己卯 9 四	庚辰 10 五	辛巳 11 六	壬午 12 日	癸未 13 一	甲申 14 二		癸亥小滿 戊寅芒種
五月小	庚午 天干地支 西曆 星期	丙戌 15 四	丁亥 16 五	戊子 17 六	己丑 18 日	庚寅 19 一	辛卯 20 二	壬辰 21 三	癸巳 22 四	甲午 23 五	乙未 24 六	丙申 25 日	丁酉 26 一	戊戌 27 二	己亥 28 三	庚子 29 四	辛丑 30 五	壬寅(7) 六	癸卯 2 日	甲辰 3 一	乙巳 4 二	丙午 5 三	丁未 6 四	戊申 7 五	己酉 8 六	庚戌 9 日	辛亥 10 一	壬子 11 二	癸丑 12 三	甲寅 13 四		甲午夏至 己酉小暑
六月大	辛未 天干地支 西曆 星期	甲寅 14 五	乙卯 15 六	丙辰 16 日	丁巳 17 一	戊午 18 二	己未 19 三	庚申 20 四	辛酉 21 五	壬戌 22 六	癸亥 23 日	甲子 24 一	乙丑 25 二	丙寅 26 三	丁卯 27 四	戊辰 28 五	己巳 29 六	庚午 30 日	辛未 31 一	壬申(8) 二	癸酉 2 三	甲戌 3 四	乙亥 4 五	丙子 5 六	丁丑 6 日	戊寅 7 一	己卯 8 二	庚辰 9 三	辛巳 10 四	壬午 11 五	癸未 12 六	甲子大暑 己卯立秋
七月大	壬申 天干地支 西曆 星期	甲申 13 日	乙酉 14 一	丙戌 15 二	丁亥 16 三	戊子 17 四	己丑 18 五	庚寅 19 六	辛卯 20 日	壬辰 21 一	癸巳 22 二	甲午 23 三	乙未 24 四	丙申 25 五	丁酉 26 六	戊戌 27 日	己亥 28 一	庚子 29 二	辛丑 30 三	壬寅 31 四	癸卯(9) 五	甲辰 2 六	乙巳 3 日	丙午 4 一	丁未 5 二	戊申 6 三	己酉 7 四	庚戌 8 五	辛亥 9 六	壬子 10 日	癸丑 11 一	甲午處暑 庚戌白露
八月小	癸酉 天干地支 西曆 星期	甲寅 12 二	乙卯 13 三	丙辰 14 四	丁巳 15 五	戊午 16 六	己未 17 日	庚申 18 一	辛酉 19 二	壬戌 20 三	癸亥 21 四	甲子 22 五	乙丑 23 六	丙寅 24 日	丁卯 25 一	戊辰 26 二	己巳 27 三	庚午 28 四	辛未 29 五	壬申 30 六	癸酉(10) 日	甲戌 2 一	乙亥 3 二	丙子 4 三	丁丑 5 四	戊寅 6 五	己卯 7 六	庚辰 8 日	辛巳 9 一	壬午 10 二		乙丑秋分 庚辰寒露
九月大	甲戌 天干地支 西曆 星期	癸未 11 三	甲申 12 四	乙酉 13 五	丙戌 14 六	丁亥 15 日	戊子 16 一	己丑 17 二	庚寅 18 三	辛卯 19 四	壬辰 20 五	癸巳 21 六	甲午 22 日	乙未 23 一	丙申 24 二	丁酉 25 三	戊戌 26 四	己亥 27 五	庚子 28 六	辛丑 29 日	壬寅 30 一	癸卯 31 二	甲辰(11) 三	乙巳 2 四	丙午 3 五	丁未 4 六	戊申 5 日	己酉 6 一	庚戌 7 二	辛亥 8 三	壬子 9 四	乙未霜降 庚戌立冬
十月小	乙亥 天干地支 西曆 星期	癸丑 10 五	甲寅 11 六	乙卯 12 日	丙辰 13 一	丁巳 14 二	戊午 15 三	己未 16 四	庚申 17 五	辛酉 18 六	壬戌 19 日	癸亥 20 一	甲子 21 二	乙丑 22 三	丙寅 23 四	丁卯 24 五	戊辰 25 六	己巳 26 日	庚午 27 一	辛未 28 二	壬申 29 三	癸酉 30 四	甲戌(12) 五	乙亥 2 六	丙子 3 日	丁丑 4 一	戊寅 5 二	己卯 6 三	庚辰 7 四	辛巳 8 五		丙寅小雪 辛巳大雪
十一月大	丙子 天干地支 西曆 星期	壬午 9 六	癸未 10 日	甲申 11 一	乙酉 12 二	丙戌 13 三	丁亥 14 四	戊子 15 五	己丑 16 六	庚寅 17 日	辛卯 18 一	壬辰 19 二	癸巳 20 三	甲午 21 四	乙未 22 五	丙申 23 六	丁酉 24 日	戊戌 25 一	己亥 26 二	庚子 27 三	辛丑 28 四	壬寅 29 五	癸卯 30 六	甲辰 31 日	乙巳(1) 一	丙午 2 二	丁未 3 三	戊申 4 四	己酉 5 五	庚戌 6 六	辛亥 7 日	丙申冬至 辛亥小寒
十二月小	丁丑 天干地支 西曆 星期	壬子 8 一	癸丑 9 二	甲寅 10 三	乙卯 11 四	丙辰 12 五	丁巳 13 六	戊午 14 日	己未 15 一	庚申 16 二	辛酉 17 三	壬戌 18 四	癸亥 19 五	甲子 20 六	乙丑 21 日	丙寅 22 一	丁卯 23 二	戊辰 24 三	己巳 25 四	庚午 26 五	辛未 27 六	壬申 28 日	癸酉 29 一	甲戌 30 二	乙亥 31 三	丙子(2) 四	丁丑 2 五	戊寅 3 六	己卯 4 日	庚辰 5 一		丁卯大寒

*五月，姚興即位於槐里（今陝西興平），改元皇初。

後秦姚興皇初二年（乙未 羊年） 公元 395～396 年

夏曆月序	中西曆對照	夏曆日序																													節氣與天象
		初一	初二	初三	初四	初五	初六	初七	初八	初九	初十	十一	十二	十三	十四	十五	十六	十七	十八	十九	二十	廿一	廿二	廿三	廿四	廿五	廿六	廿七	廿八	廿九	三十	
正月大	戊寅	天干地支 西曆 星期	辛巳 6 二	壬午 7 三	癸未 8 四	甲申 9 五	乙酉 10 六	丙戌 11 日	丁亥 12 一	戊子 13 二	己丑 14 三	庚寅 15 四	辛卯 16 五	壬辰 17 六	癸巳 18 日	甲午 19 一	乙未 20 二	丙申 21 三	丁酉 22 四	戊戌 23 五	己亥 24 六	庚子 25 日	辛丑 26 一	壬寅 27 二	癸卯 28 三	甲辰 (3) 四	乙巳 2 五	丙午 3 六	丁未 4 日	戊申 5 一	己酉 6 二	庚戌 7 三	壬午立春 丁酉雨水
二月小	己卯	天干地支 西曆 星期	辛亥 8 四	壬子 9 五	癸丑 10 六	甲寅 11 日	乙卯 12 一	丙辰 13 二	丁巳 14 三	戊午 15 四	己未 16 五	庚申 17 六	辛酉 18 日	壬戌 19 一	癸亥 20 二	甲子 21 三	乙丑 22 四	丙寅 23 五	丁卯 24 六	戊辰 25 日	己巳 26 一	庚午 27 二	辛未 28 三	壬申 29 四	癸酉 30 五	甲戌 31 六	乙亥 (4) 日	丙子 2 一	丁丑 3 二	戊寅 4 三	己卯 5 四		壬子驚蟄 丁卯春分
三月大	庚辰	天干地支 西曆 星期	庚辰 6 五	辛巳 7 六	壬午 8 日	癸未 9 一	甲申 10 二	乙酉 11 三	丙戌 12 四	丁亥 13 五	戊子 14 六	己丑 15 日	庚寅 16 一	辛卯 17 二	壬辰 18 三	癸巳 19 四	甲午 20 五	乙未 21 六	丙申 22 日	丁酉 23 一	戊戌 24 二	己亥 25 三	庚子 26 四	辛丑 27 五	壬寅 28 六	癸卯 29 日	甲辰 30 一	乙巳 (5) 二	丙午 2 三	丁未 3 四	戊申 4 五	己酉 5 六	癸未清明 戊戌穀雨 庚辰日食
四月小	辛巳	天干地支 西曆 星期	庚戌 6 日	辛亥 7 一	壬子 8 二	癸丑 9 三	甲寅 10 四	乙卯 11 五	丙辰 12 六	丁巳 13 日	戊午 14 一	己未 15 二	庚申 16 三	辛酉 17 四	壬戌 18 五	癸亥 19 六	甲子 20 日	乙丑 21 一	丙寅 22 二	丁卯 23 三	戊辰 24 四	己巳 25 五	庚午 26 六	辛未 27 日	壬申 28 一	癸酉 29 二	甲戌 30 三	乙亥 31 四	丙子 (6) 五	丁丑 2 六	戊寅 3 日		癸丑立夏 戊辰小滿
五月大	壬午	天干地支 西曆 星期	己卯 4 一	庚辰 5 二	辛巳 6 三	壬午 7 四	癸未 8 五	甲申 9 六	乙酉 10 日	丙戌 11 一	丁亥 12 二	戊子 13 三	己丑 14 四	庚寅 15 五	辛卯 16 六	壬辰 17 日	癸巳 18 一	甲午 19 二	乙未 20 三	丙申 21 四	丁酉 22 五	戊戌 23 六	己亥 24 日	庚子 25 一	辛丑 26 二	壬寅 27 三	癸卯 28 四	甲辰 29 五	乙巳 30 六	丙午 (7) 日	丁未 2 一	戊申 3 二	甲申芒種 己亥夏至
六月小	癸未	天干地支 西曆 星期	己酉 4 三	庚戌 5 四	辛亥 6 五	壬子 7 六	癸丑 8 日	甲寅 9 一	乙卯 10 二	丙辰 11 三	丁巳 12 四	戊午 13 五	己未 14 六	庚申 15 日	辛酉 16 一	壬戌 17 二	癸亥 18 三	甲子 19 四	乙丑 20 五	丙寅 21 六	丁卯 22 日	戊辰 23 一	己巳 24 二	庚午 25 三	辛未 26 四	壬申 27 五	癸酉 28 六	甲戌 29 日	乙亥 30 一	丙子 31 二	丁丑 (8) 三		甲寅小暑 己巳大暑
七月大	甲申	天干地支 西曆 星期	戊寅 2 四	己卯 3 五	庚辰 4 六	辛巳 5 日	壬午 6 一	癸未 7 二	甲申 8 三	乙酉 9 四	丙戌 10 五	丁亥 11 六	戊子 12 日	己丑 13 一	庚寅 14 二	辛卯 15 三	壬辰 16 四	癸巳 17 五	甲午 18 六	乙未 19 日	丙申 20 一	丁酉 21 二	戊戌 22 三	己亥 23 四	庚子 24 五	辛丑 25 六	壬寅 26 日	癸卯 27 一	甲辰 28 二	乙巳 29 三	丙午 30 四	丁未 31 五	甲申立秋 庚子處暑
八月小	乙酉	天干地支 西曆 星期	戊申 (9) 六	己酉 2 日	庚戌 3 一	辛亥 4 二	壬子 5 三	癸丑 6 四	甲寅 7 五	乙卯 8 六	丙辰 9 日	丁巳 10 一	戊午 11 二	己未 12 三	庚申 13 四	辛酉 14 五	壬戌 15 六	癸亥 16 日	甲子 17 一	乙丑 18 二	丙寅 19 三	丁卯 20 四	戊辰 21 五	己巳 22 六	庚午 23 日	辛未 24 一	壬申 25 二	癸酉 26 三	甲戌 27 四	乙亥 28 五	丙子 29 六		乙卯白露 庚午秋分
九月大	丙戌	天干地支 西曆 星期	丁丑 30 日	戊寅 (10) 一	己卯 2 二	庚辰 3 三	辛巳 4 四	壬午 5 五	癸未 6 六	甲申 7 日	乙酉 8 一	丙戌 9 二	丁亥 10 三	戊子 11 四	己丑 12 五	庚寅 13 六	辛卯 14 日	壬辰 15 一	癸巳 16 二	甲午 17 三	乙未 18 四	丙申 19 五	丁酉 20 六	戊戌 21 日	己亥 22 一	庚子 23 二	辛丑 24 三	壬寅 25 四	癸卯 26 五	甲辰 27 六	乙巳 28 日	丙午 29 一	乙酉寒露 辛丑霜降
十月小	丁亥	天干地支 西曆 星期	丁未 30 二	戊申 31 三	己酉 (11) 四	庚戌 2 五	辛亥 3 六	壬子 4 日	癸丑 5 一	甲寅 6 二	乙卯 7 三	丙辰 8 四	丁巳 9 五	戊午 10 六	己未 11 日	庚申 12 一	辛酉 13 二	壬戌 14 三	癸亥 15 四	甲子 16 五	乙丑 17 六	丙寅 18 日	丁卯 19 一	戊辰 20 二	己巳 21 三	庚午 22 四	辛未 23 五	壬申 24 六	癸酉 25 日	甲戌 26 一	乙亥 27 二		丙辰立冬 辛未小雪
十一月大	戊子	天干地支 西曆 星期	丙子 28 三	丁丑 29 四	戊寅 30 五	己卯 (12) 六	庚辰 2 日	辛巳 3 一	壬午 4 二	癸未 5 三	甲申 6 四	乙酉 7 五	丙戌 8 六	丁亥 9 日	戊子 10 一	己丑 11 二	庚寅 12 三	辛卯 13 四	壬辰 14 五	癸巳 15 六	甲午 16 日	乙未 17 一	丙申 18 二	丁酉 19 三	戊戌 20 四	己亥 21 五	庚子 22 六	辛丑 23 日	壬寅 24 一	癸卯 25 二	甲辰 26 三	乙巳 27 四	丙戌大雪 辛丑冬至
十二月大	己丑	天干地支 西曆 星期	丙午 28 五	丁未 29 六	戊申 30 日	己酉 31 一	庚戌 (1) 二	辛亥 2 三	壬子 3 四	癸丑 4 五	甲寅 5 六	乙卯 6 日	丙辰 7 一	丁巳 8 二	戊午 9 三	己未 10 四	庚申 11 五	辛酉 12 六	壬戌 13 日	癸亥 14 一	甲子 15 二	乙丑 16 三	丙寅 17 四	丁卯 18 五	戊辰 19 六	己巳 20 日	庚午 21 一	辛未 22 二	壬申 23 三	癸酉 24 四	甲戌 25 五	乙亥 26 六	丁巳小寒 壬申大寒

後秦姚興皇初三年（丙申 猴年） 公元396～397年

夏曆月序	中西曆對照	夏曆日序																													節氣與天象
		初一	初二	初三	初四	初五	初六	初七	初八	初九	初十	十一	十二	十三	十四	十五	十六	十七	十八	十九	二十	廿一	廿二	廿三	廿四	廿五	廿六	廿七	廿八	廿九	三十	
正月小	庚寅 天干地支 西曆日 星期	丙子 27日 一	丁丑 28 二	戊寅 29 三	己卯 30 四	庚辰 31 五	辛巳 2(2) 六	壬午 2 六	癸未 3日 日	甲申 4 一	乙酉 5 二	丙戌 6 三	丁亥 7 四	戊子 8 五	己丑 9 六	庚寅 10日 日	辛卯 11 一	壬辰 12 二	癸巳 13 三	甲午 14 四	乙未 15 五	丙申 16 六	丁酉 17日 日	戊戌 18 一	己亥 19 二	庚子 20 三	辛丑 21 四	壬寅 22 五	癸卯 23 六	甲辰 24日 日		丁亥立春 壬寅雨水
二月大	辛卯 天干地支 西曆日 星期	乙巳 25日 一	丙午 26 二	丁未 27 三	戊申 28 四	己酉 29 五	庚戌 3(3) 六	辛亥 2日 日	壬子 3 一	癸丑 4 二	甲寅 5 三	乙卯 6 四	丙辰 7 五	丁巳 8日 六	戊午 9 日	己未 10 一	庚申 11 二	辛酉 12 三	壬戌 13 四	癸亥 14 五	甲子 15 六	乙丑 16日 日	丙寅 17 一	丁卯 18 二	戊辰 19 三	己巳 20 四	庚午 21 五	辛未 22 六	壬申 23日 日	癸酉 24 一	甲戌 25 二	丁巳驚蟄 癸酉春分
三月小	壬辰 天干地支 西曆日 星期	乙亥 26 三	丙子 27 四	丁丑 28 五	戊寅 29 六	己卯 30日 日	庚辰 31 一	辛巳 4(4) 二	壬午 2 三	癸未 3 四	甲申 4 五	乙酉 5 六	丙戌 6日 日	丁亥 7 一	戊子 8 二	己丑 9 三	庚寅 10 四	辛卯 11 五	壬辰 12 六	癸巳 13日 日	甲午 14 一	乙未 15 二	丙申 16 三	丁酉 17 四	戊戌 18 五	己亥 19 六	庚子 20日 日	辛丑 21 一	壬寅 22 二	癸卯 23 三		戊子清明 癸卯穀雨
閏三月大	壬辰 天干地支 西曆日 星期	甲辰 24 四	乙巳 25 五	丙午 26 六	丁未 27日 日	戊申 28 一	己酉 29 二	庚戌 5(5) 三	辛亥 2 四	壬子 3 五	癸丑 4 六	甲寅 5日 日	乙卯 6 一	丙辰 7 二	丁巳 8 三	戊午 9 四	己未 10 五	庚申 11 六	辛酉 12日 日	壬戌 13 一	癸亥 14 二	甲子 15 三	乙丑 16 四	丙寅 17 五	丁卯 18 六	戊辰 19日 日	己巳 20 一	庚午 21 二	辛未 22 三	壬申 23 四	癸酉 23 五	戊午立夏
四月小	癸巳 天干地支 西曆日 星期	甲戌 24 六	乙亥 25日 日	丙子 26 一	丁丑 27 二	戊寅 28 三	己卯 29 四	庚辰 30 五	辛巳 31 六	壬午 6(6) 日	癸未 2 一	甲申 3 二	乙酉 4 三	丙戌 5 四	丁亥 6 五	戊子 7 六	己丑 8日 日	庚寅 9 一	辛卯 10 二	壬辰 11 三	癸巳 12 四	甲午 13 五	乙未 14 六	丙申 15日 日	丁酉 16 一	戊戌 17 二	己亥 18 三	庚子 19 四	辛丑 20 五	壬寅 21 六		甲戌小滿 己丑芒種
五月大	甲午 天干地支 西曆日 星期	癸卯 22日 日	甲辰 23 一	乙巳 24 二	丙午 25 三	丁未 26 四	戊申 27 五	己酉 28 六	庚戌 29日 日	辛亥 30 一	壬子 7(7) 二	癸丑 2 三	甲寅 3 四	乙卯 4 五	丙辰 5 六	丁巳 6日 日	戊午 7 一	己未 8 二	庚申 9 三	辛酉 10 四	壬戌 11 五	癸亥 12 六	甲子 13日 日	乙丑 14 一	丙寅 15 二	丁卯 16 三	戊辰 17 四	己巳 18 五	庚午 19 六	辛未 20日 日	壬申 21 一	甲辰夏至 丁未小暑
六月小	乙未 天干地支 西曆日 星期	癸酉 22 二	甲戌 23 三	乙亥 24 四	丙子 25 五	丁丑 26 六	戊寅 27日 日	己卯 28 一	庚辰 29 二	辛巳 30 三	壬午 31 四	癸未 8(8) 五	甲申 2 六	乙酉 3日 日	丙戌 4 一	丁亥 5 二	戊子 6 三	己丑 7 四	庚寅 8 五	辛卯 9 六	壬辰 10日 日	癸巳 11 一	甲午 12 二	乙未 13 三	丙申 14 四	丁酉 15 五	戊戌 16 六	己亥 17日 日	庚子 18 一	辛丑 19 二		甲戌大暑 庚寅立秋
七月大	丙申 天干地支 西曆日 星期	壬寅 20 三	癸卯 21 四	甲辰 22 五	乙巳 23 六	丙午 24日 日	丁未 25 一	戊申 26 二	己酉 27 三	庚戌 28 四	辛亥 29 五	壬子 30 六	癸丑 31日 日	甲寅 9(9) 一	乙卯 2 二	丙辰 3 三	丁巳 4 四	戊午 5 五	己未 6 六	庚申 7日 日	辛酉 8 一	壬戌 9 二	癸亥 10 三	甲子 11 四	乙丑 12 五	丙寅 13 六	丁卯 14日 日	戊辰 15 一	己巳 16 二	庚午 17 三	辛未 18 四	乙巳處暑 庚申白露
八月小	丁酉 天干地支 西曆日 星期	壬申 19 五	癸酉 20 六	甲戌 21日 日	乙亥 22 一	丙子 23 二	丁丑 24 三	戊寅 25 四	己卯 26 五	庚辰 27 六	辛巳 28日 日	壬午 29 一	癸未 30 二	甲申 10(10) 三	乙酉 2 四	丙戌 3 五	丁亥 4 六	戊子 5日 日	己丑 6 一	庚寅 7 二	辛卯 8 三	壬辰 9 四	癸巳 10 五	甲午 11 六	乙未 12日 日	丙申 13 一	丁酉 14 二	戊戌 15 三	己亥 16 四	庚子 17 五		乙亥秋分 辛卯寒露
九月大	戊戌 天干地支 西曆日 星期	辛丑 18 六	壬寅 19日 日	癸卯 20 一	甲辰 21 二	乙巳 22 三	丙午 23 四	丁未 24 五	戊申 25 六	己酉 26日 日	庚戌 27 一	辛亥 28 二	壬子 29 三	癸丑 30 四	甲寅 31 五	乙卯 11(11) 六	丙辰 2日 日	丁巳 3 一	戊午 4 二	己未 5 三	庚申 6 四	辛酉 7 五	壬戌 8 六	癸亥 9日 日	甲子 10 一	乙丑 11 二	丙寅 12 三	丁卯 13 四	戊辰 14 五	己巳 15 六	庚午 16日 日	丙午霜降 辛酉立冬
十月小	己亥 天干地支 西曆日 星期	辛未 17 一	壬申 18 二	癸酉 19 三	甲戌 20 四	乙亥 21 五	丙子 22 六	丁丑 23日 日	戊寅 24 一	己卯 25 二	庚辰 26 三	辛巳 27 四	壬午 28 五	癸未 29 六	甲申 30日 日	乙酉 12(12) 一	丙戌 2 二	丁亥 3 三	戊子 4 四	己丑 5 五	庚寅 6 六	辛卯 7日 日	壬辰 8 一	癸巳 9 二	甲午 10 三	乙未 11 四	丙申 12 五	丁酉 13 六	戊戌 14日 日	己亥 15 一		丙子小雪 辛卯大雪
十一月大	庚子 天干地支 西曆日 星期	庚子 16 二	辛丑 17 三	壬寅 18 四	癸卯 19 五	甲辰 20 六	乙巳 21日 日	丙午 22 一	丁未 23 二	戊申 24 三	己酉 25 四	庚戌 26 五	辛亥 27 六	壬子 28日 日	癸丑 30 一	甲寅 1(1) 二	乙卯 2 三	丙辰 3 四	丁巳 4 五	戊午 5 六	己未 6日 日	庚申 7 一	辛酉 8 二	壬戌 9 三	癸亥 10 四	甲子 11 五	乙丑 12 六	丙寅 13日 日	丁卯 14 一	戊辰 15 二	己巳 16 三	丁未立至 戊戌小寒
十二月小	辛丑 天干地支 西曆日 星期	庚午 15 四	辛未 16 五	壬申 17 六	癸酉 18日 日	甲戌 19 一	乙亥 20 二	丙子 21 三	丁丑 22 四	戊寅 23 五	己卯 24 六	庚辰 25日 日	辛巳 26 一	壬午 27 二	癸未 28 三	甲申 29 四	乙酉 30 五	丙戌 31 六	丁亥 2(2) 日	戊子 2 一	己丑 3 二	庚寅 4 三	辛卯 5 四	壬辰 6 五	癸巳 7 六	甲午 8日 日	乙未 9 一	丙申 10 二	丁酉 11 三	戊戌 12 四		丁丑大寒 壬辰立春

後秦姚興皇初四年（丁酉 雞年） 公元397～398年

夏曆月序	中西曆日對照	夏曆日序 初一	初二	初三	初四	初五	初六	初七	初八	初九	初十	十一	十二	十三	十四	十五	十六	十七	十八	十九	二十	廿一	廿二	廿三	廿四	廿五	廿六	廿七	廿八	廿九	三十	節氣與天象
正月大	壬寅 天干地支／西曆／星期	己亥 13 五	庚子 14 六	辛丑 15 日	壬寅 16 一	癸卯 17 二	甲辰 18 三	乙巳 19 四	丙午 20 五	丁未 21 六	戊申 22 日	己酉 23 一	庚戌 24 二	辛亥 25 三	壬子 26 四	癸丑 27 五	甲寅 28 六	乙卯 (3) 日	丙辰 2 一	丁巳 3 二	戊午 4 三	己未 5 四	庚申 6 五	辛酉 7 六	壬戌 8 日	癸亥 9 一	甲子 10 二	乙丑 11 三	丙寅 12 四	丁卯 13 五	戊辰 14 六	戊申雨水 癸亥驚蟄
二月大	癸卯 天干地支／西曆／星期	己巳 15 日	庚午 16 一	辛未 17 二	壬申 18 三	癸酉 19 四	甲戌 20 五	乙亥 21 六	丙子 22 日	丁丑 23 一	戊寅 24 二	己卯 25 三	庚辰 26 四	辛巳 27 五	壬午 28 六	癸未 29 日	甲申 30 一	乙酉 31 二	丙戌 (4) 三	丁亥 2 四	戊子 3 五	己丑 4 六	庚寅 5 日	辛卯 6 一	壬辰 7 二	癸巳 8 三	甲午 9 四	乙未 10 五	丙申 11 六	丁酉 12 日	戊戌 13 一	戊寅春分 癸巳清明
三月小	甲辰 天干地支／西曆／星期	己亥 14 二	庚子 15 三	辛丑 16 四	壬寅 17 五	癸卯 18 六	甲辰 19 日	乙巳 20 一	丙午 21 二	丁未 22 三	戊申 23 四	己酉 24 五	庚戌 25 六	辛亥 26 日	壬子 27 一	癸丑 28 二	甲寅 29 三	乙卯 30 四	丙辰 (5) 五	丁巳 2 六	戊午 3 日	己未 4 一	庚申 5 二	辛酉 6 三	壬戌 7 四	癸亥 8 五	甲子 9 六	乙丑 10 日	丙寅 11 一	丁卯 12 二		戊申穀雨 甲子立夏
四月大	乙巳 天干地支／西曆／星期	戊辰 13 三	己巳 14 四	庚午 15 五	辛未 16 六	壬申 17 日	癸酉 18 一	甲戌 19 二	乙亥 20 三	丙子 21 四	丁丑 22 五	戊寅 23 六	己卯 24 日	庚辰 25 一	辛巳 26 二	壬午 27 三	癸未 28 四	甲申 29 五	乙酉 30 六	丙戌 31 日	丁亥 (6) 一	戊子 2 二	己丑 3 三	庚寅 4 四	辛卯 5 五	壬辰 6 六	癸巳 7 日	甲午 8 一	乙未 9 二	丙申 10 三	丁酉 11 四	己卯小滿 甲午芒種
五月小	丙午 天干地支／西曆／星期	戊戌 12 五	己亥 13 六	庚子 14 日	辛丑 15 一	壬寅 16 二	癸卯 17 三	甲辰 18 四	乙巳 19 五	丙午 20 六	丁未 21 日	戊申 22 一	己酉 23 二	庚戌 24 三	辛亥 25 四	壬子 26 五	癸丑 27 六	甲寅 28 日	乙卯 29 一	丙辰 30 二	丁巳 (7) 三	戊午 2 四	己未 3 五	庚申 4 六	辛酉 5 日	壬戌 6 一	癸亥 7 二	甲子 8 三	乙丑 9 四	丙寅 10 五		己酉夏至 甲子小暑
六月大	丁未 天干地支／西曆／星期	丁卯 11 六	戊辰 12 日	己巳 13 一	庚午 14 二	辛未 15 三	壬申 16 四	癸酉 17 五	甲戌 18 六	乙亥 19 日	丙子 20 一	丁丑 21 二	戊寅 22 三	己卯 23 四	庚辰 24 五	辛巳 25 六	壬午 26 日	癸未 27 一	甲申 28 二	乙酉 29 三	丙戌 30 四	丁亥 31 五	戊子 (8) 六	己丑 2 日	庚寅 3 一	辛卯 4 二	壬辰 5 三	癸巳 6 四	甲午 7 五	乙未 8 六	丙申 9 日	庚辰大暑 乙未立秋
七月小	戊申 天干地支／西曆／星期	丁酉 10 一	戊戌 11 二	己亥 12 三	庚子 13 四	辛丑 14 五	壬寅 15 六	癸卯 16 日	甲辰 17 一	乙巳 18 二	丙午 19 三	丁未 20 四	戊申 21 五	己酉 22 六	庚戌 23 日	辛亥 24 一	壬子 25 二	癸丑 26 三	甲寅 27 四	乙卯 28 五	丙辰 29 六	丁巳 30 日	戊午 31 一	己未 (9) 二	庚申 2 三	辛酉 3 四	壬戌 4 五	癸亥 5 六	甲子 6 日	乙丑 7 一		庚戌處暑 乙丑白露
八月大	己酉 天干地支／西曆／星期	丙寅 8 二	丁卯 9 三	戊辰 10 四	己巳 11 五	庚午 12 六	辛未 13 日	壬申 14 一	癸酉 15 二	甲戌 16 三	乙亥 17 四	丙子 18 五	丁丑 19 六	戊寅 20 日	己卯 21 一	庚辰 22 二	辛巳 23 三	壬午 24 四	癸未 25 五	甲申 26 六	乙酉 27 日	丙戌 28 一	丁亥 29 二	戊子 30 三	己丑 (10) 四	庚寅 2 五	辛卯 3 六	壬辰 4 日	癸巳 5 一	甲午 6 二	乙未 7 三	辛巳秋分
九月小	庚戌 天干地支／西曆／星期	丙申 8 四	丁酉 9 五	戊戌 10 六	己亥 11 日	庚子 12 一	辛丑 13 二	壬寅 14 三	癸卯 15 四	甲辰 16 五	乙巳 17 六	丙午 18 日	丁未 19 一	戊申 20 二	己酉 21 三	庚戌 22 四	辛亥 23 五	壬子 24 六	癸丑 25 日	甲寅 26 一	乙卯 27 二	丙辰 28 三	丁巳 29 四	戊午 30 五	己未 31 六	庚申 (11) 日	辛酉 2 一	壬戌 3 二	癸亥 4 三	甲子 5 四		丙申寒露 辛亥霜降
十月大	辛亥 天干地支／西曆／星期	乙丑 6 五	丙寅 7 六	丁卯 8 日	戊辰 9 一	己巳 10 二	庚午 11 三	辛未 12 四	壬申 13 五	癸酉 14 六	甲戌 15 日	乙亥 16 一	丙子 17 二	丁丑 18 三	戊寅 19 四	己卯 20 五	庚辰 21 六	辛巳 22 日	壬午 23 一	癸未 24 二	甲申 25 三	乙酉 26 四	丙戌 27 五	丁亥 28 六	戊子 29 日	己丑 30 一	庚寅 (12) 二	辛卯 2 三	壬辰 3 四	癸巳 4 五	甲午 5 六	丙寅立冬 辛巳小雪
十一月小	壬子 天干地支／西曆／星期	乙未 6 日	丙申 7 一	丁酉 8 二	戊戌 9 三	己亥 10 四	庚子 11 五	辛丑 12 六	壬寅 13 日	癸卯 14 一	甲辰 15 二	乙巳 16 三	丙午 17 四	丁未 18 五	戊申 19 六	己酉 20 日	庚戌 21 一	辛亥 22 二	壬子 23 三	癸丑 24 四	甲寅 25 五	乙卯 26 六	丙辰 27 日	丁巳 28 一	戊午 29 二	己未 30 三	庚申 31 四	辛酉 (1) 五	壬戌 2 六	癸亥 3 日		丁酉大雪 壬子冬至
十二月大	癸丑 天干地支／西曆／星期	甲子 4 一	乙丑 5 二	丙寅 6 三	丁卯 7 四	戊辰 8 五	己巳 9 六	庚午 10 日	辛未 11 一	壬申 12 二	癸酉 13 三	甲戌 14 四	乙亥 15 五	丙子 16 六	丁丑 17 日	戊寅 18 一	己卯 19 二	庚辰 20 三	辛巳 21 四	壬午 22 五	癸未 23 六	甲申 24 日	乙酉 25 一	丙戌 26 二	丁亥 27 三	戊子 28 四	己丑 29 五	庚寅 30 六	辛卯 31 日	壬辰 (2) 一	癸巳 2 二	丁卯小寒 壬午大寒

後秦姚興皇初五年（戊戌 狗年） 公元398～399年

夏曆月序	中西曆日對照	夏曆日序																													節氣與天象
		初一	初二	初三	初四	初五	初六	初七	初八	初九	初十	十一	十二	十三	十四	十五	十六	十七	十八	十九	二十	二一	二二	二三	二四	二五	二六	二七	二八	二九	三十	
正月小	甲寅 天干地支/西曆/星期	甲午 3 三	乙未 4 四	丙申 5 五	丁酉 6 六	戊戌 7 日	己亥 8 一	庚子 9 二	辛丑 10 三	壬寅 11 四	癸卯 12 五	甲辰 13 六	乙巳 14 日	丙午 15 一	丁未 16 二	戊申 17 三	己酉 18 四	庚戌 19 五	辛亥 20 六	壬子 21 日	癸丑 22 一	甲寅 23 二	乙卯 24 三	丙辰 25 四	丁巳 26 五	戊午 27 六	己未 (3) 一	庚申 2 二	辛酉 3 三	壬戌 4 日		戊戌立春 癸丑雨水
二月大	乙卯 天干地支/西曆/星期	癸亥 4 四	甲子 5 五	乙丑 6 六	丙寅 7 日	丁卯 8 一	戊辰 9 二	己巳 10 三	庚午 11 四	辛未 12 五	壬申 13 六	癸酉 14 日	甲戌 15 一	乙亥 16 二	丙子 17 三	丁丑 18 四	戊寅 19 五	己卯 20 六	庚辰 21 日	辛巳 22 一	壬午 23 二	癸未 24 三	甲申 25 四	乙酉 26 五	丙戌 27 六	丁亥 28 日	戊子 29 一	己丑 30 二	庚寅 31 三	辛卯 (4) 四	壬辰 2 五	戊辰驚蟄 癸未春分
三月小	丙辰 天干地支/西曆/星期	癸巳 3 六	甲午 4 日	乙未 5 一	丙申 6 二	丁酉 7 三	戊戌 8 四	己亥 9 五	庚子 10 六	辛丑 11 日	壬寅 12 一	癸卯 13 二	甲辰 14 三	乙巳 15 四	丙午 16 五	丁未 17 六	戊申 18 日	己酉 19 一	庚戌 20 二	辛亥 21 三	壬子 22 四	癸丑 23 五	甲寅 24 六	乙卯 25 日	丙辰 26 一	丁巳 27 二	戊午 28 三	己未 29 四	庚申 30 五	辛酉 (5) 六		戊戌清明 甲寅穀雨
四月大	丁巳 天干地支/西曆/星期	壬戌 2 日	癸亥 3 一	甲子 4 二	乙丑 5 三	丙寅 6 四	丁卯 7 五	戊辰 8 六	己巳 9 日	庚午 10 一	辛未 11 二	壬申 12 三	癸酉 13 四	甲戌 14 五	乙亥 15 六	丙子 16 日	丁丑 17 一	戊寅 18 二	己卯 19 三	庚辰 20 四	辛巳 21 五	壬午 22 六	癸未 23 日	甲申 24 一	乙酉 25 二	丙戌 26 三	丁亥 27 四	戊子 28 五	己丑 29 六	庚寅 30 日	辛卯 31 一	己巳立夏 甲申小滿
五月小	戊午 天干地支/西曆/星期	壬辰 (6) 二	癸巳 2 三	甲午 3 四	乙未 4 五	丙申 5 六	丁酉 6 日	戊戌 7 一	己亥 8 二	庚子 9 三	辛丑 10 四	壬寅 11 五	癸卯 12 六	甲辰 13 日	乙巳 14 一	丙午 15 二	丁未 16 三	戊申 17 四	己酉 18 五	庚戌 19 六	辛亥 20 日	壬子 21 一	癸丑 22 二	甲寅 23 三	乙卯 24 四	丙辰 25 五	丁巳 26 六	戊午 27 日	己未 28 一	庚申 29 二		己亥芒種 乙卯夏至
六月大	己未 天干地支/西曆/星期	辛酉 30 (7) 三	壬戌 2 四	癸亥 3 五	甲子 4 六	乙丑 5 日	丙寅 6 一	丁卯 7 二	戊辰 8 三	己巳 9 四	庚午 10 五	辛未 11 六	壬申 12 日	癸酉 13 一	甲戌 14 二	乙亥 15 三	丙子 16 四	丁丑 17 五	戊寅 18 六	己卯 19 日	庚辰 20 一	辛巳 21 二	壬午 22 三	癸未 23 四	甲申 24 五	乙酉 25 六	丙戌 26 日	丁亥 27 一	戊子 28 二	己丑 29 三	庚寅 30 四	庚午小暑 乙酉大暑
七月大	庚申 天干地支/西曆/星期	辛卯 30 五	壬辰 31 (8) 六	癸巳 2 日	甲午 3 一	乙未 4 二	丙申 5 三	丁酉 6 四	戊戌 7 五	己亥 8 六	庚子 9 日	辛丑 10 一	壬寅 11 二	癸卯 12 三	甲辰 13 四	乙巳 14 五	丙午 15 六	丁未 16 日	戊申 17 一	己酉 18 二	庚戌 19 三	辛亥 20 四	壬子 21 五	癸丑 22 六	甲寅 23 日	乙卯 24 一	丙辰 25 二	丁巳 26 三	戊午 27 四	己未 28 五		庚子立秋 乙卯處暑
八月小	辛酉 天干地支/西曆/星期	辛酉 29 六	壬戌 30 日	癸亥 31 (9) 一	甲子 2 二	乙丑 3 三	丙寅 4 四	丁卯 5 五	戊辰 6 六	己巳 7 日	庚午 8 一	辛未 9 二	壬申 10 三	癸酉 11 四	甲戌 12 五	乙亥 13 六	丙子 14 日	丁丑 15 一	戊寅 16 二	己卯 17 三	庚辰 18 四	辛巳 19 五	壬午 20 六	癸未 21 日	甲申 22 一	乙酉 23 二	丙戌 24 三	丁亥 25 四	戊子 26 五			辛未白露 丙戌秋分
九月大	壬戌 天干地支/西曆/星期	庚寅 27 一	辛卯 28 二	壬辰 29 三	癸巳 30 四	甲午 (10) 五	乙未 2 六	丙申 3 日	丁酉 4 一	戊戌 5 二	己亥 6 三	庚子 7 四	辛丑 8 五	壬寅 9 六	癸卯 10 日	甲辰 11 一	乙巳 12 二	丙午 13 三	丁未 14 四	戊申 15 五	己酉 16 六	庚戌 17 日	辛亥 18 一	壬子 19 二	癸丑 20 三	甲寅 21 四	乙卯 22 五	丙辰 23 六	丁巳 24 日	戊午 25 一	己未 26 二	辛丑寒露 丙辰霜降
十月小	癸亥 天干地支/西曆/星期	庚申 27 三	辛酉 28 四	壬戌 29 五	癸亥 30 六	甲子 31 日	乙丑 (11) 一	丙寅 2 二	丁卯 3 三	戊辰 4 四	己巳 5 五	庚午 6 六	辛未 7 日	壬申 8 一	癸酉 9 二	甲戌 10 三	乙亥 11 四	丙子 12 五	丁丑 13 六	戊寅 14 日	己卯 15 一	庚辰 16 二	辛巳 17 三	壬午 18 四	癸未 19 五	甲申 20 六	乙酉 21 日	丙戌 22 一	丁亥 23 二	戊子 24 三		辛未立冬 丁亥小雪
十一月大	甲子 天干地支/西曆/星期	己丑 25 四	庚寅 26 五	辛卯 27 六	壬辰 28 日	癸巳 29 一	甲午 30 二	乙未 (12) 三	丙申 2 四	丁酉 3 五	戊戌 4 六	己亥 5 日	庚子 6 一	辛丑 7 二	壬寅 8 三	癸卯 9 四	甲辰 10 五	乙巳 11 六	丙午 12 日	丁未 13 一	戊申 14 二	己酉 15 三	庚戌 16 四	辛亥 17 五	壬子 18 六	癸丑 19 日	甲寅 20 一	乙卯 21 二	丙辰 22 三	丁巳 23 四	戊午 24 五	壬寅大雪 丁巳冬至
閏十一月小	甲午 天干地支/西曆/星期	己未 25 六	庚申 26 日	辛酉 27 一	壬戌 28 二	癸亥 29 三	甲子 30 四	乙丑 31 五	丙寅 (1) 六	丁卯 2 日	戊辰 3 一	己巳 4 二	庚午 5 三	辛未 6 四	壬申 7 五	癸酉 8 六	甲戌 9 日	乙亥 10 一	丙子 11 二	丁丑 12 三	戊寅 13 四	己卯 14 五	庚辰 15 六	辛巳 16 日	壬午 17 一	癸未 18 二	甲申 19 三	乙酉 20 四	丙戌 21 五	丁亥 22 六		壬申小寒
十二月大	乙丑 天干地支/西曆/星期	戊子 23 日	己丑 24 一	庚寅 25 二	辛卯 26 三	壬辰 27 四	癸巳 28 五	甲午 29 六	乙未 30 日	丙申 31 一	丁酉 (2) 二	戊戌 2 三	己亥 3 四	庚子 4 五	辛丑 5 六	壬寅 6 日	癸卯 7 一	甲辰 8 二	乙巳 9 三	丙午 10 四	丁未 11 五	戊申 12 六	己酉 13 日	庚戌 14 一	辛亥 15 二	壬子 16 三	癸丑 17 四	甲寅 18 五	乙卯 19 六	丙辰 20 日	丁巳 21 一	戊子大寒 癸卯立春

後秦姚興皇初六年 弘始元年（己亥 豬年）　公元399～400年

夏曆月序	中西曆日對照	夏曆日序 初一	初二	初三	初四	初五	初六	初七	初八	初九	初十	十一	十二	十三	十四	十五	十六	十七	十八	十九	二十	二一	二二	二三	二四	二五	二六	二七	二八	二九	三十	節氣與天象
正月小 丙寅	天干地支/西曆/星期	戊午 22 二	己未 23 三	庚申 24 四	辛酉 25 五	壬戌 26 六	癸亥 27 日	甲子 28 (3) 一	乙丑 2 二	丙寅 3 三	丁卯 4 四	戊辰 5 五	己巳 6 六	庚午 7 日	辛未 8 一	壬申 9 二	癸酉 10 三	甲戌 11 四	乙亥 12 五	丙子 13 六	丁丑 14 日	戊寅 15 一	己卯 16 二	庚辰 17 三	辛巳 18 四	壬午 19 五	癸未 20 六	甲申 21 日	乙酉 22 一	丙戌 23 二		戊午雨水 癸酉驚蟄
二月大 丁卯	天干地支/西曆/星期	丁亥 23 三	戊子 24 四	己丑 25 五	庚寅 26 六	辛卯 27 日	壬辰 28 一	癸巳 29 二	甲午 30 三	乙未 31 四	丙申 (4) 五	丁酉 2 六	戊戌 3 日	己亥 4 一	庚子 5 二	辛丑 6 三	壬寅 7 四	癸卯 8 五	甲辰 9 六	乙巳 10 日	丙午 11 一	丁未 12 二	戊申 13 三	己酉 14 四	庚戌 15 五	辛亥 16 六	壬子 17 日	癸丑 18 一	甲寅 19 二	乙卯 20 三	丙辰 21 四	戊子春分 甲辰清明
三月小 戊辰	天干地支/西曆/星期	丁巳 22 五	戊午 23 六	己未 24 日	庚申 25 一	辛酉 26 二	壬戌 27 三	癸亥 28 四	甲子 29 五	乙丑 30 六	丙寅 (5) 日	丁卯 2 一	戊辰 3 二	己巳 4 三	庚午 5 四	辛未 6 五	壬申 7 六	癸酉 8 日	甲戌 9 一	乙亥 10 二	丙子 11 三	丁丑 12 四	戊寅 13 五	己卯 14 六	庚辰 15 日	辛巳 16 一	壬午 17 二	癸未 18 三	甲申 19 四	乙酉 20 五		己未穀雨 甲戌立夏
四月大 己巳	天干地支/西曆/星期	丙戌 21 六	丁亥 22 日	戊子 23 一	己丑 24 二	庚寅 25 三	辛卯 26 四	壬辰 27 五	癸巳 28 六	甲午 29 日	乙未 31 一	丙申 (6) 二	丁酉 2 三	戊戌 3 四	己亥 4 五	庚子 5 六	辛丑 6 日	壬寅 7 一	癸卯 8 二	甲辰 9 三	乙巳 10 四	丙午 11 五	丁未 12 六	戊申 13 日	己酉 14 一	庚戌 15 二	辛亥 16 三	壬子 17 四	癸丑 18 五	甲寅 19 六	乙卯 19 日	己丑小滿 乙巳芒種
五月小 庚午	天干地支/西曆/星期	丙辰 20 一	丁巳 21 二	戊午 22 三	己未 23 四	庚申 24 五	辛酉 25 六	壬戌 26 日	癸亥 27 一	甲子 28 二	乙丑 29 三	丙寅 30 四	丁卯 (7) 五	戊辰 2 六	己巳 3 日	庚午 4 一	辛未 5 二	壬申 6 三	癸酉 7 四	甲戌 8 五	乙亥 9 六	丙子 10 日	丁丑 11 一	戊寅 12 二	己卯 13 三	庚辰 14 四	辛巳 15 五	壬午 16 六	癸未 17 日	甲申 18 一		庚申夏至 乙亥小暑
六月大 辛未	天干地支/西曆/星期	乙酉 19 二	丙戌 20 三	丁亥 21 四	戊子 22 五	己丑 23 六	庚寅 24 日	辛卯 25 一	壬辰 26 二	癸巳 27 三	甲午 28 四	乙未 29 五	丙申 30 六	丁酉 31 日	戊戌 (8) 一	己亥 2 二	庚子 3 三	辛丑 4 四	壬寅 5 五	癸卯 6 六	甲辰 7 日	乙巳 8 一	丙午 9 二	丁未 10 三	戊申 11 四	己酉 12 五	庚戌 13 六	辛亥 14 日	壬子 15 一	癸丑 16 二	甲寅 17 三	庚寅大暑 乙巳立秋
七月小 壬申	天干地支/西曆/星期	乙卯 18 四	丙辰 19 五	丁巳 20 六	戊午 21 日	己未 22 一	庚申 23 二	辛酉 24 三	壬戌 25 四	癸亥 26 五	甲子 27 六	乙丑 28 日	丙寅 29 一	丁卯 30 二	戊辰 31 三	己巳 (9) 四	庚午 2 五	辛未 3 六	壬申 4 日	癸酉 5 一	甲戌 6 二	乙亥 7 三	丙子 8 四	丁丑 9 五	戊寅 10 六	己卯 11 日	庚辰 12 一	辛巳 13 二	壬午 14 三	癸未 15 四		辛酉處暑 丙子白露
八月大 癸酉	天干地支/西曆/星期	甲申 16 五	乙酉 17 六	丙戌 18 日	丁亥 19 一	戊子 20 二	己丑 21 三	庚寅 22 四	辛卯 23 五	壬辰 24 六	癸巳 25 日	甲午 26 一	乙未 27 二	丙申 28 三	丁酉 29 四	戊戌 30 五	己亥 (10) 六	庚子 2 日	辛丑 3 一	壬寅 4 二	癸卯 5 三	甲辰 6 四	乙巳 7 五	丙午 8 六	丁未 9 日	戊申 10 一	己酉 11 二	庚戌 12 三	辛亥 13 四	壬子 14 五	癸丑 15 六	辛卯秋分 丙午寒露
九月小 甲戌	天干地支/西曆/星期	甲寅 16 日	乙卯 17 一	丙辰 18 二	丁巳 19 三	戊午 20 四	己未 21 五	庚申 22 六	辛酉 23 日	壬戌 24 一	癸亥 25 二	甲子 26 三	乙丑 27 四	丙寅 28 五	丁卯 29 六	戊辰 30 日	己巳 31 一	庚午 (11) 二	辛未 2 三	壬申 3 四	癸酉 4 五	甲戌 5 六	乙亥 6 日	丙子 7 一	丁丑 8 二	戊寅 9 三	己卯 10 四	庚辰 11 五	辛巳 12 六	壬午 13 日		辛酉霜降 丁丑立冬
十月大 乙亥	天干地支/西曆/星期	癸未 14 一	甲申 15 二	乙酉 16 三	丙戌 17 四	丁亥 18 五	戊子 19 六	己丑 20 日	庚寅 21 一	辛卯 22 二	壬辰 23 三	癸巳 24 四	甲午 25 五	乙未 26 六	丙申 27 日	丁酉 28 一	戊戌 29 二	己亥 30 三	庚子 (12) 四	辛丑 2 五	壬寅 3 六	癸卯 4 日	甲辰 5 一	乙巳 6 二	丙午 7 三	丁未 8 四	戊申 9 五	己酉 10 六	庚戌 11 日	辛亥 12 一	壬子 13 二	壬辰小雪 丁未大雪
十一月大 丙子	天干地支/西曆/星期	癸丑 14 三	甲寅 15 四	乙卯 16 五	丙辰 17 六	丁巳 18 日	戊午 19 一	己未 20 二	庚申 21 三	辛酉 22 四	壬戌 23 五	癸亥 24 六	甲子 25 日	乙丑 26 一	丙寅 27 二	丁卯 28 三	戊辰 29 四	己巳 30 五	庚午 31 六	辛未 (1) 日	壬申 2 一	癸酉 3 二	甲戌 4 三	乙亥 5 四	丙子 6 五	丁丑 7 六	戊寅 8 日	己卯 9 一	庚辰 10 二	辛巳 11 三	壬午 12 四	壬戌冬至 戊寅小寒
十二月小 丁丑	天干地支/西曆/星期	癸未 13 五	甲申 14 六	乙酉 15 日	丙戌 16 一	丁亥 17 二	戊子 18 三	己丑 19 四	庚寅 20 五	辛卯 21 六	壬辰 22 日	癸巳 23 一	甲午 24 二	乙未 25 三	丙申 26 四	丁酉 27 五	戊戌 28 六	己亥 29 日	庚子 30 一	辛丑 31 二	壬寅 (2) 三	癸卯 2 四	甲辰 3 五	乙巳 4 六	丙午 5 日	丁未 6 一	戊申 7 二	己酉 8 三	庚戌 9 四	辛亥 10 五		癸巳大寒 戊申立春

*九月，改元弘始。

後秦姚興弘始二年（庚子 鼠年） 公元 400 ~ 401 年

夏曆月序	中西日照對照	夏曆日序 初一	初二	初三	初四	初五	初六	初七	初八	初九	初十	十一	十二	十三	十四	十五	十六	十七	十八	十九	二十	二一	二二	二三	二四	二五	二六	二七	二八	二九	三十	節氣與天象
正月大	戊寅	壬子 11日 六	癸丑 12 一	甲寅 13 二	乙卯 14 三	丙辰 15 四	丁巳 16 五	戊午 17 六	己未 18 日	庚申 19 一	辛酉 20 二	壬戌 21 三	癸亥 22 四	甲子 23 五	乙丑 24 六	丙寅 25 日	丁卯 26 一	戊辰 27 二	己巳 28 三	庚午 29(3) 四	辛未 2 五	壬申 3 六	癸酉 4 日	甲戌 5 一	乙亥 6 二	丙子 7 三	丁丑 8 四	戊寅 9 五	己卯 10 六	庚辰 11日	辛巳	癸亥雨水 戊寅驚蟄
二月小	己卯	壬午 12 一	癸未 13 二	甲申 14 三	乙酉 15 四	丙戌 16 五	丁亥 17 六	戊子 18日	己丑 19 一	庚寅 20 二	辛卯 21 三	壬辰 22 四	癸巳 23 五	甲午 24 六	乙未 25日	丙申 26 一	丁酉 27 二	戊戌 28 三	己亥 29 四	庚子 30 五	辛丑 31(4) 六	壬寅 2 日	癸卯 3 一	甲辰 4 二	乙巳 5 三	丙午 6 四	丁未 7 五	戊申 8 六	己酉 9 日	庚戌		甲午春分 己酉清明
三月大	庚辰	辛亥 10 一	壬子 11 二	癸丑 12 三	甲寅 13 四	乙卯 14 五	丙辰 15 六	丁巳 16 日	戊午 17 一	己未 18 二	庚申 19 三	辛酉 20 四	壬戌 21 五	癸亥 22 六	甲子 23 日	乙丑 24 一	丙寅 25 二	丁卯 26 三	戊辰 27 四	己巳 28 五	庚午 29 六	辛未 30(5) 日	壬申 2 一	癸酉 3 二	甲戌 4 三	乙亥 5 四	丙子 6 五	丁丑 7 六	戊寅 8 日	己卯 9 一	庚辰	甲子穀雨 己卯立夏
四月小	辛巳	辛巳 10 二	壬午 11 三	癸未 12 四	甲申 13 五	乙酉 14 六	丙戌 15 日	丁亥 16 一	戊子 17 二	己丑 18 三	庚寅 19 四	辛卯 20 五	壬辰 21 六	癸巳 22 日	甲午 23 一	乙未 24 二	丙申 25 三	丁酉 26 四	戊戌 27 五	己亥 28 六	庚子 29 日	辛丑 30(6) 一	壬寅 2 二	癸卯 3 三	甲辰 4 四	乙巳 5 五	丙午 6 六	丁未 7 日	戊申 8 一			乙未小滿
五月大	壬午	庚戌 8 五	辛亥 9 六	壬子 10 日	癸丑 11 一	甲寅 12 二	乙卯 13 三	丙辰 14 四	丁巳 15 五	戊午 16 六	己未 17 日	庚申 18 一	辛酉 19 二	壬戌 20 三	癸亥 21 四	甲子 22 五	乙丑 23 六	丙寅 24 日	丁卯 25 一	戊辰 26 二	己巳 27 三	庚午 28 四	辛未 29 五	壬申 30(7) 六	癸酉 2 日	甲戌 3 一	乙亥 4 二	丙子 5 三	丁丑 6 四	戊寅 7 五	己卯	庚戌芒種 乙丑夏至
六月小	癸未	庚辰 8 日	辛巳 9 一	壬午 10 二	癸未 11 三	甲申 12 四	乙酉 13 五	丙戌 14 六	丁亥 15 日	戊子 16 一	己丑 17 二	庚寅 18 三	辛卯 19 四	壬辰 20 五	癸巳 21 六	甲午 22 日	乙未 23 一	丙申 24 二	丁酉 25 三	戊戌 26 四	己亥 27 五	庚子 28 六	辛丑 29 日	壬寅 30(8) 一	癸卯 2 二	甲辰 3 三	乙巳 4 四	丙午 5 五	丁未			庚辰小暑 乙未大暑 庚辰日食
七月大	甲申	己酉 6 一	庚戌 7 二	辛亥 8 三	壬子 9 四	癸丑 10 五	甲寅 11 六	乙卯 12 日	丙辰 13 一	丁巳 14 二	戊午 15 三	己未 16 四	庚申 17 五	辛酉 18 六	壬戌 19 日	癸亥 20 一	甲子 21 二	乙丑 22 三	丙寅 23 四	丁卯 24 五	戊辰 25 六	己巳 26 日	庚午 27 一	辛未 28 二	壬申 29 三	癸酉 30 四	甲戌 31(9) 五	乙亥 2 六	丙子 3 日	丁丑 4 一	戊寅	辛亥立秋 丙寅處暑
八月小	乙酉	己卯 5 三	庚辰 6 四	辛巳 7 五	壬午 8 六	癸未 9 日	甲申 10 一	乙酉 11 二	丙戌 12 三	丁亥 13 四	戊子 14 五	己丑 15 六	庚寅 16 日	辛卯 17 一	壬辰 18 二	癸巳 19 三	甲午 20 四	乙未 21 五	丙申 22 六	丁酉 23 日	戊戌 24 一	己亥 25 二	庚子 26 三	辛丑 27 四	壬寅 28 五	癸卯 29 六	甲辰 30(10) 日	乙巳 2 一	丙午 2 二	丁未 3 三		辛巳白露 丙申秋分
九月大	丙戌	戊申 4 四	己酉 5 五	庚戌 6 六	辛亥 7 日	壬子 8 一	癸丑 9 二	甲寅 10 三	乙卯 11 四	丙辰 12 五	丁巳 13 六	戊午 14 日	己未 15 一	庚申 16 二	辛酉 17 三	壬戌 18 四	癸亥 19 五	甲子 20 六	乙丑 21 日	丙寅 22 一	丁卯 23 二	戊辰 24 三	己巳 25 四	庚午 26 五	辛未 27 六	壬申 28 日	癸酉 29 一	甲戌 30 二	乙亥 31(11) 三	丙子 2 四	丁丑 3 五	壬子寒露 丁卯霜降
十月小	丁亥	戊寅 3 六	己卯 4 日	庚辰 5 一	辛巳 6 二	壬午 7 三	癸未 8 四	甲申 9 五	乙酉 10 六	丙戌 11 日	丁亥 12 一	戊子 13 二	己丑 14 三	庚寅 15 四	辛卯 16 五	壬辰 17 六	癸巳 18 日	甲午 19 一	乙未 20 二	丙申 21 三	丁酉 22 四	戊戌 23 五	己亥 24 六	庚子 25 日	辛丑 26 一	壬寅 27 二	癸卯 28 三	甲辰 29 四	乙巳 30(12) 五	丙午 2 六		壬午立冬 丁酉小雪
十一月大	戊子	丁未 2 日	戊申 3 一	己酉 4 二	庚戌 5 三	辛亥 6 四	壬子 7 五	癸丑 8 六	甲寅 9 日	乙卯 10 一	丙辰 11 二	丁巳 12 三	戊午 13 四	己未 14 五	庚申 15 六	辛酉 16 日	壬戌 17 一	癸亥 18 二	甲子 19 三	乙丑 20 四	丙寅 21 五	丁卯 22 六	戊辰 23 日	己巳 24 一	庚午 25 二	辛未 26 三	壬申 27 四	癸酉 28 五	甲戌 29 六	乙亥 30 日	丙子 31 一	壬子大雪 戊辰冬至
十二月小	己丑	丁丑 (1) 二	戊寅 2 三	己卯 3 四	庚辰 4 五	辛巳 5 六	壬午 6 日	癸未 7 一	甲申 8 二	乙酉 9 三	丙戌 10 四	丁亥 11 五	戊子 12 六	己丑 13 日	庚寅 14 一	辛卯 15 二	壬辰 16 三	癸巳 17 四	甲午 18 五	乙未 19 六	丙申 20 日	丁酉 21 一	戊戌 22 二	己亥 23 三	庚子 24 四	辛丑 25 五	壬寅 26 六	癸卯 27 日	甲辰 28 一	乙巳 29 二		癸未小寒 戊戌大寒

後秦姚興弘始三年（辛丑 牛年） 公元401～402年

夏曆月序	中西曆日對照	夏曆日序																													節氣與天象
		初一	初二	初三	初四	初五	初六	初七	初八	初九	初十	十一	十二	十三	十四	十五	十六	十七	十八	十九	二十	二一	二二	二三	二四	二五	二六	二七	二八	二九	三十	
正月大	庚寅 天干地支 西曆日 星期	丙午 30 三	丁未 31 四	戊申 (2) 五	己酉 2 六	庚戌 3 日	辛亥 4 一	壬子 5 二	癸丑 6 三	甲寅 7 四	乙卯 8 五	丙辰 9 六	丁巳 10 日	戊午 11 一	己未 12 二	庚申 13 三	辛酉 14 四	壬戌 15 五	癸亥 16 六	甲子 17 日	乙丑 18 一	丙寅 19 二	丁卯 20 三	戊辰 21 四	己巳 22 五	庚午 23 六	辛未 24 日	壬申 25 一	癸酉 26 二	甲戌 27 三	乙亥 28 四	癸酉立春 戊辰雨水
二月大	辛卯 天干地支 西曆日 星期	丙子 (3) 五	丁丑 2 六	戊寅 3 日	己卯 4 一	庚辰 5 二	辛巳 6 三	壬午 7 四	癸未 8 五	甲申 9 六	乙酉 10 日	丙戌 11 一	丁亥 12 二	戊子 13 三	己丑 14 四	庚寅 15 五	辛卯 16 六	壬辰 17 日	癸巳 18 一	甲午 19 二	乙未 20 三	丙申 21 四	丁酉 22 五	戊戌 23 六	己亥 24 日	庚子 25 一	辛丑 26 二	壬寅 27 三	癸卯 28 四	甲辰 29 五	乙巳 30 六	甲申驚蟄 己亥春分
三月小	壬辰 天干地支 西曆日 星期	丙午 31 日	丁未 (4) 一	戊申 2 二	己酉 3 三	庚戌 4 四	辛亥 5 五	壬子 6 六	癸丑 7 日	甲寅 8 一	乙卯 9 二	丙辰 10 三	丁巳 11 四	戊午 12 五	己未 13 六	庚申 14 日	辛酉 15 一	壬戌 16 二	癸亥 17 三	甲子 18 四	乙丑 19 五	丙寅 20 六	丁卯 21 日	戊辰 22 一	己巳 23 二	庚午 24 三	辛未 25 四	壬申 26 五	癸酉 27 六	甲戌 28 日		甲寅清明 己巳穀雨
四月大	癸巳 天干地支 西曆日 星期	乙亥 29 一	丙子 30 二	丁丑 (5) 三	戊寅 2 四	己卯 3 五	庚辰 4 六	辛巳 5 日	壬午 6 一	癸未 7 二	甲申 8 三	乙酉 9 四	丙戌 10 五	丁亥 11 六	戊子 12 日	己丑 13 一	庚寅 14 二	辛卯 15 三	壬辰 16 四	癸巳 17 五	甲午 18 六	乙未 19 日	丙申 20 一	丁酉 21 二	戊戌 22 三	己亥 23 四	庚子 24 五	辛丑 25 六	壬寅 26 日	癸卯 27 一	甲辰 28 二	乙酉立夏 庚子小滿
五月小	甲午 天干地支 西曆日 星期	乙巳 29 三	丙午 30 四	丁未 31 五	戊申 (6) 六	己酉 2 日	庚戌 3 一	辛亥 4 二	壬子 5 三	癸丑 6 四	甲寅 7 五	乙卯 8 六	丙辰 9 日	丁巳 10 一	戊午 11 二	己未 12 三	庚申 13 四	辛酉 14 五	壬戌 15 六	癸亥 16 日	甲子 17 一	乙丑 18 二	丙寅 19 三	丁卯 20 四	戊辰 21 五	己巳 22 六	庚午 23 日	辛未 24 一	壬申 25 二	癸酉 26 三		乙卯芒種 庚午夏至
六月大	乙未 天干地支 西曆日 星期	甲戌 27 四	乙亥 28 五	丙子 29 六	丁丑 30 日	戊寅 (7) 一	己卯 2 二	庚辰 3 三	辛巳 4 四	壬午 5 五	癸未 6 六	甲申 7 日	乙酉 8 一	丙戌 9 二	丁亥 10 三	戊子 11 四	己丑 12 五	庚寅 13 六	辛卯 14 日	壬辰 15 一	癸巳 16 二	甲午 17 三	乙未 18 四	丙申 19 五	丁酉 20 六	戊戌 21 日	己亥 22 一	庚子 23 二	辛丑 24 三	壬寅 25 四	癸卯 26 五	乙酉小暑 辛丑大暑
七月小	丙申 天干地支 西曆日 星期	甲辰 27 六	乙巳 28 日	丙午 29 一	丁未 30 二	戊申 31 三	己酉 (8) 四	庚戌 2 五	辛亥 3 六	壬子 4 日	癸丑 5 一	甲寅 6 二	乙卯 7 三	丙辰 8 四	丁巳 9 五	戊午 10 六	己未 11 日	庚申 12 一	辛酉 13 二	壬戌 14 三	癸亥 15 四	甲子 16 五	乙丑 17 六	丙寅 18 日	丁卯 19 一	戊辰 20 二	己巳 21 三	庚午 22 四	辛未 23 五	壬申 24 六		丙辰立秋 辛未處暑
八月大	丁酉 天干地支 西曆日 星期	癸酉 25 日	甲戌 26 一	乙亥 27 二	丙子 28 三	丁丑 29 四	戊寅 30 五	己卯 31 六	庚辰 (9) 日	辛巳 2 一	壬午 3 二	癸未 4 三	甲申 5 四	乙酉 6 五	丙戌 7 六	丁亥 8 日	戊子 9 一	己丑 10 二	庚寅 11 三	辛卯 12 四	壬辰 13 五	癸巳 14 六	甲午 15 日	乙未 16 一	丙申 17 二	丁酉 18 三	戊戌 19 四	己亥 20 五	庚子 21 六	辛丑 22 日	壬寅 23 一	丙戌白露 壬寅秋分
閏八月小	丁酉 天干地支 西曆日 星期	癸卯 24 二	甲辰 25 三	乙巳 26 四	丙午 27 五	丁未 28 六	戊申 29 日	己酉 30 一	庚戌 (10) 二	辛亥 2 三	壬子 3 四	癸丑 4 五	甲寅 5 六	乙卯 6 日	丙辰 7 一	丁巳 8 二	戊午 9 三	己未 10 四	庚申 11 五	辛酉 12 六	壬戌 13 日	癸亥 14 一	甲子 15 二	乙丑 16 三	丙寅 17 四	丁卯 18 五	戊辰 19 六	己巳 20 日				丁巳寒露
九月大	戊戌 天干地支 西曆日 星期	壬申 23 一	癸酉 24 二	甲戌 25 三	乙亥 26 四	丙子 27 五	丁丑 28 六	戊寅 29 日	己卯 30 一	庚辰 31 二	辛巳 (11) 三	壬午 2 四	癸未 3 五	甲申 4 六	乙酉 5 日	丙戌 6 一	丁亥 7 二	戊子 8 三	己丑 9 四	庚寅 10 五	辛卯 11 六	壬辰 12 日	癸巳 13 一	甲午 14 二	乙未 15 三	丙申 16 四	丁酉 17 五	戊戌 18 六	己亥 19 日	庚子 20 一	辛丑 21 二	壬申霜降 丁亥立冬
十月小	己亥 天干地支 西曆日 星期	壬寅 22 三	癸卯 23 四	甲辰 24 五	乙巳 25 六	丙午 26 日	丁未 27 一	戊申 28 二	己酉 29 三	庚戌 30 四	辛亥 (12) 五	壬子 2 六	癸丑 3 日	甲寅 4 一	乙卯 5 二	丙辰 6 三	丁巳 7 四	戊午 8 五	己未 9 六	庚申 10 日	辛酉 11 一	壬戌 12 二	癸亥 13 三	甲子 14 四	乙丑 15 五	丙寅 16 六	丁卯 17 日	戊辰 18 一	己巳 19 二	庚午 20 三		壬寅小雪 戊午大雪
十一月大	庚子 天干地支 西曆日 星期	辛未 21 四	壬申 22 五	癸酉 23 六	甲戌 24 日	乙亥 25 一	丙子 26 二	丁丑 27 三	戊寅 28 四	己卯 29 五	庚辰 30 六	辛巳 31 日	壬午 (1) 一	癸未 2 二	甲申 3 三	乙酉 4 四	丙戌 5 五	丁亥 6 六	戊子 7 日	己丑 8 一	庚寅 9 二	辛卯 10 三	壬辰 11 四	癸巳 12 五	甲午 13 六	乙未 14 日	丙申 15 一	丁酉 16 二	戊戌 17 三	己亥 18 四	庚子 19 五	癸酉冬至 戊子小寒
十二月小	辛丑 天干地支 西曆日 星期	辛丑 20 六	壬寅 21 日	癸卯 22 一	甲辰 23 二	乙巳 24 三	丙午 25 四	丁未 26 五	戊申 27 六	己酉 28 日	庚戌 29 一	辛亥 30 二	壬子 31 三	癸丑 (2) 四	甲寅 2 五	乙卯 3 六	丙辰 4 日	丁巳 5 一	戊午 6 二	己未 7 三	庚申 8 四	辛酉 9 五	壬戌 10 六	癸亥 11 日	甲子 12 一	乙丑 13 二	丙寅 14 三	丁卯 15 四	戊辰 16 五	己巳 17 六		癸卯大寒 己未立春

後秦姚興弘始四年（壬寅 虎年） 公元 402 ~ 403 年

夏曆月序	西曆對照中曆日照	夏曆日序																													節氣與天象
		初一	初二	初三	初四	初五	初六	初七	初八	初九	初十	十一	十二	十三	十四	十五	十六	十七	十八	十九	二十	二一	二二	二三	二四	二五	二六	二七	二八	二九	三十	
正月大 壬寅	天干地支西曆星期	庚午 18 二	辛未 19 三	壬申 20 四	癸酉 21 五	甲戌 22 六	乙亥 23 日	丙子 24 一	丁丑 25 二	戊寅 26 三	己卯 27 四	庚辰 28 五	辛巳(3)六	壬午 2 日	癸未 3 一	甲申 4 二	乙酉 5 三	丙戌 6 四	丁亥 7 五	戊子 8 六	己丑 9 日	庚寅 10 一	辛卯 11 二	壬辰 12 三	癸巳 13 四	甲午 14 五	乙未 15 六	丙申 16 日	丁酉 17 一	戊戌 18 二	己亥 19 三	甲戌雨水 己丑驚蟄
二月小 癸卯	天干地支西曆星期	庚子 20 四	辛丑 21 五	壬寅 22 六	癸卯 23 日	甲辰 24 一	乙巳 25 二	丙午 26 三	丁未 27 四	戊申 28 五	己酉 29 六	庚戌 30 日	辛亥 31 一	壬子(4)二	癸丑 2 三	甲寅 3 四	乙卯 4 五	丙辰 5 六	丁巳 6 日	戊午 7 一	己未 8 二	庚申 9 三	辛酉 10 四	壬戌 11 五	癸亥 12 六	甲子 13 日	乙丑 14 一	丙寅 15 二	丁卯 16 三	戊辰 17 四		甲辰春分 己未清明
三月大 甲辰	天干地支西曆星期	己巳 18 五	庚午 19 六	辛未 20 日	壬申 21 一	癸酉 22 二	甲戌 23 三	乙亥 24 四	丙子 25 五	丁丑 26 六	戊寅 27 日	己卯 28 一	庚辰 29 二	辛巳 30 三	壬午(5)四	癸未 2 五	甲申 3 六	乙酉 4 日	丙戌 5 一	丁亥 6 二	戊子 7 三	己丑 8 四	庚寅 9 五	辛卯 10 六	壬辰 11 日	癸巳 12 一	甲午 13 二	乙未 14 三	丙申 15 四	丁酉 16 五	戊戌 17 六	乙亥穀雨 庚寅立夏
四月小 乙巳	天干地支西曆星期	己亥 18 日	庚子 19 一	辛丑 20 二	壬寅 21 三	癸卯 22 四	甲辰 23 五	乙巳 24 六	丙午 25 日	丁未 26 一	戊申 27 二	己酉 28 三	庚戌 29 四	辛亥 30 五	壬子 31 六	癸丑(6)日	甲寅 2 一	乙卯 3 二	丙辰 4 三	丁巳 5 四	戊午 6 五	己未 7 六	庚申 8 日	辛酉 9 一	壬戌 10 二	癸亥 11 三	甲子 12 四	乙丑 13 五	丙寅 14 六	丁卯 15 日		乙巳小滿 庚申芒種
五月大 丙午	天干地支西曆星期	戊辰 16 一	己巳 17 二	庚午 18 三	辛未 19 四	壬申 20 五	癸酉 21 六	甲戌 22 日	乙亥 23 一	丙子 24 二	丁丑 25 三	戊寅 26 四	己卯 27 五	庚辰 28 六	辛巳 29 日	壬午 30 一	癸未(7)二	甲申 2 三	乙酉 3 四	丙戌 4 五	丁亥 5 六	戊子 6 日	己丑 7 一	庚寅 8 二	辛卯 9 三	壬辰 10 四	癸巳 11 五	甲午 12 六	乙未 13 日	丙申 14 一	丁酉 15 二	乙亥夏至 辛卯小暑
六月大 丁未	天干地支西曆星期	戊戌 16 三	己亥 17 四	庚子 18 五	辛丑 19 六	壬寅 20 日	癸卯 21 一	甲辰 22 二	乙巳 23 三	丙午 24 四	丁未 25 五	戊申 26 六	己酉 27 日	庚戌 28 一	辛亥 29 二	壬子 30 三	癸丑 31 四	甲寅(8)五	乙卯 2 六	丙辰 3 日	丁巳 4 一	戊午 5 二	己未 6 三	庚申 7 四	辛酉 8 五	壬戌 9 六	癸亥 10 日	甲子 11 一	乙丑 12 二	丙寅 13 三	丁卯 14 四	丙午大暑 辛酉立秋
七月小 戊申	天干地支西曆星期	戊辰 15 五	己巳 16 六	庚午 17 日	辛未 18 一	壬申 19 二	癸酉 20 三	甲戌 21 四	乙亥 22 五	丙子 23 六	丁丑 24 日	戊寅 25 一	己卯 26 二	庚辰 27 三	辛巳 28 四	壬午 29 五	癸未 30 六	甲申(9)日	乙酉 2 一	丙戌 3 二	丁亥 4 三	戊子 5 四	己丑 6 五	庚寅 7 六	辛卯 8 日	壬辰 9 一	癸巳 10 二	甲午 11 三	乙未 12 四	丙申 13 五		丙子處暑 壬辰白露
八月大 己酉	天干地支西曆星期	丁酉 13 六	戊戌 14 日	己亥 15 一	庚子 16 二	辛丑 17 三	壬寅 18 四	癸卯 19 五	甲辰 20 六	乙巳 21 日	丙午 22 一	丁未 23 二	戊申 24 三	己酉 25 四	庚戌 26 五	辛亥 27 六	壬子 28 日	癸丑 29 一	甲寅 30 二	乙卯(10)三	丙辰 2 四	丁巳 3 五	戊午 4 六	己未 5 日	庚申 6 一	辛酉 7 二	壬戌 8 三	癸亥 9 四	甲子 10 五	乙丑 11 六	丙寅 12 日	丁未秋分 壬戌寒露
九月小 庚戌	天干地支西曆星期	丁卯 13 一	戊辰 14 二	己巳 15 三	庚午 16 四	辛未 17 五	壬申 18 六	癸酉 19 日	甲戌 20 一	乙亥 21 二	丙子 22 三	丁丑 23 四	戊寅 24 五	己卯 25 六	庚辰 26 日	辛巳 27 一	壬午 28 二	癸未 29 三	甲申 30 四	乙酉 31 五	丙戌(11)六	丁亥 2 日	戊子 3 一	己丑 4 二	庚寅 5 三	辛卯 6 四	壬辰 7 五	癸巳 8 六	甲午 9 日	乙未 10 一		丁丑霜降 壬辰立冬
十月大 辛亥	天干地支西曆星期	丙申 11 二	丁酉 12 三	戊戌 13 四	己亥 14 五	庚子 15 六	辛丑 16 日	壬寅 17 一	癸卯 18 二	甲辰 19 三	乙巳 20 四	丙午 21 五	丁未 22 六	戊申 23 日	己酉 24 一	庚戌 25 二	辛亥 26 三	壬子 27 四	癸丑 28 五	甲寅 29 六	乙卯 30 日	丙辰(12)一	丁巳 2 二	戊午 3 三	己未 4 四	庚申 5 五	辛酉 6 六	壬戌 7 日	癸亥 8 一	甲子 9 二	乙丑 10 三	戊戌小雪 癸亥大雪 丙申日食
十一月小 壬子	天干地支西曆星期	丙寅 11 四	丁卯 12 五	戊辰 13 六	己巳 14 日	庚午 15 一	辛未 16 二	壬申 17 三	癸酉 18 四	甲戌 19 五	乙亥 20 六	丙子 21 日	丁丑 22 一	戊寅 23 二	己卯 24 三	庚辰 25 四	辛巳 26 五	壬午 27 六	癸未 28 日	甲申 29 一	乙酉 30 二	丙戌 31 三	丁亥(1)四	戊子 2 五	己丑 3 六	庚寅 4 日	辛卯 5 一	壬辰 6 二	癸巳 7 三	甲午 8 四		戊寅冬至 癸巳小寒
十二月大 癸丑	天干地支西曆星期	乙未 9 五	丙申 10 六	丁酉 11 日	戊戌 12 一	己亥 13 二	庚子 14 三	辛丑 15 四	壬寅 16 五	癸卯 17 六	甲辰 18 日	乙巳 19 一	丙午 20 二	丁未 21 三	戊申 22 四	己酉 23 五	庚戌 24 六	辛亥 25 日	壬子 26 一	癸丑 27 二	甲寅 28 三	乙卯 29 四	丙辰 30 五	丁巳 31 六	戊午(2)日	己未 2 一	庚申 3 二	辛酉 4 三	壬戌 5 四	癸亥 6 五	甲子 7 六	己酉大寒 甲子立春

後秦姚興弘始五年（癸卯 兔年） 公元 403 ~ 404 年

夏曆月序	中西日照對照	夏曆日序 初一	初二	初三	初四	初五	初六	初七	初八	初九	初十	十一	十二	十三	十四	十五	十六	十七	十八	十九	二十	二一	二二	二三	二四	二五	二六	二七	二八	二九	三十	節氣與天象
正月小	甲寅 天干地支 西曆 星期	乙丑 8日 一	丙寅 9 二	丁卯 10 三	戊辰 11 四	己巳 12 五	庚午 13 六	辛未 14 日	壬申 15 一	癸酉 16 二	甲戌 17 三	乙亥 18 四	丙子 19 五	丁丑 20 六	戊寅 21 日	己卯 22 一	庚辰 23 二	辛巳 24 三	壬午 25 四	癸未 26 五	甲申 27 六	乙酉 28 日	丙戌(3) 一	丁亥 2 二	戊子 3 三	己丑 4 四	庚寅 5 五	辛卯 6 六	壬辰 7 日	癸巳 8日 一		己卯雨水
二月大	乙卯 天干地支 西曆 星期	甲午 9 二	乙未 10 三	丙申 11 四	丁酉 12 五	戊戌 13 六	己亥 14 日	庚子 15 一	辛丑 16 二	壬寅 17 三	癸卯 18 四	甲辰 19 五	乙巳 20 六	丙午 21 日	丁未 22 一	戊申 23 二	己酉 24 三	庚戌 25 四	辛亥 26 五	壬子 27 六	癸丑 28 日	甲寅 29 一	乙卯 30 二	丙辰 31 三	丁巳(4) 四	戊午 2 五	己未 3 六	庚申 4 日	辛酉 5 一	壬戌 6 二	癸亥 7 三	甲午驚蟄 己酉春分
三月小	丙辰 天干地支 西曆 星期	甲子 8 三	乙丑 9 四	丙寅 10 五	丁卯 11 六	戊辰 12 日	己巳 13 一	庚午 14 二	辛未 15 三	壬申 16 四	癸酉 17 五	甲戌 18 六	乙亥 19 日	丙子 20 一	丁丑 21 二	戊寅 22 三	己卯 23 四	庚辰 24 五	辛巳 25 六	壬午 26 日	癸未 27 一	甲申 28 二	乙酉 29 三	丙戌 30 四	丁亥(5) 五	戊子 2 六	己丑 3 日	庚寅 4 一	辛卯 5 二	壬辰 6 三		乙丑清明 庚辰穀雨
四月大	丁巳 天干地支 西曆 星期	癸巳 7 四	甲午 8 五	乙未 9 六	丙申 10 日	丁酉 11 一	戊戌 12 二	己亥 13 三	庚子 14 四	辛丑 15 五	壬寅 16 六	癸卯 17 日	甲辰 18 一	乙巳 19 二	丙午 20 三	丁未 21 四	戊申 22 五	己酉 23 六	庚戌 24 日	辛亥 25 一	壬子 26 二	癸丑 27 三	甲寅 28 四	乙卯 29 五	丙辰 30 六	丁巳 31 日	戊午(6) 一	己未 2 二	庚申 3 三	辛酉 4 四	壬戌 5 五	乙未立夏 庚戌小滿
五月小	戊午 天干地支 西曆 星期	癸亥 6 六	甲子 7 日	乙丑 8 一	丙寅 9 二	丁卯 10 三	戊辰 11 四	己巳 12 五	庚午 13 六	辛未 14 日	壬申 15 一	癸酉 16 二	甲戌 17 三	乙亥 18 四	丙子 19 五	丁丑 20 六	戊寅 21 日	己卯 22 一	庚辰 23 二	辛巳 24 三	壬午 25 四	癸未 26 五	甲申 27 六	乙酉 28 日	丙戌 29 一	丁亥 30 二	戊子(7) 三	己丑 2 四	庚寅 3 五	辛卯 4 六		丙寅芒種 辛巳夏至
六月大	己未 天干地支 西曆 星期	壬辰 5 日	癸巳 6 一	甲午 7 二	乙未 8 三	丙申 9 四	丁酉 10 五	戊戌 11 六	己亥 12 日	庚子 13 一	辛丑 14 二	壬寅 15 三	癸卯 16 四	甲辰 17 五	乙巳 18 六	丙午 19 日	丁未 20 一	戊申 21 二	己酉 22 三	庚戌 23 四	辛亥 24 五	壬子 25 六	癸丑 26 日	甲寅 27 一	乙卯 28 二	丙辰 29 三	丁巳 30 四	戊午 31 五	己未(8) 六	庚申 2 日	辛酉 3 一	丙申小暑 辛亥大暑
七月小	庚申 天干地支 西曆 星期	壬戌 4 二	癸亥 5 三	甲子 6 四	乙丑 7 五	丙寅 8 六	丁卯 9 日	戊辰 10 一	己巳 11 二	庚午 12 三	辛未 13 四	壬申 14 五	癸酉 15 六	甲戌 16 日	乙亥 17 一	丙子 18 二	丁丑 19 三	戊寅 20 四	己卯 21 五	庚辰 22 六	辛巳 23 日	壬午 24 一	癸未 25 二	甲申 26 三	乙酉 27 四	丙戌 28 五	丁亥 29 六	戊子 30 日	己丑 31 一	庚寅(9) 二		丙寅立秋 壬午處暑
八月大	辛酉 天干地支 西曆 星期	辛卯 2 三	壬辰 3 四	癸巳 4 五	甲午 5 六	乙未 6 日	丙申 7 一	丁酉 8 二	戊戌 9 三	己亥 10 四	庚子 11 五	辛丑 12 六	壬寅 13 日	癸卯 14 一	甲辰 15 二	乙巳 16 三	丙午 17 四	丁未 18 五	戊申 19 六	己酉 20 日	庚戌 21 一	辛亥 22 二	壬子 23 三	癸丑 24 四	甲寅 25 五	乙卯 26 六	丙辰 27 日	丁巳 28 一	戊午 29 二	己未 30 三	庚申(10) 四	丁酉白露 壬子秋分
九月小	壬戌 天干地支 西曆 星期	辛酉 2 五	壬戌 3 六	癸亥 4 日	甲子 5 一	乙丑 6 二	丙寅 7 三	丁卯 8 四	戊辰 9 五	己巳 10 六	庚午 11 日	辛未 12 一	壬申 13 二	癸酉 14 三	甲戌 15 四	乙亥 16 五	丙子 17 六	丁丑 18 日	戊寅 19 一	己卯 20 二	庚辰 21 三	辛巳 22 四	壬午 23 五	癸未 24 六	甲申 25 日	乙酉 26 一	丙戌 27 二	丁亥 28 三	戊子 29 四	己丑 30 五		丁卯寒露 壬午霜降
十月大	癸亥 天干地支 西曆 星期	庚寅 31 六	辛卯(11) 日	壬辰 2 一	癸巳 3 二	甲午 4 三	乙未 5 四	丙申 6 五	丁酉 7 六	戊戌 8 日	己亥 9 一	庚子 10 二	辛丑 11 三	壬寅 12 四	癸卯 13 五	甲辰 14 六	乙巳 15 日	丙午 16 一	丁未 17 二	戊申 18 三	己酉 19 四	庚戌 20 五	辛亥 21 六	壬子 22 日	癸丑 23 一	甲寅 24 二	乙卯 25 三	丙辰 26 四	丁巳 27 五	戊午 28 六	己未 29 日	戊戌立冬 癸丑小雪
十一月大	甲子 天干地支 西曆 星期	庚申 30 一	辛酉(12) 二	壬戌 2 三	癸亥 3 四	甲子 4 五	乙丑 5 六	丙寅 6 日	丁卯 7 一	戊辰 8 二	己巳 9 三	庚午 10 四	辛未 11 五	壬申 12 六	癸酉 13 日	甲戌 14 一	乙亥 15 二	丙子 16 三	丁丑 17 四	戊寅 18 五	己卯 19 六	庚辰 20 日	辛巳 21 一	壬午 22 二	癸未 23 三	甲申 24 四	乙酉 25 五	丙戌 26 六	丁亥 27 日	戊子 28 一	己丑 29 二	戊辰大雪 癸未冬至
十二月小	乙丑 天干地支 西曆 星期	庚寅 30 三	辛卯 31 四	壬辰(1) 五	癸巳 2 六	甲午 3 日	乙未 4 一	丙申 5 二	丁酉 6 三	戊戌 7 四	己亥 8 五	庚子 9 六	辛丑 10 日	壬寅 11 一	癸卯 12 二	甲辰 13 三	乙巳 14 四	丙午 15 五	丁未 16 六	戊申 17 日	己酉 18 一	庚戌 19 二	辛亥 20 三	壬子 21 四	癸丑 22 五	甲寅 23 六	乙卯 24 日	丙辰 25 一	丁巳 26 二	戊午 27 三		己亥小寒 甲寅大寒

後秦姚興弘始六年（甲辰 龍年） 公元 404 ~ 405 年

夏曆月序	中西日曆對照	夏曆日序 初一	初二	初三	初四	初五	初六	初七	初八	初九	初十	十一	十二	十三	十四	十五	十六	十七	十八	十九	二十	廿一	廿二	廿三	廿四	廿五	廿六	廿七	廿八	廿九	三十	節氣與天象
正月大	丙寅 天干地支西曆星期	己未28四	庚申29五	辛酉30六	壬戌31日	癸亥2(2)一	甲子2二	乙丑3三	丙寅4四	丁卯5五	戊辰6六	己巳7日	庚午8一	辛未9二	壬申10三	癸酉11四	甲戌12五	乙亥13六	丙子14日	丁丑15一	戊寅16二	己卯17三	庚辰18四	辛巳19五	壬午20六	癸未21日	甲申22一	乙酉23二	丙戌24三	丁亥25四	戊子26五	己巳立春 甲申雨水
二月小	丁卯 天干地支西曆星期	己丑27六	庚寅28日	辛卯29(3)一	壬辰2二	癸巳3三	甲午4四	乙未5五	丙申6六	丁酉7日	戊戌8一	己亥9二	庚子10三	辛丑11四	壬寅12五	癸卯13六	甲辰14日	乙巳15一	丙午16二	丁未17三	戊申18四	己酉19五	庚戌20六	辛亥21日	壬子22一	癸丑23二	甲寅24三	乙卯25四	丙辰26五	丁巳26六		己亥驚蟄 乙卯春分
三月大	戊辰 天干地支西曆星期	戊午27日	己未28一	庚申29二	辛酉30三	壬戌31(4)四	癸亥2五	甲子3六	乙丑4日	丙寅5一	丁卯6二	戊辰7三	己巳8四	庚午9五	辛未10六	壬申11日	癸酉12一	甲戌13二	乙亥14三	丙子15四	丁丑16五	戊寅17六	己卯18日	庚辰19一	辛巳20二	壬午21三	癸未22四	甲申23五	乙酉24六	丙戌25日		庚午清明 乙酉穀雨
四月小	己巳 天干地支西曆星期	戊子26一	己丑27二	庚寅28三	辛卯29四	壬辰30五	癸巳(5)六	甲午2日	乙未3一	丙申4二	丁酉5三	戊戌6四	己亥7五	庚子8六	辛丑9日	壬寅10一	癸卯11二	甲辰12三	乙巳13四	丙午14五	丁未15六	戊申16日	己酉17一	庚戌18二	辛亥19三	壬子20四	癸丑21五	甲寅22六	乙卯23日	丙辰24一		庚子立夏 丙辰小滿
五月大	庚午 天干地支西曆星期	丁巳25二	戊午26三	己未27四	庚申28五	辛酉29六	壬戌30日	癸亥31(6)一	甲子2二	乙丑3三	丙寅4四	丁卯5五	戊辰6六	己巳7日	庚午8一	辛未9二	壬申10三	癸酉11四	甲戌12五	乙亥13六	丙子14日	丁丑15一	戊寅16二	己卯17三	庚辰18四	辛巳19五	壬午20六	癸未21日	甲申22一	乙酉23二	丙戌24三	辛未芒種 丙戌夏至
閏五月小	庚午 天干地支西曆星期	丁亥24五	戊子25六	己丑26日	庚寅27一	辛卯28二	壬辰29三	癸巳30四	甲午(7)五	乙未2六	丙申3日	丁酉4一	戊戌5二	己亥6三	庚子7四	辛丑8五	壬寅9六	癸卯10日	甲辰11一	乙巳12二	丙午13三	丁未14四	戊申15五	己酉16六	庚戌17日	辛亥18一	壬子19二	癸丑20三	甲寅21四	乙卯22五		辛丑小暑
六月大	辛未 天干地支西曆星期	丙辰23六	丁巳24日	戊午25一	己未26二	庚申27三	辛酉28四	壬戌29五	癸亥30六	甲子31(8)日	乙丑2一	丙寅2二	丁卯3三	戊辰4四	己巳5五	庚午6六	辛未7日	壬申8一	癸酉9二	甲戌10三	乙亥11四	丙子12五	丁丑13六	戊寅14日	己卯15一	庚辰16二	辛巳17三	壬午18四	癸未19五	甲申20六	乙酉21日	丙寅大暑 壬申立秋
七月小	壬申 天干地支西曆星期	丙戌22一	丁亥23二	戊子24三	己丑25四	庚寅26五	辛卯27六	壬辰28日	癸巳29一	甲午30二	乙未31(9)三	丙申2四	丁酉3五	戊戌4六	己亥5日	庚子6一	辛丑7二	壬寅8三	癸卯9四	甲辰10五	乙巳11六	丙午12日	丁未13一	戊申14二	己酉15三	庚戌16四	辛亥17五	壬子18六	癸丑19日	甲寅19一		丁亥處暑 壬寅白露
八月大	癸酉 天干地支西曆星期	乙卯20二	丙辰21三	丁巳22四	戊午23五	己未24六	庚申25日	辛酉26一	壬戌27二	癸亥28三	甲子29四	乙丑30五	丙寅(10)六	丁卯2日	戊辰3一	己巳4二	庚午5三	辛未6四	壬申7五	癸酉8六	甲戌9日	乙亥10一	丙子11二	丁丑12三	戊寅13四	己卯14五	庚辰15六	辛巳16日	壬午17一	癸未18二	甲申19三	丁巳秋分 癸酉寒露
九月小	甲戌 天干地支西曆星期	乙酉20四	丙戌21五	丁亥22六	戊子23日	己丑24一	庚寅25二	辛卯26三	壬辰27四	癸巳28五	甲午29六	乙未30日	丙申31一	丁酉(11)二	戊戌2三	己亥3四	庚子4五	辛丑5六	壬寅6日	癸卯7一	甲辰8二	乙巳9三	丙午10四	丁未11五	戊申12六	己酉13日	庚戌14一	辛亥15二	壬子16三	癸丑17四		戊子霜降 癸卯立冬
十月大	乙亥 天干地支西曆星期	甲寅18五	乙卯19六	丙辰20日	丁巳21一	戊午22二	己未23三	庚申24四	辛酉25五	壬戌26六	癸亥27日	甲子28一	乙丑29二	丙寅30三	丁卯(12)四	戊辰2五	己巳3六	庚午4日	辛未5一	壬申6二	癸酉7三	甲戌8四	乙亥9五	丙子10六	丁丑11日	戊寅12一	己卯13二	庚辰14三	辛巳15四	壬午16五	癸未17六	戊午小雪 癸酉大雪
十一月小	丙子 天干地支西曆星期	甲申18日	乙酉19一	丙戌20二	丁亥21三	戊子22四	己丑23五	庚寅24六	辛卯25日	壬辰26一	癸巳27二	甲午28三	乙未29四	丙申30五	丁酉31六	戊戌(1)日	己亥2一	庚子3二	辛丑4三	壬寅5四	癸卯6五	甲辰7六	乙巳8日	丙午9一	丁未10二	戊申11三	己酉12四	庚戌13五	辛亥14六	壬子15日		己丑冬至 甲辰小寒
十二月大	丁丑 天干地支西曆星期	癸丑16一	甲寅17二	乙卯18三	丙辰19四	丁巳20五	戊午21六	己未22日	庚申23一	辛酉24二	壬戌25三	癸亥26四	甲子27五	乙丑28六	丙寅29日	丁卯30一	戊辰31二	己巳(2)三	庚午2四	辛未3五	壬申4六	癸酉5日	甲戌6一	乙亥7二	丙子8三	丁丑9四	戊寅10五	己卯11六	庚辰12日	辛巳13一	壬午14二	己未大寒 甲戌立春

後秦姚興弘始七年（乙巳 蛇年） 公元 405～406 年

夏曆月序	中西曆對照	夏曆日序 初一	初二	初三	初四	初五	初六	初七	初八	初九	初十	十一	十二	十三	十四	十五	十六	十七	十八	十九	二十	二一	二二	二三	二四	二五	二六	二七	二八	二九	三十	節氣與天象
正月大	戊寅	天干地支西曆星期 癸未15三	甲申16四	乙酉17五	丙戌18六	丁亥19日	戊子20一	己丑21二	庚寅22三	辛卯23四	壬辰24五	癸巳25六	甲午26日	乙未27一	丙申28二	丁酉(3)三	戊戌2四	己亥3五	庚子4六	辛丑5日	壬寅6一	癸卯7二	甲辰8三	乙巳9四	丙午10五	丁未11六	戊申12日	己酉13一	庚戌14二	辛亥15三	壬子16四	己丑雨水 乙巳驚蟄
二月小	己卯	癸丑17五	甲寅18六	乙卯19日	丙辰20一	丁巳21二	戊午22三	己未23四	庚申24五	辛酉25六	壬戌26日	癸亥27一	甲子28二	乙丑29三	丙寅30四	丁卯31五	戊辰(4)六	己巳2日	庚午3一	辛未4二	壬申5三	癸酉6四	甲戌7五	乙亥8六	丙子9日	丁丑10一	戊寅11二	己卯12三	庚辰13四	辛巳14五		庚申春分 乙亥清明
三月大	庚辰	壬午15六	癸未16日	甲申17一	乙酉18二	丙戌19三	丁亥20四	戊子21五	己丑22六	庚寅23日	辛卯24一	壬辰25二	癸巳26三	甲午27四	乙未28五	丙申29六	丁酉30日	戊戌(5)一	己亥2二	庚子3三	辛丑4四	壬寅5五	癸卯6六	甲辰7日	乙巳8一	丙午9二	丁未10三	戊申11四	己酉12五	庚戌13六	辛亥14日	庚寅穀雨 丙午立夏
四月小	辛巳	壬子15一	癸丑16二	甲寅17三	乙卯18四	丙辰19五	丁巳20六	戊午21日	己未22一	庚申23二	辛酉24三	壬戌25四	癸亥26五	甲子27六	乙丑28日	丙寅29一	丁卯30二	戊辰31三	己巳(6)四	庚午2五	辛未3六	壬申4日	癸酉5一	甲戌6二	乙亥7三	丙子8四	丁丑9五	戊寅10六	己卯11日	庚辰12一		辛酉小滿 丙子芒種
五月大	壬午	辛巳13二	壬午14三	癸未15四	甲申16五	乙酉17六	丙戌18日	丁亥19一	戊子20二	己丑21三	庚寅22四	辛卯23五	壬辰24六	癸巳25日	甲午26一	乙未27二	丙申28三	丁酉29四	戊戌30五	己亥(7)六	庚子2日	辛丑3一	壬寅4二	癸卯5三	甲辰6四	乙巳7五	丙午8六	丁未9日	戊申10一	己酉11二	庚戌12三	辛卯夏至 丙午小暑
六月小	癸未	辛亥13四	壬子14五	癸丑15六	甲寅16日	乙卯17一	丙辰18二	丁巳19三	戊午20四	己未21五	庚申22六	辛酉23日	壬戌24一	癸亥25二	甲子26三	乙丑27四	丙寅28五	丁卯29六	戊辰30日	己巳31一	庚午(8)二	辛未2三	壬申3四	癸酉4五	甲戌5六	乙亥6日	丙子7一	丁丑8二	戊寅9三	己卯10四		壬戌大暑 丁丑立秋
七月大	甲申	庚辰11五	辛巳12六	壬午13日	癸未14一	甲申15二	乙酉16三	丙戌17四	丁亥18五	戊子19六	己丑20日	庚寅21一	辛卯22二	壬辰23三	癸巳24四	甲午25五	乙未26六	丙申27日	丁酉28一	戊戌29二	己亥30三	庚子31四	辛丑(9)五	壬寅2六	癸卯3日	甲辰4一	乙巳5二	丙午6三	丁未7四	戊申8五	己酉9六	壬辰處暑 丁未白露
八月小	乙酉	庚戌10日	辛亥11一	壬子12二	癸丑13三	甲寅14四	乙卯15五	丙辰16六	丁巳17日	戊午18一	己未19二	庚申20三	辛酉21四	壬戌22五	癸亥23六	甲子24日	乙丑25一	丙寅26二	丁卯27三	戊辰28四	己巳29五	庚午30六	辛未⑩日	壬申2一	癸酉3二	甲戌4三	乙亥5四	丙子6五	丁丑7六	戊寅8日		癸亥秋分 戊寅寒露
九月大	丙戌	己卯9一	庚辰10二	辛巳11三	壬午12四	癸未13五	甲申14六	乙酉15日	丙戌16一	丁亥17二	戊子18三	己丑19四	庚寅20五	辛卯21六	壬辰22日	癸巳23一	甲午24二	乙未25三	丙申26四	丁酉27五	戊戌28六	己亥29日	庚子30一	辛丑31二	壬寅⑪三	癸卯2四	甲辰3五	乙巳4六	丙午5日	丁未6一	戊申7二	癸巳霜降 戊申立冬
十月小	丁亥	己酉8三	庚戌9四	辛亥10五	壬子11六	癸丑12日	甲寅13一	乙卯14二	丙辰15三	丁巳16四	戊午17五	己未18六	庚申19日	辛酉20一	壬戌21二	癸亥22三	甲子23四	乙丑24五	丙寅25六	丁卯26日	戊辰27一	己巳28二	庚午29三	辛未30四	壬申⑫五	癸酉2六	甲戌3日	乙亥4一	丙子5二	丁丑6三		癸亥小雪
十一月大	戊子	戊寅7四	己卯8五	庚辰9六	辛巳10日	壬午11一	癸未12二	甲申13三	乙酉14四	丙戌15五	丁亥16六	戊子17日	己丑18一	庚寅19二	辛卯20三	壬辰21四	癸巳22五	甲午23六	乙未24日	丙申25一	丁酉26二	戊戌27三	己亥28四	庚子29五	辛丑30六	壬寅31日	癸卯(1)一	甲辰2二	乙巳3三	丙午4四	丁未5五	己卯大雪 甲午冬至
十二月小	己丑	戊申6六	己酉7日	庚戌8一	辛亥9二	壬子10三	癸丑11四	甲寅12五	乙卯13六	丙辰14日	丁巳15一	戊午16二	己未17三	庚申18四	辛酉19五	壬戌20六	癸亥21日	甲子22一	乙丑23二	丙寅24三	丁卯25四	戊辰26五	己巳27六	庚午28日	辛未29一	壬申30二	癸酉31三	甲戌(2)四	乙亥2五	丙子3六		己酉小寒 甲子大寒

後秦姚興弘始八年（丙午 馬年） 公元 406 ~ 407 年

夏曆月序	中西日曆對照	夏曆日序																													節氣與天象
		初一	初二	初三	初四	初五	初六	初七	初八	初九	初十	十一	十二	十三	十四	十五	十六	十七	十八	十九	二十	二一	二二	二三	二四	二五	二六	二七	二八	二九	三十	
正月大 庚寅	天干地支 西曆 星期	丁丑 4日 一	戊寅 5 二	己卯 6 三	庚辰 7 四	辛巳 8 五	壬午 9 六	癸未 10 日	甲申 11 一	乙酉 12 二	丙戌 13 三	丁亥 14 四	戊子 15 五	己丑 16 六	庚寅 17 日	辛卯 18 一	壬辰 19 二	癸巳 20 三	甲午 21 四	乙未 22 五	丙申 23 六	丁酉 24 日	戊戌 25 一	己亥 26 二	庚子 27 三	辛丑 28 四	壬寅 29 五	癸卯 (3) 六	甲辰 2 日	乙巳 3 一	丙午 4 二	丁未 5 三	庚辰立春 乙未雨水
二月小 辛卯	天干地支 西曆 星期	丁未 6 四	戊申 7 五	己酉 8 六	庚戌 9 日	辛亥 10 一	壬子 11 二	癸丑 12 三	甲寅 13 四	乙卯 14 五	丙辰 15 六	丁巳 16 日	戊午 17 一	己未 18 二	庚申 19 三	辛酉 20 四	壬戌 21 五	癸亥 22 六	甲子 23 日	乙丑 24 一	丙寅 25 二	丁卯 26 三	戊辰 27 四	己巳 28 五	庚午 29 六	辛未 30 日	壬申 31 一	癸酉 (4) 二	甲戌 2 三	乙亥 3 四			庚戌驚蟄 乙丑春分
三月大 壬辰	天干地支 西曆 星期	丙子 4 五	丁丑 5 六	戊寅 6 日	己卯 7 一	庚辰 8 二	辛巳 9 三	壬午 10 四	癸未 11 五	甲申 12 六	乙酉 13 日	丙戌 14 一	丁亥 15 二	戊子 16 三	己丑 17 四	庚寅 18 五	辛卯 19 六	壬辰 20 日	癸巳 21 一	甲午 22 二	乙未 23 三	丙申 24 四	丁酉 25 五	戊戌 26 六	己亥 27 日	庚子 28 一	辛丑 29 二	壬寅 30 三	癸卯 (5) 四	甲辰 2 五	乙巳 3 六		庚辰清明 丙申穀雨
四月小 癸巳	天干地支 西曆 星期	丙午 4 日	丁未 5 一	戊申 6 二	己酉 7 三	庚戌 8 四	辛亥 9 五	壬子 10 六	癸丑 11 日	甲寅 12 一	乙卯 13 二	丙辰 14 三	丁巳 15 四	戊午 16 五	己未 17 六	庚申 18 日	辛酉 19 一	壬戌 20 二	癸亥 21 三	甲子 22 四	乙丑 23 五	丙寅 24 六	丁卯 25 日	戊辰 26 一	己巳 27 二	庚午 28 三	辛未 29 四	壬申 30 五	癸酉 31 六	甲戌 (6) 日			辛亥立夏 丙寅小滿
五月大 甲午	天干地支 西曆 星期	乙亥 2 一	丙子 3 二	丁丑 4 三	戊寅 5 四	己卯 6 五	庚辰 7 六	辛巳 8 日	壬午 9 一	癸未 10 二	甲申 11 三	乙酉 12 四	丙戌 13 五	丁亥 14 六	戊子 15 日	己丑 16 一	庚寅 17 二	辛卯 18 三	壬辰 19 四	癸巳 20 五	甲午 21 六	乙未 22 日	丙申 23 一	丁酉 24 二	戊戌 25 三	己亥 26 四	庚子 27 五	辛丑 28 六	壬寅 29 日	癸卯 30 一	甲辰 (7) 二		辛巳芒種 丙申夏至
六月大 乙未	天干地支 西曆 星期	乙巳 2 一	丙午 3 二	丁未 4 三	戊申 5 四	己酉 6 五	庚戌 7 六	辛亥 8 日	壬子 9 一	癸丑 10 二	甲寅 11 三	乙卯 12 四	丙辰 13 五	丁巳 14 六	戊午 15 日	己未 16 一	庚申 17 二	辛酉 18 三	壬戌 19 四	癸亥 20 五	甲子 21 六	乙丑 22 日	丙寅 23 一	丁卯 24 二	戊辰 25 三	己巳 26 四	庚午 27 五	辛未 28 六	壬申 29 日	癸酉 30 一	甲戌 31 二		壬子小暑 丁卯大暑
七月小 丙申	天干地支 西曆 星期	乙亥 (8) 三	丙子 2 四	丁丑 3 五	戊寅 4 六	己卯 5 日	庚辰 6 一	辛巳 7 二	壬午 8 三	癸未 9 四	甲申 10 五	乙酉 11 六	丙戌 12 日	丁亥 13 一	戊子 14 二	己丑 15 三	庚寅 16 四	辛卯 17 五	壬辰 18 六	癸巳 19 日	甲午 20 一	乙未 21 二	丙申 22 三	丁酉 23 四	戊戌 24 五	己亥 25 六	庚子 26 日	辛丑 27 一	壬寅 28 二	癸卯 29 三			壬午立秋 丁酉處暑
八月大 丁酉	天干地支 西曆 星期	甲辰 30 四	乙巳 31 五	丙午 (9) 六	丁未 2 日	戊申 3 一	己酉 4 二	庚戌 5 三	辛亥 6 四	壬子 7 五	癸丑 8 六	甲寅 9 日	乙卯 10 一	丙辰 11 二	丁巳 12 三	戊午 13 四	己未 14 五	庚申 15 六	辛酉 16 日	壬戌 17 一	癸亥 18 二	甲子 19 三	乙丑 20 四	丙寅 21 五	丁卯 22 六	戊辰 23 日	己巳 24 一	庚午 25 二	辛未 26 三	壬申 27 四	癸酉 28 五		癸丑白露 戊辰秋分
九月小 戊戌	天干地支 西曆 星期	甲戌 29 六	乙亥 30 日	丙子 (10) 一	丁丑 2 二	戊寅 3 三	己卯 4 四	庚辰 5 五	辛巳 6 六	壬午 7 日	癸未 8 一	甲申 9 二	乙酉 10 三	丙戌 11 四	丁亥 12 五	戊子 13 六	己丑 14 日	庚寅 15 一	辛卯 16 二	壬辰 17 三	癸巳 18 四	甲午 19 五	乙未 20 六	丙申 21 日	丁酉 22 一	戊戌 23 二	己亥 24 三	庚子 25 四	辛丑 26 五	壬寅 27 六			癸未寒露 戊戌霜降
十月大 己亥	天干地支 西曆 星期	癸卯 28 日	甲辰 29 一	乙巳 30 二	丙午 31 三	丁未 (11) 四	戊申 2 五	己酉 3 六	庚戌 4 日	辛亥 5 一	壬子 6 二	癸丑 7 三	甲寅 8 四	乙卯 9 五	丙辰 10 六	丁巳 11 日	戊午 12 一	己未 13 二	庚申 14 三	辛酉 15 四	壬戌 16 五	癸亥 17 六	甲子 18 日	乙丑 19 一	丙寅 20 二	丁卯 21 三	戊辰 22 四	己巳 23 五	庚午 24 六	辛未 25 日	壬申 26 一		癸丑立冬 己巳小雪
十一月小 庚子	天干地支 西曆 星期	癸酉 27 二	甲戌 28 三	乙亥 29 四	丙子 30 五	丁丑 (12) 六	戊寅 2 日	己卯 3 一	庚辰 4 二	辛巳 5 三	壬午 6 四	癸未 7 五	甲申 8 六	乙酉 9 日	丙戌 10 一	丁亥 11 二	戊子 12 三	己丑 13 四	庚寅 14 五	辛卯 15 六	壬辰 16 日	癸巳 17 一	甲午 18 二	乙未 19 三	丙申 20 四	丁酉 21 五	戊戌 22 六	己亥 23 日	庚子 24 一	辛丑 25 二			甲申大雪 己亥冬至
十二月大 辛丑	天干地支 西曆 星期	壬寅 26 三	癸卯 27 四	甲辰 28 五	乙巳 29 六	丙午 30 日	丁未 31 一	戊申 (1) 二	己酉 2 三	庚戌 3 四	辛亥 4 五	壬子 5 六	癸丑 6 日	甲寅 7 一	乙卯 8 二	丙辰 9 三	丁巳 10 四	戊午 11 五	己未 12 六	庚申 13 日	辛酉 14 一	壬戌 15 二	癸亥 16 三	甲子 17 四	乙丑 18 五	丙寅 19 六	丁卯 20 日	戊辰 21 一	己巳 22 二	庚午 23 三	辛未 24 四		甲寅小寒 庚午大寒

後秦姚興弘始九年（丁未 羊年） 公元 407～408 年

夏曆月序	中西曆對照	夏曆日序																													節氣與天象
		初一	初二	初三	初四	初五	初六	初七	初八	初九	初十	十一	十二	十三	十四	十五	十六	十七	十八	十九	二十	二一	二二	二三	二四	二五	二六	二七	二八	二九	三十	
正月小	壬寅	天干 地支 西曆 星期	壬申 25 五	癸酉 26 六	甲戌 27 日	乙亥 28 一	丙子 29 二	丁丑 30 三	戊寅 31 四	己卯 (2) 五	庚辰 2 六	辛巳 3 日	壬午 4 一	癸未 5 二	甲申 6 三	乙酉 7 四	丙戌 8 五	丁亥 9 六	戊子 10 日	己丑 11 一	庚寅 12 二	辛卯 13 三	壬辰 14 四	癸巳 15 五	甲午 16 六	乙未 17 日	丙申 18 一	丁酉 19 二	戊戌 20 三	己亥 21 四	庚子 22 五		乙酉立春 庚子雨水
二月大	癸卯	天干 地支 西曆 星期	辛丑 23 六	壬寅 24 日	癸卯 25 一	甲辰 26 二	乙巳 27 三	丙午 28 四	丁未 (3) 五	戊申 2 六	己酉 3 日	庚戌 4 一	辛亥 5 二	壬子 6 三	癸丑 7 四	甲寅 8 五	乙卯 9 六	丙辰 10 日	丁巳 11 一	戊午 12 二	己未 13 三	庚申 14 四	辛酉 15 五	壬戌 16 六	癸亥 17 日	甲子 18 一	乙丑 19 二	丙寅 20 三	丁卯 21 四	戊辰 22 五	己巳 23 六	庚午 24 日	乙卯驚蟄 庚午春分 壬寅日食
閏二月小	癸卯	天干 地支 西曆 星期	辛未 25 一	壬申 26 二	癸酉 27 三	甲戌 28 四	乙亥 29 五	丙子 30 六	丁丑 31 日	戊寅 (4) 一	己卯 2 二	庚辰 3 三	辛巳 4 四	壬午 5 五	癸未 6 六	甲申 7 日	乙酉 8 一	丙戌 9 二	丁亥 10 三	戊子 11 四	己丑 12 五	庚寅 13 六	辛卯 14 日	壬辰 15 一	癸巳 16 二	甲午 17 三	乙未 18 四	丙申 19 五	丁酉 20 六	戊戌 21 日	己亥 22 一		丙戌清明
三月大	甲辰	天干 地支 西曆 星期	庚子 23 二	辛丑 24 三	壬寅 25 四	癸卯 26 五	甲辰 27 六	乙巳 28 日	丙午 29 一	丁未 30 二	戊申 (5) 三	己酉 2 四	庚戌 3 五	辛亥 4 六	壬子 5 日	癸丑 6 一	甲寅 7 二	乙卯 8 三	丙辰 9 四	丁巳 10 五	戊午 11 六	己未 12 日	庚申 13 一	辛酉 14 二	壬戌 15 三	癸亥 16 四	甲子 17 五	乙丑 18 六	丙寅 19 日	丁卯 20 一	戊辰 21 二	己巳 22 三	辛丑穀雨 丙辰立夏
四月小	乙巳	天干 地支 西曆 星期	庚午 23 四	辛未 24 五	壬申 25 六	癸酉 26 日	甲戌 27 一	乙亥 28 二	丙子 29 三	丁丑 30 四	戊寅 31 五	己卯 (6) 六	庚辰 2 日	辛巳 3 一	壬午 4 二	癸未 5 三	甲申 6 四	乙酉 7 五	丙戌 8 六	丁亥 9 日	戊子 10 一	己丑 11 二	庚寅 12 三	辛卯 13 四	壬辰 14 五	癸巳 15 六	甲午 16 日	乙未 17 一	丙申 18 二	丁酉 19 三	戊戌 20 四		辛未小滿 丁亥芒種
五月大	丙午	天干 地支 西曆 星期	己亥 21 五	庚子 22 六	辛丑 23 日	壬寅 24 一	癸卯 25 二	甲辰 26 三	乙巳 27 四	丙午 28 五	丁未 29 六	戊申 30 日	己酉 (7) 一	庚戌 2 二	辛亥 3 三	壬子 4 四	癸丑 5 五	甲寅 6 六	乙卯 7 日	丙辰 8 一	丁巳 9 二	戊午 10 三	己未 11 四	庚申 12 五	辛酉 13 六	壬戌 14 日	癸亥 15 一	甲子 16 二	乙丑 17 三	丙寅 18 四	丁卯 19 五	戊辰 20 六	壬寅夏至 丁巳小暑
六月小	丁未	天干 地支 西曆 星期	己巳 21 日	庚午 22 一	辛未 23 二	壬申 24 三	癸酉 25 四	甲戌 26 五	乙亥 27 六	丙子 28 日	丁丑 29 一	戊寅 30 二	己卯 31 三	庚辰 (8) 四	辛巳 2 五	壬午 3 六	癸未 4 日	甲申 5 一	乙酉 6 二	丙戌 7 三	丁亥 8 四	戊子 9 五	己丑 10 六	庚寅 11 日	辛卯 12 一	壬辰 13 二	癸巳 14 三	甲午 15 四	乙未 16 五	丙申 17 六	丁酉 18 日		壬申大暑 丁亥立秋
七月大	戊申	天干 地支 西曆 星期	戊戌 19 一	己亥 20 二	庚子 21 三	辛丑 22 四	壬寅 23 五	癸卯 24 六	甲辰 25 日	乙巳 26 一	丙午 27 二	丁未 28 三	戊申 29 四	己酉 30 五	庚戌 31 六	辛亥 (9) 日	壬子 2 一	癸丑 3 二	甲寅 4 三	乙卯 5 四	丙辰 6 五	丁巳 7 六	戊午 8 日	己未 9 一	庚申 10 二	辛酉 11 三	壬戌 12 四	癸亥 13 五	甲子 14 六	乙丑 15 日	丙寅 16 一	丁卯 17 二	癸卯處暑 戊午白露 戊戌日食
八月小	己酉	天干 地支 西曆 星期	戊辰 18 三	己巳 19 四	庚午 20 五	辛未 21 六	壬申 22 日	癸酉 23 一	甲戌 24 二	乙亥 25 三	丙子 26 四	丁丑 27 五	戊寅 28 六	己卯 29 日	庚辰 30 一	辛巳 (10) 二	壬午 2 三	癸未 3 四	甲申 4 五	乙酉 5 六	丙戌 6 日	丁亥 7 一	戊子 8 二	己丑 9 三	庚寅 10 四	辛卯 11 五	壬辰 12 六	癸巳 13 日	甲午 14 一	乙未 15 二	丙申 16 三		癸酉秋分 戊子寒露
九月大	庚戌	天干 地支 西曆 星期	丁酉 17 四	戊戌 18 五	己亥 19 六	庚子 20 日	辛丑 21 一	壬寅 22 二	癸卯 23 三	甲辰 24 四	乙巳 25 五	丙午 26 六	丁未 27 日	戊申 28 一	己酉 29 二	庚戌 30 三	辛亥 (11) 四	壬子 2 五	癸丑 3 六	甲寅 4 日	乙卯 5 一	丙辰 6 二	丁巳 7 三	戊午 8 四	己未 9 五	庚申 10 六	辛酉 11 日	壬戌 12 一	癸亥 13 二	甲子 14 三	乙丑 15 四	丙寅 16 五	癸卯霜降 己未立冬
十月大	辛亥	天干 地支 西曆 星期	丁卯 16 六	戊辰 17 日	己巳 18 一	庚午 19 二	辛未 20 三	壬申 21 四	癸酉 22 五	甲戌 23 六	乙亥 24 日	丙子 25 一	丁丑 27 二	戊寅 28 三	己卯 29 四	庚辰 30 五	辛巳 (12) 六	壬午 2 日	癸未 3 一	甲申 4 二	乙酉 5 三	丙戌 6 四	丁亥 7 五	戊子 8 六	己丑 9 日	庚寅 10 一	辛卯 11 二	壬辰 12 三	癸巳 13 四	甲午 14 五	乙未 15 六		甲戌小雪 己巳大雪
十一月小	壬子	天干 地支 西曆 星期	丙申 16 日	丁酉 17 一	戊戌 18 二	己亥 19 三	庚子 20 四	辛丑 21 五	壬寅 22 六	癸卯 23 日	甲辰 24 一	乙巳 25 二	丙午 26 三	丁未 27 四	戊申 28 五	己酉 29 六	庚戌 30 日	辛亥 31 一	壬子 (1) 二	癸丑 2 三	甲寅 3 四	乙卯 4 五	丙辰 5 六	丁巳 6 日	戊午 7 一	己未 8 二	庚申 9 三	辛酉 10 四	壬戌 11 五	癸亥 12 六	甲子 13 日		甲辰冬至 庚申小寒
十二月大	癸丑	天干 地支 西曆 星期	乙丑 14 一	丙寅 15 二	丁卯 16 三	戊辰 17 四	己巳 18 五	庚午 19 六	辛未 20 日	壬申 21 一	癸酉 22 二	甲戌 23 三	乙亥 24 四	丙子 25 五	丁丑 26 六	戊寅 27 日	己卯 28 一	庚辰 29 二	辛巳 30 三	壬午 31 四	癸未 (2) 五	甲申 2 六	乙酉 3 日	丙戌 4 一	丁亥 5 二	戊子 6 三	己丑 7 四	庚寅 8 五	辛卯 9 六	壬辰 10 日	癸巳 11 一	甲午 12 二	乙未 13 三	乙亥大寒 庚寅立春

後秦姚興弘始十年（戊申 猴年） 公元 408～409 年

夏曆月序	中西曆日照	夏曆日序																													節氣與天象
		初一	初二	初三	初四	初五	初六	初七	初八	初九	初十	十一	十二	十三	十四	十五	十六	十七	十八	十九	二十	廿一	廿二	廿三	廿四	廿五	廿六	廿七	廿八	廿九	三十	
正月小	甲寅 天干地支西曆星期	丙申13四	丁酉14五	戊戌15六	己亥16日	庚子17一	辛丑18二	壬寅19三	癸卯20四	甲辰21五	乙巳22六	丙午23日	丁未24一	戊申25二	己酉26三	庚戌27四	辛亥28五	壬子29六	癸丑(3)日	甲寅2一	乙卯3二	丙辰4三	丁巳5四	戊午6五	己未7六	庚申8日	辛酉9一	壬戌10二	癸亥11三	甲子12四		乙巳雨水 庚申驚蟄
二月大	乙卯 天干地支西曆星期	乙丑13五	丙寅14六	丁卯15日	戊辰16一	己巳17二	庚午18三	辛未19四	壬申20五	癸酉21六	甲戌22日	乙亥23一	丙子24二	丁丑25三	戊寅26四	己卯27五	庚辰28六	辛巳29日	壬午30一	癸未31二	甲申(4)三	乙酉2四	丙戌3五	丁亥4六	戊子5日	己丑6一	庚寅7二	辛卯8三	壬辰9四	癸巳10五	甲午11六	丙子春分 辛卯清明
三月小	丙辰 天干地支西曆星期	丙申12日	丁酉13一	戊戌14二	己亥15三	庚子16四	辛丑17五	壬寅18六	癸卯19日	甲辰20一	乙巳21二	丙午22三	丁未23四	戊申24五	己酉25六	庚戌26日	辛亥27一	壬子28二	癸丑29三	甲寅30四	乙卯(5)五	丙辰2六	丁巳3日	戊午4一	己未5二	庚申6三	辛酉7四	壬戌8五	癸亥9六	甲子10日		丙午穀雨 辛酉立夏
四月大	丁巳 天干地支西曆星期	甲子11一	乙丑12二	丙寅13三	丁卯14四	戊辰15五	己巳16六	庚午17日	辛未18一	壬申19二	癸酉20三	甲戌21四	乙亥22五	丙子23六	丁丑24日	戊寅25一	己卯26二	庚辰27三	辛巳28四	壬午29五	癸未30六	甲申31日	乙酉(6)一	丙戌2二	丁亥3三	戊子4四	己丑5五	庚寅6六	辛卯7日	壬辰8一	癸巳9二	丁丑小滿 壬辰芒種
五月小	戊午 天干地支西曆星期	甲午10三	乙未11四	丙申12五	丁酉13六	戊戌14日	己亥15一	庚子16二	辛丑17三	壬寅18四	癸卯19五	甲辰20六	乙巳21日	丙午22一	丁未23二	戊申24三	己酉25四	庚戌26五	辛亥27六	壬子28日	癸丑29一	甲寅30二	乙卯(7)三	丙辰2四	丁巳3五	戊午4六	己未5日	庚申6一	辛酉7二	壬戌8三		丁未夏至 壬戌小暑
六月大	己未 天干地支西曆星期	癸亥9四	甲子10五	乙丑11六	丙寅12日	丁卯13一	戊辰14二	己巳15三	庚午16四	辛未17五	壬申18六	癸酉19日	甲戌20一	乙亥21二	丙子22三	丁丑23四	戊寅24五	己卯25六	庚辰26日	辛巳27一	壬午28二	癸未29三	甲申30四	乙酉31五	丙戌(8)六	丁亥2日	戊子3一	己丑4二	庚寅5三	辛卯6四	壬辰7五	丁丑大暑
七月小	庚申 天干地支西曆星期	癸巳8六	甲午9日	乙未10一	丙申11二	丁酉12三	戊戌13四	己亥14五	庚子15六	辛丑16日	壬寅17一	癸卯18二	甲辰19三	乙巳20四	丙午21五	丁未22六	戊申23日	己酉24一	庚戌25二	辛亥26三	壬子27四	癸丑28五	甲寅29六	乙卯30日	丙辰31一	丁巳(9)二	戊午2三	己未3四	庚申4五	辛酉5六		癸巳立秋 戊申處暑
八月大	辛酉 天干地支西曆星期	壬戌6日	癸亥7一	甲子8二	乙丑9三	丙寅10四	丁卯11五	戊辰12六	己巳13日	庚午14一	辛未15二	壬申16三	癸酉17四	甲戌18五	乙亥19六	丙子20日	丁丑21一	戊寅22二	己卯23三	庚辰24四	辛巳25五	壬午26六	癸未27日	甲申28一	乙酉29二	丙戌30三	丁亥(10)四	戊子2五	己丑3六	庚寅4日	辛卯5一	癸亥白露 戊寅秋分
九月小	壬戌 天干地支西曆星期	壬辰6二	癸巳7三	甲午8四	乙未9五	丙申10六	丁酉11日	戊戌12一	己亥13二	庚子14三	辛丑15四	壬寅16五	癸卯17六	甲辰18日	乙巳19一	丙午20二	丁未21三	戊申22四	己酉23五	庚戌24六	辛亥25日	壬子26一	癸丑27二	甲寅28三	乙卯29四	丙辰30五	丁巳31六	戊午(11)日	己未2一	庚申3二		甲午寒露 己酉霜降
十月大	癸亥 天干地支西曆星期	辛酉4三	壬戌5四	癸亥6五	甲子7六	乙丑8日	丙寅9一	丁卯10二	戊辰11三	己巳12四	庚午13五	辛未14六	壬申15日	癸酉16一	甲戌17二	乙亥18三	丙子19四	丁丑20五	戊寅21六	己卯22日	庚辰23一	辛巳24二	壬午25三	癸未26四	甲申27五	乙酉28六	丙戌29日	丁亥30一	戊子(12)二	己丑2三	庚寅3四	甲午立冬 己卯小雪
十一月小	甲子 天干地支西曆星期	辛卯4五	壬辰5六	癸巳6日	甲午7一	乙未8二	丙申9三	丁酉10四	戊戌11五	己亥12六	庚子13日	辛丑14一	壬寅15二	癸卯16三	甲辰17四	乙巳18五	丙午19六	丁未20日	戊申21一	己酉22二	庚戌23三	辛亥24四	壬子25五	癸丑26六	甲寅27日	乙卯28一	丙辰29二	丁巳30三	戊午31四	己未(1)五		甲午大雪 庚戌冬至
十二月大	乙丑 天干地支西曆星期	庚申2六	辛酉3日	壬戌4一	癸亥5二	甲子6三	乙丑7四	丙寅8五	丁卯9六	戊辰10日	己巳11一	庚午12二	辛未13三	壬申14四	癸酉15五	甲戌16六	乙亥17日	丙子18一	丁丑19二	戊寅20三	己卯21四	庚辰22五	辛巳23六	壬午24日	癸未25一	甲申26二	乙酉27三	丙戌28四	丁亥29五	戊子30六	己丑31日	乙丑小寒 庚辰大寒

後秦姚興弘始十一年（己酉 雞年） 公元409～410年

夏曆月序	中西曆日對照	夏曆日序 初一	初二	初三	初四	初五	初六	初七	初八	初九	初十	十一	十二	十三	十四	十五	十六	十七	十八	十九	二十	二一	二二	二三	二四	二五	二六	二七	二八	二九	三十	節氣與天象
正月大	丙寅 天干地支/西曆/星期	庚寅(2)一	辛卯2二	壬辰3三	癸巳4四	甲午5五	乙未6六	丙申7日	丁酉8一	戊戌9二	己亥10三	庚子11四	辛丑12五	壬寅13六	癸卯14日	甲辰15一	乙巳16二	丙午17三	丁未18四	戊申19五	己酉20六	庚戌21日	辛亥22一	壬子23二	癸丑24三	甲寅25四	乙卯26五	丙辰27六	丁巳28日	戊午(3)一	己未2二	乙未立春 庚戌雨水
二月小	丁卯	庚申3三	辛酉4四	壬戌5五	癸亥6六	甲子7日	乙丑8一	丙寅9二	丁卯10三	戊辰11四	己巳12五	庚午13六	辛未14日	壬申15一	癸酉16二	甲戌17三	乙亥18四	丙子19五	丁丑20六	戊寅21日	己卯22一	庚辰23二	辛巳24三	壬午25四	癸未26五	甲申27六	乙酉28日	丙戌29一	丁亥30二	戊子31三		丙寅驚蟄 辛巳春分
三月大	戊辰	己丑(4)四	庚寅2五	辛卯3六	壬辰4日	癸巳5一	甲午6二	乙未7三	丙申8四	丁酉9五	戊戌10六	己亥11日	庚子12一	辛丑13二	壬寅14三	癸卯15四	甲辰16五	乙巳17六	丙午18日	丁未19一	戊申20二	己酉21三	庚戌22四	辛亥23五	壬子24六	癸丑25日	甲寅26一	乙卯27二	丙辰28三	丁巳29四	戊午30五	丙申清明 辛亥穀雨
四月小	己巳	己未(5)六	庚申2日	辛酉3一	壬戌4二	癸亥5三	甲子6四	乙丑7五	丙寅8六	丁卯9日	戊辰10一	己巳11二	庚午12三	辛未13四	壬申14五	癸酉15六	甲戌16日	乙亥17一	丙子18二	丁丑19三	戊寅20四	己卯21五	庚辰22六	辛巳23日	壬午24一	癸未25二	甲申26三	乙酉27四	丙戌28五	丁亥29六		丁卯立夏 壬午小滿
五月大	庚午	戊子30日	己丑31一	庚寅(6)二	辛卯2三	壬辰3四	癸巳4五	甲午5六	乙未6日	丙申7一	丁酉8二	戊戌9三	己亥10四	庚子11五	辛丑12六	壬寅13日	癸卯14一	甲辰15二	乙巳16三	丙午17四	丁未18五	戊申19六	己酉20日	庚戌21一	辛亥22二	壬子23三	癸丑24四	甲寅25五	乙卯26六	丙辰27日	丁巳28一	丁酉芒種 壬子夏至
六月小	辛未	戊午29二	己未30三	庚申(7)四	辛酉2五	壬戌3六	癸亥4日	甲子5一	乙丑6二	丙寅7三	丁卯8四	戊辰9五	己巳10六	庚午11日	辛未12一	壬申13二	癸酉14三	甲戌15四	乙亥16五	丙子17六	丁丑18日	戊寅19一	己卯20二	庚辰21三	辛巳22四	壬午23五	癸未24六	甲申25日	乙酉26一	丙戌27二		丁卯小暑 癸未大暑
七月大	壬申	丁亥28三	戊子29四	己丑30五	庚寅31六	辛卯(8)日	壬辰2一	癸巳3二	甲午4三	乙未5四	丙申6五	丁酉7六	戊戌8日	己亥9一	庚子10二	辛丑11三	壬寅12四	癸卯13五	甲辰14六	乙巳15日	丙午16一	丁未17二	戊申18三	己酉19四	庚戌20五	辛亥21六	壬子22日	癸丑23一	甲寅24二	乙卯25三	丙辰26四	戊戌立秋 癸丑處暑
八月小	癸酉	丁巳27五	戊午28六	己未29日	庚申30一	辛酉31二	壬戌(9)三	癸亥2四	甲子3五	乙丑4六	丙寅5日	丁卯6一	戊辰7二	己巳8三	庚午9四	辛未10五	壬申11六	癸酉12日	甲戌13一	乙亥14二	丙子15三	丁丑16四	戊寅17五	己卯18六	庚辰19日	辛巳20一	壬午21二	癸未22三	甲申23四	乙酉24五		戊辰白露 甲申秋分
九月大	甲戌	丙戌25六	丁亥26日	戊子27一	己丑28二	庚寅29三	辛卯30四	壬辰(10)五	癸巳2六	甲午3日	乙未4一	丙申5二	丁酉6三	戊戌7四	己亥8五	庚子9六	辛丑10日	壬寅11一	癸卯12二	甲辰13三	乙巳14四	丙午15五	丁未16六	戊申17日	己酉18一	庚戌19二	辛亥20三	壬子21四	癸丑22五	甲寅23六	乙卯24日	己亥寒露 甲寅霜降
十月小	乙亥	丙辰25一	丁巳26二	戊午27三	己未28四	庚申29五	辛酉30六	壬戌31日	癸亥(11)一	甲子2二	乙丑3三	丙寅4四	丁卯5五	戊辰6六	己巳7日	庚午8一	辛未9二	壬申10三	癸酉11四	甲戌12五	乙亥13六	丙子14日	丁丑15一	戊寅16二	己卯17三	庚辰18四	辛巳19五	壬午20六	癸未21日	甲申22一		己巳立冬 甲申小雪
閏十月大	乙亥	乙酉23二	丙戌24三	丁亥25四	戊子26五	己丑27六	庚寅28日	辛卯29一	壬辰(12)二	癸巳2三	甲午3四	乙未4五	丙申5六	丁酉6日	戊戌7一	己亥8二	庚子9三	辛丑10四	壬寅11五	癸卯12六	甲辰13日	乙巳14一	丙午15二	丁未16三	戊申17四	己酉18五	庚戌19六	辛亥20日	壬子21一	癸丑22二	甲寅23三	庚子大雪
十一月小	丙子	乙卯22四	丙辰23五	丁巳24六	戊午25日	己未26一	庚申27二	辛酉28三	壬戌29四	癸亥30五	甲子(1)六	乙丑2日	丙寅3一	丁卯4二	戊辰5三	己巳6四	庚午7五	辛未8六	壬申9日	癸酉10一	甲戌11二	乙亥12三	丙子13四	丁丑14五	戊寅15六	己卯16日	庚辰17一	辛巳18二	壬午19三	癸未20四		乙卯冬至 庚午小寒
十二月大	丁丑	甲申21五	乙酉22六	丙戌23日	丁亥24一	戊子25二	己丑26三	庚寅27四	辛卯28五	壬辰29六	癸巳30日	甲午31一	乙未(2)二	丙申2三	丁酉3四	戊戌4五	己亥5六	庚子6日	辛丑7一	壬寅8二	癸卯9三	甲辰10四	乙巳11五	丙午12六	丁未13日	戊申14一	己酉15二	庚戌16三	辛亥17四	壬子18五	癸丑19六	乙酉大寒 庚子立春

後秦姚興弘始十二年（庚戌 狗年） 公元 410 ~ 411 年

夏曆月序	中西曆對照	夏曆日序																													節氣與天象
		初一	初二	初三	初四	初五	初六	初七	初八	初九	初十	十一	十二	十三	十四	十五	十六	十七	十八	十九	二十	廿一	廿二	廿三	廿四	廿五	廿六	廿七	廿八	廿九	三十	
正月小	戊寅	天干地支 甲寅 / 西曆 20日 / 星期 二	乙卯 21 三	丙辰 22 四	丁巳 23 五	戊午 24 六	己未 25 日	庚申 26 一	辛酉 27 二	壬戌 28 三	癸亥(3) 四	甲子 2日 五	乙丑 3 六	丙寅 4 日	丁卯 5 一	戊辰 6 二	己巳 7 三	庚午 8 四	辛未 9 五	壬申 10 六	癸酉 11 日	甲戌 12 一	乙亥 13 二	丙子 14 三	丁丑 15 四	戊寅 16 五	己卯 17 六	庚辰 18 日	辛巳 19 一	壬午 20 二		丙辰雨水 辛未驚蟄
二月大	己卯	癸未 21 三	甲申 22 四	乙酉 23 五	丙戌 24 六	丁亥 25 日	戊子 26 一	己丑 27 二	庚寅 28 三	辛卯 29 四	壬辰 30 五	癸巳 31 六	甲午(4) 日	乙未 2日 一	丙申 3 二	丁酉 4 三	戊戌 5 四	己亥 6 五	庚子 7 六	辛丑 8 日	壬寅 9 一	癸卯 10 二	甲辰 11 三	乙巳 12 四	丙午 13 五	丁未 14 六	戊申 15 日	己酉 16 一	庚戌 17 二	辛亥 18 三	壬子 19 四	丙戌春分 辛丑清明
三月小	庚辰	癸丑 20日 五	甲寅 21 六	乙卯 22 日	丙辰 23 一	丁巳 24 二	戊午 25 三	己未 26 四	庚申 27 五	辛酉 28 六	壬戌 29 日	癸亥 30 一	甲子(5) 二	乙丑 2日 三	丙寅 3 四	丁卯 4 五	戊辰 5 六	己巳 6 日	庚午 7 一	辛未 8 二	壬申 9 三	癸酉 10 四	甲戌 11 五	乙亥 12 六	丙子 13 日	丁丑 14 一	戊寅 15 二	己卯 16 三	庚辰 17 四	辛巳 18 五		丁巳穀雨 壬申立夏
四月大	辛巳	壬午 19 六	癸未 20 日	甲申 21 一	乙酉 22 二	丙戌 23 三	丁亥 24 四	戊子 25 五	己丑 26 六	庚寅 27 日	辛卯 28 一	壬辰 29 二	癸巳 30 三	甲午(6) 四	乙未 2日 五	丙申 3 六	丁酉 4 日	戊戌 5 一	己亥 6 二	庚子 7 三	辛丑 8 四	壬寅 9 五	癸卯 10 六	甲辰 11 日	乙巳 12 一	丙午 13 二	丁未 14 三	戊申 15 四	己酉 16 五	庚戌 17 六	辛亥 18 日	丁亥小滿 壬寅芒種
五月大	壬午	壬子 18 一	癸丑 19 二	甲寅 20 三	乙卯 21 四	丙辰 22 五	丁巳 23 六	戊午 24 日	己未 25 一	庚申 26 二	辛酉 27 三	壬戌 28 四	癸亥 29 五	甲子 30 六	乙丑(7) 日	丙寅 2 一	丁卯 3 二	戊辰 4 三	己巳 5 四	庚午 6 五	辛未 7 六	壬申 8 日	癸酉 9 一	甲戌 10 二	乙亥 11 三	丙子 12 四	丁丑 13 五	戊寅 14 六	己卯 15 日	庚辰 16 一	辛巳 17 二	丁巳夏至 癸酉小暑
六月小	癸未	壬午 18 三	癸未 19 四	甲申 20 五	乙酉 21 六	丙戌 22 日	丁亥 23 一	戊子 24 二	己丑 25 三	庚寅 26 四	辛卯 27 五	壬辰 28 六	癸巳 29 日	甲午 30 一	乙未 31 二	丙申(8) 三	丁酉 2 四	戊戌 3 五	己亥 4 六	庚子 5 日	辛丑 6 一	壬寅 7 二	癸卯 8 三	甲辰 9 四	乙巳 10 五	丙午 11 六	丁未 12 日	戊申 13 一	己酉 14 二	庚戌 15 三		戊子大暑 癸卯立秋
七月大	甲申	辛亥 16 四	壬子 17 五	癸丑 18 六	甲寅 19 日	乙卯 20 一	丙辰 21 二	丁巳 22 三	戊午 23 四	己未 24 五	庚申 25 六	辛酉 26 日	壬戌 27 一	癸亥 28 二	甲子 29 三	乙丑 30 四	丙寅 31 五	丁卯(9) 六	戊辰 2 日	己巳 3 一	庚午 4 二	辛未 5 三	壬申 6 四	癸酉 7 五	甲戌 8 六	乙亥 9 日	丙子 10 一	丁丑 11 二	戊寅 12 三	己卯 13 四	庚辰 14 五	戊午處暑 甲戌白露
八月小	乙酉	辛巳 15 六	壬午 16 日	癸未 17 一	甲申 18 二	乙酉 19 三	丙戌 20 四	丁亥 21 五	戊子 22 六	己丑 23 日	庚寅 24 一	辛卯 25 二	壬辰 26 三	癸巳 27 四	甲午 28 五	乙未 29 六	丙申 30 日	丁酉(10) 一	戊戌 2日 二	己亥 3 三	庚子 4 四	辛丑 5 五	壬寅 6 六	癸卯 7 日	甲辰 8 一	乙巳 9 二	丙午 10 三	丁未 11 四	戊申 12 五	己酉 13 六		己丑秋分 甲辰寒露
九月大	丙戌	庚戌 14 日	辛亥 15 一	壬子 16 二	癸丑 17 三	甲寅 18 四	乙卯 19 五	丙辰 20 六	丁巳 21 日	戊午 22 一	己未 23 二	庚申 24 三	辛酉 25 四	壬戌 26 五	癸亥 27 六	甲子 28 日	乙丑 29 一	丙寅 30 二	丁卯 31 三	戊辰(11) 四	己巳 2 五	庚午 3 六	辛未 4 日	壬申 5 一	癸酉 6 二	甲戌 7 三	乙亥 8 四	丙子 9 五	丁丑 10 六	戊寅 11 日	己卯 12 一	己未霜降 甲戌立冬
十月小	丁亥	庚辰 13日 二	辛巳 14 三	壬午 15 四	癸未 16 五	甲申 17 六	乙酉 18 日	丙戌 19 一	丁亥 20 二	戊子 21 三	己丑 22 四	庚寅 23 五	辛卯 24 六	壬辰 25 日	癸巳 26 一	甲午 27 二	乙未 28 三	丙申 29 四	丁酉 30 五	戊戌(12) 六	己亥 2日 日	庚子 3 一	辛丑 4 二	壬寅 5 三	癸卯 6 四	甲辰 7 五	乙巳 8 六	丙午 9 日	丁未 10 一	戊申 11 二		庚寅小雪 乙巳大雪
十一月大	戊子	己酉 12 三	庚戌 13 四	辛亥 14 五	壬子 15 六	癸丑 16 日	甲寅 17 一	乙卯 18 二	丙辰 19 三	丁巳 20 四	戊午 21 五	己未 22 六	庚申 23 日	辛酉 24 一	壬戌 25 二	癸亥 26 三	甲子 27 四	乙丑 28 五	丙寅 29 六	丁卯 30 日	戊辰 31 一	己巳(1) 二	庚午 2 三	辛未 3 四	壬申 4 五	癸酉 5 六	甲戌 6 日	乙亥 7 一	丙子 8 二	丁丑 9 三	戊寅 10 四	庚申冬至 乙亥小寒
十二月小	己丑	己卯 11 五	庚辰 12 六	辛巳 13 日	壬午 14 一	癸未 15 二	甲申 16 三	乙酉 17 四	丙戌 18 五	丁亥 19 六	戊子 20 日	己丑 21 一	庚寅 22 二	辛卯 23 三	壬辰 24 四	癸巳 25 五	甲午 26 六	乙未 27 日	丙申 28 一	丁酉 29 二	戊戌 30 三	己亥 31 四	庚子(2) 五	辛丑 2日 六	壬寅 3 日	癸卯 4 一	甲辰 5 二	乙巳 6 三	丙午 7 四	丁未 8 五		辛卯大寒 丙午立春

後秦姚興弘始十三年（辛亥 豬年）　公元411～412年

夏曆月序	中西曆日對照	夏 曆 日 序																													節氣與天象
		初一	初二	初三	初四	初五	初六	初七	初八	初九	初十	十一	十二	十三	十四	十五	十六	十七	十八	十九	二十	二一	二二	二三	二四	二五	二六	二七	二八	二九	三十	
正月大	庚寅	天干 戊 地支 寅 西曆 9日 星期 四	己卯 10 五	庚辰 11 六	辛巳 12 日	壬午 13 一	癸未 14 二	甲申 15 三	乙酉 16 四	丙戌 17 五	丁亥 18 六	戊子 19 日	己丑 20 一	庚寅 21 二	辛卯 22 三	壬辰 23 四	癸巳 24 五	甲午 25 六	乙未 26 日	丙申 27 一	丁酉 28 二	戊戌(3) 三	己亥 2 四	庚子 3 五	辛丑 4 六	壬寅 5 日	癸卯 6 一	甲辰 7 二	乙巳 8 三	丙午 9 四	丁未 10 五	辛酉雨水 丙子驚蟄
二月小	辛卯	天干 戊 地支 申 西曆 11日 星期 六	己酉 12 日	庚戌 13 一	辛亥 14 二	壬子 15 三	癸丑 16 四	甲寅 17 五	乙卯 18 六	丙辰 19 日	丁巳 20 一	戊午 21 二	己未 22 三	庚申 23 四	辛酉 24 五	壬戌 25 六	癸亥 26 日	甲子 27 一	乙丑 28 二	丙寅 29 三	丁卯 30 四	戊辰 31 五	己巳(4) 六	庚午 2 日	辛未 3 一	壬申 4 二	癸酉 5 三	甲戌 6 四	乙亥 7 五	丙子 8 六		辛卯春分
三月大	壬辰	天干 丁 地支 丑 西曆 9日	戊寅 10 一	己卯 11 二	庚辰 12 三	辛巳 13 四	壬午 14 五	癸未 15 六	甲申 16 日	乙酉 17 一	丙戌 18 二	丁亥 19 三	戊子 20 四	己丑 21 五	庚寅 22 六	辛卯 23 日	壬辰 24 一	癸巳 25 二	甲午 26 三	乙未 27 四	丙申 28 五	丁酉 29 六	戊戌 30 日	己亥(5) 一	庚子 2 二	辛丑 3 三	壬寅 4 四	癸卯 5 五	甲辰 6 六	乙巳 7 日	丙午 8 一	丁未清明 壬戌穀雨
四月小	癸巳	天干 戊 地支 申 西曆 9日 星期 二	己酉 10 三	庚戌 11 四	辛亥 12 五	壬子 13 六	癸丑 14 日	甲寅 15 一	乙卯 16 二	丙辰 17 三	丁巳 18 四	戊午 19 五	己未 20 六	庚申 21 日	辛酉 22 一	壬戌 23 二	癸亥 24 三	甲子 25 四	乙丑 26 五	丙寅 27 六	丁卯 28 日	戊辰 29 一	己巳 30 二	庚午 31 三	辛未(6) 四	壬申 2 五	癸酉 3 六	甲戌 4 日	乙亥 5 一	丙子 6 二		丁丑立夏 壬辰小滿
五月大	甲午	天干 丙 地支 午 西曆 7日 星期 三	丁未 8 四	戊申 9 五	己酉 10 六	庚戌 11 日	辛亥 12 一	壬子 13 二	癸丑 14 三	甲寅 15 四	乙卯 16 五	丙辰 17 六	丁巳 18 日	戊午 19 一	己未 20 二	庚申 21 三	辛酉 22 四	壬戌 23 五	癸亥 24 六	甲子 25 日	乙丑 26 一	丙寅 27 二	丁卯 28 三	戊辰 29 四	己巳(7) 五	庚午 2 六	辛未 3 日	壬申 4 一	癸酉 5 二	甲戌 6 三	乙亥 6 四	丁未芒種 癸亥夏至
六月小	乙未	天干 丙 地支 子 西曆 7日 星期 五	丁丑 8 六	戊寅 9 日	己卯 10 一	庚辰 11 二	辛巳 12 三	壬午 13 四	癸未 14 五	甲申 15 六	乙酉 16 日	丙戌 17 一	丁亥 18 二	戊子 19 三	己丑 20 四	庚寅 21 五	辛卯 22 六	壬辰 23 日	癸巳 24 一	甲午 25 二	乙未 26 三	丙申 27 四	丁酉 28 五	戊戌 29 六	己亥 30 日	庚子 31 一	辛丑(8) 二	壬寅 2 三	癸卯 3 四	甲辰 4 五		戊寅小暑 癸巳大暑
七月大	丙申	天干 乙 地支 巳 西曆 5日 星期 六	丙午 6 日	丁未 7 一	戊申 8 二	己酉 9 三	庚戌 10 四	辛亥 11 五	壬子 12 六	癸丑 13 日	甲寅 14 一	乙卯 15 二	丙辰 16 三	丁巳 17 四	戊午 18 五	己未 19 六	庚申 20 日	辛酉 21 一	壬戌 22 二	癸亥 23 三	甲子 24 四	乙丑 25 五	丙寅 26 六	丁卯 27 日	戊辰 28 一	己巳 29 二	庚午 30 三	辛未 31 四	壬申(9) 五	癸酉 2 六	甲戌 3 日	戊申立秋 甲子處暑
八月小	丁酉	天干 乙 地支 亥 西曆 4日 星期 一	丙子 5 二	丁丑 6 三	戊寅 7 四	己卯 8 五	庚辰 9 六	辛巳 10 日	壬午 11 一	癸未 12 二	甲申 13 三	乙酉 14 四	丙戌 15 五	丁亥 16 六	戊子 17 日	己丑 18 一	庚寅 19 二	辛卯 20 三	壬辰 21 四	癸巳 22 五	甲午 23 六	乙未 24 日	丙申 25 一	丁酉 26 二	戊戌 27 三	己亥 28 四	庚子 29 五	辛丑 30 六	壬寅(10) 日	癸卯 2 一		己卯白露 甲午秋分
九月大	戊戌	天干 甲 地支 辰 西曆 3日 星期 二	乙巳 4 三	丙午 5 四	丁未 6 五	戊申 7 六	己酉 8 日	庚戌 9 一	辛亥 10 二	壬子 11 三	癸丑 12 四	甲寅 13 五	乙卯 14 六	丙辰 15 日	丁巳 16 一	戊午 17 二	己未 18 三	庚申 19 四	辛酉 20 五	壬戌 21 六	癸亥 22 日	甲子 23 一	乙丑 24 二	丙寅 25 三	丁卯 26 四	戊辰 27 五	己巳 28 六	庚午 29 日	辛未 30 一	壬申 31 二	癸酉(11) 三	己酉寒露 甲子霜降
十月大	己亥	天干 甲 地支 戌 西曆 2日 四	乙亥 3 五	丙子 4 六	丁丑 5 日	戊寅 6 一	己卯 7 二	庚辰 8 三	辛巳 9 四	壬午 10 五	癸未 11 六	甲申 12 日	乙酉 13 一	丙戌 14 二	丁亥 15 三	戊子 16 四	己丑 17 五	庚寅 18 六	辛卯 19 日	壬辰 20 一	癸巳 21 二	甲午 22 三	乙未 23 四	丙申 24 五	丁酉 25 六	戊戌 26 日	己亥 27 一	庚子 28 二	辛丑 29 三	壬寅 30 四	癸卯(12) 五	庚辰立冬 乙未小雪
十一月小	庚子	天干 甲 地支 辰 西曆 2日 星期 六	乙巳 3 日	丙午 4 一	丁未 5 二	戊申 6 三	己酉 7 四	庚戌 8 五	辛亥 9 六	壬子 10 日	癸丑 11 一	甲寅 12 二	乙卯 13 三	丙辰 14 四	丁巳 15 五	戊午 16 六	己未 17 日	庚申 18 一	辛酉 19 二	壬戌 20 三	癸亥 21 四	甲子 22 五	乙丑 23 六	丙寅 24 日	丁卯 25 一	戊辰 26 二	己巳 27 三	庚午 28 四	辛未 29 五	壬申 30 六		庚戌大雪 乙丑冬至
十二月大	辛丑	天干 癸 地支 酉 西曆 31日 (1)日	甲戌 (1) 一	乙亥 2 二	丙子 3 三	丁丑 4 四	戊寅 5 五	己卯 6 六	庚辰 7 日	辛巳 8 一	壬午 9 二	癸未 10 三	甲申 11 四	乙酉 12 五	丙戌 13 六	丁亥 14 日	戊子 15 一	己丑 16 二	庚寅 17 三	辛卯 18 四	壬辰 19 五	癸巳 20 六	甲午 21 日	乙未 22 一	丙申 23 二	丁酉 24 三	戊戌 25 四	己亥 26 五	庚子 27 六	辛丑 28 日	壬寅 29 一	辛巳小寒 丙申大寒

後秦姚興弘始十四年（壬子 鼠年） 公元412～413年

夏曆月序	中西曆對照	夏曆日序																													節氣與天象
		初一	初二	初三	初四	初五	初六	初七	初八	初九	初十	十一	十二	十三	十四	十五	十六	十七	十八	十九	二十	廿一	廿二	廿三	廿四	廿五	廿六	廿七	廿八	廿九	三十	
正月小	壬寅 天干地支西曆星期	癸卯30二	甲辰31三	乙巳(2)四	丙午2五	丁未3六	戊申4日	己酉5一	庚戌6二	辛亥7三	壬子8四	癸丑9五	甲寅10六	乙卯11日	丙辰12一	丁巳13二	戊午14三	己未15四	庚申16五	辛酉17六	壬戌18日	癸亥19一	甲子20二	乙丑21三	丙寅22四	丁卯23五	戊辰24六	己巳25日	庚午26一	辛未27二		辛亥立春 丙寅雨水
二月大	癸卯 天干地支西曆星期	壬申28三	癸酉29(3)四	甲戌2五	乙亥3六	丙子4日	丁丑5一	戊寅6二	己卯7三	庚辰8四	辛巳9五	壬午10六	癸未11日	甲申12一	乙酉13二	丙戌14三	丁亥15四	戊子16五	己丑17六	庚寅18日	辛卯19一	壬辰20二	癸巳21三	甲午22四	乙未23五	丙申24六	丁酉25日	戊戌26一	己亥27二	庚子28三	辛丑29四	辛巳驚蟄 丁酉春分
三月小	甲辰 天干地支西曆星期	壬寅29五	癸卯30六	甲辰31(4)日	乙巳2一	丙午3二	丁未4三	戊申5四	己酉6五	庚戌7六	辛亥8日	壬子9一	癸丑10二	甲寅11三	乙卯12四	丙辰13五	丁巳14六	戊午15日	己未16一	庚申17二	辛酉18三	壬戌19四	癸亥20五	甲子21六	乙丑22日	丙寅23一	丁卯24二	戊辰25三	己巳26四	庚午27五		壬子清明 丁卯穀雨
四月大	乙巳 天干地支西曆星期	辛未27六	壬申28日	癸酉29一	甲戌30(5)二	乙亥1三	丙子2四	丁丑3五	戊寅4六	己卯5日	庚辰6一	辛巳7二	壬午8三	癸未9四	甲申10五	乙酉11六	丙戌12日	丁亥13一	戊子14二	己丑15三	庚寅16四	辛卯17五	壬辰18六	癸巳19日	甲午20一	乙未21二	丙申22三	丁酉23四	戊戌24五	己亥25六	庚子26日	壬午立夏 戊戌小滿
五月小	丙午 天干地支西曆星期	辛丑27一	壬寅28二	癸卯29三	甲辰30四	乙巳31(6)五	丙午1六	丁未2日	戊申3一	己酉4二	庚戌5三	辛亥6四	壬子7五	癸丑8六	甲寅9日	乙卯10一	丙辰11二	丁巳12三	戊午13四	己未14五	庚申15六	辛酉16日	壬戌17一	癸亥18二	甲子19三	乙丑20四	丙寅21五	丁卯22六	戊辰23日	己巳24一		癸丑芒種 戊辰夏至
六月大	丁未 天干地支西曆星期	庚午25二	辛未26三	壬申27四	癸酉28五	甲戌29六	乙亥30(7)日	丙子1一	丁丑2二	戊寅3三	己卯4四	庚辰5五	辛巳6六	壬午7日	癸未8一	甲申9二	乙酉10三	丙戌11四	丁亥12五	戊子13六	己丑14日	庚寅15一	辛卯16二	壬辰17三	癸巳18四	甲午19五	乙未20六	丙申21日	丁酉22一	戊戌23二	己亥24三	癸未小暑 戊戌大暑
閏六月小	丁未 天干地支西曆星期	庚子25四	辛丑26五	壬寅27六	癸卯28日	甲辰29一	乙巳30二	丙午31(8)三	丁未1四	戊申2五	己酉3六	庚戌4日	辛亥5一	壬子6二	癸丑7三	甲寅8四	乙卯9五	丙辰10六	丁巳11日	戊午12一	己未13二	庚申14三	辛酉15四	壬戌16五	癸亥17六	甲子18日	乙丑19一	丙寅20二	丁卯21三	戊辰22四		甲寅立秋
七月大	戊申 天干地支西曆星期	己巳23五	庚午24六	辛未25日	壬申26一	癸酉27二	甲戌28三	乙亥29四	丙子30五	丁丑31(9)六	戊寅1日	己卯2一	庚辰3二	辛巳4三	壬午5四	癸未6五	甲申7六	乙酉8日	丙戌9一	丁亥10二	戊子11三	己丑12四	庚寅13五	辛卯14六	壬辰15日	癸巳16一	甲午17二	乙未18三	丙申19四	丁酉20五	戊戌21六	己巳處暑 甲申白露
八月小	己酉 天干地支西曆星期	己亥22日	庚子23一	辛丑24二	壬寅25三	癸卯26四	甲辰27五	乙巳28六	丙午29日	丁未30(10)一	戊申1二	己酉2三	庚戌3四	辛亥4五	壬子5六	癸丑6日	甲寅7一	乙卯8二	丙辰9三	丁巳10四	戊午11五	己未12六	庚申13日	辛酉14一	壬戌15二	癸亥16三	甲子17四	乙丑18五	丙寅19六	丁卯20日		己亥秋分 甲寅寒露
九月大	庚戌 天干地支西曆星期	戊辰21一	己巳22二	庚午23三	辛未24四	壬申25五	癸酉26六	甲戌27日	乙亥28一	丙子29二	丁丑30三	戊寅31(11)四	己卯1五	庚辰2六	辛巳3日	壬午4一	癸未5二	甲申6三	乙酉7四	丙戌8五	丁亥9六	戊子10日	己丑11一	庚寅12二	辛卯13三	壬辰14四	癸巳15五	甲午16六	乙未17日	丙申18一	丁酉19二	庚午霜降 乙酉立冬
十月小	辛亥 天干地支西曆星期	戊戌20三	己亥21四	庚子22五	辛丑23六	壬寅24日	癸卯25一	甲辰26二	乙巳27三	丙午28四	丁未29五	戊申30六	己酉(12)日	庚戌2一	辛亥3二	壬子4三	癸丑5四	甲寅6五	乙卯7六	丙辰8日	丁巳9一	戊午10二	己未11三	庚申12四	辛酉13五	壬戌14六	癸亥15日	甲子16一	乙丑17二	丙寅18三		庚子小雪 乙卯大雪
十一月大	壬子 天干地支西曆星期	丁卯19四	戊辰20五	己巳21六	庚午22日	辛未23一	壬申24二	癸酉25三	甲戌26四	乙亥27五	丙子28六	丁丑29日	戊寅30一	己卯31二	庚辰(1)三	辛巳2四	壬午3五	癸未4六	甲申5日	乙酉6一	丙戌7二	丁亥8三	戊子9四	己丑10五	庚寅11六	辛卯12日	壬辰13一	癸巳14二	甲午15三	乙未16四	丙申17五	辛未冬至 丙戌大寒
十二月大	癸丑 天干地支西曆星期	丁酉18六	戊戌19日	己亥20一	庚子21二	辛丑22三	壬寅23四	癸卯24五	甲辰25六	乙巳26日	丙午27一	丁未28二	戊申29三	己酉30四	庚戌31五	辛亥(2)六	壬子2日	癸丑3一	甲寅4二	乙卯5三	丙辰6四	丁巳7五	戊午8六	己未9日	庚申10一	辛酉11二	壬戌12三	癸亥13四	甲子14五	乙丑15六	丙寅16日	辛丑大寒 丙辰立春

後秦姚興弘始十五年（癸丑 牛年） 公元413～414年

夏曆月序	中西曆對照	夏曆日序																													節氣與天象
		初一	初二	初三	初四	初五	初六	初七	初八	初九	初十	十一	十二	十三	十四	十五	十六	十七	十八	十九	二十	二一	二二	二三	二四	二五	二六	二七	二八	二九	三十	
正月小	甲寅	丁卯 17 一	戊辰 18 二	己巳 19 三	庚午 20 四	辛未 21 五	壬申 22 六	癸酉 23 日	甲戌 24 一	乙亥 25 二	丙子 26 三	丁丑 27 四	戊寅 28 五	己卯(3) 六	庚辰 2 日	辛巳 3 一	壬午 4 二	癸未 5 三	甲申 6 四	乙酉 7 五	丙戌 8 六	丁亥 9 日	戊子 10 一	己丑 11 二	庚寅 12 三	辛卯 13 四	壬辰 14 五	癸巳 15 六	甲午 16 日	乙未 17 一		辛未雨水 丁亥驚蟄
二月大	乙卯	丙申 18 二	丁酉 19 三	戊戌 20 四	己亥 21 五	庚子 22 六	辛丑 23 日	壬寅 24 一	癸卯 25 二	甲辰 26 三	乙巳 27 四	丙午 28 五	丁未 29 六	戊申 30 日	己酉 31 一	庚戌(4) 二	辛亥 2 三	壬子 3 四	癸丑 4 五	甲寅 5 六	乙卯 6 日	丙辰 7 一	丁巳 8 二	戊午 9 三	己未 10 四	庚申 11 五	辛酉 12 六	壬戌 13 日	癸亥 14 一	甲子 15 二	乙丑 16 三	壬寅春分 丁巳清明
三月小	丙辰	丙寅 17 四	丁卯 18 五	戊辰 19 六	己巳 20 日	庚午 21 一	辛未 22 二	壬申 23 三	癸酉 24 四	甲戌 25 五	乙亥 26 六	丙子 27 日	丁丑 28 一	戊寅 29 二	己卯 30 三	庚辰(5) 四	辛巳 2 五	壬午 3 六	癸未 4 日	甲申 5 一	乙酉 6 二	丙戌 7 三	丁亥 8 四	戊子 9 五	己丑 10 六	庚寅 11 日	辛卯 12 一	壬辰 13 二	癸巳 14 三	甲午 15 四		壬申穀雨 戊子立夏
四月大	丁巳	乙未 16 五	丙申 17 六	丁酉 18 日	戊戌 19 一	己亥 20 二	庚子 21 三	辛丑 22 四	壬寅 23 五	癸卯 24 六	甲辰 25 日	乙巳 26 一	丙午 27 二	丁未 28 三	戊申 29 四	己酉 30 五	庚戌 31 六	辛亥(6) 日	壬子 2 一	癸丑 3 二	甲寅 4 三	乙卯 5 四	丙辰 6 五	丁巳 7 六	戊午 8 日	己未 9 一	庚申 10 二	辛酉 11 三	壬戌 12 四	癸亥 13 五	甲子 14 六	癸卯小滿 戊午芒種
五月小	戊午	乙丑 15 日	丙寅 16 一	丁卯 17 二	戊辰 18 三	己巳 19 四	庚午 20 五	辛未 21 六	壬申 22 日	癸酉 23 一	甲戌 24 二	乙亥 25 三	丙子 26 四	丁丑 27 五	戊寅 28 六	己卯 29 日	庚辰 30 一	辛巳(7) 二	壬午 2 三	癸未 3 四	甲申 4 五	乙酉 5 六	丙戌 6 日	丁亥 7 一	戊子 8 二	己丑 9 三	庚寅 10 四	辛卯 11 五	壬辰 12 六	癸巳 13 日		癸酉夏至 戊子小暑
六月大	己未	甲午 14 一	乙未 15 二	丙申 16 三	丁酉 17 四	戊戌 18 五	己亥 19 六	庚子 20 日	辛丑 21 一	壬寅 22 二	癸卯 23 三	甲辰 24 四	乙巳 25 五	丙午 26 六	丁未 27 日	戊申 28 一	己酉 29 二	庚戌 30 三	辛亥 31 四	壬子(8) 五	癸丑 2 六	甲寅 3 日	乙卯 4 一	丙辰 5 二	丁巳 6 三	戊午 7 四	己未 8 五	庚申 9 六	辛酉 10 日	壬戌 11 一	癸亥 12 二	甲辰大暑 己未立秋
七月小	庚申	甲子 13 三	乙丑 14 四	丙寅 15 五	丁卯 16 六	戊辰 17 日	己巳 18 一	庚午 19 二	辛未 20 三	壬申 21 四	癸酉 22 五	甲戌 23 六	乙亥 24 日	丙子 25 一	丁丑 26 二	戊寅 27 三	己卯 28 四	庚辰 29 五	辛巳 30 六	壬午 31 日	癸未(9) 一	甲申 2 二	乙酉 3 三	丙戌 4 四	丁亥 5 五	戊子 6 六	己丑 7 日	庚寅 8 一	辛卯 9 二	壬辰 10 三		甲戌處暑 己丑白露
八月大	辛酉	癸巳 11 四	甲午 12 五	乙未 13 六	丙申 14 日	丁酉 15 一	戊戌 16 二	己亥 17 三	庚子 18 四	辛丑 19 五	壬寅 20 六	癸卯 21 日	甲辰 22 一	乙巳 23 二	丙午 24 三	丁未 25 四	戊申 26 五	己酉 27 六	庚戌 28 日	辛亥 29 一	壬子 30 二	癸丑(10) 三	甲寅 2 四	乙卯 3 五	丙辰 4 六	丁巳 5 日	戊午 6 一	己未 7 二	庚申 8 三	辛酉 9 四	壬戌 10 五	乙巳秋分 庚申寒露
九月小	壬戌	癸亥 11 六	甲子 12 日	乙丑 13 一	丙寅 14 二	丁卯 15 三	戊辰 16 四	己巳 17 五	庚午 18 六	辛未 19 日	壬申 20 一	癸酉 21 二	甲戌 22 三	乙亥 23 四	丙子 24 五	丁丑 25 六	戊寅 26 日	己卯 27 一	庚辰 28 二	辛巳 29 三	壬午 30 四	癸未 31 五	甲申(11) 六	乙酉 2 日	丙戌 3 一	丁亥 4 二	戊子 5 三	己丑 6 四	庚寅 7 五	辛卯 8 六		乙亥霜降 庚寅立冬
十月大	癸亥	壬辰 9 日	癸巳 10 一	甲午 11 二	乙未 12 三	丙申 13 四	丁酉 14 五	戊戌 15 六	己亥 16 日	庚子 17 一	辛丑 18 二	壬寅 19 三	癸卯 20 四	甲辰 21 五	乙巳 22 六	丙午 23 日	丁未 24 一	戊申 25 二	己酉 26 三	庚戌 27 四	辛亥 28 五	壬子 29 六	癸丑 30 日	甲寅(12) 一	乙卯 2 二	丙辰 3 三	丁巳 4 四	戊午 5 五	己未 6 六	庚申 7 日	辛酉 8 一	乙巳小雪 辛酉大雪
十一月小	甲子	壬戌 9 二	癸亥 10 三	甲子 11 四	乙丑 12 五	丙寅 13 六	丁卯 14 日	戊辰 15 一	己巳 16 二	庚午 17 三	辛未 18 四	壬申 19 五	癸酉 20 六	甲戌 21 日	乙亥 22 一	丙子 23 二	丁丑 24 三	戊寅 25 四	己卯 26 五	庚辰 27 六	辛巳 28 日	壬午 29 一	癸未 30 二	甲申 31 三	乙酉(1) 四	丙戌 2 五	丁亥 3 六	戊子 4 日	己丑 5 一	庚寅 6 二		丙子冬至
十二月大	乙丑	辛卯 7 三	壬辰 8 四	癸巳 9 五	甲午 10 六	乙未 11 日	丙申 12 一	丁酉 13 二	戊戌 14 三	己亥 15 四	庚子 16 五	辛丑 17 六	壬寅 18 日	癸卯 19 一	甲辰 20 二	乙巳 21 三	丙午 22 四	丁未 23 五	戊申 24 六	己酉 25 日	庚戌 26 一	辛亥 27 二	壬子 28 三	癸丑 29 四	甲寅 30 五	乙卯 31 六	丙辰(2) 日	丁巳 2 一	戊午 3 二	己未 4 三	庚申 5 四		辛卯小寒 丙午大寒

後秦姚興弘始十六年（甲寅 虎年） 公元414～415年

夏曆月序	中西日曆對照	夏曆日序																													節氣與天象
		初一	初二	初三	初四	初五	初六	初七	初八	初九	初十	十一	十二	十三	十四	十五	十六	十七	十八	十九	二十	廿一	廿二	廿三	廿四	廿五	廿六	廿七	廿八	廿九	三十	
正月小	丙寅 天干地支 西曆 星期	辛酉 6 五	壬戌 7 六	癸亥 8 日	甲子 9 一	乙丑 10 二	丙寅 11 三	丁卯 12 四	戊辰 13 五	己巳 14 六	庚午 15 日	辛未 16 一	壬申 17 二	癸酉 18 三	甲戌 19 四	乙亥 20 五	丙子 21 六	丁丑 22 日	戊寅 23 一	己卯 24 二	庚辰 25 三	辛巳 26 四	壬午 27 五	癸未 28 六	甲申(3)日	乙酉 2 一	丙戌 3 二	丁亥 4 三	戊子 5 四	己丑 6 五		辛酉立春 丁丑雨水
二月大	丁卯 天干地支 西曆 星期	庚寅 7 六	辛卯 8 日	壬辰 9 一	癸巳 10 二	甲午 11 三	乙未 12 四	丙申 13 五	丁酉 14 六	戊戌 15 日	己亥 16 一	庚子 17 二	辛丑 18 三	壬寅 19 四	癸卯 20 五	甲辰 21 六	乙巳 22 日	丙午 23 一	丁未 24 二	戊申 25 三	己酉 26 四	庚戌 27 五	辛亥 28 六	壬子 29 日	癸丑 30 一	甲寅(4)二	乙卯 2 三	丙辰 3 四	丁巳 4 五	戊午 5 六	己未 5 日	壬辰驚蟄 丁未春分
三月小	戊辰 天干地支 西曆 星期	庚申 6 一	辛酉 7 二	壬戌 8 三	癸亥 9 四	甲子 10 五	乙丑 11 六	丙寅 12 日	丁卯 13 一	戊辰 14 二	己巳 15 三	庚午 16 四	辛未 17 五	壬申 18 日	癸酉 19 日	甲戌 20 一	乙亥 21 二	丙子 22 三	丁丑 23 四	戊寅 24 五	己卯 25 六	庚辰 26 日	辛巳 27 一	壬午 28 二	癸未 29 三	甲申 30 四	乙酉(5)五	丙戌 2 六	丁亥 3 日	戊子 4 一		壬戌清明 戊寅穀雨 庚申日食
四月大	己巳 天干地支 西曆 星期	己丑 5 二	庚寅 6 三	辛卯 7 四	壬辰 8 五	癸巳 9 六	甲午 10 日	乙未 11 一	丙申 12 二	丁酉 13 三	戊戌 14 四	己亥 15 五	庚子 16 六	辛丑 17 日	壬寅 18 一	癸卯 19 二	甲辰 20 三	乙巳 21 四	丙午 22 五	丁未 23 六	戊申 24 日	己酉 25 一	庚戌 26 二	辛亥 27 三	壬子 28 四	癸丑 29 五	甲寅 30 六	乙卯 31 日	丙辰(6)一	丁巳 2 二	戊午 3 三	癸巳立夏 戊申小滿
五月大	庚午 天干地支 西曆 星期	己未 4 四	庚申 5 五	辛酉 6 六	壬戌 7 日	癸亥 8 一	甲子 9 二	乙丑 10 三	丙寅 11 四	丁卯 12 五	戊辰 13 六	己巳 14 日	庚午 15 一	辛未 16 二	壬申 17 三	癸酉 18 四	甲戌 19 五	乙亥 20 六	丙子 21 日	丁丑 22 一	戊寅 23 二	己卯 24 三	庚辰 25 四	辛巳 26 五	壬午 27 六	癸未 28 日	甲申 29 一	乙酉 30 二	丙戌(7)三	丁亥 2 四	戊子 3 五	癸亥芒種 戊寅夏至
六月小	辛未 天干地支 西曆 星期	己丑 4 六	庚寅 5 日	辛卯 6 一	壬辰 7 二	癸巳 8 三	甲午 9 四	乙未 10 五	丙申 11 六	丁酉 12 日	戊戌 13 一	己亥 14 二	庚子 15 三	辛丑 16 四	壬寅 17 五	癸卯 18 六	甲辰 19 日	乙巳 20 一	丙午 21 二	丁未 22 三	戊申 23 四	己酉 24 五	庚戌 25 六	辛亥 26 日	壬子 27 一	癸丑 28 二	甲寅 29 三	乙卯 30 四	丙辰 31 五	丁巳(8)六		甲午小暑 己酉大暑
七月大	壬申 天干地支 西曆 星期	戊午 2 日	己未 3 一	庚申 4 二	辛酉 5 三	壬戌 6 四	癸亥 7 五	甲子 8 六	乙丑 9 日	丙寅 10 一	丁卯 11 二	戊辰 12 三	己巳 13 四	庚午 14 五	辛未 15 六	壬申 16 日	癸酉 17 一	甲戌 18 二	乙亥 19 三	丙子 20 四	丁丑 21 五	戊寅 22 六	己卯 23 日	庚辰 24 一	辛巳 25 二	壬午 26 三	癸未 27 四	甲申 28 五	乙酉 29 六	丙戌 30 日	丁亥 31 一	甲子立秋 己卯處暑
八月小	癸酉 天干地支 西曆 星期	戊子(9)二	己丑 2 三	庚寅 3 四	辛卯 4 五	壬辰 5 六	癸巳 6 日	甲午 7 一	乙未 8 二	丙申 9 三	丁酉 10 四	戊戌 11 五	己亥 12 六	庚子 13 日	辛丑 14 一	壬寅 15 二	癸卯 16 三	甲辰 17 四	乙巳 18 五	丙午 19 六	丁未 20 日	戊申 21 一	己酉 22 二	庚戌 23 三	辛亥 24 四	壬子 25 五	癸丑 26 六	甲寅 27 日	乙卯 28 一	丙辰 29 二		乙未白露 庚戌秋分
九月大	甲戌 天干地支 西曆 星期	丁巳 30 三	戊午(10)四	己未 2 五	庚申 3 六	辛酉 4 日	壬戌 5 一	癸亥 6 二	甲子 7 三	乙丑 8 四	丙寅 9 五	丁卯 10 六	戊辰 11 日	己巳 12 一	庚午 13 二	辛未 14 三	壬申 15 四	癸酉 16 五	甲戌 17 六	乙亥 18 日	丙子 19 一	丁丑 20 二	戊寅 21 三	己卯 22 四	庚辰 23 五	辛巳 24 六	壬午 25 日	癸未 26 一	甲申 27 二	乙酉 28 三	丙戌 29 四	乙丑寒露 庚辰霜降 丁巳日食
十月小	乙亥 天干地支 西曆 星期	丁亥 30 五	戊子 31 六	己丑(11)日	庚寅 2 一	辛卯 3 二	壬辰 4 三	癸巳 5 四	甲午 6 五	乙未 7 六	丙申 8 日	丁酉 9 一	戊戌 10 二	己亥 11 三	庚子 12 四	辛丑 13 五	壬寅 14 六	癸卯 15 日	甲辰 16 一	乙巳 17 二	丙午 18 三	丁未 19 四	戊申 20 五	己酉 21 六	庚戌 22 日	辛亥 23 一	壬子 24 二	癸丑 25 三	甲寅 26 四	乙卯 27 五		乙未立冬 辛亥小雪
十一月大	丙子 天干地支 西曆 星期	丙辰 28 六	丁巳 29 日	戊午 30 一	己未(12)二	庚申 2 三	辛酉 3 四	壬戌 4 五	癸亥 5 六	甲子 6 日	乙丑 7 一	丙寅 8 二	丁卯 9 三	戊辰 10 四	己巳 11 五	庚午 12 六	辛未 13 日	壬申 14 一	癸酉 15 二	甲戌 16 三	乙亥 17 四	丙子 18 五	丁丑 19 六	戊寅 20 日	己卯 21 一	庚辰 22 二	辛巳 23 三	壬午 24 四	癸未 25 五	甲申 26 六	乙酉 27 日	丙寅大雪 辛巳冬至
十二月小	丁丑 天干地支 西曆 星期	丙戌 28 一	丁亥 29 二	戊子 30 三	己丑 31 四	庚寅(1)五	辛卯 2 六	壬辰 3 日	癸巳 4 一	甲午 5 二	乙未 6 三	丙申 7 四	丁酉 8 五	戊戌 9 六	己亥 10 日	庚子 11 一	辛丑 12 二	壬寅 13 三	癸卯 14 四	甲辰 15 五	乙巳 16 六	丙午 17 日	丁未 18 一	戊申 19 二	己酉 20 三	庚戌 21 四	辛亥 22 五	壬子 23 六	癸丑 24 日	甲寅 25 一		丙申小寒 壬子大寒

後秦姚興弘始十七年（乙卯 兔年）　公元415～416年

夏曆月序	中曆西曆對照	夏曆日序 初一	初二	初三	初四	初五	初六	初七	初八	初九	初十	十一	十二	十三	十四	十五	十六	十七	十八	十九	二十	廿一	廿二	廿三	廿四	廿五	廿六	廿七	廿八	廿九	三十	節氣與天象
正月大	戊寅	天干 地支 西曆 星期	乙卯 26 二	丙辰 27 三	丁巳 28 四	戊午 29 五	己未 30 六	庚申 31 日	辛酉 2(2) 一	壬戌 2 二	癸亥 3 三	甲子 4 四	乙丑 5 五	丙寅 6 六	丁卯 7 日	戊辰 8 一	己巳 9 二	庚午 10 三	辛未 11 四	壬申 12 五	癸酉 13 六	甲戌 14 日	乙亥 15 一	丙子 16 二	丁丑 17 三	戊寅 18 四	己卯 19 五	庚辰 20 六	辛巳 21 日	壬午 22 一	癸未 23 二	甲申 24 三	丁卯立春 壬午雨水
二月小	己卯	天干 地支 西曆 星期	乙酉 25 四	丙戌 26 五	丁亥 27 六	戊子 28 日	己丑 1(3) 一	庚寅 2 二	辛卯 3 三	壬辰 4 四	癸巳 5 五	甲午 6 六	乙未 7 日	丙申 8 一	丁酉 9 二	戊戌 10 三	己亥 11 四	庚子 12 五	辛丑 13 六	壬寅 14 日	癸卯 15 一	甲辰 16 二	乙巳 17 三	丙午 18 四	丁未 19 五	戊申 20 六	己酉 21 日	庚戌 22 一	辛亥 23 二	壬子 24 三	癸丑 25 四		丁酉驚蟄 壬子春分
三月大	庚辰	天干 地支 西曆 星期	甲寅 26 五	乙卯 27 六	丙辰 28 日	丁巳 29 一	戊午 30 二	己未 31 三	庚申 4(4) 四	辛酉 2 五	壬戌 3 六	癸亥 4 日	甲子 5 一	乙丑 6 二	丙寅 7 三	丁卯 8 四	戊辰 9 五	己巳 10 六	庚午 11 日	辛未 12 一	壬申 13 二	癸酉 14 三	甲戌 15 四	乙亥 16 五	丙子 17 六	丁丑 18 日	戊寅 19 一	己卯 20 二	庚辰 21 三	辛巳 22 四	壬午 23 五	癸未 24 六	戊辰清明 癸未穀雨
閏三月小	庚戌	天干 地支 西曆 星期	甲申 25 日	乙酉 26 一	丙戌 27 二	丁亥 28 三	戊子 29 四	己丑 30 五	庚寅 5(5) 六	辛卯 2 日	壬辰 3 一	癸巳 4 二	甲午 5 三	乙未 6 四	丙申 7 五	丁酉 8 六	戊戌 9 日	己亥 10 一	庚子 11 二	辛丑 12 三	壬寅 13 四	癸卯 14 五	甲辰 15 六	乙巳 16 日	丙午 17 一	丁未 18 二	戊申 19 三	己酉 20 四	庚戌 21 五	辛亥 22 六	壬子 23 日		戊戌立夏
四月大	辛巳	天干 地支 西曆 星期	癸丑 24 一	甲寅 25 二	乙卯 26 三	丙辰 27 四	丁巳 28 五	戊午 29 六	己未 30 日	庚申 31 一	辛酉 6(6) 二	壬戌 2 三	癸亥 3 四	甲子 4 五	乙丑 5 六	丙寅 6 日	丁卯 7 一	戊辰 8 二	己巳 9 三	庚午 10 四	辛未 11 五	壬申 12 六	癸酉 13 日	甲戌 14 一	乙亥 15 二	丙子 16 三	丁丑 17 四	戊寅 18 五	己卯 19 六	庚辰 20 日	辛巳 21 一	壬午 22 二	癸丑小滿 戊辰芒種
五月小	壬午	天干 地支 西曆 星期	癸未 23 三	甲申 24 四	乙酉 25 五	丙戌 26 六	丁亥 27 日	戊子 28 一	己丑 29 二	庚寅 30 三	辛卯 7(7) 四	壬辰 2 五	癸巳 3 六	甲午 4 日	乙未 5 一	丙申 6 二	丁酉 7 三	戊戌 8 四	己亥 9 五	庚子 10 六	辛丑 11 日	壬寅 12 一	癸卯 13 二	甲辰 14 三	乙巳 15 四	丙午 16 五	丁未 17 六	戊申 18 日	己酉 19 一	庚戌 20 二	辛亥 21 三		甲申夏至 己亥小暑
六月大	癸未	天干 地支 西曆 星期	壬子 22 四	癸丑 23 五	甲寅 24 六	乙卯 25 日	丙辰 26 一	丁巳 27 二	戊午 28 三	己未 29 四	庚申 30 五	辛酉 31 六	壬戌 8(8) 日	癸亥 2 一	甲子 3 二	乙丑 4 三	丙寅 5 四	丁卯 6 五	戊辰 7 六	己巳 8 日	庚午 9 一	辛未 10 二	壬申 11 三	癸酉 12 四	甲戌 13 五	乙亥 14 六	丙子 15 日	丁丑 16 一	戊寅 17 二	己卯 18 三	庚辰 19 四	辛巳 20 五	甲寅大暑 己巳立秋
七月小	甲申	天干 地支 西曆 星期	壬午 21 六	癸未 22 日	甲申 23 一	乙酉 24 二	丙戌 25 三	丁亥 26 四	戊子 27 五	己丑 28 六	庚寅 29 日	辛卯 30 一	壬辰 31 二	癸巳 9(9) 三	甲午 2 四	乙未 3 五	丙申 4 六	丁酉 5 日	戊戌 6 一	己亥 7 二	庚子 8 三	辛丑 9 四	壬寅 10 五	癸卯 11 六	甲辰 12 日	乙巳 13 一	丙午 14 二	丁未 15 三	戊申 16 四	己酉 17 五	庚戌 18 六		乙酉處暑 庚午白露 辛亥日食
八月大	乙酉	天干 地支 西曆 星期	辛亥 19 日	壬子 20 一	癸丑 21 二	甲寅 22 三	乙卯 23 四	丙辰 24 五	丁巳 25 六	戊午 26 日	己未 27 一	庚申 28 二	辛酉 29 三	壬戌 30 四	癸亥 10(10) 五	甲子 2 六	乙丑 3 日	丙寅 4 一	丁卯 5 二	戊辰 6 三	己巳 7 四	庚午 8 五	辛未 9 六	壬申 10 日	癸酉 11 一	甲戌 12 二	乙亥 13 三	丙子 14 四	丁丑 15 五	戊寅 16 六	己卯 17 日	庚辰 18 一	乙卯秋分 庚午寒露
九月大	丙戌	天干 地支 西曆 星期	辛巳 19 二	壬午 20 三	癸未 21 四	甲申 22 五	乙酉 23 六	丙戌 24 日	丁亥 25 一	戊子 26 二	己丑 27 三	庚寅 28 四	辛卯 29 五	壬辰 30 六	癸巳 31 日	甲午 11(11) 一	乙未 2 二	丙申 3 三	丁酉 4 四	戊戌 5 五	己亥 6 六	庚子 7 日	辛丑 8 一	壬寅 9 二	癸卯 10 三	甲辰 11 四	乙巳 12 五	丙午 13 六	丁未 14 日	戊申 15 一	己酉 16 二	庚戌 17 三	乙酉霜降 辛丑立冬
十月小	丁亥	天干 地支 西曆 星期	辛亥 18 四	壬子 19 五	癸丑 20 六	甲寅 21 日	乙卯 22 一	丙辰 23 二	丁巳 24 三	戊午 25 四	己未 26 五	庚申 27 六	辛酉 28 日	壬戌 29 一	癸亥 30 二	甲子 12(12) 三	乙丑 2 四	丙寅 3 五	丁卯 4 六	戊辰 5 日	己巳 6 一	庚午 7 二	辛未 8 三	壬申 9 四	癸酉 10 五	甲戌 11 六	乙亥 12 日	丙子 13 一	丁丑 14 二	戊寅 15 三	己卯 16 四		丙辰小雪 辛未大雪
十一月大	戊子	天干 地支 西曆 星期	庚辰 17 五	辛巳 18 六	壬午 19 日	癸未 20 一	甲申 21 二	乙酉 22 三	丙戌 23 四	丁亥 24 五	戊子 25 六	己丑 26 日	庚寅 27 一	辛卯 28 二	壬辰 29 三	癸巳 30 四	甲午 31 五	乙未 1(1) 六	丙申 2 日	丁酉 3 一	戊戌 4 二	己亥 5 三	庚子 6 四	辛丑 7 五	壬寅 8 六	癸卯 9 日	甲辰 10 一	乙巳 11 二	丙午 12 三	丁未 13 四	戊申 14 五	己酉 15 六	丙戌冬至 壬寅小寒
十二月小	己丑	天干 地支 西曆 星期	庚戌 16 日	辛亥 17 一	壬子 18 二	癸丑 19 三	甲寅 20 四	乙卯 21 五	丙辰 22 六	丁巳 23 日	戊午 24 一	己未 25 二	庚申 26 三	辛酉 27 四	壬戌 28 五	癸亥 29 六	甲子 30 日	乙丑 31 一	丙寅 2(2) 二	丁卯 2 三	戊辰 3 四	己巳 4 五	庚午 5 六	辛未 6 日	壬申 7 一	癸酉 8 二	甲戌 9 三	乙亥 10 四	丙子 11 五	丁丑 12 六	戊寅 13 日		丁巳大寒 壬申立春

後秦姚興弘始十八年 姚泓永和元年（丙辰 龍年） 公元416～417年

夏曆月序	中西日對照	夏曆日序 初一	初二	初三	初四	初五	初六	初七	初八	初九	初十	十一	十二	十三	十四	十五	十六	十七	十八	十九	二十	二一	二二	二三	二四	二五	二六	二七	二八	二九	三十	節氣與天象
正月大	庚寅 天干地支西曆星期	己卯 14 二	庚辰 15 三	辛巳 16 四	壬午 17 五	癸未 18 六	甲申 19 日	乙酉 20 一	丙戌 21 二	丁亥 22 三	戊子 23 四	己丑 24 五	庚寅 25 六	辛卯 26 日	壬辰 27 一	癸巳 28 二	甲午 29 三	乙未(3) 四	丙申 2 五	丁酉 3 六	戊戌 4 日	己亥 5 一	庚子 6 二	辛丑 7 三	壬寅 8 四	癸卯 9 五	甲辰 10 六	乙巳 11 日	丙午 12 一	丁未 13 二	戊申 14 三	丁亥雨水 壬寅驚蟄
二月小	辛卯 天干地支西曆星期	己酉 15 四	庚戌 16 五	辛亥 17 六	壬子 18 日	癸丑 19 一	甲寅 20 二	乙卯 21 三	丙辰 22 四	丁巳 23 五	戊午 24 六	己未 25 日	庚申 26 一	辛酉 27 二	壬戌 28 三	癸亥 29 四	甲子 30 五	乙丑 31 六	丙寅(4) 日	丁卯 2 一	戊辰 3 二	己巳 4 三	庚午 5 四	辛未 6 五	壬申 7 六	癸酉 8 日	甲戌 9 一	乙亥 10 二	丙子 11 三	丁丑 12 四		戊午春分 癸酉清明
三月大	壬辰 天干地支西曆星期	戊寅 13 五	己卯 14 六	庚辰 15 日	辛巳 16 一	壬午 17 二	癸未 18 三	甲申 19 四	乙酉 20 五	丙戌 21 六	丁亥 22 日	戊子 23 一	己丑 24 二	庚寅 25 三	辛卯 26 四	壬辰 27 五	癸巳 28 六	甲午 29 日	乙未 30 一	丙申(5) 二	丁酉 2 三	戊戌 3 四	己亥 4 五	庚子 5 六	辛丑 6 日	壬寅 7 一	癸卯 8 二	甲辰 9 三	乙巳 10 四	丙午 11 五	丁未 12 六	戊子穀雨 癸卯立夏
四月小	癸巳 天干地支西曆星期	戊申 13 日	己酉 14 一	庚戌 15 二	辛亥 16 三	壬子 17 四	癸丑 18 五	甲寅 19 六	乙卯 20 日	丙辰 21 一	丁巳 22 二	戊午 23 三	己未 24 四	庚申 25 五	辛酉 26 六	壬戌 27 日	癸亥 28 一	甲子 29 二	乙丑 30 三	丙寅 31 四	丁卯(6) 五	戊辰 2 六	己巳 3 日	庚午 4 一	辛未 5 二	壬申 6 三	癸酉 7 四	甲戌 8 五	乙亥 9 六	丙子 10 日		己未小滿 甲戌芒種
五月大	甲午 天干地支西曆星期	丁丑 11 一	戊寅 12 二	己卯 13 三	庚辰 14 四	辛巳 15 五	壬午 16 六	癸未 17 日	甲申 18 一	乙酉 19 二	丙戌 20 三	丁亥 21 四	戊子 22 五	己丑 23 六	庚寅 24 日	辛卯 25 一	壬辰 26 二	癸巳 27 三	甲午 28 四	乙未 29 五	丙申 30 六	丁酉(7) 日	戊戌 2 一	己亥 3 二	庚子 4 三	辛丑 5 四	壬寅 6 五	癸卯 7 六	甲辰 8 日	乙巳 9 一	丙午 10 二	己丑夏至 甲辰小暑
六月小	乙未 天干地支西曆星期	丁未 11 三	戊申 12 四	己酉 13 五	庚戌 14 六	辛亥 15 日	壬子 16 一	癸丑 17 二	甲寅 18 三	乙卯 19 四	丙辰 20 五	丁巳 21 六	戊午 22 日	己未 23 一	庚申 24 二	辛酉 25 三	壬戌 26 四	癸亥 27 五	甲子 28 六	乙丑 29 日	丙寅 30 一	丁卯 31 二	戊辰(8) 三	己巳 2 四	庚午 3 五	辛未 4 六	壬申 5 日	癸酉 6 一	甲戌 7 二	乙亥 8 三		己未大暑 乙亥立秋
七月大	丙申 天干地支西曆星期	丙子 9 三	丁丑 10 四	戊寅 11 五	己卯 12 六	庚辰 13 日	辛巳 14 一	壬午 15 二	癸未 16 三	甲申 17 四	乙酉 18 五	丙戌 19 六	丁亥 20 日	戊子 21 一	己丑 22 二	庚寅 23 三	辛卯 24 四	壬辰 25 五	癸巳 26 六	甲午 27 日	乙未 28 一	丙申 29 二	丁酉 30 三	戊戌 31 四	己亥(9) 五	庚子 2 六	辛丑 3 日	壬寅 4 一	癸卯 5 二	甲辰 6 三	乙巳 7 四	庚寅處暑 乙巳白露
八月小	丁酉 天干地支西曆星期	丙午 8 五	丁未 9 六	戊申 10 日	己酉 11 一	庚戌 12 二	辛亥 13 三	壬子 14 四	癸丑 15 五	甲寅 16 六	乙卯 17 日	丙辰 18 一	丁巳 19 二	戊午 20 三	己未 21 四	庚申 22 五	辛酉 23 六	壬戌 24 日	癸亥 25 一	甲子 26 二	乙丑 27 三	丙寅 28 四	丁卯 29 五	戊辰 30 六	己巳(10) 日	庚午 2 一	辛未 3 二	壬申 4 三	癸酉 5 四	甲戌 6 五		庚申秋分
九月大	戊戌 天干地支西曆星期	乙亥 7 六	丙子 8 日	丁丑 9 一	戊寅 10 二	己卯 11 三	庚辰 12 四	辛巳 13 五	壬午 14 六	癸未 15 日	甲申 16 一	乙酉 17 二	丙戌 18 三	丁亥 19 四	戊子 20 五	己丑 21 六	庚寅 22 日	辛卯 23 一	壬辰 24 二	癸巳 25 三	甲午 26 四	乙未 27 五	丙申 28 六	丁酉 29 日	戊戌 30 一	己亥 31 二	庚子(11) 三	辛丑 2 四	壬寅 3 五	癸卯 4 六	甲辰 5 日	乙亥寒露 辛卯霜降
十月小	己亥 天干地支西曆星期	乙巳 6 一	丙午 7 二	丁未 8 三	戊申 9 四	己酉 10 五	庚戌 11 六	辛亥 12 日	壬子 13 一	癸丑 14 二	甲寅 15 三	乙卯 16 四	丙辰 17 五	丁巳 18 六	戊午 19 日	己未 20 一	庚申 21 二	辛酉 22 三	壬戌 23 四	癸亥 24 五	甲子 25 六	乙丑 26 日	丙寅 27 一	丁卯 28 二	戊辰 29 三	己巳 30 四	庚午(12) 五	辛未 2 六	壬申 3 日	癸酉 4 一		丙午立冬 辛酉小雪
十一月大	庚子 天干地支西曆星期	甲戌 5 二	乙亥 6 三	丙子 7 四	丁丑 8 五	戊寅 9 六	己卯 10 日	庚辰 11 一	辛巳 12 二	壬午 13 三	癸未 14 四	甲申 15 五	乙酉 16 六	丙戌 17 日	丁亥 18 一	戊子 19 二	己丑 20 三	庚寅 21 四	辛卯 22 五	壬辰 23 六	癸巳 24 日	甲午 25 一	乙未 26 二	丙申 27 三	丁酉 28 四	戊戌 29 五	己亥 30 六	庚子 31 日	辛丑(1) 一	壬寅 2 二	癸卯 3 三	丙子大雪 壬辰冬至
十二月大	辛丑 天干地支西曆星期	甲辰 4 四	乙巳 5 五	丙午 6 六	丁未 7 日	戊申 8 一	己酉 9 二	庚戌 10 三	辛亥 11 四	壬子 12 五	癸丑 13 六	甲寅 14 日	乙卯 15 一	丙辰 16 二	丁巳 17 三	戊午 18 四	己未 19 五	庚申 20 六	辛酉 21 日	壬戌 22 一	癸亥 23 二	甲子 24 三	乙丑 25 四	丙寅 26 五	丁卯 27 六	戊辰 28 日	己巳 29 一	庚午 30 二	辛未 31 三	壬申(2) 四	癸酉 2 五	丁未小寒 壬戌大寒

*二月，姚興死。姚泓即位，改元永和。

後秦姚泓永和二年（丁巳 蛇年） 公元 417～418 年

夏曆月序	中西曆對照日	夏曆日序 初一	初二	初三	初四	初五	初六	初七	初八	初九	初十	十一	十二	十三	十四	十五	十六	十七	十八	十九	二十	二一	二二	二三	二四	二五	二六	二七	二八	二九	三十	節氣與天象
正月小	壬寅	天干地支 西曆 星期	甲戌 3六	乙亥 4日	丙子 5一	丁丑 6二	戊寅 7三	己卯 8四	庚辰 9五	辛巳 10六	壬午 11日	癸未 12一	甲申 13二	乙酉 14三	丙戌 15四	丁亥 16五	戊子 17六	己丑 18日	庚寅 19一	辛卯 20二	壬辰 21三	癸巳 22四	甲午 23五	乙未 24六	丙申 25日	丁酉 26一	戊戌 27二	己亥 28三	庚子 (3)四	辛丑 2五	壬寅 3六		丁丑立春 壬辰雨水 甲戌日食
二月大	癸卯	天干地支 西曆 星期	癸卯 4日	甲辰 5一	乙巳 6二	丙午 7三	丁未 8四	戊申 9五	己酉 10六	庚戌 11日	辛亥 12一	壬子 13二	癸丑 14三	甲寅 15四	乙卯 16五	丙辰 17六	丁巳 18日	戊午 19一	己未 20二	庚申 21三	辛酉 22四	壬戌 23五	癸亥 24六	甲子 25日	乙丑 26一	丙寅 27二	丁卯 28三	戊辰 29四	己巳 30五	庚午 31六	辛未 (4)日	壬申 2一	戊申驚蟄 癸亥春分
三月小	甲辰	天干地支 西曆 星期	癸酉 3二	甲戌 4三	乙亥 5四	丙子 6五	丁丑 7六	戊寅 8日	己卯 9一	庚辰 10二	辛巳 11三	壬午 12四	癸未 13五	甲申 14六	乙酉 15日	丙戌 16一	丁亥 17二	戊子 18三	己丑 19四	庚寅 20五	辛卯 21六	壬辰 22日	癸巳 23一	甲午 24二	乙未 25三	丙申 26四	丁酉 27五	戊戌 28六	己亥 29日	庚子 30一	辛丑 (5)二		戊寅清明 癸巳穀雨
四月大	乙巳	天干地支 西曆 星期	壬寅 2三	癸卯 3四	甲辰 4五	乙巳 5六	丙午 6日	丁未 7一	戊申 8二	己酉 9三	庚戌 10四	辛亥 11五	壬子 12六	癸丑 13日	甲寅 14一	乙卯 15二	丙辰 16三	丁巳 17四	戊午 18五	己未 19六	庚申 20日	辛酉 21一	壬戌 22二	癸亥 23三	甲子 24四	乙丑 25五	丙寅 26六	丁卯 27日	戊辰 28一	己巳 29二	庚午 30三	辛未 31四	己酉立夏 甲子小滿
五月小	丙午	天干地支 西曆 星期	壬申 (6)五	癸酉 2六	甲戌 3日	乙亥 4一	丙子 5二	丁丑 6三	戊寅 7四	己卯 8五	庚辰 9六	辛巳 10日	壬午 11一	癸未 12二	甲申 13三	乙酉 14四	丙戌 15五	丁亥 16六	戊子 17日	己丑 18一	庚寅 19二	辛卯 20三	壬辰 21四	癸巳 22五	甲午 23六	乙未 24日	丙申 25一	丁酉 26二	戊戌 27三	己亥 28四	庚子 29五		己卯芒種 甲午夏至
六月大	丁未	天干地支 西曆 星期	辛丑 30六	壬寅 (7)日	癸卯 2一	甲辰 3二	乙巳 4三	丙午 5四	丁未 6五	戊申 7六	己酉 8日	庚戌 9一	辛亥 10二	壬子 11三	癸丑 12四	甲寅 13五	乙卯 14六	丙辰 15日	丁巳 16一	戊午 17二	己未 18三	庚申 19四	辛酉 20五	壬戌 21六	癸亥 22日	甲子 23一	乙丑 24二	丙寅 25三	丁卯 26四	戊辰 27五	己巳 28六	庚午 29日	己酉小暑 乙丑大暑
七月小	戊申	天干地支 西曆 星期	辛未 30一	壬申 31二	癸酉 (8)三	甲戌 2四	乙亥 3五	丙子 4六	丁丑 5日	戊寅 6一	己卯 7二	庚辰 8三	辛巳 9四	壬午 10五	癸未 11六	甲申 12日	乙酉 13一	丙戌 14二	丁亥 15三	戊子 16四	己丑 17五	庚寅 18六	辛卯 19日	壬辰 20一	癸巳 21二	甲午 22三	乙未 23四	丙申 24五	丁酉 25六	戊戌 26日	己亥 27一		庚辰立秋 乙未處暑
八月大	己酉	天干地支 西曆 星期	庚子 28二	辛丑 29三	壬寅 30四	癸卯 31五	甲辰 (9)六	乙巳 2日	丙午 3一	丁未 4二	戊申 5三	己酉 6四	庚戌 7五	辛亥 8六	壬子 9日	癸丑 10一	甲寅 11二	乙卯 12三	丙辰 13四	丁巳 14五	戊午 15六	己未 16日	庚申 17一	辛酉 18二	壬戌 19三	癸亥 20四	甲子 21五	乙丑 22六	丙寅 23日	丁卯 24一	戊辰 25二	己巳 26三	庚戌白露 丙寅秋分
九月小	庚戌	天干地支 西曆 星期	庚午 27四	辛未 28五	壬申 29六	癸酉 30日	甲戌 (10)一	乙亥 2二	丙子 3三	丁丑 4四	戊寅 5五	己卯 6六	庚辰 7日	辛巳 8一	壬午 9二	癸未 10三	甲申 11四	乙酉 12五	丙戌 13六	丁亥 14日	戊子 15一	己丑 16二	庚寅 17三	辛卯 18四	壬辰 19五	癸巳 20六	甲午 21日	乙未 22一	丙申 23二	丁酉 24三	戊戌 25四		辛巳寒露 丙申霜降
十月大	辛亥	天干地支 西曆 星期	己亥 26五	庚子 27六	辛丑 28日	壬寅 29一	癸卯 30二	甲辰 (11)三	乙巳 2四	丙午 3五	丁未 4六	戊申 5日	己酉 6一	庚戌 7二	辛亥 8三	壬子 9四	癸丑 10五	甲寅 11六	乙卯 12日	丙辰 13一	丁巳 14二	戊午 15三	己未 16四	庚申 17五	辛酉 18六	壬戌 19日	癸亥 20一	甲子 21二	乙丑 22三	丙寅 23四	丁卯 24五	戊辰 25六	辛亥立冬 丙寅小雪
十一月小	壬子	天干地支 西曆 星期	己巳 25日	庚午 26一	辛未 27二	壬申 28三	癸酉 29四	甲戌 30五	乙亥 (12)六	丙子 2日	丁丑 3一	戊寅 4二	己卯 5三	庚辰 6四	辛巳 7五	壬午 8六	癸未 9日	甲申 10一	乙酉 11二	丙戌 12三	丁亥 13四	戊子 14五	己丑 15六	庚寅 16日	辛卯 17一	壬辰 18二	癸巳 19三	甲午 20四	乙未 21五	丙申 22六	丁酉 23日		壬午大雪 丁酉冬至
十二月大	癸丑	天干地支 西曆 星期	戊戌 24一	己亥 25二	庚子 26三	辛丑 27四	壬寅 28五	癸卯 29六	甲辰 30日	乙巳 31一	丙午 (1)二	丁未 2三	戊申 3四	己酉 4五	庚戌 5六	辛亥 6日	壬子 7一	癸丑 8二	甲寅 9三	乙卯 10四	丙辰 11五	丁巳 12六	戊午 13日	己未 14一	庚申 15二	辛酉 16三	壬戌 17四	癸亥 18五	甲子 19六	乙丑 20日	丙寅 21一	丁卯 22二	壬子小寒 丁卯大寒
閏十二月小	癸丑	天干地支 西曆 星期	戊辰 23三	己巳 24四	庚午 25五	辛未 26六	壬申 27日	癸酉 28一	甲戌 29二	乙亥 30三	丙子 31四	丁丑 (2)五	戊寅 2六	己卯 3日	庚辰 4一	辛巳 5二	壬午 6三	癸未 7四	甲申 8五	乙酉 9六	丙戌 10日	丁亥 11一	戊子 12二	己丑 13三	庚寅 14四	辛卯 15五	壬辰 16六	癸巳 17日	甲午 18一	乙未 19二	丙申 20三		壬午立春

*八月癸亥（二十四日），姚泓降晉，後秦滅亡。

北凉日曆

北凉段業神璽元年（丁酉 雞年） 公元 397 ~ 398 年

夏曆月序	中西曆日對照	夏曆日序																													節氣與天象
		初一	初二	初三	初四	初五	初六	初七	初八	初九	初十	十一	十二	十三	十四	十五	十六	十七	十八	十九	二十	二一	二二	二三	二四	二五	二六	二七	二八	二九	三十	
正月大	壬寅	己亥 13 五	庚子 14 六	辛丑 15 日	壬寅 16 一	癸卯 17 二	甲辰 18 三	乙巳 19 四	丙午 20 五	丁未 21 六	戊申 22 日	己酉 23 一	庚戌 24 二	辛亥 25 三	壬子 26 四	癸丑 27 五	甲寅 28 六	乙卯 (3) 日	丙辰 2 一	丁巳 3 二	戊午 4 三	己未 5 四	庚申 6 五	辛酉 7 六	壬戌 8 日	癸亥 9 一	甲子 10 二	乙丑 11 三	丙寅 12 四	丁卯 13 五	戊辰 14 六	戊申雨水 癸亥驚蟄
二月大	癸卯	己巳 15 日	庚午 16 一	辛未 17 二	壬申 18 三	癸酉 19 四	甲戌 20 五	乙亥 21 六	丙子 22 日	丁丑 23 一	戊寅 24 二	己卯 25 三	庚辰 26 四	辛巳 27 五	壬午 28 六	癸未 29 日	甲申 30 一	乙酉 31 二	丙戌 (4) 三	丁亥 2 四	戊子 3 五	己丑 4 六	庚寅 5 日	辛卯 6 一	壬辰 7 二	癸巳 8 三	甲午 9 四	乙未 10 五	丙申 11 六	丁酉 12 日	戊戌 13 一	戊寅春分 癸巳清明
三月小	甲辰	己亥 14 二	庚子 15 三	辛丑 16 四	壬寅 17 五	癸卯 18 六	甲辰 19 日	乙巳 20 一	丙午 21 二	丁未 22 三	戊申 23 四	己酉 24 五	庚戌 25 六	辛亥 26 日	壬子 27 一	癸丑 28 二	甲寅 29 三	乙卯 30 四	丙辰 (5) 五	丁巳 2 六	戊午 3 日	己未 4 一	庚申 5 二	辛酉 6 三	壬戌 7 四	癸亥 8 五	甲子 9 六	乙丑 10 日	丙寅 11 一	丁卯 12 二		戊申穀雨 甲子立夏
四月大	乙巳	戊辰 13 三	己巳 14 四	庚午 15 五	辛未 16 六	壬申 17 日	癸酉 18 一	甲戌 19 二	乙亥 20 三	丙子 21 四	丁丑 22 五	戊寅 23 六	己卯 24 日	庚辰 25 一	辛巳 26 二	壬午 27 三	癸未 28 四	甲申 29 五	乙酉 30 六	丙戌 31 日	丁亥 (6) 一	戊子 2 二	己丑 3 三	庚寅 4 四	辛卯 5 五	壬辰 6 六	癸巳 7 日	甲午 8 一	乙未 9 二	丙申 10 三	丁酉 11 四	己卯小滿 甲午芒種
五月小	丙午	戊戌 12 五	己亥 13 六	庚子 14 日	辛丑 15 一	壬寅 16 二	癸卯 17 三	甲辰 18 四	乙巳 19 五	丙午 20 六	丁未 21 日	戊申 22 一	己酉 23 二	庚戌 24 三	辛亥 25 四	壬子 26 五	癸丑 27 六	甲寅 28 日	乙卯 29 一	丙辰 30 二	丁巳 (7) 三	戊午 2 四	己未 3 五	庚申 4 六	辛酉 5 日	壬戌 6 一	癸亥 7 二	甲子 8 三	乙丑 9 四	丙寅 10 五		己酉夏至 甲子小暑
六月大	丁未	丁卯 11 六	戊辰 12 日	己巳 13 一	庚午 14 二	辛未 15 三	壬申 16 四	癸酉 17 五	甲戌 18 六	乙亥 19 日	丙子 20 一	丁丑 21 二	戊寅 22 三	己卯 23 四	庚辰 24 五	辛巳 25 六	壬午 26 日	癸未 27 一	甲申 28 二	乙酉 29 三	丙戌 30 四	丁亥 31 五	戊子 (8) 六	己丑 2 日	庚寅 3 一	辛卯 4 二	壬辰 5 三	癸巳 6 四	甲午 7 五	乙未 8 六	丙申 9 日	庚辰大暑 乙未立秋
七月小	戊申	丁酉 10 一	戊戌 11 二	己亥 12 三	庚子 13 四	辛丑 14 五	壬寅 15 六	癸卯 16 日	甲辰 17 一	乙巳 18 二	丙午 19 三	丁未 20 四	戊申 21 五	己酉 22 六	庚戌 23 日	辛亥 24 一	壬子 25 二	癸丑 26 三	甲寅 27 四	乙卯 28 五	丙辰 29 六	丁巳 30 日	戊午 31 一	己未 (9) 二	庚申 2 三	辛酉 3 四	壬戌 4 五	癸亥 5 六	甲子 6 日	乙丑 7 一		庚戌處暑 乙丑白露
八月大	己酉	丙寅 8 二	丁卯 9 三	戊辰 10 四	己巳 11 五	庚午 12 六	辛未 13 日	壬申 14 一	癸酉 15 二	甲戌 16 三	乙亥 17 四	丙子 18 五	丁丑 19 六	戊寅 20 日	己卯 21 一	庚辰 22 二	辛巳 23 三	壬午 24 四	癸未 25 五	甲申 26 六	乙酉 27 日	丙戌 28 一	丁亥 29 二	戊子 30 三	己丑 (10) 四	庚寅 2 五	辛卯 3 六	壬辰 4 日	癸巳 5 一	甲午 6 二	乙未 7 三	辛巳秋分
九月小	庚戌	丙申 8 四	丁酉 9 五	戊戌 10 六	己亥 11 日	庚子 12 一	辛丑 13 二	壬寅 14 三	癸卯 15 四	甲辰 16 五	乙巳 17 六	丙午 18 日	丁未 19 一	戊申 20 二	己酉 21 三	庚戌 22 四	辛亥 23 五	壬子 24 六	癸丑 25 日	甲寅 26 一	乙卯 27 二	丙辰 28 三	丁巳 29 四	戊午 30 五	己未 31 六	庚申 (11) 日	辛酉 2 一	壬戌 3 二	癸亥 4 三	甲子 5 四		丙申寒露 辛亥霜降
十月大	辛亥	乙丑 6 五	丙寅 7 六	丁卯 8 日	戊辰 9 一	己巳 10 二	庚午 11 三	辛未 12 四	壬申 13 五	癸酉 14 六	甲戌 15 日	乙亥 16 一	丙子 17 二	丁丑 18 三	戊寅 19 四	己卯 20 五	庚辰 21 六	辛巳 22 日	壬午 23 一	癸未 24 二	甲申 25 三	乙酉 26 四	丙戌 27 五	丁亥 28 六	戊子 29 日	己丑 30 一	庚寅 (12) 二	辛卯 2 三	壬辰 3 四	癸巳 4 五	甲午 5 六	丙午立冬 辛巳小雪
十一月小	壬子	乙未 6 日	丙申 7 一	丁酉 8 二	戊戌 9 三	己亥 10 四	庚子 11 五	辛丑 12 六	壬寅 13 日	癸卯 14 一	甲辰 15 二	乙巳 16 三	丙午 17 四	丁未 18 五	戊申 19 六	己酉 20 日	庚戌 21 一	辛亥 22 二	壬子 23 三	癸丑 24 四	甲寅 25 五	乙卯 26 六	丙辰 27 日	丁巳 28 一	戊午 29 二	己未 30 三	庚申 31 四	辛酉 (1) 五	壬戌 2 六	癸亥 3 日		丁酉大雪 壬子冬至
十二月大	癸丑	甲子 4 一	乙丑 5 二	丙寅 6 三	丁卯 7 四	戊辰 8 五	己巳 9 六	庚午 10 日	辛未 11 一	壬申 12 二	癸酉 13 三	甲戌 14 四	乙亥 15 五	丙子 16 六	丁丑 17 日	戊寅 18 一	己卯 19 二	庚辰 20 三	辛巳 21 四	壬午 22 五	癸未 23 六	甲申 24 日	乙酉 25 一	丙戌 26 二	丁亥 27 三	戊子 28 四	己丑 29 五	庚寅 30 六	辛卯 31 日	壬辰 (2) 一	癸巳 2 二	丁卯小寒 壬午大寒

* 五月，段業自稱大都督、龍驤大將軍、涼州牧、建康公，改元神璽。

北涼段業神璽二年（戊戌 狗年） 公元398～399年

夏曆月序	中西曆日對照	夏曆日序																													節氣與天象
		初一	初二	初三	初四	初五	初六	初七	初八	初九	初十	十一	十二	十三	十四	十五	十六	十七	十八	十九	二十	二一	二二	二三	二四	二五	二六	二七	二八	二九	三十	
正月小	甲寅	天干 地支 西曆 星期	甲午 3 三	乙未 4 四	丙申 5 五	丁酉 6 六	戊戌 7 日	己亥 8 一	庚子 9 二	辛丑 10 三	壬寅 11 四	癸卯 12 五	甲辰 13 六	乙巳 14 日	丙午 15 一	丁未 16 二	戊申 17 三	己酉 18 四	庚戌 19 五	辛亥 20 六	壬子 21 日	癸丑 22 一	甲寅 23 二	乙卯 24 三	丙辰 25 四	丁巳 26 五	戊午 27 六	己未 28 日	庚申 (3) 一	辛酉 2 二	壬戌 3 三		戊戌立春 癸丑雨水
二月大	乙卯	天干 地支 西曆 星期	癸亥 4 四	甲子 5 五	乙丑 6 六	丙寅 7 日	丁卯 8 一	戊辰 9 二	己巳 10 三	庚午 11 四	辛未 12 五	壬申 13 六	癸酉 14 日	甲戌 15 一	乙亥 16 二	丙子 17 三	丁丑 18 四	戊寅 19 五	己卯 20 六	庚辰 21 日	辛巳 22 一	壬午 23 二	癸未 24 三	甲申 25 四	乙酉 26 五	丙戌 27 六	丁亥 28 日	戊子 29 一	己丑 30 二	庚寅 31 三	辛卯 (4) 四	壬辰 2 五	戊辰驚蟄 癸未春分
三月小	丙辰	天干 地支 西曆 星期	癸巳 3 六	甲午 4 日	乙未 5 一	丙申 6 二	丁酉 7 三	戊戌 8 四	己亥 9 五	庚子 10 六	辛丑 11 日	壬寅 12 一	癸卯 13 二	甲辰 14 三	乙巳 15 四	丙午 16 五	丁未 17 六	戊申 18 日	己酉 19 一	庚戌 20 二	辛亥 21 三	壬子 22 四	癸丑 23 五	甲寅 24 六	乙卯 25 日	丙辰 26 一	丁巳 27 二	戊午 28 三	己未 29 四	庚申 30 五	辛酉 (5) 六		戊戌清明 甲寅穀雨
四月大	丁巳	天干 地支 西曆 星期	壬戌 2 日	癸亥 3 一	甲子 4 二	乙丑 5 三	丙寅 6 四	丁卯 7 五	戊辰 8 六	己巳 9 日	庚午 10 一	辛未 11 二	壬申 12 三	癸酉 13 四	甲戌 14 五	乙亥 15 六	丙子 16 日	丁丑 17 一	戊寅 18 二	己卯 19 三	庚辰 20 四	辛巳 21 五	壬午 22 六	癸未 23 日	甲申 24 一	乙酉 25 二	丙戌 26 三	丁亥 27 四	戊子 28 五	己丑 29 六	庚寅 30 日	辛卯 31 一	己巳立夏 甲申小滿
五月小	戊午	天干 地支 西曆 星期	壬辰 (6) 二	癸巳 2 三	甲午 3 四	乙未 4 五	丙申 5 六	丁酉 6 日	戊戌 7 一	己亥 8 二	庚子 9 三	辛丑 10 四	壬寅 11 五	癸卯 12 六	甲辰 13 日	乙巳 14 一	丙午 15 二	丁未 16 三	戊申 17 四	己酉 18 五	庚戌 19 六	辛亥 20 日	壬子 21 一	癸丑 22 二	甲寅 23 三	乙卯 24 四	丙辰 25 五	丁巳 26 六	戊午 27 日	己未 28 一	庚申 29 二		己亥芒種 乙卯夏至
六月大	己未	天干 地支 西曆 星期	辛酉 30 三	壬戌 (7) 四	癸亥 2 五	甲子 3 六	乙丑 4 日	丙寅 5 一	丁卯 6 二	戊辰 7 三	己巳 8 四	庚午 9 五	辛未 10 六	壬申 11 日	癸酉 12 一	甲戌 13 二	乙亥 14 三	丙子 15 四	丁丑 16 五	戊寅 17 六	己卯 18 日	庚辰 19 一	辛巳 20 二	壬午 21 三	癸未 22 四	甲申 23 五	乙酉 24 六	丙戌 25 日	丁亥 26 一	戊子 27 二	己丑 28 三	庚寅 29 四	庚午小暑 乙酉大暑
七月大	庚申	天干 地支 西曆 星期	辛卯 30 五	壬辰 31 六	癸巳 (8) 日	甲午 2 一	乙未 3 二	丙申 4 三	丁酉 5 四	戊戌 6 五	己亥 7 六	庚子 8 日	辛丑 9 一	壬寅 10 二	癸卯 11 三	甲辰 12 四	乙巳 13 五	丙午 14 六	丁未 15 日	戊申 16 一	己酉 17 二	庚戌 18 三	辛亥 19 四	壬子 20 五	癸丑 21 六	甲寅 22 日	乙卯 23 一	丙辰 24 二	丁巳 25 三	戊午 26 四	己未 27 五	庚申 28 六	庚子立秋 乙卯處暑
八月小	辛酉	天干 地支 西曆 星期	辛酉 29 日	壬戌 30 一	癸亥 31 二	甲子 (9) 三	乙丑 2 四	丙寅 3 五	丁卯 4 六	戊辰 5 日	己巳 6 一	庚午 7 二	辛未 8 三	壬申 9 四	癸酉 10 五	甲戌 11 六	乙亥 12 日	丙子 13 一	丁丑 14 二	戊寅 15 三	己卯 16 四	庚辰 17 五	辛巳 18 六	壬午 19 日	癸未 20 一	甲申 21 二	乙酉 22 三	丙戌 23 四	丁亥 24 五	戊子 25 六	己丑 26 日		辛未白露 丙戌秋分
九月大	壬戌	天干 地支 西曆 星期	庚寅 27 一	辛卯 28 二	壬辰 29 三	癸巳 30 四	甲午 (10) 五	乙未 2 六	丙申 3 日	丁酉 4 一	戊戌 5 二	己亥 6 三	庚子 7 四	辛丑 8 五	壬寅 9 六	癸卯 10 日	甲辰 11 一	乙巳 12 二	丙午 13 三	丁未 14 四	戊申 15 五	己酉 16 六	庚戌 17 日	辛亥 18 一	壬子 19 二	癸丑 20 三	甲寅 21 四	乙卯 22 五	丙辰 23 六	丁巳 24 日	戊午 25 一	己未 26 二	辛丑寒露 丙辰霜降
十月小	癸亥	天干 地支 西曆 星期	庚申 27 三	辛酉 28 四	壬戌 29 五	癸亥 30 六	甲子 31 日	乙丑 (11) 一	丙寅 2 二	丁卯 3 三	戊辰 4 四	己巳 5 五	庚午 6 六	辛未 7 日	壬申 8 一	癸酉 9 二	甲戌 10 三	乙亥 11 四	丙子 12 五	丁丑 13 六	戊寅 14 日	己卯 15 一	庚辰 16 二	辛巳 17 三	壬午 18 四	癸未 19 五	甲申 20 六	乙酉 21 日	丙戌 22 一	丁亥 23 二	戊子 24 三		辛未立冬 丁亥小雪
十一月大	甲子	天干 地支 西曆 星期	己丑 25 四	庚寅 26 五	辛卯 27 六	壬辰 28 日	癸巳 29 一	甲午 30 二	乙未 (12) 三	丙申 2 四	丁酉 3 五	戊戌 4 六	己亥 5 日	庚子 6 一	辛丑 7 二	壬寅 8 三	癸卯 9 四	甲辰 10 五	乙巳 11 六	丙午 12 日	丁未 13 一	戊申 14 二	己酉 15 三	庚戌 16 四	辛亥 17 五	壬子 18 六	癸丑 19 日	甲寅 20 一	乙卯 21 二	丙辰 22 三	丁巳 23 四	戊午 24 五	壬寅大雪 丁巳冬至
閏十一小	甲子	天干 地支 西曆 星期	己未 25 六	庚申 26 日	辛酉 27 一	壬戌 28 二	癸亥 29 三	甲子 30 四	乙丑 31 五	丙寅 (1) 六	丁卯 2 日	戊辰 3 一	己巳 4 二	庚午 5 三	辛未 6 四	壬申 7 五	癸酉 8 六	甲戌 9 日	乙亥 10 一	丙子 11 二	丁丑 12 三	戊寅 13 四	己卯 14 五	庚辰 15 六	辛巳 16 日	壬午 17 一	癸未 18 二	甲申 19 三	乙酉 20 四	丙戌 21 五	丁亥 22 六		壬申小寒
十二月大	乙丑	天干 地支 西曆 星期	戊子 23 日	己丑 24 一	庚寅 25 二	辛卯 26 三	壬辰 27 四	癸巳 28 五	甲午 29 六	乙未 30 日	丙申 31 一	丁酉 (2) 二	戊戌 2 三	己亥 3 四	庚子 4 五	辛丑 5 六	壬寅 6 日	癸卯 7 一	甲辰 8 二	乙巳 9 三	丙午 10 四	丁未 11 五	戊申 12 六	己酉 13 日	庚戌 14 一	辛亥 15 二	壬子 16 三	癸丑 17 四	甲寅 18 五	乙卯 19 六	丙辰 20 日	丁巳 21 一	戊子大寒 癸卯立春

北凉段業神璽三年 天璽元年（己亥 豬年） 公元399～400年

夏曆月序	中西曆日對照	夏曆日序																													節氣與天象
		初一	初二	初三	初四	初五	初六	初七	初八	初九	初十	十一	十二	十三	十四	十五	十六	十七	十八	十九	二十	二一	二二	二三	二四	二五	二六	二七	二八	二九	三十	
正月小	丙寅 天干地支西曆星期	戊午22二	己未23三	庚申24四	辛酉25五	壬戌26六	癸亥27日	甲子28(3)一	乙丑(3)二	丙寅2三	丁卯3四	戊辰4五	己巳5六	庚午6日	辛未7一	壬申8二	癸酉9三	甲戌10四	乙亥11五	丙子12六	丁丑13日	戊寅14一	己卯15二	庚辰16三	辛巳17四	壬午18五	癸未19六	甲申20日	乙酉21一	丙戌22二		戊午雨水 癸酉驚蟄
二月大	丁卯 天干地支西曆星期	丁亥23三	戊子24四	己丑25五	庚寅26六	辛卯27日	壬辰28一	癸巳29二	甲午30三	乙未31四	丙申(4)五	丁酉2六	戊戌3日	己亥4一	庚子5二	辛丑6三	壬寅7四	癸卯8五	甲辰9六	乙巳10日	丙午11一	丁未12二	戊申13三	己酉14四	庚戌15五	辛亥16六	壬子17日	癸丑18一	甲寅19二	乙卯20三	丙辰21四	戊子春分 甲辰清明
三月小	戊辰 天干地支西曆星期	丁巳22五	戊午23六	己未24日	庚申25一	辛酉26二	壬戌27三	癸亥28四	甲子29五	乙丑30六	丙寅(5)日	丁卯2一	戊辰3二	己巳4三	庚午5四	辛未6五	壬申7六	癸酉8日	甲戌9一	乙亥10二	丙子11三	丁丑12四	戊寅13五	己卯14六	庚辰15日	辛巳16一	壬午17二	癸未18三	甲申19四	乙酉20五		己未穀雨 甲戌立夏
四月大	己巳 天干地支西曆星期	丙戌21六	丁亥22日	戊子23一	己丑24二	庚寅25三	辛卯26四	壬辰27五	癸巳28六	甲午29日	乙未30一	丙申31二	丁酉(6)三	戊戌2四	己亥3五	庚子4六	辛丑5日	壬寅6一	癸卯7二	甲辰8三	乙巳9四	丙午10五	丁未11六	戊申12日	己酉13一	庚戌14二	辛亥15三	壬子16四	癸丑17五	甲寅18六	乙卯19日	己丑小滿 乙巳芒種
五月小	庚午 天干地支西曆星期	丙辰20一	丁巳21二	戊午22三	己未23四	庚申24五	辛酉25六	壬戌26日	癸亥27一	甲子28二	乙丑29三	丙寅30四	丁卯(7)五	戊辰2六	己巳3日	庚午4一	辛未5二	壬申6三	癸酉7四	甲戌8五	乙亥9六	丙子10日	丁丑11一	戊寅12二	己卯13三	庚辰14四	辛巳15五	壬午16六	癸未17日	甲申18一		庚午夏至 乙亥小暑
六月大	辛未 天干地支西曆星期	乙酉19二	丙戌20三	丁亥21四	戊子22五	己丑23六	庚寅24日	辛卯25一	壬辰26二	癸巳27三	甲午28四	乙未29五	丙申30六	丁酉31日	戊戌(8)一	己亥2二	庚子3三	辛丑4四	壬寅5五	癸卯6六	甲辰7日	乙巳8一	丙午9二	丁未10三	戊申11四	己酉12五	庚戌13六	辛亥14日	壬子15一	癸丑16二	甲寅17三	庚寅大暑 乙巳立秋
七月小	壬申 天干地支西曆星期	乙卯18四	丙辰19五	丁巳20六	戊午21日	己未22一	庚申23二	辛酉24三	壬戌25四	癸亥26五	甲子27六	乙丑28日	丙寅29一	丁卯30二	戊辰31三	己巳(9)四	庚午2五	辛未3六	壬申4日	癸酉5一	甲戌6二	乙亥7三	丙子8四	丁丑9五	戊寅10六	己卯11日	庚辰12一	辛巳13二	壬午14三	癸未15四		辛酉處暑 丙子白露
八月大	癸酉 天干地支西曆星期	甲申16五	乙酉17六	丙戌18日	丁亥19一	戊子20二	己丑21三	庚寅22四	辛卯23五	壬辰24六	癸巳25日	甲午26一	乙未27二	丙申28三	丁酉29四	戊戌30五	己亥(10)六	庚子2日	辛丑3一	壬寅4二	癸卯5三	甲辰6四	乙巳7五	丙午8六	丁未9日	戊申10一	己酉11二	庚戌12三	辛亥13四	壬子14五	癸丑15六	辛卯秋分 丙午寒露
九月大	甲戌 天干地支西曆星期	甲寅16日	乙卯17一	丙辰18二	丁巳19三	戊午20四	己未21五	庚申22六	辛酉23日	壬戌24一	癸亥25二	甲子26三	乙丑27四	丙寅28五	丁卯29六	戊辰30日	己巳31一	庚午(11)二	辛未2三	壬申3四	癸酉4五	甲戌5六	乙亥6日	丙子7一	丁丑8二	戊寅9三	己卯10四	庚辰11五	辛巳12六	壬午13日	癸未14一	辛酉霜降 丁丑立冬
十月小	乙亥 天干地支西曆星期	甲申15二	乙酉16三	丙戌17四	丁亥18五	戊子19六	己丑20日	庚寅21一	辛卯22二	壬辰23三	癸巳24四	甲午25五	乙未26六	丙申27日	丁酉28一	戊戌29二	己亥(12)三	庚子2四	辛丑3五	壬寅4六	癸卯5日	甲辰6一	乙巳7二	丙午8三	丁未9四	戊申10五	己酉11六	庚戌12日	辛亥13一	壬子13二		壬辰小雪 丁未大雪
十一月大	丙子 天干地支西曆星期	癸丑14三	甲寅15四	乙卯16五	丙辰17六	丁巳18日	戊午19一	己未20二	庚申21三	辛酉22四	壬戌23五	癸亥24六	甲子25日	乙丑26一	丙寅27二	丁卯28三	戊辰29四	己巳30五	庚午31六	辛未(1)日	壬申2一	癸酉3二	甲戌4三	乙亥5四	丙子6五	丁丑7六	戊寅8日	己卯9一	庚辰10二	辛巳11三	壬午12四	壬戌冬至 戊寅小寒
十二月小	丁丑 天干地支西曆星期	癸未13五	甲申14六	乙酉15日	丙戌16一	丁亥17二	戊子18三	己丑19四	庚寅20五	辛卯21六	壬辰22日	癸巳23一	甲午24二	乙未25三	丙申26四	丁酉27五	戊戌28六	己亥29日	庚子30一	辛丑31二	壬寅(2)三	癸卯2四	甲辰3五	乙巳4六	丙午5日	丁未6一	戊申7二	己酉8三	庚戌9四	辛亥10五		癸巳大寒 戊申立春

*二月庚戌（二十四日），段業在姑臧（今甘肅武威）即涼王位，改元天璽。

北涼段業天璽二年（庚子 鼠年） 公元400～401年

夏曆月序	中西曆對照	夏曆日序 初一	初二	初三	初四	初五	初六	初七	初八	初九	初十	十一	十二	十三	十四	十五	十六	十七	十八	十九	二十	二一	二二	二三	二四	二五	二六	二七	二八	二九	三十	節氣與天象
正月大	戊寅	天干地支 西曆 星期	壬午 2月11日 六	癸未 12日 日	甲申 13日 一	乙酉 14日 二	丙戌 15日 三	丁亥 16日 四	戊子 17日 五	己丑 18日 六	庚寅 19日 日	辛卯 20日 一	壬辰 21日 二	癸巳 22日 三	甲午 23日 四	乙未 24日 五	丙申 25日 六	丁酉 26日 日	戊戌 27日 一	己亥 28日 二	庚子 29日 三	辛丑 3月(3)日 四	壬寅 2日 五	癸卯 3日 六	甲辰 4日 日	乙巳 5日 一	丙午 6日 二	丁未 7日 三	戊申 8日 四	己酉 9日 五	庚戌 10日 六	辛亥 11日 日	癸亥雨水 戊寅驚蟄
二月小	己卯	天干地支 西曆 星期	壬子 3月12日 一	癸丑 13日 二	甲寅 14日 三	乙卯 15日 四	丙辰 16日 五	丁巳 17日 六	戊午 18日 日	己未 19日 一	庚申 20日 二	辛酉 21日 三	壬戌 22日 四	癸亥 23日 五	甲子 24日 六	乙丑 25日 日	丙寅 26日 一	丁卯 27日 二	戊辰 28日 三	己巳 29日 四	庚午 30日 五	辛未 31日 六	壬申 4月(4)日 日	癸酉 2日 一	甲戌 3日 二	乙亥 4日 三	丙子 5日 四	丁丑 6日 五	戊寅 7日 六	己卯 8日 日	庚辰 9日 一		甲午春分 己酉清明
三月大	庚辰	天干地支 西曆 星期	辛巳 4月10日 二	壬午 11日 三	癸未 12日 四	甲申 13日 五	乙酉 14日 六	丙戌 15日 日	丁亥 16日 一	戊子 17日 二	己丑 18日 三	庚寅 19日 四	辛卯 20日 五	壬辰 21日 六	癸巳 22日 日	甲午 23日 一	乙未 24日 二	丙申 25日 三	丁酉 26日 四	戊戌 27日 五	己亥 28日 六	庚子 29日 日	辛丑 30日 一	壬寅 5月(5)日 二	癸卯 2日 三	甲辰 3日 四	乙巳 4日 五	丙午 5日 六	丁未 6日 日	戊申 7日 一	己酉 8日 二	庚戌 9日 三	甲子穀雨 己卯立夏
四月小	辛巳	天干地支 西曆 星期	辛亥 5月10日 四	壬子 11日 五	癸丑 12日 六	甲寅 13日 日	乙卯 14日 一	丙辰 15日 二	丁巳 16日 三	戊午 17日 四	己未 18日 五	庚申 19日 六	辛酉 20日 日	壬戌 21日 一	癸亥 22日 二	甲子 23日 三	乙丑 24日 四	丙寅 25日 五	丁卯 26日 六	戊辰 27日 日	己巳 28日 一	庚午 29日 二	辛未 30日 三	壬申 31日 四	癸酉 6月(6)日 五	甲戌 2日 六	乙亥 3日 日	丙子 4日 一	丁丑 5日 二	戊寅 6日 三	己卯 7日 四		乙未小滿
五月大	壬午	天干地支 西曆 星期	庚辰 6月8日 五	辛巳 9日 六	壬午 10日 日	癸未 11日 一	甲申 12日 二	乙酉 13日 三	丙戌 14日 四	丁亥 15日 五	戊子 16日 六	己丑 17日 日	庚寅 18日 一	辛卯 19日 二	壬辰 20日 三	癸巳 21日 四	甲午 22日 五	乙未 23日 六	丙申 24日 日	丁酉 25日 一	戊戌 26日 二	己亥 27日 三	庚子 28日 四	辛丑 29日 五	壬寅 30日 六	癸卯 7月(7)日 日	甲辰 2日 一	乙巳 3日 二	丙午 4日 三	丁未 5日 四	戊申 6日 五	己酉 7日 六	庚戌芒種 乙丑夏至
六月小	癸未	天干地支 西曆 星期	庚辰 7月8日 日	辛巳 9日 一	壬午 10日 二	癸未 11日 三	甲申 12日 四	乙酉 13日 五	丙戌 14日 六	丁亥 15日 日	戊子 16日 一	己丑 17日 二	庚寅 18日 三	辛卯 19日 四	壬辰 20日 五	癸巳 21日 六	甲午 22日 日	乙未 23日 一	丙申 24日 二	丁酉 25日 三	戊戌 26日 四	己亥 27日 五	庚子 28日 六	辛丑 29日 日	壬寅 30日 一	癸卯 31日 二	甲辰 8月(8)日 三	乙巳 2日 四	丙午 3日 五	丁未 4日 六	戊申 5日 日		庚辰小暑 乙未大暑 庚辰日食
七月大	甲申	天干地支 西曆 星期	己酉 8月6日 一	庚戌 7日 二	辛亥 8日 三	壬子 9日 四	癸丑 10日 五	甲寅 11日 六	乙卯 12日 日	丙辰 13日 一	丁巳 14日 二	戊午 15日 三	己未 16日 四	庚申 17日 五	辛酉 18日 六	壬戌 19日 日	癸亥 20日 一	甲子 21日 二	乙丑 22日 三	丙寅 23日 四	丁卯 24日 五	戊辰 25日 六	己巳 26日 日	庚午 27日 一	辛未 28日 二	壬申 29日 三	癸酉 30日 四	甲戌 31日 五	乙亥 9月(9)日 六	丙子 2日 日	丁丑 3日 一	戊寅 4日 二	辛亥立秋 丙寅處暑
八月小	乙酉	天干地支 西曆 星期	己卯 9月5日 三	庚辰 6日 四	辛巳 7日 五	壬午 8日 六	癸未 9日 日	甲申 10日 一	乙酉 11日 二	丙戌 12日 三	丁亥 13日 四	戊子 14日 五	己丑 15日 六	庚寅 16日 日	辛卯 17日 一	壬辰 18日 二	癸巳 19日 三	甲午 20日 四	乙未 21日 五	丙申 22日 六	丁酉 23日 日	戊戌 24日 一	己亥 25日 二	庚子 26日 三	辛丑 27日 四	壬寅 28日 五	癸卯 29日 六	甲辰 30日 日	乙巳 10月(10)日 一	丙午 2日 二	丁未 3日 三		辛巳白露 丙申秋分
九月大	丙戌	天干地支 西曆 星期	戊申 10月4日 四	己酉 5日 五	庚戌 6日 六	辛亥 7日 日	壬子 8日 一	癸丑 9日 二	甲寅 10日 三	乙卯 11日 四	丙辰 12日 五	丁巳 13日 六	戊午 14日 日	己未 15日 一	庚申 16日 二	辛酉 17日 三	壬戌 18日 四	癸亥 19日 五	甲子 20日 六	乙丑 21日 日	丙寅 22日 一	丁卯 23日 二	戊辰 24日 三	己巳 25日 四	庚午 26日 五	辛未 27日 六	壬申 28日 日	癸酉 29日 一	甲戌 30日 二	乙亥 31日 三	丙子 11月(11)日 四	丁丑 2日 五	壬子寒露 丁卯霜降
十月小	丁亥	天干地支 西曆 星期	戊寅 11月3日 六	己卯 4日 日	庚辰 5日 一	辛巳 6日 二	壬午 7日 三	癸未 8日 四	甲申 9日 五	乙酉 10日 六	丙戌 11日 日	丁亥 12日 一	戊子 13日 二	己丑 14日 三	庚寅 15日 四	辛卯 16日 五	壬辰 17日 六	癸巳 18日 日	甲午 19日 一	乙未 20日 二	丙申 21日 三	丁酉 22日 四	戊戌 23日 五	己亥 24日 六	庚子 25日 日	辛丑 26日 一	壬寅 27日 二	癸卯 28日 三	甲辰 29日 四	乙巳 30日 五	丙午 12月(12)日 六		壬午立冬 丁酉小雪
十一月大	戊子	天干地支 西曆 星期	丁未 12月2日 日	戊申 3日 一	己酉 4日 二	庚戌 5日 三	辛亥 6日 四	壬子 7日 五	癸丑 8日 六	甲寅 9日 日	乙卯 10日 一	丙辰 11日 二	丁巳 12日 三	戊午 13日 四	己未 14日 五	庚申 15日 六	辛酉 16日 日	壬戌 17日 一	癸亥 18日 二	甲子 19日 三	乙丑 20日 四	丙寅 21日 五	丁卯 22日 六	戊辰 23日 日	己巳 24日 一	庚午 25日 二	辛未 26日 三	壬申 27日 四	癸酉 28日 五	甲戌 29日 六	乙亥 30日 日	丙子 31日 一	壬子大雪 戊辰冬至
十二月小	己丑	天干地支 西曆 星期	丁丑 1月(1)日 二	戊寅 2日 三	己卯 3日 四	庚辰 4日 五	辛巳 5日 六	壬午 6日 日	癸未 7日 一	甲申 8日 二	乙酉 9日 三	丙戌 10日 四	丁亥 11日 五	戊子 12日 六	己丑 13日 日	庚寅 14日 一	辛卯 15日 二	壬辰 16日 三	癸巳 17日 四	甲午 18日 五	乙未 19日 六	丙申 20日 日	丁酉 21日 一	戊戌 22日 二	己亥 23日 三	庚子 24日 四	辛丑 25日 五	壬寅 26日 六	癸卯 27日 日	甲辰 28日 一	乙巳 29日 二		癸未小寒 戊戌大寒

北凉段業天璽三年 沮渠蒙遜永安元年（辛丑 牛年） 公元 401～402 年

夏曆月序	中西曆日對照	夏曆日序 初一	初二	初三	初四	初五	初六	初七	初八	初九	初十	十一	十二	十三	十四	十五	十六	十七	十八	十九	二十	二一	二二	二三	二四	二五	二六	二七	二八	二九	三十	節氣與天象
正月大 庚寅	天干地支西曆星期	丙午30三	丁未31四	戊申(2)五	己酉2六	庚戌3日	辛亥4一	壬子5二	癸丑6三	甲寅7四	乙卯8五	丙辰9六	丁巳10日	戊午11一	己未12二	庚申13三	辛酉14四	壬戌15五	癸亥16六	甲子17日	乙丑18一	丙寅19二	丁卯20三	戊辰21四	己巳22五	庚午23六	辛未24日	壬申25一	癸酉26二	甲戌27三	乙亥28四	癸丑立春 戊辰雨水
二月大 辛卯	天干地支西曆星期	丙子(3)五	丁丑2六	戊寅3日	己卯4一	庚辰5二	辛巳6三	壬午7四	癸未8五	甲申9六	乙酉10日	丙戌11一	丁亥12二	戊子13三	己丑14四	庚寅15五	辛卯16六	壬辰17日	癸巳18一	甲午19二	乙未20三	丙申21四	丁酉22五	戊戌23六	己亥24日	庚子25一	辛丑26二	壬寅27三	癸卯28四	甲辰29五	乙巳30六	甲申驚蟄 己亥春分
三月小 壬辰	天干地支西曆星期	丙午31日	丁未(4)一	戊申2二	己酉3三	庚戌4四	辛亥5五	壬子6六	癸丑7日	甲寅8一	乙卯9二	丙辰10三	丁巳11四	戊午12五	己未13六	庚申14日	辛酉15一	壬戌16二	癸亥17三	甲子18四	乙丑19五	丙寅20六	丁卯21日	戊辰22一	己巳23二	庚午24三	辛未25四	壬申26五	癸酉27六	甲戌28日		甲寅清明 己巳穀雨
四月大 癸巳	天干地支西曆星期	乙亥29一	丙子30二	丁丑(5)三	戊寅2四	己卯3五	庚辰4六	辛巳5日	壬午6一	癸未7二	甲申8三	乙酉9四	丙戌10五	丁亥11六	戊子12日	己丑13一	庚寅14二	辛卯15三	壬辰16四	癸巳17五	甲午18六	乙未19日	丙申20一	丁酉21二	戊戌22三	己亥23四	庚子24五	辛丑25六	壬寅26日	癸卯27一	甲辰28二	乙酉立夏 庚寅小滿
五月小 甲午	天干地支西曆星期	丙午29三	丁未30四	戊申(6)五	己酉2六	庚戌3日	辛亥4一	壬子5二	癸丑6三	甲寅7四	乙卯8五	丙辰9六	丁巳10日	戊午11一	己未12二	庚申13三	辛酉14四	壬戌15五	癸亥16六	甲子17日	乙丑18一	丙寅19二	丁卯20三	戊辰21四	己巳22五	庚午23六	辛未24日	壬申25一	癸酉26二	甲戌27三		乙卯芒種 庚午夏至
六月大 乙未	天干地支西曆星期	甲戌27四	乙亥28五	丙子29六	丁丑30日	戊寅(7)一	己卯2二	庚辰3三	辛巳4四	壬午5五	癸未6六	甲申7日	乙酉8一	丙戌9二	丁亥10三	戊子11四	己丑12五	庚寅13六	辛卯14日	壬辰15一	癸巳16二	甲午17三	乙未18四	丙申19五	丁酉20六	戊戌21日	己亥22一	庚子23二	辛丑24三	壬寅25四	癸卯26五	乙酉小暑 辛丑大暑
七月小 丙申	天干地支西曆星期	甲辰27六	乙巳28日	丙午29一	丁未30二	戊申31三	己酉(8)四	庚戌2五	辛亥3六	壬子4日	癸丑5一	甲寅6二	乙卯7三	丙辰8四	丁巳9五	戊午10六	己未11日	庚申12一	辛酉13二	壬戌14三	癸亥15四	甲子16五	乙丑17六	丙寅18日	丁卯19一	戊辰20二	己巳21三	庚午22四	辛未23五	壬申24六		丙辰立秋 辛未處暑
八月大 丁酉	天干地支西曆星期	癸酉25日	甲戌26一	乙亥27二	丙子28三	丁丑29四	戊寅30五	己卯31六	庚辰(9)日	辛巳2一	壬午3二	癸未4三	甲申5四	乙酉6五	丙戌7六	丁亥8日	戊子9一	己丑10二	庚寅11三	辛卯12四	壬辰13五	癸巳14六	甲午15日	乙未16一	丙申17二	丁酉18三	戊戌19四	己亥20五	庚子21六	辛丑22日	壬寅23一	丙戌白露 壬寅秋分
閏八月小 丁酉	天干地支西曆星期	癸卯24二	甲辰25三	乙巳26四	丙午27五	丁未28六	戊申29日	己酉30一	庚戌(10)二	辛亥2三	壬子3四	癸丑4五	甲寅5六	乙卯6日	丙辰7一	丁巳8二	戊午9三	己未10四	庚申11五	辛酉12六	壬戌13日	癸亥14一	甲子15二	乙丑16三	丙寅17四	丁卯18五	戊辰19六	己巳20日	庚午21一	辛未22二		丁巳寒露
九月大 戊戌	天干地支西曆星期	壬申23三	癸酉24四	甲戌25五	乙亥26六	丙子27日	丁丑28一	戊寅29二	己卯30三	庚辰31四	辛巳(11)五	壬午2六	癸未3日	甲申4一	乙酉5二	丙戌6三	丁亥7四	戊子8五	己丑9六	庚寅10日	辛卯11一	壬辰12二	癸巳13三	甲午14四	乙未15五	丙申16六	丁酉17日	戊戌18一	己亥19二	庚子20三	辛丑21四	壬申霜降 丁亥立冬
十月小 己亥	天干地支西曆星期	壬寅22五	癸卯23六	甲辰24日	乙巳25一	丙午26二	丁未27三	戊申28四	己酉29五	庚戌30六	辛亥(12)日	壬子2一	癸丑3二	甲寅4三	乙卯5四	丙辰6五	丁巳7六	戊午8日	己未9一	庚申10二	辛酉11三	壬戌12四	癸亥13五	甲子14六	乙丑15日	丙寅16一	丁卯17二	戊辰18三	己巳19四	庚午20五		壬寅小雪 戊午大雪
十一月大 庚子	天干地支西曆星期	辛未21六	壬申22日	癸酉23一	甲戌24二	乙亥25三	丙子26四	丁丑27五	戊寅28六	己卯29日	庚辰30一	辛巳(1)二	壬午2三	癸未3四	甲申4五	乙酉5六	丙戌6日	丁亥7一	戊子8二	己丑9三	庚寅10四	辛卯11五	壬辰12六	癸巳13日	甲午14一	乙未15二	丙申16三	丁酉17四	戊戌18五	己亥19六	庚子20日	癸酉冬至 戊子小寒
十二月小 辛丑	天干地支西曆星期	辛丑20一	壬寅21二	癸卯22三	甲辰23四	乙巳24五	丙午25六	丁未26日	戊申27一	己酉28二	庚戌29三	辛亥30四	壬子31五	癸丑(2)六	甲寅2日	乙卯3一	丙辰4二	丁巳5三	戊午6四	己未7五	庚申8六	辛酉9日	壬戌10一	癸亥11二	甲子12三	乙丑13四	丙寅14五	丁卯15六	戊辰16日	己巳17一		癸卯大寒 己未立春

*五月，沮渠蒙遜殺段業，自稱大都督、大將軍、涼州牧、張掖公，改元永安。

北涼沮渠蒙遜永安二年（壬寅 虎年） 公元402～403年

夏曆月序	中西曆對照	夏曆日序																													節氣與天象
		初一	初二	初三	初四	初五	初六	初七	初八	初九	初十	十一	十二	十三	十四	十五	十六	十七	十八	十九	二十	二一	二二	二三	二四	二五	二六	二七	二八	二九	三十	
正月大	壬寅	天干地支西曆星期	庚午18二	辛未19三	壬申20四	癸酉21五	甲戌22六	乙亥23日	丙子24一	丁丑25二	戊寅26三	己卯27四	庚辰28五	辛巳(3)六	壬午2日	癸未3一	甲申4二	乙酉5三	丙戌6四	丁亥7五	戊子8六	己丑9日	庚寅10一	辛卯11二	壬辰12三	癸巳13四	甲午14五	乙未15六	丙申16日	丁酉17一	戊戌18二	己亥19三	甲戌雨水己丑驚蟄
二月小	癸卯	天干地支西曆星期	庚子20四	辛丑21五	壬寅22六	癸卯23日	甲辰24一	乙巳25二	丙午26三	丁未27四	戊申28五	己酉29六	庚戌30日	辛亥31一	壬子(4)二	癸丑2三	甲寅3四	乙卯4五	丙辰5六	丁巳6日	戊午7一	己未8二	庚申9三	辛酉10四	壬戌11五	癸亥12六	甲子13日	乙丑14一	丙寅15二	丁卯16三	戊辰17四		甲辰春分己未清明
三月大	甲辰	天干地支西曆星期	己巳18五	庚午19六	辛未20日	壬申21一	癸酉22二	甲戌23三	乙亥24四	丙子25五	丁丑26六	戊寅27日	己卯28一	庚辰29二	辛巳30三	壬午(5)四	癸未2五	甲申3六	乙酉4日	丙戌5一	丁亥6二	戊子7三	己丑8四	庚寅9五	辛卯10六	壬辰11日	癸巳12一	甲午13二	乙未14三	丙申15四	丁酉16五	戊戌17六	乙亥穀雨庚寅立夏
四月小	乙巳	天干地支西曆星期	己亥18日	庚子19一	辛丑20二	壬寅21三	癸卯22四	甲辰23五	乙巳24六	丙午25日	丁未26一	戊申27二	己酉28三	庚戌29四	辛亥30五	壬子31六	癸丑(6)日	甲寅2一	乙卯3二	丙辰4三	丁巳5四	戊午6五	己未7六	庚申8日	辛酉9一	壬戌10二	癸亥11三	甲子12四	乙丑13五	丙寅14六	丁卯15日		乙巳小滿庚申芒種
五月大	丙午	天干地支西曆星期	戊辰16一	己巳17二	庚午18三	辛未19四	壬申20五	癸酉21六	甲戌22日	乙亥23一	丙子24二	丁丑25三	戊寅26四	己卯27五	庚辰28六	辛巳29日	壬午30一	癸未(7)二	甲申2三	乙酉3四	丙戌4五	丁亥5六	戊子6日	己丑7一	庚寅8二	辛卯9三	壬辰10四	癸巳11五	甲午12六	乙未13日	丙申14一	丁酉15二	乙亥夏至辛卯小暑
六月大	丁未	天干地支西曆星期	戊戌16三	己亥17四	庚子18五	辛丑19六	壬寅20日	癸卯21一	甲辰22二	乙巳23三	丙午24四	丁未25五	戊申26六	己酉27日	庚戌28一	辛亥29二	壬子30三	癸丑31四	甲寅(8)五	乙卯2六	丙辰3日	丁巳4一	戊午5二	己未6三	庚申7四	辛酉8五	壬戌9六	癸亥10日	甲子11一	乙丑12二	丙寅13三	丁卯14四	丙午大暑辛酉立秋
七月小	戊申	天干地支西曆星期	戊辰15五	己巳16六	庚午17日	辛未18一	壬申19二	癸酉20三	甲戌21四	乙亥22五	丙子23六	丁丑24日	戊寅25一	己卯26二	庚辰27三	辛巳28四	壬午29五	癸未30六	甲申31(9)日	乙酉2一	丙戌3二	丁亥4三	戊子5四	己丑6五	庚寅7六	辛卯8日	壬辰9一	癸巳10二	甲午11三	乙未12四	丙申13五		丙子處暑壬辰白露
八月大	己酉	天干地支西曆星期	丁酉13六	戊戌14日	己亥15一	庚子16二	辛丑17三	壬寅18四	癸卯19五	甲辰20六	乙巳21日	丙午22一	丁未23二	戊申24三	己酉25四	庚戌26五	辛亥27六	壬子28日	癸丑29一	甲寅30二	乙卯(10)三	丙辰2四	丁巳3五	戊午4六	己未5日	庚申6一	辛酉7二	壬戌8三	癸亥9四	甲子10五	乙丑11六	丙寅12日	丁未秋分壬戌寒露
九月小	庚戌	天干地支西曆星期	丁卯13一	戊辰14二	己巳15三	庚午16四	辛未17五	壬申18六	癸酉19日	甲戌20一	乙亥21二	丙子22三	丁丑23四	戊寅24五	己卯25六	庚辰26日	辛巳27一	壬午28二	癸未29三	甲申30四	乙酉31五	丙戌(11)六	丁亥2日	戊子3一	己丑4二	庚寅5三	辛卯6四	壬辰7五	癸巳8六	甲午9日	乙未10一		丁丑霜降壬辰立冬
十月大	辛亥	天干地支西曆星期	丙申11二	丁酉12三	戊戌13四	己亥14五	庚子15六	辛丑16日	壬寅17一	癸卯18二	甲辰19三	乙巳20四	丙午21五	丁未22六	戊申23日	己酉24一	庚戌25二	辛亥26三	壬子27四	癸丑28五	甲寅29六	乙卯30日	丙辰(12)一	丁巳2二	戊午3三	己未4四	庚申5五	辛酉6六	壬戌7日	癸亥8一	甲子9二	乙丑10三	戊申小雪癸亥大雪丙申日食
十一月小	壬子	天干地支西曆星期	丙寅11四	丁卯12五	戊辰13六	己巳14日	庚午15一	辛未16二	壬申17三	癸酉18四	甲戌19五	乙亥20六	丙子21日	丁丑22一	戊寅23二	己卯24三	庚辰25四	辛巳26五	壬午27六	癸未28日	甲申29一	乙酉30二	丙戌31三	丁亥(1)四	戊子2五	己丑3六	庚寅4日	辛卯5一	壬辰6二	癸巳7三	甲午8四		戊寅冬至癸巳小寒
十二月大	癸丑	天干地支西曆星期	乙未9五	丙申10六	丁酉11日	戊戌12一	己亥13二	庚子14三	辛丑15四	壬寅16五	癸卯17六	甲辰18日	乙巳19一	丙午20二	丁未21三	戊申22四	己酉23五	庚戌24六	辛亥25日	壬子26一	癸丑27二	甲寅28三	乙卯29四	丙辰30五	丁巳31六	戊午(2)日	己未2一	庚申3二	辛酉4三	壬戌5四	癸亥6五	甲子7六	己酉大寒甲子立春

北凉沮渠蒙遜永安三年（癸卯 兔年） 公元 403～404 年

夏曆月序	中西曆對照	夏曆日序 初一	初二	初三	初四	初五	初六	初七	初八	初九	初十	十一	十二	十三	十四	十五	十六	十七	十八	十九	二十	二一	二二	二三	二四	二五	二六	二七	二八	二九	三十	節氣與天象
正月小	甲寅 天干地支西曆星期	乙丑8日	丙寅9日	丁卯10日	戊辰11日	己巳12日四	庚午13日五	辛未14日六	壬申15日日	癸酉16日一	甲戌17日二	乙亥18日三	丙子19日四	丁丑20日五	戊寅21日六	己卯22日日	庚辰23日一	辛巳24日二	壬午25日三	癸未26日四	甲申27日五	乙酉28日六	丙戌(3)日	丁亥2日一	戊子3日二	己丑4日三	庚寅5日四	辛卯6日五	壬辰7日六	癸巳8日日		己卯雨水
二月大	乙卯 天干地支西曆星期	甲午9日一	乙未10日二	丙申11日三	丁酉12日四	戊戌13日五	己亥14日六	庚子15日日	辛丑16日一	壬寅17日二	癸卯18日三	甲辰19日四	乙巳20日五	丙午21日六	丁未22日日	戊申23日一	己酉24日二	庚戌25日三	辛亥26日四	壬子27日五	癸丑28日六	甲寅29日日	乙卯30日一	丙辰31日二	丁巳(4)日三	戊午2日四	己未3日五	庚申4日六	辛酉5日日	壬戌6日一	癸亥7日二	甲午驚蟄己酉春分
三月小	丙辰 天干地支西曆星期	甲子8日三	乙丑9日四	丙寅10日五	丁卯11日六	戊辰12日日	己巳13日一	庚午14日二	辛未15日三	壬申16日四	癸酉17日五	甲戌18日六	乙亥19日日	丙子20日一	丁丑21日二	戊寅22日三	己卯23日四	庚辰24日五	辛巳25日六	壬午26日日	癸未27日一	甲申28日二	乙酉29日三	丙戌30日四	丁亥(5)日五	戊子2日六	己丑3日日	庚寅4日一	辛卯5日二	壬辰6日三		乙丑清明庚辰穀雨
四月大	丁巳 天干地支西曆星期	癸巳7日四	甲午8日五	乙未9日六	丙申10日日	丁酉11日一	戊戌12日二	己亥13日三	庚子14日四	辛丑15日五	壬寅16日六	癸卯17日日	甲辰18日一	乙巳19日二	丙午20日三	丁未21日四	戊申22日五	己酉23日六	庚戌24日日	辛亥25日一	壬子26日二	癸丑27日三	甲寅28日四	乙卯29日五	丙辰30日六	丁巳31日日	戊午(6)日一	己未2日二	庚申3日三	辛酉4日四	壬戌5日五	乙未立夏庚戌小滿
五月小	戊午 天干地支西曆星期	癸亥6日六	甲子7日日	乙丑8日一	丙寅9日二	丁卯10日三	戊辰11日四	己巳12日五	庚午13日六	辛未14日日	壬申15日一	癸酉16日二	甲戌17日三	乙亥18日四	丙子19日五	丁丑20日六	戊寅21日日	己卯22日一	庚辰23日二	辛巳24日三	壬午25日四	癸未26日五	甲申27日六	乙酉28日日	丙戌29日一	丁亥30日二	戊子(7)日三	己丑2日四	庚寅3日五	辛卯4日六		丙寅芒種辛巳夏至
六月大	己未 天干地支西曆星期	壬辰5日日	癸巳6日一	甲午7日二	乙未8日三	丙申9日四	丁酉10日五	戊戌11日六	己亥12日日	庚子13日一	辛丑14日二	壬寅15日三	癸卯16日四	甲辰17日五	乙巳18日六	丙午19日日	丁未20日一	戊申21日二	己酉22日三	庚戌23日四	辛亥24日五	壬子25日六	癸丑26日日	甲寅27日一	乙卯28日二	丙辰29日三	丁巳30日四	戊午31日五	己未(8)日六	庚申2日日	辛酉3日一	丙申小暑辛亥大暑
七月小	庚申 天干地支西曆星期	壬戌4日二	癸亥5日三	甲子6日四	乙丑7日五	丙寅8日六	丁卯9日日	戊辰10日一	己巳11日二	庚午12日三	辛未13日四	壬申14日五	癸酉15日六	甲戌16日日	乙亥17日一	丙子18日二	丁丑19日三	戊寅20日四	己卯21日五	庚辰22日六	辛巳23日日	壬午24日一	癸未25日二	甲申26日三	乙酉27日四	丙戌28日五	丁亥29日六	戊子30日日	己丑31日一	庚寅(9)日二		丙寅立秋壬午處暑
八月大	辛酉 天干地支西曆星期	辛卯2日三	壬辰3日四	癸巳4日五	甲午5日六	乙未6日日	丙申7日一	丁酉8日二	戊戌9日三	己亥10日四	庚子11日五	辛丑12日六	壬寅13日日	癸卯14日一	甲辰15日二	乙巳16日三	丙午17日四	丁未18日五	戊申19日六	己酉20日日	庚戌21日一	辛亥22日二	壬子23日三	癸丑24日四	甲寅25日五	乙卯26日六	丙辰27日日	丁巳28日一	戊午29日二	己未30日三	庚申(10)日四	丁酉白露壬子秋分
九月大	壬戌 天干地支西曆星期	辛酉2日五	壬戌3日六	癸亥4日日	甲子5日一	乙丑6日二	丙寅7日三	丁卯8日四	戊辰9日五	己巳10日六	庚午11日日	辛未12日一	壬申13日二	癸酉14日三	甲戌15日四	乙亥16日五	丙子17日六	丁丑18日日	戊寅19日一	己卯20日二	庚辰21日三	辛巳22日四	壬午23日五	癸未24日六	甲申25日日	乙酉26日一	丙戌27日二	丁亥28日三	戊子29日四	己丑30日五	庚寅31日六	丁卯寒露壬子霜降
十月小	癸亥 天干地支西曆星期	辛卯(11)日日	壬辰2日一	癸巳3日二	甲午4日三	乙未5日四	丙申6日五	丁酉7日六	戊戌8日日	己亥9日一	庚子10日二	辛丑11日三	壬寅12日四	癸卯13日五	甲辰14日六	乙巳15日日	丙午16日一	丁未17日二	戊申18日三	己酉19日四	庚戌20日五	辛亥21日六	壬子22日日	癸丑23日一	甲寅24日二	乙卯25日三	丙辰26日四	丁巳27日五	戊午28日六	己未29日日		戊戌立冬癸丑小雪
十一月大	甲子 天干地支西曆星期	庚申30日一	辛酉(12)日二	壬戌2日三	癸亥3日四	甲子4日五	乙丑5日六	丙寅6日日	丁卯7日一	戊辰8日二	己巳9日三	庚午10日四	辛未11日五	壬申12日六	癸酉13日日	甲戌14日一	乙亥15日二	丙子16日三	丁丑17日四	戊寅18日五	己卯19日六	庚辰20日日	辛巳21日一	壬午22日二	癸未23日三	甲申24日四	乙酉25日五	丙戌26日六	丁亥27日日	戊子28日一	己丑29日二	戊辰大雪癸未冬至
十二月小	乙丑 天干地支西曆星期	庚寅30日三	辛卯31日四	壬辰(1)日五	癸巳2日六	甲午3日日	乙未4日一	丙申5日二	丁酉6日三	戊戌7日四	己亥8日五	庚子9日六	辛丑10日日	壬寅11日一	癸卯12日二	甲辰13日三	乙巳14日四	丙午15日五	丁未16日六	戊申17日日	己酉18日一	庚戌19日二	辛亥20日三	壬子21日四	癸丑22日五	甲寅23日六	乙卯24日日	丙辰25日一	丁巳26日二	戊午27日三		己亥小寒甲寅大寒

北涼沮渠蒙遜永安四年（甲辰 龍年） 公元 404 ～ 405 年

夏曆月序	西曆對照中曆	夏曆日序																														節氣與天象
		初一	初二	初三	初四	初五	初六	初七	初八	初九	初十	十一	十二	十三	十四	十五	十六	十七	十八	十九	二十	二一	二二	二三	二四	二五	二六	二七	二八	二九	三十	
正月大	丙寅	天干地支 己未 西曆 28 星期 四	庚申 29 五	辛酉 30 六	壬戌 31 日	癸亥 (2) 一	甲子 2 二	乙丑 3 三	丙寅 4 四	丁卯 5 五	戊辰 6 六	己巳 7 日	庚午 8 一	辛未 9 二	壬申 10 三	癸酉 11 四	甲戌 12 五	乙亥 13 六	丙子 14 日	丁丑 15 一	戊寅 16 二	己卯 17 三	庚辰 18 四	辛巳 19 五	壬午 20 六	癸未 21 日	甲申 22 一	乙酉 23 二	丙戌 24 三	丁亥 25 四	戊子 26 五	己巳立春 甲申雨水
二月小	丁卯	天干地支 己丑 西曆 27 星期 六	庚寅 28 日	辛卯 29 一	壬辰 (3) 二	癸巳 2 三	甲午 3 四	乙未 4 五	丙申 5 六	丁酉 6 日	戊戌 7 一	己亥 8 二	庚子 9 三	辛丑 10 四	壬寅 11 五	癸卯 12 六	甲辰 13 日	乙巳 14 一	丙午 15 二	丁未 16 三	戊申 17 四	己酉 18 五	庚戌 19 六	辛亥 20 日	壬子 21 一	癸丑 22 二	甲寅 23 三	乙卯 24 四	丙辰 25 五	丁巳 26 六		己亥驚蟄 乙卯春分
三月大	戊辰	天干地支 戊午 西曆 27 星期 日	己未 28 一	庚申 29 二	辛酉 30 三	壬戌 31 四	癸亥 (4) 五	甲子 2 六	乙丑 3 日	丙寅 4 一	丁卯 5 二	戊辰 6 三	己巳 7 四	庚午 8 五	辛未 9 六	壬申 10 日	癸酉 11 一	甲戌 12 二	乙亥 13 三	丙子 14 四	丁丑 15 五	戊寅 16 六	己卯 17 日	庚辰 18 一	辛巳 19 二	壬午 20 三	癸未 21 四	甲申 22 五	乙酉 23 六	丙戌 24 日	丁亥 25 一	庚午清明 乙酉穀雨
四月小	己巳	天干地支 戊子 西曆 26 星期 二	己丑 27 三	庚寅 28 四	辛卯 29 五	壬辰 30 六	癸巳 (5) 日	甲午 2 一	乙未 3 二	丙申 4 三	丁酉 5 四	戊戌 6 五	己亥 7 六	庚子 8 日	辛丑 9 一	壬寅 10 二	癸卯 11 三	甲辰 12 四	乙巳 13 五	丙午 14 六	丁未 15 日	戊申 16 一	己酉 17 二	庚戌 18 三	辛亥 19 四	壬子 20 五	癸丑 21 六	甲寅 22 日	乙卯 23 一	丙辰 24 二		庚子立夏 丙辰小滿
五月大	庚午	天干地支 丁巳 西曆 25 星期 三	戊午 26 四	己未 27 五	庚申 28 六	辛酉 29 日	壬戌 30 一	癸亥 31 二	甲子 (6) 三	乙丑 2 四	丙寅 3 五	丁卯 4 六	戊辰 5 日	己巳 6 一	庚午 7 二	辛未 8 三	壬申 9 四	癸酉 10 五	甲戌 11 六	乙亥 12 日	丙子 13 一	丁丑 14 二	戊寅 15 三	己卯 16 四	庚辰 17 五	辛巳 18 六	壬午 19 日	癸未 20 一	甲申 21 二	乙酉 22 三	丙戌 23 四	辛未芒種 丙戌夏至
閏五月小	庚午	天干地支 丁亥 西曆 24 星期 五	戊子 25 六	己丑 26 日	庚寅 27 一	辛卯 28 二	壬辰 29 三	癸巳 30 四	甲午 (7) 五	乙未 2 六	丙申 3 日	丁酉 4 一	戊戌 5 二	己亥 6 三	庚子 7 四	辛丑 8 五	壬寅 9 六	癸卯 10 日	甲辰 11 一	乙巳 12 二	丙午 13 三	丁未 14 四	戊申 15 五	己酉 16 六	庚戌 17 日	辛亥 18 一	壬子 19 二	癸丑 20 三	甲寅 21 四	乙卯 22 五		辛丑小暑
六月大	辛未	天干地支 丙辰 西曆 23 星期 六	丁巳 24 日	戊午 25 一	己未 26 二	庚申 27 三	辛酉 28 四	壬戌 29 五	癸亥 30 六	甲子 31 日	乙丑 (8) 一	丙寅 2 二	丁卯 3 三	戊辰 4 四	己巳 5 五	庚午 6 六	辛未 7 日	壬申 8 一	癸酉 9 二	甲戌 10 三	乙亥 11 四	丙子 12 五	丁丑 13 六	戊寅 14 日	己卯 15 一	庚辰 16 二	辛巳 17 三	壬午 18 四	癸未 19 五	甲申 20 六	乙酉 21 日	丙辰大暑 壬申立秋
七月小	壬申	天干地支 丙戌 西曆 22 星期 一	丁亥 23 二	戊子 24 三	己丑 25 四	庚寅 26 五	辛卯 27 六	壬辰 28 日	癸巳 29 一	甲午 30 二	乙未 31 三	丙申 (9) 四	丁酉 2 五	戊戌 3 六	己亥 4 日	庚子 5 一	辛丑 6 二	壬寅 7 三	癸卯 8 四	甲辰 9 五	乙巳 10 六	丙午 11 日	丁未 12 一	戊申 13 二	己酉 14 三	庚戌 15 四	辛亥 16 五	壬子 17 六	癸丑 18 日	甲寅 19 一		丁亥處暑 壬寅白露
八月大	癸酉	天干地支 乙卯 西曆 20 星期 二	丙辰 21 三	丁巳 22 四	戊午 23 五	己未 24 六	庚申 25 日	辛酉 26 一	壬戌 27 二	癸亥 28 三	甲子 29 四	乙丑 30 五	丙寅 (10) 六	丁卯 2 日	戊辰 3 一	己巳 4 二	庚午 5 三	辛未 6 四	壬申 7 五	癸酉 8 六	甲戌 9 日	乙亥 10 一	丙子 11 二	丁丑 12 三	戊寅 13 四	己卯 14 五	庚辰 15 六	辛巳 16 日	壬午 17 一	癸未 18 二	甲申 19 三	丁巳秋分 癸酉寒露
九月小	甲戌	天干地支 乙酉 西曆 20 星期 四	丙戌 21 五	丁亥 22 六	戊子 23 日	己丑 24 一	庚寅 25 二	辛卯 26 三	壬辰 27 四	癸巳 28 五	甲午 29 六	乙未 30 日	丙申 31 一	丁酉 (11) 二	戊戌 2 三	己亥 3 四	庚子 4 五	辛丑 5 六	壬寅 6 日	癸卯 7 一	甲辰 8 二	乙巳 9 三	丙午 10 四	丁未 11 五	戊申 12 六	己酉 13 日	庚戌 14 一	辛亥 15 二	壬子 16 三	癸丑 17 四		戊子霜降 癸卯立冬
十月大	乙亥	天干地支 甲寅 西曆 18 星期 五	乙卯 19 六	丙辰 20 日	丁巳 21 一	戊午 22 二	己未 23 三	庚申 24 四	辛酉 25 五	壬戌 26 六	癸亥 27 日	甲子 28 一	乙丑 29 二	丙寅 30 三	丁卯 (12) 四	戊辰 2 五	己巳 3 六	庚午 4 日	辛未 5 一	壬申 6 二	癸酉 7 三	甲戌 8 四	乙亥 9 五	丙子 10 六	丁丑 11 日	戊寅 12 一	己卯 13 二	庚辰 14 三	辛巳 15 四	壬午 16 五	癸未 17 六	戊戌小雪 癸酉大雪
十一月小	丙子	天干地支 甲申 西曆 18 星期 日	乙酉 19 一	丙戌 20 二	丁亥 21 三	戊子 22 四	己丑 23 五	庚寅 24 六	辛卯 25 日	壬辰 26 一	癸巳 27 二	甲午 28 三	乙未 29 四	丙申 30 五	丁酉 31 六	戊戌 (1) 日	己亥 2 一	庚子 3 二	辛丑 4 三	壬寅 5 四	癸卯 6 五	甲辰 7 六	乙巳 8 日	丙午 9 一	丁未 10 二	戊申 11 三	己酉 12 四	庚戌 13 五	辛亥 14 六	壬子 15 日		己丑冬至 甲辰小寒
十二月大	丁丑	天干地支 癸丑 西曆 16 星期 一	甲寅 17 二	乙卯 18 三	丙辰 19 四	丁巳 20 五	戊午 21 六	己未 22 日	庚申 23 一	辛酉 24 二	壬戌 25 三	癸亥 26 四	甲子 27 五	乙丑 28 六	丙寅 29 日	丁卯 30 一	戊辰 31 二	己巳 (2) 三	庚午 2 四	辛未 3 五	壬申 4 六	癸酉 5 日	甲戌 6 一	乙亥 7 二	丙子 8 三	丁丑 9 四	戊寅 10 五	己卯 11 六	庚辰 12 日	辛巳 13 一	壬午 14 二	己未大寒 甲戌立春

北凉沮渠蒙遜永安五年（乙巳 蛇年） 公元 405 ～ 406 年

夏曆月序	中西曆對照	夏曆日序																														節氣與天象
		初一	初二	初三	初四	初五	初六	初七	初八	初九	初十	十一	十二	十三	十四	十五	十六	十七	十八	十九	二十	二一	二二	二三	二四	二五	二六	二七	二八	二九	三十	
正月大	戊寅	天干地支西曆星期 癸未15三	甲申16四	乙酉17五	丙戌18六	丁亥19日	戊子20一	己丑21二	庚寅22三	辛卯23四	壬辰24五	癸巳25六	甲午26日	乙未27一	丙申28二	丁酉(3)三	戊戌2四	己亥3五	庚子4六	辛丑5日	壬寅6一	癸卯7二	甲辰8三	乙巳9四	丙午10五	丁未11六	戊申12日	己酉13一	庚戌14二	辛亥15三	壬子16四	己丑雨水乙巳驚蟄
二月小	己卯	天干地支西曆星期 癸丑17五	甲寅18六	乙卯19日	丙辰20一	丁巳21二	戊午22三	己未23四	庚申24五	辛酉25六	壬戌26日	癸亥27一	甲子28二	乙丑29三	丙寅30四	丁卯31五	戊辰(4)六	己巳2日	庚午3一	辛未4二	壬申5三	癸酉6四	甲戌7五	乙亥8六	丙子9日	丁丑10一	戊寅11二	己卯12三	庚辰13四	辛巳14五		庚申春分乙亥清明
三月大	庚辰	天干地支西曆星期 壬午15六	癸未16日	甲申17一	乙酉18二	丙戌19三	丁亥20四	戊子21五	己丑22六	庚寅23日	辛卯24一	壬辰25二	癸巳26三	甲午27四	乙未28五	丙申29六	丁酉30日	戊戌(5)一	己亥2二	庚子3三	辛丑4四	壬寅5五	癸卯6六	甲辰7日	乙巳8一	丙午9二	丁未10三	戊申11四	己酉12五	庚戌13六	辛亥14日	庚寅穀雨丙午立夏
四月小	辛巳	天干地支西曆星期 壬子15一	癸丑16二	甲寅17三	乙卯18四	丙辰19五	丁巳20六	戊午21日	己未22一	庚申23二	辛酉24三	壬戌25四	癸亥26五	甲子27六	乙丑28日	丙寅29一	丁卯30二	戊辰31三	己巳(6)四	庚午2五	辛未3六	壬申4日	癸酉5一	甲戌6二	乙亥7三	丙子8四	丁丑9五	戊寅10六	己卯11日	庚辰12一		辛酉小滿丙子芒種
五月大	壬午	天干地支西曆星期 辛巳13二	壬午14三	癸未15四	甲申16五	乙酉17六	丙戌18日	丁亥19一	戊子20二	己丑21三	庚寅22四	辛卯23五	壬辰24六	癸巳25日	甲午26一	乙未27二	丙申28三	丁酉29四	戊戌30五	己亥(7)六	庚子2日	辛丑3一	壬寅4二	癸卯5三	甲辰6四	乙巳7五	丙午8六	丁未9日	戊申10一	己酉11二	庚戌12三	辛酉夏至丙午小暑
六月小	癸未	天干地支西曆星期 辛亥13四	壬子14五	癸丑15六	甲寅16日	乙卯17一	丙辰18二	丁巳19三	戊午20四	己未21五	庚申22六	辛酉23日	壬戌24一	癸亥25二	甲子26三	乙丑27四	丙寅28五	丁卯29六	戊辰30日	己巳31一	庚午(8)二	辛未2三	壬申3四	癸酉4五	甲戌5六	乙亥6日	丙子7一	丁丑8二	戊寅9三	己卯10四		壬戌大暑丁丑立秋
七月大	甲申	天干地支西曆星期 庚辰11五	辛巳12六	壬午13日	癸未14一	甲申15二	乙酉16三	丙戌17四	丁亥18五	戊子19六	己丑20日	庚寅21一	辛卯22二	壬辰23三	癸巳24四	甲午25五	乙未26六	丙申27日	丁酉28一	戊戌29二	己亥30三	庚子31四	辛丑(9)五	壬寅2六	癸卯3日	甲辰4一	乙巳5二	丙午6三	丁未7四	戊申8五	己酉9六	壬辰處暑丁未白露
八月小	乙酉	天干地支西曆星期 庚戌10日	辛亥11一	壬子12二	癸丑13三	甲寅14四	乙卯15五	丙辰16六	丁巳17日	戊午18一	己未19二	庚申20三	辛酉21四	壬戌22五	癸亥23六	甲子24日	乙丑25一	丙寅26二	丁卯27三	戊辰28四	己巳29五	庚午30六	辛未(10)日	壬申2一	癸酉3二	甲戌4三	乙亥5四	丙子6五	丁丑7六	戊寅8日		癸亥秋分戊寅寒露
九月大	丙戌	天干地支西曆星期 己卯9一	庚辰10二	辛巳11三	壬午12四	癸未13五	甲申14六	乙酉15日	丙戌16一	丁亥17二	戊子18三	己丑19四	庚寅20五	辛卯21六	壬辰22日	癸巳23一	甲午24二	乙未25三	丙申26四	丁酉27五	戊戌28六	己亥29日	庚子30一	辛丑31二	壬寅(11)三	癸卯2四	甲辰3五	乙巳4六	丙午5日	丁未6一	戊申7二	癸巳霜降戊申立冬
十月小	丁亥	天干地支西曆星期 己酉8三	庚戌9四	辛亥10五	壬子11六	癸丑12日	甲寅13一	乙卯14二	丙辰15三	丁巳16四	戊午17五	己未18六	庚申19日	辛酉20一	壬戌21二	癸亥22三	甲子23四	乙丑24五	丙寅25六	丁卯26日	戊辰27一	己巳28二	庚午29三	辛未30四	壬申(12)五	癸酉2六	甲戌3日	乙亥4一	丙子5二	丁丑6三		癸亥小雪
十一月大	戊子	天干地支西曆星期 戊寅7四	己卯8五	庚辰9六	辛巳10日	壬午11一	癸未12二	甲申13三	乙酉14四	丙戌15五	丁亥16六	戊子17日	己丑18一	庚寅19二	辛卯20三	壬辰21四	癸巳22五	甲午23六	乙未24日	丙申25一	丁酉26二	戊戌27三	己亥28四	庚子29五	辛丑30六	壬寅31日	癸卯(1)一	甲辰2二	乙巳3三	丙午4四	丁未5五	己卯大雪甲午冬至
十二月小	己丑	天干地支西曆星期 戊申6六	己酉7日	庚戌8一	辛亥9二	壬子10三	癸丑11四	甲寅12五	乙卯13六	丙辰14日	丁巳15一	戊午16二	己未17三	庚申18四	辛酉19五	壬戌20六	癸亥21日	甲子22一	乙丑23二	丙寅24三	丁卯25四	戊辰26五	己巳27六	庚午28日	辛未29一	壬申30二	癸酉31三	甲戌(2)四	乙亥2五	丙子3六		己酉小寒甲子大寒

北涼沮渠蒙遜永安六年（丙午 馬年） 公元 406～407 年

(Calendar table omitted due to complexity and density — not transcribed)

北涼沮渠蒙遜永安七年（丁未 羊年）　公元 407～408 年

北凉沮渠蒙遜永安八年（戊申 猴年） 公元 408 ～ 409 年

夏曆月序	中西曆對照	夏曆日序 初一	初二	初三	初四	初五	初六	初七	初八	初九	初十	十一	十二	十三	十四	十五	十六	十七	十八	十九	二十	二一	二二	二三	二四	二五	二六	二七	二八	二九	三十	節氣與天象
正月小	甲寅	天干地支/西曆/星期 丙申13四	丁酉14五	戊戌15六	己亥16日	庚子17一	辛丑18二	壬寅19三	癸卯20四	甲辰21五	乙巳22六	丙午23日	丁未24一	戊申25二	己酉26三	庚戌27四	辛亥28五	壬子29六	癸丑(3)日	甲寅2一	乙卯3二	丙辰4三	丁巳5四	戊午6五	己未7六	庚申8日	辛酉9一	壬戌10二	癸亥11三	甲子12四		乙巳雨水 庚申驚蟄
二月大	乙卯	乙丑13五	丙寅14六	丁卯15日	戊辰16一	己巳17二	庚午18三	辛未19四	壬申20五	癸酉21六	甲戌22日	乙亥23一	丙子24二	丁丑25三	戊寅26四	己卯27五	庚辰28六	辛巳29日	壬午30一	癸未31二	甲申(4)三	乙酉2四	丙戌3五	丁亥4六	戊子5日	己丑6一	庚寅7二	辛卯8三	壬辰9四	癸巳10五	甲午11六	丙子春分 辛卯清明
三月小	丙辰	乙未12日	丙申13一	丁酉14二	戊戌15三	己亥16四	庚子17五	辛丑18六	壬寅19日	癸卯20一	甲辰21二	乙巳22三	丙午23四	丁未24五	戊申25六	己酉26日	庚戌27一	辛亥28二	壬子29三	癸丑30四	甲寅(5)五	乙卯2六	丙辰3日	丁巳4一	戊午5二	己未6三	庚申7四	辛酉8五	壬戌9六	癸亥10日		丙午穀雨 辛酉立夏
四月大	丁巳	甲子11一	乙丑12二	丙寅13三	丁卯14四	戊辰15五	己巳16六	庚午17日	辛未18一	壬申19二	癸酉20三	甲戌21四	乙亥22五	丙子23六	丁丑24日	戊寅25一	己卯26二	庚辰27三	辛巳28四	壬午29五	癸未30六	甲申31日	乙酉(6)一	丙戌2二	丁亥3三	戊子4四	己丑5五	庚寅6六	辛卯7日	壬辰8一	癸巳9二	丁丑小滿 壬辰芒種
五月小	戊午	甲午10三	乙未11四	丙申12五	丁酉13六	戊戌14日	己亥15一	庚子16二	辛丑17三	壬寅18四	癸卯19五	甲辰20六	乙巳21日	丙午22一	丁未23二	戊申24三	己酉25四	庚戌26五	辛亥27六	壬子28日	癸丑29一	甲寅30二	乙卯(7)三	丙辰2四	丁巳3五	戊午4六	己未5日	庚申6一	辛酉7二	壬戌8三		丁未夏至 壬戌小暑
六月大	己未	癸亥9四	甲子10五	乙丑11六	丙寅12日	丁卯13一	戊辰14二	己巳15三	庚午16四	辛未17五	壬申18六	癸酉19日	甲戌20一	乙亥21二	丙子22三	丁丑23四	戊寅24五	己卯25六	庚辰26日	辛巳27一	壬午28二	癸未29三	甲申30四	乙酉31五	丙戌(8)六	丁亥2日	戊子3一	己丑4二	庚寅5三	辛卯6四	壬辰7五	丁丑大暑
七月小	庚申	癸巳8六	甲午9日	乙未10一	丙申11二	丁酉12三	戊戌13四	己亥14五	庚子15六	辛丑16日	壬寅17一	癸卯18二	甲辰19三	乙巳20四	丙午21五	丁未22六	戊申23日	己酉24一	庚戌25二	辛亥26三	壬子27四	癸丑28五	甲寅29六	乙卯30日	丙辰31一	丁巳(9)二	戊午2三	己未3四	庚申4五	辛酉5六		癸巳立秋 戊申處暑
八月大	辛酉	壬戌6日	癸亥7一	甲子8二	乙丑9三	丙寅10四	丁卯11五	戊辰12六	己巳13日	庚午14一	辛未15二	壬申16三	癸酉17四	甲戌18五	乙亥19六	丙子20日	丁丑21一	戊寅22二	己卯23三	庚辰24四	辛巳25五	壬午26六	癸未27日	甲申28一	乙酉29二	丙戌30三	丁亥⑽四	戊子2五	己丑3六	庚寅4日	辛卯5一	癸亥白露 戊寅秋分
九月小	壬戌	壬辰6二	癸巳7三	甲午8四	乙未9五	丙申10六	丁酉11日	戊戌12一	己亥13二	庚子14三	辛丑15四	壬寅16五	癸卯17六	甲辰18日	乙巳19一	丙午20二	丁未21三	戊申22四	己酉23五	庚戌24六	辛亥25日	壬子26一	癸丑27二	甲寅28三	乙卯29四	丙辰30五	丁巳31六	戊午⑾日	己未2一	庚申3二		甲午寒露 己酉霜降
十月大	癸亥	辛酉4三	壬戌5四	癸亥6五	甲子7六	乙丑8日	丙寅9一	丁卯10二	戊辰11三	己巳12四	庚午13五	辛未14六	壬申15日	癸酉16一	甲戌17二	乙亥18三	丙子19四	丁丑20五	戊寅21六	己卯22日	庚辰23一	辛巳24二	壬午25三	癸未26四	甲申27五	乙酉28六	丙戌29日	丁亥30一	戊子⑿二	己丑2三	庚寅3四	甲子立冬 己卯小雪
十一月小	甲子	辛卯4五	壬辰5六	癸巳6日	甲午7一	乙未8二	丙申9三	丁酉10四	戊戌11五	己亥12六	庚子13日	辛丑14一	壬寅15二	癸卯16三	甲辰17四	乙巳18五	丙午19六	丁未20日	戊申21一	己酉22二	庚戌23三	辛亥24四	壬子25五	癸丑26六	甲寅27日	乙卯28一	丙辰29二	丁巳30三	戊午31四	己未(1)五		甲午大雪 庚戌冬至
十二月大	乙丑	庚申2六	辛酉3日	壬戌4一	癸亥5二	甲子6三	乙丑7四	丙寅8五	丁卯9六	戊辰10日	己巳11一	庚午12二	辛未13三	壬申14四	癸酉15五	甲戌16六	乙亥17日	丙子18一	丁丑19二	戊寅20三	己卯21四	庚辰22五	辛巳23六	壬午24日	癸未25一	甲申26二	乙酉27三	丙戌28四	丁亥29五	戊子30六	己丑31日	乙丑小寒 庚辰大寒

北涼沮渠蒙遜永安九年（己酉 雞年） 公元 409～410 年

夏曆月序	中西日照對	夏曆日序 初一	初二	初三	初四	初五	初六	初七	初八	初九	初十	十一	十二	十三	十四	十五	十六	十七	十八	十九	二十	二一	二二	二三	二四	二五	二六	二七	二八	二九	三十	節氣與天象
正月大	丙寅	天干 庚寅 地支 西曆 2) 星期一	辛卯 3 二	壬辰 4 三	癸巳 5 四	甲午 5 五	乙未 6 六	丙申 7 日	丁酉 8 一	戊戌 9 二	己亥 10 三	庚子 11 四	辛丑 12 五	壬寅 13 六	癸卯 14 日	甲辰 15 一	乙巳 16 二	丙午 17 三	丁未 18 四	戊申 19 五	己酉 20 六	庚戌 21 日	辛亥 22 一	壬子 23 二	癸丑 24 三	甲寅 25 四	乙卯 26 五	丙辰 27 六	丁巳 28 日	戊午 (3) 一	己未 2 二	乙未立春 庚戌雨水
二月小	丁卯	庚申 3 三	辛酉 4 四	壬戌 5 五	癸亥 6 六	甲子 7 日	乙丑 8 一	丙寅 9 二	丁卯 10 三	戊辰 11 四	己巳 12 五	庚午 13 六	辛未 14 日	壬申 15 一	癸酉 16 二	甲戌 17 三	乙亥 18 四	丙子 19 五	丁丑 20 六	戊寅 21 日	己卯 22 一	庚辰 23 二	辛巳 24 三	壬午 25 四	癸未 26 五	甲申 27 六	乙酉 28 日	丙戌 29 一	丁亥 30 二	戊子 31 三			丙寅驚蟄 辛巳春分
三月大	戊辰	己丑 (4) 四	庚寅 2 五	辛卯 3 六	壬辰 4 日	癸巳 5 一	甲午 6 二	乙未 7 三	丙申 8 四	丁酉 9 五	戊戌 10 六	己亥 11 日	庚子 12 一	辛丑 13 二	壬寅 14 三	癸卯 15 四	甲辰 16 五	乙巳 17 六	丙午 18 日	丁未 19 一	戊申 20 二	己酉 21 三	庚戌 22 四	辛亥 23 五	壬子 24 六	癸丑 25 日	甲寅 26 一	乙卯 27 二	丙辰 28 三	丁巳 29 四	戊午 30 五	丙申清明 辛亥穀雨
四月小	己巳	己未 (5) 六	庚申 2 日	辛酉 3 一	壬戌 4 二	癸亥 5 三	甲子 6 四	乙丑 7 五	丙寅 8 六	丁卯 9 日	戊辰 10 一	己巳 11 二	庚午 12 三	辛未 13 四	壬申 14 五	癸酉 15 六	甲戌 16 日	乙亥 17 一	丙子 18 二	丁丑 19 三	戊寅 20 四	己卯 21 五	庚辰 22 六	辛巳 23 日	壬午 24 一	癸未 25 二	甲申 26 三	乙酉 27 四	丙戌 28 五	丁亥 29 六		丁卯立夏 壬午小滿
五月大	庚午	戊子 30 日	己丑 31 一	庚寅 (6) 二	辛卯 2 三	壬辰 3 四	癸巳 4 五	甲午 5 六	乙未 6 日	丙申 7 一	丁酉 8 二	戊戌 9 三	己亥 10 四	庚子 11 五	辛丑 12 六	壬寅 13 日	癸卯 14 一	甲辰 15 二	乙巳 16 三	丙午 17 四	丁未 18 五	戊申 19 六	己酉 20 日	庚戌 21 一	辛亥 22 二	壬子 23 三	癸丑 24 四	甲寅 25 五	乙卯 26 六	丙辰 27 日	丁巳 28 一	丁酉芒種 壬子夏至
六月小	辛未	戊午 29 二	己未 30 三	庚申 (7) 四	辛酉 2 五	壬戌 3 六	癸亥 4 日	甲子 5 一	乙丑 6 二	丙寅 7 三	丁卯 8 四	戊辰 9 五	己巳 10 六	庚午 11 日	辛未 12 一	壬申 13 二	癸酉 14 三	甲戌 15 四	乙亥 16 五	丙子 17 六	丁丑 18 日	戊寅 19 一	己卯 20 二	庚辰 21 三	辛巳 22 四	壬午 23 五	癸未 24 六	甲申 25 日	乙酉 26 一	丙戌 27 二		丁丑小暑 癸未大暑
七月大	壬申	丁亥 28 三	戊子 29 四	己丑 30 五	庚寅 31 六	辛卯 (8) 日	壬辰 2 一	癸巳 3 二	甲午 4 三	乙未 5 四	丙申 6 五	丁酉 7 六	戊戌 8 日	己亥 9 一	庚子 10 二	辛丑 11 三	壬寅 12 四	癸卯 13 五	甲辰 14 六	乙巳 15 日	丙午 16 一	丁未 17 二	戊申 18 三	己酉 19 四	庚戌 20 五	辛亥 21 六	壬子 22 日	癸丑 23 一	甲寅 24 二	乙卯 25 三	丙辰 26 四	戊戌立秋 癸丑處暑
八月小	癸酉	丁巳 27 五	戊午 28 六	己未 29 日	庚申 30 一	辛酉 31 二	壬戌 (9) 三	癸亥 2 四	甲子 3 五	乙丑 4 六	丙寅 5 日	丁卯 6 一	戊辰 7 二	己巳 8 三	庚午 9 四	辛未 10 五	壬申 11 六	癸酉 12 日	甲戌 13 一	乙亥 14 二	丙子 15 三	丁丑 16 四	戊寅 17 五	己卯 18 六	庚辰 19 日	辛巳 20 一	壬午 21 二	癸未 22 三	甲申 23 四	乙酉 24 五		戊辰白露 甲申秋分
九月大	甲戌	丙戌 25 六	丁亥 26 日	戊子 27 一	己丑 28 二	庚寅 29 三	辛卯 30 四	壬辰 (10) 五	癸巳 2 六	甲午 3 日	乙未 4 一	丙申 5 二	丁酉 6 三	戊戌 7 四	己亥 8 五	庚子 9 六	辛丑 10 日	壬寅 11 一	癸卯 12 二	甲辰 13 三	乙巳 14 四	丙午 15 五	丁未 16 六	戊申 17 日	己酉 18 一	庚戌 19 二	辛亥 20 三	壬子 21 四	癸丑 22 五	甲寅 23 六	乙卯 24 日	己亥寒露 甲寅霜降
十月小	乙亥	丙辰 25 一	丁巳 26 二	戊午 27 三	己未 28 四	庚申 29 五	辛酉 30 六	壬戌 31 日	癸亥 (11) 一	甲子 2 二	乙丑 3 三	丙寅 4 四	丁卯 5 五	戊辰 6 六	己巳 7 日	庚午 8 一	辛未 9 二	壬申 10 三	癸酉 11 四	甲戌 12 五	乙亥 13 六	丙子 14 日	丁丑 15 一	戊寅 16 二	己卯 17 三	庚辰 18 四	辛巳 19 五	壬午 20 六	癸未 21 日	甲申 22 一		己巳立冬 甲申小雪
閏十月大	乙亥	乙酉 23 二	丙戌 24 三	丁亥 25 四	戊子 26 五	己丑 27 六	庚寅 28 日	辛卯 29 一	壬辰 30 二	癸巳 (02) 三	甲午 2 四	乙未 3 五	丙申 4 六	丁酉 5 日	戊戌 6 一	己亥 7 二	庚子 8 三	辛丑 9 四	壬寅 10 五	癸卯 11 六	甲辰 12 日	乙巳 13 一	丙午 14 二	丁未 15 三	戊申 16 四	己酉 17 五	庚戌 18 六	辛亥 19 日	壬子 20 一	癸丑 21 二	甲寅 22 三	庚子大雪
十一月小	丙子	乙卯 23 四	丙辰 24 五	丁巳 25 六	戊午 26 日	己未 27 一	庚申 28 二	辛酉 29 三	壬戌 30 四	癸亥 31 五	甲子 (1) 六	乙丑 2 日	丙寅 3 一	丁卯 4 二	戊辰 5 三	己巳 6 四	庚午 7 五	辛未 8 六	壬申 9 日	癸酉 10 一	甲戌 11 二	乙亥 12 三	丙子 13 四	丁丑 14 五	戊寅 15 六	己卯 16 日	庚辰 17 一	辛巳 18 二	壬午 19 三	癸未 20 四		乙卯冬至 庚午小寒
十二月大	丁丑	甲申 21 五	乙酉 22 六	丙戌 23 日	丁亥 24 一	戊子 25 二	己丑 26 三	庚寅 27 四	辛卯 28 五	壬辰 29 六	癸巳 30 日	甲午 31 一	乙未 (2) 二	丙申 2 三	丁酉 3 四	戊戌 4 五	己亥 5 六	庚子 6 日	辛丑 7 一	壬寅 8 二	癸卯 9 三	甲辰 10 四	乙巳 11 五	丙午 12 六	丁未 13 日	戊申 14 一	己酉 15 二	庚戌 16 三	辛亥 17 四	壬子 18 五	癸丑 19 六	乙未大寒 庚子立春

北涼沮渠蒙遜永安十年（庚戌 狗年） 公元 410 ~ 411 年

夏曆月序	西中曆日對照	夏曆日序																													節氣與天象
		初一	初二	初三	初四	初五	初六	初七	初八	初九	初十	十一	十二	十三	十四	十五	十六	十七	十八	十九	二十	廿一	廿二	廿三	廿四	廿五	廿六	廿七	廿八	廿九	三十	
正月小	戊寅	天干 甲寅 地支 西曆 20日 星期 一	乙卯 21 二	丙辰 22 三	丁巳 23 四	戊午 24 五	己未 25 六	庚申 26 日	辛酉 27 一	壬戌 28 二	癸亥 (3) 三	甲子 2 四	乙丑 3 五	丙寅 4 六	丁卯 5 日	戊辰 6 一	己巳 7 二	庚午 8 三	辛未 9 四	壬申 10 五	癸酉 11 六	甲戌 12 日	乙亥 13 一	丙子 14 二	丁丑 15 三	戊寅 16 四	己卯 17 五	庚辰 18 六	辛巳 19 日	壬午 20 一		丙辰雨水 辛未驚蟄
二月大	己卯	天干 癸未 地支 西曆 21日 星期 二	甲申 22 三	乙酉 23 四	丙戌 24 五	丁亥 25 六	戊子 26 日	己丑 27 一	庚寅 28 二	辛卯 29 三	壬辰 30 四	癸巳 31 五	甲午 (4) 六	乙未 2 日	丙申 3 一	丁酉 4 二	戊戌 5 三	己亥 6 四	庚子 7 五	辛丑 8 六	壬寅 9 日	癸卯 10 一	甲辰 11 二	乙巳 12 三	丙午 13 四	丁未 14 五	戊申 15 六	己酉 16 日	庚戌 17 一	辛亥 18 二	壬子 19 三	丙戌春分 辛丑清明
三月小	庚辰	天干 癸丑 地支 西曆 20日 星期 三	甲寅 21 四	乙卯 22 五	丙辰 23 六	丁巳 24 日	戊午 25 一	己未 26 二	庚申 27 三	辛酉 28 四	壬戌 29 五	癸亥 30 六	甲子 (5) 日	乙丑 2 一	丙寅 3 二	丁卯 4 三	戊辰 5 四	己巳 6 五	庚午 7 六	辛未 8 日	壬申 9 一	癸酉 10 二	甲戌 11 三	乙亥 12 四	丙子 13 五	丁丑 14 六	戊寅 15 日	己卯 16 一	庚辰 17 二	辛巳 18 三		丁巳穀雨 壬申立夏
四月大	辛巳	天干 壬午 地支 西曆 19日 星期 四	癸未 20 五	甲申 21 六	乙酉 22 日	丙戌 23 一	丁亥 24 二	戊子 25 三	己丑 26 四	庚寅 27 五	辛卯 28 六	壬辰 29 日	癸巳 30 一	甲午 (6) 二	乙未 2 三	丙申 3 四	丁酉 4 五	戊戌 5 六	己亥 6 日	庚子 7 一	辛丑 8 二	壬寅 9 三	癸卯 10 四	甲辰 11 五	乙巳 12 六	丙午 13 日	丁未 14 一	戊申 15 二	己酉 16 三	庚戌 17 四	辛亥 18 五	丁亥小滿 壬寅芒種
五月大	壬午	天干 壬子 地支 西曆 18日 星期 六	癸丑 19 日	甲寅 20 一	乙卯 21 二	丙辰 22 三	丁巳 23 四	戊午 24 五	己未 25 六	庚申 26 日	辛酉 27 一	壬戌 28 二	癸亥 29 三	甲子 30 四	乙丑 (7) 五	丙寅 2 六	丁卯 3 日	戊辰 4 一	己巳 5 二	庚午 6 三	辛未 7 四	壬申 8 五	癸酉 9 六	甲戌 10 日	乙亥 11 一	丙子 12 二	丁丑 13 三	戊寅 14 四	己卯 15 五	庚辰 16 六	辛巳 17 日	丁巳夏至 癸酉小暑
六月小	癸未	天干 壬午 地支 西曆 18日 星期 一	癸未 19 二	甲申 20 三	乙酉 21 四	丙戌 22 五	丁亥 23 六	戊子 24 日	己丑 25 一	庚寅 26 二	辛卯 27 三	壬辰 28 四	癸巳 29 五	甲午 30 六	乙未 31 日	丙申 (8) 一	丁酉 2 二	戊戌 3 三	己亥 4 四	庚子 5 五	辛丑 6 六	壬寅 7 日	癸卯 8 一	甲辰 9 二	乙巳 10 三	丙午 11 四	丁未 12 五	戊申 13 六	己酉 14 日	庚戌 15 一		戊子大暑 癸卯立秋
七月大	甲申	天干 辛亥 地支 西曆 16日 星期 二	壬子 17 三	癸丑 18 四	甲寅 19 五	乙卯 20 六	丙辰 21 日	丁巳 22 一	戊午 23 二	己未 24 三	庚申 25 四	辛酉 26 五	壬戌 27 六	癸亥 28 日	甲子 29 一	乙丑 30 二	丙寅 31 三	丁卯 (9) 四	戊辰 2 五	己巳 3 六	庚午 4 日	辛未 5 一	壬申 6 二	癸酉 7 三	甲戌 8 四	乙亥 9 五	丙子 10 六	丁丑 11 日	戊寅 12 一	己卯 13 二	庚辰 14 三	戊午處暑 甲戌白露
八月小	乙酉	天干 辛巳 地支 西曆 15日 星期 四	壬午 16 五	癸未 17 六	甲申 18 日	乙酉 19 一	丙戌 20 二	丁亥 21 三	戊子 22 四	己丑 23 五	庚寅 24 六	辛卯 25 日	壬辰 26 一	癸巳 27 二	甲午 28 三	乙未 29 四	丙申 30 五	丁酉 (10) 六	戊戌 2 日	己亥 3 一	庚子 4 二	辛丑 5 三	壬寅 6 四	癸卯 7 五	甲辰 8 六	乙巳 9 日	丙午 10 一	丁未 11 二	戊申 12 三	己酉 13 四		己丑秋分 甲辰寒露
九月大	丙戌	天干 庚戌 地支 西曆 14日 星期 五	辛亥 15 六	壬子 16 日	癸丑 17 一	甲寅 18 二	乙卯 19 三	丙辰 20 四	丁巳 21 五	戊午 22 六	己未 23 日	庚申 24 一	辛酉 25 二	壬戌 26 三	癸亥 27 四	甲子 28 五	乙丑 29 六	丙寅 30 日	丁卯 31 一	戊辰 (11) 二	己巳 2 三	庚午 3 四	辛未 4 五	壬申 5 六	癸酉 6 日	甲戌 7 一	乙亥 8 二	丙子 9 三	丁丑 10 四	戊寅 11 五	己卯 12 六	己未霜降 甲戌立冬
十月小	丁亥	天干 庚辰 地支 西曆 13日 星期 日	辛巳 14 一	壬午 15 二	癸未 16 三	甲申 17 四	乙酉 18 五	丙戌 19 六	丁亥 20 日	戊子 21 一	己丑 22 二	庚寅 23 三	辛卯 24 四	壬辰 25 五	癸巳 26 六	甲午 27 日	乙未 28 一	丙申 29 二	丁酉 30 三	戊戌 (12) 四	己亥 2 五	庚子 3 六	辛丑 4 日	壬寅 5 一	癸卯 6 二	甲辰 7 三	乙巳 8 四	丙午 9 五	丁未 10 六	戊申 11 日		庚寅小雪 乙巳大雪
十一月大	戊子	天干 己酉 地支 西曆 12日 星期 一	庚戌 13 二	辛亥 14 三	壬子 15 四	癸丑 16 五	甲寅 17 六	乙卯 18 日	丙辰 19 一	丁巳 20 二	戊午 21 三	己未 22 四	庚申 23 五	辛酉 24 六	壬戌 25 日	癸亥 26 一	甲子 27 二	乙丑 28 三	丙寅 29 四	丁卯 30 五	戊辰 31 六	己巳 (1) 日	庚午 2 一	辛未 3 二	壬申 4 三	癸酉 5 四	甲戌 6 五	乙亥 7 六	丙子 8 日	丁丑 9 一	戊寅 10 二	庚申冬至 乙亥小寒
十二月小	己丑	天干 己卯 地支 西曆 11日 星期 三	庚辰 12 四	辛巳 13 五	壬午 14 六	癸未 15 日	甲申 16 一	乙酉 17 二	丙戌 18 三	丁亥 19 四	戊子 20 五	己丑 21 六	庚寅 22 日	辛卯 23 一	壬辰 24 二	癸巳 25 三	甲午 26 四	乙未 27 五	丙申 28 六	丁酉 29 日	戊戌 30 一	己亥 31 二	庚子 (2) 三	辛丑 2 四	壬寅 3 五	癸卯 4 六	甲辰 5 日	乙巳 6 一	丙午 7 二	丁未 8 三		辛卯大寒 丙午立春

北凉沮渠蒙遜永安十一年（辛亥 猪年） 公元 411～412 年

夏曆月序	中西曆對照	夏曆日序 初一	初二	初三	初四	初五	初六	初七	初八	初九	初十	十一	十二	十三	十四	十五	十六	十七	十八	十九	二十	二一	二二	二三	二四	二五	二六	二七	二八	二九	三十	節氣與天象
正月大	庚寅 天干地支西曆星期	戊辰 11日 四	己巳 10 五	庚午 11 六	辛未 12 日	壬申 13 一	癸酉 14 二	甲戌 15 三	乙亥 16 四	丙子 17 五	丁丑 18 六	戊寅 19 日	己卯 20 一	庚辰 21 二	辛巳 22 三	壬午 23 四	癸未 24 五	甲申 25 六	乙酉 26 日	丙戌 27 一	丁亥 28 二	戊子(3) 三	己丑 2 四	庚寅 3 五	辛卯 4 六	壬辰 5 日	癸巳 6 一	甲午 7 二	乙未 8 三	丙申 9 四	丁酉 10 五		辛酉雨水 丙子驚蟄
二月小	辛卯 天干地支西曆星期	戊戌 11 六	己亥 12 日	庚子 13 一	辛丑 14 二	壬寅 15 三	癸卯 16 四	甲辰 17 五	乙巳 18 六	丙午 19 日	丁未 20 一	戊申 21 二	己酉 22 三	庚戌 23 四	辛亥 24 五	壬子 25 六	癸丑 26 日	甲寅 27 一	乙卯 28 二	丙辰 29 三	丁巳 30 四	戊午 31 五	己未(4) 六	庚申 2 日	辛酉 3 一	壬戌 4 二	癸亥 5 三	甲子 6 四	乙丑 7 五	丙寅 8 六			辛卯春分
三月大	壬辰 天干地支西曆星期	丁卯 9 日	戊辰 10 一	己巳 11 二	庚午 12 三	辛未 13 四	壬申 14 五	癸酉 15 六	甲戌 16 日	乙亥 17 一	丙子 18 二	丁丑 19 三	戊寅 20 四	己卯 21 五	庚辰 22 六	辛巳 23 日	壬午 24 一	癸未 25 二	甲申 26 三	乙酉 27 四	丙戌 28 五	丁亥 29 六	戊子 30 日	己丑(5) 一	庚寅 2 二	辛卯 3 三	壬辰 4 四	癸巳 5 五	甲午 6 六	乙未 7 日	丙申 8 一		丁未清明 壬戌穀雨
四月小	癸巳 天干地支西曆星期	丁酉 9 二	戊戌 10 三	己亥 11 四	庚子 12 五	辛丑 13 六	壬寅 14 日	癸卯 15 一	甲辰 16 二	乙巳 17 三	丙午 18 四	丁未 19 五	戊申 20 六	己酉 21 日	庚戌 22 一	辛亥 23 二	壬子 24 三	癸丑 25 四	甲寅 26 五	乙卯 27 六	丙辰 28 日	丁巳 29 一	戊午 30 二	己未 31 三	庚申(6) 四	辛酉 2 五	壬戌 3 六	癸亥 4 日	甲子 5 一	乙丑 6 二			丁丑立夏 壬辰小滿
五月大	甲午 天干地支西曆星期	丙午 7 三	丁未 8 四	戊申 9 五	己酉 10 六	庚戌 11 日	辛亥 12 一	壬子 13 二	癸丑 14 三	甲寅 15 四	乙卯 16 五	丙辰 17 六	丁巳 18 日	戊午 19 一	己未 20 二	庚申 21 三	辛酉 22 四	壬戌 23 五	癸亥 24 六	甲子 25 日	乙丑 26 一	丙寅 27 二	丁卯 28 三	戊辰 29 四	己巳 30 五	庚午(7) 六	辛未 2 日	壬申 3 一	癸酉 4 二	甲戌 5 三	乙亥 6 四		丁未芒種 癸亥夏至
六月小	乙未 天干地支西曆星期	丙子 7 五	丁丑 8 六	戊寅 9 日	己卯 10 一	庚辰 11 二	辛巳 12 三	壬午 13 四	癸未 14 五	甲申 15 六	乙酉 16 日	丙戌 17 一	丁亥 18 二	戊子 19 三	己丑 20 四	庚寅 21 五	辛卯 22 六	壬辰 23 日	癸巳 24 一	甲午 25 二	乙未 26 三	丙申 27 四	丁酉 28 五	戊戌 29 六	己亥 30 日	庚子 31 一	辛丑(8) 二	壬寅 2 三	癸卯 3 四	甲辰 4 五			戊寅小暑 癸巳大暑
七月大	丙申 天干地支西曆星期	乙巳 5 六	丙午 6 日	丁未 7 一	戊申 8 二	己酉 9 三	庚戌 10 四	辛亥 11 五	壬子 12 六	癸丑 13 日	甲寅 14 一	乙卯 15 二	丙辰 16 三	丁巳 17 四	戊午 18 五	己未 19 六	庚申 20 日	辛酉 21 一	壬戌 22 二	癸亥 23 三	甲子 24 四	乙丑 25 五	丙寅 26 六	丁卯 27 日	戊辰 28 一	己巳 29 二	庚午 30 三	辛未 31 四	壬申(9) 五	癸酉 2 六	甲戌 3 日		戊申立秋 甲子處暑
八月大	丁酉 天干地支西曆星期	乙亥 4 一	丙子 5 二	丁丑 6 三	戊寅 7 四	己卯 8 五	庚辰 9 六	辛巳 10 日	壬午 11 一	癸未 12 二	甲申 13 三	乙酉 14 四	丙戌 15 五	丁亥 16 六	戊子 17 日	己丑 18 一	庚寅 19 二	辛卯 20 三	壬辰 21 四	癸巳 22 五	甲午 23 六	乙未 24 日	丙申 25 一	丁酉 26 二	戊戌 27 三	己亥 28 四	庚子 29 五	辛丑 30 六	壬寅(00) 日	癸卯 2 一	甲辰 3 二		己卯白露 甲午秋分
九月小	戊戌 天干地支西曆星期	乙巳 4 三	丙午 5 四	丁未 6 五	戊申 7 六	己酉 8 日	庚戌 9 一	辛亥 10 二	壬子 11 三	癸丑 12 四	甲寅 13 五	乙卯 14 六	丙辰 15 日	丁巳 16 一	戊午 17 二	己未 18 三	庚申 19 四	辛酉 20 五	壬戌 21 六	癸亥 22 日	甲子 23 一	乙丑 24 二	丙寅 25 三	丁卯 26 四	戊辰 27 五	己巳 28 六	庚午 29 日	辛未 30 一	壬申 31 二	癸酉(11) 三			己酉寒露 甲子霜降
十月大	己亥 天干地支西曆星期	甲戌 2 四	乙亥 3 五	丙子 4 六	丁丑 5 日	戊寅 6 一	己卯 7 二	庚辰 8 三	辛巳 9 四	壬午 10 五	癸未 11 六	甲申 12 日	乙酉 13 一	丙戌 14 二	丁亥 15 三	戊子 16 四	己丑 17 五	庚寅 18 六	辛卯 19 日	壬辰 20 一	癸巳 21 二	甲午 22 三	乙未 23 四	丙申 24 五	丁酉 25 六	戊戌 26 日	己亥 27 一	庚子 28 二	辛丑 29 三	壬寅 30 四	癸卯(12) 五		庚辰立冬 乙未小雪
十一月小	庚子 天干地支西曆星期	甲辰 2 六	乙巳 3 日	丙午 4 一	丁未 5 二	戊申 6 三	己酉 7 四	庚戌 8 五	辛亥 9 六	壬子 10 日	癸丑 11 一	甲寅 12 二	乙卯 13 三	丙辰 14 四	丁巳 15 五	戊午 16 六	己未 17 日	庚申 18 一	辛酉 19 二	壬戌 20 三	癸亥 21 四	甲子 22 五	乙丑 23 六	丙寅 24 日	丁卯 25 一	戊辰 26 二	己巳 27 三	庚午 28 四	辛未 29 五	壬申 30 六			庚戌大雪 乙丑冬至
十二月大	辛丑 天干地支西曆星期	癸酉 31 日	甲戌(1) 一	乙亥 2 二	丙子 3 三	丁丑 4 四	戊寅 5 五	己卯 6 六	庚辰 7 日	辛巳 8 一	壬午 9 二	癸未 10 三	甲申 11 四	乙酉 12 五	丙戌 13 六	丁亥 14 日	戊子 15 一	己丑 16 二	庚寅 17 三	辛卯 18 四	壬辰 19 五	癸巳 20 六	甲午 21 日	乙未 22 一	丙申 23 二	丁酉 24 三	戊戌 25 四	己亥 26 五	庚子 27 六	辛丑 28 日	壬寅 29 一		辛巳小寒 丙申大寒

北涼沮渠蒙遜永安十二年 玄始元年（壬子 鼠年） 公元412～413年

夏曆月序	中西曆日對照	夏曆日序																													節氣與天象
		初一	初二	初三	初四	初五	初六	初七	初八	初九	初十	十一	十二	十三	十四	十五	十六	十七	十八	十九	二十	二一	二二	二三	二四	二五	二六	二七	二八	二九	三十	
正月小 壬寅	天干地支/西曆/星期	癸卯30二	甲辰31三	乙巳(2)四	丙午2五	丁未3六	戊申4日	己酉5一	庚戌6二	辛亥7三	壬子8四	癸丑9五	甲寅10六	乙卯11日	丙辰12一	丁巳13二	戊午14三	己未15四	庚申16五	辛酉17六	壬戌18日	癸亥19一	甲子20二	乙丑21三	丙寅22四	丁卯23五	戊辰24六	己巳25日	庚午26一	辛未27二		辛亥立春 丙寅雨水
二月大 癸卯	天干地支/西曆/星期	壬申28三	癸酉29四	甲戌(3)五	乙亥2六	丙子3日	丁丑4一	戊寅5二	己卯6三	庚辰7四	辛巳8五	壬午9六	癸未10日	甲申11一	乙酉12二	丙戌13三	丁亥14四	戊子15五	己丑16六	庚寅17日	辛卯18一	壬辰19二	癸巳20三	甲午21四	乙未22五	丙申23六	丁酉24日	戊戌25一	己亥26二	庚子27三	辛丑28四	辛巳驚蟄 丁酉春分
三月小 甲辰	天干地支/西曆/星期	壬寅29五	癸卯30六	甲辰31日	乙巳(4)一	丙午2二	丁未3三	戊申4四	己酉5五	庚戌6六	辛亥7日	壬子8一	癸丑9二	甲寅10三	乙卯11四	丙辰12五	丁巳13六	戊午14日	己未15一	庚申16二	辛酉17三	壬戌18四	癸亥19五	甲子20六	乙丑21日	丙寅22一	丁卯23二	戊辰24三	己巳25四	庚午26五		壬子清明 丁卯穀雨
四月大 乙巳	天干地支/西曆/星期	辛未27六	壬申28日	癸酉29一	甲戌30二	乙亥(5)三	丙子2四	丁丑3五	戊寅4六	己卯5日	庚辰6一	辛巳7二	壬午8三	癸未9四	甲申10五	乙酉11六	丙戌12日	丁亥13一	戊子14二	己丑15三	庚寅16四	辛卯17五	壬辰18六	癸巳19日	甲午20一	乙未21二	丙申22三	丁酉23四	戊戌24五	己亥25六	庚子26日	壬午立夏 戊戌小滿
五月小 丙午	天干地支/西曆/星期	辛丑27一	壬寅28二	癸卯29三	甲辰30四	乙巳31五	丙午(6)六	丁未2日	戊申3一	己酉4二	庚戌5三	辛亥6四	壬子7五	癸丑8六	甲寅9日	乙卯10一	丙辰11二	丁巳12三	戊午13四	己未14五	庚申15六	辛酉16日	壬戌17一	癸亥18二	甲子19三	乙丑20四	丙寅21五	丁卯22六	戊辰23日	己巳24一		癸丑芒種 戊辰夏至
六月大 丁未	天干地支/西曆/星期	庚午25二	辛未26三	壬申27四	癸酉28五	甲戌29六	乙亥30日	丙子(7)一	丁丑2二	戊寅3三	己卯4四	庚辰5五	辛巳6六	壬午7日	癸未8一	甲申9二	乙酉10三	丙戌11四	丁亥12五	戊子13六	己丑14日	庚寅15一	辛卯16二	壬辰17三	癸巳18四	甲午19五	乙未20六	丙申21日	丁酉22一	戊戌23二	己亥24三	癸未小暑 戊戌大暑
七月小 戊申	天干地支/西曆/星期	庚子25四	辛丑26五	壬寅27六	癸卯28日	甲辰29一	乙巳30二	丙午31三	丁未(8)四	戊申2五	己酉3六	庚戌4日	辛亥5一	壬子6二	癸丑7三	甲寅8四	乙卯9五	丙辰10六	丁巳11日	戊午12一	己未13二	庚申14三	辛酉15四	壬戌16五	癸亥17六	甲子18日	乙丑19一	丙寅20二	丁卯21三	戊辰22四		甲寅立秋
八月大 己酉	天干地支/西曆/星期	己巳23五	庚午24六	辛未25日	壬申26一	癸酉27二	甲戌28三	乙亥29四	丙子30五	丁丑31六	戊寅(9)日	己卯2一	庚辰3二	辛巳4三	壬午5四	癸未6五	甲申7六	乙酉8日	丙戌9一	丁亥10二	戊子11三	己丑12四	庚寅13五	辛卯14六	壬辰15日	癸巳16一	甲午17二	乙未18三	丙申19四	丁酉20五	戊戌21六	己巳處暑 甲申白露
閏八月小 己酉	天干地支/西曆/星期	己亥22日	庚子23一	辛丑24二	壬寅25三	癸卯26四	甲辰27五	乙巳28六	丙午29日	丁未30一	戊申(10)二	己酉2三	庚戌3四	辛亥4五	壬子5六	癸丑6日	甲寅7一	乙卯8二	丙辰9三	丁巳10四	戊午11五	己未12六	庚申13日	辛酉14一	壬戌15二	癸亥16三	甲子17四	乙丑18五	丙寅19六	丁卯20日		己亥秋分 甲寅寒露
九月大 庚戌	天干地支/西曆/星期	戊辰21一	己巳22二	庚午23三	辛未24四	壬申25五	癸酉26六	甲戌27日	乙亥28一	丙子29二	丁丑30三	戊寅31四	己卯(11)五	庚辰2六	辛巳3日	壬午4一	癸未5二	甲申6三	乙酉7四	丙戌8五	丁亥9六	戊子10日	己丑11一	庚寅12二	辛卯13三	壬辰14四	癸巳15五	甲午16六	乙未17日	丙申18一	丁酉19二	庚午霜降 乙酉立冬
十月小 辛亥	天干地支/西曆/星期	戊戌20三	己亥21四	庚子22五	辛丑23六	壬寅24日	癸卯25一	甲辰26二	乙巳27三	丙午28四	丁未29五	戊申30六	己酉(12)日	庚戌2一	辛亥3二	壬子4三	癸丑5四	甲寅6五	乙卯7六	丙辰8日	丁巳9一	戊午10二	己未11三	庚申12四	辛酉13五	壬戌14六	癸亥15日	甲子16一	乙丑17二	丙寅18三		庚子小雪 乙卯大雪
十一月大 壬子	天干地支/西曆/星期	丁卯19四	戊辰20五	己巳21六	庚午22日	辛未23一	壬申24二	癸酉25三	甲戌26四	乙亥27五	丙子28六	丁丑29日	戊寅30一	己卯31二	庚辰(1)三	辛巳2四	壬午3五	癸未4六	甲申5日	乙酉6一	丙戌7二	丁亥8三	戊子9四	己丑10五	庚寅11六	辛卯12日	壬辰13一	癸巳14二	甲午15三	乙未16四	丙申17五	辛未冬至 丙戌大寒
十二月小 癸丑	天干地支/西曆/星期	丁酉18六	戊戌19日	己亥20一	庚子21二	辛丑22三	壬寅23四	癸卯24五	甲辰25六	乙巳26日	丙午27一	丁未28二	戊申29三	己酉30四	庚戌31五	辛亥(2)六	壬子2日	癸丑3一	甲寅4二	乙卯5三	丙辰6四	丁巳7五	戊午8六	己未9日	庚申10一	辛酉11二	壬戌12三	癸亥13四	甲子14五	乙丑15六		辛丑大寒 丙辰立春

＊十一月，沮渠蒙遜即河西王位，改元玄始。

北涼沮渠蒙遜玄始二年（癸丑 牛年） 公元413～414年

夏曆月序	中西曆對照	夏曆日序																													節氣與天象
		初一	初二	初三	初四	初五	初六	初七	初八	初九	初十	十一	十二	十三	十四	十五	十六	十七	十八	十九	二十	廿一	廿二	廿三	廿四	廿五	廿六	廿七	廿八	廿九	三十	
正月小	甲寅 天干地支西曆星期	丁卯 17 一	戊辰 18 二	己巳 19 三	庚午 20 四	辛未 21 五	壬申 22 六	癸酉 23 日	甲戌 24 一	乙亥 25 二	丙子 26 三	丁丑 27 四	戊寅 28 五	己卯 (3) 六	庚辰 2 日	辛巳 3 一	壬午 4 二	癸未 5 三	甲申 6 四	乙酉 7 五	丙戌 8 六	丁亥 9 日	戊子 10 一	己丑 11 二	庚寅 12 三	辛卯 13 四	壬辰 14 五	癸巳 15 六	甲午 16 日	乙未 17 一		辛未雨水 丁亥驚蟄
二月大	乙卯 天干地支西曆星期	丙申 18 二	丁酉 19 三	戊戌 20 四	己亥 21 五	庚子 22 六	辛丑 23 日	壬寅 24 一	癸卯 25 二	甲辰 26 三	乙巳 27 四	丙午 28 五	丁未 29 六	戊申 30 日	己酉 31 一	庚戌 (4) 二	辛亥 2 三	壬子 3 四	癸丑 4 五	甲寅 5 六	乙卯 6 日	丙辰 7 一	丁巳 8 二	戊午 9 三	己未 10 四	庚申 11 五	辛酉 12 六	壬戌 13 日	癸亥 14 一	甲子 15 二	乙丑 16 三	壬寅春分 丁巳清明
三月小	丙辰 天干地支西曆星期	丙寅 17 四	丁卯 18 五	戊辰 19 六	己巳 20 日	庚午 21 一	辛未 22 二	壬申 23 三	癸酉 24 四	甲戌 25 五	乙亥 26 六	丙子 27 日	丁丑 28 一	戊寅 29 二	己卯 30 三	庚辰 (5) 四	辛巳 2 五	壬午 3 六	癸未 4 日	甲申 5 一	乙酉 6 二	丙戌 7 三	丁亥 8 四	戊子 9 五	己丑 10 六	庚寅 11 日	辛卯 12 一	壬辰 13 二	癸巳 14 三	甲午 15 四		壬申穀雨 戊子立夏
四月大	丁巳 天干地支西曆星期	乙未 16 五	丙申 17 六	丁酉 18 日	戊戌 19 一	己亥 20 二	庚子 21 三	辛丑 22 四	壬寅 23 五	癸卯 24 六	甲辰 25 日	乙巳 26 一	丙午 27 二	丁未 28 三	戊申 29 四	己酉 30 五	庚戌 31 六	辛亥 (6) 日	壬子 2 一	癸丑 3 二	甲寅 4 三	乙卯 5 四	丙辰 6 五	丁巳 7 六	戊午 8 日	己未 9 一	庚申 10 二	辛酉 11 三	壬戌 12 四	癸亥 13 五	甲子 14 六	癸卯小滿 戊午芒種
五月小	戊午 天干地支西曆星期	乙丑 15 日	丙寅 16 一	丁卯 17 二	戊辰 18 三	己巳 19 四	庚午 20 五	辛未 21 六	壬申 22 日	癸酉 23 一	甲戌 24 二	乙亥 25 三	丙子 26 四	丁丑 27 五	戊寅 28 六	己卯 29 日	庚辰 30 一	辛巳 (7) 二	壬午 2 三	癸未 3 四	甲申 4 五	乙酉 5 六	丙戌 6 日	丁亥 7 一	戊子 8 二	己丑 9 三	庚寅 10 四	辛卯 11 五	壬辰 12 六	癸巳 13 日		癸酉夏至 戊子小暑
六月大	己未 天干地支西曆星期	甲午 14 一	乙未 15 二	丙申 16 三	丁酉 17 四	戊戌 18 五	己亥 19 六	庚子 20 日	辛丑 21 一	壬寅 22 二	癸卯 23 三	甲辰 24 四	乙巳 25 五	丙午 26 六	丁未 27 日	戊申 28 一	己酉 29 二	庚戌 30 三	辛亥 31 四	壬子 (8) 五	癸丑 2 六	甲寅 3 日	乙卯 4 一	丙辰 5 二	丁巳 6 三	戊午 7 四	己未 8 五	庚申 9 六	辛酉 10 日	壬戌 11 一	癸亥 12 二	甲辰大暑 己未立秋
七月小	庚申 天干地支西曆星期	甲子 13 三	乙丑 14 四	丙寅 15 五	丁卯 16 六	戊辰 17 日	己巳 18 一	庚午 19 二	辛未 20 三	壬申 21 四	癸酉 22 五	甲戌 23 六	乙亥 24 日	丙子 25 一	丁丑 26 二	戊寅 27 三	己卯 28 四	庚辰 29 五	辛巳 30 六	壬午 31 日	癸未 (9) 一	甲申 2 二	乙酉 3 三	丙戌 4 四	丁亥 5 五	戊子 6 六	己丑 7 日	庚寅 8 一	辛卯 9 二	壬辰 10 三		甲戌處暑 己丑白露
八月大	辛酉 天干地支西曆星期	癸巳 11 四	甲午 12 五	乙未 13 六	丙申 14 日	丁酉 15 一	戊戌 16 二	己亥 17 三	庚子 18 四	辛丑 19 五	壬寅 20 六	癸卯 21 日	甲辰 22 一	乙巳 23 二	丙午 24 三	丁未 25 四	戊申 26 五	己酉 27 六	庚戌 28 日	辛亥 29 一	壬子 ⑩ 二	癸丑 2 三	甲寅 3 四	乙卯 4 五	丙辰 5 六	丁巳 6 日	戊午 7 一	己未 8 二	庚申 9 三	辛酉 10 四	壬戌 11 五	乙巳秋分 庚申寒露
九月小	壬戌 天干地支西曆星期	癸亥 11 六	甲子 12 日	乙丑 13 一	丙寅 14 二	丁卯 15 三	戊辰 16 四	己巳 17 五	庚午 18 六	辛未 19 日	壬申 20 一	癸酉 21 二	甲戌 22 三	乙亥 23 四	丙子 24 五	丁丑 25 六	戊寅 26 日	己卯 27 一	庚辰 28 二	辛巳 29 三	壬午 30 四	癸未 (11) 五	甲申 2 六	乙酉 3 日	丙戌 4 一	丁亥 5 二	戊子 6 三	己丑 7 四	庚寅 8 五	辛卯 9 六		乙亥霜降 庚寅立冬
十月大	癸亥 天干地支西曆星期	壬辰 9 日	癸巳 10 一	甲午 11 二	乙未 12 三	丙申 13 四	丁酉 14 五	戊戌 15 六	己亥 16 日	庚子 17 一	辛丑 18 二	壬寅 19 三	癸卯 20 四	甲辰 21 五	乙巳 22 六	丙午 23 日	丁未 24 一	戊申 25 二	己酉 26 三	庚戌 27 四	辛亥 28 五	壬子 29 六	癸丑 30 日	甲寅 ⑫ 一	乙卯 2 二	丙辰 3 三	丁巳 4 四	戊午 5 五	己未 6 六	庚申 7 日	辛酉 8 一	乙巳小雪 辛酉大雪
十一月小	甲子 天干地支西曆星期	壬戌 9 二	癸亥 10 三	甲子 11 四	乙丑 12 五	丙寅 13 六	丁卯 14 日	戊辰 15 一	己巳 16 二	庚午 17 三	辛未 18 四	壬申 19 五	癸酉 20 六	甲戌 21 日	乙亥 22 一	丙子 23 二	丁丑 24 三	戊寅 25 四	己卯 26 五	庚辰 27 六	辛巳 28 日	壬午 29 一	癸未 30 二	甲申 31 三	乙酉 (1) 四	丙戌 2 五	丁亥 3 六	戊子 4 日	己丑 5 一	庚寅 6 二		丙子冬至
十二月大	乙丑 天干地支西曆星期	辛卯 7 三	壬辰 8 四	癸巳 9 五	甲午 10 六	乙未 11 日	丙申 12 一	丁酉 13 二	戊戌 14 三	己亥 15 四	庚子 16 五	辛丑 17 六	壬寅 18 日	癸卯 19 一	甲辰 20 二	乙巳 21 三	丙午 22 四	丁未 23 五	戊申 24 六	己酉 25 日	庚戌 26 一	辛亥 27 二	壬子 28 三	癸丑 29 四	甲寅 30 五	乙卯 31 六	丙辰 (2) 日	丁巳 2 一	戊午 3 二	己未 4 三	庚申 5 四	辛卯小寒 丙午大寒

北凉沮渠蒙遜玄始三年（甲寅 虎年） 公元414～415年

夏曆月序	中西曆對照	夏曆日序																													節氣與天象
		初一	初二	初三	初四	初五	初六	初七	初八	初九	初十	十一	十二	十三	十四	十五	十六	十七	十八	十九	二十	廿一	廿二	廿三	廿四	廿五	廿六	廿七	廿八	廿九	三十	
正月小	丙寅 天干地支 西曆日照 星期	辛酉 6 五	壬戌 7 六	癸亥 8 日	甲子 9 一	乙丑 10 二	丙寅 11 三	丁卯 12 四	戊辰 13 五	己巳 14 六	庚午 15 日	辛未 16 一	壬申 17 二	癸酉 18 三	甲戌 19 四	乙亥 20 五	丙子 21 六	丁丑 22 日	戊寅 23 一	己卯 24 二	庚辰 25 三	辛巳 26 四	壬午 27 五	癸未 28 六	甲申 (3)日	乙酉 2 一	丙戌 3 二	丁亥 4 三	戊子 5 四	己丑 6 五		辛酉立春 丁丑雨水
二月大	丁卯 天干地支 西曆日照 星期	庚寅 7 六	辛卯 8 日	壬辰 9 一	癸巳 10 二	甲午 11 三	乙未 12 四	丙申 13 五	丁酉 14 六	戊戌 15 日	己亥 16 一	庚子 17 二	辛丑 18 三	壬寅 19 四	癸卯 20 五	甲辰 21 六	乙巳 22 日	丙午 23 一	丁未 24 二	戊申 25 三	己酉 26 四	庚戌 27 五	辛亥 28 六	壬子 29 日	癸丑 30 一	甲寅 31 二	乙卯 (4)三	丙辰 2 四	丁巳 3 五	戊午 4 六	己未 5 日	壬辰驚蟄 丁未春分
三月小	戊辰 天干地支 西曆日照 星期	庚申 6 一	辛酉 7 二	壬戌 8 三	癸亥 9 四	甲子 10 五	乙丑 11 六	丙寅 12 日	丁卯 13 一	戊辰 14 二	己巳 15 三	庚午 16 四	辛未 17 五	壬申 18 六	癸酉 19 日	甲戌 20 一	乙亥 21 二	丙子 22 三	丁丑 23 四	戊寅 24 五	己卯 25 六	庚辰 26 日	辛巳 27 一	壬午 28 二	癸未 29 三	甲申 30 四	乙酉 (5)五	丙戌 2 六	丁亥 3 日	戊子 4 一		壬戌清明 戊寅穀雨 庚申日食
四月大	己巳 天干地支 西曆日照 星期	己丑 5 二	庚寅 6 三	辛卯 7 四	壬辰 8 五	癸巳 9 六	甲午 10 日	乙未 11 一	丙申 12 二	丁酉 13 三	戊戌 14 四	己亥 15 五	庚子 16 六	辛丑 17 日	壬寅 18 一	癸卯 19 二	甲辰 20 三	乙巳 21 四	丙午 22 五	丁未 23 六	戊申 24 日	己酉 25 一	庚戌 26 二	辛亥 27 三	壬子 28 四	癸丑 29 五	甲寅 30 六	乙卯 31 日	丙辰 (6)一	丁巳 2 二	戊午 3 三	癸巳立夏 戊申小滿
五月大	庚午 天干地支 西曆日照 星期	己未 4 四	庚申 5 五	辛酉 6 六	壬戌 7 日	癸亥 8 一	甲子 9 二	乙丑 10 三	丙寅 11 四	丁卯 12 五	戊辰 13 六	己巳 14 日	庚午 15 一	辛未 16 二	壬申 17 三	癸酉 18 四	甲戌 19 五	乙亥 20 六	丙子 21 日	丁丑 22 一	戊寅 23 二	己卯 24 三	庚辰 25 四	辛巳 26 五	壬午 27 六	癸未 28 日	甲申 29 一	乙酉 30 二	丙戌 (7)三	丁亥 2 四	戊子 3 五	癸亥芒種 戊寅夏至
六月小	辛未 天干地支 西曆日照 星期	己丑 4 六	庚寅 5 日	辛卯 6 一	壬辰 7 二	癸巳 8 三	甲午 9 四	乙未 10 五	丙申 11 六	丁酉 12 日	戊戌 13 一	己亥 14 二	庚子 15 三	辛丑 16 四	壬寅 17 五	癸卯 18 六	甲辰 19 日	乙巳 20 一	丙午 21 二	丁未 22 三	戊申 23 四	己酉 24 五	庚戌 25 六	辛亥 26 日	壬子 27 一	癸丑 28 二	甲寅 29 三	乙卯 30 四	丙辰 31 五	丁巳 (8)六		甲午小暑 己酉大暑
七月大	壬申 天干地支 西曆日照 星期	戊午 2 日	己未 3 一	庚申 4 二	辛酉 5 三	壬戌 6 四	癸亥 7 五	甲子 8 六	乙丑 9 日	丙寅 10 一	丁卯 11 二	戊辰 12 三	己巳 13 四	庚午 14 五	辛未 15 六	壬申 16 日	癸酉 17 一	甲戌 18 二	乙亥 19 三	丙子 20 四	丁丑 21 五	戊寅 22 六	己卯 23 日	庚辰 24 一	辛巳 25 二	壬午 26 三	癸未 27 四	甲申 28 五	乙酉 29 六	丙戌 30 日	丁亥 31 一	甲子立秋 己卯處暑
八月小	癸酉 天干地支 西曆日照 星期	戊子 (9)二	己丑 2 三	庚寅 3 四	辛卯 4 五	壬辰 5 六	癸巳 6 日	甲午 7 一	乙未 8 二	丙申 9 三	丁酉 10 四	戊戌 11 五	己亥 12 六	庚子 13 日	辛丑 14 一	壬寅 15 二	癸卯 16 三	甲辰 17 四	乙巳 18 五	丙午 19 六	丁未 20 日	戊申 21 一	己酉 22 二	庚戌 23 三	辛亥 24 四	壬子 25 五	癸丑 26 六	甲寅 27 日	乙卯 28 一	丙辰 29 二		乙未白露 庚戌秋分
九月大	甲戌 天干地支 西曆日照 星期	丁巳 30 三	戊午 (10)四	己未 2 五	庚申 3 六	辛酉 4 日	壬戌 5 一	癸亥 6 二	甲子 7 三	乙丑 8 四	丙寅 9 五	丁卯 10 六	戊辰 11 日	己巳 12 一	庚午 13 二	辛未 14 三	壬申 15 四	癸酉 16 五	甲戌 17 六	乙亥 18 日	丙子 19 一	丁丑 20 二	戊寅 21 三	己卯 22 四	庚辰 23 五	辛巳 24 六	壬午 25 日	癸未 26 一	甲申 27 二	乙酉 28 三	丙戌 29 四	乙丑寒露 庚辰霜降 丁巳日食
十月小	乙亥 天干地支 西曆日照 星期	丁亥 30 五	戊子 31 六	己丑 (11)日	庚寅 2 一	辛卯 3 二	壬辰 4 三	癸巳 5 四	甲午 6 五	乙未 7 六	丙申 8 日	丁酉 9 一	戊戌 10 二	己亥 11 三	庚子 12 四	辛丑 13 五	壬寅 14 六	癸卯 15 日	甲辰 16 一	乙巳 17 二	丙午 18 三	丁未 19 四	戊申 20 五	己酉 21 六	庚戌 22 日	辛亥 23 一	壬子 24 二	癸丑 25 三	甲寅 26 四	乙卯 27 五		乙未立冬 辛亥小雪
十一月大	丙子 天干地支 西曆日照 星期	丙辰 28 六	丁巳 29 日	戊午 30 一	己未 (12)二	庚申 2 三	辛酉 3 四	壬戌 4 五	癸亥 5 六	甲子 6 日	乙丑 7 一	丙寅 8 二	丁卯 9 三	戊辰 10 四	己巳 11 五	庚午 12 六	辛未 13 日	壬申 14 一	癸酉 15 二	甲戌 16 三	乙亥 17 四	丙子 18 五	丁丑 19 六	戊寅 20 日	己卯 21 一	庚辰 22 二	辛巳 23 三	壬午 24 四	癸未 25 五	甲申 26 六	乙酉 27 日	丙寅大雪 辛酉冬至
十二月小	丁丑 天干地支 西曆日照 星期	丙戌 28 一	丁亥 29 二	戊子 30 三	己丑 31 四	庚寅 (1)五	辛卯 2 六	壬辰 3 日	癸巳 4 一	甲午 5 二	乙未 6 三	丙申 7 四	丁酉 8 五	戊戌 9 六	己亥 10 日	庚子 11 一	辛丑 12 二	壬寅 13 三	癸卯 14 四	甲辰 15 五	乙巳 16 六	丙午 17 日	丁未 18 一	戊申 19 二	己酉 20 三	庚戌 21 四	辛亥 22 五	壬子 23 六	癸丑 24 日	甲寅 25 一		丙申小寒 壬子大寒

北涼沮渠蒙遜玄始四年（乙卯 兔年） 公元 415～416 年

夏曆月序	中西曆對照	夏曆日序																													節氣與天象
		初一	初二	初三	初四	初五	初六	初七	初八	初九	初十	十一	十二	十三	十四	十五	十六	十七	十八	十九	二十	廿一	廿二	廿三	廿四	廿五	廿六	廿七	廿八	廿九	三十	
正月大	戊寅	天干地支西曆星期	乙卯 26 二	丙辰 27 三	丁巳 28 四	戊午 29 五	己未 30 六	庚申 31 日	辛酉 2(2) 一	壬戌 2 二	癸亥 3 三	甲子 4 四	乙丑 5 五	丙寅 6 六	丁卯 7 日	戊辰 8 一	己巳 9 二	庚午 10 三	辛未 11 四	壬申 12 五	癸酉 13 六	甲戌 14 日	乙亥 15 一	丙子 16 二	丁丑 17 三	戊寅 18 四	己卯 19 五	庚辰 20 六	辛巳 21 日	壬午 22 一	癸未 23 二	甲申 24 三	丁卯立春壬午雨水
二月小	己卯	天干地支西曆星期	乙酉 25 四	丙戌 26 五	丁亥 27 六	戊子 28 日	己丑 3(3) 一	庚寅 2 二	辛卯 3 三	壬辰 4 四	癸巳 5 五	甲午 6 六	乙未 7 日	丙申 8 一	丁酉 9 二	戊戌 10 三	己亥 11 四	庚子 12 五	辛丑 13 六	壬寅 14 日	癸卯 15 一	甲辰 16 二	乙巳 17 三	丙午 18 四	丁未 19 五	戊申 20 六	己酉 21 日	庚戌 22 一	辛亥 23 二	壬子 24 三	癸丑 25 四		丁酉驚蟄壬子春分
三月大	庚辰	天干地支西曆星期	甲寅 26 五	乙卯 27 六	丙辰 28 日	丁巳 29 一	戊午 30 二	己未 31 三	庚申 4(4) 四	辛酉 2 五	壬戌 3 六	癸亥 4 日	甲子 5 一	乙丑 6 二	丙寅 7 三	丁卯 8 四	戊辰 9 五	己巳 10 六	庚午 11 日	辛未 12 一	壬申 13 二	癸酉 14 三	甲戌 15 四	乙亥 16 五	丙子 17 六	丁丑 18 日	戊寅 19 一	己卯 20 二	庚辰 21 三	辛巳 22 四	壬午 23 五	癸未 24 六	戊辰清明癸未穀雨
四月小	辛巳	天干地支西曆星期	甲申 25 日	乙酉 26 一	丙戌 27 二	丁亥 28 三	戊子 29 四	己丑 30 五	庚寅 5(5) 六	辛卯 2 日	壬辰 3 一	癸巳 4 二	甲午 5 三	乙未 6 四	丙申 7 五	丁酉 8 六	戊戌 9 日	己亥 10 一	庚子 11 二	辛丑 12 三	壬寅 13 四	癸卯 14 五	甲辰 15 六	乙巳 16 日	丙午 17 一	丁未 18 二	戊申 19 三	己酉 20 四	庚戌 21 五	辛亥 22 六	壬子 23 日		戊戌立夏
五月大	壬午	天干地支西曆星期	癸丑 24 一	甲寅 25 二	乙卯 26 三	丙辰 27 四	丁巳 28 五	戊午 29 六	己未 30 日	庚申 6(6) 一	辛酉 2 二	壬戌 3 三	癸亥 4 四	甲子 5 五	乙丑 6 六	丙寅 7 日	丁卯 8 一	戊辰 9 二	己巳 10 三	庚午 11 四	辛未 12 五	壬申 13 六	癸酉 14 日	甲戌 15 一	乙亥 16 二	丙子 17 三	丁丑 18 四	戊寅 19 五	己卯 20 六	庚辰 21 日	辛巳 22 一	壬午 23 二	癸丑小滿戊辰芒種
閏五月小	壬午	天干地支西曆星期	癸未 23 三	甲申 24 四	乙酉 25 五	丙戌 26 六	丁亥 27 日	戊子 28 一	己丑 29 二	庚寅 30 三	辛卯 7(7) 四	壬辰 2 五	癸巳 3 六	甲午 4 日	乙未 5 一	丙申 6 二	丁酉 7 三	戊戌 8 四	己亥 9 五	庚子 10 六	辛丑 11 日	壬寅 12 一	癸卯 13 二	甲辰 14 三	乙巳 15 四	丙午 16 五	丁未 17 六	戊申 18 日	己酉 19 一	庚戌 20 二	辛亥 21 三		甲申夏至己亥小暑
六月大	癸未	天干地支西曆星期	壬子 22 四	癸丑 23 五	甲寅 24 六	乙卯 25 日	丙辰 26 一	丁巳 27 二	戊午 28 三	己未 29 四	庚申 30 五	辛酉 31 六	壬戌 8(8) 日	癸亥 2 一	甲子 3 二	乙丑 4 三	丙寅 5 四	丁卯 6 五	戊辰 7 六	己巳 8 日	庚午 9 一	辛未 10 二	壬申 11 三	癸酉 12 四	甲戌 13 五	乙亥 14 六	丙子 15 日	丁丑 16 一	戊寅 17 二	己卯 18 三	庚辰 19 四	辛巳 20 五	甲寅大暑己巳立秋
七月小	甲申	天干地支西曆星期	壬午 21 六	癸未 22 日	甲申 23 一	乙酉 24 二	丙戌 25 三	丁亥 26 四	戊子 27 五	己丑 28 六	庚寅 29 日	辛卯 30 一	壬辰 31 二	癸巳 9(9) 三	甲午 2 四	乙未 3 五	丙申 4 六	丁酉 5 日	戊戌 6 一	己亥 7 二	庚子 8 三	辛丑 9 四	壬寅 10 五	癸卯 11 六	甲辰 12 日	乙巳 13 一	丙午 14 二	丁未 15 三	戊申 16 四	己酉 17 五	庚戌 18 六		乙酉處暑庚子白露辛亥日食
八月大	乙酉	天干地支西曆星期	辛亥 19 日	壬子 20 一	癸丑 21 二	甲寅 22 三	乙卯 23 四	丙辰 24 五	丁巳 25 六	戊午 26 日	己未 27 一	庚申 28 二	辛酉 29 三	壬戌 30 四	癸亥 10(10) 五	甲子 2 六	乙丑 3 日	丙寅 4 一	丁卯 5 二	戊辰 6 三	己巳 7 四	庚午 8 五	辛未 9 六	壬申 10 日	癸酉 11 一	甲戌 12 二	乙亥 13 三	丙子 14 四	丁丑 15 五	戊寅 16 六	己卯 17 日	庚辰 18 一	乙卯秋分庚午寒露
九月大	丙戌	天干地支西曆星期	辛巳 19 二	壬午 20 三	癸未 21 四	甲申 22 五	乙酉 23 六	丙戌 24 日	丁亥 25 一	戊子 26 二	己丑 27 三	庚寅 28 四	辛卯 29 五	壬辰 30 六	癸巳 31 日	甲午 11(11) 一	乙未 2 二	丙申 3 三	丁酉 4 四	戊戌 5 五	己亥 6 六	庚子 7 日	辛丑 8 一	壬寅 9 二	癸卯 10 三	甲辰 11 四	乙巳 12 五	丙午 13 六	丁未 14 日	戊申 15 一	己酉 16 二	庚戌 17 三	乙酉霜降辛丑立冬
十月小	丁亥	天干地支西曆星期	辛亥 18 四	壬子 19 五	癸丑 20 六	甲寅 21 日	乙卯 22 一	丙辰 23 二	丁巳 24 三	戊午 25 四	己未 26 五	庚申 27 六	辛酉 28 日	壬戌 29 一	癸亥 30 二	甲子 12(12) 三	乙丑 2 四	丙寅 3 五	丁卯 4 六	戊辰 5 日	己巳 6 一	庚午 7 二	辛未 8 三	壬申 9 四	癸酉 10 五	甲戌 11 六	乙亥 12 日	丙子 13 一	丁丑 14 二	戊寅 15 三	己卯 16 四		丙辰小雪辛未大雪
十一月大	戊子	天干地支西曆星期	庚辰 17 五	辛巳 18 六	壬午 19 日	癸未 20 一	甲申 21 二	乙酉 22 三	丙戌 23 四	丁亥 24 五	戊子 25 六	己丑 26 日	庚寅 27 一	辛卯 28 二	壬辰 29 三	癸巳 30 四	甲午 1(1) 五	乙未 2 六	丙申 3 日	丁酉 4 一	戊戌 5 二	己亥 6 三	庚子 7 四	辛丑 8 五	壬寅 9 六	癸卯 10 日	甲辰 11 一	乙巳 12 二	丙午 13 三	丁未 14 四	戊申 15 五	己酉 16 六	丙戌冬至壬寅小寒
十二月小	己丑	天干地支西曆星期	庚戌 16 日	辛亥 17 一	壬子 18 二	癸丑 19 三	甲寅 20 四	乙卯 21 五	丙辰 22 六	丁巳 23 日	戊午 24 一	己未 25 二	庚申 26 三	辛酉 27 四	壬戌 28 五	癸亥 29 六	甲子 30 日	乙丑 31 一	丙寅 2(2) 二	丁卯 2 三	戊辰 3 四	己巳 4 五	庚午 5 六	辛未 6 日	壬申 7 一	癸酉 8 二	甲戌 9 三	乙亥 10 四	丙子 11 五	丁丑 12 六	戊寅 13 日		丁巳大寒壬申立春

北凉沮渠蒙逊玄始五年（丙辰 龙年） 公元 416～417 年

夏曆月序	中西曆對照	夏曆日序																													節氣與天象
		初一	初二	初三	初四	初五	初六	初七	初八	初九	初十	十一	十二	十三	十四	十五	十六	十七	十八	十九	二十	二一	二二	二三	二四	二五	二六	二七	二八	二九	三十	
正月大	庚寅 天干地支 西曆 星期	己卯 14 二	庚辰 15 三	辛巳 16 四	壬午 17 五	癸未 18 六	甲申 19 日	乙酉 20 一	丙戌 21 二	丁亥 22 三	戊子 23 四	己丑 24 五	庚寅 25 六	辛卯 26 日	壬辰 27 一	癸巳 28 二	甲午 29 (3) 三	乙未 2 四	丙申 3 五	丁酉 4 六	戊戌 5 日	己亥 6 一	庚子 7 二	辛丑 8 三	壬寅 9 四	癸卯 10 五	甲辰 11 六	乙巳 12 日	丙午 13 一	丁未 14 二	戊申	丁亥雨水 壬寅驚蟄
二月小	辛卯 天干地支 西曆 星期	己酉 15 三	庚戌 16 四	辛亥 17 五	壬子 18 六	癸丑 19 日	甲寅 20 一	乙卯 21 二	丙辰 22 三	丁巳 23 四	戊午 24 五	己未 25 六	庚申 26 日	辛酉 27 一	壬戌 28 二	癸亥 29 三	甲子 30 四	乙丑 31 五	丙寅 (4) 六	丁卯 2 日	戊辰 3 一	己巳 4 二	庚午 5 三	辛未 6 四	壬申 7 五	癸酉 8 六	甲戌 9 日	乙亥 10 一	丙子 11 二	丁丑 12 三		戊午春分 癸酉清明
三月大	壬辰 天干地支 西曆 星期	戊寅 13 四	己卯 14 五	庚辰 15 六	辛巳 16 日	壬午 17 一	癸未 18 二	甲申 19 三	乙酉 20 四	丙戌 21 五	丁亥 22 六	戊子 23 日	己丑 24 一	庚寅 25 二	辛卯 26 三	壬辰 27 四	癸巳 28 五	甲午 29 六	乙未 30 (5) 日	丙申 2 一	丁酉 3 二	戊戌 4 三	己亥 5 四	庚子 6 五	辛丑 7 六	壬寅 8 日	癸卯 9 一	甲辰 10 二	乙巳 11 三	丙午 12 四	丁未 12 五	戊子穀雨 癸卯立夏
四月小	癸巳 天干地支 西曆 星期	戊申 13 六	己酉 14 日	庚戌 15 一	辛亥 16 二	壬子 17 三	癸丑 18 四	甲寅 19 五	乙卯 20 六	丙辰 21 日	丁巳 22 一	戊午 23 二	己未 24 三	庚申 25 四	辛酉 26 五	壬戌 27 六	癸亥 28 日	甲子 29 一	乙丑 30 二	丙寅 31 (6) 三	丁卯 2 四	戊辰 3 五	己巳 4 六	庚午 5 日	辛未 6 一	壬申 7 二	癸酉 8 三	甲戌 9 四	乙亥 10 五	丙子 10 六		己未小滿 甲戌芒種
五月大	甲午 天干地支 西曆 星期	丁丑 11 日	戊寅 12 一	己卯 13 二	庚辰 14 三	辛巳 15 四	壬午 16 五	癸未 17 六	甲申 18 日	乙酉 19 一	丙戌 20 二	丁亥 21 三	戊子 22 四	己丑 23 五	庚寅 24 六	辛卯 25 日	壬辰 26 一	癸巳 27 二	甲午 28 三	乙未 29 四	丙申 30 (7) 五	丁酉 2 六	戊戌 3 日	己亥 4 一	庚子 5 二	辛丑 6 三	壬寅 7 四	癸卯 8 五	甲辰 9 六	乙巳 10 日	丙午 10 一	己丑夏至 甲辰小暑
六月小	乙未 天干地支 西曆 星期	丁未 11 二	戊申 12 三	己酉 13 四	庚戌 14 五	辛亥 15 六	壬子 16 日	癸丑 17 一	甲寅 18 二	乙卯 19 三	丙辰 20 四	丁巳 21 五	戊午 22 六	己未 23 日	庚申 24 一	辛酉 25 二	壬戌 26 三	癸亥 27 四	甲子 28 五	乙丑 29 六	丙寅 30 (8) 日	丁卯 31 一	戊辰 2 二	己巳 3 三	庚午 4 四	辛未 5 五	壬申 6 六	癸酉 7 日	甲戌 8 一	乙亥 8 二		己未大暑 乙亥立秋
七月大	丙申 天干地支 西曆 星期	丙子 9 三	丁丑 10 四	戊寅 11 五	己卯 12 六	庚辰 13 日	辛巳 14 一	壬午 15 二	癸未 16 三	甲申 17 四	乙酉 18 五	丙戌 19 六	丁亥 20 日	戊子 21 一	己丑 22 二	庚寅 23 三	辛卯 24 四	壬辰 25 五	癸巳 26 六	甲午 27 日	乙未 28 一	丙申 29 二	丁酉 30 三	戊戌 31 (9) 四	己亥 2 五	庚子 3 六	辛丑 4 日	壬寅 5 一	癸卯 6 二	甲辰 7 三	乙巳 7	庚寅處暑 乙巳白露
八月小	丁酉 天干地支 西曆 星期	丙午 8 五	丁未 9 六	戊申 10 日	己酉 11 一	庚戌 12 二	辛亥 13 三	壬子 14 四	癸丑 15 五	甲寅 16 六	乙卯 17 日	丙辰 18 一	丁巳 19 二	戊午 20 三	己未 21 四	庚申 22 五	辛酉 23 六	壬戌 24 日	癸亥 25 一	甲子 26 二	乙丑 27 三	丙寅 28 四	丁卯 29 五	戊辰 30 (10) 六	己巳 2 日	庚午 3 一	辛未 4 二	壬申 5 三	癸酉 6 四	甲戌 6 五		庚申秋分
九月大	戊戌 天干地支 西曆 星期	乙亥 7 六	丙子 8 日	丁丑 9 一	戊寅 10 二	己卯 11 三	庚辰 12 四	辛巳 13 五	壬午 14 六	癸未 15 日	甲申 16 一	乙酉 17 二	丙戌 18 三	丁亥 19 四	戊子 20 五	己丑 21 六	庚寅 22 日	辛卯 23 一	壬辰 24 二	癸巳 25 三	甲午 26 四	乙未 27 五	丙申 28 六	丁酉 29 日	戊戌 30 一	己亥 31 (11) 二	庚子 2 三	辛丑 3 四	壬寅 4 五	癸卯 5 六	甲辰 5 日	乙亥寒露 辛卯霜降
十月小	己亥 天干地支 西曆 星期	乙巳 6 一	丙午 7 二	丁未 8 三	戊申 9 四	己酉 10 五	庚戌 11 六	辛亥 12 日	壬子 13 一	癸丑 14 二	甲寅 15 三	乙卯 16 四	丙辰 17 五	丁巳 18 六	戊午 19 日	己未 20 一	庚申 21 二	辛酉 22 三	壬戌 23 四	癸亥 24 五	甲子 25 六	乙丑 26 日	丙寅 27 一	丁卯 28 二	戊辰 29 三	己巳 30 (12) 四	庚午 2 五	辛未 3 六	壬申 4 日	癸酉 4 一		丙午立冬 辛酉小雪
十一月大	庚子 天干地支 西曆 星期	甲戌 5 二	乙亥 6 三	丙子 7 四	丁丑 8 五	戊寅 9 六	己卯 10 日	庚辰 11 一	辛巳 12 二	壬午 13 三	癸未 14 四	甲申 15 五	乙酉 16 六	丙戌 17 日	丁亥 18 一	戊子 19 二	己丑 20 三	庚寅 21 四	辛卯 22 五	壬辰 23 六	癸巳 24 日	甲午 25 一	乙未 26 二	丙申 27 三	丁酉 28 四	戊戌 29 五	己亥 30 六	庚子 31 (1) 日	辛丑 2 一	壬寅 3 二	癸卯 3 三	丙子大雪 壬辰冬至
十二月大	辛丑 天干地支 西曆 星期	甲辰 4 四	乙巳 5 五	丙午 6 六	丁未 7 日	戊申 8 一	己酉 9 二	庚戌 10 三	辛亥 11 四	壬子 12 五	癸丑 13 六	甲寅 14 日	乙卯 15 一	丙辰 16 二	丁巳 17 三	戊午 18 四	己未 19 五	庚申 20 六	辛酉 21 日	壬戌 22 一	癸亥 23 二	甲子 24 三	乙丑 25 四	丙寅 26 五	丁卯 27 六	戊辰 28 日	己巳 29 一	庚午 30 二	辛未 31 (2) 三	壬申 2 四	癸酉 2 五	丁未小寒 壬戌大寒

北涼沮渠蒙遜玄始六年（丁巳 蛇年） 公元417～418年

夏曆月序	西日中曆對照	夏曆日序																													節氣與天象
		初一	初二	初三	初四	初五	初六	初七	初八	初九	初十	十一	十二	十三	十四	十五	十六	十七	十八	十九	二十	二一	二二	二三	二四	二五	二六	二七	二八	二九	三十	
正月小	壬寅　天干地支西曆星期	甲戌3六	乙亥4日	丙子5一	丁丑6二	戊寅7三	己卯8四	庚辰9五	辛巳10六	壬午11日	癸未12一	甲申13二	乙酉14三	丙戌15四	丁亥16五	戊子17六	己丑18日	庚寅19一	辛卯20二	壬辰21三	癸巳22四	甲午23五	乙未24六	丙申25日	丁酉26一	戊戌27二	己亥(3)四	庚子2五	辛丑3六	壬寅3六		丁丑立春 壬辰雨水 甲戌日食
二月大	癸卯　天干地支西曆星期	癸卯4五	甲辰5六	乙巳6日	丙午7一	丁未8二	戊申9三	己酉10四	庚戌11五	辛亥12六	壬子13日	癸丑14一	甲寅15二	乙卯16三	丙辰17四	丁巳18五	戊午19六	己未20日	庚申21一	辛酉22二	壬戌23三	癸亥24四	甲子25五	乙丑26六	丙寅27日	丁卯28一	戊辰29二	己巳30三	庚午31四	辛未(4)五	壬申2一	戊申驚蟄 癸亥春分
三月小	甲辰　天干地支西曆星期	癸酉3二	甲戌4三	乙亥5四	丙子6五	丁丑7六	戊寅8日	己卯9一	庚辰10二	辛巳11三	壬午12四	癸未13五	甲申14六	乙酉15日	丙戌16一	丁亥17二	戊子18三	己丑19四	庚寅20五	辛卯21六	壬辰22日	癸巳23一	甲午24二	乙未25三	丙申26四	丁酉27五	戊戌28六	己亥29日	庚子30一	辛丑(5)二		戊寅清明 癸巳穀雨
四月大	乙巳　天干地支西曆星期	壬寅2三	癸卯3四	甲辰4五	乙巳5六	丙午6日	丁未7一	戊申8二	己酉9三	庚戌10四	辛亥11五	壬子12六	癸丑13日	甲寅14一	乙卯15二	丙辰16三	丁巳17四	戊午18五	己未19六	庚申20日	辛酉21一	壬戌22二	癸亥23三	甲子24四	乙丑25五	丙寅26六	丁卯27日	戊辰28一	己巳29二	庚午30三	辛未31四	己酉立夏 甲子小滿
五月小	丙午　天干地支西曆星期	壬申(6)五	癸酉2六	甲戌3日	乙亥4一	丙子5二	丁丑6三	戊寅7四	己卯8五	庚辰9六	辛巳10日	壬午11一	癸未12二	甲申13三	乙酉14四	丙戌15五	丁亥16六	戊子17日	己丑18一	庚寅19二	辛卯20三	壬辰21四	癸巳22五	甲午23六	乙未24日	丙申25一	丁酉26二	戊戌27三	己亥28四	庚子29五		己卯芒種 甲午夏至
六月大	丁未　天干地支西曆星期	辛丑30六	壬寅(7)日	癸卯2一	甲辰3二	乙巳4三	丙午5四	丁未6五	戊申7六	己酉8日	庚戌9一	辛亥10二	壬子11三	癸丑12四	甲寅13五	乙卯14六	丙辰15日	丁巳16一	戊午17二	己未18三	庚申19四	辛酉20五	壬戌21六	癸亥22日	甲子23一	乙丑24二	丙寅25三	丁卯26四	戊辰27五	己巳28六	庚午29日	己酉小暑 乙丑大暑
七月小	戊申　天干地支西曆星期	辛未30一	壬申31二	癸酉(8)三	甲戌2四	乙亥3五	丙子4六	丁丑5日	戊寅6一	己卯7二	庚辰8三	辛巳9四	壬午10五	癸未11六	甲申12日	乙酉13一	丙戌14二	丁亥15三	戊子16四	己丑17五	庚寅18六	辛卯19日	壬辰20一	癸巳21二	甲午22三	乙未23四	丙申24五	丁酉25六	戊戌26日	己亥27一		庚辰立秋 乙未處暑
八月大	己酉　天干地支西曆星期	庚子28二	辛丑29三	壬寅30四	癸卯31五	甲辰(9)六	乙巳2日	丙午3一	丁未4二	戊申5三	己酉6四	庚戌7五	辛亥8六	壬子9日	癸丑10一	甲寅11二	乙卯12三	丙辰13四	丁巳14五	戊午15六	己未16日	庚申17一	辛酉18二	壬戌19三	癸亥20四	甲子21五	乙丑22六	丙寅23日	丁卯24一	戊辰25二	己巳26三	庚戌白露 丙寅秋分
九月小	庚戌　天干地支西曆星期	庚午27四	辛未28五	壬申29六	癸酉30日	甲戌(10)一	乙亥2二	丙子3三	丁丑4四	戊寅5五	己卯6六	庚辰7日	辛巳8一	壬午9二	癸未10三	甲申11四	乙酉12五	丙戌13六	丁亥14日	戊子15一	己丑16二	庚寅17三	辛卯18四	壬辰19五	癸巳20六	甲午21日	乙未22一	丙申23二	丁酉24三	戊戌25四		辛巳寒露 丙申霜降
十月大	辛亥　天干地支西曆星期	己亥26五	庚子27六	辛丑28日	壬寅29一	癸卯30二	甲辰31三	乙巳(11)四	丙午2五	丁未3六	戊申4日	己酉5一	庚戌6二	辛亥7三	壬子8四	癸丑9五	甲寅10六	乙卯11日	丙辰12一	丁巳13二	戊午14三	己未15四	庚申16五	辛酉17六	壬戌18日	癸亥19一	甲子20二	乙丑21三	丙寅22四	丁卯23五	戊辰24六	辛亥立冬 丙寅小雪
十一月小	壬子　天干地支西曆星期	己巳25日	庚午26一	辛未27二	壬申28三	癸酉29四	甲戌30五	乙亥(12)六	丙子2日	丁丑3一	戊寅4二	己卯5三	庚辰6四	辛巳7五	壬午8六	癸未9日	甲申10一	乙酉11二	丙戌12三	丁亥13四	戊子14五	己丑15六	庚寅16日	辛卯17一	壬辰18二	癸巳19三	甲午20四	乙未21五	丙申22六	丁酉23日		壬午大雪 丁酉冬至
十二月大	癸丑　天干地支西曆星期	戊戌24一	己亥25二	庚子26三	辛丑27四	壬寅28五	癸卯29六	甲辰30日	乙巳31一	丙午(1)二	丁未2三	戊申3四	己酉4五	庚戌5六	辛亥6日	壬子7一	癸丑8二	甲寅9三	乙卯10四	丙辰11五	丁巳12六	戊午13日	己未14一	庚申15二	辛酉16三	壬戌17四	癸亥18五	甲子19六	乙丑20日	丙寅21一	丁卯22二	壬子小寒 丁卯大寒

北涼沮渠蒙遜玄始七年（戊午 馬年） 公元418～419年

夏曆月序	中西曆對照	夏曆日序 初一	初二	初三	初四	初五	初六	初七	初八	初九	初十	十一	十二	十三	十四	十五	十六	十七	十八	十九	二十	二一	二二	二三	二四	二五	二六	二七	二八	二九	三十	節氣與天象
正月小	癸丑 天干地支西曆星期	戊辰 23 三	己巳 24 四	庚午 25 五	辛未 26 六	壬申 27 日	癸酉 28 一	甲戌 29 二	乙亥 30 三	丙子 31 四	丁丑 (2) 五	戊寅 2 六	己卯 3 日	庚辰 4 一	辛巳 5 二	壬午 6 三	癸未 7 四	甲申 8 五	乙酉 9 六	丙戌 10 日	丁亥 11 一	戊子 12 二	己丑 13 三	庚寅 14 四	辛卯 15 五	壬辰 16 六	癸巳 17 日	甲午 18 一	乙未 19 二	丙申 20 三		壬午立春
二月大	乙卯 天干地支西曆星期	丁酉 21 四	戊戌 22 五	己亥 23 六	庚子 24 日	辛丑 25 一	壬寅 26 二	癸卯 27 三	甲辰 28 四	乙巳 (3) 五	丙午 2 六	丁未 3 日	戊申 4 一	己酉 5 二	庚戌 6 三	辛亥 7 四	壬子 8 五	癸丑 9 六	甲寅 10 日	乙卯 11 一	丙辰 12 二	丁巳 13 三	戊午 14 四	己未 15 五	庚申 16 六	辛酉 17 日	壬戌 18 一	癸亥 19 二	甲子 20 三	乙丑 21 四	丙寅 22 五	戊戌雨水 癸丑驚蟄
閏二月小	乙卯 天干地支西曆星期	丁卯 23 六	戊辰 24 日	己巳 25 一	庚午 26 二	辛未 27 三	壬申 28 四	癸酉 29 五	甲戌 30 六	乙亥 31 日	丙子 (4) 一	丁丑 2 二	戊寅 3 三	己卯 4 四	庚辰 5 五	辛巳 6 六	壬午 7 日	癸未 8 一	甲申 9 二	乙酉 10 三	丙戌 11 四	丁亥 12 五	戊子 13 六	己丑 14 日	庚寅 15 一	辛卯 16 二	壬辰 17 三	癸巳 18 四	甲午 19 五	乙未 20 六		戊辰春分 癸未清明
三月大	丙辰 天干地支西曆星期	丙申 21 日	丁酉 22 一	戊戌 23 二	己亥 24 三	庚子 25 四	辛丑 26 五	壬寅 27 六	癸卯 28 日	甲辰 29 一	乙巳 30 二	丙午 (5) 三	丁未 2 四	戊申 3 五	己酉 4 六	庚戌 5 日	辛亥 6 一	壬子 7 二	癸丑 8 三	甲寅 9 四	乙卯 10 五	丙辰 11 六	丁巳 12 日	戊午 13 一	己未 14 二	庚申 15 三	辛酉 16 四	壬戌 17 五	癸亥 18 六	甲子 19 日	乙丑 20 一	己亥穀雨 甲寅立夏
四月大	丁巳 天干地支西曆星期	丙寅 21 二	丁卯 22 三	戊辰 23 四	己巳 24 五	庚午 25 六	辛未 26 日	壬申 27 一	癸酉 28 二	甲戌 29 三	乙亥 30 四	丙子 31 五	丁丑 (6) 六	戊寅 2 日	己卯 3 一	庚辰 4 二	辛巳 5 三	壬午 6 四	癸未 7 五	甲申 8 六	乙酉 9 日	丙戌 10 一	丁亥 11 二	戊子 12 三	己丑 13 四	庚寅 14 五	辛卯 15 六	壬辰 16 日	癸巳 17 一	甲午 18 二	乙未 19 三	己巳小滿 甲申芒種
五月小	戊午 天干地支西曆星期	丙申 20 四	丁酉 21 五	戊戌 22 六	己亥 23 日	庚子 24 一	辛丑 25 二	壬寅 26 三	癸卯 27 四	甲辰 28 五	乙巳 29 六	丙午 30 日	丁未 (7) 一	戊申 2 二	己酉 3 三	庚戌 4 四	辛亥 5 五	壬子 6 六	癸丑 7 日	甲寅 8 一	乙卯 9 二	丙辰 10 三	丁巳 11 四	戊午 12 五	己未 13 六	庚申 14 日	辛酉 15 一	壬戌 16 二	癸亥 17 三	甲子 18 四		己亥夏至 乙卯小暑
六月大	己未 天干地支西曆星期	乙丑 19 五	丙寅 20 六	丁卯 21 日	戊辰 22 一	己巳 23 二	庚午 24 三	辛未 25 四	壬申 26 五	癸酉 27 六	甲戌 28 日	乙亥 29 一	丙子 30 二	丁丑 31 三	戊寅 (8) 四	己卯 2 五	庚辰 3 六	辛巳 4 日	壬午 5 一	癸未 6 二	甲申 7 三	乙酉 8 四	丙戌 9 五	丁亥 10 六	戊子 11 日	己丑 12 一	庚寅 13 二	辛卯 14 三	壬辰 15 四	癸巳 16 五	甲午 17 六	庚午大暑 乙酉立秋 乙丑日食
七月小	庚申 天干地支西曆星期	乙未 18 日	丙申 19 一	丁酉 20 二	戊戌 21 三	己亥 22 四	庚子 23 五	辛丑 24 六	壬寅 25 日	癸卯 26 一	甲辰 27 二	乙巳 28 三	丙午 29 四	丁未 30 五	戊申 31 六	己酉 (9) 日	庚戌 2 一	辛亥 3 二	壬子 4 三	癸丑 5 四	甲寅 6 五	乙卯 7 六	丙辰 8 日	丁巳 9 一	戊午 10 二	己未 11 三	庚申 12 四	辛酉 13 五	壬戌 14 六	癸亥 15 日		庚子處暑 丙辰白露
八月大	辛酉 天干地支西曆星期	甲子 16 一	乙丑 17 二	丙寅 18 三	丁卯 19 四	戊辰 20 五	己巳 21 六	庚午 22 日	辛未 23 一	壬申 24 二	癸酉 25 三	甲戌 26 四	乙亥 27 五	丙子 28 六	丁丑 29 日	戊寅 30 一	己卯 (10) 二	庚辰 2 三	辛巳 3 四	壬午 4 五	癸未 5 六	甲申 6 日	乙酉 7 一	丙戌 8 二	丁亥 9 三	戊子 10 四	己丑 11 五	庚寅 12 六	辛卯 13 日	壬辰 14 一	癸巳 15 二	辛未秋分 丙戌寒露
九月小	壬戌 天干地支西曆星期	甲午 16 三	乙未 17 四	丙申 18 五	丁酉 19 六	戊戌 20 日	己亥 21 一	庚子 22 二	辛丑 23 三	壬寅 24 四	癸卯 25 五	甲辰 26 六	乙巳 27 日	丙午 28 一	丁未 29 二	戊申 30 三	己酉 31 四	庚戌 (11) 五	辛亥 2 六	壬子 3 日	癸丑 4 一	甲寅 5 二	乙卯 6 三	丙辰 7 四	丁巳 8 五	戊午 9 六	己未 10 日	庚申 11 一	辛酉 12 二	壬戌 13 三		辛丑霜降 丙辰立冬
十月大	癸亥 天干地支西曆星期	癸亥 14 四	甲子 15 五	乙丑 16 六	丙寅 17 日	丁卯 18 一	戊辰 19 二	己巳 20 三	庚午 21 四	辛未 22 五	壬申 23 六	癸酉 24 日	甲戌 25 一	乙亥 26 二	丙子 27 三	丁丑 28 四	戊寅 29 五	己卯 30 六	庚辰 (12) 日	辛巳 2 一	壬午 3 二	癸未 4 三	甲申 5 四	乙酉 6 五	丙戌 7 六	丁亥 8 日	戊子 9 一	己丑 10 二	庚寅 11 三	辛卯 12 四	壬辰 13 五	壬申小雪 丁亥大雪
十一月小	甲子 天干地支西曆星期	癸巳 14 六	甲午 15 日	乙未 16 一	丙申 17 二	丁酉 18 三	戊戌 19 四	己亥 20 五	庚子 21 六	辛丑 22 日	壬寅 23 一	癸卯 24 二	甲辰 25 三	乙巳 26 四	丙午 27 五	丁未 28 六	戊申 29 日	己酉 30 一	庚戌 31 二	辛亥 (1) 三	壬子 2 四	癸丑 3 五	甲寅 4 六	乙卯 5 日	丙辰 6 一	丁巳 7 二	戊午 8 三	己未 9 四	庚申 10 五	辛酉 11 六		壬寅冬至 丁巳小寒
十二月大	乙丑 天干地支西曆星期	壬戌 12 日	癸亥 13 一	甲子 14 二	乙丑 15 三	丙寅 16 四	丁卯 17 五	戊辰 18 六	己巳 19 日	庚午 20 一	辛未 21 二	壬申 22 三	癸酉 23 四	甲戌 24 五	乙亥 25 六	丙子 26 日	丁丑 27 一	戊寅 28 二	己卯 29 三	庚辰 30 四	辛巳 31 五	壬午 (2) 六	癸未 2 日	甲申 3 一	乙酉 4 二	丙戌 5 三	丁亥 6 四	戊子 7 五	己丑 8 六	庚寅 9 日	辛卯 10 一	壬申大寒 戊子立春

北涼沮渠蒙遜玄始八年（己未 羊年） 公元 419 ~ 420 年

夏曆月序	西曆中曆日照對照	夏曆日序																													節氣與天象
		初一	初二	初三	初四	初五	初六	初七	初八	初九	初十	十一	十二	十三	十四	十五	十六	十七	十八	十九	二十	廿一	廿二	廿三	廿四	廿五	廿六	廿七	廿八	廿九	三十	
正月小	丙寅 天干地支西曆星期	壬辰11二	癸巳12三	甲午13四	乙未14五	丙申15六	丁酉16日	戊戌17一	己亥18二	庚子19三	辛丑20四	壬寅21五	癸卯22六	甲辰23日	乙巳24一	丙午25二	丁未26三	戊申27四	己酉28五	庚戌(3)六	辛亥2日	壬子3一	癸丑4二	甲寅5三	乙卯6四	丙辰7五	丁巳8六	戊午9日	己未10一	庚申11二		癸卯雨水 戊午驚蟄
二月大	丁卯 天干地支西曆星期	辛酉12三	壬戌13四	癸亥14五	甲子15六	乙丑16日	丙寅17一	丁卯18二	戊辰19三	己巳20四	庚午21五	辛未22六	壬申23日	癸酉24一	甲戌25二	乙亥26三	丙子27四	丁丑28五	戊寅29六	己卯30日	庚辰31一	辛巳(4)二	壬午2三	癸未3四	甲申4五	乙酉5六	丙戌6日	丁亥7一	戊子8二	己丑9三	庚寅10四	癸酉春分 己丑清明
三月小	戊辰 天干地支西曆星期	辛卯11五	壬辰12六	癸巳13日	甲午14一	乙未15二	丙申16三	丁酉17四	戊戌18五	己亥19六	庚子20日	辛丑21一	壬寅22二	癸卯23三	甲辰24四	乙巳25五	丙午26六	丁未27日	戊申28一	己酉29二	庚戌(5)三	辛亥2四	壬子3五	癸丑4六	甲寅5日	乙卯6一	丙辰7二	丁巳8三	戊午9四	己未10五		甲辰穀雨 己未立夏
四月大	己巳 天干地支西曆星期	庚申10六	辛酉11日	壬戌12一	癸亥13二	甲子14三	乙丑15四	丙寅16五	丁卯17六	戊辰18日	己巳19一	庚午20二	辛未21三	壬申22四	癸酉23五	甲戌24六	乙亥25日	丙子26一	丁丑27二	戊寅28三	己卯29四	庚辰30五	辛巳31六	壬午(6)日	癸未2一	甲申3二	乙酉4三	丙戌5四	丁亥6五	戊子7六	己丑8日	甲戌小滿 乙丑芒種
五月小	庚午 天干地支西曆星期	庚寅9一	辛卯10二	壬辰11三	癸巳12四	甲午13五	乙未14六	丙申15日	丁酉16一	戊戌17二	己亥18三	庚子19四	辛丑20五	壬寅21六	癸卯22日	甲辰23一	乙巳24二	丙午25三	丁未26四	戊申27五	己酉28六	庚戌29日	辛亥30一	壬子(7)二	癸丑2三	甲寅3四	乙卯4五	丙辰5六	丁巳6日	戊午7一		乙巳夏至
六月大	辛未 天干地支西曆星期	己未8二	庚申9三	辛酉10四	壬戌11五	癸亥12六	甲子13日	乙丑14一	丙寅15二	丁卯16三	戊辰17四	己巳18五	庚午19六	辛未20日	壬申21一	癸酉22二	甲戌23三	乙亥24四	丙子25五	丁丑26六	戊寅27日	己卯28一	庚辰29二	辛巳30三	壬午31四	癸未(8)五	甲申2六	乙酉3日	丙戌4一	丁亥5二	戊子6三	庚申小暑 乙亥大暑 庚申日食
七月小	壬申 天干地支西曆星期	己丑7四	庚寅8五	辛卯9六	壬辰10日	癸巳11一	甲午12二	乙未13三	丙申14四	丁酉15五	戊戌16六	己亥17日	庚子18一	辛丑19二	壬寅20三	癸卯21四	甲辰22五	乙巳23六	丙午24日	丁未25一	戊申26二	己酉27三	庚戌28四	辛亥29五	壬子30六	癸丑31(9)日	甲寅2一	乙卯3二	丙辰4三	丁巳5四		庚寅立秋 丙午處暑
八月大	癸酉 天干地支西曆星期	戊午5五	己未6六	庚申7日	辛酉8一	壬戌9二	癸亥10三	甲子11四	乙丑12五	丙寅13六	丁卯14日	戊辰15一	己巳16二	庚午17三	辛未18四	壬申19五	癸酉20六	甲戌21日	乙亥22一	丙子23二	丁丑24三	戊寅25四	己卯26五	庚辰27六	辛巳28日	壬午29一	癸未30(10)二	甲申3三	乙酉4四	丙戌5五	丁亥6六	辛酉白露 丙子秋分
九月大	甲戌 天干地支西曆星期	戊子5日	己丑6一	庚寅7二	辛卯8三	壬辰9四	癸巳10五	甲午11六	乙未12日	丙申13一	丁酉14二	戊戌15三	己亥16四	庚子17五	辛丑18六	壬寅19日	癸卯20一	甲辰21二	乙巳22三	丙午23四	丁未24五	戊申25六	己酉26日	庚戌27一	辛亥28二	壬子29三	癸丑30四	甲寅31(11)五	乙卯2六	丙辰3日	丁巳4一	辛卯寒露 丙午霜降
十月小	乙亥 天干地支西曆星期	戊午4二	己未5三	庚申6四	辛酉7五	壬戌8六	癸亥9日	甲子10一	乙丑11二	丙寅12三	丁卯13四	戊辰14五	己巳15六	庚午16日	辛未17一	壬申18二	癸酉19三	甲戌20四	乙亥21五	丙子22六	丁丑23日	戊寅24一	己卯25二	庚辰26三	辛巳27四	壬午28五	癸未29六	甲申30(12)日	乙酉2一	丙戌2二		壬戌立冬 丁丑小雪
十一月大	丙子 天干地支西曆星期	丁亥3三	戊子4四	己丑5五	庚寅6六	辛卯7日	壬辰8一	癸巳9二	甲午10三	乙未11四	丙申12五	丁酉13六	戊戌14日	己亥15一	庚子16二	辛丑17三	壬寅18四	癸卯19五	甲辰20六	乙巳21日	丙午22一	丁未23二	戊申24三	己酉25四	庚戌26五	辛亥27六	壬子28日	癸丑29一	甲寅30二	乙卯31(1)三	丙辰2四	壬辰大雪 丁未冬至 丁亥日食
十二月小	丁丑 天干地支西曆星期	丁巳2五	戊午3六	己未4日	庚申5一	辛酉6二	壬戌7三	癸亥8四	甲子9五	乙丑10六	丙寅11日	丁卯12一	戊辰13二	己巳14三	庚午15四	辛未16五	壬申17六	癸酉18日	甲戌19一	乙亥20二	丙子21三	丁丑22四	戊寅23五	己卯24六	庚辰25日	辛巳26一	壬午27二	癸未28三	甲申29四	乙酉30五		癸亥小寒 戊寅大寒

北凉沮渠蒙遜玄始九年（庚申 猴年） 公元420～421年

夏曆月序	中西曆對照	夏曆日序																													節氣與天象
		初一	初二	初三	初四	初五	初六	初七	初八	初九	初十	十一	十二	十三	十四	十五	十六	十七	十八	十九	二十	廿一	廿二	廿三	廿四	廿五	廿六	廿七	廿八	廿九	三十	
正月大	戊寅	天干地支／西曆／星期	丙戌 31 六	丁亥 (2) 日	戊子 2 一	己丑 3 二	庚寅 4 三	辛卯 5 四	壬辰 6 五	癸巳 7 六	甲午 8 日	乙未 9 一	丙申 10 二	丁酉 11 三	戊戌 12 四	己亥 13 五	庚子 14 六	辛丑 15 日	壬寅 16 一	癸卯 17 二	甲辰 18 三	乙巳 19 四	丙午 20 五	丁未 21 六	戊申 22 日	己酉 23 一	庚戌 24 二	辛亥 25 三	壬子 26 四	癸丑 27 五	甲寅 28 六	乙卯 29 日	癸巳立春 戊申雨水
二月小	己卯	天干地支／西曆／星期	丙辰 (3) 一	丁巳 2 二	戊午 3 三	己未 4 四	庚申 5 五	辛酉 6 六	壬戌 7 日	癸亥 8 一	甲子 9 二	乙丑 10 三	丙寅 11 四	丁卯 12 五	戊辰 13 六	己巳 14 日	庚午 15 一	辛未 16 二	壬申 17 三	癸酉 18 四	甲戌 19 五	乙亥 20 六	丙子 21 日	丁丑 22 一	戊寅 23 二	己卯 24 三	庚辰 25 四	辛巳 26 五	壬午 27 六	癸未 28 日	甲申 29 一		癸亥驚蟄 己卯春分
三月大	庚辰	天干地支／西曆／星期	乙酉 30 二	丙戌 31 三	丁亥 (4) 四	戊子 2 五	己丑 3 六	庚寅 4 日	辛卯 5 一	壬辰 6 二	癸巳 7 三	甲午 8 四	乙未 9 五	丙申 10 六	丁酉 11 日	戊戌 12 一	己亥 13 二	庚子 14 三	辛丑 15 四	壬寅 16 五	癸卯 17 六	甲辰 18 日	乙巳 19 一	丙午 20 二	丁未 21 三	戊申 22 四	己酉 23 五	庚戌 24 六	辛亥 25 日	壬子 26 一	癸丑 27 二	甲寅 28 三	甲午清明 己酉穀雨
四月小	辛巳	天干地支／西曆／星期	乙卯 29 四	丙辰 30 五	丁巳 (5) 六	戊午 2 日	己未 3 一	庚申 4 二	辛酉 5 三	壬戌 6 四	癸亥 7 五	甲子 8 六	乙丑 9 日	丙寅 10 一	丁卯 11 二	戊辰 12 三	己巳 13 四	庚午 14 五	辛未 15 六	壬申 16 日	癸酉 17 一	甲戌 18 二	乙亥 19 三	丙子 20 四	丁丑 21 五	戊寅 22 六	己卯 23 日	庚辰 24 一	辛巳 25 二	壬午 26 三	癸未 27 四		甲子立夏 己卯小滿
五月大	壬午	天干地支／西曆／星期	甲申 28 五	乙酉 29 六	丙戌 30 日	丁亥 31 一	戊子 (6) 二	己丑 2 三	庚寅 3 四	辛卯 4 五	壬辰 5 六	癸巳 6 日	甲午 7 一	乙未 8 二	丙申 9 三	丁酉 10 四	戊戌 11 五	己亥 12 六	庚子 13 日	辛丑 14 一	壬寅 15 二	癸卯 16 三	甲辰 17 四	乙巳 18 五	丙午 19 六	丁未 20 日	戊申 21 一	己酉 22 二	庚戌 23 三	辛亥 24 四	壬子 25 五	癸丑 26 六	乙未芒種 庚戌夏至
六月小	癸未	天干地支／西曆／星期	甲寅 27 日	乙卯 28 一	丙辰 29 二	丁巳 30 三	戊午 (7) 四	己未 2 五	庚申 3 六	辛酉 4 日	壬戌 5 一	癸亥 6 二	甲子 7 三	乙丑 8 四	丙寅 9 五	丁卯 10 六	戊辰 11 日	己巳 12 一	庚午 13 二	辛未 14 三	壬申 15 四	癸酉 16 五	甲戌 17 六	乙亥 18 日	丙子 19 一	丁丑 20 二	戊寅 21 三	己卯 22 四	庚辰 23 五	辛巳 24 六	壬午 25 日		乙丑小暑 庚辰大暑
七月大	甲申	天干地支／西曆／星期	癸未 26 一	甲申 27 二	乙酉 28 三	丙戌 29 四	丁亥 30 五	戊子 31 六	己丑 (8) 日	庚寅 2 一	辛卯 3 二	壬辰 4 三	癸巳 5 四	甲午 6 五	乙未 7 六	丙申 8 日	丁酉 9 一	戊戌 10 二	己亥 11 三	庚子 12 四	辛丑 13 五	壬寅 14 六	癸卯 15 日	甲辰 16 一	乙巳 17 二	丙午 18 三	丁未 19 四	戊申 20 五	己酉 21 六	庚戌 22 日	辛亥 23 一	壬子 24 二	丙申立秋 辛亥處暑
八月小	乙酉	天干地支／西曆／星期	癸丑 25 三	甲寅 26 四	乙卯 27 五	丙辰 28 六	丁巳 29 日	戊午 30 一	己未 31 二	庚申 (9) 三	辛酉 2 四	壬戌 3 五	癸亥 4 六	甲子 5 日	乙丑 6 一	丙寅 7 二	丁卯 8 三	戊辰 9 四	己巳 10 五	庚午 11 六	辛未 12 日	壬申 13 一	癸酉 14 二	甲戌 15 三	乙亥 16 四	丙子 17 五	丁丑 18 六	戊寅 19 日	己卯 20 一	庚辰 21 二	辛巳 22 三		丙寅白露 辛巳秋分
九月大	丙戌	天干地支／西曆／星期	壬午 23 四	癸未 24 五	甲申 25 六	乙酉 26 日	丙戌 27 一	丁亥 28 二	戊子 29 三	己丑 30 四	庚寅 (10) 五	辛卯 2 六	壬辰 3 日	癸巳 4 一	甲午 5 二	乙未 6 三	丙申 7 四	丁酉 8 五	戊戌 9 六	己亥 10 日	庚子 11 一	辛丑 12 二	壬寅 13 三	癸卯 14 四	甲辰 15 五	乙巳 16 六	丙午 17 日	丁未 18 一	戊申 19 二	己酉 20 三	庚戌 21 四	辛亥 22 五	丙申寒露
十月小	丁亥	天干地支／西曆／星期	壬子 23 六	癸丑 24 日	甲寅 25 一	乙卯 26 二	丙辰 27 三	丁巳 28 四	戊午 29 五	己未 30 六	庚申 31 日	辛酉 (11) 一	壬戌 2 二	癸亥 3 三	甲子 4 四	乙丑 5 五	丙寅 6 六	丁卯 7 日	戊辰 8 一	己巳 9 二	庚午 10 三	辛未 11 四	壬申 12 五	癸酉 13 六	甲戌 14 日	乙亥 15 一	丙子 16 二	丁丑 17 三	戊寅 18 四	己卯 19 五	庚辰 20 六		壬子霜降 丁卯立冬
十一月大	戊子	天干地支／西曆／星期	辛巳 21 日	壬午 22 一	癸未 23 二	甲申 24 三	乙酉 25 四	丙戌 26 五	丁亥 27 六	戊子 28 日	己丑 29 一	庚寅 30 二	辛卯 (12) 三	壬辰 2 四	癸巳 3 五	甲午 4 六	乙未 5 日	丙申 6 一	丁酉 7 二	戊戌 8 三	己亥 9 四	庚子 10 五	辛丑 11 六	壬寅 12 日	癸卯 13 一	甲辰 14 二	乙巳 15 三	丙午 16 四	丁未 17 五	戊申 18 六	己酉 19 日	庚戌 20 一	壬午小雪 丁酉大雪
閏十一月大	戊午	天干地支／西曆／星期	辛亥 21 二	壬子 22 三	癸丑 23 四	甲寅 24 五	乙卯 25 六	丙辰 26 日	丁巳 27 一	戊午 28 二	己未 29 三	庚申 30 四	辛酉 31 五	壬戌 (1) 六	癸亥 2 日	甲子 3 一	乙丑 4 二	丙寅 5 三	丁卯 6 四	戊辰 7 五	己巳 8 六	庚午 9 日	辛未 10 一	壬申 11 二	癸酉 12 三	甲戌 13 四	乙亥 14 五	丙子 15 六	丁丑 16 日	戊寅 17 一	己卯 18 二	庚辰 19 三	癸丑冬至 戊辰小寒
十二月小	己丑	天干地支／西曆／星期	辛巳 20 四	壬午 21 五	癸未 22 六	甲申 23 日	乙酉 24 一	丙戌 25 二	丁亥 26 三	戊子 27 四	己丑 28 五	庚寅 29 六	辛卯 30 日	壬辰 31 一	癸巳 (2) 二	甲午 2 三	乙未 3 四	丙申 4 五	丁酉 5 六	戊戌 6 日	己亥 7 一	庚子 8 二	辛丑 9 三	壬寅 10 四	癸卯 11 五	甲辰 12 六	乙巳 13 日	丙午 14 一	丁未 15 二	戊申 16 三	己酉 17 四		癸未大寒 戊戌立春

北凉沮渠蒙遜玄始十年（辛酉 雞年） 公元 421～422 年

夏曆月序	中西日照曆對	夏曆日序																													節氣與天象
		初一	初二	初三	初四	初五	初六	初七	初八	初九	初十	十一	十二	十三	十四	十五	十六	十七	十八	十九	二十	廿一	廿二	廿三	廿四	廿五	廿六	廿七	廿八	廿九	三十	
正月大	庚寅	天干地支西曆星期	庚戌18五	辛亥19六	壬子20日	癸丑21一	甲寅22二	乙卯23三	丙辰24四	丁巳25五	戊午26六	己未27日	庚申28一	辛酉(3)二	壬戌2三	癸亥3四	甲子4五	乙丑5六	丙寅6日	丁卯7一	戊辰8二	己巳9三	庚午10四	辛未11五	壬申12六	癸酉13日	甲戌14一	乙亥15二	丙子16三	丁丑17四	戊寅18五	己卯19六	癸丑雨水己巳驚蟄
二月小	辛卯	天干地支西曆星期	庚辰20日	辛巳21一	壬午22二	癸未23三	甲申24四	乙酉25五	丙戌26六	丁亥27日	戊子28一	己丑29二	庚寅30三	辛卯31四	壬辰(4)五	癸巳2六	甲午3日	乙未4一	丙申5二	丁酉6三	戊戌7四	己亥8五	庚子9六	辛丑10日	壬寅11一	癸卯12二	甲辰13三	乙巳14四	丙午15五	丁未16六	戊申17日		甲申春分己亥清明
三月大	壬辰	天干地支西曆星期	己酉18一	庚戌19二	辛亥20三	壬子21四	癸丑22五	甲寅23六	乙卯24日	丙辰25一	丁巳26二	戊午27三	己未28四	庚申29五	辛酉30六	壬戌(5)日	癸亥2一	甲子3二	乙丑4三	丙寅5四	丁卯6五	戊辰7六	己巳8日	庚午9一	辛未10二	壬申11三	癸酉12四	甲戌13五	乙亥14六	丙子15日	丁丑16一	戊寅17二	甲寅穀雨庚午立夏
四月小	癸巳	天干地支西曆星期	己卯18三	庚辰19四	辛巳20五	壬午21六	癸未22日	甲申23一	乙酉24二	丙戌25三	丁亥26四	戊子27五	己丑28六	庚寅29日	辛卯30一	壬辰31二	癸巳(6)三	甲午2四	乙未3五	丙申4六	丁酉5日	戊戌6一	己亥7二	庚子8三	辛丑9四	壬寅10五	癸卯11六	甲辰12日	乙巳13一	丙午14二	丁未15三		乙酉小滿庚子芒種
五月大	甲午	天干地支西曆星期	戊申16四	己酉17五	庚戌18六	辛亥19日	壬子20一	癸丑21二	甲寅22三	乙卯23四	丙辰24五	丁巳25六	戊午26日	己未27一	庚申28二	辛酉29三	壬戌30四	癸亥(7)五	甲子2六	乙丑3日	丙寅4一	丁卯5二	戊辰6三	己巳7四	庚午8五	辛未9六	壬申10日	癸酉11一	甲戌12二	乙亥13三	丙子14四	丁丑15五	丁卯夏至庚午小暑
六月小	乙未	天干地支西曆星期	戊寅16六	己卯17日	庚辰18一	辛巳19二	壬午20三	癸未21四	甲申22五	乙酉23六	丙戌24日	丁亥25一	戊子26二	己丑27三	庚寅28四	辛卯29五	壬辰30六	癸巳31日	甲午(8)一	乙未2二	丙申3三	丁酉4四	戊戌5五	己亥6六	庚子7日	辛丑8一	壬寅9二	癸卯10三	甲辰11四	乙巳12五	丙午13六		丙戌大暑辛丑立秋
七月大	丙申	天干地支西曆星期	丁未14日	戊申15一	己酉16二	庚戌17三	辛亥18四	壬子19五	癸丑20六	甲寅21日	乙卯22一	丙辰23二	丁巳24三	戊午25四	己未26五	庚申27六	辛酉28日	壬戌29一	癸亥30二	甲子31三	乙丑(9)四	丙寅2五	丁卯3六	戊辰4日	己巳5一	庚午6二	辛未7三	壬申8四	癸酉9五	甲戌10六	乙亥11日	丙子12一	丙辰處暑辛未白露
八月小	丁酉	天干地支西曆星期	丁丑13二	戊寅14三	己卯15四	庚辰16五	辛巳17六	壬午18日	癸未19一	甲申20二	乙酉21三	丙戌22四	丁亥23五	戊子24六	己丑25日	庚寅26一	辛卯27二	壬辰28三	癸巳29四	甲午30五	乙未(10)六	丙申2日	丁酉3一	戊戌4二	己亥5三	庚子6四	辛丑7五	壬寅8六	癸卯9日	甲辰10一	乙巳11二		丙戌秋分壬寅寒露
九月大	戊戌	天干地支西曆星期	丙午12三	丁未13四	戊申14五	己酉15六	庚戌16日	辛亥17一	壬子18二	癸丑19三	甲寅20四	乙卯21五	丙辰22六	丁巳23日	戊午24一	己未25二	庚申26三	辛酉27四	壬戌28五	癸亥29六	甲子30日	乙丑31一	丙寅(11)二	丁卯2三	戊辰3四	己巳4五	庚午5六	辛未6日	壬申7一	癸酉8二	甲戌9三	乙亥10四	丁巳霜降壬申立冬
十月小	己亥	天干地支西曆星期	丙子11五	丁丑12六	戊寅13日	己卯14一	庚辰15二	辛巳16三	壬午17四	癸未18五	甲申19六	乙酉20日	丙戌21一	丁亥22二	戊子23三	己丑24四	庚寅25五	辛卯26六	壬辰27日	癸巳28一	甲午29二	乙未30三	丙申(12)四	丁酉2五	戊戌3六	己亥4日	庚子5一	辛丑6二	壬寅7三	癸卯8四	甲辰9五		丁亥小雪癸卯大雪
十一月大	庚子	天干地支西曆星期	乙巳10六	丙午11日	丁未12一	戊申13二	己酉14三	庚戌15四	辛亥16五	壬子17六	癸丑18日	甲寅19一	乙卯20二	丙辰21三	丁巳22四	戊午23五	己未24六	庚申25日	辛酉26一	壬戌27二	癸亥28三	甲子29四	乙丑30五	丙寅31六	丁卯(1)日	戊辰2一	己巳3二	庚午4三	辛未5四	壬申6五	癸酉7六	甲戌8日	戊午冬至癸酉小寒
十二月小	辛丑	天干地支西曆星期	乙亥9一	丙子10二	丁丑11三	戊寅12四	己卯13五	庚辰14六	辛巳15日	壬午16一	癸未17二	甲申18三	乙酉19四	丙戌20五	丁亥21六	戊子22日	己丑23一	庚寅24二	辛卯25三	壬辰26四	癸巳27五	甲午28六	乙未29日	丙申30一	丁酉31二	戊戌(2)三	己亥2四	庚子3五	辛丑4六	壬寅5日	癸卯6一		戊子大寒癸卯立春

北凉沮渠蒙逊玄始十一年（壬戌 狗年） 公元 422 ~ 423 年

夏暦月序	中西暦対照	節気與天象
正月大	壬寅	己未雨水
二月小	癸卯	甲戌驚蟄／己丑春分
三月大	甲辰	甲辰清明／庚申穀雨
四月大	乙巳	乙亥立夏／庚寅小滿
五月小	丙午	乙巳芒種／庚申夏至
六月大	丁未	丙子小暑／辛卯大暑
七月小	戊申	丙午立秋／辛酉處暑
八月大	己酉	丁丑白露／壬辰秋分
九月小	庚戌	丁未寒露／壬戌霜降
十月大	辛亥	丁丑立冬／癸巳小雪
十一月小	壬子	戊申大雪／癸亥冬至
十二月大	癸丑	戊寅小寒／癸巳大寒

北涼沮渠蒙遜玄始十二年（癸亥 豬年） 公元 423 ~ 424 年

北涼沮渠蒙遜玄始十三年（甲子 鼠年） 公元 424 ～ 425 年

夏曆月序	中西曆對照	夏曆日序																													節氣與天象
		初一	初二	初三	初四	初五	初六	初七	初八	初九	初十	十一	十二	十三	十四	十五	十六	十七	十八	十九	二十	二一	二二	二三	二四	二五	二六	二七	二八	二九	三十	
正月小	丙寅	天干地支 西曆 星期	癸亥 16日 六	甲子 17 日	乙丑 18 一	丙寅 19 二	丁卯 20 三	戊辰 21 四	己巳 22 五	庚午 23 六	辛未 24 日	壬申 25 一	癸酉 26 二	甲戌 27 三	乙亥 28 四	丙子 29 五	丁丑 (3) 六	戊寅 2日 日	己卯 3 一	庚辰 4 二	辛巳 5 三	壬午 6 四	癸未 7 五	甲申 8 六	乙酉 9日 日	丙戌 10 一	丁亥 11 二	戊子 12 三	己丑 13 四	庚寅 14 五	辛卯 15 六		己巳雨水 甲申驚蟄
二月大	丁卯	天干地支 西曆 星期	壬辰 16日 日	癸巳 17 一	甲午 18 二	乙未 19 三	丙申 20 四	丁酉 21 五	戊戌 22 六	己亥 23 日	庚子 24 一	辛丑 25 二	壬寅 26 三	癸卯 27 四	甲辰 28 五	乙巳 29 六	丙午 30 日	丁未 31 一	戊申 (4) 二	己酉 2 三	庚戌 3 四	辛亥 4 五	壬子 5 六	癸丑 6 日	甲寅 7 一	乙卯 8 二	丙辰 9 三	丁巳 10 四	戊午 11 五	己未 12 六	庚申 13 日	辛酉 14 一	庚子春分 乙卯清明
三月小	戊辰	天干地支 西曆 星期	壬戌 15日 二	癸亥 16 三	甲子 17 四	乙丑 18 五	丙寅 19 六	丁卯 20 日	戊辰 21 一	己巳 22 二	庚午 23 三	辛未 24 四	壬申 25 五	癸酉 26 六	甲戌 27 日	乙亥 28 一	丙子 29 二	丁丑 30 三	戊寅 (5) 四	己卯 2 五	庚辰 3 六	辛巳 4 日	壬午 5 一	癸未 6 二	甲申 7 三	乙酉 8 四	丙戌 9 五	丁亥 10 六	戊子 11 日	己丑 12 一	庚寅 13 二		庚午穀雨 乙酉立夏
四月大	己巳	天干地支 西曆 星期	辛卯 14日 三	壬辰 15 四	癸巳 16 五	甲午 17 六	乙未 18 日	丙申 19 一	丁酉 20 二	戊戌 21 三	己亥 22 四	庚子 23 五	辛丑 24 六	壬寅 25 日	癸卯 26 一	甲辰 27 二	乙巳 28 三	丙午 29 四	丁未 30 五	戊申 31 六	己酉 (6) 日	庚戌 2 一	辛亥 3 二	壬子 4 三	癸丑 5 四	甲寅 6 五	乙卯 7 六	丙辰 8 日	丁巳 9 一	戊午 10 二	己未 11 三	庚申 12 四	庚子小滿 丙辰芒種
五月小	庚午	天干地支 西曆 星期	辛酉 13日 五	壬戌 14 六	癸亥 15 日	甲子 16 一	乙丑 17 二	丙寅 18 三	丁卯 19 四	戊辰 20 五	己巳 21 六	庚午 22 日	辛未 23 一	壬申 24 二	癸酉 25 三	甲戌 26 四	乙亥 27 五	丙子 28 六	丁丑 29 日	戊寅 30 一	己卯 (7) 二	庚辰 2 三	辛巳 3 四	壬午 4 五	癸未 5 六	甲申 6 日	乙酉 7 一	丙戌 8 二	丁亥 9 三	戊子 10 四	己丑 11 五		辛未夏至 丙戌小暑
六月大	辛未	天干地支 西曆 星期	庚寅 12日 六	辛卯 13 日	壬辰 14 一	癸巳 15 二	甲午 16 三	乙未 17 四	丙申 18 五	丁酉 19 六	戊戌 20 日	己亥 21 一	庚子 22 二	辛丑 23 三	壬寅 24 四	癸卯 25 五	甲辰 26 六	乙巳 27 日	丙午 28 一	丁未 29 二	戊申 30 三	己酉 31 四	庚戌 (8) 五	辛亥 2 六	壬子 3 日	癸丑 4 一	甲寅 5 二	乙卯 6 三	丙辰 7 四	丁巳 8 五	戊午 9 六	己未 10日 日	辛丑大暑 丁巳立秋
七月小	壬申	天干地支 西曆 星期	庚申 11日 一	辛酉 12 二	壬戌 13 三	癸亥 14 四	甲子 15 五	乙丑 16 六	丙寅 17 日	丁卯 18 一	戊辰 19 二	己巳 20 三	庚午 21 四	辛未 22 五	壬申 23 六	癸酉 24 日	甲戌 25 一	乙亥 26 二	丙子 27 三	丁丑 28 四	戊寅 29 五	己卯 30 六	庚辰 31 日	辛巳 (9) 一	壬午 2 二	癸未 3 三	甲申 4 四	乙酉 5 五	丙戌 6 六	丁亥 7 日	戊子 8 一		壬申處暑 丁亥白露
八月大	癸酉	天干地支 西曆 星期	己丑 9日 二	庚寅 10 三	辛卯 11 四	壬辰 12 五	癸巳 13 六	甲午 14 日	乙未 15 一	丙申 16 二	丁酉 17 三	戊戌 18 四	己亥 19 五	庚子 20 六	辛丑 21 日	壬寅 22 一	癸卯 23 二	甲辰 24 三	乙巳 25 四	丙午 26 五	丁未 27 六	戊申 28 日	己酉 29 一	庚戌 30 二	辛亥 (10) 三	壬子 2 四	癸丑 3 五	甲寅 4 六	乙卯 5 日	丙辰 6 一	丁巳 7 二	戊午 8 三	壬寅秋分 丁巳寒露 己丑日食
九月小	甲戌	天干地支 西曆 星期	己未 9日 四	庚申 10 五	辛酉 11 六	壬戌 12 日	癸亥 13 一	甲子 14 二	乙丑 15 三	丙寅 16 四	丁卯 17 五	戊辰 18 六	己巳 19 日	庚午 20 一	辛未 21 二	壬申 22 三	癸酉 23 四	甲戌 24 五	乙亥 25 六	丙子 26 日	丁丑 27 一	戊寅 28 二	己卯 29 三	庚辰 30 四	辛巳 31 五	壬午 (11) 六	癸未 2 日	甲申 3 一	乙酉 4 二	丙戌 5 三	丁亥 6 四		癸酉霜降
十月大	乙亥	天干地支 西曆 星期	戊子 7日 五	己丑 8 六	庚寅 9 日	辛卯 10 一	壬辰 11 二	癸巳 12 三	甲午 13 四	乙未 14 五	丙申 15 六	丁酉 16 日	戊戌 17 一	己亥 18 二	庚子 19 三	辛丑 20 四	壬寅 21 五	癸卯 22 六	甲辰 23 日	乙巳 24 一	丙午 25 二	丁未 26 三	戊申 27 四	己酉 28 五	庚戌 29 六	辛亥 30 日	壬子 (12) 一	癸丑 2 二	甲寅 3 三	乙卯 4 四	丙辰 5 五	丁巳 6 六	戊子立冬 癸卯小雪
十一月大	丙子	天干地支 西曆 星期	戊午 7日 日	己未 8 一	庚申 9 二	辛酉 10 三	壬戌 11 四	癸亥 12 五	甲子 13 六	乙丑 14 日	丙寅 15 一	丁卯 16 二	戊辰 17 三	己巳 18 四	庚午 19 五	辛未 20 六	壬申 21 日	癸酉 22 一	甲戌 23 二	乙亥 24 三	丙子 25 四	丁丑 26 五	戊寅 27 六	己卯 29 日	庚辰 30 一	辛巳 31 二	壬午 (1) 三	癸未 2 四	甲申 3 五	乙酉 4 六	丙戌 5 日	丁亥 5 一	戊午大雪 甲戌冬至
十二月小	丁丑	天干地支 西曆 星期	戊子 6日 二	己丑 7 三	庚寅 8 四	辛卯 9 五	壬辰 10 六	癸巳 11 日	甲午 12 一	乙未 13 二	丙申 14 三	丁酉 15 四	戊戌 16 五	己亥 17 六	庚子 18 日	辛丑 19 一	壬寅 20 二	癸卯 21 三	甲辰 22 四	乙巳 23 五	丙午 24 六	丁未 25 日	戊申 26 一	己酉 27 二	庚戌 28 三	辛亥 29 四	壬子 30 五	癸丑 31 六	甲寅 (2) 日	乙卯 2 一	丙辰 3 二		己丑小寒 甲辰大寒

北凉沮渠蒙遜玄始十四年（乙丑 牛年） 公元425～426年

夏曆月序	中西曆日對照	夏曆日序																													節氣與天象
		初一	初二	初三	初四	初五	初六	初七	初八	初九	初十	十一	十二	十三	十四	十五	十六	十七	十八	十九	二十	二一	二二	二三	二四	二五	二六	二七	二八	二九	三十	
正月大	戊寅 天干地支西曆星期	丁巳 4日 三	戊午 5日 四	己未 6日 五	庚申 7日 六	辛酉 8日 日	壬戌 9日 一	癸亥 10日 二	甲子 11日 三	乙丑 12日 四	丙寅 13日 五	丁卯 14日 六	戊辰 15日 日	己巳 16日 一	庚午 17日 二	辛未 18日 三	壬申 19日 四	癸酉 20日 五	甲戌 21日 六	乙亥 22日 日	丙子 23日 一	丁丑 24日 二	戊寅 25日 三	己卯 26日 四	庚辰 27日 五	辛巳 28日 六	壬午 (3)日 日	癸未 2日 一	甲申 3日 二	乙酉 4日 三	丙戌 5日 四	己未立春 甲戌雨水
二月小	己卯 天干地支西曆星期	丁亥 6日 五	戊子 7日 六	己丑 8日 日	庚寅 9日 一	辛卯 10日 二	壬辰 11日 三	癸巳 12日 四	甲午 13日 五	乙未 14日 六	丙申 15日 日	丁酉 16日 一	戊戌 17日 二	己亥 18日 三	庚子 19日 四	辛丑 20日 五	壬寅 21日 六	癸卯 22日 日	甲辰 23日 一	乙巳 24日 二	丙午 25日 三	丁未 26日 四	戊申 27日 五	己酉 28日 六	庚戌 29日 日	辛亥 30日 一	壬子 31日 二	癸丑 (4)日 三	甲寅 2日 四	乙卯 3日 五		庚寅驚蟄 乙巳春分 丁亥日食
三月大	庚辰 天干地支西曆星期	丙辰 4日 六	丁巳 5日 日	戊午 6日 一	己未 7日 二	庚申 8日 三	辛酉 9日 四	壬戌 10日 五	癸亥 11日 六	甲子 12日 日	乙丑 13日 一	丙寅 14日 二	丁卯 15日 三	戊辰 16日 四	己巳 17日 五	庚午 18日 六	辛未 19日 日	壬申 20日 一	癸酉 21日 二	甲戌 22日 三	乙亥 23日 四	丙子 24日 五	丁丑 25日 六	戊寅 26日 日	己卯 27日 一	庚辰 28日 二	辛巳 29日 三	壬午 30日 四	癸未 (5)日 五	甲申 2日 六	乙酉 3日 日	庚申清明 乙亥穀雨
四月小	辛巳 天干地支西曆星期	丙戌 4日 一	丁亥 5日 二	戊子 6日 三	己丑 7日 四	庚寅 8日 五	辛卯 9日 六	壬辰 10日 日	癸巳 11日 一	甲午 12日 二	乙未 13日 三	丙申 14日 四	丁酉 15日 五	戊戌 16日 六	己亥 17日 日	庚子 18日 一	辛丑 19日 二	壬寅 20日 三	癸卯 21日 四	甲辰 22日 五	乙巳 23日 六	丙午 24日 日	丁未 25日 一	戊申 26日 二	己酉 27日 三	庚戌 28日 四	辛亥 29日 五	壬子 30日 六	癸丑 31日 日	甲寅 (6)日 一		辛卯立夏 丙午小滿
五月大	壬午 天干地支西曆星期	乙卯 2日 二	丙辰 3日 三	丁巳 4日 四	戊午 5日 五	己未 6日 六	庚申 7日 日	辛酉 8日 一	壬戌 9日 二	癸亥 10日 三	甲子 11日 四	乙丑 12日 五	丙寅 13日 六	丁卯 14日 日	戊辰 15日 一	己巳 16日 二	庚午 17日 三	辛未 18日 四	壬申 19日 五	癸酉 20日 六	甲戌 21日 日	乙亥 22日 一	丙子 23日 二	丁丑 24日 三	戊寅 25日 四	己卯 26日 五	庚辰 27日 六	辛巳 28日 日	壬午 29日 一	癸未 30日 二	甲申 (7)日 三	辛酉芒種 丙子夏至
六月小	癸未 天干地支西曆星期	乙酉 2日 四	丙戌 3日 五	丁亥 4日 六	戊子 5日 日	己丑 6日 一	庚寅 7日 二	辛卯 8日 三	壬辰 9日 四	癸巳 10日 五	甲午 11日 六	乙未 12日 日	丙申 13日 一	丁酉 14日 二	戊戌 15日 三	己亥 16日 四	庚子 17日 五	辛丑 18日 六	壬寅 19日 日	癸卯 20日 一	甲辰 21日 二	乙巳 22日 三	丙午 23日 四	丁未 24日 五	戊申 25日 六	己酉 26日 日	庚戌 27日 一	辛亥 28日 二	壬子 29日 三	癸丑 30日 四		辛卯小暑 丁未大暑
七月大	甲申 天干地支西曆星期	甲寅 31日 (8)五	乙卯 2日 六	丙辰 3日 日	丁巳 4日 一	戊午 5日 二	己未 6日 三	庚申 7日 四	辛酉 8日 五	壬戌 9日 六	癸亥 10日 日	甲子 11日 一	乙丑 12日 二	丙寅 13日 三	丁卯 14日 四	戊辰 15日 五	己巳 16日 六	庚午 17日 日	辛未 18日 一	壬申 19日 二	癸酉 20日 三	甲戌 21日 四	乙亥 22日 五	丙子 23日 六	丁丑 24日 日	戊寅 25日 一	己卯 26日 二	庚辰 27日 三	辛巳 28日 四	壬午 29日 五	癸未 30日 六	壬戌立秋 丁丑處暑
八月小	乙酉 天干地支西曆星期	甲申 30日 日	乙酉 31日 (9)一	丙戌 2日 二	丁亥 3日 三	戊子 4日 四	己丑 5日 五	庚寅 6日 六	辛卯 7日 日	壬辰 8日 一	癸巳 9日 二	甲午 10日 三	乙未 11日 四	丙申 12日 五	丁酉 13日 六	戊戌 14日 日	己亥 15日 一	庚子 16日 二	辛丑 17日 三	壬寅 18日 四	癸卯 19日 五	甲辰 20日 六	乙巳 21日 日	丙午 22日 一	丁未 23日 二	戊申 24日 三	己酉 25日 四	庚戌 26日 五	辛亥 27日 六	壬子 27日 日		壬辰白露 丁未秋分
九月大	丙戌 天干地支西曆星期	癸丑 28日 一	甲寅 29日 二	乙卯 30日 三	丙辰 (10)日 四	丁巳 2日 五	戊午 3日 六	己未 4日 日	庚申 5日 一	辛酉 6日 二	壬戌 7日 三	癸亥 8日 四	甲子 9日 五	乙丑 10日 六	丙寅 11日 日	丁卯 12日 一	戊辰 13日 二	己巳 14日 三	庚午 15日 四	辛未 16日 五	壬申 17日 六	癸酉 18日 日	甲戌 19日 一	乙亥 20日 二	丙子 21日 三	丁丑 22日 四	戊寅 23日 五	己卯 24日 六	庚辰 25日 日	辛巳 26日 一	壬午 27日 二	癸亥寒露 戊寅霜降
十月小	丁亥 天干地支西曆星期	癸未 28日 三	甲申 29日 四	乙酉 30日 五	丙戌 31日 (11)六	丁亥 2日 日	戊子 3日 一	己丑 4日 二	庚寅 5日 三	辛卯 6日 四	壬辰 7日 五	癸巳 8日 六	甲午 9日 日	乙未 10日 一	丙申 11日 二	丁酉 12日 三	戊戌 13日 四	己亥 14日 五	庚子 15日 六	辛丑 16日 日	壬寅 17日 一	癸卯 18日 二	甲辰 19日 三	乙巳 20日 四	丙午 21日 五	丁未 22日 六	戊申 23日 日	己酉 24日 一	庚戌 25日 二	辛亥 25日 三		癸巳立冬 戊申小雪
十一月大	戊子 天干地支西曆星期	壬子 26日 四	癸丑 27日 五	甲寅 28日 六	乙卯 29日 日	丙辰 30日 一	丁巳 (12)日 二	戊午 2日 三	己未 3日 四	庚申 4日 五	辛酉 5日 六	壬戌 6日 日	癸亥 7日 一	甲子 8日 二	乙丑 9日 三	丙寅 10日 四	丁卯 11日 五	戊辰 12日 六	己巳 13日 日	庚午 14日 一	辛未 15日 二	壬申 16日 三	癸酉 17日 四	甲戌 18日 五	乙亥 19日 六	丙子 20日 日	丁丑 21日 一	戊寅 22日 二	己卯 23日 三	庚辰 24日 四	辛巳 25日 五	甲子大雪 己卯冬至
十二月小	己丑 天干地支西曆星期	壬午 26日 六	癸未 27日 日	甲申 28日 一	乙酉 29日 二	丙戌 30日 三	丁亥 31日 (1)四	戊子 2日 五	己丑 3日 六	庚寅 4日 日	辛卯 5日 一	壬辰 6日 二	癸巳 7日 三	甲午 8日 四	乙未 9日 五	丙申 10日 六	丁酉 11日 日	戊戌 12日 一	己亥 13日 二	庚子 14日 三	辛丑 15日 四	壬寅 16日 五	癸卯 17日 六	甲辰 18日 日	乙巳 19日 一	丙午 20日 二	丁未 21日 三	戊申 22日 四	己酉 23日 五	庚戌 23日 六		甲午小寒 己酉大寒

北涼沮渠蒙遜玄始十五年（丙寅 虎年） 公元 426 ~ 427 年

夏曆月序	中西曆對照	夏曆日序 初一	初二	初三	初四	初五	初六	初七	初八	初九	初十	十一	十二	十三	十四	十五	十六	十七	十八	十九	二十	二一	二二	二三	二四	二五	二六	二七	二八	二九	三十	節氣與天象
正月大	庚寅	天干辛亥 地支24日 西曆 星期四	壬子25五	癸丑26六	甲寅27日	乙卯28一	丙辰29二	丁巳30三	戊午31四	己未(2)五	庚申2六	辛酉3日	壬戌4一	癸亥5二	甲子6三	乙丑7四	丙寅8五	丁卯9六	戊辰10日	己巳11一	庚午12二	辛未13三	壬申14四	癸酉15五	甲戌16六	乙亥17日	丙子18一	丁丑19二	戊寅20三	己卯21四	庚辰22五	甲子立春 庚辰雨水
二月小	辛卯	天干辛巳 地支23日 西曆 星期六	壬午24日	癸未25一	甲申26二	乙酉27三	丙戌28四	丁亥29五	戊子(3)六	己丑2日	庚寅3一	辛卯4二	壬辰5三	癸巳6四	甲午7五	乙未8六	丙申9日	丁酉10一	戊戌11二	己亥12三	庚子13四	辛丑14五	壬寅15六	癸卯16日	甲辰17一	乙巳18二	丙午19三	丁未20四	戊申21五	己酉22六		乙未驚蟄
三月大	壬辰	天干庚戌 地支24日 西曆 星期日	辛亥25一	壬子26二	癸丑27三	甲寅28四	乙卯29五	丙辰30六	丁巳31日	戊午(4)一	己未2二	庚申3三	辛酉4四	壬戌5五	癸亥6六	甲子7日	乙丑8一	丙寅9二	丁卯10三	戊辰11四	己巳12五	庚午13六	辛未14日	壬申15一	癸酉16二	甲戌17三	乙亥18四	丙子19五	丁丑20六	戊寅21日	己卯22一	庚戌春分 乙丑清明
四月大	癸巳	天干庚辰 地支23日 西曆 星期二	辛巳24三	壬午25四	癸未26五	甲申27六	乙酉28日	丙戌29一	丁亥30二	戊子(5)三	己丑2四	庚寅3五	辛卯4六	壬辰5日	癸巳6一	甲午7二	乙未8三	丙申9四	丁酉10五	戊戌11六	己亥12日	庚子13一	辛丑14二	壬寅15三	癸卯16四	甲辰17五	乙巳18六	丙午19日	丁未20一	戊申21二	己酉22三	辛巳穀雨 丙申立夏
閏四月小	癸巳	天干庚戌 地支23日 西曆 星期四	辛亥24五	壬子25六	癸丑26日	甲寅27一	乙卯28二	丙辰29三	丁巳30四	戊午31五	己未(6)六	庚申2日	辛酉3一	壬戌4二	癸亥5三	甲子6四	乙丑7五	丙寅8六	丁卯9日	戊辰10一	己巳11二	庚午12三	辛未13四	壬申14五	癸酉15六	甲戌16日	乙亥17一	丙子18二	丁丑19三	戊寅20四		辛亥小滿 丙寅芒種
五月大	甲午	天干己卯 地支21日 西曆 星期五	庚辰22六	辛巳23日	壬午24一	癸未25二	甲申26三	乙酉27四	丙戌28五	丁亥29六	戊子30日	己丑(7)一	庚寅2二	辛卯3三	壬辰4四	癸巳5五	甲午6六	乙未7日	丙申8一	丁酉9二	戊戌10三	己亥11四	庚子12五	辛丑13六	壬寅14日	癸卯15一	甲辰16二	乙巳17三	丙午18四	丁未19五	戊申20六	辛巳夏至 丁酉小暑
六月小	乙未	天干己酉 地支21日 西曆 星期日	庚戌22一	辛亥23二	壬子24三	癸丑25四	甲寅26五	乙卯27六	丙辰28日	丁巳29一	戊午30二	己未31三	庚申(8)四	辛酉2五	壬戌3六	癸亥4日	甲子5一	乙丑6二	丙寅7三	丁卯8四	戊辰9五	己巳10六	庚午11日	辛未12一	壬申13二	癸酉14三	甲戌15四	乙亥16五	丙子17六	丁丑18日		壬子大暑 丁卯立秋
七月大	丙申	天干戊寅 地支19日 西曆 星期一	己卯20二	庚辰21三	辛巳22四	壬午23五	癸未24六	甲申25日	乙酉26一	丙戌27二	丁亥28三	戊子29四	己丑30五	庚寅31六	辛卯(9)日	壬辰2一	癸巳3二	甲午4三	乙未5四	丙申6五	丁酉7六	戊戌8日	己亥9一	庚子10二	辛丑11三	壬寅12四	癸卯13五	甲辰14六	乙巳15日	丙午16一	丁未17二	壬午處暑 戊戌白露
八月小	丁酉	天干戊申 地支18日 西曆 星期三	己酉19四	庚戌20五	辛亥21六	壬子22日	癸丑23一	甲寅24二	乙卯25三	丙辰26四	丁巳27五	戊午28六	己未29日	庚申30一	辛酉(10)二	壬戌2三	癸亥3四	甲子4五	乙丑5六	丙寅6日	丁卯7一	戊辰8二	己巳9三	庚午10四	辛未11五	壬申12六	癸酉13日	甲戌14一	乙亥15二	丙子16三		癸丑秋分 戊辰寒露
九月大	戊戌	天干戊寅 地支17日 西曆 星期四	己卯18五	庚辰19六	辛巳20日	壬午21一	癸未22二	甲申23三	乙酉24四	丙戌25五	丁亥26六	戊子27日	己丑28一	庚寅29二	辛卯30三	壬辰31四	癸巳(11)五	甲午2六	乙未3日	丙申4一	丁酉5二	戊戌6三	己亥7四	庚子8五	辛丑9六	壬寅10日	癸卯11一	甲辰12二	乙巳13三	丙午14四	丁未15五	癸未霜降 戊戌立冬
十月小	己亥	天干戊申 地支16日 西曆 星期六	己酉17日	庚戌18一	辛亥19二	壬子20三	癸丑21四	甲寅22五	乙卯23六	丙辰24日	丁巳25一	戊午26二	己未27三	庚申28四	辛酉29五	壬戌30六	癸亥(12)日	甲子2一	乙丑3二	丙寅4三	丁卯5四	戊辰6五	己巳7六	庚午8日	辛未9一	壬申10二	癸酉11三	甲戌12四	乙亥13五	丙子14六		甲寅小雪 己巳大雪
十一月大	庚子	天干丙寅 地支15日 西曆 星期日	丁丑16一	戊寅17二	己卯18三	庚辰19四	辛巳20五	壬午21六	癸未22日	甲申23一	乙酉24二	丙戌25三	丁亥26四	戊子27五	己丑28六	庚寅29日	辛卯30一	壬辰31二	癸巳(1)三	甲午2四	乙未3五	丙申4六	丁酉5日	戊戌6一	己亥7二	庚子8三	辛丑9四	壬寅10五	癸卯11六	甲辰12日	乙巳13一	甲申冬至 己亥小寒
十二月小	辛丑	天干丙午 地支14日 西曆 星期二	丁未15三	戊申16四	己酉17五	庚戌18六	辛亥19日	壬子20一	癸丑21二	甲寅22三	乙卯23四	丙辰24五	丁巳25六	戊午26日	己未27一	庚申28二	辛酉29三	壬戌30四	癸亥31五	甲子(2)六	乙丑2日	丙寅3一	丁卯4二	戊辰5三	己巳6四	庚午7五	辛未8六	壬申9日	癸酉10一	甲戌11二		甲寅大寒 庚午立春

北涼沮渠蒙遜玄始十六年（丁卯 兔年） 公元427～428年

夏曆月序	中西曆日對照	夏曆日序 初一	初二	初三	初四	初五	初六	初七	初八	初九	初十	十一	十二	十三	十四	十五	十六	十七	十八	十九	二十	二一	二二	二三	二四	二五	二六	二七	二八	二九	三十	節氣與天象
正月大	壬寅 天干地支西曆星期	乙亥12六	丙子13日	丁丑14一	戊寅15二	己卯16三	庚辰17四	辛巳18五	壬午19六	癸未20日	甲申21一	乙酉22二	丙戌23三	丁亥24四	戊子25五	己丑26六	庚寅27日	辛卯28一	壬辰(3)二	癸巳2三	甲午3四	乙未4五	丙申5六	丁酉6日	戊戌7一	己亥8二	庚子9三	辛丑10四	壬寅11五	癸卯12六	甲辰13日	乙酉雨水 庚子驚蟄
二月小	癸卯 天干地支西曆星期	乙巳14一	丙午15二	丁未16三	戊申17四	己酉18五	庚戌19六	辛亥20日	壬子21一	癸丑22二	甲寅23三	乙卯24四	丙辰25五	丁巳26六	戊午27日	己未28一	庚申29二	辛酉30三	壬戌31四	癸亥(4)五	甲子2六	乙丑3日	丙寅4一	丁卯5二	戊辰6三	己巳7四	庚午8五	辛未9六	壬申10日	癸酉11一		乙卯春分 辛未清明
三月大	甲辰 天干地支西曆星期	甲戌12二	乙亥13三	丙子14四	丁丑15五	戊寅16六	己卯17日	庚辰18一	辛巳19二	壬午20三	癸未21四	甲申22五	乙酉23六	丙戌24日	丁亥25一	戊子26二	己丑27三	庚寅28四	辛卯29五	壬辰30六	癸巳(5)日	甲午2一	乙未3二	丙申4三	丁酉5四	戊戌6五	己亥7六	庚子8日	辛丑9一	壬寅10二	癸卯11三	丙戌穀雨 辛丑立夏
四月小	乙巳 天干地支西曆星期	甲辰12四	乙巳13五	丙午14六	丁未15日	戊申16一	己酉17二	庚戌18三	辛亥19四	壬子20五	癸丑21六	甲寅22日	乙卯23一	丙辰24二	丁巳25三	戊午26四	己未27五	庚申28六	辛酉29日	壬戌30一	癸亥31二	甲子(6)三	乙丑2四	丙寅3五	丁卯4六	戊辰5日	己巳6一	庚午7二	辛未8三	壬申9四		丙辰小滿 辛未芒種
五月大	丙午 天干地支西曆星期	癸酉10五	甲戌11六	乙亥12日	丙子13一	丁丑14二	戊寅15三	己卯16四	庚辰17五	辛巳18六	壬午19日	癸未20一	甲申21二	乙酉22三	丙戌23四	丁亥24五	戊子25六	己丑26日	庚寅27一	辛卯28二	壬辰29三	癸巳30四	甲午(7)五	乙未2六	丙申3日	丁酉4一	戊戌5二	己亥6三	庚子7四	辛丑8五	壬寅9六	丁亥夏至 壬寅小暑
六月小	丁未 天干地支西曆星期	癸卯10日	甲辰11一	乙巳12二	丙午13三	丁未14四	戊申15五	己酉16六	庚戌17日	辛亥18一	壬子19二	癸丑20三	甲寅21四	乙卯22五	丙辰23六	丁巳24日	戊午25一	己未26二	庚申27三	辛酉28四	壬戌29五	癸亥30六	甲子31(8)日	乙丑2一	丙寅3二	丁卯4三	戊辰5四	己巳6五	庚午7六				丁巳大暑 癸卯日食
七月大	戊申 天干地支西曆星期	壬申8二	癸酉9一	甲戌10三	乙亥11四	丙子12五	丁丑13六	戊寅14日	己卯15一	庚辰16二	辛巳17三	壬午18四	癸未19五	甲申20六	乙酉21日	丙戌22一	丁亥23二	戊子24三	己丑25四	庚寅26五	辛卯27六	壬辰28日	癸巳29一	甲午30二	乙未31(9)三	丙申2四	丁酉3五	戊戌4六	己亥5日	庚子6一	辛丑7二	壬申立秋 戊子處暑
八月大	己酉 天干地支西曆星期	壬寅8三	癸卯9四	甲辰10五	乙巳11六	丙午12日	丁未13一	戊申14二	己酉15三	庚戌16四	辛亥17五	壬子18六	癸丑19日	甲寅20一	乙卯21二	丙辰22三	丁巳23四	戊午24五	己未25六	庚申26日	辛酉27一	壬戌28二	癸亥29三	甲子30四	乙丑(10)五	丙寅2六	丁卯3日	戊辰4一	己巳5二	庚午6三	辛未7四	癸卯白露 戊午秋分
九月小	庚戌 天干地支西曆星期	壬申8五	癸酉9六	甲戌10日	乙亥11一	丙子12二	丁丑13三	戊寅14四	己卯15五	庚辰16六	辛巳17日	壬午18一	癸未19二	甲申20三	乙酉21四	丙戌22五	丁亥23六	戊子24日	己丑25一	庚寅26二	辛卯27三	壬辰28四	癸巳29五	甲午30六	乙未(11)日	丙申2一	丁酉3二	戊戌4三	己亥5四			癸酉寒露 戊子霜降
十月大	辛亥 天干地支西曆星期	辛丑5五	壬寅6六	癸卯7日	甲辰8一	乙巳9二	丙午10三	丁未11四	戊申12五	己酉13六	庚戌14日	辛亥15一	壬子16二	癸丑17三	甲寅18四	乙卯19五	丙辰20六	丁巳21日	戊午22一	己未23二	庚申24三	辛酉25四	壬戌26五	癸亥27六	甲子28日	乙丑29一	丙寅30二	丁卯(12)三	戊辰2四	己巳3五	庚午4六	辛丑立冬 丁未小雪
十一月小	壬子 天干地支西曆星期	辛未5日	壬申6一	癸酉7二	甲戌8三	乙亥9四	丙子10五	丁丑11六	戊寅12日	己卯13一	庚辰14二	辛巳15三	壬午16四	癸未17五	甲申18六	乙酉19日	丙戌20一	丁亥21二	戊子22三	己丑23四	庚寅24五	辛卯25六	壬辰26日	癸巳27一	甲午28二	乙未29三	丙申30四	丁酉31(1)五	戊戌(1)六	己亥2日		甲戌大雪 己丑冬至
十二月大	癸丑 天干地支西曆星期	庚子3一	辛丑4二	壬寅5三	癸卯6四	甲辰7五	乙巳8六	丙午9日	丁未10一	戊申11二	己酉12三	庚戌13四	辛亥14五	壬子15六	癸丑16日	甲寅17一	乙卯18二	丙辰19三	丁巳20四	戊午21五	己未22六	庚申23日	辛酉24一	壬戌25二	癸亥26三	甲子27四	乙丑28五	丙寅29六	丁卯30日	戊辰31一	己巳(2)二	己巳小寒 庚申大寒

北凉沮渠蒙遜玄始十七年 承玄元年（戊辰 龍年） 公元 428 ~ 429 年

夏曆月序	中西曆對照	夏曆日序 初一	初二	初三	初四	初五	初六	初七	初八	初九	初十	十一	十二	十三	十四	十五	十六	十七	十八	十九	二十	二一	二二	二三	二四	二五	二六	二七	二八	二九	三十	節氣與天象
正月小	甲寅 天干地支/西曆/星期	庚午2四	辛未3五	壬申4六	癸酉5日	甲戌6一	乙亥7二	丙子8三	丁丑9四	戊寅10五	己卯11六	庚辰12日	辛巳13一	壬午14二	癸未15三	甲申16四	乙酉17五	丙戌18六	丁亥19日	戊子20一	己丑21二	庚寅22三	辛卯23四	壬辰24五	癸巳25六	甲午26日	乙未27一	丙申28二	丁酉29三	戊戌(3)四		乙亥立春 庚寅雨水
二月大	乙卯 天干地支/西曆/星期	己亥2五	庚子3六	辛丑4日	壬寅5一	癸卯6二	甲辰7三	乙巳8四	丙午9五	丁未10六	戊申11日	己酉12一	庚戌13二	辛亥14三	壬子15四	癸丑16五	甲寅17六	乙卯18日	丙辰19一	丁巳20二	戊午21三	己未22四	庚申23五	辛酉24六	壬戌25日	癸亥26一	甲子27二	乙丑28三	丙寅29四	丁卯30五	戊辰31六	乙巳驚蟄 辛酉春分
三月小	丙辰 天干地支/西曆/星期	己巳(4)日	庚午2一	辛未3二	壬申4三	癸酉5四	甲戌6五	乙亥7六	丙子8日	丁丑9一	戊寅10二	己卯11三	庚辰12四	辛巳13五	壬午14六	癸未15日	甲申16一	乙酉17二	丙戌18三	丁亥19四	戊子20五	己丑21六	庚寅22日	辛卯23一	壬辰24二	癸巳25三	甲午26四	乙未27五	丙申28六	丁酉29日		丙子清明 辛卯穀雨
四月大	丁巳 天干地支/西曆/星期	戊戌30一	己亥(5)二	庚子2三	辛丑3四	壬寅4五	癸卯5六	甲辰6日	乙巳7一	丙午8二	丁未9三	戊申10四	己酉11五	庚戌12六	辛亥13日	壬子14一	癸丑15二	甲寅16三	乙卯17四	丙辰18五	丁巳19六	戊午20日	己未21一	庚申22二	辛酉23三	壬戌24四	癸亥25五	甲子26六	乙丑27日	丙寅28一	丁卯29二	丙午立夏 辛酉小滿
五月小	戊午 天干地支/西曆/星期	戊辰30三	己巳31四	庚午(6)五	辛未2六	壬申3日	癸酉4一	甲戌5二	乙亥6三	丙子7四	丁丑8五	戊寅9六	己卯10日	庚辰11一	辛巳12二	壬午13三	癸未14四	甲申15五	乙酉16六	丙戌17日	丁亥18一	戊子19二	己丑20三	庚寅21四	辛卯22五	壬辰23六	癸巳24日	甲午25一	乙未26二	丙申27三		丁丑芒種 壬辰夏至
六月大	己未 天干地支/西曆/星期	丁酉28四	戊戌29五	己亥30六	庚子(7)日	辛丑2一	壬寅3二	癸卯4三	甲辰5四	乙巳6五	丙午7六	丁未8日	戊申9一	己酉10二	庚戌11三	辛亥12四	壬子13五	癸丑14六	甲寅15日	乙卯16一	丙辰17二	丁巳18三	戊午19四	己未20五	庚申21六	辛酉22日	壬戌23一	癸亥24二	甲子25三	乙丑26四	丙寅27五	丁未小暑 壬戌大暑
七月小	庚申 天干地支/西曆/星期	丁卯28六	戊辰29日	己巳30一	庚午31二	辛未(8)三	壬申2四	癸酉3五	甲戌4六	乙亥5日	丙子6一	丁丑7二	戊寅8三	己卯9四	庚辰10五	辛巳11六	壬午12日	癸未13一	甲申14二	乙酉15三	丙戌16四	丁亥17五	戊子18六	己丑19日	庚寅20一	辛卯21二	壬辰22三	癸巳23四	甲午24五	乙未25六		戊寅立秋 癸巳處暑
八月大	辛酉 天干地支/西曆/星期	丙申26日	丁酉27一	戊戌28二	己亥29三	庚子30四	辛丑31五	壬寅(9)六	癸卯2日	甲辰3一	乙巳4二	丙午5三	丁未6四	戊申7五	己酉8六	庚戌9日	辛亥10一	壬子11二	癸丑12三	甲寅13四	乙卯14五	丙辰15六	丁巳16日	戊午17一	己未18二	庚申19三	辛酉20四	壬戌21五	癸亥22六	甲子23日	乙丑24一	戊申白露 癸亥秋分
九月小	壬戌 天干地支/西曆/星期	丙寅25二	丁卯26三	戊辰27四	己巳28五	庚午29六	辛未30日	壬申(10)一	癸酉2二	甲戌3三	乙亥4四	丙子5五	丁丑6六	戊寅7日	己卯8一	庚辰9二	辛巳10三	壬午11四	癸未12五	甲申13六	乙酉14日	丙戌15一	丁亥16二	戊子17三	己丑18四	庚寅19五	辛卯20六	壬辰21日	癸巳22一	甲午23二		戊寅寒露 甲午霜降
十月大	癸亥 天干地支/西曆/星期	乙未24三	丙申25四	丁酉26五	戊戌27六	己亥28日	庚子29一	辛丑30二	壬寅31三	癸卯(11)四	甲辰2五	乙巳3六	丙午4日	丁未5一	戊申6二	己酉7三	庚戌8四	辛亥9五	壬子10六	癸丑11日	甲寅12一	乙卯13二	丙辰14三	丁巳15四	戊午16五	己未17六	庚申18日	辛酉19一	壬戌20二	癸亥21三	甲子22四	乙酉立冬 甲子小雪
十一月小	甲子 天干地支/西曆/星期	乙丑23五	丙寅24六	丁卯25日	戊辰26一	己巳27二	庚午28三	辛未29四	壬申30五	癸酉(12)六	甲戌2日	乙亥3一	丙子4二	丁丑5三	戊寅6四	己卯7五	庚辰8六	辛巳9日	壬午10一	癸未11二	甲申12三	乙酉13四	丙戌14五	丁亥15六	戊子16日	己丑17一	庚寅18二	辛卯19三	壬辰20四	癸巳21五		己卯大雪
十二月大	乙丑 天干地支/西曆/星期	甲午22六	乙未23日	丙申24一	丁酉25二	戊戌26三	己亥27四	庚子28五	辛丑29六	壬寅30日	癸卯31一	甲辰(1)二	乙巳2三	丙午3四	丁未4五	戊申5六	己酉6日	庚戌7一	辛亥8二	壬子9三	癸丑10四	甲寅11五	乙卯12六	丙辰13日	丁巳14一	戊午15二	己未16三	庚申17四	辛酉18五	壬戌19六	癸亥20日	乙未冬至 庚戌小寒

*六月，改元承玄。

北凉沮渠蒙遜承玄二年（己巳 蛇年） 公元429～430年

夏曆月序	中西曆日對照	夏曆日序 初一	初二	初三	初四	初五	初六	初七	初八	初九	初十	十一	十二	十三	十四	十五	十六	十七	十八	十九	二十	二一	二二	二三	二四	二五	二六	二七	二八	二九	三十	節氣與天象
正月大	丙寅 天干地支西曆星期	甲子21一	乙丑22二	丙寅23三	丁卯24四	戊辰25五	己巳26六	庚午27日	辛未28一	壬申29二	癸酉30三	甲戌31四	乙亥(2)五	丙子2六	丁丑3日	戊寅4一	己卯5二	庚辰6三	辛巳7四	壬午8五	癸未9六	甲申10日	乙酉11一	丙戌12二	丁亥13三	戊子14四	己丑15五	庚寅16六	辛卯17日	壬辰18一	癸巳19二		乙丑大寒 庚辰立春
閏正月小	丙寅 天干地支西曆星期	甲午20三	乙未21四	丙申22五	丁酉23六	戊戌24日	己亥25一	庚子26二	辛丑27三	壬寅28四	癸卯(3)五	甲辰2六	乙巳3日	丙午4一	丁未5二	戊申6三	己酉7四	庚戌8五	辛亥9六	壬子10日	癸丑11一	甲寅12二	乙卯13三	丙辰14四	丁巳15五	戊午16六	己未17日	庚申18一	辛酉19二	壬戌20三			乙未雨水 辛亥驚蟄
二月大	丁卯 天干地支西曆星期	癸亥21四	甲子22五	乙丑23六	丙寅24日	丁卯25一	戊辰26二	己巳27三	庚午28四	辛未29五	壬申30六	癸酉31日	甲戌(4)一	乙亥2二	丙子3三	丁丑4四	戊寅5五	己卯6六	庚辰7日	辛巳8一	壬午9二	癸未10三	甲申11四	乙酉12五	丙戌13六	丁亥14日	戊子15一	己丑16二	庚寅17三	辛卯18四	壬辰19五		丙寅春分 辛巳清明
三月小	戊辰 天干地支西曆星期	癸巳20六	甲午21日	乙未22一	丙申23二	丁酉24三	戊戌25四	己亥26五	庚子27六	辛丑28日	壬寅29一	癸卯30二	甲辰(5)三	乙巳2四	丙午3五	丁未4六	戊申5日	己酉6一	庚戌7二	辛亥8三	壬子9四	癸丑10五	甲寅11六	乙卯12日	丙辰13一	丁巳14二	戊午15三	己未16四	庚申17五	辛酉18六			丙申穀雨 辛亥立夏
四月大	己巳 天干地支西曆星期	壬戌19日	癸亥20一	甲子21二	乙丑22三	丙寅23四	丁卯24五	戊辰25六	己巳26日	庚午27一	辛未28二	壬申29三	癸酉30四	甲戌31五	乙亥(6)六	丙子2日	丁丑3一	戊寅4二	己卯5三	庚辰6四	辛巳7五	壬午8六	癸未9日	甲申10一	乙酉11二	丙戌12三	丁亥13四	戊子14五	己丑15六	庚寅16日	辛卯17一		丁卯小滿 壬午芒種
五月小	庚午 天干地支西曆星期	壬辰18二	癸巳19三	甲午20四	乙未21五	丙申22六	丁酉23日	戊戌24一	己亥25二	庚子26三	辛丑27四	壬寅28五	癸卯29六	甲辰30日	乙巳(7)一	丙午1二	丁未2三	戊申3四	己酉4五	庚戌5六	辛亥6日	壬子7一	癸丑8二	甲寅9三	乙卯10四	丙辰11五	丁巳12六	戊午13日	己未14一	庚申15二			丁酉夏至 壬子小暑
六月大	辛未 天干地支西曆星期	辛酉17三	壬戌18四	癸亥19五	甲子20六	乙丑21日	丙寅22一	丁卯23二	戊辰24三	己巳25四	庚午26五	辛未27六	壬申28日	癸酉29一	甲戌30二	乙亥31三	丙子(8)四	丁丑2五	戊寅3六	己卯4日	庚辰5一	辛巳6二	壬午7三	癸未8四	甲申9五	乙酉10六	丙戌11日	丁亥12一	戊子13二	己丑14三	庚寅15四		戊辰大暑 癸未立秋
七月小	壬申 天干地支西曆星期	辛卯16五	壬辰17六	癸巳18日	甲午19一	乙未20二	丙申21三	丁酉22四	戊戌23五	己亥24六	庚子25日	辛丑26一	壬寅27二	癸卯28三	甲辰29四	乙巳30五	丙午31六	丁未(9)日	戊申2一	己酉3二	庚戌4三	辛亥5四	壬子6五	癸丑7六	甲寅8日	乙卯9一	丙辰10二	丁巳11三	戊午12四	己未13五			戊戌處暑 癸丑白露
八月大	癸酉 天干地支西曆星期	庚申14六	辛酉15日	壬戌16一	癸亥17二	甲子18三	乙丑19四	丙寅20五	丁卯21六	戊辰22日	己巳23一	庚午24二	辛未25三	壬申26四	癸酉27五	甲戌28六	乙亥29日	丙子(10)一	丁丑2二	戊寅3三	己卯4四	庚辰5五	辛巳6六	壬午7日	癸未8一	甲申9二	乙酉10三	丙戌11四	丁亥12五	戊子13六		戊辰秋分 甲申寒露
九月小	甲戌 天干地支西曆星期	庚寅14日	辛卯15一	壬辰16二	癸巳17三	甲午18四	乙未19五	丙申20六	丁酉21日	戊戌22一	己亥23二	庚子24三	辛丑25四	壬寅26五	癸卯27六	甲辰28日	乙巳29一	丙午30二	丁未31三	戊申(11)四	己酉2五	庚戌3六	辛亥4日	壬子5一	癸丑6二	甲寅7三	乙卯8四	丙辰9五	丁巳10六	戊午11日			己亥霜降 甲寅立冬
十月大	乙亥 天干地支西曆星期	己未12一	庚申13二	辛酉14三	壬戌15四	癸亥16五	甲子17六	乙丑18日	丙寅19一	丁卯20二	戊辰21三	己巳22四	庚午23五	辛未24六	壬申25日	癸酉26一	甲戌27二	乙亥28三	丙子29四	丁丑30五	戊寅(12)六	己卯2日	庚辰3一	辛巳4二	壬午5三	癸未6四	甲申7五	乙酉8六	丙戌9日	丁亥10一	戊子11二		己巳小雪 乙酉大雪
十一月小	丙子 天干地支西曆星期	己丑12三	庚寅13四	辛卯14五	壬辰15六	癸巳16日	甲午17一	乙未18二	丙申19三	丁酉20四	戊戌21五	己亥22六	庚子23日	辛丑24一	壬寅25二	癸卯26三	甲辰27四	乙巳28五	丙午29六	丁未30日	戊申31一	己酉(1)二	庚戌2三	辛亥3四	壬子4五	癸丑5六	甲寅6日	乙卯7一	丙辰8二	丁巳9三			庚子冬至 乙卯小寒 己丑日食
十二月大	丁丑 天干地支西曆星期	戊午10四	己未11五	庚申12六	辛酉13日	壬戌14一	癸亥15二	甲子16三	乙丑17四	丙寅18五	丁卯19六	戊辰20日	己巳21一	庚午22二	辛未23三	壬申24四	癸酉25五	甲戌26六	乙亥27日	丙子28一	丁丑29二	戊寅30三	己卯31四	庚辰(2)五	辛巳2六	壬午3日	癸未4一	甲申5二	乙酉6三	丙戌7四	丁亥8五		庚午大寒 乙酉立春

北涼沮渠蒙遜承玄三年（庚午 馬年） 公元430～431年

夏曆月序	中西曆日照對	夏曆日序																													節氣與天象
		初一	初二	初三	初四	初五	初六	初七	初八	初九	初十	十一	十二	十三	十四	十五	十六	十七	十八	十九	二十	二一	二二	二三	二四	二五	二六	二七	二八	二九	三十	
正月大 戊寅	天干地支西曆星期	戊子9日一	己丑10日二	庚寅11日三	辛卯12日四	壬辰13日五	癸巳14日六	甲午15日日	乙未16日一	丙申17日二	丁酉18日三	戊戌19日四	己亥20日五	庚子21日六	辛丑22日日	壬寅23日一	癸卯24日二	甲辰25日三	乙巳26日四	丙午27日五	丁未28日六	戊申(3)日日	己酉3日一	庚戌4日二	辛亥5日三	壬子6日四	癸丑7日五	甲寅8日六	乙卯9日日	丙辰9日一	丁巳10日二	辛丑雨水 丙辰驚蟄
二月小 己卯	天干地支西曆星期	戊午11日二	己未12日三	庚申13日四	辛酉14日五	壬戌15日六	癸亥16日日	甲子17日一	乙丑18日二	丙寅19日三	丁卯20日四	戊辰21日五	己巳22日六	庚午23日日	辛未24日一	壬申25日二	癸酉26日三	甲戌27日四	乙亥28日五	丙子29日六	丁丑30日日	戊寅31日一	己卯(4)日二	庚辰2日三	辛巳3日四	壬午4日五	癸未5日六	甲申6日日	乙酉7日一	丙戌8日二		辛未春分 丙戌清明
三月大 庚辰	天干地支西曆星期	丁亥9日三	戊子10日四	己丑11日五	庚寅12日六	辛卯13日日	壬辰14日一	癸巳15日二	甲午16日三	乙未17日四	丙申18日五	丁酉19日六	戊戌20日日	己亥21日一	庚子22日二	辛丑23日三	壬寅24日四	癸卯25日五	甲辰26日六	乙巳27日日	丙午28日一	丁未29日二	戊申30日三	己酉(5)日四	庚戌2日五	辛亥3日六	壬子4日日	癸丑5日一	甲寅6日二	乙卯7日三	丙辰8日四	壬寅穀雨
四月小 辛巳	天干地支西曆星期	丁巳9日五	戊午10日六	己未11日日	庚申12日一	辛酉13日二	壬戌14日三	癸亥15日四	甲子16日五	乙丑17日六	丙寅18日日	丁卯19日一	戊辰20日二	己巳21日三	庚午22日四	辛未23日五	壬申24日六	癸酉25日日	甲戌26日一	乙亥27日二	丙子28日三	丁丑29日四	戊寅30日五	己卯31日六	庚辰(6)日日	辛巳2日一	壬午3日二	癸未4日三	甲申5日四	乙酉6日五		丁巳立夏 壬申小滿
五月大 壬午	天干地支西曆星期	丙戌7日六	丁亥8日日	戊子9日一	己丑10日二	庚寅11日三	辛卯12日四	壬辰13日五	癸巳14日六	甲午15日日	乙未16日一	丙申17日二	丁酉18日三	戊戌19日四	己亥20日五	庚子21日六	辛丑22日日	壬寅23日一	癸卯24日二	甲辰25日三	乙巳26日四	丙午27日五	丁未28日六	戊申29日日	己酉30日一	庚戌(7)日二	辛亥2日三	壬子3日四	癸丑4日五	甲寅5日六	乙卯6日日	丁亥芒種 壬寅夏至
六月小 癸未	天干地支西曆星期	丙辰7日一	丁巳8日二	戊午9日三	己未10日四	庚申11日五	辛酉12日六	壬戌13日日	癸亥14日一	甲子15日二	乙丑16日三	丙寅17日四	丁卯18日五	戊辰19日六	己巳20日日	庚午21日一	辛未22日二	壬申23日三	癸酉24日四	甲戌25日五	乙亥26日六	丙子27日日	丁丑28日一	戊寅29日二	己卯30日三	庚辰31日四	辛巳(8)日五	壬午2日六	癸未3日日	甲申4日一		戊午小暑 癸酉大暑
七月大 甲申	天干地支西曆星期	乙酉5日二	丙戌6日三	丁亥7日四	戊子8日五	己丑9日六	庚寅10日日	辛卯11日一	壬辰12日二	癸巳13日三	甲午14日四	乙未15日五	丙申16日六	丁酉17日日	戊戌18日一	己亥19日二	庚子20日三	辛丑21日四	壬寅22日五	癸卯23日六	甲辰24日日	乙巳25日一	丙午26日二	丁未27日三	戊申28日四	己酉29日五	庚戌30日六	辛亥31日日	壬子(9)日一	癸丑2日二	甲寅3日三	戊子立秋 癸卯處暑
八月小 乙酉	天干地支西曆星期	乙卯4日四	丙辰5日五	丁巳6日六	戊午7日日	己未8日一	庚申9日二	辛酉10日三	壬戌11日四	癸亥12日五	甲子13日六	乙丑14日日	丙寅15日一	丁卯16日二	戊辰17日三	己巳18日四	庚午19日五	辛未20日六	壬申21日日	癸酉22日一	甲戌23日二	乙亥24日三	丙子25日四	丁丑26日五	戊寅27日六	己卯28日日	庚辰29日一	辛巳30日二	壬午(10)日三	癸未2日四		戊午白露 甲戌秋分
九月大 丙戌	天干地支西曆星期	甲申3日五	乙酉4日六	丙戌5日日	丁亥6日一	戊子7日二	己丑8日三	庚寅9日四	辛卯10日五	壬辰11日六	癸巳12日日	甲午13日一	乙未14日二	丙申15日三	丁酉16日四	戊戌17日五	己亥18日六	庚子19日日	辛丑20日一	壬寅21日二	癸卯22日三	甲辰23日四	乙巳24日五	丙午25日六	丁未26日日	戊申27日一	己酉28日二	庚戌29日三	辛亥30日四	壬子31日五	癸丑(11)日六	己丑寒露 甲辰霜降
十月小 丁亥	天干地支西曆星期	甲寅2日日	乙卯3日一	丙辰4日二	丁巳5日三	戊午6日四	己未7日五	庚申8日六	辛酉9日日	壬戌10日一	癸亥11日二	甲子12日三	乙丑13日四	丙寅14日五	丁卯15日六	戊辰16日日	己巳17日一	庚午18日二	辛未19日三	壬申20日四	癸酉21日五	甲戌22日六	乙亥23日日	丙子24日一	丁丑25日二	戊寅26日三	己卯27日四	庚辰28日五	辛巳29日六	壬午30日日		己未立冬 乙亥小雪
十一月大 戊子	天干地支西曆星期	癸未(12)日一	甲申2日二	乙酉3日三	丙戌4日四	丁亥5日五	戊子6日六	己丑7日日	庚寅8日一	辛卯9日二	壬辰10日三	癸巳11日四	甲午12日五	乙未13日六	丙申14日日	丁酉15日一	戊戌16日二	己亥17日三	庚子18日四	辛丑19日五	壬寅20日六	癸卯21日日	甲辰22日一	乙巳23日二	丙午24日三	丁未25日四	戊申26日五	己酉27日六	庚戌28日日	辛亥29日一	壬子30日二	庚寅大雪 乙巳冬至
十二月小 己丑	天干地支西曆星期	癸丑31日三	甲寅(1)日四	乙卯2日五	丙辰3日六	丁巳4日日	戊午5日一	己未6日二	庚申7日三	辛酉8日四	壬戌9日五	癸亥10日六	甲子11日日	乙丑12日一	丙寅13日二	丁卯14日三	戊辰15日四	己巳16日五	庚午17日六	辛未18日日	壬申19日一	癸酉20日二	甲戌21日三	乙亥22日四	丙子23日五	丁丑24日六	戊寅25日日	己卯26日一	庚辰27日二	辛巳28日三		庚申小寒 乙亥大寒

北凉沮渠蒙遜承玄四年 義和元年（辛未 羊年） 公元431～432年

夏曆月序	中西曆對照	夏曆日序																													節氣與天象
		初一	初二	初三	初四	初五	初六	初七	初八	初九	初十	十一	十二	十三	十四	十五	十六	十七	十八	十九	二十	二一	二二	二三	二四	二五	二六	二七	二八	二九	三十	
正月大	庚寅 天干地支西曆星期	壬午29四	癸未30五	甲申31六	乙酉(2)日	丙戌2一	丁亥3二	戊子4三	己丑5四	庚寅6五	辛卯7六	壬辰8日	癸巳9一	甲午10二	乙未11三	丙申12四	丁酉13五	戊戌14六	己亥15日	庚子16一	辛丑17二	壬寅18三	癸卯19四	甲辰20五	乙巳21六	丙午22日	丁未23一	戊申24二	己酉25三	庚戌26四	辛亥27五	辛卯立春 丙午雨水
二月小	辛卯 天干地支西曆星期	壬子28六	癸丑(3)日	甲寅2一	乙卯3二	丙辰4三	丁巳5四	戊午6五	己未7六	庚申8日	辛酉9一	壬戌10二	癸亥11三	甲子12四	乙丑13五	丙寅14六	丁卯15日	戊辰16一	己巳17二	庚午18三	辛未19四	壬申20五	癸酉21六	甲戌22日	乙亥23一	丙子24二	丁丑25三	戊寅26四	己卯27五	庚辰28六		辛酉驚蟄 丙子春分
三月大	壬辰 天干地支西曆星期	辛巳29日	壬午30一	癸未31二	甲申(4)三	乙酉2四	丙戌3五	丁亥4六	戊子5日	己丑6一	庚寅7二	辛卯8三	壬辰9四	癸巳10五	甲午11六	乙未12日	丙申13一	丁酉14二	戊戌15三	己亥16四	庚子17五	辛丑18六	壬寅19日	癸卯20一	甲辰21二	乙巳22三	丙午23四	丁未24五	戊申25六	己酉26日	庚戌27一	壬辰清明 丁未穀雨
四月小	癸巳 天干地支西曆星期	辛亥28二	壬子29三	癸丑30四	甲寅(5)五	乙卯2六	丙辰3日	丁巳4一	戊午5二	己未6三	庚申7四	辛酉8五	壬戌9六	癸亥10日	甲子11一	乙丑12二	丙寅13三	丁卯14四	戊辰15五	己巳16六	庚午17日	辛未18一	壬申19二	癸酉20三	甲戌21四	乙亥22五	丙子23六	丁丑24日	戊寅25一	己卯26二		壬戌立夏 丁丑小滿
五月大	甲午 天干地支西曆星期	庚辰27三	辛巳28四	壬午29五	癸未30六	甲申31(6)日	乙酉(6)2一	丙戌2二	丁亥3三	戊子4四	己丑5五	庚寅6六	辛卯7日	壬辰8一	癸巳9二	甲午10三	乙未11四	丙申12五	丁酉13六	戊戌14日	己亥15一	庚子16二	辛丑17三	壬寅18四	癸卯19五	甲辰20六	乙巳21日	丙午22一	丁未23二	戊申24三	己酉25四	壬辰芒種 戊申夏至
六月小	乙未 天干地支西曆星期	庚戌26五	辛亥27六	壬子28日	癸丑29一	甲寅30二	乙卯(7)三	丙辰2四	丁巳3五	戊午4六	己未5日	庚申6一	辛酉7二	壬戌8三	癸亥9四	甲子10五	乙丑11六	丙寅12日	丁卯13一	戊辰14二	己巳15三	庚午16四	辛未17五	壬申18六	癸酉19日	甲戌20一	乙亥21二	丙子22三	丁丑23四	戊寅24五		癸亥小暑 戊寅大暑
七月大	丙申 天干地支西曆星期	己卯25六	庚辰26日	辛巳27一	壬午28二	癸未29三	甲申30四	乙酉31五	丙戌(8)6日	丁亥2二	戊子3三	己丑4四	庚寅5五	辛卯6六	壬辰7日	癸巳8一	甲午9二	乙未10三	丙申11四	丁酉12五	戊戌13六	己亥14日	庚子15一	辛丑16二	壬寅17三	癸卯18四	甲辰19五	乙巳20六	丙午21日	丁未22一	戊申23二	癸巳立秋
八月大	丁酉 天干地支西曆星期	己酉24三	庚戌25四	辛亥26五	壬子27六	癸丑28日	甲寅29一	乙卯30二	丙辰31三	丁巳(9)2四	戊午2五	己未3六	庚申4日	辛酉5一	壬戌6二	癸亥7三	甲子8四	乙丑9五	丙寅10六	丁卯11日	戊辰12一	己巳13二	庚午14三	辛未15四	壬申16五	癸酉17六	甲戌18日	乙亥19一	丙子20二	丁丑21三	戊寅22四	己酉處暑 甲子白露
九月小	戊戌 天干地支西曆星期	己卯23五	庚辰24六	辛巳25日	壬午26一	癸未27二	甲申28三	乙酉29四	丙戌30五	丁亥(10)日	戊子2日	己丑3二	庚寅4三	辛卯5四	壬辰6五	癸巳7六	甲午8日	乙未9一	丙申10二	丁酉11三	戊戌12四	己亥13五	庚子14六	辛丑15日	壬寅16一	癸卯17二	甲辰18三	乙巳19四	丙午20五	丁未21六		己卯秋分 甲午寒露
閏九月大	戊戌 天干地支西曆星期	戊申22日	己酉23一	庚戌24二	辛亥25三	壬子26四	癸丑27五	甲寅28六	乙卯29日	丙辰30一	丁巳31(11)二	戊午(11)三	己未2四	庚申3五	辛酉4六	壬戌5日	癸亥6一	甲子7二	乙丑8三	丙寅9四	丁卯10五	戊辰11六	己巳12日	庚午13一	辛未14二	壬申15三	癸酉16四	甲戌17五	乙亥18六	丙子19日	丁丑20一	己酉霜降 乙丑立冬
十月小	己亥 天干地支西曆星期	戊寅21二	己卯22三	庚辰23四	辛巳24五	壬午25六	癸未26日	甲申27一	乙酉28二	丙戌29三	丁亥30四	戊子(12)五	己丑2六	庚寅3日	辛卯4一	壬辰5二	癸巳6三	甲午7四	乙未8五	丙申9六	丁酉10日	戊戌11一	己亥12二	庚子13三	辛丑14四	壬寅15五	癸卯16六	甲辰17日	乙巳18一	丙午19二		庚辰小雪 乙未大雪
十一月大	庚子 天干地支西曆星期	丁未20三	戊申21四	己酉22五	庚戌23六	辛亥24日	壬子25一	癸丑26二	甲寅27三	乙卯28四	丙辰29五	丁巳30六	戊午31日	己未(1)一	庚申2二	辛酉3三	壬戌4四	癸亥5五	甲子6六	乙丑7日	丙寅8一	丁卯9二	戊辰10三	己巳11四	庚午12五	辛未13六	壬申14日	癸酉15一	甲戌16二	乙亥17三	丙子18四	庚戌冬至 乙丑小寒
十二月小	辛丑 天干地支西曆星期	丁丑19五	戊寅20六	己卯21日	庚辰22一	辛巳23二	壬午24三	癸未25四	甲申26五	乙酉27六	丙戌28日	丁亥29一	戊子30二	己丑31三	庚寅(2)四	辛卯2五	壬辰3六	癸巳4日	甲午5一	乙未6二	丙申7三	丁酉8四	戊戌9五	己亥10六	庚子11日	辛丑12一	壬寅13二	癸卯14三	甲辰15四	乙巳16五		辛巳大寒 丙申立春

*六月，改元義和。

北涼沮渠蒙遜義和二年（壬申 猴年） 公元 432～433 年

夏曆月序	中西曆日照對	夏曆日序																													節氣與天象
		初一	初二	初三	初四	初五	初六	初七	初八	初九	初十	十一	十二	十三	十四	十五	十六	十七	十八	十九	二十	二一	二二	二三	二四	二五	二六	二七	二八	二九	三十	
正月大	壬寅	丙午17日三	丁未18四	戊申19五	己酉20六	庚戌21日	辛亥22一	壬子23二	癸丑24三	甲寅25四	乙卯26五	丙辰27六	丁巳28日	戊午29一	己未(3)二	庚申2三	辛酉3四	壬戌4五	癸亥5六	甲子6日	乙丑7一	丙寅8二	丁卯9三	戊辰10四	己巳11五	庚午12六	辛未13日	壬申14一	癸酉15二	甲戌16三	乙亥17四	辛亥雨水 丙寅驚蟄
二月小	癸卯	丙子18五	丁丑19六	戊寅20日	己卯21一	庚辰22二	辛巳23三	壬午24四	癸未25五	甲申26六	乙酉27日	丙戌28一	丁亥29二	戊子30三	己丑31四	庚寅(4)五	辛卯2六	壬辰3日	癸巳4一	甲午5二	乙未6三	丙申7四	丁酉8五	戊戌9六	己亥10日	庚子11一	辛丑12二	壬寅13三	癸卯14四	甲辰15五		壬午春分 丁酉清明
三月大	甲辰	乙巳16六	丙午17日	丁未18一	戊申19二	己酉20三	庚戌21四	辛亥22五	壬子23六	癸丑24日	甲寅25一	乙卯26二	丙辰27三	丁巳28四	戊午29五	己未30六	庚申(5)日	辛酉2一	壬戌3二	癸亥4三	甲子5四	乙丑6五	丙寅7六	丁卯8日	戊辰9一	己巳10二	庚午11三	辛未12四	壬申13五	癸酉14六	甲戌15日	壬子穀雨 丁卯立夏
四月小	乙巳	乙亥16一	丙子17二	丁丑18三	戊寅19四	己卯20五	庚辰21六	辛巳22日	壬午23一	癸未24二	甲申25三	乙酉26四	丙戌27五	丁亥28六	戊子29日	己丑30一	庚寅31二	辛卯(6)三	壬辰2四	癸巳3五	甲午4六	乙未5日	丙申6一	丁酉7二	戊戌8三	己亥9四	庚子10五	辛丑11六	壬寅12日	癸卯13一		壬午小滿 戊戌芒種
五月大	丙午	甲辰14二	乙巳15三	丙午16四	丁未17五	戊申18六	己酉19日	庚戌20一	辛亥21二	壬子22三	癸丑23四	甲寅24五	乙卯25六	丙辰26日	丁巳27一	戊午28二	己未29三	庚申30四	辛酉(7)五	壬戌2六	癸亥3日	甲子4一	乙丑5二	丙寅6三	丁卯7四	戊辰8五	己巳9六	庚午10日	辛未11一	壬申12二	癸酉13三	癸丑夏至 戊辰小暑
六月小	丁未	甲戌14四	乙亥15五	丙子16六	丁丑17日	戊寅18一	己卯19二	庚辰20三	辛巳21四	壬午22五	癸未23六	甲申24日	乙酉25一	丙戌26二	丁亥27三	戊子28四	己丑29五	庚寅30六	辛卯31日	壬辰(8)一	癸巳2二	甲午3三	乙未4四	丙申5五	丁酉6六	戊戌7日	己亥8一	庚子9二	辛丑10三	壬寅11四		癸未大暑 己亥立秋
七月大	戊申	癸卯12五	甲辰13六	乙巳14日	丙午15一	丁未16二	戊申17三	己酉18四	庚戌19五	辛亥20六	壬子21日	癸丑22一	甲寅23二	乙卯24三	丙辰25四	丁巳26五	戊午27六	己未28日	庚申29一	辛酉30二	壬戌31三	癸亥(9)四	甲子2五	乙丑3六	丙寅4日	丁卯5一	戊辰6二	己巳7三	庚午8四	辛未9五	壬申10六	甲寅處暑 己巳白露
八月小	己酉	癸酉11日	甲戌12一	乙亥13二	丙子14三	丁丑15四	戊寅16五	己卯17六	庚辰18日	辛巳19一	壬午20二	癸未21三	甲申22四	乙酉23五	丙戌24六	丁亥25日	戊子26一	己丑27二	庚寅28三	辛卯29四	壬辰30五	癸巳(10)六	甲午2日	乙未3一	丙申4二	丁酉5三	戊戌6四	己亥7五	庚子8六	辛丑9日		甲申秋分 己亥寒露
九月大	庚戌	壬寅10一	癸卯11二	甲辰12三	乙巳13四	丙午14五	丁未15六	戊申16日	己酉17一	庚戌18二	辛亥19三	壬子20四	癸丑21五	甲寅22六	乙卯23日	丙辰24一	丁巳25二	戊午26三	己未27四	庚申28五	辛酉29六	壬戌30日	癸亥31一	甲子(11)二	乙丑2三	丙寅3四	丁卯4五	戊辰5六	己巳6日	庚午7一	辛未8二	乙卯霜降 庚午立冬
十月大	辛亥	壬申9三	癸酉10四	甲戌11五	乙亥12六	丙子13日	丁丑14一	戊寅15二	己卯16三	庚辰17四	辛巳18五	壬午19六	癸未20日	甲申21一	乙酉22二	丙戌23三	丁亥24四	戊子25五	己丑26六	庚寅27日	辛卯28一	壬辰29二	癸巳30三	甲午(12)四	乙未2五	丙申3六	丁酉4日	戊戌5一	己亥6二	庚子7三	辛丑8四	乙酉小雪 庚子大雪
十一月小	壬子	壬寅9五	癸卯10六	甲辰11日	乙巳12一	丙午13二	丁未14三	戊申15四	己酉16五	庚戌17六	辛亥18日	壬子19一	癸丑20二	甲寅21三	乙卯22四	丙辰23五	丁巳24六	戊午25日	己未26一	庚申27二	辛酉28三	壬戌29四	癸亥30五	甲子(1)六	乙丑2日	丙寅3一	丁卯4二	戊辰5三	己巳6四	庚午7五		丙辰冬至
十二月大	癸丑	辛未7六	壬申8日	癸酉9一	甲戌10二	乙亥11三	丙子12四	丁丑13五	戊寅14六	己卯15日	庚辰16一	辛巳17二	壬午18三	癸未19四	甲申20五	乙酉21六	丙戌22日	丁亥23一	戊子24二	己丑25三	庚寅26四	辛卯27五	壬辰28六	癸巳29日	甲午30一	乙未31二	丙申(2)三	丁酉2四	戊戌3五	己亥4六	庚子5日	辛未小寒 丙戌大寒

北涼沮渠蒙遜義和三年 沮渠牧犍永和元年（癸酉 雞年） 公元433～434年

夏曆月序	中西日曆對照	夏曆日序																														節氣與天象
		初一	初二	初三	初四	初五	初六	初七	初八	初九	初十	十一	十二	十三	十四	十五	十六	十七	十八	十九	二十	二一	二二	二三	二四	二五	二六	二七	二八	二九	三十	
正月小	甲寅 天干地支西曆星期	辛丑 6 一	壬寅 7 二	癸卯 8 三	甲辰 9 四	乙巳 10 五	丙午 11 六	丁未 12 日	戊申 13 一	己酉 14 二	庚戌 15 三	辛亥 16 四	壬子 17 五	癸丑 18 六	甲寅 19 日	乙卯 20 一	丙辰 21 二	丁巳 22 三	戊午 23 四	己未 24 五	庚申 25 六	辛酉 26 日	壬戌 27 一	癸亥 28 二	甲子 (3) 三	乙丑 2 四	丙寅 3 五	丁卯 4 六	戊辰 5 日	己巳 6 一		辛丑立春 丙辰雨水
二月大	乙卯 天干地支西曆星期	庚午 7 二	辛未 8 三	壬申 9 四	癸酉 10 五	甲戌 11 六	乙亥 12 日	丙子 13 一	丁丑 14 二	戊寅 15 三	己卯 16 四	庚辰 17 五	辛巳 18 六	壬午 19 日	癸未 20 一	甲申 21 二	乙酉 22 三	丙戌 23 四	丁亥 24 五	戊子 25 六	己丑 26 日	庚寅 27 一	辛卯 28 二	壬辰 29 三	癸巳 30 四	甲午 31 五	乙未 (4) 六	丙申 2 日	丁酉 3 一	戊戌 4 二	己亥 5 三	壬申驚蟄 丁亥春分
三月小	丙辰 天干地支西曆星期	庚子 6 四	辛丑 7 五	壬寅 8 六	癸卯 9 日	甲辰 10 一	乙巳 11 二	丙午 12 三	丁未 13 四	戊申 14 五	己酉 15 六	庚戌 16 日	辛亥 17 一	壬子 18 二	癸丑 19 三	甲寅 20 四	乙卯 21 五	丙辰 22 六	丁巳 23 日	戊午 24 一	己未 25 二	庚申 26 三	辛酉 27 四	壬戌 28 五	癸亥 29 六	甲子 30 日	乙丑 (5) 一	丙寅 2 二	丁卯 3 三	戊辰 4 四		壬寅清明 丁巳穀雨
四月大	丁巳 天干地支西曆星期	庚午 5 五	辛未 6 六	壬申 7 日	癸酉 8 一	甲戌 9 二	乙亥 10 三	丙子 11 四	丁丑 12 五	戊寅 13 六	己卯 14 日	庚辰 15 一	辛巳 16 二	壬午 17 三	癸未 18 四	甲申 19 五	乙酉 20 六	丙戌 21 日	丁亥 22 一	戊子 23 二	己丑 24 三	庚寅 25 四	辛卯 26 五	壬辰 27 六	癸巳 28 日	甲午 29 一	乙未 30 二	丙申 31 三	丁酉 (6) 四	戊戌 2 五	己亥 3 六	壬申立夏 戊子小滿
五月小	戊午 天干地支西曆星期	庚子 4 日	辛丑 5 一	壬寅 6 二	癸卯 7 三	甲辰 8 四	乙巳 9 五	丙午 10 六	丁未 11 日	戊申 12 一	己酉 13 二	庚戌 14 三	辛亥 15 四	壬子 16 五	癸丑 17 六	甲寅 18 日	乙卯 19 一	丙辰 20 二	丁巳 21 三	戊午 22 四	己未 23 五	庚申 24 六	辛酉 25 日	壬戌 26 一	癸亥 27 二	甲子 28 三	乙丑 29 四	丙寅 30 五	丁卯 (7) 六	戊辰 2 日		癸卯芒種 戊午夏至
六月大	己未 天干地支西曆星期	戊辰 3 一	己巳 4 二	庚午 5 三	辛未 6 四	壬申 7 五	癸酉 8 六	甲戌 9 日	乙亥 10 一	丙子 11 二	丁丑 12 三	戊寅 13 四	己卯 14 五	庚辰 15 六	辛巳 16 日	壬午 17 一	癸未 18 二	甲申 19 三	乙酉 20 四	丙戌 21 五	丁亥 22 六	戊子 23 日	己丑 24 一	庚寅 25 二	辛卯 26 三	壬辰 27 四	癸巳 28 五	甲午 29 六	乙未 30 日	丙申 31 一	丁酉 (8) 二	癸酉小暑 己丑大暑
七月小	庚申 天干地支西曆星期	戊戌 2 三	己亥 3 四	庚子 4 五	辛丑 5 六	壬寅 6 日	癸卯 7 一	甲辰 8 二	乙巳 9 三	丙午 10 四	丁未 11 五	戊申 12 六	己酉 13 日	庚戌 14 一	辛亥 15 二	壬子 16 三	癸丑 17 四	甲寅 18 五	乙卯 19 六	丙辰 20 日	丁巳 21 一	戊午 22 二	己未 23 三	庚申 24 四	辛酉 25 五	壬戌 26 六	癸亥 27 日	甲子 28 一	乙丑 29 二	丙寅 30 三		甲辰立秋 己未處暑
八月大	辛酉 天干地支西曆星期	丁卯 31 四	戊辰 (9) 五	己巳 2 六	庚午 3 日	辛未 4 一	壬申 5 二	癸酉 6 三	甲戌 7 四	乙亥 8 五	丙子 9 六	丁丑 10 日	戊寅 11 一	己卯 12 二	庚辰 13 三	辛巳 14 四	壬午 15 五	癸未 16 六	甲申 17 日	乙酉 18 一	丙戌 19 二	丁亥 20 三	戊子 21 四	己丑 22 五	庚寅 23 六	辛卯 24 日	壬辰 25 一	癸巳 26 二	甲午 27 三	乙未 28 四	丙申 29 五	甲戌白露 己丑秋分
九月小	壬戌 天干地支西曆星期	丁酉 30 六	戊戌 (10) 日	己亥 2 一	庚子 3 二	辛丑 4 三	壬寅 5 四	癸卯 6 五	甲辰 7 六	乙巳 8 日	丙午 9 一	丁未 10 二	戊申 11 三	己酉 12 四	庚戌 13 五	辛亥 14 六	壬子 15 日	癸丑 16 一	甲寅 17 二	乙卯 18 三	丙辰 19 四	丁巳 20 五	戊午 21 六	己未 22 日	庚申 23 一	辛酉 24 二	壬戌 25 三	癸亥 26 四	甲子 27 五	乙丑 28 六		乙巳寒露 庚申霜降
十月大	癸亥 天干地支西曆星期	丙寅 29 日	丁卯 30 一	戊辰 31 二	己巳 (11) 三	庚午 2 四	辛未 3 五	壬申 4 六	癸酉 5 日	甲戌 6 一	乙亥 7 二	丙子 8 三	丁丑 9 四	戊寅 10 五	己卯 11 六	庚辰 12 日	辛巳 13 一	壬午 14 二	癸未 15 三	甲申 16 四	乙酉 17 五	丙戌 18 六	丁亥 19 日	戊子 20 一	己丑 21 二	庚寅 22 三	辛卯 23 四	壬辰 24 五	癸巳 25 六	甲午 26 日	乙未 27 一	乙亥立冬 庚寅小雪
十一月小	甲子 天干地支西曆星期	丙申 28 二	丁酉 29 三	戊戌 30 四	己亥 (12) 五	庚子 2 六	辛丑 3 日	壬寅 4 一	癸卯 5 二	甲辰 6 三	乙巳 7 四	丙午 8 五	丁未 9 六	戊申 10 日	己酉 11 一	庚戌 12 二	辛亥 13 三	壬子 14 四	癸丑 15 五	甲寅 16 六	乙卯 17 日	丙辰 18 一	丁巳 19 二	戊午 20 三	己未 21 四	庚申 22 五	辛酉 23 六	壬戌 24 日	癸亥 25 一	甲子 26 二		丙午大雪 辛酉冬至
十二月大	乙丑 天干地支西曆星期	乙丑 27 三	丙寅 28 四	丁卯 29 五	戊辰 30 六	己巳 31 日	庚午 (1) 一	辛未 2 二	壬申 3 三	癸酉 4 四	甲戌 5 五	乙亥 6 六	丙子 7 日	丁丑 8 一	戊寅 9 二	己卯 10 三	庚辰 11 四	辛巳 12 五	壬午 13 六	癸未 14 日	甲申 15 一	乙酉 16 二	丙戌 17 三	丁亥 18 四	戊子 19 五	己丑 20 六	庚寅 21 日	辛卯 22 一	壬辰 23 二	癸巳 24 三	甲午 25 四	丙子小寒 辛卯大寒

＊四月，沮渠蒙遜死。沮渠牧犍即位，改元永和。

北涼沮渠牧犍永和二年（甲戌 狗年） 公元 434～435 年

夏曆月序	中西曆對照	夏曆日序																													節氣與天象
		初一	初二	初三	初四	初五	初六	初七	初八	初九	初十	十一	十二	十三	十四	十五	十六	十七	十八	十九	二十	廿一	廿二	廿三	廿四	廿五	廿六	廿七	廿八	廿九	三十	
正月小	丙寅	天干地支／西曆／星期 乙未 26 五	丙申 27 六	丁酉 28 日	戊戌 29 一	己亥 30 二	庚子 31 三	辛丑 (2) 四	壬寅 3 五	癸卯 4 六	甲辰 5 日	乙巳 6 一	丙午 7 二	丁未 8 三	戊申 9 四	己酉 10 五	庚戌 11 六	辛亥 12 日	壬子 13 一	癸丑 14 二	甲寅 15 三	乙卯 16 四	丙辰 17 五	丁巳 18 六	戊午 19 日	己未 20 一	庚申 21 二	辛酉 22 三	壬戌 23 四	癸亥 24 五		丙午立春 壬戌雨水
二月大	丁卯	天干地支／西曆／星期 甲子 25 六	乙丑 26 日	丙寅 27 一	丁卯 28 二	戊辰 (3) 三	己巳 2 四	庚午 3 五	辛未 4 六	壬申 5 日	癸酉 6 一	甲戌 7 二	乙亥 8 三	丙子 9 四	丁丑 10 五	戊寅 11 六	己卯 12 日	庚辰 13 一	辛巳 14 二	壬午 15 三	癸未 16 四	甲申 17 五	乙酉 18 六	丙戌 19 日	丁亥 20 一	戊子 21 二	己丑 22 三	庚寅 23 四	辛卯 24 五	壬辰 25 六	癸巳 25 日	丁丑驚蟄 壬辰春分 乙丑日食
三月大	戊辰	天干地支／西曆／星期 甲午 26 一	乙未 27 二	丙申 28 三	丁酉 29 四	戊戌 30 五	己亥 31 六	庚子 (4) 日	辛丑 2 一	壬寅 3 二	癸卯 4 三	甲辰 5 四	乙巳 6 五	丙午 7 六	丁未 8 日	戊申 9 一	己酉 10 二	庚戌 11 三	辛亥 12 四	壬子 13 五	癸丑 14 六	甲寅 15 日	乙卯 16 一	丙辰 17 二	丁巳 18 三	戊午 19 四	己未 20 五	庚申 21 六	辛酉 22 日	壬戌 23 一	癸亥 24 二	丁未清明 癸亥穀雨
四月小	己巳	天干地支／西曆／星期 甲子 25 三	乙丑 26 四	丙寅 27 五	丁卯 28 六	戊辰 29 日	己巳 30 一	庚午 (5) 二	辛未 2 三	壬申 3 四	癸酉 4 五	甲戌 5 六	乙亥 6 日	丙子 7 一	丁丑 8 二	戊寅 9 三	己卯 10 四	庚辰 11 五	辛巳 12 六	壬午 13 日	癸未 14 一	甲申 15 二	乙酉 16 三	丙戌 17 四	丁亥 18 五	戊子 19 六	己丑 20 日	庚寅 21 一	辛卯 22 二	壬辰 23 三		戊寅立夏
五月大	庚午	天干地支／西曆／星期 癸巳 24 四	甲午 25 五	乙未 26 六	丙申 27 日	丁酉 28 一	戊戌 29 二	己亥 30 三	庚子 31 四	辛丑 (6) 五	壬寅 2 六	癸卯 3 日	甲辰 4 一	乙巳 5 二	丙午 6 三	丁未 7 四	戊申 8 五	己酉 9 六	庚戌 10 日	辛亥 11 一	壬子 12 二	癸丑 13 三	甲寅 14 四	乙卯 15 五	丙辰 16 六	丁巳 17 日	戊午 18 一	己未 19 二	庚申 20 三	辛酉 21 四	壬戌 22 五	癸巳小滿 戊申芒種
閏五月小	庚午	天干地支／西曆／星期 癸亥 23 六	甲子 24 日	乙丑 25 一	丙寅 26 二	丁卯 27 三	戊辰 28 四	己巳 29 五	庚午 30 六	辛未 (7) 日	壬申 2 一	癸酉 3 二	甲戌 4 三	乙亥 5 四	丙子 6 五	丁丑 7 六	戊寅 8 日	己卯 9 一	庚辰 10 二	辛巳 11 三	壬午 12 四	癸未 13 五	甲申 14 六	乙酉 15 日	丙戌 16 一	丁亥 17 二	戊子 18 三	己丑 19 四	庚寅 20 五	辛卯 21 六		癸亥夏至 己卯小暑
六月大	辛未	天干地支／西曆／星期 壬辰 22 日	癸巳 23 一	甲午 24 二	乙未 25 三	丙申 26 四	丁酉 27 五	戊戌 28 六	己亥 29 日	庚子 30 一	辛丑 31 二	壬寅 (8) 三	癸卯 2 四	甲辰 3 五	乙巳 4 六	丙午 5 日	丁未 6 一	戊申 7 二	己酉 8 三	庚戌 9 四	辛亥 10 五	壬子 11 六	癸丑 12 日	甲寅 13 一	乙卯 14 二	丙辰 15 三	丁巳 16 四	戊午 17 五	己未 18 六	庚申 19 日	辛酉 20 一	甲午大暑 酉立秋
七月小	壬申	天干地支／西曆／星期 壬戌 21 二	癸亥 22 三	甲子 23 四	乙丑 24 五	丙寅 25 六	丁卯 26 日	戊辰 27 一	己巳 28 二	庚午 29 三	辛未 30 四	壬申 31 五	癸酉 (9) 六	甲戌 2 日	乙亥 3 一	丙子 4 二	丁丑 5 三	戊寅 6 四	己卯 7 五	庚辰 8 六	辛巳 9 日	壬午 10 一	癸未 11 二	甲申 12 三	乙酉 13 四	丙戌 14 五	丁亥 15 六	戊子 16 日	己丑 17 一	庚寅 18 二		甲子處暑 己卯白露
八月大	癸酉	天干地支／西曆／星期 辛卯 19 三	壬辰 20 四	癸巳 21 五	甲午 22 六	乙未 23 日	丙申 24 一	丁酉 25 二	戊戌 26 三	己亥 27 四	庚子 28 五	辛丑 29 六	壬寅 30 日	癸卯 (10) 一	甲辰 2 二	乙巳 3 三	丙午 4 四	丁未 5 五	戊申 6 六	己酉 7 日	庚戌 8 一	辛亥 9 二	壬子 10 三	癸丑 11 四	甲寅 12 五	乙卯 13 六	丙辰 14 日	丁巳 15 一	戊午 16 二	己未 17 三	庚申 18 四	乙未秋分 庚戌寒露
九月小	甲戌	天干地支／西曆／星期 辛酉 19 五	壬戌 20 六	癸亥 21 日	甲子 22 一	乙丑 23 二	丙寅 24 三	丁卯 25 四	戊辰 26 五	己巳 27 六	庚午 28 日	辛未 29 一	壬申 30 二	癸酉 (11) 三	甲戌 2 四	乙亥 3 五	丙子 4 六	丁丑 5 日	戊寅 6 一	己卯 7 二	庚辰 8 三	辛巳 9 四	壬午 10 五	癸未 11 六	甲申 12 日	乙酉 13 一	丙戌 14 二	丁亥 15 三	戊子 16 四	己丑 17 五		乙丑霜降 庚辰立冬
十月大	乙亥	天干地支／西曆／星期 庚寅 17 六	辛卯 18 日	壬辰 19 一	癸巳 20 二	甲午 21 三	乙未 22 四	丙申 23 五	丁酉 24 六	戊戌 25 日	己亥 26 一	庚子 27 二	辛丑 28 三	壬寅 29 四	癸卯 30 五	甲辰 (12) 六	乙巳 2 日	丙午 3 一	丁未 4 二	戊申 5 三	己酉 6 四	庚戌 7 五	辛亥 8 六	壬子 9 日	癸丑 10 一	甲寅 11 二	乙卯 12 三	丙辰 13 四	丁巳 14 五	戊午 15 六	己未 16 日	丙午小雪 辛亥大雪
十一月小	丙子	天干地支／西曆／星期 庚申 17 一	辛酉 18 二	壬戌 19 三	癸亥 20 四	甲子 21 五	乙丑 22 六	丙寅 23 日	丁卯 24 一	戊辰 25 二	己巳 26 三	庚午 27 四	辛未 28 五	壬申 29 六	癸酉 30 日	甲戌 31 一	乙亥 (1) 二	丙子 2 三	丁丑 3 四	戊寅 4 五	己卯 5 六	庚辰 6 日	辛巳 7 一	壬午 8 二	癸未 9 三	甲申 10 四	乙酉 11 五	丙戌 12 六	丁亥 13 日	戊子 14 一		丙寅冬至 辛巳小寒
十二月大	丁丑	天干地支／西曆／星期 己丑 15 二	庚寅 16 三	辛卯 17 四	壬辰 18 五	癸巳 19 六	甲午 20 日	乙未 21 一	丙申 22 二	丁酉 23 三	戊戌 24 四	己亥 25 五	庚子 26 六	辛丑 27 日	壬寅 28 一	癸卯 29 二	甲辰 30 三	乙巳 31 四	丙午 (2) 五	丁未 2 六	戊申 3 日	己酉 4 一	庚戌 5 二	辛亥 6 三	壬子 7 四	癸丑 8 五	甲寅 9 六	乙卯 10 日	丙辰 11 一	丁巳 12 二	戊午 13 三	丙申大寒 壬子立春

北凉沮渠牧犍永和三年（乙亥 猪年） 公元435～436年

夏曆月序	中西曆對照	夏曆日序																													節氣與天象
		初一	初二	初三	初四	初五	初六	初七	初八	初九	初十	十一	十二	十三	十四	十五	十六	十七	十八	十九	二十	二一	二二	二三	二四	二五	二六	二七	二八	二九	三十	
正月小	戊寅 天干地支西曆星期	戊寅14四	己未15五	庚申16六	辛酉17日	壬戌18一	癸亥19二	甲子20三	乙丑21四	丙寅22五	丁卯23六	戊辰24日	己巳25一	庚午26二	辛未27三	壬申28四	癸酉(3)五	甲戌2六	乙亥3日	丙子4一	丁丑5二	戊寅6三	己卯7四	庚辰8五	辛巳9六	壬午10日	癸未11一	甲申12二	乙酉13三	丙戌14四	丁亥15五	丁卯雨水 壬午驚蟄
二月大	己卯 天干地支西曆星期	戊寅15六	己卯16日	庚辰17一	辛巳18二	壬午19三	癸未20四	甲申21五	乙酉22六	丙戌23日	丁亥24一	戊子25二	己丑26三	庚寅27四	辛卯28五	壬辰29六	癸巳30日	甲午31一	乙未(4)二	丙申2三	丁酉3四	戊戌4五	己亥5六	庚子6日	辛丑7一	壬寅8二	癸卯9三	甲辰10四	乙巳11五	丙午12六	丁未13日	丁酉春分 癸丑清明
三月小	庚辰 天干地支西曆星期	戊申14一	己酉15二	庚戌16三	辛亥17四	壬子18五	癸丑19六	甲寅20日	乙卯21一	丙辰22二	丁巳23三	戊午24四	己未25五	庚申26六	辛酉27日	壬戌28一	癸亥29二	甲子30三	乙丑(5)四	丙寅2五	丁卯3六	戊辰4日	己巳5一	庚午6二	辛未7三	壬申8四	癸酉9五	甲戌10六	乙亥11日	丙子12一		戊辰穀雨 癸未立夏
四月大	辛巳 天干地支西曆星期	丁丑13二	戊寅14三	己卯15四	庚辰16五	辛巳17六	壬午18日	癸未19一	甲申20二	乙酉21三	丙戌22四	丁亥23五	戊子24六	己丑25日	庚寅26一	辛卯27二	壬辰28三	癸巳29四	甲午30五	乙未31六	丙申(6)日	丁酉2一	戊戌3二	己亥4三	庚子5四	辛丑6五	壬寅7六	癸卯8日	甲辰9一	乙巳10二	丙午11三	戊戌小滿 癸丑芒種
五月小	壬午 天干地支西曆星期	丁未12四	戊申13五	己酉14六	庚戌15日	辛亥16一	壬子17二	癸丑18三	甲寅19四	乙卯20五	丙辰21六	丁巳22日	戊午23一	己未24二	庚申25三	辛酉26四	壬戌27五	癸亥28六	甲子29日	乙丑30一	丙寅(7)二	丁卯2三	戊辰3四	己巳4五	庚午5六	辛未6日	壬申7一	癸酉8二	甲戌9三	乙亥10四		己巳夏至 甲申小暑
六月大	癸未 天干地支西曆星期	丙子11五	丁丑12六	戊寅13日	己卯14一	庚辰15二	辛巳16三	壬午17四	癸未18五	甲申19六	乙酉20日	丙戌21一	丁亥22二	戊子23三	己丑24四	庚寅25五	辛卯26六	壬辰27日	癸巳28一	甲午29二	乙未30三	丙申31四	丁酉(8)五	戊戌2六	己亥3日	庚子4一	辛丑5二	壬寅6三	癸卯7四	甲辰8五	乙巳9六	己亥大暑 甲寅立秋
七月大	甲申 天干地支西曆星期	丙午10日	丁未11一	戊申12二	己酉13三	庚戌14四	辛亥15五	壬子16六	癸丑17日	甲寅18一	乙卯19二	丙辰20三	丁巳21四	戊午22五	己未23六	庚申24日	辛酉25一	壬戌26二	癸亥27三	甲子28四	乙丑29五	丙寅30六	丁卯31日	戊辰(9)一	己巳2二	庚午3三	辛未4四	壬申5五	癸酉6六	甲戌7日	乙亥8一	庚午處暑 乙酉白露
八月小	乙酉 天干地支西曆星期	丙子9二	丁丑10三	戊寅11四	己卯12五	庚辰13六	辛巳14日	壬午15一	癸未16二	甲申17三	乙酉18四	丙戌19五	丁亥20六	戊子21日	己丑22一	庚寅23二	辛卯24三	壬辰25四	癸巳26五	甲午27六	乙未28日	丙申29一	丁酉30二	戊戌(10)三	己亥2四	庚子3五	辛丑4六	壬寅5日	癸卯6一	甲辰7二		庚子秋分
九月大	丙戌 天干地支西曆星期	乙巳8三	丙午9四	丁未10五	戊申11六	己酉12日	庚戌13一	辛亥14二	壬子15三	癸丑16四	甲寅17五	乙卯18六	丙辰19日	丁巳20一	戊午21二	己未22三	庚申23四	辛酉24五	壬戌25六	癸亥26日	甲子27一	乙丑28二	丙寅29三	丁卯30四	戊辰31五	己巳(11)六	庚午2日	辛未3一	壬申4二	癸酉5三	甲戌6四	乙卯寒露 庚午霜降
十月小	丁亥 天干地支西曆星期	乙亥7五	丙子8六	丁丑9日	戊寅10一	己卯11二	庚辰12三	辛巳13四	壬午14五	癸未15六	甲申16日	乙酉17一	丙戌18二	丁亥19三	戊子20四	己丑21五	庚寅22六	辛卯23日	壬辰24一	癸巳25二	甲午26三	乙未27四	丙申28五	丁酉29六	戊戌30日	己亥(12)一	庚子2二	辛丑3三	壬寅4四	癸卯5五		丙戌立冬 辛丑小雪
十一月大	戊子 天干地支西曆星期	甲辰6六	乙巳7日	丙午8一	丁未9二	戊申10三	己酉11四	庚戌12五	辛亥13六	壬子14日	癸丑15一	甲寅16二	乙卯17三	丙辰18四	丁巳19五	戊午20六	己未21日	庚申22一	辛酉23二	壬戌24三	癸亥25四	甲子26五	乙丑27六	丙寅28日	丁卯29一	戊辰30二	己巳31三	庚午(1)四	辛未2五	壬申3六	癸酉4日	丙辰大雪 辛未冬至
十二月小	己丑 天干地支西曆星期	甲戌5一	乙亥6二	丙子7三	丁丑8四	戊寅9五	己卯10六	庚辰11日	辛巳12一	壬午13二	癸未14三	甲申15四	乙酉16五	丙戌17六	丁亥18日	戊子19一	己丑20二	庚寅21三	辛卯22四	壬辰23五	癸巳24六	甲午25日	乙未26一	丙申27二	丁酉28三	戊戌29四	己亥30五	庚子31六	辛丑(2)日	壬寅2一		丙戌小寒 壬寅大寒

北凉沮渠牧犍永和四年（丙子 鼠年） 公元 436～437 年

夏曆月序	中西曆日對照	夏曆日序																													節氣與天象
		初一	初二	初三	初四	初五	初六	初七	初八	初九	初十	十一	十二	十三	十四	十五	十六	十七	十八	十九	二十	廿一	廿二	廿三	廿四	廿五	廿六	廿七	廿八	廿九	三十	
正月大 庚寅	天干地支 西曆 星期	癸丑 3 一	甲寅 4 二	乙卯 5 三	丙辰 6 四	丁巳 7 五	戊午 8 六	己未 9 日	庚申 10 一	辛酉 11 二	壬戌 12 三	癸亥 13 四	甲子 14 五	乙丑 15 六	丙寅 16 日	丁卯 17 一	戊辰 18 二	己巳 19 三	庚午 20 四	辛未 21 五	壬申 22 六	癸酉 23 日	甲戌 24 一	乙亥 25 二	丙子 26 三	丁丑 27 四	戊寅 28 五	己卯 29 六	庚辰 (3) 日	辛巳 2 一	壬午 3 二	丁巳立春 壬申雨水
二月小 辛卯	天干地支 西曆 星期	癸未 4 三	甲申 5 四	乙酉 6 五	丙戌 7 六	丁亥 8 日	戊子 9 一	己丑 10 二	庚寅 11 三	辛卯 12 四	壬辰 13 五	癸巳 14 六	甲午 15 日	乙未 16 一	丙申 17 二	丁酉 18 三	戊戌 19 四	己亥 20 五	庚子 21 六	辛丑 22 日	壬寅 23 一	癸卯 24 二	甲辰 25 三	乙巳 26 四	丙午 27 五	丁未 28 六	戊申 29 日	己酉 30 一	庚戌 31 二	辛亥 (4) 三		丁亥驚蟄 癸卯春分
三月大 壬辰	天干地支 西曆 星期	壬子 2 四	癸丑 3 五	甲寅 4 六	乙卯 5 日	丙辰 6 一	丁巳 7 二	戊午 8 三	己未 9 四	庚申 10 五	辛酉 11 六	壬戌 12 日	癸亥 13 一	甲子 14 二	乙丑 15 三	丙寅 16 四	丁卯 17 五	戊辰 18 六	己巳 19 日	庚午 20 一	辛未 21 二	壬申 22 三	癸酉 23 四	甲戌 24 五	乙亥 25 六	丙子 26 日	丁丑 27 一	戊寅 28 二	己卯 29 三	庚辰 30 四	辛巳 (5) 五	戊午清明 癸酉穀雨
四月小 癸巳	天干地支 西曆 星期	壬午 2 六	癸未 3 日	甲申 4 一	乙酉 5 二	丙戌 6 三	丁亥 7 四	戊子 8 五	己丑 9 六	庚寅 10 日	辛卯 11 一	壬辰 12 二	癸巳 13 三	甲午 14 四	乙未 15 五	丙申 16 六	丁酉 17 日	戊戌 18 一	己亥 19 二	庚子 20 三	辛丑 21 四	壬寅 22 五	癸卯 23 六	甲辰 24 日	乙巳 25 一	丙午 26 二	丁未 27 三	戊申 28 四	己酉 29 五	庚戌 30 六		戊子立夏 癸卯小滿
五月大 甲午	天干地支 西曆 星期	辛亥 31 日	壬子 (6) 一	癸丑 2 二	甲寅 3 三	乙卯 4 四	丙辰 5 五	丁巳 6 六	戊午 7 日	己未 8 一	庚申 9 二	辛酉 10 三	壬戌 11 四	癸亥 12 五	甲子 13 六	乙丑 14 日	丙寅 15 一	丁卯 16 二	戊辰 17 三	己巳 18 四	庚午 19 五	辛未 20 六	壬申 21 日	癸酉 22 一	甲戌 23 二	乙亥 24 三	丙子 25 四	丁丑 26 五	戊寅 27 六	己卯 28 日	庚辰 29 一	己未芒種 甲戌夏至
六月小 乙未	天干地支 西曆 星期	辛巳 30 二	壬午 (7) 三	癸未 2 四	甲申 3 五	乙酉 4 六	丙戌 5 日	丁亥 6 一	戊子 7 二	己丑 8 三	庚寅 9 四	辛卯 10 五	壬辰 11 六	癸巳 12 日	甲午 13 一	乙未 14 二	丙申 15 三	丁酉 16 四	戊戌 17 五	己亥 18 六	庚子 19 日	辛丑 20 一	壬寅 21 二	癸卯 22 三	甲辰 23 四	乙巳 24 五	丙午 25 六	丁未 26 日	戊申 27 一	己酉 28 二		己丑小暑 甲辰大暑
七月大 丙申	天干地支 西曆 星期	庚戌 29 三	辛亥 30 四	壬子 31 五	癸丑 (8) 六	甲寅 2 日	乙卯 3 一	丙辰 4 二	丁巳 5 三	戊午 6 四	己未 7 五	庚申 8 六	辛酉 9 日	壬戌 10 一	癸亥 11 二	甲子 12 三	乙丑 13 四	丙寅 14 五	丁卯 15 六	戊辰 16 日	己巳 17 一	庚午 18 二	辛未 19 三	壬申 20 四	癸酉 21 五	甲戌 22 六	乙亥 23 日	丙子 24 一	丁丑 25 二	戊寅 26 三	己卯 27 四	庚申立秋 乙亥處暑
八月小 丁酉	天干地支 西曆 星期	庚辰 28 五	辛巳 29 六	壬午 30 日	癸未 31 一	甲申 (9) 二	乙酉 2 三	丙戌 3 四	丁亥 4 五	戊子 5 六	己丑 6 日	庚寅 7 一	辛卯 8 二	壬辰 9 三	癸巳 10 四	甲午 11 五	乙未 12 六	丙申 13 日	丁酉 14 一	戊戌 15 二	己亥 16 三	庚子 17 四	辛丑 18 五	壬寅 19 六	癸卯 20 日	甲辰 21 一	乙巳 22 二	丙午 23 三	丁未 24 四	戊申 25 五		庚寅白露 乙巳秋分
九月大 戊戌	天干地支 西曆 星期	己酉 26 六	庚戌 27 日	辛亥 28 一	壬子 29 二	癸丑 30 三	甲寅 (10) 四	乙卯 2 五	丙辰 3 六	丁巳 4 日	戊午 5 一	己未 6 二	庚申 7 三	辛酉 8 四	壬戌 9 五	癸亥 10 六	甲子 11 日	乙丑 12 一	丙寅 13 二	丁卯 14 三	戊辰 15 四	己巳 16 五	庚午 17 六	辛未 18 日	壬申 19 一	癸酉 20 二	甲戌 21 三	乙亥 22 四	丙子 23 五	丁丑 24 六	戊寅 25 日	庚申寒露 丙子霜降
十月大 己亥	天干地支 西曆 星期	己卯 26 一	庚辰 27 二	辛巳 28 三	壬午 29 四	癸未 30 五	甲申 31 六	乙酉 (11) 日	丙戌 2 一	丁亥 3 二	戊子 4 三	己丑 5 四	庚寅 6 五	辛卯 7 六	壬辰 8 日	癸巳 9 一	甲午 10 二	乙未 11 三	丙申 12 四	丁酉 13 五	戊戌 14 六	己亥 15 日	庚子 16 一	辛丑 17 二	壬寅 18 三	癸卯 19 四	甲辰 20 五	乙巳 21 六	丙午 22 日	丁未 23 一	戊申 24 二	辛卯立冬 丙午小雪
十一月小 庚子	天干地支 西曆 星期	己酉 25 三	庚戌 26 四	辛亥 27 五	壬子 28 六	癸丑 29 日	甲寅 30 一	乙卯 (12) 二	丙辰 2 三	丁巳 3 四	戊午 4 五	己未 5 六	庚申 6 日	辛酉 7 一	壬戌 8 二	癸亥 9 三	甲子 10 四	乙丑 11 五	丙寅 12 六	丁卯 13 日	戊辰 14 一	己巳 15 二	庚午 16 三	辛未 17 四	壬申 18 五	癸酉 19 六	甲戌 20 日	乙亥 21 一	丙子 22 二	丁丑 23 三		辛酉大雪 丁丑冬至
十二月大 辛丑	天干地支 西曆 星期	戊寅 24 四	己卯 25 五	庚辰 26 六	辛巳 27 日	壬午 28 一	癸未 29 二	甲申 30 三	乙酉 31 四	丙戌 (1) 五	丁亥 2 六	戊子 3 日	己丑 4 一	庚寅 5 二	辛卯 6 三	壬辰 7 四	癸巳 8 五	甲午 9 六	乙未 10 日	丙申 11 一	丁酉 12 二	戊戌 13 三	己亥 14 四	庚子 15 五	辛丑 16 六	壬寅 17 日	癸卯 18 一	甲辰 19 二	乙巳 20 三	丙午 21 四	丁未 22 五	壬辰小寒 丁未大寒

北涼沮渠牧犍永和五年（丁丑 牛年） 公元 437 ~ 438 年

夏曆月序	中西曆對照	夏曆日序																													節氣與天象
		初一	初二	初三	初四	初五	初六	初七	初八	初九	初十	十一	十二	十三	十四	十五	十六	十七	十八	十九	二十	廿一	廿二	廿三	廿四	廿五	廿六	廿七	廿八	廿九	三十	
正月小	壬寅 天干地支/西曆/星期	戊申23六	己酉24日	庚戌25一	辛亥26二	壬子27三	癸丑28四	甲寅29五	乙卯30六	丙辰31日	丁巳(2)一	戊午2二	己未3三	庚申4四	辛酉5五	壬戌6六	癸亥7日	甲子8一	乙丑9二	丙寅10三	丁卯11四	戊辰12五	己巳13六	庚午14日	辛未15一	壬申16二	癸酉17三	甲戌18四	乙亥19五	丙子20六		壬戌立春
二月大	癸卯 天干地支/西曆/星期	丁丑21日	戊寅22一	己卯23二	庚辰24三	辛巳25四	壬午26五	癸未27六	甲申28日	乙酉(3)一	丙戌2二	丁亥3三	戊子4四	己丑5五	庚寅6六	辛卯7日	壬辰8一	癸巳9二	甲午10三	乙未11四	丙申12五	丁酉13六	戊戌14日	己亥15一	庚子16二	辛丑17三	壬寅18四	癸卯19五	甲辰20六	乙巳21日	丙午22一	丁巳雨水癸巳驚蟄
閏二月小	癸卯 天干地支/西曆/星期	丁未23二	戊申24三	己酉25四	庚戌26五	辛亥27六	壬子28日	癸丑29一	甲寅30二	乙卯31三	丙辰(4)四	丁巳2五	戊午3六	己未4日	庚申5一	辛酉6二	壬戌7三	癸亥8四	甲子9五	乙丑10六	丙寅11日	丁卯12一	戊辰13二	己巳14三	庚午15四	辛未16五	壬申17六	癸酉18日	甲戌19一	乙亥20二		戊申春分癸亥清明
三月大	甲辰 天干地支/西曆/星期	丙子21三	丁丑22四	戊寅23五	己卯24六	庚辰25日	辛巳26一	壬午27二	癸未28三	甲申29四	乙酉30五	丙戌(5)六	丁亥2日	戊子3一	己丑4二	庚寅5三	辛卯6四	壬辰7五	癸巳8六	甲午9日	乙未10一	丙申11二	丁酉12三	戊戌13四	己亥14五	庚子15六	辛丑16日	壬寅17一	癸卯18二	甲辰19三	乙巳20四	戊寅穀雨癸巳立夏
四月小	乙巳 天干地支/西曆/星期	丙午21五	丁未22六	戊申23日	己酉24一	庚戌25二	辛亥26三	壬子27四	癸丑28五	甲寅29六	乙卯30日	丙辰31一	丁巳(6)二	戊午2三	己未3四	庚申4五	辛酉5六	壬戌6日	癸亥7一	甲子8二	乙丑9三	丙寅10四	丁卯11五	戊辰12六	己巳13日	庚午14一	辛未15二	壬申16三	癸酉17四	甲戌18五		己酉小滿甲子芒種
五月大	丙午 天干地支/西曆/星期	乙亥19六	丙子20日	丁丑21一	戊寅22二	己卯23三	庚辰24四	辛巳25五	壬午26六	癸未27日	甲申28一	乙酉29二	丙戌30三	丁亥(7)四	戊子2五	己丑3六	庚寅4日	辛卯5一	壬辰6二	癸巳7三	甲午8四	乙未9五	丙申10六	丁酉11日	戊戌12一	己亥13二	庚子14三	辛丑15四	壬寅16五	癸卯17六	甲辰18日	己卯夏至甲午小暑
六月小	丁未 天干地支/西曆/星期	乙巳19一	丙午20二	丁未21三	戊申22四	己酉23五	庚戌24六	辛亥25日	壬子26一	癸丑27二	甲寅28三	乙卯29四	丙辰30五	丁巳31六	戊午(8)日	己未2一	庚申3二	辛酉4三	壬戌5四	癸亥6五	甲子7六	乙丑8日	丙寅9一	丁卯10二	戊辰11三	己巳12四	庚午13五	辛未14六	壬申15日	癸酉16一		庚戌大暑乙丑立秋
七月大	戊申 天干地支/西曆/星期	甲戌17二	乙亥18三	丙子19四	丁丑20五	戊寅21六	己卯22日	庚辰23一	辛巳24二	壬午25三	癸未26四	甲申27五	乙酉28六	丙戌29日	丁亥30一	戊子31二	己丑(9)三	庚寅2四	辛卯3五	壬辰4六	癸巳5日	甲午6一	乙未7二	丙申8三	丁酉9四	戊戌10五	己亥11六	庚子12日	辛丑13一	壬寅14二	癸卯15三	庚戌處暑乙未白露
八月小	己酉 天干地支/西曆/星期	甲辰16四	乙巳17五	丙午18六	丁未19日	戊申20一	己酉21二	庚戌22三	辛亥23四	壬子24五	癸丑25六	甲寅26日	乙卯27一	丙辰28二	丁巳29三	戊午30四	己未(00)五	庚申2六	辛酉3日	壬戌4一	癸亥5二	甲子6三	乙丑7四	丙寅8五	丁卯9六	戊辰10日	己巳11一	庚午12二	辛未13三	壬申14四		庚戌秋分丙寅寒露
九月大	庚戌 天干地支/西曆/星期	癸酉15五	甲戌16六	乙亥17日	丙子18一	丁丑19二	戊寅20三	己卯21四	庚辰22五	辛巳23六	壬午24日	癸未25一	甲申26二	乙酉27三	丙戌28四	丁亥29五	戊子30六	己丑31日	庚寅(11)一	辛卯2二	壬辰3三	癸巳4四	甲午5五	乙未6六	丙申7日	丁酉8一	戊戌9二	己亥10三	庚子11四	辛丑12五	壬寅13六	辛巳霜降丙申立冬
十月小	辛亥 天干地支/西曆/星期	癸卯14日	甲辰15一	乙巳16二	丙午17三	丁未18四	戊申19五	己酉20六	庚戌21日	辛亥22一	壬子23二	癸丑24三	甲寅25四	乙卯26五	丙辰27六	丁巳28日	戊午29一	己未30二	庚申(12)三	辛酉2四	壬戌3五	癸亥4六	甲子5日	乙丑6一	丙寅7二	丁卯8三	戊辰9四	己巳10五	庚午11六	辛未12日		辛亥小雪丁卯大雪
十一月大	壬子 天干地支/西曆/星期	壬申13一	癸酉14二	甲戌15三	乙亥16四	丙子17五	丁丑18六	戊寅19日	己卯20一	庚辰21二	辛巳22三	壬午23四	癸未24五	甲申25六	乙酉26日	丙戌27一	丁亥28二	戊子29三	己丑30四	庚寅31五	辛卯(1)六	壬辰2日	癸巳3一	甲午4二	乙未5三	丙申6四	丁酉7五	戊戌8六	己亥9日	庚子10一	辛丑11二	壬午冬至丁酉小寒
十二月小	癸丑 天干地支/西曆/星期	壬寅12三	癸卯13四	甲辰14五	乙巳15六	丙午16日	丁未17一	戊申18二	己酉19三	庚戌20四	辛亥21五	壬子22六	癸丑23日	甲寅24一	乙卯25二	丙辰26三	丁巳27四	戊午28五	己未29六	庚申30日	辛酉31一	壬戌(2)二	癸亥2三	甲子3四	乙丑4五	丙寅5六	丁卯6日	戊辰7一	己巳8二	庚午9三		壬子大寒丁卯立春

北凉沮渠牧犍永和六年（戊寅 虎年） 公元438～439年

夏曆月序	中西曆對照	夏曆日序																													節氣與天象
		初一	初二	初三	初四	初五	初六	初七	初八	初九	初十	十一	十二	十三	十四	十五	十六	十七	十八	十九	二十	二一	二二	二三	二四	二五	二六	二七	二八	二九	三十	
正月大	甲寅	天干地支 西曆日 星期	辛未 10日 四	壬申 11日 五	癸酉 12日 六	甲戌 13日 日	乙亥 14日 一	丙子 15日 二	丁丑 16日 三	戊寅 17日 四	己卯 18日 五	庚辰 19日 六	辛巳 20日 日	壬午 21日 一	癸未 22日 二	甲申 23日 三	乙酉 24日 四	丙戌 25日 五	丁亥 26日 六	戊子 27日 日	己丑 28日 一	庚寅(3) 二	辛卯 2日 三	壬辰 3日 四	癸巳 4日 五	甲午 5日 六	乙未 6日 日	丙申 7日 一	丁酉 8日 二	戊戌 9日 三	己亥 10日 四	庚子 11日 五	癸未雨水 戊戌驚蟄
二月大	乙卯	天干地支 西曆日 星期	辛丑 12日 六	壬寅 13日 日	癸卯 14日 一	甲辰 15日 二	乙巳 16日 三	丙午 17日 四	丁未 18日 五	戊申 19日 六	己酉 20日 日	庚戌 21日 一	辛亥 22日 二	壬子 23日 三	癸丑 24日 四	甲寅 25日 五	乙卯 26日 六	丙辰 27日 日	丁巳 28日 一	戊午 29日 二	己未 30日 三	庚申(4) 四	辛酉 2日 五	壬戌 3日 六	癸亥 4日 日	甲子 5日 一	乙丑 6日 二	丙寅 7日 三	丁卯 8日 四	戊辰 9日 五	己巳 10日 六		癸丑春分 戊辰清明
三月小	丙辰	天干地支 西曆日 星期	辛未 11日 一	壬申 12日 二	癸酉 13日 三	甲戌 14日 四	乙亥 15日 五	丙子 16日 六	丁丑 17日 日	戊寅 18日 一	己卯 19日 二	庚辰 20日 三	辛巳 21日 四	壬午 22日 五	癸未 23日 六	甲申 24日 日	乙酉 25日 一	丙戌 26日 二	丁亥 27日 三	戊子 28日 四	己丑 29日 五	庚寅 30日 六	辛卯(5) 日	壬辰 2日 一	癸巳 3日 二	甲午 4日 三	乙未 5日 四	丙申 6日 五	丁酉 7日 六	戊戌 8日 日	己亥 9日 一		甲申穀雨 己亥立夏
四月大	丁巳	天干地支 西曆日 星期	庚子 10日 二	辛丑 11日 三	壬寅 12日 四	癸卯 13日 五	甲辰 14日 六	乙巳 15日 日	丙午 16日 一	丁未 17日 二	戊申 18日 三	己酉 19日 四	庚戌 20日 五	辛亥 21日 六	壬子 22日 日	癸丑 23日 一	甲寅 24日 二	乙卯 25日 三	丙辰 26日 四	丁巳 27日 五	戊午 28日 六	己未 29日 日	庚申 30日 一	辛酉 31日 二	壬戌(6) 三	癸亥 2日 四	甲子 3日 五	乙丑 4日 六	丙寅 5日 日	丁卯 6日 一	戊辰 7日 二	己巳 8日 三	甲寅小滿 己巳芒種
五月小	戊午	天干地支 西曆日 星期	庚午 9日 四	辛未 10日 五	壬申 11日 六	癸酉 12日 日	甲戌 13日 一	乙亥 14日 二	丙子 15日 三	丁丑 16日 四	戊寅 17日 五	己卯 18日 六	庚辰 19日 日	辛巳 20日 一	壬午 21日 二	癸未 22日 三	甲申 23日 四	乙酉 24日 五	丙戌 25日 六	丁亥 26日 日	戊子 27日 一	己丑 28日 二	庚寅 29日 三	辛卯 30日 四	壬辰(7) 五	癸巳 2日 六	甲午 3日 日	乙未 4日 一	丙申 5日 二	丁酉 6日 三	戊戌 7日 四		甲申夏至
六月大	己未	天干地支 西曆日 星期	己亥 8日 五	庚子 9日 六	辛丑 10日 日	壬寅 11日 一	癸卯 12日 二	甲辰 13日 三	乙巳 14日 四	丙午 15日 五	丁未 16日 六	戊申 17日 日	己酉 18日 一	庚戌 19日 二	辛亥 20日 三	壬子 21日 四	癸丑 22日 五	甲寅 23日 六	乙卯 24日 日	丙辰 25日 一	丁巳 26日 二	戊午 27日 三	己未 28日 四	庚申 29日 五	辛酉 30日 六	壬戌 31日 日	癸亥(8) 一	甲子 2日 二	乙丑 3日 三	丙寅 4日 四	丁卯 5日 五	戊辰 6日 六	庚子小暑 乙卯大暑
七月小	庚申	天干地支 西曆日 星期	己巳 7日 日	庚午 8日 一	辛未 9日 二	壬申 10日 三	癸酉 11日 四	甲戌 12日 五	乙亥 13日 六	丙子 14日 日	丁丑 15日 一	戊寅 16日 二	己卯 17日 三	庚辰 18日 四	辛巳 19日 五	壬午 20日 六	癸未 21日 日	甲申 22日 一	乙酉 23日 二	丙戌 24日 三	丁亥 25日 四	戊子 26日 五	己丑 27日 六	庚寅 28日 日	辛卯 29日 一	壬辰 30日 二	癸巳 31日 三	甲午(9) 四	乙未 2日 五	丙申 3日 六	丁酉 4日 日		庚午立秋 乙酉處暑
八月大	辛酉	天干地支 西曆日 星期	戊戌 5日 一	己亥 6日 二	庚子 7日 三	辛丑 8日 四	壬寅 9日 五	癸卯 10日 六	甲辰 11日 日	乙巳 12日 一	丙午 13日 二	丁未 14日 三	戊申 15日 四	己酉 16日 五	庚戌 17日 六	辛亥 18日 日	壬子 19日 一	癸丑 20日 二	甲寅 21日 三	乙卯 22日 四	丙辰 23日 五	丁巳 24日 六	戊午 25日 日	己未 26日 一	庚申 27日 二	辛酉 28日 三	壬戌 29日 四	癸亥 30日 五	甲子(10) 六	乙丑 2日 日	丙寅 3日 一	丁卯 4日 二	庚子白露 丙辰秋分
九月小	壬戌	天干地支 西曆日 星期	戊辰 5日 三	己巳 6日 四	庚午 7日 五	辛未 8日 六	壬申 9日 日	癸酉 10日 一	甲戌 11日 二	乙亥 12日 三	丙子 13日 四	丁丑 14日 五	戊寅 15日 六	己卯 16日 日	庚辰 17日 一	辛巳 18日 二	壬午 19日 三	癸未 20日 四	甲申 21日 五	乙酉 22日 六	丙戌 23日 日	丁亥 24日 一	戊子 25日 二	己丑 26日 三	庚寅 27日 四	辛卯 28日 五	壬辰 29日 六	癸巳 30日 日	甲午 31日 一	乙未(11) 二	丙申 2日 三		辛未寒露 丙戌霜降
十月大	癸亥	天干地支 西曆日 星期	丁酉 3日 四	戊戌 4日 五	己亥 5日 六	庚子 6日 日	辛丑 7日 一	壬寅 8日 二	癸卯 9日 三	甲辰 10日 四	乙巳 11日 五	丙午 12日 六	丁未 13日 日	戊申 14日 一	己酉 15日 二	庚戌 16日 三	辛亥 17日 四	壬子 18日 五	癸丑 19日 六	甲寅 20日 日	乙卯 21日 一	丙辰 22日 二	丁巳 23日 三	戊午 24日 四	己未 25日 五	庚申 26日 六	辛酉 27日 日	壬戌 28日 一	癸亥 29日 二	甲子 30日 三	乙丑(12) 四	丙寅 2日 五	辛丑立冬 丁巳小雪
十一月小	甲子	天干地支 西曆日 星期	丁卯 3日 六	戊辰 4日 日	己巳 5日 一	庚午 6日 二	辛未 7日 三	壬申 8日 四	癸酉 9日 五	甲戌 10日 六	乙亥 11日 日	丙子 12日 一	丁丑 13日 二	戊寅 14日 三	己卯 15日 四	庚辰 16日 五	辛巳 17日 六	壬午 18日 日	癸未 19日 一	甲申 20日 二	乙酉 21日 三	丙戌 22日 四	丁亥 23日 五	戊子 24日 六	己丑 25日 日	庚寅 26日 一	辛卯 27日 二	壬辰 28日 三	癸巳 29日 四	甲午 30日 五	乙未 31日 六		壬申大雪 壬戌冬至 丁卯日食
十二月大	乙丑	天干地支 西曆日 星期	丙申(1) 日	丁酉 2日 一	戊戌 3日 二	己亥 4日 三	庚子 5日 四	辛丑 6日 五	壬寅 7日 六	癸卯 8日 日	甲辰 9日 一	乙巳 10日 二	丙午 11日 三	丁未 12日 四	戊申 13日 五	己酉 14日 六	庚戌 15日 日	辛亥 16日 一	壬子 17日 二	癸丑 18日 三	甲寅 19日 四	乙卯 20日 五	丙辰 21日 六	丁巳 22日 日	戊午 23日 一	己未 24日 二	庚申 25日 三	辛酉 26日 四	壬戌 27日 五	癸亥 28日 六	甲子 29日 日	乙丑 30日 一	壬寅小寒 丁巳大寒

北涼沮渠牧犍永和七年（己卯 兔年） 公元 439～440 年

夏曆月序	中西曆日對照	夏曆日序																													節氣與天象
		初一	初二	初三	初四	初五	初六	初七	初八	初九	初十	十一	十二	十三	十四	十五	十六	十七	十八	十九	二十	二一	二二	二三	二四	二五	二六	二七	二八	二九	三十	
正月小	丙寅 天干地支 西曆 星期	丙寅 31 二	丁卯 (2) 三	戊辰 2 四	己巳 3 五	庚午 4 六	辛未 5 日	壬申 6 一	癸酉 7 二	甲戌 8 三	乙亥 9 四	丙子 10 五	丁丑 11 六	戊寅 12 日	己卯 13 一	庚辰 14 二	辛巳 15 三	壬午 16 四	癸未 17 五	甲申 18 六	乙酉 19 日	丙戌 20 一	丁亥 21 二	戊子 22 三	己丑 23 四	庚寅 24 五	辛卯 25 六	壬辰 26 日	癸巳 27 一	甲午 28 二		癸酉立春 戊子雨水
二月大	丁卯 天干地支 西曆 星期	乙未 (3) 三	丙申 2 四	丁酉 3 五	戊戌 4 六	己亥 5 日	庚子 6 一	辛丑 7 二	壬寅 8 三	癸卯 9 四	甲辰 10 五	乙巳 11 六	丙午 12 日	丁未 13 一	戊申 14 二	己酉 15 三	庚戌 16 四	辛亥 17 五	壬子 18 六	癸丑 19 日	甲寅 20 一	乙卯 21 二	丙辰 22 三	丁巳 23 四	戊午 24 五	己未 25 六	庚申 26 日	辛酉 27 一	壬戌 28 二	癸亥 29 三	甲子 30 四	癸卯驚蟄 戊午春分
三月小	戊辰 天干地支 西曆 星期	乙丑 31 五	丙寅 (4) 六	丁卯 2 日	戊辰 3 一	己巳 4 二	庚午 5 三	辛未 6 四	壬申 7 五	癸酉 8 六	甲戌 9 日	乙亥 10 一	丙子 11 二	丁丑 12 三	戊寅 13 四	己卯 14 五	庚辰 15 六	辛巳 16 日	壬午 17 一	癸未 18 二	甲申 19 三	乙酉 20 四	丙戌 21 五	丁亥 22 六	戊子 23 日	己丑 24 一	庚寅 25 二	辛卯 26 三	壬辰 27 四	癸巳 28 五		甲戌清明 己丑穀雨
四月大	己巳 天干地支 西曆 星期	甲午 29 六	乙未 30 日	丙申 (5) 一	丁酉 2 二	戊戌 3 三	己亥 4 四	庚子 5 五	辛丑 6 六	壬寅 7 日	癸卯 8 一	甲辰 9 二	乙巳 10 三	丙午 11 四	丁未 12 五	戊申 13 六	己酉 14 日	庚戌 15 一	辛亥 16 二	壬子 17 三	癸丑 18 四	甲寅 19 五	乙卯 20 六	丙辰 21 日	丁巳 22 一	戊午 23 二	己未 24 三	庚申 25 四	辛酉 26 五	壬戌 27 六	癸亥 28 日	甲辰立夏 己未小滿
五月小	庚午 天干地支 西曆 星期	甲子 29 一	乙丑 30 二	丙寅 31 三	丁卯 (6) 四	戊辰 2 五	己巳 3 六	庚午 4 日	辛未 5 一	壬申 6 二	癸酉 7 三	甲戌 8 四	乙亥 9 五	丙子 10 六	丁丑 11 日	戊寅 12 一	己卯 13 二	庚辰 14 三	辛巳 15 四	壬午 16 五	癸未 17 六	甲申 18 日	乙酉 19 一	丙戌 20 二	丁亥 21 三	戊子 22 四	己丑 23 五	庚寅 24 六	辛卯 25 日	壬辰 26 一		甲戌芒種 庚寅夏至
六月大	辛未 天干地支 西曆 星期	癸巳 27 二	甲午 28 三	乙未 29 四	丙申 30 五	丁酉 (7) 六	戊戌 2 日	己亥 3 一	庚子 4 二	辛丑 5 三	壬寅 6 四	癸卯 7 五	甲辰 8 六	乙巳 9 日	丙午 10 一	丁未 11 二	戊申 12 三	己酉 13 四	庚戌 14 五	辛亥 15 六	壬子 16 日	癸丑 17 一	甲寅 18 二	乙卯 19 三	丙辰 20 四	丁巳 21 五	戊午 22 六	己未 23 日	庚申 24 一	辛酉 25 二	壬戌 26 三	乙巳小暑 庚申大暑
七月大	壬申 天干地支 西曆 星期	癸亥 27 四	甲子 28 五	乙丑 29 六	丙寅 30 日	丁卯 31 一	戊辰 (8) 二	己巳 2 三	庚午 3 四	辛未 4 五	壬申 5 六	癸酉 6 日	甲戌 7 一	乙亥 8 二	丙子 9 三	丁丑 10 四	戊寅 11 五	己卯 12 六	庚辰 13 日	辛巳 14 一	壬午 15 二	癸未 16 三	甲申 17 四	乙酉 18 五	丙戌 19 六	丁亥 20 日	戊子 21 一	己丑 22 二	庚寅 23 三	辛卯 24 四	壬辰 25 五	乙亥立秋 庚寅處暑
八月小	癸酉 天干地支 西曆 星期	癸巳 26 六	甲午 27 日	乙未 28 一	丙申 29 二	丁酉 30 三	戊戌 31 四	己亥 (9) 五	庚子 2 六	辛丑 3 日	壬寅 4 一	癸卯 5 二	甲辰 6 三	乙巳 7 四	丙午 8 五	丁未 9 六	戊申 10 日	己酉 11 一	庚戌 12 二	辛亥 13 三	壬子 14 四	癸丑 15 五	甲寅 16 六	乙卯 17 日	丙辰 18 一	丁巳 19 二	戊午 20 三	己未 21 四	庚申 22 五	辛酉 23 六		丙午白露 辛酉秋分
九月大	甲戌 天干地支 西曆 星期	壬戌 24 日	癸亥 25 一	甲子 26 二	乙丑 27 三	丙寅 28 四	丁卯 29 五	戊辰 30 六	己巳 (10) 日	庚午 2 一	辛未 3 二	壬申 4 三	癸酉 5 四	甲戌 6 五	乙亥 7 六	丙子 8 日	丁丑 9 一	戊寅 10 二	己卯 11 三	庚辰 12 四	辛巳 13 五	壬午 14 六	癸未 15 日	甲申 16 一	乙酉 17 二	丙戌 18 三	丁亥 19 四	戊子 20 五	己丑 21 六	庚寅 22 日	辛卯 23 一	丙子寒露 辛卯霜降
十月小	乙亥 天干地支 西曆 星期	壬辰 24 二	癸巳 25 三	甲午 26 四	乙未 27 五	丙申 28 六	丁酉 29 日	戊戌 30 一	己亥 31 二	庚子 (11) 三	辛丑 2 四	壬寅 3 五	癸卯 4 六	甲辰 5 日	乙巳 6 一	丙午 7 二	丁未 8 三	戊申 9 四	己酉 10 五	庚戌 11 六	辛亥 12 日	壬子 13 一	癸丑 14 二	甲寅 15 三	乙卯 16 四	丙辰 17 五	丁巳 18 六	戊午 19 日	己未 20 一	庚申 21 二		丁未立冬
十一月大	丙子 天干地支 西曆 星期	辛酉 22 三	壬戌 23 四	癸亥 24 五	甲子 25 六	乙丑 26 日	丙寅 27 一	丁卯 28 二	戊辰 29 三	己巳 30 四	庚午 (12) 五	辛未 2 六	壬申 3 日	癸酉 4 一	甲戌 5 二	乙亥 6 三	丙子 7 四	丁丑 8 五	戊寅 9 六	己卯 10 日	庚辰 11 一	辛巳 12 二	壬午 13 三	癸未 14 四	甲申 15 五	乙酉 16 六	丙戌 17 日	丁亥 18 一	戊子 19 二	己丑 20 三	庚寅 21 四	壬戌小雪 丁丑大雪
閏十一月小	丙子 天干地支 西曆 星期	辛卯 22 五	壬辰 23 六	癸巳 24 日	甲午 25 一	乙未 26 二	丙申 27 三	丁酉 28 四	戊戌 29 五	己亥 30 六	庚子 31 日	辛丑 (1) 一	壬寅 2 二	癸卯 3 三	甲辰 4 四	乙巳 5 五	丙午 6 六	丁未 7 日	戊申 8 一	己酉 9 二	庚戌 10 三	辛亥 11 四	壬子 12 五	癸丑 13 六	甲寅 14 日	乙卯 15 一	丙辰 16 二	丁巳 17 三	戊午 18 四	己未 19 五		壬辰冬至 丁未小寒
十二月大	丁丑 天干地支 西曆 星期	庚申 20 六	辛酉 21 日	壬戌 22 一	癸亥 23 二	甲子 24 三	乙丑 25 四	丙寅 26 五	丁卯 27 六	戊辰 28 日	己巳 29 一	庚午 30 二	辛未 31 三	壬申 (2) 四	癸酉 2 五	甲戌 3 六	乙亥 4 日	丙子 5 一	丁丑 6 二	戊寅 7 三	己卯 8 四	庚辰 9 五	辛巳 10 六	壬午 11 日	癸未 12 一	甲申 13 二	乙酉 14 三	丙戌 15 四	丁亥 16 五	戊子 17 六	己丑 18 日	癸亥大寒 戊寅立春

＊九月丙戌（二十五日），沮渠牧犍降魏，北涼滅亡。